BIOCHEMISCHES HANDLEXIKON

HERAUSGEGEBEN VON

EMIL ABDERHALDEN

PROFESSOR DR. MED. ET PHIL. H. C.
DIREKTOR DES PHYSIOLOGISCHEN INSTITUTES DER UNIVERSITÄT
HALLE A. S.

XI. BAND (4. ERGÄNZUNGSBAND)

POLYPEPTIDE · AMINOSÄUREN · STICKSTOFFHALTIGE ABKÖMM-
LINGE DES EIWEISSES UNBEKANNTER KONSTITUTION · HARNSTOFF
UND DERIVATE · GUANIDIN, KREATIN, KREATININ · AMINE · BASEN
MIT UNBEKANNTER UND NICHT SICHER BEKANNTER KONSTITU-
TION · CHOLIN, BETAIN, NEURIN, MUSCARIN · INDOL UND INDOL-
ABKÖMMLINGE · BIOLOGISCH WICHTIGE AMINOSÄUREN, DIE IM
EIWEISS NICHT VORKOMMEN · GERBSTOFFE

BEARBEITET VON

WOLFGANG LANGENBECK-KARLSRUHE · **ERNST B. H. WASER**-ZÜRICH
GÉZA ZEMPLÉN-BUDAPEST

MIT GENERALREGISTER DER BÄNDE I—XI

BERLIN
VERLAG VON JULIUS SPRINGER
1924

ISBN-13: 978-3-642-88973-8   e-ISBN-13: 978-3-642-90828-6
DOI: 10.1007/978-3-642-90828-6

Vorwort.

Wieder geht ein neuer Band des Biochemischen Handlexikons mit Ergänzungen von in früheren Bänden dargestellten Kapiteln hinaus und legt Zeugnis von dem unentwegten Fortschreiten der physiologisch-chemischen Forschung ab. Neu aufgenommen ist das Gebiet der biologisch wichtigen Aminosäuren, die im Eiweiß nicht vorkommen. Diese Erweiterung des ursprünglichen Planes, nur in der Natur vorkommende Verbindungen aufzunehmen, ist erfolgt, weil eine ganze Reihe von Aminosäuren und Abbaustufen von solchen, die einstweilen in der Natur nicht aufgefunden sind, zu mancherlei biologischen Fragestellungen herangezogen worden sind. Möge auch dieser Band weiten Kreisen eine Hilfe bei wissenschaftlicher Arbeit sein!

Angeschlossen findet sich ein Generalregister, das alle bis jetzt erschienenen Bände umfaßt. Herr Dr. Ernst Komm hatte die Freundlichkeit, es zusammenzustellen. Es sei ihm auch an dieser Stelle für die mühsame Arbeit gedankt.

Vielen Dank schulde ich den Herren Mitarbeitern, die für den vorliegenden Band Beiträge geliefert haben, ferner danke ich allen denen, die mich auf Fehler aufmerksam gemacht haben. Sie sind in diesem Band berichtigt.

Halle a. S., im Mai 1924.

Emil Abderhalden.

Inhaltsverzeichnis.

Inhaltsverzeichnis. V

Berichtigungen.

Bd. I, Teil 2, S. 1273: p - Oxyphenylessigsäure: in der Konstitutionsformel fehlt die Gruppe — $CH_2 \cdot COOH$ (es ist irrtümlich die Formel der p-Oxybenzoesäure angegeben).

Bd. IV, S. 817: Das als Monochlorhydrat beschriebene Salz des Imidazolyläthylamins ist das Dichlorhydrat. Das Monochlorhydrat schmilzt nach O. Gerngroß bei 195°.

Bd. IV, S. 720: Der Schmelzpunkt 230° des Benzoylhistidins ist zu streichen.

Bd. IV, S. 618: Linkspyroglutaminsäureamid entsteht aus d-Glutaminsäureester und Ammoniak (Menozzi u. Appiani, Chem. Ber. **25**, Ref. S. 399 [1891]).

Bd. IX, S. 403: Salzsaures Hämatoporphyrin, okulare Messung mit dem Gitterspektrum $\lambda = 595,3$ (anstatt 593,3).

Polypeptide (Bd. IV, S. 210; Bd. IX, S. 38).

Von

Géza Zemplén-Budapest

Einleitung.

Emil Fischer[1]) versuchte die Isomeriemöglichkeiten unter Beschränkung auf die 19 als Spaltungsprodukte der Proteine beobachteten Aminosäuren zu berechnen. Ein Protein, das z. B. aus 30 Aminosäuremolekülen besteht, von denen 18 untereinander verschieden sind, kann in $1{,}28 \cdot 10^{-27}$ Isomeren existieren, wenn man annimmt, daß 2, ferner 3 und 3, dann 4, und 4 und endlich 5 Aminosäuren untereinander gleich sind. — Hierbei ist die Tautomerie der Peptidgruppe nicht berücksichtigt. — Ferner ist angenommen, daß die Verkettung der Aminosäuren nur in der einfachen Weise erfolgt ist, wie es bei den Monoaminomonocarbonsäuren geschieht.

Aufklärung der Konstitution. Ein geeignetes Mittel, die Konstitution von Peptiden zu bestimmen, bietet die Einwirkung von β- und γ-Trinitrotoluol. — Diese kondensieren sich beim Kochen in verdünntem Alkohol mit Aminosäuren, indem an Stelle einer Nitrogruppe die Aminogruppe der Aminosäure an den Ring tritt. — Diese Reaktion gelingt bei den Iminogruppen nicht, gleichviel ob sie sich in einem Glyoxalinring oder in Peptiden finden, wohl aber mit freien Aminogruppen der Peptide. — Die entstehenden Dinitrotolylaminosäuren sind gegen siedende konz. Salzsäure beständig. — Kondensiert man ein Peptid unbekannter Konstitution mit Trinitrotoluol und hydrolysiert man das Reaktionsprodukt, so bleibt nur dasjenige Aminosäureradikal, das im Peptid eine freie Aminogruppe hatte, an den Benzolring gebunden und kann so identifiziert werden[2]).

Vorkommen: Der formoltitrierbare Stickstoff ist im Harn zum großen Teile in Form von Polypeptiden vorhanden[3]).

Im Chymus verschiedener Darmabschnitte von Rindern konnten Polypeptide nachgewiesen werden; so ein Leucyltryptophan, möglicherweise 1-Tryptophyl-1-leucin und ein Tripeptid aus Tryptophan, Leucin und Glutaminsäure[4]).

Bildung: Nach den Ausführungen von Bayliss[5]) ist es sehr wahrscheinlich, daß Abbau und Aufbau einer bestimmten Substanz von einem und demselben Ferment vermittelt werden. Zahlreiche Versuche von Abderhalden[6]) mit Hilfe von Pepsin, Trypsin und Erepsin Synthesen von Proteinen aus ihren Abbaustufen herbeizuführen, blieben erfolglos. Schließlich führte die Behandlung der Aminosäuregemische aus bestimmten Organen mit Macerationssäften derselben Organe zum Ziele, in dem sich nach Monaten Abnahme des Aminostickstoffs zeigte, die auf keinen anderen Grund zurückgeführt werden konnte und auch die Koagulationsprobe und Ausflockung mit kolloidalem Eisenhydroxyd die Gegenwart von Eiweiß ergab.

---

[1]) Emil Fischer, Sitzungsber. d. Kgl. preuß. Akad. d. Wissensch. Berlin **1916**, 990; Chem. Centralbl. **1916**, II, 727; Zeitschr. f. physiol. Chemie **99**, 54—66 [1916]; Chem. Centralbl. **1916**, II, 727; Chem. Centralbl. **1917**, I, 999.

[2]) George Bayer u. Frank Tutin, Biochem. Journal **12**, 402 [1918]; Chem. Centralbl. **1919**, I, 848.

[3]) C. Ciaccio, Arch. per le scienze med. **43**, 177—181 [1920]. Ausführl. Ref.: Ber. ges. Physiol. **8**, 165—166 [1921]; Chem. Centralbl. **1921**, IV, 774.

[4]) Emil Abderhalden, Zeitschr. f. physiol. Chemie **114**, 290—300 [1921]; Chem. Centralbl. **1921**, III, 1293.

[5]) Bayliss, Journ. of Physiol. **46**, 236 [1913]; Chem. Centralbl. **1913**, II, 974.

[6]) Emil Abderhalden, Fermentforschung **1**, 47—54 (1914); Chem. Centralbl. **1915**, I, 899.

Herm. Pauly behauptet, daß im Organismus die Peptidsynthese nicht nach der Gleichung

$$NH_2 \cdot CR_2 \cdot COOH + NH_2 \cdot CR_2 \cdot COOH = NH_2 \cdot CR_2 \cdot CO \cdot NH \cdot CR_2 \cdot COOH + H_2O$$
$$(R = H, CH_3 \text{ usw.})$$

vor sich gehen kann. Er erblickt dessen Grund in der Möglichkeit, daß Aminoaldehyde, mit Aminosäuren unter Bildung Schiffscher Basen, auch in verdünnter wässeriger Lösung reagieren. So gelang es, Hippursäure aus Benzaldehyd und Glykokoll bei Gegenwart von 1 Mol Alkali zu gewinnen[1]).

Darstellung: Maillard[2]) erhitzte je 10 g Glycerin von 30° Bé, zusammen mit 10 ccm einer 20proz. wässerigen Glykokollösung langsam auf 175° und hielt das Reaktionsgemisch mehr oder weniger lange auf dieser Temperatur. Die Untersuchung der einzelnen Proben ergab folgende Resultate: Die Kondensation verläuft neben- und unabhängig voneinander in zwei Richtungen, die in quantitativer Beziehung voneinander verschieden sind. Diese beiden Richtungen besitzen vielleicht eine gemeinsame Vorstufe, nämlich die Bildung von Glycyl-glycin, jedoch ließ die Gegenwart dieser Verbindung sich nicht nachweisen. — Wahrscheinlich ist, daß diese Vorstufe in der Bildung eines Glykokollglycerinesters besteht. — Die erste der beiden Richtungen umfaßt die reichliche Bildung von Cycloglycylglycin (2, 5-Diacipiperazin), sodann die Bildung einer braunen stickstoffhaltigen Substanz auf Kosten dieses Cycloglycylglycins (vermutlich durch Wasserabspaltung). Die zweite Richtung umfaßt die Bildung des Triglycylglycins, sodann die Anhydrisierung des letzteren zum unlöslichen Polyglycylanhydrid (Cycloheptaglycylglycin?). — Um den Einfluß der Glycerinmenge bei der Reaktion untersuchen zu können, wurden 12, 10, 8, 6, 4, 2 und 1 g Glycerin und je 10 ccm der 20proz. Glykokollösung und so viel Wasser gemischt, daß das Gesamtvolumen 30 ccm betrug. Die 7 Proben wurden sodann 9 Stunden auf 175° erhitzt. Es zeigt sich, daß die besten Bedingungen zur Darstellung von Cycloglycylglycin ein Verhältnis von 4 Teilen Glycerin auf 1 Teil Glykokoll sind; letzteres verschwindet hierbei völlig aus der Reaktionsflüssigkeit, ohne daß andererseits der Verlust an Cycloglycylglycin durch Verflüchtigung oder durch das Waschen mit Alkohol 25% übersteigt. — Die Ausbeute an reinem Cycloglycylglycin übersteigt 40% und läßt sich leicht durch gewisse Vorsichtsmaßregeln weiter erhöhen. — Das amorphe Polyglycylanhydrid bildet sich hier nur in sehr geringer Menge, die leicht durch Filtration zu beseitigen ist. Durch eine geringere Glycerinmenge wird die Anhydrisierung begünstigt.

Nach Maillard ist die erste Phase der Synthese der Polypeptide die Esterifizierung der α-Aminosäuren durch das Glycerin. — Diese Ester dürften sehr unbeständig sein und sich wieder in ihre Komponenten zersetzen, wobei sich die Aminosäuren kondensieren. — Die Bildung des Cycloglycylglycins und Triglycylglycins läßt sich durch folgende Gleichungen erklären:

$$H_2N \cdot CH_2 - COOH + HO \cdot R = H_2O + H_2N - CH_2 - CO - OR$$
Glykokoll   Glycerin   Glycerylglycinat

$$\left. \begin{array}{l} H - NH - CH_2 - CO - OR \\ RO - OC - CH_2 - NH - H \end{array} \right\} = \begin{array}{l} NH - CH_2 - CO \\ \mid \qquad\qquad \mid \\ CO - CH_2 - NH \end{array} + 2R \cdot OH$$
Glycerylglycinat   Cycloglycylglycin   Glycerin

$$H_2N - CH_2 - COOH + HO \cdot R = H_2O + H_2N - CH_2 - COOR$$
$$H_2N - CH_2 - COOR + H - NH - CH_2 - COOR$$
$$= ROH + H_2N - CH_2 - CO - NH - CH_2 - COOR$$
Glyceryl-glycyl-glycinat

$$H_2N - CH_2 - CO - NH - CH_2 - COOR + H - NH - CH_2 - CO - NH - CH_2 - COOR$$
$$= R - OH + H_2N - CH_2 - CO - NH - CH_2 - CO - NH - CH_2 - CO - NH - CH_2 - COOR$$
Glyceryltriglycylglycinat

Die — wenigstens vorübergehende — Gegenwart eines Glycerids des Triglycylglycins würde einerseits die nur allmähliche Abscheidung des Triglycylglycins aus der Reaktionsmasse durch überschüssigen Alkohol, andererseits die spätere Bildung des Cyclopolyglycylglycins

---

[1]) Herm. Pauly, Zeitschr. f. physiol. Chemie **99**, 161—166 [1917]; Chem. Centralbl. **1917**, II, 53.

[2]) L. C. Maillard, Ann. de Chim. et de Phys. [9] **2**, 210—268 [1914]; Chem. Centralbl. **1915**, II, 72.

(hornartigen Anhydrid), welches so als das Cycloheptaglycyl-glycin aufgefaßt werden könnte, erklären:

$$2\,NH_2-CH_2-CO-NH-CH_2-CO-NH-CH_2-CO-NH-CH_2-COOR = 2\,R \cdot OH$$
$$+ \; NH-CH_2-CO-NH-CH_2-CO-NH-CH_2-CO-NH-CH_2-CO$$
$$CO-CH_2-NH-CO-CH_2-NH-CO-CH_2-NH-CO-CH_2-NH$$

Cycloheptaglycylglycin.

Die Schwierigkeit der Entfernung der letzten Glycerinmengen aus denjenigen Reaktionsmassen, welche Pentaglycylglycin enthalten, steht vielleicht mit folgender Bildungsgleichung in Zusammenhang:

$$NH-CH_2-CO-NH-CH_2-CO + NH_2-CH_2-CO-NH-CH_2-CO-NH-CH_2-$$
$$-CO-NH-CH_2-COOR$$
$$= R \cdot OH + NH_2-CH_2-CO-NH-CH_2-CO-NH-CH_2-CO-NH-CH_2-CO-$$
$$-NH-CH_2-CO-NH-CH_2-COOH$$

Pentaglycylglycin.

Die Gegenwart größerer Mengen von Glycerin begünstigt wahrscheinlich die Bildung eines Monoglycerids des Glykokolls und damit die Bildung des Cycloglycylglycins, während die Gegenwart geringer Glycerinmengen die Bildung eines Diglycerids des Glykokolls und damit die Bildung des Triglycylglycins erleichtert.

Nachweis und Bestimmung: Nachweis im Harn: p-Kresol und Tyrosinase geben im Harn eine Rotfärbung, die bald in eine Grünfärbung übergeht. Die Reaktion fällt in der Tat stets positiv aus. Nach Behandeln mit Trypsin ändert sich die p-Kresol-Tyrosinase-Reaktion in charakteristischer Weise, was durch die Spaltung der Polypeptide verursacht wird. — Vorheriges Erhitzen des Harns beschleunigt die p-Kresol-Tyrosinase-Reaktion[1]).

Bestimmung: Die Formoltitrationsmethode von Sörensen[2]) wird zur Bestimmung der Aminosäuren und der Polypeptide bei den in der Brauerei in Betracht kommenden Stoffen angewandt[3]).

Im Blut können sie mittels der Ninhydrinreaktion, nach dem Verfahren von Amann[4]), bestimmt werden.

Physiologische Eigenschaften: Über den Anteil der Polypeptide und Aminosäuren am Reststickstoff des Blutes siehe Schweriner[5]).

Physikalische und chemische Eigenschaften: Verhalten der Polypeptide gegen Eiweißlösungen, Blutserum und bei der Koagulation von Solen[6]). — Ultrafiltrationsversuche mit Aminosäuren und Hefemacerationssäften[7]).

Tierkohle adsorbiert aus wässerigen Lösungen Polypeptide in hohem Grade[8]). Die Adsorptionsfähigkeit nimmt innerhalb einer Reihe von Polypeptiden mit der Länge des Adsorbenden zu, aus äquimolekularen Lösungen von Polypeptiden mit verschiedener Anzahl von Bausteinen wird somit durch eine bestimmte Menge Tierkohle um so mehr Aminostickstoff adsorbiert, je mehr solche am Aufbau beteiligt sind. In Gemischen verschiedener Polypeptide findet eine Adsorptionsverdrängung statt, deren Einzelheiten zu der Anschauung führen, daß die Adsorption der Polypeptide kein rein physikalischer Vorgang ist, vielmehr chemische Prozesse mitspielen. Die Adsorptionsisotherme $x/(\alpha-x)^n = k$ gilt höchstens innerhalb engerer Kon-

---

[1]) R. Chodat u. R. H. Kummer, Biochem. Zeitschr. **65**, 392—399; Chem. Centralbl. **1914**, II, 1210.

[2]) Sörensen, Biochem. Zeitschr. **7**, 45 [1918].

[3]) Ludwig Adler, Zeitschr. f. d. ges. Brauwesen **37**, 105—108, 117—121, 129—133 [1914]; Chem. Centralbl. **1914**, I, 1529.

[4]) J. Amann, Rev. med. Suisse romande; Schweiz. Apoth.-Ztg. **54**, 309—313; Chem. Centralbl. **1916**, II, 430.

[5]) F. Schweriner, Zeitschr. f. experim. Pathol. u. Therapie **21**, 129 [1920]; Chem. Centralbl. **1920**, III, 216.

[6]) Emil Abderhalden u. Andor Fodor, Fermentforschung **2**, 211 [1918]; Chem. Centralbl. **1919**, I, 95.

[7]) Emil Abderhalden u. Andor Fodor, Fermentforschung **2**, 225 [1918]; Chem. Centralbl. **1919**, I, 95.

[8]) Emil Abderhalden u. Andor Fodor, Fermentforschung **2**, 151—166 [1917]; Chem. Centralbl. **1918**, II, 739.

zentrationsgebiete, im Gebiete niederer Konzentration herrscht der Henrysche Verteilungssatz, so daß $x/(\alpha - x) = k$. Polypeptide und Zucker verdrängen sich gegenseitig, so daß aus einem Gemisch der beiden von jedem einzelnen weniger adsorbiert wird als bei alleiniger Gegenwart beider unter gleichen Bedingungen der Konzentration, Kohlenmenge usw.[1].

A. Inaktive Polypeptide.

1. Dipeptide und die zugehörenden Diketopiperazine.

Vorkommen: Aus Hefe, dann auch aus Muskelsubstanz und Säugetierleber konnte ein Dipeptid isoliert werden; es besteht aus Glutaminsäure und Cystein in noch nicht bestimmtem Verhältnis. Es ist autoxydabel. Zur Darstellung werden heiße wässerige Hefenextrakte teilweise mit verdünnter Natronlauge neutralisiert, doch so, daß die Lösung gegen Lackmus deutlich sauer bleibt, und mit Bleizucker völlig ausgefällt. Der Niederschlag wird zerrieben und mit kalter $^1/_2$ n-Schwefelsäure ausgezogen, bis der letzte Extrakt keine Reaktion mehr mit Nitroprussidnatrium gibt, die Lösung mit Uranylacetat bis zu dessen Vorwiegen versetzt, dann mit heiß gesättigter Bariumhydroxydlösung, solange dadurch noch ein Niederschlag entsteht, mit einem geringen Überschuß von Schwefelsäure versetzt und nach abermaliger Filtration mit saurer Mercurisulfatlösung gefällt. Nach Zersetzung dieses Niederschlages mit Schwefelwasserstoff wird die erhaltene Lösung mit Schwefelsäure auf etwa $^1/_2$ n-Acidität gebracht und mit Phosphorwolframsäure versetzt, wobei bei genügender Verdünnung das Dipeptid in Lösung bleibt. Die Lösung wird mit Bariumhydroxyd genau neutralisiert. Die weitere Reinigung kann über das Kupfer- oder das Bleisalz erfolgen[2].

Physiologische Eigenschaften: Fermentativer Abbau von Dipeptiden durch Hefenauszug[3].

Physikalische und chemische Eigenschaften: Versuche mit den Anhydriden des Glykokolls, Alanins, Tyrosins und Glycinleucins zeigten, daß diese praktisch mit Formaldehyd nicht in Reaktion treten[4].

Glycyl-glycin (Bd. IV, S. 211; Bd. IX, S. 37).

Bildung: Aus Aminoacetaldehyd und Glykokoll entsteht zunächst $NH_2 \cdot CH_2 \cdot CH : N \cdot CH_2 \cdot COOH$; diese Verbindung geht durch Oxydation in $NH_2 \cdot CH_2C(OH) : N \cdot CH_2COOH$, bzw. in die tautomere Verbindung $NH_2 \cdot CH_2 \cdot CO \cdot NH \cdot CH_2 \cdot COOH$ in das Glycylglycin über[5].

Physiologische Eigenschaften: Wird bei der Hydrolyse in alkalischer Lösung durch ein dem Erepsin analoges Enzym gespalten. Die dabei auftretenden Änderungen der H-Ionenkonzentration untersuchten Sörensen[6]) und Dernby[7]). CN-Ion wirkt als Gift und ClO_3' hemmt.

Bei der Autolyse der Hefe durch die proteolytischen Enzyme müssen drei Enzyme beteiligt sein, die als Hefepepsin, Tryptase und Ereptase bezeichnet werden. Die Ereptase spaltet einfache Peptide (Glycylglycin) rasch zu Aminosäuren und eignet sich so ausgezeichnet zu reaktionskinetischen Studien[8].

Physikalische und chemische Eigenschaften: Glycylglycin wurde mit wachsenden Mengen von verdünnter Salzsäure und Natronlauge versetzt und ihr H-Ionengehalt elektrometrisch bestimmt. Die so erhaltenen Titrationskurven sind charakteristisch[9].

---

[1] Emil Abderhalden u. Andor Fodor, Fermentforschung **2**, 151—166 [1917]; Chem. Centralbl. **1918**, II, 739.

[2] F. G. Hopkins, Biochem. Journal **15**, 286 [1921]; Chem. Centralbl. **1921**, III, 485.

[3] E. Abderhalden u. A. Fodor, Fermentforschung **4**, 191 [1921]; Chem. Centralbl. **1921**, III, 349.

[4] P. Glagolew, Biochem. Zeitschr. **70**, 119—123 [1915];

[5] Herm. Pauly, Zeitschr. f. physiol. Chemie **99**, 161—166 [1917]; Chem. Centralbl. **1917**, II, 53.

[6] Sörensen, Compt. rend. du. Lab. de Carlsberg **8**, 1 [1909]; Chem. Centralbl. **1909**, II, 1577.

[7] C. Gustav Dernby, Compt. rend. du. Lab. de Carlsberg **11**, 263—295 [1916]; Chem. Centralbl. **1916**, II, 1121.

[8] K. G. Dernby, Biochem. Zeitschr. **81**, 107—208 [1917]; Chem. Centralbl. **1917**, II, 111.

[9] Herbert Eckweiler, Helen Miller Noyes, K. George Falk, Journ. gen. Physiol. **3**, 921—300; Chem. Centralbl. **1921**, I, 614.

Band bei der Hydrolyse von Proteinkörpern kein Br.[1]).

Derivate: Glycyl-glycinjodcalcium[2]) $(C_4H_8N_2O_2)_2CaJ_2 \cdot 2 H_2O$. Weiße Nadeln, zersetzt sich oberhalb 200° unter Jodabscheidung, ohne vorher zu schmelzen; leicht löslich in kaltem Wasser, wenig löslich in 50 proz. Alkohol, unlöslich in absol. Alkohol.

Fumaryldiglycindiäthylester. Erhalten durch 3 stündiges Kochen von 1 Mol. Fumarylchlorid mit 2 Mol. Glycinäthylesterchlorhydrat in trockenem Benzol. Schmelzp. 211° aus Wasser[3]).

Glycinanhydrid (Diketopiperazin) (Bd. IV, S. 219; Bd. IX, S. 38).
(6-methyl-2-5-diketopiperazin)

$$C_4H_6O_2N_2 = CH_2 \cdot CO \cdot NH \cdot CH_2 \cdot CO \cdot NH.$$

Bildung[4]): Aus Chloracetylglycinamid durch Einwirkung wässeriger NH_3-Lösung; daneben entsteht salzsaures Glycylglycinamid.

Darstellung: Man löst Glykokoll in möglichst wenig siedendem Wasser, setzt 4 Teile Glycerin zu und erhitzt im Luftbade so lange auf 170—175°, bis die Masse eine schwarzbraune Farbe angenommen hat und die Biuretreaktion nicht mehr gibt.

Glykokoll gibt beim Erhitzen mit Naphthalin im Ölbad einen flockigen, schwarzen, unlöslichen Stoff, das Anhydrid des Glykokolls[5]). Bei 1 stündigem Kochen am Rückflußkühler mit 25 proz. H_2SO_4 geht es vollständig in Lösung, wobei das Anhydrid aufgespalten wird, es kann aus dem Reaktionsgemisch das Cu-Salz des Glykokolls gewonnen werden. — Die Ausbeute ist beiläufig dieselbe bei der Anhydridbildung mit Naphthalin wie mit Glycerin; andere Kohlenwasserstoffe sind ebenfalls geeignet, diese Umwandlung zu bewirken[6]).

Nachweis und Bestimmung: Die Jaffésche Reaktion auf Kreatinin mit Pikrinsäure und Alkali läßt sich auch mit Glycinanhydrid erhalten, und den Dipeptidanhydriden, welche eine Glycinkomponente in sich schließen[7]).

Physiologische Eigenschaften: Zuckerbildung im phlorrhizindiabetischen Organismus. Die Verfütterung von Glycinanhydrid führte zu einem erheblich geringeren Extrazucker als das Glykokoll. Dies beweist, daß ein erheblicher Teil des Glycinanhydrids, wenn nicht alles der Verbrennung im Organismus entgeht, respektive nicht über die Glykokollstufe läuft[8]).

Physikalische und chemische Eigenschaften: Weiße, flache Täfelchen aus Wasser, kleine Krystalle bei gestörter Krystallisation, kleine Nadeln durch Fällen der wässerigen Lösung mit Alkohol, sublimiert in feinen Nadeln, beginnt sich auf dem Maquenneschen Block bei 210—220° zu zersetzen, schwärzt sich bei 250°, verflüchtigt sich bei 260°, ohne zu schmelzen, verwandelt sich dagegen beim raschen Erhitzen in eine farblose Flüssigkeit und verkohlt sodann unter teilweiser Sublimation. Die Dämpfe der Verbindung besitzen einen aromatischen, eigenartigen, an Pyridin erinnernden Geruch. Ist leicht löslich in heißem Wasser, schwerer in kaltem Wasser, fast unlöslich in Alkohol. Gibt nicht die Biuretreaktion, löst in der Siedehitze keine Spur Kupferoxyd, wird durch siedende, 5 proz. H_2SO_4 zu Glykokoll hydrolysiert, geht bei der Behandlung mit konz. HCl bzw. HCl + $PtCl_4$ in das Chlorhydrat bzw. Chloroplatinat des Triglycylglycins über[9]). Bleibt bei Behandlung mit Diazomethan unangegriffen[10]).

[1]) M. Siegfried u. H. Reppin, Zeitschr. f. physiol. Chemie **95**, 18—28 [1915]; Chem. Centralbl. **1916**, I, 513.

[2]) Walter Spitz, D.R.P. 318 343, Kl. 12 q; Chem. Centralbl. **1920**, I, 601.

[3]) T. Th. Bornwater, Rec. trav. chim. Pays-Bas **35**, 124 [1915]; Chem. Centralbl. **1916**, I, 44 und ebendort **36**, 250—257 [1916]; Chem. Centralbl. **1917**, I, 563.

[4]) Peter Bergell, Zeitschr. f. physiol. Chemie **64**, 362 [1910]; Chem. Centralbl. **1910**, I, 1345; Zeitschr. f. physiol. Chemie **97**, 293 [1916]; Chem. Centralbl. **1917**, I, 857.

[5]) L. Balbiano, Atti della R. Accad. dei Lincei, Roma **23**, I, 893—896 [1914]; Chem. Centralbl. **1914**, II, 1393.

[6]) Trasciatti, Gazz. chim. ital. **32**, 410 [1902]; Chem. Centralbl. **1902**, II, 191.

[7]) Takaoki Sasaki, Biochem. Zeitschr. **114**, 63 [1921]; Chem. Centralbl. **1921**, II, 979.

[8]) Max Cremer u. Rudolf W. Seuffert, Beitr. z. Physiologie **1**, 255 [1916]; Chem. Centralbl. **1916**, II, 1045.

[9]) L. C Maillard, Ann. de Chim. et de Phys. [9] **1**, 519—578 [1914]; Chem. Centralbl. **1914**, II, 466.

[10]) A. Geake u. M. Nierenstein, Zeitschr. f. physiol Chemie **92**, 149—153 [1914]; Chem. Centralbl. **1914**, II, 761.

Derivate: Diacipiperazin-Calciumchlorid[1])

$$CaCl_2, NH\!\!<\!\!\begin{array}{c}CH_2-CO\\CO-CH_2\end{array}\!\!>\!\!NH, 2H_2O.$$

Man gibt zu einer wässerigen Aufschwemmung von 1 g Glykokollanhydrid 10 g Chlorcalcium-hexahydrat, erwärmt bis Lösung eintritt und läßt dann erkalten. — Es scheiden sich allmählich durchsichtige, farblose, zentimeterlange, dicke, prismatische Krystalle aus. — Beim Erhitzen versickern die Krystalle; sie zeigen keinen Schmelzpunkt. — Aus der heißen wässerigen Lösung der Verbindung erhält man beim Erkalten chlorcalciumfreies Glykokollanhydrid.

Diacipiperazin-di-Lithiumchlorid[1])

$$2\,LiCl, NH\!\!<\!\!\begin{array}{c}CH_2-CO\\CO-CH_2\end{array}\!\!>\!\!NH, 2^1/_2H_2O.$$

Man dampft eine wässerige Lösung von 1 g Glykokoll-anhydrid und 8 g Chlorlithium auf dem Wasserbad so weitgehend ein, daß sich eine Krystallhaut abzuscheiden beginnt. Dann bringt man durch einige Tropfen Wasser die Krystallhaut wieder in Lösung und läßt die Flüssigkeit erkalten. Es scheiden sich bald schöne, durchsichtige, farblose Nädelchen ab, die zu Bändern parallel aneinander gelagert sind. Sie werden zwischen Tonplatten abgepreßt und getrocknet. — Hat keinen Schmelzpunkt; beim Erhitzen verwittert es unter Wasserabgabe zu einer weißen Masse, dann verkohlt es und hinterläßt schließlich geschmolzenes Chlor-lithium. — Mit wenig Wasser gehen die Krystalle sofort in ein weißes Pulver über; an der Luft auf Ton verwandeln sie sich innerhalb 24 Stunden in Krystalle von Glykokollanhydrid.

Diacipiperazin-di-Lithiumbromid[1])

$$2\,LiBr, NH\!\!<\!\!\begin{array}{c}CH_2-CO\\CO-CH_2\end{array}\!\!>\!\!NH, 2^1/_2H_2O.$$

Man dampft eine wässerige Lösung von 0,5 g Glykokoll-anhydrid und 6 g käuflichem Lithium-bromid auf dem Wasserbad möglichst weitgehend ein und überläßt dann die Flüssigkeit in einem mit einem Uhrglas bedeckten Schälchen bei gewöhnlicher Temperatur der freiwilligen Krystallisation. — Bildet durchsichtige farblose Blättchen, die von der Mutterlauge möglichst gut getrennt und dann etwa 3 Stunden lang zwischen Tonplatten getrocknet werden. — Mit etwas Wasser überschüttet zerfallen die Krystalle sofort zu einem weißen Pulver; beim Er-hitzen werden sie matt, haben keinen Schmelzpunkt. An freier Luft gehen sie allmählich in Krystalle des Glykokoll-anhydrids über.

Di-3-acetoxy-4-methoxybenzalglycinanhydrid[2]).

Zusammensetzung: $C_{24}H_{22}O_8N_2$.

Formel: $(CH_3O)(C_2H_3O\cdot O)C_6H_3\cdot CH:C\!\!<\!\!\begin{array}{c}CO-NH\\NH-CO\end{array}\!\!>\!\!C:CH\cdot C_6H_3(C_2H_3O\cdot O)(CH_3O).$

Darstellung: Nach dem allgemeinen Verfahren von Sasaki[3]) aus Glycinanhydrid und Vanillin in Gegenwart von Natriumacetat und Essigsäureanhydrid bei 160—170° zu 79,2% der Theorie.

Eigenschaften: Schwach gelbliche Krystalle aus Eisessig, Schmelzpunkt nicht bis 280°, wenig löslich in Wasser und den gewöhnlichen organischen Mitteln, liefert bei Behandlung mit Jodwasserstoffsäure und Phosphor das d,1-3,4-Dioxyphenylamin.

Guanidoglycylglycin[4]).

Mol.-Gewicht: 132,11.

Zusammensetzung: $C_5H_{10}O_3N$.

$$HN=\overset{\displaystyle NH_2}{\underset{\displaystyle NH-CH_2-CO-NH_2-CH_2-COOH.}{\overset{|}{\underset{|}{C}}}}$$

[1]) P. Pfeiffer u. Fr. Wittka, Berichte d. Deutsch. Chem. Gesellschaft **48**, 1307 [1915].
[2]) Kinsaburo Hirai, Biochem. Zeitschr. **114**, 67—70 [1921]; Chem. Centralbl. **1921**. I, 666.
[3]) Sasaki, Berichte d. Deutsch. Chem. Gesellschaft **54**, 163 [1921]; Chem. Centralbl. **1921**, I, 450.
[4]) Antonio Clementi, Gazz. chim. ital. **45**, I, 56—58 [1914]; Atti della R. Accad. dei Lincei Roma [5] **24**, 55—57 (1915); Chem. Centralbl. **1915**, I, 1110.

Darstellung: Glycylglycin wird mit Cyanamid in wässeriger Lösung bei Gegenwart von etwas Ammoniak stehen gelassen.

Physikalische und chemische Eigenschaften: Weiße Krystalle. Bräunt sich bei 218—220°. Bei etwa 235° tritt Schwärzung und Zersetzung ein. — Es ist unlöslich in Alkohol und Äther, wenig löslich in Wasser. — Die Biuretprobe und die Nitroprussidnatriumprobe verlaufen negativ.

Physiologische Eigenschaften: Sowohl Trypsin als auch Erepsin sind unfähig, die hydrolytische Spaltung von Guanidoglycylglycin in Guanidoglykokoll und Glykokoll zu bewirken. Es ist dies der erste Fall, daß eine künstlich in das Molekül eines Polypeptids eingeführte Gruppe das Erepsin der Fähigkeit der Polypeptidspaltung beraubt[1]).

Chloracetylglycinamid[2]).

$$Cl \cdot CH_2 \cdot CO \cdot NH \cdot CH_2 \cdot CO \cdot NH_2.$$

Bildung: Aus Glycinamidchlorid und Chloracetylchlorid.

Physikalische und chemische Eigenschaften: Spitze Blätter vom Schmelzp. 129—130° (unkorr.) aus Aceton.

Glcylglycinamid[2]).

$$NH_2 - CH_2 - CO - NH - CH_2 - CO - NH_2.$$

Bildung: Aus Chloracetylglycinamid durch die Einwirkung von wässeriger NH_3-Lösung neben Glycinanhydrid, als salzsaures Salz entstehend.

Physikalische und chemische Eigenschaften: Krystalle mit Schmelzp. 195—196° (ein braunes Öl bildend).

Sarkosylsarkosinanhydrid[3]) (Cyclosarkosylsarkosin).

$$C_6H_{10}O_2N_2 = CH_3 \cdot N \cdot CH_2 \cdot CO \cdot N(CH_3) \cdot CH_2 \cdot CO$$

Darstellung: 10 g Sarkosin in wenig siedendem Wasser gelöst, werden mit 40 g Glycerin versetzt und auf 170° erhitzt. Nach 1 stündigem Erkalten wird noch 9 Stunden auf 170—175° erwärmt. Höhere Polypeptide bilden sich nicht. Kleine Mengen Zersetzungsprodukte aber treten auf. Die Isolierung des Produktes ist sehr mühsam und erfordert häufiges Ausschütteln der Flüssigkeit mit Äther.

Physikalische und chemische Eigenschaften: Große, derbe, durchscheinende Krystalle, oder lange, feine Nadeln aus Alkohol, Schmelzp. 149—150° (Maquennescher Block). Schmilzt beim raschen Erhitzen in offenen Röhrchen unter Sublimation und Entwicklung eines pyridinartigen Geruches. Sehr leicht löslich in kaltem Wasser und Alkohol, wenig löslich in Äther, schmeckt ziemlich intensiv bitter. Die wässerige Lösung ist gegen gefälltes Kupferoxyd selbst in der Siedehitze indifferent. Durch siedende 25 proz. H_2SO_4 wird die Verbindung in 2 Mol. Sarkosin gespalten. — Das Sarkosinanhydrid von Mylius und von Traube ist wahrscheinlich identisch mit dem Cyclosarkosylsarkosin.

Bromacetylphenylaminoessigsäure[4]).

$$BrCH_2 \cdot CO \cdot NH \cdot CH - CO.OH$$
$$| $$
$$C_6H_5$$

Bildung: Aus Phenylaminoessigsäure und Bromacetylchlorid in alkalischer Lösung.

Eigenschaften: Weiße Schuppen aus Benzol, Schmelzp. 140°. — Leicht löslich in Alkohol und Äther, schwerer in Chloroform und Benzol, wenig löslich in kaltem, leichter in heißem Wasser, unlöslich in Petroläther.

[1]) A. Clementi, Gazz. chim. ital. **45**, II, 276—280 [1915]; Chem. Centralbl. **1916**, I, 413.

[2]) Peter Bergell, Zeitschr. f. physiol. Chemie **64**, 363 [1910]; Chem. Centralbl. **1910**, I, 1345; Zeitschr. f. physiol. Chemie **97**, 293 [1916]; Chem. Centralbl. **1917**, I, 857.

[3]) L. C. Maillard, Ann. de Chim. et de Phys. **3**, 48—120 [1915]; Chem. Centralbl. **1916**, I, 8.

[4]) L. Petrescu, Bulet. Soc. de Chim. din România **1**, 56[1920]; Chem. Centralbl. **1920**, III, 588.

Glycylphenylaminoessigsäure[1]).

Mol.-Gewicht: 208,2.

Zusammensetzung: $C_{10}H_{12}O_3N_2$.

$$H_2N \cdot CH_2 - CO - NH - CH - COOH$$
$$| $$
$$C_6H_5$$

Bildung: Aus Bromacetylphenylaminoessigsäure und Ammoniak.

Eigenschaften: Krystallmasse aus Wasser und Alkohol; leicht löslich in Wasser, fast unlöslich in Alkohol, Äther, Benzol, Chloroform und Petroläther. — Sehr leicht löslich in Alkalien und Säuren. Bräunt sich gegen 212°, schmilzt bei 226° und zersetzt sich gegen 228°.

Derivate: Kupfersalz, $CuC_{10}H_{10}O_3N_2$. — Wenig löslich in kaltem, leichter in warmem Wasser, fast unlöslich in Alkohol.

Glycylphenylglycinanhydrid, Phenyldiketopiperazin[1]).

Mol.-Gewicht: 190,15.

Zusammensetzung: $C_{10}H_{10}O_2N_2$.

$$CH_2 - CO - NH$$
$$|\qquad\qquad |$$
$$NH - CO - CH - C_6H_5$$

Darstellung: Man versetzt Glycylphenylglycin mit Alkohol und Salzsäure, behandelt das salzsaure Salz des Esters mit alkoholischem Ammoniak, dampft das Filtrat im Vakuum ein und löst in warmem Wasser. — Krystalle. — Bräunt sich bei vorsichtigem Erhitzen bei 230°, Schmelzp. 232°. — Leicht löslich in Essigsäure, warmem Wasser und Alkohol, unlöslich in Äther, Benzol, Chloroform, leichter löslich in Salzsäure als in Wasser.

1, 2, 4-Dinitroditolyl-α, γ-diacipiperazin[2]).

Mol.-Gew. 384,26.

Zusammensetzung: $C_{18}H_{16}O_6N_4$.

Aus 1, 2, 4-Nitrotolylglycin beim Erhitzen über den Schmelzpunkt. — Hellgelber Niederschlag aus Essigsäure und Wasser, Schmelzp. 186°. Färbt sich beim Aufbewahren dunkelrot, unlöslich in Alkalien, schwer löslich in Wasser, Äther und Benzol, leicht löslich in Eisessig.

d, l-Alanylglycin (Bd. IV, S. 227; Bd. XI, S. 42).

Physikalische und chemische Eigenschaften: Alanylglycin wurde mit wachsenden Mengen von verdünnter Salzsäure und Natronlauge versetzt und ihr H-Iongehalt elektrometrisch bestimmt. Die so erhaltenen Titrationskurven sind charakteristisch[3]).

d, l-Alanylglycinanhydrid[4]) (Cycloalanylglycin)
(Bd. IV, S. 229; Bd. IX, S. 42).

Zusammensetzung: $C_5H_8O_2N_2$.

$$NH \cdot CH(CH_3) \cdot CO \cdot NH \cdot CH_2 \cdot CO.$$

Darstellung: Beide Aminosäuren werden in äquimolekularer Menge, 2,67 g Alanin und 2,25 g Glykokoll in wenig heißem Wasser gelöst, nachher werden 20 g Glycerin von 30° Bé

[1]) L. Petrescu, Bulet. Soc. de Chim. din România **1**, 56 [1920]; Chem. Centralbl. **1920**, III, 588.
[2]) Wilhelm Pollak, Journ. f. prakt. Chemie [2] **91**, 285—306 [1905].
[3]) Herbert Eckweiler, Helen Miller Noyes, K. George Falk, Journ. gen. Physiol. **3**, 291—300 [1921]; Chem. Centralbl. **1921**, I, 614.
[4]) L. C. Maillard, Ann. de Chim. et de Phys. **4**, 225—252 [1915]; Chem. Centralbl. **1916**, I, 1228.

zugegeben und auf 170° erhitzt. Man hält auf dieser Temperatur, bis gefälltes Kupferoxyd nicht mehr gelöst wird. Das Reaktionsprodukt wird zum Krystallisieren gebracht und das wenig beigemengte Cycloglycylglycin entfernt.

Physikalische und chemische Eigenschaften: Weiße Nadeln aus Alkohol. Schmelzp. 229° (korr.) unter gleichzeitiger Zersetzung; ziemlich leicht löslich in Wasser, leicht in siedendem Alkohol. — Die wässerige Lösung ist neutral und löst gefälltes Kupferoxyd nicht.

Glycyl-alaninanhydrid (Methyldiketo-piperazin).

Derivate: **1-Acetyl-3-benzal-6-methyl-2, 5-diketopiperazin.** 4,3 g d, l-Alanin-glycin-anhydrid werden mit 8,8 g Benzaldehyd, 10 g trockenem Natriumacetat und 17 ccm Essigsäure-anhydrid versetzt, im Ölbad 8 Stunden auf 120—130° erhitzt. Die nach dem Erkalten erstarrte Reaktionsmasse wird zuerst mit Wasser digeriert und dann mit Äther geschüttelt. Die aus-geschiedene Krystallmasse samt der Ätherschicht wird hiernach von der Wasserschicht getrennt und in der Kältemischung einige Zeit stehen gelassen. Die sodann abgesaugte Krystallmasse wiegt 4, 6g. Aus der Mutterlauge scheiden sich dann noch etwa 0,6 g aus. Letztere ist fast rein. Die zuerst ausgeschiedenen Krystalle werden aus verdünntem Alkohol umkrystallisiert, sie wiegen jetzt 4,4 g; Gesamtausbeute 58% der Theorie. — Die Substanz schmilzt bei 163—164°, ist in Äther und Wasser fast unlöslich,·in kaltem Alkohol schwer, in Eisessig, Benzol, Aceton und Essigäther löslich[1]).

α-Brompropionylglycinamid[2]).

$$C_5H_9O_2N_2Br.$$

Bildung: Aus Glycinamidchlorid und Brompropionylbromid.

Physikalische und chemische Eigenschaften: Prismen oder Rhomboeder vom Schmelzp. 162° (unkorr.) aus heißem Alkohol; gut löslich in Aceton und Essigester, unlöslich in kaltem, wie siedendem Äther, CCl_4 und Benzol. — Daraus konnte Alanylglycinanhydrid erhalten werden mit 25 proz. kaltem wässerigem NH_3, aber höchstens in einer Menge von 10% der Theorie[3]).

d, 1-Alanyl-d, 1-alanin (Bd. IV, S. 229).

Physikalische und chemische Eigenschaften: Alanylalanin wurde mit wachsenden Mengen von verdünnter Salzsäure und Natronlauge versetzt und ihr H-Iongehalt elektrometrisch bestimmt. Die so erhaltenen Titrationskurven sind charakteristisch[4]).

d, 1-Alanyl-d, 1-alanin-anhydrid (Cycloalanylalanin)[5]).

Zusammensetzung: $C_6H_{10}O_2N_2$.

$$CH_3 \cdot CH \cdot NH \cdot CO \cdot CH(CH_3) \cdot NH \cdot CO$$

Bildung: Bildet sich beim Erhitzen von Alanin mit Glycerin auf 170—175°[6]).

Darstellung: Durch Erhitzen von 2 g Alanin mit 8 g Glycerin auf 170° (60% Ausbeute).

Physikalische und chemische Eigenschaften: Krystallisiert aus Alkohol in weißen Nadeln oder kurzen, sternförmig gruppierten Prismen, Schmelzp. 282—282,5° (korr.), sublimiert beim Erhitzen in offenen Röhrchen unter teilweiser Zersetzung; leicht löslich in Alkohol, wenig lös-lich in kaltem, leichter in heißem Wasser, bitterer Geschmack. Die wässerige Lösung ist neutral und löst gefälltes Kupferoxyd nicht.

---

[1]) Takaoki Sasaki, Berichte d. Deutsch. Chem. Gesellschaft **54**, 168—171 [1921]; Chem. Centralbl. **1921**, I, 450.

[2]) Peter Bergell, Zeitschr. f. physiol. Chemie **97**, 293—306 [1916]; Chem. Centralbl. **1917**, I, 857.

[3]) Fischer u. Otto, Berichte d. Deutsch. Chem. Gesellschaft **36**, 2106 [1903]; Chem. Centralbl. **1903**, II, 344.

[4]) Herbert Eckweiler, Helen Miller Noyes, K. George Falk, Journ. gen. Physiol. **3**, 291—300 [1921]; Chem. Centralbl. **1921**, I, 614.

[5]) L. C. Maillard, Ann. de Chim. et de Phys. **3**, 48—120 [1915]; Chem. Centralbl. **1916**, I, 8.

[6]) F. Graziani, Atti della R. Accad. dei Lincei Roma [5], **24**, 822 [1915]; Chem. Centralbl. **1915**, II, 461.

Valylglycinanhydrid[1]) (Bd. IV, S. 235).

Zusammensetzung: $C_7H_{12}O_2N_2$.

$$\begin{array}{l} CH_3 \\ \quad\ \ \diagdown CH-CH-CO-NH \\ CH_3 \diagup \qquad\ | \qquad\qquad | \\ \qquad\qquad\ NH-CO-CH_2 \end{array}$$

Bildung: Aus Bromisovalerylglycinamid beim Erhitzen mit alkalischem Ammoniak bei 115—122° 6 Stunden im geschlossenen Rohr.

Physikalische und chemische Eigenschaften: Nadeln vom Schmelzp. 245° (unkorr.) aus heißem Wasser; wenig löslich in Wasser.

Valylglycinamid.

Derivate: Valylglycinamidbromid[2]) $C_7H_{15}O_2N_3Br$. Entsteht bei der Amidierung des Bromisovalerylglycinamids. Schmelzp. 223° (unkorr.)[3]).

Bromisovalerylglycinamid[1]).

$$C_7H_{13}O_2N_2Br.$$

$$\begin{array}{l} CH_3 \\ \quad\ \ \diagdown CH-CH-CO-NH-CH_2-CO-NH_2. \\ CH_3 \diagup \qquad\ | \\ \qquad\qquad\ Br \end{array}$$

Bildung analog der entsprechenden Propionylverbindung.

Physikalische und chemische Eigenschaften: Prismatische Krystalle vom Schmelzp. 134° (unkorr.) aus verdünntem Alkohol; leicht löslich in heißem Alkohol; wenig löslich in Wasser, Essigester, Äther, Aceton, Tetrachlorkohlenstoff und Benzol.

Glycylleucin (Bd. IV, S. 222; Bd. IX, S. 41).

Physikalische und chemische Eigenschaften: Liefert bei Behandlung mit Diazomethan Glycylleucinanhydrid[4]).

Glycyl-d,1-leucinanhydrid (Isobutyl-diketo-piperazin) (Bd. IV, S. 223).

Derivate: 1-Acetyl-3-benzal-6-isobutyl-2, 5-diketopiperazin[5]). 4,3 g d,1-Leucyl-glycin-anhydrid wird mit 6,6 g Benzaldehyd versetzt und unter Zusatz von 7,5 trockenem Natrium-acetat und 13 ccm Essigsäure-anhydrid im Ölbade 8 Stunden auf 120—130° erhitzt. Die nach dem Erkalten ganz erstarrte Reaktionsmasse wird zuerst mit Wasser digeriert und sodann unter Zusatz von Äther geschüttelt. Die Ätherschicht und die abgeschiedenen Krystalle werden von der wässerigen Schicht getrennt. Die Substanz wiegt trocken 3,3 g. Das ätherische Filtrat wird von neuem mit Wasser bis zum Verschwinden der sauren Reaktion geschüttelt, wobei sich noch 0,4 g Substanz ausscheiden, welche ohne weitere Umkrystallisation den richtigen Schmelzpunkt zeigen. Zwecks Entfernung des unveränderten Aldehyds wird das Äther-filtrat von neuem mit Natriumbisulfit geschüttelt und mit Wasser gewaschen. Nach Abdampfen des Äthers bleibt ein rotbrauner Sirup zurück, aus welchem nach einigem Stehenlassen 0,7 g einer mittels der Tonplatte gereinigten krystallinischen Masse gewonnen werden kann. Nach einmaligem Umkrystallisieren aus 50% Alkohol zeigt die Substanz einen nahezu richtigen Schmelzpunkt und wiegt trocken 0,4 g. Die gesamte Ausbeute beträgt somit 4,1 g.

---

[1]) Peter Bergell, Zeitschr. f. physiol. Chemie **64**, 363 [1910]; Chem. Centralbl. **1910**, I, 1345; Zeitschr. f. physiol. Chemie **97**, 293 [1916]; Chem. Centralbl. **1917**, I, 857.

[2]) Peter Bergell, Zeitschr. f. physiol. Chemie **97**, 293—306 [1916]; Chem. Centralbl. **1917**, I, 857.

[3]) Peter Bergell, Zeitschr. f. physiol. Chemie **64**, 363 [1910]; Chem. Centralbl. **1910**, I, 1345.

[4]) A. Geake u. M. Nierenstein, Zeitschr. f. physiol. Chemie **92**, 149—153 [1914]; Chem. Centralbl. **1914**, II, 761.

[5]) Takaoki Sasaki u. Tokudji Hashimoto, Berichte d. Deutsch. Chem. Gesellschaft **54**, 168—171 [1921]; Chem. Centralbl. **1921**, I, 451.

Die Verbindung läßt sich fast ohne Verlust aus siedendem Alkohol umkrystallisieren. Die reine Substanz vom Schmelzp. 152—153° wog 4,0 g, das sind 53% der Theorie. — Das 1-Acetyl-3-benzal-6-isobutyl-2, 5-diketopiperazin ist löslich in Aceton, heißem Alkohol, Eisessig, auch in Essigäther und Benzol, kaum aber in Wasser, Äther und Petroläther.

d, l-Leucylglycin (Bd. IV, S. 237; Bd. IX, S. 43).

Physiologische Eigenschaften: Wird durch Pankreassaft nicht, aber durch wässerigen Leberextrakt — nur zur Hälfte — in Leucin und Glykokoll gespalten. Dies bestätigt, daß, wie Fischer behauptete, die racemischen Polypeptide von den peptolytischen Fermenten des Organismus asymetrisch gespalten werden[1]). Wird in vitro von den in den Lebern der Vögel, Reptilien, Amphibien, Fische und Mollusken vorhandenen Fermenten bei 37° in Gegenwart von Toluol hydrolytisch gespalten[2]). Bei der Einwirkung von Bacterium coli commune und Staphylococcus aureus wird l-Leucin abgespalten; wahrscheinlich entsteht dabei auch d-Leucylglycin[3]).

Physikalische und chemische Eigenschaften: Leucylglycin hat die Eigenschaft, unter bestimmten Temperaturen und Verdünnungsverhältnissen die Ausflockung und zum Teil die allmähliche Fällung der Proteide aus wässerigen organischen Extrakten zu begünstigen oder zu veranlassen[4]).

d, l-Leucylglycinanhydrid (Cycloleucylglycin) (Bd. IV, S. 239).

Zusammensetzung: $C_8H_{14}O_2N_2$.

$$\overline{NH \cdot CH(C_4H_9) \cdot CO \cdot NH \cdot CH_2 \cdot CO}$$

Darstellung[5]): Ein Überschuß von Glykokoll ist notwendig, um Leucin leichter in Lösung zu bringen und eine Bildung von Cycloleucylleucin zu verhindern. Es wird ein Gemisch von 2 g rac. Leucin, mit 4 g Glykokoll und 30 g Glycerin (30° Bé) in geeigneter Weise auf 175° erhitzt. Das Trennen des Cycloleucylglycins vom Cycloglycylglycin geschieht mittels fraktionierten Lösens der Krystalle in Alkohol, in welchem das Cycloleucylglycin leichter löslich ist als das Cycloglycylglycin.

Physikalische und chemische Eigenschaften: Schmelzp. 227° (korr.); vielleicht etwas zu niedrig; leicht löslich in heißem Alkohol; Geschmack bitter. Die Verbindung ist ohne Zweifel racemisch[5]). Nadeln vom Schmelzp. 240—242° (unkorr.) aus heißem Wasser oder Alkohol[6]).

α-Bromisocapronylglycinäthylester[7]).

$(CH_3)_2CH \cdot CH_2 \cdot CHBr \cdot CO \cdot NH \cdot CH_2 \cdot COOC_2H_5$.

Dargestellt durch Kochen (24 Stunden) von Glycinäthylesterchlorhydrat mit α-Bromisocapronylchlorid in trockenem Benzol. Nadeln aus Wasser, sehr wenig löslich; Schmelzp. 88°. Reagiert nicht mit Oxalylchlorid in Benzollösung.

α-Bromisocapronylglycinamid[8]).

$C_8H_{15}O_2N_2Br$.

Nadeln vom Schmelzp. 100—102° aus verdünntem Alkohol, leicht löslich in heißem Alkohol, löslich in Essigester und Aceton, sehr wenig löslich in kaltem Wasser, unlöslich in Äther, Benzol und CCl_4.

---

[1]) A. Clementi, Atti della R. Accad. dei Lincei Roma [5] **24**, 972—978 [1915]; Chem. Centralbl. **1916**, I, 923.

[2]) A. Clementi, Atti della R. Accad. dei Lincei Roma [5] **25**, I, 183—188 [1916]; Chem. Centralbl. **1916**, II, 67.

[3]) Tokio Mito, Acta schol. med. Univ. Imp. in Kioto **1**, IV, 433 [1920]; Chem. Centralbl. **1920**, III, 641.

[4]) A. Clementi, Atti della R. Accad. dei Lincei Roma **25**, 234—236 [1916]; Chem. Centralbl. **1916**, II, 500.

[5]) L. C. Maillard, Ann. de Chim. et de Phys. **4**, 225—252 [1915]; Chem. Centralbl. **1916**, I, 1228.

[6]) Peter Bergell, Zeitschr. f. physiol. Chemie **97**, 293 [1916]; Chem. Centralbl. **1917**, I, 857.

[7]) J. Th. Bornwater, Rec. trav. chim. Pays-Bas. **35**, 124 [1915]; **36**, 250 [1916]; Chem. Centralbl. **1916**, I, 44; **1917**, I, 563.

[8]) Peter Bergell, Zeitschr. f. physiol. Chemie **64**, 363 [1910]; Chem. Centralbl. **1910**, I, 1345; Zeitschr. f. physiol. Chemie **97**, 293 [1916]; Chem. Centralbl. **1917**, I, 857.

α-Bromisocapronyliminodiacetatamid[1]).

$$C_{10}H_{18}O_3N_3Br.$$

Aus Iminodiacetamidcarbonat und Bromisocapronylbromid, Schmelzp. bei 108—110° (unkorr.).

Leucylvalinanhydrid (Cycloleucylvalin)[2]).

Zusammensetzung: $C_{10}H_{20}O_2N_2$.

$$NH \cdot CH(C_3H_7) \cdot CO \cdot NH \cdot CH(C_4H_9) \cdot CO.$$

Bildung: Wurde beim Erhitzen — von einem etwas Leucin enthaltenden — Valin, mit Glycerin auf 170° in geringer Menge erhalten. Bei der Hydrolyse des Globulins der Kokosnuß wurde 0,64% Leucylvalinanhydrid gefunden[3]).

Physikalische und chemische Eigenschaften: Farblose Nadeln aus Alkohol; Schmelzp. 260° (korr.); unlöslich in Wasser, löslich in siedendem Alkohol, löslich in konz. H_2SO_4, ohne Zersetzung, gleicht im Äußeren dem Cycloleucylleucin. Anfangs geschmacklos, nachher etwas bitter schmeckend[4]).

d, l-Leucyl-d, l-leucinanhydrid[5]) (Cycloleucylleucin) (Bd. IV, S. 241).

Zusammensetzung: $C_{12}H_{22}O_2N_2$.

$$\begin{array}{c} CH_3 \\ \searrow CH - CH_2 - CH - CO - NH \qquad\qquad CH_3 \\ CH_3 \nearrow \qquad\qquad\quad | \qquad\quad | \qquad\qquad\qquad \nearrow \\ \qquad\qquad\qquad NH - CO - CH - CH_2 - CH \\ \qquad\qquad\qquad\qquad\qquad\qquad\qquad\qquad \searrow \\ \qquad\qquad\qquad\qquad\qquad\qquad\qquad\qquad CH_3 \end{array}$$

Darstellung: Aus d, l-Leucin und Glycerin. In kleiner Menge entsteht ein alkaloidartiges Nebenprodukt.

Physikalische und chemische Eigenschaften: Krystallisiert aus Alkohol in glänzenden weißen Nadeln. Schmelzp. (im Röhrchen) 271° (korr.); sublimiert beim Erhitzen im offenen Rohr, fast unlöslich in Wasser, verdünnten Säuren und Alkalien; leicht löslich in Alkohol, unlöslich in Äther, löslich in konz. H_2SO_4 ohne Färbung, auf Zusatz von Wasser scheidet die letztere Lösung die Verbindung unverändert wieder ab. Identisch mit dem Leucinimid von E. Fischer.

Maillard behauptet, daß die natürlichen Leucinimide und der Boppsche Körper in Wirklichkeit das Cycloleucyl-l-leucin sind, woraus folgt, daß im Eiweißmolekül die Leucyl-leucylgruppe vorhanden ist. Der richtige Schmelzpunkt für dieses Cyclo-1-leucyl-leucin und seinen optischen Antipoden dürfte 295—296° sein. 277° bekam E. Fischer und A. H. Koelker für die beiden Antipoden, der Grund der zu niederen Zahl ist wahrscheinlich, daß ihr Produkt teilweise racemisiert war. Das Cyclo-1-leucyl-d-leucin schmilzt bei 287—289°. Das aus racem. Leucin mit Glycerin erhältliche Cycloleucylleucin ist das racem. Produkt, Schmelzp. 271°. Leucylleucin wird aus ihren Lösungen nahezu völlig durch Mercuriacetat gefällt[6]).

β-Jodpropionylalanin[7]).

Mol.-Gewicht: 271,04.

Zusammensetzung: $C_6H_{10}O_3NJ$.

$$J \cdot CH_2 - CH_2 - CO - NH - CH_2 - CH_2 - COOH.$$

[1]) Peter Bergell, Zeitschr. f. physiol. Chemie **97**, 293—306 [1916]; Chem. Centralbl. **1917**, I, 857.

[2]) L. C. Maillard, Ann. de Chim. et de Phys. **4**, 225—252 [1915]; Chem. Centralbl. **1916**, I, 1228.

[3]) D. Beese Jones u. Carl D. Johns, Journ. of Biolog. Chem. **44**, 283—301 [1920]; Chem. Centralbl. **1921**, I, 456.

[4]) R. Cohn, Zeitschr. f. physiol. Chemie **29**, 283 [1900].

[5]) L. C. Maillard, Ann. de Chim. et de Phys. **3**, 48—120 [1915]; Chem. Centralbl. **1916**, I, 8.

[6]) C. Neuberg u. Johannes Kerb, Biochem. Zeitschr. **67**, 119—121 [1914].

[7]) Louis Baumann u. Thorsten Ingvaldsen, Journ. of Biolog. Chem. **35**, 283 [1918]; Chem. Centralbl. **1919**, I, 370.

Physikalische und chemische Eigenschaften: Schmelzpunkt 153—155°. — Wenig löslich in Chloroform, fast unlöslich in Benzol und Petroläther.

Hippuryl-β-alanin[1]).

Mol.-Gewicht: 250,19.

Zusammensetzung: $C_{12}H_{14}O_4N_2$

$$C_6H_5 - CO - NH$$
$$|$$
$$CH_2 - CO - NH - CH_2 - CH_2 - COOH.$$

Physikalische und chemische Eigenschaften: Schmelzp. 183—185°. — Wenig löslich in Wasser und Essigäther, leicht löslich in Alkohol.

2, 5-Di-α-furfuryl-3, 6-diketo-piperazin (β-[Furyl-2]-α-alanin-anhydrid)[2]).

Mol.-Gewicht: 274,1.

Zusammensetzung: $C_{14}H_{14}O_4N_2$.

$$C_4H_3O \cdot CH_2 \cdot CH{<}^{CO-NH}_{NH-CO}{>}CH - CH_2 \cdot C_4H_3O.$$

Darstellung: 3 g 2, 5-Di-α-furfural-3, 6-diketo-piperazin werden in 500 ccm 95 proz. Alkohol suspendiert und mit 3 proz. Natriumamalgam unter Neutralisieren mit verdünnter Schwefelsäure geschüttelt. Nach dem Abfiltrieren des Natriumsulfats wird das Lösungsmittel unter vermindertem Druck abdestilliert, wobei das Rohprodukt sich ausscheidet. — Es wird aus heißem Alkohol umkrystallisiert. Ausbeute 2,9 g oder 95,4% der Theorie.

Physikalische und chemische Eigenschaften: Schmelzp. 216° korr. Bedeutend leichter löslich in Alkohol als der Difurfuralkörper; auch löslich in heißem Wasser, etwas weniger in Chloroform, Aceton, Essigäther, Benzol, unlöslich in Äther, Petroläther.

2, 5-Di-α-furfural-3, 6-diketo-piperazin[2]).

Mol.-Gewicht: 270,1.

Zusammensetzung: $C_{14}H_{10}O_4N_2$

$$C_4H_3O \cdot CH = C{<}^{CO-NH}_{NH-CO}{>}C = CH \cdot C_4H_3O.$$

11,4 g Glycin-anhydrid werden fein pulverisiert, gut getrocknet, mit 28 g frisch destilliertem Furfurol, 33 g trockenem Natriumacetat und 50 g Essigsäureanhydrid versetzt und gut gemischt 6 Stunden auf 120—130° im Ölbad erhitzt. — Die nach dem Erkalten ganz erstarrte Reaktionsmasse wird mit warmem Wasser digeriert, abgesaugt und sorgfältig mit Wasser, dann mit wenig Alkohol gewaschen. Rohprodukt 23,2 g. Aus siedendem Eisessig gelbe Nadeln; Ausbeute 22,6 g oder 83,7% der Theorie. Schmelzp. 289—290° (korr.) unter Zersetzung. — Leicht löslich in Chloroform, heißem Eisessig, löslich in heißem Alkohol, etwas löslich in Aceton, Benzol, Essigäther, kaum löslich in Wasser, unlöslich in Äther, Petroläther.

s-p-Methoxyphenylalaninoglycinharnstoff[3]).

$$HOOC \cdot CH_2 \cdot NH \qquad COOH$$
$$| \qquad\qquad |$$
$$CO \qquad\qquad |$$
$$| \qquad\qquad |$$
$$NH - CH \cdot CH_2 \cdot C_6H_4 \cdot O \cdot CH_3.$$

[1]) Louis Baumann u. Thorsten Ingwaldsen, Journ. of Biolog. Chem. **35**, 283 [1918]; Chem. Centralbl. **1919**, I, 370.

[2]) Takaoki Sasaki, Berichte d. Deutsch. Chem. Gesellschaft **54**, 2056 [1921].

[3]) T. B. Johnson u. D. A. Hahn, Journ. of Amer. Chem. Soc. **39**, 1255 [1921]; Chem. Centralbl. **1921**, III, 646.

Derivate: Dikaliumsalz $C_{13}H_{14}O_6K_2$.

$$K \cdot O \cdot OC \cdot CH_2 \cdot NH \quad COOK$$
$$\mid \qquad \mid$$
$$CO \qquad \mid$$
$$\mid \qquad \mid$$
$$NH-CH \cdot CH_2 \cdot C_6H_4 \cdot OCH_3.$$

Unlöslich in heißem Alkohol, leicht löslich in Wasser. Beim Erhitzen mit konz. Salzsäure entsteht 4-Anisylhidantoin-l-essigsäure. Der freie Harnstoff wird aus dem Kaliumsalz mit Salzsäuregas in Benzollösung erhalten. Tafeln mit 1 Mol. Wasser aus heißem Wasser. Schmelzp. 161° (Zersetzung). Wenig löslich in kaltem, leicht löslich in heißem Wasser. Wird beim Trocknen in der Wärme trübe.

d, l-Phenylalaninanhydrid (3, 6-Dibenzyl-2, 5-diketopiperazin)
(Bd. IV, S. 252).
$$C_{18}H_{18}O_2N_2.$$

Darstellung: 2 g Dibenzal-diketo-piperazin werden in 120 ccm siedendem Eisessig eingetragen und darauf 5 g Zinkstaub portionsweise hinzugefügt. Das Gemisch wird 12 Stunden unter Rückfluß gekocht und dann heiß filtriert. Die ausgeschiedene weißen Krystalle werden abgesaugt, mit kaltem Wasser gewaschen und aus siedendem Eisessig umkrystallisiert. Ausbeute 83% der Theorie[1]).

s-Tyrosinglycinharnstoff[2]).

Zusammensetzung: $C_{12}H_{14}O_6N_2$.

$$HOOC \cdot CH_2 \cdot NH \quad COOH$$
$$\mid \qquad \mid$$
$$CO \qquad \mid$$
$$\mid \qquad \mid$$
$$NH-CH \cdot CH \cdot CH_2 \cdot C_6H_4 \cdot OH.$$

Derivate: Kaliumsalz $C_{12}H_{12}O_6N_2K_2$. Aus dem Polypeptidhydantoin und 2 Mol. Kalilauge in 60 proz. Alkohol. Harte Krystalle, die mit Salzsäuregas in Benzol die freie Säure liefern. Schmelzp. 220—224° (Aufschäumen).

Bis-gem-methyl-äthyl-diketopiperazin[3]).
$$C(CH_3)(C_2H_5) \cdot NH \cdot CO \cdot C(CH_3)(C_2H_5)NH \cdot CO.$$

Physikalische und chemische Eigenschaften: Tafeln oder dünne Blätter vom Schmelzp. $340^1/_2°$. 100 ccm Alkohol lösen bei 78°, 1,80 g, bei 27° 0,60 g; 100 ccm Wasser lösen bei 100° 0,51 g, bei 27° 0,24 g.

Tetraäthyl-diketopiperazin[3]).
$$C(C_2H_5)_2 \cdot NH \cdot CO \cdot C(C_2H_5)_2 \cdot NH \cdot CO.$$

Physikalische und chemische Eigenschaften: Pfeilschwanzähnliche Krystalle oder spindelförmige Nadeln vom Schmelzp. $346—346^1/_2°$. Es lösen 100 ccm Alkohol bei 78° 1,80 g, bei 27° 0,75 g; 100 ccm Wasser bei 100° 0,22 g, bei 26° 0,11 g.

---

[1]) Takaoki Sasaki, Berichte d. Deutsch. Chem. Gesellschaft **54**, 163—168 [1921]; Chem. Centralbl. **1921**, I, 450.

[2]) T. B. Johnson u. D. A. Hahn, Journ. of Amer. Chem. Soc. **39**, 1255 [1921]; Chem. Centralbl. **1921**, III, 646.

[3]) Paul Freytag, Berichte d. Deutsch. Chem. Gesellschaft **48**. 648—657 [1915]; Chem. Centralbl. **1915**, I, 1166.

2. Tripeptide (Bd. IV, S. 254, Bd. IX, S. 49).

Diglycyl-glycin (Bd. IV. S. 254; Bd. IX, S. 49).

Darstellung: Glycinanhydrid wird in fein pulverisiertem Zustand in 1 Mol. doppelt-normaler Natronlauge durch intensives Schütteln bei Zimmertemperatur in Lösung gebracht. In dieser wird die Kupplung mit 1,25 Mol. Chlor-acetylchlorid unter Anwendung von 1,5 Mol. der doppeltnormalen Lauge in der gewohnten Weise vollzogen. Nach Ansäuern der filtrierten alkalischen Flüssigkeit wird die Lösung bei 35° etwas eingeengt. Beim Stehen scheidet sich die Hauptmenge direkt aus. Das so erhaltene Chloracetylderivat wird aus heißem Wasser unter Tierkohlezusatz umkrystallisiert. Die Aminierung soll bei 37° mit der dreifachen Menge 25 proz. Ammoniaks, dessen Einwirkungsdauer nicht über 24 Stunden ausgedehnt werden soll, geschehen. Zur Gewinnung des Tripeptids wird die filtrierte Aminierungsflüssigkeit bei 37° eingedampft, das Eindampfen nach Zusatz von Alkohol wiederholt und der feste, nicht sirupöse Rückstand in der eben ausreichenden Menge heißen Wassers aufgelöst. Die heiße Lösung wird hierauf mit ebenfalls heißem absol. Alkohol bis zur beginnenden Trübung versetzt. Das zuerst ausfallende ölige Produkt wird unter Eiskühlung sofort krystallinisch. Nach vollständiger Erkaltung stells das Gemisch einen dichten Brei dar, der sich leicht absaugen läßt. — Hält man die angeführten Aminierungsbedingungen nicht ein, so ist die erstarrte Masse mit sehr viel öligen Produkten verunreinigt. — Das Rohprodukt kann sofort zur weiteren Synthese verwendet werden. Ausbeute 50 g aus 90 g Glycinanhydrid[1]).

Physikalische und chemische Eigenschaften: Diglycyl-glycin beginnt bei 215° sich zu bräunen, Zersetzungsp. 240°. 1 Teil löst sich bei 15° in 20 Teilen Wasser, bei 100° ist es leicht löslich[2]).

Glykocyamylglycylglycin[3])[4]) oder Guanidodiglycylglycin.

$$NH_2 \cdot C(=NH) \cdot NH \cdot CH_2 \cdot CO \cdot NH \cdot CH_2 \cdot CO \cdot NH \cdot CH_2 \cdot COOH.$$

Bildung: Seine Synthese behandelt A. Clementi[3]).
Darstellung: Durch Einwirkung von Diglycylglycin auf Cyanamid in Gegenwart von NH_3.
Physikalische und chemische Eigenschaften: Schöne Nadeln, wenig löslich in Wasser.

3. Polypeptide.

Triglycyl-glycin (Bd. IV, S. 270; Bd. IX, S. 52).

Darstellung: Abderhalden und Weil[2]) modifizierten die Fischersche Methode zur Darstellung des Triglycyl-glycins, indem sie das Chloracetyldiglycyl-glycin nicht bei 100°, sondern bei Zimmertemperatur aminierten, wobei sie mit der 10fachen Menge in Eis gesättigtem Ammoniakwasser in Druckflaschen 5 Tage lang aufbewahrten. Nach dieser Zeit waren etwa 80% des gesamten Chlors abgespalten. Die Ausbeute an reinem Tetrapeptid beträgt nach dieser Methode etwa 60% der Theorie, wenn man nicht mit Alkohol fällt, sondern das Polypeptid durch Einengen der ammoniakalischen Lösung im Vakuum gewinnt. Das hierbei erhaltene Produkt ist beim Trocknen im Vakuumexsiccator über Schwefelsäure leicht wasserfrei zu erhalten und behält keine 2—5% Wasser, wie es Fischer beschreibt.

Zur Darstellung des Triglycylglycins versetzt man eine Lösung von Glykokoll in möglichst wenig heißem Wasser mit der 2,5-fachen Menge Glycerin und erhitzt die Menge so lange

---

[1]) Emil Abderhalden u. Andor Fodor, Berichte d. Deutsch. Chem. Gesellschaft **49**, 561 bis 578 [1916]; Chem. Centralbl. **1916**, I, 736.

[2]) Emil Abderhalden u. Arthur Weil, Zeitschr. f. physiol. Chemie **109**, 289—297 [1920]; Chem. Centralbl. **1920**, III, 322.

[3]) A. Clementi, Arch. di Farmacol. sperim. **22**, 274—276 [1916]; Chem. Centralbl. **1916**, II, 646; **1916**, II, 1000.

[4]) A. Clementi, Gazz. chim. ital. **45**, I, 56 [1915]; Chem. Centralbl. **1915**, I, 1110; Atti della R. Accad. dei Lincei Roma **25** (I) 806—808 [1916]; Chem. Centralbl. **1916**, II, 646.

auf 170—175°, bis dieselbe eine mahagonirote Farbe zeigt. Man verdünnt die erkaltete Masse mit Alkohol und behandelt den Niederschlag mit siedendem, 80proz. Alkohol, wodurch das gleichzeitig entstandene Cycloglycylglycin in Lösung gebracht wird.

Physikalische und chemische Eigenschaften: Das Triglycylglycin scheidet sich aus siedendem Wasser in feinen regelmäßigen Kügelchen ab, deren wässerige Suspension in der Flüssigkeit eigenartige, schillernde Wirbel hervorruft, zeigt beim Erhitzen keinen Schmelzpunkt, sondern bräunt sich und verkohlt allmählich zwischen 230 und 280°, leicht löslich in siedendem Wasser, fast unlöslich in Alkohol, gibt die Biuretreaktion, löst in der Siedehitze reichlich Kupferoxyd, liefert bei der Hydrolyse Glykokoll, gibt mit Natronlauge und einem Tropfen Nickelchloridlösung eine schöne goldgelbe, mit einem Tropfen Kobaltnitratlösung eine rötlichbraune Färbung. Durch Esterifizierung mittels Alkohol und HCl gelangt man zum Chlorhydrat des Triglycylglycinäthylesters, $HCl \cdot NH_2 \cdot CH_2 \cdot CO \cdot NH \cdot CH_2 \cdot CO \cdot NH \cdot CH_2 \cdot CO \cdot NH \cdot CH_2 \cdot COOC_2H_5$, weiße Nadeln, Schmelzp. beim raschen Erhitzen 196—196,5°[1]). Triglycyl-glycin beginnt bei 220° sich zu bräunen, Zersetzungsp. 270°. 1 Teil löst sich bei 15° in 50 Teilen, bei 100° in 4 Teilen Wasser[2]).

Di-leucyl-glycin.

Derivate: Oxalyldileucylglycinäthylester[3])**:**

$$(CH_3)_2 \cdot CH \cdot CH_2 \cdot CH(NH)CO \cdot NH \cdot CH_2 \cdot CO \cdot OC_2H_5$$
$$|$$
$$CO$$
$$|$$
$$CO$$
$$|$$
$$(CH_3)_2 \cdot CH \cdot CH_2 \cdot CH(NH)CO \cdot NH \cdot CH_2 \cdot CO \cdot OC_2H_5.$$

Durch einstündiges Kochen von 1 Mol. Oxalylchlorid mit 2 Mol. Leucylglycinäthylesterchlorhydrat in trockenem Benzol. Krystalle aus verdünntem Alkohol; Schmelzp. 151° (leicht löslich in absol. Alkohol), zeigt die Biuretreaktion. Liefert bei der Hydrolyse Oxalsäure.

Tetraglycyl-glycin (Bd. IV, S. 246).

Darstellung: Bei der Darstellung von Tetraglycyl-glycin aus Chloracetyltriglycyl-glycin beträgt die durch wässerigen Ammoniak maximal abgespaltene Menge Chlor etwa 60% der Theorie[3]).

Physikalische und chemische Eigenschaften[3])**:** Tetraglycyl-glycin beginnt bei 252° sich zu bräunen, Zersetzungsp. 270°. 1 Teil löst sich bei 15° in 700 Teilen, bei 100° in 60 Teilen Wasser.

Pentaglycyl-glycin (Bd. IV, S. 277).

Darstellung: Bei der Darstellung von Pentaglycyl-glycin aus Chloracetyltetraglycyl-glycin beträgt die durch wässerigen Ammoniak maximal abgespaltene Menge Chlor etwa 40% der Theorie[4]).

1,4 g Pentaglycyl-glycin-methylester wird in der 5fachen Menge Wasser gelöst, die Lösung rasch abgekühlt, worauf der Ester in feinverteiltem Zustande zur Ausscheidung gelangt. Nach Hinzufügung von 1,25 Mol. Natronlauge (etwa 11,5fach-normal) wird das Gemisch 1 Stunde lang geschüttelt. Die sich hierbei bildende Lösung ist von einer weißen, opalescierenden Masse durchsetzt. Ohne vorher zu filtrieren, wird mit etwas mehr als der berechneten Menge 50proz. Essigsäure versetzt, stark abgekühlt und die entstandene dicke Ausscheidung abgesaugt. Die noch feuchte Masse wird in wenig Wasser suspendiert und unter

[1]) L. C. Maillard, Ann. de Chim. et de Phys. [9] **1**, 519—578 [1914]; Chem. Centralbl. **1914**, II, 466—467.

[2]) Emil Abderhalden u. Arthur Weil, Zeitschr. f. physiol. Chemie **169**, 289—297 [1920]; Chem. Centralbl. **1920**, III, 322.

[3]) J. Th. Bornwater, Rec. trav. chim. Pays-Bas **35**, 126 [1915]; **36**, 250 [1916]; Chem. Centralbl. **1916**, I, 44; **1917**, I, 563.

[4]) Emil Abderhalden u. Arthur Weil, Zeitschr. f. physiol. Chemie **169**, 289—297 [1920]; Chem. Centralbl. **1920**, III, 322.

Hinzufügung von einigen Tropfen Ammoniak in der Hitze in Lösung gebracht. Nach dem Aufkochen mit etwas Tierkohle wird filtriert und das farblose Filtrat am Wasserbad eingedampft. Es bleibt etwa 1 g Pentalglycyl-glycin als weiße, körnige Masse zurück[1].

Wird das bei der Darstellung des Triglycylglycins durch Einwirkung von Glycerin auf Glykokoll erhaltene Gemisch von Cycloglycylglycin und Triglycylglycin längere Zeit mit heißem Wasser in Berührung gelassen, so scheiden sich weiße Flocken des Pentaglycylglycins ab[2].

Physikalische und chemische Eigenschaften: Pentaglycyl-glycin beginnt bei 258° sich zu bräunen, Zersetzungsp. 280°. 1 Teil löst sich bei 15° in 2000 Teilen, bei 100° in 200 Teilen Wasser[3]. Unlöslich in siedendem Wasser, leicht löslich in verdünntem NH_3 und verdünnter Natronlauge. Gibt die Biuretreaktion, löst aber wegen seiner Unlöslichkeit in Wasser kein Kupferoxyd auf[2].

Derivate: Pentaglycyl-glycin-methylester[1], Darstellung: 4,8 g Diglycyl-glycin-methylesterchlorhydrat werden in 150 ccm heißem trockenem Methylalkohol gelöst und zur rasch abgekühlten, klar gebliebenen Lösung die zur Neutralisierung der Salzsäure genau berechnete Menge einer 2 proz. Natriummethylatlösung hinzugegeben. Hierauf wird die Lösung bei 12 mm Druck und 35° Außentemperatur eingedampft. Der Rückstand wird mit überschüssigem siedendem Wasser wiederholt ausgezogen und von einem feinverteilten amorphen Stoff abfiltriert. Bei Abkühlung entsteht eine weiße Abscheidung von krystallinischem Habitus, die nach einstündigem Stehen bei 0° abgetrennt und auf Ton gepreßt wird (1,4 g). Aus der Mutterlauge noch 0,4 g. Zersetzt sich in der Capillare unter starker Bräunung bei 230—240°, ohne zu schmelzen.

Hexaglycyl-glycin (Bd. IV, S. 297).

Darstellung: Bei der Darstellung von Hexaglycyl-glycin aus Chloracetylpentaglycyl-glycin beträgt die, durch wässerigem Ammoniak maximal abgespaltene Menge Chlor etwa 20% der Theorie[1].

Physiologische Eigenschaften: Intraperitoneale Einspritzungen von Hexaglycylglycin verursachten beim Meerschweinchen starke Hauterscheinungen, während die niedrigeren Peptide diese Wirkung nicht zeigten[4]. Es wurde nach der intraperitonealen Injektion von 0,1 g Hexaglycyl-glycin eine Rötung der Haut zu beiden Seiten der Wirbelsäule, eine Erwärmung gegen die Umgebung und Haarausfall beobachtet, nach welchem die Ablösung der Epidermis folgte. Das Körpergewicht nimmt im Durchschnitt um etwa 15% ab. Nach 2—3 Wochen beginnt wieder die Haarbildung[3].

Physikalische und chemische Eigenschaften: Hexaglycyl-glycin beginnt bei 220° sich gelb zu färben, Zersetzungsp. 285°[3].

Heptaglycyl-glycin.

Darstellung: Bei der Darstellung von Heptaglycyl-glycin aus Chloracetylhexaglycylglycin beträgt die durch wässerigen Ammoniak maximal abgespaltene Menge Chlor etwa 15% der Theorie[3].

Polyglycylglycinanhydrid[2] (Cyclopolyglycylglycin).

Darstellung: Bei der Darstellung des Cycloglycylglycins durch Einwirkung von Glycerin auf Glykokoll entsteht als Nebenprodukt ein amorpher, in Wasser, Alkohol, Äther, siedendem Eisessig, kalten verdünnten Mineralsäuren und siedendem NH_3 unlöslicher hygroskopischer Körper, das Cyclopolyglycylglycin $(C_2H_3ON)_n$, in welchem vielleicht ein Cycloheptaglycylglycin $(C_2H_3ON)_8$ vorliegt. Dieser Körper ist leicht löslich in konz. Mineralsäuren und liefert beim Verdünnen dieser Lösungen mit viel Wasser vorübergehend eine klare, die Biuretreaktion

---

[1] Emil Abderhalden, u. Andor Foder, Berichte d. Deutsch. Chem. Gesellschaft **49**, 561 bis 578 [1916]; Chem. Centralbl. **1916**, I, 736.

[2] L. C. Maillard, Ann. de Chim. et de Phys. [9] **1**, 519—578 [1914]; Chem. Centralbl. **1914**, II, 466—467.

[3] Emil Abderhalden u. Arthur Weil, Zeitschr. f. physiol. Chemie **109**, 289—297 [1920]; Chem. Centralbl. **1920**, III, 322.

[4] E. Abderhalden u. A. Weil, Arch. f. Dermatol. u. Syphilis **129**, 1 [1921]; Chem. Centralbl. **1921**, III, 241.

gebende Lösung, die sich jedoch nach kurzer Zeit unter Rückbildung des Cyclopolyglycylglycins trübt, worauf das klare Filtrat die Biuretreaktion nicht mehr zeigt. Das Produkt verkohlt beim Erhitzen, ohne zu schmelzen. Wird durch siedende verdünnte Mineralsäure zu Glykokoll hydrolysiert, ebenso durch siedende Natronlauge, während bei längerer Einwirkung von kalten, konz. Mineralsäuren und kalter Natronlauge anscheinend vorübergehend ein lösliches, die Biuretreaktion gebendes Polypeptid entsteht.

Physikalische und chemische Eigenschaften: Das Cyclopolyglycylglycin besitzt eine auffällige Neigung, zumal in reinem Zustande, in Berührung mit Wasser wieder in einen fein suspendierten Zustand überzugehen, aus dem es nur durch Zusatz von Alkohol oder kurzes Erhitzen mit etwas gelatinöser Tonerde wieder gefällt werden kann.

d, l-Glutaminyl-d, l-leucinäthylester[1]).

$$C_{13}H_{24}O_5N_2.$$

19,6 g Leucinäthylester werden in der 5 fachen Menge Chloroform bei $0°$ und 9,1 g d, l-Pyrrolidonylchlorid versetzt. Nach 12 stündigem Stehen destilliert man das Chloroform im Vakuum ab, löst den zurückbleibenden braunen Sirup in 250 ccm absol. Alkohol und entfernt die in der Lösung enthaltene Salzsäure durch die entsprechende Menge einer alkoholischen Lösung von Natrium. — Die chlorfreie Lösung wird abgedampft, mit Petroläther behandelt, der Rückstand in heißem Essigäther gelöst; beim Konzentrieren scheidet sich eine Verbindung ab, die nach mehrmaligem Umkrystallisieren aus Essigäther in Nädelchen vom Schmelzp. 120 bis $122°$ krystallisiert[1]).

d, l-Pyrrolidonyl-d, l-leucinäthylester[1]).

$$C_{13}H_{22}O_4N_2.$$

Findet sich in der Essigäthermutterlauge, aus welcher sich der Glutaminylleucinester abgeschieden hat. Man dampft die Lösung zur Trockne. Den zurückbleibenden mit Krystallen durchsetzten Sirup extrahiert man mit Äther, wobei Pyrrolidonylleucinester in farblosen Blättchen zurückbleibt. Große, quadratische und rechteckige Blättchen aus heißem Wasser vom Schmelzp. $147—148°$; wenig löslich in Essigäther und Alkohol.

In einem anderen Versuch wurde das Reaktionsprodukt aus 40 g Leucinester und 18,5 g Pyrrolidonylchlorid nach dem Abdampfen des Chloroforms in Wasser aufgenommen, wobei Leucinester, Leucinanhydrid und Leucin in Lösung gingen. Das ungelöst verbliebene Öl wurde in Toluol gelöst und lieferte Krystalle, die zuerst nochmals aus Toluol, dann aus Essigäther umkrystallisiert wurden. — In der ersten Fraktion schied sich Pyrrolidonylleucinester ab, in der zweiten der Körper $C_{13}H_{22}O_4N_2$ vom Schmelzp. $120—121°$. Nadeln, nicht identisch mit dem Glutaminylleucinester[1]).

B. Aktive Polypeptide (Bd. IV, S. 282; Bd. IX, S. 53).

1. Dipeptide.

Glycyl-d-alanin (Bd. IV, S. 282; Bd. IX, S. 53).

Physiologische Eigenschaften: Die optimale $H^{·}$-Konzentration bei dem fermentativen Abbau durch Fermentlösungen aus Trockenhefe von Glycyl-d-alanin ist: $p_H = 7,30—7,91$[2]).

d-Alanyl-glycin (Bd. IV, S. 300; Bd. IX. S. 56).

Physiologische Eigenschaften: Die optimale $H^{·}$-Konzentration bei dem fermentativen Abbau durch Fermentlösungen aus Trockenhefe von d-Alanylglycin ist: $p_H = 7,30—8,13$[2]).

[1]) Emil Abderhalden u. Hans Spinner, Zeitschr. f. physiol. Chemie **107**, 1 [1919]; Chem. Centralbl. **1919**, III, 919.

[2]) Emil Abderhalden u. Andor Fodor, Fermentforschung **1**, 533—596 [1916]; Chem. Centralbl. **1917**, I, 311—313.

Chloracetyl-l-norvalin[1]).

Physikalische und chemische Eigenschaften: Schmelzp. 108°. Lösungsverhältnisse wie d-Verbindung.

Glycyl-l-norvalin[1]).

Physikalische und chemische Eigenschaften: Sintert gegen 220° (korr.); $[\alpha]_D^{20} = +10{,}28$ (10% in Wasser). Löslichkeit: leicht löslich in Wasser, wenig löslich in Chloroform, unlöslich in Alkohol, Äther, Essigester, Petroläther.

Chloracetyl-d-norvalin[1]).

$$C_7H_{12}O_3NCl.$$

$$Cl \cdot CH_2 - CO - NH - CH - CH_2 - CH_2 - CH_3$$
$$|$$
$$COOH.$$

Physikalische und chemische Eigenschaften: Glänzende Prismen; Schmelzp. 107°; in den meisten Mitteln leicht löslich, nur in Petroläther wenig löslich.

Glycyl-d-norvalin.

$$NH_2 - CH_2 - CO - NH - CH - CH_2 - CH_2 - CH_3$$
$$|$$
$$COOH.$$

Physikalische und chemische Eigenschaften: Mikrokrystallinische Prismen. Sintert gegen 223° (korr.) $[\alpha]_D^{20} = -10{,}17°$ (10% in Wasser)[1]).

Glycyl-l-leucin (Bd. IV, S. 285, 355).

Physikalische und chemische Eigenschaften: Die optimale H·-Konzentration bei dem fermentativen Abbau durch Fermentlösungen aus Trockenhefe von Glycyl-l-leucin $p_H = 8{,}41$, 8,50. — Frisch dargestellte Säfte zeigen beim Stehen Zunahme der Wirksamkeit, deren Höhepunkt schneller bei 25° als bei 0° erreicht wird. Dabei verschiebt sich das Optimum der Reaktion in den Versuchen mit Glycyl-l-leucin in Richtung der höheren OH'-Konzentration. Für das Studium der Kinetik der Glycyl-l-leucinspaltung wurden je 10 ccm Lösung, 0,4 g des Dipeptids enthaltend, mit 20 ccm Phosphatmischung der gewünschten H·-Konzentration versetzt und das Gemisch nach Vorwärmen auf 25° mit 2 ccm gleichfalls auf 25° vorgewärmten Hefesaftes gemischt. Herausgenommene Proben wurden zur Bestimmung des Amino-N titriert. Parallel damit wurde die EMK gegen eine $1/_{10}$ n-Kalomelelektrode bestimmt. Auf diese Weise wurde der Gang des Abbaues bei verschiedenen H·- und OH'-Konzentrationen verfolgt; Reaktionsgeschwindigkeit und die Art des Reaktionsverlaufes hängt von ihnen ab. — Vermehrung der Hefesaftkonzentration setzt die Geschwindigkeit der Reaktion herab; dies hängt aber wieder von der Reaktion ab und von der Menge der vorhandenen Hefepeptase. In verdünnten Lösungen gilt es für Glycyl-l-leucin bei saurer oder schwach alkalischer Reaktion ($p_H = 6{,}20-7{,}50$) für einen Überschuß von Hefesaft. Jenseits $p_H = 8$ bedingt die gleiche Menge Hefesaft noch eine weitere Erhöhung. — Bezüglich des Einflusses der Fermentkonzentration liegt zweifellos eine spezifische Rolle des Substrates vor[2]).

Aus Hefesaft wird ein aktives Kolloidgemisch abgeschieden durch Zusatz von dem doppelten Volumen absol. Alkohol; der Niederschlag (R), nach 12 Stunden langem Stehen abgetrennt, mit Alkohol gewaschen, löst sich in Wasser nicht völlig auf, sondern hinterläßt einen Rückstand (r). Der wässerige Auszug von R spaltet Glycyl-l-leucin, doch ist die Aktivität recht klein im Verhältnis zu derjenigen des ursprünglichen Hefesaftes[3]).

---

[1]) E. Abderhalden u. H. Kürten, Fermentforschung **4**, 327 [1921]; Chem. Centralbl. **1921**, III, 296.

[2]) Emil Abderhalden u. Andor Fodor, Fermentforschung **1**, 533—596 [1916]; Chem. Centralbl. **1917**, I, 311—313.

[3]) A. Fodor, Fermentforschung **3**, 193—220 [1920]; Chem. Centralbl. **1920**, I, 471.

l-Leucyl-glycin (Bd. IV, S. 351).

Physiologische Eigenschaften: Die optimale H·-Konzentration bei dem fermentativen Abbau durch Fermentlösungen aus Trockenhefe von l-Leucylglycin ist $p_H = 7{,}50$, $7{,}56$[1]).

Glycyl-l-tyrosin (Bd. IV, S. 292; Bd. IX, S. 55).

Physiologische Eigenschaften: Glycyl-l-tyrosin wird aus ihren Lösungen nahezu völlig durch Mercuriacetat gefällt[2]). Der aus den Fäkalien von Subjekten, die an chronischen Darmstörungen litten, isolierte Bacillus phenologenes produzierte Phenol aus Glycyl-l-tyrosin[3]). Die Bildung von Phenol durch Bacillus phenologenes erfolgt in Gegenwart von l-, d, l-Tyrosin, Glycyltyrosin und pankreatischem Fleischpepton[4]).

Verhalten gegen Staphylococcus pyogenes aureus, prodigiosus und Bacterium coli commune[5]).

Physikalische und chemische Eigenschaften: Krystallisiert in Tetraedern mit 2 Mol. Krystallwasser. $[\alpha]_D^{20} = +43{,}22°$ (0,1179 g gelöst in Wasser zu 2,1137 g)[6]).

Derivate: Glycyltyrosinmethylester[7])[8]). Aus Glycyl-l-tyrosin und Diazomethan, in ätherischer Lösung. Nadeln vom Schmelzp. 123—124°. Leicht löslich in Alkohol und Aceton, etwas löslich in Wasser. Ergibt beim Überschmelzen Glycyl-l-tyrosinanhydrid vom Schmelzp. 295—300°. Seine Oxydation mit kaltem $KMnO_4$ in alkalischer Lösung gibt p-Oxybenzoesäure.

Glycyltyrosinanhydrid[7])[8]) (Bd. IV, S. 55).

Bildung: Beim Überschmelzen des Glycyl-l-tyrosinmethylesters.

Physikalische und chemische Eigenschaften: Krystalle. Schmelzpunkt 295—300°.

Derivate: 1-Acetyl-3-benzal-6-(acetoxybenzyl)-2, 5-diketopiperazin[9]). 1,5 g Glycyl-l-tyrosinanhydrid werden mit 1,5 g Benzaldehyd, 3,4 g trocknem Natriumacetat und 4 ccm Essigsäure-anhydrid versetzt, im Ölbade 8 Stunden auf 120—130° erhitzt. Das nach dem Erkalten erstarrte Reaktionsgemisch wird mit Wasser digeriert und nach dem Erkalten mit Äther geschüttelt. Die abgetrennte ätherische Schicht samt wenig abgeschiedenen Krystallen wird mit Wasser wiederholt geschüttelt, bis die saure Reaktion verschwindet, die ausgeschiedenen Krystalle vermehren sich beim Stehen in der Kältemischung und wiegen nach Absaugen und Trocknen 1,25 g. Die Substanz wird aus 50 proz. Alkohol umkrystallisiert. Die Ausbeute an reiner, bei 153—154° schmelzender Substanz beträgt 1,1 g oder 42% der Theorie. — Es löst sich kaum in Wasser, Äther und Petroläther, in Eisessig, Alkohol, Aceton, Benzol, Essigäther ist es löslich.

Chloracetylasparaginsäurediäthylester[10]).

$$C_2H_5OOC \cdot CH_2 \cdot CH(NH \cdot CO \cdot CH_2Cl) \cdot COOC_2H_5.$$

Bildung: Durch Kochen von Asparaginsäureesterchlorhydrat mit Acetylchlorid in trockenem Benzol.

Physikalische und chemische Eigenschaften: Schmelzp. 46—47°; Siedep. 139°.

---

[1]) Emil Abderhalden u. Andor Fodor, Fermentforschung **1**, 533—596 [1916]; Chem. Centralbl. **1917**, I, 311—313.

[2]) C. Neuberg u. Johannes Kerb, Biochem. Zeitschr. **67**, 119—121 [1914].

[3]) Albert Berthelot, Compt. rend. de l'Acad. des Sc. **164**, 196—199 [1917]; Chem. Centralbl. **1917**, II, 113.

[4]) Albert Berthelot, Annales de l'Inst. Pasteur **32**, 17—36 [1918]; Chem. Centralbl. **1918**, II, 130.

[5]) Ichiro Otsuka, Act. schol. med. Univ. Kioto **1**, 199 [1916]; Chem. Centralbl. **1920**, III, 487.

[6]) Eugen Vlahuta, Pharm. Zentralhalle **57**, 103, 126 [1916]; Chem. Centralbl. **1916**, I, 786.

[7]) A. Geake u. Maxim. Nierenstein, Biochem. Journ. **8**, 292 [1916]; Chem. Centralbl. **1916**, I, 848 u. Zeitschr. f. physiol. Chemie **92**, 149 [1914]; Chem. Centralbl. **1914**, II, 761; Biochem. Journ. **9**, 309—312 [1915]; Chem. Centralbl. **1916**, II, 253.

[8]) Meyer, Monatshefte f. Chemie **26**, 1303 u. 1312 [1905]; Chem. Centralbl. **1906**, I, 556.

[9]) Takaoki Sasaki, u. Tokudji Hashimoto, Berichte d. Deutsch. Chem. Gesellschaft **54**, 166—171 [1921]; Chem. Centralbl. **1921**, I, 451.

[10]) J. Th. Bornwater, Rec. trav. chim. Pays-Bas **36**, 281—284 [1917]; Chem. Centralbl. **1917**, I, 572.

Chloracetyl-d-glutamin[1]).

Mol.-Gewicht: 222,57.
Zusammensetzung: $C_7H_{11}N_2O_4Cl$

$$Cl \cdot CH_2 - CO - NH - \overset{\displaystyle COOH}{\underset{\displaystyle \underset{\displaystyle \underset{\displaystyle CO-NH_2}{CH_2}}{CH_2}}{C}} - H$$

Darstellung: 6 g Glutamin, gelöst in 42 ccm normaler Natronlauge, werden bei 0° mit 5,57 g Chloracetylchlorid in 60 ccm Äther und 60 ccm Natronlauge portionsweise versetzt. Das alkalisch reagierende Reaktionsprodukt wird vom Äther getrennt, mit 9 ccm 5 fach normaler Salzsäure und zur Entfernung der Chloressigsäure im Lindschen Extraktionsapparat 5 Stunden mit Äther extrahiert. Es gehen dabei nur sehr geringe Mengen stickstoffhaltige Substanzen in den Äther. Die wässerige Lösung wird dann konzentriert und im Lindschen Apparat mit Essigäther erschöpft. Aus dem Essigäther scheidet sich Chloracetylglutamin aus. — Ausbeute 68,4%.

Physikalische und chemische Eigenschaften: Große aus Säulen bestehende Krystalldrusen. Haarfeine, leicht gebogene Nädelchen aus Essigäther oder aus absol. Alkohol. Schmelzp. 130—132°. — Löslich in Wasser, Alkohol, Methylalkohol und Aceton, unlöslich in Äther und Chloroform, wenig löslich in heißem Essigäther. — $[\alpha]_D^{16} = -10{,}45°$ (0,7134 g Gesamtgewicht 8,5193, spez. Gew. 1,0287, $l = 2$ dm).

Glycyl-d-glutamin[1]).

Mol.-Gewicht: 203,16.
Zusammensetzung: $C_7H_{13}N_3O_4$

$$NH_2 \cdot CH_2 \cdot CO - NH - \overset{\displaystyle COOH}{\underset{\displaystyle \underset{\displaystyle \underset{\displaystyle CO-NH_2}{CH_2}}{CH_2}}{C}}H$$

Darstellung: Aus Chloracetylglutamin bei 24 stündiger Einwirkung der 5 fachen Menge Ammoniak. Der nach dem Abdampfen verbleibende Sirup wird aus konz. wässeriger Lösung mit Alkohol so lange umgefällt, bis er ammoniumchloridfrei ist. Das ölig abgeschiedene Dipeptid wird beim Zerreiben mit Alkohol hart.

Physikalische und chemische Eigenschaften: Krystallisiert aus Wasser + Methylalkohol mit 1 Mol. Wasser, welches über Phosphorpentoxyd erst bei 105° weggeht. — Schmelzpunkt unter Zersetzung 199—200°. — Leicht löslich in Wasser. — Reaktion lackmussauer, keine Fällung mit Quecksilberchlorid und Gerbsäure. — Mit 10 proz. Phosphorwolframsäure entsteht ein im Überschuß des Fällungsmittels löslicher Niederschlag. — Biuretreaktion negativ. — $[\alpha]_D^{19} = -2{,}4°$ (0,2970 g, Gesamtgewicht 7,1249, spez. Gewicht 1,0157, $l = 2$ dm. — Der nach van Slyke bestimmte Stickstoff ist etwas höher als der berechnete.

l-α-Brompropionyl-d-glutamin[1]).

Mol.-Gewicht: 281,08.
Zusammensetzung: $C_8H_{13}N_2BrO_4$.

Darstellung: Aus l-Brompropionylchlorid und d-Glutamin, analog wie die d-Brompropionyl-d-glutaminverbindung. — Ausbeute 85%.

Eigenschaften: Rosetten von großen Nadeln aus Essigäther. Schmelzp. 132°. — Löslich in Wasser, Alkohol und Methylalkohol, wenig löslich in Essigäther. $[\alpha]_D^{19}$ in methylalkoholischer

---

[1]) H. Thierfelder u. E. von Cramm, Zeitschr. f. physiol. Chemie **105**, 58 [1919]; Chem. Centralbl. **1919**, III, 425—426.

Lösung = — 17,42° (1,0606 g Substanz, Gesamtgewicht 6,8617; spez. Gewicht 0,871, l = 2 dm).
Bei der aus Wasser umkrystallisierten Substanz war $[\alpha]_D$ bisweilen nur — 16,4°.

l-α-Alanyl-d-Glutamin[1]).

Mol.-Gewicht: 217,19.
Zusammensetzung: $C_8H_{15}N_3O_4$.

Physikalische und chemische Eigenschaften: Krystallisiert schwierig aus Wasser +
Alkohol in Warzen oder Nadeln. Schmelzp. 212—213°. Leicht löslich in Wasser, unlöslich
in Alkohol; reagiert lackmussauer. — Biuretreaktion negativ. $[\alpha]_D^{15}$ in wässeriger Lösung =
— 20,1° (0,3563 g Substanz, Gesamtgewicht 6,3270, spez. Gewicht 1,0163, l = 2 dm).

d-α-Brompropionyl-d-glutamin[1]).

Mol.-Gewicht: 281,08.
Zusammensetzung: $C_8H_{13}N_2BrO_4$

$$CH_3-CH-CO-NH-\underset{\underset{CH_2}{\underset{|}{\underset{CH_2}{\underset{|}{CO-NH_2}}}}}{\overset{\overset{COOH}{|}}{CH}}$$
$$\quad\;\; Br$$

Darstellung: Aus d-Brompropionylchlorid und d-Glutamin ähnlich dem Chloracetylglutamin.
Physikalische und chemische Eigenschaften: Die aus dem Essigäther krystallisierende
Substanz schmilzt bei 156—157°. — Löslich in Wasser, Alkohol und Methylalkohol. — In
Essigäther lösen sich beim Kochen 0,6%, bei Zimmertemperatur 0,26%. — $[\alpha]_D^{19}$ in wasserfreiem Methylalkohol = + 9,3° (1,2510 g Substanz, Gesamtgewicht 11,0386, spez. Gewicht
0,8495, l = 2 dm).

d-Alanyl-d-glutamin[1]).

Mol.-Gewicht: 217,19.
Zusammensetzung: $C_8H_{15}N_3O_4$

$$CH_3-CH-CO-NH-\overset{\overset{COOH}{|}}{CH}$$
$$\quad\;\; NH_2 \qquad CH_2$$
$$\qquad\qquad\qquad CH_2$$
$$\qquad\qquad\qquad CO-NH_2$$

Darstellung: Aus dem Bromkörper durch 1 stündiges Erhitzen mit konz. Ammoniak
auf 100°.
Physikalische und chemische Eigenschaften: Glitzernde Säulen und Prismen aus
Wasser + Alkohol. Schmelzp. 222° unter Zersetzung. Leicht löslich in Wasser, unlöslich in
Alkohol. Die wässerige Lösung reagiert lackmussauer. — Zeigt keine Biuretreaktion. Mit
Phosphorwolframsäure entsteht keine Fällung. — $[\alpha]_D^{18}$ = + 9,3° (0,7909 g Substanz, Ge-
samtgewicht 7,6925; spez. Gewicht 1,0341; l = 2 dm). Nach der Methode von van Slyke
reagiert nur die primäre Aminogruppe.

---

[1]) H. Thierfelder u. E. von Cramm, Zeitschr. f. physiol. Chemie **105**, 58 [1919]; Chem.
Centralbl. **1919**, III, 425—426.

d, l-α-Bromisocapronyl-d-glutamin[1]).

Mol.-Gewicht: 323,15.

Zusammensetzung: $C_{11}H_{19}N_2O_4Br$

$$\begin{array}{l} CH_3 \\ \!\!\!\!\!\!\!\!\diagdown CH-CH_2-\underset{\underset{Br}{|}}{CH}-CO-NH-\underset{\underset{CH_2}{|}}{\underset{|}{\overset{\overset{COOH}{|}}{C}}}-H \\ CH_3 \end{array}$$

Darstellung: Aus d, l-α-Bromisocapronylchlorid und d-Glutamin in alkalischer Lösung. Beim Ansäuern scheidet sich ein Teil des Kupplungsproduktes (vorzugsweise das d-Stereoisomere) krystallisiert ab. Die Hauptmenge wird durch Extraktion mit Essigäther gewonnen.

Physikalische und chemische Eigenschaften: Krystalle aus Essigäther, Schmelzp. etwa 150°; leicht löslich in Alkohol, und Methylalkohol. — Krystallisiert aus Wasser in zu dichten Aggregaten vereinigten Prismen; ziemlich leicht löslich in heißem Essigäther. — Bei Zimmertemperatur lösen sich etwa 1,9%. $[\alpha]_D^{10}$ in methylalkoholischer Lösung (0,4531 g Substanz, Gesamtgewicht 7,8896, spez. Gewicht 0,8227, l = 2 dm) = + 20,8°. — Diese krystallisierte Verbindung ist reines d-Bromisocapronyl-d-glutamin und identisch mit der Substanz, welche aus d-α-Bromisocapronylchlorid und d-Glutamin in 77% Ausbeute erhalten wurde. Bei der Kupplung von d-Glutamin mit d, l-α-Bromisocapronylchlorid konnte außer der krystallisierten d-Form noch eine amorphe Substanz abgetrennt werden, welche in methylalkoholischer Lösung nach links drehte, optisch jedoch nicht rein war und aus einem Gemisch der d- und l-Form bestand. Von deren Salzen krystallisiert nur das Lithiumsalz.

l-Leucyl-d-glutamin[1]).

Mol.-Gewicht: 259,26.

Zusammensetzung: $C_{11}H_{21}N_3O_4$.

$$\begin{array}{l} CH_3 \\ \!\!\!\!\!\!\!\!\diagdown CH-CH_2-\underset{\underset{NH_2}{|}}{CH}-CO-NH-\underset{\underset{CH_2}{|}}{\underset{|}{\overset{\overset{COOH}{|}}{C}}}-H \\ CH_3 \end{array}$$

Darstellung: Aus d-Bromisocapronyl-d-glutamin und konz. Ammoniak. Ausbeute 62,5%.

Eigenschaften: Krystalle aus heißem Wasser und Alkohol. Geschwungene, sternförmig angeordnete Nadeln oder Stäbchen, Schmelzp. 235—236%. — Wenig löslich in kaltem, leicht löslich in heißem Wasser, unlöslich in Alkohol, leicht löslich in Alkalien und Säuren. — Die wässerige Lösung ist geschmacklos, reagiert lackmussauer und gibt mit Quecksilberchlorid und Phosphorwolframsäure keinen Niederschlag. — Biuretreaktion negativ. — $[\alpha]_D^{18}$ in verdünnter Salzsäure = + 12,6° (0,3581 Substanz, Gesamtgewicht 9,6491, Spez. Gewicht 1,0132, l = 2 dm). Nach der Methode von van Slyke reagiert nur die primäre Aminogruppe.

Monochloracetyl-l-cystin[2]).

Physikalische Eigenschaften: Zersetzungsp. 185—190°. In Wasser ziemlich schwer, in Äther sehr schwer löslich, in Alkohol und Essigester schwer löslich. $[\alpha]_D^{20°} = - 168,4°$ in n/$_1$-HCl. Krystallisiert aus Wasser mit Aceton in Prismen oder Plättchen.

---

[1]) H. Thierfelder u. E. von Cramm, Zeitschr. f. physiol. Chemie **108**, 58 [1919]; Chem. Centralbl. **1919**, III, 426.

[2]) Emil Abderhalden u. Ernst Wybert, Berichte d. Deutsch. Chem. Gesellschaft **49**, 2449—2473 u. 2838 [1916]; Chem. Centralbl. **1917**, I, 168.

Glycyl-l-tryptophan (Bd. IV, S. 299; Bd. IX, S. 55).

Physiologische Eigenschaften: Verhalten gegen Staphylococcus pyogenes aureus, prodigiosus und Bacterium coli commune[1]).

Physikalische und chemische Eigenschaften: Glycyltryptophan wird aus seinen Lösungen nahezu völlig durch Mercuriacetat gefällt[2]).

d-Alanyl-l-leucin (Bd. IV, S. 305).

Physiologische Eigenschaften: Die optimale $H^{\cdot}$-Konzentration bei dem fermentativen Abbau durch Fermentlösungen aus Trockenhefe von d-Alanyl-l-leucin ist $p_H = 6{,}76$, $6{,}85$[3]).

l-Leucyl-d-alanin (Bd. IV, S. 312).

Physiologische Eigenschaften: Die optimale $H^{\cdot}$-Konzentration bei dem fermentativen Abbau durch Fermentlösungen aus Trockenhefe von l-Leucyl-d-alanin ist $p_H = 6{,}80$—$7{,}89$[3]).

l-Leucyl-l-asparaginsäure (Bd. IV, S. 357).

Physiologische Eigenschaften: Die optimale $H^{\cdot}$-Konzentration bei dem fermentativen Abbau durch Fermentlösungen aus Trockenhefe von l-Leucyl-l-Asparaginsäure 10% ist $p_H = 6{,}80$[3]).

dl-Leucyl-l-asparaginsäure (Bd. IV, S. 318, 356).

Physiologische Eigenschaften: Die optimale $H^{\cdot}$-Konzentration bei dem fermentativen Abbau durch Fermentlösungen aus Trockenhefe von d, l-Leucyl-l-Asparaginsäure 2% ist $p_H = 6{,}76$[3]).

l-Leucyl-d-leucinanhydrid (Cyclo-l-leucyl-d-leucin).

Physikalische und chemische Eigenschaften: Schmilzt bei 287—289°[4]).

l-Leucyl-l-leucinanhydrid[5]) (Cyclo-l-leucyl-l-leucin).

$$C_{12}H_{22}N_2O_2.$$

Bildung: Durch 16 stündiges Erhitzen von 25 g Protein mit 1200 ccm Wasser im Autoklaven auf 180—200°. Das Anhydrid wird durch Ätherextraktion gewonnen.

Physikalische Eigenschaften: Schmelzp. 295—296°[6]). Feine weiße Nadeln vom Schmelzp. 272° (korr.). $[\alpha]^{20} = +2{,}83°$ (0,2662 g in 10 ccm CH_3COOH). Aus Casein 1,5%, aus Eialbumin 1,2%, aus Edestin 1,2%, aus Wittes Pepton 1%, aus Seide 0,09% und aus Gelatine 0,04% Leucinanhydrid erhalten.

Isoleucylvalinanhydrid[6]).

Mol.-Gewicht: 212,18.

Zusammensetzung: $C_{11}H_{20}O_2N_2$.

$$\mathrm{CH_3{\Large\diagdown}\atop CH_3{\Large\diagup}}CH-CH{\diagup CO-NH \diagdown \atop \diagdown NH-CO \diagup}CH-CH{\diagup CH_3 \atop \diagdown C_2H_5}$$

Darstellung: Nach der Säurespaltung des Caseinogens werden die in Butylalkohol leicht löslichen Peptidanhydride von Prolin durch aufeinanderfolgende Krystallisation aus absol. Al-

[1]) Ichiro Otsuka, Act. schol. med. Univ. Kioto 1, 199 [1916]; Chem. Centralbl. **1920**, III, 486.

[2]) C. Neuberg u. Johannes Kerb, Biochem. Zeitschr. **67**, 119—121 [1914].

[3]) Emil Abderhalden u. Andor Fodor, Fermentforschung 1, 533—596 [1916]; Chem. Centralbl. **1917**, I, 311—313.

[4]) L. C. Maillard, Ann. de Chim. et de Phys. 3, 48—120 [1915]; Chem. Centralbl. **1916**, I, 8.

[5]) S. S. Graves, S. T. W. Marshall u. H. W. Eckweiler, Journ. of Amer. Chem. Soc. **39**, 112—14 [1917]; Chem. Centralbl. **1917**, I, 950.

[6]) Henry Drysdale Dakin, Biochem. Journ. **12**, 290 [1918]; Chem. Centralbl. **1919**, I, 817.

kohol und Wasser befreit; es fand sich ein tyrosinhaltiges, beim Ausspülen mit Alkali ungelöstes Produkt, das zunächst aus siedendem absol. Alkohol, dann aus 50 proz. Essigsäure, in der es in der Hitze leicht löslich ist, umkrystallisiert und so in wolligen Massen von feinen, oft über 1 cm langen Nadeln erhalten wird.

Eigenschaften: Schmelzp. 310—312° (unkorr.); $[\alpha]_D^{20} = -42°$ bis 43,5° (c = 1,0). — Fast unlöslich in Wasser, verdünnter Säure oder Alkali, wenig löslich in Alkohol, Aceton, Essigäther, unlöslich in Äther, löslich in konz. Schwefelsäure ohne Färbung. Gibt bei der Spaltung durch Bromwasserstoffsäure spez. Gewicht 1,48 bei 115—120° d-Isoleucin und d-Valin.

Asparagyl-asparaginsäure (Bd. IV, S. 326).

Das Dipeptid Asparagylasparagin von Fischer u. Königs besitzt vermutlich folgende Konstitution[1]):

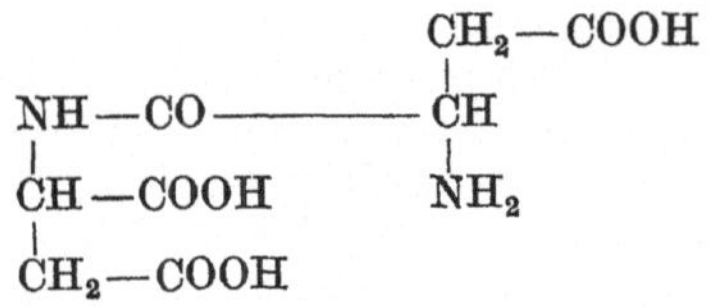

$$\begin{array}{ll} & CH_2-COOH \\ & | \\ NH-CO\text{———}CH \\ | & | \\ CH-COOH & NH_2 \\ | \\ CH_2-COOH \end{array}$$

Der Dipeptid von Ravenna besitzt vielleicht die Struktur eines β-Dipeptids[1]):

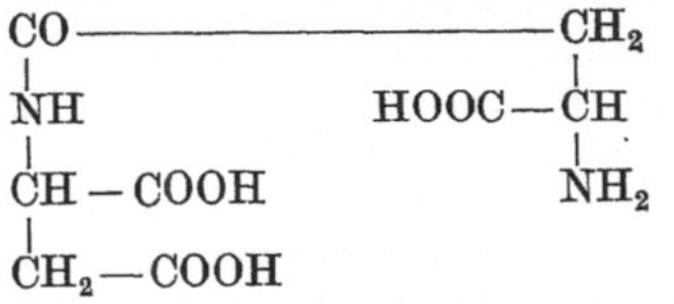

$$\begin{array}{ll} CO\text{——————}CH_2 \\ | & | \\ NH & HOOC-CH \\ | & | \\ CH-COOH & NH_2 \\ | \\ CH_2-COOH \end{array}$$

Bildung: Ravenna[2]) hat aus Spinatblättern und Asparagin bei 25° ein amorphes, in Wasser leicht lösliches Produkt erhalten, das nicht rein gewonnen werden konnte, aber wahrscheinlich mit dem Dipeptid der Asparaginsäure identisch war. Bei längerem Kochen von der wässerigen Lösung von l-Asparagin wird aus den Mutterlaugen der krystallinischen Asparagine ein Sirup erhalten, der im wesentlichen aus dem Dipeptid der Asparaginsäure besteht.

Darstellung[3]): Man kocht Asparagin längere Zeit mit Wasser, läßt die krystallisierten Asparagine sich ausscheiden, engt die Mutterlaugen ein und erhitzt sie auf 210°, wobei ein Anhydrid erhalten wird. Dieses gibt mit kaltem Barytwasser das Bariumsalz des Dipeptids. Entsteht auch durch Erhitzen von apfelsaurem Ammonium, wobei ebenfalls das Anhydrid erhalten wird.

Derivate: Anhydrid $C_8H_6O_4N_2$. **Anhydrid der Diketopiperazinessigsäure.** Identisch mit **Fumarimid** von Dessaignes[4]).

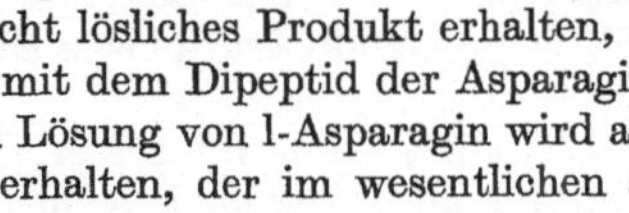

$$\begin{array}{ll} CO-N-CO-CH-CH_2 \\ | \quad\quad\quad\quad | \quad\ | \\ CH_2-CH-CO-N\text{——}CO \end{array} \quad \text{oder wahrscheinlicher} \quad \begin{array}{ll} CO\text{———}CH_2 \\ | \quad\quad\quad | \\ N-CO-CH \\ | \quad\quad\quad | \\ CH-CO-N \\ | \quad\quad\quad | \\ CH_2\text{———}CO \end{array}$$

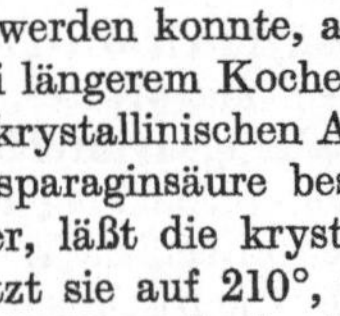

Mattrosa gefärbte amorphe, leicht zerreibliche Masse. — Bleibt bei 320° unverändert.

Weitere polypeptidartige Derivate der Asparaginsäure: Hippenylureidobernsteinsäuredimethylester[5]) $C_{15}H_{19}O_6N_3$. Aus Hippenylisocyanat und l-Asparaginsäuredimethylester. Weiße Kügelchen, die bald in radial angeordnete Nadeln übergehen, aus absol. Alkohol. Schmelzp. 153°, leicht löslich in heißem Alkohol und heißem Chloroform, unlöslich in Äther und Benzol. Liefert bei der Hydrolyse Benzoesäure, Asparaginsäure, NH_3 und CO_2.

[1]) C. Ravenna u. G. Bosinelli, Gazz. chim. ital. **50** [I], 281 [1920]; Chem. Centralbl. **1920**, III, 831.

[2]) C. Ravenna, Gazz. chim. ital. **50** [I], 251 [1920]; Chem. Centralbl. **1920**, III, 410.

[3]) C. Ravenna u. G. Bosinelli, Gazz. chim. ital. **49** [II], 303 [1920]; Chem. Centralbl. **1920**, III, 232.

[4]) Dessaignes, Jahresberichte d. Chemie **1850**, 414; **1857**, 309.

[5]) Theodor Curtius, Journ. f. prakt. Chemie **94**, 85—134 [1917]; Chem. Centralbl. **1917**, I, 745.

Hippenylureidobernsteinsäurediäthylester[1]) $C_{17}H_{23}O_6N_3$. Aus Hippenylisocyanat und l-Asparaginsäurediäthylester. Weiße Nädelchen aus absol. Alkohol, Schmelzp. 150°, leicht löslich in heißem Wasser, Alkohol und Chloroform, unlöslich in Äther und Benzol.

Hippenylureidobernsteinsäure[1]) $C_{13}H_{15}O_6N_3$. Aus vorstehendem Ester mit heißem Barytwasser. Weiße, rhomboedrische Krystalle aus Wasser, Schmelzp. 159°, löslich in heißem Wasser und Alkohol, sehr wenig löslich in Äther und Benzol. Reagiert stark sauer.

Ammoniumsalz $(NH_4)_2C_{13}H_{13}O_6N_3$. Weißes Pulver, Schmelzp. 186° unter Gasentwicklung, unlöslich in Alkohol, Äther, Benzol, leicht löslich in Wasser. **Kupfersalz** $CuC_{13}H_{13}O_6N_3$. Hellgrünes Pulver, löslich in Wasser, aus der wässerigen Lösung scheiden sich bei Zusatz von Alkohol blaue Rhomboeder ab, die beim Trocknen in ein grünes Pulver zerfallen.

Hippenylureidobernsteinsäuredihydrazid[1]) $C_{13}H_{19}O_4N_7$. Aus dem Diäthylester und Hydrazinhydrat in Alkohol. Mikrokrystalline Kügelchen. Quillt beim Kochen mit Alkohol, ohne sich zu lösen, zu einer gelatinösen Masse auf. Schmelzp. 102°. Unlöslich in Alkohol, Äther, Benzol, Chloroform, etwas löslich in warmem Wasser, von siedendem Wasser zersetzt. Reduziert Fehlingsche Lösung in der Wärme, ammoniakalische Silberlösung in der Kälte.

Dibenzalhippenylureidobernsteinsäuredihydrazid[1]) $C_{27}H_{27}O_4N_7$. Aus dem Dihydrazid in Wasser und C_6H_5CHO, weißes krystallinisches Pulver, Schmelzp. 212°, unlöslich in Wasser, Äther, Benzol, Chloroform; beim Kochen mit Alkohol quillt es auf, ohne sich zu lösen.

Di-o-oxybenzalhippenylureidobernsteinsäuredihydrazid[1]) $C_{27}H_{27}O_6N_7$. Aus dem Dihydrazid in verdünnter Salzsäure und Salicylaldehyd. Weißes Pulver. Wird bei 200° gelb, Schmelzp. 206°, unlöslich in Wasser, Alkohol und Äther.

Diacetonhippenylureidobernsteinsäuredihydrazid[1]) $C_{19}H_{27}O_4N_7$. Aus dem Dihydrazid beim Erwärmen mit Aceton. Farbloses Pulver. Schmelzp. 194°; leicht löslich in heißem Wasser und Alkohol, unlöslich in Äther und Benzol.

Dibenzoylhippenylureidobernsteinsäuredihydrazid[1]) $C_{27}H_{27}O_6N_7$. Aus dem Dihydrazid in Wasser und mit Benzoylchlorid. Weißes Pulver, Schmelzp. 207° unter Zersetzung, wenig löslich in heißem Wasser und Alkohol, unlöslich in Äther und Benzol.

Hippenylureido-N-aminosuccinimid[1]). Aus Hippenylureidobernsteinsäuredihydrazid beim Kochen mit Wasser. Wurde nicht rein erhalten.

Benzalhippenylureido-N-aminosuccinimid[1]) $C_{20}H_{19}O_4N_5$. Aus der wässerigen Lösung vorstehender Verbindung mit Benzaldehyd. Krystalle aus absol. Alkohol, Schmelzp. 221°, wenig löslich in heißem Wasser, ziemlich wenig löslich in heißem Alkohol, unlöslich in Äther und Benzol. Die frisch bereitete Lösung ist löslich in Alkali und reagiert sauer, die umkrystallisierte nicht mehr.

Hippenylureidobernsteinsäurediazid[1]) $C_{13}H_{13}O_4N_9$. Aus dem Dihydrazid in verdünnter Salzsäure mit $NaNO_2$; gelatinöser Niederschlag. Weiße Flocken aus Chloroform $+$ Petroläther. Verpufft ohne vorher zu schmelzen; leicht löslich in Alkohol und Chloroform, unlöslich in Wasser, Äther, Benzol. Zersetzt sich beim Aufbewahren.

Hippenylureidobernsteinsäuredihydrazid[1])

$$\begin{array}{cc} NH\cdot CO\cdot NH\cdot CH\cdot CO\cdot NH\cdot NH_2 \\ | \qquad\qquad\qquad | \\ C_6H_5\cdot CO\cdot NH\cdot CH_2 \qquad CH_2\cdot CO\cdot NH\cdot NH_2 \end{array}$$

aus Hippenylureidobernsteinsäureester gewonnen.

Hippenylureidobernsteinsäuremonohydrazid[1]). Aus vorigem durch Kochen mit Wasser;

$$\begin{array}{cc} NH\cdot CO\cdot NH\cdot CH\cdot CO \\ | \qquad\qquad\qquad | \qquad\quad \rangle N\cdot NH_2 \\ C_6H_5\cdot CO\cdot NH\cdot CH_2 \quad\cdot\quad CH_2\cdot CO \end{array}$$

Nur in Form der Benzalverbindung isoliert. Frisch zeigte die Benzalverbindung saure Eigenschaften, verliert dieselben aber beim Umkrystallisieren aus Alkohol.

Vielleicht leitet die Verbindung sich von der Hydrazidsäure ab, und geht erst beim Umkrystallisieren in die neutrale Benzalverbindung des cyclischen Hydrazids über.

Die genannte Hydrazidsäure hat folgende Konstitution

$$\begin{array}{cc} NH\cdot CO\cdot NH\cdot CH\cdot CO\cdot NH\cdot NH_2 \\ | \qquad\qquad\qquad | \\ C_6H_5\cdot CO\cdot NH\cdot CH_2 \qquad CH_2\cdot COOH \end{array}$$

---

[1]) Th. Curtius, Journ. f. prakt. Chemie **94**, 85—134 [1917]; Chem. Centralbl. **1917**, I, 745.

Hippenylureidobernsteinsäurediazid[1])

$$C_6H_5 \cdot CO \cdot NH \cdot CH_2 \qquad\qquad CH_2 \cdot CO \cdot N_3$$
$$\underset{\textstyle NH \cdot CO \cdot NH \cdot CH \cdot CO \cdot N_3}{\big| \qquad\qquad\qquad\qquad \big|}$$

Zeigt mit Anilin keine Anilidbildung, sondern unter Stickstoffentwicklung doppelseitige Umlagerung und Bildung der Verbindung

$$C_6H_5 \cdot CO \cdot NH \cdot CH_2 \qquad\qquad CH_2 \cdot NH \cdot CO \cdot NH \cdot C_6H_5$$
$$\underset{\textstyle NH \cdot CO \cdot NH \cdot CH \cdot NH \cdot CO \cdot NH \cdot C_6H_5}{\big| \qquad\qquad\qquad\qquad\qquad \big|}$$

Hippenylureidodiisocyanat[1]) aus dem Diazid voriger Verbindung

$$\qquad\qquad\qquad\qquad NH \cdot CO \cdot NH \cdot CH \cdot N \cdot CO$$
$$C_6H_5 \cdot CO \cdot NH \cdot CH_2 \qquad\quad CH_2 \cdot N \cdot CO$$

Hippenylureidobernsteinsäuretetracarbonsäuretetrahydrazid[1]). Entsteht aus dem Ester in Alkohol mit Hydrazinhydrat. Voluminöser Körper, unlöslich in Äther und Benzol, sehr wenig löslich in Alkohol, leicht löslich in heißem Wasser. Liefert mit verdünnten Säuren und Natriumnitrit das Tetraazid, das nach dem Trocknen verpufft.

p-bromhippenylureidobernsteinsäurediäthylester[1]) $C_{17}H_{22}O_6N_3Br$. Aus p-Bromhippenylisocyanat und l-Asparaginsäurediäthylester beim Erwärmen. Nadeln aus Alkohol, Schmelzp. 162°, leicht löslich in heißem Wasser und Alkohol, unlöslich in Äther und Benzol.

p-bromhippenylureidobernsteinsäuredihydrazid[1]) $C_{13}H_{18}O_4N_7Br$. Aus vorigem Ester und Hydrazinhydrat in Alkohol. Gelatinöser Niederschlag, Schmelzp. 197°.

p-bromhippenylureidobernsteinsäurediazid. Aus dem Dihydrazid mit $NaNO_2$ und HCl. Fester Niederschlag, verpufft ohne zu schmelzen.

Hippenylureidobernsteinsäurediisocyanat[1]) $C_{13}H_{13}O_4N_5$. Aus Hippenylureidobernsteinsäurediazid beim Kochen mit Chloroform. Weißes Pulver, Schmelzp. 192°, leicht löslich in Alkohol und Chloroform, unlöslich in Äther und Petroläther. Fällt aus Chloroform in Kügelchen, die nicht polarisieren, aber beim Trocknen anisotrop werden.

Hippenylureidobernsteinsäuredicarbaminsäureester[1]) $C_{17}H_{25}O_6N_5$. Aus Hippenylureidobernsteinsäurediazid in Chloroform beim Kochen mit Alkohol. Weißes Pulver, leicht löslich in Alkohol und Wasser, wenig löslich in Benzol, unlöslich in Äther. Schmelzp. 172°. Verhält sich gegen polarisiertes Licht wie das Diisocyanat.

$C_{25}H_{27}O_4N_7$. Aus Hippenylureidobernsteinsäurediazid in Chloroform mit Anilin. Weißes Pulver aus verdünntem Alkohol, Schmelzp. 192°; leicht löslich in Alkohol, wenig löslich in heißem Wasser, unlöslich in Äther, Benzol, Chloroform. Intensiv rot löslich in konz. H_2SO_4. Entsteht auch aus dem Diisocyanat $C_{13}H_{13}O_4N_5$ in Chloroform mit Anilin.

$C_{27}H_{31}O_4N_7$. Aus Hippenylureidobernsteinsäurediazid in Chloroform mit p-Toluidin. Weißes Pulver. Gelatinöse Masse aus Alkohol, Schmelzp. 195°, unlöslich in Wasser, Äther, und Benzol.

Hippenylureidobernsteinsäuretetracarbonsäureester[1]). Aus dem Diisocyanat $C_{13}H_{13}O_4N_5$ in Chloroform mit l-Asparaginsäureester. Weiße klebrige Masse, die beim längeren Stehen fest wird. Zersetzt sich beim Umkrystallisieren, Schmelzp. 124°, unlöslich in Wasser, Äther und Benzol, leicht löslich in Chloroform und Alkohol.

l-Tyrosinanhydrid[2]) (Bd. IV, S. 328).

l-Tyrosin gibt bei 180—190° mit Glycerin erhitzt 2 Produkte[3]):

A. **Tyrosinanhydrid**[2]), krystallinisch.

Zusammensetzung: $(C_9H_9O_2N)x$.

---

[1]) Theodor Curtius, Journ. f. prakt. Chemie **94**, 85—134 [1917]; Chem. Centralbl. **1917**, I, 745.

[2]) F. Graziani, Atti R. della Accad. dei Lincei, Roma **24**[I], 936 [1915]; Chem. Centralbl. **1915**. I, 923; **25** [I], 509—515 [1916]; Chem. Centralbl. **1916**, II, 226.

[3]) Löw, Berichte d. Deutsch. Chem. Gesellschaft **15**, 1483 [1882].

Physikalische und chemische Eigenschaften: Farblose Nädelchen aus absol. Alkohol. Bräunt sich beim schnellen Erhitzen über 260°. Schmelzp. 278—279° (unkorr.). Verkohlt bei höherer Temperatur; sehr wenig löslich in kaltem Alkohol. 100 Teile absol. Alkohol lösen etwa 1,5 g. Löslichkeit in Wasser ist ähnlich. Die wässerige Lösung gibt beim Kochen mit Kupferoxyd keine Blaufärbung. Millonsches Reagens gibt Rotfärbung. Liefert beim Kochen mit Salzsäure Tyrosin.

B. **Tyrosinanhydrid**[1]), amorph, hornartig.

Zusammensetzung: $(C_9H_9O_2N)x$.

Physikalische und chemische Eigenschaften: Schmutzigweißes Pulver. Unlöslich in siedendem Alkohol und in den üblichen Lösungsmitteln (neutrale). Bräunt sich bei 270°; Schmelzp. 279° unter geringer Zersetzung. Verkohlt bei höherer Temperatur. Millonsches Reagens gibt Rotfärbung. Liefert beim Kochen mit HCl Tyrosin. Das amorphe Anhydrid geht beim Kochen mit Diphenylmethan teilweise in das krystallinische und das letztere beim Umkrystallisieren aus Alkohol teilweise in das amorphe über.

d-Tyrosinanhydrid[2]).

$$C_{18}H_{20}O_5N_2.$$

Bildung: Wird bei der tryptischen Verdauung von Casein bis zu dem Verschwinden der Bromreaktion erhalten.

Physikalische und chemische Eigenschaften: Krystalle aus heißem Wasser, Schmelzp. 273° (Block Maquenne), $[\alpha]_D^{13} = + 37,59°$ (etwa 0,2% in Kalilauge), $[\alpha]_D^{14} = + 93,87°$ (etwa 0,3% in verdünnter Salzsäure), färbt sich beim Kochen mit Millons Reagens rot.

d-Tryptophananhydrid[2]).

$$C_{22}H_{22}O_3N_4 + 2^1/_2 H_2O.$$

Bildung: Wird bei der tryptischen Verdauung von Casein bis zu dem Verschwinden der Bromreaktion erhalten.

Physikalische und chemische Eigenschaften: Krystalle aus Alkohol durch Aceton gefällt. Zersetzungsp. 230—245°. $[\alpha]_D^{16} = + 20,59°$ (etwa 0,5% in Wasser), gibt die Reaktion von Adamkiewicz.

Leucyl-tryptophan (Bd. IV, S. 322).

Vorkommen: Aus dem Chymus verschiedener Rinderdärme, wurde der mit Phosphorsäure fällbare Anteil mit $HgSO_4$ zerlegt. Aus dem Niederschlag wurde ein Dipeptid erhalten, das wahrscheinlich mit Leucyltryptophan identisch war.

Physikalische und chemische Eigenschaften: $[\alpha]_D^{20}$ in norm. HCl $= + 5,10°$. Schmelzpunkt 148° nach vorherigem Sintern. Leicht löslich in heißem Wasser, sehr wenig löslich in Alkohol. Nach der Spaltung mit verdünnter H_2SO_4 konnten Tryptophan und Leucin isoliert werden. Mit Naphthalinsulfochlorid entsteht eine schmierige Verbindung, aus welcher bei der Spaltung mit H_2SO_4 wenig Naphthalinsulfoleucin und -tryptophan isoliert werden konnte. Möglicherweise ist dem Dipeptid noch l-Tryptophyl-l-leucin beigemengt[3]).

l-Tryptophyl-l-leucin.

Ist im Chymus der Rinderdärme dem Dipeptid Leucyltryptophan beigemengt[3]).

---

[1]) F. Graziani, Atti R. della Accad. dei Lincei, Roma 24 [I], 936 [1915]; Chem. Centralbl. **1916,** I, 923; **25** [I], 509—515 [1916]; Chem. Centralbl. **1916,** II, 226.

[2]) Sigmund Fränkel u. Emil Feldsberg, Biochem. Zeitschr. **120,** 218—229 [1921]; Chem. Centralbl. **1921,** III, 964.

[3]) Emil Abderhalden, Zeitschr. f. physiol. Chemie **114,** 290—300 [1921]; Chem. Centralbl. **1921,** III, 1293.

Carnosin = β-Alanylhistidin[1])[2]) (Bd. IV, S. 824; Bd. IX, S. 209).

$$HC = C - CH_2 - CH - COOH$$
$$HN \quad N \qquad NH - CO - CH_2 - CH_2 - NH_2$$
$$CH$$

Synthese. β-Chlor- oder Jodpropionylchlorid wird in Gegenwart von Bariumhydroxyd mit freiem Histidin kombiniert und das Produkt nach Entfernung des Bariums mit Ammoniak im zugeschmolzenen Rohr erhitzt[1]). Histidinmethylester wird mit β-Nitropropionylchlorid kondensiert, das Produkt reduziert und mit Alkali in der Kälte verseift. — Die Ausbeute ist schlecht[2]).

Vorkommen: In der Skelettmuskulatur des Pferdes entfällt etwa $^1/_3$ des Extraktionsstoffs auf die Carnosinfraktion. Die Bestimmung des nach Säurehydrolyse aus Carnosinfraktionen abspaltbaren Histidins nach dem Kosselschen Pikrolonsäureverfahrens ergab, daß erst bis $^9/_{10}$ des in Carnosinfraktionen enthaltenen N in Form von Carnosin oder einer diesem sehr nahestehenden Verbindung enthalten sind. Zu demselben Resultat führte die Abscheidung der Base aus den Carnosinfraktionen in Form der Mononatriumverbindung des Carnosindipikrolonats[3]).

Die colorimetrischen Bestimmungen ergaben einen Gehalt des Säugetierfleischextraktes von 2—3 g pro kg Fleisch. Den Carnosingehalt des frischen Fleisches wird man auf etwa 0,3% ansetzen können[4]).

Werden 9 kg Schaffleisch mit Wasser extrahiert, der Extrakt in zwei Portionen geteilt, die eine Portion mit Mercurisulfat $+ H_2SO_4$ und später mit P-Wolframsäure, die zweite mit Bleizucker, P-Wolframsäure und H_2SO_4 weiter verarbeitet, so liefert den besten Ertrag an Purinen, Carnosin und Carnitin die Behandlung des Extrakts mit Mercurisulfat[5]).

Der Gehalt des Herzmuskels an Carnosin ergab sich als sehr konstant mit 0,2—0,3, im Mittel 0,25%, weder durch Hypertrophie noch durch Atrophie der Muskulatur wesentlich beeinflußt. Die Bestimmung nach dem Vorgang von Fürth und Hryntschak wurde vereinfacht, indem typische Fehlingsche Lösung bei halber Verdünnung in ihrer Färbungsintensivität genau der für die „Kupfercolorimetrie" vorgeschriebenen Lösung von Carnosinkupfer entspricht[6]).

In dem wässerigen Dialysat eines Fleischbrühedauerpräparates wurden 16,6% Carnosin gefunden[7]).

Darstellung: Es gelingt vielfach, aus der Carnosinfraktion des Extraktivstoffs aus der Skelettmuskulatur des Pferdes nach Beseitigung der durch Bleiacetat und Silbernitrat fällbaren Substanzen durch Silberbarytfällung und Zerlegung des Niederschlags mit H_2S, das Carnosin in Form der von Gulewitsch beschriebenen, in blauen, sechsseitigen cystinähnlichen Täfelchen krystallisierenden, wenig löslichen Kupferverbindung, $CuO \cdot C_9H_{14}O_3N_4$ abzuscheiden; doch ließen sich niemals auch nur annähernd quantitative Ausbeuten erzielen. Die nach Gulewitsch aus Muskeln dargestellten Fraktionen enthalten vermutlich neben dem typischen Carnosin vielfach eine Modifikation bzw. ein Umwandlungsprodukt des Carnosins, dem die Eigenschaft, Kupferoxyd zu lösen, abgeht[3]).

Man extrahiert 8 kg Kalbfleisch bei 80—90° mit Wasser, koliert, behandelt mit Bleiessig, Soda, H_2SO_4, $Ba(OH)_2$, filtriert, dampft ein, versetzt mit 2 l Alkohol, etwas Äther und einer gesättigten Lösung von Mercurisulfat in 5 proz. H_2SO_4, saugt den Niederschlag nach 24 Stunden ab, behandelt mit H_2S, $Ba(OH)_2$, CO_2 filtriert und dampft ein. Der resultierende Sirup ver-

---

[1]) Louis Baumann u. Thorsten Ingvaldsen, Journ. of Biolog. Chem. **35**, 263 [1918]; Chem. Centralbl. **1919**, I, 370.

[2]) George Bayer u. Frank-Tutin, Biochem. Journ. **12**, 402 [1918]; Chem. Centralbl. **1919**, I, 848.

[3]) Marie Mauthner, Monatshefte f. Chemie **34**, 883—900 [1913]; Chem. Centralbl. **1913**, II, 972—973.

[4]) Otto von Fürth u. Theodor Hryntschak, Biochem. Zeitschr. **64**, 172—194 [1914]; Chem. Zeitschr. **1914**, II, 419.

[5]) J. Smorodinzew, Zeitschr. f. physiol. Chemie **92**, 221—227 [1914]; Chem. Centralbl. **1914**, II, 797.

[6]) F. Bubanović, Biochem. Zeitschr. **92**, 125—128 [1918]; Chem. Centralbl. **1919**, I, 482.

[7]) Ernst Waser, Zeitschr. f. Untersuch. d. Nahrungs- u. Genußmittel **40**, 289—345 [1920]; Chem. Centralbl. **1921**, II, 704.

wandelt sich allmählich in eine krystallinische Masse, die mit Alkohol und Wasser verrieben, abgesaugt und getrocknet wird und dann beim Umkrystallisieren reines Carnosin liefert[1]).

Aus der im Hönneckeschen Fleischdämpfer sich bildenden Brühe läßt sich durch Eindampfen, Fällen mit einer 10proz. Lösung von Mercurisulfat in 5proz. H_2SO_4 und Weiterbehandlung in üblicher Weise reines Carnosin gewinnen[2]).

Wird aus Ochsenblut nach vorheriger Reinigung mit Kupferacetat und Kalkmilch durch Fällung mit Mercuriacetat gefällt, nach Zerlegung des Niederschlages mit Schwefelwasserstoff in das Silbersalz übergeführt und aus diesem in das Nitrat[3]).

Nachweis und Bestimmung: Die Bestimmung geschieht durch Überführung des Carnosins in seine schön violett gefärbte Cu-Verbindung durch Kochen mit $Cu(OH)_2$ und durch den colorimetrischen Vergleich der erzielten Färbung mit einer Standardlösung von Carnosinkupfer. Es erweist sich dabei zunächst, daß die sog. Carnosinfraktion neben Carnosin, mitunter recht erhebliche Mengen anderer N-haltiger Substanzen enthält, so daß es nicht gestattet ist, aus dem N-Gehalt dieser Fraktion die Menge des Carnosins zu berechnen. — Diese Methode gibt übereinstimmende Werte mit der von Weiß und Soboleff[4])[5]).

Ein wässeriger Extrakt des Gewebes wird mit Metaphosphorsäure enteiweißt, das Filtrat diazotiert und colorimetrisch mit einer Mischung von Methylorange und Kongorot verglichen, deren Farbton dem des diazotierten Histidins vergleichbar ist[6]).

Physikalische und chemische Eigenschaften: Verhält sich beim Behandeln mit Benzoylchlorid und Alkali wie das freie Histidin[7]).

Wird mit γ-(2-4-5)-Trinitrotoluol und Kochen in 30proz. Schwefelsäure in Dinitrotolyl-β-alanin übergeführt[8]).

Derivate[8]): Dinitrotolylcarnosin. γ-Trinitrotoluol liefert mit 2.Mol. Carnosin in Alkohol nach völligem Verjagen des Alkohols und Waschen mit trockenem Äther eine glänzend gelbe, amorphe Masse, wahrscheinlich das Carnosinsalz des Kondensationsproduktes, aus dessen wässeriger Lösung Dinitrotolylcarnosin durch Essigsäure als glänzend gelber Niederschlag ausfällt. — Liefert bei der Hydrolyse mit 30proz. Schwefelsäure Dinitrotolyl-β-alanin.

Carnosinmethylester. Aus der Lösung des β-Nitropropionylhistidinmethylester bei der Reduktion mit Stannochlorid und Salzsäure. — Gibt beim Stehen in alkalischer Lösung Carnosin.

Carnosindipikrolonat (Mononatriumverb.) Man entfernt aus der Carnosinfraktion der Skelettmuskulatur des Pferdes durch wenig überschüssige H_2SO_4 das Ba, neutralisiert mit NaOH, ermittelt in einem aliquoten Teil der Flüssigkeit den Stickstoffgehalt und gibt zur heißen Lösung eine alkoholische Lösung von 2 Mol. Pikrolonsäure auf 1 Mol. Carnosin, wobei je nach Konzentration eine Trübung oder ein Niederschlag entsteht, dessen vollständige Abscheidung durch Einengen auf dem Wasserbad erzielt wird. Das Mononatriumcarnosindipikrolonat, $Na \cdot C_{29}H_{29}O_{13}N_{12}$, bildet intensiv gelbe, spießige, mikroskopische Krystalle[9]).

Carnosinphosphorwolframat[10]).

---

[1]) M. Dietrich, Zeitschr. f. physiol. Chemie **92**, 212—213 [1914]; Chem. Centralbl. **1914**, II, 792.

[2]) J. Smorodinzew, Zeitschr. f. physiol. Chemie **92**, 228—230 [1914]; Chem. Centralbl. **1914**, II, 797.

[3]) Louis Baumann u. Thorsten Ingvaldsen, Journ. of Biolog. Chem. **35**, 263 [1918]; Chem. Centralbl. **1919**, I, 370.

[4]) Weiß u. Soboleff, Biochem. Zeitschr **58**, 119 [1914].

[5]) Otto von Fürth u. Theodor Hryntschak, Biochem. Zeitschr. **64**, 172—194 [1914]; Chem. Centralbl. **1914**, II, 419.

[6]) Winifred Mary Clifford, Biochem. Journ. **15**, 400—406 [1921]; Chem. Centralbl. **1921**, IV, 1257.

[7]) A. Kossel u. S. Edlbacher, Zeitschr. f. physiol. Chemie **93**, 396—400 [1915];

[8]) George Bayer u. Frank Tutin, Biochem. Journ. **12**, 402 [1918]; Chem. Centralbl. **1919**, I, 848.

[9]) Marie Mauthner, Monatshefte f. Chemie **34**, 883—900 [1913]; Chem. Centralbl. **1913**, II, 972—973.

[10]) Jack Cecil Drummond, Biochem. Journ. **12**, 5 [1918]; Chem. Centralbl. **1918**, II, 944.

γ-Oxypropyl-prolinanhydrid[1]).

Mol.-Gewicht: 210,18.

Zusammensetzung: $C_{10}H_{14}O_3N_2$

$$\begin{array}{c} CH_2\ CO\ CH_2 \\ N\quad CH \\ HO\cdot HC\ \overset{|}{\underset{CH\quad N}{}}\ CH_2 \\ CH_2\ CO\ CH_2 \end{array}$$

Darstellung: Gelatine wird 12—20 Stunden mit einem Gemisch von 300 g Schwefelsäure und 650 ccm Wasser gekocht. Die rohe Prolinfraktion wird unter gewöhnlichem Druck mit Butylalkohol ausgezogen, der Butylalkohol abdestilliert, der Rückstand mit 10 Teilen absol. Alkohol aufgenommen, der Rückstand dieser Lösung in wenig Wasser gelöst und mit Tierkohle gereinigt, im Exsiccator langsamer Krystallisation überlassen. 5 g der erhaltenen Krystalle werden in 20 ccm absol. Alkohol gelöst und allmählich mit 100 ccm trockenem Äther versetzt, die von der hauptsächlich aus Prolin bestehenden Fällung abfiltrierte Lösung bei Zimmertemperatur verdunstet.

Physikalische und chemische Eigenschaften: Große Prismen, sehr leicht löslich in Wasser und Alkohol, wenig löslich in reinem Äther, unlöslich in den meisten organischen Lösungsmitteln. Schmelzpunkt nach Krystallisation aus Äther 102—103°, aus Wasser 135—140°, $[\alpha]_D^{20} = -142°$ (1 proz. Lösung in Wasser). Die wässerige Lösung reagiert gegen Lackmus sehr schwach sauer, bildet beim Kochen mit Kupferhydroxyd kein Salz, reagiert nicht mit Bromwasser oder Formaldehyd und entwickelt mit salpetriger Säure keinen Stickstoff. Mit Millons Reagens weder Niederschlag, noch Färbung, mit Silbernitrat allein oder mit Ammoniak kein Niederschlag, beim Kochen langsame Reduktion; konz. Lösungen (1% und mehr) geben mit Diazobenzolsulfosäure und Soda Orangefärbung. Phosphorwolframsäure gibt aus konz. Lösungen einen Niederschlag, leicht löslich im Überschuß, Pikrinsäure keinen Niederschlag.

2. Tripeptide (Bd. IV, S. 333; Bd. IX, S. 58).

Chloracetyl-glycyl-l-tyrosin[2]).

Zusammensetzung: $C_{13}H_{17}O_4N_2Cl$.

$$\begin{array}{c} OH \\ CH_2\cdot CHNH\cdot CO \text{———} O \\ CO\cdot CH_2\cdot NH_3\cdot C\cdot Cl \\ CH_3 \end{array}$$

Darstellung: Aus Glycyl-l-tyrosin und Chloracetylchlorid (Ausziehen des Rückstandes mit Aceton).

Physikalische und chemische Eigenschaften: Farblose mikroskopische Nadeln aus Wasser, Schmelzp. 128° (korr.) 130; leicht löslich in Alkohol, Aceton, sehr wenig in Äther.] Gibt Millonsche und die Biuretreaktion, aber mit Kupferoxyd keine Salze.

α-Brom-l-isocapronyl-glycyl-l-leucin[3]).

Bildung: Aus dem Bromisocapronylchlorid und Überschuß des Dipeptids in Gegenwart von Natronlauge.

---

[1]) H. D. Dakin, Journ. of Biolog. Chem. **44**, 499—529 [1920]; Chem. Centralbl. **1921**, I, 455.

[2]) Eugen Vlahuta, Pharm. Zentralhalle **57**, 103—109, 126—130 [1916]; Chem. Centralbl. **1916**, I, 786.

[3]) E. Abderhalden u. H. Handowsky, Fermentforschung **4**, 316 [1921]; Chem. Centralbl. **1921**, III, 297.

Physikalische und chemische Eigenschaften: Krystalle, Schmelzp. 167° (korr.); $[\alpha]_D^{20} = -27,2°$ (in absol. Alkohol); unlöslich in Wasser, wenig löslich in Äther, leicht löslich in Alkohol, Chloroform, Essigester. Hygroskopisch.

l-Leucylglycyl-l-leucin (Bd. IV, S. 358).

Physikalische und chemische Eigenschaften: Bräunung von 228° (korr.) an. Zersetzung unter Gasentwicklung bei 246—251° (korr.); $[\alpha]_D^{20} = 19,8$ (in 10% Ammoniak). Spurenweise löslich in heißem Wasser; gibt Biuretreaktion. Das Chloracetylderivat hatte $[\alpha]_D^{20} = -9,10$ (in absol. Alkohol)[1]).

d-Leucyl-glycyl-l-leucin[1]).

Bildung: Aus dem α-Brom-isocapronylglycyl-l-leucin in 25 proz. wässeriger Ammoniaklösung (5 Tage bei Zimmertemperatur).

Physikalische und chemische Eigenschaften: Zersetzt sich unter Gasentwicklung. 269° (korr.); $[\alpha]_D^{20} = -18,8°$ (in 10 proz. Ammoniak); unlöslich in Wasser, in Natronlauge erst bei höherer Konzentration; gibt sehr starke Biuretreaktion.

Derivate: Chloracetylderivat sintert bei 72—74° (korr.); Schmelzp. 103,5° (korr.), $[\alpha]_D^{20} = +9,3°$ (in absol. Alkohol); unlöslich in Wasser, wenig löslich in Äther, Chloroform, Essigester, leicht löslich in Alkohol.

l-Leucylglycylglycin.

$$\mathrm{\genfrac{}{}{0pt}{}{CH_3}{CH_3}{>}CH-CH_2-CH-CO-NH-CH_2-CO-NH-CH_2-COOH}$$
$$\underset{NH_2}{|}$$

Darstellung: 4 g d-Bromisocapronyl-glycyl-glycin werden in der 5 fachen Menge 25 proz. Ammoniaks gelöst und die Lösung 4 Tage hindurch bei Zimmertemperatur aufbewahrt. Jetzt wird das Ammoniak im Vakuum bei etwa 35° verjagt und die Lösung, die sehr stark schäumt, unter Zusatz von Alkohol eingedampft. Der Rückstand wird in heißem Wasser aufgelöst und mit heißem Alkohol zur Ausfällung gebracht. Die Krystallisation wird durch 12 stündiges Stehen in der Kälte vervollständigt. Zur völligen Reinigung wird das Produkt aus seiner wässerigen Lösung nochmals mit Alkohol umgefällt. Ausbeute 2,5 g[2]).

Physiologische Eigenschaften: Die optimale H·-Konzentration bei dem fermentativen Abbau durch Fermentlösungen aus Trockenhefe von l-Leucyl-glycylglycin ist $p_H = 7,26$[3]).

Physikalische und chemische Eigenschaften: In Wasser löst sich der Körper ziemlich leicht, sehr schwer hingegen in absol. Alkohol. Die wässerige Lösung gibt Biuretreaktion mit blauviolettem Ton. $[\alpha]_D^{20} = +43,42°$ (in Wasser, 0,4453 g zu 15,2542 g Gesamtgewicht gelöst, $d = 1,030$, $\alpha = +1,30°$, 1-dm-Rohr)[2]).

d-α-Bromisocapronyl-glycyl-glycin[2]).

$$C_{10}H_{17}O_4N_2Br.$$

Darstellung: 3 g Glycinanhydrid werden in 1 Mol. n-Natronlauge gelöst und unter Kühlung mit 1,25 Mol. d-α-Bromisocapronylchlorid unter Zusatz von 1,5 Mol. n-Natronlauge in der bekannten Weise gekuppelt. Nach dem Ansäuern mit der äquivalenten Menge an 5 fach n-Salzsäure wird das Kuppelungsprodukt sofort in schönen glänzenden Krystallen abgeschieden (5 g).

---

[1]) E. Abderhalden u. H. Handowsky, Fermentforschung **4**, 316 [1921]; Chem. Centralbl. **1921**, III, 297.

[2]) Emil Abderhalden u. Andor Fodor, Berichte d. Deutsch. Chem. Gesellschaft **49**, 561 bis 578 [1916]; Chem. Centralbl. **1916**, I, 736.

[3]) Emil Abderhalden u. Andor Fodor, Fermentforschung **1**, 533—596 [1916]; Chem. Centralbl. **1917**, I, 311—313.

Physikalische und chemische Eigenschaften: Zur völligen Reinigung wird das Produkt aus siedendem Essigester umkrystallisiert. Beim Erkalten scheidet sich das reine Bromcapronyl-glycylglycin in makroskopischen glänzenden Blättchen aus, die bei 130—132° zu einer klaren Flüssigkeit schmelzen. Aus absol. Alkohol bilden sich von einem Zentrum ausgehende, baumförmig verzweigte Nadeln, aus Wasser entweder verfilzte Nadeln oder auch kugelförmige Aggregate. — In heißem Essigester löst sich das Produkt ziemlich leicht, schwerer in der Kälte. In Alkohol leicht löslich. $[\alpha]_D^{20} = + 47,01°$ (in absol. Alkohol, 0,2789 g Substanz, Gesamtgewicht 6,3659 g, spez. Gewicht 0,806, $\alpha = + 0,83°$ 5-cm-Rohr).

Chloracetyl-d-glutaminyl-glycin[1]).

Mol.-Gewicht: 279,72.

Zusammensetzung: $C_9H_{14}N_3O_5Cl$

$$
\begin{array}{l}
\qquad\qquad\qquad CO-NH-CH_2-COOH \\
\qquad\qquad\qquad\quad | \\
Cl \cdot CH_2 \cdot CO-NH-C-H \\
\qquad\qquad\qquad\quad | \\
\qquad\qquad\qquad\quad CH_2 \\
\qquad\qquad\qquad\quad | \\
\qquad\qquad\qquad\quad CH_2 \\
\qquad\qquad\qquad\quad | \\
\qquad\qquad\qquad\quad CO-NH_2
\end{array}
$$

Darstellung: 3 g gepulvertes Chloracetylglutamin werden in 30 ccm Acetylchlorid mit 3,3 g Phosphorpentachlorid nach E. Fischer in Chloracetylglutaminylchlorid verwandelt. Das Rohprodukt wird mit 4 g Glycerinesterchlorhydrat in 50 ccm Chloroform geschüttelt. — Das Produkt wird aus wasserfreiem Methylalkohol umkrystallisiert. Ausbeute 17% des Chloracetylglutamins. — Der Ester bildet eine weiße wollige Masse aus Stäbchen oder Nadeln. — Bei der Verseifung desselben wird der gewünschte Körper erhalten, indem der Ester mit heißer Natronlauge behandelt wird, wobei ein Überschuß zu vermeiden ist. — Nach dem Ansäuern wird das Produkt mit Essigäther extrahiert. — Ausbeute 86%.

Eigenschaften: Gallertig krystallinische Masse. — Aus Säulen und Nadeln bestehende Krystalldrusen aus absol. Alkohol. Schmelzp. 162—163°. Leicht löslich in Wasser.

Derivate: Chloracetyl-d-glutaminyl-glycin $C_{11}H_{18}N_3O_5Cl$. — Darstellung siehe oben. — Schmelzp. 198°. — Löslich in Wasser, Alkohol, Methylalkohol und Aceton.

Glycyl-d-glutaminylglycin[1]).

Mol.-Gewicht: 260,21.

Zusammensetzung: $C_9H_{16}N_4O_5$

$$
\begin{array}{l}
\qquad\qquad\qquad CO-NH-CH_2-COOH \\
\qquad\qquad\qquad\quad | \\
NH_2-CH_2-CO-NH-C-H \\
\qquad\qquad\qquad\quad | \\
\qquad\qquad\qquad\quad CH_2 \\
\qquad\qquad\qquad\quad | \\
\qquad\qquad\qquad\quad CH_2 \\
\qquad\qquad\qquad\quad | \\
\qquad\qquad\qquad\quad CO-NH_2
\end{array}
$$

Darstellung: Entsteht aus dem Chlorkörper mit konz. wässerigem Ammoniak bei Zimmertemperatur. — Das zur Trockne eingedampfte Reaktionsprodukt wird aus Wasser + Alkohol umkrystallisiert. Ausbeute 89%.

Eigenschaften: Schmelzp. u. Zersetzungsp. bei 201°. Schmeckt salzig-säuerlich. — Löslich in Wasser mit saurer Reaktion. — Mit 10 proz. Phosphorwolframsäure entsteht ein im Überschuß löslicher Niederschlag. — Bildet mit Quecksilberchlorid, Gerbsäure, Phosphormolybdänsäure, basischem Bleiacetat, gesättigtem Ammonsulfat keine Niederschläge. — Biuretreaktion blauviolett, $[\alpha]_D^{19}$ in wässeriger Lösung $= -28,40°$ (0,4200 g Substanz, Gesamtgewicht 7,3856; spez. Gewicht 1,0215, $l = 2$ dm). — Nach der Methode von van Slyke wird ein zu hoher Stickstoffwert gefunden.

---

[1]) H. Thierfelder u. E. von Cramm, Zeitschr. f. physiolog. Chemie **105**, 58 [1919]; Chem. Centralbl. **1919**, III, 426.

Dichloracetyl-l-cystin[1]) (Bd. IV, S. 334).

Mol.-Gewicht: 393,19.

Zusammensetzung: $C_{10}H_{14}O_6N_2S_2Cl_2$.

$$HOOC \cdot CH \cdot CH_2 \cdot S \cdot S \cdot CH_2 \cdot CH \cdot COOH$$
$$Cl \cdot CH_2 \cdot CO \cdot NH \qquad\qquad HN \cdot CO \cdot CH_2 \cdot Cl$$

Darstellung: Es ist empfehlenswert, die Verbindung aus ihrer konz. ätherischen oder essig-
ätherischen Lösung mit Äther zu fällen, wenn kein absolut reiner Petroläther zur Verfügung steht.

Physikalische und chemische Eigenschaften: Schmelzp. 133—135°(unkorr.); nach Fischer
und Suzuki 134,5—136,5° (korr.). Im Äther und kaltem Wasser schwer, in warmem Wasser,
Alkohol und Essigester leicht löslich. Aus Essigester krystallisiert es zu Prismen. $[\alpha]_D$ in
Äthylalkohol $= - 125,90°$ für die wasserfreie Substanz. Fischer und Suzuki fanden für die
mit 1 Mol. Krystallwasser auftretende Substanz $[\alpha]_D = - 120,3°$[2]).

Dibromacetyl-l-cystin[1]).

Mol.-Gewicht: 482,11.

Zusammensetzung: $C_{10}H_{14}O_6N_2S_2Br_2$.

$$HOOC \cdot CH \cdot CH_2 \cdot S \cdot S \cdot CH_2 \cdot CH \cdot COOH$$
$$BrCH_2 \cdot OC \cdot NH \qquad\qquad HN \cdot CO \cdot CH_2Br.$$

Darstellung: Durch Kuppeln von l-Cystin mit Bromacetylchlorid. Das Reaktionsprodukt
wurde nach dem Ansäuern mit 5 n-HCl zweimal mit Äther und einmal mit Essigester ausgeschüttelt. Beide Extrakte wurden über Na_2SO_4 getrocknet, nachher wurde die Lösung zum
Sirup konzentriert. Dieser wurde in wenig Äther aufgenommen. Er verwandelte sich in zwei
Wochen in ein amorphes Pulver. Der Essigesterauszug wurde nach dem Verdunsten ebenfalls
mit Äther versetzt. Es entstand eine schmierige, halbfeste Masse. Mit dem oben erhaltenen
amorphen Pulver geimpft, erstarrte sie sofort. Nach dem Abfiltrieren wurde mit kaltem Äther
nachgewaschen. Das Präparat war recht rein. Ausbeute etwa 50% der Theorie.

Physikalische und chemische Eigenschaften: Drehungsvermögen in absol. Alkohol $s =$
0,0457 g absol. trockene Substanz; $G = 3,0861$ g; $d = 0,8006$; $\alpha_{1\,dm} = - 1,28°$; $[\alpha]_D^{20} =$
$- 107,97°$. Die einmal aus Essigester mit Äther umgelöste Substanz drehte $- 107,39°$ nach
links; Zersetzungsp. 160°. Die mehrfach in derselben Weise umkrystallisierte Substanz hat
keinen Schmelzpunkt. Bei 120° tritt Sinterung, bei 160° stürmische Zersetzung unter Braunfärbung und Gasentwicklung ein. Der Körper ist leicht löslich in Essigester, Aceton, Alkohol und
warmem Wasser; in Äther und kaltem Wasser schwer, in Petroläther fast unlöslich. Will man
ihn krystallisiert erhalten, so läßt man eine essigätherreiche Lösung langsam eindunsten, dabei
scheidet er sich in warzenförmigen Krystallen ab. — Fünffache Menge 25 proz. NH_3 spaltet
in 6 Tagen alles Halogen ab.

Wird in gewohnter Weise zu Diglycyl-l-cystin amidiert, wobei in beträchtlicher Menge
Racemisierung eintritt. Die Ausbeute war an so gewonnenem Diglycyl-l-cystin 41% der Theorie.

Dijodacetyl-l-cystin[1]).

Mol.-Gewicht: 576,11.

Zusammensetzung: $C_{10}H_{14}O_6N_2S_2J_2$.

$$HOOC \cdot CH \cdot CH_2 \cdot S \cdot S \cdot CH_2 \cdot CH \cdot COOH$$
$$JCH_2 \cdot CO \cdot NH \qquad\qquad HN \cdot CO \cdot CH_2J$$

Darstellung: Durch Kuppeln von Cystin und Jodacetylchlorid. Es wird mit 5 n-HCl
angesäuert. Das abgeschiedene Öl wird binnen 12 Stunden fest. Nach dem Abfiltrieren wird die
Mutterlauge mit Essigester extrahiert. Die Gesamtausbeute war 41% der Theorie. Das Rohprodukt wurde in Essigester gelöst, zum Sirup eingedampft und mit Äther gefällt, die halbfeste
Masse wurde nach dem Auswaschen mit Äther, mit Wasser verrieben. Nach einigem Stehen

<hr>

[1]) Emil Abderhalden u. Ernst Wybert, Berichte d. Deutsch. Chem. Gesellschaft **49**,
2449—2473 u. 2838 [1916]; Chem. Centralbl. **1917**, I, 168.

[2]) E. Fischer u. O. Gerngroß, Berichte d. Deutsch. Chem. Gesellschaft **42**, 1485 [1909].

verwandelte sie sich in ein amorphes, fast farbloses Pulver. Beim langsamen Eindunsten der alkalischen Lösung erhält man es in prachtvollen Nadeln.

Physikalische und chemische Eigenschaften: $[\alpha]_D^{20°} = -95,35°$ in absol. Alkohol. $s = 0,0268$ g: $G = 1,021$ g; $d = 0,7991$; $\alpha_{1\,dm} = -2,00°$. Ein anderes Präparat drehte $-94,35°$ nach links. In Wasser schwer, in Äther sehr schwer löslich. Die mehrfach umgelöste Substanz besitzt keinen scharfen Schmelzpunkt; bei 144° tritt Sinterung ein; bei 150° schmilzt sie unter Gasentwicklung undeutlich und später verkohlt sie. Ist amidierbar.

Diglycyl-l-cystin[1])[2]) (Bd. IV, S. 333).

Mol.-Gewicht: 354,35.

Zusammensetzung: $C_{10}H_{18}O_2N_4S_2$.

$$HOOC \cdot CH \cdot CH_2 \cdot S \cdot S \cdot CH_2 \cdot CH \cdot COOH$$
$$NH_2 \cdot CH_2 \cdot CO \cdot NH \qquad\qquad HN \cdot CO \cdot CH_2 \cdot NH_2.$$

Darstellung: Dichloracetyl-l-cystin wird amidiert[3]).

Chemische und physikalische Eigenschaften: $[\alpha]_D^{20°}$ in Wasser $= -100,49°$ (für lufttrockene Substanz), ($s = 0,0803$ g $= 0,0773$ g absol. trockene Substanz, $G = 2,0082$ g; $d = 1,0164$), $\alpha_{1\,dm} = -4,08°$ (bei Natriumlicht), $[\alpha]_D^{20°} = -104,29°$ (für absol. trockene Substanz). Ein anderes Präparat drehte in lufttrockenem Zustande $-99,91°$ nach links. In n-Salzsäure weisen die Präparate eine um 2° geringere Drehung auf. Zersetzungsp. etwa 200°. Leicht löslich in Wasser. Biuretreaktion positiv. Fällt in 5 proz. Lösung durch kalt gesättigte Kochsalzlösung und durch kalt gesättigte Ammoniumsulfatlösung nicht aus.

Derivate: Di-β-naphthalinsulfo-diglycyl-l-cystin:

Mol.-Gewicht: 734,56.

$$C_{30}H_{30}O_{10}N_4S_4 =$$
$$HOOC-CH \cdot CH_2 \cdot S \cdot S \cdot CH_2-CH \cdot COOH$$
$$CO \cdot NH \qquad\qquad HN \cdot CO$$
$$C_{10}H_7 \cdot SO_2 \cdot NH \cdot CH_2 \qquad\qquad CH_2 \cdot NH \cdot SO_2 \cdot C_{10}H_7.$$

Diglycyl-cystin[4]) wird mit β-Naphthalinsulfochlorid behandelt. Das Endprodukt ist ein amorphes Pulver.

Optisches Verhalten in 1 n-NaOH : $s = 0,0503$ g; $G = 6,9962$ g; $d = 1,0606$; $\alpha_{1\,dm} = -0,7°$; $[\alpha]_D^{20°} = -91,8°$ (für absol. trockene Substanz). Beim Erhitzen zersetzt es sich bei 200°, ohne vorheriges Schmelzen unter Gasentwicklung und Verkohlung. In Essigester, warmem Alkohol und NaOH leicht löslich, in Äther schwer und in Petroläther äußerst schwer löslich. Die Hydrolyse[4]) mit 10% HCl gibt β-Naphthalinsulfoglycin. In der Mutterlauge bleibt das Cystin als salzsaures Salz. Es entsteht eine partielle Racemisierung bei der Hydrolyse, denn das Chlorhydrat des Cystins hatte nur mehr eine spezifische Drehung von etwa $-185°$ nach links[3]).

Di-d-brompropionyl-l-cystin[2]).

Mol.-Gewicht: 510,14.

Zusammensetzung: $C_{12}H_{18}O_6N_2S_2Br_2$

$$HOOC \cdot CH-CH_2 \cdot S \cdot S \cdot CH_2-CH \cdot COOH$$
$$CH_3 \cdot CHBr \cdot CO \cdot NH \qquad\qquad HN \cdot CO \cdot CHBr \cdot CH_3.$$

Darstellung: Aus l-Cystin mit d-Brompropionylchlorid. Ausbeute 74% der Theorie.

Physikalische und chemische Eigenschaften: Drehungsvermögen in Alkohol: $s = 0,095$ g absol. trockene Substanz, $G = 4,4575$ g, $d = 0,8033$; $\alpha_{1\,dm} = -1,66°$; $[\alpha]_D^{20°} = -96,96°$.

[1]) E. Fischer u. O. Warburg, Liebigs Annalen **340**, 171 [1905]; E. Fischer u. K. Raske, Berichte d. Deutsch. Chem. Gesellschaft **39**, 3988 [1906]; E. Fischer u. U. Suzuki, Berichte d. Deutsch. Chem. Gesellschaft **37**, 4575 [1904].

[2]) Emil Abderhalden u. Ernst Wybert, Berichte d. Deutsch. Chem. Gesellschaft **49**, 2449—2473 u. 2838 [1916]; Chem. Centralbl. **1917**, I, 168.

[3]) E. Fischer u. U. Suzuki, Berichte d. Deutsch. Chem. Gesellschaft **37**, 4575 [1904].

[4]) E. Fischer u. P. Bergell, Berichte d. Deutsch. Chem. Gesellschaft **35**, 3779 [1902]; **36**, 2592 [1903]; Emil Abderhalden u. C. Funk, Zeitschr. f. physiolog. Chemie **64**, 436 [1910].

Dasselbe Präparat aus Essigester mit Äther umgelöst drehte — 96,24° nach links. Der Schmelzpunkt der scharfgetrockneten Substanz ist 142°. — Aus alkoholischer Lösung prachtvolle, büschel- und federförmige Nadeln. In kaltem Wasser und Äther schwer löslich, in warmem Wasser, Alkohol und Essigester leicht löslich.

Di-d-alanyl-l-cystin[1]).

Mol.-Gewicht: 382,36.

Zusammensetzung: $C_{12}H_{22}O_6N_4S_2$

$$HOOC \cdot CH-CH_2 \cdot S \cdot S \cdot CH_2-CH \cdot COOH$$
$$H_3C \cdot HC \cdot CO \cdot NH \qquad\qquad HN \cdot CO \cdot CH \cdot CH_3$$
$$NH_2 \qquad\qquad NH_2$$

Darstellung: Durch Amidierung von Di-d-brompropionyl-l-cystin unter Eiskühlung. Das aus Wasser mit Alkohol ausgefällte Tripeptid hält hartnäckig 1 Mol. Wasser zurück: $C_{12}H_{22}O_6N_4S_2 + H_2O$ (Mol.-Gewicht = 400,37).

Physikalische und chemische Eigenschaften: Drehungsvermögen in n-1 HCl = s = 0,0307 g lufttrockene Substanz = 0,0268 g absol. trockene Substanz; G = 2,137 g, d = 1,0272; $\alpha_{1\,dm}$ = — 1,77°; $[\alpha]_D^{20°}$ = — 137,40° (für absolut trockene Substanz); $[\alpha]_D^{20°}$ = — 119,94° (für lufttrockene Substanz). Andere lufttrockene Präparate drehten — 120,82°, bzw. — 119,96° nach links. — Die Substanz besitzt keinen Schmelzpunkt. Wenig oberhalb 200° tritt Gelbfärbung ein; bei noch höherer Temperatur Verkohlung. Wasser löst ihn leicht, Alkohol und andere organische Lösungsmittel aber nur sehr schwer.

Biuretreaktion: $+ +$; fällt in 5 proz. Lösung mit NaCl und $(NH_4)_2SO_4$-Lösung nicht aus.

Di-l-α-brompropionyl-l-cystin[1]).

Mol.-Gewicht: 510,14.

Zusammensetzung: $C_{12}H_{18}O_6N_2S_2Br_2$

$$COOH \cdot HC-CH_2 \cdot S \cdot S \cdot CH_2-CH \cdot COOH$$
$$CH_3 \cdot CHBr \cdot CO \cdot NH \qquad\qquad HN \cdot CO \cdot CHBr \cdot CH_3.$$

Darstellung: Aus l-Cystin und l-α-brompropionylchlorid. Ausbeute an getrockneter Substanz 66 % der Theorie.

Physikalische und chemische Eigenschaften: Drehungsvermögen in Alkohol: s = 0,0404 g lufttrockene Substanz = 0,0372 g absol. trockene Substanz, G = 1,8282 g; d = 0,8001; $\alpha_{1\,dm}$ = — 2,17°; $[\alpha]_D^{20°}$ = — 133,23° (für absol. trockene Substanz). Das Präparat, einmal aus Essigester mit Äther umgefällt, drehte — 132,97° nach links. Ein anderes Präparat zeigte $[\alpha]_D^{20°}$ = — 132,97° in Alkohol. Schmelzp. der trockenen Substanz 141°. Krystallisiert aus Alkohol in Nadeln. Schwer löslich in kaltem Wasser, leichter in warmem Alkohol, leicht in Alkohol und Essigester, schwer in Äther.

Di-l-alanyl-l-cystin[1]).

Mol.-Gewicht: 382,36.

Zusammensetzung: $C_{12}H_{22}O_6N_4S_2$

$$HOOC \cdot CH-CH_2 \cdot S \cdot S \cdot CH_2-CH \cdot COOH$$
$$CH_3 \cdot CH \cdot CO \cdot NH \qquad\qquad HN \cdot CO \cdot CH \cdot CH_3$$
$$NH_2 \qquad\qquad NH_2$$

Darstellung: Durch Amidierung von Di-l-α-brompropionyl-l-cystin.

Physikalische und chemische Eigenschaften: Aus Wasser öfters umkrystallisiert, scheidet es sich in prachtvollen Schuppen ab. Das aus Alkohol gewonnene Tripeptid hält hartnäckig 1 Mol. Wasser zurück, $C_{12}H_{22}O_6N_4S_2 + H_2O$ (400,37). — Drehungsvermögen der wasserschwerlöslichen, krystallisierten Substanz in n-Salzsäure bei s = 0,0194 g lufttrockener Substanz = 0,0192 g abs. trockene Substanz; G = 1,8762 g: d = 1,0377; $\alpha_{1\,dm}$ = — 2,42°; $[\alpha]_D^{20°}$ = — 227,90° (für absol. trockene Substanz.

[1]) Emil Abderhalden u. Ernst Wybert, Berichte d. Deutsch. Chem. Gesellschaft **49**, 2449—2473 u. 2838 [1916]; Chem. Centralbl. **1917**, I, 168.

Fischer und Suzuki[1]) fanden für das Drehungsvermögen des Di-d-, l-alanyl-l-cystins
— 192,8° in salzsaurer Lösung. Später wurde das Drehungsvermögen des Di-d-alanyl-l-
cystins zu — 135,74° gefunden. (Es ist möglich, aber nicht wahrscheinlich, daß bei der
Amidierung eine partielle Racemisierung eintritt[1]). — Es ist möglich, daß Fischer und
Suzuki ein Präparat in den Händen hatten, welches zum Teil bereits aus l-Alanyl-l-cystin
bestand. Die Substanz besitzt keinen Schmelzpunkt. Bei 205° nimmt sie eine gelbliche Färbung an. Bei höherer Temperatur verkohlt sie. In Wasser schwer löslich. Biuretreaktion + +.
— Fällt in 5 proz. Lösung durch NaCl- und $(H_4N)_2SO_4$-Lösung nicht aus[2]).

Di-d-α-bromisocapronyl-l-cystin[2])[3]) (Bd. IV, S. 342).

Physikalische und chemische Eigenschaften: Existiert in einer ätherleichtlöslichen und
in einer schwerlöslichen Form. Nach Eindunsten der ätherischen Lösung in der Wärme geht
letztere auf neuen Ätherzusatz in die erstere über. Dieser Übergang ist vielleicht durch die
Existenz der Lactimform und der Lactamform bedingt. — Das Drehungsvermögen in Alkohol
wurde bei zwei Präparaten zu — 132,25° und — 133,81° gefunden. Nach Fischer und
Suzuki ist $[\alpha]_D = -133,7°$ und — 132,0°. Schmelzp. 118—120° (unkorr.). Nach Fischer
und Gerngroß 121—123° (korr.).

Di-l-leucyl-l-cystin (Bd. IV, S. 341).

Darstellung: Durch Amidierung von Di-d-α-bromisocapronyl-l-Cystin.
Physikalische und chemische Eigenschaften: Die spezifische Drehung bei verschiedenen
Präparaten betrug: $[\alpha]_D = -134,55°$ und — 135,77°. Fischer und Gerngroß bestimmten
sie zu — 136,6°. In wässeriger Lösung wurde sie von Abderhalden und Wybert zu — 110,20°
gefunden[2]).

Dihyppurylcystin[4]).

Mol.-Gewicht: 562,49.
Zusammensetzung: $C_{24}H_{26}O_8N_4S_2$.

$$\text{HOOC} \cdot \text{CH—CH}_2\text{—S—S—CH}_2\text{—CH—COOH}$$
$$\text{NH—CO—CH}_2\text{—NH} \qquad \text{NH—CO—CH}_2\text{—NH}$$
$$\text{CO} \cdot \text{C}_6\text{H}_5 \qquad\qquad \text{CO} \cdot \text{C}_6\text{H}_5.$$

Darstellung: Aus Cystin und Hippurazid in alkalischer Lösung.
Eigenschaften: Farblose, kuglige Aggregate aus Essigäther + Aceton. — Sintert gegen
65°, bläht sich gegen 120° auf, über 160° Zersetzung unter Braunfärbung. — Löslich in Alkohol,
unlöslich in Wasser, Aceton, Benzol und Äther.
Derivate: Dihyppurylcystindimethylester $C_{26}H_{30}O_8N_4S_2$.

$$\text{CH}_3\text{OOC} \cdot \text{CH—CH}_2\text{—S—S—CH}_2\text{—CH—COOCH}_3$$
$$\text{NH—CO—CH}_2\text{—NH} \qquad \text{NH—CO—CH}_2\text{—NH}$$
$$\text{CO} \cdot \text{C}_6\text{H}_5 \qquad\qquad \text{CO} \cdot \text{C}_6\text{H}_5.$$

Aus Dihippurylcystin mit Methylalkohol und Salzsäure. Weiße Nadeln aus absol. Methylalkohol.
Schmelzp. 113°. — Wenig löslich in Wasser, ziemlich leicht löslich in heißem Alkohol.
Dihyppurylcystindihydrazid $C_{24}H_{30}O_6N_8S_2$.

$$\text{NH}_2\text{—NH—CO—CH—CH}_2\text{—S—S—CH}_2\text{—CH—CO—NH—NH}_2$$
$$\text{NH—CO—CH}_2\text{—NH} \qquad \text{NH—CO—CH}_2\text{—NH}$$
$$\text{CO} \cdot \text{C}_6\text{H}_5 \qquad\qquad \text{CO} \cdot \text{C}_6\text{H}_5.$$

[1]) E. Fischer u. U. Suzuki, Berichte d. Deutsch. Chem. Gesellschaft **37**, 4579 [1904].
[2]) Emil Abderhalden u. Ernst Wybert, Berichte d. Deutsch. Chem. Gesellschaft **49**,
2449—2473 u. 2838 [1916]; Chem. Centralbl. **1917**, I, 168.
[3]) E. Fischer u. O. Gerngroß, Berichte d. Deutsch. Chem. Gesellschaft **42**, 1487 [1909].
[4]) Theodor Curtius, Journ. f. prakt. Chemie [2] **95**, 327 [1917]; Chem. Centralbl. **1918**, I, 182.

Aus dem Dimethylester beim Erhitzen mit Hydrazinhydrat in absol. Alkohol. — Weißes krystallinisches Pulver. — Schmelzp. 160—162° unter Zersetzung, nach vorhergehendem Sintern. Wenig löslich in kaltem Wasser, ziemlich wenig löslich in Alkohol, leicht löslich in heißem Anilin oder Nitrobenzol. — **Dibenzalverbindung** $C_{38}H_{38}O_6N_8S_2$. — Weißer flockiger Niederschlag. Sintert gegen 160°. — Schmelzp. etwa 180° unter Zersetzung, schwerlöslich in Wasser, Alkohol, Benzol und Äther. — **Diacetonverbindung** $C_{30}H_{38}O_8N_8S_2$. — Weißes Pulver. Schmelzp. 152 bis 153°.

Dihyppurylcystindiazid.

$$\underset{N}{\overset{N}{\Big\rangle}}N-CO-\underset{\underset{\underset{CO\cdot C_6H_5}{|}}{NH-CO-CH_2-NH}}{CH}-CH_2-S-S-CH_2-\underset{\underset{\underset{CO\cdot C_6H_5}{|}}{NH-CO-CH_2-NH}}{CH}-CO-N\underset{N}{\overset{N}{\Big\langle}}.$$

Aus Dihippurylcystindihydrazid mit Natriumnitrit und Salzsäure. Weiße Masse, Schmelzp. etwa 95—97°. — Unlöslich in Wasser, wenig löslich in Aceton, leicht löslich in Alkohol. — Mit Wasser oder verdünnter Schwefelsäure entsteht in der Wärme Disulfiddiacetaldehyd

$$\underset{O}{\overset{H}{\Big\rangle}}C\cdot CH_2-S-S-CH_2-C\underset{O}{\overset{H}{\Big\langle}}$$

Dihyppurylcystinurethan $C_{28}H_{36}O_8N_6S_2$.

$$C_2H_5O\cdot OC\cdot NH-\underset{\underset{\underset{CO\cdot C_6H_5}{|}}{NH-CO-CH_2-NH}}{CH}-CH_2-S-S-CH_2-\underset{\underset{\underset{CO\cdot C_6H_5}{|}}{NH-CO-CH_2-NH}}{CH}-NH\cdot COOC_2H_5$$

Aus dem Azid durch Erwärmen mit absol. Alkohol. Nädelchen aus Alkohol, Schmelzp. 168 bis 169°. — Unlöslich in Wasser, wenig löslich in Alkohol.

Nicht näher bekannte Tripeptide.

Lysinhaltiges Tripeptid[1]).

$$C_{16}H_{30}O_5N_4.$$

Die bei der partiellen Hydrolyse von Casein resultierende Kyrinfraktion ließ sich durch Behandlung mit Silbernitrat, Bariumhydroxyd und Phosphorwolframsäure in vier weitere Fraktionen zerlegen. — Eine dieser Fraktionen, und zwar die, welche ein in Wasser lösliches Silbersalz und ein in heißem Wasser unlösliches Phosphorwolframat ergab, erwies sich als ein lysinhaltiges Tripeptid. Sie lieferte ein krystallinisches Sulfat $C_{16}H_{30}O_5N_4\cdot H_2SO_4$.

Tryptophanhaltiges Tripeptid[3]).

Im $HgSO_4$-Niederschlag des mit Phosphorsäure fällbaren Anteiles der Lösung aus dem Chymus der Rinderdärme ist ein Tripeptid aus Tryptophan, Leucin und Glutaminsäure enthalten[2]). Durch Spaltung von nach Hammersten hergestelltem Casein mit gesättigter Barytlösung oder 10 proz. Kalilauge konnte ein Tripeptid in Form des Bariumsalzes $Ba(C_{25}H_{26}N_5O_4)_2$, 12 H_2O (Zersetzungspunkt 175—195°, gibt die Adamkiewicz Hopkinssche Reaktion, nicht aber die Bromreaktion des freien Tryptophans, schwache Biuretreaktion), wahrscheinlich eine säureamidartige Verkettung von zwei Molekül Tryptophan und ein Molekül Alanin, gewonnen werden. Das Bariumsalz und das daraus durch Säurehydrolyse in Form der Benzoylverbindung erhaltene Alanin sind optisch inaktiv[3]).

---

[1]) P. A. Levene u. J. van der Scheer, Journ. of Biolog. Chem. **22**, 425 [1915]; Chem. Centralbl. **1915**, II, 1195.

[2]) Emil Abderhalden, Zeitschr. f. physiol. Chemie **114**, 290—300 [1921]; Chem. Centralbl. **1921**, III, 1293.

[3]) Sigmund Fränkel u. Ernst Nassau, Biochem. Zeitschr. **110**, 287—298 [1920]; Chem. Centralbl. **1921**, I, 251.

3. Tetrapeptide (Bd. IV, S. 343).

Glycyl-d-leucyglycyl-l-leucin[1]).

Physikalische und chemische Eigenschaften: Bräunung bei 223° (korr.); Schmelzp. 225,5° (korr.); $[\alpha]_D^{20} = + 16,6°$ (in Wasser). — Sehr leicht löslich in Wasser, gibt schon in Spuren Biuretreaktion.

d-α-Bromisocapronyl-diglycyl-glycin.

Derivate: d-α-Bromisocapronyl-diglycyl-glycylchlorid[2]). 3 g d-Bromisocapronyl-diglycyl-glycin (sorgfältigst über P_2O_5 getrocknet und feinst pulverisiert) werden in 25—30 ccm frisch destilliertem Acetylchlorid suspendiert, das Gemisch stark abgekühlt und in dieses etwas über die berechnete Menge fein pulverisierten Phosphorpentachlorids in mehreren Portionen unter starkem Schütteln eingetragen. Hierauf wird $1/2$ Stunde lang auf der Maschine bei Zimmertemperatur das Schütteln fortgesetzt, wobei die ursprüngliche Suspension in eine viscöse, gallertartige Masse verwandelt wird. Sie wird in dem von E. Fischer beschriebenen Apparat frei von Luftfeuchtigkeit abgesaugt, einige Male mit dem gleichen Acetylchlorid und schließlich öfters mit über Phosphorpentoxyd getrocknetem Petroläther gewaschen. Nach 2 stündigem Verweilen im Vakuumexsiccator in Verbindung mit der Wasserstrahlpumpe und über Phosphorsäureanhydrid enthielt die Substanz in der Regel 84—91% Chlorid. Ausbeute 2,5 g.

α-Brom-d-isocapronylglycin-l-leucin[1]).

Physikalische und chemische Eigenschaften: Schmelzp. 99,0° (korr.); $[\alpha]_D^{20} = + 28,2°$ (in absol. Alkohol); Löslichkeitsverhältnisse wie bei der l-Isocapronylverbindung.

l-Leucyl-diglycylglycin (Bd. IV, S. 274).

Physiologische Eigenschaften: Die optimale H·-Konzentration bei dem fermentativen Abbau durch Fermentlösungen aus Trockenhefe von l-Leucyldiglycylglycin ist $p_H = 7,29$[3]).

Glycyl-l-leucylglycyl-l-leucin (Bd. IV, S. 359).

Physikalische und chemische Eigenschaften: Bräunung von 248° an. Schmelzp. 256° (korr.) Sehr löslich in Wasser. Biuretreaktion stark[1]).

4. Pentapeptide (Bd. IV, S. 347; Bd. IX, S. 64).

l-Leucyl-triglycyl-glycin (Bd. IX, S. 64).

Darstellung[2]): 4 g d-Bromisocapronyl-triglycyl-glycin werden in der 10 fachen bei 0° gesättigten Ammoniakmenge suspendiert und nach kurzer Zeit in Lösung gebracht. Nach 2 bis 4 tägigem Stehen wird die filtrierte ammoniakalische Flüssigkeit im Vakuum unter Alkoholzusatz verdampft. und die konz. wässerige Lösung des Eindampfrückstandes mit Alkohol zur Fällung gebracht. Die entstandene Ausscheidung besitzt ein aufgequollenes Aussehen und gibt nach dem Absaugen, Waschen und Trocknen ein farbloses, halogenfreies Pulver (1,5 g). Aus der Mutterlauge scheiden sich noch weitere Mengen aus, die aber Halogen enthalten.

---

[1]) E. Abderhalden u. H. Handowsky, Fermentforschung **4**, 316 [1921]; Chem. Centralbl. **1921**, III, 297.

[2]) Emil Abderhalden u. Andor Fodor. Berichte d. Deutsch. Chem. Gesellschaft **49**, 561—578 [1916]; Chem. Centralbl. **1916**, I, 736.

[3]) E. Abderhalden u. Andor Fodor, Fermentforschung **1**, 533—596 [1916]; Chem. Centralbl. **1917**, I, 311—313.

Physiologische Eigenschaften: Die optimale H·-Konzentration bei dem fermentativen Abbau durch Fermentlösungen aus Trockenhefe von l-Leucyltriglycylglycin ist $p_H = 7,28$ [1]).

Physikalische und chemische Eigenschaften: l-Leucyl-triglycyl-glycin ist in Wasser leicht löslich, sehr schwer in absol. Alkohol. Die wässerige Lösung ist durch Sättigung mit Ammoniumsulfat nicht fällbar. Sie gibt eine blaue Biuretreaktion. $[\alpha]_D^{20°} = + 28,14°$ (in Wasser, 0,4046 g Substanz, Gesamtgewicht 12,7482 g; spez. Gewicht $= 1,030$, $\alpha = + 0,92°$, 1-dm-Rohr) [2]).

Di-chloracetyl-di-l-leucyl-l-cystin [3]).

Mol.-Gewicht: 619,39.

Zusammensetzung: $C_{22}H_{36}O_8N_4S_2Cl_2$

$$HOOC \cdot CH \cdot CH_2 \cdot S \cdot S \cdot CH_2 \cdot CH \cdot COOH$$

$$\begin{array}{ccc}
CH_3 & NH & HN \qquad\qquad CH_3 \\
CH \cdot CH_2 \cdot CH \cdot OC & & CO \cdot CH \cdot CH_2 \cdot CH \\
CH_3 & & CH_3 \\
ClCH_2 \cdot CO \cdot NH & & NH \cdot CO \cdot CH_2Cl
\end{array}$$

Darstellung: Aus Di-l-leucyl-l-cystin mit Chloracetylchlorid.

Physikalische und chemische Eigenschaften: Drehungsvermögen in Alkohol $s = 0,0416$ g, $G = 2,6335$ g, $d = 0,8006$, $\alpha_{1\,dm} = - 1,3°$; $[\alpha]_D^{20°} = - 102,8°$. Kein Schmelzpunkt. Bei 120° zersetzt sich die Substanz unter Braunwerden und Gasentwicklung. In Alkohol und Aceton ist sie leicht, in Essigester ziemlich leicht, in Äther schwer und in Petroläther sehr schwer löslich [3]).

Di-bromacetyl-d-l-leucyl-l-cystin [3]).

Mol.-Gewicht: 708,31.

Zusammensetzung: $C_{22}H_{36}O_8N_4S_2Br_2$.

Darstellung: Aus Di-l-leucyl-l-cystin mit Bromacetylchlorid.

Physikalische und chemische Eigenschaften: Feines Pulver. Drehungsvermögen in Alkohol: $s = 0,0312$ g lufttrockene Substanz, 0,0301 g absol. trockene Substanz, $G = 1,7792$, $d = 0,7944$, $\alpha_{1\,dm} = - 0,75°$; $[\alpha]_D^{20°} = - 53,84°$ (für lufttrockene Substanz); $[\alpha]_D^{20°} = - 55,81°$ (für absol. trockene Substanz). Die aus Essigester durch Äther umgelöste Substanz drehte 53,15° nach links (im lufttrockenen Zustande). In Alkohol leicht, in Essigester ziemlich leicht, in Äther schwer und Petroläther sehr schwer löslich. Aus Äther undeutliche Krystalle. Kein deutlicher Schmelzpunkt. Bei 120° Sinterung, bei 166° vollständige Zersetzung [3]).

Diglycyl-di-l-leucyl-l-cystin [3]).

Mol.-Gewicht: 580,51.

Zusammensetzung: $C_{22}H_{40}O_8N_6S_2$

$$HOOC \cdot CH \cdot CH_2 \cdot S \cdot S \cdot CH_2 \cdot CH \cdot COOH$$

$$\begin{array}{cc}
NH & HN \\
CO & CO \\
NH_2 \cdot CH_2 \cdot CO \cdot NH \cdot CH & CH \cdot NH \cdot CO \cdot CH_2 \cdot NH_2 \\
CH_2 & CH_2 \\
CH & CH \\
CH_3 \quad CH_3 & CH_3 \quad CH_3
\end{array}$$

[1]) Emil Abderhalden u. Andor Fodor, Fermentforschung **1**, 533—596 [1916]; Chem. Centralbl. **1917**, I, 311—313.

[2]) Emil Abderhalden u. Andor Fodor, Berichte d. Deutsch. Chem. Gesellschaft **49**, 561 bis 578 [1916]; Chem. Centralbl. **1916**, I, 736.

[3]) E. Abderhalden u. Ernst Wybert, Berichte d. Deutsch. Chem. Gesellschaft **49**, 2449 bis 2473 [1916]; Chem. Centralbl. **1917**, I, 168.

Darstellung: Aus Di-bromacetyl-di-l-leucyl-l-cystin mit Ammoniak.

Physikalische und chemische Eigenschaften: Drehungsvermögen in Wasser: $s = 0,0173$ g lufttrockene Substanz $= 0,0158$ absol. trockene Substanz, $G = 2,3755$ g, $d = 1,0034$; $\alpha_{1\,dm} = -0,71°$; $[\alpha]_D^{20°} = -97,16°$ (für lufttrockene Substanz); $[\alpha]_D^{20°} = -108,86°$ (für absol. trockene Substanz). Drehungsvermögen in l-n-Salzsäure: $s = 0,0209$ g lufttrockene Substanz $= 0,0191$g absol. trockene Substanz; $G = 2,2809$ g; $d = 1,0302$; $\alpha_{1\,dm} = -1,16°$; $[\alpha]_D^{20°} = -122,88°$ (für lufttrockene Substanz); $[\alpha]_D^{20°} = -134,46°$ (für absol. trockene Substanz). Starke Biuretreaktion. NaCl und $(H_4N)_2SO_4$ fällen es. Von NaCl-Lösung 0,07 ccm und von $(NH_4)_2SO_4$-Lösung 0,46 ccm genügt zur Fällung 1 ccm 1 proz. Peptidlösung.

Di-d-α-bromisocapronyl-diglycyl-l-cystin[1]).

Mol.-Gewicht: 708,31.

Zusammensetzung: $C_{22}H_{36}O_8N_4S_2Br_2$

$$\text{HOOC} \cdot \text{CH} \cdot \text{CH}_2 \cdot \text{S} \cdot \text{S} \cdot \text{CH}_2 \cdot \text{CH} \cdot \text{COOH}$$
$$\text{HN} \cdot \text{CH}_2 \cdot \text{CO} \cdot \text{NH} \qquad\qquad \text{NH} \cdot \text{CO} \cdot \text{CH}_2 \cdot \text{NH}$$
$$\text{CO} \cdot \text{CHBr} \cdot \text{CH}_2 \cdot \text{CH}{\langle}^{\text{CH}_3}_{\text{CH}_3} \qquad {}^{\text{CH}_3}_{\text{CH}_3}{\rangle}\text{CH} \cdot \text{CH}_2 \cdot \text{CHBr} \cdot \text{CO}$$

Darstellung: Diglycyl-cystin wird mit d-α-bromisocapronylchlorid gekuppelt. Nach dem Ansäuern mit 5 n-HCl scheidet sich sofort das Produkt in amorphem Zustande ab. Aus Essigesterlösung wird es mit Äther umgefällt und mit kaltem Äther die halbfeste Masse mehrmals gewaschen. Im Vakuumexsiccator verwandelt sie sich in ein amorphes Pulver, Ausbeute 49,5% der Theorie.

Physikalische und chemische Eigenschaften: Drehungsvermögen in Alkohol: $s = 0,0496$ lufttrockene Substanz $= 0,0461$ absol. trockene Substanz; $G = 1,9932$ g, $d = 0,7954$, $\alpha_{1\,dm} = -0,40$; $[\alpha]_D^{20°} = -21,76°$. Die absol. trockene Substanz sintert bei 133°, schmilzt bei 149° unscharf und zersetzt sich wenig später unter Gasentwicklung und Braunfärbung. In Alkohol und Aceton leicht, in Essigester ziemlich leicht, in Wasser und Äther schwer und in Petroläther sehr schwer löslich.

Di-l-leucyl-diglycyl-l-cystin[1]).

Mol.-Gewicht: 580,510.

Zusammensetzung: $C_{22}H_{40}O_8N_6S_2$

$$\text{HOOC} \cdot \text{CH}\!-\!\!-\!\!-\text{CH}_2 \cdot \text{S} \cdot \text{S} \cdot \text{CH}_2\!-\!\!-\!\!-\text{CH} \cdot \text{COOH}$$
$$\text{HN} \cdot \text{CH}_2 \cdot \text{CO} \cdot \text{NH} \qquad\qquad \text{HN} \cdot \text{CO} \cdot \text{CH}_2 \cdot \text{NH}$$
$$\text{CO} \cdot \text{CH(NH}_2) \cdot \text{CH}_2 \cdot \text{CH}{\langle}^{\text{CH}_3}_{\text{CH}_3} \qquad {}^{\text{CH}_3}_{\text{CH}_3}{\rangle}\text{CH} \cdot \text{CH}_2 \cdot (\text{NH}_2)\text{CH} \cdot \text{CO}$$

Darstellung: Aus Di-d-α-bromisocapronyl-diglycyl-l-cystin durch Amidierung. Es scheidet sich ein farbloses und amorphes Pulver aus.

Physikalische und chemische Eigenschaften: Drehungsvermögen in Wasser: $s = 0,0265$ g lufttrockene Substanz $= 0,0245$ g absol. trockene Substanz; $G = 3,1936$ g, $d = 1,0020$; $\alpha_{1\,dm} = -0,53°$, $[\alpha]_D^{20°} = -63,89°$ (für lufttrockene Substanz). $[\alpha]_D^{20°} = -72,24°$ (für absol. trockene Substanz). Ein anderes Präparat drehte $-65,33°$ bzw. $-73,89°$ nach links. Drehungsvermögen in n-Salzsäure: $s = 0,0254$ g lufttrockene Substanz, $= 0,0225$ g absol. trockene Substanz; $G = 3,0281$ g, $d = 1,0251$ g, $\alpha_{1\,dm} = -0,57°$; $[\alpha]_D^{20°} = -66,29°$ (für lufttrockene Substanz); $[\alpha]_D^{20°} = -75,45°$ (für absol. trockene Substanz). — Ein anderes Präparat drehte in lufttrockenem Zustande 66,86° nach links. Deutliche Biuretreaktion. Die Färbung ist schwächer als beim Dibenzyl-dialanyl-cystin, aber stärker als beim Diglycyl-dileucyl-cystin. Der Körper färbt sich bei 172° gelb, bei 190° beobachtet man beginnende Gasentwicklung und bei 213° Verkohlung. Die Substanz ist im kalten Wasser leicht, in Methylalkohol ziemlich schwer, in Äthylalkohol schwer und endlich in Äther, Aceton, Petroläther und Ligroin äußerst schwer löslich. Eine 1 proz. Polypeptidlösung fällt aus mit 0,11 ccm kalt gesättigter NaCl und 6,30 ccm kalt gesättigter $(NH_4)_2SO_4$-Lösung[1]).

---

[1]) E. Abderhalden u. Ernst Wybert, Berichte d. Deutsch. Chem. Gesellschaft **49**, 2449 bis 2473 u. 2838 [1916]; Chem. Centralbl. **1917**, I, 168.

Di-l-leucyl-di-d-alanyl-l-cystin[1]).

Mol.-Gewicht: 608,55.

Zusammensetzung: $C_{24}H_{44}O_8N_6S_2$

$$\mathrm{HOOC \cdot CH \cdot CH_2 \cdot S \cdot S \cdot CH_2 \cdot CH \cdot COOH}$$
$$\mathrm{CH_3 \cdot CH \cdot CO \cdot NH} \qquad\qquad \mathrm{NH \cdot CO \cdot CH \cdot CH_3}$$
$$\mathrm{H_2N \cdot CH \cdot CO \cdot NH} \qquad\qquad \mathrm{NH_2 \cdot HC \cdot CO \cdot NH}$$
$$\mathrm{CH_2} \qquad\qquad\qquad\qquad\qquad \mathrm{CH_2}$$
$$\mathrm{CH} \qquad\qquad\qquad\qquad\qquad \mathrm{CH}$$
$$\mathrm{CH_3 \; CH_3} \qquad\qquad\qquad\qquad \mathrm{CH_3 \; CH_3}$$

Darstellung: Aus Di-d-α-bromisocapronyl-di-d-alanyl-l-cystin durch Amidierung. Ausbeute 48% der Theorie (aus Wasser mit Alkohol ausgefällt).

Physikalische und chemische Eigenschaften: Drehungsvermögen in Wasser: $s = 0{,}0162$ g absol. trockene Substanz, $G = 2{,}524$ g, $d = 1{,}0028$, $\alpha_{1\,dm} = -0{,}76°$, $[\alpha]_D^{20°} = -115{,}29°$ Drehungsvermögen in n-Salzsäure: $s = 0{,}0193$ g absol. trockener Substanz, $G = 2{,}3513$ g,- $d = 1{,}0283$ g, $\alpha_{1\,dm} = -1{,}07°$, $[\alpha]_D^{20°} = -126{,}77°$, Biuretreaktion sehr stark. In 1 ccm 1 proz. Lösung ermittelt 0,20 ccm $(HN_4)_2SO_4$-Lösung und 0,04 ccm NaCl-Lösung vollkommene Fällung. Kein Schmelzpunkt. Bei 177° Gelbfärbung; wenig oberhalb 200° zersetzt er sich unter Gasentwicklung und Bräunung. In Wasser leicht, in Alkohol und anderen Lösungsmitteln schwer löslich.

Di-d-α-bromisocapronyl-di-d-alanyl-l-cystin[1]).

Mol.-Gewicht: 736,36.

Zusammensetzung: $C_{24}H_{40}O_8N_4S_2Br_2$.

Darstellung: Durch Behandeln von Di-d-alanyl-l-cystin mit d-α-bromisocapronylchlorid. Amorphe Abscheidung. Gesamtausbeute an farblosem Endprodukt 44% der Theorie.

Physikalische und chemische Eigenschaften: Drehungsvermögen in Alkohol, $s = 0{,}0363$ g lufttrockene Substanz $= 0{,}035$ g absol. trockene Substanz; $G = 1{,}855$ g, $d = 0{,}7944$, $\alpha_{1\,dm} = -0{,}82°$, $[\alpha]_D^{20°} = -52{,}67$ (für lufttrockene Substanz); $[\alpha]_D^{20°} = -54{,}53°$ (für absol. trockene Substanz). Ein anderes lufttrockenes Präparat drehte 52,38° nach links. Die Substanz ist leicht in Alkohol und Aceton löslich, ziemlich leicht in Essigester, schwer in Äther und endlich sehr schwer in Petroläther löslich. Hat keinen Schmelzpunkt. Bei 160° tritt beginnende Gasentwicklung ein; wenig später zersetzt sie sich unter Verkohlung.

5. Polypeptide.

d-α-Bromisocapronyl-pentaglycyl-glycin.

Darstellung[2]): I. 1 g Pentaglycyl-glycin wird in 1 Mol. n-Natronlauge aufgelöst und in der üblichen Weise mit 1,25 Mol. d-α-Bromisocapronylchlorid gekuppelt. Die von einer Trübung abfiltrierte Flüssigkeit gibt nach dem Ansäuern sofort eine weiße, scheinbar krystallinische Abscheidung, die filtriert, mit kaltem Wasser nachgewaschen, dann mit heißem Alkohol ausgezogen und getrocknet wird.

II. 2 g Diglycyl-glycin werden in der berechneten Menge normaler Natronlauge aufgelöst und in die gekühlte Lösung 2,3 g d-α-Bromisocapronyl-pentaglycyl-glycin in kleinen Portionen eingetragen. Nach der Hinzufügung der Chloridmenge wird jedesmal auf der Maschine energisch geschüttelt und diese mechanische Wirkung durch Zugabe von Glasperlen verstärkt. Das Chlorid geht recht bald in Lösung. Die stark schäumende Flüssigkeit wird stets mit nor-

[1]) Emil Abderhalden u. Ernst Wybert, Berichte d. Deutsch. Chem. Gesellschaft **49**, 2449—2473 u. 2838 [1916]; Chem. Centralbl. **1917**, I, 168.

[2]) Emil Abderhalden u. Andor Fodor, Berichte d. Deutsch. Chem. Gesellschaft **49**, 561 bis 578 [1916]; Chem. Centralbl. **1916**, I, 736.

malem Alkali bis zur schwach alkalischen Reaktion versetzt und sodann die nächste Portion des Chlorids eingetragen. Am Schluß wird durch ein Faltenfilter filtriert und das klare Filtrat in der berechneten Salzsäuremenge (18 proz.) aufgefangen. Sogleich entsteht eine weiße Ausscheidung, die gut abgesaugt und mit Wasser ausgewaschen werden kann. Zur Reinigung wird die getrocknete Masse mit warmem Alkohol behandelt, abgesaugt und im Exsiccator getrocknet. Ausbeute 2 g.

Physikalische und chemische Eigenschaften: Sintert bei 230° und zersetzt sich unter Dunkelbraunfärbung und Gasentwicklung bei 235—240° (unkorr.). Es ist in Wasser schwer löslich, in Alkohol noch schwerer. $[\alpha]_D^{20} = + 18{,}33°$ (in $^1/_{10}$ n-Natronlauge 0,0947 g Substanz, Gesamtgewicht 2,5167 g, spez. Gewicht 1,015, $\alpha = 0{,}70°$).

l-Leucyl-pentaglycyl-glycin[1]).

Darstellung: 2,4 g fein pulverisiertes d-α-Bromisocapronyl-pentaglycyl-glycin werden in einer Druckflasche in 12 ccm einer bei 0° gesättigten Lösung von Ammoniak suspendiert und das Gemisch 4 Tage lang bei Zimmertemperatur aufbewahrt. Innerhalb dieser Zeit geht die Substanz in Lösung. Nach Öffnung der Druckflasche wird von einer flockigen Ausscheidung abfiltriert, das Filtrat unter Minderdruck stark eingedampft und die konz. wässerige Lösung mit Alkohol zur Fällung gebracht. Die voluminöse Ausscheidung wird abgesaugt und zuerst mit wässerigem Alkohol, dann mit Alkohol und endlich mit Äther ausgewaschen. Ausbeute 1,8 g bromammoniumfreies Produkt.

Physiologische Eigenschaften: Die optimale H·-Konzentration bei dem fermentativen Abbau durch Fermentlösungen aus Trockenhefe von l-Leucylpentaglycylglycin ist $p_H = 6{,}24$[2]).

Physikalische und chemische Eigenschaften: Es löst sich in heißem Wasser ziemlich leicht auf und scheidet sich bei Abkühlung der Lösung nicht mehr ab. Die Abscheidung erfolgt jedoch augenblicklich bei Sättigung der Lösung mit Ammoniumsulfat. Die wässerige Lösung gibt eine rotviolette Biuretreaktion. $[\alpha]_D^{20} = + 5{,}17$ (in $^1/_{10}$ n-Natronlauge, 0,0854 g Substanz, Gesamtgewicht 2,2376 g; spez. Gewicht 1,014; $\alpha = + 0{,}20°$, 1-dm-Rohr)[1]).

l-Leucyl-triglycyl-l-leucyl-pentaglycyl-glycin[1]).

Mol.-Gewicht: 757,50.

Zusammensetzung: $C_{30}H_{51}N_{11}O_{12}$.

$$
\begin{array}{ll}
CH_3\,CH_3 & \\
\diagdown\diagup & \\
CH \qquad\cdot & CH_3\,CH_3 \\
| & \diagdown\diagup \\
CH_2 & CH \\
| & | \\
CH\cdot NH_2 & CH_2 \\
| & | \\
CO-(NH\cdot CH_2\cdot CO)_3-NH\cdot CH\cdot CO-(NH\cdot CH_2\cdot CO)_5-NH\cdot CH_2\cdot COOH\cdot
\end{array}
$$

Darstellung: α-Bromisocapronyl-triglycyl-l-leucyl-pentaglycyl-glycin wird in Portionen von etwa 1,5 g in einem Einschmelzrohre mit 10—15 ccm flüssigem Ammoniak suspendiert und die Röhre etwa 5 Tage lang bei Zimmertemperatur aufbewahrt. Es löst sich beinahe alles auf. Nach Öffnen der Röhre wird der Inhalt der freiwilligen Verdunstung überlassen und der glasartig erstarrte, bräunlich gefärbte Rückstand mit Wasser aufgenommen. Die wässerige Lösung wird unter Alkoholzusatz und vermindertem Druck bis zur beginnenden Ausscheidung eingedampft, der Kolbeninhalt in eine Glasschale übergegossen, am Wasserbade wieder bis zur völligen Lösung erwärmt und die heiße Lösung mit absol. Alkohol vermischt. Man sieht das Polypeptid erst als flüssige Phase zur Abscheidung gelangen, die jedoch nach kurzer Zeit in eine voluminöse, aufgequollene Masse übergeht und den ganzen Schaleninhalt ausfüllt. Nach mehrstündigem Stehen wird diese Ausscheidung abgenutscht, der Filterrückstand zuerst mit wässerigem, dann mit absol. Alkohol und endlich mit Äther ausgewaschen. Ausbeute 1,1 g halogenfreie Substanz, die nach dem Trocknen im Exsiccator ein lockeres Pulver vorstellt.

[1]) Emil Abderhalden u. Andor Fodor, Berichte d. Deutsch. Chem. Gesellschaft **49**, 561 bis 578 [1916]; Chem. Centralbl. **1916**, I, 736.

[2]) Emil Abderhalden u. Andor Fodor, Fermentforschung **1**, 533—596 [1916]; Chem. Centralbl. **1917**, I, 311—313.

Physikalische und chemische Eigenschaften: Sie löst sich leicht in verdünnter Lauge und fällt beim Übersäuern wieder in Flocken aus. In heißem Wasser (20fache Menge) ist das Polypeptid ziemlich leicht löslich und kommt bei Abkühlung der Lösung nicht zur Ausscheidung. Sättigt man aber mit Ammoniumsulfat, so wird es sofort als klebrige Masse ausgesalzen. Die wässerige Lösung gibt eine rotviolette Biuretreaktion. $[\alpha]_D^{20} = -6,00°$ (eine 1 proz. Lösung in $^1/_{10}$ n-Natronlauge — berechnete Menge + Wasser — dreht im 1-dm-Rohr $-0,06°$[1]).

d-α-Bromisocapronyl-triglycyl-l-leucyl-pentaglycyl-glycin[1].

$$C_{30}H_{49}O_{12}N_{10}Br.$$

Darstellung: 2 g l-Leucyl-pentaglycyl-glycin werden in 1 Mol. n-Natronlauge unter Zugabe von etwa 20 ccm Wasser unter gelinder Erwärmung in Lösung gebracht und mit $2^1/_4$ Mol. Bromisocapronyl-diglycylglycylchlorid portionsweise unter Kühlung und energischem Schütteln mit Glasperlen gekuppelt. Am Schlusse wird die stark schäumende alkalische Flüssigkeit von einer geringen, weißen, kolloiden Ausscheidung abfiltriert und das klare Filtrat mit der berechneten Menge 18 proz. Salzsäure angesäuert. Es entsteht nach und nach eine weiße, anscheinend krystallinische Ausscheidung, die nach mehrstündigem Stehen in Eis abgenutscht wird. Der Rückstand wird mit Wasser gewaschen und im Exsiccator getrocknet. Die farblose pulverige Masse beträgt dem Gewichte nach 2,5 g. Aus der Mutterlauge gewinnt man noch 0,3 g. Die ganze Masse wird noch zur Entfernung von Bromisocapronyl-diglycyl-glycin einmal mit warmem Alkohol ausgezogen. Zur Reinigung wird in siedendem Wasser gelöst, filtriert und abgekühlt. Es entsteht eine schöne krystallinische Ausscheidung.

Physikalische und chemische Eigenschaften: Zersetzungsp. bei 230—235° (unkorr.), löst sich ziemlich leicht in siedendem Wasser, sehr schwer in Alkohol. In $^1/_{10}$ n-Alkali sowie Ammoniak ist die Substanz spielend leicht löslich. Beim Ansäuern der natronalkalischen Lösung scheidet sie sich langsam aus. $[\alpha]_D^{20} = +7,34°$ (0,0994 g Substanz in $^1/_{20}$ n-Natronlauge gelöst, Gesamtgewicht 2,0665 g, spez. Gewicht 1,020, $\alpha = +0,36$; 1-dm-Rohr).

l-Leucyl-triglycyl-l-leucyl-triglycyl-l-leucyl-pentaglycyl-glycin[1].

Mol.-Gewicht: 1041,74.

Zusammensetzung: $C_{42}H_{71}O_{16}N_{15}$.

$$
\begin{array}{ccccc}
\mathrm{CH_3\ CH_3} & & \mathrm{CH_3\ CH_3} & & \mathrm{CH_3\ CH_3} \\
\diagdown\diagup & & \diagdown\diagup & & \diagdown\diagup \\
\mathrm{CH} & & \mathrm{CH} & & \mathrm{CH} \\
| & & | & & | \\
\mathrm{CH_2} & & \mathrm{CH_2} & & \mathrm{CH_2} \\
| & & | & & | \\
\mathrm{CH\cdot NH_2} & & \mathrm{CH_2} & & \mathrm{CH_2}
\end{array}
$$

$$\mathrm{CO(NH\cdot CH_2\cdot CO)_3 - NH\cdot CH\cdot CO - (NH\cdot CH_2\cdot CO)_3 - NH\cdot CH\cdot CO - (NH\cdot CH_2\cdot CO)_5 - NH\cdot CH_2\cdot CO}$$

Darstellung: 7 g a-α-Bromisocapronyl-triglycyl-l-leucyl-triglycyl-l-leucyl-pentaglycyl-glycin werden in 3 Röhren mit je 20 ccm flüssigem Ammoniak eingeschmolzen und 5 Tage hindurch bei 18° aufbewahrt. Von Zeit zu Zeit müssen die Röhren geschüttelt werden, um die Auflösung zu beschleunigen. Gleichzeitig wird eine neue Substanz ausgeschieden, die den Boden und die Wände der Röhren in krystallähnlichen Formen belegt. Nach dem Öffnen der Röhren wird das Ammoniak verdunstet und der Rückstand in kaltem Wasser aufgelöst, wobei ein ganz geringer flockiger Rückstand ungelöst bleibt. — Die wässerige Lösung wird unter vermindertem Druck bis zur beginnenden Ausscheidung eingedunstet und das bereits zu koagulieren beginnende Gemisch in einer Glasschale mit Alkohol vollständig gefällt. Die gallertartige Masse wird nach längerem Stehen in der Kälte abgesaugt und der Filterrückstand zuerst mit wässerigem, dann mit absol. Alkohol und endlich mit Äther ausgewaschen. Die im Exsiccator getrocknete Substanz stellt ein farbloses, lockeres, halogenfreies Pulver von 4,8 g Gewicht vor.

Physikalische und chemische Eigenschaften: Das Polypeptid gibt die Biuretreaktion mit rotviolettem Ton. Es löst sich in heißem Wasser (etwa in der 20fachen Menge) mit Leichtigkeit auf, ohne in der Kälte wieder zur Abscheidung zu kommen. Sättigt man die Lösung mit Ammoniumsulfat, so wird der Körper sofort ausgesalzen. $[\alpha]_D^{20} = -9,36°$ (eine 0,83 proz. Lösung in $^1/_{20}$ n-Natronlauge, $\alpha = -0,08°$, 1-dm-Rohr).

---

[1] Emil Abderhalden u. Andor Fodor, Berichte d. Deutsch. Chem. Gesellschaft **49**, 561 bis 578 [1916]; Chem. Centralbl. **1916**, I, 736.

d-α-Bromisocapronyl-triglycyl-l-leucyl-triglycyl-l-leucyl-pentaglycyl-glycin[1]).

$$C_{42}H_{69}N_{14}O_{16}Br.$$

Darstellung: 2 g l-Leucyl-triglycyl-l-leucyl-pentaglycyl-glycin werden in 1 Mol. normaler Natronlauge + 60 ccm Wasser unter gelindem Erwärmen gelöst und wie gewöhnlich mit 4 Mol. a-α-Bromisocapronyl-diglycyl-glycylchlorid gekuppelt. Nach dem Abfiltrieren der stark schäumenden Reaktionsflüssigkeit durch ein Faltenfilter wird letztere mit der eben ausreichenden Menge einer 18 proz. Salzsäure versetzt, wobei sogleich eine ganz geringe Menge einer flockigen Ausscheidung entsteht, die nach ihrem Verhalten unverändertes 11 faches Polypeptid vorstellt.

Die Lösung wird bei 12 mm Druck eingedampft, der Rückstand, ein gelblicher Sirup, mit Alkohol versetzt und die entstandene Lösung vom zurückbleibenden Kochsalz abgenutscht. In wenigen Minuten trübt sich die noch heiße, ursprünglich völlig klare Lösung, und es tritt alsbald die Ausscheidung einer voluminösen breiartigen Masse ein. Der dicke Brei wird nach wenigen Minuten abgenutscht, der Filterrückstand mit heißem Alkohol nachgewässert und das Waschen schließlich mit Äther zu Ende geführt. Die so gewonnene Substanz wird zur Trennung von beigemengtem Bromisocapronyl-diglycyl-glycin mit heißem Alkohol verrieben und wieder abgetrennt. Die exsiccatortrockene Masse wiegt 2,2 g.

Physikalische und chemische Eigenschaften: Sie färbt sich in der Capillare bei 200° braun und zersetzt sich bei 210—230° (unkorr.) unter Aufblähung. Sie ist in trockenem Zustand in siedendem Wasser sehr schwer löslich, löst sich jedoch etwa in der 200—250 fachen Wassermenge bei Siedehitze allmählich auf. Zur Abscheidung des Produktes muß man die filtrierte Lösung am Wasserbade stark eindunsten. Bei genügend starker Konzentration sieht man an der Oberfläche der Lösung die Entstehung feiner blättchenartiger Gebilde, die jedoch unter dem Mikroskop keine deutliche Struktur erkennen lassen. $[\alpha]_D^{20} = -4°$ (in $^1/_{10}$ n-Natronlauge).

l-Leucyl-triglycyl-l-leucyl-triglycyl-l-leucyl-triglycyl-l-leucyl-pentaglycyl-glycin[1]).

Mol.-Gewicht: 1325,89.
Zusammensetzung: $C_{54}H_{91}O_{20}N_{19}$.

$$CO(NH \cdot CH_2 \cdot CO)_3 \cdot NH \cdot CH \cdot CO-(NH \cdot CH_2 \cdot CO)_3-NH \cdot CH \cdot CO-(NH \cdot CH_2 \cdot CO)_3-NH \cdot CH \cdot CO-$$
$$-(NH \cdot CH_2 \cdot CC)_5 \cdot NH \cdot CH_2 \cdot COOH$$

(mit Seitenketten: $CH(CH_3)_2$–CH_2–$CH(NH_2)$– für das erste Leucyl; $CH(CH_3)_2$–CH_2–CH– für die weiteren Leucyl-Reste)

Darstellung: 1 g d-α-Bromisocapronyl-triglycyl-l-leucyl-triglycyl-l-leucyl-triglycyl-l-leucyl pentaglycyl-glycin wird in der gewohnten Weise mit flüssigem Ammoniak behandelt (5 Tage, Zimmertemperatur). Am Boden und an den Wänden des Einschmelzrohres gelangt ein Produkt von krystallinischem Habitus zur Ausscheidung. Die weitere Behandlung des Reaktionsgemisches geschieht in der gleichen Weise, wie dies beim Pentadekapeptid angegeben wird (siehe S. 44). Ausbeute 0,75 g halogenfreies Produkt.

Physikalische und chemische Eigenschaften: Das Verhalten dieses Körpers in bezug auf Löslichkeit, Aussalzbarkeit mit Ammoniumsulfat und bei der Biuretreaktion deckt sich vollkommen mit jenem des Pentadekapeptids (s. d.). $[\alpha]_D^{20} = -8,42°$ (eine 0,95 proz. Lösung in $^1/_{10}$ n-Alkali + Wasser zeigt im 1-dm-Rohr $\alpha = -0,08°$).

d-α-Bromisocapronyl-triglycyl-l-leucyl-triglycyl-l-leucyl-triglycyl-l-leucyl-pentaglycyl-glycin[1]).

$$C_{54}H_{89}O_{20}N_{18}Br.$$

Darstellung: 1,6 g l-Leucyl-triglycyl-l-leucyl-triglycyl-l-leucyl-pentaglycyl-glycin werden in der berechneten Menge (1 Mol.) normaler Natronlauge aufgelöst und mit 3 Mol. d-Brom-

---

[1]) Emil Abderhalden u. Andor Fodor, Berichte d. Deutsch. Chem. Gesellschaft **49**, 561 bis 578 [1916]; Chem. Centralbl. **1916**, I, 736.

isocapronyl-d-diglycyl-glycylchlorid gekuppelt. Die Kupplungsflüssigkeit wird mit der eben ausreichenden Menge 18 proz. Salzsäure angesäuert und, nachdem von einer geringen Trübung abgetrennt wird, bei 12 mm Druck eingedampft. Nachdem der sirupöse Eindampfrückstand wieder in absol. Alkohol aufgelöst und die Lösung abermals völlig eingedunstet wird, werden zum zweiten Rückstand etwa 100 ccm Alkohol zugefügt, dann wird im Wasserbade zum Sieden erhitzt und der in Lösung gegangene Sirup vom zurückgebliebenen Kochsalz abgesaugt. Nach wenigen Minuten scheidet sich aus der noch heißen alkoholischen Flüssigkeit das Kupplungsprodukt aus. Dieses wird nach wenigen Stunden abgesaugt, zunächst mit Alkohol, dann mit Äther ausgewaschen. Es bleiben nach dem Trocknen im Exsiccator 1,2 g eines lockeren, weißen Pulvers.

Physikalische und chemische Eigenschaften: Zersetzt sich in der Capillare bei 270—275°. 0,25 g lösen sich in ungefähr 100—120 ccm siedendem Wasser. Aus der filtrierten Lösung gelangt jedoch die Substanz erst bei starkem Einengen zur Ausscheidung. $[\alpha]_D^{20} = -8°$ (eine 2,5 proz. Lösung in $^1/_{10}$ n-Alkali zeigte $\alpha = -0,2°$, 1-dm-Rohr.

Aminosäuren (Bd. IV, S. 361: Bd. IX, S. 65).

Von

Géza Zemplén-Budapest.

Vorkommen: Über den Aminosäuregehalt des Blutes unter verschiedenen Bedingungen haben György und Zunz Versuche angestellt[1]).

Nach der Methode von Sörensen wurde im Boden kein Aminosäurestickstoff nachgewiesen. Nach der Koberschen Methode: im verdünnten Säureextrakte kein Aminosäure-N, im verdünnten Alkaliextrakte wird der gesamte Amino-N gefunden. Der Gehalt an Aminosäure-N der Böden ist geringer als der an NH_3-Stickstoff, doch scheint er mit letzterem in gewissen Verhältnissen zu stehen[2]).

Die Trockensubstanz der Früchte von Cicer arietinum L. enthalten 0,12% Aminosäuren-N[3]).

In den bei der Autolyse der Bierhefe (zwecks Ermittlung des Aminosäuregehaltes) ungelöst verbleibenden Zellrückständen wurde nach Hydrolyse die Verteilung des N bestimmt: Im Hydrolysat Monoaminosäuren-N 56%[4]).

In der Hefe kommen fast alle als Eiweißspaltprodukte überhaupt aufgefundenen Monoaminosäuren vor. Hierzu frische Bierhefe der Autolyse bei 37° unterworfen, das Autolysat von den ungelösten Zellrückständen und dem Tyrosin durch Zentrifugieren getrennt; Mutterlauge zur Trockene gedampft, Rückstand mit alkoholischem HCl verestert, die Ester nach E. Fischer in Freiheit gesetzt und fraktioniert destilliert[4]). Über die Monoaminosäuren-Bestandteile der Rinderaugen-Linsen siehe Jeß[5]).

Bestimmungen an fastenden Hunden zeigen, daß der Gehalt an Amino-Stickstoff im Blut höher ist als in der Lymphe[6]).

Wenn man 1 l Serum gegen etwa 50 l Wasser dialysiert, kann nach Verarbeitung von 10 l Rinderblutplasma, 5 l Pferdeplasma, 50 l Pferde- und 500 l Rinderserum gegen 100 g Aminosäuren isoliert werden, unter denen sich alle bisher bekannten Mono- und Diaminosäuren finden[7]).

Im Chymus verschiedener Darmabschnitte von Rindern konnten die bekannten Aminosäuren nachgewiesen werden; nur im unteren Abschnitt des Ileums war die Reaktion auf Tryptophan, Cystin und Tyrosin sehr schwach[8]).

Bildung: Die Aminosäuren des Weines können entstehen durch die Gegenwart von proteolytischen Fermenten im Traubensaft, durch Einwirkung des Endotrypsins der Hefe und

[1]) **Paul György** u. **Edgard Zunz**, Journ. of Biolog. Chem. **21**, 511 [1915]; Chem. Centralbl. **1915**, II, 843.

[2]) **R. S. Potter** u. **R. S. Snyder**, Journ. of industr. a. engin. chem. **7**, 1049—1053 [1915]; Chem. Centralbl. **1916**, I, 520.

[3]) **As. Zlatarow**, Zeitschr. f. Untersuch. d. Nahrungs- u. Genußmittel **31**, 180—183 [1916]; Chem. Centralbl. **1916**, I, 1154.

[4]) **Jacob Meißenheimer**, Zeitschr. f. physiol. Chemie **104**, 229—284 [1919]; Chem. Centralbl. **1919**, III, 273.

[5]) **A. Jeß**, Zeitschr. f. physiol. Chemie **110**, 266—276 [1920]; Chem. Centralbl. **1921**, I, 99.

[6]) **Byron M. Hendrix** u. **J. E. Sweet**, Journ. of Biolog. Chem. **32**, 299 [1921]; Chem. Centralbl. **1921**, III, 742.

[7]) **Emil Abderhalden**, Zeitschr. f. physiol. Chemie **114**, 250—254 [1921]; Chem. Centralbl. **1921**, III, 1293.

[8]) **Emil Abderhalden**, Zeitschr. f. physiol. Chemie **114**, 290—300 [1921]; Chem. Centralbl. **1921**, III, 1293.

anderer Bakterien auf Proteine des Mostes oder des Weines und durch Selbstspaltung der Plasmamasse der Hefe. In 28 Weinproben macht der Aminosäure-N etwa 22% des Ganzen aus[1]).

Darstellung: Für die Abscheidung der Diaminosäuren mit Phosphorwolframsäure und ihre nachherige Trennung ist es erwünscht, zunächst den Butylalkohol aus der Lösung durch Erhitzen auszutreiben. Aus dem Filtrate von jenen werden die Dicarbonsäuren in geringerer Menge als nach anderen Methoden gewonnen. Es empfiehlt sich daher, für ihre Isolierung einen besonderen Teil der Lösung zu benutzen. Sie sind darin von solchem Reinheitsgrade, daß die Trennung der Glutaminsäure als Chlorhydrat viel vollständiger als sonst gelingt. — Die Abscheidung der Asparaginsäure gelingt durch Kochen mit überschüssigem Bleioxyd. — Der Niederschlag läßt sich durch Schwefelwasserstoff nur schwierig zerlegen, besser durch Kochen mit verdünnter Schwefelsäure[2]).

Nachweis und Bestimmung: Es ist gelungen, im Blute und im Blutserum normaler Schlachttiere Aminosäuren nachzuweisen. Das Blut wurde in Mengen von 1 l in 15 l siedendem destilliertem Wasser gegossen, 15 Minuten gekocht und darauf 1 proz. Essigsäure unter lebhaftem Rühren zugetropft, bis die Koagulation eine vollständige war. Das Glykokoll wurde als Derivat abgeschieden; durch Fällung mit Quecksilbersulfat Tryptophan, durch Fällung mit Phosphorwolframsäure Lysin, Arginin und Histidin; durch Fällung mit Quecksilberacetat Prolin. Durch Überführen in das Kupfersalz Leucin und Valin, wobei in der Mutterlauge Alanin, Glykokoll, Asparagin- und Glutaminsäure zugegen waren. — In einem anderen Versuche wurde die Estermethode angewandt und wurde Glykokollesterchlorhydrat abgeschieden; die Mutterlauge mit rauchender Salzsäure gekocht, schied sich Glutaminsäurechlorhydrat ab. — An Stelle der Enteiweißung wurde die Dialyse angewandt und Prolin, Valin, Leucin, Asparaginsäure, Glutaminsäure, Alanin und Glykokoll nachgewiesen. In besonderen Versuchen Arginin, Lysin und Histidin. Die Ausbeuten waren stets sehr gering[3]).

Die Methode zum Nachweis und zur Bestimmung der bei der Hydrolyse von Eiweiß auftretenden Monoaminosäuren beruht auf der Überführung der Aminosäuren in ihre Betaine durch erschöpfende Methylierung des Hydrolysengemenges. — Die Methode ist auch zur Ermittlung der leicht löslichen oder in geringer Menge vorhandenen Monoaminosäuren in tierischen und pflanzlichen Extrakten zu verwenden. Untersucht wurde in dieser Hinsicht der Extrakt des Mutterkorns. — Die Methylierung des Tryptophans, wenigstens mit Jodmethyl, ist nicht geeignet, es in sein Betain überzuführen[4]).

Zur Entscheidung, ob ein Körper eine Aminosäure ist oder nicht, erhitzt man 0,001 bis 0,005 g Substanz mit etwas Harnstoff und 1—2 ccm Barytwasser $\frac{1}{2}$ Stunde lang zum Sieden, läßt erkalten, fällt den Baryt durch Einleiten von CO_2 aus, filtriert, dampft das Filtrat ein, nimmt mit etwas Wasser auf, tropft in 50—80 ccm eines Gemisches von Alkohol und Äther ein, läßt einige Stunden stehen, filtriert und versetzt das Filtrat tropfenweise mit einer verdünnten Lösung von Mercurinitrat und 1—2 Tropfen sehr verdünnter Natronlauge, worauf, wenn eine Aminosäure zugegen war, ein flockiger Niederschlag ausfällt[5]).

Man dampft 100 ccm Harn ein, kocht den Rückstand einige Stunden lang mit Barytwasser, fällt den Baryt mit CO_2 aus, filtriert, kocht mit HCl, schüttelt mit Äther aus und identifiziert das in den Äther übergehende Anhydrid durch seinen Schmelzpunkt[6]).

Der Versuch, Aminosäuren in der Kuhmilch durch Formoltitration oder mittels HNO_3 nachzuweisen, verläuft ergebnislos; es zeigt sich jedoch, daß das Filtrat der Eiweißfällung je nach dem angewandten Reagens wechselnde Mengen N enthält, welche bei essigsaurem 65 proz. Alkohol 0,250 g, bei Phosphorwolframsäure 0,172 g, bei Trichloressigsäure 0,140 g, bei Silicowolframsäure 0,040 pro Liter betragen. H_2SO_4 ist auch in der Kälte nicht anwendbar, da sie eine deutliche Spaltung der Proteinsubstanz bewirkt. Zur Aufklärung dieser leicht löslichen N-Verbindungen erwies sich am geeignetsten das mit 1 proz. Essigsäure versetzte alkoholische Filtrat von 65 proz. Alkohol, dessen Eindampfrückstand in Gegenwart von Soda mit

[1]) E. Garino-Canina, Ann. de Chim. analyt. appl. **12**, 112—117 [1919]; Chem. Centralbl. **1920**, II, 378.

[2]) Henry Drysdale Dakin, Biochem. Journ. **12**, 290 [1918]; Chem. Centralbl. **1919**, I, 817.

[3]) Emil Abderhalden, Zeitschr. f. physiol. Chemie **88**, 478—483 [1913]; Chem. Centralbl. **1914**, I, 1021.

[4]) R. Engeland, Zeitschr. f. Biol. **63**, 470—476 [1914]; Chem. Centralbl. **1914**, I, 1780.

[5]) F. Lippich, Zeitschr. f. physiol. Chemie **90**, 124—144 [1914]; Chem. Centralbl. **1914**, I, 1852.

[6]) F. Lippich, Zeitschr. f. physiol. Chemie **90**, 145—157 [1914]; Chem. Centralbl. **1914**, I, 1852.

Mercuriacetat bis zum Auftreten einer orangeroten Fällung versetzen, mit H_2SO_4 reinigen und umkrystallisieren. Aus 1 l Milch werden so 1,0—1,045 g eines krystallisierten Produktes erhalten, aus dem durch passende Extraktion die Aminosäuren isoliert werden. Es ist anzunehmen, daß diese Aminosäuren nicht aus Polypeptiden stammen[1]).

Trennung der Aminosäuren voneinander mit Hilfe der Neutralsalzverbindungen[2]). Mit Hilfe von Neutralsalzverbindungen lassen sich Aminosäuren weitgehend voneinander trennen. In bestimmten Fällen sind die durch Neutralsalze hervorgerufenen Löslichkeitserniedrigungen der Aminosäureverbindungen so groß, daß sich gewisse Aminosäuren ähnlich den Eiweißkörpern weitgehend aussalzen lassen. — Glykokoll, Tyrosin und Asparaginsäure werden aus der wässerigen Lösung durch Salze nicht gefällt. Alanin wird aus der gesättigten Lösung durch Ammoniumsulfat zu etwa 19% ausgesalzen; gegen die übrigen Salze verhält sich Alanin indifferent. Weitgehend ausgesalzen werden d, l-Leucin und d, l-Phenylalanin. — Die Aminosäuren werden nicht verbunden mit den fällenden Salzen, sondern in freiem Zustande krystallisiert abgeschieden[2]).

Aus den Lösungen der Aminosäuren, die bei der Spaltung der Proteine entstehen, lassen sich so gut wie sämtliche Monoaminosäuren, zugleich mit einigen Peptidanhydriden durch kontinuierliche Extraktion, am besten mit Butylalkohol, ausziehen, während die stark ionisierten Diamino- und Dicarbonsäuren so gut wie quantitativ in der wässerigen Lösung bleiben. Von neutralen Monoaminosäuren konnten im Rückstande nur Spuren von Serin aufgefunden werden, und im Falle der Aminosäuren aus Gelatine scheint die vollständige Extraktion des Glykokolls schwieriger als die anderer Aminosäuren zu sein. — Aus der Extraktionsflüssigkeit scheiden sich die Monoaminosäuren als körniges Pulver aus, das mit wenig Butylalkohol, dann mit wenig Äther gewaschen wird. In der Mutterlauge verbleibt das gesamte Prolin mit geringen Mengen anderer Aminosäuren und von Peptidanhydriden, die von jenem auf Grund ihrer geringen Löslichkeit in Alkohol oder Wasser zum großen Teil abgetrennt werden können. Im Extraktionsrückstand verbleiben außer den d, l-Diaminosäuren auch Asparaginsäure, Glutaminsäure und eine neue zweibasische Säure, β-Oxyglutaminsäure. — Das Verfahren hat den Vorzug, daß keinerlei Racemisation stattfindet[3]).

Bestimmung der Aminosäuren: Zusammenfassende literarische Angaben[4]). — Wird ein Gemisch von Monoaminosäuren in Wasser gelöst und mit NaOH neutralisiert, so werden die Monoaminodicarbonsäuren für 1 Mol. je 1 Mol. NaOH binden. Wird die Lösung zur Trockene gebracht und der Rückstand vorsichtig verbrannt, so verbleibt eine den früher vorhandenen Monoaminodicarbonsäuren äquivalente Menge Na_2CO_3, die bestimmt werden kann. Hierauf beruht ein Verfahren von Andersen und Roed-Müller[5]), welches die Bestimmung des Monoaminodicarbonsäure-N im Filtrat des Phosphorwolframsäureniederschlages bei den Produkten der Eiweißspaltung erlaubt. Das Verfahren erfordert die Ausschaltung gewisser Fehlerquellen[5]).

Volumetrische Bestimmung. Zur Ausführung des Verfahrens wird eine abgewogene Menge Aminosäure oder das geeignete Salz einer solchen oder des Gemisches in kohlensäurefreiem Wasser gelöst und auf etwa $^1/_{10}$ n-Lösung bez. der Carboxylgruppen verdünnt. Mit einzelnen Proben der Lösung werden dann die folgenden Bestimmungen ausgeführt: a) Titration in Wasser gegen Phenolphthalein mit $^1/_{10}$ n-Natronlauge; b) Titration in Alkohol gegen Phenolphthalein mit $^1/_{10}$ n-alkoholischer Natronlauge; c) Titration in alkoholischer Formaldehydlösung; zu der nach b) titrierten Lösung werden auf je 50 ccm Alkohol 12,5 ccm einer gegen Phenolphthalein neutralisierten Lösung von 1 Teil farblosem Formalin und 2 Teilen destilliertem Wasser zugefügt, dann weiter titriert. Zur Korrektur wird eine Mischung von Formalin und Alkohol in gleichem Verhältnis titriert[6]).

Zu einem bekannten Volumen der Aminosäure in Wasser wird so lange Alkalilösung von bekanntem Gehalt gegeben, bis gegen eine Wasserstoffelektrode ein Potential von ungefähr

[1]) J. E. Pichon-Vendeuil, Bull. des Sc. pharm. 28, 360—367 [1921]; Chem. Centralbl. 1922, I, 55.

[2]) P. Pfeiffer u. Fr. Wittka, Berichte d. Deutsch. Chem. Gesellschaft 48, 1041—1048 [1915].

[3]) Henry Drysdale Dakin, Biochem. Journ. 12, 290 [1918]; Chem. Centralbl. 1919, I, 817.

[4]) W. C. de Graaf u. J. Temminck Groll, Pharm. Weekblad 57, 739 [1920]; Chem. Weekblad 17, 315 [1920]; Chem. Centralbl. 1920, IV, 272.

[5]) A. C. Andersen u. Regitze Roed-Müller, Biochem. Zeitschr. 73, 326—339 [1916]; Chem. Centralbl. 1916, I, 997.

[6]) F. William Foreman, Biochem. Journ. 14, 451 [1920]; Chem. Centralbl. 1920, IV, 458.

$p_H = 12,5$ erreicht ist, einer Konzentration von ungefähr $2,10^{-2}$ OH-Ionen entsprechend. Dann wird zu einem gleichen Volumen Wasser so lange Alkali gegeben, bis unter Einhaltung desselben Volumens wie vorher dasselbe Potential erreicht ist. Die Differenz der Alkalimengen entspricht der zur Neutralisation der Aminosäure erforderlichen Menge Alkali[1]).

Die Formoltitrationsmethode von Sörensen[2]) wird zur Bestimmung der Aminosäuren und der Polypeptide bei den in der Brauerei in Betracht kommenden Stoffen angewandt[3]).

Nach Schiff-Sörensen fand auch Clementi[4]), daß die monosubstituierte Aminogruppe ebenfalls mit Formaldehyd reagiert. Die Titration erfolgt bis zur tiefen Rötung des Phenolphthaleins. Dabei vollzieht sich die Reaktion:

$$\begin{matrix} R-N{\displaystyle <}_{\ \ H}^{\ \ R} \\[-2pt] {}\\[-2pt] R-N{\displaystyle <}_{\ \ R}^{\ \ H} \end{matrix} + HCOH = \begin{matrix} R-N{\displaystyle <}^{\ \ R} \\[-4pt] \quad\quad >CH_2 + H_2O \\[-4pt] R-N{\displaystyle <}_{\ \ R} \end{matrix}$$

Ivar Bang[5]) empfiehlt zur Beseitigung der starken Färbung des Harnes das Schütteln mit Blutkohle bei Gegenwart von 20% Alkohol. Die Aminosäuren werden ebensowenig wie NH_3 adsorbiert[5]).

L. Grünhut[6]) beschreibt die Bestimmung des Aminosäurestickstoffs auf Grund der Untersuchungen, das Formoltitrierungsverfahren betreffend. Das Verfahren behandelt er im allgemeinen und insbesondere bei der Untersuchung von Suppenwürzen und Ersatzbrühwürfeln. Zur Erkennung des Endpunktes der Titrationen empfiehlt er Neutralrot nach Luers als Endanzeiger bei der ersten Titration und die Benutzung eines Coloriskops bei dieser und der Schlußtitration. Das Coloriskop ist aus dem von Luers[7]) früher angegebenen Acidimeter hervorgegangen und von Adler beschrieben und zur Formoltitrierung benutzt worden[8]). Das Ergebnis der Betrachtungen, die Bestimmung des Ammoniak- und Aminosäurestickstoffs betreffend, ist, daß die Formoltitrierung trotz mancher Komplikationen, infolge der verschiedenartigen Aminokörper, die hiervon erfaßt werden, immer ein richtiges Maß des Aminosäurestickstoffs angibt. Zu beachten ist aber, daß der gefundene Ammoniak und Aminosäurenstickstoff nicht vom Gesamtstickstoff abgezogen und der Unterschied als N des unabgebaut gebliebenen Eiweißes aufgeführt werden darf; denn es gibt Aminosäuren, wie Histidin, Asparagin und andere, die noch Stickstoff enthalten, der nicht formoltitrierbar ist und fälschlich den Eiweißstoffen zugerechnet werden würde. Außerdem enthalten die Eiweißstoffe selbst mehr oder minder große Mengen formoltitrierbaren N (endständige Aminosäuregruppe und als NH_3 abspaltbaren N). Grünhut gibt auch eine Vorschrift zur Stufentitrierung nach Henriques und Sörensen[9]) und Henriques und Gjäldbaek[10]) sowie Adler[11]).

Das von Sörensen angegebene Verfahren wird ohne Einbuße an Zuverlässigkeit wie folgt vereinfacht: Als Vergleichslösung neutralisiert man, ohne zu verdünnen, 10 ccm der käuflichen Formollösung, setzt 20—30 ccm ausgekochtes Wasser und 10 Tropfen 1proz. alkoholische Phenolphthaleinlösung zu und titriert mit $^1/_{10}$ n-Natronlauge bis zur deutlichen Rotfärbung (n ccm $^1/_{10}$ n-Natronlauge). In 50 ccm Harn werden die Phosphate und Carbonate mit 2 g

---

[1]) E. L. Tague, Journ. of Amer. Chem. Soc. **42**, 173 [1920]; Chem. Centralbl. **1920**, IV, 67.

[2]) Sörensen, Biochem. Zeitschr. **7**, 45 [1908].

[3]) Ludwig Adler, Zeitschr. f. d. ges. Brauwesen **37**, 105—108, 117—121, 129—133 [1914]; Chem. Centralbl. **1914**, I, 1529.

[4]) A. Clementi, Atti della R. Accad. dei Lincei Roma **24**, 51 [1916]; Chem. Centralbl. **1916**, I, 1267; Arch. di Farmacol. sperim. **21**, 215—224 [1916]; Chem. Centralbl. **1916**, II, 201.

[5]) Ivar Bang, Biochem. Zeitschr. **72**, 101—103 [1915]; Chem. Centralbl. **1916**, I, 235.

[6]) L. Grünhut, Vortrag auf der 16. Hauptversamml. d. Vereins deutsch. Nahrungsmittelchemiker zu Berlin am 27.—28. Sept. 1918; — Zeitschr. f. Untersuch. d. Nahrungs- u. Genußmittel **37**, 304—324 [1919]; Chem. Centralbl. **1919**, IV, 751.

[7]) Luers u. Adler, Zeitschr. f. Untersuch. d. Nahrungs- u. Genußmittel **29**, 281 [1915]; Chem. Centralbl. **1915**, I, 1284.

[8]) Adler, Zeitschr. f. d. ges. Brauwesen **38**, 241 [1915]; Chem. Centralbl. **1915**, II, 811.

[9]) Henriques u. Sörensen, Zeitschr. f. physiol. Chemie **64**, 120 [1910]; Chem. Centralbl. **1910**, I, 870.

[10]) Henriques u. Gjäldbaek, Zeitschr. f. physiol. Chemie **75**, 363 [1911]; Chem. Centralbl. **1912**, I, 499.

[11]) Adler, Zeitschr. f. d. ges. Brauwesen **37**, 105 [1914]; Chem. Centralbl. **1914**, I, 1529.

Bariumchlorid, 2 Tropfen Phenolphthaleinlösung und mindestens 5 ccm überschüssiger gesättigter Barytlösung, Auffüllen auf 100 ccm und $^1/_4$ stündiges Stehenlassen entfernt. Zu 20 ccm des Filtrates setzt man 10 Tropfen Phenolphthaleinlösung, verdünnte Salzsäure bis zur Entfärbung, dann $^1/_{10}$ n-Natronlauge bis zur schwachen Rosafärbung, gibt in einem Guß 10 ccm unverdünnte neutralisierte Formollösung zu und titriert, zuletzt tropfenweise mit $^1/_{10}$ n-Natronlauge bis zur Färbung der Vergleichslösung (N ccm $^1/_{10}$ n-Natronlauge). Um den Einfluß der Ammoniumsalze zu berücksichtigen, vermehrt man die gefundene Anzahl Kubikzentimeter um eins, oder man berechnet nach der Formel $p(N-n)$ 0,001414[1].

Einen Schaumhinderer bei dem van Slykeschen Aminostickstoffverfahren haben Mitchel und Eckstein[2] beschrieben.

Die quantitative Bestimmung der Aminosäuren nach der van Slykeschen Methode in Futtermitteln wurde von Grindley, Joseph und Slater[3] ausgeführt.

Die nach der van Slykeschen Methode bestimmten Werte zeigen, daß der Gehalt an freien und gebundenen Aminosäuren in Futtermitteln stark variiert. Die hohen Resultate für Humin-N bei der Methode sind wahrscheinlich durch das Vorhandensein von Kohlenhydraten während der Proteinhydrolyse bedingt. Zum Teil verursacht den hohen Humingehalt auch das Vorhandensein von Cellulose[4].

In der Monoaminosäurefraktion wird der Nichtaminostickstoff, umfassend den Stickstoff von Prolin, Oxyprolin und $^1/_2$ des Stickstoffes des Tryptophans in der Weise bestimmt, daß der Aminostickstoff durch Erwärmen mit Natriumnitrit und Salzsäure und der Überschuß von Stickstofftrioxyd durch Reduktion mittels eines Zinkkupferpaares nach dem Verfahren von Scales[5] entfernt und der Stickstoff des Rückstandes nach Kjeldahl ermittelt wird[6].

Die van Slykesche Methode kann auf die Bestimmung der Aminosäuren in Futtermitteln angewendet werden. Die Nichteiweiß-N-Verbindungen werden durch Extraktion mit absol. Äther, kaltem absol. Alkohol und kalter 1 proz. Trichloressigsäurelösung entfernt, dann nach Ausziehen mit 0,2 proz. NaOH die Stärke durch Ausziehen mit heißer 2 proz. Trichloressigsäurelösung. Der Rückstand wird dann, um bei der Hydrolyse die Gegenwart von Rohfaser zu vermeiden, nacheinander mit heißer 20 proz. HCl und mit 5 proz. NaOH ausgezogen. Für die Bestimmung der Aminosäuren dienen die mit kolloidalem Fe(OH)$_3$ aus der 1 proz. Trichloressigsäurelösung gewonnenen Niederschläge, der Auszug mit 0,2 proz. Alkali, das Filtrat von der Fällung der Stärke aus ihrer Lösung durch Alkohol, die Extrakte mit HCl und stärkerer NaOH[7].

Colorimetrische Bestimmungsmethoden des Aminosäure-α-Stickstoffs mit Triketohydrindenhydrat[8]. Man vermischt 1 ccm der zu untersuchenden Lösung, die nicht mehr als 0,05 mg Aminosäure-α-Stickstoff im Kubikzentimeter enthalten darf und gegen Phenolphthalein neutral reagieren muß, mit 1 ccm einer 10 proz. wässerigen Pyridinlösung und 1 ccm einer frisch bereiteten 2 proz. Lösung von Triketohydrindenhydrat und erhitzt 20 Minuten lang auf dem Wasserbad. Alsdann läßt man erkalten, fällt auf 100 ccm auf und vergleicht die Farbe der Lösung im Dubosqschen Colorimeter mit der einer Standardlösung, die in ähnlicher Weise aus 1 ccm einer Lösung von 0,3178 g Alanin in 1 l Wasser bereitet wurde. — Das Verfahren eignet sich nicht für die Analyse des Cystins; es ist aber anwendbar für die Ermittlung des bei der Proteinhydrolyse in neutraler Lösung in Freiheit gesetzten Aminosäure-α-stickstoffs[8].

Im Blutserum können die Aminosäuren mittels der Ninhydrinreaktion bestimmt werden. Anstatt der Standardlösung zum Vergleich der Farben können auch Gemische von Methyl-

---

[1] L. G., Journ. de Pharm. et de Chim. [7] **23**, 137—141 [1921]; Chem. Centralbl. **1921**, I., 870.

[2] H. H. Mitchel u. H. C. Eckstein, Journ. of Biolog. Chem. **33**, 373 [1918]; Chem. Centralbl. **1919**, II, 5.

[3] H. S. Grindley, W. E. Joseph u. M. E. Slater, Journ. of Amer. Chem. Soc. **37**, 1778 [1915]; Chem. Centralbl. **1915**, II, 673.

[4] H. S. Grindley u. M. E. Slater, Journ. of Amer. Chem. Soc. **37**, 1778 [1915]; Chem. Centralbl. **1915**, II, 673; und ebendort **37**, 2762—2769 [1915]; Chem. Centralbl. **1916**, I, 582.

[5] Scales, Journ. of Biolog. Chem. **27**, 327 [1917]; Chem. Centralbl. **1917**, I, 815.

[6] A. Hiller u. D. D. van Slyke, Journ. of Biolog. Chem. **39**, 479 [1920]; Chem. Centralbl. **1920**, IV, 552.

[7] T. S. Hamilton, W. B. Nevens u. H. S. Grindley, Journ. of Biolog. Chem. **48**, 249—272 [1921]; Chem. Centralbl. **1922**, II, 157.

[8] Victor John Harding u. Reginald M. Mac Lean, Journ. of Biolog. Chem. **20**, 217—230 [1914]; Chem. Centralbl. **1915**, II, 630.

violett, Methylenblau und Anilinbraun dienen. Die Ausführung der Bestimmung arbeitete
J. Amann[1]) aus.

Bei der Bestimmung des Aminosäurestickstoffs im Blute[2]) sind zur Entfernung der Eiweißstoffe Methyl- und Äthylalkohol ungeeignet. Die Verfahren von Greenwald[3]) und Bock[4]) sind genau, bieten aber Schwierigkeiten bezüglich der nötigen Entfernung der Trichloressigsäure. Sehr geeignet erwies sich nach Seizaburo Okada[2]) ein Verfahren, bei dem Eiweiß in der Wärme mittels Kaolin entfernt wird.

Scheltema[5]) empfiehlt die Methode von Jaeger unter Zusatz von Monomagnesiumphosphat, zur Bestimmung von Aminosäuren. Zur Bestimmung von Ammoniumsalzen +
Aminosäuren im Harn arbeitete Scheltema ebenfalls ein Verfahren aus.

Nach Graaff[6]) wird die Methode von Bonnema[7]) abgeändert: Der eiweißfreie Harn
(10 ccm) wird mit wenig Na_2CO_3 (0,5 g) und 30 ccm Alkohol der Destillation unterworfen. Es
werden 30 ccm abdestilliert und in 10 ccm $^1/_{10}$ n-Säure aufgefangen. Nach Zusatz von Alizarinlösung wird titriert. — 10 ccm Harn werden nach Zugabe von 10 ccm neutralisiertem Formol
mit $^1/_{10}$ n-Lauge (Phenolphthalein) titriert. Die Differenz zwischen den beiden Bestimmungen
entspricht dem in Form von Aminosäure vorliegenden N-Gehalt des Harns.

Verbesserungen des Kupferverfahrens zur Bestimmung von Aminosäuren[8]).

Physiologische Eigenschaften: Aminosäuren (0,3%) beschleunigen das Wachstum von
Tuberkelbacillen und erhöhen die Ernte an Bacillen[9]).

Die Umbildung freier Aminosäuren in lebendes Protoplasma durch Bacillus coli erfordert
nur eine geringe Energiemenge. Eine Woche tryptisch verdaute Bouillon entwickelt, mit B. coli
bewachsen, erheblich mehr Wärme als 3—8 Wochen lang verdaute. Der pathologische Wachstums- und Stoffwechselprozeß geht immer mit größerer Wärmeentwicklung einher als der
normale[10]).

Das Verhältnis zwischen Eiweiß, Peptid und Aminostickstoff im Nährboden hat auf das
Wachstum von Bakterien keinen größeren Einfluß[11]).

Alle Aminosäuren stehen als Stickstoffquellen bei der Eiweißbildung der Hefe während
der Gärung den Ammoniumsalzen nach[12]).

Werden durch Oidium lactis nur bei guter C-Nahrung nennenswert angegriffen[13]).

Die asymmetrische Spaltung racemischer Aminosäuren durch gärende Hefe gibt auch bei
den Racemverbindungen der Glutaminsäure, des Histidins und des Isoleucins gute Resultate,
indem sie sämtlich durch gärende Hefe so angegriffen werden, daß die in der Natur vorkommende
Modifikation zerstört wird und der optische Antipode in großer Reinheit ganz oder fast ganz
unangegriffen zurückbleibt; die Ausbeute an l-Glutaminsäure, d-Histidin und l-Isoleucin beträgt 60—70%. Die Racemverbindungen der Asparaginsäure, des Tyrosins und des Prolins
werden dagegen von Hefe symmetrisch abgebaut. Dieses Verhalten ließe sich am ehesten
durch die Annahme erklären, daß die Hefe einen Unterschied zwischen den optisch-inaktiven
Modifikationen der letztgenannten Aminosäuren deswegen nicht macht, weil sie auch in der
Natur sowohl in der d-, wie in der l-Form vorkommen[14]).

[1]) J. Amann, Rev. med. Suisse romande; Schweiz. Apoth.-Ztg. **54**, 309—313 [1916]; Chem.
Centralbl. **1916**, II, 430.

[2]) Seizaburo Okada, Journ. of Biolog. Chem. **33**, 325—331 [1918]; Chem. Centralbl. **1919**,
II, 6.

[3]) Greenwald, Journ. of Biolog. Chem. **21**, 61 [1915]; Chem. Centralbl. **1915**, II, 724.

[4]) Bock, Journ. of Biolog. Chem. **28**, 357 [1917]; Chem. Centralbl. **1917**, I, 1153.

[5]) M. W. Scheltema, Pharm. Weekblad **52**, 1549—1555 [1915]; Chem. Centralbl. **1916**, I, 438;
Dissertation Leyden.

[6]) W. C. de Graaff, Pharm. Weekblad **52**, 1777—1781 [1915]; Chem. Centralbl. **1916**, I, 1277.

[7]) Bonnema, Chem.-Ztg. **39**, 519 [1915]; Chem. Centralbl. **1915**, II, 490.

[8]) Philip Adolph Kober, Journ. of industr. a. engin. chem. **2**, 501—504 [1917]; Chem.
Centralbl. **1918**, I, 775.

[9]) P. Masucci, Journ. of laborat a. clin. med. **6**, 96 [1921]; Chem. Centralbl. **1921**, III, 490.

[10]) C. Shearer, Journ. of Physiol. **55**, 50—60 [1921]; Chem. Centralbl. **1921**, III, 1037.

[11]) K. G. Dernby, Med. Kgl. Vetenskap akad. Nobelinst. **5**, Nr. 26, 85 [1921]; Chem. Centralbl.
1921, IV, 630.

[12]) W. Zaleski u. W. Israilsky, Berichte b. Deutsch. botan. Gesellschaft **32**, 472—479 [1914];
Chem. Centralbl. **1915**, I, 61.

[13]) Beijerinck, Koninkl. Akad. van Wetensch. Amsterdam, Wisk. en Natk. Afd. **27**, 1089
bis 1097 [1919]; Chem. Centralbl. **1919**, III, 761.

[14]) Felix Ehrlich, Biochem. Zeitschr. **63**, 379—401 [1914]; Chem. Centralbl. **1914**, II, 340.

Das Polypeptid d-, l-Alanylglycin konnte ebenfalls durch Hefe asymmetrisch gespalten werden[1]).

Einfluß der verwertbaren Aminosäuren und des Zuckers auf die N-Assimilation der Hefe. Die Fermenttätigkeit ist von wesentlicher Bedeutung für die Assimilation. Beide Wirkungen gehen nicht parallel, aber jene regt diese an, die weiter vor sich gehen kann, nachdem die zymatische Tätigkeit beendet ist. Bei übermäßiger Stärke der letzteren kann die N-Assimilation gering sein[2]).

Das Leucinsalz

$$Cu(CO_2 \cdot CH[NH_2] \cdot CH_2 \cdot HC[CH]_2)_2,$$

das Glycinsalz

$$Cu(CO_2 \cdot CH_2 \cdot NH_2)_2,$$

und das Glutaminsäuresalz

$$Cu \overset{\diagup CO_2 \cdot CH(NH_2)}{\underset{\diagdown CO_2 \cdot CH_2}{\diagdown}} CH_2$$

zeigen in ihrer therapeutischen Wirkung in der Chemotherapie der Tuberkulose keinerlei oder höchst geringe Unterschiede von der des $CuSO_4$. Niedrigere Verdünnungen bewirken an der Bindehaut des Kaninchens Hyperämie und Tränenfluß, die höheren sind unwirksam. Bei subcutaner Anwendung, bei intracutanen Infektionen, bei chronischen Vergiftungen usw. sind die Wirkungen bei allen vier Salzen gleich[3]).

Aminosäuren (Glykokoll, Alanin, Asparagin- und Glutaminsäure) steigern die Harnsäureausscheidung schneller als die Eiweißstoffe, so daß der Höchstwert innerhalb der ersten 2 Stunden auftrat. Bei den Aminosäuren mit 2 COOH war die Steigerung größer als bei Glykokoll und Alanin. Die Wirkung der Aminosäuren ist eher als Ergebnis einer Anregung der Harnsäurebildung als einer schnelleren Ausscheidung von schon vorhandener Harnsäure aufzufassen. Die sekretorische Tätigkeit des Verdauungskanals wird durch Aminosäuren nicht angeregt, sie kann deshalb für die vermehrte Harnsäureausscheidung nicht verantwortlich gemacht werden. Die Wirkung besteht eher in einer allgemeinen Anregung des Gesamtstoffwechsels[4]).

Untersuchungen über die sekretinartige Wirkung der Aminosäuren hat Schweitzer publiziert[5]).

Langfristige Versuche an 2 Hunden, die nur tief bis vollständig abgebautes Eiweiß mit der Nahrung erhalten haben, haben gezeigt, daß die Zellen des tierischen Organismus mit einem vollwertigen Gemisch von Aminosäuren alle jene Funktionen erfüllen können, für die Eiweißstoffe und ihre Abkömmlinge in Frage kommen. Aus den Versuchen bezüglich der biologischen Wertigkeit der einzelnen Aminosäuren ist zu schließen, daß der tierische Organismus eine bestimmte Menge von homocyclischen Verbindungen braucht. Versuche zur Prüfung der Frage, ob sich unentbehrliche Aminosäuren durch Abbaustufen von solchen oder verwandte Verbindungen, ersetzen lassen, ließen keine Vertretung der fehlenden Aminosäuren durch die Ketosäuren erkennen. Eine Synthese von homocyclischen Aminosäuren durch die entsprechenden Ketosäuren konnte nicht festgestellt werden. — Ammoniumsalze und der Harnstoff haben keine direkte Verwendung im Zellstoffwechsel zur Bildung von Aminosäuren gefunden. — Für die Ratte wurde nachgewiesen, daß sie ihren Eiweißbedarf mit einem vollwertigen Gemisch von Aminosäuren zu decken vermag[6]).

Über die Veränderung von Aminosäuren im Organismus. Zusammenfassende Besprechung[7]).

[1]) Felix Ehrlich, Biochem. Zeitschr. **63**, 379—401 [1914]; Chem. Centralbl. **1914**, II, 340.

[2]) Leslie Herbert Lampitt, Biochem. Journ. **13**, 459—486 [1919]; Chem. Centralbl. **1920**, I, 685.

[3]) Harry L. Huber, Journ. of. pharmacol. a. exp. therapeut. **11**, 303—329 [1918]; Chem. Centralbl. **1919**, III, 201.

[4]) Howard B. Lewis, Max S. Dunn u. Edward A. Doisy, Journ. of Biolog. Chem. **36**, 9—26 [1918]; Chem. Centralbl. **1919**, I, 485.

[5]) Schweitzer, Biochem. Zeitschr. **107**, 256 [1920]; Chem. Centralbl. **1920**, III, 602.

[6]) Emil Abderhalden, Zeitschr. f. physiol. Chemie **96**, 1—147 [1915]; Chem. Centralbl. **1916**, I, 801—803.

[7]) Ugo Lombroso, Atti della R. Accad. dei Lincei, Roma [5] **24**, II, 401—408 [1915]; Chem. Centralbl. **1916**, I, 1260.

Während die für den physiologischen Abbau der Fettsäuren gefundenen Gesetze auch Geltung behalten, wenn man durch Substitution und Doppelbindungen Bedingungen schafft, von denen Modifikationen zu erwarten wären, zeigen Versuche, welche eine Abänderung des typischen Aminosäureabbaus durch weitere Substituenten im Molekül erproben sollten, ein anderes Resultat. Bei der Erklärung des Abbaus der Aminosäuren nach Neubauer ($\rightarrow \alpha$-Ketosäure $\rightarrow$ nächstniedrige Fettsäure) ist bei den einfachen Monoaminosäuren vom Typus des Leucins die Bildung einer Aminosäure aus der anderen nicht möglich. Mindestens Glykokoll muß sich aber im Tierkörper bilden können[1]).

Eiweißkörper, die keine oder nur unbedeutende Mengen Glykokoll (bzw. Alanin?) enthalten, geben nach Einführung in den Darmkanal von Kaninchen zu keiner Steigerung des Aminosäure-N im Blute Anlaß; solche mit hohem Glykokollgehalt bewirken entsprechend große Steigerung des Aminosäure-N im Blute, begleitet von Ausscheidung von Aminosäuren im Harn. Als Ursache für diese Verschiedenheit kann eine verschiedene Durchlässigkeit der Leberzellmembran für die verschiedenen Aminosäuren in Betracht kommen. Leucin dringt z. B. nicht oder nur äußerst langsam in die Leberzellen von Rana fusca[2]).

Beteiligung des Aminosäurestickstoffs am Aufbau des Reststickstoffes im nüchternen Blute, berechnet durch die Differenz zwischen dem um den Harnstoff-N verminderten Gesamtrest N und dem N ($+$). Große Mitte 8,0 mg pro 100 ccm Blut; Extreme 3,0 mg bzw. 15,0 mg[3]).

Aminosäuren bewirken ebenso wie Zucker eine Ersparnis an Fettsubstanzen, die jedoch geringer ist als die durch die gleichen Substanzen bedingte Ersparnis an N-haltigen Gewebssubstanzen[4]).

Der Umsatz der Aminosäuren und die physiologische Rolle ihrer Umsetzungsprodukte (Besprechung)[5]).

Beim Durchbluten von Hundemuskel unter Zusatz starker Dosen von Aminosäuren (etwa 1%) nehmen letztere beträchtlich ab. — Der größere Teil wird unverändert im Muskelgewebe abgelagert, der Rest wird teilweise abgebaut, teilweise wird er verbraucht zur Bildung von nicht mit Formol titrierbaren Verbindungen[6]).

Läßt man Aminosäuren gelöst in Ringerlösung im Muskelgewebe kreisen, so findet eine beträchtliche Abnahme der Aminosäuren (bis zu 12%) statt. — Unter Berücksichtigung der Aufnahme von Flüssigkeiten durch den Muskel erhöht sich der Wert auf etwa 50%. — Die Aminosäuren werden im Muskel so gut wie gar nicht zersetzt, Ammoniak entsteht nur in minimalen Mengen[7]). — Läßt man im isolierten Darme Aminosäuren mit Blut in hoher Konzentration kreisen, so beobachtet man eine Abnahme der Säuren von etwa 20%, wovon nur ein geringer Teil unzersetzt gespeichert wird. Bei Versuchen mit Ringerlösung ist die Abnahme geringer, wogegen die Speicherung höher ist[8]). — Läßt man Aminosäuren, in Blut gelöst, im arbeitenden Muskel kreisen, so beobachtet man eine bedeutend höhere Abnahme als bei den Versuchen mit ruhendem Muskel. Diese Abnahme läßt sich durch Speicherung erklären[9]). — Läßt man Blut in einem Darmsegment kreisen, so bemerkt man eine Steigerung der Aminosäuren. Künstlich zugeführte Aminosäuren erzeugen ebenfalls Zunahme, jedoch auch einen absoluten Verlust von etwa 30%[10]).

[1]) F. Knoop, Zeitschr. f. physiol. Chemie **89**, 151—156 [1914]; Chem. Centralbl. **1914**, I, 1005.

[2]) Ivar Bang, Biochem. Zeitschr. **74**, 278—293 [1916]; Chem. Centralbl. **1916**, II, 99.

[3]) Joh. Feigl, Archiv f. experim. Pathol. u. Pharmakol. **83**, 257—270 [1918]; Chem. Centralbl. **1918**, II, 1047.

[4]) Elsa Hirschberg u. H. Winterstein, Zeitschr. f. physiol. Chemie **108**, 21—23 [1919]; Chem. Centralbl. **1920**, I, 233.

[5]) A. Pütter, Naturwissenschaften **8**, 88—93 [1920]; Chem. Centralbl. **1920**, I, 684.

[6]) Ugo Lombroso, Atti della R. Accad. dei Lincei, Roma [5] **24**, I, 57—62 [1915]; Chem. Centralbl. **1915**, I, 1006.

[7]) Ugo Lombroso, Atti della R. Accad. dei Lincei, Roma [5] **24**, I, 148—153 [1915]; Chem. Centralbl. **1915**, I, 1133.

[8]) Ugo Lombroso, Atti della R. Accad. dei Lincei, Roma [5] **24**, I, 475 [1915]; Chem. Centralbl. **1915**, II, 85.

[9]) Ugo Lombroso u. Lodovico Paterno, Atti della R. Accad. dei Lincei, Roma [5] **24**, I, 870 [1914]; Chem. Centralbl. **1915**, II, 355.

[10]) Ugo Lombroso u. Camillo Artom, Atti della R. Accad. dei Lincei, Roma [5] **24**, I, 863—869 [1914]; Chem. Centralbl. **1915**, II, 355.

Aminosäuren, die mit Blut oder Ringerlösung kreisen, werden von der Niere gespeichert, wobei jedoch auch ein Abbau der Säuren nebenhergeht[1]).

Subcutane und noch stärker perorale Darreichung von Aminosäuren steigert die Menge von NH_3 im Harn; die Abspaltung aus Aminosäuren von NH_3, der Komponenten des zur Bildung von Harnstoff im Organismus nötigen $(NH_4)_2CO_3$, ist hierdurch nachgewiesen[2]).

Die intravenös injizierten Aminosäuren werden aus dem Blut durch die Gewebe unverändert absorbiert. Für die einzelnen Gewebe besteht ein annähernd fester Sättigungspunkt. Die Absorption durch die Gewebe geht sehr schnell vor sich, doch ist sie niemals vollständig. Die Aufnahme durch die Gewebe ist keine osmotische, obwohl die Aminosäuren des Blutes mit denen der Gewebe im Gleichgewicht zu stehen scheinen. Die Absorption ist entweder eine rein mechanische Adsorption oder es werden lockere molekulare Verbindungen zwischen den Aminosäuren und den Gewebsproteinen gebildet. Die absorbierten Aminosäuren werden in den Geweben umgewandelt, die zu ihrem schließlichen Verschwinden führt. Wahrscheinlich ist die Leber das spezifische Organ für den Abbau der Proteinverdauungsprodukte, die nicht für das Zelleiweiß verbraucht werden. Die anderen Organe verwenden die absorbierten Aminosäuren des Blutes zur Synthese ihrer speziellen Proteine. Beim Fasten verschwinden die freien Aminosäuren der Gewebe nicht, vielmehr zeigen sie eine Zunahme. Sie scheinen Zwischenprodukte des Abbaues der Körperproteine zu sein. Aus dem Mangel einer Steigerung des freien Amino-N-Gehaltes bei Verfütterung höherer Proteine läßt sich schließen, daß der im Organismus aufgespeicherte N nicht in der Form vom Verdauungsprodukt-N, sondern als Körpereiweiß-N vorhanden ist[3]).

Nach intravenöser Injektion von Glykokoll und Alanin war der Harnstoffgehalt des Blutes und der Muskeln von normalen Katzen ebenso hoch wie der Harnstoffgehalt von solchen Katzen, deren Leber und Nierengefäße man abgebunden hatte; die Leber kann demnach als Hauptsitz der Bildung von Harnstoff aus Aminosäuren nicht betrachtet werden[4]).

Die Wirkung von Aminosäuren auf Ureasen haben Jacoby und Umeda untersucht[5]).

Die Geschwindigkeit, mit welcher bei phlorrhizinisierten Hunden Proteine und Aminosäuren umgesetzt werden, ist annähernd die gleiche wie die, mit welcher Glucose resorbiert und ausgeschieden wird[6]).

Mäuse konnten 70—98 Tage am Leben erhalten werden, indem sie neben anderen eiweißfreien Nahrungen eine Kost mit 4—6% eines Gemisches verschiedener Aminosäuren erhielten. Nach anfänglicher Gewichtsabnahme trat Gewichtskonstanz ein. Gemische ohne Tyrosin oder ohne Tyrosin und Phenylalanin geben keine anderen Resultate. Beim Weglassen des Tryptophans lebten die Tiere nicht so lange. Einige der Aminosäuren scheinen eine spezifische Funktion im Stoffwechsel zu haben, abgesehen von ihrem Wert als Baumaterial des Körpereiweißes[7]).

Eine Ätheranästhesie von 15 Minuten Dauer setzt den Aminosäuregehalt des Blutes von Hunden kaum herab in folgenden Fällen: nach 1 Woche Fleischfütterung, nach 1 Woche eiweißarmen Futters, ebensowenig $\frac{1}{2}$ Stunde nach Fleisch- oder Zucker- und Fettfütterung. Höchste Abnahme von 4%. Dagegen bewirkt 4 Stunden nach Fleischaufnahme die Ätheranästhesie eine Aminosäureabnahme von 4,6—9,2%[8]).

Im Magen- und Dünndarminhalt von Pferden und Eseln bei ausschließlich pflanzlicher Nahrung fanden sich stets NH_3 in nicht zu vernachlässigender Menge und Aminosäuren in viel größerer; im Dünndarminhalt betrugen beide Anteile fast immer mehr vom Gesamt-N als im gelösten Teile des Mageninhaltes. Einem höheren Anteil an Aminosäuren im Dünndarm entspricht auch ein solcher im Magen[9]).

---

[1]) Camillo Artom, Atti della R. Accad. dei Lincei, Roma [5] 24, I, 468—475 [1915]; Chem. Centralbl. 1915, II, 85.

[2]) Domenico Lo Monaco, Arch. di Farmacol. sperim. 21, 121—128 [1916]; Chem. Centralbl. 1916, II, 22.

[3]) Donald D. van Slyke u. Gustave M. Meyer, Journ. of Biolog. Chem. 16, 197—233 [1913]; Chem. Centralbl. 1914, I, 685—686.

[4]) Cyrus H. Fiske u. James B. Sumner, Journ. of Biolog. Chem. 18, 285—295 [1914]; Chem. Centralbl. 1914, II, 651.

[5]) Martin Jacoby u. N. Umeda, Biochem. Zeitschr. 68, 23—47 [1914].

[6]) N. W. Janney, Journ. of Biolog. Chem. 22, 191 [1915]; Chem. Centralbl. 1915, II, 963.

[7]) H. H. Mitchell, Journ. of Biolog. Chem. 26, 231—261 [1916]; Chem. Centralbl. 1917, I, 663.

[8]) Ellison L. Ross, Journ. of Biolog. Chem. 27, 45—50 [1916]; Chem. Centralbl. 1917, I, 964.

[9]) Giuseppe Agnoletti, Arch. di Farmacol. sperim. 22, 261—273 [1916]; Chem. Centralbl. 1916, II, 1043.

Der Aminosäurestickstoff des Magenrückstandes beträgt durchschnittlich 32,6 mg (17,14—67,26 mg) in 100 ccm[1]).

Die Aminosäureausscheidung in Singapore wechselte im Verhältnis zum Gesamtstickstoff im Harn[2]).

Bei der Klärung der Frage, ob mit Formaldehyd kondensierte Aminosäuren vom tierischen Organismus so verarbeitet werden, daß sie die Beibehaltung des Stickstoffgleichgewichts gewährleisten, haben Versuche gezeigt, daß die Verbindungen im Verdauungstraktus leicht resorbiert werden, daß bei Hühnern der Harnsäurestickstoff, bei Hunden der Harnstoffammoniakstickstoff steigt und daß bei Hunden das Verhältnis Harnstoffammoniakstickstoff : Gesamtstickstoff in normalen Grenzen bleibt, während das Verhältnis Harnsäurestickstoff : Gesamtstickstoff bei Hühnern unter die Norm sinkt[3]).

Die Leber hat eine wichtige Rolle bei der Überführung von Aminosäuren in Harnstoff[4]).

Genau die gleichen histologischen Bilder in der Leberzelle wie nach Fütterung mit Eiweiß erhält man bei Salamandern und Kaninchen, wenn man ausgehungerte Tiere mit einem Gemisch von Aminosäuren füttert. Hierdurch ist auch mikroskopisch erwiesen, daß ein Gemisch von Aminosäuren zu Eiweiß synthetisiert und als solches in der Leber gespeichert wird[5]).

Hunden, denen man eine Ecksche Fistel angelegt, etwa 85% der Leber entfernt und die Arteria hepatica sowie die Arteriae mesentericae abgebunden hatte, injizierte man intramuskulär Erepton und bestimmte den Ammoniak- und Harnstoffgehalt des Harns vor und nach dieser Injektion. — Die gleichen Versuche wurden an Hunden angestellt, denen man sämtliche Eingeweide mit Ausnahme der Nieren und eines kleinen Leberrestes entfernt hatte. Die Versuche zeigen, daß das Muskelgewebe als solches, ohne Zusatz eines mit einer speziellen Funktion betrauten Organs, imstande ist, Aminosäuren (Erepton) abzubauen und in Ammoniak und Harnstoff zu verwandeln[6]).

Es kann angenommen werden, daß die mit Blut durchströmte isolierte Leber imstande ist, zugesetzte Aminosäuren (1,5—3 g Asparagin, Leucin, Alanin, Glykokoll) in Kohlenhydrate zu verwandeln. Denn wird eine glykogenarme isolierte Hundeleber mit verdünntem Blut von Aminosäuren durchspült, so nehmen etwas die Kohlenhydrate der Leber zu. In anderen Fällen nehmen die Kohlenhydrate im Blut zu, ohne daß das Leberglykogen sich vermindert. Bei Durchströmung der Leber mit in Ringerscher Lösung gelösten Aminosäuren kann eine Vermehrung der Kohlenhydrate nicht festgestellt werden; in diesem Falle kann eine allfällige Bildung von Kohlenhydraten, infolge des Vermögens der Leber, Zucker zu verbrennen, verdeckt werden[7]).

Mit Ringerlösung kreisende Aminosäuren erfahren in der Leber eine merkbare Abnahme, am meisten Asparagin, am wenigsten Leucin. In allen Fällen steigt der NH_3-Gehalt sowohl in der Lösung wie im Gewebe. Aus der isolierten Hundeleber geht in aminosäurefreie Ringerlösung beim Kaninchen eine gewisse Menge Aminosäure über[8]).

Versuche mit Seidenraupen, die mit mit 2,5 proz. Glykokollösung besprizten Blättern ernährt wurden, zeigten, daß das Glykokoll von den Raupen resorbiert und assimiliert wurde. Die Zusammensetzung der Trockensubstanz der Raupen erwies sich am N-reichsten, im Gegensatz zu Raupen, die mit anderen Nährmitteln ernährt wurden. Ebenso N-reich war die Seide; auch der Fibroingehalt war groß, sowie das Gewicht und Länge der haspelbaren Seide. — Raupen, mit konz. Glykokollösung behandelt, zeigten toxische Wirkungen, welche auf Abbauprodukte

---

[1]) Ruth Cessna u. Chester C. Fowler Journ. of Biolog. Chem. **39**, 25 [1919]; Chem. Centralbl. **1920**, III, 677.

[2]) James Argyll Campbell, Biochem. Journ. **14**, 603—614 [1920]; Chem. Centralbl. **1921**, I, 44.

[3]) Azzo Azzi, Atti della R. Accad. dei Lincei, Roma [5] **24**, I, 1125—1129 [1915]; Chem. Centralbl. **1916**, I, 1261.

[4]) B. C. P. Jansen, Journ. of Biolog. Chem. **21**, 557—561 [1915]; Chem. Centralbl. **1915**, II, 846.

[5]) W. Berg u. C. Cahn-Bronner, Biochem. Zeitschr. **61**, 434—435 [1914]; Chem. Centralbl. **1914**, I, 2061.

[6]) S. A. Matthews u. C. Ferdinand Nelson, Journ. of Biolog. Chem. **19**, 229 [1914]; Chem. Centralbl. **1915**, I, 904.

[7]) Ugo Lombroso u. Camillo Artom, Arch. di Farmacol. sperim. **20**, 211—224 [1915]; Chem. Centralbl. **1916**, I, 167.

[8]) Ugo Lombroso u. Corrado Luchetti, Atti della R. Accad. dei Lincei, Roma [5] **24**, I, 1253—1258 [1915]; Chem. Centralbl. **1916**, I, 1260.

des Glykokolls speziell NH_3, zurückgeführt werden. Die Hypothese, daß die Bildung der Seide aus den Aminosäuren in erster Linie eine Schutzmaßnahme der Raupe darstellt, um die freien Aminosäuren aus dem Organismus zu entfernen, ist gerechtfertigt[1]).

Die Konzentration von Aminosäuren und NH_3 ist bei jungen, wachsenden Ratten erheblich höher als bei ausgewachsenen. Bei diesen letzteren findet man nach Eiweißfütterung nur eine unbeträchtliche Wirkung auf die Konzentration der Aminosäuren in den Geweben, während der Harnstoffgehalt merklich erhöht ist. Im Gegensatz dazu läßt sich bei jungen Tieren eine beträchtliche Vermehrung des Gehaltes der Gewebe an Aminosäuren und Harnstoff nach Eiweißfütterung feststellen[2]).

Bei Hunden mit temporärer Fistel zeigte sich, daß die HCl-Salze der Aminosäuren in 1- bis 0,1 molarer Lösung ins Duodenum eingespritzt, die Pankreasabsonderung anregen. Die Absonderung wird durch subcutane Adrenalin-, aber nicht durch Atropininjektion gehemmt[3]).

Physikalische und chemische Eigenschaften: Die Mehrzahl der Aminosäuren aus Kuhmilch- und Schafmilchcasein zeigt gleiches optisches Verhalten, nur beim Tyrosin (Kuhmilchc. inaktiv, Schafmilchc. l) und Lysin (Kuhmilchc. inaktiv, Schafmilchc. d.) finden sich Unterschiede[4]).

Teils in saurer und alkalischer Lösung, teils als solche wurden Aminosäuren untersucht auf ihr spektroskopisches Verhalten. Nur eine allgemeine Absorption im äußersten Ultraviolett wurde beobachtet[5]).

Verhalten von Aminosäuren gegen Eiweißlösungen, Blutserum und bei der Koagulation von Solen[6]). — Ultrafiltrationsversuche mit Mischungen von Aminosäuren mit Polypeptiden und Hefemacerationssäften[7]).

Tierkohle adsorbiert aus wässerigen Lösungen Aminosäuren in hohem Grade, nur Glykokoll wird nicht aufgenommen. In Gemischen verschiedener Aminosäuren findet eine Adsorptionsverdrängung statt, deren Einzelheiten zu der Anschauung führen, daß die Adsorption der Aminosäuren kein rein physikalischer Vorgang ist, vielmehr chemische Prozesse mitspielen. Die Adsorptionsisotherme

$$\frac{X}{(a - x)^n} = k$$

gilt dabei höchstens innerhalb engerer Konzentrationsgebiete, im Gebiete niederer Konzentration herrscht der Henrysche Verteilungssatz:

$$\frac{X}{a - x} = k[8]).$$

Die Adsorption der Aminosäuren durch Tierkohle, welche in größeren Mengen als gewöhnlich angewendet wird, folgt dem Massenwirkungsgesetz. Das Verhalten der Mischungen ist nur zu deuten durch eine chemische Auffassung der Adsorption durch Kohle[9]).

Wenn man eine wässerige Lösung einer Mischung der Aminosäuren mit Natronlauge in der Weise neutralisiert, wie sie von Sörensen[10]) für die Formoltitrierung angegeben ist, so sind die Monoaminomonocarbonsäuren wie auch Prolin und Oxyprolin in freiem Zustande vorhanden, während die Monoaminodicarbonsäuren ein Äquivalent Base binden. Nach dem Eindampfen einer solchen Lösung und nach dem Veraschen des Trockenrückstandes bleibt Natrium-

---

[1]) Luciano Pigorini, Arch. di Farmacol. sperim. **20**, 225—240 [1915]; Chem. Centralbl. **1916**, I, 168.

[2]) H. H. Mitchell, Journ. of Biolog. Chem. **36**, 501—510 [1918]; Chem. Centralbl. **1919**, I, 762.

[3]) M. Arai, Biochem. Zeitschr. **121**, 175—179 [1921]; Chem. Centralbl. **1921**, III, 1210.

[4]) Harold Ward Dudley u. Herbert Ernest Woodman, Biochem. Journ. **9**, 97—102 [1915]; Chem. Centralbl. **1916**, I, 1254.

[5]) Ph. A. Kober u. W. Eberlein, Journ. of Biolog. Chem. **22**, 433—441 [1915]; Chem. Centralblatt **1916**, I, 15.

[6]) Emil Abderhalden u. Andor Fodor, Fermentforschung **2**, 211 [1918]; Chem. Centralbl. **1919**, I, 95.

[7]) Emil Abderhalden u. Andor Fodor, Fermentforschung **2**, 225 [1918]; Chem. Centralbl. **1919**, I, 96.

[8]) Emil Abderhalden u. Andor Fodor, Fermentforschung **2**, 151—166 [1917]; Chem. Centralbl. **1918**, II, 739.

[9]) Emil Abderhalden u. Andor Fodor, Kolloid-Zeitschr. **27**, 49 [1921]; Chem. Centralbl. **1921**, III, 8.

[10]) Sörensen, Compt. rend. d. Lab. Carlsberg **7**, 1 [1910]; Chem. Centralbl. **1910**, I, 1994. — A. C. Andersen, Kongr. Vet. og Landbohöjskole Aarskrift **1917**, 308; Chem. Centralbl. **1920**, IV, 113.

carbonat zurück, dessen Menge mit der vorhanden gewesenen Menge von Monoaminocarbonsäuren äquivalent ist.

Entgegen den Angaben Gaults[1]), daß Aminosäuren mit primärer Aminogruppe sich nicht zum Aminoalkohol reduzieren lassen, stellt P. Karrer[2]) fest, daß die natürlichen Aminocarbonsäuren bzw. acetylierten Aminocarbonsäureester leicht und in befriedigender Ausbeute zu den entsprechenden Aminoalkoholen reduziert werden.

$$(CH_3)_2CH \cdot CH_2 \cdot CH\!-\!CO \cdot O \cdot C_2H_5 \qquad\qquad (CH_3)_2CH \cdot CH_2 \cdot CH \cdot CH_2OH$$
$$\underset{\textstyle NH \cdot CO \cdot CH_3}{|} \qquad\longrightarrow\qquad \underset{\textstyle NH_2}{|}$$

Durch Methylieren lassen sich die dargestellten Aminoalkohole in die zugehörigen Choline verwandeln.

Die Veresterung der Aminosäuren in quantitativer Hinsicht haben Shoule und Mitchell[3]) verfolgt.

Ihre Salze fixieren bei gewöhnlicher Temperatur 1 Mol. NH_3 weniger als die entsprechenden stickstofffreien Säuren. Bei niedrigerer Temperatur werden jedoch 2 Mol. NH_3 für jedes Silberatom aufgenommen[4]).

Die Wirkung von Diazomethan ist je nach der Aminosäure verschieden. — Nahezu nicht substituierbar sind Glykokoll und Alanin. — Bei anderen Aminosäuren sind die Substitutionen in der Carboxylgruppe und am Stickstoff auseinanderzuhalten. Die Carboxylgruppen reagieren meist vollständig unter Bildung der Methylester, während die Substitution am Stickstoff nur sehr träge vor sich geht[5]).

Die Mehrzahl der einbasischen Monoaminosäuren und der Polypeptide gibt mit dem Naphthalinsulforest wenig lösliche Verbindungen, Diaminocarbonsäuren geben wenig lösliche Niederschläge, basische Monoaminosäurederivate reagieren mit ihm, sofern die primäre Aminogruppe frei ist. Nur freie zweibasische Monoaminosäuren geben keine wenig löslichen Derivate, während ihre Halbamide wenig lösliche Verbindungen geben. Die Reaktion gibt eine Beurteilung des Reifezustandes des Fleisches und eignet sich zur Unterscheidung von frisch hergestellter Fleischbouillon und einer Lösung von Fleischextrakt[6]).

Durch ihre Einwirkung auf die reduzierenden Zucker entstehen synthetische Huminsubstanzen[7])[8]). Den Einfluß der Aminosäuren im Zuckerrohrsaft auf den Fabrikbetrieb studierte Waterman und van Ligten[9]).

Es wurde gefunden[10]), daß bei der Einwirkung von Zuckerarten auf Aminosäuren die Reaktion in 3 Phasen verläuft: 1. Kondensation des Zuckers mit der Aminosäure, wobei die NH_2-Gruppe erhalten bleibt. Diese komplexen Aminosäuren sind stärkere Säuren als die ursprünglich angewandten Aminosäuren; 2. Verlust der Aminofunktion des Stickstoffs durch Substitution oder Kondensation. 3. Abspaltung von Kohlensäure. Das erhaltene Reaktionsprodukt ist höchst wahrscheinlich ein Gemisch der Produkte dieser drei Umsetzungsstaffeln. Bei Leucin und Asparaginsäure bleibt die Umsetzung mit den Monosen nach Ablauf der 1. Phase stehen, die entstandenen komplexen Aminosäuren sind ebenso schwache Säuren wie Leucin, bzw. Asparaginsäure. Die Fähigkeit der Aminosäuren, Melanoidine zu bilden, nimmt in folgender Reihe ab: Glutaminsäure $>$ Glykokoll $>$ Alanin $>$ Asparaginsäure $>$ Leucin.

---

[1]) Gault, Bull. de la soc. chim. de France [4] 3, 366 [1908]; Chem. Centralbl. 1908, I, 1676.

[2]) P. Karrer, Helv. chim. acta 4, 76 [1921]; Chem. Centralbl. 1921, III, 827.

[3]) H. A. Shoule u. H. H. Mitchell, Journ. of Amer. Chem. Soc. 42, 1265 [1919]; Chem. Centralbl. 1920, III, 710.

[4]) G. Bruni u. G. Levi, Gazz. chim. ital. 46, II, 17 [1916]; Chem. Centralbl. 1916, II, 639; Gazz. chim. ital. 34, II, 519 [1904]; Chem. Centralbl. 1905, I, 514; Gazz. chim. ital. 46, II, 235—246 [1916]; Chem. Centralbl. 1917, I, 7.

[5]) J. Herzig u. Karl Landsteiner, Biochem. Zeitschr. 105, 111 [1920]; Chem. Centralbl. 1920, III, 189.

[6]) Peter Bergell, Zeitschr. f. physiol. Chemie 89, 465—474 [1914]; Chem. Centralbl. 1914, I, 1672.

[7]) L. C. Maillard, Ann. de Chim. et de Pharm. 5, 258—317 [1912]; Chem. Centralbl. 1912, I, 717; Chem. Centralbl. 1913, I, 648; Chem. Centralbl. 1913, II, 31; Chem. Centralbl. 1916, II, 1000.

[8]) G. Chardet, Rev. gén. de Chim. pure et appl. 17, 214—218 [1912]; Chem. Centralbl. 1914, II, 1001.

[9]) H. J. Waterman u. J. W. C. van Ligten, Chem. Weekblad 17, 559—562 [1920]; Chem. Centralbl. 1921, II, 183.

[10]) L. Grünhut u. J. Weber, Biochem. Zeitschr. 121, 109—119 [1921]; Chem. Centralbl. 1921, III, 1321.

Bei Körpertemperatur bewirken Hypochlorite schnelle Zersetzung des Eiweißes unter Freiwerden von N_2 und Aufspaltung der Aminosäuren in Aldehyde oder Ketone. Auf die einfachen Aminosäuren wirken Hypochlorite weit schneller als auf Serum, sehr schwer hingegen auf Aminosäuren mit einer sauren Gruppe am N, wie Hippursäure[1]).

Derivate: Verfahren zur Darstellung komplexer Silberverbindungen von α-Aminosäuren[2]).

Das Gemisch von α-Aminosäuren, welches man durch Hydrolyse von Seide mit Schwefelsäure enthält, wird mit Glykokollsilber fein verrieben. Das Silber in komplexer Bindung enthaltende, auch in kaltem Wasser sehr leicht lösliche Produkt ist sehr lichtempfindlich. Die wässerige Lösung reagiert auf Lackmus alkalisch und gibt mit Natriumcarbonat und Natronlauge keinen Niederschlag[3]).

---

[1]) Thomas Hugh Milroy, Biochem. Journ. **10**, 453—465 [1916]; Chem. Centralbl. **1917**, I, 105.

[2]) F. Hoffmann-La Roche & Co., Basel, Österr. Pat. 85 299 v. 1. Okt. 1919, ausg. 25. Aug. 1921; Chem. Centralbl. **1921**, IV, 1101. — F. Hoffmann-La Roche & Co. D.R.P. 339 036; Chem. Centralbl. **1921**, IV, 654.

[3]) F. Hoffmann-La Roche & Co., A.-G., Schweiz. Pat. 87 902; Zusatz zum Schweiz. Pat. 84 832; Chem. Centralbl. **1921**, IV, 260.

I. Aliphatische Aminosäuren.

A. Monoamino-monocarbonsäuren.

Von

Géza Zemplén-Budapest.

Glykokoll (Bd. IV, S. 391; Bd. IX, S. 71).

Vorkommen: In der Hefe[1]. In der Milch 0,065%[2]. Konnte im normalen Rinder- und Pferdeblut nachgewiesen werden[3]. Im Laufe der Isolierung des Dibromtyrosins aus Primnoastengeln wurde bei der Fraktionierung in analysenreinem Zustande auch Glykokoll isoliert[4]. Im Ochsengehirn 0,0%[5].

Bildung: Bei der Autolyse der Hefe[6]. Bei der Aufspaltung des Hefeeiweißes werden vom Gesamt-N 0,5% Glykokoll erhalten[7]. Als Spaltungsprodukt der proteolytischen Spaltung der Milchdrüsen wurde Glykokoll nachgewiesen[8]. Das in Alkohol lösliche Protein von Andropogon Sorghum, das Kafirin enthält Glycin 0,0%[9]. Arachin, von Arachis hypogaea, enthält 0,0% Glycin[10]. Bei Hydrolyse des aus den Samen des griechischen Heues gewonnenen Nucleoproteids entsteht kein Glykokoll[11]. Bei der Hydrolyse des Stizolobins, des Globulins der chinesischen Samtbohne, 1,66%[12]. Bei der Hydrolyse der Gelatine wurde 25,5% Glykokoll gefunden[13]. Bei der Hydrolyse des Caseins (Caseinogens) 0,45%[14]. In der Eischale des Seidenspinners 13,72%[15]. N von Neurokeratin enthält 25,21% N aus Glutaminsäure, Asparaginsäure, Tyrosin, Leucin, Isoleucin, Alanin oder Glykokoll[16].

---

[1]) Jacob Meisenheimer, Zeitschr. f. physiol. Chemie **104**, 229—284 [1919]; Chem. Centralbl. **1919**, III, 273.

[2]) J. E. Pichon-Vendeuil, Bull. des Sc. pharm. **28**,-360—367 (1921]; Chem. Centralbl. **1922**, I, 55.

[3]) Emil Abderhalden, Zeitschr. f. physiol. Chemie **88**, 478—483 [1913]; Chem. Centralbl. **1914**, I, 1021.

[4]) Carl Th. Mörner, Zeitschr. f. physiol. Chemie **88**, 138—154 [1913]; Chem. Centralbl. **1914**, I, 478.

[5]) Tomihide Shimizu, Biochem. Zeitschr. **117**, 252 [1921]; Chem. Centralbl. **1921**, III, 192.

[6]) Jakob Meisenheimer, Wochenschr. f. Brauerei **32**, 325 [1915]; Chem. Centralbl. **1915**, II, 1259.

[7]) Jacob Meisenheimer, Zeitschr. f. physiol. Chemie **114**, 205—249 [1921]; Chem. Centralbl. **1921**, III, 1289.

[8]) W. Grimmer, Biochem. Zeitschr. **53**, 429—473 [1913]; Chem. Centralbl. **1913**, II, 887.

[9]) D. Breese Jones u. Carl O. Johns, Journ. of Biolog. Chem. **36**, 323—334 [1918]; Chem. Centralbl. **1919**, I, 743.

[10]) Carl O. Johns u. D. Breese Jones, Journ. of Biolog. Chem. **36**, 491—500 [1918]; Chem. Centralbl. **1919**, I, 743, 491—500.

[11]) K. E. Wunschendorff, Journ. de Pharm. et de Chim. [7] **20**, 86—88 [1919]; Chem. Centralbl. **1919**, III, 1065.

[12])· D. Breese Jones u. Carl O. Johns, Journ. of Biolog. Chem. **40**, 435 [1919]; Chem. Centralbl. **1920**, III, 716.

[13]) H. D. Dakin, Journ. of Biolog. Chem. **44**, 499—529 [1920]; Chem. Centralbl. **1921**, I, 455.

[14]) Frederick William Foreman, Biochem. Journ. **13**, 378 [1919]; Chem. Centralbl. **1920**, I, 683.

[15]) Masaji Tomita, Biochem. Zeitschr. **116**, 40 [1921]; Chem. Centralbl. **1921**, III, 359.

[16]) Burt E. Nelson, Journ. of Amer. Chem. Soc. **38**, 2558—2561 [1916]; Chem. Centralbl. **1917**, I, 658.

Der aus mumifizierten Chrysaliden isolierte Pilz — Isaria densa — erzeugt in Kulturen in Gelatine enthaltenden Nährböden Glykokoll 33%. — Die gleiche Ausbeute an Glykokoll durch Abbau von Isaria densa bei Fibrin, Eieralbumin, Serumalbumin und Casein. — Eine aus der Gurgel eines Anginakranken isolierte pathogene Hefe lieferte ähnliche Ergebnisse[1].

Bei der Bildung von Glykokoll aus CO_2, H_2O und NH_3 unter dem Einfluß der stillen Entladung[2] entsteht aus dem zuerst gebildeten Formamid $HCONH_2$ mit H_2O das oxaminsaure Ammonium $NH_2OC \cdot COONH_2$, das seinerseits direkt zum Ammoniumsalz des Glykokolls reduziert wird. Diese letztere Reduktion läßt sich experimentell

$$\begin{array}{c} CHO \\ | \\ COOH \end{array} + NH_3 = \begin{array}{c} CH(OH)NH_2 \\ | \\ COOH \end{array}$$

elektrolytisch durchführen, und zwar in schwefelsaurer Lösung und bei hoher Überspannung an den Kathoden. Auch Oxalsäure wird in schwefelsaurer Lösung bei Gegenwart von $(NH_4)_2SO_4$ zu Glykokoll reduziert; Hauptprodukt bei dieser Reaktion ist Glyoxylsäure. Die primär gebildete Glyoxylsäure bildet mit NH_3 Oxyaminoessigsäure, die ihrerseits zu Glykokoll reduziert wird[3].

Äthyl-4-benzylhydantoin-1-acetat gibt mit Salzsäure unter Druck Glykokoll (neben Phenylalanin[4]).

Die Bildung von Glykokoll aus Malonsäure ist folgende:

$$CH_2\!\!\begin{array}{c} \diagup COOH \\ \diagdown COOC_2H_5 \end{array} \longrightarrow CH_2\!\!\begin{array}{c} \diagup COOH \\ \diagdown CO \cdot NH \cdot NH_2 \end{array} \longrightarrow CH_2\!\!\begin{array}{c} \diagup COOH \\ \diagdown CO \cdot N_3 \end{array} \xrightarrow{-N_1}$$

Ester Kaliumsalz   Kaliumsalz der Malon-hydrazidsäure   Malonazidsäure

$$\xrightarrow{-N_2} CH_2\!\!\begin{array}{c} \diagup COOH \\ \diagdown N \cdot CO \end{array} \xrightarrow{H_2O} CH_2\!\!\begin{array}{c} \diagup COOH \\ \diagdown NH_2 \end{array}$$

hyp. Isocyanat   Glykokoll

Je 5 g Hydrazidkaliumsalz werden mit der berechneten Menge (2 g) Natriumnitrit in 25 ccm Wasser gelöst und unter Eiskühlung 12 ccm verdünnte ($18^1/_2$ proz.) Salzsäure zufließen gelassen. Es tritt Geruch nach N_3H und etwas Gasentwicklung (Stickstoff und Kohlendioxyd) auf. Die aus 4 Versuchen so erhaltenen Lösungen wurden vereinigt, 2 Stunden stehen gelassen und dann auf dem Wasserbade zur Trockne eingedampft. Der krystalline Rückstand wird mit 100 ccm alkoholischer Salzsäure ausgezogen und nochmals, fein gepulvert, $^1/_2$ Stunde mit 100 ccm heißer alkoholischer Salzsäure digeriert. Der abfiltrierte Rückstand besteht aus reinem Chlorkalium und Kochsalz. Die vereinigten heißen alkoholischen Auszüge erstarren beim Abkühlen zu einem Krystallbrei von salzsaurem Glycinester.

Das Estersalz wird abgesaugt, mit Äther ausgewaschen und getrocknet. Schmelzp. 144°. Ausbeute 40,44%[5].

Darstellung: 700—800 ccm wässeriges Ammoniak werden mit gasförmigem NH_3 bei 0° gesättigt und allmählich mit einer Lösung von 100 g Monochloressigsäure in möglichst wenig Wasser versetzt. Das Reaktionsgemisch wird hierbei durch Einleiten von NH_3 bei 0° gesättigt erhalten. Die Reaktion ist nach 5 Tagen beendet. Die Reinigung des Glykokolls ist mit Kupferhydroxyd vorzunehmen. Ausbeute 55% der angewendeten Monochloressigsäure[6].

Nach D.R.P. 294 825 kann aus Monochloressigsäure NH_3 und der äquivalenten Menge NaOH, das in der Lösung sich befindliche Glykokoll nach Abscheiden des Chlornatriums, nach dem Einengen, aus der gekühlten Mutterlauge auskrystallisiert werden[7].

---

[1] Marin Molliard, Compt. rend. de l'Acad. des Sc. **167**, 786—788 [1918]; Chem. Centralbl. **1919**, III, 389.

[2] Walther Löb, Berichte d. Deutsch. Chem. Gesellschaft **46**, 684 [1913].

[3] Walther Löb, Biochem. Zeitschr. **60**, 159—170 [1914]; Chem. Centralbl. **1914**, I. 1336.

[4] Treat B. Johnson u. Joseph S. Bates, Journ. of Amer. Chem. Soc. **38**, 1087—1098 [1916]; Chem. Centralbl. **1916**, II, 816.

[5] Th. Curtius u. W. Sieber, Berichte d. Deutsch. Chem. Gesellschaft **54**, 1435 [1921]; Chem. Centralbl. **1921**, III, 464.

[6] W. A. Drushel u. D. R. Knapp, Amer. Journ. Sc., Silliman [4] **40**, 509—510 [1915]; Chem. Centralbl. **1916**, I, 144.

[7] Gustav Weinberg, D.R.P. 294 825 v. 9. Nov. [1916].; Chem. Centralbl. **1916**, II, 1095.

Aus dem Äthylesterchlorhydrat läßt sich bequem freies Glykokoll mit Hilfe von Thalliumhydroxyd abscheiden[1]).

Nachweis und Bestimmung: Behandelt man einige Milligramm Glykokoll auf Holzschliffpapier mit 1 Tropfen Formalin, so tritt sehr bald eine Grüngelbfärbung auf. — 5 proz. Salzsäure macht die Färbung lebhafter, Alkalien zerstören rasch. Mit reinem Wasser befeuchtet gibt Glykokoll zunächst keine, wenn der Fleck trocken geworden ist, eine schwache Gelbfärbung[2]).

Physiologische Eigenschaften: Glykokoll wird von Mikrococcus spumaeformis wenig assimiliert[3]). Ist weniger geeignete N-Quelle für Bacillus prodigiosus bei der Bildung und Vergärung der Ameisensäure als Alanin und besonders Asparagin[4]). Bacillus probatus A. M. et Viehoever kann in glykokollhaltiger mineralischer Nährlösung nicht wachsen[5]).

Der phenolbildende Bacillus phenologenes entwickelt sich anscheinend nicht auf Nährböden für die Isolierung acidaminolytischer Mikroben mit Glykokoll usw.[6]).

Zusatz von Glykokoll zum Uschunskischen Nährboden zeigte keine Steigerung der Bildung im Harnstoff spaltenden Ferment durch Bakterien; bei Zusatz zur Nährbouillon aus Bouillonwürfeln zeigt sich aber eine sichere Verstärkung dieser Bildung[7]).

Glykokoll hat auf das Spaltungsvermögen des Bacterium coli und Bac. proteus keine Einwirkung[8]). Ist eine C-Nahrung für Spirogyra und für Schimmelpilze; für Spirogyra nitida und für Hefe ist sie eine N-Nahrung[9]).

Die Hefe kann während der Gärung auf Kosten des Glykokolls keine Eiweißstoffe bilden[10]). Wurde als Stickstoffnahrung der Preßhefe geprüft[11]). Hat sich als N-Quelle für Hefe weniger bewährt[12]).

Aspergillus niger, Penicillium glaucum, Mucor Boidin, Botrytis Bassiana, Isaria farinosa, Cladosporium herbarum, Aspergillus glaucus, Penicillium brevicaule, Saccharomyces validus, Pichia membrana faciens, Saccharomyces anomalus, Sacch. ellipsoideus, Monilia candida, Oidium lactis, Phytophthora infestans und (Fusarium G.) konnten Glykokoll als alleinige Stickstoffquelle ausnutzen[13]).

Glykokoll ist als Nährstoff bei der Reinkultur von Polytoma uvella verwendet worden[14]). Besitzt gegen die Fäulniswirkung große Widerstandsfähigkeit[15]).

Fütterungsversuche mit Acetylglykokoll und Glykokollesterchlorhydrat am Phlorrhizinhund hat Folger[16]) ausgeführt. — Die Wirkung der beiden Substanzen ist im großen und ganzen nicht anders als die des Glykokolls. Sie ergeben eigentlich nur eine Zuckerbildung entsprechend $1^1/_2$ Kohlenstoffatomen. — Dem Anschein nach wird beim Glykokollesterchlorhydrat eine reichlichere Ausbeute an Extrazucker erzielt[16]).

Über die Geschwindigkeit der Umsetzung siehe Csonka[17]).

Das Stickstoffgleichgewicht bei Verfütterung von glykokollfreiem Casein an Hunden zeigt, daß Glykokoll im tierischen Organismus als ersetzbar zu betrachten ist. — Bei Prüfung

---

[1]) Karl Freudenberg u. Gertrud Uthemann, Berichte d. Deutsch. Chem. Gesellschaft **52**, 1509 [1919]; Chem. Centralbl. **1919**, III, 866.

[2]) Hugo Krause, Berichte d. Deutsch. Chem. Gesellschaft **51**, 1556 [1918]; Chem. Centralbl. **1919**, I, 17.

[3]) Henri Coupin, Compt. rend. de l'Acad. des Sc. **160**, 151—152 [1915].

[4]) Hartwig Franzen u. F. Egger, Zeitschr. f. physiol. Chemie **90**, 311—654 [1914]; Chem. Centralbl. **1914**, I, 2010.

[5]) Arno Viehoever, Berichte d. Deutsch. botan. Gesellschaft **31**, 285—289 [1913]; Chem. Centralbl. **1913**, II, 1694.

[6]) Albert Berthelot, Annales de l'Inst. Pasteur **32**, 17—36 [1918]; Chem. Centralbl. **1918**, II, 130.

[7]) Martin Jacoby, Biochem. Zeitschr. **81**, 332—341 [1917]; Chem. Centralbl. **1917**, II, 175.

[8]) Martin Jacoby, Biochem. Zeitschr. **86**, 329—336 [1918]; Chem. Centralbl. **1918**, II, 46.

[9]) Th. Bokorny, Allgem. Brauer- u. Hopfenztg. **59**, 1323—1325 [1919]; Chem. Centralbl. **1920**, I, 341.

[10]) W. Zaleski u. W. Israilsky, Berichte d. Deutsch. botan. Gesellschaft **32**, 472—479 [1914]; Chem. Centralbl. **1915**, I, 61.

[11]) H. J. Waterman, Folia micr. **2**. Heft 2, 7 Seiten [1913]; Chem. Centralbl. **1914**, I, 484.

[12]) Th. Bokorny, Chem.-Ztg. **40**, 366—368 [1916]; Chem. Centralbl. **1916**, II, 273.

[13]) Alexander Kossowicz, Biochem. Zeitschr. **67**, 391—399 [1914].

[14]) Ernst G. Pringsheim, Berichte d. Deutsch. botan. Gesellschaft **38**, Schlußheft 8—9 [1921]; Chem. Centralbl. **1921**, III, 959.

[15]) D. Ackermann, Zeitschr. f. Biol. **64**, 44—50 [1914]; Chem. Centralbl. **1914**, II, 58.

[16]) F. Folger, Beitr. d. Physiol. **1**, 187—225 [1915]; Chem. Centralbl. **1915**, II, 234.

[17]) Frank A. Csonka, Journ. of Biolog. Chem. **20**, 539 [1915]; Chem. Centralbl. **1915**, II, 666.

des Einflusses einzelner Aminosäuren auf den Stickstoffwechsel wurde ermittelt, daß Glykokoll bei Zusatz zu stickstoffhaltiger und stickstofffreier Nahrung die Stickstoffausscheidung herabmindert[1]).

Bei oraler Einführung von Glykokoll an Kaninchen wurde eine Steigerung des Aminosäure-N-Gehalts des Blutes schon nach 1 g beobachtet, zugleich Ausscheidung von Aminosäuren im Harn, unabhängig von jener Steigerung. Nach 2—3 g trat durchschnittlich proportional stärkere Steigerung im Blute ein; damit ist die Grenze erreicht, bei stärkerer Zufuhr geht der Überschuß so schnell, wie er eingeführt wird, entweder durch Fixierung in den Geweben oder verwandelt sich in Harnstoff. — Von den Eiweißkörpern geben nach Einführung in den Darmkanal diejenigen, die keine oder nur unbedeutende Mengen Glykokoll enthalten, zu einer Steigerung des Aminosäure-N im Blute keinen Anlaß, solche dagegen mit hohem Glykokollgehalt bewirken entsprechend große Steigerung des Aminosäure-N im Blute, begleitet von Ausscheidung von Aminosäuren im Harn. Als Ursache für diese Verschiedenheit kann eine verschiedene Durchlässigkeit der Leberzellmembran für die verschiedenen Aminosäuren in Betracht kommen[2]).

Glycin mit Paraformaldehyd zusammen in der Nahrung gegeben, steigerte um etwa 60%, bei Versuchen mit Enten, die Kreatinausscheidung im Harn[3]).

Von 10 g Glykokoll pro Tag scheidet der Mensch etwa 6—8% aus; das Schwein kann $^1/_2$ g pro kg und Tag erhalten. — Das Pferd scheidet schon von 0,1 g Glykokoll pro kg Körpergewicht 37% durch den Harn aus[4]). — Nach Verfütterung von Glykokoll wurden nur geringe Zunahmen im Katalasegehalt des Blutes festgestellt[5]).

Die erträgliche Menge für ruhende Hunde liegt nahe bei 0,2 g pro kg Körpergewicht stündlich; wird leicht in Harnstoff verwandelt und wesentlich langsamer als Zucker unverändert ausgeschieden[6]).

Beim vorher hungernden Menschen verursacht Glykokoll vermehrte Ausscheidung von Harnsäure, so daß der Höchstwert innerhalb der ersten 2 Stunden auftrat. Bei den Aminosäuren mit 2 COOH war die Steigerung größer als bei Glykokoll[7]).

Beim Menschen wird ein Teil der zugeführten p-Oxybenzoesäure an Glykokoll gebunden. — Von p-Oxyphenylessigsäure erscheint beim Affen 11,27% im Harn in Paarung mit Glykokoll[8]). Phenylessigsäure wird von Affen mit Glykokoll gepaart ausgeschieden[9]).

Verstärkt das Flockungsvermögen des menschlichen Blutplasmas[10]).

Verstärkt die Wirkung der Sojaurease erheblich[11]). Tyrosinase bewirkt Ammoniakbildung und in Gegenwart von p-Kresol auch Benzaldehydbildung[12]).

Zuckerbildung im phlorrhizindiabetischen Organismus. Die von Cremer aufgestellte Gleichung für den Abbau des Glykokolls

$$4 CH_2NH_2 \cdot COOH = C_6H_{12}O_6 + 2 CO(NH_2)_2$$

entspricht einer Umwandlung von $1^1/_2$ C-Atomen auf 1 N-Atom. Bei dem besten der Versuche Bergers wurde diese Ausscheidung beim phlorrhizindiabetischen Hund erreicht. Die Versuche Papes ergaben eine Bestätigung, wenn auch die beobachteten Werte hinter den theoretischen zurückbleiben und daher nicht alle Neoglykose als Extrazucker erschienen zu sein braucht[13]).

[1]) Emil Abderhalden, Zeitschr. f. physiol. Chemie **96**, 1—147 [1915]; Chem. Centralbl. **1916**, I, 801—803.

[2]) Ivar Bang, Biochem. Zeitschr. **74**, 278—293 [1916]; Chem. Centralbl. **1916**, II, 99.

[3]) W. H. Thompson, Biochem. Journ. **11**, 317—318 [1917]; Chem. Centralbl. **1918**, II, 48.

[4]) W. Blum, Beiträge z. Physiol. **1**, 385 [1920]; Chem. Centralbl. **1920**, III, 392.

[5]) Raymund L. Stehle, Journ. of Biolog. Chem. **39**, 408 [1919]; Chem. Centralbl. **1920**, III, 674.

[6]) Julian H. Lewis, Journ. of Biolog. Chem. **35**, 567—576 [1918]; Chem. Centralbl. **1919**, I, 389.

[7]) Howard B. Lewis, Max S. Dunn u. Edward A. Doisy, Journ. of Biolog. Chem. **36**, 9—26 [1918]; Chem. Centralbl. **1919**, I, 485.

[8]) Carl P. Sherwin, Journ. of Biolog. Chem. **36**, 309—318 [1918]; Chem. Centralbl. **1919**, I, 763.

[9]) C. P. Sherwin, Journ. of Biolog. Chem. **31**, 307 [1921]; Chem. Centralbl. **1921**, III, 187.

[10]) W. Starlinger, Biochem. Zeitschr. **123**, 215—224 [1921]; Chem. Centralbl. **1922**, I, 155.

[11]) Martin Jacoby, Biochem. Zeitschr. **74**, 105—106 [1916]; Chem. Centralbl. **1916**, I, 1155.

[12]) R. Chodat u. K. Schweizer, Biochem. Zeitschr. **57**, 430—436 [1913]; Chem. Centralbl. **1914**, I, 156.

[13]) Max Cremer u. Rudolf W. Seuffert, Beitr. z. Physiol. **1**, 255—286 [1916]; Chem. Centralbl. **1916**, II, 1045.

Es wurde die Glykokollbildung im tierischen Organismus studiert unter Zugrundelegung der Frage, ob vielleicht eine α-Amino-β-oxysäure unter Erhaltung der α-Substituenten am β-C-Atom abgebaut werden kann. Zu diesem Zweck wurde β-Phenylserin verfüttert. Der Versuch hat die ausschließliche Ausscheidung von Hippursäure ergeben, weder Mandelsäure noch die auch mögliche Phenylglycerinsäure lassen sich nachweisen. Die Substitution von Sauerstoff am β-C-Atom von α-Aminosäuren verändert danach die Angreifbarkeit des Moleküls derart, daß die Oxydation nunmehr an dieser Gruppe ansetzt. Damit erscheint die Abspaltung von Glykokoll als eine physiologische Reaktion beim Abbau von β-Oxyaminosäuren:

$$C_6H_5 \cdot CHOH \cdot CH(NH_2) \cdot CO_2H + O \qquad C_6H_5 \cdot CO_2H + NH_2CH_2 \cdot CO_2H.$$

Ein ähnlicher Abbau hat am β-C-Atom bei anderen nicht weiter substituierten Aminosäuren nicht statt[1]).

Guanidincarbonat Hunden mit der Nahrung gegeben, verminderte die Kreatininausscheidung. Zusatz von Glycin neutralisierte diese Wirkung in einigen Fällen[2]).

Abderhalden und Weil[3]) weisen nach, daß die von Hollande[4]) beschriebenen anaphylaktischen Erscheinungen nach intraperitonealer Injektion von Glykokollkupfer nicht auf toxische Wirkungen, sondern auf Kupfervergiftung zurückzuführen sind.

Bewirkt, wenn die gegebene N-Menge als Eiweiß und Aminosäure etwa gleichgroß ist, am Kaninchen eine deutliche Steigerung des Aminosäure-N im Blute. Beim Hungerkaninchen ist die Steigerung größer. Beim Hund ist die Steigerung des Aminosäure-N im Blute geringer, die des Harnstoff-N im Harne größer[5]).

Die Stickstoffverteilung in den Geweben des Hundes, bestimmt nach intravenöser Zufuhr von NH_3, Harnstoff und Glykokoll, weist keine, auch nur annähernd konstanten Werte oder ein bestimmtes Verhältnis auf. Die physiologischen Verschiedenheiten sind so groß, daß der Unterschied nach Ernährung mit Kost von verschiedenem N-Gehalte nicht ins Gewicht fällt. Die injizierten Substanzen werden in der Leber und im Muskel angehäuft. Glykokoll wird in der Leber deaminisiert; geht zum Teil aber in ihr und im Muskel in NH_2-N über[6]).

Die Erythrocyten von Menschen, Hunden und Ziegen sind bis zu einem gewissen Grade für Glykokoll durchgängig[7]).

Wirkt auf quergestreifte Muskeln nicht contracturerregend[8]).

Es ließ sich kein Anhaltspunkt für die Annahme gewinnen, daß der Organismus befähigt sei, aus Glyoxylsäure und NH_3 Glykokoll aufzubauen[9]).

Nichtgichtische, lebergesunde Menschen verbrennen Glykokoll; 1—2 g intravenös appliziert restlos. Bei Gicht kann die intravenöse Injektion von Glykokoll eine erhebliche Steigerung der Glykokollausfuhr im Harn zur Folge haben. Beim Gichtiker liegt demnach der Gesamtglykokollgehalt des Blutes wahrscheinlich höher als beim Gesunden, so daß intravenöse Einverleibung einen Übertritt in den Harn zur Folge haben kann. Da Harnglykokoll nach Harnsäureinjektion vermehrt wird, spricht für die Annahme der Harnsäure als eine Muttersubstanz des Glykokolls. — Bei Lebercirrhose kommt Glykokoll ebenfalls im Harn vor[10]).

Wird bei der Durchblutung der überlebenden Leber des Kaninchens und der Katze mit dem eigenen defibrinierten Blut der Flüssigkeit in 100 ccm 44 mg N in Form von Glykokoll zugesetzt, so kann eine Vermehrung der Harnstoffmenge in der Durchblutungsflüssigkeit nicht beobachtet werden[11]).

[1]) F. Knoop, Zeitschr. f. physiol. Chemie **89**, 151—156 [1914]; Chem. Centralbl. **1914**, I, 1005.

[2]) W. Thompson, Journ. of Physiol. **51**, 347—376 [1917]; Chem. Centralbl. **1918**, I, 558.

[3]) Emil Abderhalden u. Arthur Weil, Zeitschr. f. physiol. Chemie **109**, 289—297 [1920]; Chem. Centralbl. **1920**, III, 322.

[4]) Hollande, Compt. rend. de la Soc. de Biol. **81**, 58 [1918]; Chem. Centralbl. **1919**, I, 250.

[5]) Ivar Bang, Biochem. Zeitschr. **72**, 129—138 [1915]; Chem. Centralbl. **1916**, I, 255.

[6]) Gertrude Dorman Cathcart, Biochem. Journ. **10**, 197—244 [1916]; Chem. Centralbl. **1916**, II, 1172.

[7]) Shuro Kozawa u. Nobu Miyamoto, Biochem. Journ. **15**, 167 [1921]; Chem. Centralbl. **1921**, III, 737.

[8]) G. Schwenker, Archiv f. d. ges. Physiol. **197**, 371—452 [1914]; Chem. Centralbl. **1914**, II, 64.

[9]) Renpei Sassa, Biochem. Zeitschr. **59**, 353—361 [1914]; Chem. Centralbl. **1914**, I, 1203.

[10]) M. Bürger u. F. Schweriner, Archiv. f. experim. Pathol. u. Pharmakol. **74**, 353—373 [1913]; Chem. Centralbl. **1914**, I, 482.

[11]) Cyrus H. Fiske u. Howard T. Karsner, Journ. of Biolog. Chem. **16**, 399—415 [1913]; Chem. Centralbl. **1914**, I, 1089.

Bei der Durchströmung der Leber von Hunden und Kaninchen mit Blut unter Zusatz von Glykokoll wird der Harnstoffgehalt des Blutes gesteigert[1]).

Nach subcutaner Einführung von p-Methoxyphenylpropionsäure konnte aus dem Harne der Kaninchen keine ungesättigte Säure isoliert werden. Es wurden lediglich Anissäure und deren Glykokollderivat gewonnen[2]).

Die Verfütterung von Benzoesäure an Schweine, die auf den niedrigsten Stand ihres endogenen N-Stoffwechsels gebracht waren, führte unter Heranziehung erheblicher Mengen von N aus dem Harnstoff in Form von Glykokoll zur Synthese von Hippursäure[3]).

Verfütterung von Alanin, Benzoesäure, Alanin + Benzoesäure, Benzoylalanin und Benzoylglucose an Kaninchen zeigt, daß Alanin nicht imstande ist, Glykokoll zu liefern, gleichgültig, ob es allein oder in Verbindung mit einem Benzoylradikal verabreicht wird. — Benzoylglucose zeigte im Vergleich mit Benzoesäure keine erhöhte Fähigkeit zur Bildung von Glykokoll[4]).

Versuche ergaben, daß Hunde bei N-freier Nahrung aus Benzoesäure in gewissen Mengen Hippursäure bilden, daß Zugabe von Glykokoll die Bildung steigert, daß jedoch die Steigerung bei Zugabe von Glykokollformaldehydkondensationsprodukt ganz erheblich ist[5]).

Aminomalonsäure könnte als Zwischenprodukt bei der Bildung von Glykokoll im Organismus in Betracht kommen. Aber weder mit Leberbrei noch bei Durchblutung der überlebenden Leber ließ sich ein solcher Übergang nachweisen. Auch Glutaminsäure und Asparaginsäure lieferten bei der Durchblutung kein Glykokoll, ebensowenig aus Glyoxal. Aminomalonsäure subcutan injiziert erwies sich als giftig, im Harn war die Hauptmenge unverändert; kein Glykokoll nachweisbar[6]).

Eine Entfärbung (Reduktion) des Methylenblaus durch das Ferment des ausgewaschenen Pferdefleisches findet nicht statt in Gegenwart von Glykokoll statt Bernsteinsäure[7]).

Glykokoll verursacht keinen Albinismus[8]).

Physikalische und chemische Eigenschaften: Löslichkeit bei 20—25°: In 100 g Wasser 51,00 g, in 100 g 50proz. Pyridin 0,74 g, in 100 g reinem Pyridin 0,61 g[9]).

Die Löslichkeit von Glykokoll wird durch Neutralsalze erheblich erhöht. Mit den Salzkonzentrationen ist die Löslichkeitserhöhung ziemlich proportional; bei $Ba(ClO_4)_2$, $SrCl_2$, $CaCl_2$; bei NaCl und $NaNO_3$ nimmt die Löslichkeit weniger stark zu als die Salzkonzentration. KCl salzt bei großer Konzentration etwas aus, bei geringer Konzentration ändert es kaum die Löslichkeit. Wenn man die Salze nach ihrer löslichkeitserhöhenden Wirkung ordnet, so ergibt sich für jedes Metallion die gleiche Reihenfolge der Säureionen und für jedes Säureion die gleiche Reihenfolge der Metallionen.

Für die sauren Aminosäuren ergab sich die Ionenreihe

$$NO_3 > J > Br > Cl$$

$$K > Na > Li \qquad Ba > Sr > Ca \;[10])$$

Bei der Einwirkung der stillen elektrischen Entladung entsteht wahrscheinlich Ammoniak, Formaldehyd und Kohlensäure[11]).

---

[1]) Wilhelm Löffler, Biochem. Zeitschr. **76**, 55—75 [1916]; Chem. Centralbl. **1916**, II, 583.

[2]) Iwao Matsuo, Journ. of Biolog. Chem. **35**, 291—296 [1918]; Chem. Centralbl. **1919**, I, 389.

[3]) E. V. McCollum u. D. R. Hoagland, Journ. of Biolog. Chem. **16**, 321—325 [1913); Chem. Centralbl. **1914**, I, 808.

[4]) Albert A. Epstein u. Samuel Bookman, Journ. of Biolog. Chem. **17**, 455—462 [1914]; Chem. Centralbl. **1914**, II, 251.

[5]) Gaetano Cicconardi, Atti della R. Accad. dei Lincei, Roma [5] **24**, I, 1130—1133 [1915]; Chem. Centralbl. **1916**, I, 1261.

[6]) Georg Haas, Biochem. Zeitschr. **76**, 76—87 [1916]; Chem. Centralbl. **1916**, II, 584.

[7]) Thorsten Thunberg, Skand. Archiv f. Physiol. **35**, 163—165 [1917]; Chem. Centralbl. **1917**, I, 784—786.

[8]) G. Ciamician u. C. Ravenna, Gazz. chim. ital. **51**, I, 200 [1921]; Chem. Centralbl. **1921**, III, 793.

[9]) William M. Dehn, Journ. of Amer. Chem. Soc. **39**, 1399—1404 [1917]; Chem. Centralbl. **1918**, I. 49.

[10]) H. Pfeiffer u. S. Würgler, Zeitschr. f. physiol. Chemie **97**, 128—147 [1916]; Chem. Centralbl. **1916**, II, 1120.

[11]) Walther Löb, Biochem. Zeitschr. **60**, 286 [1914]; Chem. Centralbl. **1914**, II, 1496.

Erhitzt man Glykokoll für sich, so zeigen die entwickelten Dämpfe die Fichtenspan-reaktion des Pyrrols. Bei der Kalischmelze bleibt die Reaktion aus[1]).

Die beiden Formen des Glykokolls unterscheiden sich in bezug auf das Verhalten beim Erhitzen, Zersetzung mit salpetriger Säure und Einwirkung von Brom. — Es können vielleicht für die beiden Formen folgende Strukturen in Betracht gezogen werden[2]):

$$NH_2—CH_2—COOH \quad und \quad \overline{NH_3—CH_2—CO—O}$$

In einer neuen Krystallform, langen Nadeln oder Säulen, wurde das Glykokoll aus Wasser oder Neutralsalzlösungen erhalten[3]). Unterschiede gegenüber der gewöhnlichen Form wurden nicht gefunden.

Änderungen der Konzentration an H- oder OH-Ionen können durch Zusatz fremder Stoffe zustande kommen. Die Säurekonstante des Glykokolls wurde z. B. durch Zusatz von Glycerin verändert, wovon man sich durch Verschiebung des Umschlagpunktes von Phenolphthalein überzeugt. Indes unterliegen die Versuche mit Indikatoren ganz allgemein einem Bedenken, das als Salzfehler bezeichnet wird. Zu einer quantitativen Titration des Glykokolls kommt man auf diesem Wege nicht[4]).

Glykokoll wurde mit wachsenden Mengen von verdünnter Salzsäure und Natronlauge versetzt und ihr H-Iongehalt elektrometrisch bestimmt. Die so erhaltenen Titrationskurven sind charakteristisch[5]).

Glykokoll wird von Tierkohle nur spurenweise adsorbiert, während die übrige Amino-säure leicht und reichlich aufgenommen wird[6]).

Die Angaben von Lilienfeld[7]), nach denen bei der Elektrolyse von Glykokollkupfer glatt Äthylendiamin entstehen soll, erweisen sich als unrichtig. Beim Glykokoll verläuft die Oxydation nach der Gleichung[7])

$$H_2N—CH_2—COOH + O \quad \rightarrow \quad NH_3 + CH_2O + CO_2.$$

Es ist nicht ausgeschlossen, daß die Reaktion über die entsprechende Persäure verläuft, jedoch ergaben sich keine Anhaltspunkte für das Vorhandensein von Perderivaten. — Glyko-koll wurde in n-Schwefelsäure an Platinanode mit 0,5 Amp./qcm oxydiert.

Das entstandene Basengemisch besteht aus Ammoniak, Methylamin, Dimethylamin usw., welche ihren Ursprung einer Kondensation des Formaldehyds mit Ammoniak verdanken. — Ein Teil des Formaldehyds wird im Verlaufe der Elektrolyse oxydiert. Ganz ähnliche Resul-tate ergaben die Versuche mit Glykokollkupfer[7]).

Glykokoll verbindet sich in Gegenwart von Neutralsalzen mit jenen, darauf weisen die Mol.-Gewichtsbestimmungen hin[8]).

Wirkt der Zersetzung der Glucose durch Alkali entgegen. Wirkt der Polarisationsabnahme entgegen. Eine während $1^1/_2$ Stunden auf 33° erwärmte Lösung von 80 ccm 5 proz. Glucose, 10 ccm 1,79 n-NaOH und 10 ccm Wasser zeigte die Polarisationszahl I + 7,4° Ventzke (2-dm-Rohr); in Gegenwart von 1 g Aminoessigsäure war die Polarisationszahl II + 9,7 bzw. 9,8°[9]).

Bei mehrtägigem Stehen von reinem Kreatin oder Kreatinin bei Zimmertemperatur in einer Lösung von Mercuriacetat entsteht α-Methylguanidoglyoxylsäure. Auch Glykokoll wird unter ähnlichen Umständen oxydiert[10]).

---

[1]) A. Angeli u. A. Picconi, Atti della R. Accad. dei Lincei, Roma [5] **30**, I, 241 [1921]; Chem. Centralbl. **1921**, III, 822.

[2]) K. George Falk u. Kanematsu Sagiuva, Journ. of Biolog. Chem. **34**, 29 [1918]; Chem. Centralbl. **1919**, I, 85.

[3]) Harold King u. Albert Donald Palmer, Biochem. Journ. **14**, 574—583 [1920]; Chem. Centralbl. **1921**, I, 10.

[4]) W. Löffler u. K. Spiro, Helv. chim. acta **2**, 533—550 [1919]; Chem. Centralbl. **1920**, I, 700.

[5]) Herbert Eckweiler, Helen Miller Noyes, K. George Falk, Journ. gen. Physiol. **3**, 291—300 [1921]; Chem. Centralbl. **1921**, I, 614.

[6]) Emil Abderhalden u. Andor Fodor, Fermentforschung **2**, 74—102 [1917]; Chem. Centralbl. **1918**, II, 738.

[7]) Fr. Fichter u. Max Schmid, Helv. chim. acta **3**, 704 [1920]; Chem. Centralbl. **1920**, III, 917.

[8]) P. Pfeiffer, Berichte d. Deutsch. Chem. Gesellschaft **48**, 1938—1943 [1915]; Chem. Centralbl. **1916**, I, 15.

[9]) H. J. Waterman, Chem. Weekblad **14**, 119—124 [1917]; Chem. Centralbl. **1917**, I, 858.

[10]) Louis Baumann u. Thorsten Ingvaldsen, Journ. of Biolog. Chem. **35**, 277—280 [1918]; Chem. Centralbl. **1919**, I, 351.

Gehalt an Methyl 0,34—0,46%[1]); bestimmt nach der Methode von Herzig und Meyer[2])
Wird versucht, Glykokoll in Äthersuspension mit Hilfe von Diazomethan zu methylieren, so wird Glykokoll unverändert zurückerhalten[3]).

Reduziert Methylenblau[4]). — Verbraucht bei der Hydrolyse von Proteinkörpern kein Br[5]). Glykokoll reagiert nicht mit Furfurol[6]). Nach O. Winterstein[7]) wird Glykokoll durch Xanthydrol nicht gefällt. Es entstehen aber Verbindungen mit Pyrrol, Indol, Skatol.

Derivate: Kupfersalz. Zeigt dieselbe therapeutische Wirkung wie $CuSO_4$[8]). Den Meerschweinchen intrakardial oder intraperitoneal zugebracht, riefen die ersten Injektionen keinerlei Störungen hervor; nach der dritten oder vierten gingen aber die Tiere unter Erscheinungen des anaphylaktischen Schocks zugrunde; nach dem Verfahren von Besredka konnte die Sensibilisierung wieder beseitigt werden[9]). Über Lichtabsorption im Glykokollkupfer[10]).

Molekülverbindung von Kupferglykokoll mit Chlorcalcium[11]), $CaCl_2$, $(NH_2—CH_2—COO)_2Cu + 3 H_2O$. — Sehr leicht lösliche Krystalle. Man löst 0,5 g Kupferglykokoll und 2,5 g Chlorcalcium-hexahydrat in wenig Wasser und läßt die filtrierte klare Flüssigkeit bei gewöhnlicher Temperatur zur Krystallisation stehen. — Es scheiden sich allmählich kleine, durchsichtige Tafeln von tiefblauer Farbe ab, die auf Ton an der Luft getrocknet und dann im verschlossenen Gläschen aufbewahrt werden[12]).

Sulfat des Kupferglykokollats[13]) $(NH_2CH_2COO)_2Cu \cdot H_2SO_4$. In einer Lösung von 24,97 g $CuSO_4$ in 160 ccm Wasser wird 15,02 g Glykokoll und dann 450—480 ccm Alkohol gegeben. Das blaue ölige Produkt ist leicht löslich in Wasser, unlöslich in Alkohol, Äther, Benzol, Chloroform; trocknet im Vakuum zu einem blauen, hygroskopischen, durchscheinenden Harz ein, welches erst bei 120—125° völlig trocken wird. Aus H_2SO_4 und Kupferglykokollat ebenfalls erhältlich. Geht mit der berechneten Menge Kali oder Natronlauge in Kupferglykokoll und Alkalisulfat über. Aus Glykokollsulfat und der äquimolekularen Menge Cuprihydrat mit Alkohol entsteht die Verbindung ebenfalls.

Calciumchloriddiglykokoll oder **Calciglycin**[14]) $CaCl_2 \cdot (NH_2 \cdot CH_2 \cdot COOH)_2 + 4 H_2O$. Nicht zerfließende farblose Nadeln, welche in Wasser gelöst eine nicht unangenehm salzig schmeckende Lösung ergeben, als Ersatz für die widerlich schmeckenden Lösungen von Calciumchlorid. Soll in der Kalktherapie das $CaCl_2$ ersetzen[15]).

Glykokolljodcalcium[16]) $CaJ_2[CH_2(NH_2)COOH]_2H_2O$. — Krystallisiert aus der wässerigen Lösung der Komponenten in weißen prismatischen Nadeln, zersetzt sich oberhalb 275° unter Blaufärbung, ohne zu schmelzen. — In kaltem Wasser mit neutraler Reaktion leicht löslich, in 50 proz. Alkohol wenig löslich, in absol. Alkohol fast unlöslich. — Das Jod wird durch salpetersaures Silbernitrat nicht vollständig ausgefällt.

Diglykokollcalciumjodid[17]) CaJ_2, $(C_2H_5O_2N)_2$, $3 H_2O$. Große Tafeln, nur bei Überschuß von CaJ_2 beständig.

Diglykokoll-bromnatrium[17]) $NaBr$, $(C_2H_5O_2N)_2$, H_2O. — Durchsichtige Nadeln.

Glykokoll-jodnatrium[17]) NaJ, $(C_2H_5O_2N)$, H_2O. — Büschelförmig angeordnete Nadeln.

---

[1]) Joshua Harold Burn, Biochem. Journ. 8, 154—156 [1914]; Chem. Centralbl. **1914**, II, 1071.

[2]) Herzig u. Meyer, Monatsh. f. Chemie **15**, 613 [1894]; **16**, 599 [1895]; **18**, 379 [1897].

[3]) A. Geake u. M. Nierenstein, Zeitschr. f. physiol. Chemie **92**, 149—153 [1914]; Chem. Centralbl. **1914**, II, 761.

[4]) Friedrich Hasse, Biochem. Zeitschr. **98**, 159—176 [1919]; Chem. Centralbl. **1920**, I, 78.

[5]) M. Siegfried u. H. Reppin, Zeitschr. f. physiol. Chemie **25**, 18—28 [1915]; Chem. Centralbl. **1916**, I, 513.

[6]) C. T. Dowell u. P. Menaul, Journ. of Biolog. Chem. **40**, 131 [1919]; Chem. Centralbl. **1920**, IV, 594.

[7]) E. Winterstein, Zeitschr. f. physiol. Chemie **105**, 25—31 [1919]; Chem. Centralbl. **1919**, IV, 421.

[8]) Harry L. Huber, Journal of pharmacol. a. exp. therapeut. **11**, 303—329 [1918]; Chem. Centralbl. **1919**, III 201.

[9]) A. Ch. Hollande, Compt. rend. de la Soc. de Biol. **81**, 58—61 [1918]; Chem. Centralbl. **1919**, I, 250.

[10]) H. Ley u. H. Hegge, Berichte d. Deutsch. Chem. Gesellschaft **48**, 70—85 [1915].

[11]) P. Pfeiffer u. Fr. Wittka, Berichte d. Deutsch. Chem. Gesellschaft **48**, 1041 [1915].

[12]) P. Pfeiffer u. Fr. Wittka, Berichte d. Deutsch. Chem. Gesellschaft **48**, 1299 [1915].

[13]) J. Ville, Bull. de la soc. chim. de France **17**, 315—318 [1915]; Chem. Centralbl. **1916**, I, 144.

[14]) Neue Heilmittel, Süddtsch. Apoth.-Ztg. **60**, 491 [1920]; Chem. Centralbl. **1920**, IV, 211.

[15]) A. Loewy, Therapie der Gegenwart 20. Dez. 1916; Chem. Centralbl. **1917**, I, 255.

[16]) Walter Spitz, D.R.P. 318 343, Kl. 12q; Chem. Centralbl. **1920**, I, 601.

[17]) Harold King u. Albert Donald Palmer, Biochem. Journ. **14**, 574—583 [1920]; Chem. Centralbl. **1921**, I, 10.

Tri-glykokoll-calciumchlorid[1]) $CaCl_2$, $3\,NH_2{-}CH_2{-}COOH$. Man löst unter Erwärmen 0,5 g Glykokoll auf dem Wasserbad mit 4 g Calciumchlorid-hexahydrat in 10 ccm Wasser. Dann kühlt man die Lösung auf etwa 30° ab und versetzt sie mit 70 ccm absol. Alkohol. — Nach 24 Stunden scheiden sich Drusen tafelförmiger Krystalle, die mit den Kanten aufsitzen.

Calciumglykokoll[2]) $C_2H_3O_2NCa$

$$\begin{array}{l} CH_2{-}NH \\ \mid \qquad\quad \searrow Ca \\ COO \nearrow \end{array}$$

Durch Eindampfen bzw. Eindunsten der Lösung, aus der sich das Quecksilberglykokoll abgeschieden hatte. Mikroskopische Krystallwarzen. — Scheidet sich amorph durch Fällen der wässerigen Lösung durch Alkohol ab. — Wenig löslich in kaltem, leichter löslich in warmem Wasser. — Bei der Einwirkung von Kohlensäure in Gegenwart von Wasser bildet sich Calciumcarbonat und Glykokoll.

Silbersalz[3]) $NH_2\cdot CH_2\cdot COOAg$. Krystalle aus Wasser mit etwas Glykokoll. Liefert mit NH_3 bei $+\,10°$ die Verbindung $NH_2\cdot CH_2COOAg + NH_3$, bei $-\,18°$ die Verbindung $NH_2\cdot CH_2\cdot COOAg + 2\,NH_3$.

Komplexe Glykokoll-silbersalze[4]) werden erhalten, wenn man Silbernitrat bzw. Silbersulfat mit einem Überschuß von Glykokoll behandelt. Die Produkte sind krystallinische Massen, reagieren neutral, geben mit Natronlauge oder Soda keine Fällung, sind haltbarer als die einfachen Salze. In Wasser sind sie löslich.

Verbindung **Silberacetat + Glykokoll**[5]). Weißes Pulver, ist in Wasser 5 mal so leicht löslich wie Silberacetat. Die wässerige Lösung reagiert gegen Lackmus schwach alkalisch, gibt mit Natronlauge und Soda keine Fällungen.

Verbindung **Harnstoffsilber + Glykokoll**[5]). Hellgelbes Pulver, ist in Wasser im Verhältnis 3 : 100 farblos löslich. Die wässerige Lösung reagiert gegen Lackmus alkalisch und wird durch Lauge nicht gefällt.

Mercuriglykokollatverbindung[2]).

$$\left(\begin{array}{l} CH_2{-}NH_2 \\ \mid \\ COO \end{array}\right)_2 Hg$$

In der Kälte bereitet bildet es Krystallwarzen. Als Nadelbündel entsteht es durch Fällen der Lösung des Salzes mit Alkohol. Schmelzp. 110—111° unter Zersetzung. — Wenig löslich in kaltem, leichter löslich in warmem Wasser. Verändert sich an der Luft, unter vermindertem Druck über Schwefelsäure haltbar. — Mit der berechneten Menge titrierten Kalkwassers entsteht

Mercuriglykokoll nach der Gleichung

$$\left(\begin{array}{l} CH_2{-}NH_2 \\ \mid \\ COO \end{array}\right)_2 Hg + Ca(OH)_2 \;\rightarrow\; \begin{array}{l} CH_2{-}NH \\ \mid \quad \searrow Hg \\ COO \nearrow \end{array} + \begin{array}{l} CH_2{-}NH \\ \mid \quad \searrow Ca \\ COO \nearrow \end{array} + 2\,H_2O$$
Mercuriglykokoll

Schmilzt bei 155° unter Zersetzung, fast unlöslich in kaltem, wenig löslich in warmem Wasser, löslich in warmem Natriumcarbonat, in kalter Salzsäure und kaltem Ammoniak. — Kalilauge zersetzt unter Abscheidung von gelbem Quecksilberoxyd.

Additionsverbindung von Mercuriglykokollat mit Quecksilbersulfat[2])

$$\left(\begin{array}{l} CH_2{-}NH_2 \\ \mid \\ COO \end{array}\right)_2 Hg\cdot HgSO_4$$

Entsteht beim Zufügen von festem Quecksilbersulfat zu einer siedenden wässerigen Lösung von Glykokoll. — Nadeln mit 3 Mol. Wasser. — Zersetzungsp. 102°. Unlöslich in den gewöhn-

<hr>

[1]) P. Pfeiffer u. Fr. Wittka, Berichte d. Deutsch. Chem. Gesellschaft **48**, 1298 [1915].

[2]) A. Bernardi, Gazz. chim. ital. **44**, II, 257—260 [1914]; Chem. Centralbl. **1915**, I, 659.

[3]) G. Brussi u. G. Levi, Gazz. chim. ital. **46**, II, 235—246 [1916]; Chem. Centralbl. **1917**. I, 7.

[4]) F. Hoffmann-La Roche & Co., A.-G., Basel, Schweizer Pat. Nr. 86 514 u. 86 515 [1920]; Zusatzpatente zu Schweiz. Pat. Nr. 84 832; Chem. Centralbl. **1921**, II, 174.

[5]) F. Hoffmann-La Roche & Co., A.-G., Basel, Schweiz. Pat. Nr. 86 996 u. 86 997 [1920]; Zusatzpat. zu Schweiz. Pat. Nr. 84 832; Chem. Centralbl. **1921**, II, 558.

lichen Lösungsmitteln. Verliert an der Luft langsam Krystallwasser, wird im Vakuum über Schwefelsäure nach längerer Zeit wasserfrei.

Quecksilberchlorid — Quecksilberglykokoll[1]), $(NH_2—CH_2 \cdot COO)_2Hg$, $HgCl_2$, H_2O. Aus Glykokoll, Wasser und Quecksilberchlorid in Alkohol, beim Eindampfen der Mischung. Nadeln, leicht löslich in siedendem Wasser. Verliert das Krystallwasser an der Luft. An der wässerigen Lösung fällt Kaliumhydroxyd gelbes Quecksilberoxyd.

Glycinphosphorwolframat[2]).

Glykokollester. Chloressigsäure liefert beim Schmelzen mit Chlorzinkammoniak und Verestern Glykokollester[3]).

Glykokolläthylesterchlorhydrat wird nach Abderhalden und Weil[4]) folgenderweise dargestellt: 100 g Monochloressigsäure werden in 400 ccm Wasser gelöst und allmählich unter Rühren und stetem Eiszusatz in $1^1/_4$ l 25 proz. Ammoniak getropft; die Lösung wird 8 Tage bei Zimmertemperatur und hellem Tageslicht aufbewahrt. Hierauf wird sie im Vakuum auf etwa 500 ccm eingeengt und in einem Emailletopf zum Sieden erhitzt, dann so lange Calciumoxyd zugesetzt, bis die stürmische Ammoniakentwicklung aufhört, hierauf Zusatz von verdünnter Schwefelsäure , bis keine Fällung mehr eintritt, Einengen des Filtrats im Vakuum bis zur Trockne, Einleiten von trockenem Salzsäuregas unter Zusatz von 500 ccm absol. Alkohol. Wieder bei 30° im Vakuum zur Trockne einengen und die Veresterung mit 300 ccm unter schnellem Einleiten von Salzsäuregas wiederholen; nach dem Absaugen der noch heißen Lösung von dem Rückstande fällt in der Kälte das Glykokollesterchlorhydrat aus. Ausbeute etwa 30—35% der Theorie.

Carbäthoxyglykokoll[5]) $HO_2C \cdot CH_2 \cdot NH \cdot CO_2C_2H_5$ liefert bei Einwirkung von Diazomethan Carbäthoxyglykokollmethylester, $CH_3 \cdot O \cdot CO \cdot CH_2 \cdot NH \cdot CO_2C_2H_5$[5]).

Carbäthoxyglykokollmethylester[5]) $CH_3 \cdot O \cdot CO \cdot CH_2 \cdot NH \cdot CO_2C_2H_5$ entsteht bei Einwirkung von Diazomethan auf Carbäthoxyglykokoll $HO_2C \cdot CH_2 \cdot NH \cdot CO_2C_2H_5$[5]).

Dioxaloglykokollchromisäure[6])

$$\left[(C_2O_4)_2Cr \begin{array}{c} NH_2 \cdot CH_2 \\ | \\ O \cdot CO \end{array}\right] H_2.$$

Das K-Salz entsteht aus rotem, chromoxalsaurem Kalium in siedendem Wasser mit Glykokoll und überschüssigem $K_2CO_3 \cdot K_2(CrC_6H_4O_{10}N) + 1^1/_2 H_2O$. Lilafarbiges, stark hygroskopisches Pulver, leicht in Wasser löslich. $Ba(Cr \cdot C_6H_4O_{10}N) + 5 H_2O$. Dunkellilafarbiger schwerer Niederschlag; wenig löslich in Wasser; nicht hygroskopisch.

Oxalodiglykokollchromisäure

$$\left[C_2O_4Cr \left(\begin{array}{c} NH_2 \cdot CH_2 \\ | \\ CO \end{array}\right)_2\right] H.$$

Das K-Salz entsteht aus rotem chromoxalsaurem Kalium in siedendem Wasser mit Glykokoll beim Neutralisieren mit K_2CO_3 $K(CrC_6H_8O_8N_2) + 1 H_2O$. Rotes Pulver, mit bläulichem Stich, etwas löslich in Wasser.

Fumaryldiglycinamid[7]) $NH_2 \cdot CO \cdot CH_2 \cdot NH \cdot CO \cdot CH : CH \cdot CO \cdot NH \cdot CH_2 \cdot CO \cdot NH_2$ Bildung durch eintägiges Schütteln des Äthylesters mit wässerigem 25 proz. NH_3; Krystalle aus Wasser, sehr wenig löslich; zersetzt sich bei 260°; unlöslich in Benzol, zeigt schwache Biuretreaktion. Reagiert nicht mit Oxalylchlorid und Benzol[7]).

---

[1]) A. Bernardi, Gazz. chim. ital. **49**, II 318 [1920]; Chem. Centralbl. **1920**, II, 232.

[2]) Jacob Cecil Drummond, Biochem. Journ. **12**, 5 [1918]; Chem. Centralbl. **1918**, II, 944.

[3]) Th. Curtius, Journ. f. prakt. Chemie **96**, 202—235 [1918]; Chem. Centralbl. **1918**, II, 14.

[4]) Emil Abderhalden u. Arthur Weil, Zeitschr. f. physiol. Chemie **109**, 289—297 [1920]; Chem. Centralbl. **1920**, III, 322.

[5]) A. Geake u. M. Nierenstein, Zeitschr. f. physiol. Chemie **92**, 149—153 [1914]; Chem. Centralbl. **1914**, II, 761.

[6]) A. Werner, Annalen d. Chemie u. Pharmazie **406**, 261—331 [1914]; Chem. Centralbl. **1914**, II, 1431.

[7]) S. Th. Bornwater, Rec. trav. chim. Pays-Bas **36**, 250—257 [1917]; Chem. Centralbl. **1917**, I, 563.

Phthalylglycylmalonester[1][2]) $C_8H_4O_2 : N \cdot CH_2 \cdot CO \cdot CH(CO_2 \cdot C_2H_5)_2$. Schmelzp. 68 bis 68,5°. Es entsteht aus Diphthalylglycyl-malonester auf Einwirkung von Kaliumäthylat.

Diphthalylglycylmalonester[1]) $C_{27}H_{22}O_{10}N_2$. Aus Phthalylglycylchlorid und Natrium-malonester oder aus Natriumphthalylglycylmalonester und Phthalylglycylchlorid in siedendem Benzol. Bei 119° Schmelzp., gibt mit $FeCl_3$ keine Färbung. Es wird in einer 30° warmen alkoholischen Lösung durch K-Äthylat zu dem Phthalylglycylmalonester verseift.

Phthalylglycylessigsäure[1]) $C_8H_4O_2 : N \cdot CH_2 \cdot CO \cdot CH_2 \cdot COOH$. Beim Erwärmen des Phthalylglycinesters mit konz. H_2SO_4 auf 70—72° entstanden; Nadeln aus Chloroform; sintert bei 110°, schmilzt bei 123—124° (Zersetzung); wenig löslich in Chloroform, leicht in Wasser mit saurer Reaktion; gibt mit $FeCl_3$ eine violettbraunrote Lösung; liefert mit Alkohol und HCl den Ausgangsester zurück; zerfällt beim Erhitzen unter den Schmelzpunkt in CO_2 und Phthal-imidoaceton.

Glycylessigesterphthaloylsäure[1]) $HOOC \cdot C_6H_4 \cdot CO \cdot NH \cdot CH_2 \cdot CO \cdot CH_2 \cdot CO \cdot OC_2H_5$. Beim Schütteln des Phthalylglycinessigesters mit n — NaOH erhalten. Nadeln aus Chloroform; Schmelzp. 108,5—109°; leicht löslich in NH_3.

β-Naphtalinsulfoglycin: Mol.-Gewicht 265,17. $C_{12}H_{11}O_4NS$. Bei der Hydrolyse[3]) des β-Naphthalinsulfo-diglycyl-l-cystin mit 10 proz. HCl krystallisiert es in schönen Blättchen beim Erkalten aus. Ausbeute 76% der Theorie. Schmelzp. 155° Nach Fischer und Bergell[3]) 156°[4]).

p-Toluol-sulfo-glykokoll-äthylester[5]) $CH_3 \cdot C_6H_4 \cdot SO_2 \cdot NH \cdot CH_2 \cdot COOC_2H_5$. Aus 20 g Glykokollester-chlorhydrat in 40 ccm Wasser mit einer Lösung von 24 g p-Toluolsulfochlorid in 140 ccm Äther unter allmählicher Zugabe von 15 g trockenem Natriumcarbonat etwa 3 Stunden geschüttelt. Die ätherische Schicht läßt ein gut krystallisierendes Öl zurück. Ausbeute 78%. — Schmilzt bei 64—66°. Löslich in Alkohol, Aceton, Äther, schwerer in Ligroin, sehr schwer in Wasser.

p-Toluolsulfoglykokoll[6]). Geht beim Erhitzen mit Jodwasserstoff und Jodphosphonium in Tolylmercaptan[6]).

N-Benzyl-glykokoll[5]). Bei der Spaltung des p-Toluolsulfo-N-benzylglykokolls mit Salz-säure (im Rohr 12 Stunden bei 100°).

p-Toluolsulfo-N-benzyl-glykokoll[5]) $CH_3 \cdot C_6H_4 \cdot SO_2 \cdot N(CH_2H_6H_5)CH_2COOH$. 10 g p-Toluolsulfoglykokollester, 7,3 g Benzylbromid (1,1 Mol.) und, soviel einer alkoholischen, etwa 10 proz. Kalilauge als 2,2 g KOH entspricht, werden 12 Stunden auf 50° erwärmt, dann mit Wasser versetzt und ausgeäthert. Nach dem Verdampfen des Äthers bleibt ein Öl zurück, welches direkt mit konz. Lauge verseift wird. Nach der Verseifung wird angesäuert und aus-geäthert. Der ätherische Rückstand erstarrt bald krystallinisch. Ausbeute 12 g. — Schmilzt bei 141° (korr.). Leicht löslich in Alkohol, Aceton, Chloroform, Essigäther und warmem Benzol, schwerer in Äther, viel schwerer in Ligroin und Wasser. Mit konz. Salzsäure geht es in N-Benzyl-glykokoll über.

Salicylursäure. Die Hauptmenge der verabreichten Salicylsäure wird mit Glykokoll gepaart als Salicylursäure ausgeschieden[7]).

Salicylosalicylglycinester[8]) $HO—C_6H_4—CO—O—C_6H_4—CO—NH—CH_2—COOC_2H_5$. Aus salicylosalicylsäurechlorid in Benzol und Glycrinesterhydrochlorid in Wasser durch Schütteln mit Bicarbonat. Rhomboeder aus Äther oder Alkohol, Schmelzp. 90—91°. — Gibt bei alkalischer Salicylsäure und Salicylursäure bzw. deren Äthylester.

Salicylursäureäthylester[8]) $HO—C_6H_4—CO—NH—CH_2—COO—C_2H_5$. Verfilzte Nadeln aus Äther oder Wasser. Schmelzp. 88°.

[1]) S. Gabriel, Berichte d. Deutsch. Chem. Gesellschaft **47**, 2919—2922 [1914]; Chem. Centralbl. **1914, II**, 1353.

[2]) Gabriel u. Colman, Berichte d. Deutsch. Chem. Gesellschaft **42**, 1243 [1909]; Chem. Centralbl. **1909, I**, 1693.

[3]) E. Fischer u. P. Bergell, Berichte d. Deutsch. Chem. Gesellschaft **35**, 3779 [1902]; **36**, 2592 [1903].

[4]) E. Abderhalden u. Ernst Wybert, Berichte d. Deutsch. Chem. Gesellschaft **49**, 2449 bis 2473 u. 2838 [1916]; Chem. Centralbl. **1917, I**, 168.

[5]) Emil Fischer u. Lukas v. Mechel, Berichte d. Deutsch. Chem. Gesellschaft **49**, 1355 bis 1366 [1916]; Chem. Centralbl. **1916, II**, 378.

[6]) Emil Fischer, Berichte d. Deutsch. Chem. Gesellschaft **48**, 97 [1915].

[7]) Allessandro Baldoni, Arch. di Farmacol. sperim. **18**, 151—177 [1914]; Chem. Centralbl. **1915, I**, 324.

[8]) G. Schroeter, Berichte d. Deutsch. Chem. Gesellschaft **52**, 2224 [1919;] Chem. Centralbl. **1920, I**, 162.

Galloylglycin[1]) $(OH)_3C_6H_2 \cdot CO \cdot NH \cdot CH_2 \cdot COOH$

$$= \quad \underset{\underset{OH}{OH}}{\overset{\text{—CO—NH—CH}_2\text{—COOH}}{\bigcirc}} CH$$

In den Galläpfeln von Quercus aegilops. — Entsteht aus Tricarbomethoxygalloylglycin durch Behandeln mit Wasser und Pyridin auf dem Wasserbade bei 40° zu 2 Stunden.

Würfel aus absol. Alkohol vom Schmelzp. 282—283°, Ausbeute 97—98%, gibt die Eisenchlorid-, aber die Kaliumchloridreaktion nicht. Wird durch 10 proz. HCl in geschlossenem Rohr hydrolysiert. — Beim Wachsen von Peniciliumkulturen auf sterilen Galloylglycinlösungen konnte Digallussäure nicht, aber Ellagsäure isoliert werden (zu 83—87% Ausbeute).

Nach Nierenstein vollzieht sich dabei folgender Vorgang:

$$\underset{\underset{OH}{HO \quad OH}}{\overset{\text{—CO—NH—CH}_2\text{—COOH}}{\bigcirc}} \quad \text{HOOC—CH}_2\text{—NH—CO—}\underset{OH}{\overset{OH}{\bigcirc}}OH \; + \; O + H_2O$$

$$= \; \underset{\underset{OH}{HO \quad -CO \cdot O-}}{\overset{CO——O}{\bigcirc\bigcirc}}OH \; + \; 3\,H_2O + 2\,NH_2 \cdot CH_2 \cdot COOH$$

Tricarbomethoxygalloylglycin[1]) $(CH_3 \cdot CO\text{—}O)_3 \cdot C_6H_2 \cdot CO \cdot NH \cdot CH_2 \cdot COOH$. Aus Glykokoll und Dicarbomethoxygalloylchlorid in alkalischer Lösung.

Aus Alkohol prismatische Nadeln vom Schmelzp. 202—204° unter Zersetzung und Entwicklung von CO_2. Löslich in Aceton und Essigester, Ausbeute 94% der Theorie.

Diphenylaminoessigsäure[2]) $C_{14}H_{13}O_2N = (C_6H_5)_2 \cdot N \cdot CH_2 \cdot COOH$. Aus Chloressigsäure und $(C_6H_5)_2NH$ bei 180—200°. Farblose Nadeln aus Petroläther, Schmelzp. etwa 113° je nach Art des Erhitzens, wenig löslich in Wasser, sehr leicht in Alkohol, Äther, Chloroform; zerfällt schon bei 110° unter CO_2-Abspaltung. Gibt mit HNO_3 intensiv rotviolette Färbung.

Diphenylaminoessigsäureäthylester[2])

$$C_{16}H_{17}O_2N = \underset{C_6H_5}{\overset{C_6H_5}{\diagdown\diagup}} N \cdot CH_2 \cdot COOC_2H_5 \cdot$$

Aus Diazoessigester und Diphenylamin bei 120—130°. Aus Bromessigester und Diphenylamin bei 160°; Siedep. 205°.

Glycinamid[3]) gibt mit Chloracetamid das Iminodiacetamidchlorhydrat.

Methylenglycin[4]) $CH_2 : N \cdot CH_2 \cdot COOH$. Erhalten aus Glykokoll und Formaldehyd. Sehr hygroskopisches, farbloses Pulver. Wurde nicht rein erhalten. **Bariumsalz** $BaC_6H_8O_4N_2 + 4\,H_2O$. Farblose, in Wasser leicht lösliche Krystalle. **Calciumsalz** $CaC_6H_8O_4N_2 + 4\,H_2O$. Farbloses Pulver sehr leicht löslich in Wasser. **Kupfersalz** $CuC_6H_8O_4N_2 + 2\,H_2O$. Blauviolettes Pulver, sehr leicht löslich in Wasser.

Benzylidenglykokoll[5]), $C_6H_5\text{—CH} = N\text{—CH}_2\text{—COOH}$. Gelang nicht rein darzustellen. Selbst bei Anwendung molekularer Mengen beider Stoffe treten 3 Mol. Benzaldehyd mit 1 Mol. Glykokoll in Reaktion unter Bildung der Benzylidenverbindung von Isodiphenyloxyäthylamin von der Formel:

$$\underset{\underset{OH \quad C_6H_5}{\mid \quad \mid}}{C_6H_5\text{—CH—CH—N} = CH \cdot C_6H_5}$$

---

[1]) Maxim. Nierenstein, Zeitschr. f. physiol. Chemie **92**, 53 [1914]; Chem. Centralbl. **1914**, II, 721; Biochem. Journ. **9**, 240—244 [1916]; Chem. Centralbl. **1916**, I, 1238.

[2]) R. Stolle, Journal f. prakt. Chemie **90**, 273—275 [1914]; Chem. Centralbl. **1914**, II, 1048.

[3]) Peter Bergell, Zeitschr. f. physiol. Chemie **99**, 150—160 [1917]; Chem. Centralbl. **1917**, II, 526.

[4]) Hartwig Franzen u. Ernst Fellmer, Journal f. prakt. Chemie **95**, 299 [1917]; Chem. Centralbl. **1917**, II, 801.

[5]) Emil Abderhalden u. H. Spinner, Zeitschr. f. physiol. Chemie **106**, 309 [1919]; Chem. Centralbl. **1919**, III, 708.

Hingegen konnten bei Einhaltung der von Pauly[1]) gegebenen Versuchsbedingungen geringe Mengen Hippursäure isolieren.

Verbindung mit Aldehyden: Glykokoll reagiert mit aliphatischen Aldehyden derart, daß 1 Mol. Aldehyd mit 2 Mol. Glykokollester in Reaktion tritt, wobei der Aldehydsauerstoff mit beiden Aminogruppen reagiert. Aus Propionaldehyd und Glykokoll entsteht ein Körper folgender Konstitution[2]):

$$CH_3—CH_2—CH \begin{cases} NH—CH_2—COOH \\ NH—CH_2—COOH \end{cases}$$

Krystallinische Nadeln, schwer löslich in heißem Wasser, löslich in Alkalien und Säuren, Schmelzpunkt nicht festzustellen; bei 220° Gelbfärbung, gegen 250° Zersetzung unter Gasentwicklung[2]).

Triglykolamidsäure-diamid-anilid[3]) $C_6H_5NH \cdot CO \cdot CH_2 \cdot N \cdot (CH_2 \cdot CO \cdot NH_2)_2$. Aus Glykokollanilid und Bromacetamid. Plättchen aus Wasser, beginnt bei 224° zu sintern, schmilzt bei 227° (Zersetzung). Ziemlich löslich in heißem Wasser, sonst unlöslich.

Triglykolamidsäure-dianilid-amid[3]) $(C_6H_5NH \cdot CO \cdot CH_2)_2 \cdot N \cdot CH_2 \cdot CONH_2$. Beim Zusammenschmelzen von Bromacetamid mit Diglykolsäureamidanilid. Nadeln aus Wasser, leicht löslich in Alkohol und heißem Wasser; Schmelzp. 168°.

4-Anisalhydantoinessigsäure[4]) $C_{13}H_{12}O_5N_2$.

$$HOOC \cdot CH_2 \cdot N\!\!-\!\!-\!\!-\!\!CO$$
$$CO \qquad\qquad \Big|$$
$$NH\!\!-\!\!-\!\!-\!\!C \cdot CH \cdot C_6H_4 \cdot O \cdot CH_3$$

Aus dem Ester mit konz. Bromwasserstoff oder konz. Salzsäure. Tafeln aus heißer Essigsäure. Flüssigkeitsp. 271°.

Anisalhydantoin-1-essigsäureäthylester[4]) $C_{15}H_{16}O_2N_2$

$$C_2H_5 \cdot O_2C \cdot CH_2N\!\!-\!\!-\!\!-\!\!CO$$
$$CO \qquad\qquad \Big|$$
$$NH\!\!-\!\!-\!\!-\!\!C : CH \cdot C_6H_4 \cdot O \cdot CH_3$$

Aus dem Natriumsalz des Anisalhydantoins und Chloressigester in Alkohol in Gegenwart von Kaliumjodid auf dem Wasserbade; Ausbeute 40%. Nadeln aus Essigsäure und Alkohol. Flüssigkeitsp. 178°. Leicht löslich in heißer Essigsäure, löslich in heißem Alkohol.

4-Anisylhydantoin-1-essigsäureäthylester[4]) $C_{15}H_{18}O_5N_2$

$$C_2H_5 \cdot O_2C \cdot CH_2 \cdot N\!\!-\!\!-\!\!-\!\!CO$$
$$CO \qquad\qquad \Big|$$
$$NH\!\!-\!\!-\!\!-\!\!CH \cdot CH_2 \cdot C_6H_4 \cdot O \cdot CH_3$$

Analog der Anisalverbindung, neben dem Natriumsalz der entsprechenden Säure; durch Reduktion der Anisalverbindung mit Zinn und alkoholischer Salzsäure. Nadeln aus heißem Alkohol. Schmelzp. 138°. Sehr löslich in heißem Alkohol, leicht löslich in heißem Wasser. Wird durch Bromwasserstoff je nach den Bedingungen zu 4-Oxybenzylhydantoin-1-essigsäureäthylester oder zu der freien Säure verseift.

4-Anisylhydantoin-1-essigsäure[4]) $C_{13}H_{14}O_5N_2$.

$$HOOC \cdot CH_2 \cdot N\!\!-\!\!-\!\!-\!\!CO$$
$$CO \qquad\qquad \Big|$$
$$NH\!\!-\!\!-\!\!-\!\!CH \cdot CH_2 \cdot C_6H_4 \cdot O \cdot CH_3$$

---

[1]) Pauly, Zeitschr. f. physiol. Chemie **99**, 161 [1917]; Chem. Centralbl. **1917**, II, 53.

[2]) Karl W. Rosenmund u. H. Dornsaft, Berichte d. Deutsch. Chem. Gesellschaft **52**, 1934 [1919]; Chem. Centralbl. **1920**, I, 11.

[3]) J. V. Dubsky, Berichte d. Deutsch. Chem. Gesellschaft **50**, 1701—1709 [1917]; Chem. Centralbl. **1918**, I, 110.

[4]) T. B. Johnson u. D. A. Hahn, Journ. of Amer. Chem. Soc. **39**, 1255 [1921]; Chem. Centralbl. **1921**, III, 645—646.

Kaliumsalz $C_{13}H_{13}O_5N_2K$. Aus dem Ester und alkoholischer Kalilauge. Krystalle aus heißem Alkohol. Schmelzp. 260° (Zersetzung). Leicht löslich in heißem Alkohol und kaltem Wasser. Die freie Säure krystallisiert aus salzsäurehaltigem Wasser in Prismen. Schmelzp. 166°. Leicht löslich in Alkohol und heißem Wasser. Leicht esterifizierbar durch Alkohol und Salzsäure. Beim Erhitzen mit Jodwasserstoffsäure und Phosphor entsteht das Polypeptidhydantoin. Versuche zur Darstellung der Säure durch Reduktion der Anisalverbindung durch Zink und Essigsäure oder mit Natriumamalgam in schwach saurer Lösung verliefen negativ; bei anhaltendem Kochen lieferte die Säure vom Schmelzp. 271° eine Lösung, aus der beim Eindampfen eine leichter lösliche, bei 315° noch nicht schmelzbare Säure erhalten wurde. Beim Umkrystallisieren derselben aus wenig heißer konz. Salzsäure schied sich wieder die Säure vom Schmelzpunkt 271° ab.

4-Oxybenzyl-hydantoinessigsäure[1]) $C_{12}H_{12}O_5N_2$.

$$\text{HOOC} \cdot \text{CH}_2 \cdot \text{N} \text{———} \text{CO}$$
$$\text{CO}$$
$$\text{NH} \text{———} \text{CH} \cdot \text{CH}_2 \cdot \text{C}_6\text{H}_4 \cdot \text{OH}$$

Durch Erhitzen von 4-Anisylhydantoin-1-essigester mit Bromwasserstoffsäure (20 Min. Wasserbad) und Verseifung des durch Alkohol abgeschiedenen Oxyesters mit heißer konz. Salzsäure. Rosetten aus heißem Wasser. Schmelzp. 217—218°. Wenig löslich in kaltem Wasser, leicht löslich in heißem Wasser und Alkohol; aus Alkohol infolge Esterifikation nicht umkrystallisierbar.

Äthylester $C_{14}H_{16}O_5N_2$. Die Leichtigkeit, mit der dieser Ester aus der Methoxyverbindung erhalten wird, erklärt, weshalb die Millonsche Probe bisweilen zu Täuschungen Anlaß gibt. Nadeln aus Alkohol. Schmelzp. 195°. Löslich in heißem Alkohol.

Hydantoinsäure[2]). Zersetzt sich erst bei 179—180° (unkorr.).

d, l-α-Methylhydantoin[2]) $C_4H_6O_2N_2$. Schmelzp. 155—156°.

4-Benzylhydantoin[3]), durch Reduktion von Benzalhydantoin mit Zink und Eisessig.

4-Benzylhydantoin-1-essigsäure[3]) $C_{12}H_{11}O_4N_2$. Bildung durch Reduktion der 4-Benzalhydantoin-1-essigsäure mit $Sn + HCl$. Aus kochendem Wasser flache, farblose Prismen oder rhombische Platten vom Schmelzp. 184—185°. Die gleiche Säure resultiert bei Verseifen von Äthyl-4-benzylhydantoin-1-acetat mit Salzsäure oder mit Bromwasserstoffsäure.

4-Benzalhydantoin[3])

$$\text{C}_6\text{H}_5\text{CH} : \text{C} \text{———} \text{CO}$$
$$\text{HN} \cdot \text{CO} \cdot \text{NH}$$

Aus Hydantoin und Benzaldehyd nach den Angaben von Wheeler und Hoffmann[4]).

4-Benzalhydantoin-1-essigsäure[3]) $C_{12}H_{10}O_4N_2$. Aus Äthyl-cis-4-benzalhydantoin-1-acetat durch Hydrolyse mit Säuren oder Alkalien. Aus heißem Alkohol diamantförmige Prismen. Schmelzp. 258°.

3-Acetyl-4-benzalhydantoin[4])

$$\text{C}_{12}\text{H}_{10}\text{O}_3\text{N}_2 = \text{CO} \cdot \text{NH} \cdot \text{CO N}(\text{COCH}_3) \cdot \text{C} : \text{CH} \cdot \text{C}_6\text{H}_5$$

Aus 4-Benzalhydantoin und Essigsäureanhydrid. Aus Eisessig farblose, transparente Platten vom Schmelzp. 223°.

Äthyl-4-benzylhydantoin-1-acetat[3]) $C_{14}H_{16}O_4N_2, H_2O$. Bildung durch Alkylierung von 4-Benzylhydantoin in Alkohol mit Äthylchloracetat bei Gegenwart von Natrium-äthylat. Aus kochendem Wasser schöne, farblose Nadeln vom Schmelzp. 157°. Löslich in Alkohol. Gibt mit Salzsäure unter Druck Kohlensäure, Phenylalanin und Glykokoll, mit wässerigem Kali (1 : 10) Phenylglycinhydantoin.

Äthyl-cis-4-benzalhydantoin-1-acetat[3]) $C_{14}H_{14}O_2N_2$. Das Hauptprodukt der Reaktion zwischen dem Natriumsalz des cis-4-Benzalhydantoins mit Äthylchloracetat in Alkohol. Aus

[1]) T. B. Johnson u. D. A. Hahn, Journ. of Amer. Chem. Soc. **39**, 1255 [1921]; Chem. Centralbl. **1921**, III, 646.
[2]) Clarence J. West, Journ. of Biolog. Chem. **34**, 187 [1918]; Chem. Centralbl. **1919**, I. 89.
[3]) Treat B. Johnson u. Joseph S. Bates, Journ. of Amer. Chem. Soc. **38**, 1087—1098 [1916]; Chem. Centralbl. **1916**, II, 816.
[4]) Wheeler u. Hoffmann, Amer. Chem. Journ. **45**, 368 [1910]; Chem. Centralbl. **1910**, II, 798.

heißem Alkohol rhombische Prismen vom Schmelzp. 174°. Aus den Mutterlaugen resultiert die stereoisomere Transverbindung. Schmelzp. 158°. Sehr leicht löslich in Alkohol.

Acetursäure. Bei der Elektrolyse von acetursaurem Natrium $C_4H_6O_3NNa + 3 H_2O$ in konzentrierter, mit Acetursäure angesäuerter Lösung mit 0,66 Amp./qcm bei 16° entstehen von Anfang an Kohlensäure mit Ammoniak, ferner Essigsäure, Formaldehyd und Ameisensäure[1]).

Acetursäureäthylester[2]) $CH_3 \cdot CO \cdot NH \cdot CH_2 \cdot COOC_2H_5$. Aus salzsaurem Glykokollester mit Essigsäureanhydrid oder Acetylchlorid. Kochp. $_{14}$:145°.

Aceturhydrazid $CH_3 \cdot CO \cdot NH \cdot CH_2 \cdot CO \cdot NH \cdot NH_2$. Aus vorstehendem Ester und Hydrazinhydrat in der Kälte.

Hydrochlorid des Aceturhydrazids[2]) $C_4H_9O_2N_3 \cdot HCl$. Weißer Niederschlag aus Alkohol + Äther; Schmelzp. 177°; leicht löslich in Wasser, wenig löslich in Alkohol, unlöslich in Äther und Benzol.

Acetonaceturhydrazid[2]) $C_7H_{13}O_2N_3 = CH_3 \cdot CO \cdot NH \cdot CH_2 \cdot CO \cdot NH \cdot N : C(CH_3)_2$. Aus Aceturhydrazid und Aceton. Krystalle aus Alkohol, Schmelzp. 144°; löslich in Wasser und Alkohol; unlöslich in Äther und Benzol.

Diaceturhydrazid[2]) $C_8H_{14}O_4N_4 = (CH_3 \cdot CO \cdot NH \cdot CH_2 \cdot CO \cdot NH)_2$. Farblose Blätter aus Wasser, Schmelzp. 259—260°. Aus Aceturhydrazid mit HCl und $NaNO_2$; Aceturazid wird da nicht erhalten. Mit HCl zerfällt es in der Hitze völlig; in der Kälte zerfällt es unter Bildung von Aceturhydrazid.

Carboxyäthylaminoacetaldehyd[3]) $C_2H_5—O \cdot OC \cdot NH \cdot CH_2 \cdot CHO$. — Man behandelt Allylurethan in Eisessig mit gewaschenem Ozon (8—10%) und erwärmt die Lösung zur Zersetzung des gebildeten Ozonids auf dem Wasserbade. — Man erhält so die Substanz neben Formaldehyd, Ameisensäure und anderen Produkten. Flüssigkeit von glycerinartiger Konsistenz. Siedepunkt unter 0,5 mm Druck 79—80°, spez. Gewicht bei $21,5°/4° = 1,1484$. — Leicht löslich in organischen Lösungsmitteln, wenig löslich in Wasser. — Brechungsbefund $n_D^{21,5°} = 1,44221$, $n_\alpha = 1,43970$, $n_\beta = 1,44866$, $n_\gamma = 1,45371$. — Reduziert Fehlingsche Lösung und ammoniakalische Silberlösung. Das **p-Nitrophenylhydrazon** bildet Krystalle aus Alkohol, die bei 270° noch nicht schmelzen.

Benzoylnitriloacetamidacetylglycin[4]) $C_{13}H_{15}O_5N_3 + H_2O$. Wird gewonnen aus salzsaurem Glycinamid in Gegenwart von $NaHCO_3$ und Chloracetylglycinamid in wässerigem Alkohol, darauf folgt Benzoylieren. Prismen vom Schmelzp. 186—188° klares Öl bildend, das sich bei 191° zersetzt. Bei 100° im Vakuum wird das Krystallwasser abgegeben.

Diäthylaminoessigsäuretrichlorbutylester[5]). Aus Chloressigsäuretertiärtrichlorbutylester mit Diäthylamin. Öl, Siedep. $_{20}$ 142—145°; das Chlorhydrat schmilzt bei 167—168°; das Platindoppelsalz krystallisiert zu Plättchen, Schmelzp. 212°.

Dimethylglycintertiärtrichlorbutylester[5]). Ist ein Öl; das Chlorhydrat bildet rhombische Plättchen; Schmelzp. 220°; in Wasser sehr leicht löslich.

Bromtrimethylglycinmethylester[6]) Schmelzp. 179—181°; in Wasser, Alkohol und Essigsäure leicht löslich; in Benzol und Lauge unlöslich. Gibt mit alkoholischem NH_3 das Bromtrimethylglycynamid.

Bromtrimethylglycinamid[6]) weiße Nadeln aus Alkohol. Schmelzp. 202—203°; in Wasser, heißer CH_3COOH und Alkohol sehr leicht löslich, in Äther, $(CH_3)_2CO$, Chloroform, Lauge und Petroläther unlöslich.

Jodtrimethylglycynmethylester[6]), Schmelzp. 153,5—154,5; **Jodtrimethylglycinamid.** Aus vorigem Ester darstellbar, derbe Krystalle, Schmelzp. 191°; in Wasser, heißem Alkohol und Essigsäure sehr leicht löslich, in Aceton wenig, in Äther, Lauge und Benzol unlöslich.

---

[1]) Fr. Fichter u. Max Schmid, Helv. chim. acta 3, 704 [1920]; Chem. Centralbl. **1920**, III, 917.

[2]) Theodor Curtius, Journ. f. prakt. Chemie 94, 85—134 [1917]; Chem. Centralbl. **1919**, I, 745.

[3]) C. Harries u. Friedrich Duvel, Berichte d. Deutsch. Chem. Gesellschaft 47, 3344—3346 [1914].

[4]) Peter Bergell, Zeitschr. f. physiol. Chemie 99, 150—160 [1917]; Chem. Centralbl. **1917**, II, 526.

[5]) Richard Wolffenstein, D.R.P. Nr. 289 249, ausg. 15. Dez. 1915; Chem. Centralbl. **1916**, I, 197.

[6]) Akt.-Ges. f. Anilinfabrikation, D.R.P. Nr. 292 590, 16. Juni 1916; Chem. Centralbl. **1916**, II, 207.

Diäthylglycinamid[1]) gibt mit Bromäthyl erhitzt bei 50—100° **Bromtriäthylglycinamid**. Weiße Krystalle, Schmelzp. 142—143°, in Wasser, Alkohol und Essigester leicht löslich, in Benzol, Äther, Xylol und Lauge unlöslich. Gibt mit Jodäthyl oder **Jodtriäthylglycinäthylester**[1]) und alkohol. NH_3: **Jodtriäthylglycinamid**[1]), weiße Nadeln; Schmelzp. 150,5—152,5°; in Wasser, heißem Alkohol und Essigsäure sehr leicht löslich, in Aceton, wenig, in Äther, Benzol und Lauge unlöslich.

Glycyl-p-arsanilsäure[2]) $C_8H_{11}O_4N_2A_2 = H_2NCH_2CONH \cdot C_6H_4AsO_3H_2$. — 20 g Chloracetylarsanilsäure werden zu 100 ccm konz. wässerigem NH_3 gegeben, man erwärmt allmählich auf 30° und läßt über Nacht stehen. Das überschüssige NH_3 wird durch Erhitzen entfernt, das erhaltene Produkt wird durch verdünnte HCl gereinigt, die als Nebenprodukt gebildete Iminoverbindung ist in HCl unlöslich. Die Ausfällung der Arsanilsäure erfolgt mit Na-Acetat. Die reine Verbindung resultiert durch Lösen in verdünntem NaOH und Ausfällen mit CO_2. Kleine, gezähnte glänzende Platten, die bis 295° nicht schmelzen, sehr wenig löslich in heißem Wasser und 50 proz. Alkohol. Die Verbindung reagiert als eine sehr schwache Säure.

Iminobisacetyl-p-arsanilsäure[2]) $C_{16}H_{19}O_8N_3As_2 = (p—H_2O_3AsC_6H_4NHCOCH_2)_2 \cdot NH$. — Das als Nebenprodukt bei der Herstellung der Glycyl-p-arsanilsäure erhaltene, in HCl unlösliche Produkt wird in verdünnter NaOH gelöst und mit HCl ausgefällt. Glänzende Rosetten von Mikrokrystallen aus verdünntem NH_4OH und Eisessig. Vor dem Filtrieren wird die abgekühlte Lösung mit HCl gegen Kongorot angesäuert. Die Verbindung ist unlöslich und schmilzt nicht bis 285°.

N-Methylglycyl-p-arsanilsäure[2]) $C_9H_{13}O_4N_2As \cdot 2 H_2O = \gamma—CH_3NHCH_2CONHC_6H_4As O_3H_2$. — Eine konz. Methylaminlösung, hergestellt aus 25 g Methylaminhydrochlorid und 60 g kalter 25 proz. NaOH-Lösung, und zu 5 g Chloracetylarsanilsäure gegeben. Man läßt das Gemisch auf Zimmertemperatur erwärmen und entfernt das Methylamin nach 24 Stunden durch Erwärmen auf dem Wasserbade. Die Säure krystallisiert durch Zusatz von Eisessig aus. Aus Wasser lange, seidenglänzende Nadeln, die bis 275° nicht schmelzen. Unlöslich in heißem Alkohol, sehr wenig löslich in heißem Wasser, löslich in verdünnten Mineralsäuren, beim Zusatz von $NaNO_2$ resultiert ein Nitrosoderivat in Form von Scheiben oder Kugeln mikroskopischer Nadeln.

Glycocyamin. Bei mehrtägigem Stehen von reinem Kreatin oder Kreatinin bei Zimmertemperatur in einer Lösung von Mercuriacetat entsteht α-Methylguanidoglyoxylsäure. — Auch Glykocyamin wird unter ähnlichen Umständen oxydiert[3]).

Glykocyamidin. Es kann fünf Monomethylderivate haben sowie[4])

$$
\begin{array}{ccc}
CH_3 \cdot N\!\!-\!\!-\!\!CO & NH\!\!-\!\!-\!\!CO & NH\!\!-\!\!-\!\!CO \\
HN\!:\!C \quad\;| & CH_3N\!:\!C \quad\;| & HN\!:\!C \quad\;| \\
NH\!\!-\!\!-\!\!CH_2 & NH\!\!-\!\!-\!\!CH_2 & CH_3 \cdot N\!\!-\!\!-\!\!CH_2
\end{array}
$$

$$
\begin{array}{cc}
NH\!\!-\!\!-\!\!CO & N\!\!=\!\!=\!\!COCH_3 \\
HN\!:\!C \quad\;| & HN\!:\!C \quad\;| \\
NH\!\!-\!\!-\!\!CH \cdot CH_3 & NH\!\!-\!\!-\!\!CH_2
\end{array}
$$

Hydrochlorid des 1-Methylglykocyamidins[5]) $C_4H_8ON_3Cl$

$$
\begin{array}{c}
CH_3N\!\!-\!\!-\!\!CO \\
HN\!:\!C \quad\;| \quad \cdot HCl \\
NH\!\!-\!\!-\!\!CH_2
\end{array}
$$

Durch Einwirkung von konz. HCl auf 1-Methyl-2-benzoylglykocyamidin (Benzoylisokreatinin) in alkoholischer Lösung bei 8—10 stündiger Erwärmung. Durch Einengen und Lösen in ein wenig kaltem Wasser gelingt eine Trennung des Hydrochlorids von der Benzoesäure. Zur

[1]) Akt.-Ges. f. Anilinfabrikation, D.R.P. Nr. 292 590, 16. Juni 1916; Chem. Centralbl. **1916**, II, 207.

[2]) Walter A. Jacobs u. Michael Heidelberger, Journ. of Amer. Chem. Soc. **41**, 1822 [1919]; Chem. Centralbl. **1920**, I, 619.

[3]) Louis Baumann u. Thorsten Ingvaldesn, Journ. of Biolog. Chem. **35**, 277—280 [1918]; Chem. Centralbl. **1919**, I, 351.

[4]) Treat B. Johnson u. Ben N. Nicolet, Journ. of Amer. Chem. Soc. **37**, 2416—2426 [1915]; Chem. Centralbl. **1916**, I, 211.

[5]) Korndörfer, Annalen d. Chemie u. Pharmazie **242**, 620 [1904]; Chem. Centralbl. **1905**, I, 156.

Reinigung wird das Hydrochlorid aus Alkohol mit Äther ausgefällt. Körnige Krystalle. Bei 283—285° tritt Zersetzung unter starkem Schäumen ein. Leicht löslich in heißem Wasser und Alkohol, unlöslich in Äther. Korndörfers[1]) Verbindung scheint mit dieser identisch zu sein. **Pikrat:** Schmelzp. 196°; kurze Prismen (Korndörfer 193° Schmelzp.). — **Chloraurat,** kurze gelbe Prismen, Schmelzp. 166° (Korndörfer 168°). Beide Salze geben die gleichen Farbenreaktionen mit Natriumnitroprussid, Pikrinsäure und Fehlingscher Lösung[2]).

1-Methyl-4-benzalglykocyamidin [2]) $C_{11}H_{11}ON_3$

$$\begin{array}{ccc} CH_3N & \!\!\!\!—\!\!\!\! & CO \\[2pt] | & & | \\[2pt] HN:C & & | \\[2pt] | & & | \\[2pt] NH & \!\!\!\!—\!\!\!\! & C:CHC_6H_5 \end{array}$$

Das rohe Hydrochlorid, welches durch HCl-Hydrolyse auf das Gemisch von 1-Methyl-2-benzoylglykocyamidin und 1-Benzoyl-2-methylglykocyamidin resultiert, wird mit Benzaldehyd in Essigsäure bei Gegenwart von Natriumacetat 1 Stunde gekocht. Das bei 219—220° schmelzende Reaktionsprodukt ist durch kalte 5 proz. NaOH trennbar. Die Verbindung bleibt ungelöst, diese bildet den größten Teil. Aus Alkohol flache orangefarbene Prismen, Schmelzp. 246—247° unter heftigem Schäumen. Wenig löslich in heißem Wasser, unlöslich in kaltem Wasser. Bei seiner Darstellung entsteht in geringer Menge eine Verbindung gleicher Zusammensetzung vom Schmelzp. 237—239°. Es ist wahrscheinlich eine stereoisomere Modifikation, und zwar 1-Methyl-4-benzalglykocyamidin. Unlöslich in 5 proz. KOH.

2-Methyl-4-benzalglykocyamidin [2]) $C_{11}H_{11}ON_3$. Bei der Darstellung von 1-Methyl-4-benzalglykocyamidin aus der NaOH-Lösung durch Ansäuern erhaltbar. Aus Alkohol nadelförmige Prismen, Schmelzp. 123°; diese Verbindung ist auf zwei Wegen noch synthetisch hergestellt.

Einmal durch Kondensation von -2-Äthylmercapto-4-benzalhydantoin (I.) mit Methylamin (Schmelzp. 222°)

$$\begin{array}{ccc} & NH & \!\!—\!\! CO \\[2pt] & | & | \\[2pt] C_2H_5SC & I. & | \\[2pt] \| & & | \\[2pt] N & \!\!—\!\! C:CHC_6H_5 \end{array}$$

sowie durch Kondensation von 2-Thiohydantoin (II.)

$$\begin{array}{ccc} & NH & \!\!—\!\! CO \\[2pt] & | & | \\[2pt] SC & II. & | \\[2pt] | & & | \\[2pt] NH & \!\!—\!\! CH_2 \end{array}$$

mit Methyljodid zu der (III.) Mercaptoverbindung

$$\begin{array}{ccc} & NH & \!\!—\!\! CO \\[2pt] & | & | \\[2pt] CH_3SC & III. & | \\[2pt] \| & & | \\[2pt] N & \!\!—\!\! CH_2 \end{array}$$

woraus durch Einwirkung von Methylamin-2-Methylglykocyamidin resultiert.

Dies gibt durch Einwirkung von Benzaldehyd 2-Methyl-4-benzal-glykocyamidin, Schmelzpunkt 223°.

4-Benzalglykocyamidin [2]). Bildung durch Kondensation von Glykocyamidin mit C_6H_5CHO in Essigsäure in Gegenwart von Natriumacetat. Aus Alkohol Krystallpulver vom Schmelzp. 297°. Nach Ruhlmann[3]) 295°. Mit CH_3J gibt es in Gegenwart von KOH 1-Methyl-4-benzal-glykocyamidin, Schmelzp. 246°.

2-Methyl-glykocyamidin [2]). Wird die Verbindung mit 5 proz. KOH 10 Minuten gekocht und nach starkem Ansäuern mit HCl 8 Stunden gekocht und nachher mit Benzaldehyd in Essigsäure kondensiert, so resultiert 1-Methyl-4-benzalylglykocyamidin vom Schmelzp. 246°,

---

[1]) Korndörfer, Annalen d. Chemie u. Pharmazie **242**, 620 [1904]; Chem. Centralbl. **1905**, I, 156.
[2]) T. B. Johnson u. B. N. Nicolet, Journ. of Amer. Chem. Soc. **37**, 2416—2426 [1915]; Chem. Centralbl. **1916**, I, 211.
[3]) Ruhemann u. Stapleton, Journ. of Chem. Soc. London **77**, 239 [1900]; Chem. Centralbl. **1900**, I, 816.

gemischt mit 2-Methyl-4-benzalglykocyamidin vom Schmelzp. 222°. Alkali wandelt also das 2-Methylglykocyamidin in das 1-Methylglykocyamidin, woraus die Verschiedenheit der Alkylierungsprodukte von Glykocyamidinen in Gegenwart von Alkali folgt.

2-Benzoylglykocyamidin[1]) $C_{10}H_9O_2N_3$

$$C_6H_5 \cdot CO \cdot N : C \underset{NH-CH_2}{\overset{NH-CO}{\rule{0pt}{2.2em}}}$$

Durch Einwirkung von wässeriger NH_3 auf Äthylbenzoylpseudoäthylthiohydantoat[2]) in Alkohol. Nach 5 Tagen wird $^1/_2$ Stunde am Wasserbad erwärmt. Durch Konzentrieren erhält man das Glykocyamidin in Form farbloser Nadeln, wenig löslich in heißem Alkohol. Sehr wenig löslich in kaltem Alkohol. Kein bestimmter Schmelzpunkt, bei 230° tritt Verkohlung und Zersetzung ein.

1-Methyl-2-benzoylglykocyamidin $C_{13}H_{17}O_3N_3$

$$C_6H_5 \cdot CO \cdot N : C \underset{NH-CH_2}{\overset{CH_3 \cdot N-CO}{\rule{0pt}{2.2em}}}$$

Durch Einwirkung von Methylamin auf Benzoylpseudoäthylthiohydantoinsäure-Ester. Mißgestaltete Nadeln, vom Schmelzp. 214°; leicht löslich in heißem Alkohol, wenig löslich in kaltem Alkohol, sehr leicht löslich in heißem Wasser. Die Ausbeute beträgt etwa 85% der Theorie.

1-Benzoyl-2-methylglykocyamidin[1]) $C_{13}H_{17}O_3N_3$

$$CH_3 \cdot N : C \underset{NH-CH_2}{\overset{C_6H_5CON-CO}{\rule{0pt}{2.2em}}}$$

Darstellung durch Einwirkung von Methylamin auf den Äthylester der Benzoylpseudoäthylthiohydantoinsäure.

Oxytrimethylenglycin[3]) $C_7H_{14}O_5N_2$

$$CH(OH){\Large<}\genfrac{}{}{0pt}{}{CH_2 \cdot NH \cdot CH_2 \cdot COOH}{CH_2 \cdot NH \cdot CH_2 \cdot COOH}$$

wird aus der bei 72stündigem Erhitzen von 20 g feingepulvertem Glykokoll und 44 ccm Formalin auf 38—40° erhaltenen Lösung durch Aceton als zähflüssige Masse gefällt, welche dann in Kältemischung erstarrt. Weißes oder schwach gelbes amorphes Pulver, das bei 73—75° sintert, bei etwas stärkerem Erwärmen sich zersetzt, wobei Alkohol, Methylalkohol, Wasser und Kohlenräure gebildet werden. Beim Kochen mit Wasser wird Glykokoll zurückgebildet. — Die Verbindung verhält sich wie eine zweibasische Säure. Die Lösung in Formalin oder auch in Wasser gibt mit Fichtenholzschliff eine grünlichgelbe Färbung, hervorgerufen durch die Ligninbestandteile des Holzes. Reine Cellulose färbt sich nicht[4]). **Natriumsalz** $Na_2C_7H_{12}O_5N_2 + H_2O$, weißes amorphes Pulver, hygroskopisch. **Calciumsalz** $CaC_7H_{12}O_5N_2 + 2 H_2O$, nur wenig hygroskopisch. — **Bariumsalz** $BaC_7H_{12}O_5N_2 + 2 H_2O$. Scheidet sich krystallinisch aus der konz. Lösung von Glycinbarium mit Formaldehyd aus. Ziemlich löslich in Wasser, kaum in verdünntem Alkohol. — Die **Magnesiumsalze** sind amorph und hygroskopisch. Das **Kupfersalz** $CuC_7H_{12}O_5N_2 + 3H_2O$, krystallisiert aus der beim Erwärmen von Glykokollkupfer mit Formalin auf 50—52° zunächst erhaltenen Lösung in tiefblauen Blättchen. — **Monoacetylverbindung** $C_7H_{13}O_5N_2 \cdot CO \cdot CH_3$, amorphes Pulver, sehr hygroskopisch.

---

[1]) T. B. Johnson u. B. N. Nicolet, Journ. of Amer. Chem. Soc. **37**, 2416—2426 [1915]; Chem. Centralbl. **1916**, I, 211.

[2]) Wheeler, Nicolet, Johnson, Amer. Chem. Journ. **46**, 456 [1911]; Chem. Centralbl. **1912**, I, 406.

[3]) Hugo Krause, Berichte d. Deutsch. Chem. Gesellschaft **51**, 136—150 [1918]; Chem. Centralbl. **1918**, I, 514.

[4]) Hugo Krause, Berichte d. Deutsch. Chem. Gesellschaft **51**, 1556 [1918]; Chem. Centralbl. **1919**, I, 17.

Ester des Oxytrimethylenglycins bilden sich leicht, wenn man eine Lösung von Glykokoll-esterchlorhydrat in Formalin mit Natronlauge versetzt. — Durch Einleiten von Salzsäure in eine absolut alkoholische Suspension von Oxytrimethylenglycin kann dieses nicht verestert werden[1]).

Oxytrimethylenglycinäthylester[1]) $CH(OH) \cdot (CH_2 \cdot NH \cdot CH_2 \cdot COOC_2H_5)_2$. — Erhalten durch $^1/_2$ stündiges Stehenlassen von 60 g Glycinäthylesterchlorhydrat in 70 ccm 40 proz. Formalin bei 40—45°. Zusatz von 40 proz. Natronlauge bis zur schwach alkalischen Reaktion nach Abkühlen der Lösung. — Glycerinartig dickes Öl, Siedepunkt unter 16 mm, 140—150° unter teilweiser Zersetzung. Spez. Gewicht 1,150 bei 15°. Mischbar mit Alkohol, Äther, Aceton, Chloroform und Benzol, löslich in Wasser von 18° im Verhältnis 1 : 6,5, viel weniger löslich in warmem Wasser. — Auch durch Zersetzung von starker Natronlauge, Natriumchlorid oder Calciumchlorid läßt sich ein Teil des Esters aus wässeriger Lösung abscheiden. — Trocken reagiert er nicht auf Lackmus, in Gegenwart von Wasser zeigt er durch die teilweise Zersetzung in Formaldehyd, Glycinester usw. alkalische Reaktion. Gegen Natronlauge ist er ziemlich beständig, er wird erst beim Kochen unter Formaldehydabspaltung verseift. — Wird sehr leicht durch kalte verdünnte Salzsäure zerlegt nach der Gleichung[2]):

$$CH(OH) = (CH_2 - NH - COOC_2H_5)_2 + 2\,HCl + 2\,H_2O = CH_3OH + 2\,CH_2O$$
$$+ 2\,NH_2 \cdot CH_2 \cdot COOC_2H_5 \cdot HCl,$$

ein Verhalten, das in Gegenwart von Methylorange zur Titration des Esters benutzt werden kann. — Beim Erhitzen des Oxymethylenglycinäthylesters im Vakuum erhält man neben dem unveränderten Ester Formaldehyd und N-Methylenglycinäthylester: $CH_2 = N - CH_2 - COOC_2H_5$.

N-Methylenglycinäthylester[2]) $CH_2 = N - CH_2 - COOC_2H_5$. — Oxytrimethylenglycin-äthylester wird etwa 15 Minuten bei Atmosphärendruck auf 175° erhitzt, dann auf — 16 mm evakuiert und rasch die Temperatur auf 200° gesteigert. — Nach Auffangen des Vorlaufs wird rasch bei 200—210° wieder destilliert. Dickes Öl, fast unlöslich in Wasser, löslich in Alkohol, Äther, Aceton, Chloroform und Benzol. — Leicht löslich in verdünnten Säuren unter Form-aldehydabspaltung.

Oxytrimethylenglycinmethylester[2]) $CH(OH) : (CH_2 - NH_2 - CH_2 - COOC_2H_5)_2$. — Bil-dung analog dem Äthylester. Öl, spez. Gewicht 1,20. Löslich in Wasser in allen Verhältnissen. — Die wässerige Lösung scheidet beim Erhitzen kein Öl aus. — Mit 33 proz. Natronlauge läßt sich an einer 50 proz. Lösung des Esters ein Teil abscheiden, nicht mehr aus einer 20 proz. Lösung. — Calciumchloridlösung scheidet aus der 50 proz. Lösung nur wenig Öl aus. Mischbar mit Alkohol, Äther, Chloroform, Essigsäure und Benzol. Läßt sich in Gegenwart von Methyl-orange genau wie der Äthylester mit Salzsäure titrieren.

Oxytrimethylenglycinamid[2]). Entsteht in geringen Mengen bei der Einwirkung von Ammoniak auf Oxytrimethylenglycinäthylester. Als Hauptprodukt entsteht Hexamethylen-tetramin. — Unter den Reaktionsprodukten befindet sich eine Verbindung $C_{11}H_{21}O_4N_3$ viel-leicht folgender Konstitution: $NH : C(CH_2 \cdot NH \cdot CH_2 \cdot COOC_2H_5)_2$. Es ist ein in Wasser löslicher Sirup, reagiert kaum alkalisch; leicht löslich in Alkohol, Aceton und Chloroform, wenig löslich in Benzol und Äther. — Das Silbersalz $C_3H_6O_3NAg$ wurde früher als Oxytrimethylen-glycinsilber angenommen, dies hat sich aber nicht bestätigt. Das Salz ist vielmehr ein N-Oxy-methylenglycinderivat.

Oxytrimethylenglycinbarium[2]) $C_7H_{12}O_3Ba \cdot 3\,H_2O$. — Bei Einwirkung einer konz. Lösung von Glykokollbarium auf technisches Formalin. Wird auch durch Umsetzung einer formalinhaltigen Lösung von Oxytrimethylenglycinkalium mit Bariumacetat in Stäbchen oder Blättchen erhalten. — In beiden Darstellungsmethoden erhält man das Salz mit einer geringen Menge von carbamincarbonsaurem Barium verunreinigt. In leicht löslicher, amorpher, feinkörniger Form wird das Salz beim Verrühren einer 25 proz. Lösung von wenige Tage altem Oxytrimethylenglycin mit der theoretischen Menge einer 15 proz. Paste von Äthylbaryt er-halten, wobei eine fast klare Lösung entsteht, nach 48 stündiger verschlossener Aufbewahrung, wobei keine Ausfällung stattfand, Zugabe des achtfachen Volumens von 80 proz. Methyl-alkohol. — Hat anscheinend die gleiche Zusammensetzung wie das wenig lösliche Salz.

Oxymethylenglycinbarium und N-Oxymethylenglycinbarium werden zu ungefähr gleichen Teilen nebeneinander erhalten, wenn man eine etwa 50 proz. Lösung von Glykokoll-

---

[1]) Hugo Krause, Berichte d. Deutsch. Chem. Gesellschaft **51**, 1556 [1918]; Chem. Centralbl. **1919**, I, 17—18.

[2]) Hugo Krause, Berichte d. Deutsch. Chem. Gesellschaft **52**, 1211 [1919].

barium mit etwas überschüssiger reiner 30 proz. Formaldehydlösung etwa 15 Minuten auf 50° erwärmt, mit überschüssigem, technischem Formalin erhält man dagegen fast nur Oxytrimethylenglycinbarium. — Die Bildung von Oxytrimethylenglycinbarium wird begünstigt durch die Tiefe der Temperatur und vorsichtiges Arbeiten mit reinem Formaldehyd unter Vermeidung eines irgend erheblichen Überschusses. — In entsprechender Weise wurden die übrigen Alkali- und Erdalkalisalze des N-Oxymethylenglycins dargestellt. — Nach ihrer Bildung werden sowohl das in Formalin fast unlösliche N-Oxymethylenglycinbarium wie das leicht lösliche Calciumsalz nicht in merklichem Grad durch Formalin in die Trioxymethylenglycinverbindung überführt.

N-Oxymethylglycinkalium[1]) $HO—CH_2—NH—CH_2—COOH$. Beim tropfenweisen Versetzen einer auf 0° abgekühlten neutralen konz. Lösung von Glykokollkalium mit reiner 33 proz. Formaldehydlösung bei 0—5°, Verrühren der Flüssigkeit mit eiskaltem absol. Alkohol und je zweimaligem Verrühren der abgeschiedenen Salzlösungen mit kaltem Alkohol und Äther und Trocknen der Masse über Schwefelsäure zunächst im Vakuum, dann bei gewöhnlicher Temperatur. — In reinerer Form erhält man es aus dem neutralen Bleisalz $(C_3H_6O_8N)_2Pb$ durch Suspension des Bleisalzes in einem Gemisch gleicher Teile von absol. Alkohol und reiner 10 proz. Formaldehydlösung, Zutröpfeln reinster 40 proz. Kaliumsulfidlösung unter dauerndem Rühren innerhalb einer Stunde unter 0° unter Vermeidung jeglichen Überschusses, Absaugen vom Bleisulfid mit Auswaschen desselben bei 0°, Versetzen des Filtrates mit einem Gemisch von Alkohol und Äther (2 : 1) und je zweimaliges Durcharbeiten der abgeschiedenen Salzlösung mit absol. Alkohol und Äther. — Amorphe, spröde, leicht zerreibliche, farblose Masse. — Sehr leicht löslich in Wasser mit starker alkalischer Reaktion, schwer löslich in absol. Alkohol. Bei 80° verliert 1 Mol. Konstitutionswasser unter Bildung eines Anhydrides[1]).

N-Oxymethylglycinnatrium[1]) $HO—CH_2—NH—CH_2—COONa$. Bildung analog dem Kaliumsalz, jedoch wird bei der Darstellung aus dem Bleisalz von einer 50 proz. alkoholischen Lösung ausgegangen und die Ausfällung der Salzlösung mit Aceton und die Wasserentziehung mit Aceton und Äther vorgenommen. — Gleicht dem Kaliumsalz, ist jedoch zerfließlicher; bildet in gleicher Weise ein Anhydrid.

N-Oxymethylglycinbarium[1]) $[HO—CH_2—NH—CH_2—COO]_2Ba + 2 H_2O$. — Dünne Stäbchen, löslich in Wasser von 18° (1 : 21) mit alkalischer Reaktion. — Scheidet sich aus der wässerigen Lösung durch Zusatz der gleichen Menge absol. Alkohol aus. — Verliert über Schwefelsäure bei gewöhnlichem Druck rasch das Krystall-, weiter langsam Konstitutionswasser unter Bildung eines Anhydrids. — Sehr leicht löslich in einer etwa 20 proz. wässerigen Lösung von Oxymethylglycinblei, wahrscheinlich unter Bildung eines Doppelsalzes.

N-Oxymethylglycincalcium[1]) $[HO—CH_2—NH—CH_2—COO]_2Ca + H_2O$. — Weißes, amorphes Pulver; leicht löslich in Wasser mit alkalischer Reaktion; zerfließlich an sehr feuchter Luft; verliert über Schwefelsäure im Vakuum rasch das Hydrat, dagegen nur einen kleinen Teil des Konstitutionswassers.

N-Oxymethylglycinkupfer[1]). In unreiner Form durch Umsetzung mit Oxymethylglycinnatrium. — Unregelmäßige Blättchen. Beim Versuche seiner Darstellung aus der formaldehydhaltigen Lösung des Bleisalzes mit Kupfernitrat wurde ein hellblaues Salz erhalten, in dem offenbar ein durch mäßig verdünnten Alkohol nicht zerlegbares Doppelsalz aus Kupfernitrat und Oxymethylenglycinblei vorliegt. —

Doppelsalz von Oxymethylglycinblei mit Oxymethylglycinsilber[2]) $3 C_3H_5O_3NAg + 2 (C_3H_6O_3N)_2 \cdot Pb$. — Gelbes Pulver.

Anhydromethylglycinblei[1]). Bildet, wenn man bei der Darstellung von feinstgepulvertem Glykokollblei ausgeht, leicht stark übersättigte Lösungen. — Löslich in kaltem Wasser (1 : 100); sehr leicht löslich in Wasser von 80° (1 : 1½), aus dem es sich beim raschen Abkühlen unverändert wieder ausscheidet. Wird durch 15 Minuten langes Kochen in konz. wässeriger Lösung zum Teil unter Bildung von Glykokollblei und Formaldehyd zerlegt.

N-Methyl-C-methyl-äthyl-glycin[3]) $CH_3NH \cdot C(CH_3)(C_2H_5) \cdot COOH$. Aus N-Methyl-C-methyl-äthylhippursäure mit 20 proz. Salzsäure. Sublimierbar. **Chlorhydrat** vom Schmelzp. 203—204°.

N-Methyl-C-methyl-äthyl-glycinnitril[3]) $CH_3NH \cdot C(H_3C)(C_2H_5)CN$. Aus 6 g Cyankalium und 5 g Methylaminchlorhydrat in je 15 ccm Wasser mit 12 ccm Methyl-äthyl-keton

---

[1]) Hugo Krause, Berichte d. Deutsch. Chem. Gesellschaft **52**, 1211 [1919].

[2]) Hugo Krause, Berichte d. Deutsch. Chem. Gesellschaft **51**, 1556 [1918]; Chem. Centralbl. **1919**, I, 18.

[3]) E. Immendörfer, Berichte d. Deutsch. Chem. Gesellschaft **48**, 605—616 [1915]; Chem. Centralbl. **1915**, I, 1164.

bei 40° gewonnen. Bei 149—154° gehen 7 g der farblosen Base über. Schwer löslich in Wasser. **Pikrat,** Schmelzp. 88—89°. **Platinsalz,** Schmelzp. 235°.

N-Äthyl-C-dimethyl-glycin[1]) $C_2H_5NH \cdot C(CH_3)_2 \cdot COOH$. Aus der entsprechenden Hippursäure durch Kochen mit Salzsäure. Sublimierbar. **Chlorhydrat,** aus Alkohol mit Äther fällbar. Schmelzp. 249—251°. **Methylester,** aus dem Säurechlorid, Schmelzp. 68°.

N-Äthyl-C-dimethyl-glycinnitril[1]) $C_2H_5 \cdot NH \cdot C(CH_3)_2CN$. Aus Äthylaminchlorhydrat, Cyankalium und Aceton. Farbloses Öl vom Siedepunkt 143—144°. **Chlorhydrat,** hygroskopisch, Schmelzp. 109—110,5°. **Pikrat,** Schmelzp. 166—168°.

N-Methyl-C-diäthyl-glykokoll[1]) $CH_3 \cdot NH \cdot C(C_2H_5)_2COOH$. Aus N-Methyl-C-diäthyl-hippursäure durch Kochen mit der 10fachen Menge 20proz. Salzsäure. Das Chlorhydrat wird mit Silberoxyd zersetzt. Besitzt keinen Schmelzpunkt, es sublimiert in voluminösen Flocken. — **Chlorhydrat,** rhombische Tafeln vom Schmelzp. 246—247°.

N-Methyl-C-diäthyl-glycinnitril[1]) $CH_3 \cdot NH \cdot C(C_2H_5)_2 \cdot CN \cdot$ 25 g Cyankalium und 25 g Methylaminchlorhydrat in je 50 ccm Wasser werden mit 60 ccm Diäthylketon versetzt. Nach 3stündigem Schütteln wird das obenaufschwimmende Öl abgehoben, mit Kali getrocknet, fraktioniert. Dabei werden 34 g der zwischen 165—167° siedenden Base erhalten. — Riecht campherähnlich, erregt leicht Kopfschmerz, ist in Wasser mit alkalischer Reaktion sehr schwer löslich. **Pikrat,** Zersetzungsp. 98°. **Chlorhydrat,** Schmelzp. 76—77$^1/_2$°.

Sarkosin (Methylglycin) (Bd. IV, S. 462).

Bildung: Aus p-Toluolsulfosarkosin durch Spaltung mit konz. Salzsäure[2]).

Darstellung: Man löst Methylaminchlorhydrat in 37proz. Formaldehydlösung und versetzt mit einer konz. Lösung wässeriger Cyankaliumlösung. — Das Reaktionsprodukt wird mit Äther ausgeschüttelt, der Äther verjagt und das resultierende Nitril CH_3—NH—CH_2—CN durch Kochen mit Barytwasser verseift[3]).

Nachweis und Bestimmung: Gibt schon mit Wasser eine dunklere Gelbfärbung auf holzhaltigem Papier wie Glykokoll; mit Formalin in sehr feuchtem Zustande keine, beim Eintrocknen eine grüngelbe Färbung[4]).

Physiologische Eigenschaften: Injektion von Sarkosin gab mehrfach Steigerungen des Kreatingehaltes, die auf einen Zusammenhang hinweisen[5]). Ist ohne Einfluß auf die Harnsäureausscheidung[6]).

Sarkosin mit Paraformaldehyd zusammen in der Nahrung gegeben, steigerte bei Enten nur etwa zu 60% die Kreatinausscheidung im Harn[7]).

Physikalische und chemische Eigenschaften: Verbraucht bei der Hydrolyse der Proteinkörper kein Br[8]).

Derivate: Chlorhydrat des Sarkosinäthylesters[9]). Wurde erhalten durch Einleiten von HCl in eine absolute alkoholische Suspension von Sarkosin bis zur Lösung, einstündiges Erhitzen und Zusatz von trockenem Äther.

Oxalyldisarkosinäthylester $[C_2H_5OOC \cdot CH_2(CH_3)N \cdot CO]_2$. Erhalten durch Erhitzen von 2 Mol. Sarkosinäthylesterchlorhydrat mit 1 Mol. Oxalylchlorid in trockenem Benzol; Krystalle aus Essigester mit Petroläther; Schmelzp. 76°; zeigt nicht die Biuretreaktion; liefert auf Einwirkung von KOH Oxalsäure.

---

[1]) E. Immendörfer, Berichte d. Deutsch. Chem. Gesellschaft **48**, 605—616 [1915]; Chem. Centralbl. **1915**, I, 1164.

[2]) Emil Fischer u. Max Bergmann, Annalen d. Chemie **398**, 96—124 [1913]; Chem. Centralbl. **1913**, II, 423.

[3]) Louis Baumann, Journ. of Biolog. Chem. **21**, 563—566 [1915]; Chem. Centralbl. **1915**, II, 821.

[4]) Hugo Krause, Berichte d. Deutsch. Chem. Gesellschaft **51**, 1556 [1918]; Chem. Centralbl. **1919**, I, 17.

[5]) L. Baumann u. H. M. Hines, Journ. of Biolog. Chem. **35**, 75—82 [1918]; Chem. Centralbl. **1919**, I. 387.

[6]) Howard B. Lewis, Max S. Dunn u. Eduard A. Doisy, Journ. of Biolog. Chem. **36**, 9—26 [1918]; Chem. Centralbl. **1919**, I, 485.

[7]) W. H. Thompson, Biochem. Journ. **11**, 307—318 [1917]; Chem. Centralbl. **1918**, II, 48.

[8]) M. Siegfried u. H. Reppin, Zeitschr. f. physiol. Chemie **95**, 18—28 [1915]; Chem. Centralbl. **1916**, I, 513.

[9]) S. Th. Bornwater, Rec. trav. chim. Pays-Bas **35**, 124 [1916]; Chem. Centralbl. **1916**, I, 44 und Rec. trav. chim. Pays-Bas **36**. 250—257 [1917]; Chem. Centralbl. **1917**, I, 563.

Di-Sarkosin-Hydrobromid[1]) HBr, 2 $CH_3 \cdot NH—CH_2—COOH$. Man bringt eine wässerige Lösung des normalen Salzes, der 1—1$^1/_2$ Mol. Sarkosin zugesetzt sind, neben Chlorcalcium zur Eindunstung. Es scheiden sich schöne, freie Nadeln aus, die sehr hygroskopisch sind; sie werden zwischen zwei Tonplatten abgepreßt und neben Chlorcalcium getrocknet. — Aus wenig Wasser lassen sie sich ohne Zersetzung umkrystallisieren.

Mono-Sarkosin-Calciumchlorid[1]) $CaCl_2$, $CH_3—NH—CH_2—COOH$, 4 H_2O. Man überläßt eine wässerige Lösung gleich molekularer Menge von Sarkosin und Chlorcalcium-hexahydrat der freiwilligen Krystallisation bei gewöhnlicher Temperatur. — Lange, durchsichtige, glasglänzende Nadeln, die beim Erhitzen wasserfrei werden.

Mono-Sarkosin-Natriumjodid[1]) NaJ, $CH_3—NH—CH_2—COOH$, H_2O. Man dampft die wässerige Lösung von 1 Mol. Jodnatrium und 2 Mol. Sarkosin weitgehend auf dem Wasserbad ein und überläßt sie dann der freiwilligen Krystallisation. — Rhombische, farblose Platten, die miteinander zu federartigen Formen verwachsen sind.

Tetra-Sarkosin-Kaliumbromid[1]) KBr, 4 $CH_3—NH—CH_2—COOH$, 4 H_2O. Man löst Bromkalium und Sarkosin entweder im molekularen Verhältnis 1 : 3 oder im Verhältnis 1 : 4 in Wasser und dampft die Lösung weitgehend auf dem Wasserbad ein. — Beim Erkalten scheidet sich dann das Additionsprodukt in feinen, weißen, seideglänzenden Nadeln ab. — Zur Entfernung der sirupösen Mutterlauge werden die Krystalle 3—4 Stunden lang zwischen zwei Tonplatten abgepreßt und dann auf Ton neben Chlorcalcium getrocknet.

Tetra-Sarkosin-Kaliumjodid[1]) KJ, 4 $CH_3—NH—CH_2—COOH$, 4 H_2O. — Zur Darstellung wird die wässerige Lösung der Komponenten weitgehend auf dem Wasserbad eingedampft und die sirupöse Flüssigkeit bei gewöhnlicher Temperatur zur Krystallisation stehen gelassen. — Die ganze Masse erstarrt dann zu einem Brei feiner, verfilzter Nadeln, die gut zwischen Tonplatten abgepreßt werden.

Tetra-Sarkosin-Rubidiumbromid[1]) RbBr, 4 $CH_3—NH—CH_2—COOH$, 4 H_2O. Man löst Rubidiumbromid und Sarkosin in molekularem Verhältnis 1 : 4 in wenig Wasser und läßt die Lösung bei gewöhnlicher Temperatur verdunsten. — Die ausgeschiedenen Krystalle bilden feine, weiße, seideglänzende Nadeln, die asbestartig untereinander verfilzt sind. — Sie werden durch Abpressen zwischen zwei Tonplatten von der Mutterlauge befreit und neben Chlorcalcium aufbewahrt.

Tri-Sarkosin-Calciumchlorid[1]) $CaCl_2$, 3 $CH_3—NH—CH_2—COOH$. — Man engt eine filtrierte, wässerige Lösung von 1 Mol. Chlorcalcium-hexahydrat und 2 oder 3 Mol. Sarkosin auf dem Wasserbade ein und läßt sie zur Krystallisation stehen. — Es scheiden sich dann große, tafelförmige, durchsichtige Krystalle.

Mono-Sarkosin-Strontiumchlorid[1]) $SrCl_2$, $CH_3—NH—CH_2—COOH$, 4 H_2O. — Man läßt eine konzentrierte, wässerige Lösung von Strontiumchlorid und Sarkosin in molekularem Verhältnis bei gewöhnlicher Temperatur zur Krystallisation stehen; die abgeschiedenen Krystalle werden, um die sirupöse Mutterlauge zu entfernen, zwischen Ton abgepreßt und an der Luft getrocknet. Feine, weiße, asbestartige Nadeln.

Mono-Sarkosin-Bariumchlorid[1]) $BaCl_2$, $CH_3—NH—CH_2—COOH$, 4 H_2O. — Man nimmt zweckmäßig auf 1 Mol. Bariumchlorid etwa 1$^1/_2$ Mol. Sarkosin. — Aus der heißen, konz. Lösung der Komponenten scheidet sich das Additionsprodukt beim Erkalten in feinen, weißen Nadeln aus. — Eine relativ verdünnte wässerige Lösung gibt beim langsamen Krystallisieren bei gewöhnlicher Temperatur kleine, farblose, glänzende Nadeln.

Mono-Sarkosin-Bariumbromid[1]) $BaBr_2$, $CH_3—NH—CH_2—COOH$, 4 H_2O. — Man übergießt eine wässerige Lösung gleichmolekularer Mengen der Komponenten bei gewöhnlicher Temperatur der freiwilligen Krystallisation. — Die abgeschiedenen Krystalle werden auf Ton getrocknet. Lange, glasglänzende Nadeln; leicht löslich in Wasser, unlöslich in absol. Alkohol.

Di-Sarkosin-Magnesiumchlorid[1]) $MgCl_2$, 2 $CH_3—NH—CH_2—COOH$, 2 H_2O. Läßt man eine wässerige Lösung, welche die Komponenten im molekularen Verhältnis 1 : 2 enthält, langsam bei gewöhnlicher Temperatur verdunsten, so setzen sich an dem Boden des Gefäßes Drusen von weißen Blättchen ab. — Sie werden auf Ton abgepreßt und an der Luft getrocknet.

Platinsalz $(C_6H_{12}O_3N_2 \cdot HCl)_2PtCl_4$, welches aus Alkohol wasserfrei, aus Wasser mit 2 Mol. Krystallwasser krystallisiert[2]).

---

[1]) P. Pfeiffer u. Fr. Wittka, Berichte d. Deutsch. Chem. Gesellschaft **48**, 1306 [1915]; **48**, 1301 [1915]; **48**, 1305 [1915]; **48**, 1299 [1915].

[2]) L. C. Maillard, Annalen der Chemie. **3**, 48—120 [1915]; Chem. Centralbl. **1916**, I, 8.

p-Toluolsulfosarkosin[1]) $C_{10}H_{13}O_4NS$.

$$CH_3\langle\rangle SO_2-N-CH_2-COOH.$$
$$|$$
$$CH_3$$

38 g Toluolsulfoglycin werden in 200 ccm 3 n-Natronlauge gelöst und mit 28 g Jodmethyl in einer verschlossenen Flasche in einem Bade von 67° geschüttelt. Nach 1 Stunde wird angesäuert, das Öl mit Kaliumbicarbonat aufgenommen, mit Salzsäure wieder gefällt und schließlich aus 1 l kochendem Wasser umkrystallisiert. Ausbeute 38 g. Längliche Platten, Schmelzp. 150—152° (korr.). Leicht löslich in Alkohol, Aceton, schwer in heißem Benzol, sehr schwer in Petroläther.

Aus p-Toluolsulfoglycin durch Methylierung mit Dimethylsulfat. — Im Kaninchenkörper wird die Methylgruppe des Benzolkerns zur Carboxylgruppe oxydiert[2]). Nach oraler Eingabe von 5,5 g des Natriumsalzes an ein Kaninchen ließ sich aus dem eingeengten, mit Salzsäure angesäuerten Harn durch Extraktion mit Äther 0,2 g eines Produktes gewinnen, das aus Wasser in hellbraunen Tafeln krystallisiert, stark sauer reagiert und eine zweibasische Säure folgender Zusammensetzung:

$$HOOC\langle\rangle SO_2-N-CH_2\cdot COOH$$
$$|$$
$$CH_3$$

darstellt[2]).

Benzolsulfosarkosin[2])

$$\langle\rangle-SO_2-N-CH_2\cdot COOH.$$
$$|$$
$$CH_3$$

Aus Sarkosin und Benzolsulfochlorid. Nach Verfütterung von 16 g als Natriumsalz werden durch Extraktion mit Äther 11 g = 81% wieder gewonnen, eine Paarung mit Glykokoll findet nicht statt. Passiert den Tierkörper unverändert[2]).

β-naphtalinsulfosarkosin $C_{13}H_{13}O_4NS$.

$$C_{10}H_7SO_2\cdot N\cdot CH_2COOH$$
$$|$$
$$CH_3$$

Nadeln vom Schmelzp. 169—171° (unkorr.), leicht löslich in Aceton; sehr wenig löslich in kaltem Wasser, Alkohol und Chloroform. Unlöslich in Äther, CCl_4 und Benzol, aus heißem Wasser umkrystallisierbar[3]).

Methylureidoessigsäure[4]).

$$CH_3-N-CH_2\cdot COOH.$$
$$|$$
$$CO$$
$$|$$
$$NH_2$$

Entsteht beim Kochen von Sarkosin mit einer wässerigen Harnstofflösung. — Krystalle. Schmelzp. 153°.

Methylhydantoin[4]).

$$CH_3-N-CH_2-CO$$
$$|\qquad\qquad|$$
$$CO———NH$$

Entsteht beim Kochen von Methylureidoessigsäure mit Salzsäure. Schmelzp. 153°.

---

[1]) Emil Fischer u. Max Bergmann, Annalen d. Chemie **398**, 96—124 [1913]; Chem. Centralbl. **1913**, II, 423.

[2]) Karl Thomas u. Herbert Schotte, Zeitschr. f. physiol. Chemie **104**, 141 [1918]; Chem. Centralbl. **1919**, I, 968.

[3]) Peter Bergell, Zeitschr. f. physiol. Chemie **99**, 150—160 [1917]; Chem. Centralbl. **1917**, II, 526.

[4]) Louis Baumann, Journ. of Biolog. Chem. **21**, 563—566 [1915]; Chem. Centralbl. **1915**, II, 821.

Phenylglycin, Phenylglykokoll (Bd. IV, S. 471; Bd. IX, S. 81).

Physiologische Eigenschaften: Tyrosinase bewirkt Ammoniakbildung und auch Form-
aldehydbildung in Gegenwart von p-Kresol[1]). Bei Verfütterung und bei direkter Einspritzung
in den Dickdarm wirkt stark toxisch; indigobildende Substanzen traten nicht im Urin auf[2]).
Bildet bei Verfütterung und bei direkter Einspritzung in den Dickdarm, wenn auch schwerer
als o-Nitrophenylpropiolsäure Indican, dagegen nicht bei subcutaner Einspritzung. — In vitro
gelang es nicht, durch Einwirkung von Fäulnisbakterien eine Bildung von Indol oder Indican
hervorzurufen[2]).

Physikalische und chemische Eigenschaften: Verbraucht bei der Hydrolyse der Proteinkörper kein Br[3]).

Derivate: Oxalyl-di-Phenylglycin-äthylester + Benzol[4]) [$C_2H_5 \cdot COO \cdot CH_2 \cdot N(C_6H_5 \cdot$
$CO)]_2 \cdot C_6H_6$. Erhalten durch Erhitzen von Phenylglycinäthylester mit Oxalylchlorid in Benzol.
Schmelzp. 105—106°. — Nadeln aus Benzol, welche mit der Zeit klebrig werden. Sehr leicht
löslich in Chloroform. — Prismen aus der Chloroformlösung mit Petroläther; verliert unter
vermindertem Druck kein Benzol. Verliert bei der Wasserdampfdestillation Benzol und geht
in Oxalyl-di-phenylglycinäthylester über. Letzteres bildet Nadeln aus Chloroform + Petroläther; Schmelzp. 87—88°. Geht durch Einwirkung von flüssigem Ammoniak in Oxamid und
Phenylglycinamid über.

Oxalyl-di-Phenylglycin[4])

$$\left[\begin{array}{c} CO-N-CH_2-COOH \\ | \\ C_6H_5 \end{array} \right]_2 .$$

Entsteht aus dem Äthylester mit 10 proz. Kalilauge; glänzende Nadeln aus Wasser, Schmelzp.
217—219° unter Gasentwicklung.

p-Nitrosophenylglycin[5]). In rauchender HCl suspendiertes oder gelöstes Phenylglycin
wird mit Nitriten, HNO_2 oder Nitrosylchlorid behandelt. Das Produkt ist ein braunes, leicht
stäubendes Pulver, unlöslich in Äther, Alkohol, Wasser. Aus der Lösung in Alkalien wird es
durch Säuren wieder ausgefällt. Mit NH_3 bildet es eine recht beständige dunkelgrüne Lösung,
die unter Zusatz von Alkohol kräftiggrüne Krystalle des Ammoniumsalzes ausscheidet. Mit
Toluylen-m-diamin gibt das p-Nitrosophenylglycin oder sein Chlorhydrat einen prachtvoll
blauen, mit α-Napthylamin einen violettblauen Farbstoff.

1, 2, 4-Nitrotolylglycin[6])

$$\begin{array}{c} CH_3 \\ \bigcirc NH-CH_2-COOH \\ NO_2 \end{array} = C_9H_{10}O_4N_2 .$$

Aus 1, 2, 4-Nitrotoluidin und Bromessigsäure bei 60—120°. Hellgelbe Nadeln aus Wasser.
Schmelzp. 140°. — Schwer löslich in kaltem Wasser, löslich in Alkohol, Äther und Essigsäure.
Dieses Silbersalz $AgC_9H_9O_4N_2 + \frac{1}{2} H_2O$ bildet hellgelbe Nadeln, zersetzt sich beim Erhitzen
plötzlich und schwärzt sich an der Luft. — Das Kupfersalz $Cu(C_9H_9O_4N_2)_2 + H_2O$ bildet hell-
grüne Krystalle aus Alkohol; ist unlöslich in kaltem Wasser, wenig löslich in heißem Alkohol,
unlöslich in Äther und Benzol. Verliert beim Erhitzen Krystallwasser und wird grau. Schmelzpunkt 195°. — **Methylester** $C_{10}H_{12}O_4N_2$. Aus dem Silbersalz durch Methyljodid. Hellgelbe
Nadeln aus Benzol, Schmelzp. 108°. Unlöslich in Wasser, wenig löslich in Äther; leicht löslich
in Alkohol und Essigsäure. **Äthylester** $C_{11}H_{14}O_4N_2$. — Aus Nitrotolylglycin mit Alkohol
und Salzsäure. Rotbraune Nadeln aus Alkohol, Schmelzp. 42°, leicht löslich in Alkohol, unlöslich in Wasser, schwer löslich in Benzol.

---

[1]) R. Chodat u. K. Schweizer, Biochem. Zeitschr. **57**, 430—436 [1913]; Chem. Centralbl.
1914, I, 156.
[2]) Chûai Asayama, Act. Schol. Med. Univ. Kioto **1**, 123 [1916]; Chem. Centralbl. **1920**, III, 495.
[3]) M. Siegfried u. H. Reppin, Zeitschr. f. physiol. Chemie **95**, 18—28 [1915]; Chem. Centralbl.
1916, I, 513.
[4]) Th. Figee, Rec. trav. chim. Pays-Bas **34**, 289—325 [1914]; Chem. Centralbl. **1915**, II, 651.
[5]) S. D. Riedel, Akt.-Ges., D.R.P. 268 219, ausg. 10. Dez. 1913; Chem. Centralbl. **1914**, I, 203.
[6]) Wilhelm Pollak, Journal f. prakt. Chemie [2] **91**, 285—306 [1915].

1, 2, 4-Aminotolylglycin [1])

$$\underset{NH_2}{\overset{CH_3}{\bigcirc}}\,NH-CH_2-COOH.$$

Aus dem entsprechenden Nitrotolylglycin durch Reduktion mit Zinnchlorür oder Zinn und Salzsäure. Das salzsaure Salz $C_9H_{12}O_2N_2$. HCl bildet braune Krystalle aus Alkohol, Schmelzp. 98°.

1, 2, -Nitrosonitrotolylglycin [1]) $C_9H_9O_5N_3$. — Aus 1, 2, 5-Nitrotolylglycin mit Natriumnitrit und verdünnter Salzsäure; Schmelzp. 110°, unlöslich in Wasser, wenig löslich in Äther, löslich in Eisessig und Alkohol, sehr leicht löslich in Aceton.

1, 3, 6-Nitrotolylglycin [1])

$$\underset{NH-CH_2-COOH}{\overset{CH_3}{\underset{NO_2\bigcirc}{}}} = C_9H_{10}O_4N_2.$$

Aus p-Nitro-m-toluidin und Bromessigsäure bei 85°. — Gelbe Krystalle aus Wasser, Schmelzp. 145°, unlöslich in kaltem Wasser, leicht löslich in Alkohol, wenig löslich in Äther.

1, 4, 2, m-Nitrotolylglycin [1])

$$\underset{NH-CH_2-COOH}{\overset{CH_3}{\underset{}{\bigcirc NO_2}}} = C_9H_{10}O_4N_2.$$

Aus m-Nitro-p-toluidin und Bromessigsäure. Gelbe Prismen aus Alkohol, Schmelzp. 130°, unlöslich in kaltem Wasser, sehr leicht löslich in Alkohol und Eisessig, wenig löslich in Äther. Das Ammoniumsalz $C_9H_9O_4N_2 \cdot NH_4$ bildet rotbraune Prismen, Schmelzp. 135°; leicht löslich in Wasser, Alkohol, Essigsäure und Äther. — Bleisalz $Pb(C_9H_9O_4N_2)_2 + H_2O$, orangefarbige, mikroskopische Nadeln, unlöslich in kaltem Wasser, Alkohol und Äther, löslich in Eisessig. — Kupfersalz $Cu(C_9H_9O_4N_2)_2 + H_2O$; grüner Niederschlag, Schmelzp. 160°; unlöslich in kaltem Wasser und Äther, leicht löslich in Alkohol.

1, 2, 6-m-Nitrotolylglycin [1])

$$\underset{NO_2}{\overset{NH-CH_2-COOH}{\underset{CH_3}{\bigcirc}}} = C_9H_{10}O_4N_2.$$

Aus v-m-Nitro-o-toluidin und Bromessigsäure bei 91—100°. — Gelbbraune Prismen aus Alkohol. Schmelzp. 152°. Unlöslich in kaltem Wasser, wenig löslich in Äther, leicht löslich in Alkohol. Bleisalz $(C_9H_9O_4N_2)_2Pb + H_2O$, graugelber Niederschlag, Schmelzp. 170°, unlöslich in kaltem Wasser, leicht löslich in Alkohol und Eisessig.

1, 2, 5, p-Nitrotolylglycin [1])

$$\underset{NO_2}{\overset{CH_3}{\bigcirc}}\,NH-CH_2-COOH = C_9H_{10}O_4N_2.$$

Aus p-Nitro-o-toluidin und Bromessigsäure bei 120—130°. — Rotbraune Krystalle aus Alkohol, Schmelzp. 192°; wenig löslich in kaltem Wasser, unlöslich in Äther, leicht löslich in Alkohol. Bleisalz $(C_9H_9O_4N_2)_2Pb$.; hellgelber Niederschlag, wenig löslich in Wasser, unlöslich in Äther, leicht löslich in Alkohol. Bariumsalz $(C_9H_9O_4N_2)_2Ba + \frac{1}{2} H_2O$. — Gelbbraune Nadeln, leicht löslich in heißem Wasser [1]).

2, 4-Dinitrophenylglycin [2]). — Aus Glykokoll in wässeriger Natriumbicarbonatlösung und 1-Chlor-2, 4-Dinitrobenzol in Alkohol beim Kochen.

------

[1]) Wilhelm Pollak, Journal f. prakt. Chemie [2] **91**, 285—306 [1915].
[2]) Edm. Waldmann, Journ. f. prakt. Chemie [2] **91**, 190—192 [1915].

2, 4-Di-azoxyphenylglycin[1]) $C_{16}H_{14}O_6N_6$.

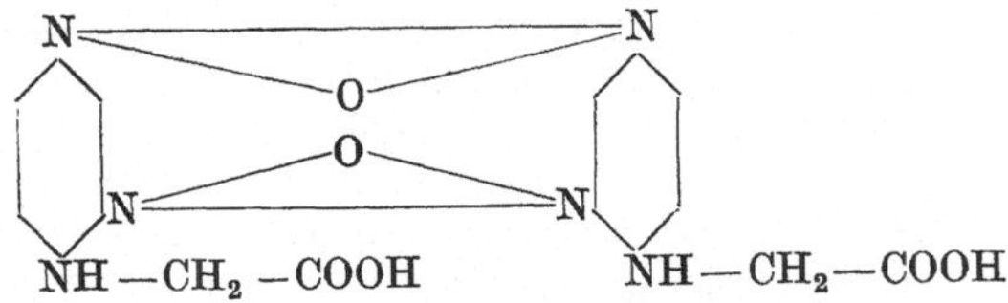

Aus 2, 4-Dinitrophenylglycin mit salzsaurer Zinnchlorürlösung. — Gelblich braune Blättchen, schwer löslich in Alkohol und heißem Wasser, schwer löslich in Äther, leicht löslich in Alkali. Wird bei 217° dunkelrot. — Bei weiterem Erhitzen tritt Zersetzung ein.

2, 4-Diazoxyphenylglycinäthylester[1]) $C_{20}H_{22}O_6N_6$. — Dunkelrote Blättchen; schwer löslich in Alkohol und heißem Wasser mit gelber Farbe, unlöslich in Äther. Wird bei schwachem Erhitzen gelb und zersetzt sich bei höherer Temperatur.

p-Oxyphenylglycin[2]) wurde aus dem Nitrit des p-Oxyphenylglycins $HO \cdot C_6H_4 \cdot NH \cdot CH_2$ $\cdot CN$ nach der Methode von Bucherer dargestellt. Die Reaktion ist folgende:

$$HO \cdot C_6H_4 \cdot NH_2 + CH_2O + NaHSO_3 = HO \cdot C_6H_4 \cdot NH \cdot CH_2 \cdot SO_3Na + H_2O \cdot$$

$$HO \cdot C_6H_4 \cdot NH \cdot CH_2 \cdot SO_3Na + NaCN = HO \cdot C_6H_4 \cdot NH \cdot CH_2 \cdot CN + Na_2SO_3 .$$

Ausbeute 80% der Theorie. Blättchen vom Schmelzp. 100°; leicht löslich in Alkohol, Äther und Wasser, wenig löslich in Wasser von 0°. Zersetzt sich beim Erhitzen über den Schmelzp. Die wässerige Lösung des Nitrils gibt mit Ferrichlorid eine fuchsinrote Farbe, die nach einigen Minuten wieder verschwindet. Durch Verseifung mit siedender n-Natronlauge erhält man 65% der entsprechenden Säure.

Acetyl-p-Oxyphenylglycin[2]). Durch Behandlung einer alkalischen Lösung des Nitrils mit Acetanhydrid. Krystalle vom Schmelzp. 75°. Leicht löslich in Alkohol, Äther, Benzol, wenig löslich in Wasser und Lygroin.

p-Oxyphenylamidodiessigsäure[2]) $HO \cdot C_6H_4 \cdot N(CH_2 \cdot COOH)_2$ entsteht neben p-Oxyphenylamidoessigsäure durch Kochen äquimolekularer Mengen p-Amidophenols und Chloressigsäure in alkalischer Lösung. Kleine Nadeln, die sich bei 160° ohne Braunfärbung zersetzen; wenig löslich in Alkohol, Wasser und Äther. Die Säure rötet Methylorange und zersetzt die Sulfite. Sie gibt mit Ferrichlorid eine Blaufärbung.

Natriumsalz bildet kleine Krystalle, unlöslich in Alkohol, leicht löslich in heißem, wenig löslich in kaltem Wasser.

Acetylverbindung. Krystalle vom Schmelzp. 95°; leicht löslich in Wasser, wenig löslich in Alkohol.

Methylaminophenylenglycin[3]) $C_9H_{12}O_2N_2$. Entsteht wahrscheinlich beim Erhitzen von o-Phenylendiglycin auf 120—150°. Krystallinisch. Löslichkeitsverhältnisse wie beim Diglycin.

o-Phenylendiglycin[3]) $C_{10}H_{12}O_4N_2$. Aus o-Phenylendiamin, Chloressigsäure und NaOH in wässeriger Lösung bei 100°.

Krystalle aus Alkohol und Äther. Schmelzp. 150°. Physikalische und chemische Eigenschaften wie bei der p-Verbindung, außerdem löslich in Aceton + Alkohol. Auf 120—150° im Rohr erhitzt, erhält man eine krystallinische Verbindung, die dieselben Löslichkeitsverhältnisse wie das Diglycin aufweist und wahrscheinlich als ein Methylaminophenylenglycin $C_9H_{12}O_2N_2$ aufzufassen ist.

p-Phenylendiglycin[3]) $C_{10}H_{12}O_4N_2$. Aus p-Phenylendiamin, Monochloressigsäure und zu der Bindung der freiwerdenden HCl erforderlichen Menge NaOH im Wasserbade. Krystalle aus Essigsäure und siedendem Wasser. Schmelzp. 220°. In kaustischen oder kohlensauren Alkalien, in verdünnten Mineralsäuren leicht löslich, in siedendem Wasser oder heißer Essigsäure weniger löslich. Rauchende HNO_3 und H_2SO_4 wirken heftig ein. Mit $Cu(OH)_2$ entstehen grünliche Cu-Salze, mit wässeriger Pikrinsäure gelbe Pikrate. Die sauren Lösungen geben mit schwachen Oxydationsmitteln ($FeCl_3$, K_2FeCN_6, H_2O_2) intensive Färbungen mit wechselnder Nuance. Bei der Kondensation durch KOH-Schmelze sowie bei Verwendung von Natrium-

[1]) Edm. Waldmann, Journ. f. prakt. Chemie [2] **91**, 190—192 [1915].
[2]) L. Galalits, Helv. chim. acta **4**, 574 [1921]; Chem. Centralbl. **1921**, III, 784.
[3]) Siegmund Fränkel u. Felix Brückner, Berichte d. Deutsch. Chem. Gesellschaft **49**, 485—488 [1916]; Chem. Centralbl. **1916**, I, 697.

amid, Ätzkali, KCN usw. als Kondensationsmittel entsteht in geringer Menge ein nicht näher untersuchter blauer Farbstoff.

m-Phenylendiglycin[1]) $C_{10}H_{12}O_4N_2$. Das Dinatriumsalz des m-Phenylenglycins entsteht, wenn man m-Phenylendiamin mit Monochloressigsäure und einem Überschuß von NaOH in Wasser ohne Erwärmen umsetzt. Aus dem Salz und HCl wird m-Phenylendiglycin erhalten.

Amorphes rotes Pulver aus Aceton + Alkohol, Schmelzp. 150°. Sonst wie bei der p-Verbindung alle anderen physikalischen und chemischen Eigenschaften vorhanden.

Dinatriumsalz $Na_2 \cdot C_{10}H_{10}O_4N_2$. Krystalle aus Wasser, Schmelzp. 117°.

Anhydrid des m-Phenylenglycins $C_{10}H_{10}O_3N_2$. Erhalten durch Erhitzen des m-Phenylenglycins über den Schmelzpunkt. Intensiv roter Körper. Eigenschaften gleich beinahe wie die des Ausgangskörpers.

o-Aldehydophenylglycin[2]) $C_9H_9O_3N = C_6H_4(CHO) \cdot NH \cdot CH_2 \cdot CO_2H$ aus 3 g o-Aldehydophenylglycinamidoxim beim Kochen mit 150 ccm 5-n-H_2SO_4 in 10 Minuten, Tafeln aus Wasser + Methylalkohol, Schmelzp. 176—177°, leicht löslich in warmem Wasser, Alkohol, wenig löslich in Benzol, Chloroform; beim Erhitzen mit Kalk tritt Indolgeruch auf; beim Schmelzen mit KOH entstehen je nach den Bedingungen Phenylglycin-o-carbonsäure oder Indigo[2]).

o-Aldehydophenylglycinoxim[2]) $C_9H_{10}O_3N_2 = C_6H_4(CH : NOH) \cdot NH \cdot CH_2 \cdot CO_2H$, aus 10 g Aldehydophenylglycinamidoxim beim Kochen mit 125 ccm 2 n-NaOH; man fügt 250 ccm n-H_2SO_4 hinzu; Krystalle aus Wasser, Schmelzp. 139°, sehr leicht löslich in Äther, Aceton, Alkohol, ziemlich löslich in heißem Wasser, Chloroform[2]).

o-Aldehydophenylglycinamidoxim $C_9H_{11}O_2N = C_6H_4(CH : NOH) \cdot NH \cdot CH_2 \cdot CO \cdot NH_2$, aus 22,5 g o-Aminobenzaldoxim und 17 g Chloracetamid bei 3 stündigem Erhitzen mit 650 ccm Wasser und 9 g $CaCO_3$, mikroskopische Prismen aus Wasser, Schmelzp. 212—214°, kaum löslich in kaltem Wasser, sehr wenig löslich in organischen Flüssigkeiten; beim Schmelzen mit KOH entstehen Phenylglycin-o-carbonsäure und Indigo, beim Erhitzen mit Kalk Indolderivate[2]).

o-Cyanphenylglycin $C_6H_4(CN) \cdot NH \cdot CH_2 \cdot CO_2H$, aus 0,5 g o-Aldehydophenylglycinamidoxim beim Lösen in 5 ccm konzentrierter H_2SO_4 unter Erwärmen, mikroskopische Nadeln aus konzentrierter H_2SO_4 beim Gießen der Lösung auf Eis, Schmelzpunkt ca. 192° nach vorherigem Sintern, wenig löslich in organischen Flüssigkeiten, leicht löslich in warmem Wasser[2]).

Phenylglycin-p-arsinsäure wurde von Voegtlin und Smith[3]) auf die trypanoide Wirkung untersucht.

Arsenophenylglycin. Verfahren zur Darstellung eines beständigen Derivates des Arsenophenylglycins dadurch gekennzeichnet, daß man Formaldehyd auf Arsenophenylglycin einwirken läßt. Zum Beispiel wird das Glycin in nicht zu konzentrierter Na_2CO_3-Lösung gelöst und CH_2O, dessen Menge in weiten Grenzen schwanken kann, zugegeben. Mit Hilfe von Alkohol oder Aceton wird ein Na-Salz der neuen Verbindung gefällt, das nach dem Trocknen sich selbst an der Luft ziemlich lange aufbewahren läßt, ohne seine hellgelbe Farbe einzubüßen, während das Arsenophenylglycin unter den gleichen Bedingungen sehr schnell zersetzt wird. Verwendung therapeutisch[4]).

N-(Phenyl-4-arsinsäure)glycinureid[5]) $C_9H_{12}O_5N_3As = p—H_2O_3AsC_6H_4NHCH_2CONH \cdot CONH_2$. — 44 g Arsanilsäure, in 200 ccm n-NaOH gelöst und 27 g Chloracetylharnstoff werden unter Rückfluß 1 Stunde gekocht und mit 50 ccm konz. HCl versetzt. Durch Ausfällen der ammoniakalischen Lösung mit Eisessig Aggregate mikroskopischer Nadeln. — Schwer löslich in heißem Wasser oder 50 proz. Alkohol, fast unlöslich in CH_3OH. Bis 280° tritt kein Schmelzen ein. — **Na-Salz** $C_9H_{11}O_5N_3AsNa \cdot 2 H_2O$. Durch Natriumacetat ausfällbar. Gut ausgebildete hexagonale oder diamantartige mikroskopische Blättchen. Leicht löslich in Wasser. — **Ag-Salz.** Farblose mikroskopische Nadeln.

---

[1]) Sigmund Fränkel u. Felix Brückner, Berichte d. Deutsch. Chem. Gesellschaft **49**, 485—488 [1916]; Chem. Centralbl. **1916**, I, 697.

[2]) Wilhelm Gluud, Journ. Chem. Soc. London **103**, 1251—1254 [1913]; Chem. Centralbl. **1913**, II, 1142.

[3]) Carl Voegtlin u. Homer W. Smith, Journal of pharmacol. a. exp. therapeut. **16**, 449—461 [1920]; Chem. Centralbl. **1921**, I, 468.

[4]) Les Établissements Poulenc Frères u. Karl Jacob Oechslin, Schweiz. Pat. 89468 v. 9. Jan. 1915, ausg. 16. Mai 1921; Chem. Centralbl. **1921**, IV, 1324.

[5]) Walter A. Jacobs u. Michael Heidelberger, Journ. of Amer. Chem. Soc. **41**, 1600—1644 [1919]; Chem. Centralbl. **1920**, I, 370—380.

N-(Phenyl-4-arsinsäure)glycinmethylureid[1]) $C_{10}H_{10}O_5N_3As = p—H_2O_3AsC_6H_4NHCH_2 \cdot$ CONHCONHCH$_3$. Bildung aus 44 g Arsanilsäure in 200 ccm n-NaOH und 30 g α-Chloracetyl-β-methylharnstoff durch Kochen während 1 Stunde. Man säuert mit HCl gegen Kongorot an. Die Reinigung erfolgt durch Ansäuern der alkalischen Lösung mit Eisessig. Schwer löslich in heißem Wasser, woraus lange, dünne glänzende Nadeln resultieren. Schwer löslich in heißem 50 proz. Alkohol, unlöslich in den anderen neutralen Lösungsmitteln. Zersetzungsp. 224—225°. Die Verbindung besitzt eine therapeutische Wirkung bei der experimentellen Untersuchung der Syphilis und Trypanosomiasis der Kaninchen. — **Na-Salz** $C_{10}H_{13}O_5N_3AsNa \cdot 7 H_2O$. Aus wenig Wasser mikroskopische Blättchen. Das Salz bildet in Wasser leicht übersättigte Lösungen. — **Ag-Salz**, dünne mikroskopische Blättchen.

N-(Phenyl-4-arsinsäure)glycinäthylureid[1]) $C_{11}H_{16}O_5N_3As = p—H_2O_3AsC_6H_4NHCH_2 \cdot$ CONHCONH $\cdot$ C$_2$H$_5$. — Bildung in analoger Weise aus 3,3 g α-Chloracetyl-β-äthylharnstoff[2]). — Aus dem Na-Salz mit Eisessig federartige, mikroskopische Nadeln. Schwer löslich in heißem Wasser und CH$_3$OH, löslich in 50 proz. Alkohol, Schmelzp. (unter Zersetzung) 223—225°. — **Na-Salz** $C_{11}H_{15}O_5N_3AsNa \cdot 4,5 H_2O$. Aus 85 proz. Alkohol dünne, mikroskopische Nadeln.

N-(Phenyl-4-arsinsäure)glycinphenylureid[1]) $C_{15}H_{16}O_5N_3As = p—H_2O_3AsC_6H_4NHCH_2 \cdot$ CONHCONHC$_6$H$_5$. — 4,4 g Arsanilsäure in 20 ccm n-NaOH, 4,4 g Chloracetylphenylharnstoff, 4 g NaJ und 40 ccm Alkohol werden 4 Stunden unter Rückfluß gekocht. Die filtrierte Lösung wird heiß mit Eisessig versetzt. Federartige Aggregate seidiger Haare, Schmelzp. bei 280°. Löslich in heißem 50 proz. Alkohol, woraus lange feine Nadeln resultieren, fast unlöslich in heißem Wasser und CH$_3$OH. — **Na-Salz** $C_{15}H_{15}O_5N_3AsNa \cdot 5 H_2O$. Glänzende Blättchen, mit Na-Acetat aus wässeriger Lösung ausfällbar. Aus 50 proz. Alkohol flache Nadeln.

N-(Phenyl-4-arsinsäure)glycin-4'-acetaminophenylureid[1]) $C_{17}H_{19}O_6N_4As = p—H_2O_3 \cdot$ AsC$_6$H$_4$NHCH$_2$CONHCONH $\cdot$ C$_6$H$_4$NHCOCH$_3$. 4,4 g Arsanilsäure in 20 ccm n-NaOH werden mit 5,4 g p-Acetaminophenylchloracetylharnstoff[3]), 4 g NaJ und 20 ccm Alkohol 4 Stunden erwärmt. Man löst in NH$_3$ und fällt mit Eisessig in der Wärme aus. Büschel flacher mikroskopischer Nadeln. Zersetzungsp. 265—266°. Unlöslich in heißem Wasser, löslich in 25 proz. Alkohol, woraus federartige Gebilde langer, empfindlicher Haare. — **Na-Salz** $C_{17}H_{18}O_6N_4AsNa$ $\cdot 5 H_2O$. Aus wenig heißem Wasser, welches wenige Tropfen Na$_2$CO$_3$-Lösung enthält, wollige Masse flacher Nadeln.

N-(Phenyl-4-arsinsäure)glycin-3'-oxamylaminophenylureid[1]) $C_{17}H_{18}O_7N_5As = p—H_2$ O$_3$AsC$_6$H$_4$NHCH$_2$. CONHCONHC$_6$H$_4$NHCOCONH$_2$ (m). — 4,4 g Arsanilsäure in 20 ccm n-NaOH, 4,4 g NaJ und 6,2 g m-Chloracetyluraminoxanilamid in 40 ccm Alkohol werden 6 Stunden gekocht. Die Lösung in NH$_3$ wird auf 500 ccm verdünnt und heiß mit Eisessig ausgefällt. Mikrokrystallinisches Pulver. Zersetzungsp. 223—224°. Unlöslich in heißem Wasser, löslich in 50 proz. Alkohol.

N-(Phenyl-4-arsinsäure)glycin-4'-oxyphenylureid[1]) $C_{15}H_{16}O_6N_3As \cdot 1,5 H_2O = p—H_2O_3 \cdot$ AsC$_6$H$_4$NHCH$_2$CONH $\cdot$ CONHC$_6$H$_4$OH (p). — 2,2 g Arsanilsäure in 10 ccm n-NaOH werden mit 2,7 g p-Acetoxyphenylchloracetylharnstoff[4]), 2 g NaJ und 20 ccm Alkohol gekocht. Man löst das mit 50% Alkohol gewaschene Reaktionsprodukt in kalter verdünnter NaOH; es wird gegen Phenolphthalein zur Verseifung der Estergruppe genau alkalisch gemacht. Die filtrierte Lösung wird mit Eisessig genau neutralisiert. Zu langes Stehen der alkalischen Lösung ist zu vermeiden, da sonst Phenylglycinarsinsäure gebildet wird. Aus dem Na-Salz mit Eisessig in Form mikroskopischer Nadeln. Bis 280° tritt kein Schmelzen ein. — **Na-Salz** $C_{15}H_{15}O_6N_3AsNa$ $\cdot 4,5 H_2O$, perlmutterartig glänzende Platten. Aus 50 proz. Alkohol glänzende Plättchen, wenig löslich in Wasser, zum Teil in der Wärme.

N-(Phenyl-4-arsinsäure)glycyl-4-uraminophenoxyacetamid[1]) $C_{17}H_{19}O_7N_4As = p—H_2$ O$_3$AsC$_6$H$_4$. NHCH$_2$CONHCONHC$_6$H$_4$OCH$_2$CONH$_2$ (p). — Bildung in analoger Weise unter Verwendung von p-Chloracetyluraminophenoxyacetamid (l. c.). Nach 4—5stündigem Kochen wird mit Wasser verdünnt, filtriert und die feste Masse in NaOH gelöst (ohne Überschuß);

———

[1]) Walter A. Jacobs u. Michael Heidelberger, Journ. of Amer. Chem. Soc. **41**, 1600—1644 [1919]; Chem. Centralbl. **1920**, I, 370—380.

[2]) Walter A. Jacobs, Michael Heidelberger u. Ida P. Rolf, Journ. of Amer. Chem. Soc. **41**, 473 [1919]; Chem. Centralbl. **1919**, III, 330.

[3]) Walter A. Jacobs u. Michael Heidelberger, Journ. of Amer. Chem. Soc. **39**, 1455[1917]; Chem. Centralbl. **1918**, I, 17.

[4]) Walter A. Jacobs u. Michael Heidelberger, Journ. of Amer. Chem. Soc. **39**, 2441 [1917]; Chem. Centralbl. **1918**, I, 433.

man macht mit Eisessig genau neutral. Aus dem so erhaltenen Na-Salz mit Eisessig glänzende, diamantartige Plättchen, fast unlöslich in heißem Wasser und heißem 50 proz. Alkohol. Zersetzungsp. 243—244°. — **Na-Salz** $C_{17}H_{18}O_7N_4AsNa$. Aus 50 proz. Alkohol Aggregate schwach purpurfarbener Platten. Sehr leicht löslich in heißem Wasser.

N-(Phenyl-4-arsinsäure)glycyl-3-uraminobenzamid [1] $C_{16}H_{17}O_6N_4As$ — p—$H_2O_3AsC_6H_4$ · $NHCH_2CONHCONH$ · $C_6H_4CONH_2$ (m). Aus m-Chloracetyluraminobenzamid in der üblichen Weise durch 2 stündiges Kochen. Man verdünnt die Lösung in NH_3 auf einige hundert ccm und säuert mit Eisessig an. Voluminöses mikrokrystallines Pulver. Sehr wenig löslich in heißem Wasser, wenig löslich in 50 proz. Alkohol, woraus Scheiben flacher mikroskopischer Nadeln resultieren. Schmelzp. (unter Zersetzung) 213—214°.

N-(Phenyl-4-arsinsäure)glycyl-4-uraminobenzamid [1] $C_{16}H_{17}O_6N_4As$. — Bildung in üblicher Weise aus 5,2 g p-Chloracetyluraminobenzamid (l. c.) durch 5 stündiges Kochen. Die heiße Lösung in NH_3 gibt mit Eisessig kurze mikroskopische Nadeln. Zersetzungsp. bei 245°.

N-(Phenyl-4-arsinsäure)glycyl-3-uraminophenylacetamid [1] $C_{17}H_{19}O_6N_4As$ = p—H_2O_3· $AsC_6H_4NHCH_2$ · $CONHCONHC_6H_4CH_2CONH_2$ (m). Das 10,8 g m-Chloracetyluraminophenylacetamid (l. c.) enthaltende Reaktionsgemisch wird 3 Stunden gekocht. Aus heißem Wasser verschlungene Nadeln. Löslich in 50 proz. Alkohol. Zersetzungsp. 214—216°.

N-(Phenyl-4-arsinsäure)glycyl-4-uraminophenylacetamid [1] $C_{17}H_{19}O_6N_4As$ · H_2O . — Das 8,1 g p-Chloracetyluraminophenylacetamid (l. c.) enthaltende Reaktionsgemisch wird 4 Stunden gekocht. Die alkalische Lösung wird mit Eisessig genau neutralisiert. Die heiße alkalische Lösung ergibt mit Eisessig federartige Gebilde empfindlicher Nadeln. Sehr wenig löslich in heißem Wasser, löslich in heißem 50 proz. Alkohol. Zersetzungspunkt der wasserfreien Verbindung 218—221°. — **Na-Salz** $C_{17}H_{18}O_6N_4AsNa$ · 2, 5 H_2O . Aus wenig warmem Wasser mit dem gleichen Volumen Alkohol in Form mikroskopischer hexagonaler Plättchen ausfällbar.

N-(Phenyl-2-arsinsäure)glycinureid [1] $C_9H_{12}O_5N_3As$. — 4,4 g o-Arsanilsäure [2]) in 20 ccm n-NaOH werden ½ Stunde mit 2,7 g Chloracetylharnstoff gekocht. Die abgekühlte Lösung wird gegen Kongorot angesäuert, filtriert, die Säure in wenig Wasser suspendiert und mit überschüssigem NH_3 behandelt. Die heiße Lösung wird mit Eisessig stark angesäuert, wobei federartige Gebilde kleiner, empfindlicher Nadeln, die in den üblichen neutralen Lösungsmitteln fast unlöslich sind, resultieren. Schmelzp. (unter Zersetzung) 231—232°.

N-(Phenyl-2-arsinsäure)glycinmethylureid [1] $C_{10}H_{14}O_5N_3As$. — 4,4 g o-Arsanilsäure in 20 ccm n-NaOH werden 50 Minuten mit 3,1 g α-Chloracetyl-β-methylharnstoff gekocht und dann ½ Stunde auf dem Wasserbade erwärmt. Durch Ausfällung der ammoniakalischen Lösung mit Eisessig resultieren Ballen kleiner Nadeln. Sehr wenig löslich in heißem Wasser, Alkohol und CH_3OH, löslich in heißem Eisessig. Schmelzp. (unter Zersetzung) 218°.

N-(Phenyl-3-arsinsäure)glycinureid [1] $C_9H_{12}O_5N_3As$. — Bildung in analoger Weise wie die o-Verbindung aus der m-Arsanilsäure. Farblose, mikroskopische Nadeln, die zuweilen in Bündeln angeordnet sind. Löslich in heißem Wasser und heißem 50 proz. Alkohol. Aus ersterem Rosetten kleiner Nadeln. Zersetzungsp. 208—209°.

N-(Phenyl-3-arsinsäure)glycinmethylureid [1] $C_{10}H_{14}O_5N_3As$. — Es werden in üblicher Weise 17,5 g m-Arsanilsäure und 13 g α-Chloracetyl-β-methylharnstoff ½ Stunde gekocht. Man versetzt mit 80 ccm n-HCl . Sehr wenig löslich in heißem 50 proz. Alkohol und heißem Wasser, aus letzterem Rosetten empfindlicher Nadeln. Schmelzp. (unter Zersetzung) 213 bis 213,5°.

N-(3-Methyl-Phenyl-4-arsinsäure)glycinureid [1] $C_{10}H_{14}O_5N_3As$. — 16,2 g 3-Methyl-4-aminophenylarsinsäure (aus o-Toluidin) werden in 50 ccm n-NaOH gelöst und mit 9,5 Chloracetylharnstoff ½ Stunde gekocht. Die abgekühlte Lösung versetzt man mit 25 ccm 10 proz. HCl . Die heiße ammoniakalische Lösung gibt mit Eisessig empfindliche Nadeln. Sehr wenig löslich in heißem 50 proz. Alkohol. Zersetzungspunkt ca. 235°. — **Na-Salz** $C_{10}H_{13}O_5N_3AsNa$ · 2 H_2O . Aus wenig heißem Wasser glänzende Platten.

N-(3-Methylphenyl-4-arsinsäure)glycinmethylureid [1] $C_{11}H_{16}O_5N_3As$. — 23 g 3-Methyl-4-aminophenylarsinsäure in Form des Na-Salzes und 15 g α-Chloracetyl-β-methylharnstoff werden 1 Stunde gekocht. Die mit Wasser verdünnte Lösung wird mit 40 ccm 10 proz. HCl

---

[1]) Walter A. Jacobs u. Michael Heidelberger, Journ. of Amer. Chem. Soc. **41**, 1600—1644 [1919]; Chem. Centralbl. **1920**, I, 370—380.

[2]) Walter A. Jacobs, Michael Heidelberger u. Ida P. Rolf, Journ. of Amer. Chem. Soc. **40**, 1583 [1918]; Chem. Centralbl. **1919**, I, 619.

versetzt. Aus der heißen ammoniakalischen Lösung mit Eisessig ausfällbar. Sehr wenig löslich in heißem Wasser, löslich in heißem 50proz. Alkohol. Haarartige Nadeln (aus Wasser) bzw. radial angeordnete Masse kleiner Nadeln (aus 50proz. Alkohol). Zersetzungsp. 218—219°.

N-(2-Oxyphenyl-5-arsinsäure)glycinureid [1]) $C_9H_{12}O_6N_3As \cdot H_2O$. Man kocht eine Lösung von 3,3 g 3-Amino-4-oxyphenylarsinsäure in 16,5 ccm n-NaOH 1 Stunde mit 4,4 g Chloracetylharnstoff und erwärmt eine weitere Stunde auf dem Wasserbade. Aus heißer, verdünnter ammoniakalischer Lösung mit Eisessig in Form flacher, kleiner, fast farbloser, glänzender Nadeln ausfällbar. Zersetzungspunkt der wasserfreien Verbindung 203—205°.

N-(Phenyl-4-arsinsäure)glycinanilid [1]) $C_{14}H_{15}O_4N_2As = p-H_2O_3AsC_6H_4NHCH_2CONH \cdot C_6H_5$. — 22 g Arsanilsäure in 100 ccm n-NaOH werden mit 17 g Chloracetanilid [2]), 100 ccm Alkohol und 20 g NaJ 2 Stunden gekocht. Die abfiltrierte Masse wird mit 50proz. Alkohol gewaschen, in verdünntem NH_4OH gelöst und mit heißem Eisessig ausgefällt. Aus 50proz. Alkohol kleine empfindliche Nadeln, die bis 285° nicht schmelzen. Unlöslich in den üblichen kalten neutralen Lösungsmitteln. In viel heißem Alkohol, CH_3OH und Eisessig löslich. Mit heißer, verdünnter HCl wird das Hydrochlorid erhalten. Die gleiche Verbindung resultiert durch Einwirkung von 12 g Anilin auf 6 g (Phenyl-4-arsinsäure)glycinmethylester in 20 ccm CH_3OH bei Wasserbadtemperatur. Der Alkohol wird abdestilliert und die Verbindung zur Verseifung unveränderten Esters in verdünnter NaOH gelöst. Die filtrierte Lösung wird mit Eisessig angesäuert. — **Na-Salz** $C_{14}H_{14}O_4N_2AsNa \cdot 4 H_2O$. — Leicht löslich in Wasser, glänzende Schuppen. — **Nitrosoverbindung** $C_{14}H_{14}O_5N_3As \cdot H_2O = p-H_2O_3AsC_6H_4N(NO)CH_2 \cdot CONH \cdot C_6H_5$. — 3 g der obigen Arsinsäure werden in 35 ccm Eisessig gelöst und langsam unter Schütteln mit 6 ccm 10proz. $NaNO_2$ versetzt. Rosetten flacher Nadeln, die aus 50proz. Alkohol Scheiben langer, flacher, farbloser Nadeln ergeben. Die Verbindung schäumt bei 190—192° stark auf. Sehr wenig löslich in heißem Wasser, leicht löslich in heißem 50proz. Alkohol und kaltem Eisessig, wenig löslich in kaltem Alkohol. Mit H_2SO_4 wird die Verbindung braun, die Lösung ist farblos, die Gegenwart von Phenol ergibt eine braune Färbung, die bald in Tiefgrün umschlägt.

N-(Phenyl-4-arsinsäure)glycin-2'-toluidid [1]) $C_{15}H_{17}O_4N_2As = p-H_2O_3AsC_6H_4NHCH_2 \cdot CONHC_6H_4CH_3$ (o). — Bildung in analoger Weise durch Verwendung von Chloracetyl-o-toluidin in Gegenwart von NaJ. Durch Ausfällen der heißen alkalischen Lösung mit Eisessig werden Aggregate flacher, mikroskopischer Nadeln erhalten, die aus 50proz. Alkohol wollige Masse empfindlicher Nadeln ergeben, die bis 275° nicht schmelzen. Wenig löslich in heißem Wasser und Aceton, unlöslich in kaltem Alkohol, löslich in der Wärme sowie in heißem Eisessig und in CH_3OH. — **Na-Salz** $C_{15}H_{16}O_4N_2AsNa \cdot 2,5 H_2O$. Aggregate langer, schmaler Plättchen.

N-(Phenyl-4-arsinsäure)glycin-3'-toluidid [1]) $C_{15}H_{17}O_4N_2As$. — Bildung in üblicher Weise aus 3,7 g Chloracetyl-m-toluidin [3]). Aus 85proz. Alkohol Aggregate langer, dünner Platten. Zersetzungsp. etwa 285°. Unlöslich in heißem Wasser und Aceton, löslich in CH_3OH und Alkohol, leicht löslich in heißem Eisessig.

N-(Phenyl-4-arsinsäure)glycin-4'-toluidid [1]) $C_{15}H_{17}O_4N_2As$. — Bildung aus Chloracetyl-p-toluidin. Die heiße alkalische Lösung gibt mit Eisessig kleine Aggregate kurzer, flacher, mikroskopischer Nadeln. Aus heißem 50proz. Alkohol wollige Masse kleiner Nadeln, die sich bis 280° nicht zersetzen. Unlöslich in heißem Wasser, wenig löslich in heißem CH_3OH und Alkohol, leicht löslich in heißem Eisessig. — **Na-Salz** $C_{15}H_{16}O_4N_2AsNa \cdot 3 H_2O$. Lange, dünne, gekrümmte, glänzende Nadeln, wenig löslich in kaltem Wasser.

N-(Phenyl-4-arsinsäure)glycin-α-naphthylamid [1]) $C_{18}H_{17}O_4N_2As = p-H_2O_3AsC_6H_4NH \cdot CH_2CONHC_{10}H_7$ (α). — Bildung aus Chloracetyl-α-naphthylamin. Die heiße ammoniakalische Lösung gibt mit Eisessig Aggregate mikroskopischer Nadeln. Unlöslich in heißem Wasser und heißem 50proz. Alkohol. Bis 280° schmilzt die Verbindung nicht. Beim Erwärmen mit NaOH tritt Hydrolyse ein.

N-(Phenyl-4-arsinsäure)glycin-β-naphthylamid [1]) $C_{18}H_{17}O_4N_2As$. Bildung aus Chloracetyl-β-naphthylamin und Na-Arsanilat in Gegenwart von NaJ durch 4stündiges Erhitzen. Die heiße ammoniakalische Lösung gibt mit Eisessig angesäuert Aggregate mikroskopischer

---

[1]) Walter A. Jacobs u. Michael Heidelberger, Journ. of Amer. Chem. Soc. **41**, 1600—1644 [1919]; Chem. Centralbl. **1920**, I, 370—380.
[2]) Walter A. Jacobs u. Michael Heidelberger, Journ. of Amer. Chem. Soc. **39**, 1441 [1917]; Chem. Centralbl. **1918**, I, 17.
[3]) Walter A. Jacobs u. Michael Heidelberger, Journ. of Biolog. Chem. **21**, 108 [1915]; Chem. Centralbl. **1915**, II, 655.

Nadeln. Unlöslich in heißem Wasser und 50 proz. Alkohol. Zersetzungsp. 285—286°. — **Na-Salz** $C_{18}H_{16}O_4N_2AsNa$· 4, 5 H_2O . Aus wenig 50 proz. Alkohol Aggregate flacher Nadeln.

N-(Phenyl-4-arsinsäure)glycindiphenylamid[1]) $C_{20}H_{19}O_4N_2As \cdot 2H_2O = p—H_2O_3AsC_6H_4 \cdot$ $NHCH_2CON(C_6H_5)_2$. Man kocht äquivalente Mengen von Na-Arsanilat, Chloracetyldiphenylamin und NaJ in 50 proz. Alkohol. Die sehr verdünnte ammoniakalische Lösung gibt mit Eisessig lange, dünne mikroskopische Blättchen. Sehr wenig löslich in heißem Wasser und 50 proz. Alkohol. Zersetzungspunkt der wasserfreien Verbindung 271—272°.

N-(Phenyl-4-arsinsäure)glycin-4'-chloranilid[1]) $C_{14}H_{14}O_4N_2ClAs = p—H_2O_3AsC_6H_4NH$ $CH_2CONHC_6H_4Cl$ (p). — Bildung aus Chloracetyl-p-chloranilin. Die heiße Lösung des Na-Salzes ergibt mit Eisessig gezähnte, mikroskopische Blättchen, die oft kreuzförmig angeordnet sind. Unlöslich in heißem Wasser und 50 proz. Alkohol. Die Verbindung schmilzt bis 280° nicht.

N-(Phenyl-4-arsinsäure)-glycin-4'-jodanilid[1]) $C_{14}H_{14}O_4N_2JAs$. — Bildung aus Chloracetyl-p-jodanilin. Aus der heißen Lösung des Na-Salzes mit Eisessig resultieren breite kleine Nadeln. Unlöslich in heißem Wasser, bis 275° nicht schmelzend. — **Na-Salz** $C_{14}H_{13}O_4N_2J$ AsNa · 3, 5 H_2O . Aus 85 proz. Alkohol, Rosetten von Nadeln.

N-(Phenyl-4-arsinsäure)glycin-4'-nitroanilid[1]) $C_{14}H_{14}O_6N_3As = p—H_2O_3AsC_6H_4NHC$ $H_2CONHC_6H_4NO_2$ (p). — Bildung aus Chloracetyl-p-nitranilin. Die heiße ammoniakalische Lösung gibt mit HCl lange dünne, schwach gelbe Nadeln. Unlöslich in heißem Wasser und 50 proz. Alkohol. Die Verbindung schmilzt bis 285° nicht.

N-(Phenyl-4-arsinsäure)glycin-4'-aminoanilid[1]) $C_{14}H_{16}O_4N_3As = p—H_2O_3AsC_6H_4NH \cdot$ $CH_2CONHC_6H_4NH_2$ (p). — 16 g (Phenyl-4-arsinsäure)-4'-nitroanilid werden in 50 ccm heißer 2 n-NaOH gelöst. Die erhaltene Suspension wird zu einem Ferrohydroxydschleim, hergestellt aus 30 g Ferrosulfat mit genügend 25 proz. NaOH, gegeben. Nach kurzem Schütteln ist die Reduktion in der Kälte vollständig. Die Aminosäure resultiert beim Ansäuern mit Eisessig. Zur Reinigung löst man in warmer 10 proz. H_2SO_4, behandelt mit Tierkohle und gibt Na-Acetatlösung hinzu, bis Kongorotpapier nicht länger blau gefärbt wird. Farblose mikroskopische Nadeln oder Plättchen. Zersetzungsp. 253—254°. Unlöslich in heißem Wasser und 50 proz. Alkohol, löslich in verdünnter HCl . Die saure Lösung wird leicht diazotiert, mit R-Salz gekuppelt, resultiert ein roter Farbstoff. Das gleiche Anilid wird erhalten durch Hydrolyse von 5 g N-(Phenyl-4-arsinsäure)glycin-4'-acetaminoanilid mit 45 ccm HCl (1 : 1) und 15 ccm Alkohol.

N-(Phenyl-4-arsinsäure)glycin-4'-acetaminoanilid[1]) $C_{16}H_{18}O_5N_3As$. Bildung durch 4 stündiges Kochen aus p-Chloracetylaminoacetanilid. Aus heißer verdünnter alkalischer Lösung mit Eisessig resultieren Aggregate mikroskopischer Nadeln. Unlöslich in heißem Wasser und 40 proz. Alkohol, die bis 285° nicht schmelzen. **Na-Salz** $C_{16}H_{17}O_5N_3AsNa \cdot 2 H_2O$. Kleine glänzende Plättchen aus heißem Wasser.

N-(Phenyl-4-arsinsäure)glycin-4'-uraminoanilid[1]) $C_{15}H_{17}O_5N_4As \cdot 0,5 H_2O = p—H_2O_3 \cdot$ $AsC_6H_4NHCH_2CONH \cdot C_6H_4NHCONH_2$ (p'). — Bildung aus p-Chloracetylaminophenylharnstoff durch 2 stündiges Kochen. Aus dem Na-Salz durch Eisessig hellbraune, mikroskopische Aggregate. Sehr wenig löslich in heißem Wasser, 50 proz. Alkohol und CH_3OH . Zersetzungspunkt der wasserfreien Verbindung bei 230°. — **Na-Salz** $C_{15}H_{16}O_5N_4AsNa \cdot 4 H_2O$. Dicke Masse farbloser mikroskopischer Nadeln.

N-(Phenyl-4-arsinsäure)glycin-4'-methyl-5'-uraminoanilid[1]) $C_{16}H_{19}O_5N_4As \cdot 0,5 H_2O$ $= p—H_2O_3AsC_6H_4NHCH_2CONHC_6H_3(CH_3)NHCONH_2$ (p', m'). — Bildung aus 18,4 g 2-Methyl-5-chloracetylaminophenylharnstoff. Die heiße, stark verdünnte alkalische Lösung gibt mit Eisessig Aggregate mikroskopischer Plättchen und Haare. Zersetzungspunkt der wasserfreien Verbindung bei 257—258°. Unlöslich in den üblichen Lösungsmitteln. — **Na-Salz** $C_{16}H_{18}O_5N_4AsNa \cdot 3, 5 H_2O$. — Aus heißem Wasser Krystallpulver, welches in Wasser leicht löslich ist.

N-(Phenyl-4-arsinsäure)glycin-3'-oxamylaminoanilid[1]) $C_{16}H_{17}O_6N_4As = p—H_2O_3As$ $C_6H_4NHCH_2CONHC_6H_4NHCOCONH_2$ (m'). — 5,2 g m-Chloracetylaminooxanilamid werden in der üblichen Weise 6 Stunden gekocht. Die heiße ammoniakalische Lösung ergibt mit Eisessig schwach purpurfarbene, mikrokrystalline Aggregate. Unlöslich in heißem Wasser, sehr wenig löslich in heißem 58 proz. Alkohol. Die Verbindung zersetzt sich nur teilweise, ohne bis 280° völlig zu schmelzen.

---

[1]) Walter A. Jacobs u. Michael Heidelberger, Journ. of Amer. Chem. Soc. **41**, 1600—1644 [1919]; Chem. Centralbl. **1920**, I, 370—380.

N-(Phenyl-4-arsinsäure)glycin-4'-oxamylaminoanilid[1]) $C_{16}H_{17}O_6N_4As$. — Bildung durch 7 stündiges Kochen aus Chloracetylaminooxanilamid. Aus ammoniakalischer Lösung mit Eisessig resultieren verzweigte Aggregate mikroskopischer Nadeln. Unlöslich in allen neutralen Lösungsmitteln, die Verbindung schmilzt bis 280° nicht. Die Ausbeute ist eine äußerst geringe.

N-(Phenyl-4-arsinsäure)glycyl-2-aminophenol [N-(Phenyl-4-arsinsäure)glycin-2'-oxanilid][1]) $C_{14}H_{15}O_5N_2As$ = p—$H_2O_3AsC_6H_4NHCH_2CONHC_6H_4(OH)$—(o). —21 g o-Chloracetylaminophenol[2]) und 50 g Arsanilsäure (2 Mol.) werden in 210 ccm Wasser 4 Stunden unter Rückfluß gekocht. Man versetzt mit 50 ccm 10 proz. HCl und filtriert ab. Die ammoniakalische Lösung gibt mit HCl glänzende Krystalle. Aus heißem Wasser lange, schmale, glänzende Blättchen. Zersetzungsp. 190°, löslich in kaltem Alkohol und heißem Wasser. In alkalischer Lösung kuppelt sich die Verbindung leicht mit diazotierter Sulfanilsäure unter Bildung einer orange gefärbten Lösung.

N-(Phenyl-4-arsinsäure)glycin-2'-methyl-5'-oxanilid[1]) $C_{15}H_{17}O_5N_2As$. 12,4 g Arsanilsäure in 57 ccm n-NaOH werden mit 11,3 g 4-Methyl-5-chloracetylaminophenol etwa $1^1/_2$ Stunden erwärmt. Das Reaktionsprodukt wird mit HCl gegen Kongorot angesäuert. Die heiße alkalische Lösung gibt mit Eisessig glänzende, rötliche Plättchen und mikroskopische Prismen. Zersetzungsp. 220—225°, sehr wenig löslich in heißem Wasser, Alkohol, CH_3OH und Eisessig. In alkalischer Lösung kuppelt sich mit Verbindungen, in welchen die p-Stellung der OH-Gruppe unbesetzt ist.

N-(Phenyl-4-arsinsäure)glycin-4'-methyl-5'-oxanilid[1]) $C_{15}H_{17}O_5N_2As$. — Bildung aus 20 g 2-Methyl-5-chloracetylaminophenol in der üblichen Weise. Die heiße alkalische Lösung gibt mit Eisessig Prismen und verzweigte Blättchen, sehr wenig löslich in den üblichen Lösungsmitteln. Schmelzp. (unter Zersetzung) 258°. In alkalischer Lösung tritt leicht Kupplung mit diazotierter Sulfanilsäure ein.

N-(Phenyl-4-arsinsäure)glycin-4'-aminophenol [N-(Phenyl-4-arsinsäure)glycin-4'-oxanilid][1]) $C_{14}H_{15} \cdot O_5N_2As$. — Bildung durch einstündiges Erwärmen von 33 g Arsanilsäure und 28 g p-Chloracetylaminophenol. Die heiße alkalische Lösung gibt mit Eisessig schwach rötliche, glänzende Plättchen. Schmelzp. 255—260°, unlöslich in heißem Wasser, 50 proz. Alkohol, 50 proz. Eisessig und CH_3OH. — **Na-Salz** $C_{14}H_{14}O_5N_2AsNa \cdot 4,5 H_2O$. Aus heißem Wasser glänzende Plättchen.

N-(Phenyl-4-arsinsäure)glycin-p'-anisidid[1]) $C_{15}H_{17}O_5N_2As$ = p—$H_2O AsC_6H_4NHCH_2 \cdot CONHC_6H_4OCH_3$. Bildung in üblicher Weise aus Chloracetyl-p-anisidin in Gegenwart von NaJ. Die heiße alkalische Lösung gibt mit Eisessig glänzende Plättchen, die über 230° dunkeln und erweichen. Unlöslich in heißem Wasser und 50 proz. Alkohol. In konz. H_2SO_4 resultiert eine fleischfarbene Lösung.

N-(Phenyl-4-arsinsäure)glycyl-1-amino-2-naphthol[1]) $C_{18}H_{17}O_5N_2As \cdot 2 H_2O$. 22 g Arsanilsäure in 100 ccm n-NaOH, 20 g NaJ, 100 ccm Alkohol und 24 g 1-Chloracetylamino-2-naphthol werden 1 Stunde gekocht. Das Gemisch wird ammoniakalisch gemacht und das gebildete Anhydrid der 1-Amino-2-naphthoxyessigsäure (Schmelzp. 215°) abfiltriert. Durch Ansäuern mit Eisessig, nochmaliges Lösen in NH_3, Behandeln mit Tierkohle und Ausfällen in der Hitze mit HCl resultieren Aggregate mikroskopischer Platten und Prismen. Zersetzungspunkt der wasserfreien Verbindung 189—191°, löslich in heißem Alkohol und heißem Eisessig, löslich in CH_3OH, unlöslich in Wasser.

[N-(Phenyl-4-arsinsäure)glycin-4', 1'-oxynaphthalid)], **N-(Phenyl-4-arsinsäure)glycyl-4-amino-1-naphthol**[1]) $C_{18}H_{17}O_5N_2As \cdot 1,5 H_2O$. — 4,4 g Arsanilsäure werden in der üblichen Weise mit 4,8 g 4-Chloracetylamino-1-naphthol in Gegenwart von NaJ in alkoholischer Lösung 4 Stunden gekocht. Aus heißer verdünnter Lösung des Na-Salzes mit Eisessig mikroskopische Krystalle. Zersetzungsp. der wasserfreien Verbindung 240—242°, unlöslich in heißem Wasser, wenig löslich in heißem Alkohol, leicht löslich in heißem CH_3OH.— **Na-Salz** $C_{18}H_{16} \cdot O_5N_2AsNa \cdot 5,5 H_2O$. Glänzende Platten aus wenig Wasser.

N-(Phenyl-4-arsinsäure)glycyl-3-amino-4, 6-dichlorphenol[1]) $C_{14}H_{13}O_5N_2Cl_2As$. — Bildung aus 2,4-Dichlor-5-chloracetylaminophenol und Na-Arsanilat bei Gegenwart von NaJ in Alkohol. Die heißfiltrierte alkalische Lösung gibt mit Eisessig flache, farblose, mikro-

---

[1]) Walter A. Jacobs u. Michael Heidelberger, Journ. of Amer. Chem. Soc. **41**, 1600—1644 [1919]; Chem. Centralbl. **1920**, I, 370—380.

[2]) Walter A. Jacobs u. Michael Heidelberger, Journ. of Amer. Chem. Soc. **41**, 458 [1917]; Chem. Centralbl. **1919**, III, 330.

skopische Nadeln. Zersetzungsp. etwa 280°, unlöslich in heißem Wasser und heißem 50 proz. Alkohol.

N-(Phenyl-4-arsinsäure)glycyl-3-amino-6-bromphenol[1]) $C_{14}H_{14}O_5N_2BrAs$. — Bildung aus 16,5 g Arsanilsäure und 20 g 2-Brom-5-chloracetylaminophenol in der üblichen Weise. Aus heißer alkoholischer Lösung mit Eisessig resultieren glänzende Blättchen. Zersetzungsp. 255°, sehr wenig löslich in heißem Wasser, 50 proz. Alkohol und CH_3OH.

N-(Phenyl-4-arsinsäure)glycyl-4-aminobrenzcatechin [**N-(Phenyl-4-arsinsäure)glycin, 3′, 4′-dioxanilid**][1]) $C_{14}H_{15}O_6N_2As$. — 33 g Arsanilsäure in 150 ccm n-NaOH werden 1 Stunde mit 31 g 4-Chloracetylaminobrenzcatechin gekocht. Die alkalische Lösung gibt mit Eisessig gefärbte mikroskopische Blättchen. Durch mehrmaliges Umfällen schwach rötliche, glänzende Blättchen. Zersetzungsp. 260—265°, sehr wenig löslich in heißem Wasser, woraus lange, schmale, glänzende Platten resultieren. Sehr wenig löslich in heißem Alkohol und CH_3OH, leichter löslich in 50 proz. Alkohol. $FeCl_3$ gibt eine blaupurpurne Färbung in wässeriger Lösung. Die Lösung in überschüssigem verdünntem NaOH färbt sich schnell tief orangefarben.

N-(Phenyl-4-arsinsäure)glycylanthranilsäure[1]) $C_{16}H_{15}O_6N_2As = p—H_2O_3AsC_6H_4NH \cdot CH_2CONHC_6H_4 \cdot CO_2H$ (o). — 30 g N-(Phenyl-4-arsinsäure)glycyl-anthranilsäureäthylester werden in überschüssiger 10 proz. NaOH gelöst und mehrere Stunden bei Zimmertemperatur stehen gelassen. Erhitzen ist zu vermeiden, da in der Wärme die Amidobindung unter Bildung von Anthranilsäure abgespalten wird. Aus heißer verdünnter Na-Acetatlösung mit HCl charakteristische Oktaeder. Zersetzungsp. 230—235°, unlöslich in heißem Wasser, löslich in heißem CH_3OH, Alkohol und 50 proz. Alkohol.

N-(Phenyl-4-arsinsäure)glycylanthranilsäureäthylester[1]) $C_{17}H_{19}O_6N_2As = p—H_2O_3 \cdot AsC_6H_4NHCH_2CONHC_6H_4CO_2 \cdot C_2H_5$ (o). — Aus 25 g Chloracetylanthranilsäureäthylester in Gegenwart von NaJ. Aus 50 proz. Alkohol Rosetten empfindlicher Nadeln, die sich bis 280° nicht zersetzen, sehr wenig löslich in kaltem CH_3OH, löslich in heißem CH_3OH und Alkohol.

N-(Phenyl-4-arsinsäure)glycyl-N-methylanthranilsäure[1]) $C_{16}H_{17}O_6N_2As = p—H_2O_3 AsC_6H_4NHCH_2CON(CH_3) \cdot C_6H_4CO_2H$ (o). — 25 g Arsanilsäure in 155 ccm n-NaOH und 29 g Chloracetylmethylanthranilsäureäthylester. 22 g NaJ in 115 ccm Alkohol werden 4 Stunden unter Rückfluß gekocht. Ein krystallinisches Produkt konnte nicht erhalten werden. Der rohe Ester wird in 150 ccm 10 proz. NaOH gelöst, filtriert und 4 Stunden bei Zimmertemperatur stehen gelassen. Man säuert dann mit HCl gegen Kongorot an, löst in verdünntem Alkali und säuert mit HCl schwach gegen Kongorot an. Mikroskopische Nadeln oder kurze flache Platten. Zersetzungsp. 230°, sehr wenig löslich in heißem Wasser und CH_3OH, leichter löslich in 50 proz. Alkohol, aus welchem es umkrystallisierbar ist.

N-(Phenyl-4-arsinsäure)glycyl-2-aminobenzamid[1]) $C_{15}H_{16}O_2N_3As \cdot H_2O = p—H_2O_3 \cdot AsC_6H_4NHCH_2CONHC_6H_4 \cdot CONH_2$ (o). — Man kocht äquivalente Mengen von Na-Arsanilat, o-Chloracetylaminobenzamid und NaJ in 50 proz. Alkohol 2 Stunden. Aus verdünnter alkalischer Lösung mit Eisessig schwach gelbe, radial angeordnete Masse empfindlicher, mikroskopischer Nadeln, Schmelzp. 170° (bei 165° tritt Sinterung ein). — Sehr wenig löslich in kaltem Wasser, Alkohol und 50 proz. Alkohol, leicht löslich in der Wärme, löslich in kaltem CH_3OH. — **Na-Salz** $C_{15}H_{15}O_5N_3AsNa \cdot 4, 5 H_2O$. Aus 85 proz. Alkohol Kugeln kleiner Krystalle, die schwach gelb gefärbt sind, leicht löslich in Wasser.

N-(Phenyl-4-arsinsäure)glycyl-3-aminobenzamid[1]) $C_{15}H_{16}O_5N_3As \cdot 2 H_2O$. — Bildung durch Kochen in üblicher Weise aus m-Chloracetylaminobenzamid für mehrere Stunden. Durch Ausfällen der alkalischen Lösung mit Eisessig unregelmäßige, mikroskopische Plättchen. Aus heißem 50 proz. Alkohol Rosetten mikroskopischer Spieße, unlöslich in heißem Wasser, wenig löslich in heißem 50 proz. Alkohol. Die Verbindung zersetzt sich bis 280° nicht vollständig.

N-(Phenyl-4-arsinsäure)glycyl-3-aminobenzoylharnstoff[1]) $C_{16}H_{17}O_6N_4As = p—H_2O_3 \cdot AsC_6H_4NHCH_2 \cdot CONHC_6H_4CONHCONH_2$ (m). — Durch 4 stündiges Kochen aus m-Chloracetylaminobenzoylharnstoff[2]). Aus dem Na-Salz Scheiben und Federn mikroskopischer Nadeln. Zersetzungsp. etwa 280°, unlöslich in heißem Wasser oder 50 proz. Alkohol. — **Na-Salz** $C_{16}H_{16}O_6N_4AsNa \cdot 8 H_2O$. Aus wenig Wasser mit Alkohol ausfällbar als dicke, farblose Masse empfindlicher, mikroskopischer Haare.

---

[1]) Walter A. Jacobs u. Michael Heidelberger, Journ. of Amer. Chem. Soc. **41**, 1600—1644 [1919]; Chem. Centralbl. **1920**, I, 370—380.
[2]) Walter A. Jacobs u. Michael Heidelberger, Journ. Chem. Soc. London **39**, 2430 [1917]; Chem. Centralbl. **1918**, I, 433.

N-(Phenyl-4-arsinsäure)glycyl-4-amino-benzamid[1]) $C_{15}H_{16}O_5N_3As$. — Bildung aus p-Chloracetylaminobenzamid. Das Na-Salz gibt mit Eisessig Klümpchen mikroskopischer Nadeln, die bis 280° nicht schmelzen. — **Na-Salz** $C_{15}H_{16}O_5N_3AsNa \cdot 4,5\ H_2O$. Aus heißem Wasser, in welchem es leicht löslich ist, Rosetten dünner, mikroskopischer Nadeln.

N-(Phenyl-4-arsinsäure)glycyl-5-aminosalicylamid[1]) $C_{15}H_{16}O_3N_3As \cdot H_2O = p—H_2O_3 \cdot$ $AsC_6H_4NHCH_2CONH \cdot C_6H_3(OH)CONH_2$ (p, m). Bildung aus 42 g 5-Chloracetylaminosalicylamid durch 2 stündiges Kochen nach der NaJ-Methode. Glänzende Schuppen. Die wasserfreie Verbindung zersetzt sich bei 255°, sehr wenig löslich in heißem Wasser und 50 proz. Alkohol. Mit $FeCl_3$ resultieren bräunlich - purpurne Lösungen. In alkalischer Lösung tritt Kupplung mit diazotierter Sulfanilsäure ein.

N-(Phenyl-4-arsinsäure)glycyl-3-aminophenylacetamid[1]) $C_{16}H_{18}O_5N_3As = p—H_2O_3 \cdot$ $AsC_6H_4NHCH_2 \cdot CONHC_6H_4CH_2CONH_2$ (m). Bildung aus 4,6 g m-Chloracetylaminophenyl- acetamid) mittels der NaJ-Methode. Aus verdünnter ammoniakalischer Lösung mit Eis- essig, Masse mikroskopischer Nadeln, Zersetzungspunkt 275—280°, löslich in heißem Wasser und 50 proz. Alkohol.

N-(Phenyl-4-arsinsäure)glycyl-4-aminophenylessigsäure[1]) $C_{16}H_{17}O_6N_2As = p—H_2O_3 \cdot$ $AsC_6H_4NHCH_2 \cdot CONHC_6H_4CH_2CO_2H$ (p). — 15,4 g Arsanilsäure in 70 ccm n-NaOH werden 1 Stunde mit 16 g p-Chloracetylaminophenylessigsäure gekocht. Das erhaltene Öl wird mit 70 ccm n-HCl behandelt, filtriert und mit Wasser gewaschen. Die entfärbte Lösung des Na-Salzes wird gegen Kongorot in der Wärme mit HCl ausgefällt. Aus 85 proz. Alkohol farb- lose, mikroskopische Kugeln, Schmelzp. (unter Zersetzung) bei 280°, löslich in 85 proz. Alkohol und CH_3OH; wenig löslich in heißem Eisessig.

N-(Phenyl-4-arsinsäure)glycyl-4-aminophenylacetamid[1]) $C_{16}H_{18}O_5N_3As$. — Bildung aus p-Chloracetylaminophenylacetamid mittels der NaJ-Methode. Durch Ausfällen der heißen ammoniakalischen Lösung mit Eisessig resultieren federartige Gebilde mikroskopischer Haare, sehr wenig löslich in heißem Wasser und 50 proz. Alkohol. Die Verbindung schmilzt bei 280° nicht und ist gegen Alkalien äußerst empfindlich. — **Na-Salz** $C_{16}H_{17}O_5N_3AsNa \cdot 2,5\ H_2O$. Glänzende Plättchen, leicht löslich in Wasser.

N-(Phenyl-4-arsinsäure)glycyl-4-aminophenylacetureid[1]) $C_{17}H_{19}O_6N_4As = p—H_2O_3As \cdot$ $C_6H_4NHCH_2CONH \cdot C_6H_4CH_2CONHCONH_2—(p)$. — Bildung aus p-Chloracetylaminophenyl- acetylharnstoff durch 5 stündiges Kochen. Das erhaltene gelatinöse Reaktionsprodukt wird mit Wasser versetzt und filtriert. Zur Lösung der Arsinsäure wird mit verdünntem NH_3 in der Maschine geschüttelt. Das mit Tierkohle von den gelatinösen Verunreinigungen getrennte Filtrat ergibt mit Eisessig die Arsinsäure. Die heiße Na-Salzlösung ergibt mit Eisessig feder- artige Gebilde kleiner Haare, die in heißem Wasser und 50 proz. Alkohol fast unlöslich sind, bis 280° tritt kein Schmelzen ein. — **Na-Salz** $C_{17}H_{18}O_6N_4AsNa \cdot 3\ H_2O$. — Mit Alkohol aus- fällbare mikroskopische hexagonale Platten.

N-(Phenyl-4-arsinsäure)glycyl-2-aminophenoxyacetamid[1]) $C_{16}H_{18}O_6N_3As \cdot H_2O =$ $p—H_2O_3AsC_6H_4NHCH_2 \cdot CONHC_6H_4OCH_2CONH_2—(o)$. — Bildung aus o-Chloracetylamino- phenoxyacetamid. Das Reaktionsprodukt wird in NH_3 gelöst und ergibt beim Ausfällen in der Wärme mit Eisessig eine voluminöse Masse mikroskopischer Nadeln, sehr wenig löslich in heißem Wasser, wenig löslich in heißem 50 proz. Alkohol, woraus kleine, glänzende Nadeln resultieren. Zersetzungsp. der wasserfreien Verbindung bei 280°.

N-(Phenyl-4-arsinsäure)glycyl-3-aminophenoxyessigsäure[1]) $C_{16}H_{17}O_7N_2As \cdot H_2O = p$ $—H_2O_3AsC_6H_4 \cdot NHCH_2CONHC_6H_4OCH_2CO_2H—(m)$. — 22 g Arsanilsäure in 100 ccm n-NaOH und 25 g m-Chloracetylaminophenoxyessigsäure werden 1 Stunde gekocht. Man setzt zu dem Reaktionsprodukt überschüssige HCl. Aus verdünnter heißer alkalischer Lösung mit HCl (Indicator: Kongorot) radial angeordnete Masse von Mikrokrystallen, löslich in heißem Wasser und 50 proz. Alkohol. Die wasserfreie Verbindung zersetzt sich bei 250—260°.

N-(Phenyl-4-arsinsäure)glycyl-4-aminophenoxyessigsäure[1]) $C_{16}H_{17}O_7N_2As$. Bildung in analoger Weise aus p-Chloracetylaminophenoxyessigsäure. Aus heißer alkalischer Lösung mit HCl in Form kleiner Kugeln ausfällbar. Die heiße Lösung des Na-Salzes ergibt mit Eisessig flache mikroskopische Nadeln und Plättchen, unlöslich in heißem Alkohol, CH_3OH und Wasser, löslich in 50 proz. Alkohol. Bis 285° tritt kein Schmelzen ein. —**Na-Salz** $C_{16}H_{15}O_7N_2$ $\cdot AsNa \cdot 3\ H_2O$ glänzende mikroskopische Blättchen.

---

[1]) Walter A. Jacobs u. Michael Heidelberger, Journ. of Amer. Chem. Soc. **41**, 1600—1644 [1919]; Chem. Centralbl. **1920**, I, 370—380.

N-(Phenyl-4-arsinsäure)glycyl-4-aminophenoxyacetamid[1]) $C_{16}H_{18}O_6N_3As$. — Bildung aus 16 g p-Chloracetylaminophenoxyacetamid mittels der NaJ-Methode. Aus heißer verdünnter Salzlösung mit Eisessig in Form von Scheiben oder Federn kleiner, flacher Nadeln, die bei 280° nicht schmelzen, sehr wenig löslich in heißem Wasser oder 50 proz. Alkohol. — **Na-Salz** $C_{16}H_{17}O_6N_3AsNa \cdot 5\ H_2O$. Die Amidogruppe ist gegen Alkali ziemlich empfindlich, man muß daher zur Herstellung Na_2CO_3 verwenden. Aus Wasser lange, flache mikroskopische Nadeln.

N-(Phenyl-4-arsinsäure)glycyl-4-aminophenoxyacetylharnstoff[1]) $C_{17}H_{19}O_7N_4As \cdot 0{,}5$ $H_2O = p—H_2O_3As \cdot C_6H_4NHCH_2CONHC_6H_4OCH_2COCNHONH_2—(p)$. — Bildung durch 4 stündiges Kochen aus 5,8 g p-Chloracetyl-aminophenoxyacetylharnstoff. Aus der Lösung in Na_2CO_3 mit Na-Acetat aussalzbar. Das Na-Salz ergibt in der Wärme mit Eisessig Rosetten mikroskopischer Nadeln, sehr wenig löslich in heißem Wasser und 50 proz. Alkohol, Zersetzungspunkt etwa 290°. — **Na-Salz** $C_{17}H_{18}O_7N_4AsNa \cdot 4\ H_2O$. Aggregate mikroskopischer Nadeln.

N-(Phenyl-4-arsinsäure)glycyl-3-methyl-4-aminophenoxyessigsäure[1]) $C_{17}H_{19}O_7N_2As$ $= p—H_2O_3AsC_6H_4NHCH_2CONHC_6H_3(CH_3)OCH_2CO_2H—(o, p)$. — 4,4 g Arsanilsäure in 20 ccm n-NaOH und 5,2 g 3-Methyl-4-chloracetylaminophenoxyessigsäure werden 1 Stunde gekocht. Die alkalische Lösung wird mit HCl ausgefällt. Aus wenig 50 proz. Alkohol sehr schwer umkrystallisierbar. Verdünnte Lösungen des Na-Salzes ergeben mit Eisessig warzenförmige Aggregate mikroskopischer Nadeln. Zersetzungsp. bei 270°. Löslich in CH_3OH, heißem Wasser, leicht löslich in CH_3OH und Alkohol. — **Na-Salz** $C_{17}H_{18}O_7N_2 \cdot AsNa_2$. Durch Ausfällen mit Alkohol gut ausgebildete Nadeln. Leicht löslich in Wasser (Krystallwassergehalt ist nicht bestimmt).

N-(Phenyl-4-arsinsäure)glycyl-3-aminobenzolsulfamid[1]) $C_{14}H_{16}O_6N_3SAs = p—H_2O_3 \cdot$ $AsC_6H_4NHCH_2CONHC_6H_4SO_2NH_2—(m)$. — Bildung durch mehrstündiges Kochen äquivalenter Mengen von Natriumarsanilat, m-Chloracetylaminobenzolsulfamid und NaJ in 50 proz. Alkohol. Die heiße ammoniakalische Lösung gibt mit Eisessig flache, glänzende, mikroskopische Nadeln, die teilweise in Rosetten angeordnet sind. Zersetzungsp. bei 265°. Sehr wenig löslich in heißem Wasser und 50 proz. Alkohol.

N-(Phenyl-4-arsinsäure)glycyl-4-aminobenzolsulfonsäure[1]) $C_{14}H_{15}O_7N_2SAs \cdot 2\ H_2O =$ $p—H_2O_3AsC_6H_4NHCH_2 \cdot CONHC_6H_4SO_3H—(p)$. — Bildung durch $^1/_2$ stündiges Kochen von 16,5 g Arsanilsäure in 75 ccm n-NaOH und 25 g Natriumchloracetylsulfanilat. Die erhaltene Lösung wird mit HCl (im Überschuß) versetzt. Aus verdünnter ammoniakalischer Lösung mit HCl resultieren flache, glänzende Nadeln. Löslich in kaltem Wasser, weniger löslich in 10 proz. HCl. Leicht löslich in heißem Wasser, woraus Aggregate kleiner, flacher Nadeln resultieren. Wenig löslich in Alkohol und unlöslich in Aceton. Die wasserfreie Verbindung schmilzt (unter Zersetzung) bei 245—246°.

N-(Phenyl-4-arsinsäure)glycyl-4-aminobenzolsulfamid[1]) $C_{14}H_{16}O_6N_3SAs$. — Bildung aus 21,5 g p-Chloracetylaminobenzolsulfamid mittels der NaJ-Methode. Die verdünnte, heiße ammoniakalische Lösung ergibt mit Eisessig Aggregate dünner, mikroskopischer Blättchen und Nadeln. Unlöslich in heißem Wasser und 50 proz. Alkohol, bis 280° tritt kein Schmelzen ein.

N-(Phenyl-4-arsinsäure)glycyl-4-amino-6-oxybenzolsulfosäure[1]) $C_{14}H_{15}O_8N_2SAs \cdot 1{,}5$ $H_2O = p—H_2O_3 \cdot AsC_6H_4NHCH_2CONHC_6H_3(OH)SO_3H—(m, p)$. — 22 g Arsanilsäure in 100 ccm n-NaOH und 30 g des Natriumsalzes der 4-Chloracetylamino-6-oxybenzolsulfosäure werden $^1/_2$ Stunde gekocht und nach dem Abkühlen mit 25 ccm konz. HCl versetzt. Aus heißem Wasser mikroskopische Blättchen. Sehr wenig löslich in heißem Alkohol, CH_3OH und Eisessig. In alkalischer Lösung tritt leicht Kupplung mit diazotierter Sulfanilsäure ein. Die wasserfreie Verbindung schmilzt bis 275° nicht. In Wasser leichter löslich als in verdünnter HCl.

N-(Phenyl-4-arsinsäure)glycyl-4-aminoacetophenon[1]) $C_{16}H_{17}O_5N_2As = p—H_2O_3AsC_6H_4 \cdot$ $NHCH_2CONHC_6H_4CO \cdot CH_3—(p)$. — Bildung aus 4,3 g p-Chloracetylaminoacetophenon mittels der NaJ-Methode. Aus heißen, verdünnten Salzlösungen mit Eisessig resultieren lange, feine Haare, die bis 280° nicht schmelzen. Fast unlöslich in heißem Wasser, sehr wenig löslich in heißem 50 proz. Alkohol. In konz. H_2SO_4 mit gelber Farbe löslich.

N-(Phenyl-2-arsinsäure)glycinanilid[1]) $C_{14}H_{15}N_2O_4As \cdot H_2O = o-H_2O_3AsC_6H_4NHCH_2CO \cdot$ NHC_6H_5. — Bildung in analoger Weise wie das p-Derivat aus o-Arsanilsäure und Chloracet-

---

[1]) Walter A. Jacobs u. Michael Heidelberger, Journ. of Amer. Chem. Soc. **41**, 1600—1644 [1919]; Chem. Centralbl. **1920**, I, 370—380.

anilid. Aus 50 proz. Alkohol radial angeordnete Masse kleiner Prismen. Schmelzp. der wasserfreien Verbindung (unter Gasentwicklung) 160—163°. Sehr leicht löslich in heißem 50 proz. Alkohol, wenig löslich in der Kälte. Sehr wenig löslich in heißem Wasser und Eisessig, leicht löslich in heißem Eisessig und kaltem CH_3OH, weniger leicht in Alkohol.

N-(Phenyl-2-arsinsäure)glycyl-2-aminophenol[1]) $C_{14}H_{15}O_5N_2As \cdot 0{,}5 H_2O$. — 22 g o-Arsanilsäure und 10 g o-Chloracetylaminophenol werden in 200 ccm 2 n-NaOH $^1/_2$ Stunde gekocht. Man löst in NH_3 zur Abtrennung des als Nebenprodukt gebildeten o-Aminophenoxyessigsäureanhydrids. Die alkalische Lösung ergibt mit Eisessig schöne Ballen glänzender Nadeln. Schmelzpunkt der wasserfreien Verbindung (unter Zersetzung) 151—153°. Aus heißem Wasser, in welchem es sehr wenig löslich ist, lange seidige Nadeln. Wenig löslich in kaltem Alkohol oder CH_3OH, leicht löslich in heißem, 50 proz. Alkohol. Die alkalische Lösung wird mit diazotierter Sulfanilsäure leicht gekuppelt.

N-(Phenyl-2-arsinsäure)glycyl-3-aminophenol[1]) $C_{14}H_{15}O_5N_2As \cdot 2 H_2O$. — 22 g o-Arsanilsäure in 100 ccm n-NaOH und 19 g m-Chloracetylaminophenol werden $^1/_2$ Stunde gekocht. Aus der ammoniakalischen Lösung fallen mit Eisessig gummiartige Verunreinigungen aus, durch Ansäuern des heißen Filtrates mit HCl (gegen Kongorot) resultieren Bündel rötlicher, mikroskopischer Plättchen. Schmelzp. 103—105° der wasserfreien Verbindung (unter Zersetzung) bei 180°. Leicht löslich in Alkohol, CH_3OH, Eisessig und heißem Wasser. In alkalischer Lösung tritt leicht Kupplung mit diazotierter Sulfanilsäure ein.

N-(Phenyl-2-arsinsäure)glycyl-4-aminophenol[1]) $C_{14}H_{15}O_5N_2As$. — Bildung durch Einwirkung äquimolekularer Mengen o-Arsanilsäure und p-Chloracetylaminophenol. Die ammoniakalische Lösung wird zur Entfernung von Verunreinigungen mit Eisessig versetzt und das Filtrat gegen Kongorot mit HCl angesäuert. Kurze, farblose, mikroskopische Plättchen. Schmelzp. (unter Zersetzung) 208—209°. Sehr wenig löslich in heißem Wasser, leicht löslich in heißem CH_3OH und 50 proz. Alkohol.

N-(Phenyl-3-arsinsäure)glycinanilid[1]) $C_{14}H_{15}O_4N_2As$. — Bildung aus m-Arsanilsäure und Chloracetanilid. Aus 50 proz. Alkohol, dann aus Eisessig Rosetten kleiner cremefarbener Prismen, die Eisessig enthalten. Schmelzp. (unter Zersetzung) 217—218°. Wenig löslich in heißem Wasser, leichter löslich in heißem 50 proz. Alkohol und Eisessig, löslich in kaltem 95 proz. Alkohol.

N-(Phenyl-3-arsinsäure)glycyl-2-aminophenol[1]) $C_{14}H_{15}O_5N_2As$. — Bildung durch Kochen von 22 g m-Arsanilsäure in 100 ccm n-NaOH und 19 g o-Chloracetylaminophenol. Durch Lösen in NH_3 wird von dem als Nebenprodukt gebildeten Anhydrid der o-Aminophenoxyessigsäure getrennt. Nach Abtrennung der mit Eisessig ausfällbaren Verunreinigungen wird mit HCl (gegen Kongorot) angesäuert; es resultieren farblose, flache, mikroskopische Nadeln, Schmelzp. (unter Zersetzung) 190—192°. Sehr wenig löslich in kaltem Wasser, leichter löslich in heißem Wasser, wenig löslich in 50 proz. und 95 proz. Alkohol, leichter löslich beim Erwärmen, löslich in kaltem CH_3OH und Eisessig. Das **Ammoniumsalz** bildet feine Nadeln.

N-(Phenyl-3-arsinsäure)glycyl-3-aminophenol[1]) $C_{14}H_{15}O_5N_2As \cdot 1{,}5 H_2O$. — Bildung aus 26,4 g m-Arsanilsäure und 23 g m-Chloracetylaminophenol. Aus 50 proz. Alkohol; zur Reinigung wird mit Tierkohle gekocht. Schwach purpurfarbenes Pulver kleiner, unregelmäßiger Plättchen und flacher Nadeln. Die wasserfreie Verbindung zersetzt sich zwischen 180 und 190°. In kaltem CH_3OH leichter löslich als in den anderen Lösungsmitteln. In heißem Alkohol und Eisessig leichter löslich als in heißem Wasser. Unlöslich in Aceton, Benzol und Äther.

N-(Phenyl-3-arsinsäure)glycyl-4-aminophenol[1]) $C_{14}H_{15}O_5N_2As$. Bildung aus 22 g m-Arsanilsäure und 19 g p-Chloracetylaminophenol. Das Hydrochlorid bildet feine Nadeln, durch Lösen in NH_3 und Ansäuern mit HCl (gegen Kongorot) resultiert die Verbindung. Aus wenig heißem Wasser, in welchem es leicht löslich ist, mikroskopische Plättchen. Die Lösung muß aber sehr langsam abgekühlt werden. Zersetzungsp. bei 180°. — Wenig löslich in kaltem Wasser, leicht löslich in heißem Alkohol, löslich in CH_3OH, wenig löslich in heißem Aceton. In warmer verdünnter HCl löslich.

N-(2-Methylphenyl-4-arsinsäure)glycyl-3-aminophenol[1]) $C_{15}H_{17}O_5N_2As$. — 30 g des Na-Salzes der o-Methylarsanilsäure (aus o-Toluidin) und 17 g m-Chloracetylaminophenol werden in Reaktion gebracht. Aus der ammoniakalischen Lösung mit Eisessig ausfällbar in Form langer, flacher, mikroskopischer Nadeln. Zersetzungsp. bei 285°. Unlöslich in heißem Wasser, löslich in heißem 50 proz. Alkohol. In alkalischer Lösung tritt Kupplung mit diazotierter Sulfanilsäure ein.

---

[1]) **Walter A. Jacobs** u. **Michael Heidelberger**, Journ. of Amer. Chem. Soc. **41**, 1600—1644 [1919]; Chem. Centralbl. **1920**, I, 370—380.

N-(2-Methylphenyl-4-arsinsäure)glycyl-4-aminophenol[1]) $C_{15}H_{17}O_5N_2As$. — Bildung in analoger Weise wie die vorstehende Isomere. Aus verdünntem NH_3 mit Eisessig mikroskopische, spindelförmige Nadeln. Zersetzungsp. bei 232—234°. Sehr wenig löslich in heißem Wasser und etwas löslicher in heißem 50proz. Alkohol.

N-(3-Methylphenyl-4-arsinsäure)glycyl-3-aminophenol[1]) $C_{15}H_{17}O_5N_2As$. — Bildung in analoger Weise aus 2-Methyl-4-aminophenylarsinsäure[2]). Aus heißer ammoniakalischer Lösung mit Eisessig Aggregate spindelförmiger Mikrokrystalle. Zersetzungsp. 232—235°. Sehr wenig löslich in heißem Wasser und Alkohol, leichter löslich in heißem 50proz. Alkohol. In alkalischer Lösung tritt Kupplung mit diazotierter Sulfanilsäure ein.

N-(2-Carboxyphenyl-4-arsinsäure)glycyl-3-aminophenol[1]) $C_{15}H_{15}O_7N_2As \cdot H_2O = o,$ p—$HO_2 \cdot C(H_2O_3As)C_6H_3 \cdot NHCH_2CONHC_6H_4OH$—(m). — 10 g 3-Carboxy-4-aminophenylarsinsäure[3]) werden in 80 ccm n-NaOH (etwa 2 Mol.) gelöst und nach Zusatz von 20 ccm 2 n-Eisessig und 8 g m-Chloracetylaminophenol 1 Stunde gekocht. Aus alkalischer Lösung mit Eisessig dünne, kleine Plättchen. Unlöslich in heißem Wasser. Etwas löslich in heißem Alkohol und 50proz. Alkohol, löslich in heißem CH_3OH und Eisessig. Die wasserfreie Verbindung zersetzt sich bei 204—207°. In alkalischer Lösung tritt Kupplung mit diazotierter Sulfanilsäure ein[1]).

N-Phenyl-glycyl-p-arsanilsäure(N-Phenylglycinanilid-p′-arsinsäure)[4]) $C_{14}H_{15}O_4N_2$ As = p $C_6H_5NHCH_2 \cdot CONHC_6H_4AsO_3H_2$. Die Verbindung ist isomer mit Phenylglycinanilid-p-arsinsäure. Zur Bildung werden 2 g Anilin in 15 ccm Alkohol zu einer Lösung von 4,5 g Chloracetylarsanilsäure in 15 ccm n-NaOH gegeben. Man kocht $^1/_2$ Stunde. Aus 50proz. Alkohol empfindliche filzige Nadeln; fast unlöslich in heißem Wasser, bis 280° tritt kein Schmelzen ein. Die Nitrosoverbindung bildet perlmutterartig glänzende Platten.

m-Oxaminophenylglycyl-p-arsanilsäure[4]) $C_{16}H_{16} \cdot O_7N_3As \cdot H_2O = $ m—$HO_2CCONHC_6$ $H_4NHCH_2CONHC_6H_4AsO_3H_2$ (p′). — 12 g Chloracetylarsanilsäure und 7,2 g m-Aminooxanilsäure[5]) in 80 ccm n-NaOH werden 20 Minuten gekocht. Das Hydrochlorid, $C_{16}H_{16}O_7N_3As \cdot HCl$, bildet Aggregate mikroskopischer Federn. Das Hydrochlorid spaltet beim Kochen mit Wasser HCl ab. Die freie Säure ist in Wasser unlöslich und sehr wenig löslich in 50proz. Alkohol. Zersetzungsp. 179°.

p-Aminophenylglycyl-p-arsanilsäure[1]) $C_{14}H_{16}O_4N_3As = p-H_2NC_6H_4NHCH_2CONHC_6H_4 \cdot$ AsO_3H_2. — 8 g p-Acetaminophenylglycinanilid-p′-arsinsäure werden 6 Minuten mit 8 Teilen HCl (1 : 1) gekocht, schnell abgekühlt, mit Tierkohle behandelt, filtriert und bis zum Verschwinden der Kongorotreaktion mit gesättigter Na-Acetatlösung behandelt. Der erhaltene Niederschlag wird in HCl (verd.) gelöst und die Lösung nach dem Filtrieren mit Na-Acetat behandelt. Mikrokrystalline Aggregate, die beim Waschen mit Wasser kolloidal werden. Die Verbindung schmilzt bis 280° nicht. Löslich in verdünnten Mineralsäuren und Alkalien, unlöslich in heißem Wasser, sehr wenig löslich in heißem 50proz. Alkohol. Die Verbindung ist leicht diazotierbar, mit R-Salz resultiert eine Rotfärbung.

p-Acetaminophenylglycyl-p-arsanilsäure[4]) $C_{16}H_{18}O_5N_3As$. — Herstellung aus p-Aminoacetanilid durch 1 stündiges Erwärmen auf dem Wasserbade. Mit warmer verdünnter NaOH und gesättigter Na-Acetatlösung resultiert das **Na-Salz** $C_{16}H_{17}O_5N_3AsNa \cdot 7 H_2O$. Aus Wasser, welches wenig Na_2CO_3 enthält, flache glänzende Nadeln. Das Salz ist auch mit Alkohol aus der wässerigen Lösung ausfällbar. Die freie Säure wird aus dem Na-Salz mit Eisessig in Form glänzender hexagonaler Plättchen erhalten. Sehr wenig löslich in heißem Wasser und 50proz. Alkohol, bei 275° schmilzt die Verbindung nicht.

p-Oxaminophenylglycyl-p-arsanilsäure[4]) $C_{16}H_{18}O_7N_3As \cdot 1,5 H_2O$. — 14 g Chloracetylarsanilsäure und 8,4 g p-Aminooxanilsäure werden mit 94 ccm n-NaOH $^1/_2$ Stunde gekocht. Aus sehr verdünnter, heißer, ammoniakalischer Lösung mit Eisessig ausfällbar in Form schwach purpurfarbener Aggregate mikroskopischer Krystalle. Fast unlöslich in heißem Wasser, sehr

[1]) Walter A. Jacobs u. Michael Heidelberger, Journ. of Amer. Chem. Soc. **41**, 1600—1644 [1919]; Chem. Centralbl. **1920**, I, 370—380.

[2]) Walter A. Jacobs, Michael Heidelberger u. Ida P. Rolf, Journ. of Amer. Chem. Soc. **40**, 1588 [1919]; Chem. Centralbl. **1919**, I, 619.

[3]) Kahn u. Benda, Berichte d. Deutsch. Chem. Gesellschaft **41**, 3862 [1908]; Chem. Centralbl. **1908**, II, 301.

[4]) Walter A. Jacobs u. Michael Heidelberger, Journ. of Amer. Chem. Soc. **41**, 1809—1821 [1919]; Chem. Centralbl. **1920**, I, 616—619.

[5]) Walter A. Jacobs u. Michael Heidelberger, Journ. of Amer. Chem. Soc. **39**, 1451 [1917]; Chem. Centralbl. **1918**, I, 17.

wenig löslich in heißem 50 proz. Alkohol, bis 275° tritt keine Zersetzung ein. Beim Erwärmen mit wässerigen Alkalien oder HCl (1 : 1) tritt Spaltung ein.

p-Oxamylaminophenylglycyl-p-arsanilsäure [1] $C_{16}H_{17}O_6N_4As = p\text{—}H_2NCOCONHC_6H_4 \cdot$ $NHCH_2CONHC_6H_4AsO_3H_2$. — 21 g Chloracetylarsanilsäure in 70 ccm n-NaOH werden zu einer kochenden Lösung von 12,6 g p-Aminooxanilamid in etwa 300 ccm Wasser gegeben. Man kocht, bis die gelatinöse Masse krystallinisch geworden ist. Nach etwa $^1/_2$ stündigem Kochen wird heiß filtriert und mit heißem Wasser gewaschen. Man suspendiert in viel heißem Wasser und behandelt bis zur fast völligen Lösung mit Na_2CO_3. Die Lösung wird heiß filtriert und mit Na-Acetatlösung ausgesalzen. Durch Versetzen der sehr verdünnten Lösung mit Eisessig resultieren Büschel mikroskopischer Nadeln. Unlöslich in heißem Wasser und 50 proz. Alkohol, bis 285° schmilzt die Verbindung nicht.

p-Uraminophenylglycyl-p-arsanilsäure [1] $C_{15}H_{17}O_5N_4As = p\text{—}H_2NCONHC_6H_4NHCH_2 \cdot$ $CONHC_6H_4AsO_3H_2$. — 12 g Chloracetylarsanilsäure, 6,1 g p-Aminophenylharnstoff, 47 ccm n-NaOH und 20 ccm gesättigte Na-Acetatlösung werden $^1/_2$ Stunde gekocht. Das Na-Salz wird mit 85 proz. Alkohol gewaschen und die Säure mittels Eisessig aus der verdünnten Lösung ausgefällt, es resultiert eine sphäroide Masse mikroskopischer Blättchen, die in 50 proz. Alkohol löslich und in Wasser wenig löslich sind. Bis 285° schmilzt die Verbindung nicht.

m-Oxyphenylglycyl-p-arsanilsäure [1] $C_{14}H_{15}O_5N_2As \cdot 3,5\,H_2O = m\text{—}HOC_6H_4NHCH_2CO \cdot$ $NHC_6H_4AsO_3H_2$. — Das aus m-Aminophenol erhaltene Reaktionsprodukt wird über das Hydrochlorid, $C_{14}H_{15}O_5N_2As \cdot HCl$, gereinigt. Aus 10 proz. HCl schwach purpurfarbene Krystalle, die bis 285° nicht schmelzen, beim Kochen mit Wasser wird fast die gesamte HCl abgespalten. Das Hydrochlorid wird in Wasser suspendiert und mit NaOH neutralisiert. Aus verdünnter alkoholischer Lösung mit Eisessig resultiert die freie Säure in Form schwach roter, keilförmiger mikroskopischer Prismen. Bei 80° im Krystallwasser löslich, die wasserfreie Verbindung bildet bei höherem Erhitzen einen Teer; leicht löslich in Alkohol, CH_3OH und Aceton, wenig löslich in Eisessig. Aus Eisessig in einer anderen Krystallform, wahrscheinlich dem Anhydrid, erhalten. Löslich in heißem Wasser, beim Abkühlen in Form einer käsigen Masse ausfällbar.

p-Oxyphenylglycyl-p-arsanilsäure [1] $C_{14}H_{15}O_5N_2As \cdot H_2O$. — Aus p-Aminophenol herstellbar. Das Na-Salz $C_{14}H_{14}O_5N_2AsNa \cdot H_2O$ resultiert aus dem Hydrochlorid in Form mikroskopischer Nadeln. Leicht löslich in heißem Wasser, wenig löslich in kaltem Wasser. Die wässerige Lösung gibt mit $FeCl_3$ eine schwache lila Färbung. Durch Ansäuern der heißen Lösung des Na-Salzes mit Eisessig resultieren Aggregate mikroskopischer Haare, fast unlöslich in heißem Wasser und heißem 50 proz. Alkohol. Die wasserfreie Verbindung schmilzt bis 280° nicht völlig.

m-Carboxamidophenylglycyl-p-arsanilsäure [1] $C_{15}H_{16}O_5N_3As = m\text{—}H_2NCOC_6H_4NH \cdot$ $CH_2CONHC_6H_4AsO_3H_2$ (p). — Bildung aus m-Aminobenzamid. Das Na-Salz $C_{15}H_{15}O_5N_3AsNa$ $\cdot H_2O$, ergibt radial angeordnete Massen flacher Nadeln. Die freie Säure aus dem Na-Salz mit Eisessig erhalten, bildet mikroskopische Nadeln, sehr wenig löslich in heißem Wasser und Eisessig, wenig löslich in heißem 50 proz. Alkohol. Zersetzungsp. bei 248°.

N-Phenylglycinanilid-m-carboxureido-p′-arsinsäure [1] $C_{16}H_{17}O_6N_4As = p\text{-}H_2O_3AsC_6H_4 \cdot$ $NHCOCH_2NHC_6H_4CONH \cdot CONH_2$ (m). — Bildung aus m-Aminobenzoylharnstoff. Das Na-Salz $C_{16}H_{16}O_6N_4AsNa \cdot 3\,H_2O$, ergibt aus heißem Wasser mit Alkohol flache, mikroskopische Nadeln. Mit Eisessig resultiert aus dem Salz die freie Säure in Form sphäroidal angeordneter mikroskopischer Nadeln. Fast unlöslich in heißem Wasser und 50 proz. Alkohol. Zersetzungsp. bei 280°.

p-Carboxamidophenylglycyl-p-arsanilsäure [1] $C_{15}H_{16}O_5N_3As = p\text{—}H_2NCOC_6H_4NHCH_2 \cdot$ $CONHC_6H_4AsO_3H_2$ (p). — Bildung aus p-Aminobenzamid. Das Na-Salz $C_{15}H_{15}O_5N_3AsNa \cdot$ $2\,H_2O$ bildet glänzende Plättchen, sehr wenig löslich in kaltem Wasser, löslich in heißem Wasser. Mit Eisessig resultiert die freie Säure in Form mikroskopischer Prismen, unlöslich in heißem Wasser und 50 proz. Alkohol, bis 275° ist die Verbindung nicht schmelzbar.

N-Phenylglycinanilid-p-acetamid-p′-arsinsäure [1]

$$C_{16}H_{18}O_5N_3As = H_2O_3As\!\!\left\langle\rule{1.2cm}{0pt}\right\rangle\!\!NHCOCH_2NH\!\!\left\langle\rule{1.2cm}{0pt}\right\rangle\!\!CH_2CONH_2.$$

Bildung aus p-Aminophenylacetamid. Aus verdünnter ammoniakalischer Lösung mit Eisessig werden Aggregate mikroskopischer Plättchen vom Zersetzungsp. 256—258° erhalten; sehr löslich in heißem Wasser, löslich in heißem 50 proz. Alkohol und Eisessig.

---

[1] **Walter A. Jacobs** u. **Michael Heidelberger**, Journ. of Amer. Chem. Soc. **41**, 1809—1821 [1919]; Chem. Centralbl. **1920**, I. 616—619.

N-Phenylglycinanilid-p-acetureido-p′-arsinsäure[1] $C_{17}H_{19}O_6N_4As \cdot 0,5\ H_2O = H_2O_3As \cdot$
$C_6H_4NHCOCH_2NHC_6H_4CH_2 \cdot CONHCONH_2$. — Bildung aus p-Amino-phenylacetylharnstoff.
Die Reinigung erfolgt über das Na-Salz, dann durch Ausfällen der sehr verdünnten ammoniaka-
lischen Lösung mit Eisessig. Rosetten mikroskopischer Haare vom Zersetzungsp. 270—273°.
Sehr wenig löslich in heißem Wasser und 50 proz. Alkohol.

N-Phenylglycinanilid-p-oxyessigsäure-p′-arsinsäure[1]

$$C_{16}H_{17}O_7N_2As \cdot 1,5\ H_2O = H_2O_3As\langle\ \rangle NHCOCH_2NH\langle\ \rangle OCH_2 \cdot COOH.$$

3 g Chloracetylarsanilsäure und 2 g p-Aminophenoxyessigsäure werden in 20 ccm n-NaOH
$^1/_2$ Stunde gekocht. Aus 50 proz. Eisessig, kleine schwachbraune, keilförmige Platten, fast unlöslich in heißem Wasser und 50 proz. Alkohol. Zersetzungsp. bei etwa 275°.

N-Phenylglycinanilid-p-oxyessigsäure-p′-arsinsäure[1]$C_{16}H_{18}O_6N_3As = p\text{-}H_2O_3AsC_6H_4$
$NHCOCH_2NHC_6H_4OCH_2 \cdot CONH_2$ (p). — Bildung aus p-Aminophenoxyacetamid. Das **Na-**
Salz $C_{16}H_{17}O_6N_3AsNa \cdot 4\ H_2O$, gibt aus Wasser mit 2 Vol. Alkohol ausgefällt schwachgraue
Rosetten flacher, glänzender Nadeln, die mit 88 proz. Alkohol gewaschen werden. Die freie
Säure bildet eine wollige Masse empfindlicher Nadeln, die in heißem Wasser und 50 proz.
Alkohol praktisch unlöslich sind. Bis 265° schmilzt die Verbindung nicht.

N-Phenylglycinanilid-p-oxyessigsäureureid-p′-arsinsäure[1] $C_{17}H_{19}O_7N_4As = p\text{---}H_2O_3 \cdot$
$AsC_6H_4NHCO \cdot CH_2NHC_6H_4OCH_2CONHCONH_2$. — Bildung aus p-Aminophenoxyacetylharn-
stoff. Das **Na-Salz** $C_{17}H_{18}O_7N_4 \cdot AsNa \cdot 4\ H_2O$, bildet Rosetten kleiner Plättchen, die in heißem
Wasser und 50 proz. Alkohol fast unlöslich sind. Zersetzungsp. 257—258°.

N-Phenylglycinanilid-p-glycinamid-p′-arsinsäure[1]

$$C_{16}H_{19}O_5N_4As \cdot 1,5\ H_2O = H_2O_3As\langle\ \rangle NHCOCH_2N\text{---}\langle\ \rangle NH \cdot CH_2CONH_2.$$
$$\overset{|}{H}$$

Bildung aus p-Aminophenylglycinamid. Aus verdünnter ammoniakalischer Lösung mit Eisessig resultieren sphäroidal angeordnete Aggregate von Mikrokrystallen, die an der Luft ocker-
farbig werden. Wenig löslich in heißem Wasser und 50 proz. Alkohol, bis 285° schmilzt die
Verbindung nicht.

N-Phenylglycinanilid-4, 4′-diarsinsäure[1] $C_{14}H_{16}O_7 \cdot N_2As_2 \cdot 0,5\ H_2O = H_2O_3AsC_6H_4NH \cdot$
$CH_2CONHC_6H_4AsO_3H_2$. — 4,4 g Arsanilsäure und 6 g Chloracetylarsanilsäure in 40 ccm
n-NaOH (2 Mol.) werden $^1/_2$ Stunde gekocht. Aus verdünnter alkalischer Lösung mit HCl in
Form von Scheiben mikroskopischer Nadeln ausfällbar. Unlöslich in heißem Wasser und sehr
wenig löslich in heißem 50 proz. Alkohol. Bei 280° schmilzt die Verbindung nicht.

p-Acetophenylglycyl-p-arsanilsäure[1] $C_{16}H_{17}O_5N_2As = p\text{---}CH_3COC_6H_4NHCH_2CONH \cdot$
$C_6H_4AsO_3H_2$ (p). — Bildung aus p-Aminoacetophenon. Das Na-Salz $C_{16}H_{16}O_5N_2As \cdot Na \cdot 3\ H_2O$
bildet aus Wasser kleine, schmale schwachgelbe, glänzende Plättchen. Die freie Säure
bildet radial angeordnete, schwach gelb gefärbte mikroskopische Nadeln, die bis 290° nicht
schmelzen. Unlöslich in heißem Wasser und sehr wenig löslich in heißem 50 proz. Alkohol[1].

N-(Phenyl-4-arsinsäure)α-phenylglycin[1]$C_{14}H_{14}O_5NAs = p\text{---}H_2O_3AsC_6H_4NHCH(C_6H_5)$
$COOH$. — 30 g des Na-Salzes des N-(Phenyl-4-arsinsäure)-α-phenylglycinamids werden in
etwa 5 Teilen 10 proz. NaOH gelöst und etwa 15 Minuten gekocht. Die Lösung wird mit HCl
gegen Kongorot angesäuert. Aus viel heißem Wasser glänzende rhombische Platten. Zersetzungsp. 202—203°. Sehr wenig löslich in kaltem Wasser, Alkohol und Eisessig, leichter
löslich in der Wärme. — Leicht löslich in CH_3OH.

N-(Phenyl-4-arsinsäure)α-phenylglycinamid[1] $C_{14}H_{15}O_4N_2As = p\text{---}H_2O_3AsC_6H_4NHCH$
$(C_6H_5)CONH_2$. — 87 g Arsanilsäure in 400 ccm n-NaOH werden mit 80 g NaJ, 68 g (1 Mol.)
Phenylchloracetamid und 500 ccm Alkohol 4 Stunden gekocht. Man verrührt die feste Masse
mit HCl (gegen Kongorot) und reinigt dann über das Na-Salz. Aus diesem mit Eisessig mikroskopische Nadeln, die bis 280° nicht schmelzen. Sehr wenig löslich in heißem Wasser und
50 proz. Alkohol, unlöslich in der Kälte. — **Natriumsalz** $C_{14}H_{14}O_4N_2AsNa \cdot 3,5\ H_2O$. —
Aus Alkohol körnige Aggregate von Platten. Der Krystallwassergehalt schwankt zwischen
3,5 und 5 Mol. Leicht löslich in Wasser und heißem Alkohol.

---

[1] Walter A. Jacobs u. Michael Heidelberger, Journ. of Amer. Chem. Soc. **41**, 1809—1825
[1919]; Chem. Centralbl. **1920**, I, 616—620.

N-(Phenyl-4-arsinsäure)α-phenylglycinureid[1]) $C_{15}H_{16}O_5N_3As \cdot H_2O = p—H_2O_3AsC_6H_4 \cdot$ NHCH(C_6H_5)CONHCONH$_2$. — 4,4 g Arsanilsäure, 5,3 g (1,25 Mol.) Phenylchloracetylharnstoff, 4 g NaJ, 21 ccm n-NaOH und 22 ccm Alkohol werden 2 Stunden auf dem Wasserbade gekocht. Nach dem Abkühlen wird mit HCl gegen Kongorot angesäuert. Aus dem Na-Salz mit Eisessig radial angeordnete Masse mikroskopischer Nadeln. Zersetzungspunkt der wasserfreien Verbindung 195—197°. Löslich in heißem Wasser und 50 proz. Alkohol, sehr wenig löslich in der Kälte.

N-(Phenyl-4-arsinsäure)α-phenylglycin-3′-oxyanilid[1]) $C_{20}H_{19}O_5N_2As \cdot 1,5\ H_2O = p—$ $H_2O_3AsC_6H_4NHCH(C_6H_5)CONH \cdot C_6H_4OH—(m)$. — Bildung in analoger Weise aus 10,5 g m-Phenylchloracetylaminophenol. Mehrfach aus 50 proz. Alkohol purpurfarbene, längliche mikroskopische Plättchen. Zersetzungsp. 155—160°, der der wasserfreien Verbindung 200 bis 210°. Löslich in CH_3OH und Alkohol (auch verd.). Unlöslich in heißem Aceton. In heißem Wasser tritt Schmelzen ein, beim Abkühlen wird eine Emulsion gebildet.

N-(Phenyl-4-arsinsäure)α-phenylglycin-4′-uraminoanilid[1]) $C_{21}H_{22}O_5N_4As = p—H_2O_3 \cdot$ $AsC_6H_4NHCH \cdot (C_6H_5)CONHC_6H_4CONH_2—(m)$. — Bildung in analoger Weise aus 12,2 g Phenylchloracetylacetylaminophenylharnstoff. Die Verbindung wird über das Na-Salz gereinigt. Zersetzungsp. ca. 255°. Löslich in heißem 50 proz. Alkohol, sehr wenig löslich in heißem Wasser.

N-(Phenyl-4-arsinsäure)α-phenylglycin-3′-carbaminoanilid[1]) $C_{21}H_{20}O_5N_3As = p-H_2O_3 \cdot$ $AsC_6H_4NHCH \cdot (C_6H_5)CONHC_6H_4CONH_2—(m)$. — Bildung in analoger Weise aus 5,9 g m-Phenylchloracetylaminobenzamid. Die Reinigung erfolgt über das Na-Salz. Mikrokrystalle vom Zersetzungsp. 261—262°. (Unlöslich in heißem Wasser und 50 proz. Alkohol.

N-(Phenyl-4-arsinsäure)α-phenylglycyl-4-aminophenylacetamid[1]) $C_{22}H_{22}O_5N_3As \cdot 0,5$ $H_2O = p—H_2O_3 \cdot AsC_6H_4NHCH(C_6H_5)CONHC_6H_4CH_2CONH_2—(p)$. — Bildung in analoger Weise aus 6,1 g α-Phenylchloracetyl-p-aminophenylacetamid durch 3stündiges Kochen. Über das Ammoniumsalz gereinigt, aus 50 proz. Alkohol kleine Platten und flache Nadeln. Die gelbe, wasserfreie Verbindung schmilzt (unter Zersetzung) bei 222—223°. Sehr wenig löslich in heißem Wasser, wenig löslich in heißem, 50 proz. Alkohol[1]).

N-(Phenyl-4-arsinsäure)glycinbenzylureid[2]) $C_{16}H_{18}O_5N_3As = p-H_2O_3AsC_6H_4NHCH_2CO \cdot$ NH $\cdot$ CONHCH$_2$C$_6$H$_5$. — 4,4 g Arsanilsäure wird in 20 ccm n-NaOH gelöst und mit 4,6 g α-Chloracetyl-β-benzylharnstoff und 20 ccm Alkohol 3 Stunden gekocht. Aus ammoniakalischer Lösung mit Eisessig ausfällbar. Aus 50 proz. Alkohol Rosetten empfindlicher Nadeln vom Zersetzungsp. 225°. Wenig löslich in heißem Wasser, unlöslich in CH_3OH.

Hippursäure (Bd. IV, S. 429; Bd. IX, S. 88).

Bildung: Aus Benzaldehyd mit Glykokoll bei Gegenwart von Alkali[3]).

Im Harn von Männern, die einige Tage proteinarme und glykokollfreie Nahrung zu sich nahmen und nachher per os Na-Benzoat erhielten, trat freie Benzoesäure nicht auf; dagegen erfolgte die Ausscheidung des vereinnahmten Benzoats sehr rasch und fast quantitativ als Hippursäure. Der Gehalt des Harns an Harnstoff $+$ NH$_3$ war während der Hippursäureausscheidung herabgesetzt; der als Hippursäure ausgeschiedene N ist, ebenso wie beim Kaninchen, derselbe N, der unter normalen Bedingungen als Harnstoff ausgeschieden wird[4]).

Bestimmung: Im Harn, Blut, Muskeln wird nach Hiizu Ito[5]) die Hippursäure zuerst rein gewonnen und dann mit NaOH zu C_6H_5COOH verseift und so bestimmt. Nach Filippi[6]) ist das Verfahren von Pélouze, nach welchem die Hippursäure durch Kochen mit MnO_2 und H_2SO_4 in Benzoesäure übergeht, zur Bestimmung sehr geeignet. 300—500 ccm Harn werden auf 100 ccm eingedampft, mit der Dakinschen Mischung aus 2 Raumteilen Benzol und 1 Raum-

---

[1]) Walter A. Jacobs u. Michael Heidelberger, Journ. of Amer. Chem. Soc. **41**, 1822 bis 1825 [1919]; Chem. Centralbl. **1920**, I, 619—620.

[2]) Walter A. Jacobs u. Michael Heidelberger, Journ. of Amer. Chem. Soc. **41**, 1600 [1919]; Chem. Centralbl. **1920**, I, 370.

[3]) Herm. Pauly, Zeitschr. f. physiol. Chemie **99**, 161—166 [1917]; Chem. Centralbl. **1917**, II, 53.

[4]) Howard B. Lewis, Journ. of Biolog. Chem. **18**, 225—231 [1914]; Chem. Centralbl. **1914**, II, 652.

[5]) Hiizu Ito, Journ. of Amer. Chem. Soc. **38**, 2188—2192 [1916]; Chem. Centralbl. **1917**, I, 283.

[6]) Eduardo Filippi, Arch. di Farmacol. sperim. **26**, 243—256 [1918]; Chem. Centralbl. **1919**, II, 472.

teil alkoholfreiem Äther 2 Stunden bei 60—65° extrahiert, nach Abtrennung vom Lösungsmittel mit 20 ccm H_2SO_4 und 3—4 g MnO_2 unter Zugabe einiger Porzellanstückchen am Rückflußkühler $1^1/_2$ Stunden erhitzt. Es wird mit Wasserdampf destilliert und das Destillat mit Äther erschöpft. — Der Ätherrückstand von Benzoesäure wird gewogen.

Physiologische Eigenschaften: Wurde als N-Quelle für Preßhefe geprüft[1]. Kann nur als N-Quelle für Hefe dienen, nicht als C-Quelle[2].

Bac. carotarum α, Bacillus cobayae, Bac. capri, Bac. musculi, Bac. guano und Bac. hollandicus kommen mit Hippursäure als alleinigen organischen Nährstoff aus[3].

Der fermentative Abbau von Benzoylglycin durch Erepsin war mit der Methode von Sörensen nicht feststellbar[4].

Aspergillus niger, Penicillium glaucum, Mucor Boidin, Botrytis Bassiana, Isaria farinosa, Cladosporium herbarum, Aspergillus glaucus, Penicillium brevicaules, Saccharomyces validus, Pichia membrana faciens, Saccharomyces anomalus, Sacch. ellipsoideus, Monilia candida, Oidium lactis, Phytophtora infestans und Fusarium (Fusisporium G.) konnten Hippursäure als alleinige Stickstoffquelle ausnutzen[5].

Ist keine so gute C- und N-Nahrung für Pflanzen als Harnstoff, denn bei der Spaltung in der Pflanzenzelle wird schädlich wirkende Benzoesäure frei. Tierischer Harn ist deshalb schlechter als menschlicher[6].

Hippursaures Na wirkt auf die Wirkung der Sojaurease im Gegensatz zu Glykokoll abschwächend[7].

Der fermentative Abbau von Hippursäure durch Erepsin war mit der Methode von Sörensen nicht festzustellen[4].

Eine Entfärbung (Reduktion) des Methylenblaues durch das Ferment des ausgewaschenen Pferdefleisches findet nicht statt in Gegenwart von Hippursäure statt Bernsteinsäure[8].

Tägliche Eingabe von 1,5—2 g Phytin vermindert beim normalen Individuum die Hippursäureausscheidung[9].

Hunde, denen man beide Nieren exstirpiert hatte, erhielten subcutan oder intravenös Natriumbenzoat und Glykokoll. Nach 24 bzw. 3 Stunden später wurden Blut, Leber und Muskel auf ihren Gehalt an Benzoesäure und Hippursäure untersucht. Stets waren beträchtliche Mengen der beiden Substanzen zugegen[10].

Die Hippursäuremenge, die die gesunde Niere aus der in der Nahrung zugeführten Benzoesäure und dem in der Galle an die Cholsäure gebunden enthaltenen Glykokoll bildet, ist bei Nierenschädigungen vermindert, und zwar bei schwerer Nierenerkrankung am stärksten. Man erhält noch stärkere Ausschläge, wenn man dem Patienten 0,5 g Benzoesäure und 0,5 g Glykokoll getrennt in Kapseln vor dem Mittagessen gibt[11].

Die Bestimmung der Hippursäure im Urin gibt Auskunft über die Funktion der Nieren. Die „Hippursäureprobe" ist anzustellen, indem man dem Patienten gleichzeitig je 0,5 g Hippursäure und Glykokoll appliziert. Gesunde Menschen scheiden täglich 0,4 g Hippursäure aus, bei Zufuhr von Hippursäure und Glykokoll 1,08 g. Bei hippursäurefreier Kost sinkt die Ausscheidung auf 0,32 g. Bei pathologischen Zuständen auf 0,16 g[12].

---

[1]) H. J. Waterman, Folia microbiol. **2**. H. 2, 7 Seiten [1913]; Chem. Centralbl. **1914**, I, 484.

[2]) Th. Bokorny, Allgem. Brauer- u. Hopfen-Ztg. **57**, 249—252 [1917]; Chem. Centralbl. **1918**, I, 848.

[3]) C. Stapp, Centralbl. f. Bakt. u. Parasitenk. II. Abt. **51**, 1—71 [1920]; Chem. Centralbl. **1920**, III, 155.

[4]) A. Clementi, Atti della R. Accad. dei Lincei, Roma [5] **29**, II, 327 [1921]; Chem. Centralbl. **1921**, III, 185.

[5]) Alexander Kossowicz, Biochem. Zeitschr. **67**, 391—399 [1914].

[6]) Th. Bokorny, Archiv f. d. ges. Physiol. **172**, 466—496 [1918]; Chem. Centralbl. **1919**. I, 535.

[7]) Martin Jacoby, Biochem. Zeitschr. **74**, 105—106 [1916]; Chem. Centralbl. **1916**, I, 1155.

[8]) Thorsten Thunberg, Skand. Archiv f. Physiol. **35**, 163—195 [1917]; Chem. Centralbl. **1917**, I, 784—786.

[9]) Francesco Venturi u. Vladimiro Massella, Arch. di Farmacol. sperim. **16**, 97—118 [1913]; Chem. Centralbl. **1913**, II, 1935.

[10]) F. B. Kingsbury u. E. T. Bell, Journ. of Biolog. Chem. **21**, 297—301 [1915]; Chem. Centralbl. **1915**, II, 753.

[11]) P. L. Violle, Compt. rend. de la Soc. de Biol. **82**, 1007—1009 [1919]; Chem. Centralbl. **1919**, IV, 1033.

[12]) P. L. Violle, Compt. rend. de la Soc. de Biol. **83**, 94—96 [1920]; Chem. Centralbl. **1920**, I, 477.

Die Hippursäuresynthese geprüft an 16 Patienten mit kranken Nieren, gab folgende Zahlenergebnisse:

	Nach der Eingabe von 5 g Natriumbenzoat	
	in den ersten 12 Stunden g Hippursäure	in den weiteren 12 Stunden g Hippursäure
Normale Nieren	5,03	0,434
Nephritis, Nephrose	4,90	0,600
Schrumpfnieren ohne Azotämie (6 Fälle)	5,04	0,423
Schrumpfnieren, mit Azotämie (7 Fälle) .	1,35	1,48

Die in den letztgenannten Fällen auftretende Störung der Ausscheidung verläuft parallel mit der Störung in der Harnstoffausscheidung[1].

An einem Krankheitsfalle von doppelseitiger Pyonephrose wurde gezeigt, wie trotz objektiver Besserung, trotz beträchtlicher Erniedrigung der N-Menge, die im Blutserum zurückgehalten wurde, die Hippursäureausscheidung sich wenig oder nicht gebessert hat. Die Patienten hatten Schrumpfnieren. Bei anderen Patienten mit Schrumpfnieren und mäßiger Harnstoffretention (0,5—1 g) war die Hippursäureausscheidung nicht gestört[2].

Kaninchen, welche mehrere Tage lediglich mit Milch ernährt wurden, erhielten per os Na-Benzoat. Eine gesteigerte N-Ausscheidung erfolgte unter der Einwirkung der Verfütterung des Na-Benzoats nicht; der als Hippursäure ausgeschiedene N ist offenbar derselbe N, der unter normalen Bedingungen als Harnstoff ausgeschieden wird. Die Harnstoffausscheidung nahm mit zunehmender Hippursäureausscheidung ab[3].

Alanin an Kaninchen verfüttert wirkt weder direkt noch indirekt auf den Hippursäurestoffwechsel[4].

Wurde Schweinen, bei denen durch Verfütterung von Na-Benzoat eine möglichst hohe Ausscheidung von Hippursäure erzielt worden war, Glykokoll verabreicht, so erfolgte noch eine weitere Steigerung der Hippursäureausscheidung[5].

Versuche ergaben, daß Hunde bei N-freier Nahrung aus Benzoesäure in gewissen Mengen Hippursäure bilden, daß Zugabe von Glykokoll die Bildung steigert, daß jedoch die Steigerung bei Zugabe von Glykokollformaldehydkondensationsprodukt ganz erheblich ist[6].

Die Blutdrucksteigerung geht der Störung der Hippursäuresynthese parallel. Reststickstofferhöhung und Albuminurie beeinflussen sie, während Störungen in der Leber ohne Einfluß sind, solange nicht die Niere sekundär betroffen ist[7].

Lewis[8] hat bei einem Kaninchen eine Gallenfistel angelegt und dann Natriumbenzoat verfüttert. Aus dem Urin konnten 30% der theoretischen Menge von Hippursäure isoliert werden.

Die Verfütterung von Benzoesäure an Schweine, die auf den niedrigsten Stand ihres endogenen N-Stoffwechsels gebracht waren, führte unter Heranziehung erheblicher Mengen von N aus dem Harnstoff in Form von Glykokoll zur Synthese von Hippursäure[9].

Bei Kaninchen, die per os Na-Benzoat oder intravenös Na-Hippurat erhielten, erfolgte die Ausscheidung der Benzoesäure ziemlich langsam, die der Hippursäure sehr rasch. Die langsame Ausscheidung von Hippursäure nach Verabreichung von Benzoesäure beruht dem-

---

[1]) J. Snapper, Nederl. Tijdschr. v. Geneesk. **65**, II, 565—572 [1921]; Chem. Centralbl. **1921**, III, 894.

[2]) J. Snapper, Nederl. Tijdschr. v. Geneesk. **65**, II, 1284—1288 [1922]; Chem. Centralbl. **1922**, I, 107.

[3]) Howard B. Lewis, Journ. of Biolog. Chem. **17**, 503—508 [1914]; Chem. Centralbl. **1914**, II, 251.

[4]) Albert A. Epstein u. Samuel Bookman, Journ. of Biolog. Chem. **17**, 455—462 [1914]; Chem. Centralbl. **1914**, II, 251.

[5]) Emil Abderhalden u. Hermann Strauß, Zeitschr. f. physiol. Chemie **91**, 81—85 [1914]; Chem. Centralbl. **1914**, II, 421.

[6]) Gaetano Cicconardi, Atti della R. Accad. dei Lincei, Roma [5] **24**, I, 1130—1133 [1915]; Chem. Centralbl. **1916**, I, 1261.

[7]) P. L. Violle, Compt. rend. de la Soc. de Biol. **84**, 194 [1921]; Chem. Centralbl. **1921**, I, 820.

[8]) Howard B. Lewis, Journ. of Biolog. Chem. **46**, 73 [1921]; Chem. Centralbl. **1921**, III, 187.

[9]) E. V. Mc. Collum u. D. R. Hoagland, Journ. of Biolog. Chem. **16**, 321—325 [1913]; Chem. Centralbl. **1914**, I, 808.

nach nicht auf einer langsamen Hippursäureausscheidung, sondern auf langsamer Resorption der Benzoesäure oder auf langsamer Synthese der Hippursäure[1]).

Nach Injektionen von Hydrazinsulfat fiel der Gehalt an Hippursäure bei Hunden, die infolge Verfütterung von Natriumbenzoat vermehrte Ausscheidung von Hippursäure aufwiesen, herab. Da Hydrazinsulfat die Leber, nicht aber die Niere schädigt, wird auf eine Beteiligung der Leber an der Hippursäure auch bei den Fleischfressern geschlossen[2]).

Beim gesunden Menschen stieg nach Einnahme von 5 g Natriumbenzoat der Hippursäuregehalt des Urins bereits in 3 Stunden beträchtlich, nach 6 Stunden waren 75%, nach 12 Stunden alle Benzoesäure als Hippursäure abgeschieden[3]).

Physikalische und chemische Eigenschaften: Löslichkeit bei 20—25°: in 100 g Wasser 0,42 g, in 100 g 50 proz. Pyridin 88,00 g, in 100 g reinem Pyridin ∞ (Substanz wird mit Pyridin völlig fest[4]).

Verhalten in alkalischer Lösung bei der Zersetzung von Glucose: einbasische Säure; in saurer Lösung bei der Inversion von Rohrzucker: neutral[5]).

Hypochlorite bewirken schnelle Zersetzung des Eiweißes und Aufspaltung der Aminosäuren in Aldehyde oder Ketone. Auf die einfachen Aminosäuren wirken Hypochlorite weit schneller als auf Serum, sehr schwer hingegen auf Aminosäuren mit einer sauren Gruppe am N, wie Hippursäure[6]).

Gibt mit Acetylpersulfocyansäure in Essigsäureanhydrid auf 100° 21 Stunden erhitzt kein 2-Thio-3-benzoylthiohydantoin. — Die Reaktion verläuft in Propionsäureanhydrid in gleicher Weise wie in Essigsäure, nämlich mit $(HN_4)SCN$. In Essigsäureanhydrid wird noch das Hydantoin mit $LiSCN$; $KSCN$, $Mg(SCN)_2$; $Ca(SCN)_2$, $Sr(SCN)_2$, $Ba(SCN)_2$ und $Mn(SCN)_2$ gegeben, aber mit $NaSCN$ und $Zn(SCN)_2$ nicht[7])[8]).

Nach O. Winterstein wird Hippursäure durch Xanthydrol nicht gefällt. Es entstehen aber Verbindungen durch Pyrrol, Indol, Skatol[9]).

Exakte Versuche ergaben, daß die konservierenden Eigenschaften der Hippursäure auf zinnbeschwerte Seide in bezug auf Lichtechtheit keinesfalls mit denen des hauptsächlich angewandten Thioharnstoffs in Vergleich gestellt werden können[10]).

Derivate: Hippurazid[11]) $C_9H_8O_2N_4$; $C_6H_5 \cdot CO \cdot NH \cdot CH_2 \cdot CO \cdot N_3$. Nadeln aus Alkohol. Schmelzp. 98°. Auf Einwirkung von Wasser gibt es Dihippenylharnstoff[12]). Liefert beim Erhitzen in trockenem Benzol **Hippenylisocyanat**[11]) $C_9H_8O_2N_2 = C_6H_5 \cdot CO \cdot NH \cdot CH_2 \cdot NCO$. Rechtwinklige Tafeln. Schmelzp. 96—98°. — $C_9H_8O_2N_2 \cdot HCl$. Weiße Nädelchen. Sintert von 130° an. Zersetzt sich bei 174°.

p-Nitrohippursäureäthylester[13]) $C_{11}H_{12}O_5N_2 = NO_2 \cdot C_6H_4 \cdot CO \cdot NH \cdot CH_2 \cdot COOC_2H_5$. Aus salzsaurem Glycinäthylester und p-Nitrobenzoylchlorid in siedendem Benzol. Fast weiße Nadeln aus Alkohol. Schmelzp. 142°.

o-Nitrohippursäureäthylester[13]) $C_{11}H_{12}O_5N_2 = NO_2C_6H_4 \cdot CO \cdot NH \cdot CH_2 \cdot COOC_2H_5$. Analog wie die p-Verbindung, aber mit o-Nitrobenzoylchlorid. Weiße Nadeln aus Alkohol, Schmelzp. 81°.

---

[1]) A. M. Raiziss, G. W. Raiziss u. A. J. Ringer, Journ. of Biolog. Chem. **17**, 527—529 [1914]; Chem. Centralbl. **1914**, II, 252.

[2]) E. Lackner, A. Levinson u. Withrow Morse, Biochem. Journ. **12**, 184—189 [1918]; Chem. Centralbl. **1919**, I, 394.

[3]) J. Snapper, Nederl. Tijdschr. v. Geneesk. **65**, 3044 [1921]; Chem. Centralbl. **1921**, III, 363.

[4]) William M. Dehn, Journ. of Amer. Chem. Soc. **39**, 1399—1404 [1917]; Chem. Centralbl. **1918**, I, 49.

[5]) H. J. Waterman, Chem. Weekblad **14**, 1126—1131 [1917]; Chem. Centralbl. **1918**, I, 705.

[6]) Thomas Hugh Milroy, Biochem. Journ. **10**, 453—465 [1916]; Chem. Centralbl. **1917**, I, 105.

[7]) Johnson u. Nicolet, Amer. Chem. Journ. **49**, 197 [1913]; Chem. Centralbl. **1913**, I, 1758.

[8]) Tr. B. Johnson, A. S. Hill u. B. H. Bailey, Journ. of Amer. Chem. Soc. **37**, 2406—2416 [1915]; Chem. Centralbl. **1916**, I, 211.

[9]) E. Winterstein, Zeitschr. f. physiol. Chemie **105**, 25—31 [1914]; Chem. Centralbl. **1919**, IV, 421.

[10]) Guido Colombo, Giorn. di chim. ind. ed appl. **3**, 405—407 [1921]; Chem. Centralbl. **1922**, II, 161.

[11]) Theodor Curtius u. Heinrich Heil, Journ. f. prakt. Chemie [2] **87**, 513 [1913]; Chem. Centralbl. **1913**, II, 258.

[12]) Theodor Curtius, Journ. f. prakt. Chemie **87**, Chem. Centralbl. **1913**, II, 258 und Journ. f. prakt. Chemie **94**, 85—134 [1916]; Chem. Centralbl. **1917**, I, 745.

[13]) Th. Curtius, Journ. f. prakt. Chemie **94**, 85—134 [1917]; Chem. Centralbl. **1917**, I, 745.

p-Nitrohippurhydrazid[1]) $C_9H_{10}O_4N_4 = NO_2 \cdot C_6H_4 \cdot CO \cdot NH \cdot CH_2 \cdot CO \cdot NH \cdot NH_2$. Aus p-Nitrohippursäurester und Hydrazinhydrat in heißem Alkohol. Gelbe Nadeln aus Wasser, Schmelzp. 203,5°; sehr wenig in kaltem Wasser, wenig in heißem Alkohol löslich, unlöslich in Äther und Benzol. Reduziert ammoniakalische Silberlösung in der Kälte langsam.

Benzal-p-nitrohippurhydrazid[1]) $C_{16}H_{14}O_4N_4 = NO_2 \cdot C_6H_4 \cdot CO \cdot NH \cdot CH_2 \cdot CO \cdot NHN$: $CH \cdot C_6H_5$. Aus p-Nitrohippurhydrazid und Benzaldehyd in Wasser. Gelbes Pulver aus Alkohol, Schmelzp. 216°; unlöslich in Wasser und Äther, wenig löslich in kaltem Alkohol.

Aceton-p-nitrohippurhydrazid[1]) $C_{12}H_{14}N_4O_4 = NO_2 \cdot C_6H_4 \cdot CO \cdot NH_2 \cdot CH_2 \cdot CO \cdot NHN$: $C(CH_3)_2$. Aus p-Nitrohippurhydrazid und warmem Aceton. Weiße Blättchen aus Aceton, Schmelzp. 211°.

p-Nitrohippurazid[1]) $C_9H_7O_4N_5 = NO_2 \cdot C_6H_4 \cdot CO \cdot NH \cdot CH_2 \cdot CO \cdot N_3$. Aus p-Nitrohippurhydrazid in verdünnter Salzsäure mit $NaNO_2$. Gelbes Pulver, Schmelzp. 70—72° unter Zersetzung. Verpufft beim Erhitzen. Reizt zum Niesen. Unlöslich in Wasser; wenig löslich in Alkohol und Benzol; ziemlich löslich in Äther, löslich in NaOH mit burgunderroter, allmählich wieder verschwindender Farbe. Zersetzt sich beim Aufbewahren.

Benzophenon-m-nitrohippurhydrazid[2]) $C_{22}H_{18}O_4N_4 = NO_2 \cdot C_6H_4 \cdot CO \cdot NH \cdot CH_2 \cdot CO \cdot NH \cdot N$: $C(C_6H_5)_2$. Aus dem Hydrazid und Benzophenon in Alkohol bei 120°. Weiße Blättchen aus verdünntem Alkohol. Schmelzp. 129°; sehr leicht löslich in Alkohol, sehr wenig löslich in Äther, unlöslich in Wasser. Daneben entsteht das nachstehend beschriebene symm. sek. m-Nitrohippurhydrazid und beim direkten Erhitzen von m-Nitrohippurhydrazid mit Benzophenon auf höhere Temperatur Bisdiphenylazimethylen (Diphenylketazin).

Symm. sek. m-Nitro-hippurhydrazid[2]) $C_{18}H_{16}O_8N_6 = NO_2 \cdot C_6H_4 \cdot CO \cdot NH \cdot CH_2 \cdot CO \cdot NH \cdot NH \cdot CO \cdot CH_2 \cdot NH_2 \cdot CO \cdot C_6H_4 \cdot NO_2$. Aus dem Hydrazid und Jod in Alkohol. Aus dem Hydrazid durch Erhitzen auf 180° bei 15 mm Druck. Blättchen aus Eisessig. Färbt sich bei 240° braun und verkohlt bei 270°, ohne zu schmelzen; unlöslich in Wasser und Alkohol; sehr wenig löslich in heißem Eisessig.

m-Nitrohippurazid[2]) $C_9H_7O_4N_5 = NO_2 \cdot C_6H_4 \cdot CO \cdot NH \cdot CH_2 \cdot CO \cdot N_3$. Aus dem Hydrazid in alkalischer Lösung mit Natriumnitrit und Essigsäure. Gelbliches Pulver, das zum Niesen reizt; unlöslich in Wasser, wenig löslich in Alkohol, Chloroform und Benzol, löslich in Äther. In verdünnter NaOH mit blutroter, allmählich verschwindender Farbe löslich. Zersetzt sich bei 74°. Bei raschem Erhitzen Verpuffung.

m-Nitrohippursäureäthylester[2]) $C_{11}H_{12}O_5N_2 = NO_2 \cdot C_6H_4 \cdot CO \cdot NH \cdot CH_2 \cdot CO_2C_2H_5$. Aus der Säure mit Alkohol + HCl. Krystalle aus verdünntem Alkohol oder Äther. Schmelzp. 75°. Nicht unzersetzt im Vakuum destillierbar; leicht löslich in Alkohol, wenig löslich in Äther, unlöslich in Wasser.

m-Nitrohippurhydrazid[2]) $C_9H_{10}O_4N_4 + H_2O = NO_2 \cdot C_6H_4 \cdot CO \cdot NH \cdot CH_2 \cdot CO \cdot NH \cdot NH_2$. Aus vorstehendem Ester und Hydrazinhydrat in siedendem Alkohol. Farblose Nadeln mit 1 Mol. H_2O aus Wasser; Schmelzp. wasserfrei 159°, sehr wenig löslich in kaltem Wasser, wenig löslich in kaltem Alkohol, unlöslich in Äther und Benzol, sehr leicht löslich in Eisessig und Aceton.

Benzal-m-nitrohippurhydrazid[2]) $C_{16}H_{10}O_4N_4 = NO_2C_6H_4 \cdot CO \cdot NH \cdot CH_2 \cdot CO \cdot NH \cdot N$: $CH \cdot C_6H_5$. Aus vorstehender Verbindung und Benzaldehyd. Krystalle aus Alkohol, Schmelzp. 189,5°; leicht löslich in Aceton und heißem Alkohol, unlöslich in Äther und Wasser.

o-Oxybenzal-m-nitrohippurhydrazid[2]) $C_{16}H_{14}O_5N_4 = NO_2 \cdot C_6H_4 \cdot CO \cdot NH \cdot CH_2 \cdot CO \cdot NH \cdot N$: $CH \cdot C_6H_4 \cdot OH$. Analog mit Salicylaldehyd. Gelblichweiße Nadeln aus verdünntem Alkohol, Schmelzp. 244°.

Cinnamal-m-nitrohippurhydrazid[2]) $C_{18}H_{10}O_4N_4 = NO_2 \cdot C_6H_4 \cdot CO \cdot NH \cdot CH_2 \cdot CO \cdot NH \cdot N$: $CH \cdot CH$: $CH \cdot C_6H_5$. Analog mit Zimtaldehyd. Gelbliche Nadeln aus Alkohol. Schmelzpunkt 233°.

Aceton-m-nitrohippurhydrazid[2]) $C_{12}H_{14}O_4N_4 = NO_2 \cdot C_6H_4 \cdot CO \cdot NH \cdot CH_2 \cdot CO \cdot NH \cdot N$: $C(CH_3)_2$. Aus dem Hydrazid und heißem Aceton. Weiße-Krystallmasse. Schmelzp. 192°; leicht löslich in warmem Alkohol und Aceton, sehr wenig löslich in Äther. Wird beim Kochen mit Wasser gespalten.

---

[1]) Theodor Curtius, Journ. f. prakt. Chemie **94**, 85—134 [1917]; Chem. Centralbl. **1917**, I, 745.

[2]) Theodor Curtius u. Heinrich Heil, Journ. f. prakt. Chemie [2] **87**, 513 [1913]; Chem. Centralbl. **1913**, II, 258.

m-Nitrohippuranilid[1]) $C_{15}H_{13}O_4N_3 = NO_2 \cdot C_6H_4 \cdot CO \cdot NH \cdot CH_2 \cdot CO \cdot NH \cdot C_6H_5$. Aus dem Azid und Anilin in kaltem Benzol oder beim Erhitzen mit überschüssigem Anilin. Aus m-Nitrohippursäure und Anilin beim Kochen. Weiße Krystalle aus Alkohol, Schmelzp. 233—234°, unlöslich in Wasser, Äther, Benzol, leichtlöslich in Eisessig und heißem Alkohol.

m-Nitro-hippur-p-toluidid[1]) $C_{16}H_{15}O_4N_3 = NO_2 \cdot C_6H_4 \cdot CO \cdot NH \cdot CH_2 \cdot CO \cdot NH \cdot C_6H_4 \cdot CH_3$. Analog dem Anilid. Krystalle aus Alkohol. Schmelzp. 206°.

p-Bromhippurhydrazid[1]) $C_9H_{10}O_2N_3Br = Br \cdot C_6H_4 \cdot CO \cdot NH \cdot CH_2 \cdot CO \cdot NH \cdot NH_2$. Aus p-Bromhippursäureäthylester und Hydrazinhydrat in siedendem Alkohol. Farblose Nadeln aus Wasser, Schmelzp. 226°, unlöslich in Äther und kaltem Alkohol.

$C_9H_{10}O_2N_3Br$, HCl. Silberglänzende Blättchen aus starker Salzsäure, Schmelzp. 261°.

Benzal-p-bromhippurhydrazid[1]) $C_{16}H_{14}O_2N_3Br = Br \cdot C_6H_4 \cdot CO \cdot NH \cdot CH_2 \cdot CO \cdot NH \cdot N : CH \cdot C_6H_5$. Aus dem Hydrazid in heißem Wasser und Benzaldehyd. Blättchen aus Alkohol. Schmelzp. 233°.

Aceton-p-bromhippurhydrazid[1]) $C_{12}H_{14}O_2N_3Br = Br \cdot C_6H_4 \cdot CO \cdot NH \cdot CH_2 \cdot CO \cdot NH \cdot N : C(CH_3)_2$. Aus dem Hydrazid beim Kochen mit Aceton. Weiße Blättchen aus Alkohol, Schmelzp. 215°.

Acetessigester-p-bromhippurhydrazid[1]) $C_{15}H_{18}O_4N_3Br = Br \cdot C_6H_4 \cdot CO \cdot NH \cdot CH_2 \cdot CO \cdot NH \cdot N : C(CH_3) \cdot CH_2 \cdot CO_2C_2H_5$. Aus dem Hydrazid beim Erwärmen mit Acetessigester und Wasser. Gelbliche Nadeln aus Alkohol. Sintert bei 175°. Zersetzt sich bei 240—250°.

p-Bromhippurbenzoylhydrazid[1]) $C_{16}H_{14}O_3N_3Br = Br \cdot C_6H_4 \cdot CO \cdot NH \cdot CH_2 \cdot CO \cdot NH \cdot NH \cdot CO \cdot C_6H_5$. Aus dem Hydrazid und Benzoylchlorid mit heißem Wasser und Natronlauge. Nadeln aus Alkohol. Schmelzp. 244°.

Symm. sek. p-Bromhippurhydrazid[1]) $C_{18}H_{16}O_4N_4Br_2 = Br \cdot C_6H_4 \cdot CO \cdot NH_2 \cdot CH_2 \cdot CO \cdot NH \cdot NH \cdot CO \cdot CH_2 \cdot NH \cdot CO \cdot C_6H_4 \cdot Br$. Aus dem p-Bromhippurhydrazid und Jod in heißem Alkohol. Nädelchen aus Eisessig + Wasser, unlöslich in Alkohol, Äther und Wasser. Zersetzt sich über 250° unter Dunkelfärbung.

p-Bromhippurazid[2]) $C_9H_7O_2N_4Br = Br \cdot C_6H_4 \cdot CO \cdot NH \cdot CH_2 \cdot CO \cdot N_3$. Aus dem Hydrazid in salzsaurer Lösung mit Natriumnitrit. Farblose Nadeln aus Chloroform + Ligroin, Schmelzp. 98°. Geht beim Erwärmen mit trockenem Benzol in p-Bromhippenylisocyanat über.

p-Bromhippuranilid[2]) $C_{15}H_{13}O_2N_2Br = Br \cdot C_6H_4 \cdot CO \cdot NH \cdot CH_2 \cdot CO \cdot NH \cdot C_6H_5$. Aus dem Azid und Anilin in kaltem trockenem Benzol. Blättchen aus Alkohol; Schmelzp. 233°.

p-Bromhippur-p-toluidid[2]) $C_{16}H_{15}O_2N_2Br = Br \cdot C_6H_4 \cdot CO \cdot NH \cdot CH_2 \cdot CO \cdot NH \cdot C_6H_4 \cdot CH_3$. Analog mit Toluidin. Farblose Blättchen aus Alkohol, Schmelzp. 220°.

p-Bromhippursäureäthylester[3]) $BrC_6H_4CO \cdot NH \cdot CH_2 \cdot COOC_2H_5$. Aus p-Brombenzoylchlorid und salzsaurem Glykokollester in Benzol. Weiße Blättchen aus Alkohol, Schmelzp. 123°.

p-Bromhippurylisocyanat[4]) $C_9H_7O_2N_2Br = Br \cdot C_6H_4 \cdot CO \cdot NH \cdot CH_2 \cdot NCO$. Aus dem Azid beim Kochen mit trockenem Benzol. Nadeln. Schmelzp. 114°.

$C_9H_7O_2N_2Br$, HCl. Weiße Krystalle. Schmelzp. 235° nach vorhergehendem Sintern.

Benzoylhippurylmethylendiamin[4]), $C_{17}H_{17}O_3N_3 = C_6H_5 \cdot CO \cdot NH \cdot CH_2 \cdot NH \cdot CO \cdot CH_2 \cdot NH \cdot CO \cdot C_6H_5$. Aus Hippurazid beim Kochen mit Wasser, neben Dihippenylharnstoff. — Gelbliche Nädelchen, löslich in heißem Wasser, Schmelzp. 234°.

p-Bromdihippenylharnstoff[4]), aus p-Bromhippurazid beim Kochen mit Wasser[4]).

Allylhippursäure[5]). Über ihre Synthese berichtet Sörensen.

c-Allylhippursäureäthylester[6])

$$C_{14}H_{17}O_3N = CH_2 : CH \cdot CH_2 \cdot \underset{\underset{C_6H_5CONH}{|}}{CHCOOC_2H_5}$$

---

[1]) Theodor Curtius u. Robert Railton Hallaway, Journ. f. prakt. Chemie [2] **89**, 481 [1914]; Chem. Centralbl. **1914**, II, 135.

[2]) Theodor Curtius u. Heinrich Heil, Journ. f. prakt. Chemie [2] **89**, 481 [1914]; Chem. Centralbl. **1914**, II, 137.

[3]) Theodor Curtius, Journ. f. prakt. Chemie [2] **94**, 85 [1917]; Chem. Centralbl. **1917**, I, 745.

[4]) Theodor Curtius u. Heinrich Heil, Journ. f. prakt. Chemie [2] **87**, 513—541 [1913]; Chem. Centralbl. **1913**, II, 258.

[5]) S. L. P. Sörensen, Compt. rend. du Lab. de Carlsberg **11**, 212—222 [1908]; Chem. Centralbl. **1908**, II, 1592; **1916**, II, 1144.

[6]) Einar Hammersten, Compt. rend. du Lab. de Carlsberg **11**, 223—262 [1915]; Chem. Centralbl. **1916**, II, 1144.

Aus der Allylhippursäure und Salzsäuregas in absol. alkoholischer Lösung. Prismatische Nadeln aus Petroläther. Schmelzp. 54,5° (Maquennescher Block); leicht löslich in Äther, Chloroform, Benzol, ziemlich löslich in heißem Petroläther, unlöslich in kaltem Wasser, wenig löslich in heißem Wasser. Addiert in Chloroformlösung 2 Atome Brom.

N-gem. Trimethylhippuronitril[1]) $C_7H_5O \cdot N(CH_3) \cdot C(CH_3)_2 \cdot CN$. Aus der Base mit C_6H_5COCl und K_2CO_3 in Wasser. Sechsseitige Prismen aus Alkohol, Schmelzp. 120°.

N-gem. Trimethylhippursäure[1]) $C_6H_5CO-N(CH_3)$ $C(CH_3)_2 \cdot COOH$. Aus dem Nitril mittels konz. H_2SO_4 bei höchstens 50°; Krystalle, Schmelzp. 183°. Die Überführung der Säure in das Phenylmethylpyrrolon ist leicht möglich.

N-Methyl-C-diäthylhippursäure[2]) $C_6H_5 \cdot CO \cdot N(CH_3)C(C_2H_5)_2 \cdot COOH$. N-Methyl-C-diäthylhippurnitril wird unter Eiskühlung mit Schwefelsäure verseift. Lange Nadeln, Schmelzpunkt 186°.

N-Methyl-C-diäthylhippurilnitril[2]), $C_6H_5CON(CH_3) \cdot C(C_2H_5)_2CN$. 13 g N-Methyl-C-diäthyl-glycinnitril werden in Gegenwart von Kaliumbicarbonat benzoyliert. Rohprodukt 21 g. Große, 6eckige Platten vom Schmelzp. 112—112$^1/_2$°.

1-Methyl-2-diäthyl-5-phenyl-pyrrolon[2])

$$C_6H_5 \cdot C = CH{\diagdown}$$
$$\qquad\qquad\qquad CO$$
$$CH_3 \cdot N - N(C_2H_5)_2{\diagup}$$

Aus N-Methyl-C-diäthyl-hippurylmalon-dimethylester und Jodwasserstoffsäure. Blättrige Krystalle aus Äther; S hmelzp. 138°.

N-Methyl-C-diäthyl-hippurylmalon-dimethylester[2]) $C_{19}H_{25}NO_6$. Aus Methyl-diäthyl-hippurylchlorid und Natriummalonester. Krystalle aus Ligroin. Schmelzp. 106—108°.

Methyl-diäthyl-hippuryl-methylester[2]) $C_6H_5 \cdot CO \cdot N(CH_3) \cdot C(C_2H_5)_2COOCH_3$. Nadeln aus Petroläther vom Schmelzp. 89—91°, aus dem Säurechlorid.

m-Tolyl-trimethyl-pyrrolon[2]) $C_{20}H_{20}O_8N_4$. Krystalle aus Ligroin, vom Schmelzp. 83°. **Pikrat** bildet feine Nadeln vom Schmelzp. 154°.

p-N-gem. Tetramethyl-[hippuryl-malonester][2]) $C_{18}H_{23}O_6N$. Aus dem entsprechenden Tetramethylhippursäurechlorid mit Natrium-malonester. Viereckige Platten, Schmelzp. 98—103°.

p-Tolyl-trimethyl-pyrrolon[2]) $C_{20}H_{20}O_8N_4$. Schmelzp. 125°. **Pikrat**, Schmelzp. 134,5 bis 136°.

m-N-gem. Tetramethyl-hippurylnitril[2]) $C_{13}H_{16}ON_2$. Aus m-Toluylchlorid und Trimethyl-glycinnitril. Platten vom Schmelzp. 86°.

m-N-gem. Tetramethyl-hippursäure[2]) $m-C_7H_7 \cdot CO \cdot N(CH_3) \cdot C(CH_3)_2 \cdot COOH$. Krystalle aus Essigester oder Alkohol vom Schmelzp. 169°.

m-N-gem. Tetramethyl-hippurylmalonester[2]) $C_{18}H_{23}O_6N$. Aus dem entsprechenden Säurechlorid mit Natriummalonester. Nadeln vom Schmelzp. 112—114°.

p-N-gem. Tetramethyl-hippurylnitril[2]) $p-CH_3 \cdot C_6H_4 \cdot CO \cdot N(CH_3) \cdot C(CH_3)_2 \cdot CN$. Aus p-Toluylchlorid mit α-Methylamino-isobutyronitril. Platten aus Alkohol vom Schmelzp. 133°.

p-N-gem. Tetramethyl-hippursäure[2]) $C_{13}H_{17}O_3N$. Aus dem entsprechenden Nitril durch Schwefelsäure in der Kälte. Rhombische Platten, Schmelzp. 205°.

N-Äthyl-C-dimethyl-hippurylnitril[2]) $C_6H_5 \cdot CO \cdot N(C_2H_5) \cdot C(CH_3)_2CN$. Durch Benzoylierung des N-Äthyl-C-dimethyl-glycinnitrils. Große rhombische Platten vom Schmelzp. 76 bis 78°, Siedep. gegen 275°, mit geringer Zersetzung.

N-Äthyl-C-dimethyl-hippursäure[2]) $C_6H_5CON(C_2H_5) \cdot C(CH_3)_2COOH$. Aus dem entsprechenden Nitril, durch Verseifung mit Schwefelsäure unter Eiskühlung. Vierseitige Prismen vom Schmelzp. 161,5—162°.

1-Äthyl-2-dimethyl-5-phenyl-pyrrolon[2]) $C_{20}H_{20}O_8N_4$. Aus dem entsprechenden Hippuryl-malonester mit Jodwasserstoffsäure. **Jodhydrat:** Schmelzp. 170°. **Pikrat:** Schmelzp. 145—146°.

N-Äthyl-C-dimethyl-hippuryl-malonester[2]) $C_{18}H_{23}O_6N$. Aus dem entsprechenden Säurechlorid mit Natriummalonester. Krystalle aus Ligroin, Schmelzp. 111—113°.

N-Methyl-C-methyl-äthyl-hippursäure[2]) $C_6H_5CON(CH_3)C(C_2H_5)(CH_3)COOH$. Aus N-Methyl-C-methyl-äthyl-hippurylnitril durch Verseifung mit Schwefelsäure unter Eiskühlung.

[1]) S. Gabriel, Berichte d. Deutsch. Chem. Gesellschaft **47**, 2922—2925 [1914]; Chem. Centralbl. **1914**, II, 1353.

[2]) E. Immendörfer, Berichte d. Deutsch. Chem. Gesellschaft **48**, 605—616 [1915]; Chem. Centralbl. **1915**, I, 1164.

Nadeln aus Benzol, vom Schmelzp. 164—165°. **Methylester:** $C_{14}H_{19}NO_3$. Zackige Blättchen aus Ligroin. Schmelzp. 85—87°.

N-Methyl-C-methyl-äthyl-hippurnitril[1]) $C_{13}H_{16}N_2O$. Aus N-Methyl-C-methyl-äthyl-glycinnitril durch Benzoylierung in Gegenwart von Soda. Platten vom Schmelzp. 81—82° aus Alkohol.

1-Methyl-2-Methyl-äthyl-5-phenyl-pyrrolon[1]) $C_{14}H_{17}ON$. Aus Dimethyl-äthyl-hippuryl-malonester und Jodwasserstoffsäure. Krystalle aus Ligroin, Schmelzp. 91,5—93°. Besitzt einen schwerlöslichen Chlorhydrat.

N-Methyl-C-methyl-äthyl-hippuryl-malonsäure-dimethylester[1]) $C_{18}H_{23}NO_6$. Aus dem entsprechenden Säurechlorid mit N-Natriummalonester. Rhombische Platten aus Ligroin, Schmelzp. 116—118°.

2-Thio-3-benzoylthiohydantoin[2])

$$\begin{array}{ccc} N & \!\!\!\!\!\!-\!\!-\!\!-\!\! & CO \\ | & & | \\ CS & & | \\ | & & | \\ C_6H_5CON & \!\!\!\!\!\!-\!\!-\!\!-\!\! & CH_2 \end{array}$$

Aus Acetylpersulfocyansäure mit $C_6H_5CONHCH_2 \cdot COOH$ in Essigsäureanhydrid erhitzt, bildet es sich nicht; ebenso nicht bei der Einwirkung von Kaliumcyanat auf Hippursäure oder auf Acetursäure + Glykokoll in Essigsäureanhydrid.

2 g wasserfreies Rhodanid, 2 g Hippursäure und 9 ccm Essigsäureanhydrid + 1 ccm Essigsäure werden 1 Stunde auf 100° erwärmt.

NaSCN und $Zn(SCN)_2$ ergeben kein Hydantoin. Die Ausbeuten an dem Produkt sind: mit NH_4SCN 93,4%, mit Li(SCN) 44,7%, mit K(SCN) 46,7%, mit $Mg(SCN)_2$ 77,2%, mit $Ca(SCN)_2$ 0,24%, mit $Sr(SCN)_2$ 47,8% mit $Ba(SCN)_2$ 0,24% und mit $Mn(SCN)_2$ 40,6%. Ein Gemisch von NH_4SCN + Thiocarbamid gibt 81% Hydantoin. Mit NH_4SCN verläuft die Reaktion auch in Propionsäureanhydrid. Aus Alkohol Prismen vom Schmelzp. 165°.

Hippenylureidoessigsäureäthylester[3]) $C_{13}H_{17}O_4N_3 = C_6H_5 \cdot CO \cdot NH \cdot CH_2 \cdot NH \cdot CO \cdot NH \cdot CH_2 \cdot COOC_2H_5$. Aus Hippenylphenylisocyanat in Benzol und Glykokolläthylester. Krystalle aus Alkohol. Schmelzp. 149—155°, löslich in heißem Wasser, wenig löslich in kaltem Alkohol, sehr wenig löslich in Äther und Benzol.

Hippurylaminoessigsäureäthylester[3]) $C_{13}H_{16}O_4N_2$. Aus salzsaurem Glycylglycinester und Benzoylchlorid in siedendem Benzol.

Glycylhippenylisocyanat $C_{11}H_{11}O_3N_3 = C_6H_5 \cdot CO \cdot NH \cdot CH_2 \cdot CO \cdot NH \cdot CH_2 \cdot NCO$. Aus Hippurylaminoessigsäureazid beim Kochen mit trockenem Chloroform. Weiße Blätter, Schmelzp. 122° unter Zersetzung, leicht löslich in warmem Chloroform.

Diglycylhippenylharnstoff $C_{21}H_{24}O_5N_6 = (C_6H_5 \cdot CO \cdot NH \cdot CH_2 \cdot CO \cdot NH \cdot CH_2 \cdot NH_2) \cdot CO$. Aus vorstehender Verbindung beim Kochen mit Wasser. Weißes Pulver. Schmelzp. gegen 250° unter Zersetzung; sehr wenig löslich in $CH_3 \cdot COOH$; unlöslich in Wasser, Alkohol, Äther, Benzol.

p-Nitrohippurylaminoessigsäureäthylester[3]) $C_{13}H_{15}O_6N_3 = NO \cdot C_6H_4 \cdot CO \cdot NH \cdot CH_2 \cdot CO \cdot NH \cdot CH_2 \cdot COO \cdot C_2H_5$. Aus salzsaurem Glycylglycinester und p-Nitrobenzoylchlorid in siedendem Xylol. Gelbe Nadeln aus Alkohol. Schmelzp. 172—173°.

p-Nitrohippurylaminoessigsäurehydrazid $C_{11}H_{13}O_5N_5 = NO_2 \cdot C_6H_4 \cdot NH \cdot CH_2 \cdot CO \cdot NH \cdot CH_2 \cdot CO \cdot NHNH_2$ aus vorstehendem Ester und Hydrazinhydrat in warmem Alkohol; gelbe Blättchen aus Wasser. Schmelzp. 249°, unlöslich in Äther und Benzol, wenig löslich in heißem Alkohol, leicht löslich in heißem Wasser.

Benzal-p-nitrohippurylaminoessigsäurehydrazid $C_{18}H_{17}O_5N_5 = NO_2 \cdot C_6H_4 \cdot CO \cdot NH \cdot CH_2 \cdot CO \cdot NH \cdot CH_2 \cdot CONHN : CH \cdot C_6H_5$. Aus vorstehendem Hydrazid und Benzaldehyd in warmem Wasser. Gelbes krystallinisches Pulver aus Alkohol. Schmelzp. 263°.

p-nitrohippurylaminoessigsäureazid $C_{11}H_{10}O_5N_6 = NO_2 \cdot C_6H_4 \cdot CO \cdot NH \cdot CH_2 \cdot CO \cdot NH \cdot CH_2 \cdot CO \cdot N_3$ aus dem Hydrazid in verdünnter HCl mit $NaNO_2$; gelbes Pulver. Schmelzp. 91—92° unter Zersetzung. Verpufft beim Erhitzen. Sehr wenig löslich in Äther, löslich in NaOH mit tiefroter, bald verschwindender Farbe.

---

[1]) E. Immendörfer, Berichte d. Deutsch. Chem. Gesellschaft **48**, 605—616 [1915]; Chem. Centralbl. **1915**, I, 1164.

[2]) T. B. Johnson, A. S. Hill u. B. H. Bailey, Journ. of Amer. Chem. Soc. **37**, 2406—2416 [1915]; Chem. Centralbl. **1916**, I, 211.

[3]) Th. Curtius, Journ. f. prakt. Chemie **94**, 85—134 [1917]; Chem. Centralbl. **1917**, I, 745.

Glycylhippenylureidoessigsäurehydrazid[1]) $C_{13}H_{18}O_4N_6 = C_6H_5 \cdot CO \cdot NH \cdot CH_2 \cdot CO \cdot$ $NH \cdot CH_2 \cdot NH \cdot CO \cdot NH \cdot CH_2 \cdot CO \cdot NH \cdot NH_2$. Aus Glycylhippenylureidoessigester und Hydrazinhydrat in warmem Alkohol. Plättchen aus Wasser, Schmelzp. 239°, unlöslich in Äther, Chloroform, Benzol, wenig löslich in kaltem Wasser und Alkohol. Reduziert Fehlingsche Lösung beim Erwärmen, ammoniakalische Silberlösung in der Kälte.

Benzalglycylhippenylureidoessigsäurehydrat $C_{20}H_{22}O_4N_6 = C_6H_5 \cdot CO \cdot NH \cdot CH_2 \cdot$ $CO \cdot NH \cdot CH_2 \cdot NH \cdot CO \cdot NH \cdot CH_2 \cdot CO \cdot NHN : CH \cdot C_6H_5$. Aus vorstehendem Hydrazid in Wasser und Benzaldehyd. Weißes Pulver. Schmelzp. 254°; wenig löslich in heißem Alkohol, unlöslich in Wasser, Äther, Benzol und Chloroform.

Glycylhippenylureidoessigsäureazid $C_{13}H_{15}O_4N_7 = C_6H_5 \cdot CO \cdot NH \cdot CH_2 \cdot CO \cdot NH \cdot$ $CH_2 \cdot NH \cdot CO \cdot NH \cdot CH_2 \cdot CO \cdot N_3$. Aus dem Hydrazid in verdünnter Salzsäure mit Natriumnitrit. Weiße Nadeln aus Äther, Schmelzp. 113—114°. Verpufft beim Erhitzen. Wenig löslich in Alkohol und heißem Äther, leicht löslich in Natronlauge und Fluorescenz.

Glycylhippenylcarbaminsäureäthylester[1]) $C_{13}H_{17}O_4N_3 = C_6H_5 \cdot CO \cdot NH \cdot CH_2 \cdot CO \cdot$ $NH \cdot CH_2 \cdot NH \cdot COOC_2H_5$. Aus Glycylhippenylisocyanat beim Kochen mit absol. Alkohol, Blättchen. Schmelzp. 202°.

Glycylhippenylbenzoylharnstoff $C_{18}H_{18}O_4N_4 = C_6H_5 \cdot CO \cdot NH \cdot CH_2 \cdot CO \cdot NH \cdot CH_2 \cdot$ $NH \cdot CO \cdot NH \cdot CO \cdot C_6H_5$. Aus Glycylhippenylisocyanat und Benzamid beim Erwärmen. Weiße Nadeln aus Alkohol. Schmelzp. 224°.

Glycylhippenylacetylharnstoff $C_{13}H_{16}O_4N_4 = C_6H_5 \cdot CO \cdot NH \cdot CH_2 \cdot CO \cdot NH \cdot CH_2 \cdot$ $NH \cdot CO \cdot NH \cdot CO \cdot CH_3$. Aus Glycylhippenylisocyanat und Acetamid in siedendem Xylol. Weißes krystallinisches Pulver aus Alkohol. Schmelzp. 179—180°.

Glycylhippenylureidoessigsäureäthylester $C_{15}H_{20}O_5N_4 = C_6H_5 \cdot CO \cdot NH \cdot CH_2 \cdot CO \cdot$ $NH \cdot CH_2 \cdot NH \cdot CONH \cdot CH_2 \cdot CO_2C_2H_5$. Aus Glycylhippenylisocyanat und Glykokolläthylester in Chloroform. Weiße Nadeln aus Alkohol. Schmelzp. 179—180°; leicht löslich in heißem Alkohol. Unlöslich in kaltem Äther und Benzol.

Glycylhippenylureidoessigsäure $C_{13}H_{16}O_5N_4 = C_6H_5 \cdot CO \cdot NH \cdot CH_2 \cdot CO \cdot NH \cdot CH_2 \cdot$ $NH \cdot CO \cdot NH \cdot CH_2 \cdot COOH$. Aus vorstehendem Ester mit alkoholischem Kali in der Kälte. Weiße Nadeln aus Wasser. Schmelzp. 204,5°; löslich in heißem Wasser und Alkohol, sehr wenig löslich in Äther und Benzol. **Salze** $(NH_4)C_{13}H_{15}O_5N_4$. Weiße Nadeln. Schmelzp. 216°; leicht löslich in kaltem Wasser, sehr wenig löslich in Alkohol; $AgC_{13}H_{15}O_5N_4$. Weißer, flockiger, lichtempfindlicher Niederschlag. Schmelzp. 191°.

Glycylhippenylureidoacetamid $C_{13}H_{17}O_4N_5 = C_6H_5 \cdot CO \cdot NH \cdot CH_2 \cdot CO \cdot NH \cdot CH_2 \cdot$ $NH \cdot CO \cdot NH \cdot CH_2 \cdot CO \cdot NH_2$. Aus Glycylhippenylureidoessigseter beim Stehen mit konz. NH_3. Gelbliches Pulver aus Wasser. Schmelzp. 196°.

Glycylhippenylisocyanat[1]) $C_6H_5 \cdot CO \cdot NH \cdot CH_2 \cdot CO \cdot NH \cdot CH_2 \cdot NCO$. Gibt mit Wasser bzw. mit Alkohol erhitzt Diglycylhippenylharnstoff bzw. Glycylhippenylcarbaminsäureester und mit Benzamid und Acetamid die entsprechenden gemischten Harnstoffe.

Glycylhippenylureidoessigester $C_6H_5 \cdot CO \cdot NH \cdot CH_2 \cdot CO \cdot NH \cdot CH_2 \cdot NH \cdot CO \cdot NH \cdot$ $CH_2 \cdot COOC_2H_5$ konnte aus Glycylhippenylisocyanat und Glycinester dargestellt werden. Auch die freie Säure und dessen Amid, Hydrazid und Azid konnte dargestellt werden.

p-Nitrohippurylaminoacethydrazid konnte von Theodor Curtius dargestellt werden, ebenso p-Nitrohippurhydrazid[1]).

Alanin (Bd. IV, S. 486; Bd. IX, S. 92).

Vorkommen: Konnte im Blute normaler Schlachttiere nachgewiesen werden[2]). Im Ochsengehirn 0,24%[3]). 0,50 g in 1 kg getrocknetem Kabeljau[4]). In Trockenhefe — Eiweiß Schroder. — Nachgewiesen mit Rashigscher Hypochloritlösung[5]). — In der Hefe[6]).

[1]) Th. Curtius, Journ. f. prakt. Chemie **94**, 85—134 [1917]; Chem. Centralbl. **1917**, I, 745.

[2]) Emil Abderhalden, Zeitschr. f. physiol. Chemie **88**, 478—483 [1913]; Chem. Centralbl. **1914**, I, 1021.

[3]) Tomihide Shimizu, Biochem. Zeitschr. **117**, 252 [1921]; Chem. Centralbl. **1921**, III, 492.

[4]) K. Yoshimura u. M. Kanai, Zeitschr. f. physiol. Chemie **88**, 346—351 [1913]; Chem. Centralbl. **1914**, I, 681.

[5]) Carl Neuberg, Wochenschr. f. Brauerei **32**, 317—320 [1915]; Chem. Centralbl. **1916**, I, 163.

[6]) Jacob Meissenheimer, Zeitschr. f. physiol. Chemie **104**, 229—284 [1919]; Chem. Centralbl. **1919**, III, 273.

Bildung: Bei der Aufspaltung des Hefeeiweißes werden vom Gesamt-N 10—15% als Alanin erhalten[1]). Bei der Autolyse der Hefe[2]). Arachin, von Arachis hypogaea enthält 4,11% Alanin[3]). Bei 2stündiger Hydrolyse mit siedendem 10proz. HCl des aus den Samen des griechischen Heues gewonnenen Nucleoproteides entsteht 1,60% Alanin[4]). Das in Alkohol lösliche Protein von Andropogon sorghum, das Kafirin enthält 8,08% Alanin[5]). Bei der Hydrolyse der Gelatine wurde 8,7% Alanin gefunden[6]). Bei der Hydrolyse des Globulins der Cocosnuß wurde 4,11% Alanin gefunden[7]). Bei der Hydrolyse des Stizolobins, des Globulins der chinesischen Samtbohne 2,41%[8]). Bei der Hydrolyse des Caseins (Caseinogens) 1,85%[9]). Bei der Hydrolyse der Eischale des Seidenspinners = 3,8%[10]).

Im Laufe der Isolierung des Dibromtyrosins aus Primnoastengeln wurde bei der Fraktionierung in analysenreinem Zustande auch Alanin isoliert[11]).

N von Neurokeratin enthält 25,21% N aus Glutaminsäure, Asparaginsäure, Tyrosin, Leucin, Isoleucin, Alanin oder Glykokoll[12]).

Nachweis und Bestimmung: Färbt weder mit Wasser noch mit Formalin holzhaltiges Papier in nassem Zustande, beim Eintrocknen färbt sich das Papier schwach gelbgrün[13]).

Trennung vom Glykokoll. Während die Calciumchloridverbindungen der beiden Aminosäuren in Wasser leicht löslich sind, zeigen sich große Löslichkeitsunterschiede gegen wässerigen Alkohol. — Die Lösung der beiden Aminosäuren und von Chlorcalcium in Wasser, wird mit absol. Alkohol versetzt. Es fallen große Krystalle von Diglykokollchlorcalcium: $CaCl_2$, $2 NH_2$—CH_2—COOH aus, während Alanin in Lösung bleibt[14]).

Physiologische Eigenschaften: Ist weniger geeignete N-Quelle für Bacillus prodigiosus bei der Bildung und Vergärung der Ameisensäure als Asparagin[15]). Der phenolbildende Bacillus phenologenes entwickelt sich reichlich auf Nährböden für die Isolierung acidaminolytischer Mikroben mit Alanin usw.[16]). Wurde als Stickstoffnahrung der Preßhefe geprüft[17]).

Die Konzentrationsschwelle (äußerste Grenze, bei der gerade noch eine schwach chemotaktische Anlockung von Bakterien erkennbar ist), war für das nur künstlich herstellbare optische Isomere von Alanin 100—1000 mal so hoch als für das in der Natur vorkommende Isomere. Die natürliche Komponente wird auch gegenüber der gleichen oder selbst beträchtlich höheren Konzentration ihres optischen Isomeren bevorzugt[18]).

---

[1]) Jacob Meissenheimer, Zeitschr. f. physiol. Chemie **114**, 205—249 [1921]; Chem. Centralbl. **1921**, III, 1289.

[2]) Jacob Meissenheimer, Wochenschr. f. Brauerei **32**, 325 [1915]; Chem. Centralbl. **1915**, II, 1259.

[3]) Carl O. Johns u. D. Breese Jones, Journ. of Biolog. Chem. **36**, 491—500 [1918]; Chem. Centralbl. **1919**, I, 743.

[4]) H. E. Wunschendorff, Journ. de Pharm. et de Chim. [7] **20**, 86—88 [1919]; Chem. Centralbl. **1919**, III, 1065.

[5]) D. Breese Jones u. Carl O. Johns, Journ. of Biolog. Chem. **36**, 323—334 [1918]; Chem. Centralbl. **1919**, I, 743.

[6]) H. D. Dakin, Journ. of Biolog. Chem. **44**, 499—529 [1920]; Chem. Centralbl. **1921**, I, 455.

[7]) D. Breese Jones u. Carl O. Johns, Journ. of Biolog. Chem. **44**, 283—301 [1920]; Chem. Centralbl. **1921**, I, 456.

[8]) D. Breese Jones u. Carl O. Johns, Journ. of Biolog. Chem. **40**, 435 [1919]; Chem. Centralbl. **1920**, III, 716.

[9]) Frederick William Foreman, Biochemical Journ. **13**, 378 [1919]; Chem. Centralbl. **1920**, I, 683.

[10]) Masaji Tomita, Biochem. Zeitschr. **116**, 40 [1921]; Chem. Centralbl. **1921**, III, 359.

[11]) Carl Th. Mörner, Zeitschr. f. physiol. Chemie **88**, 138—154 [1913]; Chem. Centralbl. **1914**, I, 478.

[12]) Burt E. Nelson, Journ. of Amer. Chem. Soc. **38**, 2558—2561 [1916]; Chem. Centralbl. **1917**, I, 658.

[13]) Hugo Krause, Berichte d. Deutsch. Chem. Gesellschaft **51**, 1556 [1918]; Chem. Centralbl. **1919**, I, 17.

[14]) P. Pfeiffer u. Fr. Wittka, Berichte d. Deutsch. Chem. Gesellschaft **48**, 1041 [1915].

[15]) Hartwig Franzen u. F. Egger, Zeitschr. f. physiol. Chemie **90**, 311—354 [1914]; Chem. Centralbl. **1914**, I, 2010.

[16]) Albert Berthelot, Annales de l'Inst. Pasteur **32**, 17—36 [1918]; Chem. Centralbl. **1918**, II, 130.

[17]) H. J. Waterman, Folia microbiol. **2**. H. 2, 7 Seiten [1913]; Chem. Centralbl. **1914**, I, 484.

[18]) Hans u. Ernst Pringsheim, Zeitschr. f. physiol. Chemie **97**, 176—190 [1917]; Chem. Centralbl. **1917**, I, 23.

Über Farbenänderungen auf Alaninnährböden durch Bakterien[1]).

Zusatz von Alanin zum Uschinskischen Nährboden zeigte keine Steigerung der Bildung von Harnstoff spaltendem Ferment durch Bakterien; bei Zusatz zur Nährbouillon aus Bouillonwürfeln zeigt sich aber eine sichere Verstärkung dieser Bildung[2]).

Tyrosinase bewirkt Desamidisierung, es wird NH_3-Bildung beobachtet[3]).

Eine Entfärbung (Reduktion) des Methylenblaues durch das Ferment des ausgewaschenen Pferdefleisches findet nicht statt in Gegenwart von Alanin statt Bernsteinsäure[4]).

Wurde phlorrhizinisierten Hunden subcutan Brenztraubensäure verabreicht, so erschien Extraglucose im Harn, aber nicht in solchen Mengen, daß man auf Grund der Versuche Brenztraubensäure als notwendiges Zwischenprodukt beim Abbau des Alanins ansprechen könnte[5]).

In der Leber ein starker Milchsäurebildner, wird von den Blutkörperchen nicht zu Milchsäure umgewandelt[6]). Fördert die Glykogenbildung der Leber von Ratten; doch ist diese Förderung nicht so erheblich wie diejenige der Zuckerausscheidung beim diabetischen Tier nach Verabreichung dieser Aminosäuren[7]). Bei der Durchströmung der Leber von Hunden und Kaninchen mit Blut mit Zusatz von Alanin, wird der Harnstoffgehalt des Blutes gesteigert[8]).

Alanin an Kaninchen verfüttert, ist nicht imstande, Glykokoll zu liefern, gleichgültig, ob es allein oder in Verbindung mit einem Benzoylradikal verabreicht wird. Auch ließ sich weder eine direkte noch eine indirekte Wirkung des Alanins auf den Hippursäurestoffwechsel feststellen[9]). Alanin Kaninchen oral eingeführt, bewirkte eine Steigerung des Aminosäuregehaltes des Blutes. 2,5 und 3,5 g wirkten gleich, stärker als 2 g und schwächer als 3 g Glykokoll[10]).

Bewirkt, wenn die gegebene N-Menge als Eiweiß und Aminosäure etwa gleich groß ist, am Kaninchen eine deutliche Steigerung des Aminosäure-N im Blute. Beim Hungerkaninchen ist die Steigerung größer. Beim Hund ist die Steigerung des Aminosäure-N im Blut geringer, die des Harnstoff-N im Harn größer[11]).

Vermag, wie Versuche an Ratten zeigen, bei Zusatz zu stickstoffhaltiger und stickstofffreier Nahrung die Stickstoffausscheidung herabzumindern[12]). Beim vorher hungernden Menschen verursacht Alanin vermehrte Ausscheidung von Harnsäure, so daß der Höchstwert innerhalb der ersten 2 Stunden auftrat. Bei den Aminosäuren mit 2 COOH war die Steigerung größer als bei Alanin[13]).

Die Zufuhr von 8 g Alanin in 500 g Wasser steigerte die entwickelte Wärmemenge beim Tiere mehr als diejenige von Fleischextrakt, diejenige von 8 g Milchsäure noch mehr[14]).

Bei Aufnahme von 10 g d, l-Alanin werden 15—17% durch den Harn ausgeschieden[15]).

d-Alanin scheint vom menschlichen Organismus ziemlich quantitativ verwertet zu werden[15]).

[1]) Elfrida Constance Victoria Cornish u. Robart Stenhouse Williams, Biochem. Journ. **11**, 180 (1917); Chem. Centralbl. **1917**, II, 820.

[2]) Martin Jacoby, Biochem. Zeitschr. **81**, 332—341 [1917]; Chem. Centralbl. **1917**, II, 175.

[3]) R. Chodat u. K. Schweizer, Biochem. Zeitschr. **57**, 430—436 [1913]; Chem. Centralbl. **1914**, I, 156.

[4]) Thorsten Thunberg, Skand. Archiv f. Physiol. **35**, 163—195 [1917]; Chem. Centralbl. **1917**, I, 784—786.

[5]) A. J. Ringer, E. M. Frankel u. L. Jonas, Journ. of Biolog. Chem. **15**, 145—152 [1913]; Chem. Centralbl. **1913**, II, 795.

[6]) W. Griesbach u. S. Oppenheimer, Biochem. Zeitschr. **55**, 323—334 [1913]; Chem. Centralbl. **1913**, II, 1603.

[7]) Alfred Tschannen, Biochem. Zeitschr. **59**, 202—225 [1914]; Chem. Centralbl. **1914**, I, 1096.

[8]) Wilhelm Löffler, Biochem. Zeitschr. **76**, 55—75 [1916]; Chem. Centralbl. **1916**, II, 583.

[9]) Albert A. Epstein u. Samuel Bookman, Journ. of Biolog. Chem. **17**, 455—462 [1914]; Chem. Centralbl. **1914**, II, 251.

[10]) Ivar Bang, Biochem. Zeitschr. **74**, 278—293 [1916]; Chem. Centralbl. **1916**, II, 99.

[11]) Ivar Bang, Biochem. Zeitschr. **72**, 129—138 [1915]; Chem. Centralbl. **1916**, I, 255.

[12]) Emil Abderhalden, Zeitschr. f. physiol. Chemie **96**, 1—147 [1915]; Chem. Centralbl. **1916**, I, 801—803.

[13]) Howard B. Lewis, Max S. Dunn u. Edward A. Doisy, Journ. of Biolog. Chem. **36**, 9—26 [1918]; Chem. Centralbl. **1919**, I, 485.

[14]) Graham Lusk, Compt. rend. de l'Acad. des Sc. **168**, 1012—1015 [1920]; Chem. Centralbl. **1920**, III, 578.

[15]) W. Blum, Beitr. z. Physiol. **1**, 385 [1920]; Chem. Centralbl. **1920**, III, 392.

Nach Verfütterung von Alanin wurden nur geringe Zunahmen im Katalasegehalt des Blutes festgestellt[1]. — Ein Zusatz von Alanin änderte den Milchsäuregehalt weder im Eierklar noch im Dotter[2].

Über die Geschwindigkeit der Umsetzung von Alanin siehe Csonka[3].

Die subcutane Verabfolgung von l-Alanin an einem phlorrhizinisierten Hund hatte die Ausscheidung großer Mengen von Extraglucose zur Folge[4].

Physikalische und chemische Eigenschaften von d-Alanin: $[\alpha]_{Hg\ grün}^{13} = +3,1$; $[\alpha]_{Hg\ grün}^{80} = -0,6°$ $(p = 5,85$ in Wasser) $[\alpha]_{Hg\ grün}^{15} = +3,5°$ $(p = 9,81$ in Wasser)[5].

In allen Fällen, in denen feste Verbindungen zwischen Salz und Aminosäuren entstehen, treten starke Löslichkeitserhöhungen ein. Für die Messung der Drehungswerte salzhaltiger Aminosäurelösungen wurde aktives Alanin verwendet[6].

Zeigt sich optisch inaktiv (und d?) bei der Bildung durch Hydrolyse sowohl aus dem racemisierten Kuhmilchcasein wie aus dem Schafmilchcasein[7].

Physikalische und chemische Eigenschaften von d, l-Alanin: Alanin wird von Tierkohle nur wenig adsorbiert[8].

Alanin wurde mit wachsenden Mengen von verdünnter Salzsäure und Natronlauge ver setzt und ihr H-Iongehalt elektrometrisch bestimmt. Die so erhaltenen Titrationskurven sind charakteristisch[9].

Verhalten in alkalischer Lösung bei der Zersetzung von Glucose: einbasische Säure, in saurer Lösung bei der Inversion von Rohrzucker: einsäurige Base[10].

Alanin liefert beim Erhitzen mit Glycerin auf 170—175° in guter Ausbeute Cycloalanylalanin. — Beim Erhitzen mit Diphenylmethan liefert Alanin bei 170—175° noch kein Anhydrid, sondern nur Äthylamin; bei 270° entsteht Cycloalanylalanin neben Äthylamin. — Acenaphthen als Lösungsmittel wirkt in gleicher Weise[11].

Absorbiert keine SO_2[12].

Verbraucht bei der Hydrolyse der Proteinkörper kein Br[13].

Wirkt der Zersetzung der Glucose durch Alkali entgegen. Eine während $1^1/_2$ Stunden auf 33° erwärmte Lösung von 80 ccm 5 proz. Glucose, 10 ccm 1,79 n-NaOH und 10 ccm Wasser zeigte die Polarisationszahl I $+ 7,4°$ Ventzke (2-dm-Rohr); in Gegenwart von 1 g Aminoessigsäure war die Polarisationszahl II $+ 9,7$ bzw. $+ 9,8°$ und in Gegenwart von 1 g α-Aminopropionsäure III $+ 9,3°$[14].

In salzsaurer Lösung mit Zucker erhitzt, scheidet es als Huminbildner aus[15].

Wird versucht in Äthersuspension mit Hilfe von Diazomethan zu methylieren, so wird Alanin unverändert zurückerhalten[16].

---

[1] Raymund L. Stehle, Journ. of Biolog. Chem. **39**, 408 [1919]; Chem. Centralbl. **1920**, III, 674.

[2] Masaji Tomita, Biochem. Zeitschr. **116**, 15 [1921]; Chem. Centralbl. **1921**, III, 364.

[3] Frank A. Csonka, Journ. of Biolog. Chem. **20**, 539 [1914]; Chem. Centralbl. **1915**, II, 668.

[4] H. D. Dakin u. H. W. Dudley, Journ. of Biolog. Chem. **17**, 451—454 [1914]; Chem. Centralbl. **1914**, II, 254.

[5] George William Clough, Journ. Chem. Soc. London **113**, 526 [1918]; Chem. Centralbl. **1919**, I, 714.

[6] P. Pfeiffer, Berichte d. Deutsch. Chem. Gesellschaft **48**, 1938—1943. [1915]; Chem. Centralbl. **1916**, I, 15

[7] Harold Ward Dudley u. Herbert Ernest Woodman, Biochem. Journ. **9**, 97—102 [1915]; Chem. Centralbl. **1916**, I, 1254.

[8] Emil Abderhalden u. Andor Fodor, Fermentforschung **2**, 74—102 [1917]; Chem. Centralbl. **1918**, II, 738.

[9] Herbert Eckweiler, Helen Miller Noyes, K. George Falk, Journ. de Physiol. et de Pathol. génér. **3**, 291—300 [1921]; Chem. Centralbl. **1921**, I, 614.

[10] H. J. Waterman, Chem. Weekblad **14**, 1126—1131 [1917]; Chem. Centralbl. **1918**,I,705.

[11] F. Graziani, Atti della R. Accad. dei Lincei, Roma [5] **24**, 822 [1915]; Chem. Centralbl. **1915**, II, 461.

[12] A. Korezynski u. M. Glebocka, Gazz. chim. ital. **50**, I, 378—387 [1920]; Chem. Centralbl. **1921**, I, 29.

[13] M. Siegfried u. H. Reppin, Zeitschr. f. physiol. Chemie **95**, 18—28 [1915]; Chem. Centralbl. **1916**, I, 513.

[14] H. J. Waterman, Chem. Weekblad **14**, 119—124 [1917]; Chem. Centralbl. **1917**, I, 858.

[15] M. L. Roxas, Journ. of Biolog. Chem. **27**, 71—93 [1916]; Chem. Centralbl. **1917**, I, 971.

[16] A. Geake u. M. Nierenstein, Zeitschr. f. physiol. Chemie **92**, 149—153 [1914]; Chem. Centralbl. **1914**, II, 761.

Gehalt an Methyl 0,42—0,63%; bestimmt nach der Methode von Herzig und Meyer[1])[2]).
Nach O. Winterstein[3]) wird Alanin durch Xanthydrol nicht gefällt. Es gibt aber Verbindungen durch Pyrrol, Indol, Skatol.

Derivate von d-Alanin: p-Toluolsulfo-d-alanin[4])

$$CH_3-CH-COOH$$
$$| \qquad = C_{10}H_{13}O_4N_5.$$
$$NH-SO_2-C_6H_4-CH_3$$

Mol.-Gewicht (243,18). — 18 g d-Alanin werden in 110 ccm 2 n-Natronlauge (etwas mehr als 1 Mol.) gelöst und mit einer Lösung von 76 g Toluolsulfochlorid (2 Mol.) in 200 ccm Äther in verschlossener Flasche bei Zimmertemperatur auf der Maschine geschüttelt. In Abständen von 1 Stunde wurden dreimal je 100 ccm derselben Natronlauge zugefügt. Nach 4 stündigem Schütteln wird die ätherische Lösung abgetrennt, die gelbe wässerige Lösung filtriert und mit 5 n-Salzsäure übersättigt, wobei ein dickes Öl ausfällt. Nach Impfen tritt Krystallisation ein. Um Impfkrystalle zu erhalten, werden einige Tropfen der Lösung ausgeäthert, der Äther verdampft und das zurückbleibende Öl durch längeres Reiben zum Erstarren gebracht. Nach 15 stündigem Stehen im Eisschrank wird der aus zarten farblosen Nadeln bestehende Krystallbrei abgesaugt. Zur Reinigung genügt einmaliges Umkrystallisieren aus der 13 fachen Menge heißen Wassers. Beim Abkühlen fällt zuerst ein Öl, das aber beim Impfen rasch krystallisiert. Ausbeute an reiner trockener Substanz: 33 g = 67% der Theorie. Die optische Bestimmung in absol. Alkohol gibt

$$[\alpha]_D^{20} = \frac{-0,34° \cdot 5,6385}{2 \cdot 0,802 \cdot 0,1755} = -6,81°.$$

Die Substanz sintert gegen 130° und schmilzt bei 134—135° (korr.). — Sie ist in Äthyl- und Methylalkohol, Äther und Essigäther sehr leicht löslich, löst sich auch in heißem Wasser und Benzol. Sie bildet mit Chinin und Brucin hübsch krystallisierte Salze. Wird die Säure in das Chininsalz verwandelt und dreimal aus Wasser umkrystallisiert, so zeigt die regenerierte freie Säure $[\alpha]_D^{20} = -7,26°$. — Die Hydrolyse erfolgt nach längerem Erhitzen mit starker Salzsäure auf 100°. Dabei findet keine wesentliche Racemisierung des regenerierten d-Alanins statt[4]). — Die Substanz ist identisch mit dem Körper von Gibson, der ihn bei der Spaltung des Toluolsulfo-d,l-alanin durch das Brucinsalz erhielt[5]). Nadeln aus verdünntem Alkohol. Schmelzp. 131—132°. — $[\alpha]_D = +33,7°$ (0,202) g als Natriumsalz in 30 ccm wässeriger Lösung[6]).

Strychninsalz des d-p-Toluolsulfoalanins[6]), $C_{21}H_{22}O_2N_2 \cdot C_{10}H_{13}O_4NS$. — Prismen mit 2 Mol. Wasser; verliert bei 125° 1 Mol. Wasser. — Schmelzp. 188—189°; $[\alpha]_D = -11,2°$ (0,2076 g in 30,0 ccm wässeriger Lösung).

p-Toluolsulfo-d-alaninäthylester[7]) $CH_3 \cdot C_6H_4 \cdot SO_2 \cdot NH \cdot CH(CH_3) \cdot COOC_2H_5$. Aus p-Toluolsulfo-d-alanin in alkoholischer Lösung mit Salzsäure. Ausbeute 96%. — Schmelzp. 65—66° Leicht löslich in Alkohol, Äther, Aceton, Benzol, Tetrachlorkohlenstoff, schwer in Petroläther.

p-Toluolsulfo-d-N-methylalanin[8])

$$CH_3-CH-COOH$$
$$|$$
$$N-SO_2-C_6H_4-CH_3$$
$$|$$
$$CH_3$$

$= C_{11}H_{15}O_4N_2$ (Mol.-Gewicht 257,2). — 15 g p-Toluolsulfo-d-alanin werden in einer Druckflasche in 125 ccm 2 n-Natronlauge (4 Mol.) gelöst und mit 18 g Jodmethyl (über 2 Mol.) bei

[1]) Herzig u. Meyer, Monatshefte f. Chemie **15**, 613 [1894]; **16**, 599 [1895]; **18**, 379 [1897].
[2]) Joshua Harold Burn, Biochem. Journ. **8**, 154—156 [1914]; Chem. Centralbl. **1914**, II, 1071.
[3]) E. Winterstein, Zeitschr. f. physiol. Chemie **105**, 25—31 [1919]; Chem. Centralbl. **1919**, IV, 421.
[4]) Emil Fischer u. Werner Lipschitz, Berichte d. Deutsch. Chem. Gesellschaft **48**, 362 [1915].
[5]) Gibson, Proc. Chem. Soc. **30**, 424 [1914].
[6]) Charles Stanley Gibson u. John Lionel Simonsen, Journ. Chem. Soc. London **107**, 798—803 [1915]; Chem. Centralbl. **1915**, II, 402.
[7]) Emil Fischer u. Lukas v. Mechel, Berichte d. Deutsch. Chem. Gesellschaft **49**, 1355—1366 [1916]; Chem. Centralbl. **1916**, II, 378.
[8]) Emil Fischer u. Werner Lipschitz, Berichte d. Deutsch. Chem. Gesellschaft **48**, 363 [1915].

65—68° bis zur völligen Lösung etwa 20 Minuten stark geschüttelt. Die Flüssigkeit bleibt noch 20 Minuten bei gleicher Temperatur, wird dann abgekühlt und mit 5 n-Salzsäure übersättigt. Das ausfallende Öl erstarrt beim Reiben sehr schnell krystallinisch. Zur Reinigung wird es mit einer Lösung von Kaliumbicarbonat aufgenommen und wieder mit Salzsäure ausgefällt. Ausbeute etwa 13 g. Schließlich wird es zweimal aus der 70 fachen Menge siedenden Wassers umgelöst, aus dem es in Nadeln oder dicken Prismen krystallisiert. Zur Analyse wird im Vakuum über Phosphorpentoxyd bei 56° getrocknet, wobei aber kaum Gewichtsverlust eintritt. — Die optische Bestimmung in absol. Alkohol ergibt

$$[\alpha]_D^{20} = \frac{-0.58 \cdot 1.9758}{1 \cdot 0.8385 \cdot 0.2049} = -6.67°.$$

Es ist zweifelhaft, ob diese Zahl die Höchstdrehung darstellt, da bei der Methylierung eine teilweise Racemisierung eintreten kann und eine Reinigung der Substanz mit optisch aktiven Basen nicht vorgenommen wurde. — Die Substanz sintert gegen 117° und schmilzt bei 121,5—122,5° (korr.) zu einer farblosen Flüssigkeit; sie ist sehr leicht löslich in Alkohol, Äther, Essigäther, leicht in warmem Benzol, aus dem sie beim Abkühlen in sechseckigen Formen sich abscheidet. Sie bildet mit Chinin und Cinchonin krystallisierende Salze.

d-N-Methyl-alanin[1])

$$CH_3 - CH - COOH$$
$$|$$
$$N - CH_3$$

20 g Toluolsulfo-d-N-methylalanin werden mit 76 ccm Salzsäure (spez. Gewicht 1,19) im geschlossenen Rohr 8 Stunden auf 100° erhitzt, dann die klare, schwach gelbe Flüssigkeit auf 0° abgekühlt, die auskrystallisierende Toluolsulfosäure nach einiger Zeit durch Pulvergewebe abfiltriert und mit eiskalter Salzsäure nachgewaschen. — Beim Verdampfen des Filtrats unter stark vermindertem Druck bleibt das Hydrochlorid des N-Methylalanins als bräunlicher Sirup zurück, der ziemlich schwer krystallisiert. Um die ersten Krystalle zu erhalten, wird eine Probe des Sirups erst im Vakuumexsiccator über Natronkalk getrocknet, dann mit sehr wenig konz. Schwefelsäure und etwas Alkohol angerieben und wieder aufbewahrt, wobei nach einigen Stunden Krystallisation erfolgt. Durch Impfen läßt sich dann der gesamte Sirup leicht krystallinisch erhalten.

Die langen, fächer- oder rosettenförmig angeordneten Nadeln sind zunächst noch bräunlich gefärbt; sie werden in etwa 40 ccm Alkohol durch Schütteln gelöst und durch allmählichen Zusatz von absol. Äther, Impfen und Reiben zur Krystallisation gebracht. Die Ausbeute ist sehr gut. — Für die Analyse und die optischen Bestimmungen wird noch zweimal in derselben Weise unter Zusatz von sehr wenig alkoholischer Salzsäure umkrystallisiert und schließlich bei 15—20 mm über Phosphorpentoxyd bei 77° getrocknet. — Das Salz besitzt die Zusammensetzung $C_4H_{10}O_2NCl = 139,35$. Das Drehungsvermögen in Wasser beträgt

$$[\alpha]_D^{20} = \frac{+0\ 54° \cdot 1.3138}{1 \cdot 1.0211 \cdot 0.1211} = +5.74°.$$

Das Salz beginnt bei 158° zu sintern und schmilzt gegen 165,5—166° (korr.) zu einer farblosen Flüssigkeit. Es ist stark hygroskopisch und zerfließt an der Luft. Mit Wismutkaliumjodid gibt es auch in ziemlich konz. Lösung keine Fällung.

Die Umwandlung des Hydrochlorids in die freie Aminosäure in der üblichen Weise durch Kochen der wässerigen Lösung mit Bleioxyd gelingt leicht. Beim Verdampfen des entbleiten Filtrats unter vermindertem Druck bleibt die Aminosäure in farblosen Nadeln zurück. Sie wird aus heißem Alkohol umkrystallisiert. Der größte Teil fällt beim Erkalten in zarten, zu Büscheln vereinigten Nadeln, den Rest gewinnt man aus dem Filtrat durch Einengen oder Fällung mit Äther. Die Ausbeute beträgt mehr als 75% der Theorie. Das Präparat enthält 1 Mol. Wasser, das bei 15 mm über Phosphorpentoxyd bei 77° schnell entweicht. Beim Trocknen an der Luft ist es schwer, ein ganz konstantes Gewicht zu erreichen. — Das Drehungsvermögen beträgt in Wasser

$$[\alpha]_D^{20} = \frac{+0.57° \cdot 1.3271}{1 \cdot 1.021 \cdot 0.1326} = +5.59.$$

---

[1]) Emil Fischer u. Werner Lipschitz, Berichte d. Deutsch. Chem. Gesellschaft **48, 363** [1915].

Das trockene d-N-Methylalanin schmilzt bei raschem Erhitzen im Capillarrohr gegen 300° (korr.) unter teilweiser Zersetzung. Es sublimiert auch zum Teil. Es schmeckt noch etwas süß, aber weit schwächer als Alanin. Es löst sich sehr leicht in Wasser, auch leicht in heißem Alkohol und Methylalkohol, dagegen schwer in Essigäther, Aceton und fast gar nicht in Benzol und Äther. — Das **Kupfersalz** wird in der üblichen Weise durch halbstündiges Kochen der wässerigen Lösung mit überschüssigem, frisch gefälltem Kupferhydroxyd bereitet. Aus der tiefblauen Lösung scheidet sich das Salz beim Verdunsten im Vakuumexsiccator in schönen, blauen, rhombenähnlichen Tafeln oder flächenreicheren Formen ab. — Das lufttrockene Salz enthält gerade so wie der Racemkörper 2 Mol. Wasser, die bei 15 mm und 100° entweichen. Die Zusammensetzung ist $C_8H_{16}O_4N_2Cu + 2 H_2O = 303{,}75$. — Das trockene Salz enthält 23,75% Kupfer.

p-Toluolsulfo-N-benzyl-d-alanin[1]) $CH_3 \cdot C_6H_4 \cdot SO_2 \cdot N(CH_2 \cdot C_6H_5) \cdot CH(CH_3) \cdot COOH$. Durch Benzylierung des p-Toluolsulfo-d-alaninäthylesters und darauffolgende Verseifung mit alkoholischem Kali. Krystalle aus Xylol mit der Zusammensetzung $C_{17}H_{19}O_4NS + \frac{1}{2} C_8H_{10}$. Die Säure schmilzt bei 79—80° zu einer trüben Flüssigkeit, die bei 82° klar wird. $[\alpha]_D^{20} = -3{,}80°$ (in absol. Alkohol, 0,1202 g Substanz, Gesamtgewicht 2,0713 g, spez. Gewicht 0,807, $\alpha = -0{,}150$, 1-dm-Rohr). Leicht löslich in Alkohol, Äther, Aceton, Essigäther, schwerer in Benzol, Xylol, Chloroform, recht schwer in Ligroin. In heißem Wasser etwas löslich. Die Spaltung des Toluolsulfo-benzylalanins verläuft mit Salzsäure nicht glatt, man erhält d, l-Benzyl-alanin in einer Ausbeute von 17%.

Derivate von l-Alanin: l-N-Methyl-alanin[1]) 5 g l-α-Brompropionsäure werden mit 15 ccm 33 proz. Methylaminlösung unter Eiskühlung versetzt und dann bei Zimmertemperatur stehen gelassen, bis kein organisch gebundenes Brom mehr nachzuweisen ist. In der Regel ist das nach 2 Tagen der Fall. Die Flüssigkeit wird nun unter 15—20 mm verdampft, der Sirup in Wasser aufgenommen, durch Schütteln mit Silbersulfat (6 g) von Brom befreit, das Filtrat mit Schwefelwasserstoff entsilbert und unter vermindertem Druck etwas eingeengt. Um das schwefelsaure Methylamin zu entfernen, wird jetzt mit einem Überschuß von Bariumhydroxyd unter geringem Druck bis zur Verjagung des Methylamins verdampft und schließlich das Barium genau mit Schwefelsäure gefällt. Beim Verdampfen des Filtrats bleibt das Methyl-alanin als farblose Masse, die aus absol. Alkohol umkrystallisiert wird. Ausbeute 71% der Theorie. $[\alpha]_D^{20} = -5{,}22°$.

l-p-Toluolsulfoalanin[2]), $C_{10}H_{13}O_4NS$. — Nadeln aus verdünntem Alkohol. Schmelzp. 131—132°. — Leicht löslich in Alkohol, Aceton, wenig löslich in Wasser; $[\alpha]_D = -33{,}8°$ (0,2018 g als Natriumsalz in 30,0 ccm wässeriger Lösung); $[\alpha]_D = -9{,}17°$ (0,0063 g in 30 ccm alkoholischer Lösung).

Brucinsalz des l-p-Toluolsulfoalanins[3]) $C_{23}H_{26}O_4N_2 \cdot C_{10}H_{13}O_4NS$. Farblose Tafeln mit 3 H_2O aus wässerigem Alkohol. — Schmelzp. 148—149°. — Schwer löslich in Wasser, löslich in Alkohol; $[\alpha]_D = -38{,}51°$ (0,1928 g in 30 ccm alkoholischer Lösung).

Derivate von d, l-Alanin: Ag-Salz[4]) $CH_3 \cdot CH(NH_2) \cdot COOAg$. Farblose, rosettenförmig gruppierte Krystalle. Absorbiert bei $+ 10°$ 1 Mol., bei $- 18°$ 2 Mol. NH_3.

Komplexe α-Alanin-Silbersalze[5]) werden erhalten, wenn man auf α-Alaninsilber α-Alanin in Überschuß einwirken läßt. Das Produkt besitzt ähnliche Eigenschaften, wie das komplexe Glykokoll-Silbersalz hat.

Alaninjodcalcium[6]) $(C_3H_7NO_2)_2CaJ_2 \cdot 2 H_2O$. — Schmelzp. 115°. Leicht löslich in kaltem Wasser und 50 proz. Alkohol, löslich in heißem Alkohol.

Alaninphosphorwolframat[7]).

Alaninäthylester[8]). Läßt sich aus rohem Acetaldehyd und unter Verwendung von NaCN an Stelle von KCN nach Streckers Synthese bereiten, wenn man das Destillat von der Oxy-

[1]) Emil Fischer u. Lukas v. Mechel, Berichte d. Deutsch. Chem. Gesellschaft **49**, 1355—1366 [1916]; Chem. Centralbl. **1916**. II, 378.

[2]) Charles Stanley Gibson u. John Lionel Simonsen, Journ. Chem. Soc. London **107**, 798—800 [1915]; Chem. Centralbl. **1915**, II, 402.

[3]) Charles Stanley Gibson u. John Lionel Simonsen, Journ. Chem. Soc. London **107**, 793 [1915]; Chem. Centralbl. **1915**, II, 402.

[4]) G. Bruni u. G. Levi, Gazz. chim. ital. **46**, II, 235—246 [1916]; Chem. Centralbl. **1917**. I, 7.

[5]) F. Hoffmann-La Roche & Co., Aktiengesellschaft, Basel, Schweiz. Pat. 86 516 [1920]; Zusatz-Pat. zu Schweiz. Pat. 84 832; Chem. Centralbl. **1921**. II. 174.

[6]) Walter Spitz, D.R.P. 318 343, Kl. 12 q; Chem. Centralbl. **1920**, I, 601.

[7]) Jack Cecil Drummond, Biochem. Journ. **12**, 5 [1918]; Chem. Centralbl. **1918**, II, 944.

[8]) Treat B. Johnson u. Arthur A. Ticknor, Journ. of Amer. Chem. Soc. **40**, 636—646 [1918]; Chem. Centralbl. **1918**. II, 346.

dation von Alkohol direkt in die wässerige Lösung von NaCN, NH_4Cl und NH_3 einleitet. Das Chlorhydrat kann durch Sättigen einer trockenen Lösung des Esters mit trockenem HCl gewonnen werden. Siedepunkt bei 17—18 mm: 57—61°. **Chlorhydrat**[1]. Krystallisiert aus Alkohol in Aggregaten hexagonaler Prismen, nach sorgfältigem Trocknen nicht hygroskopisch. Flüssigkeitsp. 86,5—87°.

Alanin-methylester-Chlorhydrat[2]. Zu 5 g Methylmalonhydrazidsaurem Kalium mit 2 g Natriumnitrit in 20 ccm Eiswasser gelöst, werden langsam 11,6 ccm 18,5% Salzsäure zufließen gelassen. Die aus 4 Versuchen so erhaltenen Lösungen werden vereinigt. 2 Stunden stehengelassen und dann auf dem Wasserbade zur Trockne eingedampft. Der krystalline Rückstand mit 100 ccm alkoholischer Salzsäure ausgezogen. Das **Alanin-methylester-chlorhydrat** scheidet sich nicht sofort aus der alkoholischen Lösung aus. Nach dem Eindunsten derselben zuerst auf dem Wasserbade, dann im Exsiccator blieb ein dickes, schwach gelblich gefärbtes Öl zurück, das erst nach einigen Tagen in kleinen Nadelbüscheln zu krystallisieren begann. Schmelzp. 155—157° (aur heißem Methylalkohol umkrystallisiert). Ausbeute 67% der Theorie.

Benzoylalanin an Kaninchen verfüttert ist nicht imstande, Glykokoll zu liefern. Weder eine direkte noch eine indirekte Wirkung auf den Hippursäurestoffwechsel[3].

Benzylsulfonalanin[4] $C_{10}H_{13}O_4NS = C_6H_5CH_2 \cdot SO_2NH \cdot CH \cdot CH_3 \cdot COOH$ wird aus Benzylsulfonaminopropionamid durch Hydrolyse mit $Ba(OH)_2$ gewonnen. Aus heißem Wasser Platten vom Schmelzp. 164—165°.

Benzylsulfonaminopropionamid[4] $C_{10}H_{14}O_3N_2S = C_6H_5CH_2 \cdot SO_2NHCH(CH_3)CONH_2$. Durch Einwirkung von α-Brompropionamid auf das K-Salz des Benzylsulfonamids. Aus heißem Wasser Prismen vom Schmelzp. 167°; löslich in Alkohol, Wasser und Essigsäure; sehr wenig löslich in Benzol und Äther.

N-Benzyl-alanin $C_7H_7 \cdot NH \cdot CH(CH_3) \cdot COOH$. Man erhält d,l-Benzyl-alanin bei der Spaltung des p-Toluolsulfo-N-benzyl-d-alanins mit Salzsäure, in einer Ausbeute von 17%[5].

Man versetzt eine Lösung von 2 g l-α-Brompropionsäure in 8 ccm trockenem Äther unter Eiskühlung langsamer mit einem Gemisch von 5 g Benzylamin und 10 ccm Äther, so entsteht nach einiger Zeit ein farbloser Niederschlag. Nach 3 Tagen wird filtriert, 2 mal mit eiskaltem Alkohol ausgelaugt, der Rückstand aus wenig heißem Wasser umkrystallisiert. Aus der Mutterlauge erhält man mit Aceton eine zweite Fällung. Ausbeute 55% der Theorie. — Feine, verfilzte Nädelchen. Hat keinen scharfen Schmelzpunkt. Sintert im Capillarrohr von 256° an. Schmilzt gegen 270° unter Aufschäumen. $[\alpha]_D^{20} = -3,4°$ (in 5 n-Salzsäure, 0,0952 g Substanz, Ges.-Gewicht 4,3466 g, Spez. Gewicht 1,085, $\alpha = -0,08°$, 1-dm-Rohr). In Wasser leicht, in den üblichen organischen Lösungsmitteln schwer oder nicht löslich. Besitzt einen charakteristischen Kupfersalz.

d,l-α-Carbamidopropionsäure[6]. Krystalle aus Wasser. — Schmelzp. 185° nach dem Sintern bei 182°.

d,l-α-Methylhydantoin. Prismen aus Wasser, Schmelzp. 150°. Wird durch siedende, heiße Barytlösung in Carbamidopropionsäure zurückverwandelt[6].

d,l-α-Phenylureidopropionsäure[7] $C_{10}H_{12}O_3N_2$. Kleine irisierende Tafeln aus viel heißem Wasser. Schmelzp. 174° unter Zersetzung.

d,l-p-Toluolsulfoalanin[8] läßt sich mittels $^1/_2$ Mol. Kaliumhydroxyd und $^1/_2$ Mol. Strychnin oder Brucin in beliebiger Reihenfolge angewendet, durch Krystallisation aus Wasser in die

---

[1] Treat B. Johnson u. Arthur A. Ticknor, Journ. of Amer. Chem. Soc. **40**, 636—646 [1918]; Chem. Centralbl. **1918**, II, 346.

[2] Th. Curtius u. W. Sieber, Berichte d. Deutsch. Chem. Gesellschaft **54**, 1435 [1921]; Chem. Centralbl. **1921**, III, 464.

[3] Albert A. Epstein u. Samuel Bookman, Journ. of Biolog. Chem. **17**, 455—462 [1914]; Chem. Centralbl. **1914**, II, 251.

[4] Treat B. Johnson u. George C. Bailey, Journ. of Amer. Chem. Soc. **38**, 2135—2145 [1916]; Chem. Centralbl. **1917**, I, 485.

[5] Emil Fischer u. Lukas v. Mechel, Berichte d. Deutsch. Chem. Gesellschaft **49**, 1355—1366 [1916]; Chem. Centralbl. **1916**, II, 378.

[6] Henry Drysdale Dakin, Journ. of Biolog. Chem. **107**, 434—439 [1915]; Chem. Centralbl. **1915**, II, 182.

[7] Clarence J. West, Journ. of Biolog. Chem. **34**, 187 [1918]; Chem. Centralbl. **1919**, I, 89.

[8] Charles Stanley Gibson u. John Lionel Simonsen, Journ. Chem. Soc. London **107**, 798 [1915]; Chem. Centralbl. **1915**, II, 402.

aktiven Komponenten zerlegen; das krystallisierende Brucinsalz enthält die l-Säure, das Strychninsalz die d-Säure.

Methylen-α-alanin[1]) $CH_2 : N \cdot CH(CH_3) \cdot COOH$. Aus Alanin und Formaldehyd. Farbloses zerfließliches Pulver. Wurde nicht rein erhalten. **Salze** $BaC_8H_{12}O_4N_2 + 4 H_2O$. Farblose Krystalle, leicht löslich in Wasser. — $CaC_8H_{12}O_4N_2 + 2 H_2O$. Farbloses Pulver, leicht löslich in Wasser. — $CuC_8H_{12}O_4N_2 + 2 H_2O$. Blaues Krystallpulver, leicht löslich in Wasser.

α-Dimethylaminopropionsäureester[2])

$$(CH_3)_2N \cdot \underset{\underset{\displaystyle CH_3}{|}}{CH} - COOC_2H_5$$

Aus α-Brompropionsäureäthylester und Dimethylamin in Benzol. Farblose, terpentinartig riechende Flüssigkeit, Siedepunkt 156,5°. — Mit Wasser mischbar. Schon im Ätherdampf flüchtig.

α-Dimethylaminopropionsäurehydrazid[2])

$$\underset{CH_3}{\overset{CH_3}{>}}N - \underset{\underset{\displaystyle CH_3}{|}}{CH} - CO - NH \cdot NH_2$$

Aus dem Äthylester mit Hydrazinhydrat. — Farbloser Sirup. Salzsaures Salz $C_5H_{13}ON_3 \cdot 2 HCl$. Weißes Pulver, Schmelzp. 214°. — **m-Nitrobenzalverbindung** $C_{12}H_{16}O_3N_4$. — Strahlig angeordnete Nadeln aus Alkohol, Schmelzp. 144°. — Leicht löslich in Alkohol, unlöslich in Wasser und Äther.

Das Hydrazid gibt bei der Behandlung mit Natriumnitrit und Salzsäure bei der Destillation Acetaldehyd.

1-Arsinsäure-4-benzoylphenylalanin[3]) $C_{16}H_{16}O_6NAs$, Nädelchen, löslich in heißem Wasser und Alkohol; gleicht dem Alaninderivat.

1-Arseno-4-benzoylphenylalanin[3]) $(C_{16}H_{14}O_3NAs)_2$ gleicht dem Alaninderivat.

1-Arsinoxyd-4-benzoylalanin[3]) $C_{10}H_{10}O_4NAs = COOH \cdot CH(CH_3) \cdot NH \cdot CO \cdot C_6H_4 \cdot As:$ O. Aus Dichlorarsinbenzoylchlorid und Alanin in Gegenwart von $NaHCO_3$. Weißes, amorphes Pulver, unlöslich in Wasser, leicht in Alkalien und Alkohol löslich; nicht ganz unlöslich in Äther.

1-Arsinsäure-4-benzoylalanin[3]) $C_{10}H_{12}O_6NAs = COOH \cdot CH(CH_3) \cdot NH \cdot CO \cdot C_6H_4 \cdot As \cdot$ O_3H_2. Winzige kubische Kryställchen, aus heißem Wasser, wenig löslich in kaltem, leichter in heißem Wasser.) Die Lösung der Alkalisalze trübt sich mit $CaCl_2$ oder Mg-Mixtur erst beim Kochen, mit Kupfersalzen gibt sie grüne Niederschläge, die mit etwas NH_3 tiefblaue Lösungen bilden, aus denen nach einiger Zeit lange, lasurblaue As- und NH_3-haltige Nadeln auskrystallisieren, mit anderen Schwermetallsalzen gibt sie völlig unlösliche Niederschläge.

1-Arseno-4-benzoylalanin[3]) $(C_{10}H_{10}O_3NAs)_2 = COOH \cdot CH(CH_3) \cdot NH \cdot CO \cdot C_6H_4 \cdot As:$ $As \cdot C_6H_4 \cdot CO \cdot NH \cdot CH(CH_3) \cdot COOH$. Amorphes gelbes Pulver, unlöslich in Wasser, sehr wenig löslich in Alkohol.

1-Arsinoxy-4-benzoylphenylalanin[3]) $C_{16}H_{14}O_4NAs = COOH \cdot CH(CH_2 \cdot C_6H_5) \cdot NH \cdot CO \cdot$ $C_6H_4 \cdot As : O$. Hat gleiche Eigenschaften wie das 1-Arsinoxyd-4-benzoylalanin.

α-N-(Phenyl-4-1-arsinsäure)aminopropionylharnstoff[4]) $C_{10}H_{14}O_5N_3As = p-H_2O_3As$ $C_6H_4 \cdot NHCH(CH_3)CONHCONH_2$. — 8,8 g Arsanilsäure in 40 ccm n-NaOH werden 1 Stunde mit 8 g α-Brompropionylharnstoff gekocht; man versetzt die abgekühlte Lösung in 20 ccm 10 proz. HCl und filtriert. Die ammoniakalische Lösung ist mit Eisessig ausfällbar. Aus 50 proz. Alkohol Aggregate kleiner Nadeln. Sehr wenig löslich in Wasser und CH_3OH. Zersetzungsp. 225—226°[4]).

d, l-β-(Furyl-2)-α-alanin[5]) $C_7H_9O_3N$

$$\begin{array}{c} HC - CH \\ \| \qquad \| \\ HC \quad C - CH_2 - \underset{\underset{\displaystyle NH}{|}}{CH} - COOH \\ \diagdown\diagup \\ O \end{array}$$

[1]) Hartwig Franzen u. Ernst Fellmer, Journ. f. prakt. Chemie **95**, 299—311 [1917]; Chem. Centralbl. **1917**, II, 801.

[2]) Theodor Curtius, Journ. f. prakt. Chemie [2] **95**, 327 [1917]; Chem. Centralbl. **1918**, I, 180.

[3]) Ernst Sieburg, Archiv d. Pharmazie **254**, 224—240, 241—245 [1916]; Chem. Centralbl. **1916**, II, 220.

[4]) Walter A. Jacobs u. Michael Heidelberger, Journ. of Amer. Chem. Soc. **41**, 1600—1610 [1919]; Chem. Centralbl. **1920**, I, 370—371.

[5]) Takoki Sazako, Berichte d. Deutsch. Chem. Gesellschaft **54**, 2057 [1921].

2 g Furyl-alanin-anhydrid werden mit 16 g Bariumhydroxyd und 100 ccm Wasser versetzt und 24 Stunden am Rückflußkühler gekocht. — Bei Verwendung der umkrystallisierten reinen Substanz geht keine bemerkbare Ammoniakentwicklung vonstatten. — Nach Zusatz von 100 ccm heißem Wasser wird filtriert und das Barium mit verdünnter Schwefelsäure quantitativ entfernt. Nach dem Einengen unter vermindertem Druck werden 2 g Rohprodukt gewonnen. — Aus 80 proz. Alkohol umkrystallisiert werden 1,9 g Substanz = 82,6% der Theorie gewonnen. — Zersetzt sich bei 260° korr. — Löslich in Wasser, schwer löslich in absol. Alkohol, unlöslich in Aceton, Essigäther, Benzol.

β-[Furyl-2]-α[N-β-phenyl-ureido]-propionsäure[1]) $C_{14}H_4O_4N_2$

$$C_4H_3O \cdot CH_2 \cdot CH - NH - CO - NH - C_6H_5$$
$$|$$
$$COOH$$

1 g Furylalanin wird mit 0,74 g Phenylisocyanat behandelt. — Erhalten 1,7 g. Zersetzt sich bei· 162—163° (korr.)·

β-[Furyl-2-]-N-β-naphthalinsulfo-α-alanin[1]) $C_{17}H_{15}O_5NS$
$$C_4H_3O \cdot CH_2 \cdot CH - NH - SO_2 - C_{10}H_7$$
$$|$$
$$COOH$$

Aus Furylalanin und β-Naphthalinsulfochlorid. — Ausbeute 83% der Theorie. — Fängt bei 208° an sich zu bräunen und zersetzt sich bei 222° völlig.

Oxalyldiphenylalaninäthylester[2]).

$$C_6H_5 \cdot CH_2 \cdot CH(NH)COOC_2H_5$$
$$|$$
$$CO$$
$$|$$
$$CO$$
$$|$$
$$C_6H_5 \cdot CH_2 \cdot CH(NH)COOC_2H_5 \,.$$

Bildung aus Oxalylchlorid und Phenylalaninäthylesterchlorhydrat in Benzol; Krystalle aus Alkohol; Schmelzp. 123,5°; zeigt die Biuretreaktion, liefert bei der Hydrolyse Oxalsäure.

Phenylalaninimid[2]), $C_6H_5 \cdot CH_2 \cdot CH(NH_2)CO \cdot NH_2$. Durch mehrtägiges Schütteln von Phenylalaninäthylesterchlorhydrat mit 25 proz. wässerigem NH_3; Krystalle aus Essigester; Schmelzp. 138—139°; zeigt die Biuretreaktion.

α-Aminopropionitril-chlorhydrat[3])[4]) $HCl \cdot NH_2 \cdot CH(CH_3) \cdot CN$. Erhalten durch Versetzen eines aus NH_4Cl, Äther und Acetaldehyd bestehenden Gemisches mit wässerigem KCN unter Kühlen. Nach dem Ausschütteln mit Äther wird HCl-Gas eingeleitet. Gelblichweißes, amorphes Pulver.

α-Aminopropionitril[4]) NH_4Cl wird mit Wasser, Äther und CH_3CHO übergossen und unter Kühlen mit wässerigem KCN behandelt. Nach Zufügung von CH_3COOH wird das essigsaure Aminopropionitril mit CH_3CHO versetzt und nachher läßt man nochmals KCN einwirken. Durch Erhitzen des freien α-Aminopropionitrils kann es auch dargestellt werden[5]). — Nadeln aus Essigester oder Äther, Schmelzp. 68°; leicht löslich in Alkohol, CH_3OH, Essigester, Äther, weniger leicht in kaltem Wasser.

Iminodipropionitril[4]). Aus dem ätherischen Auszug des in NH_3 gelösten Rohproduktes bei der Bereitung von Iminodipropionitrilchlorhydrat, krystallisiert Iminodipropionitril aus. Schmelzp. 68°.

Iminodipropionitril-chlorhydrat[4]) $HCl \cdot NH \cdot [CH(CH_3)CN]_2$. Zu Aminopropionitrilchlorhydrat, Äther und Acetaldehyd lassen wir wässeriges KCN zufließen; nach Einleiten von HCl ist das Rohprodukt gelblichweiß, Pulver. Aus dem ätherischen Auszug der ammoniakal'schen Lösung kann es durch HCl als weiße Kruste gewonnen werden. — Zersetzungsp. 137—143°; leicht in kaltem Wasser und Alkohol löslich.

[1]) Takoki Sazako, Berichte d. Deutsch. Chem. Gesellschaft **54**, 2057 [1921].

[2]) S. Th. Bornwater, Rec. trav. chim. Pays-Bas **35**, 124 [1915]; Chem. Centralbl. **1916**, I, 44; und ebendort **36**, 250—257 [1916]; Chem. Centralbl. **1917**, I, 563.

[3]) Stadnikow, Berichte d. Deutsch. Chem. Gesellschaft **41**, 2061 [1908]; Chem. Centralbl. **1908**, II, 499.

[4]) S. V. Dubsky, Berichte d. Deutsch. Chem. Gesellschaft **49**, 1045—1060 [1916]; Chem. Centralbl. **1916**, II, 63.

[5]) Snessarew, Journ. f. prakt. Chemie **89**, 361 [1914]; Chem. Centralbl. **1914**, I, 1994.

Iminodipropionsäure[1]) NH[CH(CH$_3$)COOH]$_2$. Durch Verseifen des Iminonitrils mit konz. HCl oder mit Ba(OH)$_2$ und Reinigen der Säure über das Cu-Salz. Zwecks Trennung der Säure von Alanin wird die salzsaure Säure (Rohprodukt) in wässeriger Lörung mit NH$_3$ und mit ZnSO$_4$ in das unlösliche Zn-Salz übergeführt. Aus dem Zn-Salz wird die Säure mit H$_2$S gewonnen. Zersetzt sich bei 233—235°; leicht löslich in heißem Wasser.

Saures NH$_4$Salz

$$NH\begin{cases} CH(CH_3)COOH \\ CH(CH_3)COONH_4 \end{cases}$$

Täfelchen von wässerigem Alkohol. Sintert über 200°, Schmelzp. 230—235°; die wässerige Lösung reagiert neutral gegen Lackmus.

Cu-Salz NH[CH(CH$_3$)CO$_2$]$_2$Cu, blaugrünes Pulver. — **Zn-Salz**: Mikroskopische Täfelchen; leicht löslich in verdünnter HCl und CH$_3$COOH. — **Ba-Salz** NH[CH(CH$_3$)CO$_2$]$_2$ · Ba. Krystallbrei, unlöslich in kaltem Wasser; reagiert gegen Lackmus basisch. **Saures Ba-Salz**: Löslich in Wasser, reagiert basisch.

Salpetersaure Iminodipropionsäure HNO$_3$ · NH[CH(CH$_3$)COOH]$_2$, weiße, strahlige Masse; zersetzt sich oberhalb 125°, Zersetzungsp. 140°. **Nitroiminodipropionsäure.** Bildung aus der Iminosäure und absol. HNO$_3$ in der Siedehitze. Krystalle. Zersetzungsp. 175—180°; leicht in Alkohol und CH$_3$OH, (CH$_3$)$_2$CO, weniger leicht in Essigester, Chloroform, Benzol, kaum löslich in kalter konz. HCl; löslich in kaltem Wasser. — **NH$_4$-Salz** NO$_2$ · N[CH(CH$_3$)CO$_2$ NH$_4$]$_2$, weiße Nadeln. **Na-Salz**: weiß, krystallinisch. **Cu-Salz**: blaustichig-grün; wenig löslich in Wasser. **Zn-Salz**: glasartig, leicht löslich in Wasser. — **Ba-Salz**: spröde, krystallinische Kruste. — **Ca-Salz**: krystallinisch.

Nitro-α, α′-iminodipropionitril[1]) NO$_2$ · N[CH(CH$_3$)CN]$_2$ aus dem Nitril, bzw. aus dessen Nitrat und absol. HNO$_3$. Gelblichweiße Blättchen, Schmelzp. 103°. Andererseits erhalten weiße Blättchen, vom Schmelzp. 96°. — **Nitrat des Iminodipropionitrils** HNO$_3$ · NH[CH(CH$_3$) CN]$_2$, aus dem Nitril in verdünnter HNO$_3$, Schme!zp. 100—103°, unter Zersetzung, dies tritt auch beim Aufbewahren auf.

Iminodipropionitril[1]). Das Aminonitril gibt im Vakuum destilliert 3 Fraktionen. Siedep. 60—80°, 80—120°, 120—125°. Diese 5 Minuten zum Sieden erhitzt, geben reines Iminodipropionitril.

Iminodipropionsäuredimethylester NH[CH(CH$_3$)COOCH$_3$]$_2$, Kochp. $_{30}$ = 122—124°.

Iminodipropionsäurediamid C$_6$H$_{13}$N$_3$O$_2$ aus dem Methylester und methylalkoholischem NH$_3$; Schmelzp. 127°.

Iminodipropionsäuremonoamid[1]) NH[CH(CH$_3$)COOH] · [CH(CH$_3$)CONH$_2$] + 1^1/$_2$ H$_2$O. Erhalten durch Stehenlassen von Iminodipropionitril in Alkohol und 3 proz. H$_2$O$_2$-Lösung; bei 30—40° flimmernde Blättchen, aus verdünntem Alkohol oder CH$_3$OH; sehr wenig löslich in CH$_3$COOC$_2$H$_5$, Aceton, Chloroform, etwas löslicher in CH$_3$OH; Schmelzp. 210°, durch längeres Kochen des Diamids in Wasser, entsteht es auch.

Iminodipropionimid[1]) (3, 5-Diketo-2, 6-dimethylhexahydro-1, 4-diazin)

$$\overline{NH \cdot CH(CH_3) \cdot CO \cdot NH \cdot CO \cdot CH(CH_3)}$$

durch Erhitzen des Monoamids auf 200—250°, bzw. durch 6—8 stündiges Erhitzen des Diamids auf 120—130°; Krystalle aus Essigester, Schmelzp. 186°.

$$\overline{NH \cdot CH(CH_3)CO \cdot N(NH_4) \cdot CO \cdot CH(CH_3)}$$

bildet sich beim Erhitzen des Diamids, ist in Essigäther unlöslich, Schmelzp. 207°. Nädelchen aus CH$_3$OH.

Nitroverbindung[1])

$$NO_2 \cdot N \cdot CH(CH_3) \cdot CO \cdot \overline{NH \cdot CO \cdot CH(CH_3)}.$$

Bildung aus Iminodipropionimid in absol. HNO$_3$. Nädelchen aus wässerigem CH$_3$OH; zersetzt sich bei 136—138°; kaum löslich in Wasser; die heiße wässerige Lösung reagiert neutral.

Acetylverbindung[1])

$$CH_3 \cdot CO \cdot N \cdot CH(CH_3)CO \cdot \overline{NH \cdot CO \cdot CH(CH_3)}.$$

---

[1]) S. V. Dubsky, Berichte d. Deutsch. Chem. Gesellschaft **49**, 1045—1060 [1916]; Chem. Centralbl. **1916**, II, 63.

Schmelzp. 174°, aus CH_3OH; liefert mit reiner HNO_3 die Nitroverbindung vom Schmelzp. etwa 130°.

α-Homobetain[1])

$$(CH_3)_3N-CH-CH_3$$
$$O-CO$$

d, l-Alanin wird in der 10fachen Menge Wasser gelöst, mit Barytwasser alkalisch gemacht, Bariumcarbonat und das 8—10fache des Gewichtes von angewandten Alanin an Dimethylsulfat zugegeben, Stehenlassen bei Zimmertemperatur. Umschütteln und ständiges Übersättigen mit Bariumhydroxyd. Nach 12 Stunden oder mehr Filtrieren, Ansäuern des Filtrats mit konz. Salzsäure, Eindampfen auf dem Wasserbade unter Zugabe von überschüssigem Bariumchlorid. Der Rückstand wird mit Alkohol oder Methylalkohol aufgenommen, filtriert, das Filtrat eingedampft und das Verfahren wiederholt, wenn noch Barium in Lösung ist. Der nach Verdunsten des Alkohols verbleibende α-Homobetain zersetzt sich bei 230°. — Das **Chloraurat** wird aus wässeriger Lösung mit 30proz. $AuCl_3$-HCl-Lösung gefällt und aus verdünnter Salzsäure umkrystallisiert. Eine Katze erhielt im Laufe eines Tages 6 g des aus dem analysenreinen Chloraurat dargestellten Chlorids; aus dem Harn werden 20% der eingegebenen Menge wiedergewonnen.

     d, l-Alaninol[2]), $CH_3 \cdot CH \cdot NH_2 \cdot CH_2 \cdot OH$ wird erhalten aus dem acetylierten d, l-Alaninäthylester durch Reduktion mit Natrium und Alkohol. Flüssigkeit vom Siedepunkt 173 bis 176°. Leicht löslich in Wasser, Alkohol und Äther.

Serin (Bd. IV, S. 523; Bd. IX, S. 100).

Vorkommen: In der Hefe, nicht ganz sicher[3]). Im Ochsengehirn: 0,470[4]).

Bildung: Das Protamin aus dem Sperma des Oncorhynchus Tschawytscha gibt bei der Hydrolyse 8,70% Serin[5]). Nicht ganz sicher bei der Autolyse der Hefe[6]). Bei der Hydrolyse des Caseins (Caseinogens) 0,5%[7]). Bei der Hydrolyse des Globulins der Cocosnuß wurde 1,76% Serin gefunden[8]). Bei der Hydrolyse des Shizolobins, des Globulins der chinesischen Samtbohne Shizolobium niveum[9]) 0,67%. Bei der Hydrolyse der Gelatine wurde 0,4% Serin gefunden[10]). In der Eischale des Seidenspinners 1,10%[11]). In Trockensubstanz von Sericin 6,81%[12]).

Physiologische Eigenschaften: Bei der Durchströmung der Leber von Hunden und Kaninchen mit Blut mit Zusatz von Serin wird der Harnstoffgehalt des Blutes gesteigert[13]).

Wenn Fäulnis unter Ausschluß der Luft vor sich geht, so gibt Serin keine Ameisensäure und Propionsäure, sondern Aminoäthylalkohol[14]).

Physikalische und chemische Eigenschaften: d, l-Serin gibt bei der Belichtung in Gegenwart von Eisensulfat unter Luftzutritt Acetaldehyd[15]).

[1]) D. Ackermann u. F. Kutscher, Zeitschr. f. Biol. **72**, 177—186 [1920]; Chem. Centralbl. **1921**, I, 543.

[2]) P. Karrer, Helv. chim. acta **4**, 76 [1921]; Chem. Centralbl. **1921**, III, 828.

[3]) Jacob Meißenheimer, Zeitschr. f. physiol. Chemie **104**, 229—284 [1919]; Chem. Centralbl. **1919**, III, 273.

[4]) Tomihide Shimizu, Biochem. Zeitschr. **117**, 252 [1921]; Chem. Centralbl. **1921**, III, 492.

[5]) A. Kossel, Zeitschr. f. physiol. Chemie **39**, 163—185 [1913]; Chem. Centralbl. **1914**, I, 557.

[6]) Jakob Meißenheimer, Wochenschr. f. Brauerei **32**, 325 [1915]; Chem. Centralbl. **1915**, II, 1259.

[7]) Frederick William Foreman, Biochem. Journ. **13**, 378 [1919]; Chem. Centralbl. **1920**, I, 683.

[8]) D. Breede Jones u. Carl O. Johns, Journ. of Biolog. Chem. **44**, 283—301 [1920]; Chem. Centralbl. **1921**, I, 456.

[9]) D. Breese Jones u. Carl O. Johns, Journ. of Biolog. Chem. **40**, 435 [1919]; Chem. Centralbl. **1920**, III, 716.

[10]) H. D. Dakin, Journ. of Biolog. Chem. **44**, 499—529 [1920]; Chem. Centralbl. **1921**, I, 454.

[11]) Masaji Tomita, Biochem. Zeitschr. **116**, 40 [1921]; Chem. Centralbl. **1921**, III, 359. 1126.

[12]) Walter Türk, Zeitschr. f. physiol. Chemie **111**, 70—75 [1921]; Chem. Centralbl. **1921**, III, 1126.

[13]) Wilhelm Löffler, Biochem. Zeitschr. **76**, 55—75 [1916]; Chem. Centralbl. **1916**, II, 583.

[14]) F. F. Nord, Biochem. Zeitschr. **95**, 281—285 [1919]; Chem. Centralbl. **1919**, III, 597.

[15]) Carl Neuberg, Biochem. Zeitschr. **67**, 59—62 [1914].

Durch Erhitzen von Serin mit Säure und Natriumnitritlösung wurde Acetaldehyd erhalten[1]).

Derivate: Trimethylserin. Widersteht vollständig der saprophytischen Zersetzung; die bakterielle Abspaltung der Kohlensäure wie die des N wird durch die Methylierung verhindert[2]).

Valin (Bd. IV, S. 532; Bd. IX, S. 101).

Vorkommen: Konnte im Blute normaler Schlachttiere durch Überführung in das Cu-Salz nachgewiesen werden[3]). Im Ochsengehirn 0,13%[4]). In der Hefe[5]). Mycobacterium lacticola enthält nach Wachstum in Bouillonkultur 0,073%, nach Wachstum in eiweißfreier Kultur 0,126% Valin-N[6]).

Bildung: Spaltungsprodukt des Thynnins (Protamin aus dem Sperma des Thynnus thynnus) und Percins (Protamin aus dem Sperma des Perca flavescens) nachgewiesen[7]). Das Protamin aus dem Sperma des Oncorhynchus Tschawitscha gibt bei der Hydrolyse 5,35% Valin[8]). Bei der Autolyse der Hefe[9]). Arachin, von Arachis hypogaea enthält 1,13% Valin[10]). In der Eischale des Seidenspinners 0,28%[11]). Das in Alkohol lösliche Protein von Andropogon sorghum, das Kafirin, enthält 4,26% Valin[12]). Bei der Hydrolyse des Caseins (Caseinogens) 7,93%[13]). Bei der Hydrolyse des Shizolobins, des Globulins der chinesischen Samtbohne, Shizolobium niveum 2,88%[14]). Bei der Hydrolyse des Globulins der Cocosnuß wurden 3,67% Valin gefunden[15]). Bei der Aufspaltung des Hefeeiweißes werden vom Gesamt-N 10—15% als Valin erhalten[16]). Isobuttersäure wird als ein Zwischenprodukt beim Abbau des Valins im Organismus betrachtet[17]).

Physikalische und chemische Eigenschaften: Zeigt sich optisch d und inaktiv bei der Bildung durch Hydrolyse sowohl aus dem racemisierten Kuhmilchcasein wie aus dem Schafmilchcasein[18]). Gibt mit NaOCl Isobutyraldehyd[19]).

Derivate: α-**Uraminisovaleriansäureanhydrid**[20]) $C_6H_{10}O_2N_2$ erhalten durch Kochen von α-Uraminoisovaleriansäure mit $^1/_4$ n-H_2SO_4 . Rhombische Tafeln, Schmelzp. 132°, löslich in Wasser, Äther[20]).

[1]) Carl Neuberg u. Bruno Rewald, Biochem. Zeitschr. **67**, 127 [1914].

[2]) D. Ackermann, Zeitschr. f. Biol. **64**, 44—50 [1914]; Chem. Centralbl. **1914**, II, 58.

[3]) Emil Abderhalden, Zeitschr. f. physiol. Chemie **88**, 478—483 [1913]; Chem. Centralbl. **1914**, I, 1021.

[4]) Tomihide Shimizu, Biochem. Zeitschr. **117**, 252 [1921]; Chem. Centralbl. **1921**, III, 492.

[5]) Jacob Meißenheimer, Zeitschr. f. physiol. Chemie **104**, 229—284 [1919]; Chem. Centralbl. **1919**, III, 273.

[6]) Sakae Tamura, Zeitschr. f. physiol. Chemie **88**, 190—198 [1913]; Chem. Centralbl. **1914**, I, 566.

[7]) A. Kossel u. F. Edlbacher, Zeitschr. f. physiol. Chemie **88**, 186—189 [1913]; Chem. Centralbl. **1914**, I, 558.

[8]) A. Kossel, Zeitschr. f. physiol. Chemie **38**, 163—185 [1913]; Chem. Centralbl. **1914**, I, 557.

[9]) Jakob Meißenheimer, Wochenschr. f. Brauerei **32**, 325 [1915]; Chem. Centralbl. **1915**, II, 1259.

[10]) Carl O. Johns u. D. Breese Jones, Journ. of Biolog. Chem. **36**, 491—500 [1918]; Chem. Centralbl. **1919**, I, 743.

[11]) Masaji Tomita, Biochem. Zeitschr. **116**, 40 [1921]; Chem. Centralbl. **1921**, III, 359.

[12]) D. Breese Jones u. Carl O. Johns, Journ. of Biolog. Chem. **36**, 323—334 [1919); Chem. Centralbl. **1919**, I, 743.

[13]) Frederick William Foreman, Biochem. Journ. **13**, 378 [1919]; Chem. Centralbl. **1920**, I, 683.

[14]) D. Breese Jones u. Carl O. Johns, Journ. of Biolog. Chem. **40**, 435 [1919]; Chem. Centralbl. **1920**, III, 716.

[15]) D. Breese Jones u. Carl O. Johns, Journ. of Biolog. Chem. **44**, 283—301 [1920]; Chem. Centralbl. **1921**, I, 456.

[16]) Jacob Meißenheimer, Zeitschr. f. physiol. Chemie **114**, 205—249 [1921]; Chem. Centralbl. **1921**, III, 1289.

[17]) A. J. Ringer, E. M. Frankel u. L. Jonas, Journ. of Biolog. Chem. **14**, 525—538 [1913]; Chem. Centralbl. **1913**, II, 704.

[18]) Harold Ward Dudley u. Herbert Ernest Woodman, Biochem. Journ. **9**, 97—102 [1915]; Chem. Centralbl. **1916**, I, 1254.

[19]) H. Drysdale Dakin, Biochem. Journ. **11**, 79—95 [1917]; Chem. Centralbl. **1917**, II, 799.

[20]) F. Lippich, Zeitschr. f. physiol. Chemie **90**, 124—144 [1914]; Chem. Centralbl. **1914**, I, 1852.

Norvalin(x-Amino-n-valeriansäure)[1].

Mol.-Gewicht: 117,10.
Zusammensetzung: $C_5H_{11}O_2N$

$$CH_3-CH_2-CH_2-CH-COOH$$
$$|$$
$$NH_2$$

Physikalische und chemische Eigenschaften des l-Norvalin: Beginn des Sinterns gegen 307°. $[\alpha]_D^{20} = 24,2$.

Physikalische und chemische Eigenschaften des d-Norvalins: Sintert in geschlossener Capillare gegen 305° zu bräunlicher klarer Flüssigkeit. $[\alpha]_D^{20} = 23°$ (10% in 20proz. Salzsäure).

Physikalische und chemische Eigenschaften des d, l-Norvalin: Weißes Pulver aus mikrokrystallinischen, unregelmäßigen silberigen Blättchen; Schmelzp. (in geschlossener Capillare) 303° (korr.), unlöslich in Alkohol, Äther, Chloroform, Essigester und Petroläther; leicht löslich in heißem Wasser, löslich 1 : 10 in Wasser bei 18°.

Verhalten in alkalischer Lösung bei der Zersetzung von Glucose: einbasische Säure; in saurer Lösung bei der Inversion von Rohrzucker: einsäurige Base[2]. Verbraucht bei der Hydrolyse der Proteinkörper kein Br[3].

Derivate von l-Norvalin: Formyl-l-norvalin[1]: Schmelzp. 132°. $[\alpha]_D^{18} = - 2,10°$ (in absol. Alkohol). Lösungsverhältnisse wie bei d, l-Norvalin.

Derivate von d-Norvalin: Formyl-d-norvalin[1] $C_6H_{11}O_3N$. Schmelzp. 137° . $[\alpha]_D^{18} = + 2,05$ (10% in n-HCl), wenig löslich in kaltem Wasser, Äther und Essigester, unlöslich in Petroläther und Chloroform.

Derivate von d, l-Norvalin: Formyl-d, l-norvalin[1] $C_6H_{11}NO_3$, glänzende Täfelchen aus heißem Alkohol. Schmelzp. 132° (korr.). Unlöslich in Chloroform und Petroläther, wenig löslich in kaltem Wasser, Äther und Essigester, leicht löslich in Alkohol. **Kupfersalz** krystallisiert aus sehr viel Wasser (Löslichkeit 1 : etwa 500 bei 18°) in blauglänzenden, mikrokrystallinischen kleinen Blättchen; Schmelzp. unscharf. Das **Phenylisocyanat** bildet glänzende Prismen, sintert gegen 164°, unlöslich in Wasser und Chloroform, wenig löslich in Äther, Petroläther, leicht löslich in Alkohol und Äther[1].

Kupfersalze[1] der aktiven Norvaline sind wenig löslich in Wasser (1 : 500 bei 18°), die **Phenylisocyanate,** Sinterungsbeginn etwa 137°, leicht löslich in Alkohol und Essigester, wenig löslich in Petroläther, unlöslich in den übrigen Lösungsmitteln.

Leucin (Bd. IV, S. 543; Bd. IX, S. 103).

Vorkommen: In der Hefe[4]. l-Leucin kommt in der Sorghumpflanze vor[5]. Im Regenwurm (Perichaeta communissima Goto et Hatai, Lumbricus spenceri)[6]. In den Extraktstoffen von Melolontha vulgaris[7]. In der Milch 0,0092%[8]. Im Ochsengehirn 0,09%[9]. Konnte im Blute normaler Schlachttiere durch Überführung in das Cu-Salz nachgewiesen werden[10].

[1]) Emil Abderhalden u. H. Kürten, Fermentforschung **4**, 327 [1921]; Chem. Centralbl. **1921**, III, 296.

[2]) H. J. Waterman, Chem. Weekblad **14**, 1126—1131 [1918]; Chem. Centralbl. **1918**, I, 705.

[3]) M. Siegfried u. H. Reppin, Zeitschr. f. physiol. Chemie **95**, 18—28 [1915]; Chem. Centralbl. **1916**, I, 513.

[4]) Jacob Meißenheimer, Zeitschr. f. physiol. Chemie **104**, 229—284 [1919]; Chem. Centralbl. **1919**, III, 273.

[5]) J. J. Willaman, R. M. West, D. O. Spriestersbach u. G. E. Holm, Journ. of agricult. science **18**, 1—31 [1919]; Chem. Centralbl. **1921**, I, 92.

[6]) J. Murayama u. S. Aoyama, Jakugakusasshy Nr. 469; Chem. Centralbl. **1921**, III, 184.

[7]) Dankwart Ackermann, Zeitschr. f. Biologie **71**, 193 [1920]; Chem. Centralbl. **1920**, III, 493.

[8]) J. E. Pichon-Vendeuil, Bull. des Sc. pharm. **28**, 360—367 [1921]; Chem. Centralbl. **1922**, I, 55.

[9]) Tomihide Shimizu, Biochem. Zeitschr. **117**, 252 [1921]; Chem. Centralbl. **1921**, III, 492.

[10]) Emil Abderhalden, Zeitschr. f. physiol. Chemie **88**, 478—483 [1913]; Chem. Centralbl. **1914**, I, 1021.

Bildung: Bei der Autolyse der Hefe[1]). Tritt bei der Ensilage des Süßklees (Melilotus alba) auf. Es betrug in den untersuchten Proben 0,4—1% der Trockensubstanz. In Proben von Kornensilage konnte es nie aufgefunden werden[2]).

Mit Penicillium glaucum wird aus Fibrin, Eieralbumin, Serumalbumin und Casein in Gegenwart von Serumalbumin Leucin gebildet[3]). Als Spaltungsprodukt der proteolytischen Spaltung der Milchdrüsen wurde Leucin nachgewiesen[4]). Im Laufe der Isolierung des Dibromtyrosins aus Primnoastengeln wurde bei der Fraktionierung in analysenreinem Zustande auch Leucin isoliert[5]). Bei 2stündiger Hydrolyse mit siedendem 10proz. HCl des aus den Samen des griechischen Heues gewonnenen Nucleoproteids entsteht 7,30% Leucin[6]). Arachin, von Arachis hypogaea enthält 3,88% Leucin[7]).

Das in Alkohol lösliche Protein von Andropogon sorghum, das Kafirin, enthält 15,44% Leucin[8]). Bei der Hydrolyse des Globulins der Cocosnuß wurden 5,96% Leucin gefunden[9]).

Bei der Hydrolyse der Gelatine wurden 7,1% Leucin gefunden[10]). Bei der Hydrolyse des Stizolobins, des Globulins der chinesischen Samtbohne, Stizolobium niveum 9,02%[11]). Bei der Hydrolyse des Caseins (Caseinogens) 9,7%[12]).

Bei der Hydrolyse der Eischale des Seidenspinners 1,46%[13]).

Im $HgSO_4$-Niederschlag aus hydrolysiertem Caseinogen, wahrscheinlich in Verbindung mit Tryptophan[14]). Bei der Aufspaltung des Hefeeiweißes werden vom Gesamt-N 5—10% als Leucin erhalten[15]).

Bei der Hydrolyse der Trockensubstanz von Sericin 1,79%[16]).

Nachweis und Bestimmung: Zum Nachweis von Leucin im Harn kocht man 100 cm auf etwa 30 ccm ein, fügt 30 ccm Barytwasser hinzu, erhitzt 3—4 Stunden zum Sieden, leitet CO_2 ein, filtriert, dampft das mit Tierkohle entfärbte Filtrat ein und säuert mit HCl an, worauf spätestens innerhalb von 12 Stunden Leucinursäure auskrystallisiert. — Zum Nachweis von Blutserum muß das Serum zunächst enteiweißt und mit P-Wolframsäure behandelt werden[17]).

Zwecks Nachweis kleiner Mengen von Leucin erhitzt man einige Milligramm der zu untersuchenden Substanz in einem Kolben von etwa 10 ccm Inhalt mit der mehrfachen Gewichtsmenge Harnstoff und $1/2$—2 ccm Wasser am Steigrohr $1/4$—$1 1/2$ Stunden zum Sieden, läßt erkalten und säuert an, worauf Leucinursäure sich in typischen Krystallen abscheidet[17]).

---

[1]) Jakob Meißenheimer, Wochenschr. f. Brauerei **32**, 325 [1915]; Chem. Centralbl. **1915**, II, 1259.

[2]) G. P. Plaisance, Journ. of Amer. Chem. Soc. **32**, 2087—2088 [1917]; Chem. Centralbl. **1918**, I, 357.

[3]) Marin Molliard, Compt. rend. de l'Acad. des Sc. **167**, 786—788 [1918]; Chem. Centralbl. **1919**, III, 389.

[4]) W. Grimmer, Biochem. Zeitschr. **53**, 429—473 [1913]; Chem. Centralbl. **1913**, II, 887.

[5]) Carl Th. Mörner, Zeitschr. f. physiol. Chemie **88**, 138—154 [1913]; Chem. Centralbl. **1914**, I, 478.

[6]) H. E. Wunschendorff, Journ. de Pharm. et de Chim. [7] **20**, 86—88 [1919]; Chem. Centralbl. **1919**, III, 1065.

[7]) Carl O. Johns u. D. Breese Jones, Journ. of Biolog. Chem. **36**, 491—500 [1918]; Chem. Centralbl. **1919**, I, 743.

[8]) D. Breese Jones u. Carl O. Johns, Journ. of Biolog. Chem. **36**, 323—334 [1918]; Chem. Centralbl. **1919**, I, 743.

[9]) D. Breese Jones u. Carl O. Johns, Journ. of Biolog. Chem. **44**, 283—301 [1920]; Chem. Centralbl **1921**. I, 456.

[10]) H. D. Dakin, Journ. of Biolog. Chem. **44**, 499—529 [1920]; Chem. Centralbl. **1921**. I, 454.

[11]) D. Breese Jones u. Carl O. Johns, Journ. of Biolog. Chem. **40**, 435 [1919]; Chem. Centralbl. **1920**, III, 716.

[12]) Frederick William Foreman, Biochem. Journ. **13**, 378 [1919]; Chem. Centralbl. **1920**, I, 683.

[13]) Masaji Tomita, Biochem. Zeitschr. **116**, 40 [1921]; Chem. Centralbl. **1921**, III, 359.

[14]) Herbert Onslow, Biochem. Journ. **15**, 392—399 [1921]; Chem. Centrabll. **1921**, IV, 1299.

[15]) Jacob Meissenheimer, Zeitschr. f. physiol. Chemie **114**, 205—249 [1921]; Chem. Centralbl. **1921**, III, 1289.

[16]) Walter Türk, Zeitschr. f. physiol. Chemie **111**, 70—75 [1921]; Chem. Centralbl. **1921**, III, 1126.

[17]) F. Lippich, Zeitschr. f. physiol. Chemie **90**, 145—157 [1914]; **90**, 124—144 [1914]; Chem. Centralbl. **1914**, I, 1852.

Man kann Leucin vom Glykokoll trennen, indem man die wässerige Lösung der beiden Aminosäuren mit Ammonsulfat behandelt, wobei hauptsächlich Leucin ausgefällt wird[1]).

Physiologische Eigenschaften: Bacillus probatus A. M. et Viehoever kann in leucinhaltiger mineralischer Nährlösung nicht wachsen[2]). l-Leucin bedingt eine Verstärkung der Bildung von Harnstoff spaltendem Ferment durch Bakterien[3]).

d, l-Leucin bedingt zur Nährbouillon gegeben ebenfalls eine Verstärkung der Bildung von Harnstoff spaltendem Ferment durch Bakterien[3]).

Das Harnstoffspaltungsvermögen von Bacterium coli und Bact. proteus, obwohl schwach, wird doch von Leucin beeinflußt, NH_3 wurde dabei nicht abgespaltet.

Leucin hemmt aber die Bildung des Fermentes der Zuckervergärung. Dadurch wird klar, daß zur Fermentbildung ganz spezielle Eiweißbausteine nötig sind[4]).

Die Konzentrationsschwelle (äußerste Grenze, bei der gerade noch eine schwache chemotaktische Anlockung von Bakterien erkennbar ist) war für das nur künstlich herstellbare optische Isomere von Leucin 100—1000 mal so hoch als für das in der Natur vorkommende Isomere. Die natürliche Komponente wird auch gegenüber der gleichen oder selbst beträchtlich höheren Konzentration ihres optischen Isomeren bevorzugt[5]).

Der phenolbildende Bacillus phenologenes entwickelt sich reichlich auf Nährböden für die Isolierung acidaminolytischer Mikroben mit Leucin usw.[6]). Stickstoffquelle für Hefe[7]). Ist Kohlenstoff- und Stickstoffnahrung für die Hefe. Auch Algen gedeihen dabei gesund, doch bleibt ihr Wachstum stehen[8]). Wurde als N-Quelle für Preßhefe geprüft[9]).

Die Ehrlichsche Theorie der Bildung von Alkoholen aus Aminosäuren bei der Gärung wurde durch quantitative Versuche mit Leucin bestätigt[10]). Die Isovaleriansäure wird als ein Zwischenprodukt beim Abbau des Leucins im Organismus betrachtet[11]).

Von den Spaltungsprodukten des Hämoglobins vermag Histidin, allein oder mit Leucin das Hämoglobin in Nährlösungen für Influenzabacillen zu ersetzen; Leucin ermöglicht allein zwar auch das Wachstum, aber doch spärlicher[12]).

Eine Entfärbung (Reduktion) des Methylenblaues durch das Ferment des ausgewaschenen Pferdefleisches findet nicht statt in Gegenwart von Leucin statt Bernsteinsäure[13]).

Versuche bezüglich der Bildung von NH_3 in verschiedenen Bädern bei Zusatz von Leucin usw. zeigen, daß aliphatische Aminoverbindungen weit leichter in NH_3 verwandelt zu werden scheinen als aromatische; unter diesen die Iminoverbindungen schwerer als die Aminoverbindungen[14]).

Bei der Durchströmung der Leber von Hunden und Kaninchen mit Blut mit Zusatz von Leucin, wird der Harnstoffgehalt des Blutes gesteigert[15]). Kaninchen 5 g oral eingeführt, bewirken keine absolute Steigerung des Aminosäure-N, dagegen erhebliche des Harnstoff-N im Blute[16]).

---

[1]) P. Pfeiffer u. Fr. Wilke, Berichte d. Deutsch. Chem. Gesellschaft **48**, 1041 [1915].

[2]) Arno Viehoever, Berichte d. Deutsch. botan. Gesellschaft **31**, 285—289 [1913]; Chem. Centralbl. **1913**, II, 1694.

[3]) Martin Jacoby, Biochem. Zeitschr. **81**, 332—341 [1917]; Chem. Centralbl. **1917**, II, 175.

[4]) Martin Jacoby, Biochem. Zeitschr. **86**, 329—336 [1918]; Chem. Centralbl. **1918**, II, 46.

[5]) Hans Pringsheim u. Ernst Pringsheim, Zeitschr. f. physiol. Chemie **97**, 176—190 [1917]; Chem. Centralbl. **1917**, I, 23.

[6]) Albert Berthelot, Annales de l'Inst. Pasteur **32**, 17—36 [1918]; Chem. Centralbl. **1918**, II, 130.

[7]) Th. Bokorny, Chem. Ztg. **40**, 366—368 [1916]; Chem. Centralbl. **1916**, II, 273.

[8]) Th. Bokorny, Allg. Brauer- u. Hopfenztg. **59**, 1323—1325 [1919]; Chem. Centralbl. **1920**, I, 341.

[9]) H. J. Waterman, Folia microbiol. 2. Heft, 2, 7 Seiten [1913]; Chem. Centralbl. **1914**, I, 484.

[10]) Leslie Herbert Lampitt, Biochem. Journ. **13**, 459—486 [1919]; Chem. Centralbl. **1920**, I, 685.

[11]) A. J. Ringer, E. M. Frankel u. L. Jonas, Journ. of Biolog. Chem. **14**, 525—538 [1913]; Chem. Centralbl. **1913**, II, 704.

[12]) Martin Jacoby u. Käte Frankenthal, Biochem. Zeitschr. **122**, 100—104 [1921]; Chem. Centralbl. **1921**, III, 1361.

[13]) Thorsten Thunberg, Skand. Archiv f. Physiol. **35**, 163—165 [1917]; Chem. Centralbl. **1917**, I, 784—786.

[14]) K. Miyake, Journ. of Amer. Chem. Soc. **39**, 2378—2382 [1917]; Chem. Centralbl. **1918**, I, 465.

[15]) Wilhelm Löffler, Biochem. Zeitschr. **76**, 55—75 [1916]; Chem. Centralbl. **1917**, II, 583.

[16]) Ivar Bang, Biochem. Zeitschr. **74**, 278—293 [1916]; Chem. Centralbl. **1916**, II, 99.

Physikalische und chemische Eigenschaften: Zeigt sich optisch l und inaktiv bei der Bildung durch Hydrolyse sowohl aus dem racemisierten Kuhmilchcasein, wie aus dem Schafmilchcasein[1]).

Einfluß von Säuren und Alkalien auf die optische Aktivität von Leucin[2]). Ionisationskonstanten: $K_b = 2,3 \cdot 10^{-12}$; $K_s = 1,6 \cdot 10^{-11}$[3]) in Gegenwart von 1 Mol. NaOH, 1 Mol. HCl; $[\alpha]_D$ für Leucin 9,84° (0)

$$+ 1,70° \ (0,55) \qquad + 11,20° \ (1,34) \qquad + 12,88° \ (8,62) \text{ in HCl}$$
$$- 0,58° \ (0,54) \qquad + 4,28° \ (1,63) \qquad + 4,93° \ (3,75) \text{ in NaOH}$$

(die in Klammern befindlichen Zahlen sind das Verhältnis der Säure oder Base zur Aminosäure)[2]).

Erhitzt man Leucin für sich, so zeigen die entwickelten Dämpfe die Fichtenspanreaktion des Pyrrols. Bei der Kalischmelze bleibt die Reaktion aus[4]). Aus Leucin konnte beim Erhitzen mit Diphenylmethan das Anhydrid nicht mit Sicherheit nachgewiesen werden[5]). Beim Erhitzen mit Diphenylmethan auf 170—180° bildet es geringe Mengen von Cycloleucylleucin. Daneben entsteht das Carbonat des Isoamylamins, das als Chloroplatinat $(C_5H_{11}NH_2, HO)_2PtCl_4$ (goldgelbe Plättchen), identifiziert wurde. Beim Erhitzen mit Glycerin liefert Leucin etwa 39% der Theorie an Cycloleucylleucin[5]).

Bringt man in verdünnte wässerige Lösung von Leucin Blutkohle und schüttelt bei 40° mit Luft oder Sauerstoff, so verschwindet die Aminosäure unter Sauerstoffaufnahme, während gleichzeitig Kohlensäure und Ammoniak als Endprodukt auftreten[6]).

Leucin wurde mit wachsenden Mengen von verdünnter Salzsäure und Natronlauge versetzt und ihre Wasserstoffionenkonzentration elektrometrisch bestimmt. Die so erhaltenen Titrationskurven sind charakteristisch[7]).

d, l-Leucin wird aus der wässerigen Lösung durch konzentrierte Lösungen von Ammonsulfat, Kaliumchlorid, Natriumsulfat, Magnesiumsulfat, Natriumacetat, Kaliumacetat, Kaliumoxalat ausgeschieden[8]). In Gegenwart von Neutralsalzen in wässerigen Lösungen wurden Löslichkeitsbestimmungen unternommen[9]).

Die Erdalkalisalze erhöhen auch beim d, l-Leucin die Löslichkeit, allerdings nicht so stark wie beim Glykokoll. Wird von Alkalihalogen und Nitraten weitgehend ausgesalzen. In Wasser nimmt seine Löslichkeit mit dem Steigen des $CaCl_2$-Gehaltes stark zu. Die $BaCl_2$-Kurve ist fast horizontal, die $SrCl_2$-Kurve hat sogar ein Maximum. Bei NaCl und KCl ist die aussalzende Wirkung der Salzkonzentration ziemlich proportional. Für saure Aminosäuren ergab sich die Ionenreihe[10]):

$$NO_3 > S > Br > Cl$$
$$K > Na > Li \qquad Ba > Sr > Ca$$

und für neutrale Aminosäuren:

$$NO_3 > S > Br > Cl$$
$$Li > Na > K \qquad Ca > Sr > Ba$$

[1]) Harold Ward Dudley u. Herbert Ernest Woodman, Biochem. Journ. 9, 97—102 [1915]; Chem. Centralbl. 1916, I, 1254.

[2]) John Kerfoot, Wood, Journ. Chem. Soc. London 105, 1988—1996 [1914]; Chem. Centralbl. 1914, II, 1302.

[3]) Winkelblech, Zeitschr. f. physikal. Chemie 36, 587 [1901]; Chem. Centralbl. 1901, 1, 983.

[4]) A. Angeli u. A. Picroni, Atti della R. Accad. dei Lincei, Roma [5] 30, I, 241 [1921]; Chem. Centralbl. 1921, III, 822.

[5]) F. Graziani, Atti della R. Accad. dei Lincei, Roma [5] 24, I, 822 [1915]; Chem. Centralbl. 1915, II, 461; ebendort 24, 936—941 [1915]; Chem. Centralbl. 1916, I, 923.

[6]) Otto Warburg u. Edwin Negelein, Biochem. Zeitschr. 113, 257—284 [1921]; Chem. Centralbl. 1921. I, 831.

[7]) Herbert Eckweiler, Helen Miller Noyes, K. George Falk, Journ. gen. Physiol. 3, 291—300 [1921]; Chem. Centralbl. 1921. I, 614.

[8]) P. Pfeiffer u. Fr. Wikke, Berichte d. Deutsch. Chem. Gesellschaft 48, 1041—1048 [1915].

[9]) P. Pfeiffer, Berichte d. Deutsch. Chem. Gesellschaft 48, 1938—1943 [1915]; Chem. Centralbl. 1916, I, 15.

[10]) H. Pfeiffer u. S. Würgler, Zeitschr. f. physiol. Chemie 97, 128—147 [1916]; Chem. Centralbl. 1916, II, 1120.

Absorbiert kein SO_2[1]). Verbraucht bei der Hydrolyse der Proteinkörper kein Br[2]). Wird versucht, Leucin in Äthersuspension mit Hilfe von Diazomethan zu methylieren, so wird Leucin unverändert zurückerhalten[3]).

Gehalt an Methyl 0,68—0,95%; bestimmt nach der Methode von Herzig und Meyer[4])[5]). Nach O. Winterstein wird Leucin durch Xanthydrol nicht gefällt. Es gibt aber Verbindungen mit Pyrrol, Indol und Skatol[6]).

Verhalten in alkalischer Lösung bei der Zersetzung von Glucose: einbasische Säure; in saurer Lösung bei der Inversion von Rohrzucker: $^3/_4$ säurige Base[7]).

Mit Zucker in salzsaurer Lösung erhitzt, scheidet als Huminbildner aus[8]).

l-Leucinmethylester.[9]) Das Chlorhydrat entsteht beim Einleiten von Salzsäure in eine Suspension von l-Leucin in der 5fachen Menge Methylalkohol. Zur Isolierung des freien Esters löst man den Rückstand in wenig Wasser, setzt bei niedriger Temperatur den Ester mit Natriumhydroxyd in Freiheit und extrahiert mit Äther. Nach dem Verjagen des Äthers destilliert man im Vakuum. — Siedep. bei 12 mm. 79—79,5°. $[\alpha]_D^{17}$ in 2 dm Rohr $= +16,52°$.

Derivate von l-Leucin. l-Galloylleucin. Durch Extraktion der auf Quercus Aegilops L. durch den Stich von Cynips calcis erzeugten Gallen mit Benzol oder CCl_4 wurde ein gelbes Wachs von salbenartiger Konsistenz erhalten, das beim Stehen Krystalle ausschied. Dieselben erweisen sich als l-Galloylleucin, $(CH_3)_2CH \cdot CH_2 \cdot CH(CO_2H) \cdot NH \cdot CO \cdot C_6H_2(OH)_3$. Die Verbindung krystallisiert aus absol. Alkohol in prismatischen Nadeln vom Schmelzp. 234—238° unter Zersetzung, hat $[\alpha]_D^{16} = -57,35°$ (0,3648 g in 100 ccm Alkohol) und gibt beim Erhitzen mit 10 proz. HCl im Rohr Gallussäure und d, l-Leucin[10]).

p-Toluolsulfo-l-leucin[11])

$$\begin{array}{c} CH_3 \\ \diagdown \\ CH \cdot CH_2 - CH - COOH \\ \diagup | \\ CH_3 NH - SO_2 - C_6H_4 - CH_3 \end{array}$$

$= C_{13}H_{19}O_4NS = 285,24$. An Stelle des reinen l-Leucins wird zweckmäßig seine viel leichter zugängliche Formylverbindung als Ausgangsmaterial benutzt. 30 g Formyl-l-Leucin ($[\alpha]_D = -18,8°$) werden mit der 10fachen Menge 10 proz. Salzsäure $1^1/_2$ Stunden am Rückflußkühler gekocht, die Lösung unter 15—20 mm stark eingedampft, bis das l-Leucinhydrochlorid krystallisiert. Es wird dann in wenig Wasser gelöst, zur völligen Vertreibung von Salzsäure und Ameisensäure nochmals auf dem Wasserbad verdampft und wieder in 75 ccm Wasser gelöst. Beim Neutralisieren mit normaler Natronlauge fällt das Leucin teilweise aus. Nachdem es durch weiteren Zusatz von n-Natronlauge von der im ganzen etwa 450 ccm verbraucht werden, gerade wieder gelöst ist, werden 72 g Toluolsulfochlorid (2 Mol.) in 375 ccm Äther hinzugefügt und das Gemisch in üblicher Weise unter Zusatz von dreimal je 93 ccm 2 n-Lauge 4 Stunden auf der Maschine geschüttelt. Nach Abtrennung der ätherischen Schicht wird filtriert und mit 5 n-Salzsäure übersättigt. Das ausfallende helle Öl krystallisiert beim längeren Stehen und Reiben. Ausbeute 50 g, die aus einem heißen Gemisch von 80 Vol. Wasser und 20 Vol. Alkohol umkrystallisiert wurden. — Das Drehungsvermögen in Alkohol beträgt

$$[\alpha]_D^{18} = \frac{+0,32 \cdot 1,9502}{1 \cdot 0,818 \cdot 0,1733} = +4,40°.$$

[1]) A. Korezynski u. M. Glebocke, Gazz. chim. ital. **50**, I, 378—387 [1920]; Chem. Centralbl. **1921**, I, 29.

[2]) M. Siegfried u. H. Reppin, Zeitschr. f. physiol. Chemie **95**, 18—28 [1915]; Chem. Centralbl. **1916**, I, 513.

[3]) A. Geake u. M. Nierenstein, Zeitschr. f. physiol. Chemie **92**, 149—153 [1914]; Chem. Centralbl. **1914**, II, 761.

[4]) Herzig u. Meyer, Monatshefte f. Chemie **15**, 613 [1895]; **16**, 599; [1895] **18**, 379 [1897].

[5]) Joshua Harold Burn, Biochem. Journ. **8**, 154—156 [1914]; Chem. Centralbl. **1914**, II, 1071.

[6]) E. Winterstein, Zeitschr. f. physiol. Chemie **105**, 25—31 [1919]; Chem. Centralbl. **1919**, IV, 421.

[7]) H. J. Waterman, Chem. Weekblad **14**, 1126—1131 [1917]; Chem. Centralbl. **1918**, I, 705.

[8]) M. L. Roxas, Journ. of Biolog. Chem. **27**, 71—93 [1916]; Chem. Centralbl. **1917**, I, 971.

[9]) Emil Abderhalden u. Hans Spinner, Zeitschr. f. physiol. Chemie **107**, 1 [1919]; Chem. Centralbl. **1919**, III, 919.

[10]) M. Nierenstein, Zeitschr. f. physiol. Chemie **92**, 53—55 [1914]; Chem. Centralbl. **1914**, II, 721.

[11]) Emil Fischer u. Werner Lipschitz, Berichte d. Deutsch. Chem. Gesellschaft **48**, 366 [1915].

Die Substanz schmilzt nach vorherigem Sintern bei 124° (korr.). Sie ist sehr leicht löslich in Alkohol, Äther, Aceton, Essigäther, Chloroform, leicht löslich in Benzol, ziemlich schwer löslich in heißem Wasser, unlöslich in Petroläther. Aus verdünntem Alkohol krystallisiert sie in Nadeln oder Prismen.

p-Toluolsulfo-l-N-methyl-leucin[1])

$$\begin{matrix} CH_3 \\ \searrow \\ CH_3 \nearrow \end{matrix} CH-CH_2-CH-COOH$$
$$| $$
$$N-SO_2-C_6H_4-CH_3$$
$$|$$
$$CH_3$$

$= C_{14}H_{21}O_4NS$ (299,25). — 28,5 g Toluolsulfo-l-leucin werden in 150 ccm 2 n-Natronlauge (3 Mol.) gelöst und mit 28 g Jodmethyl (2 Mol.) 50 Minuten bei 65—68° in verschlossener Druckflasche geschüttelt. Wenn die gelbe klare Lösung abgekühlt und mit Salzsäure übersättigt wird, fällt ein zähes hellgelbes Öl, das nach Eintragen von Krystallen in einigen Stunden ganz erstarrt. Ausbeute fast 30 g. Zur Gewinnung schlägt man den Umweg über das Ammoniumsalz ein. Dieses scheidet sich als krystallinischer Niederschlag ab, wenn man die ätherische Lösung des Öles mit gasförmigem Ammoniak sättigt. Durch Lösen in Alkohol, Abkühlung und Zusatz von Äther erhält man es in langen, schwachen, farblosen Nadeln von der Zusammensetzung $C_{14}H_{20}O_4NS \cdot NH_4$. — Das Salz schmilzt unscharf gegen 136° zu einer trüben Flüssigkeit. — Es löst sich sehr leicht in Wasser und warmem Alkohol. Beim Ansäuern der wässerigen Lösung fällt das Toluolsulfo-l-methyl-leucin zunächst ölig, erstarrt aber beim längeren Stehen krystallinisch. Zur Reinigung wird es in der 9fachen Menge warmem Schwefelkohlenstoff gelöst und unter allmählichem Zusatz von Petroläther und gleichzeitiger starker Kühlung wieder ausgeschieden, wobei es in regelmäßigen, sechseckigen, farblosen Tafeln krystallisiert. Das Drehungsvermögen in alkoholischer Lösung beträgt

$$[\alpha]_D^{18} = \frac{-1,53 \cdot 1.8476}{1 \cdot 0.8148 \cdot 0,1645} = -21,09°.$$

Die Substanz schmilzt nach vorherigem Sintern bei 91—92°. — Sie ist leicht löslich in kaltem Alkohol, Äther, Aceton, Essigäther, Chloroform, Benzol, Tetrachlorkohlenstoff, bei Erwärmen löslich in 50 proz. Alkohol, aus dem sie beim Erkalten ölig ausfällt und erst langsam krystallisiert; doch schmelzen die Krystalle in Berührung mit den Lösungsmitteln bereits bei Handwärme. Sie ist ziemlich schwer löslich in heißem Ligroin, aus dem sie beim Erkalten undeutlich krystallisiert.

l-N-Methyl-leucin[1])

$$\begin{matrix} CH_3 \\ \searrow \\ CH_3 \nearrow \end{matrix} CH-CH_2-CH-COOH = C_7H_{15}O_2N$$
$$|$$
$$NH-CH_3$$

Mol.-Gewicht 145,13. — Die Toluolsulfoverbindung wird mit der 10fachen Menge Salzsäure (spez. Gewicht 1,19) im geschlossenen Rohr auf 100° erhitzt. Zuerst ist es nötig, etwa 1 Stunde zu schütteln, bis völlige Lösung eintritt. Dann wird das Erhitzen noch 15 Stunden fortgesetzt. Nachdem die Toluolsulfosäure durch Abkühlen in Eis-Kochsalzmischung ausgeschieden ist, wird die filtrierte Lösung unter vermindertem Druck zum Sirup verdampft, dieser in kaltem Alkohol gelöst und vorsichtig mit einer 10 proz. wässerigen Lösung von Lithiumhydroxyd neutralisiert. Zur Reinigung wird sie möglichst wenig in heißem Wasser gelöst und durch viel Aceton wieder gefällt.

2,6 g d-α-Bromisocapronsäure werden bei 0° mit 12 ccm wässerigem, 33 proz. Methylamin übergossen und das Gemisch 2 Tage bei Zimmertemperatur aufbewahrt, wonach alles Brom ionisiert ist[2]). Beim Verdampfen unter vermindertem Druck bleibt ein farbloser, krystallinischer Rückstand. Man verreibt mit wenig kaltem Alkohol und krystallisiert das Ungelöste (0,6 g) aus heißem Wasser um. Aus der Mutterlauge läßt sich eine weitere Menge durch Aceton fällen.

---

[1]) Emil Fischer u. Werner Lipschitz, Berichte d. Deutsch. Chem. Gesellschaft **48**, 366 [1915].

[2]) Emil Fischer u. Lukas v. Mechel, Berichte d. Deutsch. Chem. Gesellschaft **49**, 1355 bis 1366 [1916]; Chem. Centralbl. **1916**, II, 378.

Das Drehungsvermögen in wässeriger Lösung beträgt

$$[\alpha]_D^{19} = \frac{+1,01° \cdot 6,1956}{2 \cdot 1,001 \cdot 0,1529} = +20,44°.$$

Viel rascher als durch Salzsäure läßt sich die Toluolsulfogruppe durch Jodwasserstoff abspalten. — Erwärmt man das Toluolsulfo-methyl-leucin mit der gleichen Menge Jodphosphonium und etwa der 15 fachen Menge Jodwasserstoff vom spez. Gewicht 1,96 im geschlossenen Rohr auf 85—90°, so ist die Reaktion nach 10—15 Minuten beendet. — Man gießt dann in Wasser, kühlt ab und verdampft die vom Tolylmercaptan abfiltrierte Flüssigkeit unter vermindertem Druck zum Sirup, wiederholt das Verdampfen nach Zusatz von Wasser, löst dann wieder in Wasser, übersättigt schwach mit Ammoniak und verdampft bis zur Krystallisation. Die Aminosäure wird durch Lösen in Wasser und Fällen mit Aceton gereinigt, bis sie aschefrei ist. — 1 Teil Substanz löst sich in 22,43 Teilen Wasser bei 25°. — Die Substanz sublimiert bei vorsichtigem Erhitzen in sehr leichten Nädelchen und zersetzt sich nebenher nur zum geringen Teil. Ihr Geschmack ist schwach bitter. Sie ist sehr schwer löslich in Alkohol. Die mit Schwefelsäure angesäuerte Lösung gibt mit Phosphorwolframsäure noch bei verhältnismäßig starker Verdünnung einen harzigen Niederschlag, der sich in der Wärme ziemlich leicht löst. Die gesättigte wässerige Lösung wird durch gesättigte Ammoniumsulfatlösung gefällt. Mit wenig konz. Salpetersäure gibt die Aminosäure ein hübsch krystallisierendes Nitrat, das aus Alkohol durch Ätherzusatz umgefällt werden kann und flache Nadeln oder Prismen bildet.

Das Hydrochlorid. $C_7H_{15}O_2N \cdot HCl$, bleibt beim Verdampfen der salzsauren Lösung zuerst als Sirup, erstarrt aber nach einiger Zeit und bildet dann feine Nädelchen, die meist zu Drusen vereinigt sind. Zur Reinigung wird es in kaltem Alkohol gelöst, mit wenig alkoholischer Salzsäure versetzt und durch allmählichen Zusatz von Äther wieder abgeschieden[1]).

Das Drehungsvermögen des salzsauren Salzes in wässeriger Lösung beträgt

$$[\alpha]_D^{19} = \frac{+1,96° \cdot 1,3517}{1 \cdot 1,017 \cdot 0,1208} = +21,57°.$$

Das **Kupfersalz** krystallisiert beim Verdunsten der tiefblauen wässerigen Lösung in dünnen, langgestreckten, vier- und sechseckigen Platten. — Im lufttrockenen Zustand enthält es 1 Mol. Wasser, das bei 100° und 15—20 mm Druck über Phosphorpentoxyd ziemlich schnell entweicht. — Das trockene Salz zeigt die Zusammensetzung $C_{14}H_{28}O_4N_2Cu$ (Mol.-Gewicht 351,81) und enthält 18,07 Kupfer. — Das Salz ist selbst in heißem Wasser schwer löslich, krystallisie daraus aber erst beim Einengen.

Derivate von d-Leucin. Formyl-d-leucin. Aus dem bei der Spaltung mit Brucin erhaltenen Formyl-d-leucin wurde α-Brom-isocapronsäure gewonnen, die teils chloriert, teils durch Amidieren in Leucin verwandelt wurde[2]).

d-Leucinsäure. Wurden Hundelebern mit defibriniertem Hundeblut durchströmt, welchem Isobutylglyoxal zugesetzt war, so resultierten l-Leucin und d-Leucinsäure, $C_6H_{12}O_3$, Prismen aus Äther + Petroleumäther, Schmelzp. 80—81°, $[\alpha]_D = +27,6°$ (in $^1/_1$ n-NaOH, c = 1,16). Zn-Salz, $Zn(C_6H_{11}O_3)_2 + H_2O$, Krystalle aus verdünntem Alkohol. — Bei Einwirkung von Glyoxalase auf Isobutylglyoxal entstand gleichfalls d-Leucinsäure[3]).

Derivate von d, l-Leucin. Leucinsalz des Cu zeigt dieselbe therapeutische Wirkung wie $CuSO_4$[4]).

Formyl-d-l-leucin[2]). Die Trennung dieser für die Spaltung des Leucins in die optisch aktiven Formen benutzten Verbindungen von unverändertem Leucin erfolgt günstiger als bisher durch Lösen des rohen trockenen Produktes in absol. Alkohol und scharfes Absaugen vom völlig ungelöst gebliebenen Leucin.

---

[1]) Emil **Fischer** u. Werner **Lipschitz**, Berichte d. Deutsch. Chem. Gesellschaft **48**, 366 [1915].

[2]) Emil **Abderhalden** u. H. **Handowsky**, Fermentforschung **4**, 316 [1921]; Chem. Centralbl. **1921**, III, 297.

[3]) H. D. **Dakin** u. H. W. **Dudley**, Journ. of Biolog. Chem. **18**, 29—51 [1914]; Chem. Centralblatt **1914**, II, 578.

[4]) Harry L. **Huber**, Journal of pharmacol. a. exp. therapeut. **11**, 303—329 [1918]; Chem. Centralbl. **1919**, III, 201.

Perbromid des Leucin-hydrobromids[1]) $C_6H_{14}O_2NBr_2$. Man löst 1 g Leucin in 20 ccm Bromwasserstoff von 48%, kühlt in einer Eis-Kochsalzmischung, fügt 1 ccm Brom zu und schüttelt um. Es scheiden sich sofort gelbrote Nadeln aus. Riecht nach Brom, das langsam entweicht.

α-Ureidoisobutylessigsäure. Kann im Harn nach van Slyke mit dem Verfahren von Alice Rohde nachgewiesen werden[2]).

α-Chlorisobutylessigsäure. Verfahren dadurch gekennzeichnet, daß man die primäre aliphatische Aminosäure mit der entsprechenden Halogenwasserstoffsäure und Salpetersäure behandelt. Man übergießt Leucin mit konz. HCl (D. 1,12) und konz. HNO_3 (D. 1,4) und erwärmt die Lösung auf dem Wasserbade. Das sich abscheidende wasserhelle Öl besteht aus α-Chlorisobutylessigsäure[3]).

α-Bromisobutylessigsäure. Man übergießt Leucin mit konz. HBr (D. 1,4) und HNO_3 (D. 1,49) und erwärmt die Lösung auf dem Wasserbade. Das sich abscheidende Öl besteht aus α-Brom-isobutylessigsäure[3]).

l-Leucinol[4]) $(CH_3)_2CH—CH_2 \cdot CH(NH_2) \cdot CH_2OH$. Der aus l-Leucinester dargestellte Acetylleucinäthylester wurde durch Natrium und absol. Alkohol zum Leucinol reduziert. Ausbeute etwa 20%. Ölige, mit Wasser in jedem Verhältnis mischbare, bei 194—200° siedende Flüssigkeit, die ausgesprochen aminartig riecht. $D = 0,890$; $[\alpha]^D = —1,94°$.

Das Chlorhydrat $C_6H_{15}ON \cdot HCl$ krystallisiert in Blättchen Schmelzp. 148—150°. Sehr löslich in Wasser, leicht löslich in Alkohol. Ebenso wie das Leucinol schwach linksdrehend. Mit Schwefelkohlenstoff und Kaliumhydroxyd wird es in Dithiocarbaminsäure übergeführt.

$$(CH_3)_2 \cdot CH \cdot CH_2 \cdot CH \cdot CH_2OH$$
$$NH \cdot C \cdot S \cdot SK$$

N-Dimethylleucinäthylester. Wird erhalten aus stark racemisierter l-α-Bromisocapronsäure und 25 proz. Dimethylaminlösung (Kältemischung). Schwach gelblich gefärbte, bei 195—199° siedende Flüssigkeit, die durch Verseifen in **N-Dimethylleucin** $C_8H_{17}O_2N$ übergeführt wird. Farblose Krystalle aus absol. Alkohol und absol. Äther. Schmelzp. 185°. Linksdrehend, sehr löslich in Wasser und Alkohol[4]).

1-Arseno-4-benzoylleucin[5]) $(C_{13}H_{16}O_3NAs)_2$. Gleicht dem Alaninderivat. Ihr Verhalten gegenüber überschüssiger 2n-NaOH wurde untersucht.

1-Arsinoxyd-4-benzoylleucin[5]) $C_{13}H_{16}O_4NAs = COOH \cdot CH[CH_2 \cdot CH(CH_3)_2] \cdot NH \cdot CO \cdot C_6H_4 \cdot As : O$ gleicht dem Alaninderivat.

1-Arsinsäure-4-benzoylleucin[5]) $C_{13}H_{18}O_6NAs$, winzige, in heißem Wasser wenig lösliche Nädelchen.

Isoleucin (Bd. IV, S. 578; Bd. IX, S. 107).

Vorkommen: Im Ochsengehirn = 0,09%[6]).

Bildung von d-Isoleucin. Bei der Hydrolyse der Eischale des Seidenspinners = 0,20%[7]).

Bildung von l-Isoleucin. Durch asymmetrische Spaltung der Racemverbindung mit Hilfe der Hefegärung[8]). Der Stickstoff von Neurokeratin enthält 25,21% N aus Asparaginsäure, Glutaminsäure, Tyrosin, Leucin, Isoleucin, Alanin oder Glykokoll[9]).

Physiologische Eigenschaften von d-Isoleucin. Bedingt eine Verstärkung der Bildung von harnstoffspaltendem Ferment durch Bakterien[10]).

---

[1]) Emil Fischer u. Lukas v. Mechel, Berichte d. Deutsch. Chem. Gesellschaft **49**, 1355 bis 1366 [1916]; Chem. Centralbl. **1916**, II, 378.

[2]) A. Rohde, Journ. of Biolog. Chem. **36**, 467—474 [1918]; Chem. Centralbl. **1919**, II, 652.

[3]) Chemische Fabrik „Flora" Dübendorf Schweiz, Holl. P. 6121 vom 26. Aug. 1919, ausg. 15. Sept. 1921; Chem. Centralbl. **1921**, IV, 1140.

[4]) P. Karrer, Helv. chim. acta **4**, 76 [1921]; Chem. Centralbl. **1921**, III, 826.

[5]) Ernst Sieburg, Archiv d. Pharmazie **254**, 224—240, 241—245 [1916]; Chem. Centralbl. **1916**, II, 220.

[6]) Tomihide Shimizu, Biochem. Zeitschr. **117**, 252 [1921]; Che Centralbl. **1921**, III, 492.

[7]) Masaji Tomita, Biochm. Zeitschr. **116**, 40 [1921]; Chem. Centralbl. **1921**, III, 359.

[8]) Felix Ehrlich, Biochem. Zeitschr. **63**, 379—401 [1914]; Chem. Centralbl. **1914**, II, 340.

[9]) Burt E. Nelson, Journ. of Amer. Chem. Soc. **38**, 2558—2561 [1916]; Chem. Centralbl. I, **1917**, 658.

[10]) Martin Jacoby, Biochem. Zeitschr. **81**, 332—341 [1917]; Chem. Centralbl. **1917**, II, 175.

Physikalische und chemische Eigenschaften von l-Isoleucin. Glänzende farblose Blättchen; in allen Eigenschaften mit dem d-Isoleucin identisch. Schmelzp. 274—275° oder 278 bis 279° unter Zersetzung, $[\alpha]_D^{20} = -12{,}72°$ in wässeriger Lösung (0,5531 g Substanz in Wasser zu 14,1855 g gelöst); eine zweite Fraktion ergab — 12,95° (0,4410 g Substanz in Wasser zu 10,4646 g gelöst). In salzsaurer Lösung ergab die erste Fraktion $[\alpha]_D^{20} = -40{,}07°$ (0,7339 g Substanz in 20 proz. HCl zu 16,0482 g gelöst), die zweite Fraktion — 39,64° (0,4573 g Substanz in 20 proz. HCl zu 10,5358 g gelöst). — l-Isoleucin schmeckt im Gegensatz zum bitteren d-Isoleucin süß[1]).

Physikalische und chemische Eigenschaften von Isoleucin. Gibt mit Natriumhypochlorit Methyläthylacetaldehyd[2]).

Norleucin(α-Amino-n-capronsäure) (Bd. IX, S. 108).

Physiologische Eigenschaften von d, l-Norleucin. Kann den Mangel einer gliadinhaltigen Kost nicht beseitigen[3]).

Physiologische Eigenschaften von l-Norleucin. Kann den Mangel einer gliadinhaltigen Kost nicht beseitigen[3]).

Derivate: Kupfersalz[4]). Ist so schwer löslich, daß es als sehr empfindliches Reagens zum Nachweis von Kupfer benutzt werden kann.

α-Amino-n-capronsäureäthylester[5]), Siedep. bei 9 mm 82—83°.

Äthyl-α-diazo-n-capronsäure[5]) $C_8H_{14}O_2N_2$. Siedep. bei 10 mm 75—78°. Ausbeute 30%. Citronengelbes Öl, leichter als Wasser. Bei der Zersetzung mit 10 proz. Essigsäure resultiert ein Gemisch von Äthyl-α-oxycapronat und Äthyl-$\triangle^1$-hexanoat.

l-Äthyl-α-amino-n-capronsäure[5]). Bildung aus der l-Aminosäure ($[\alpha]_D = -22°$). Siedep. bei 12 mm 86—87°. $[\alpha]_D = -11{,}65°$ (10 cm-Rohr). — **Hydrochlorid:** $[\alpha]_D = -7{.}25°$.

d-Äthyl-α-amino-n-capronsäure[5]). Aus der d-Aminosäure ($[\alpha]_D = +17°$). Siedep. bei 10 mm 85°. $[\alpha]_D = +6{.}15°$.

α-Brom-n-capronylchlorid[5]). Bildung aus 50 g α-Bromcapronsäure und 28 g Thionylchlorid. Siedep. bei 30 mm 102—105°.

B. Monoaminodicarbonsäuren.

Asparaginsäure (Aminobernsteinsäure) (Bd. IV, S. 586; Bd. IX, S. 110).

Vorkommen: Konnte im Blute normaler Schlachttiere nachgewiesen werden[6]). In der Hefe[7]). In der Milch 0,0020%[8]).

Bildung: Bei der Autolyse der Hefe[9]). Im Laufe der Isolierung des Dibromtyrosins aus Primnoastengeln wurde bei der Fraktionierung in analysenreinem Zustande auch Asparagin-

[1]) Felix Ehrlich, Biochem. Zeitschr. **63**, 379—401 [1914]; Chem. Centralbl. **1914** II, 340.

[3]) H. Drysdale Dakin, Biochem. Journ. **11**, 79—95 [1917]: Chem. Centralbl. **1917**, II, 799.

[3]) Howard B. Lewis u. Lucie E. Root, Journ. of Biolog. Chem. **43**, 79 [1920]; Chem. Centralbl. **1920**. III, 749.

[4]) W. G. Lyle, L. J. Curtman u. J. T. W. Marshall, Journ. of Amer. Chem. Soc. **37**, 1471 bis 1481 [1914]: Chem. Centralbl. **1915**, II, 632.

[5]) C. S. Marvel u. W. A. Noyes, Journ. of Amer. Chem. Soc. **42**, 2259—2278 [1920]; Chem. Centralbl. **1921**, I, 324.

[6]) Emil Abderhalden, Zeitschr. f. physiol. Chemie **88**, 478—483 [1913]; Chem. Centralbl. **1914**, I, 1021.

[7]) Jacob Meißenheimer, Zeitschr. f. physiol. Chemie **104**, 229—284 [1919]; Chem. Centralbl. **1919**. III, 273.

[8]) J. E. Pichon-Vendeuil, Bull. des sciences pharmacol. **28**, 360—367 [1921]; Chem. Centralbl. **1922**. I, 55.

[9]) Jakob Meißenheimer, Wochenschrift f. Brauerei **32**, 325 [1915]; Chem. Centralbl. **1915**, II, 1259.

säure isoliert[1]). Im $HgSO_4$-Niederschlag aus hydrolysiertem Caseinogen in Spuren wahrscheinlich in Verbindung mit Tryptophan[2]).

Bei der Aufspaltung des Hefeeiweißes werden vom Gesamt-N 3,5% als Asparaginsäure erhalten[3]).

Das in Alkohol lösliche Protein von Andropogon sorghum, das Cafirin, enthält 2,27% Asparaginsäure[4]). Bei 2 stündiger Hydrolyse mit siedendem 10 proz. HCl des aus den Samen des griechischen Heues gewonnenen Nucleoproteids entsteht: 1,32% Asparaginsäure[5]). Arachin von Arachis hypogaea enthält 5,25% Asparaginsäure[6]). Bei der Hydrolyse des Globulins der Cocosnuß wurde 5,12% Asparaginsäure gefunden[7]). Bei der Hydrolyse der Gelatine wurden 3,4% Asparaginsäure gefunden[8]). Bei der Hydrolyse des Caseins (Caseinogens) 1,77%[9]).

Bei der Hydrolyse des Stizolobins, des Globulins der chinesischen Samtbohne, Stizolobium niveum 9,23%[10]). Bei der Hydrolyse der Eischale des Seidenspinners 0,37%[11]).

Der Stickstoffgehalt des Neurokeratin entspricht bis 25,21% der Asparaginsäure, Glutaminsäure, Tyrosin, Leucin, Isoleucin, Alanin oder Glykokoll[12]).

Nachweis und Bestimmung: Die Methode von Foreman[13]) beruht darauf, daß die Ca-Salze der Asparaginsäure usw. in wässerigem Alkohol unlöslich sind. Aus einer Lösung, die sämtliche Aminosäuren einer Säurehydrolyse als Ca-Salze enthält, werden die Ca-Salze von Asparagin- und Glutaminsäure ausgefällt und da beide Säuren praktisch in kalter Essigsäure unlöslich sind, so gelingt es leicht, sie mit dem Lösungsmittel von den anderen Produkten zu befreien[13]).

Physiologische Eigenschaften: Der phenolbildende Bacillus phenologenes entwickelt sich anscheinend nicht auf Nährböden für die Isolierung acidaminolytischer Mikroben mit Asparaginsäure usw.[14]). Werden der Asparaginsäure im Uschinskischen Nährboden Edestin oder Casein zugesetzt, so zeigte sich jenes bezüglich der Steigerung der Bildung von harnstoffspaltendem Ferment durch Bakterien wirksam, dieses ganz unwirksam[15]).

Ein Gemisch von Asparaginsäure und Ammonsulfat wird gleich gut zur Eiweißsynthese der Hefe verwendet, wie Asparagin[16]). Wurde als N-Quelle für Preßhefe geprüft[17]). Stickstoffquelle für Hefe[18]). Die Zugabe von neutralisierter Asparaginsäure beschleunigt die Wirkung von Speichel, Pankreatin, gereinigter Pankreas- und Malzamylase. — Bei Verwendung von Malzextrakt oder Präparaten aus Aspergillus oryzae konnte keine Aktivierung festgestellt werden. — Die gleichzeitige Zugabe von asparaginsaurem Natrium und Asparagin bewirkt keine

[1]) Carl Th. Mörner, Zeitschr. f. physiol. Chemie 88, 138—154 [1913]; Chem. Centralbl. 1914, I, 478.

[2]) Herbert Onslow, Biochem. Journ. 15, 392—399 [1921]; Chem. Centralbl. 1921, IV, 1299.

[3]) Jacob Meißenheimer, Zeitschr. f. physiol. Chemie 114, 205—249 [1921]; Chem. Centralbl. 1921, III, 1289.

[4]) D. Breese Jones u. Carl O. Johns, Journ. of Biolog. Chem. 36, 323—334 [1918]; Chem. Centralbl. 1919, I, 743.

[5]) H. E. Wunschendorff, Journ. de Pharm. et de Chim. [7] 20, 86—88 [1919]; Chem. Centralbl. 1919, III, 1065.

[6]) Carl O. Johns u. D. Breese Jones, Journ. of Biolog. Chem. 36, 491—500 [1918]; Chem. Centralbl. 1919, I, 743.

[7]) D. Breese Jones u. Carl O. Johns, Journ. of Biolog. Chem. 44, 283—301 [1920]; Chem. Centralbl. 1921, I, 456.

[8]) H. D. Dakin, Journ. of Biolog. Chem. 44, 499—529 [1920]; Chem. Centralbl. 1921. I, 454.

[9]) Frederick William Foreman, Biochem. Journ. 13, 378 [1919]; Chem. Centralbl. 1920, I, 683.

[10]) D. Breese Jones u. Carl O. Johns, Journ. of Biolog. Chem. 40, 435 [1919]; Chem. Centralbl. 1920, III, 716.

[11]) Masaji Tomita, Biochem. Zeitschr. 116, 40 [1921]; Chem. Centralbl. 1921, III, 359.

[12]) Burt E. Nelson, Journ. of Amer. Chem. Soc. 38, 2558—2561 [1916]; Chem. Centralbl. 1917, I, 658.

[13]) Frederick William Foreman, Biochem. Journ. 9, 463—480 [1914]; Chem. Centralbl. 1916, I, 1097.

[14]) Albert Berthelot, Annales de l'Inst. Pasteur 32, 17—36 [1918]; Chem. Centralbl. 1918, II, 130.

[15]) Martin Jacoby, Biochem. Zeitschr. 81, 332—341 [1917]; Chem. Centralbl. 1917. II, 175.

[16]) W. Zaleski u. W. Israilsky, Berichte d. Deutsch. botan. Gesellschaft 32, 472—479 [1914]; Chem. Centralbl. 1915. I. 61.

[17]) H. J. Waterman, Folia microbiol. 2. Heft 2. 7 Seiten [1913]; Chem. Centralbl. 1914, I, 484.

[18]) Th. Bokorny, Chem. Ztg. 40, 366—368 [1916]; Chem. Centralbl. 1916, II, 273.

erhöhte Aktivität[1]). — Eine Entfärbung (Reduktion) des Methylenblaues durch das Ferment des ausgewaschenen Pferdefleisches findet nicht statt in Gegenwart von Asparaginsäure statt Bernsteinsäure[2]).

Bei der Durchströmung der Leber von Hunden und Kaninchen mit Blut mit Zusatz von Asparaginsäure wird der Harnstoffgehalt des Blutes gesteigert[3]). Liefert bei der Durchblutung der überlebenden Leber kein Glykokoll[4]). Beim vorher hungernden Menschen verursacht Asparaginsäure eine vermehrte Ausscheidung von Harnsäure, so daß der Höchstwert innerhalb der ersten 2 Stunden auftrat[5]).

Physikalische und chemische Eigenschaften von l-Asparaginsäure. Zeigt sich optisch inaktiv bei der Bildung durch Hydrolyse sowohl aus dem racemisierten Kuhmilchcasein wie aus dem Schafmilchcasein[6]). $[\alpha]_D^{14} = + 5,1°$, $[\alpha]_{vi}^{14} = + 15,2°$ ($p = 0,990$ in Wasser), die Drehung nimmt bei wachsender Temperatur ab; $[\alpha]_D^{20} = + 25,5°$, $[\alpha]_{vi}^{20} = + 64,5°$ ($p = 7,984$ in 1,5 Mol. n-HCl); $[\alpha]_D^{18} = - 15,8°$ ($p = 2,584$ in 1 Mol. 0,2 n-NaOH); $[\alpha]_D^{12} = + 3,3°$, $[\alpha]_D^{58} = - 5,0°$ ($p = 19,76$ in 1 Mol. 2 n-NaOH); NaCl und $BaBr_2$ erhöhen die +-Drehung[7]).

Bei der Überführung von l-Asparaginsäure in die Derivate herrschen ähnliche Verhältnisse in bezug auf Waldensche Umkehrungen wie bei d-Glutaminsäuren (siehe dort)[8]). — Sie dreht in Salzsäure und in wässeriger Lösung nach rechts, in alkalischer Lösung nach links. Trotzdem strebt die Rotationsdispersionskurve der alkalischen Lösung einem positiven Maximum zu. — Die Säure ist deshalb richtiger als d-Asparaginsäure zu bezeichnen. — l-Asparaginsäureäthylester dreht, wie aus der Rotationsdispersionskurve hervorgeht, in verdünnter alkoholischer Lösung positiv; er ist deshalb als d-Asparaginester anzusehen. — Nach Karrer mußte man die Übergänge von Asparaginsäure → Chlorbernsteinsäure → Äpfelsäure bezeichnen: d-Asparaginsäure → l-Chlorbernsteinsäure → d-Äpfelsäure[8]).

Alle untersuchten Alkali- und Erdalkalisalze gaben Löslichkeitserhöhungen. Bei Säureionen ist die Reihenfolge dieselbe wie bei Glykokoll; aber die Metallionen betreffend, ist die Reihenfolge bei l-Asparaginsäure umgekehrt wie bei Glykokoll.

Für saure Aminosäure ergab sich die Ionenreihe:

$$NO_3 > S > Br > Cl$$
$$K > Na > Li \qquad Ba > Sr > Ca$$

Für neutrale Aminosäuren:

$$NO_3 > S > Br > Cl$$
$$Li > Na > K \qquad Ca > Sr > Ba[9])$$

Ionisationskonstanten der Säure in Gegenwart von 1 Mol. NaOH, $K_b = 1,3 \ 10^{-12}$ und in Gegenwart von 1 Mol. HCl $K_s = 2,2 \ 10^{-12}$; $[\alpha] = + 5,87°$ (0);

$$+ 18,4° \ (0,94) \qquad + 19,0° \ (1,28) \qquad + 23,9° \ (4,90) \ \text{in HCl};$$
$$- 14,5° \ (1,08) \qquad - 5,1° \ (2,17) \qquad - 3,77° \ (2,80)$$
$$\text{und} - 3,47° \ (6,21) \ \text{in NaOH}.$$

Die in Klammern gesetzten Zahlen sind das Verhältnis der Säure oder Lauge zur Aminosäure[10]).

[1]) H. C. Sherman u. Florence Walker, Journ. of Amer. Chem. Soc. **41**, 1866—1876 [1919]; Chem. Centralbl. **1920**, I, 657.

[2]) Thorsten Thunberg, Skand. Archiv f. Physiol. **35**, 163—165 [1917]; Chem. Centralbl. **1917**, I, 784—786.

[3]) Wilhelm Löffler, Biochem. Zeitschr. **76**, 55—75 [1916]; Chem. Centralbl. **1916**, II, 583.

[4]) Georg Haas, Biochem. Zeitschr. **76**, 76—87 [1916]; Chem. Centralbl. **1916**, II, 584.

[5]) Howard B. Lewis, Max S. Dunn u. Eduard A. Doisy, Journ. of Biolog. Chem. **36**, 9—26 [1918]; Chem. Centralbl. **1919**, I, 485.

[6]) Harold Ward Dudley u. Herbert Ernest Woodman, Biochem. Journ. **9**, 97—102 [1915]; Chem. Centralbl. **1916**, I, 1254.

[7]) George William Clough, Journ. Chem. Soc. London **107**, 96, [1915]; Chem. Centralbl. **1915**, I, 881; Journ. Chem. Soc. London **107**, 1509—1519 [1915]; Chem. Centralbl. **1916**, I, 144.

[8]) P. Karrer u. W. Kaase, Helv. chim. acta **2**, 436 [1919]; Chem. Centralbl. **1920**, I, 367.

[9]) H. Pfeiffer u. S. Würgler, Zeitschr. f. physiol. Chemie **97**, 128—147 [1916]; Chem. Centralbl. **1916**, II, 1120.

[10]) John Kerfoot Wood, Journ. Chem. Soc. London **105**, 1988—1996 [1914]; Chem. Centralbl. **1914**, II, 1302.

Physikalische und chemische Eigenschaften der d, l-Asparaginsäure. In Gegenwart von Neutralsalzen in wässerigen Lösungen wurden Löslichkeitsbestimmungen unternommen[1].

Werden die Na-Salze der Asparaginsäure mit Invertzucker oder Saccharose in wässeriger Lösung im Autoklaven auf 105—130° erhitzt, so entstehen stark farbige N-haltige Produkte, die nur zum Teil in 96% Alkohol löslich waren und den früher aus Melasse dargestellten ähnelten. Beim Erhitzen beider Zucker aber allein mit Wasser entstehen sehr ähnliche, aber in Alkohol leicht lösliche Produkte[2]. In Alkohol unlösliche Stoffe entstehen in erheblich größerer Menge bei Asparaginsäure oder Asparagin als bei Glutaminsäure. Asparaginsäure gibt eine Ausbeute an in Alkohol unlöslichem Farbstoff (12,6% der verwendeten Aminosäure), die viel größer ist als die von Glutaminsäure[2].

Liefert bei längerem Kochen der wässerigen Lösung kein Dipeptid[3]. — Absorbiert kein SO_2[4].

Die Einwirkung von Chloramin-T ist sehr kompliziert. Fügt man zur 1—5 proz. Lösung 1—2—3 Mol. Chloramin-T, so tritt sofort Reaktion ein unter Entbindung von NH_3 und CO_2 und Abscheidung von Toluolsulfonamid. Die filtrierte Lösung gibt beim Erhitzen mit Phenylhydrazin Semicarbazid oder aromatische Diaminenderivate des Glyoxals in reichlichen Mengen. Wahrscheinlich entsteht als erstes Produkt der Halbaldehyd der Malonsäure, dann durch Chlorierung der CH_2-Gruppe das entsprechende Dichlorprodukt, aus diesem durch CO_2-Verlust das Dichloracetaldehyd. Unter den Reaktionsprodukten fand sich auch Acetaldehyd und vermutlich Glyoxalinderivat[5].

Mit Chloramin-T behandelt entsteht die Verbindung II, diese gibt mit Phenylhydrazin erwärmt die Substanz III und letztere mit verdünnter HCl geht

$$
\begin{array}{ccccc}
\mathrm{COOH} & & & & \\
| & & & & \\
\mathrm{HC\cdot NH_2} & & \mathrm{CHO} & & \mathrm{CH:N\cdot NHC_6H_5} \\
| & \longrightarrow & | & \longrightarrow & | \\
\mathrm{CH_2} & & \mathrm{CCl_2} & & \mathrm{C:N\cdot NHC_6H_5} \\
| & & | & & | \\
\mathrm{CONH_2} & & \mathrm{CONH_3} & & \mathrm{CONH_2} \\
\mathrm{I.} & & \mathrm{II.} & & \mathrm{III.}
\end{array}
\qquad \longrightarrow \qquad
\mathrm{C_6H_5\cdot N}\!\!<^{\displaystyle \mathrm{N:CH}}_{\displaystyle \underset{\mathrm{O}}{\mathrm{C}}\cdot\mathrm{C}\cdot\mathrm{N}\cdot\mathrm{NHC_6H_5}}
$$

IV.

4-benzolazo-1-phenyl-5-pyrazolon

in IV. über[5].

Verbraucht bei der Hydrolyse der Proteinkörper kein Br[6]. Spaltet Rohrzucker nach denselben Gesetzen wie die anderen daraufhin untersuchten Säuren[7]. Versuche zur Inversion von Saccharoselösung mit synthetischer, optisch-inaktiver Asparaginsäure zeigten, daß sich die Zunahme der Invertzuckerbildung bei gleichen Zeiten und wachsenden Temperaturen, ebenso wie bei wachsenden Zeiten als ziemlich regelmäßig ansteigende Kurve darstellen läßt, die bei höheren Temperaturen schneller ansteigt als bei niederen Temperaturen[8].

Nach O. Winterstein[9] wird Asparaginsäure durch Xanthydrol nicht gefällt. Es entstehen aber Verbindungen mit Pyrrol, Indol, Skatol.

Derivate der l-Asparaginsäure. l-Asparaginsäureäthylester. Spez. Gewicht 1,085. $[\alpha]_D^{20} = -9,93°$; $[\alpha]_{Hg.\ gelb}^{20} = -10,32°$; $[\alpha]_{Hg.\ grün}^{20} = -11,72°$; $[\alpha]_{4078}^{20} = -24,57°$[10].

[1] P. Pfeiffer, Berichte d. Deutsch. Chem. Gesellschaft **48**, 1938—1943 [1915]; Chem. Centralblatt **1916**, I, 15.

[2] Vl. Staněk, Zeitschr. f. Zuckerind. Böhmen **41**, 607—614 [1917]; Chem. Centralbl. **1917**, II, 141.

[3] C. Ravenna u. G. Bosinelli, Gazz. chim. ital. **50**, I, 281 [1920]; Chem. Centralbl. **1920**, III, 831.

[4] A. Korezynski u. M. Glebocke, Gazz. chim. ital. **50**, I, 378—387 [1920]; Chem. Centralbl. **1921**, I, 29.

[5] H. Drysdale Dakin, Biochem. Journ. **11**, 79—95 [1917]; Chem. Centralbl. **1917**, II, 799.

[6] M. Siegfried u. H. Reppin, Zeitschr. f. physiol. Chemie **95**, 18—28 [1915]; Chem. Centralbl. **1916**, I, 513.

[7] L. Radlberger u. W. Siegmund, Österr.-ungar. Zeitschr. f. Zuckerind. u. Landwirtschaft **43**, 418 [1914]; Chem. Centralbl. **1914**, II, 396.

[8] Leopold Radlberger u. Wilhelm Siegmund, Österr.-ungar. Zeitschr. f. Zuckerind. u. Landwirtschaft **43**, 29—43 [1914]; Chem. Centralbl. **1917**, I, 1556.

[9] E. Winterstein, Zeitschr. f. physiol. Chemie **105**, 25—31 [1919]; Chem. Centralbl. **1919**, IV, 421.

[10] George William Clough, Journ. Chem. Soc. London **113**, 526 [1918]; Chem. Centralbl. **1919**, I, 714.

Strychninsalz[1]), sehr leicht löslich in Wasser, daraus in Krusten erhältlich, die scheinbar dicke Prismen, in Wirklichkeit Massen feiner verfilzter Nadeln sind. Schmelzp. etwa 252—255° (Gasentwicklung); $[\alpha]_D^{20} = -28,3°$ (C = 1,164).

Brucinsalz[1]). Aus Wasser mit 5 H_2O, die bei 90° entweichen, in zunächst wachsartigen, dann erhärtenden Prismen. Wasserfrei in feinen Nadeln auf Zusatz von Essigester zu methylalkholischen Lösungen; mäßig löslich in Alkohol, weniger löslich in Butylalkohol, unlöslich in Aceton. Schmelzpunkt des wasserhaltigen Salzes etwa 100° (Erweichen 96°); das wasserfreie erleidet oberhalb 200° Zersetzung. $[\alpha]_D^{20} = -28,4°$ (C = 1,702, wasserfrei).

Derivate der d, l-Asparaginsäure. Asparaginsäurephosphorwolframat[2]).

Oxalyldiasparaginsäurediäthylester[3]):

$$C_2H_5O \cdot OC \cdot CH_2 \cdot CH(NH)COOC_2H_5$$
$$|$$
$$CO$$
$$|$$
$$CO$$
$$|$$
$$C_2H_5O \cdot OC \cdot CH_2 \cdot CH(NH)COOC_2H_5$$

Aus Asparaginsäurediäthylesterchlorhydrat und Oxalylchlorid in trocknem Benzol; **Nadeln** aus verdünntem Alkohol; Schmelzp. 108,5°; zeigt die Biuretreaktion.

Asparaginsäuremonohydrazid[4])

$$C_4H_9O_3N_3 + H_2O = HOOC \cdot CH_2 - CH - CO - NH - NH_2 + H_2O$$
$$|$$
$$NH_2$$

Aus Asparagin und Hydrazinhydrat bei 80—85°. — Aus salzsaurem Asparaginsäuremonoäthylester und Hydrazinhydrat bei gewöhnlicher Temperatur. Weißes krystallinisches Pulver oder Nadeln aus Wasser + Alkohol. Schmelzp. 174° unscharf, bei raschem Erhitzen. Enthält 1 Mol. H_2O, von dem es die Hälfte bei 105° verliert; bei 132° teilweise Zersetzung und Braunfärbung; sehr leicht löslich in Wasser, unlöslich in organischen Lösungsmitteln. Reduziert ammoniakalische Silberlösung bei gewöhnlicher Temperatur, Fehlingsche Lösung beim Erhitzen. **Salzsaures Salz** $C_4H_9O_3N_3$, 2 HCl. Weißes krystallinisches Pulver. Sehr hygroskopisch, sehr leicht löslich in Wasser. — **Benzalverbindung** $C_{11}H_{13}O_3N_3$. Flockiger Niederschlag. Läßt sich nicht umkrystallisieren, unlöslich in Alkohol und Äther. — Unter Zersetzung löslich in siedendem Wasser, zersetzt sich bei 219—225°. — **o-Oxybenzalverbindung** $C_{11}H_{13}O_4N_3$. Gelblicher Niederschlag, unlöslich in allen gebräuchlichen Lösungsmitteln, Schmelzp. 256° unter Zersetzung. — **m-Nitrobenzalverbindung** $C_{11}H_{12}O_5N_4$. Krystalle aus Äther. Schmelzp. 191°. — **Acetessigesterverbindung** $C_{10}H_{17}O_5N_3$. Unlöslich in den gewöhnlichen Lösungsmitteln. — Wird von Wasser zerlegt. Schmelzp. 168°.

Asparaginsäuredihydrazid[4])

$$C_4H_{11}O_2N_5 = NH_2 \cdot NH - CO - CH_2 - CH - NH_2$$
$$|$$
$$CO \cdot NH - NH_2$$

Aus salzsaurem Asparaginsäurediäthylester und Hydrazinhydrat bei gewöhnlicher Temperatur. Hygroskopische Krystalle aus Wasser + Alkohol, Schmelzp. 135° unter Zersetzung; sehr leicht löslich in Wasser, unlöslich in allen anderen gebräuchlichen Lösungsmitteln. — Reduziert ammoniakalische Silberlösung in der Kälte, Fehlingsche Lösung in der Wärme.

Salzsaures Salz $C_4H_{11}O_2N_5$, 3 HCl. — Weißes krystallinisches, sehr hygroskopisches Pulver. **Dibenzalverbindung** $C_{18}H_{19}O_2N_5$. Unlöslicher Niederschlag. Wird von siedendem Wasser zerlegt. Verkohlt, ohne zu schmelzen. **Di-m-nitrobenzalverbindung** $C_{18}H_{17}O_6N_7$. Unlöslich in Wasser und Äther, schwer löslich in Alkohol und Benzol. Schmelzp. 188°. — Asparaginsäuredihydrazid liefert mit Anisaldehyd nur Anisaldazin, mit salpetriger Säure durch Zersetzung des Produktes mit Alkohol, Aminoacetaldehyd, der als Glyoxalphenylosazon nachgewiesen wurde[4]).

---

[1]) Henry Drysdale Dakin, Biochem. Journ. **13**, 398—426 [1919]; Chem. Centralbl. **1920**, I, 679.

[2]) Jack Cecil Drummond, Biochem. Journ. **12**, 5 [1918]; Chem. Centralbl. **1918**, II, 944.

[3]) S. Th. Bornwater, Rec. trav. chim. Pays-Bas **36**, 250—257 [1917]; Chem. Centralbl. **1917**, I, 563.

[4]) Theodor Curtius, Journ. f. prakt. Chemie [2] **95**, 327 [1917]; Chem. Centralbl. **1918**, I, 180.

Dimethylaminobernsteinsäuredimethylester [1])

$$C_8H_{15}O_4N = CH_3O \cdot OC \cdot CH-CH_2-CO \cdot OCH_3$$
$$\underset{N<\overset{CH_3}{CH_3}}{|}$$

Aus Brombernsteinsäuredimethylester und wässerigem Dimethylamin unter Kühlung. — Krystallinische Masse, Schmelzp. 32°. — Siedepunkt unter 18 mm bei 115°.

Dimethylaminobernsteinsäuredihydrazid [1])

$$C_6H_{15}O_2N_5 = NH_2-NH-CO-CH-CH_2-CO-NH-NH_2$$
$$\underset{N<\overset{CH_3}{CH_3}}{|}$$

Aus dem entsprechenden Dimethylester mit Hydrazinhydrat in Alkohol beim Erwärmen. Farblose Nadeln aus Alkohol, Schmelzp. 147°. Löslich in Wasser und Alkohol, unlöslich in Äther. **Salzsaures Salz** $C_6H_{15}O_2N_5$, 3 HCl. Farbloses, zerfließliches Pulver, Schmelzp. 128°. — **Dibenzalverbindung** $C_{20}H_{23}O_2N_5$. Krystalle aus Alkohol, Schmelzp. 132°. Leicht löslich in Alkohol, wenig löslich in Benzol und Chloroform, unlöslich in Äther und Ligroin. **Di-o-Oxybenzalverbindung** $C_{20}H_{23}O_4N_5$. Krystalle aus Alkohol, Schmelzp. 216,5°. — **Diacetonverbindung** $C_{12}H_{13}O_2N_5$. — Weiße Nadeln, Schmelzp. 137°. — Leicht löslich in Alkohol, wenig löslich in Benzol und Ligroin. — Liefert beim Behandeln mit salpetriger Säure und beim Zersetzen des Produktes mit Alkohol Aminoacetaldehyd.

Phenylacetylasparaginsäure [2]) $C_{12}H_{13}O_5N$, synthetisch dargestellt, scheidet sich aus wässeriger Lösung krystallinisch ab.

1-Arsinoxyd-4-benzoylasparaginsäure [3]) $C_{10}H_{10}O_6NAs = COOH \cdot CH(CH_2 \cdot COOH) \cdot NH \cdot CO \cdot C_6H_4 \cdot As : O$. Gleicht dem Alaninderivat, ist aber in kaltem Wasser etwas löslich.

1-Arsinsäure-4-benzoylasparaginsäure [3]) $C_{11}H_{12}O_8NAs$[1]). Wetzsteinförmige, oft zu Drüsen vereinigte Krystalle, ziemlich löslich in kaltem Wasser, bläut Kongopapier.

1-Arseno-4-benzoylasparaginsäure [3]) $(C_{11}H_{10}O_5NAs)_2$. Gleicht dem Alaninderivat, ist aber in Wasser etwas löslich.

α-**Chlorbernsteinsäure** [4]). Asparaginsäure gibt beim Erwärmen mit HCl (D. 1,12) und HNO_3 (D. 1,2) auf dem Wasserbade α-Chlorbernsteinsäure, $CO_2H \cdot CH_2 \cdot CH(Cl) \cdot CO_2H$.

α-**Brombernsteinsäure** [4]). Asparaginsäure gibt beim Erwärmen mit HBr und HNO_3 bereits bei gewöhnlicher Temperatur α-Brombernsteinsäure [1]).

Silbersalz [5]) $C_4H_5O_4NAg_2$, amorpher, schnell krystallinisch werdender Niederschlag. Absorbiert bei $+ 10°$ 3 Mol., bei $- 18°$ — 4 Mol. NH_3.

Asparagin (Bd. IV, S. 597; Bd. XI, S. 113).

Vorkommen von l-Asparagin. In der wässerigen Lösung bei der Destillierung des alkoholischen Hopfenextraktes [6]). In der wässerigen Lösung des alkoholischen Extraktes der Blätter, Zweige und Blüten von Solanum angustifolium Ruiz et Pavon [7]).

Vorkommen von d, l-Asparagin. Kommt in der Sorghumpflanze vor [8]).

---

[1]) Theodor Curtius, Journ. f. prakt. Chemie [2] **95**, 327 [1917]; Chem. Centralbl. **1918**, I, 181.

[2]) H. Thierfelder u. C. P. Sherwin, Berichte d. Deutsch. Chem. Gesellschaft **47**, 2630 bis 2634 [1914]; Chem. Centralbl. **1914**, II, 1245—1246.

[3]) Ernst Sieburg, Archiv d. Pharmazie **254**, 224—240, 241—245 [1916]; Chem. Centralbl. **1916**, II, 220.

[4]) Chemische Fabrik „Flora" Dübendorf, Schweiz, Holl. P. 6121 v. 26. Aug. 1919, ausg. 15. Sept. 1921; Chem. Centralbl. 1921, IV, 1140.

[5]) G. Bruni u. G. Levi, Gazz. chim. ital. **46**, II, 235—246 [1916]; Chem. Centralbl. **1917**, I, 7.

[6]) Frederick Belding Power, Frank Tutin, Harold Rogerson, Journ. Chem. Soc. London **103**, 1267—1292 [1913]; Chem. Centralbl. **1913**, II, 1414.

[7]) Frank Tutin u. Hubert William Bentley Clewer, Journ. Chem. Soc. London **105**, 559—576 [1914]; Chem. Centralbl. **1914**, I, 1675.

[8]) J. J. Willaman, R. M. West, D. O. Spriestersbach u. G. E. Holm, Journ. of agricult. research **18**, 1—31 [1919]; Chem. Centralbl. **1921**, I, 92.

Physiologische Eigenschaften: Asparagin wird von Micrococcus spumaeformis assimiliert[1]. Ist die beste N-Quelle für Bacillus prodigiosus bei der Bildung und Vergärung der Ameisensäure[2]. Asparagin wird vom Typhusbacillus unter Bildung basischer Substanzen angegriffen; gilt somit als Stickstoffquelle für Typhusbakterien. Gleiches gilt auch für Ruhrbacillen[3]. Ist durch Zoogloea ramigera (Itzigsohn) besonders gut assimilierbar[4]. Bacillus fluorescens liquefaciens Flügge erzeugt aus Asparagin Essigsäure, Äpfelsäure, Bernsteinsäure, Fumarsäure, Kohlensäure und Spuren Malonsäure, keine Aldehyde, keine Ketone und kein β-Alanin[5].

Nach Blanchetière[6] entsteht aus Asparagin durch Einwirkung des Flüggeschen fluoreszierenden Bacillus in erheblichen Mengen Asparagin. — Emmerling und Reiser haben dagegen die Bildung von Fumarsäure beobachtet. — Diese verschiedenen Ergebnisse lassen sich wie folgt erklären. — Bei der Einwirkung der Mikrobe auf Asparagin entsteht zunächst eine α-Ketosäure. — Die Reduktion der Ketoform führt über die Äpfelsäure zur Bernsteinsäure:

$$
\begin{array}{ccccc}
\text{COOH} & & \text{COOH} & & \text{COOH}\\
| & & | & & |\\
\text{CO} & \longrightarrow & \text{CH(OH)} & \longrightarrow & \text{CH}_2\\
| & & | & & |\\
\text{CH}_2 & & \text{CH}_2 & & \text{CH}_2\\
| & & | & & |\\
\text{COOH} & & \text{COOH} & & \text{COOH}\\
\alpha\text{-Ketosäure} & & \text{Äpfelsäure} & & \text{Bernsteinsäure}
\end{array}
$$

Die Enolform gibt dann bei der Reduktion die ungesättigte Fumarsäure:

$$
\begin{array}{ccc}
\text{COOH} & & \text{COOH}\\
| & & |\\
\text{C(OH)} & & \text{CH}\\
\| & \longrightarrow & \|\\
\text{CH} & & \text{CH}\\
| & & |\\
\text{COOH} & & \text{HOOC}\\
\text{Enolform} & & \text{Fumarsäure}
\end{array}
$$

Der Übergang der Aminosäure in die α-Ketosäure ist durch die Bildung eines **Zwischen**produktes, eines Iminosäurehydrats, erklärt:

$$
\begin{array}{ccc}
\text{COOH} & & \text{COOH}\\
| & & |\quad\;\text{OH}\\
\text{CH(NH}_2) & & \;\;\diagup\\
| & \xrightarrow{\;+\,\text{O}\;} & \text{C}\\
\text{CH}_2 & & \;\;\diagdown\\
| & & |\quad\;\text{NH}\\
\text{COOH} & & \text{CH}_2\\
& & |\\
& & \text{COOH}\\
\text{Asparaginsäure} & & \text{Iminosäurehydrat}
\end{array}
$$

Bacillus fluorescens liquefaciens gedeiht gut in einem Nährboden, der neben NaCl, Na_2HPO_4 und K_2HPO_4 als einzige Quelle für C und N Asparagin enthält. Hydrolyse der N-haltigen Gruppen: diejenige der Amidogruppe erfolgt sehr schnell, die der Asparaginsäuregruppe langsamer. Nach hinreichender Zeit findet man 90% des Gesamt-N als NH_3. Gegenwart vergärbarer Zucker verzögert die beschriebenen Vorgänge, wenn man den Nährboden durch Zusatz von $CaCO_3$ alkalisch hält; überläßt man ihn der Säuerung, so beschränkt sich die Hydrolyse auf die Amidogruppe. Es scheint, daß der Angriff auf das Molekül der Asparaginsäure nicht notwendig an Mikrobenentwicklung geknüpft ist; scheint in Gegenwart leichter ausnutzbarer Energiequellen ebenso stark angegriffen zu werden[7].

---

[1] Henri Coupin, Compt. de l'Acad. des Sc. **160**, 151—152 [1915].

[2] Hartwig Franzen u. F. Egger, Zeitschr. f. physiol. Chemie **90**, 311—354 [1914]; Chem. Centralbl. **1914**, I, 2010.

[3] G. Gaßner, Centralbl. f. Bakt. u. Parasitenk. I. Abt. **80**, 258—264 [1917]; Chem. Centralbl. **1918**, I, 460.

[4] Max Blöch, Centralbl. f. Bakt. u. Parasitenk. II. Abt. **48**, 44 [1917]; Chem. Centralbl. **1918**, I, 225.

[5] A. Blanchetière, Annales de l'Inst. Pasteur **34**, 392 [1920]; Chem. Centralbl. **1920**, III, 520.

[6] A. Blanchetière, Compt. rend. de l'Acad. des Ssc. **163**, 206 [1916]; Chem. Centralbl. **1916**, II, 934.

[7] A. Blanchetière, Annales de l'Inst. Pasteur **31**, 291—312 [1917]; Chem. Centralbl. **1917**, II, 694.

Bei der Einwirkung von Bacillus fluorescens liquefaciens Flügge auf das Asparagin konnten in merklichen Mengen als Abbauprodukte nachgewiesen werden: Essigsäure, Äpfelsäure, Bernsteinsäure, Fumarsäure und Kohlensäure, in Spuren Malonsäure, keine Aldehyde oder Ketone und kein β-Alanin. Die Äpfelsäure kann stets während der ersten Wochen der Kultur nach dem Verfahren von Denigès nachgewiesen werden, aber stets nur in geringer Menge und verschwindet zuletzt vollständig. Die Menge der Fumarsäure scheint bei den verschiedenen Rassen des Bac. fluorescens zu wechseln; Rassen, die jene ohne Bernsteinsäure bilden, wurden nicht beobachtet. Essigsäure findet sich schon nach 8 Tagen in nachweisbarer Menge, erreicht ihr Maximum in der dritten bis vierten Woche, vermindert sich dann langsam und verschwindet schließlich ganz oder fast ganz. Die Kohlensäure nimmt regelmäßig von Anfang bis Ende der Gärung zu[1]).

Das Asparagin wird besser als Ammoniumsalz bei der Gärung von der Hefe zur Eiweißsynthese ausgenutzt. Das Asparagin wird zuerst desamidiert, nachher findet auch Desamidierung der entstehenden Asparaginsäure statt[2]). Stickstoffquelle für Hefe[3]). Bei Oidium wirken Maltose und Saccharose, bei Aspergillus Dextrose und Maltose stark säurebindend durch starke Förderung der Spaltung des als N-Quelle dienenden Asparagin zu NH_3[4]).

Die Ehrlichsche Theorie der Bildung von Alkoholen aus Aminosäuren bei der Gärung wurde durch quantitative Versuche mit Asparagin bestätigt. — Die Effrontsche Amidase erzeugt aus Asparagin nicht nur eine flüchtige Säure, sondern auch eine nichtflüchtige, wahrscheinlich Äpfelsäure[5]).

Die Zugabe von Asparagin beschleunigt die Wirkung von Speichel, Pankreatin, gereinigtem Pankreas und Malzamylase. Bei Verwendung von Malzextrakt oder Präparaten aus Aspergillus oryzae konnte keine Aktivierung festgestellt werden. — Die gleichzeitige Zugabe von asparaginsaurem Natrium und Asparagin bewirkt keine erhöhte Aktivität[6]).

Die Umwandlung des Asparagins in den Pflanzen durch die vegetabilischen Enzyme bei Gegenwart von Sauerstoff beruht teilweise auf einem Oxydationsprozeß, bei dem Acetaldehyd, Ameisensäure, Essigsäure, vielleicht auch Propionsäure und kleine Mengen von Bernsteinsäure sich nebeneinander bilden[7]).

Spargelverabreichung fortgesetzt bei akuten und chronischen hydropischen Nephritiden zeigt günstige Erfolge[8]). Nach Darreichung von l-Asparagin an phlorrhizindiabetische Hunde wird Dextrose gebildet, die im Harn ausgeschieden wird. 3 C-Atomen des Asparagins umwandeln in Dextrose[9]).

Pkysikalische und chemische Eigenschaften des l-Asparagins. $[\alpha]_D^{34} = -6,7°$, $[\alpha]_{vi}^{34} = -14,7°$ ($p = 1,961$ in Wasser), die Drehung nimmt mit wachsender Temperatur zu; $[\alpha]_D^{14} = +29,2°$ ($p = 8,942$ in 1,5 Mol. und HCl); $[\alpha]_D^{25} = -8,8°$ ($p = 12,44$ in 1 Mol. n-NaOH)[10]).

Physikalische und chemische Eigenschaften des d, l-Asparagins: Löslichkeit bei 20—25° in Wasser 2,40 g, in 100 g 50 proz. Pyridin 0,15 g, in 100 g reinem Pyridin 0,03 g[11]).

Erweist sich gegen saure Hydrolyse wesentlich resistenter als das Glutamin. Bei 24 stündiger Hydrolyse mit 20 proz. Salzsäure bei 20° spalten sich nur 19,8% seines gesamten Ammo-

[1]) A. Blanchetière, Annales de l'Inst. Pasteur **34**, 392 [1920]; Chem. Centralbl. **1920**, III, 520.

[2]) W. Zaleski u. W. Israilsky, Berichte d. Deutsch. botan. Gesellschaft **32**, 472—479 [1914]; Chem. Centralbl. **1915**, I, 61.

[3]) Th. Bokorny, Chem. Ztg. **40**, 366—368 [1916]; Chem. Centralbl. **1916**, II, 273.

[4]) Friedrich Boas u. Hans Leberle, Biochem. Zeitschr. **92**, 170—187 [1918]; Chem. Centralbl. **1919**, I, 475.

[5]) Leslie Herbert Lampitt, Biochem. Journ. **13**, 459—486 [1919]; Chem. Centralbl. **1920**, I, 685.

[6]) H. C. Sherman u. Florence Walker, Journ. of Amer. Chem. Soc. **41**, 1866—1873 [1919]; Chem. Centralbl. **1920**, I, 657.

[7]) G. Ciamician u. C. Ravenna, Gazz. chim. ital. **50**, II, 13—45 [1920]; Chem. Centralbl. **1921**, I, 95.

[8]) Adolf Schnee, Münch. med. Wochenschr. **64**, 1059 [1917]; Chem. Centralbl. **1917**, II, 481.

[9]) Otto Nitsche, Beitr. Phys. **1**, 53—89 [1914]; Chem. Centralbl. **1914**, II, 60.

[10]) George William Clough, Journ. Chem. Soc. London **107**, 96 [1915]; Chem. Centralbl. **1915**, I, 881 und Journ. Chem. Soc. London **107**, 1509—1519 [1915]; Chem. Centralbl. **1916**, I, 144.

[11]) William M. Dehn, Journ. of Amer. Chem. Soc. **39**, 1399—1404 [1917]; Chem. Centralbl. **1918**, I, 49.

niaks ab. — Die CO · NH$_2$-Gruppe des Asparagins wird durch salpetrige Säure nicht angegriffen[1]).

Langheld erhielt bei der Oxydation von Asparagin mit Natriumhypochlorit ein Produkt, welches er als Halbaldehyd der Malonsäure auffaßte, aber nur in Form eines Phenylhydrazons vom Schmelzp. 239—240° isolieren konnte[2]).

Nach O. Winterstein[3]) wird Asparagin durch Xanthydrol nicht gefällt. Es entstehen aber Verbindungen mit Pyrrol, Indol und Skatol.

Wird Asparagin selbst mit Invertzucker oder Saccharose in wässeriger Lösung im Autoklaven auf 105—130° erhitzt, so entstehen stark farbige N-haltige Produkte, die nur zum Teil in 96 proz. Alkohol löslich waren und den, früher aus Melasse dargestellten, ähnelten. Beim Erhitzen beider Zucker allein mit Wasser entstehen sehr ähnliche, aber in Alkohol leicht lösliche Produkte. Da Asparagin und Asparaginsäure eine weit größere Ausbeute (14,4 und 12,6% der verwendeten Aminosäure) an in Alkohol unlöslichem Farbstoff geben als Glutaminsäure (1,3%) und ersterer Farbstoff auch viel N-reicher ist, so ist möglicherweise das Asparagin die Muttersubstanz der meisten Farbe der Zuckerfabriksprodukte[4]).

Verhalten in alkalischer Lösung bei der Zersetzung von Glucose: einbasische Säure; in saurer Lösung bei der Inversion von Rohrzucker: 1_{24} säurige Base[5]). Die Oxydation der gelösten Sulfite zu Sulfat wird durch die Gegenwart von Asparagin verlangsamt[6]).

Derivate: Asparaginquecksilber, Quecksilbersulfat[7]) [NH$_2$—CO—CH(NH$_2$)—CH$_2$—COO]$_2$Hg, HgSO$_4$. — Durch Lösen von Quecksilbersulfat in siedender konz. Asparaginlösung und Eingießen der kalten Lösung in Alkohol. — Flockiger Niederschlag. Zersetzt sich beim Erhitzen, ohne zu schmelzen. Unlöslich in Wasser und Alkohol, löslich in warmen Säuren. Kaliumhydroxyd zersetzt es in der Hitze unter Bildung von Quecksilbermetall.

Chromsalz des Asparagins[7]) [NH$_2$—CO—CH(NH$_2$)—CH$_2$—COO]$_3$Cr, H$_2$O. Aus Asparagin in siedender konz. Lösung mit Chromacetat. Amarantrote Nadeln aus Wasser. — Zersetzt sich über 200°, wenig löslich in kaltem Wasser. — Die wässerige Lösung reagiert alkalisch, ist unlöslich in Alkohol. — Verliert bei 180° nur einen Teil des Krystallwassers.

Asparaginnickel[7]) [NH$_2$—CO—CH(NH$_2$)—CH$_2$—COO]$_2$Ni, 2 H$_2$O. — Aus Asparagin und Nickelhydroxyd in siedendem Wasser. — Blaue quadratische Tafeln aus verdünntem Alkohol. — Zersetzt sich über 200°, wenig löslich in Wasser und Alkohol, leicht löslich in heißem verdünntem Alkohol. Die wässerige Lösung reagiert alkalisch. Verliert bei 180° nur einen Teil des Krystallwassers.

Asparaginkobalt[7]) [NH$_2$—CO—CH(NH$_2$)—CH$_2$—COO]$_2$Co, 3 H$_2$O. — Darstellung wie die Nickelverbindung. Amarantrote Blättchen aus verdünntem Alkohol. Zersetzt sich über 200°; schwer löslich in kaltem Wasser.

Silbersalz[8]) C$_4$H$_7$O$_3$N$_2$Ag. Farblose Krystalle. Absorbiert bei + 10° 1 Mol. NH$_3$, bei — 18° 2 Mol. NH$_3$.

Methylenasparagin[9]) NH$_2$ · CO · CH$_2$ · C(N : CH$_2$) · COOH. **Salze:** BaC$_{10}$H$_{14}$O$_6$N$_4$ + 3 H$_2$O. Farblose Masse, sehr leicht löslich in Wasser. — CaC$_{10}$H$_{14}$O$_6$N$_4$ + 4 H$_2$O. Farbloses Pulver, sehr leicht löslich in Wasser.

Phenylacetylasparagin C$_{12}$H$_{14}$O$_4$N$_2$, synthetisch dargestellt, scheidet sich aus wässeriger Lösung krystallinisch ab[10]).

[1]) H. Thierfelder u. E. von Cramm, Zeitschr. f. physiol. Chemie **105**, 58—82 [1919]; Chem. Centralbl. **1919**, III, 425.

[2]) H. Drysdale Dakin, Biochem. Journ. **11**, 79—95 [1917]; Chem. Centralbl. **1917**. II, 799.

[3]) E. Winterstein, Zeitschr. f. physiol. Chemie **105**, 25—31 [1919]; Chem. Centralbl. **1919**, IV, 421.

[4]) Vl. Staněk, Zeitschr. f. Zuckerind. Böhmen **41**, 607—614 [1917]; Chem. Centralbl. **1917**, II, 141.

[5]) H. J. Waterman, Chem. Weekblad **14**, 1126—1131 [1917]: Chem. Centralbl. **1918**. I, 705.

[6]) Emile Saillard, Compt. rend. de l'Acad. des Sc. **160**, 318 [1915]; Chem. Centralbl. **1915**, I, 932.

[7]) A. Bernardi, Gazz. chim. ital. **49**, II, 318 [1920]; Chem. Centralbl. 1920, III, 232.

[8]) G. Bruni u. G. Levi, Gazz. chim. ital. **46**, II, 235—246 [1916]; Chem. Centralbl. **1917**, I, 7.

[9]) Hartwig Franzen u. Ernst Fellmer, Journ. f. prakt. Chemie **95**, 299—311 [1917]; Chem. Centralbl. **1917**, II, 801.

[10]) H. Thierfelder u. C. P. Sherwin, Berichte d. Deutsch. Chem. Gesellschaft **47**, 2630 bis 2634 [1914]; Chem. Centralbl. **1914**, II, 1245—1246.

Glutaminsäure (Bd. IV, S. 607; Bd. IX, S. 115).

Vorkommen: Glutamin kommt in der Sorghumpflanze vor[1]). In der Hefe[2]). Wenig in getrocknetem Kabeljau[3]). In einem Dauerpräparat aus Fleischbrühe wurden in dem alkoholischen Teil 0,6%, in dem alkoholunlöslichen Teil 1,1% Glutaminsäure gefunden[4]).

In dem wässerigen Dialysat eines Fleischbrühedauerpräparates wurde 7,0% Glutaminsäure gefunden[4]). Im Ochsengehirn 0,1%[5]). In der Milch 0,0054%[6]). Konnte im Blute normaler Schlachttiere nachgewiesen werden[7]). Die Melasse enthält 3—8% von aus Glutamin gebildeter l-Glutaminsäure[8]).

Bildung: Bei der Autolyse der Hefe[9]). Bei der Aufspaltung des Hefeeiweißes werden vom Gesamt-N 6% als Glutaminsäure erhalten[10]). Bei der 2stündigen Hydrolyse mit siedendem 10proz. HCl des aus den Samen des griechischen Heues gewonnenen Nucleoproteids entsteht 35,71% Glutaminsäure[11]). Arachin von Arachis hypogaea enthält 16,69% Glutaminsäure[12]). Das in Alkohol lösliche Protein von Andropogon sorghum, das Kafirin, enthält 21,23% Glutaminsäure[13]). Bei der Hydrolyse des Globulins der Cocosnuß wurde 19,07% Glutaminsäure gefunden[14]).

Bei der Hydrolyse des Stizolobins des Globulins der chinesischen Samtbohne, Stizolobium niveum[15]): 14,59%.

Im Laufe der Isolierung des Dibromtyrosins aus Primnoastengeln wurde bei der Fraktionierung in analysenreinem Zustande auch Glutaminsäure isoliert[16]). Im $HgSO_4$-Niederschlag aus hydrolysiertem Caseinogen, wahrscheinlich in Verbindung mit Tryptophan[17]). Bei der Hydrolyse des Caseins (Caseinogens) 21,77%[18]). Bei der Hydrolyse der Gelatine wurde 5,8% Glutaminsäure gefunden[19]).

Der Stickstoffgehalt von Neurokreatin besteht zu 25,21% N aus Glutaminsäure, Asparaginsäure, Tyrosin, Leucin, Isoleucin, Alanin oder Glykokoll[20]).

[1]) J. J. Willaman, R. M. West, D. O. Spriesterbach u. G. E. Holm, Journ. of agricult. research **18**, 1—31 [1919]; Chem. Centralbl. **1921**, I, 92.

[2]) Jacob Meißenheimer, Zeitschr. f. physiol. Chemie **104**, 229—289. [1919]; Chem. Centralbl. **1919**, III, 273.

[3]) K. Yoshimura u. M. Kanai, Zeitschr. f. pyhsiol. Chemie **88**, 346—351 [1913]; Chem. Centralbl. **1914**, I, 681.

[4]) Ernst Waser, Zeitschr. f. Unters. d. Nahrungs- u. Genußmittel **40**, 289—345 [1920]; Chem. Centralbl. **1921**, II, 704.

[5]) Tomihide Shimizu, Biochem. Zeitschr. **117**, 252 [1921]; Chem. Centralbl. **1921**, III, 492.

[6]) J. E. Pichon-Vendeuil, Bull. des sciences pharmacol. **28**, 360—367 [1921]; Chem. Centralbl. **1922**, I, 55.

[7]) Emil Abderhalden, Zeitschr. f. physiol. Chemie **88**, 478—483 [1913]; Chem. Centralbl. **1914**, I, 1021.

[8]) Vl. Staněk, Zeitschr. f. Zuckerind. Böhmen **39**, 191—197 [1915]; Chem. Centralbl. **1915**, I, 639.

[9]) Jacob Meißenheimer, Wochenschr. f. Brauerei **32**, 325 [1915]; Chem. Centralbl. **1915**, II, 1259.

[10]) Jacob Meißenheimer, Zeitschr. f. physiol. Chemie **114**, 205 bis 249 [1921]; Chem. Centralbl. **1921**, III, 1289.

[11]) H. E. Wunschendorff, Journ. de Pharm. et de Chim. [7] **20**, 86—88 [1919]; Chem. Centralbl. **1919**, III, 1065.

[12]) Carl O. Johns u. D. Breese Jones, Journ. of Biolog. Chem. **36**, 491—500 [1918]; Chem. Centralbl. **1919**, I, 743.

[13]) D. Breese Jones u. Carl O. Johns, Journ. of Biolog. Chem. **36**, 323—334 [1918]; Chem. Centralbl. **1919**, I, 743.

[14]) D. Breese Jones u. Carl O. Johns, Journ. of Biolog. Chem. **44**, 283—301 [1920]; Chem. Centralbl. **1921**, I, 456.

[15]) D. Breese Jones u. Carl O. Johns, Journ. of Biolog. Chem. **40**, 435 [1919]; Chem. Centralbl. **1920**, III, 716.

[16]) Carl Th. Mörner, Zeitschr. f. physiol. Chemie **88**, 138—154 [1913]; Chem. Centralbl. **1914**, I, 478.

[17]) Herbert Onslow, Biochem. Journ. **15**, 392—399 [1921]; Chem. Centralbl. **1921**, IV, 1299.

[18]) Frederick William Foreman, Biochem. Journ. **13**, 378 [1919]; Chem. Centralbl. **1920**, I, 683.

[19]) H. D. Dakin, Journ. of Biolog. Chem. **44**, 499—529 [1920]; Chem. Centralbl. **1921**, I, 454.

[20]) Burt E. Nelson, Journ. of Amer. Chem. Soc. **38**, 2558—2561 [1916]; Chem. Centralbl. **1917**, I, 658.

Bei der Hydrolyse der Eischale des Seidenspinners 4,16%[1]).

Darstellung: Kann rein aus Melasseschlempe nicht gewonnen werden[2]).

Das durch Zusatz von konz. Salzsäure oder Einleiten von gasförmiger Salzsäure in betainhaltige oder betainfreie Schlempen, Melassen usw. erhaltene Gemisch von Alkalichloriden und Glutaminsäurehydrochlorid wird zwecks Überführung der Glutaminsäure in das leicht lösliche Glutaminsäureäthylesterchlorhydrat mit Alkohol und gasförmiger Salzsäure behandelt, von den unlöslichen Alkalichloriden abgetrennt, das glutaminsäurehaltige Filtrat zur Sirupdicke eingedampft und der Rückstand durch Kochen mit Wasser verseift[3]).

Darstellung von Glutaminsäure aus Melasseentzuckerungsabfallaugen[4]). 1 kg der auf 78° Balling eingedickten Abfallauge der Melasseentzuckerung wird unter stetem Rühren allmählich mit 150 g konz. 98proz., mit 200 ccm Wasser verdünnter Schwefelsäure versetzt. Nach dem Abkühlen des Gemisches auf 55° wird schnell vom Kaliumsulfat abfiltriert; das Filtrat läßt man 18—24 Stunden stehen. — Die mit Kaliumsulfat verunreinigten Krystalle der Glutaminsäure (mikroskopisch kleine Nadeln), etwa 150 g, werden mit der doppelten Menge siedendem Wasser behandelt, wobei Kaliumsulfat meist ungelöst bleibt, und heiß filtriert. Von dem anfänglich sich abscheidenden Kaliumsulfat wird abgegossen. Die sich dann abscheidende Glutaminsäure ist wiederholt aus heißem Wasser umzukrystallisieren; zuletzt ist die heiße Lösung mit 2—3 g Blutkohle zu entfärben und heiß zu filtrieren; das Filtrat liefert farblose Krystalle reiner Glutaminsäure, etwa 30 g, mit einem Schmelzpunkt von 201—203° und dem Drehungsvermögen $[\alpha]_D = + 12,04$[4]).

1 kg der auf 78° Balling eingedickten Abfallauge wird mit 810 g 40proz. Phosphorsäure (spez. Gewicht 1,266) versetzt. Nach dem Abkühlen auf 45° wird vom Kaliumphosphat abfiltriert; die aus dem Filtrat nach 12—18 Stunden gewonnene weitere Krystallmenge enthält neben Kaliumphosphat den größten Teil der hiernach überhaupt gewinnbaren Glutaminsäure. Durch wiederholtes Umkrystallisieren ist schließlich reine Glutaminsäure in etwa der gleichen Menge, wie mit Schwefelsäure zu erzielen. — Man kann auch nach dem Zusatz der Phosphorsäure unmittelbar 48 Stunden stehenlassen, den Krystallbrei mit Wasser auskochen und die in Lösung befindliche Glutaminsäure durch Umkrystallisieren reinigen.

Auf 1 kg eingedickte Lauge der Melasseentzuckerung werden 450 g Weinsäure in Form einer etwa 30proz. Lösung verwendet. Nach 1 Stunde wird vom abgeschiedenen sauren weinsauren Kalium abfiltriert, das Filtrat auf dem Wasserbade auf etwa 15° Balling eingedampft und die Lösung mit einigen Krystallen Glutaminsäure geimpft. Im Verlaufe von 12 Stunden ist die Glutaminsäure auskrystallisiert. — Zweifaches Umkrystallisieren aus heißem Wasser — das zweite Mal wird mit wenig Blutkohle entfärbt — liefert farblose Krystalle in einer Ausbeute von etwa 60 g[4])[5]).

Nachdem die viel Glutaminsäure abspaltenden Eiweißstoffe der Hydrolyse, z. B. mit Salzsäure, unterworfen sind, wird die saure Lösung, in noch heißem Zustande filtriert und mit Alkali oder Erdalkalihydroxyden oder mit Alkali- oder Erdalkalicarbonaten so weit neutralisiert, daß die freie und an Aminosäure gebundene HCl gerade abgestumpft wird, die freigemachten Aminosäuren aber vom Neutralisationsmittel nicht erreicht werden. Man kühlt die Flüssigkeit ab und läßt einige Tage stehen. Glutaminsäure scheidet sich in Form feinen Schlamms ab. Zur Reinigung wird der Rückstand mit heißem Wasser gelöst, wobei der harzige Stoff zurückbleibt[6]).

Zur Darstellung aus dem salzsauren Salz dampft man 2 Teile mit 1 Teil Anilin und 5 Teilen 95proz. Alkohol bis zur breiartigen Konsistenz ein, entzieht dem Rückstand das salzsaure Anilin mit kaltem Alkohol und krystallisiert die zurückbleibende Säure aus siedendem Wasser um. — Durch Neutralisation von salzsaurer Glutaminsäure mit Kalkmilch entsteht das in 90proz. Alkohol unlösliche, in Wasser leicht lösliche Doppelsalz $CaC_{10}H_{16}O_8N_2 + CaCl_2 +$

[1]) Masaji Tomita, Biochem. Zeitschr. **116**, 40 [1921]; Chem. Centralbl. **1921**, III, 359.

[2]) H. Stolzenberg, Centralbl. f. d. Zuckerindustrie **22**, Nr. 5, S. 2; Chem. Centralbl. **1914**, I, 22.

[3]) Melasse-Schlempe G. m. b. H. Berlin, Kl. 12q, Nr. 280 824; Chem. Centralbl. **1915**, I, 31.

[4]) K. Andrlik, Zeitschr. f. Zuckerind. Böhmen **39**, 387—391 [1915]; Chem. Centralbl. **1915**, II, 265.

[5]) H. Pellet, La industria azucarera hispano-americana 1915, 15./10; Bull. de l'Assoc. des Chim. de Sucr. et Dist. **33**, 184—185 [1916]; Chem. Centralbl. **1917**, I, 1075.

[6]) Arnold Corti, D. R. P. Kl. 12q, Nr. 301499 v. 10. Okt. 1916 (22. Okt. 1917): Verfahren zur Trennung der Glutaminsäure von anderen Aminosäuren. — Chem. Centralbl. **1918**, I, 53.

H_2O; $[\alpha]_D^{30} = -2,25°$ (5,0914 g in 100 ccm Wasser). Reagiert schwach alkalisch. Das in der Literatur angegebene Verfahren zur Darstellung von Glutaminsäure aus dem salzsauren Salz durch Behandlung mit Kalkmilch und Lösen des entstandenen Chlorcalcium in Alkohol ist infolge Bildung dieser Doppelsalze nicht gangbar[1]).

Nachweis und Bestimmung: Die Methode von Foreman beruht auf der Unlöslichkeit der Ca-Salze von Glutamin- und Asparaginsäure in wässerigem Alkohol[2]).

Physiologische Eigenschaften: Durch bakterielle Zersetzung der Glutaminsäure wird γ-Aminobuttersäure erhalten[3]).

Der phenolbildende Bacillus phenologenes entwickelt sich anscheinend nicht auf Nährböden für die Isolierung acidaminolytischer Mikroben mit Glutaminsäure usw.[4]). Wurde als N-Quelle für Preßhefe geprüft[5]).

Liefert weder mit Leberbrei noch bei Durchblutung der überlebenden Leber Glykokoll[6]). Hemmt die Glykogenbildung der Leber von Ratten[7]). Bei der Durchströmung der Leber von Hunden und Kaninchen mit Blut mit Zusatz von Glutaminsäure wird der Harnstoffgehalt des Blutes gesteigert[8]). Die Verabreichung der Glutaminsäure führt an mit Phlorrhizin vergifteten Hunden zu einer Ausscheidung von Dextrose im Harn. Es läßt sich nicht feststellen, ob die Glutaminsäure mit 2 C-Atomen oder mit 3 C-Atomen in Zucker umgewandelt wird[9]).

Beim vorher hungernden Menschen verursacht Glutaminsäure vermehrte Ausscheidung von Harnsäure, so daß der Höchstwert innerhalb der ersten 2 Stunden auftrat[10]). Bei der Aufnahme von Phenylessigsäure durch den Menschen wird, unabhängig von der Höhe der Dosis allemal etwa 50% der Säure durch Verbindung mit Glutamin entgiftet. Die höchste Glutaminbindung wurde nach Einnahme von 15 g der Säure mit 7,5225 g Glutamin erhalten; die Menge des ausgeschiedenen Phenylacetylglutamins betrug in diesem Fall 14,75 g[11]).

Die biologische Wertigkeit der d-Glutaminsäure (Entbehrlichkeit oder Unersetzlichkeit) im tierischen Organismus ist noch nicht geklärt[12]).

Physikalische und chemische Eigenschaften der d-Glutaminsäure. Zeigt sich optisch inaktiv bei der Bildung durch Hydrolyse aus dem racemisierten Kuhmilchcasein, optisch inaktiv und d bei der Bildung aus dem Schafmilchcasein[13]).

$$[\alpha]_D = + 12,62° \ (0)$$
$$+ 27,91° \ (1,01) \qquad + 32,36° \ (4,53)$$
$$- 4,73° \ (0,99) \qquad + 10,22° \ (2,47)$$
$$+ 10,90° \ (5,96) \text{ in NaOH}[14]).$$

Die Zahlen in Klammern bedeuten das Verhältnis der Säure oder Base zur Aminosäure. $[\alpha]_D^{15} = + 10,3°$; $[\alpha]_{Hg\ grün}^{15} = + 13,1$; $[\alpha]_D^{60} = + 6,9°$ ($p = 0,99$ in Wasser); $[\alpha]_D^{44} = + 10,3°$; $[\alpha]_D^{75} = + 7,8°$ ($p = 2,91$ in Wasser)[15]).

[1]) L. Hugounneng u. G. Florence, Bull. de la Soc. chim. [4] **27**, 750 [1920]; Chem. Centralbl. **1920**, III, 878.

[2]) Frederick William Foreman, Biochem. Journ. **9**, 463—480 [1914]; Chem. Centralbl. **1916**, I, 1097.

[3]) H. Drysdale Dakin, Biochem. Journ. **11**, 79—95 [1917]; Chem. Centralbl. **1917**, II, 799.

[4]) Albert Berthelot, Annales de l'Inst. Pasteur **32**, 17—36 [1918]; Chem. Centralbl. **1918**, II, 130.

[5]) K. J. Waterman, Folia microbiol. **2**, Heft 2, 7 Seiten [1913]; Chem. Centralbl. **1914**, I, 484.

[6]) Georg Haas, Biochem. Zeitschr. **76**, 76—87 [1916]; Chem. Centralbl. **1916**, II, 584.

[7]) Alfred Tschannen, Biochem. Zeitschr. **59**, 202—225 [1914]; Chem. Centralbl. **1914**, I, 1096.

[8]) Wilhelm Löffler, Biochem. Zeitschr. **76**, 55—75 [1916]; Chem. Centralbl. **1916**, II, 583.

[9]) Bruno Warkalla, Beitr. Phys. **1**, 91—112 [1914]; Chem. Centralbl. **1914**, II, 60.

[10]) Howard B. Lewis, Max S. Dunn u. Edward A. Doisy, Journ. of Biolog. Chem. **36**, 9—26 [1918]; Chem. Centralbl. **1919**, I, 485.

[11]) Carl P. Sherwin, Max Wolf u. William Wolf, Journ. of Biolog. Chem. **37**, 113—119 [1919]; Chem. Centralbl. **1919**, I, 879.

[12]) Emil Abderhalden, Zeitschr. f. physiol. Chemie **96**, 1—147 [1915]; Chem. Centralbl. **1916**, I, 801—803.

[13]) Harold Ward Dudley u. Herbert Ernest Woodman, Biochem. Journ. **9**, 97—102 [1915]; Chem. Centralbl. **1916**, I, 1254.

[14]) J. Kerfoot Wood, Journ. Chem. Soc. London **105**, 1988—1996 [1912]; Chem. Centralbl. **1914**, II, 1302.

[15]) George William Clough, Journ. Chem. Soc. London **113**, 526 [1918]; Chem. Centralbl. **1919**, I, 714.

Alle untersuchten Alkali- und Erdalkalisalze erhöhen die Löslichkeit der Säure[1]).

Für neutrale Aminosäuren   für saure Aminosäuren
war die Ionenreihenfolge

| $NO_3 > S > Br > Cl$ | | $NO_3 > S > Br > Cl$ | |
| Li > Na > K | Ca > Sr > Ba | K > Na > Li | Ba > Sr > Ca |

Karrer und **Kaase**[2]) untersuchten die Gesetzmäßigkeiten der Glutaminsäurederivate bezüglich der **Walden**schen Umkehrungen, wobei die Überführung der einzelnen Derivate ineinander aus folgendem Schema ersichtlich ist.

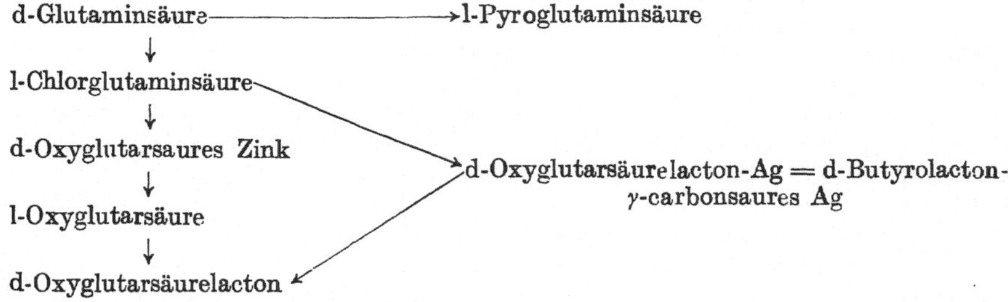

Aus den Rotationsdispersionen sieht man, daß diese für Glutaminsäure, oxyglutarsaures Zink, Oxyglutarsäure, Oxyglutarsäurelacton und dessen Silbersalz und auch für Pyroglutaminsäure alle nach einem Maximum zustreben, das im positiven Teile des Feldes liegt, gleichgültig, ob die Rotationsdispersionskurve selbst im positiven oder negativen oder in beiden Feldern verläuft. Darin dokumentiert sich wahrscheinlich irgendeine tiefere Verwandtschaft. Es wäre denkbar, daß die gleiche Richtungstendenz der Rotationsdispersionskurven auf einer gleichen Konfiguration am asymmetrischen Kohlenstoffatom beruht und daß somit alle obigen Verbindungen konfigurativ gleichartig gebaut sind. Einzig die l-Chlorglutarsäure hatte die entgegengesetzte (linke) Konfiguration. Diese Arbeitshypothese wird durch gleichen Verlauf der Kurven für Glutaminsäure und Pyroglutaminsäureester einerseits und von oxyglutarsaurem Zink, Oxyglutarsäure, Butyrolactoncarbonsäure und deren Silbersalz unterstützt. Die von **Clough**[3]) abgeleiteten Schlüsse stimmen mit den Ausführungen von **Karrer** gut überein. **Clough** ist der Ansicht, daß Phosphorpentachlorid und Thionylchlorid aus aliphatischer α-Oxycarbonsäuren ohne Konfigurationsänderung die α-Chlorcarbonsäuren erzeugen. — Dagegen soll durch Einwirkung von Nitrosylchlorid auf α-Aminocarbonsäuren und bei Einwirkung von Silberoxyd auf α-Chlorcarbonsäuren Konfigurationswechsel stattfinden. Einer dieser Sätze ist für den Fall der Glutaminsäure unrichtig. **Karrer** und **Kaase** bezeichnen alle Körper mit **d**, denen Rotationsdispersionskurven mit abnehmender Wellenlänge dem positiven Maximum zustreben und alle diejenigen mit l, bei denen diese Kurven nach einem negativen Maximum hin zunehmen. Die untersuchten Verbindungen wären also d-Glutaminsäure, d-Pyroglutaminsäure, d, α-Oxyglutaminsäure, d-Oxyglutarsaures Zink, d, α-Butyrolacton-γ-carbonsäure und d-Silbersalz, l-Chlorglutarsäure[2]).

Physikalische und chemische Eigenschaften: der d, l-Glutaminsäure: Der Schmelzpunkt der d-Glutaminsäure ist von der Geschwindigkeit des Erhitzens abhängig; auch durch Trocknen bei 110° treten Umsetzungen ein, die sich in einem Sinken des Schmelzpunktes äußern. Kocht man eine etwa 3 proz. Lösung von d-Glutaminsäure unter Rückfluß 70 Stunden, so sinkt die Acidität der Lösung, die anfängliche Rechtsdrehung schlägt in Linksdrehung um, und beim Einengen der Lösung krystallisiert fast 100 proz. linksdrehende Glutaminsäure aus. — Die in Wasser sehr leicht lösliche Glutaminsäure krystallisiert nur aus reinen Lösungen; aus einer Lösung äquivalenter Mengen von Glutiminsäure und Glutaminsäure krystallisiert keine der beiden Säuren. Die entstehende Verbindung, vermutlich glutiminsaure Glutaminsäure, bildet einen nicht krystallisierenden Sirup, der durch Wasser hydrolysiert wird, so daß durch Extraktion mit Äther beide Komponenten isoliert werden können. — Die Entstehung dieses

[1]) H. **Pfeiffer** u. S. **Würgler**, Zeitschr. f. physiol. Chemie **97**, 128—147 [1916]; Chem. Centralbl. **1916**, II, 1120.
[2]) P. **Karrer** u. W. **Kaase**, Helv. chim. acta **2**, 436 [1919]; Chem. Centralbl. **1920**, I, 366.
[3]) **Clough**, Journ. Chem. Soc. **113**, 526 [1918]; Chem. Centralbl. **1917**, I, 713; Helv. chim. acta **3**, 323 [1919]; Chem. Centralbl. **1920**, I, 772.

Salzes beim Umkrystallisieren der Glutaminsäure aus Wasser ist die Ursache der großen Verluste beim Reinigen von Glutaminsäure[1]).

Bei der Titration der Glutaminsäure gegen Phenolphthalein wird etwas mehr Natronlauge verbraucht, als sich für eine einbasische Säure berechnet. Bei der Formoltitration verhält sich Glutaminsäure wie eine nicht ganz zweibasische Säure. — Kocht man Glutaminsäure längere Zeit mit Schwefelsäure, so gehen Drehung und Acidität allmählich bis zu einem Grenzwert zurück, der um so tiefer liegt, je weniger Schwefelsäure die Lösung enthält. Außer der Lactamisation gehen in Lösungen, die 20% Schwefelsäure enthalten, noch andere Reaktionen vor sich, die ein langsames Sinken der Drehung zur Folge haben. — Wie Schwefelsäure, hält auch Salzsäure die Lactamisation der Glutaminsäure hintan. — Bei gleicher Konzentration verhindert die Salzsäure infolge ihrer größeren Dissoziation die Lactamisation der Glutaminsäure viel wirksamer als Schwefelsäure, was für die Beurteilung der bei der Hydrolyse von Eiweißkörpern durch verschiedene Säuren erhaltenen Ergebnisse von Wichtigkeit ist[1]).

Wird die wässerige Lösung der Säure gekocht, so wird sie zum großen Teile in l-Pyrrolidoncarbonsäure umgewandelt. Diese Umwandlung erfolgt in geringem Maße bei 81—83°; ebenso beim Kochen wässeriger Lösungen der Salze der Säure, aber in geringerem Maße als bei der freien Säure. Mineralsäuren, über 8% Schwefelsäure und 3% Salzsäure, verhindern die Umwandlung vollständig. — Diese Umwandlung kann bei der Trennung der Produkte einer Proteinhydrolyse auftreten. — Die Umwandlung der l-Pyrrolidoncarbonsäure in Glutaminsäure kann durch Kochen mit HCl durchgeführt werden[2]).

In Gegenwart von Neutralsalzen in wässerigen Lösungen wurden Löslichkeitsbestimmungen unternommen[3]). $K_b = 3,9 \cdot 10^{-12}$, $K_s = 1,0 \cdot 10^{-11}$; Ionisationskonstanten in Gegenwart von 1 Mol. NaOH und 1 Mol. HCl[4]). Verbraucht bei der Hydrolyse der Proteinkörper kein Br[5]).

Gibt in Form des Mononatriumsalzes mit 1 Mol. des T-Chloramins-β-aldehydopropionsäure, mit 2 Mol. große Mengen β-Cyanpropionsäure neben wenig Bernsteinsäure[6]).

Werden die Na-Salze der Glutaminsäure mit Invertzucker oder Saccharose in wässeriger Lösung im Autoklaven auf 105—130° erhitzt, so entstehen stark farbige N-haltige Produkte, die nur zum Teil in 96 proz. Alkohol löslich waren und den früher aus Melasse dargestellten ähnelten. Beim Erhitzen beider Zucker allein mit Wasser entstehen sehr ähnliche, aber in Alkohol leicht lösliche Produkte. In Alkohol unlösliche Stoffe entstehen jedoch in erheblich größerer Menge bei Asparaginsäure und Asparagin als bei Glutaminsäure, die nur 1,3% der verwandten Aminosäure an die sich bildenden Farbstoffe abgibt[7]).

Verhalten in alkalischer Lösung bei der Zersetzung von Glucose: zweibasische Säure; in saurer Lösung bei der Inversion von Rohrzucker: einsäurige Base[8]).

Die Oxydation der gelösten Sulfite zu Sulfat wird durch die Gegenwart von Glutaminsäure verlangsamt[9]).

Nach O. Winterstein[10]) wird Glutaminsäure durch Xanthydrol nicht gefällt. Es entstehen aber Verbindungen durch Pyrrol, Indol, Skatol.

[1]) Vlad. Škola, Zeitschr. f. Zuckerind. d. Tschechoslowakei **44**, 347 [1920]; Chem. Centralbl. **1920**, III, 619 u. 620.

[2]) Frederick William Foreman, Biochem. Journ. 8, 184—193 [1914]; Chem. Centralbl. **1916**, I, 1098.

[3]) P. Pfeiffer, Berichte d. Deutsch. Chem. Gesellschaft 48, 1938—1943 [1915]; Chem. Centralbl. **1916**, I, 15.

[4]) J. Kerfoot Wood, Journ. Chem. Soc. London **105**, 1988 [1914]; Chem. Centralbl. **1914**, II, 1302.

[5]) M. Siegfried u. H. Reppin, Zeitschr. f. physiol. Chemie **95**, 18—28 [1915]; Chem. Centralbl. **1916**, I, 513.

[6]) H. Drysdale Dakin, Biochem. Journ. **11**, 79—95 [1917]; Chem. Centralbl. **1917**, II, 799.

[7]) Vl. Staněk, Zeitschr. f. Zuckerind. Böhmen **41**, 607—614 [1917]; Chem. Centralbl. **1917**, II, 141.

[8]) H. J. Waterman, Chemisch Weekblad **14**, 1126—1131 [1918]; Chem. Centralbl. **1918**, I, 705.

[9]) Emile Saillard, Compt. rend. de l'Acad. des Soc. **160**, 318 [1913]; Chem. Centralbl. **1915**, I, 932.

[10]) E. Winterstein, Zeitschr. f. physiol. Chemie **105**, 25—31 [1919]; Chem. Centralbl. **1919**, IV, 421.

Derivate der d-Glutaminsäure: d-Butyrolacton-γ-carbonsaures Silber [1]

$$C_5H_5O_4Ag = AgOOC \cdot CH - CH_2 - CO$$
$$|\!-\!-\!-O\!-\!-\!-\!|$$

Beim Kochen von 2,5 g l-α-Chlorglutarsäure mit Silberoxyd in absol. Alkohol. — Nadeln, sehr leicht löslich in Wasser, wenig löslich in kaltem, leicht löslich in heißem Alkohol; unlöslich in Äther.

Strychninsalz [2], beginnende Zersetzung oberhalb 200°, Schmelzp. 225—230°, sehr leicht löslich in Wasser, so gut wie unlöslich in trockenen Alkoholen; $[\alpha]_D^{20} = -25,5°$ ($C = 2$).

Brucinsalz [2], lange, dicke, prismatische, wasserhaltige Nadeln aus Wasser, Schmelzp. etwa 101° nach vorherigem Erweichen, wasserfrei aus Methylalkohol, rhombische Prismen, langsame Zersetzung oberhalb 170° ohne Schmelzpunkt bis etwa 240°; $[\alpha]_D^{20} = -23°$ ($c = 2$, wasserfrei).

Derivate der d, l-Glutaminsäure: Kupfersalz [3] $(C_5H_9O_4N)_5 + 4\,CuO + 7,5\,H_2O$. — Entsteht durch Sättigen einer wässerigen Lösung von salzsaurer Glutaminsäure mit Kupferhydroxyd in der Kälte und Eindampfen im Vakuum. — Dunkelblaue, zentrisch gruppierte Prismen. 1 l Wasser löst bei 24,5° 1,076 g des Salzes.

Zeigt dieselbe therapeutische Wirkung als $CuSO_4$ [4].

Cadmiumsalz [3] $(C_5H_7O_4N)Cd$. Durch Neutralisation von salzsaurer Glutaminsäure mit Cadmiumhydroxyd. — Schwer lösliche Nädelchen.

Das **salzsaure Salz** liefert mit den Oxyden von Quecksilber, Nickel und Kobalt chlorfreie Niederschläge. Die Glutaminate von Barium und Zink entstehen durch direkte Einwirkung von Glutaminsäure auf die Oxyde oder aus dem salzsauren Salz. Mit den Oxyden von Barium, Zink, Quecksilber, Nickel, Kobalt, Cadmium konnten keine Doppelsalze erhalten werden [3].

Primäres Ammoniumsalz [5] $(NH_4) \cdot C_5H_8O_4N$. Entsteht beim Einengen von mit Ammoniak übersättigten Glutaminsäurelösungen.

Halogenhydrate. Chlorhydrat der aktiven Glutaminsäure [6] rhombisch $0,8852 : 1 : 0,3866$, der inaktiven Säure desgleichen.

Bromhydrat der aktiven Säure rhomb.: $0,7884 : 1 : 0,4033$, der inaktiven Säure desgleichen. **Jodhydrat** der aktiven Säure rhombisch $0,8835 : 1 : 0,4318$, der inaktiven Säure triklin.

Dichte: Chlorhydrat: 1,525, 1,525; **Bromhydrat:** 1,790, 1,814; **Jodhydrat:** 1,982, 2,030.

Optisch sind alle halogenhaltigen Verbindungen gleich orientiert. Mit Achsenebene (100). Die Brechungsexponenten und Achsenwinkel der sich entsprechenden aktiven und inaktiven Verbindungen sind fast gleich. Das aktive Jodhydrat weicht ab, hat Achsenebene (001), beim inaktiven liegen die Achsen in einer steilen, annähernd makrodomatischen Fläche, und die Auslöschungsschiefe auf (010) gegen die Vertikale beträgt etwa 15°. —

Spaltbarkeit aller 5 rhombischen Verbindungen folgt den Flächen von (100), beim aktiven Jodhydrat auch denen von (021); das trikline inaktive Jodhydrat zeigt sehr vollkommene Spaltbarkeit nach (001) [6].

Glutaminsäurephosphorwolframat [7].

Isoazotat [8]. Eine Mischung von Glutaminsäure (30 g), Natriumnitrit (30 g) und Natriumhydroxyd (34 g) wurde der Elektrolyse bei 0—4° unterworfen. — Die Lösung färbte sich orangegelb und es konnte daraus in unreinem Zustande eine Verbindung isoliert werden, die als Isoazotat der Glutaminsäure aufgefaßt wird. Sie enthält Stickstoff und gibt die Fichtenspanreaktion. — Mit Chlorbenzoylchlorid entsteht nach Schotten-Baumanns Verfahren ein krystallinisches Derivat vom Schmelzp. 191°, mit β-Naphthalinsulfochlorid ein solches vom Schmelzp.

---

[1]) P. Karrer u. W. Kaase, Helv. chim. acta **2**, 436 [1919]; Chem. Centralbl. **1920**, I, 367.

[2]) Henry Drysdale Dakin, Biochem. Journ. **13**, 398—426 [1919]; Chem. Centralbl. **1920**, I, 679.

[3]) L. Hugounenq u. G. Florence, Bull. de la Soc. Chim. [4] **27**, 750 [1920]; Chem. Centralbl. **1920**, III, 878.

[4]) Harry L. Huber, Journal of pharmacol. a. exp. therapeut. **11**, 303—329 [1918]; Chem. Centralbl. **1919**, III, 201.

[5]) Vlad. Škola, Zeitschr. f. Zuckerind. d. Tschechoslowakei **44**, 347 [1920]; Chem. Centralbl. **1920**, III, 619.

[6]) L. Kaplanova, Abh. böhm. Akad. **1915**, 8; N. Jahrb. f. Mineral. **1917**, 123—124; Chem. Centralbl. **1917**, II, 453.

[7]) Jack Cecil Drummond, Biochem. Journ. **12**, 5 [1918]; Chem. Centralbl. **1918**, II, 944.

[8]) Robert B. Krauss, Journ. Chem. Soc. **39**, 1427 [1917]; Chem. Centralbl. **1918**, I, 11.

185—186°. In saurer Lösung entsteht mit Anilin eine gelbe, bei Überschuß von Säure rote Färbung, mit α-Naphthylamin tiefrote, erst auf Zusatz von Alkali zum eben angesäuerten Gemisch, mit 1,8-Aminonaphthol-3, 6-disulfosäure (H) tiefblaue, mit 1, 8-Dioxynaphthalin-3, 6-disulfosäure (Chromotropsäure) violette, mit β-Naphtholnatrium gelbe. — Alle diese Farbstoffe haben nicht die gleichen färberischen Eigenschaften wie rein aromatische Azofarbstoffe[1]).

β-Naphthalinsulfo-glutaminsäure[2]). 15 g Glutaminsäure werden mit 12 g β-Naphthalinsulfochlorid in ätherischer Lösung versetzt und fügt 3 mal je 1 Mol. Natronlauge zu, filtriert die abgetrennte wässerige Lösung und säuert mit Salzsäure an. — Nach Zusatz von Salzsäure bis zu $^1/_4$ Sättigung krystallisiert die Verbindung aus. Wird aus wenig heißem Wasser umkrystallisiert. Harte, sandige Krystallmasse; mikroskopische Nadeln und sehr spitze Blätter. — Schmelzp. 165°. Wenig löslich in Chloroform, Tetrachlorkohlenstoff und Benzol, leicht löslich in kaltem Aceton. — Aus Alkohol krystallisiert es nur schwierig und unvollständig in Schuppen. — Aus Wasser fällt es leicht ölig aus. Beimengen von Verunreinigungen, z. B. β-Naphthalinsulfosäure erschweren sehr die Krystallisation.

Toluolsulfoglutaminsäure[2])

$$CH_3-C_6H_4 \cdot SO_2-NH-\overset{\displaystyle COOH}{\overset{|}{CH}} \cdot CH_2 \cdot CH_2 \cdot COOH$$

Darstellung analog wie bei der β-Naphthalinsulfoverbindung. — Krystallisiert aus heißem Wasser in Krystallen. Schmelzp. 115—117°. Leicht löslich in Wasser, wenig löslich in Kochsalzlösung, sehr leicht löslich in Alkohol und Aceton, wenig löslich in Äther, Chloroform und Tetrachlorkohlenstoff, unlöslich in Benzol.

α-Uraminoglutarsäureanhydrid $C_6H_8O_4N_2$, erhalten durch Kochen von α-Uraminoglutarsäure mit $^1/_4$ n-H_2SO_4; Krystalle aus Alkohol. Schmelzp. 168°, leicht löslich in Wasser, wenig löslich in Äther[3]).

Phenylacetylglutaminsäure[4]). Phenylacetylglutamin gibt beim Kochen mit Barytwasser neben NH_3 das Ba-Salz der Phenylacetylglutaminsäure, das ein amorphes, weißes Pulver darstellt und in wässeriger Lösung schwach rechts dreht. Die freie Säure läßt sich nicht krystallisiert erhalten. Auch die synthetische Phenylacetylglutaminsäure (aus d-Glutaminsäure und Phenylacetylchlorid in sodaalkalischer Lösung dargestellt) krystallisiert nicht, ebensowenig wie ihre Salze. Das Ba-Salz gleicht dem der aus dem Harn gewonnenen Säure, zeigt aber in wässeriger 10 proz. Lösung in einem Fall Inaktivität, in einem anderen ganz schwache Linksdrehung[4]).

Das synthetische Produkt bildet Krystalle vom Schmelzp. 122—123°; es stimmt mit der natürlichen Säure auch in der spezifischen Drehung überein. $[\alpha]_D = -19°$ in 3—10 proz. wässeriger Lösung[5]). **Bariumsalz[5])** $(C_{13}H_{14}O_5N)_2Ba$ zeigt $[\alpha]_D = 0,4°$ in 15 proz. wässeriger Lösung. — **Kaliumsalz[5])** $[\alpha]_D = 0,8°$ in 15 proz. wässeriger Lösung. **Brucinsalz[5]).** $C_{13}H_{15}O_5N \cdot 2 C_{23}H_{26}N_2O_4$. Krystalle, $[\alpha]_D = -1,37°$ in 2,7 proz. Lösung von 30 proz. Alkohol.

Nach dem Einnehmen von phenylacetylglutaminsaurem Natrium per os läßt sich in dem darauf gelassenen Harne die freie Säure unverändert wiedergewinnen[5]).

Trimethylglutaminsäure. Widersteht vollständig der saprophytischen Zersetzung; die bakterielle Abspaltung der Kohlensäure wie die des N wird durch die Methylierung verhindert[6]).

Glutaminsäurebetain[7])

$$(CH_3)_3\overset{\displaystyle N-CH \cdot CH_2 \cdot CH_2COOH}{\underset{\displaystyle O-CO}{\overset{|}{}\qquad\overset{|}{}}}$$

Goldsalz. Schmelzp. 135°; nach Eingabe von 3 g des Chlorids an eine Katze innerhalb von 2 Tagen wird 12% aus dem Harn analysenrein gewonnen.

---

[1]) **Robert B. Krauss,** Journ. Chem. Soc. **39,** 1427 [1917]; Chem. Centralbl. **1918,** I, 11.

[2]) **Peter Bergell,** Zeitschr. f. physiol. Chemie **104,** 182 [1918]; Chem. Centralbl. **1919,** I, 948.

[3]) **F. Lippich,** Zeitschr. f. physiol. Chemie **90,** 124—144 [1914]; Chem. Centralbl. **1914,** I, 1852.

[4]) **H. Thierfelder** u. **C. P. Sherwin,** Berichte d. Deutsch. Chem. Gesellschaft **47,** 2630—2634 [1914]; Chem. Centralbl. **1914,** II, 1245—1246.

[5]) **H. Thierfelder** u. **C. P. Sherwin,** Zeitschr. f. physiol. Chemie **94,** 1 [1915]; Chem. Centralbl. **1915,** II, 965.

[6]) **D. Ackermann,** Zeitschr. f. Biol. **64,** 44—50 [1914]; Chem. Centralbl. **1914,** II, 58.

[7]) **D. Ackermann** u. **F. Kutscher,** Zeitschr. f. Biol. **72,** 177—186 [1920]; Chem. Centralbl. **1921,** I, 543.

1-Arsinoxyd-4-benzoylglutaminsäure[1]) $C_{12}H_{12}O_6NAs = COOH \cdot CH(CH_2 \cdot CH_2 \cdot COOH)$ $\cdot NH \cdot CO \cdot C_6H_4 \cdot As : O$. Gleicht dem Aminderivat, verwandelt sich bei längerem Stehen an der Luft in eine glasige Masse.

1-Arsinsäure-4-benzoylglutaminsäure[1]) $C_{12}H_{14}O_8NAs$ = kubische Kryställchen, größtenteils aber feine sirupöse Masse bildend. Löslich leicht in Wasser. Bläut Kongopapier.

1-Arseno-4-benzoylglutaminsäure[1]) $(C_{12}H_{12}O_5NAs)_2$; gleicht dem Alaninderivat, ist in Wasser etwas löslich.

Glutiminsäure. Die Darstellung der Glutiminsäure kann durch Erhitzen der Lösung auf 130° bis höchstens 160° im Autoklaven beschleunigt werden. — Die Menge der gebildeten Glutiminsäure betrug bei einer Lösung, die in 100 ccm 3,5 g Glutaminsäure und 7,68 g Schwefelsäure enthält, 6% der Glutaminsäure[2]).

Bestimmung in Zuckerfabrikprodukten. Man vermischt das zu untersuchende Produkt mit durch Kochen mit verdünnter Salzsäure, Waschen mit Wasser, Trocknen und Ausziehen mit Äther gereinigtem Torf, wodurch eine lockere, leicht mit Äther ausziehbare Masse entsteht. Selbst größere Mengen Rohrzucker hindern dabei die Ausziehbarkeit der Säure mit Äther nicht. Es werden 5 g Melasse oder die entsprechende Menge eines anderen sirupartigen Produktes mit der der vorher ermittelten Aschenalkalität entsprechenden Menge etwa 50proz. Schwefelsäure gemischt und dann die doppelte Menge der verwandten Melasse an gereinigtem Torf zugegeben und gemischt. — Die Masse wird in einem Extraktionsapparat während 78 Stunden mit Äther ausgezogen. — Die dabei erhaltene in Äther lösliche Substanz, deren Menge durch Bestimmung ihres Stickstoffgehaltes festgestellt wird, besteht fast ausschließlich aus 1-Glutiminsäure, die sich aus Glutaminsäure infolge Dehydration beim Verkochen bildet[3]).

Bei Glutiminsäure ruft Formaldehyd kaum ein Ansteigen der Acidität hervor, wodurch die Lactamformel dieser Säure erneut bewiesen ist. Glutiminsäure wird durch Salzsäure in der Kälte äußerst langsam, rascher in der Wärme zu Glutaminsäure aufgespalten. — Eine merkbare Racemisierung oder irgendwelche Zersetzung tritt hierbei nicht ein. — Auf diesem Wege läßt sich die beim Umkrystallisieren der Glutaminsäure in den Mutterlaugen verbleibende Glutiminsäure in salzsaure Glutaminsäure überführen[2]).

Derivate der l-Glutaminsäure: l-Chlorglutarsäure[4]) $C_7H_8O_4Cl$. Erhalten durch Zerreiben von entwässertem d-α-Oxyglutarsaurem Zink mit Phosphorpentachlorid und Erwärmen auf dem Wasserbade. Krystalle aus Äther + Ligroin. Es ist dieselbe Säure, die aus der Glutaminsäure mit Nitrosylchlorid entsteht.

Glutamin (Bd. IV, S. 616; Bd. IX, S. 121).

Physikalische und chemische Eigenschaften: Zum Beweis, daß dem Glutamin die Formel $HOOC \cdot CH(NH_2) \cdot (CH_2)_2 \cdot CONH_2$ und nicht $NH_2OC \cdot CH(NH_2) \cdot (CH_2)_2 \cdot COOH$ zukommt, wurde Glutamin mit Essigsäureanhydrid und $NH_4 \cdot CNS$ in (Thio-2-acetyl-1-hydantyl-5)-propionamid

$$\begin{array}{ccc} HN\!\!&\!\!-\!\!-\!\!&\!\!CO \\ | & & | \\ CS & & | \\ | & & | \\ CH_3 \cdot CO \cdot N\!\!&\!\!-\!\!-\!\!&\!\!CH \cdot CH_2 \cdot CH_2 \cdot CONH_2 \end{array}$$

übergeführt, das mit HCl zu (Thio-2-hydantyl-5)-propionsäure

$$\begin{array}{ccc} HN\!\!&\!\!-\!\!-\!\!&\!\!CO \\ | & & | \\ CS & & | \\ | & & | \\ HN\!\!&\!\!-\!\!-\!\!&\!\!CH \cdot CH_2 \cdot CH_2 \cdot COOH \end{array}$$

[1]) Ernst Sieburg, Archiv d. Pharmazie **254**, 224—240, 241—245 [1916]; Chem. Centralbl. **1916**, II. 220.

[2]) Vlad. Škola, Zeitschr. f. Zuckerind. Tschechoslowakei **44**, 347 [1920]; Chem. Centralbl. **1920**, III, 619.

[3]) Vl. Staněk, Zeitschr. f. Zuckerind. Böhmen **39**, 191—197 [1915]; Chem. Centralbl. **1915**, I, 639.

[4]) P. Karrer u. W. Kaase, Helv. chim. acta **2**, 436 [1919]; Chem. Centralbl. **1920**, I, 367.

verseift und mit Chloressigsäure in Hydantylpropionsäure

$$\begin{array}{l} \text{HN}\!\!-\!\!\text{CO} \\ \;|\qquad\;| \\ \text{CO}\quad\;| \\ \;|\qquad\;| \\ \text{HN}\!\!-\!\!\text{CH} \cdot \text{CH}_2 \cdot \text{CH}_2 \cdot \text{COOH} \end{array}$$

verwandelt wurde[1]).

Phenylacetylglutamin[2]). $[\alpha]_D = -18°$ in 2—4 proz. wässeriger Lösung. Die Drehung nimmt in salzsaurer Lösung etwas zu.

Bei der Aufnahme von Phenylessigsäure durch den Menschen wird die Säure durch Verbindung mit Glutamin entgiftet. Die höchste Glutaminbindung wurde nach Einnahme von 15 g der Säure mit 7,5225 g Glutamin erhalten; die Menge des ausgeschiedenen Phenylacetylglutamins betrug in diesem Fall 14,75 g[3]).

Tritt nach Eingabe von Phenylessigsäure im menschlichen Harn auf, und zwar auch bei rein animaler Ernährung. Die Annahme der Beteiligung des Glutamins an dem Aufbau des Eiweißmoleküls erhält durch diese Feststellung eine weitere Stütze. — Nach Eingabe von 3—6 g Phenylessigsäure an 3 Männer wurde der Harn eingeengt, mit Phosphorsäure angesäuert und mit Äthylacetat extrahiert, wo dann Phenylacetylglutamin neben Phenylacetylglutaminharnstoff erhalten wurde. Die Trennung erfolgte durch fraktionierte Krystallisation aus Äthylacetat, in welchem die Harnstoffverbindung leichter löslich ist. Phenylacetylglutamin krystallisiert nicht, zeigt einen unscharfen Schmelzpunkt, beginnt etwa bei 100° sich zu verändern und entwickelt beim Erwärmen mit NaOH Ammoniak. Seine wässerige Lösung zeigt Linksdrehung. $[\alpha]_D^{22} = -17,14°$ ($c = 0,042$). — Gibt beim Kochen mit Barytwasser neben NH_3 das Ba-Salz der Phenylacetylglutaminsäure. — Beim Kochen mit 10 proz. H_2SO_4 wird das Phenylacetylglutamin in Phenylessigsäure und Glutaminsäure gespalten[4]).

β-Oxyglutaminsäure[5]).

Mol.-Gewicht: 164,11.
Zusammensetzung: $C_5H_9O_5N$

$$\begin{array}{l} \text{COOH} \\ \;| \\ \text{CH(NH}_2) \\ \;| \\ \text{CH(OH)} \\ \;| \\ \text{CH}_2 \\ \;| \\ \text{COOH} \end{array}$$

Bildung: β-Oxyglutaminsäure konnte aus Gliadin und Glutenin nach längerem Kochen mit verdünnter Schwefelsäure isoliert werden[6]).

Bei der Hydrolyse des Stizolobins, des Globulins der chinesischen Samtbohne, Stizolobium niveum 2,81%[7]).

Aus Hydantoinacrylsäure ($C_6H_6O_4N_2$) durch Kochen mit Bariumhydroxyd und Wasser, bis die Abspaltung von Ammoniak beendet ist (5—6 Stunden). Die Abscheidung erfolgt über das Silbersalz[6]).

Darstellung: Wird aus der wässerigen Lösung der Aminosäuren verschiedener Proteinhydrolysate nach Extraktion mit Butylalkohol und Abscheidung der Glutaminsäure und Asparaginsäure gewonnen, indem zunächst die basischen Bestandteile durch Phosphorwolframsäure und deren Überschuß in üblicher Weise mit Baryt beseitigt werden. — Die Abscheidung erfolgt dann mit Mercuriacetat und Natriumcarbonat, oder besser mit Silbernitrat und Natronlauge.

---

[1]) H. Thierfelder, Zeitschr. f. physiol. Chemie **114**, 192—197 [1921]; Chem. Centralbl. **1921**, III, 1282.

[2]) H. Thierfelder u. C. P. Sherwin, Zeitschr. f. physiol. Chemie **94**, 1—9 [1915]; Chem. Centralbl. **1915**, II, 965.

[3]) Carl P. Sherwin, Max Wolf u. William Wolf, Journ. of Biolog. Chem. **37**, 113—119 [1919]; Chem. Centralbl. **1919**, I, 879.

[4]) H. Thierfelder u. C. P. Sherwin, Berichte d. Deutsch. Chem. Gesellschaft **47**, 2630—2634 [1914]; Chem. Centralbl. **1914**, II, 1245.

[5]) Henry Drysdale Dakin, Biochem. Journ. **12**, 290 [1918]; Chem. Centralbl. **1919**, I, 817.

[6]) Henry Drysdale Dakin, Biochem. Journ. **13**, 398—426 [1919]; Chem. Centralbl. **1919**, I, 679.

[7]) D. Breese Jones u. Carl O. Johns, Journ. of Biolog. Chem. **40**, 435 [1919]; Chem. Centralbl. **1920**, III, 716.

Physiologische Eigenschaften: An einen durch Phlorrhizin diabetisch gemachten Hund verfüttert, liefert die Säure 55—60% ihres Gewichtes an „Extraglucose"[1].

Physikalische und chemische Eigenschaften: Optisch aktiv, äußerst leicht löslich in Wasser und scheidet sich aus der zum Sirup konz. Lösung nur langsam, in dicken Prismen krystallisierend. — Leicht löslich auch in Essigsäure, wenig löslich in Methylalkohol, fast unlöslich in Alkohl, Äther und Essigäther. — Die wässerige Lösung dreht rechts, verstärkt durch Zusatz von Salzsäure. Bei etwa 100° teigig, wird es bei längerem Erhitzen über Phosphorpentoxyd auf 110° oder auch bei schnellem Erhitzen auf 140—150° in eine klare, glasartige Masse verwandelt, die den Stickstoff teilweise nicht mehr als Amidogruppe enthält; wahrscheinlich erfolgt teilweiser Übergang in Oxypyrrolidoncarbonsäure. — Bei Zusatz von überschüssiger konz. Schwefelsäure zu wenigen Tropfen einer verdünnten Lösung der Säure mit wenig mg eines Phenols entstehen Färbungen, und zwar mit Resorcin hellrötlichpurpurn, beim Erwärmen braun werdend, mit Brenzcatechin blaugrün, mit Thymol hellgrün, mit Pyrogallol dunkelgrün, mit Phloroglucin kirschrot, mit α-Naphthol fluorescierend grün, mit β-Naphthol bei Erwärmen gelblich mit grüner Fluorescenz. Mit Diazobenzolsulfosäure in Gegenwart von Natronlauge erwärmt, scheint die Säure eine rote Färbung zu geben. — Beim Erhitzen mit Zinkstaub entsteht intensive Pyrrolreaktion. — Oxydation mit Na-p-toluolsulfochloramid liefert einen Aldehyd, wahrscheinlich $C_4H_6O_4$, der mit p-Nitrophenylhydrazin ein charakteristisches Osazon, rotbraune prismatische Nadeln, Schmelzpunkt 297—299°, in alkoholischer Lösung durch Natronlauge tiefblau gefärbt, gibt. — Mit Kaliumcyanat entsteht eine Uramidosäure, die aus wässeriger Lösung durch Äther nicht extrahiert wird und unter Einwirkung von Säuren ein äußerst leicht lösliches, durch Äther extrahierbares Hydantoin liefert. — Bei der Reduktion mit rauchender Jodwasserstoffsäure bei 150° entsteht unter anderen Glutaminsäure.

Derivate: Silbersalz[2]) $Ag_2C_5H_7O_5N$. Rein weißer krystallinischer Niederschlag.

Kupfersalz[2]) $CuC_5H_7O_5N$. Äußerst leicht löslich in Wasser.

Mercurisalz[2]). Fällt aus der Lösung der Säure durch Quecksilberchlorid, erst nach Zusatz von Natriumacetat als mikrokrystallinisches Salz, durch abwechselnden Zusatz von Mercuriacetat und Natriumcarbonat fast quantitativ als weißes, amorphes Salz von komplexer Zusammensetzung. Auch Mercurosalze fällen neutrale Lösungen der Säuren.

Bleisalz[2]) $Pb \cdot C_5H_7O_5N$. Leicht löslich in Wasser, unlöslich in Alkohol. Ebenso verhalten sich **Cadmium** und **Zinksalz.**

Calciumsalz[2]) $Ca(C_5H_8O_5N)_2$. Äußerst leicht löslich in Wasser, unlöslich in Alkohol.

Bariumsalz[2]) $Ba(C_5H_8O_5N)_2$. Sehr leicht löslich in Wasser.

β-Naphthalinsulfoderivat. Öl, das bei längerem Stehen unter Umständen zu harter, krystallinischer Masse erstarrt. — Wenig löslich in Wasser, leicht löslich in Alkohol und Aceton.

Strychninsalz[3]), rosettenförmig angeordnete Nadeln, leicht löslich in Wasser und Methylalkohol, weniger löslich in Alkohol und Butylalkohol.

Derivate der α-β-Oxyglutaminsäure: Strychninsalz[3]) krystallisiert am besten aus Butylalkohol mit wenig Wasser. Feine prismatische Nadeln. Wird bei 165—179° zu einer opaken, wachsartigen Masse, die erst bei 245° ohne Gasentwicklung zu braunem Öl schmilzt. $[\alpha]_D^{20} = -26,3°$ ($c = 1,67$).

Brucinsalz[3]) aus Wasser in wasserhaltigen Nadeln, bei 90° erweichend, Schmelzp. etwa 110°. Aus trockenem Methylalkohol wasserfreie Nadeln, Zersetzungsp. oberhalb 200°. Äußerst leicht löslich in Wasser und Alkohol, fast unlöslich in Aceton, $[\alpha]_D^{20} = -25°$ ($c = 1$).

C. Diaminomonocarbonsäuren.

Arginin (Bd. IV, S. 619; Bd. IX, S. 123).

Vorkommen: Mycobacterium lacticola enthält nach Wachstum in Bouillonkultur 0,946%, nach Wachstum in eiweißfreier Kultur 0,875% Arginin-N[4]).

[1]) Henry Drysdale Dakin, Biochem. Journ. **13**, 398—429 [1919]; Chem. Centralbl. **1920**, I, 682.
[2]) Henry Drysdale Dakin, Biochem. Journ. **12**, 290 [1918]; Chem. Centralbl. **1919**, I, 817.
[3]) Henry Drysdale Dakin, Biochem. Journ. **13**, 398—429 [1919]; Chem. Centralbl. **1920**, I, 679.
[4]) Sakae Tamura, Zeitschr. f. physiol. Chemie **88**, 190—198 [1913]; Chem. Centralbl. **1914**, I, 566.

Die Aminosäuren der Argininfraktion von Caltha palustris enthalten Arginin in sehr geringer Menge[1]). In Melolontha vulgaris[2]). Im Ochsengehirn 0,21%[3]). Konnte im Blute normaler Schlachttiere nachgewiesen werden[4]). Die Abwesenheit von Arginin in den Extraktstoffen des Cryptobranchus japonicus (Riesensalamander) wurde sichergestellt[5].)

Bildung: In den bei der Autolyse der Bierhefe (zwecks Ermittlung des Aminosäuregehalts) ungelöst verbleibenden Zellrückständen wurde nach Hydrolyse die Verteilung des N bestimmt: Im Hydrolysat Arginin + Histidin-N 22%[6]). Bei der Aufspaltung des Hefeeiweißes werden vom Gesamt-N 10% Histidin und Arginin erhalten[7]).

Bei der Hydrolyse des Globulins der Cocosnuß wurden 15,92% Arginin gefunden[8]).

Bei der Hydrolyse des Globulins der Cohunenuß (Attalea Cohune) wurde verhältnismäßig viel Arginin gefunden[9]). Für 100 Teile N ist in den Globulinen der Arachis Hypogaea, und zwar im Arachin, 23,77, im Conarachin 25,78 Arginin-N enthalten. Danach enthält Arachin bzw. Conarachin 13,51% bzw. 14,64%$_0$Arginin[10]). Die Hydrolyse des Eiweißes des Ragweedpollens (Ambrosia artemisifolia und A. trifida) ergab auf den Pollen berechnet 2,13% Arginin[11]). Arachin von Arachis hypogaea enthält 13,51% Arginin[12]). Das in Alkohol lösliche Protein von Andropogon sorghum, das Kafirin, enthält 1,59% Arginin[13]). Im Cocosnußglobulin basischer N, nach dem Verfahren von van Slyke bestimmt, wurde gefunden Arginin 15,92%[14]). Bei zweistündiger Hydrolyse mit siedendem 10proz. HCl des aus den Samen des griechischen Heues gewonnenen Nucleoproteids entsteht 3,15% Arginin[15]). Bei der Hydrolyse von Bynin gefunden Argininstickstoff 5,23%, bei Hordein 5,00%[16]). Bei der Hydrolyse des Gliadins 5,5% Argininstickstoff, des Lactalbumins 7,2%, des Orizenins 17,7% Argininstickstoff[17]). Der Gehalt an Arginin von Sojabohnen, Baumwollsamenmehl, Weizenkleie, Mais, Hanfsamen, Reis, Hafer, Gerste und anderen Nährstoffen wurde von Nollau[18]) ermittelt.

In der Sojabohne (Soja hispida) 8,07%[19]). Bei der Hydrolyse des α-Globulins der Mungobohne (Phaseolus aureus Roxburgh) wurde 5,13%, bei der des β-Globulins 7,56% Arginin ge-

---

[1]) E. Poulsson, Archiv f. experim. Pathol. u. Pharmakol. **80**, 173—182 [1916]; Chem. Centralbl. **1916**, II, 826.

[2]) Dankwart Ackermann, Zeitschr. f. Biol. **73**, 319—321 [1921]; Chem. Centralbl. **1921**, III, 1293.

[3]) Tomihide Shimizu, Biochem. Zeitschr. **117**, 252 [1921]; Chem. Centralbl. **1921**, III, 492.

[4]) Emil Abderhalden, Zeitschr. f. physiol. Chemie **88**, 478—483 [1913]; Chem. Centralbl. **1914**, I, 1021.

[5]) Ilse Reuter, Zeitschr. f. Biol. **72**, 129—142 [1920]; Chem. Centralbl. **1921**, I, 540.

[6]) Jacob Meißenheimer, Zeitschr. f. physiol. Chemie **104**, 229—284 [1919]; Chem. Centralbl. **1919**, III, 273.

[7]) Jacob Meißenheimer, Zeitschr. f. physiol. Chemie **114**, 205—249 [1921]; Chem. Centralbl. **1921**, III, 1289.

[8]) D. Breese Jones u. Carl O. Johns, Journ. of Biolog. Chem. **44**, 283—301 [1920]; Chem. Centralbl. **1921**, I, 456.

[9]) Carl O. Johns u. C. E. F. Gersdorff, Journ. of Biolog. Chem. **45**, 57—67 [1920]; Chem. Centralbl. **1921**, I, 456.

[10]) Carl O. Johns u. D. Breese Jones, Journ. of Biolog. Chem. **30**, 33—38 [1917]; Chem. Centralbl. **1918**, I, 273.

[11]) Jessie Horton Koessler, Journ. of Biolog. Chem. **35**, 415—424 [1918]; Chem. Centralbl. **1919**, I, 393.

[12]) Carl O. Johns u. D. Breese Jones, Journ. of Biolog. Chem. **36**, 491—500 [1918]; Chem. Centralbl. **1919**, I, 743.

[13]) D. Breese Jones u. Carl O. Johns, Journ. of Biolog. Chem. **36**, 323—334 [1918]; Chem. Centralbl. **1919**, I, 743.

[14]) Carl O. Johns, A. J. Finks u. C. E. F. Gersdorff, Journ. of Biolog. Chem. **37**, 149—153 [1919]; Chem. Centralbl. **1919**, I, 859.

[15]) H. E. Wunschendorff, Journ. de Pharm. et de Chim. [7] **20**, 86—88 [1919]; Chem. Centralbl. **1919**, III, 1065.

[16]) Heinrich Lüers, Biochem. Zeitschr. **96**, 117 [1919]; Chem. Centralbl. **1919**, III, 680.

[17]) Thomas B. Osborne, Donald D. van Slyke, Charles S. Leavenworth u. Mariam Vinograd, Journ. of Biolog. Chem. **22**, 259 [1915]; Chem. Centralbl. **1915**, II, 1195.

[18]) E. H. Nollau, Journ. of Biolog. Chem. **21**, 611 [1915]; Chem. Centralbl. **1915**, II, 853.

[19]) D. Breese Jones u. H. C. Watermann, Journ. of Biolog. Chem. **46**, 459 [1921]; Chem. Centralbl. **1921**, III, 231.

funden[1]). Bei der Hydrolyse des Stizolobins, des Globulins der chinesischen Samtbohne, Stizolobium niveum 7,14%[2]). Bei der Hydrolyse von Phaseolin 6,11%[3]).

Bei der Hydrolyse der Eischale des Seidenspinners 0,19%[4]).

Die Hauptbestandteile der Neurogliazellen des Gehirns enthalten 2,692% Arginin-N[5]). Im Caseinogen 9,31%, im Lactoglobulin 10,79%, im Lactalbumin 7,56%, in Milch und Colostrum der Kuh übereinstimmend[6]). Bei der Hydrolyse des Caseins (Caseinogens) 3,81%[7]). Bei der Hydrolyse der Gelatine wurde 8,2% Arginin gefunden[8]).

In Prozenten des Gesamt-N enthält Fibrin von Rind A 15,12, Rind B 14,99, Schaf 16,12, Schwein 15,19 Arginin-N[9]).

Hervorstechendes Merkmal der reifen menschlichen Placenta ist ein hoher Gehalt an Arginin, doppelt so hoch wie in dem Eiweiß anderer menschlicher Organe[10]).

In dem mit Schwefelsäure hydrolysierten Pferdefleisch beträgt der Argininstickstoff 16,9—17,46% des Gesamtstickstoffs[11]). In der Trockensubstanz von Sericin 4,56%[12]). In den Oxy- und Alloxyproteinsäuren[13]). In fünf Amylasepräparaten (A, B aus der Bauchspeicheldrüse, C—E aus Malz) war der Gehalt an Argininstickstoff 14,6 und 14,7%, bzw. 14,5, 13,1 und 14,2%[14]).

Das Percin genannte Protamin aus dem Sperma von Perca flavescens gibt bei der Spaltung mit H_2SO_4 78,1% Arginin des Gesamtstickstoffs. — Das Protamin aus dem Sperma von Stizostedion vitreum 76,3%. — Das Protamin Thynnin aus dem Sperma von Thynnus thynnus 79,5%. — Das Protamin aus Xiphias gladius 81,5%. — Das dem Salmin ähnliche Protamin aus Oncorhynchus Tschawytischa 91,73%, das aus Coregonus albus 87,3%, aus Salvelinus Namaycush 88,9%. — Das aus dem Sperma von Esox luteus gewonnene Esocin 86,3%[15]).

Nachweis und Bestimmung: Arginase + Urease wirken auf Arginin so ein, daß aus 1 Mol. Arginin 1 Mol. Harnstoff freigemacht wird, und dies wird von der Urease in $(NH_4)_2CO_3$ verwandelt. Auf dieser Einwirkung beruht die Argininbestimmungsmethode von B. C. P. Jansen[16])[17]).

Durch Kochen mit 50 proz. KOH wird die Hälfte seines Stickstoffs als NH_3 abgespalten (6 Stunden). Aber sogar eine 20 proz. KOH entspricht schon nach Plimmer[18]), und es ist nicht

[1]) Carl O. Johns u. Henry C. Waterman, Journ. of Biolog. Chem. **44**, 303—317 [1920]; Chem. Centralbl. **1921**, I, 457.

[2]) D. Breese Jones u. Carl O. Johns, Journ. of Biolog. Chem. **40**, 435 [1919]; Chem. Centralbl. **1920**, III, 716.

[3]) A. J. Finks u. Carl O. Johns, Journ. of Biolog. Chem. **41**, 375 [1920]; Chem. Centralbl. **1920**, III, 199.

[4]) Masaji Tomita, Biochem. Zeitschr. **116**, 40 [1921]; Chem. Centralbl. **1921**, III, 359.

[5]) Burt E. Nelson, Journ. of Amer. Chem. Soc. **38**, 2558—2561 [1916]; Chem. Centralbl. **1917**, I, 658.

[6]) Charles Crowther u. Harold Raistrick, Biochem. Journ. **10**, 434—452 [1916]; Chem. Centralbl. **1917**, I, 99.

[7]) Frederick William Foreman, Biochem. Journ. **13**, 378 [1919]; Chem. Centralbl. **1920**, I, 683.

[8]) H. D. Dakin, Journ. of Biolog. Chem. **44**, 499—529 [1920]; Chem. Centralbl. **1921**, I, 454.

[9]) Ross Aiken Gortner u. Alexander J. Wuertz, Journ. of Amer. Chem. Soc. **39**, 2239 bis 2242 [1917]; Chem. Centralbl. **1918**, I, 449.

[10]) Victor John Harding u. Charles Atherton Fort, Journ. of Biolog. Chem. **35**, 29—41 [1918]; Chem. Centralbl. **1919**, I, 383.

[11]) Tullio Gayda, Biochem. Zeitschr. **64**, 438—441 [1914]; Chem. Centralbl. **1914**, II, 582.

[12]) Walter Türk, Zeitschr. f. physiol. Chemie **111**, 70—75 [1920]; Chem. Centralbl. **1921**, III, 1126.

[13]) P. Glagolew, Zeitschr. f. physiol. Chemie **89**, 432—440 [1914]; Chem. Centralbl. **1914**, I, 1672.

[14]) H. C. Sherman u. A. O. Gettler, Journ. of Amer. Chem. Soc. **35**, 1790—1794 [1913]; Chem. Centralbl. **1914**, I, 270.

[15]) A. Kossel, Zeitschr. f. physiol. Chemie **38**, 163—185 [1913]; Chem. Centralbl. **1914**, I, 557.

[16]) B. C. P. Sansen, Chemisch Weekblad **12**, 483 [1915]; Chem. Centralbl. **1915**, II, 202 u. Chem. Weekblad **14**, 125—129 [1917]; Chem. Centralbl. **1917**, I, 913.

[17]) Edlbacher, Zeitschr. f. physiol. Chemie **95**, 81 [1915]; Chem. Centralbl. **1916**, I, 340.

[18]) R. Henry Aders Plimmer, Biochem. Journ. **10**, 115—119 [1916]; Chem. Centralbl. **1916**, II, 1193.

unbedingt die 50proz. von van Slyke[1]) nötig. Der Gesamtstickstoff soll in einer noch das Gesamtarginin unzersetzt enthaltenden Portion vorgenommen werden. Neben Histidin, Lysin, Cystin kann die Bestimmung erfolgen[1]).

G. E. Holm konstruiert einen abgeänderten Apparat zur Bestimmung von Arginin-stickstoff nach der Methode von van Slyke. Zur Verminderung von durch Überspritzen hervorgerufenen Verlusten ist der Kjeldahlsche Aufsatz durch einen Kühler geleitet. Gleichzeitig ist ein Scheidetrichter in dem Hals des Kolbens angebracht. Nachdem das Aufschließen der Substanz beendet ist, wird ohne Kühlung wie üblich destilliert[2]).

Zur Bestimmung des aus Arginin beim Kochen mit konz. Alkali in Form von Ammoniak abgespaltenen Stickstoffes benutzt Koeler eine Anordnung, bei der durch die siedende Flüssigkeit, den aufrechten Kühler und eine daran angeschlossene Waschflasche mit $^1/_{10}$ n-Säure ein langsamer Luftstrom gesaugt wird[3]).

Physiologische Eigenschaften: Der phenolbildende Bacillus phenologenes entwickelt sich reichlich auf Nährböden für die Isolierung acidaminolytischer Mikroben mit Arginin usw.[4]). Der Kochsche Tuberkelbacillus, welcher N-Verbindungen als Nährmaterial braucht, gedeiht nur dann gut, wenn ihm außer Monoamidosäuren gewisse Diamidosäuren wie Arginin und Histidin zur Verfügung stehen[5]).

Kommt in Böden gewöhnlich nicht vor, weil entweder bei den im Boden stattfindenden Zersetzungsvorgängen nicht gebildet oder schnell weiter zersetzt wird. Um die Zersetzung organischer Stoffe und solche enthaltende Düngemittel kennenzulernen, wird getrocknetes Blut und Boden (3 : 40) gemischt, 240 Tage aufbewahrt und nach gewissen Tagen untersucht. Die Menge des Arginin-N in dem Gemisch ausgedrückt, in Teilen auf 100 Teile hydrolysierbaren N im ursprünglichen Gemische betrug: Ursprünglicher Boden 7,601, nach 18 Tagen 5,162, nach 44 Tagen 3,041, nach 86 Tagen 1,857, nach 148 Tagen 1,342 nach 240 Tagen 1,395[6]).

Die biologische Wertigkeit (Entbehrlichkeit oder Unersetzlichkeit) im tierischen Organismus ist noch nicht geklärt[7]).

Versuche mit jungen Ratten haben ergeben, daß die Tiere lange Zeit befriedigend weiter wachsen bei einer Kost, die ihren gesamten N in Form einer geeigneten Mischung von freien Aminosäuren (z. B. Mischung von Caseinogen und Lactalbumin mit Zusatz von 2% Tryptophan und 0,5—1% Cystin) enthält. Wurden aber Arginin und Histidin entfernt, so trat schnell Gewichtsverlust bei den Tieren ein, dem nach Zusatz der fehlenden Diaminosäuren zur Kost wieder neues Wachstum folgte. Wurde nur Arginin oder nur Histidin zugesetzt, so trat kein Gewichtsverlust ein. Ernährungsgleichgewicht ist also bei Gegenwart nur einer dieser Substanzen möglich, wahrscheinlich, weil sie im Stoffwechsel ineinander übergehen können. Beim Fehlen von Arginin und Histidin ist das Allantoin im Urin stark vermindert. Die Annahme, daß Arginin und Histidin das Ausgangsmaterial für die Bildung der Purine im Organismus bilden, wird durch diese Versuche bestätigt[8]).

Arginin Enten eingegeben, verursachte eine Kreatinausscheidung, 1,1% Methylierung des Guanidinkerns entsprechend. Mit Paraformaldehyd zusammen 2,2%. Subcutan angewendet verursachte dies Gemisch 24,2%, Arginin allein 2,5% Methylierung entsprechende Kreatinausscheidung[9]).

Arginincarbonat, mit der Nahrung an Hunde und Vögel gegeben, verursacht eine Vermehrung der Gesamtkreatininausscheidung im Harn. Bei Hunden mit fleischloser Kost um 10%, bei Fleischkost um 18%, bei Vögeln um 22,6%. Subcutan und intravenös eingeführt ist die Steigerung bei Hunden größer, bei Vögeln geringer. Auf die Ausfuhr von vorgebildetem

[1]) van Slyke, Journ. of Biolog. Chem. **10**, 15 [1911]; Chem. Centralbl. **1911**, II, 1269.

[2]) G. E. Holm, Journ. of Amer. Chem. Soc. **42**, 611 [1920]; Chem. Centralbl. **1920**, IV, 67.

[3]) A. E. Koeler, Journ. of Biolog. Chem. **42**, 267 [1920]; Chem. Centralbl. **1920**, IV, 240.

[4]) Albert Berthelot, Annales de l'Inst. Pasteur **32**, 17—36 [1918]; Chem. Centralbl. **1918**, II, 130.

[5]) André Mayer u. Georges Schaeffer, Compt. rend. de la Soc. de Biol. **82**, 113—115 [1919]; Chem. Centralbl. **1919**, III, 104.

[6]) Elbert C. Lathrop, Journ. Franklin Inst. **183**, Nr. 3; Chem. News **115**, 220—222, 229—232 [1917]; Chem. Centralbl. **1917**, II, 560.

[7]) Emil Abderhalden, Zeitschr. f. physiol. Chemie **96**, 1—147 [1915]; Chem. Centralbl. **1916**, I, 801—803.

[8]) Harold Ackroyd u. Frederick Gowland Hopkins, Biochem. Journ. **10**, 551—576 [1916]; Chem. Centralbl. **1917**, I, 888.

[9]) W. H. Thompson, Biochem. Journ. **11**, 307—318 [1917/1918]; Chem. Centralbl. **1918**, II, 48.

Kreatinin hatte der Zusatz von Arginin nur bei Hunden einen Einfluß. — Die Verwendung von racemischem Arginin gab bei Hunden eine größere, bei Kaninchen eine geringere Steigerung der Ausfuhr. — Der Kreatiningehalt des Kaninchenmuskels wurde durch intravenöse Injektionen des Arginins um 8—25% des in dieser Form injizierten Guanidins gesteigert[1]).

Bei Hunden unter fleischfreier Kost verursachte gemeinsame Darreichung von Arginin und Methylcitrat in der Nahrung keine größere Veränderung des Gesamtkreatinins im Harn als früher durch Arginin allein. Beide Substanzen subcutan verabfolgt, erfuhr das Gesamtkreatinin weitere Steigerung. Ein Teil dieser Steigerung ist der Methylierung von im Arginin enthaltenen Guanidin zuzuschreiben. — Arginin mit Methylbenzoat subcutan gegeben, vermehrte das Gesamtkreatinin nur um 3,1% des Guanidinkerns, wobei 70% des Zuwachses als präformiertes Kreatinin erschienen. — Betain und Cholin vermehrten mit Arginin die Kreatininausscheidung nicht[2]).

Injektion und Perfusion von Arginin gab Steigerungen des Kreatiningehaltes, die auf einen Zusammenhang hinweisen[3]). In einer Carcinommetastase menschlicher Leber wurde Abbau des Arginins durch Arginase bis zu 160% festgestellt[4]).

Die in kaltem Wasser unlöslichen Eiweißstoffe des Rindfleisches liefern bei der Spaltung weniger Histidin-, NH_3-, dagegen mehr Argininstickstoff als das koagulierte Eiweiß. Während des Wachstums Veränderung der Zusammensetzung; da die Spaltungsprodukte des Stierfleisches weniger NH_3- und Histidin- und mehr Argininstickstoff aufweisen als die aus dem Fleische eines Kalbes[5]). Als Zwischenprodukt bei der Umwandlung von Arginin in Kreatin kann Glycocyamin betrachtet werden[6]).

Physikalische und chemische Eigenschaften: Zeigt sich optisch inaktiv bei der Bildung durch Hydrolyse aus dem racemisierten Kuhmilchcasein, optisch inaktiv und d bei der Bildung aus dem Schafmilchcasein[7]). Verbraucht bei der Hydrolyse der Proteinkörper kein Br[8]). Nach E. Winterstein[9]) wird Arginin durch Xanthydrol nicht gefällt. Gibt aber Verbindungen mit Pyrrol, Indol, Skatol. Gibt in 20 proz. HCl mit Zucker erhitzt 2,33% seines Stickstoffes an Humin ab[10]).

Derivate: Argininphosphorwolframat[11]).

Ornithin (Bd. IV, S. 633; Bd. IX, S. 126).

Nachweis: E. Winterstein u. Kunz[12]) wiesen im Magerkäse Ornithin nach. Zum Nachweis des Ornithins werden 4 kg entfetteter Magerkäse mit 10 l warmem Wasser extrahiert. Das Filtrat wird mit Bleiessig enteiweißt und nach der Entfernung des Pb auf 3 l eingedampft. Nach Zugabe von 80 ccm konz. H_2SO_4 wurde mit Phosphorwolframsäure ausgefällt. Die aus dem Niederschlag in Freiheit gesetzten Basen werden mit $AgNO_3 + Ba(OH)_2$ ausgefällt. Das Filtrat des Silberniederschlages wurde mit HCl vom Silber befreit, etwas konzentriert und nach Schotten und Baumann benzoyliert. Die abgeschiedenen schmierigen Benzoate werden mit HCl zersetzt, die Chlorhydrate von Benzoesäure befreit, über die Sulfate in die Carbonate übergeführt. Mit alkoholischer Pikrinsäure werden dann die Pikrate des Lysins und

[1]) W. H. Thompson, Journ. of Physiol. **51**, 111—153 [1917]; Chem. Centralbl. **1917**, II, 689.

[2]) W. H. Thompson, Journ. of Physiol. **51**, 347—376 [1917]; Chem. Centralbl. **1918**, I, 558.

[3]) L. Baumann u. H. M. Hines, Journ. of Biolog. Chem. **35**, 75—82 [1918]; Chem. Centralbl. **1919**, I, 387.

[4]) Berthold Fuchs, Zeitschr. f. physiol. Chemie **114**, 101—107 [1921]; Chem. Centralbl. **1921**, III, 1294.

[5]) Walter E. Thrun u. P. F. Trowbridge, Journ. of Biolog. Chem. **34**, 343—352 [1918]; Chem. Centralbl. **1919**, I, 108.

[6]) L. Baumann u. H. M. Hines, Journ. of Biolog. Chem. **31**, 549—559 [1917]; Chem. Centralbl. **1921**, I, 639.

[7]) Harold Ward Dudley u. Herbert Ernest Woodman, Biochem. Journ. **9**, 97—102 [1915]; Chem. Centralbl. **1916**, I, 1254.

[8]) M. Siegfried u. H. Reppin, Zeitschr. f. physiol. Chemie **95**, 18—28 [1915]; Chem. Centralbl. **1916**, I, 513.

[9]) E. Winterstein, Zeitschr. f. physiol. Chemie **105**, 25—31 [1919]; Chem. Centralbl. **1919**, IV, 421.

[10]) M. L. Roxas, Journ. of Biolog. Chem. **27**, 71—93 [1917]; Chem. Centralbl. **1917**, I, 971.

[11]) Jack Cecil Drummond, Biochem. Journ. **12**, 5 [1918]; Chem. Centralbl. **1918**, II, 944.

[12]) E. Winterstein, Zeitschr. f. physiol. Chemie **105**, 25—31 [1919]; Chem. Centralbl. **1919**, IV, 421 u. **59**, 138 [1909]; Chem. Centralbl. **1909**, I, 1495.

des Ornithins ausgefällt und voneinander getrennt. Ornithinpikrat wurde nach der Zerlegung mit Salzsäure in das Chlorhydrat übergeführt.

Darstellung von d, l-Ornithin[1]). 10 g d-Benzoylornithin werden mit 100 ccm konz. Salzsäure 8 Stunden am Rückflußkühler gekocht, die Benzoesäure entfernt, die salzsaure Lösung unter vermindertem Druck verdampft. Das Chlor wird mit Silbersulfat, die Schwefelsäure mit Baryt entfernt, die Lösung verdampft. Bei genügender Konzentration krystallisiert das Ornithin sofort aus. Von kleinen Mengen Barytverbindungen wird durch Lösen in kochendem, etwas Wasser enthaltendem Alkohol getrennt.

Physiologische Eigenschaften: Die biologische Wertigkeit (Entbehrlichkeit oder Unzersetzlichkeit) im tierischen Organismus ist noch nicht geklärt[2]).

Derivate: α - **Methylamino** - δ - **aminovaleriansäure**[1]) $H_2N \cdot CH_2 \cdot CH_2 \cdot CH_2 \cdot CH(NH \cdot CH_3) \cdot COOH$. Darstellung: 5 g der δ-m-Nitrobenzoyl-d, l-Ornithin werden mit 25 ccm Salzsäure ($D = 1,19$) im geschlossenen Rohr 22 Stunden im Wasserbade erhitzt. Um die auskrystallisierende Nitrobenzoesäure zu entfernen, wird zuerst mit 80 ccm kaltem Wasser verdünnt und das Filtrat ausgeäthert. Beim Verdampfen der salzsauren Lösung unter vermindertem Druck bleibt das Dihydrochlorid der Base krystallinisch zurück. Es wird in einigen Tropfen Wasser gelöst und mit 25 ccm absol. Alkohol versetzt. Nach mehreren Stunden werden die ausgeschiedenen Krystalle abgesaugt und mit Alkohol gewaschen. Ausbeute 65% der Theorie. Zur Bereitung der freien Aminosäure wird das Dihydrochlorid mit Silbersulfat versetzt, aus der Lösung Silber und Schwefelsäure genau gefällt. Das Filtrat wird bei 10—20 mm verdampft. Der Rückstand erstarrt im Vakuumexsiccator zu einer krystallinischen Masse. Ausbeute fast quantitativ.

Eigenschaften: Porzellanartig trübe Krystalle. Zeigt keinen scharfen Schmelzpunkt, es schmilzt von 82—100° zu einer trüben Flüssigkeit, die bei 115° klar wird. Leicht löslich in kaltem Wasser, die Lösung reagiert stark alkalisch, fällt Ferrisalze und löst Kupferhydroxyd. Es löst sich ferner in heißem Alkohol, wird daraus durch Äther gefällt. In Essigäther ist es sehr schwer löslich.

Derivate: **Dihydrochlorid** $C_6H_{14}O_2N_2 \cdot 2\,HCl$. Kleine, weiße Täfelchen oder Prismen. Schmelzp. gegen 207—210° (korr.). Im Wasser leicht, in absol. Alkohol schwer löslich. Wird durch Phosphorwolframsäure sofort, von Kaliumwismuthjodid nicht gefällt. — **Pikrat** $C_6H_{14}O_2N_2 + 2\,C_6H_3O_7N_3$, aus Dihydrochlorid und Natriumpikrat dargestellt. Unlöslich in Benzol und Äther. Kann aus heißem Wasser umkrystallisiert werden. — **Chloroplatinat** $C_6H_{14}O_2N_2 + H_2PtCl_6$. Aus dem Dihydrochlorid und Platinchlorid, eindunsten im Vakuum dargestellt. Gelbrote Prismen mit 1 oder 4 Mol. Krystallwasser. Das wässerige Platinsalz zersetzt sich gegen 218° (korr.), nachdem es sich schon vorher dunkel färbt.

α-Benzoylamino-γ-oxypiperidon[3])

$$C_6H_5CONH \cdot CH \cdot CH_2 \cdot CHOH \cdot CH_2 \cdot NH \cdot CO$$

Durch Behandeln des α-Benzoylamino-δ-brom-γ-oxyvalerolactons in absol. alkoholischer Lösung mit Ammoniakgas. Rechtwinklige Nadeln aus Alkohol, Schmelzp. 225—226° (Maquennescher Block). Ziemlich löslich in heißem, sehr wenig löslich in kaltem Wasser, wenig löslich in Alkohol, unlöslich in Chloroform und Äther. Geht durch Behandeln mit Barytwasser in Benzoyloxyornithin über.

Dibenzolsulfo-d, l-ornithin[1])

$$CH_2 \cdot CH_2 \cdot CH_2 \cdot CH \cdot COOH$$
$$NH \cdot SO_2 \cdot C_6H_5 \qquad NH \cdot SO_2 \cdot C_6H_5$$

Aus d, l-Ornithin (gewonnen aus 26 g d-Benzoylornithin mit Salzsäure) und (3 Mol.) Benzolsulfochlorid in Gegenwart von 2 n-Natronlauge bei 46—48°. Nach 20 Minuten wird abgekühlt, mit Essigäther extrahiert, der Extrakt mit Kaliumbicarbonat ausgeschüttelt, die wässerige Lösung wieder angesäuert und nochmals mit Essigäther extrahiert. Bei langsamem Zusatz

[1]) Emil Fischer u. Max Bergmann, Annalen d. Chemie **398**, 96—124 [1913]; Chem. Centralbl. **1913**, II, 423.
[2]) Emil Abderhalden, Zeitschr. f. physiol. Chemie **96**, 1—147 [1915]; Chem. Centralbl. **1916**, I, 801—803.
[3]) Einar Hammersten, Compt. rend. du Lab. de Carlsberg **11**, 223—262 [1915]; Chem. Centralbl. **1916**, II, 1144.

von Petroläther scheidet sich das Dibenzolsulfoornithin in biegsamen Nädelchen ab. Ausbeute
74%. Die Substanz enthält lufttrocken 1 Mol. Krystallwasser. Die trockene Substanz schmilzt
bei 155—157° (korr.). Leicht löslich in Alkohol, Aceton, Essigäther, ziemlich leicht in heißem
Wasser, schwer in Benzol und Chloroform.

α, d-Dimethylaminovaleriansäure [1], N-Dimethylornithin $CH_3(NH) \cdot CH \cdot CH_2 \cdot CH_2 \cdot$
$CH \cdot (NH \cdot CH_3) \cdot COOH$. — 10 g Dibenzolsulfo-$\alpha$, δ-dimethylaminovaleriansäure werden
mit 40 ccm Salzsäure ($D = 1,19$) im geschlossenen Rohr 24 Stunden auf 100° erhitzt. Die Base
muß hier mit Phosphorwolframsäure gefällt werden, wozu etwa 65 g Phosphorwolframsäure
nötig sind. Der Niederschlag wird mit 400 ccm Wasser ausgekocht, nach dem Erkalten filtriert. Der Niederschlag wird mit Barytwasser zerlegt, das Barium mit Schwefelsäure genau
gefällt. Das Filtrat wird mit Salzsäure angesäuert und im Vakuum eingedunstet; der Rückstand
erstarrt im Vakuumexsiccator über Schwefelsäure. Zur Reinigung wird es in sehr wenig Wasser
gelöst, mit Alkohol verdünnt und das Salz durch Äther gefällt. Ausbeute 72% der Theorie. —
Chloroplatinat $C_7H_{16}O_2N_2$, H_2PtCl_6, kleine Krystallaggregate. Färbt sich bei 210° dunkel,
schmilzt bei 220° (korr.) unter Gasentwicklung. Mit Calciumwismutjodid gibt das Hydrochlorid einen starken, ziegelroten Niederschlag.

Dibenzosulfo-α, δ-dimethylaminovaleriansäure [1] $C_6H_5 \cdot SO_2 \cdot N(CH)_3 \cdot CH_2 \cdot CH_2 \cdot CH_2$
$\cdot CH[N(CH_3) \cdot SO_2 \cdot C_6H_5] \cdot COOH$. Aus 12 g Dibenzolsulfo-ornithin in 75 ccm 2 n-Natron-
lauge gelöst mit 16 g Jodmethyl in einer Flasche während 1 Stunde bei 65° gehalten. Nach dem
Ansäuern wird das abgeschiedene Öl mit Essigäther extrahiert, eingedunstet. Beim langsamen
Zusatz von Petroläther fällt das Methylprodukt aus. Ausbeute 88% der Theorie. Drusenartig
vereinigte Plättchen. Schmelzp. 141—142° (korr.). Ziemlich löslich in Alkohol, schwer in
Benzol, heißem Wasser und sehr schwer in Äther.

Benzal-β-amino-α-piperidon [1]

$$CH_2CH_2CH_2CH \cdot N : CH \cdot C_6H_5$$
$$NO-\!-\!-\!-\!-\!-CO$$

Aus β-Amino-α-piperidon und Benzaldehyd. Ausbeute fast quantitativ. Weiße Krystalle.
Schmilzt nicht ganz konstant bei 140—142° (korr.). Leicht löslich in Alkohol, Aceton, Essig-
ester und Benzol, schwerer in Äther. In Wasser und Alkalien ist es nur in der Hitze löslich.
Mineralsäuren spalten Benzaldehyd ab.

γ-Oxyornithin [2]. Aus α-Benzoyl-γ-oxyornithin durch Erhitzen mit konz. Salzsäure.

α-Benzoyl-γ-oxyornithin [2]

$$C_{12}H_{17}O_4N_2 = CH_2 \cdot CH \cdot CH_2 \cdot CH \cdot COOH$$
$$NH_2 \quad OH \qquad NH \cdot CO \cdot C_6H_5$$

Aus α-Benzoylamino-γ-oxypiperidon mit siedendem Barytwasser. Prismatische Nadeln aus
Wasser. Schmelzp. 255—256° (Maquennescher Block). Leicht löslich in kaltem Wasser,
kaum löslich in absol. Alkohol. Durch Erhitzen mit konz. Salzsäure geht die Verbindung in
γ-Oxyornithin über.

Chloroplatinat des γ-Oxyornithins $(C_5H_{13}O_3N_2)_2PtCl_6 + 1,5$ (oder auch 1) H_2O. Kurze,
dicke, gelbliche, zu Büscheln vereinigte Nadeln, zersetzt sich bei 100° teilweise.

Pikrat $C_5H_{12}O_3N_2 \cdot C_6H_4O_7N_3 + H_2O$. Hellgelber, aus mikroskopischen Nadeln bestehendes Krystallpulver aus Wasser. Schmelzp. 185—190° (Maquennescher Block) unter Zersetzung. Sehr wenig löslich in kaltem, leichter in heißem Wasser, unlöslich in Alkohol und Äther.

Hexamethylornithin. Widersteht vollständig der saprophytischen Zersetzung; die bakterielle Abspaltung der Kohlensäure wie die des N wird durch die Methylierung verhindert [3].

Lysin (α, ε-Diaminocapronsäure) (Bd. IV, S. 637; Bd. IX, S. 127).

Vorkommen: Mycobacterium lacticola enthält nach Wachstum in Bouillonkultur 0,099%,
nach Wachstum in eiweißfreier Kultur 0,092% Lysin-N [4]. In der Eischale des Seidenspinners

---

[1] Emil Fischer u. Max Bergmann, Annalen d. Chemie **398**, 96—124 [1913]; Chem.
Centralbl. **1913**, II, 423.

[2] Einar Hammersten, Compt. rend. du Lab. de Carlsberg **11**, 223—262 [1915]; Chem.
Centralbl. **1916**, II, 1144.

[3] D. Ackermann, Zeitschr. f. Biol. **64**, 44—50 [1914]; Chem. Centralbl. **1914**, II, 58.

[4] Sakae Tamura, Zeitschr. f. physiol. Chemie **88**, 190—198 [1913]; Chem. Centralbl. **1914**,
I, 566.

0,39%[1]). Konnte im Blute normaler Schlachttiere nachgewiesen werden[2]). Im Ochsengehirn 0,7%[3]).

Der Gehalt an Lysin von Sojabohnen, Baumwollsamenmehl, Weizenkleie, Mais, Hanfsamen, Reis, Hafer, Gerste und anderen Nährstoffen wurde von Nollau[4]) ermittelt.

Kommt in Böden gewöhnlich nicht vor, weil es entweder bei den im Boden stattfindenden Zersetzungsvorgängen nicht gebildet oder schnell weiter zersetzt wird. Um die Zersetzung der Verbindung und solche enthaltender Düngemittel kennenzulernen, wird getrocknetes Blut und Boden (3 : 40) gemischt, 240 Tage aufbewahrt und nach gewissen Tagen untersucht. Die Menge des Lysin-N in dem Gemisch ausgedrückt in Teilen auf 100 Teile hydrolysierbarem N im ursprünglichen Gemische betrug: Ursprünglicher Boden 10,093, nach 18 Tagen 7,610, nach 44 Tagen 1,110, nach 86 Tagen 0,429, nach 148 Tagen 0,528, nach 240 Tagen 0,972[5]).

Bildung: In der bei der Autolyse der Bierhefe (zwecks Ermittlung des Aminosäuregehaltes) ungelöst verbleibenden Zellrückständen wurde nach Hydrolyse die Verteilung des N bestimmt: Im Hydrolysat Lysin-Cholin-N 4%[6]). In fünf Amylasepräparaten (A, B aus der Bauchspeicheldrüse, C—E aus Malz) war Gehalt an Lysinstickstoff 7,4 und 7,0%, bzw. 7,5, 6,7 und 5,5%[7]). Die Hydrolyse des Eiweißes des Ragweedpollens (Ambrosia artermisifolia und A. trifida) ergab auf den Pollen berechnet 0,97% Lysin[8]).

Im Cocosnußglobulin basischer N nach dem Verfahren von van Slyke bestimmt, wurde gefunden 5,80% Lysin[9]). Bei der Hydrolyse des Globulins der Cocosnuß wurde 5,80% Lysin gefunden[10]). Bei der Hydrolyse des Globulins der Cohunenuß (Attalea Cohune) wurde Lysin in hohem Betrage gefunden[11]). Bei der Hydrolyse des aus den Samen des griechischen Heues gewonnenen Nucleoproteids entsteht kein Lysin[12]). Das in Alkohol lösliche Protein von Andropogon sorghum, das Kafirin, enthält 0,95% Lysin[13]). Bei der Hydrolyse des Hordeins etwa 1%[14]). In den Produkten der Hydrolyse mittels H_2SO_4 von Gliadin geringe, aber deutlich nachweisbare Mengen[15]).

Bei der Hydrolyse des Gliadins 1,3% Lysinstickstoff, des Lactalbumins 12,2%, des Oryzenins 4,9% Lysinstickstoff[16]).

Bei der Hydrolyse des Stizolobins, des Globulins der chinesischen Samtbohne, Stizolobium niveum 8,51%[17]). Arachin von Arachis hypogaea enthält 4,98% Lysin[18]). Bei der Hydro-

---

[1]) Masaji Tomita, Biochem. Zeitschr. **116**, 40 [1921]; Chem. Centralbl. **1921**, III, 359.

[2]) Emil Abderhalden, Zeitschr. f. physiol. Chemie **88**, 478—483 [1913]; Chem. Centralbl. **1919**, I, 1021.

[3]) Tomihide Shimizu, Biochem. Zeitschr. **117**, 252 [1921]; Chem. Centralbl. **1921**, III, 492.

[4]) E. H. Nollau, Journ. of Biolog. Chem. **21**, 611 [1915]; Chem. Centralbl. **1915**, II, 853.

[5]) Elbert C. Lathrop, Journ. Franklin Inst. **183**, Nr. 3, Chem. News **115**, 220—222, 229 bis 232 [1917]; Chem. Centralbl. **1917**, II, 560.

[6]) Jacob Meißenheimer, Zeitschr. f. physiol. Chemie **104**, 229—284 [1919]; Chem. Centralbl. **1919**, III, 273.

[7]) H. C. Sherman u. A. O. Gettler, Journ. of Amer. Chem. Soc. **35**, 1790—1794 [1913]; Chem. Centralbl. **1914**, I, 270.

[8]) Jessie Horton Koessler, Journ. of Biolog. Chem. **35**, 415—424 [1918]; Chem. Centralbl. **1919**, I, 393.

[9]) Carl O. Johns, A. J. Finks u. C. E. F. Gersdorff, Journ. of Biolog. Chem. **37**, 149—153 [1919]; Chem. Centralbl. **1919**, I, 859.

[10]) D. Breese Jones u. Carl O. Johns. Journ. of Biolog. Chem. **44**, 283—301 [1920]; Chem. Centralbl. **1921**, I, 456.

[11]) Carl O. Johns u. C. E. F. Gersdorff, Journ. of Biolog. Chem. **45**, 57—67 [1920]; Chem. Centralbl. **1921**, I, 456.

[12]) H. E. Wunschendorff, Journ. de Pharm. et de Chim. [7] **20**, 86—88 [1919]; Chem. Centralbl. **1919**, III, 1065.

[13]) D. Breese Jones u. Carl O. Johns, Journ. of Biolog. Chem. **36**, 323—334 [1918]; Chem. Centralbl. **1919**, I, 743.

[14]) Carl O. Johns u. A. J. Finks, Journ. of Biolog. Chem. **38**, 63 [1919]; Chem. Centralbl. **1920**, III, 594.

[15]) Thomas O. Osborne u. Charles S. Leavenworth, Journ. of Biolog. Chem. **14**, 481 bis 487 [1913]; Chem. Centralbl. **1913**, II, 586.

[16]) Thomas B. Osborne, Donald D. van Slyke, Charles S. Leavenworth u. Mariam Vinograd, Journ. of Biolog. Chem. **22**, 259 [1915]; Chem. Centralbl. **1915**, II, 1195.

[17]) D. Breese Jones u. Carl O. Johns, Journ. of Biolog. Chem. **40**, 435 [1919]; Chem. Centralbl. **1920**, III, 716.

[18]) Carl O. Johns u. D. Breese Jones, Journ. of Biolog. Chem. **36**, 491—500 [1918]; Chem. Centralbl. **1919**, I, 743.

lyse von Phaseolin 7,88%[1]). Bei der Hydrolyse von Arakin zwischen 2,21—6,86%. Bei der Hydrolyse von Glycinin zwischen 3,34—5,7%. Bei der Hydrolyse der Gelatine I zwischen 3,22—11,52. Bei der Hydrolyse der Gelatine II[2]) zwischen 2,69—2,95. — In der Sojabohne (Soja hispida) = 9,06%[3]). Bei der Hydrolyse des α-Globulins der Mungbohne (Phaseolus aureus Roxburgh) wurde 6,08%, bei der des β-Globulins 9,29% Lysin gefunden[4]).

In der Trockensubstanz von Sericin 1,96%[5]).

In dem mit Schwefelsäure hydrolysierten Pferdefleisch Lysin-N 10,41—10,47% des Gesamt-N[6]). In Prozenten des Gesamt-N enthält Fibrin von Rind A 14,23, Rind B 13,50, Schaf 12,85, Schwein 13,59 Lysin-N[7]). Der Gesamtstickstoff von Neurokeratin enthält 11,729% Lysin-N[8]).

Caseinogen wurde während dreier Monate der Einwirkung von 1% HCl ausgesetzt. Nach Ausfällung mit Phosphorwolframsäure wurde aus dem Niederschlag ein peptonähnlicher Körper isoliert, der als Hydrolysierungsprodukt 5,23% Lysin-N (?) ergab[9]). Im Caseinogen 9,46%, im Lactoglobulin 8,58%, im Lactalbumin 12,54%; in Milch und Colostrum der Kuh übereinstimmend[10]).

Bei der Hydrolyse des Caseins (Caseinogens) 7,62%[11]). Bei der Hydrolyse der Gelatine wurden 5,9% Lysin gefunden[12]).

Die Reaktion von Lysin mit salpetriger Säure ist abhängig von der Temperatur. Bei etwa 1° reagiert bei bestimmter Konzentration nur die α-NH$_2$-Gruppe; bei 30° reagieren beide Gruppen innerhalb von 10 Minuten, bei 32° innerhalb von 5 Minuten[13]).

Physiologische Eigenschaften: Der phenolbildende Bacillus phenologenes entwickelt sich reichlich auf Nährböden für die Isolierung acidaminolytischer Mikroben mit Lysin usw.[14]). Junge Hühnchen zeigen ein starkes Zurückbleiben des Wachstums bei Fütterung mit lysinarmer Nahrung gegenüber dem normalen Wachstum im Falle der lysinreichen Nahrung[15]). Junge Ratten, deren Wachstum durch Verfütterung von Gliadin als einzigem N-haltigem Körper zum Stillstand gebracht worden ist, nehmen das Wachstum wieder auf, wenn der Nahrung Lysin zugesetzt wird. Lysin ist demnach für das Wachstum unentbehrlich[16]). Versuche an jungen Ratten haben ergeben, daß Zein, das kein Lysin enthält, das Proteingemisch des Weizen- und Maiskerns nicht im Sinne einer Wachstumsbeschleunigung ergänzen kann; es wirkt dagegen überraschend fördernd bei Zusatz zu Haferkornfütterung, obwohl es weder Tryptophan

[1]) A. J. Finks u. Carl O. Johns, Journ. of Biolog. Chem. **41**, 375 [1920]; Chem. Centralbl. **1920**, III, 199.

[2]) K. Felix, Zeitschr. f. physiol. Chemie **110**, 217 [1920]; Chem. Centralbl. **1920**, III, 633.

[3]) D. B. Jones u. C. H. Waterman, Journ. of Biolog. Chem. **46**, 459 [1921]; Chem. Centralbl. **1921**, IV, 231.

[4]) Carl O. Johns u. Henry C. Waterman, Journ. of Biolog. Chem. **44**, 303—317 [1920]; Chem. Centralbl. **1921**, I, 457.

[5]) Walter Türk, Zeitschr. f. physiol. Chemie **111**, 70—75 [1920]; Chem. Centralbl. **1921**, III, 1126.

[6]) Tullio Gayda, Biochem. Zeitschr. **64**, 438—441 [1914]; Chem. Centralbl. **1914**, II, 582.

[7]) Ross Aiken Gortner u. Alexander J. Wuertz, Journ. of Amer. Chem. Soc. **39**, 2239 bis 2242 [1917]; Chem. Centralbl. **1918**, I, 449.

[8]) Burt E. Nelson, Journ. of Amer. Chem. Soc. **38**, 2558—2561 [1916]; Chem. Centralbl. **1917**, I, 658.

[9]) Casimir Funk u. James Walter McLeod, Biochem. Journ. **8**, 107—109 [1914]; Chem. Centralbl. **1914**, II, 241.

[10]) Charles Crowther u. Harold Raistrick, Biochem. Journ. **10**, 434—452 [1916]; Chem. Centralbl. **1916**, I, 99.

[11]) Frederick William Foreman, Biochem. Journ. **13**, 378—397 [1919]; Chem. Centralbl. **1920**, I, 683.

[12]) H. D. Dakin, Journ. of Biolog. Chem. **44**, 499—529 [1920]; Chem. Centralbl. **1921**, I, 454.

[13]) Barnett Sure u. E. B. Hart, Journ. of Biolog. Chem. **31**, 527 [1921]; Chem. Centralbl. **1921**, IV, 628.

[14]) Albert Berthelot, Annales de l'Inst. Pasteur **32**, 17—36 [1918]; Chem. Centralbl. **1918**, II, 130.

[15]) T. B. Osborne u. Lafayette B. Mendel, unter Mitwirkung von Edna L. Ferry u. Alfred J. Wakeman, Journ. of Biolog. Chem. **26**, 293—300 [1916]; Chem. Centralbl. **1918**, II, 965.

[16]) Thomas B. Osborne, Lafayette B. Mendel, Edna L. Ferry, u. Alfred J. Wakeman, Journ. of Biolog. Chem. **17**, 325—349 [1914]; Chem. Centralbl. **1914**, I, 1842.

noch Lysin- und überaus wenig Cystin enthält[1]). Für den Fall des Haferkorns ist es sicher, daß hier jene 3 Aminosäuren nicht die wesentlichen Wachstumsfaktoren sind. Gelatine, die weder Tyrosin noch Tryptophan und nur Spuren von Cystin, dagegen über 6% Lysin enthält, ergänzt sehr gut die Proteinmischung des Weizen- wie des Haferkornes. In diesen Fällen kommt die Hauptbedeutung dem Lysin zu. Im Fall des Weizenglutens, das keine der Aminosäuren von besonders hohem Grade enthält und dennoch Weizenkorn- und Maiskornproteine bezüglich der Wachstumsförderung in ausgesprochenem Maße ergänzt, ist die Wirkung lediglich der Erhöhung der Gesamteiweißzufuhr zuzuschreiben[1]).

Versuche mit Hunden, die mit Aminosäuregemischen gefüttert wurden, haben gezeigt, daß d-Lysin im tierischen Organismus ein ersetzbarer Baustein ist[2]). Lysin kann den Mangel einer gliadinhaltigen Kost beseitigen. Bei Ersatz des Lysins durch dl- oder d-Norleucin wurde keinerlei ähnliche Wirkung festgestellt. Norleucin scheint also nicht die Vorstufe des Lysins zu sein[3]).

Physikalische und chemische Eigenschaften: Zeigt sich optisch inaktiv bei der Bildung durch Hydrolyse aus dem racemisierten Kuhmilchcasein, optisch d bei der Bildung aus dem Schafmilchcasein[4]). Verbraucht bei der Hydrolyse der Proteinkörper kein Br[5]). Gibt in 20proz. HCl mit Zucker erhitzt 2,62% seines Stickstoffs an Humin[6]) ab.

Derivate: Lysinphosphorwolframat[7]).

D. Schwefelhaltige Aminosäuren.

l-Cystin; (α-Diamino-β-di-thiodilactylsäure) (Bd. IV, S. 648; Bd. IX, S. 129).

Vorkommen: In der Hefe, nicht ganz sicher[8]). In der Trockenhefe Schroder nachgewiesen[9]). Der Cystingehalt von Sojabohnen, Baumwollsamenmehl, Weizenkleie, Mais, Hanfsamen, Reis, Hafer, Gerste und anderen Nährstoffen wurde von Nollau[10]) bestimmt. Cystin fand sich in den meisten Blutarten der verschiedenen wirbellosen Tiere in beträchtlichen Mengen[11]).

Bildung: Nicht ganz sicher bei der Autolyse der Hefe[12]). Bei der Aufspaltung des Hefeeiweißes werden vom Gesamt-N 2% als Cystin und andere Schwefelverbindungen erhalten[13]).

Fünf Amylasepräparate (A, B aus der Bauchspeicheldrüse C—E aus Malz) enthielten Cystinstickstoff 2,5 und 2,2 bzw. 4,0, 4,0 und 4,9%[14]). Die Proteinsubstanzen des Aspergillus niger enthalten kein Cystin[15]).

[1]) E. V. McCollum, N. Simmonds u. W. Pitz, Journ. of Biolog. Chem. **28**, 483—499 [1917]; Chem. Centralbl. **1917**, I, 1121.

[2]) Emil Abderhalden, Zeitschr. f. physiol. Chemie **96**, 1—147 [1915]; Chem. Centralbl. **1916**, I, 801—803.

[3]) Howard B. Lewis u. Lucie E. Root, Journ. of Biolog. Chem. **43**, 79 [1920]; Chem. Centralbl. **1920**, III, 749.

[4]) Harold Ward Dudley u. Herbert Ernest Woodman, Biochem. Journ. **9**, 97—102 [1915]; Chem. Centralbl. **1916**, I, 1254.

[5]) M. Siegfried u. H. Reppin, Zeitschr. f. physiol. Chemie **95**, 18—28 [1915]; Chem. Centralbl. **1916**, I, 513.

[6]) M. L. Roxas, Journ. of Biolog. Chem. **27**, 71—93 [1917]; Chem. Centralbl. **1917**, I, 971.

[7]) Jack Cecil Drummond, Biochem. Journ. **12**, 5 [1918]; Chem. Centralbl. **1918**, II, 944.

[8]) Jacob Meißenheimer, Zeitschr. f. physiol. Chemie **104**, 229—284 [1919]; Chem. Centralbl. **1919**, III, 273.

[9]) Carl Neuberg, Wochenschr. f. Brauerei **32**, 317—320 [1915]; Chem. Centralbl. **1916**, I, 163.

[10]) E. H. Nollau, Journ. of Biol. Chem. **21**, 611—614 [1915]; Chem. Centralbl. **1915**, II, 853.

[11]) Rollin G. Myers, Journ. of Biolog Chem. **41**, 119 [1920]; Chem. Centralbl. **1920**, III, 108.

[12]) Jacob Meißenheimer, Wochenschr. f. Brauerei **32**, 325 [1915]; Chem. Centralbl. **1915**, II, 1259.

[13]) Jacob Meißenheimer, Zeitschr. f. physiol. Chemie **114**, 205—249 [1921]; Chem. Centralbl. **1921**, III, 1289.

[14]) H. C. Sherman u. A. O. Gettler, Journ. of Amer. Chem. Soc. **35**, 1790—1794 [1913]; Chem. Centralbl. **1914**, I, 270.

[15]) Pierre Thomas u. Robert C. Moran, Compt. rend. de l'Acad. des Sc. **125** [1914]; Chem. Centralbl. **1914**, II, 725.

Das in Alkohol lösliche Protein von Andropogon sorghum, das Kafirin enthält 0,84%, Cystin[1]).

Bei der Hydrolyse von Bynin gefunden Cystinstickstoff 1,63%, bei Hordein 1,58%[2]). Bei der Hydrolyse des Gliadins 0,8% Cystinstickstoff, des Lactalbumins 1,3%, des Oxyzenins 0,9% Cystinstickstoff[3]). Die Hydrolyse des Eiweißes des Ragweedpollens (Ambrosia artemisifolia und A. trifida) ergab auf den Pollen berechnet 0,57% Cystin[4]). Bei der Hydrolyse des Globulins der Cocosnuß wurde 1,44% Cystin gefunden[5]). Im Cocosnußglobulin basischer N nach dem Verfahren von van Slyke bestimmt, wurde gefunden Cystin 1,44%[6]).

Für 100 Teile N ist in den Globulinen der Arachis Hypogaea, und zwar im Arachin 0,74, im Conarachin 0,75 Cystin-N enthalten. Danach enthält Arachin bzw. Conarachin 0,85% bzw. 1,07% Cystin[7]).

Arachin von Arachis hypogaea enthält 0,85% Cystin[8]). Bei der Hydrolyse von Phaseolin 0,84%[9]). In der Sojabohne (Soja hispida) = 1,18%[10]). Bei der Hydrolyse des α-Globulins der Mungbohne (Phaseolus aureus Roxburgh) wurde 1,49% Cystin gefunden[11]). Bei der Hydrolyse des Stizolobins, des Globulins der chinesischen Samtbohne, Stizolobium niveum 1,13%[12]).

In den Oxy- und Alloxyproteinsäuren[13]).

In Prozenten des Gesamt-N enthält Fibrin von Rind A 0,30, von Rind B 0,43, Schaf 0,30, Schwein 0,17, Cystin-N[14]). In dem mit Schwefelsäure hydrolysierten Pferdefleisch Cystin-N 1,54—1,55% des Gesamt-N[15]). Caseinogen wurde während dreier Monate der Einwirkung von 1% HCl ausgesetzt. Nach Ausfällung mit Phosphorwolframsäure wurde aus dem Niederschlag ein peptonähnlicher Körper isoliert, der als Hydrolysierungsprodukt 0,30% Cystin-N ergab[16]).

Im Caseinogen 1,30%, im Lactoglobulin 1,90, im Lactalbumin 2,18%; in Milch und Colostrum der Kuh übereinstimmend[17]). Im $HgSO_4$-Niederschlag aus hydrolysiertem Caseinogen, wahrscheinlich in Verbindung mit Tryptophan[18]).

N von Neurokeratin, Hauptbestandteil der Neurogliazellen des Gehirns, enthält 4,40% Cystin-N[19]).

---

[1]) D. Breese Jones u. Carl O. Johns, Journ. of Biolog. Chem. **36**, 323—334 [1918]; Chem. Centralbl. **1919**, I, 743.

[2]) Heinrich Lüers, Biochem. Zeitschr. **96**, 117 [1919]; Chem. Centralbl. **1919**, III, 680.

[3]) Thomas B. Osborne, Donald D. van Slyke, Charles S. Leavenworth u. Mariam Vinograd, Journ. of Biolog. Chem. **22**, 259 [1915]; Chem. Centralbl. **1915**, II, 1195.

[4]) Jessie Horton Koessler, Journ. of Biolog. Chem. **35**, 415—424 [1918]; Chem. Centralbl. **1919**, I, 393.

[5]) D. Breese Jones u. Carl O. Johns, Journ. of Biolog. Chem. **44**, 283—301 [1920]; Chem. Centralbl. **1921**, I, 456.

[6]) Carl O. Johns, A. J. Finks u. C. E. F. Gersdorff, Journ. of Biolog. Chem. **37**, 149—153 [1919]; Chem. Centralbl. **1919**, I, 859.

[7]) Carl O. Johns u. D. Breese Jones, Journ. of Biolog. Chem. **30**, 33—38 [1917]; Chem. Centralbl. **1918**, I, 273.

[8]) Carl O. Johns u. D. Breese Jones, Journ. of Biolog. Chem. **36**, 491—500 [1918]; Chem. Centralbl. **1919**, I, 743.

[9]) A. J. Finks u. Carl O. Johns, Journ. of Biolog. Chem. **41**, 375 [1920]; Chem. Centralbl. **1920**, III, 199.

[10]) D. B. Jones u. H. C. Watermann, Journ. of Biolog. Chem. **46**, 459 [1921]; Chem. Centralbl. **1921**, IV, 231.

[11]) Carl O. Johns u. Henry C. Watermann, Journ. of Biolog. Chem. **44**, 303—317 [1920]; Chem. Centralbl. **1921**, I, 457.

[12]) D. Breese Jones u. Carl O. Johns, Journ. of Biolog. Chem. **40**, 435 [1919]; Chem. Centralbl. **1920**, III, 716.

[13]) P. Glagolew, Zeitschr. f. physiol. Chemie **89**, 432—440 [1914]; Chem. Centralbl. **1914**, I, 1672.

[14]) Ross Aiken Gortner u. Alexander J. Wuertz, Journ. of Amer. Chem. Soc. **39**, 2239—2242 [1917]; Chem. Centralbl. **1918**, I, 449.

[15]) Tullio Gayda, Biochem. Zeitschr. **64**, 438—449 [1914]; Chem. Centralbl. **1914**, II, 582.

[16]) Casimir Funk u. James Walter Mc Leod, Biochem. Journ. **8**, 107—109 [1914]; Chem. Centralbl. **1914**, II, 241.

[17]) Charles Crowther u. Harold Raistrick, Biochem. Journ. **10**, 434—452 [1916]; Chem. Centralbl. **1917**, I, 99.

[18]) Herbert Onslow, Biochem. Journ. **15**, 392—399 [1921]; Chem. Centralbl. **1921**, IV, 1299.

[19]) Burt E. Nelson, Journ. of Amer. Chem. Soc. **38**, 2558—2561 [1916]; Chem. Centralbl. **1917**, I, 658.

Nachweis und Bestimmung: Eine neue mikrochemische Cystinreaktion zum Gebrauch bei Harnanalysen wird wie folgt ausgeführt. Fein zerkleinertes Material wird auf Objektträger gebracht, dieser am anderen Ende mit 1 Tropfen konz. Salzsäure (Dichte mindestens 1,17) befeuchtet, unter Mikroskop ohne Deckglas beobachtet. Schnelle Bildung zahlreicher prismatischer Nadeln von salzsaurem Cystin, bei Mischen mit 1 Tropfen Wasser (nach 1 Minute) gelöst. Nun wird zur Trockne verdampft, nach Abkühlen mit Deckglas versehen, an dessen Rand ein Tropfen Wasser gebracht: nach wenigen Minuten hexagonale Platten von Cystin[1]).

Physiologische Eigenschaften: Kritische Betrachtung über die Entstehung der bei der Cystinurie im Harn abgeschiedenen Aminosäure[2]). Die Cystinurie bildet auf dem Gebiete des Eiweißstoffwechsels das Gegenstück zum Diabetes auf dem Gebiete des Kohlenhydratstoffwechsels. Wie beim Diabetes ein intermediäres Stoffwechselprodukt, die Glucose, nicht zur Oxydation gelangt, so bleibt die Eiweißverbrennung auf der Stufe des Cystins bzw. der Amino- und Diaminosäuren stehen[3]). Über das Wesen der Cystinurie[4]). Über Farbenänderungen auf Cystinnährböden durch Bakterien[5]). Die Versuche über die Schwefelwasserstoffbildung aus Cystin durch Bakterien wurden zunächst mit festen Nährböden, die noch Spuren von Eiweiß enthielten, später mit vollkommen eiweiß- und schwefelfreien Nährflüssigkeiten angestellt. — Sämtliche untersuchten Bakterien bildeten aus Cystin Schwefelwasserstoff. — Bei Verwendung von Taurin, welches aus dem Cystin entsteht, wurde die Entwicklung von Schwefelwasserstoff beobachtet. — Die Menge des entstehenden Schwefelwasserstoffs hängt mit der Intensität des Bakterienwachstums zusammen. — Andere schwefelhaltige Zersetzungsprodukte, wie z. B. Methylmercaptan, wurden nicht beobachtet. Versuche, schwefelwasserstoffbildende Fermente zu isolieren, führten zu keinem positiven Ergebnis. — Die Bildung von Schwefelwasserstoff aus Cystin ist darum auf die direkte Einwirkung des lebenden Bakterienprotoplasmas zurückzuführen[6]).

Bei der Durchströmung der Leber von Hunden und Kaninchen mit Blut mit Zusatz von Cystin wird der Harnstoffgehalt des Blutes nicht merklich gesteigert[7]).

Versuche mit Hunden, die mit Aminosäuregemischen gefüttert wurden, haben gezeigt, daß im tierischen Organismus l-Cystin eine unentbehrliche Aminosäure ist[8]).

Werden Ratten mit Haferkorn, unter Zusatz von Zein, das weder Tryptophan noch Lysin und überaus wenig Cystin enthält, gefüttert, so wird das Wachstum überraschend gefördert. In diesem Fall kann man als sicher hinstellen, daß hier jene 3 Aminosäuren nicht die wesentlichen Wachstumsfaktoren sind[9]).

Bei Ernährungsversuchen mit den Eiweißstoffen der Schiffsbohne zeigte sich, daß ein Zusatz von Cystin eine Verbesserung in der Ernährung mit Phaseolin herbeigeführt werden konnte[10]).

Cystin in kleinen Mengen beeinflußt günstig neben einer eiweißarmen Nahrung die Stickstoffbilanz der Hunde. — Bei geringer Eiweißzufuhr wirkt das cystinreiche Serumalbumin günstiger als das cystinarme Casein; dieser Unterschied kann aber durch Zusatz von Cystin aufgehoben werden[11]).

Cystin, auch in alkalischer Lösung, aktiviert die Gärung (als Katalysator[12]).

[1]) G. Denigès, Journ. Soc. Pharm. Bordeaux 58, 8—12 [1920]; Chem. Centralbl. 1921, II, 61.

[2]) M. W. Scheltema, Chemisch Weekblad 11, 269—705 [1914]; Chem. Centralbl. 1914, II, 583.

[3]) Georg Rosenfeld, Berl. klin. Wochenschr. 54, 957—959 [1917]; Chem. Centralbl. 1917, II, 639.

[4]) Georg Rosenfeld, Ergebn. d. Physiol. 18, 118—140 [1920]; ausführl. Ref. Ber. ges. Physiol. 6, 228—229; Chem. Centralbl. 1921, I, 969.

[5]) Elfrida Constance Victoria Cornish, u. Robert Stenhouse Williams, Biochem. Journ. 11, 180 [1917]; Chem. Centralbl. 1917, II, 820.

[6]) Max Bürger, Archiv f. Hygiene 82, 201—211 [1914]; Chem. Centralbl. 1915, I, 559.

[7]) Wilhelm Löffler, Biochem. Zeitschr. 76, 55—75 [1916]; Chem. Centralbl. 1916, II, 583.

[8]) Emil Abderhalden, Zeitschr. f. physiol. Chemie 96, 1—147 [1915]; Chem. Centralbl. 1916, I, 801—803.

[9]) E. V. Mc Collum, N. Simmonds u. W. Pitz, Journ. of Biolog. Chem. 28, 482—499 [1917]; Chem. Centralbl. 1917, I, 1121.

[10]) Carl O. Johns u. A. J. Finks, Journ. of Biolog. Chem. 41, 379 [1920]; Chem. Centralbl. 1920, III, 205.

[11]) Howard B. Lewis, Edward H. Cox u. G. E. Simpson, Journ. of Biolog. Chem. 42, 289 [1920]; Chem. Centralbl. 1920, III, 289.

[12]) Carl Neuberg u. Marta Sandberg, Biochem. Zeitschr. 109, 290—329 [1920]; Chem. Centralbl. 1921, I, 37.

Physikalische und chemische Eigenschaften: Das aus Harn und Stein zweier verschiedener Cystinuriker dargestellte Cystin zeigte sich mit gewöhnlichem Cystin aus Eiweiß völlig identisch. Die Untersuchung von Harn eines der Cystinuriker ergab, daß der Gehalt an Cystin sich nicht von dem einer normalen Person unterschied[1]).

Eine neue Methode zum Nachweis von Eiweiß im Harn auf Grund des Vorganges, daß der Schwefel der Cystingruppe des Eiweißmoleküls in der Wärme durch Alkalien leicht abgespalten wird und in Gegenwart von Bleisalz PbS bildet, wodurch die Flüssigkeit getrübt und geschwärzt wird. Durch Jod wird das PbS in $PbSO_4$ oxydiert, so daß die Flüssigkeit geklärt wird und exakt in Gelb umschlägt[2]).

Wird ein Protein, in welchem sowohl Tyrosin als Tryptophan fehlen (Gelatine), der Säurehydrolyse bei Gegenwart von Formaldehyd unterworfen, so wird der N beider Huminfraktionen nicht verändert, nur der NH_3-N wird ständig steigen. Zusatz von Histidin und Cystin zur Gelatine ändert das Verhältnis nicht. Demnach beteiligen sich Histidin und Cystin an der Bildung des unlöslichen Humins nicht[3]).

Beim Erhitzen mit Diphenylmethan konnte das Anhydrid nicht erhalten werden. Auch Erhitzen mit Glycerin war ohne Erfolg[4]).

Zersetzt sich beim Erhitzen mit Glycerin sowie mit Diphenylmethan vollständig[4]). Cystin reagiert mit Furfurol[5]).

Bringt man in verdünnte wässerige Lösung von Cystin Blutkohle und schüttelt bei 40° mit Luft oder Sauerstoff, so verschwindet die Aminosäure unter Sauerstoffaufnahme, während gleichzeitig Kohlensäure und Ammoniak als Endprodukt auftreten[6]).

In 20 proz. HCl mit Zucker erhitzt gibt es 3,1% seines Stickstoffs an Humin ab. Die S-S-Gruppen bewirken die Huminbildung, wie es Roxas meint[7]).

Derivate: Cystinnitrat[8]) $C_6H_{12}N_2S_2O_4 \cdot (HNO_3)_2$. — Wird am besten aus 30—45 proz. Salpetersäure krystallinisch erhalten. — In schwächeren Säuren ist es weniger schwer löslich. — Bei stärkerer Säure tritt Zersetzung ein. — Bestimmt man Salpetersäuregehalt und durch Schwefelbestimmung den Cystingehalt, so erhält man bei der Summation der gefundenen Werte ein Defizit von 3,34%. — Die Restcystinmenge befindet sich wahrscheinlich nicht als neutrales Salz, sondern als ungebunden oder als basisches Salz im Präparat.

Cystinhydrochlorid[8]) $C_6H_{12}N_2S_2O_4(HCl)_2$. — Ist in konz. Salzsäure schwer löslich und läßt sich aus dieser mit normaler Zusammensetzung isolieren. Ist krystallwasserfrei. — Es verträgt ein Erhitzen bis 100° im Gegensatz zum Cystinnitrat, das bei dieser Temperatur Zersetzung erleidet.

Cystin-diäthylester-chlorhydrat[9]): Mol.-Gewicht: 369,26. Zusammensetzung: $C_{10}H_{22}O_4 N_2S_2Cl_2$.

In Äthylalkohol suspendiertes Cystin wird mit HCl-Gas am Wasserbade verestert. Ausbeute 94% der Theorie.

Schmelzp. 188°; spez. Drehungsvermögen $[\alpha]_D^{20°} = -48,45°$ in Wasser, $+40,08°$ in Alkohol und $-54,06°$ in CH_3OH, in Wasser wird es sehr leicht, in Alkohol, in Essigester und Äther wird es aber nur sehr schwer gelöst. — Aus Alkohol federförmige Nadeln. Aus ihm, den Ester in Freiheit gesetzt, entwickelt es NH_3 und geht in eine ungesättigte Verbindung über[10]).

---

[1]) Emil Abderhalden, Zeitschr. f. physiol. Chemie **104**, 129—132 [1918]; Chem. Centralbl. **1919**, I, 966.

[2]) Domenico Ganassini u. Pietro Fabbri, Boll. chim. farm. **58**, 313—319 [1919]; Chem. Centralbl. **1920**, II, 230.

[3]) Ross Aiken Gortner u. George E. Holm, Journ. of Amer. Chem. Soc. **39**, 2477 bis 2501 [1917]; Chem. Centralbl. **1918**, I, 553.

[4]) F. Graziani, Atti della R. Accad. dei Lincei, Roma [5] **24**, I, 822 [1915]; Chem. Centralbl. **1915**, II, 461; ebendort **24**, 936—941 [1915]; Chem. Centralbl. **1916**, I, 923.

[5]) C. F. Dowell u. P. Menaul, Journ. of Biolog. Chem. **40**, 131 [1919]; Chem. Centralbl. **1920**, IV, 574.

[6]) Otto Warburg u. Edwin Negelein, Biochem. Zeitschr. **113**, 257 [1921]; Chem. Centralbl. **1921**, I, 831.

[7]) M. L. Roxas, Journ. of Biolog. Chem. **27**, 71—93 [1917]; Chem. Centralbl. **1917**, I, 971.

[8]) Carl Th. Mörner, Zeitschr. f. physiol. Chemie **93**, 203 [1914].

[9]) E. Friedmann, Beiträge z. chem. Physiol. u. Pathol. Jahrg. **1903**, 16/17.

[10]) Emil Abderhalden u. Ernst Wybert, Berichte d. Deutsch. Chem. Gesellschaft **49**, 2449—2473 [1916]; Chem. Centralbl. **1917**, I, 168.

Cystin-dimethylester-chlorhydrat[1])[2])**:** Mol.-Gewicht: 341,23. Zusammensetzung: C_8H_{18} $O_4N_2S_2Cl_2$.

Darstellung nach Fischer und Suzuki[2]). Optisches Verhalten in C_2H_5OH : $s = 0,082$ g; $G = 4,0039$ g; $d = 0,8039$ g; $\alpha_{1\,dm} = +0,66°$; $[\alpha]_D^{20°} = +40,08°$. In CH_3OH : $s = 0,0807$ g; $G = 2,4533$ g; $d = 0,8042$ g; $\alpha_{1\,dm} = -1,43°$; $[\alpha]_D^{20°} = -54,06°$. Beim Behandeln mit Na-Äthylat wird, neben Freiwerden von NH_3, aus dem Ester ein Acrylsäurederivat gebildet, wahrscheinlich mit folgender Konstitution: $HOOC \cdot CH : CHS \cdot S \cdot CH : CH \cdot COOH$.

Schmelzp. 166°; in Wasser sehr leicht, in Alkohol, in Essigester und Äther sehr schwer löslich. — Aus Alkohol + Äther Prismen[3]).

Weiße Nadeln aus Methylalkohol + Äther, Schmelzp. 162°[4]).

β-Disulfid-α-bis-diazo-dipropionsäuredimethylester[4])

$$C_8H_{10}O_4N_4S_2 = CH_3-O-OC-C-CH_2-S-S-CH_2-C-COOCH_3$$

(Diazogruppen $N=N$ an beiden C)

Aus Cystindimethylesterdihydrochlorid mit Natriumnitrit und verdünnter Schwefelsäure. — Dickes dunkelgelbes, mercaptanartig riechendes Öl.

β-Disulfid-α-dioxy-dipropionsäure[4])

$$HOOC-CH-CH_2-S-S-CH_2-CH-COOH$$
$$\qquad\quad\ \ OH \qquad\qquad\qquad\qquad\quad\ OH$$

Aus β-Disulfid-α-bis-diazo-dipropionsäure dimethylester beim Erwärmen mit Wasser und Kochen mit frischgefälltem Calciumcarbonat, wobei das Calciumsalz entsteht $CaC_6H_8O_6S_2$. — Feines sandiges Pulver aus Wasser + Alkohol.

Dibenzoylcystin[4]) $C_{20}H_{20}O_6N_2S_2$. — Aus Cystin mit Benzoylchlorid in Gegenwart von verdünnter Natronlauge und Natriumbicarbonat. — Schuppen aus Alkohol. Nadelbündel aus Aceton. Schmelzp. 180—181°.

Dibenzoylcystindiäthylester[4])

$$C_{24}H_{28}O_6N_2S_2 = C_2H_5-O-OC-CH-CH_2-S-S-CH_2-CH-COOC_2H_5$$
$$\qquad\qquad\qquad\qquad\qquad NH-CO-C_6H_5 \qquad\qquad NH-CO-C_6H_5$$

Aus Dibenzolycystin mit Alkohol und Salzsäure. — Weiße Nadeln aus Essigäther + Aceton. Schmelzp. 185—186°, schwer löslich in Wasser, löslich in heißem Alkohol.

Dibenzoylcystindimethylester[4])

$$C_{22}H_{24}O_6N_2S_2 = CH_3-OOC-CH-CH_2-S-S-CH_2-CH-COOCH_3$$
$$\qquad\qquad\qquad\qquad\qquad NH-CO-C_6H_5 \qquad\qquad NH-CO-C_6H_5$$

Weiße Nadeln aus Aceton. Schmelzp. 192—193°.

Dibenzoylcystindihydrazid[4])

$$C_{20}H_{24}O_4N_6S_2 = NH_2-NH-CO-CH-CH_2-S-S-CH_2-CH-CO-NH-NH_2$$
$$\qquad\qquad\qquad\qquad\qquad\qquad NH-CO-C_6H_5 \qquad\qquad NH-CO-C_6H_5$$

Aus Dibenzoylcystindiäthylester und Hydrazinhydrat. Krystallinische Masse aus Anilin. — Schmelzp. 206—207°, unlöslich in den meisten Lösungsmitteln. — **Dibenzalverbindung.** Weißes Pulver, Schmelzp. 228—230°. — Unlöslich in Alkohol, Benzol und Chloroform.

Dibenzoylcystindiazid[4])

$$\begin{matrix} N \\ \| \end{matrix}\!\!>N-CO-CH-CH_2-S-S-CH_2-CH-\cdots CO-\!\!-\!\!N<\!\!\begin{matrix} N \\ \| \\ N \end{matrix}$$
$$\qquad\qquad\quad NH-CO-C_6H_5 \qquad\qquad NH-CO-C_6H_5$$

Aus Dibenzoylcystinhydrazid mit Natriumnitrit. Weiße Masse. Wurde nicht rein erhalten.

---

[1]) E. Friedmann, Beiträge z. chem. Physiol. u. Pathol. Jahrg. **1903**, 16/17.

[2]) E. Fischer u. U. Suzuki, Zeitschr. f. physiol. Chemie **45**, 405 [1905].

[3]) Emil Abderhalden u. Ernst Wybert, Berichte d. Deutsch. Chem. Gesellschaft **49**, 2449—2473 [1916]; Chem. Centralbl. **1917**, I, 168.

[4]) Theodor Curtius, Journ. f. prakt. Chemie [2] **95**, 327 [1917]; Chem. Centralbl. **1918**, I, 182.

Di-β-naphthalinsulfo-l-cystin [1][2]) $C_{26}H_{24}O_8N_2S_4$

$$HOOC \cdot CH \cdot CH_2 \cdot S \cdot S \cdot CH_2 \cdot CH \cdot COOH$$
$$C_{10}H_7 \cdot SO_2 \cdot NH \qquad\qquad HN \cdot SO_2 \cdot C_{10}H_7$$

Aus Cystin und β-Naphthalinsulfochlorid. Das abgeschiedene Öl verwandelt sich rasch in ein amorphes Pulver. Ausbeute 88% der Theorie.

Schmelzp. 214°, optisches Verhalten in n-NaOH : $s = 0{,}1424$ g, $G = 7{,}143$ g, $d = 1{,}0652$, $\alpha_{1\,dm} = -1{,}76°$, $[\alpha]_D^{20°} = -82{,}88°$ (für absol. trockene Substanz). In Essigester, Aceton, NaOH leicht, in kaltem C_2H_5OH ziemlich schwer, in Wasser, Petroläther und Äther sehr schwer löslich.

Cystinquecksilber [3]) — Natriumchlorid, Cystinquecksilber-Natriumbromid, Cystinquecksilber - Lithiumchlorid, Cystinquecksilber - Natriumrhodanat, Cystinsilber - Natriumchlorid, Cystinquecksilberchlorid-Natriumchlorid, Cystinquecksilberchlorid-Natriumchlorid sind wasserlöslich, besitzen eine amphotere Reaktion und werden aus wässerigen Lösungen durch Aceton, Äthylalkohol, Methylalkohol oder Äther gefällt. Cystinal ist **Cystinquecksilberchlorid.** Bei der Behandlung von Typhusbacillenausscheidern mit Cystinal keine Erfolge [4]). Küster und Wolff [5]) untersuchten die Wirkung der Cystinquecksilberpräparate auf das Gallensystem. Ihre Wirkung ist aber noch nicht ganz festgestellt, und in größeren Dosen zu längeren Kuren wäre ihre Anwendung zu teuer. Die Wirkung des Cystinals auf das Gallensystem ist noch nicht genügend bekannt [5]).

Cystinphosphorwolframat [6]).

Cystein (Bd. IV, S. 662; Bd. IX, S. 130).

Chemische Eigenschaften: Bringt man in verdünnte wässerige Lösung von Cystin Blutkohle und schüttelt bei 40° mit Luft oder Sauerstoff, so verschwindet die Aminosäure unter Sauerstoffaufnahme, während gleichzeitig Kohlensäure und Ammoniak als Endprodukt auftreten [7]).

II. Aromatische Aminosäuren.

Phenylalanin (Bd. IV, S. 668; Bd. IX, S. 131).

Vorkommen: In der Hefe [8]). Im Ochsengehirn 0,03% [9]).

Bildung: Mycobacterium lacticola enthält nach Wachstum in Bouillonkultur 0,475%, nach Wachstum in eiweißfreier Kultur 0,413% l-Phenylalanin-N [10]). Bei der Autolyse der Hefe [11]) Bei der Aufspaltung des Hefeeiweißes werden vom Gesamt-N 8% als Phenylalanin erhalten [12]). Bei 2 stündiger Hydrolyse mit siedendem 10 proz. HCl des aus den Samen des

---

[1]) E. Abderhalden, Zeitschr. f. physiol. Chemie **38**, 558 [1903].

[2]) E. Abderhalden u. Ernst Wybert, Berichte d. Deutsch. Chem. Gesellschaft **49**, 2449 bis 2473 u. 2838 [1916]; Chem. Centralbl. **1917**, I, 168.

[3]) Bernhard Stuber, D. R. P. Nr. 307858 [1918]; Chem. Centralbl. **1918**, II, 574.

[4]) L. Zimmermann, Münch. med. Wochenschr. **66**, 559—561 [1919]; Chem. Centralbl. **1919**, III, 283.

[5]) E. Küster u. H. Wolff, Münch. med. Wochenschr. **65**, 1182—1183 [1918]; Chem. Centralbl. **1919**, II, 206.

[6]) Jack Cecil Drummond, Biochem. Journ. **12**, 5 [1918]; Chem. Centralbl. **1918**, II, 944.

[7]) Otto Warburg u. Edwin Negelein, Biochem. Zeitschr. **113**, 257—284 [1921]; Chem. Centralbl. **1921**, I, 831.

[8]) Jacob Meißenheimer, Zeitschr. f. physiol. Chemie **104**, 229—89 [1919]; Chem. Centralbl. **1919**, III, 273.

[9]) Tomihide Shimizu, Biochem. Zeitschr. **117**, 25 [1918]; Chem. Centralbl. **1921**, III, 492.

[10]) Sakae Tamura, Zeitschr. f. physiol. Chemie **88**, 190—198 [1913]; Chem. Centralbl. **1914**, I, 566.

[11]) Jacob Meißenheimer, Wochenschr. f. Brauerei **32**, 325 [1915]; Chem. Centralbl. **1915**, II, 1259.

[12]) Jacob Meißenheimer, Zeitschr. f. physiol. Chemie **114**, 205—249 [1921]; Chem. Centralbl. **1921**, III, 1289.

griechischen Heues gewonnenen Nucleoproteides entsteht 2,50% Phenylalanin[1]). Das in Alkohol lösliche Protein von Andropogon sorghum, das Kafirin, enthält 2,34% Phenylalanin[2]). Arachin, von Arachis hypogaea enthält 2,60% Phenylalanin[3]). Bei der Hydrolyse des Globulins der Cocosnuß wurde 2,05% Phenylalanin gefunden[4]). Bei der Hydrolyse des Stizolobins, des Globulins der chinesischen Samtbohne, Stizolobium niveum 3,10%[5]).

Bei der Hydrolyse der Eischale des Seidenspinners 0,69%[6]). 100 g Fibrin enthalten 1,40 g Phenylalanin[7]). Bei der Hydrolyse des Caseins (Caseinogens) 3,88%[8]). In der Gelatine dürfte etwa 1,3% Phenylalanin enthalten sein[9]). Bei der Hydrolyse der Gelatine wurde 1,4% Phenylalanin gefunden[10]).

Äthyl-4-benzylhydantoin-1-acetat gibt mit Salzsäure unter Druck Phenylalanin (neben Glykokoll)[11]).

Darstellung von d, l-Phenylalanin[12]). 11,4 g Glycin-anhydrid, aus Alkohol umkrystallisiert und fein pulverisiert, werden mit 26,5 g Benzaldehyd, 33 g wasserfreiem Natriumacetat und 51 g Essigsäureanhydrid versetzt, 8 Stunden im Ölbade auf 120—130° erhitzt. Die nach dem Erkalten völlig erstarrte Reaktionsmasse wird mit warmem Wasser digeriert und nach dem Erkalten dekantiert. Sodann wird die zurückbleibende harzartige Masse mit 98 proz. Alkohol behandelt. Die ausgeschiedenen gelben Krystalle, 3, 6-Dibenzal-2, 5-diketopiperazin, werden abgesaugt, mit Alkohol sorgfältig gewaschen. Sie wiegen trocken 18 g (62% der Theorie). Nach Umkrystallisieren aus heißem Alkohol zersetzen sie sich rasch erhitzt bei 298—300°, sind in Wasser, Äther, kaltem Alkohol kaum, in heißem Alkohol sehr wenig und in siedendem Eisessig wenig löslich. — 7,3 g 3, 6-Dibenzal-2, 5-diketopiperazin werden mit 50 ccm Jodwasserstoffsäure ($D = 1,7$) und 5 g rotem Phosphor versetzt und 8 Stunden am Rückflußkühler gekocht. Das unter Zusatz von Wasser erhaltene Filtrat wird unter vermindertem Druck zur Trockene abdestilliert. Der Rückstand wird in Wasser aufgelöst, die Lösung von neuem (bis auf etwa 50 ccm) eingeengt und sodann mit Natronlauge neutralisiert. Der zunächst ausgeschiedene, schwach braun gefärbte Niederschlag wiegt trocken 5,7 g, aus der Mutterlauge läßt sich noch 2,7 g Substanz gewinnen, Ausbeute also fast quantitativ. Nach Umkrystallisieren aus siedendem Wasser unter Zusatz von wenig Tierkohle erhält man in 83% der Theorie reines d, l-β-Phenyl-α-alanin.

Nachweis und Bestimmung: Trennung von Glykokoll. — Beim Versetzen einer wässerigen Lösung von Phenylalanin und Glykokoll mit Ammoniumsulfat wird hauptsächlich Phenylalanin ausgefällt, dem nur wenig Glykokoll beigemengt ist. Durch Behandeln des Niederschlages mit Kupfersulfat und Barytlösung gewinnt man sofort reines Phenylalaninkupfer[13]).

Physiologische Eigenschaften: Die Konzentrationsschwelle (äußerste Grenze, bei der gerade noch eine schwach chemotaktische Anlockung von Bakterien erkennbar ist) war für das nur künstlich herstellbare optische Isomere von Phenylalanin 100—1000 mal so hoch als für das in der Natur vorkommende Isomere. Die natürliche Komponente wird auch gegenüber

---

[1]) H. E. Wunschendorff, Journ. de Pharm. et de Chim. [7] 20, 86—88 [1919]; Chem. Centralbl. 1919, III, 1065.

[2]) D. Breese Jones u. Carl O. Johns, Journ. of Biolog. Chem. 36, 323—334 [1918]; Chem. Centralbl. 1919, I, 742.

[3]) Carl O. Johns u. D. Breese Jones, Journ. of Biolog. Chem. 36, 491—500 [1918]; Chem. Centralbl. 1919, I, 743.

[4]) D. Breese Jones u. Carl O. Johns, Journ. of Biolog. Chem. 44, 283—301 [1920]; Chem. Centralbl. 1921, I, 456.

[5]) D. Breese Jones u. Carl O. Johns, Journ. of Biolog. Chem. 40, 435 [1919]; Chem. Centralbl. 1920, III, 716.

[6]) Masaji Tomita, Biochem. Zeitschr. 116, 40 [1921]; Chem. Centralbl. 1921, III, 359.

[7]) E. u. H. Salkowski, Zeitschr. f. physiol. Chemie 105, 242—248 [1919]; Chem. Centralbl. 1919, III, 679.

[8]) Frederick William Foreman, Biochem. Journ. 13, 378 [1919]; Chem. Centralbl. 1920. I, 683.

[9]) E. Salkowski, Zeitschr. f. physiol. Chemie 109, 32—48 [1920]; Chem. Centralbl. 1920. III, 12.

[10]) H. D. Dakin, Journ. of Biolog. Chem. 44, 499—529 [1920]; Chem. Centralbl. 1921, I, 454.

[11]) Treat B. Johnsen u. Joseph S. Bates, Journ. of Amer. Chem. Soc. 38, 1087—1098 [1916]; Chem. Centralbl. 1916, II, 816.

[12]) Takaoki Sasaki, Berichte d. Deutsch. Chem. Gesellschaft 54, 163—168 [1921]: Chem. Centralbl. 1921. I, 450.

[13]) P. Pfeiffer u. Fr. Wittka, Berichte d. Deutsch. Chem. Gesellsch. 48, 1041—1048 [1915].

der gleichen oder selbst beträchtlich höheren Konzentration ihres optischen Isomeren bevorzugt[1].

Als Abbauprodukt bei der Einwirkung von Proteus bzw. Subtilisbacillen wurde Phenylmilchsäure und Phenyläthylamin erhalten. Wurde als Nährlösung Hendersonsches Phosphatgemisch verwandt, so entstand hauptsächlich die Oxysäure und ganz wenig Amin, wurden statt der Phosphatsalze Milchzucker und Uranylphosphat genommen, so entstand nur das Amin, während keine Oxysäure zu finden war. — Die durch Proteus gebildete Phenylmilchsäure war rechtsdrehend, die durch Subtilis gebildete linksdrehend[2]. Bacterium coli bildet aus Phenylalanin kein Phenol[3]. Der phenolbildende Bacillus phenologenes entwickelt sich anscheinend nicht auf Nährböden für die Isolierung acidaminolytischer Mikroben mit Phenylalanin usw.[4].

Wurde als Stickstoffquelle für Preßhefe geprüft[5]. Die Hefe kann während der Gärung keine Eiweißstoffe auf Kosten des Phenylalanins bilden[6].

Das durch Verfütterung eines vollständigen Gemisches von Aminosäuren an Hunden erhaltene Stickstoffgleichgewicht, das nach Wegnahme von l-Tyrosin negativ geworden ist, verbessert sich in geringerer Weise auf Zusatz von l-Phenylalanin. Aus diesen Versuchen ist zu schließen, daß der tierische Organismus eine bestimmte Menge von homocyclischen Verbindungen braucht. — An Ratten durchgeführte Versuche, l-Phenylalanin durch Phenylbrenztraubensäure zu ersetzen, ließen keine Vertretung der fehlenden Aminosäure durch die Ketosäure erkennen[7].

Unter den Aminosäuren steigert den Gehalt des Harns an NH_3, nach subcutaner oder peroraler Darreichung am meisten. Unter den Eiweißkörpern, die bei der Hydrolyse viel Phenylalanin liefern, befindet sich das Zein, das in der Tat auch die NH_3-Ausscheidung im Harn beträchtlich vermehrt[8].

Bewirkte bei Injektion bei der Katze, daß im Harn keine Ureidoverbindungen festgestellt werden konnten[9]. Wurden Hundelebern mit Hundeblut durchströmt, welchem Benzylglyoxal zugesetzt war, so resultierten α-Phenylmilchsäure und l-Phenylalanin. Unterwirft man l-Phenylalanin bei 0° der Einwirkung von HNO_3, so entsteht l-Phenylmilchsäure, krystallinische Masse[10].

Physikalische und chemische Eigenschaften: Es hat spezifische Absorption[11]. Mit Kaliumsulfat, Ammoniumchlorid, Calciumchlorid, Bariumchlorid, Bariumbromid, Magnesiumchlorid, Aluminiumchlorid, Aluminiumsulfat gibt Phenylalanin keine Niederschläge. — Dagegen wird es durch konz. wässerige Lösungen von Ammoniumsulfat, Natriumsulfat, Magnesiumsulfat, Natriumacetat, Kaliumacetat, Kaliumoxalat gefällt[12]. Zeigt sich optisch inaktiv bei der Bildung durch Hydrolyse sowohl aus dem racemischen Kuhmilchcasein wie aus dem Schafmilchcasein[13].

Verbraucht bei der Hydrolyse der Proteinkörper kein Br[14]. Mit Zucker in salzsaurer Lösung erhitzt, scheidet es als Huminbildner aus[15].

---

[1] Hans Pringsheim u. Ernst Pringsheim, Zeitschr. f. physiol. Chemie 97, 176—190 [1916]; Chem. Centralbl. 1917, I, 23.

[2] Hajime Amatsu u. Midori Tsudji, Act. Schol. Med. Univ. Kioto 2, 447 [1918]; Chem. Centralbl. 1920, III, 489.

[3] Midori Tsudji, Journ. of Biolog. Chem. 38, 13 [1920]; Chem. Centralbl. 1920, III, 600.

[4] Albert Berthelot, Annales de l'Inst. Pasteur 1918, II, 130.

[5] H. J. Waterman, Folia microbiol. 2, Heft 2, 7 S. [1913]; Chem. Centralbl. 1914, I, 484.

[6] W. Zaleski u. W. Israilsky, Berichte d. Deutsch. Botan. Gesellsch. 32, 472—479 [1914]: Chem. Centralbl. 1915, I, 61.

[7] Emil Abderhalden, Zeitschr. f. physiol. Chemie 96, 1—147 [1915]; Chem. Centralbl. 1916, I, 801—803.

[8] Domenico Lo Monaco, Arch. di Farmacol. sperim. 21, 121—128 [1916]; Chem. Centralbl. 1916, II, 22.

[9] Alice Rohde, Journ. of Biolog. Chem. 36, 467—474 [1918]; Chem. Centralbl. 1919, II, 652.

[10] H. D. Dakin u. H. W. Dudley, Journ. of Biolog. Chem. 18, 29—51 [1914]; Chem. Centralblatt 1914, II, 578.

[11] Ph. A. Kober u. W. Eberlein, Journ. of Biolog. Chem. 22, 433—441 [1915]; Chem. Centralbl. 1916, I, 15.

[12] P. Pfeiffer u. Fr. Wittka, Berichte d. Deutsch. Chem. Gesellschaft 48, 1041—1048 [1915].

[13] Harold Ward Dudley u. Herbert Ernest Woodman, Biochem. Journ. 9, 97—102 [1915]; Chem. Centralbl. 1916, I, 1254.

[14] M. Siegfried u. H. Reppin, Zeitschr. f. physiol. Chemie 95, 18—28 [1915]; Chem. Centralbl. 1916, I, 513.

[15] M. L. Roxas, Journ. of Biolog. Chem. 27, 71—93 [1916]; Chem. Centralbl. 1917, I, 971

Derivate: Phenylalaninphosphorwolframat[1]).

l-N-Methylphenyl-alanin[2]). 2 g d-α-Bromhydrozimtsäure werden bei 0° mit 10 ccm wässerigem Methylamin von 33% gemischt und 2¹/₂ Tage bei Zimmertemperatur aufbewahrt, dann die Flüssigkeit unter 12—15 mm verdampft und der farblose Rückstand mit Alkohol gewaschen. Ausbeute an Rohprodukt 64% der Theorie. Zur Reinigung wird aus der 40fachen Menge heißem Wasser umkrystallisiert.

Die Darstellung geschieht, wie es bei der d-Verbindung beschrieben ist[3]). Das Drehungsvermögen in ¹/₂₀ n-Natronlauge ist

$$[\alpha]_D^{19} = \frac{+1,63° \cdot 7,5936}{2 \cdot 1,005 \cdot 0,1238} = +49,74°.$$

p-Toluolsulfo-l-phenylalanin[3]). Die Darstellung geschieht wie bei der d-Verbindung beschrieben. Das Natriumsalz enthält 3¹/₂ Mol. Krystallwasser, das bei 3 stündigem Trocknen im Vakuum über Phosphorpentoxyd bei 100° entweicht. Die freie Toluolsulfoverbindung schmilzt nach mehrfachem Umkrystallisieren bei 164—165° (korr.). Das Drehungsvermögen in Acetonlösung beträgt

$$[\alpha]_D^{21} = \frac{-0,13 \cdot 1,5722}{1 \cdot 0,8169 \cdot 0,1183} = -2,11°.$$

p-Toluolsulfo-l-N-methyl-phenylalanin[3]). Die Darstellung geschieht, wie es bei der d-Verbindung beschrieben ist. — Das Natriumsalz besitzt 2 Mol. Krystallwasser, das nach 3 stündigem Trocknen im Vakuum über Phosphorpentoxyd bei 100° verlorengeht. — Das aus dem mehrfach umkrystallisierten Salz dargestellte p-Toluolsulfo-l-methyl-phenylalanin schmilzt bei 92,5—94° und zeigt folgendes Drehungsvermögen in Acetonlösung

$$[\alpha]_D^{19} = \frac{-1,85 \cdot 1,5351}{1 \cdot 0,8165 \cdot 0,1085} = -32,06°.$$

p-Toluolsulfo-d-phenyl-alanin[3])

$$C_6H_5 - CH_2 - \underset{\underset{NH - SO_2 - C_6H_4 - CH_3}{|}}{CH} - COOH = C_{16}H_{17}O_4NS.$$

Molekulargewicht 319,22. — 30 g Formyl-d-phenylalanin ($[\alpha]_D = -74,5$) werden mit 560 ccm n-Salzsäure 1 Stunde am Rückflußkühler gekocht, dann die Lösung unter vermindertem Druck verdampft, der krystallinische Rückstand in 130 ccm Wasser gelöst und so lange mit n-Natronlauge versetzt, bis das zuerst ausfallende Phenylalanin sich eben wieder gelöst hat. Dann fügt man 60 g p-Toluolsulfochlorid (2 Mol.) in konz. ätherischer Lösung zu, schüttelt 1 Stunde auf der Maschine, versetzt mit 78 ccm 2 n-Natronlauge (1 Mol.), schüttelt abermals 1 Stunde und wiederholt Zusatz von Natronlauge und Schütteln noch zweimal, so daß die ganze Operation 4 Stunden dauert. Währenddessen scheidet sich allmählich das Natriumsalz des Toluolsulfo-d-phenylalanins krystallisiert ab und kann durch Umlösen aus heißem Wasser leicht gereinigt werden. Da aber ein erheblicher Teil des Salzes in den Mutterlaugen bleibt, so ist es für die Gewinnung der freien Säure bequemer, auf die Isolierung des Natriumsalzes zu verzichten. Man löst also das ausgeschiedene Salz durch Zusatz von mehr Wasser und gelindes Erwärmen und übersättigt mit Salzsäure. Dabei fällt das Toluolsulfo-d-phenylalanin zunächst als Öl, das aber schnell krystallinisch erstarrt. Ausbeute an Rohprodukt ungefähr 48 g oder fast quantitativ. Zur Reinigung wird es aus heißem 50 proz. Alkohol umkrystallisiert. — Die Substanz schmilzt nach vorherigem geringen Erweichen bei 164—165° (korr.). Sie löst sich sehr leicht in Äther, Aceton, Essigäther, Eisessig, Acetylentetrachlorid, Chloroform, schwerer in warmem Benzol, woraus sie beim Erkalten rasch in sehr feinen, häufig gebogenen Nadeln krystallisiert. Aus heißem Alkohol krystallisiert sie in haarfeinen, biegsamen Nadeln. Sie ist schwer löslich in Petroläther und fast unlöslich in kaltem Wasser. Natrium-, Kalium- und Ammoniumsalz sind in kaltem Wasser schwer löslich. — Das Drehungsvermögen in Aceton beträgt

$$[\alpha]_D^{19} = \frac{+0,15° \cdot 1,4958}{1 \cdot 0,82 \cdot 0,1133} = +2,42°.$$

---

[1]) Jack Cecil Drummond, Biochem. Journ. **12**, 5 [1918]; Chem. Centralbl. **1918**, II, 944.

[2]) Emil Fischer u. Lukas v. Mechel, Berichte d. Deutsch. Chem. Gesellschaft **42**, 1355 bis 1366 [1916]; Chem. Centralbl. **1916**, II, 378.

[3]) Emil Fischer u. Werner Lipschitz, Berichte d. Deutsch. Chem. Gesellschaft **48**, 374 [1915]; **48**, 370 [1915].

In Chloroformlösung dreht es nach links, aber auch ziemlich schwach. Das Natriumsalz krystallisiert in heißem Wasser in farblosen, spießigen Formen, sie enthalten $3^1/_2$ Mol. Krystallwasser. — Das trockene Salz hat die Zusammensetzung $C_{16}H_{16}O_4NSNa$ (341,21) und enthält 6,76% Natrium[1]).

p-Toluolsulfo-d-methyl-phenylalanin[1])

$$C_6H_5\!-\!CH_2\!-\!\underset{\underset{\displaystyle CH_3}{|}}{\overset{\displaystyle |}{N}}\!-\!SO_2\!-\!C_6H_4\!-\!CH_3 = C_{17}H_{19}O_4NS.$$

Mol.-Gewicht 333, 23. — 10 g Toluolsulfo-d-phenylalanin werden mit 188 ccm 2 n-Natronlauge (3 Mol.) übergossen und nach Zusatz von 9 g Jodmethyl (2 Mol.) in der Druckflasche im Bade von 68—70° stark geschüttelt, wobei bald Lösung eintritt. Nach etwa 15 Minuten beginnt die Krystallisation des Natriumsalzes der Verbindung. Nach weiteren 15 Minuten wird die Operation unterbrochen. Handelt es sich um die Gewinnung eines optisch möglichst reinen Präparates, so ist es zweckmäßig, die Abscheidung des Natriumsalzes bei 0° vorzunehmen und zu filtrieren. Aus der Mutterlauge scheidet sich beim Ansäuern das freie Toluolsulfo-d-methyl-phenyl-alanin als rasch krystallisiertes Öl ab. Das Natriumsalz läßt sich durch Umkrystallisieren aus heißem Wasser reinigen, es bildet farblose Nädelchen, die im lufttrockenen Zustand 2 Mol. Wasser enthalten. — Die Zusammensetzung des wasserfreien Natriumsalzes $C_{17}H_{18}O_4NSNa$ = 355, 22 mit einem Natriumgehalt von 6,47%. — Zersetzt man die wässerige Lösung des gereinigten Natriumsalzes mit Salzsäure, so scheidet sich das p-Toluolsulfo-d-methylphenyl-alanin als bald krystallisierendes Öl ab. Die feste Masse schmilzt zunächst unscharf. Wird sie zweimal in warmem Benzol gelöst und durch Petroläther abgeschieden, so erhält man makroskopisch sichtbare, farblose, rechteckige Täfelchen oder derbe flächenreiche Formen. — Sie enthalten Krystallbenzol, das im Vakuumexsiccator, rascher bei 56° entweicht. — Die benzolfreie Substanz schmilzt bei 92—93° zu einer von Bläschen durchsetzten Flüssigkeit. Das Drehungsvermögen in Acetonlösung beträgt

$$[\alpha]_D^{20} = \frac{+1{,}97 \cdot 1{,}3874}{1 \cdot 0{,}8165 \cdot 0{,}1026} = +32{,}63°.$$

Das aus den Mutterlaugen des Natriumsalzes erhaltene Toluolsulfo-methyl-phenyl-alanin hat im wesentlichen dieselben Eigenschaften und gibt bei der Analyse auch ähnliche Zahlen, aber es krystallisiert meist in Nadeln, zeigt einen weniger scharfen Schmelzpunkt und eine geringere Drehung. $[\alpha]_D^{20} = + 26{,}9°.$ — Das letztere Präparat ist offenbar etwas racemisiert. Durch Rückverwandlung in das Natriumsalz und dessen Krystallisation aus Wasser läßt es sich in die reinere Form überführen und die Gesamtausbeute an letzterer ist bei systematischer Arbeit recht gut, während sie am Rohprodukt etwa 90% beträgt. Die Substanz ist leicht löslich in Alkohol, Äther, Aceton, Essigäther, Chloroform und heißem Benzol, sehr schwer in Petroläther, fast unlöslich in Wasser[1]).

d-N-Methyl-phenyl-alanin[1])

$$C_6H_5\!-\!CH_2\!-\!\underset{\underset{\displaystyle NH\!-\!CH_3}{|}}{\overset{\displaystyle |}{C}}H\!-\!COOH = C_{10}H_{13}O_2N.$$

Mol.-Gewicht 179,1. — 19 g Toluolsulfoverbindung werden in 35 ccm Eisessig gelöst, mit 25 ccm Salzsäure vom spez. Gewicht 1,19 versetzt und im geschlossenen Rohr 16 Stunden auf 100° erhitzt. Dann wird die gelbe Lösung unter stark vermindertem Druck zum Sirup verdampft, dieser in kaltem absol. Alkohol gelöst, einige Kubikzentimeter alkoholische Salzsäure zugefügt und mit viel absol. Äther versetzt. Kühlt man noch in Eis-Kochsalz-Mischung, so scheidet sich das Hydrochlorid des Methylphenyl-alanins fast vollständig in Nädelchen ab, während die Toluolsulfosäure in Lösung bleibt. Ausbeute 7,1 g oder 91% der Theorie. Die Reinheit des Präparates hängt ab von der Qualität der angewandten Toluolsulfoverbindung. Das optisch unreine Hydrochlorid krystallisiert in Nädelchen. Wird es mehrmals in Alkohol gelöst, mit wenig alkoholischer Salzsäure versetzt und dann mit Äther gefällt, so krystallisiert es in farblosen, kurzen, rechteckigen Täfelchen. — Das salzsaure Salz hat die Zusammensetzung $C_{10}H_{13}O_2N$, HCl mit einem Mol.-Gewicht von 215,57 und enthält 16,45% Cl . — Das Salz ver-

---

[1]) Emil Fischer u. Werner Lipschitz, Berichte d. Deutsch. Chem. Gesellschaft **48**, 370 bis 371 [1915]; **48**, 373 [1915].

liert leicht Salzsäure. Es dreht in wässeriger Lösung nach links. Das Drehungsvermögen wächst durch Zusatz von Salzsäure.

Zur Umwandlung in die freie Aminosäure löst man 6 g des Hydrochlorids in 60 ccm Alkohol und versetzt mit einer 10proz. wässerigen Lösung von Lithiumhydroxyd, bis die Flüssigkeit gegen Lackmus neutral wird. Dabei fällt die Aminosäure in farblosen, feinen Nädelchen. — Die Abscheidung wird durch Zusatz von mehr Alkohol und Abkühlung auf 0° vervollständigt. Die Ausbeute an Rohprodukt ist fast quantitativ. Zur Reinigung wird ungefähr in der 40fachen Menge kochendes Wassers gelöst; beim Abkühlen fallen farblose, verfilzte Nädelchen. — Da aber ein erheblicher Teil in der Mutterlauge bleibt, so ist es nötig, diese einzuengen, wobei eine neue starke Krystallisation erfolgt. —

Das d-N-Methyl-phenylalanin wird beim Reiben stark elektrisch und sublimiert, bei vorsichtigem Erhitzen im Glühröhrchen teilweise unzersetzt. Der Geschmack ist natürlich bitter. Ähnlich dem Phenylalanin ist es in indifferenten organischen Solvenzien durchgängig sehr schwer löslich oder fast unlöslich; nur heißer Methyl- oder Äthylalkohol und heißes Wasser lösen erhebliche Mengen. — Dagegen wird es von verdünnten Säuren und Alkalien leicht aufgenommen. — Die schwach ammoniakalische Lösung gibt mit Silbernitrat beim Kochen einen farblosen krystallinischen Niederschlag, der in Salpetersäure löslich ist. Die saure Lösung wird von Phosphorwolframsäure harzig gefällt; noch eine 1proz. Lösung des salzsauren Salzes gibt bei mäßigem Zusatz von Phosphorwolframsäure bei gewöhnlicher Temperatur eine starke ölige Trübung; beim Erhitzen der Flüssigkeit löst sich das Phosphorwolframat in erheblicher Menge und kommt beim Abkühlen besonders auf 0° wieder rasch heraus; ferner ist es in überschüssiger Phosphorwolframsäure verhältnismäßig leicht löslich. — Das Drehungsvermögen in $^1/_{10}$ n-Natronlauge beträgt

$$[\alpha]_D^{18} = \frac{-0{,}77 \cdot 7{,}2969}{1 \cdot 1{,}007 \cdot 0{,}1157} = -48{,}22°.$$

Schwächer ist die Drehung in salzsaurer Lösung und schwankt mit dem Gehalt an Salzsäure. In n-Salzsäure gelöst ist

$$[\alpha]_D^{20} = \frac{-1{,}07 \cdot 1{,}8941}{1 \cdot 1{,}032 \cdot 0{,}111} = -17{,}7°.$$

Die Spaltung der Toluolsulfoverbindung gelingt vermutlich leichter mit Hilfe von Jodwasserstoffsäure unter Bedingungen, die bei der Darstellung von N-Methyl-l-leucin beschrieben sind[1]).

N-Benzyl-phenylalanin[2]) $C_6H_5 \cdot CH_2 \cdot NH \cdot CH(CH_2 \cdot C_6H_5)COOH$. Aus 6 g d-$\alpha$-Bromhydrozimtsäure in 50 ccm trockenem Äther unter Eiskühlung mit einem Gemisch von 11 g Benzylamin in 50 ccm Äther, 4 Tage stehengelassen, der Niederschlag abgesaugt und mit Äther gewaschen (7,5 g). Das Produkt wird in wässerigem Ammoniak gelöst und verdunstet. Dabei scheidet sich die Aminosäure in feinen Krystallen aus. Ausbeute 64%. Kann in Form seines Nitrates gereinigt werden. — Sintert gegen 215°, schmilzt bei 225° (korr.) unter Zersetzung. $[\alpha]_D^{18} = + 17{,}79°$ (in $^1/_{10}$ n-Natronlauge, 0,1991 g Substanz; Ges.-Gewicht 3,2713 g; spez. Gewicht 1,025, $\alpha = + 1{,}11°$, 1-dm-Rohr). Ist auch in heißem Wasser schwer löslich.

Methylenphenylalanin[3]) $C_{10}H_{15}O_4N = C_6H_5 \cdot CH_2 \cdot CH(N : CH_2) \cdot COOH + 2 H_2O$ aus racemischem Phenylalanin + CH_2O. Farbloses krystallinisches Pulver, leicht löslich in Wasser. — $BaC_{20}H_{20}O_4N_2 + H_2O$ Pulver. — $CuC_{20}H_{20}O_4N_2 + 2 H_2O$. Blaues Pulver.

α-ureïto-β-phenylpropionsäure. Kann im Harn mit Verfahren nach van Slyke und Alice Rohde[4]) nachgewiesen werden.

Phenylalaninol[5]) $C_6H_5 \cdot CH_2 \cdot CH \cdot NH_2 \cdot CH_2OH$. Durch Reduktion von Phenylalaninäthylester mit Natrium und Alkohol. Gelbes dickflüssiges Öl, das bei 2—3 mm zwischen 110—130° übergeht.

Phenylalaninolchlorhydrat $C_9H_{14}ONCl$. Bildet schöne weiße Krystalldrusen vom Schmelzp. 128°. Leicht löslich in Wasser und Alkohol.

---

[1]) Emil Fischer u. Werner Lipschitz, Berichte d. Deutsch. Chem. Gesellschaft **48**, 373 [1915].

[2]) Emil Fischer u. Lukas v. Mechel, Berichte d. Deutsch. Chem. Gesellschaft **49**, 1355 bis 1366 [1916]; Chem. Centralbl. **1916**, II, 378.

[3]) Hartwig Franzen u. Ernst Fellmer. Journ. f. prakt. Chemie **95**, 299—311 [1917]; Chem. Centralbl. **1917**, II, 801.

[4]) Alice Rohde, Journ. of Biolog. Chem. **36**, 467—474 [1918]; Chem. Centralbl. **1919**, II, 652.

[5]) P. Karrer, Helv. chim. acta **4**, 76 [1921]; Chem. Centralbl. **1921**, III, 827.

N-Dimethylphenylalaninol[1]) $C_{11}H_{17}ON$. Wird durch Reduktion des N-Dimethylphenylallaninäthylester mit Natrium und Alkohol erhalten. Flüssigkeit vom Kochp.$_{15}$ 145—153°.

Phenylalaninolcholinjodid[1]) $C_{12}H_{20}NOJ$. Farblose Krystalle vom Flüssigkeitsp. 200° (aus Wasser).

Phenylalanincholinchlorid[1]) $C_{12}H_{20}ONCl$. Krystalle vom Flüssigkeitsp. 194°, sehr löslich in Wasser.

m-Methylphenylalanin[2]). Stoffwechselversuche mit m-Methylphenylalanin wurden teils am Hund, teils am Menschen ausgeführt und der gesammelte Harn analysiert. Außer Benzoesäure, die als Abbauprodukt nicht in Frage kommt, konnte im Ätherextrakt des Harns kein Abkömmling der verfütterten Substanz gefunden werden. Die Ausnutzung im Organismus muß eine sehr energische sein, da der Säuregehalt des Ätherextraktes nur etwa 10% des Wertes betrug, den die Theorie erfordert, daß die Aminosäure quantitativ in einbasische, in Äther lösliche Säuren übergeht[2]).

α-Anilido-β-phenylpropionsäure[3])[4])[5]) $C_{15}H_{15}O_2N = C_6H_5 \cdot CH_2 \cdot CH(NHC_6H_5) \cdot COOH$. Durch Erhitzen der Benzylanilidomalonsäure in absol. Alkohol zum Kochen. Aus 50 proz. Alkohol glänzende Platten, mit ausgesprochen rhombischen Prismen. Im geschmolzenen Rohr tritt bei 165° Erweichen ein, der Schmelzp. liegt bei 170—173°; leicht löslich in Alkohol, wenig löslich in Benzol und kaltem Äther, sehr wenig löslich in heißem Wasser. —
Äthylester $C_{17}H_{19}O_2N$. Stellt ein dickes gelbes Öl dar, welches beim Stehen fest wird. Aus Alkohol dicke hexagonale Prismen oder Blöcke vom Schmelzp. 48—49°.

Phenylalanursäureanhydrid[6]). Durch Kochen von Phenylalanursäure (α-Uramino-β-phenylpropionsäure) mit verdünnter HCl erhält man Phenylalanursäureanhydrid, $C_{10}H_{10}O_2N_2$. Krystalle. Schmelzp. 186°, sehr wenig löslich in Wasser, löslich in Äther[6]).

l-α-Brom-β-phenylpropionsäure. Flüssigkeit, spez. Gewicht bei 17° 1,487; spez. Gewicht bei 25° 1,479. $[\alpha]_D^{17} = -10{,}2°$; die Drehung nimmt mit der Temperatur merklich zu[7]).

Tyrosin (p-Oxy-β-phenyl-α-aminopropionsäure) (Bd. IV, S. 681; Bd. IX, S. 135).

Vorkommen: In der Hefe[8]). Wurde (neben Histidin und Tryptophan) in Ergotinextrakten nachgewiesen. Krystallisierte gelegentlich der Reinigung von Ergotinextrakten mit Bleizucker aus den entbleiten Filtraten in feinsten weißen Krystallen, die aus siedendem Wasser umkrystallisiert wurden[9]). Tyrosin fand sich in den meisten Blutarten der verschiedenen wirbellosen Tiere[10]). In der eiweißfreien Milch konnte Tyrosin nachgewiesen werden[11]). In der Milch 0,0090%[12]). Im Ochsengehirn 0,18%[13]). Längere Zeit bei niedriger Temperatur gehaltenes Fleisch zeigt oft krystallinisch ausgeschiedenes Tyrosin; das Auftreten läßt tiefergehende bakterielle Zersetzung vermuten[14]). In einem geräucherten Schinken wurde, wahrscheinlich bereits

---

[1]) P. Karrer, Helv. chim. acta 4, 76 [1921]; Chem. Centralbl. 1921, III, 827.

[2]) Ludwig Böhm, Zeitschr. f. physiol. Chemie 89, 101—112 [1914]; Chem. Centralbl. 1914. I, 1006.

[3]) Treat B. Johnson u. Norman A. Shepard, Journ. of Amer. Chem. Soc. 36, 355 [1914]; Chem. Centralbl. 1914, I, 1256; und ebendort 36. 1735—1742 [1914]; Chem. Centralbl. 1914, II, 988.

[4]) Wheeler u. Hoffmann, Amer. Chem. Soc. 45, 368 [1911]; Chem. Centralbl. 1911, I, 1857.

[5]) Biltz, Berichte d. Deutsch. Chem. Gesellschaft 45, 1673 [1912]; Chem. Centralbl. 1912, II, 425.

[6]) F. Lippich, Zeitschr. f. physiol. Chemie 90, 124—144 [1914]; Chem. Centralbl. 1914, I, 1852.

[7]) George Leuter, Harry Dugald Keith Drew u. Gerald Hargrave Martin, Journ. Chem. Soc. London 113, 151 [1918]; Chem. Centralbl. 1919, I, 513.

[8]) Jacob Meißenheimer, Zeitschr. f. physiol. Chemie 104, 229—284 [1919]; Chem. Centralbl. 1919, III, 273.

[9]) Sigmund Fränkel u. Josef Rainer, Biochem. Zeitschr. 74, 167—169 [1916]; Chem. Centralbl. 1917, II, 65.

[10]) Rollin G. Meyers, Journ. of Biolog. Chem. 41, 119 [1920]; Chem. Centralbl. 1920, III, 108.

[11]) Barnett Sure, Journ. of Biolog. Chem. 43, 457—468 [1920]; Chem. Centralbl. 1921, I, 41.

[12]) J. E. Pichon-Vendeuil, Bull. des sciences pharmacol. 28, 360—367 [1921]; Chem. Centralbl. 1922, I, 55.

[13]) Tomihide Shimizu, Biochem. Zeitschr. 117, 252 [1921]; Chem. Centralbl. 1921, III, 492.

[14]) Maurice Piettre, Compt. rend. de l'Acad. des Sc. 158, 1934—1937 [1914]; Chem. Centralbl. 1914, II, 500.

im lebenden Tier erfolgte, Tyrosinablagerung beobachtet. Dasselbe wurde auch bei Lebern von russischen Schneehühnern beobachtet[1]).

Bildung: Bei der Autolyse der Hefe[2]).

Bei der Aufspaltung des Hefeeiweißes werden vom Gesamt-N 2% als Tyrosin erhalten[3]).

Das in Alkohol lösliche Protein von Andropogon sorghum, das Kafirin, enthält 5,49% Tyrosin[4]). Bei 2stündiger Hydrolyse mit siedendem 10 proz. HCl des aus den Samen des griechischen Heues gewonnenen Nucleoproteids entsteht 4,65% Tyrosin[5]). Arachin von Arachis hypogaea enthält 5,5% Tyrosin[6]). Bei der Hydrolyse des Globulins der Cocosnuß wurde 3,18% Tyrosin gefunden[7]). Bei der Hydrolyse des Stizolobins, des Globulins der chinesischen Samtbohne, Stizolobium niveum 6,24%[8]).

Im Laufe der Isolierung des Dibromtyrosins aus Primnoastengeln wurde bei der Fraktionierung in analysenreinem Zustande auch Tyrosin isoliert[9]). Das aus dem Sperma des Thynnus thynnus gewonnene Thynnin genannte Protamin gibt bei der Hydrolyse 0,6% Tyrosinstickstoff[10]). Caseinogen wurde während dreier Monate der Einwirkung von 1% HCl ausgesetzt. Nach Ausfällung mit Phosphorwolframsäure wurde aus dem Niederschlag ein peptonähnlicher Körper isoliert, der als Hydrolysierungsprodukt 0,09% Tyrosin-N ergab[11]). Bei der Hydrolyse des Caseins (Caseinogens) 4,5%[12]). Im $HgSO_4$-Niederschlag aus hydrolysiertem Caseinogen[13]). In der Trockensubstanz von Sericin 5,96%[14]).

Bei der Hydrolyse der Eischale des Seidenspinners 11,19%[15]). 100 g Fibrin enthalten 5,45 g Tyrosin[16]).

Der Gesamtstickstoff von Neurokeratin besteht zu 25,21% aus Asparaginsäure, Glutaminsäure, Tyrosin, Leucin, Isoleucin, Alanin oder Glykokoll entsprechender Menge Stickstoff[17]). Das Vorhandensein von Tyrosin in Gelatine ist gering und ist auf eine Beimengung von Eiweiß zurückzuführen, die nach den ausgeführten Berechnungen und colorimetrischen Bestimmungen ungefähr 2,5% betragen kann[18]). Bei der Hydrolyse der Gelatine wurde 0,01% Tyrosin gefunden[19]).

Nach Sörensen[20]) wurde Tyrosin durch Kondensation von Phthaliminomalonsäure-äthylester mit p-Methoxybenzylbromid und Hydrolyse der Produkte dargestellt. Phthal-

---

[1]) C. Griebel, Zeitschr. f. Unters. d. Nahrungs- u. Genußm. **42**, 41—42 [1921]; Chem. Centralbl. **1921**, IV, 913.

[2]) Jakob Meißenheimer, Wochenschr. f. Brauerei **32**, 325 [1915]; Chem. Centralbl. **1915**, II, 1259.

[3]) Jakob Meißenheimer, Zeitschr. f. physiol. Chemie **114**, 205—249 [1921]; Chem. Centralbl. **1921**, III, 1289.

[4]) D. Breese Jones u. Carl O. Johns, Journ. of Biolog. Chem. **36**, 323—334 [1918]; Chem. Centralbl. **1919**, I, 743.

[5]) H. E. Wunschendorff, Journ. de Pharm. et de Chim. [7] **20**, 86—88 [1919]; Chem. Centralbl. **1919**, III, 1065.

[6]) Carl O. Johns u. D. Breese Jones, Journ. of Biolog. Chem. **36**, 491—500 [1918]. Chem. Centralbl. **1919**, I, 743.

[7]) D. Breese Jones u. Carl O. Johns, Journ. of Biolog. Chem. **44**, 283—301 [1920]; Chem. Centralbl. **1921**, I, 456.

[8]) D. Breese Jones u. Carl O. Johns, Journ. of Biolog. Chem. **40**, 435 [1919]; Chem. Centralbl. **1920**, III, 716.

[9]) Carl Th. Mörner, Zeitschr. f. physiol. Chemie **88**, 138—154 [1913]; Chem. Centralbl. **1914**, I, 478.

[10]) A. Kossel, Zeitschr. f. physiol. Chemie **38**, 163—185 [1913]; Chem. Centralbl. **1914**, I, 557.

[11]) Casimir Funk u. James Walter Mc Leod, Biochem. Journ. **8**, 107—109 [1914]; Chem. Centralbl. **1914**, II, 241.

[12]) Frederick William Foreman, Biochem. Journ. **13**, 378 [1919]; Chem. Centralbl. **1920**, I, 683.

[13]) Herbert Onslow, Biochem. Journ. **15**, 392—399 [1921]; Chem. Centralbl. **1921**, IV, 1299.

[14]) Walter Türk, Zeitschr. f. physiol. Chemie **111**, 70—75 [1921]; Chem. Centralbl. **1921**, III, 1126.

[15]) Masaji Tomita, Biochem. Zeitschr. **116**, 40 [1921]; Chem. Centralbl. **1921**, III, 359.

[16]) E. u. H. Salkowski, Zeitschr. f. physiol. Chemie **105**, 245—248 [1919]; Chem. Centralbl. **1919**, III, 678.

[17]) Burt E. Nelson, Journ. of Amer. Chem. Soc. **38**, 2558—2561 [1916]; Chem. Centralbl. **1917**, I, 658.

[18]) E. Salkowski, Zeitschr. f. physiol. Chemie **109**, 32—48 [1920]; Chem. Centralbl. **1920**, III, 12.

[19]) H. D. Dakin, Journ. of Biolog. Chem. **44**, 499—529 [1920]; Chem. Centralbl. **1921**, I, 454.

[20]) Sörensen, Zeitschr. f. physiol. Chemie **44**, 448 [1905].

imino-p-methoxybenzylmalonsäure gibt bei 3 stündigem Erhitzen in Eisessig mit konz. HCl d, l-Tyrosin[1]).

Bildung von d-Tyrosin. Bei der Einwirkung von Bact. proteus vulgaris auf d, l-Tyrosin in einer Nährlösung wurden 60—75% der Theorie d-Tyrosin erhalten[2]).

Darstellung von l-Tyrosin. Man vermischt fein zerriebenes Schweinepankreas mit der gleichen Gewichtsmenge Wasser, fügt etwas Chloroform hinzu, läßt 2 Tage bei Zimmertemperatur stehen, verdaut 24 Stunden lang im Thermostat bei 38°, läßt erkalten, filtriert, versetzt mit Casein (100—150 g auf 1 l Filtrat), macht mit NH_3 schwach alkalisch, unterwirft das Gemisch wieder für 3—7 Tage in einem Thermostat einer Temperatur von 38°, läßt einige Stunden stehen, filtriert, wäscht den Niederschlag mit kaltem Wasser aus, extrahiert den Niederschlag 3 mal mit siedendem Wasser, dampft die wässerigen Extrakte ein und läßt erkalten, wobei sich Tyrosin abscheidet[3]).

Zur Herstellung von Tyrosin für die Tyrosinasereaktion wird eine Tropfenflasche mit einer 10 proz. Lösung Pepton siccum und etwas Trypsinum pankreatinum activum und wenig Chloroform völlig gefüllt, unter gelegentlichem Umschütteln 10—14 Tage bei 40° aufbewahrt, dann abfiltriert und ausgewaschen. Ausbeute 30—35% des Peptons. Zur Ausführung der Melaninreaktion: Milchsaft von Euphorbia Lathyris oder Morus nigra, fein geriebene, ausgelaugte und getrocknete rote Rüben oder Kartoffeln oder Microspira tyrosinatica oder Actinomyces und Bacterium symbioticum[4]).

Darstellung von d, l-Tyrosin. 5,7 g Glycin-anhydrid und 17 g Anisaldehyd werden mit 16,5 g trockenem Natriumacetat und 25 g Essigsäureanhydrid gemischt, 6 Stunden im Ölbade auf 120—130° erhitzt[5]). Nach dem Erkalten wird die völlig erstarrte Reaktionsmasse mit warmem Wasser digeriert. Die ungelöste, schwach bräunlichgelbe Krystallmasse wird dann scharf abgesaugt und sorgfältig mit Alkohol gewaschen. Die trockene Substanz — 3, 6-Dianisal-2, 5-diketopiperazin — ist schon fast rein; Ausbeute 54% der Theorie. Zersetzungspunkt über 300°, ist etwas in siedendem Eisessig, sehr schwer in Benzol, Aceton, Essigäther, kaum in kaltem Alkohol, Äther, Petroläther löslich. — 5 g Dianisal-diketo-piperazin werden mit 50 ccm Jodwasserstoffsäure ($D = 1,7$) unter Zusatz von 5 g rotem Phosphor am Rückflußkühler 3 Stunden und dann von neuem mit 6 g Phosphor versetzt, noch weitere 5 Stunden gekocht. Die gesamte Reaktionsmasse wird nach dem Zusatz von viel Wasser abfiltriert und unter vermindertem Druck abdestilliert. Das Abdestillieren nach neuem Zusatz von Wasser wird wiederholt. Schließlich wird der Rückstand in warmem Wasser aufgelöst und noch warm filtriert, nach dem Erkalten mit Lauge neutralisiert. Die ausgeschiedene Substanz wird abgesaugt, mit kaltem Wasser gewaschen. Nach dem Trocknen erhält man 4,5 g (etwa 90% der Theorie) d, l-Tyrosin.

d, l-Tyrosin kann auch auf ganz analoge Weise durch Kondensation von Glycin-anhydrid mit p-Oxy-benzaldehyd zu 3, 6-Bis-[p-acetoxybenzal]-2, 5-diketo-piperazin (Zersetzungspunkt über 300°, wenig löslich in heißem Eisessig) und dann durch Reduktion und gleichzeitiger Hydrolyse gewonnen werden. Ausbeute 58%[5]).

Nachweis und Bestimmung: Über den Anteil von Tyrosin an dem Farbeneffekt bei den beiden Phasen der Xanthoproteinreaktion[6]).

Die Diazoverbindung wird in salzsaurer Lösung mit Zinkstaub reduziert und mit NH_3 alkalisch gemacht. Rosenrote Färbung, Nachweisgrenze 1 : 10000, besser als die Millonsche Reaktion[7]).

Das alte Verfahren, die Bestimmung mittels fraktionierter Krystallisation, ist mit Verlusten verbunden. Tryptophan stört bei der Bestimmung nicht, da es bei der Säurehydrolyse

[1]) Henry Stephen u. Charles Weizmann, Journ. Chem. Soc. London **105**, 1152—1155 [1914]; Chem. Centralbl. **1914**, II, 34.

[2]) Midori Tsudji, Act. Schol. Med. Univ. Kioto **1**, 439 [1917]; Chem. Centralbl. **1920**, III, 488.

[3]) E. K. Marshall jun., Journ of Biolog. Chem. **15**, 85—86 [1913]; Chem. Centralbl. **1913**. II, 767.

[4]) M. W. Beijerinck, Chem. Weekblad **16**, 1494—1496 [1919]; Chem. Centralbl. **1920**, II, 160.

[5]) Takaoki Sasaki, Berichte d. Deutsch. Chem. Gesellschaft **54**, 163—168 [1921]; Chem. Centralbl. **1921**, I, 450.

[6]) Carl Th. Mörner, Zeitschr. f. physiol. Chemie **107**, 203 [1919]; Chem. Centralbl. **1920**, I, 83.

[7]) Ginsaburo Totani, Biochem. Journ. **7**, 385—392 [1916]; Chem. Centralbl. **1916**, II, 1014.

vollkommen zerstört wird. Ebenso stört auch kaum l-Oxyprolin und Oxytryptophan, welche sich wahrscheinlich dem Tryptophan ähnlich verhalten[1]).

Quantitativer Nachweis: Weiß[2]) verwendet, in Abänderung einer von Nasse angegebenen Modifikation der Millonschen Reaktion, folgende Reagenzien, ebenso die zu untersuchende Flüssigkeit in genau abgemessenen Mengen: I. Hg_2SO_4 10proz. Lösung in 5proz. Schwefelsäure, II. $NaNO_2$ in $1/2$proz. Lösung (in brauner Flasche unbegrenzt haltbar). — 3 ccm der zu untersuchenden Flüssigkeit werden mit 2 ccm Lösung I und 3 Tropfen Lösung II vermischt und über nicht zu starker Flamme eben zum Sieden erhitzt. In gleicher Weise werden 3 ccm einer Lösung von Tyrosin 1 : 5000 behandelt. Nach 5 Minuten haben die erhitzten Gemische das Maximum der Färbung erreicht, das sich mindestens $1/2$ Stunde sehr gut hält. Die zu untersuchende Flüssigkeit wird so lange verdünnt, bis die Färbung der letzten Verdünnung derjenigen der Vergleichsflüssigkeit gleicht. Diese bereitet man durch Verdünnung einer Lösung von 0,1 g reinem Tyrosin in 95 ccm Wasser $+$ 5 ccm 10proz. Lösung von reiner Soda, die bei Zusatz von etwas Chloroform in brauner Flasche sich gut hält. Tyrosinlösungen und Mercksches Casein nach der Hydrolyse geben genaue Übereinstimmung zwischen den nach diesem Verfahren gefundenen und den berechneten Werten[2]).

Tyrosin kann in einem Proteinhydrolysat mittels des Phenolreagenses von Folin und Denis nicht bestimmt werden. Tyrosin und Tryptophan scheinen nicht die einzigen Proteinbestandteile zu sein, die mit dem Phenolreagens eine Blaufärbung hervorrufen[3]).

Physiologische Eigenschaften von d, l-Tyrosin. Der aus den Fäkalien von Subjekten, die an chronischen Darmstörungen litten, isolierte Bacillus phenologenes produzierte Phenol aus racemischem Tyrosin[4]). Der phenolbildende Bacillus phenologenes entwickelt sich reichlich auf Nährböden für die Isolierung acidaminolytischer Mikroben mit l-Tyrosin, d, l-Tyrosin, Histidin, Prolin, Arginin, Lysin, Alanin oder Leucin, anscheinend nicht auf solchen mit Glykokoll, Tryptophan, Phenylalanin, Glutaminsäure oder Asparaginsäure. Die Bildung von Phenol erfolgte in Gegenwart von l-Tyrosin, d, l-Tyrosin, Glycyltyrosin oder pankreatischem Fleischpepton[5]).

Bei der Einwirkung von Bact. proteus vulgaris auf d, l-Tyrosin in einer Nährlösung wurden 60—75% der Theorie d-Tyrosin erhalten. — Als Zersetzungsprodukte wurden nachgewiesen d, p-Oxyphenylmilchsäure, p-Oxyphenylpropionsäure und p-Oxyphenyläthylamin. — Die Spaltung des d, l-Tyrosins durch Subtilis verläuft unvollständig, als Abbauprodukt wird l-p-Oxyphenylmilchsäure nachgewiesen[6]).

Physiologische Eigenschaften von d-Tyrosin: Liefert bei der Spaltung durch Proteus d-p-Oxyphenylmilchsäure, durch Subtilis l, p-Oxyphenylmilchsäure[7]). Unter gleichen chemischen Bedingungen, wie l-Tyrosin in d-p-Oxyphenylmilchsäure, wird d-Tyrosin in l-p-Oxyphenylphenylmilchsäure verwandelt[8]).

Physiologische Eigenschaften von l-Tyrosin: Tyrosin wird von Mikrococcus spumaeformis wenig assimiliert[9]).

Beim Wachsen auf einer tyrosinhaltigen Nährlösung bildet Bact. coli commune erhebliche Mengen von p-Oxyphenyläthylamin. Aus 10 g Tyrosin wurden 5,96 g des Amins, das sind 78,7% der Theorie, erhalten[10]).

Von den mutmaßlichen Abbauprodukten des Tyrosins liefert nur p-Oxybenzoesäure unter der Einwirkung von Bacterium coli phenologenes Phenol. p-Oxyphenylpropionsäure, p-Oxyphenylessigsäure, p-Oxyphenylbrenztraubensäure, p-Oxyphenyläthylamin, p-Oxyphenyläthyl-

[1]) Carl O. Johns u. D. Breese Jones, Journ. of Biolog. Chem. **36.** 319—322 [1918]; Chem. Centralbl. **1919**, II, 650.

[2]) Moritz Weiß, Biochem Zeitschr. **97**, 170—175 [1914]; Chem. Centralbl. **1919**, IV, 1031.

[3]) Ross Aiken Gortner u. G. E. Holm, Journ. of Amer. Chem. Soc. **42**, 1678 [1920]; Chem. Centralbl. **1920**. IV, 668.

[4]) Albert Berthelot, Compt. rend. de l'Acad. des Sc. **164**, 196—199 [1917]; Chem. Centralbl. **1917**, II, 113.

[5]) Albert Berthelot, Annales de l'Inst. Pasteur **32**, 17—36 [1918]; Chem. Centralbl. **1918**, II, 130.

[6]) Midori Tsudji, Act. Schol. Med. Univ. Kioto **1**, 439 [1917]; Chem. Centralbl **1920**, III, 488.

[7]) Midori Tsudji, Act. Schol. Med. Univ. Kioto **2**, 115 [1918]; Chem. Centralbl. **1920**, III. 489.

[8]) Takaoki Sasaki u. Ichiro Otsuka, Journ. of Biolog. Chem. **32**, 533—538 [1917]; Chem. Centralbl. **1921**, I. 684.

[9]) Henri Coupin, Compt. rend. de l'Acad. des Sc. **160**, 151—152 [1915].

[10]) Takaoki Sasaki, Biochem. Zeitschr. **59**, 429—435 [1914]; Chem. Centralbl. **1914**, I, 1207.

alkohol, p-Oxyphenyl-α-milchsäure und p-Kresol verhielten sich negativ. Der Angriff des Bacteriums durfte daher am β-Kohlenstoffatom in der Seitenkette des Tyrosins erfolgen[1]).

Bacterium coli bildet aus Tyrosin reichlich Phenol, aber direkt kein Kresol. — Die Kresolbildung wäre erst ein sekundärer Vorgang laut folgendem Schema[2]).

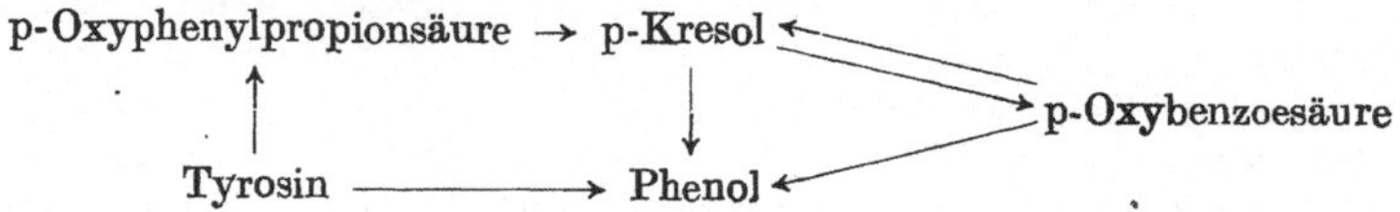

Durch Einwirkung eines aus dem Kote eines Brustkindes isolierten Stammes von Bact. lactis aerogenes konnte aus Tyrosin Tyrosol (als Dibenzoat isoliert) erhalten werden, jedoch nur in Menge von 3,5% des angewandten Tyrosins[3]).

Versuche[4]) über die Einwirkung von Bacillus coli communis und Proteus vulgaris auf l-Tyrosin (in Gegenwart von frisch gefälltem Uranylphosphat, Ferrosulfat und verschiedene wenig lösliche Phosphate, am besten Aluminiumphosphat[5]) als Aktivator) ergaben bei Zusatz von Hendersons Phosphatmischung (Vermeidung erhöhter [H˙]) d-p-Oxyphenylmilchsäure. Nur bei Verwendung von Mercuriphosphat als Aktivator entstand statt p-Oxyphenylmilchsäure p-Oxyphenylessigsäure[5]). Bei Zusatz von Lactose (Erhöhung der [H˙]) hingegen bildete sich p-Oxyphenyläthylamin[4]). Es ergab sich ferner, daß die aminbildende Funktion eines Bakterienstammes (Decarboxylierung von Aminosäuren) bei der künstlichen Fortzüchtung ziemlich rasch verloren geht[5]). Der gleiche Proteinstamm, der bei Gegenwart von Hendersonscher Phosphatmischung auch l-Tyrosin d-p-Oxyphenylmilchsäure liefert, erzeugt bei Anwendung von Ringerscher Lösung p-Oxyphenylessigsäure; das gleiche Ergebnis wird erhalten aus der vorhandenen Nährlösung, wenn das Glycerin fortgelassen wird[6]). Von Bedeutung für das erhältliche Produkt ist auch die Dauer des Versuches; unter Bedingungen, die bei längerer Dauer p-Oxyphenylessigsäure liefern, konnte bei kürzerer p-Oxyphenylacrylsäure gewonnen werden, die dann weiterhin durch Oxydation in jene übergeführt wird[6]).

Aus faulendem Pankreasbrei isolierte Proteusbacillen bilden aus l-Tyrosin-d-p-Oxyphenylmilchsäure, Heubacillen (Subtilis), dagegen l-p-Oxyphenylmilchsäure[7]).

Der aus den Fäkalien von Subjekten, die an chronischen Darmstörungen litten, isolierte Bacillus phenologenes produzierte am meisten Phenol aus l-Tyrosin[8]).

Zusatz von Tyrosin zum Uschinskischen Nährboden zeigte keine Steigeruug der Bildung von Harnstoff spaltendem Ferment durch Bakterien; bei Zusatz zur Nährbouillon aus Bouillonwürfeln zeigt sich aber eine sichere Verstärkung dieser Bildung[9]).

Der phenolbildende Bacillus phenologenes entwickelt sich reichlich auf Nährböden für die Isolierung acidaminolytischer Mikroben mit l-Tyrosin, d,l-Tyrosin, Histidin, Prolin, Arginin, Lysin, Alanin oder Leucin, anscheinend nicht auf solchen mit Glykokoll, Tryptophan, Phenylanin, Glutaminsäure und Asparaginsäure. Die Bildung von Phenol erfolgt in Gegenwart von l-Tyrosin oder d,l-Tyrosin, Glycyltyrosin oder pankreatischem Fleischpepton[10]).

Versuche bezüglich der Bildung von NH_3 in verschiedenen Böden bei Zusatz von Tyrosin usw. zeigen, daß aliphatische Aminoverbindungen weit leichter in NH_3 verwandelt zu werden scheinen als aromatische; unter diesen die Iminoverbindungen schwerer als die Aminoverbindungen[11]).

[1]) M. Rhein, Biochem. Zeitschr. 87, 123—128 [1918]; Chem. Centralbl. 1918, II, 51.

[2]) Midori Tsudji, Journ. of Biolog. Chem. 38, 13 [1920]; Chem. Centralbl. 1920, III, 600.

[3]) Kinsaburo Hirai, Act. Schol. Med. Univ. Tokio 2, 425 [1918]; Chem. Centralbl. 1920, III, 488.

[4]) Takaoki Sasaki, Journ. cf Biolog. Chem. 32, 527—532 [1917)]; Chem. Centralbl. 1921, I 683.

[5]) Ichiro Otsuka, Biochem. Zeitschr. 114, 81—87 [1921]; Chem. Centralbl. 1921, I, 684.

[6]) Kinsaburo Hirai, Biochem. Zeitschr. 114, 71—80 [1921]; Chem. Centralbl. 1921, I, 684.

[7]) Takaoki Sasaki, Act. Schol. Med. Univ. Kioto 2, 425 [1918]; Chem. Centralbl. 1920, III, 488.

[8]) Albert Berthelot, Compt. rend. de l'Acad. des Sc. 164, 196—199 [1917]; Chem. Centralbl. 1917, II, 113.

[9]) Martin Jacoby, Biochem. Zeitschr. 81, 332—341 [1917]; Chem. Centralbl. 1917, II, 175.

[10]) Albert Berthelot, Annales de l'Inst. Pasteur 32, 17—36 [1918]; Chem. Centralbl. 1918, II, 130.

[11]) K. Miyake, Journ. of Amer. Chem. Soc. 39, 2378—2382 [1917]; Chem. Centralbl. 1918. 1, 465.

Bei Benutzung von Tyrosinnährböden schwankt der Farbstoffwechsel des Nährbodens mit der Reaktion derselben. — Die Färbung nimmt im allgemeinen bei P_H = 3,23 an allmählich zu, geht durch ein Maximum und verschwindet bei P_H = etwa 9,7[1]).

Wird durch das in den Basalzellen der Epidermis vorhandene Ferment, Dopaoxydase, nicht verändert[2]).

Tyrosin als Stickstoffquelle für Hefe[3]). Wurde als N-Quelle für Preßhefe geprüft[4]). Preßsäfte, Kochsalzextrakte und Autolysate der lactierenden und der ruhenden Milchdrüsen sind befähigt, aus Seidenpepton Tyrosin abzuspalten[5]).

Bei der Einwirkung von Tyrosinase auf Tyrosin beobachtet man eine Reduktion, die sich gut nachweisen läßt, wenn man nach Eintritt der Rotfärbung die Luft durch N oder CO_2 vertreibt: es tritt dann sofort Entfärbung ein. Kocht man diese farblose Lösung zur Zerstörung des Ferments auf und fügt dann Phenolase oder Peroxydase + H_2O_2 hinzu, so treten schnell die für die Tyrosinasewirkung charakteristischen Färbungen auf. Phenolase ist aber stets in der Tyrosinase enthalten. Es entstehen also bei der Einwirkung der Tyrosinase aus dem Tyrosin Produkte, die weiterhin einer Oxydation durch die Phenolase unterliegen. Aus dem Tyrosin wird durch das vorbereitende Ferment, das Aminoacidase, zunächst p-Oxyphenylacetaldehyd gebildet, der dann durch die Phenolase zu Farbstoffen oxydiert wird[6]).

Blutserum und Eierklar verdanken ihre Schutzwirkung gegen die Eosinhämolyse der Gegenwart von Tyrosin (und Tryptophan)[7]).

Bei der Durchströmung der Leber von Hunden und Kaninchen mit Blut mit Zusatz von Tyrosin wird der Harnstoffgehalt des Blutes nicht merklich gesteigert[8]). Vom Tyrosin werden bei Hunden 14—20% als Phenol unter normalen und pathologischen Bedingungen im Harn ausgeschieden; unverändertes Tyrosin wurde weder im Urin noch in den Faeces gefunden[9]). Langfristige Versuche mit Hunden, die mit Aminosäurengemischen gefüttert wurden, haben gezeigt, daß Wegfall von l-Tyrosin aus dem vollständigen Aminosäuregemisch Abnahme der Stickstoffbilanz bedingt, die sich mit Wiederzusatz des Tyrosins sofort verbesserte. Subcutan injiziert bei Hunden verursacht keine Magensaftsekretion[10]). In geringerer Weise verbesserte sie sich auf Zusatz von l-Phenylalanin zu dem tyrosinfreien Nahrungsgemisch. Der tierische Organismus scheint eine bestimmte Menge von homocyclischen Verbindungen zu brauchen. — Tyrosin kann durch p-Oxyphenylbrenztraubensäure nicht ersetzt werden[11]).

Nach gewissen Krankheitsbildern könnte man denken, daß Tyrosin (oder auch Adrenalin) als Muttersubstanz für Melanin in Betracht kämen. Saccardi weist nach, daß Tyrosin für sich allein nicht imstande ist, Melanin zu liefern[12]).

Physikalische und chemische Eigenschaften: Zeigt sich optisch inaktiv bei der Bildung durch Hydrolyse aus dem racemischen Kuhmilchcasein, optisch l bei der Bildung aus dem Schafmilchcasein[13]).

Erhitzt man Tyrosin für sich, so zeigen die entwickelten Dämpfe die Fichtenspanreaktion des Pyrrols. Bei der Kalischmelze bleibt die Reaktion aus[14]).

Liefert beim Erhitzen mit Glycerin auf 170°—180° ein Anhydrid des Tyrosins ($C_9H_{11}O_3N$ —H_2O)x = ($C_9H_9O_2N$)x . Rosetten weißer Nadeln aus Alkohol; Schmelzp. 278—279° ohne

---

[1]) Elfrida Constance Victoria Cornish u. Robert Stenhouse Williams, Biochem. Journ. 11, 180 [1917]; Chem. Centralbl. 1917, II, 820; Elfrida Constance Victoria Venn, Biolog. Journ. 14, 99 [1910]; Chem. Centralbl. 1920, III, 85.

[2]) Br. Bloch, Zeitschr. f. physiol. Chemie 98, 226—254 [1917]; Chem. Centralbl. 1917, I, 885.

[3]) Th. Bokorny, Chem.-Ztg. 40, 366—368 [1916]; Chem. Centralbl. 1916, II, 273.

[4]) H. J. Waterman, Folia microbiol. 2, Heft 2, 7 Seiten [1913]; Chem. Centralbl. 1914, I, 484.

[5]) W. Grimmer, Biochem. Zeitschr. 53, 429—473 [1913]; Chem. Centralbl. 1913, II, 887.

[6]) A. Bach, Biochem. Zeitschr. 60, 221—230 [1914]; Chem. Centralbl. 1914, I, 1357.

[7]) Carl L. A. Schmidt u. G. F. Norman, Journ. of infectious disease 27, 40—45; ausführl. Referat: Ber. ges. Physiol. 3, 473—474; Chem. Centralbl. 1921, I, 161.

[8]) Wilhelm Löffler, Biochem. Zeitschr. 76, 55—75 [1916]; Chem. Centralbl. 1916, II, 583.

[9]) Harry Dubin, Journ. of Biolog. Chem. 26, 69—91 [1916]; Chem. Centralbl. 1917, I, 592.

[10]) L. Popielski, Archiv f. d. ges. Physiol. 178, 237—259 [1920].

[11]) Emil Abderhalden, Zeitschr. f. physiol. Chemie 96, 1—147 [1915]; Chem. Centralbl. 1916, I, 801—803.

[12]) Pietro Saccardi, Gazz. chim. ital. 50, II, 118—128 [1920]; Chem. Centralbl. 1921, I, 542.

[13]) Harold Ward Dudley u. Herbert Ernest Woodman, Biochem. Journ. 9, 97 bis 102 [1915]; Chem. Centralbl. 1916, I, 1254.

[14]) A. Angeli u. A. Picroni, Atti della R. Accad. dei Lincei, Roma [5] 30, I, 241 [1921]; Chem. Centralbl. 1921, III, 822.

Zersetzung unter geringer Bräunung. Daneben entsteht p-Oxyphenyläthylamin. Beim Erhitzen von Tyrosin mit Diphenylmethan konnte nur das Carbonat des p-Oxyphenyläthylamins erhalten werden[1]).

Beim Erhitzen von Tyrosin mit Diphenylmethan konnte das Anhydrid nicht erhalten werden[2]).

Zeigt eine spezifische Absorption[3]). Bringt man in verdünnte wässerige Lösung von Tyrosin Blutkohle und schüttelt bei 40° mit Luft oder Sauerstoff, so verschwindet die Aminosäure unter Sauerstoffaufnahme, während gleichzeitig Kohlensäure und Ammoniak als Endprodukt auftreten[4]).

Scheint bei längerer Säurehydrolyse[5]) teilweise zerstört zu werden, da man nach 12stündiger Hydrolyse nicht unerheblich mehr davon erhält wie nach 48 Stunden Hydrolyse. Gegenüber dem Reagens von Folin und Denis[6]) verhält es sich dermaßen, daß es zu hohe Werte liefert.

Wird ein Protein, das Tyrosin und Tryptophan enthält, mit wachsenden Mengen Trioxymethylen der Spaltung unterworfen, so steigen die Werte sowohl für unlöslichen als für löslichen Humin-N schnell bis zu einem Maximum, nach dem eine scharfe Abnahme eintritt. Die NH_3-Fraktion vermindert bei geringeren Zusätzen und steigt schnell bei größeren. Fehlt einem Protein (Gelatine) das Tyrosin und Tryptophan, so wird bei Zusatz von Trioxymethylen der N beider Huminfraktionen nicht verändert, nur der NH_3-N wird ständig steigen. Zusatz von Histidin und Cystin zur Gelatine ändert das Verhältnis nicht. Zusatz von Tyrosin steigert die Bildung von löslichem Tryptophan, die vom unlöslichen Humin, die vom löslichen weniger ausgesprochen[7]).

Gibt mit Titansäure in Gegenwart von H_2SO_4 eine dunkelorangegelbe Färbung[8]). Man erhitzt einige Bruchstücke von Rutil (Titansäureanhydrid) mit konz. H_2SO_4 einige Stunden nahe zum Sieden, läßt erkalten und gießt die klare Flüssigkeit ab. Rührt man einige Partikelchen Tyrosin in 2—3 ccm des Reagenses ein, so beobachtet man eine orangegelbe Färbung[8]).

Tyrosin läßt sich mit Diazomethan in den OH-Gruppen nicht methylieren[9]). In 20 proz. HCl mit Zucker gibt es 15,0% seines Stickstoffs an Humin ab. Angeblich[10]) bedingt die Hydroxylgruppe die Huminbildung. Verhalten in alkalischer Lösung bei der Zersetzung von Glucose: zweibasische Säure; in saurer Lösung bei der Inversion von Rohrzucker: einsäurige Base[11]).

Gehalt an Methyl negativ. Bestimmt nach der Methode von Herzig und Meyer[12])[13]). Verbraucht bei der Hydrolyse der Proteinkörper auf 1 Mol. beinahe 5 Atome Br. Quotient $\frac{N}{Br}$, das Verhältnis der Anzahl der Atome N zu der Anzahl der Atome des verbrauchten Broms = 0,21—0,23[14]). In Eisessig suspendiertes Tyrosin reagiert glatt mit Br_2 bzw. Cl_2, wobei sich unter Entwicklung von HBr bzw. HCl 3, 5-Dibromtyrosinbromhydrat bzw. 3, 5-Dichlortyrosin-

<hr>

[1]) F. Graziani, Atti della R. Accad. dei Lincei, Roma 24, I, 822; Chem. Centralbl. 1915, II, 461; ebendort 24, 936—941 [1915]; Chem. Centralbl. 1916, I, 923.

[2]) F. Graziani, Atti della R. Accad. dei Lincei, Roma [5] 24, 822 [1915]; Chem. Centralbl. 1915, II, 461.

[3]) Ph. A. Kober u. W. Eberlein, Journ. of Biolog. Chem. 22, 433—441 [1915]; Chem. Centralbl. 1916, I, 15.

[4]) Otto Warburg u. Edwin Negelein, Biochem. Zeitschr. 113, 257—284 [1921]; Chem. Centralbl. 1921, I, 831.

[5]) Carl O. Johns u. D. Breese Jones, Journ. of Biolog. Chem. 36, 319—322 [1918]; Chem. Centralbl. 1919, II, 650.

[6]) Folin u. Denis, Journ. of Biolog. Chem. 12, 245 [1912]; Chem. Centralbl. 1912, II, 1239.

[7]) Ross Aiken Gortner u. George E. Holm, Journ. of Amer. Chem. Soc. 39, 2477—2501 [1917]; Chem. Centralbl. 1918, I, 553.

[8]) G. Denigès, Bull. de la Soc. chim. de France [4] 19, 308—311 [1916]; Chem. Centralbl. 1916, II, 959.

[9]) A. Geake u. Maxim Nierenstein, Biochem. Journ. 8, 292 [1915]; Chem. Centralbl. 1916 I, 848 und 9, 309—312 [1915]; Chem. Centralbl. 1916, II, 253.

[10]) M. L. Roxas, Journ. of Biolog. Chem. 27, 191—193 [1917]; Chem Centralbl. 1917, I, 971.

[11]) H. J. Waterman, Chemisch Weekblad 14, 1126—1131 [1918]; Chem. Centralbl. 1918, I, 705.

[12]) Herzig u. Meyer, Monatshefte f. Chemie 15, 613 [1894]; 16, 599 [1895]; 18, 379 [1897].

[13]) Joshua Harold Burn, Biochem. Journ. 8, 154—156 [1914]; Chem. Centralbl. 1914, II, 1071.

[14]) M. Siegfried u. H. Reppin, Zeitschr. f. physiol. Chemie 95, 18—28 [1915]; Chem. Centralbl. 1916, I, 513.

chlorhydrat abscheidet. In gleicher Weise reagiert auch p-Oxyphenyläthylamin unter Bildung der entsprechenden Halogenderivate[1]).

Gibt beim Kochen mit HCl in Gegenwart von Benzaldehyd eine große Menge seines Stickstoffs in Form von in Säuren unlöslichen Huminstickstoff ab. — Mit Formaldehyd in HCl-Lösung bilden sich lösliche Humine[2]). Tyrosin reagiert mit Furfurol[3]).

Nach O. Winterstein[4]) wird Tyrosin durch Xanthydrol nicht gefällt. Es entstehen aber Verbindungen mit Pyrrol, Indol und Skatol.

Derivate: Quecksilberverbindung[5]) $C_9H_9O_3NHg$. Darstellung aus Tyrosin in Wasser mit HgO. Unlöslich in Wasser, leicht in KOH und NaOH, unlöslich in kalten, verdünnten Mineralsäuren und organischen Flüssigkeiten. Erhältlich ebenfalls durch Erhitzen des Tyrosins in wässeriger Lösung mit Quecksilberoxydsalzlösungen.

Aus Tyrosin in NaOH und $HgCl_2$-Lösung weißes Pulver, unlöslich in Wasser und organischen Flüssigkeiten[6]).

Quecksilberverbindung des Tyrosinäthylesters[6]). Aus Tyrosinäthylesterchlorhydrat in Wasser auf Zusatz von $HgCl_2$ und NaOH, weißes Pulver, unlöslich in Wasser, leicht löslich in Alkohol, verdünnten Säuren und Alkalien.

l-Tyrosinhydrazid[7]). Aus l-Tyrosinäthylester. — Schmelzp. 195,5°. Besitzt sonst gleiche Eigenschaften wie die d, l-Verbindung.

d,l-Benzoyltyrosinäthylester[7])

$$C_{18}H_{19}O_4N = HO—C_6H_4—CH_2—CH—COOC_2H_5$$
$$\qquad\qquad\qquad\qquad\qquad\quad |$$
$$\qquad\qquad\qquad\qquad\qquad NH—CO—C_6H_5$$

Aus d, l-Benzoyltyrosin mit Alkohol und Salzsäure. Weiße Nadelbüschel aus verdünntem Alkohol. Schmelzp. 122—123°. — Leicht löslich in Essigäther und heißem Benzol, schwer löslich in Wasser und Äther.

d,l-Benzoyltyrosinamylester[7])

$$C_{21}H_{25}O_4N = HO—C_6H_4—CH_2—CH—CO—OC_5H_{11}$$
$$\qquad\qquad\qquad\qquad\qquad\quad |$$
$$\qquad\qquad\qquad\qquad\qquad NH—CO—C_6H_5$$

Aus Benzoyltyrosin mit Amylalkohol und Salzsäure. Weiße Nadeln aus Benzol + Ligroin, Schmelzp. 106—107°. — Leicht löslich in Äther, wenig löslich in Wasser.

d,l-Benzoyltyrosinhydrazid[7])

$$C_{16}H_{17}O_3N_3 = HO—C_6H_4—CH_2—CH—CO—NH—NH_2$$
$$\qquad\qquad\qquad\qquad\qquad\quad |$$
$$\qquad\qquad\qquad\qquad\qquad NH—CO—C_6H_5$$

Aus Benzoyltyrosinäthylester und Hydrazinhydrat. Weiße Nadeln aus Alkohol, Schmelzp. 229—230°, unlöslich in Wasser, Benzol, Äther, Ligroin, wenig löslich in Alkohol. **Salzsaures Salz.** Schmelzp. 180—183°. **Benzalverbindung** $C_{23}H_{21}O_3N_3$. Nadeln aus verdünntem Alkohol. Schmelzp. 250—251°. Löslich in Alkohol, unlöslich in Wasser, Benzol, Ligroin, Chloroform. — **o-Oxybenzalverbindung** $C_{23}H_{21}O_4N_3$. Weiße Nadeln aus Alkohol, Schmelzp. 243—244°, unlöslich in Wasser, Chloroform und Ligroin. — **Acetonverbindung** $C_{19}H_{21}O_3N_3$. Weiße Nadeln aus Aceton. Schmelzp. 215—216°. — Unlöslich in Benzol und Wasser, leicht löslich in Alkohol.

---

[1]) R. Zeynek, Zeitschr. f. physiol. Chemie **114**, 275—285 [1921]; Chem. Centralbl. **1921**, III, 1278.

[2]) Ross Aiken Gortner, Journ. of Biolog. Chem. **26**, 177—203 [1916]; Chem. Centralbl. **1917**, I, 658.

[3]) C. T. Dowell u. P. Menaul, Journ. of Biolog. Chem. **40**, 131 [1919]; Chem. Centralbl. **1920**, IV, 574.

[4]) E. Winterstein, Zeitschr. f. physiol. Chemie **105**, 25—31 [1919]; Chem. Centralbl. **1919**, IV, 421.

[5]) Bayer & Co., Budapest, D.R.P. Nr. 267412, ausg. 10. Nov. 1913, u. D.R.P. Nr. 267700, ausg. 26. Nov. 1913.

[6]) F. Hoffmann-La Roche & Co., D.R.P. 280000 v. 31. Okt. 1914, ausgeg.; Chem. Centralbl. **1914**, II, 1334.

[7]) Theodor Curtius, Journ. f. prakt. Chemie [2] **95**, 327 [1917]; Chem. Centralbl. **1918**, I, 181.

d,l-Benzoyltyrosinazid[1])

$$C_{16}H_{14}O_3N_4 = HO-C_6H_4-CH_2-CH-\!\!-CO-\!\!-N\!<\!\!\begin{matrix} N \\ \| \\ N \end{matrix}$$
$$\quad\quad\quad\quad\quad\quad\quad\quad\quad\quad\quad\quad | \atop NH-CO-C_6H_5$$

Aus d,l-Benzoyltyrosinhydrazid mit Natriumnitrit und Salzsäure. Weißer Niederschlag, Schmelzp. 72—73° unter Zersetzung, unlöslich in Wasser und Äther, sehr leicht löslich in Alkohol. — Verpufft beim Erhitzen schwach.

d,l-Benzoyltyrosinamid[1])

$$C_{16}H_{16}O_3N_2 = HO-C_6H_4-CH_2-CH-CO-NH_2$$
$$\quad\quad\quad\quad\quad\quad\quad\quad\quad\quad | \atop NH-CO-C_6H_5$$

Aus dem Azid und Ammoniak in ätherischer Lösung. — Aus dem Äthylester mit wässerigem Ammoniak. — Farblose Nadeln aus verdünntem Alkohol, Schmelzp. 232—233°. Wenig löslich in Wasser, ziemlich löslich in Alkohol.

d,l-Benzoyltyrosinanilid[1])

$$C_{22}H_{20}O_3N_2 = HO-C_6H_4-CH_2-CH-CO-NH-C_6H_5$$
$$\quad\quad\quad\quad\quad\quad\quad\quad\quad\quad | \atop NH-CO-C_6H_5$$

Aus dem Azid mit Anilin in Ätherlösung. Krystallinisches Pulver aus verdünntem Alkohol, Schmelzp. 212°. — Unlöslich in Wasser und Äther, leicht löslich in Alkohol.

d,l-Benzoyltyrosinurethan[1])

$$C_{18}H_{20}O_4N_2 = HO-C_6H_4-CH_2-CH-CO-NH-CO-O-C_2H_5$$
$$\quad\quad\quad\quad\quad\quad\quad\quad\quad\quad | \atop NH-CO-C_6H_5$$

Aus dem Azid mit heißem absol. Alkohol. — Krystallinisches Pulver aus verdünntem Alkohol. Schmelzp. 171—172°. Wenig löslich in Wasser, leicht löslich in Alkohol.

l,p-Oxyphenyldiazopropionsäureäthylester[1])

$$HO-C_6H_4-CH_2-C-CO-OC_2H_5$$
$$\quad\quad\quad\quad\quad\quad\overset{\diagup\diagdown}{N=N}$$

Aus salzsaurem l-Tyrosinäthylester und Natriumnitrit. Dunkelgelber, zersetzlicher Sirup.

d,l-Tyrosinamylester[1])

$$C_{14}H_{21}O_3N = HO-C_6H_4-CH_2-CH-COOC_5H_{11}$$
$$\quad\quad\quad\quad\quad\quad\quad\quad\quad\quad | \atop NH_2$$

Aus d,l-Tyrosin, Amylalkohol und Salzsäure. Gelbliche Nadeln aus Essigäther + Ligroin. — Schmelzp. 68—70°, leicht löslich in Alkohol, Benzol, Chloroform, ziemlich wenig löslich in Wasser.

Salzsaures Salz $C_{14}H_{21}O_3N_2HCl$. — Nadeln, Schmelzp. 181—182°, unlöslich in Äther und Benzol, sehr leicht löslich in Wasser und Alkohol.

d,l-Tyrosinhydrazid[1])

$$C_9H_{13}O_2N_3 = HO-C_6H_4-CH_2-CH-CO-NH-NH_2$$
$$\quad\quad\quad\quad\quad\quad\quad\quad\quad\quad | \atop NH_2$$

Aus d,l-Tyrosinäthylester und Hydrazinhydrat bei gewöhnlicher Temperatur. — Weiße Nadeln aus Alkohol, Schmelzp. 171°. — Leicht löslich in Wasser und Alkohol, unlöslich in Äther und Ligroin. — **Salzsaures Salz** $C_9H_{13}O_2N_3$, 2 HCl. Krystalle aus Alkohol + Äther. — Zersetzt sich bei 235,5° unter Bräunung, leicht löslich in Wasser und Alkohol. — **Dibenzalverbindung.** Nadeln aus verdünntem Alkohol, Schmelzp. 197°. — Unlöslich in Wasser, Benzol, Äther, Chloroform. — **Di-o-oxybenzalverbindung** $C_{23}H_{21}O_4N_3$. — Weiße Nadeln aus Benzol, Schmelzp. 205—206° unter Rotfärbung; leicht löslich in heißem Benzol und Aceton, unlöslich in Wasser und Ligroin. — **Diacetonverbindung** $C_{15}H_{21}O_2N_3$. — Nadeln aus Aceton, Schmelzp. 149—150°. — Wenig löslich in kaltem Wasser, sehr leicht löslich in Alkohol.

---

[1]) Theodor Curtius, Journ. f. prakt. Chemie [2] **95**, 327 [1917]; Chem. Centralbl. **1918**, I, 181 u. 182.

Di-(p-toluolsulfo)-l-tyrosin[1]) $CH_3 \cdot C_6H_4 \cdot SO_2 \cdot O \cdot C_6H_4—CH_2 \cdot CH(NHSO_2 \cdot C_6H_4 \cdot$ $CH_3) \cdot COOH$. 9 g l-Tyrosin (aus Seide; $[\alpha]_D^{19} = -8,0°$ in 21 proz. Salzsäure) werden in 100 ccm 2 n-Natronlauge gelöst, dann eine Lösung von 38 g p-Toluolsulfochlorid in 100 ccm Äther zugefügt und auf der Maschine geschüttelt. Sehr rasch beginnt die Abscheidung eines farblosen Niederschlages, die Masse erwärmt sich schwach, und es entsteht ein gleichmäßiger weißer Brei. Nach 1 Stunde werden wieder 100 ccm 2 n-Natronlauge zugefügt, noch 2 Stunden geschüttelt und dann der Niederschlag, der das Natriumsalz des Di-toluolsulfo-tyrosins ist, abgesaugt, mit wenig kaltem Wasser gewaschen und aus 1 l kochendem 35 proz. Alkohol umkrystallisiert. Ausbeute 22 g getrocknetes Salz oder 86% der Theorie.

Das lufttrockene Natriumsalz enthält 2 Mol. Wasser, die bei 100° und 9 mm Druck über Phosphorpentoxyd völlig entweichen.

Zusammensetzung: $C_{23}H_{22}O_7NS_2Na + 2 H_2O$ (547,41).

Das Salz krystallisiert aus Wasser in mikroskopischen, meist vierseitigen Plättchen. Es ist in kaltem Wasser recht schwer löslich. Die aus dem Natriumsalz leicht erhältliche freie Säure krystallisiert aus verdünntem Alkohol in farblosen, dünnen, meist sternförmig vereinigten Prismen.

Di-(p-Toluolsulfo)-N-methyl-tyrosin[1]) $CH_3 \cdot C_6H_4 \cdot SO_2 \cdot O \cdot C_6H_4—CH_2 \cdot CH[N(CH_3) \cdot$ $SO_2 \cdot C_6H_4 \cdot CH_3] \cdot COOH$; $= C_{24}H_{25}O_7NS_2$ (503,35). Nadeln oder Prismen aus 50 proz. Alkohol. Im Capillarrohr beginnt sie gegen 150° zu sintern und schmilzt gegen 162—163° (korr.).

$$[\alpha]_D^{21} = \frac{-0,63° \cdot 2,4847}{1 \cdot 0,7993 \cdot 0,0773} = -25,34° \text{ (in Alkohol).}$$

O-(p-Toluolsulfo)-l-tyrosin[1]) $CH_3 \cdot C_6H_4SO_2 \cdot O \cdot C_6H_4 \cdot CH_2 \cdot CH(NH_2)COOH$. Man erwärmt 3 g Di-[toluolsulfo]-l-tyrosin mit 50 ccm Jodwasserstoffsäure und 1,7 g Jodphosphonium im geschlossenen Rohr auf 100°, es geht zum größten Teil rasch in Lösung, und der Rest verwandelt sich in ein dickes braunes Öl. Beim häufigen Umschütteln wird die Lösung farblos, und das gebildete Tolylmercaptan sammelt sich als farbloses Öl auf der sauren Flüssigkeit. Nach 40 Minuten wird die Operation unterbrochen, abgekühlt, der Rohrinhalt in 200 ccm Wasser gegossen und das rasch erstarrte Tolylmercaptan abfiltriert. Ausbeute 0,75 g. Schmelzp. 43—44°.

Das Monotoluolsulfo-tyrosin befindet sich als jodwasserstoffsaures Salz in der Mutterlauge. Diese wird unter geringem Druck bis zur beginnenden Krystallisation verdampft, der Rückstand in etwa 25 ccm Wasser gelöst und mit Ammoniak schwach übersättigt. Dabei fällt schon ein großer Teil des Toluolsulfo-tyrosins aus. Zur Neutralisation des überschüssigen Ammoniaks fügt man etwas Essigsäure zu, kühlt auf 0° und saugt den aus feinen, farblosen Nadeln bestehenden Niederschlag ab. Ausbeute 1,7 g oder ungefähr 85% der Theorie.

Zusammensetzung $C_{16}H_{17}O_5NS$ (335,22). Die Lösung in n-Salzsäure ergibt

$$[\alpha]_D^{17} = \frac{-0.30° \cdot 2,3695°}{1 \cdot 1,0345 \cdot 0,1500} = -4,58°.$$

Größer ist die Drehung in n-Natronlauge

$$[\alpha]_D^{17} = \frac{-0,76° \cdot 2,8329}{1 \cdot 1,055 \cdot 0,1747} = -11,68°.$$

Trotz der Übereinstimmung der Werte ist die optische Reinheit des Präparats keineswegs gewährleistet.

Das O-[p-toluolsulfo]-l-tyrosin hat keinen konstanten Schmelzpunkt. Beim raschen Erhitzen sintert es schon von 180° an und schmilzt unter Aufschäumen und geringer Braunfärbung gegen 218° (korr.). Es krystallisiert aus heißem Wasser in feinen verfilzten Nadeln. Es löst sich ziemlich schwer in heißem Alkohol, dagegen ziemlich leicht in warmer 50 proz. Essigsäure. Ebenso wie Tyrosin bildet es sowohl mit Salzsäure wie Alkalien Salze. Die Millonsche Probe zeigt es nicht; daraus geht hervor, daß die Phenolgruppe verändert ist.

N-p-Toluolsulfo-l-tyrosin-äthylester[2])

$$\begin{array}{l} HO—C_6H_4—CH_2—CH—CO \cdot C_2H_5 \\ \qquad\qquad\qquad | \\ \qquad\qquad NH—SO_2—C_6H_4—CH_3 \end{array} = C_{18}H_{21}O_5NS.$$

---

[1]) E. Fischer, Berichte d. Deutsch. Chem. Gesellschaft **48**, 98—99 [1915].
[2]) Emil Fischer u. Werner Lipschitz, Berichte d. Deutsch. Chem. Gesellschaft **48**, 375 [1915].

Mol.-Gewicht 363,25. — 60 g l-Tyrosin-äthylesterhydrochlorid werden mit einer Lösung von 12 g Natriumcarbonat in 60 ccm Wasser übergossen, 360 ccm Chloroform zugefügt und kräftig durchgeschüttelt, bis der in Freiheit gesetzte Ester von dem Chloroform ganz aufgenommen ist. Man fügt dann 47 g Toluolsulfochlorid (1 Mol.), gelöst in 150 ccm Chloroform, hinzu, mischt durch kräftiges Schütteln und läßt einige Stunden stehen, wobei manchmal wieder das durch die Reaktion gebildete Hydrochlorid des l-Tyrosinesters auskrystallisiert. Um dieses auch in Reaktion überzuführen, fügt man wieder 12 g Natriumcarbonat, gelöst in 60 ccm Wasser, zu und schüttelt 2 Stunden auf der Maschine. Dabei ist es nötig, die in Freiheit gesetzte Kohlensäure von Zeit zu Zeit entweichen zu lassen. Das gelb gefärbte Chloroform enthält die Toluolsulfoverbindung; es wird abgetrennt, mit Natriumsulfat getrocknet und unter vermindertem Druck bis zur beginnenden Trübung eingedunstet. Um Krystalle zu erhalten, wird eine kleine Probe völlig verdunstet, der ölige Rückstand auf —20° abgekühlt und mit Petroläther verrieben. — Trägt man die Krystalle in die obige Lösung ein, so scheidet sich die Hauptmenge der Substanz bei Zusatz von Petroläther krystallinisch ab, besonders wenn gleichzeitig durch Kältemischung gekühlt wird. Ausbeute an farblosem Rohprodukte 65 g = 73% der Theorie. Größere Mengen werden am bequemsten gereinigt durch Lösen in eiskalter n-Natronlauge und sofortige Ausfällung mit Essigsäure. — Das zuerst ausgeschiedene Öl krystallisiert bald. Zur Analyse wird in warmem Chloroform gelöst und durch Zusatz von Petroläther unter gleichzeitiger Abkühlung wieder gefällt. Das Drehungsvermögen in Alkohollösung beträgt

$$[\alpha]_D^{17} = \frac{+0,40° \cdot 1,3893}{1 \cdot 0,8153 \cdot 0,1008} = +6,76°.$$

Die Substanz schmilzt bei 114°. Sie ist leicht löslich in Alkohol, Äther, Aceton, Essigester, Chloroform und heißem Benzol, aus dem sie beim Abkühlen in schönen Nädelchen krystallisiert. Aus heißem Wasser, in dem sie etwas löslich ist, krystallisiert sie auch in Nädelchen. — Sie gibt die Millonsche Reaktion.

N-p-toluolsulfo-l-tyrosin[1])

$$HO—C_6H_4—CH_2—\underset{\underset{NH—SO_2—C_6H_4—CH_3}{|}}{CH}—COOH \quad = C_{16}H_{17}O_5NS.$$

Mol.-Gewicht 335,22. — 45 g p-Toluolsulfo-l-tyrosin-äthylester werden in 100 ccm 5 n-Natronlauge gelöst, 20 Minuten auf dem Wasserbad erhitzt, die Lösung noch mit 150 ccm Wasser verdünnt und mit etwa 110 ccm 5 n-Salzsäure übersättigt. Das zuerst ausfallende Öl verwandelt sich bei Erhitzen auf dem Wasserbad bald in eine krystallinische Masse, die nach dem Abkühlen auf 0° abgesaugt wird. Sie muß sich in verdünnter Kaliumcarbonatlösung bei gelindem Erwärmen völlig lösen; sonst ist die Verseifung unvollständig. Ausbeute fast 40 g. Zur Analyse wird aus 30 proz. Alkohol ungelöst, wobei vielfach rosettenförmig gruppierte Nadeln oder Prismen entstehen. — Das Drehungsvermögen in alkoholischer Lösung beträgt $[\alpha]_D^{21} = — 0,85°$ (0,1004 g Gesamtgewicht der Lösung 1,3854 g spez. Gewicht d $^{21}/_4 = 0,8145$). — Das Drehungsvermögen in alkalischer Lösung beträgt $[\alpha]_D^{20} = — 8,58°$ (0,1339 g Substanz, Gesamtgewicht der Lösung in $n/_2$-Natronlauge 2,0943 g, spez. Gewicht d $^{20}/_4 = 1,039$). — Schmilzt nach vorherigem Sintern bei 187—188° (korr.). — Sie löst sie leicht in Alkohol, Äther, Aceton und Eisessig, schwerer in Chloroform und Benzol, sehr schwer in kaltem Wasser. — Sie löst sich leicht in überschüssigem Alkohol, dagegen sind die Monoalkalisalze in kaltem Wasser verhältnismäßig schwer löslich; dasselbe gilt von dem Ammoniumsalz, das aus warmem Wasser in Blättchen krystallisiert.

N-p-Toluolsulfo-o-N-dimethyl-l-tyrosin[1])

$$CH_3O \cdot C_6H_4—CH_2—\underset{\underset{\underset{CH_3}{|}}{\underset{N—SO_2 \cdot C_6H_4—CH_3}{|}}}{CH}—COOH \quad = C_{18}H_{21}O_5NS.$$

Mol.-Gewicht 363,25. — 10 g N-Toluolsulfo-l-tyrosin werden in 180 ccm $n/_2$-Natronlauge (3 Mol.) gelöst und mit 13 g Jodmethyl (etwa 3 Mol.) $1^1/_4$ Stunden in der Druckflasche unter Schütteln in einem Bade von 70° erwärmt. Beim Abkühlen krystallisiert das Natriumsalz in glänzenden Blättchen. Zur Gewinnung der freien Säure übersättigt man vor der Krystalli-

---

[1]) Emil Fischer u. Werner Lipschitz, Berichte d. Deutsch. Chem. Gesellschaft **48**, 376 [1915].

sation des Salzes die Lösung mit 5 n-Salzsäure. Das ausfallende Öl erstarrt beim Abkühlen und Reiben rasch. — Ausbeute fast quantitativ 10,5 g. Zur Reinigung wird es in verdünntem heißem Alkohol gelöst, mit Tierkohle aufgekocht und durch Abkühlung und weiteren Zusatz von Wasser wieder abgeschieden. Die reine Substanz bildet farblose, glänzende, viereckige Platten. — Zur Analyse wird sie nochmals aus Essigäther unter Zusatz von Petroläther ausgeschieden und im Hochvakuum bei 78° getrocknet. — Das Drehungsvermögen in Alkohollösung beträgt

$$[\alpha]_D^{20} = \frac{-1,49 \cdot 1,5930}{1 \cdot 0,8147 \cdot 0,1089} = -27,75°.$$

Die Substanz ist leicht löslich in Alkohol, Äther, Aceton, Essigäther, Chloroform, Eisessig, schwer löslich in Petroläther. Sie schmilzt nach vorherigem geringen Sintern bei 141—142° (korr.). — Gegen Millons Reagens verhält sie sich ähnlich wie das O, N-Dimethyltyrosin. — Versetzt man nämlich die alkoholische Lösung mit einem Überschuß des Reagens, so tritt meistens eine Fällung ein und die anfangs farblose Flüssigkeit färbt sich im Laufe von 10—15 Minuten gelbrot. Gelindes Erwärmen beschleunigt die Erscheinung.

3-Nitrotyrosin[1][2]) $C_9H_{10}O_5N_2$

$$HO\diamondsuit\ \text{I.}\ \diamondsuit CH_2CH(NH_2)COOH$$

Aus dem Phosphorwolframat des Tyrosins auf übliche Weise und durch Nitrieren von Seidenfibroin[3]) nach Inouge dargestellt sind beide Produkte: 3-Nitrotyrosin, und zwar das von Konstitution I. Mehrfach umkrystallisiert, Zersetzungsp. 231°, bei schnellem Erhitzen 233 bis 236°, Inouge erhielt angeblich 2 Produkte mit dem Schmelzp. 215—216° und Schmelzp. 233—234°.

Die Konstitution der Verbindung entspricht der Formel I, denn Johnson erhielt mit $CH_3CO)_2O + (NH_4)SCN$ die Substanz:

$$\begin{array}{l} NH\!-\!\!-\!CO \\ | \qquad | \\ CS\ \text{III.}\ | \\ | \qquad | \\ NH\!-\!\!-\!CHCH_2\diamondsuit OH\ (NO_2) \end{array}$$

Hydrochlorid des 3-Nitrotyrosins $C_9H_{10}O_5N_2 \cdot HCl$. Darstellbar nach Inouge. Schmelzpunkt 233—235° unter heftiger Zersetzung.

3, 5-Dinitrotyrosin[4][5]). Zusammensetzung: $C_9H_9O_7N_3 \cdot H_2O$

$$\begin{array}{c} OH \\ NO_2\diamondsuit NO_2 \\ CH_2 \cdot CHNH_2 \cdot COOH \end{array}$$

In ein Gemisch von 22 g H_2SO_4 (korr.) und 3 g (konz.) HNO_3 werden bei 10° 2 g Tyrosin gegeben. Zur Isolierung der Dinitroverbindung wird die H_2SO_4 als $BaSO_4$ ausgefällt, nach Ausfällung und Entfernung des überschüssigen Ba wird mit NH_4OH neutralisiert und bei 60° unter vermindertem Druck eingeengt. Mit Wasser wird das NH_4-Salz ausgefällt, aus diesem mit HCl die freie Säure.

Schöne goldgelbe Platten, die 1 Mol. H_2O enthalten. Durch Erhitzen auf 140—150° verwandeln sich dieselben in ein ziegelrotes Salz. Unter Schäumen tritt bei 220—230° Zersetzung ein. Mit Millons Reagens ist keine Reaktion. — Beim Erhitzen wird ein Salz der Zusammensetzung $C_9H_9O_7N_3 \cdot HgNO_3$ gebildet. Bei 170° tritt Zersetzung, bei 185° Schäumen ein.

Derivate: **Hydrochlorid des 3, 5-dinitrotyrosins** $C_7H_9O_7N_3 \cdot HCl$, hellgelbe Platten, die sich unter Schäumen bei 230° zersetzen. In Wasser löslich mit verdünnter HCl ausfällbar.

Ammonsalz[5]) $C_9H_8O_7N_3 \cdot NH_4$. Schöne rote Prismen, die sich über 230° zersetzen.

---

[1]) Treat B. Johnson, Journ. of Amer. Chem. Soc. **37**, 2598—2603 [1915]; Chem. Centralbl. **1916**, I, 469.

[2]) Inouge, Zeitschr. f. physiol. Chemie **81**. 82 [1912]; Chem. Centralbl. **1913**, I, 330.

[3]) E. Fischer, Berichte d. Deutsch. Chem. Gesellschaft **48**, 99 [1915].

[4]) Städeler, Annalen d. Chemie u. Pharmazie **116**, 82 [1860].

[5]) Treat B. Johnson u. Edward F. Kohmann, Journ. of Amer. Chem. Soc. **37**, 1863 [1915]; Chem. Centralbl. **1915**, II, 1008 u. **37**, 2164—2170 [1915]; Chem. Centralbl. **1916**, I, 146.

Thiohydantoin des 3, 5-dinitrotyrosins[1])

$$C_{10}H_8O_6N_4S = \begin{array}{c} NH\text{---}CO \\[4pt] | \qquad | \\ CS \qquad | \\ | \qquad | \\ NH\text{---}CHCH_2\langle\ \rangle OH \end{array}\ \begin{array}{c} NO_2 \\ \\ NO_2 \end{array}$$

Erhalten durch Einwirkung von wasserfreiem Ammoniumthiocyanat auf das Dinitrotyrosin
in Essigsäureanhydrid. Zur Hydrolyse etwa vorhandenen 3-Acetylhydantoins wird mit HCl zur
Trockne eingedampft. — Aus 50 proz. Essigsäure Konglomerate kurzer Prismen vom Schmelzp.
225—230° (unter Zersetzung).

4-(3, 5-Dinitro-4-oxybenzyl)-hydantoin[1])

$$C_{10}H_8O_7N_4 = \begin{array}{c} NH\text{---}CO \\[4pt] | \qquad | \\ CO \qquad | \\ | \qquad | \\ NH\text{---}CHCH_2\langle\ \rangle OH \end{array}\ \begin{array}{c} NO_2 \\ \\ NO_2 \end{array}$$

Durch Entsulfurieren des Thiohydantoins. Aus Essigsäure große goldgelbe Blöcke, die sich
bei 235° zersetzen. Unlöslich in Wasser.

Hydrochlorid des 4-(3, 5-diamino-4-oxybenzyl)-hydantoins[1])

$$\begin{array}{c} NH\text{---}CO \\[4pt] | \qquad | \\ CO \qquad | \\ | \qquad | \\ NH\text{---}CH \cdot CH_2\langle\ \rangle OH \end{array}\ \begin{array}{c} NH_2 \cdot HCl \\ \\ NH_2 \cdot HCl \end{array}$$

Durch Reduktion des 4-(3, 5-Dinitro-4-oxybenzyl)hydantoins mit Zn und HCl.

Tyrosin-bis-azobenzolarsinsäure[2]) $C_6H_9O_3N(N = N \cdot C_6H_4 \cdot AsO_3H_2)_2 + 2\,H_2O$. — Aus
diazotierter Anthranylsäure mit Tyrosin. — Ausbeute 20%. Der Farbstoff ist beständig beim
Kochen mit verdünnter Salpetersäure. Färbt auf Seide aurantiaähnlichen Goldton.

1-Arsinoxyd-4-benzoyltyrosin[3]) $C_{16}H_{14}O_5NAs = COOH \cdot CH(CH_2 \cdot C_6H_4OH) \cdot NH \cdot CO$
$\cdot\ C_6H_4 \cdot As : O$. Aus Dichlorarsinbenzoylchlorid und Tyrosin in Gegenwart von so viel NaOH,
daß die Flüssigkeit am Ende der Reaktion noch etwa $^1/_2$ n-alkalisch ist. Weißes amorphes Pulver, löslich in Alkohol und Alkalien, nicht völlig unlöslich in Wasser.

1-Arsinsäure-4-benzoyltyrosin[3]) $C_{16}H_{16}O_7NAs$. Erhalten wie die Alaninverbindung.
Blättchen, löslich in Alkohol und heißem Wasser, ziemlich in kaltem Wasser[3]).

1-Arseno-4-benzoyltyrosin[3]) $(C_{16}H_{14}O_4NAs)_2$ gleicht dem Alaninderivat.

Tyrosol: $HO\langle\ \rangle CH_2 \cdot CH_2OH$.

Bildet sich wahrscheinlich bei jeder Hefegärung aus dem Eiweiß der Hefezellen[4]).

Dichlortyrosin. Man leitet einen raschen Cl-Strom in eine Suspension von 30 g Tyrosin
in 200—300 ccm Eisessig, wobei zuerst Lösung, dann Abscheidung von Dichlortyrosinchlor-
hydrat in prismatischen Nadeln erfolgt. Aus letzteren erhält man beim Neutralisieren Dichlortyrosin als sandigen Niederschlag von 6 seitigen, meist in die Länge gezogenen Tafeln mit 2 Mol.
H_2O. Rhombische Krystalle, weisen Prismen-, End- und Pyramidenflächen auf. Schmelzpunkt
260°. Millonsche und Masse-Reaktion negativ. Aus der heiß gesättigten wässerigen Lösung,
welche 2,3% Dichlortyrosin enthält, krystallisierten beim Erkalten wasserfreie rechteckige
Prismen mit zwei diagonal liegenden, abgestumpften Ecken. Rhombische Täfelchen, evtl.
pseudosymmetrisch, flächig entwickelt nach der Basis (110), das Längsdoma (011) und das
Querdoma (101). Wasser löst bei Zimmertemperatur 0,44%, Alkohol 0,26%. Beim Kochen

---

[1]) Treat B. Johnson u. Edward F. Kohmann, Journ. of Amer. Chem. Soc. **37**, 1863
[1915]; Chem. Centralbl. **1915**, II, 1008 u. **37**, 2164—2170 [1915]; Chem. Centralbl. **1916**, I, 146.
[2]) Herm. Pauly, Zeitschr. f. physiol. Chemie **94**, 284 [1915]; Chem. Centralbl. **1915**,
II, 1194.
[3]) Ernst Sieburg, Archiv d. Pharmazie **254**, 224—240, 241—245 [1916]; Chem. Centralbl.
1916, II, 220.
[4]) Felix Ehrlich, Biochem. Zeitschr. **79**, 232—240 [1917]; Chem. Centralbl. **1917**, I, 819.

mit Zn-Staub bildet sich l-Tyrosin zurück. $[\alpha]_D^{20}$ einer 5proz. wässerigen Lösung des Chlorhydrates $= -7,8°$. $[\alpha]_D^{20}$ in 4proz. HCl $= -2,9°$. Das Produkt ist wahrscheinlich identisch mit dem von Wheeler, Hoffmann und Johnson (Journ. of Biolog. Chem. 10, 147) beschriebenen. Dichlortyrosin wird durch Kochen mit konz. NaOH nur langsam racemisiert. d-l-Dichlortyrosin krystallisiert in Tafeln mit 1 H_2O[1]).

4-(3, 5-Dichlor-4-oxybenzyl)-hydantoin[2])

$$C_{10}H_8O_3N_2Cl_2 = \begin{array}{ccc} NH & \!\!\!-\!\!\!- & CO \\ | & & | \\ CO & & \\ | & & \\ NH & \!\!\!-\!\!\!- & CH \cdot CH_2 \end{array} \!\!\!\!\!\!\!\!\bigcirc\!\!\!\!\!\!\!\!\begin{array}{c} Cl \\ \\ \\ OH \\ Cl \end{array}$$

Erhalten aus 4-(3, 5-diamino-4-oxybenzyl)-hydantoin mittels der Sandmeyerschen Reaktion. Sehr leicht löslich in Alkohol, woraus rhomboedrische Krystalle vom Schmelzp. 202—203° auskrystallisieren. Gemische mit dem Hydantoin des 3, 5-Dichlortyrosins ergeben keine Erniedrigung des Schmelzpunktes.

3, 5-Dibrom-l-tyrosin (Bd. IX, S. 145).

Bildung: Aus Primnoastengeln wurde durch Hydrolyse in bariumhydroxydalkalischer Lösung mit 95 proz. Alkohol ein bromhaltiger Körper gewonnen, der allem Anschein nach aus Dibrom-l-tyrosin bestand. Bei der Prüfung von Primnoagorgonin auf sein Verhalten bei der Säurehydrolyse wurde auch Dibromtyrosin erhalten, jedoch nicht in der l-, sondern in der d, l-Form[3]).

Darstellung: Man versetzt eine Suspension von 30 g l-Tyrosin in 10 ccm Eisessig mit einer Lösung von 54 g Brom in dem 3fachen Volumen Eisessig. Beim Erkalten des Filtrats scheiden sich 70—80% des Dibromtyrosins krystallisiert ab. Das daraus dargestellte Hydrobromid stimmt mit dem von Mörner dargestellten Produkt überein[1]).

3-5-Dijodtyrosin (Bd. IV, S. 699; Bd. IX, S. 143).

Physiologische Eigenschaften: Nach Fütterung mit Dijodtyrosin konnte an Froschlarven und Axolotl eine typische Schilddrüseneinwirkung beobachtet werden[4]).

Jodoglobin (Arzneimittel) ist Dijodtyrosin[5]).

Derivate: Quecksilberdijodtyrosin[6]) $C_9H_8O_3NS_2H_2$; aus Dijodtyrosin in NaOH und $HgCl_2$, braungelber Niederschlag, unlöslich in organischen Flüssigkeiten.

Dioxyphenylalanin; 3, 4-Dioxyphenyl-α-aminopropionsäure (Bd. IX, S. 134).

Bildung: 3, 4-Dioxyphenylalanin wurde aus Samtbohne (Stizolobium deeringianum Bort.) isoliert[7]).

---

[1]) R. Zeynek, Zeitschr. f. physiol. Chemie 114, 275—285 [1921]; Chem. Centralbl. 1921, III, 1278.

[2]) Treat B. Johnson u. C. F. Kohmann, Journ. of Amer. Chem. Soc. 37, 1863 [1915]; Chem. Centralbl. 1915, II, 1008 u. 37, 2164—2170 [1915]; Chem. Centralbl. 1916, I, 146.

[3]) Carl Th. Mörner, Zeitschr. f. physiol. Chemie 88, 138—154 [1913]; Chem. Centralbl. 1914, I, 478.

[4]) J. Abelin, Biochem. Zeitschr. 116, 138—164 [1921]; Chem. Centralbl. 1921, III, 1097.

[5]) Neue Arzneimittel, Pharm. Ztg. 59, 798—799, 805, 810, 815, 832, 847 [1914]; Chem. Centralbl. 1914, II, 1465.

[6]) F. Hoffmann-La Roche & Co., D.R.P. 280 000 v. 31. Okt. 1914; Chem. Centralbl. 1914, II, 1334.

[7]) Emerson R. Miller, Journ. of Biolog. Chem. 44. 481—486 [1920]; Chem. Centralbl. 1921, I, 456.

Wird p-Oxy-m-methoxybenzoylphenylalanin mit HJ erhitzt, so erhält man 3, 4-Dioxy-phenylalanin, $C_6H_3(OH)_2 \cdot CH_2 \cdot CH(NH_2) \cdot CO_2H$, Krystalle aus heißem Wasser, Schmelzp. 285°[1]).

Nach Sörensen[2]) wurde 3, 4-Dioxyphenylalanin durch Kondensation von Phthal-iminomalonsäureäthylester mit Piperonylbromid und Hydrolyse der Produkte dargestellt. Phthaliminopiperonylmalonsäureäthylester liefert beim Erhitzen mit BaO und Wasser Phthal-iminopiperonylmalonsäure, die beim Erhitzen mit Eisessig und konzentrierter HCl in 3, 4-Dioxy-phenylalaninhydrochlorid, $C_9H_{11}O_4N \cdot HCl$ farblose Tafeln aus Methylalkohol, Schmelzp. 246°, übergeht; die freie Aminosäure kann nicht rein erhalten werden, da sie sich in neutraler und alkalischer Lösung zu leicht oxydiert[3]).

Vanillin wird mit Hippursäure in Gegenwart von Natriumacetat und Essigsäureanhydrid zu dem **Azlacton** ($C_{19}H_{15}O_5N$) verwandelt. Dieses in 1% Natronlauge gelöst und mit 5 proz. Schwefelsäure angesäuert, liefert die Verbindung $C_{17}H_{15}O_5N$. Diese wird in 10 proz. Natrium-carbonatlösung durch Natriumamalgam unter Einleiten von CO_2 zu der Verbindung $C_{17}H_{17}O_5N$ reduziert; die schließlich bei 8 Stunden langem Erhitzen mit 20 proz. Salzsäure auf 150° das Dioxyphenylalanin $(HO)_2 \cdot C_6H_4 \cdot CH_2 \cdot CH(NH_2)COOH$ liefert. — Löslich in Wasser und ver-dünntem Alkohol, wenig löslich in Alkohol, Äther, Petroläther, Benzol und Chloroform. Die wässerige Lösung wird durch Ferrichlorid grün, durch Natriumcarbonat violett gefärbt und reduziert Tollensches Reagens und Kaliumbichromat[4]).

Darstellung: Aus Di-3-acetoxy-4-methoxybenzalglycinanhydrid[5]) mit Jodwasserstoff-säure und Phosphor.

Physiologische Eigenschaften: Wird durch das in den Basalzellen der Epidermis vor-handene Ferment Dopaoxydase, zu einem dunklen Farbstoff — Dopamelanin — oxydiert. Das Ferment oxydiert nur das natürlich vorkommende l-3, 4-Dioxyphenylalanin[6]).

Wird an Kaninchen verfüttert, so wird etwa die Hälfte der Substanz verbrannt, die Hälfte unverändert ausgeschieden. Hieraus folgt, daß es für den Organismus neben der Möglichkeit des Abbaues des Benzolkerns über ein Hydrochinonderivat auch noch eine solche über das o-Dioxy- oder Brenzcatechinderivat gibt[1]).

Dopa (Dioxyphenylalanin) schwärzt sich zwar durch Extrakte aus Wirbeltieren rascher als Tyrosin; dasselbe tritt aber auch bei sehr geringem Zusatz von Alkali ein, so daß die Schwär-zung auf das zur Extraktion verwendete Alkali (0,05% NaOH) zurückzuführen sein dürfte. Mit sauren Extrakten färbte sich Dopa viel schwärzer als bei Zusatz von Alkali oder auch spon-tan. Die verschiedene Schwärzung einzelner Hautstellen durch Dopa braucht daher nicht auf Vorkommen oder Fehlen einer Oxydase bezogen zu werden, sondern dürfte auf verschiedener Reaktion der betreffenden Hautstellen beruhen. Es spricht nichts dafür, daß es als Chromogen der Wirbeltiere im Gegensatze zu den wirbellosen Dioxyphenylalanin anzusehen sei[7]).

Derivate: p-Oxy-m-methoxybenzoylphenylalanin[1]). Wird Vanillin mit Hippursäure, Na-Acetat und Essigsäureanhydrid erhitzt und erwärmt das gebildete Azlacton mit verdünnter NaOH, so resultiert p-Oxy-m-methoxybenzoylaminozimtsäure, $CH_3 \cdot O \cdot C_6H_3(OH) \cdot CH : C$ $(CO_2H) \cdot NH \cdot CO \cdot C_6H_5$. Na-Amalgam reduziert diese Verbindung zu p-Oxy-m-methoxy-benzoylphenylalanin, $CH_3 \cdot O \cdot C_6H_3(OH) \cdot CH_2 \cdot CH(CO_2H) \cdot NH \cdot CO \cdot C_6H_5$, Blättchen aus heißem Alkohol und Wasser, Schmelzp. 164°. Durch Erhitzen dieses Körpers mit HJ erhält man 3, 4-Dioxyphenylalanin.

p-Oxy-m-methoxyphenylalanin[6]). Darstellung aus dem von Fromherz und Her-manns[1]) als Zwischenprodukt erhaltenen p-Oxy-m-methoxybenzoylphenylalanin beim Kochen mit konz. HCl. Nach Entfernung der abgespaltenen Benzoesäure wurde die HCl-Lösung zur

---

[1]) Konrad Fromherz u. Leo Hermanns, Zeitschr. f. physiol. Chemie **91**, 194—229 [1914]; Chem. Centralbl. **1914**, II, 422—423.

[2]) Sörensen, Zeitschr. f. physiol. Chemie **44**, 448 [1905].

[3]) Henry Stephen u. Charles Weizmann, Journ. Chem. Soc. London **105**, 1152—1155 [1914]; Chem. Centralbl. **1914**, II, 34.

[4]) J. Sugii, Jakugakuzasshi (Journ. of the pharmac. Soc. of Japan) Nr. 468; Chem. Cen-tralbl. **1921**, III, 104.

[5]) Kinsaburo Hirai, Biochem. Zeitschr. **114**, 67—70 [1921]; Chem. Centralbl. **1921**, I, 666.

[6]) Br. Bloch, Zeitschr. f. physiol. Chemie **98**, 226—254 [1917]; Chem. Centralbl. **1917**, I, 885.

[7]) Hans Przibram, Jan Dembowski u. Leonore Brecher, Archiv f. Entwicklungs-mechan. d. Organismen **48**, 140—165 [1921]; Chem. Centralbl. **1922**, I, 55.

Trockne gedampft, das zurückgebliebene Chlorhydrat in wenig Wasser gelöst und die p-Oxy-m-methoxyphenylaminopropionsäure mit $NaHCO_3$ zur Abscheidung gebracht. Farblose Krystalle aus Wasser, bräunt sich bei 240°, Schmelzp. 256° unter Zersetzung, ziemlich leicht löslich in heißem Wasser, wenig löslich in kaltem Wasser, $FeCl_3$ gibt eine vorübergehende hellbläuliche Färbung, die in Hellschmutziggrün überschlägt, dunkler wird, dann verblaßt, Soda bedingt keine Rotfärbung. — Zusammensetzung:

$$OH\langle\overset{CH_3}{\bigcirc}\rangle CH_2\,CH(NH_2)COOH\,[1]$$

Surinamin (Ratanhin); l-N-Methyltyrosin (Bd. IX, S. 146 u. 164).

Vorkommen: Zuweilen bildet es an der Innenfläche der Borke von Geoffroya surinamensis einen wolligen Überzug[2].

Darstellung: Man kocht die Rinde von Geoffroya surinamensis mit absol. Alkohol aus, extrahiert mit verdünnter kalter Salzsäure, fällt den gelbbraun gefärbten Extrakt mit Bleiessig, konzentriert das durch Schwefelwasserstoff von Blei befreite Filtrat, neutralisiert mit Natronlauge und krystallisiert die nach einiger Zeit ausgeschiedenen Krystalle aus heißem Wasser um[2].

Darstellung von l-N-Methyl-tyrosin (Ratanhin) durch Synthese[3]. 5 g Toluolsulfo-dimethyl-l-tyrosin werden mit 25 ccm Jodwasserstoff von spez. Gewicht 1,96 und 3,5 g Jodphosphonium im geschlossenen Rohr unter häufigem Schütteln auf dem Wasserbade erhitzt. Die Reaktion ist in etwa 15 Minuten beendet. Man erkennt das Ende daran, daß die heiße Flüssigkeit bei ruhigem Stehen nicht mehr braun wird. Das gebildete Tolylmercaptan schwimmt zum größten Teil als Öl auf der wässerigen Schicht. Nach dem Abkühlen gießt man in 150 ccm kaltes Wasser, wartet bis das Mercaptan ganz erstarrt ist und filtriert. Die wässerige Lösung wird unter stark vermindertem Druck verdampft, wobei das Hydrojodid des l-Methyl-tyrosins krystallinisch zurückbleibt. Löst man es in wenig Wasser und versetzt mit wässerigem Ammoniak bis zur schwach alkalischen Reaktion, so fällt das l-Methyl-tyrosin sofort als farblose krystallinische Masse.

Zur Vertreibung des überschüssigen Ammoniaks erwärmt man kurze Zeit auf dem Wasserbad, kühlt wieder auf 0° und saugt den Niederschlag ab. Ausbeute 2,4 g oder 89% der Theorie. Zur Reinigung wird in der 5fachen Menge Wasser unter Zusatz von wenig Salzsäure kalt gelöst und wieder mit Ammoniak abgeschieden. Dabei erhält man 2 g reinen Präparates.

Physiologische Eigenschaften: Zeigt in Dosen von 0,5 g beim Kaninchen und beim Hund keine Wirkung[4].

Physikalische und chemische Eigenschaften: Surinamin bildet feine, wollige, verfiltzte Krystalle, wenig löslich in kaltem Wasser und Alkohol, unlöslich in Äther und Petroläther, löslich in kochender Essigsäure. Dreht in schwach salzsaurer Lösung schwach nach rechts und zersetzt sich beim Erhitzen über 270°[3].

Synthetisches N-Methyltyrosin zeigt ein völlig analoges Verhalten, wie das aus der Rinde dargestellte Surinamin. — Es zeigte sich zwar eine Differenz im Schmelzpunkt. — Der Schmelzpunkt des synthetischen Produktes beträgt 300°, der Schmelzpunkt des Surinamins 280°. — Dies wird jedoch durch die optische Isomerie erklärt. Das Surinamin ist nämlich linksdrehend. — Liefert beim vorsichtigen Erhitzen auf 250° p-Oxyphenylmethylamin[4].

Das Drehungsvermögen in 11 proz. Salzsäure ist

$$[\alpha]_D^{21} = \frac{+1{,}53° \cdot 2{,}9909}{2 \cdot 1{,}059 \cdot 0{,}1094} = +19{,}75°\,[3].$$

Die Angabe von Goldschmidt[5]: $[\alpha]_D^{19} = -18{,}6°$ ist irrtümlich als negativ angegeben[3].

Derivate: Kupfersalz $(C_{10}H_{12}NO_3)_2Cu$. Pfirsichrote Krystalle. Schmelzp. 270°.

[1] Br. Bloch, Zeitschr. f. physiol. Chemie 98, 226—254 [1917]; Chem. Centralbl. 1917, I, 885.

[2] E. Winterstein, Schweiz. Apoth.-Ztg. 57, 375 [1919]; Chem. Centralbl. 1919, III, 616.

[3] Emil Fischer u. Werner Lipschitz, Berichte d. Deutsch. Chem. Gesellschaft 48, 378 [1915].

[4] E. Winterstein, Zeitschr. f. physiol. Chemie 105, 20 [1919]; Chem. Centralbl. 1919, III, 428.

[5] G. Goldschmiedt, Monatsh. f. Chemie 33, 1379 [1912]; 34, 659 [1913].

Phenylserin[1]).

Mol.-Gewicht: 181.14.

Zusammensetzung: $C_9H_{11}O_3N$.

$$C_6H_5-CH(OH)-CH-COOH$$
$$|$$
$$NH_2$$

Bildung: Aus 4 g Glykokollester und 8 g Benzaldehyd in ätherischer Lösung bei Gegenwart von 2 g Natrium. — Dabei bildet sich die Benzylidenverbindung

$$C_6H_5 \cdot CH(OH)-CH-N = CH-C_6H_5$$
$$|$$
$$COONa$$

das in Wasser gelöst und mit Essigsäure verseift wird.

Physikalische und chemische Eigenschaften: Die freie Säure krystallisiert in schwach gelblich gefärbten Nädelchen. Schmelzp. 192° unter Zersetzung und Hinterlassung eines gelben Rückstandes.

Derivate: p-Methoxyphenylserin[2]) $CH_3-O-C_6H_5-CH(OH)-CH(NH_2) \cdot COOH$. — Aus 9 g Glykokollester und 23,6 g Anisaldehyd in ätherischer Lösung bei Gegenwart von 4 g Natrium. Weiße krystallwasserhaltige Nadeln, die nach dem Trocknen über Phosphorpentoxyd bei 185°—186° schmelzen. Beim Erhitzen mit starken Säuren erleiden sie Zersetzung.

Carboxyäthyl-p-oxyphenylserinester[2]). — Aus 20,9 g Carboxyäthyl-p-oxybenzaldehyd im 5,5 g Glykokollester in ätherischer Lösung bei Gegenwart von Natrium. — Aus der ätherischen Lösung fällt alkoholische Salzsäure **Carboxyäthyl-p-oxyphenylserinchlorhydrat** $C_2H_5O \cdot OC \cdot C_6H_4 \cdot CH(OH) \cdot CH(NH_2 \cdot HCl) \cdot CO \cdot OC_2H_5$ als gelbes Öl, das aus seiner Lösung in Essigäther in weißen feinen Nädelchen krystallisiert. — Löslich in Wasser, wenig löslich in Alkohol, Äther und Essigäther. — Schmelzp. 181°. Aus der wässerigen Lösung des Chlorhydrats erhält man durch Einwirkung von Ammoniak den freien Ester. Lange prismatische Nadeln, leicht löslich in Alkohol, wenig löslich in Äther und kaltem Wasser, leichter in heißem. Schmelzp. 124°.

p-Oxyphenylserin[2]) $HO-C_6H_4-CH(OH)-CH(NH_2)-COOH$. — Durch Verseifung des Chlorhydrates des Carboxyäthyloxyphenylserinesters mit Natronlauge. Kleine Nadeln oder Plättchen aus Wasser. Fast unlöslich in Alkohol und Äther, schwer löslich in kaltem, etwas leichter in heißem Wasser, löslich in Säuren und Alkalien. Mit Millons Reagens entsteht Rotfärbung. Im Schmelzrohr bei 190° Gelbfärbung, bei 212° Braunfärbung, bei 217° völlige Zersetzung unter Gasentwicklung und Dunkelfärbung.

Vanillylserin[2])

$$CH(OH)-CH(NH_2) \cdot COOH$$

(Benzolring mit Substituenten OCH_3 und OH)

Aus 39 g Carboxyäthylvanillin und 8,9 g Glykokollester in ätherischer Lösung bei Gegenwart von 2 Mol. Natrium. Feine, weiße Nädelchen, schwer löslich in Wasser; Schmelzp. 195° unter Zersetzung.

O³, O⁴-Dicarboxyäthyl-dioxyphenylserinesterchlorhydrat[2])

$$CH(OH)-CH-CO \cdot OC_2H_5$$
$$|$$
$$NH_2 \cdot HCl$$

(Benzolring mit Substituenten $O-CO-O-C_2H_5$ und $O-CO-OC_2H_5$)

Aus carbäthoxyliertem Protocatechualdehyd (30 g) und 5,5 g Glykokollester bei Gegenwart von 2,5 g Natrium. — Feine, zu Drusen vereinigte Nädelchen. — Leicht löslich in Wasser und

---

[1]) Karl W. Rosenmund u. H. Dornsaft, Berichte d. Deutsch. Chem. Gesellschaft **52**. 1734 [1919]; Chem. Centralbl. **1910**, I, 11.

[2]) Karl W. Rosenmund u. H. Dornsaft, Berichte d. Deutsch. Chem. Gesellschaft **52**, 1734 u. 1934 [1919]; Chem. Centralbl. **1920**, I, 11.

heißem Alkohol, unlöslich in Äther und Essigäther. Schmelzp. 151—152° unter lebhafter Gasentwicklung, wahrscheinlich von der Kohlensäureabspaltung der Carboxylgruppe herrührend. — Nach Behandlung mit Natronlauge in einer Wasserstoffatmosphäre und nachher mit Salzsäure bildet sich **3, 4-Dioxyphenylserin**

$$CH(OH)-CH-COOH$$
$$NH_2$$
$$OH$$
$$OH$$

Fast unlöslich in Alkohol, wenig löslich in Wasser. Schmelzp. 208—210° unter Zersetzung. — Gibt mit Eisenchlorid Brenzcatechinreaktion.

Bemerkungen auf die Arbeit von Rosenmund und Dornsaft[1]).

β-Phenyl-β-methylamino-α-oxy-propionsäure[1]) $C_{10}H_{13}O_3N$. β-Phenyl-α-chlor-milchsäure wird portionsweise unter schnellem Umschütteln in die 6fache Menge 30proz. wässerigen Methylamins eingetragen und 3 Tage sich selbst überlassen. Dann wird im Vakuum abdestilliert, mit Alkohol ausgekocht, der Rückstand aus heißem Wasser umkrystallisiert, aus der Mutterlauge mit Alkohol und Aceton der Rest gefällt. Lange Prismen, die sich bei 250° bräunen und bei 272° sich völlig versetzen. — **Acetylderivat**, Schmelzp. 131°.

m-Methyltyrosin.

Mol.-Gewicht: 195,16.
Zusammensetzung: $C_{10}H_{13}O_3N$.

$$HO-C_6H_3-CH_2-CH-COOH$$
$$CH_3 \qquad NH_2$$

Bildung: Wird p-Methoxy-m-methylbenzoylphenylalanin mit HJ (D. 1,7) gekocht, so werden die CH_3- und die $CO \cdot C_6H_5$-Gruppe abgespalten, und es resultiert m-Methyltyrosin[2]).

Wird p-Methoxy-m-methylbenzaldehyd, $CH_3 \cdot O \cdot C_6H_3(CH_3) \cdot CHO$ mit Hippursäure, Na-Acetat und Essigsäureanhydrid erwärmt, und wird das resultierende Azlacton in verdünnter NaOH gelöst, so erhält man p-Methoxy-m-methylbenzoylaminozimtsäure, $CH_3 \cdot O \cdot C_6H_3$ $(CH_3) \cdot CH : C(CO_2H) \cdot NH \cdot CO \cdot C_6H_5$, weiße Nadeln aus wässerigem Aceton. Na-Amalgam reduziert diese Säure zu p-Methoxy-m-methylbenzoylphenylalanin, $CH_3 \cdot O \cdot C_6H_3(CH_3) \cdot CH_2$ $\cdot CH(CO_2H) \cdot NH \cdot CO \cdot C_6H_5$, Blättchen aus heißem wässerigen Alkohol, Schmelzp. 148—149°. Kocht man diese Verbindung mit HJ (D. 1,7), so werden die CH_3- und die $CO \cdot C_6H_5$-Gruppe abgespalten, und es resultiert m-Methyltyrosin, $CH_3 \cdot C_6H_3(OH) \cdot CH_2 \cdot CH(NH_2) \cdot CO_2H$. Prismen aus heißem Wasser, Schmelzp. 277°[2]).

Physiologische Eigenschaften: Fütterungsversuche am Kaninchen und am Alkaptonuriker ergaben, daß m-Methyltyrosin im tierischen Organismus zum größten Teil zerstört wird; ein Hydrochinonderivat wird aus der Verbindung auch beim Alkaptonuriker nicht gebildet[2]).

Tryptophan (Bd. IV, S. 702; Bd. IX, S. 149).

Vorkommen: Wurde (neben Tyrosin und Histidin) in Ergotinextrakten nachgewiesen. Bei Reinigung von Ergotinextrakten wurde das entbleite Filtrat mit H_2SO_4 stark angesäuert und mit Lösung von $HgSO_4$ in H_2SO_4 gefällt, der Niederschlag mit $BaCO_3$ und H_2S zerlegt; das im Vakuum eingeengte Filtrat gab die Reaktionen des Tryptophans[3]). In Frauenmilch wurde 0,053%, in Kuhmilch 0,076% Tryptophan gefunden[4]). Es wurden 1749 Saképroben auf die Gegenwart von Tryptophan geprüft. Mit Ausnahme von 47 Proben, die alter Saké

[1]) F. Knoop, Berichte d. Deutsch. Chem. Gesellschaft **52**, 2266—2269 [1919]; Chem. Centralbl. **1920**, I, 422.

[2]) Konrad Fromherz u. Leo Hermanns, Zeitschr. f. physiol. Chemie **91**, 194—229 [1914]; Chem. Centralbl. **1914**, II, 422—423.

[3]) Sigmund Fränkel u. Josef Rainer, Biochem. Zeitschr **74**, 167—169 [1916]; Chem. Centralbl. **1916**, II, 65.

[4]) Toshio Ide, Wiener med. Wochenschr. **71**, 1365—1369 [1921]; Chem. Centralbl. **1921**, III, 965.

waren, konnte überall Tryptophan nachgewiesen werden. Es ist also bewiesen, daß Tryptophan nur im jungen Saké vorkommt[1]). Mit Quecksilbersulfat konnte es im Blute normaler Schlachttiere nachgewiesen werden[2]).

Tryptophan fand sich in den meisten Blutarten der verschiedenen wirbellosen Tiere in beträchtlichen Mengen[3]).

Normales Pferdeserum enthält 0,20—0,40%, in der Albuminfraktion 1,2—1,5%, in der Globulinfraktion 4,1—4,7% Tryptophan. In anderen Globulinen (aus Rinderblutserum und Exsudaten) wurden 4,6—6,1% gefunden. Das Casein der Kuhmilch enthält rund 2%, deren Molkeneiweiß in der Regel anscheinend ähnlich. Dagegen scheint der Tryptophangehalt im Eiweiß der Frauenmilch um ein Mehrfaches höher zu sein[4]).

Bildung: Bei der Autolyse einer Oberhefe 0,30%, einer Unterhefe 0,34%[5]). Im Eiweiß der Schroderschen Trockenhefe. Aus Eiweiß in Wasser während 2 Wochen dauernder Verdauung mit Trypsin erhalten (Ausbeute aus 250 g Eiweiß 0,45 g)[6]). In der Hefe etwa 0,3%[7]). Bei der Aufspaltung des Hefeeiweißes werden vom Gesamt-N 0,5% als Tryptophan erhalten[8]).

Bei 2 stündiger Hydrolyse mit siedendem 10 proz. HCl des aus den Samen des griechischen Heues gewonnenen Nucleoproteids entsteht Tryptophan in Spuren[9]). Das in Alkohol lösliche Protein von Andropogon sorghum, das Kafirin, enthält Tryptophan[10]). Arachin von Arachis hypogaea enthält Tryptophan[11]). In der Sojabohne (Soja hispida) 1,37%[12]). Das β-Globulin der Samtbohne von Georgia (Stizolobium Deeringianum) enthält im Gegensatz zu α-Globulin und anderen Proteinen kein Tryptophan[13]). Bei der Hydrolyse des Stizolobins, des Globulins der chinesischen Samtbohne Stizolobium niveum[14]). Bacterium coli und B. Friedländer bilden in der Uschinskyschen Nährlösung Tryptophan, welches sich im Sediment der ausgeschleuderten Kulturen nachweisen läßt; dieses Tryptophan kann nur durch Synthese von Verbindungen mit offener Kette (Ammoniumlactat, asparaginsaurem Natrium) zu Kohlenstoffringen entstanden sein[15]).

Entsteht beim autolytischen Abbau der tätigen Drüsen, beim Abbau der ruhenden dagegen nicht[16]).

In dem 24 Stunden mit Pankreatin verdauten, völlig geklärtem Preßsaft der Nieren ist bei normalen 0,0603 g, bei pathologischen 0,0586 g Tryptophan gefunden worden. Der Trypto-

---

[1]) Teizo Takahashi, Journ. Coll. Agric. Tokyo 5, 105—106 [1913]; Chem. Centralbl. 1913, II, 1072.

[2]) Emil Abderhalden, Zeitschr. f. physiol. Chemie 88, 478—483 [1913]; Chem. Centralbl. 1914, I, 1021.

[3]) Rollin G. Myers, Journ. of Biolog. Chem. 41, 119 [1920]; Chem. Centralbl. 1920, III, 108.

[4]) Otto Fürth, u. Edmund Nobel, Biochem. Zeitschr. 109, 103—123 [1920]; Chem. Centralbl. 1921, I, 61.

[5]) Jakob Meißenheimer, Wochenschr. f. Brauerei 32, 325 [1915]; Chem. Centralbl. 1915, II, 1259.

[6]) Carl Neuberg, Wochenschr. f. Brauerei 32, 317—320 [1915]; Chem. Centralbl. 1916, I, 163.

[7]) Jacob Meißenheimer, Zeitschr. f. physiol. Chemie 104, 229—284 [1919]; Chem. Centralbl. 1919, III, 273.

[8]) Jakob Meißenheimer, Zeitschr. f. physiol. Chemie 114, 205—249 [1921]; Chem. Centralbl. 1921, III, 1289.

[9]) H. E. Wunschendorff, Journ. de Pharm. et de Chim. [7] 20, 86—88 [1919]; Chem. Centralbl. 1919, III, 1065.

[10]) D. Breese Jones u. Carl O. Johns, Journ. of Biolog. Chem. 36, 323—334 [1918]; Chem. Centralbl. 1919, I, 743.

[11]) Carl O. Johns u. D. Breese Jones, Journ. of Biolog. Chem. 36, 491—500 [1918]; Chem. Centralbl. 1919, I, 743.

[12]) D. B. Jones u. C. H. Waterman, Journ. of Biolog. Chem. 46, 459 [1921]; Chem. Centralbl. 1921, IV, 231.

[13]) Carl O. Johns u. Henry C. Waterman, Journ. of Biolog. Chem. 42, 59 [1920]; Chem. Centralbl. 1920, III, 199.

[14]) D. Breese Jones u. Carl O. Johns, Journ. of Biolog. Chem. 40, 435 [1919]; Chem. Centralbl. 1920, III, 716.

[15]) W. J. Logie, Journ. of pathol. a. bacteriol. 23, 224 [1920]; Chem. Centralbl. 1920, III, 489.

[16]) W. Grimmer, Biochem. Zeitschr. 53, 429—473 [1913]; Chem. Centralbl. 1913, II, 887.

phangehalt steigt mit dem Alter[1]). 100 g Fibrin enthalten 2,21 g Tryptophan[2]). Bei der Hydrolyse des Caseins (Caseinogens) 1,5%[3]). Der $HgSO_4$-Niederschlag aus hydrolysiertem Caseinogen enthält eine Reihe Aminosäuren, wahrscheinlich in Verbindung mit Tryptophan als Polypeptide. Um eine reichliche Ausbeute an Tryptophan zu erhalten, wird der $HgSO_4$-Niederschlag, den man durch Fällen einer Lösung verdauten Caseinogens erhält, mit H_2S zerlegt, noch einmal mit Trypsin verdaut und die Lösung nach Neutralisation und Einengen im Vakuum mit Butylalkohol extrahiert[4]). Tryptophan ist in der Gelatine vorhanden, dies beweist der positive Ausfall der Indolreaktion nach der Fäulnis. Das Vorhandensein beruht aber auf einer Beimengung von etwa 2,5% Eiweiß[5]).

Fibrin und Wittesches Pepton enthält 5,3%; Eieralbumin, Edestin, Conchiolin, Muskeleiweiß 2—3,5%, Keratin 1,2%, Thymushiston 1% Tryptophan. Der Tryptophangehalt der menschlichen Organe liegt zwischen 0,1 und 0,6%, besonders hoch bei Leber, Milz, Schilddrüse, besonders niedrig im Hirn. Vom gesamten Tryptophangehalt eines Menschen (etwa 115 g) entfallen $^1/_{10}$ auf die Leber[6]).

N von Neurokeratin enthält 27,95% N aus Prolin, Oxyprolin und Tryptophan[7]).

Tryptophan scheint durch positiven Ausfall der Ehrlichschen und Adamkiewiczschen Reaktion nach Behandlung mit Natronlauge und Wasserstoffsuperoxyd im Melanin nachgewiesen[8]). Der bei der Ehrlichschen Diazoreaktion gebildete Farbstoff ist wahrscheinlich die Azoverbindung einer Oxyindolessigsäure und diese ein Abbauprodukt des Tryptophans[9]).

Nachweis und Bestimmung: Über den Anteil von Tryptophan an dem Farbeneffekt bei den beiden Phasen der Xanthoproteinreaktion[10]).

Zum Nachweis eignet sich eine Lösung von Formaldehyd von $^1/_{25\,000}$ bis $^1/_{50\,000}$. Eine Probe derselben mischt man mit dem gleichen Volum Salzsäure 1,19 und 3 Tropfen einer 3 proz. Ferrichloridlösung, fügt schließlich eine kleine Menge des zu prüfenden Eiweißkörpers hinzu und erhitzt. Beim Vorhandensein von Tryptophan tritt Violettfärbung ein, die in ein tiefes Blau übergeht[11]).

Salicylaldehyd ist besonders geeignet als qualitatives Reagens auf Tryptophan. Als Reagens dient eine 10 proz. Lösung des Aldehyds in acetonfreiem Alkohol. Man fügt 4—5 Tropfen davon zu der mit Überschuß von starker Salzsäure versetzten Probe, erwärmt vorsichtig einige Minuten, dann weiter nach Zusatz 1 Tropfens von 10 proz. Wasserstoffperoxydlösung. Intensives Blau zeigt Tryptophan[12]).

Bestimmung: 10 mg Acetondauerhefe werden mit 1 ccm Wasser und 2 ccm Glyoxylsäure angerührt, die Emulsionen mit 1 ccm konz. H_2SO_4 versetzt, mit Eiswasser gekühlt, noch 1 ccm H_2SO_4 eingetropft. Entstandene klare Lösung ohne Kühlung mit 4 ccm H_2SO_4 versetzt und die nach 1 Stunde entstandene Färbung mit aus reinem Tryptophan hergestellten, genau ebenso behandelten Lösungen verschiedener Konzentration (je 1 ccm Tryptophanlösung 1 : 20000, 1 : 30000, 1 : 40000) verglichen. Präparate mit grünen und grauen Farbtönen wurden verworfen[13]).

[1]) Elisabeth Kürchin, Biochem. Zeitschr. **65**, 451—459 [1914]; Chem. Centralbl. **1914**, II, 1210.

[2]) E. u. H. Salkowski, Zeitschr. f. physiol. Chemie **105**, 245—248 [1919]; Chem. Centralbl. **1919**, III, 678.

[3]) Frederick William Foreman, Biochem. Journ. **13**, 378 [1919]; Chem. Centralbl. **1920**, I, 683.

[4]) Herbert Onslow, Biochem. Journ. **15**, 392—399 [1921]; Chem. Centralbl. **1921**, IV, 1299.

[5]) E. Salkowski, Zeitschr. f. physiol. Chemie **109**, 32—48 [1920]; Chem. Centralbl. **1920**, III, 12.

[6]) Otto Fürth u. Fritz Lieben, Biochem. Zeitschr. **109**, 124—152 [1920]; Chem. Centralbl. **1921**, II, 6.

[7]) Burt E. Nelson, Journ. of Amer. Chem. Soc. **38**, 2558—2561 [1916]; Chem. Centralbl. **1917**, I, 658.

[8]) E. Salkowski, Archiv f. d. ges. Anat. u. Physiol. **228**, 468—475 [1920]; ausführl. Ref. Ber. ges. Physiol. **5**, 340 [1921]; Chem. Centralbl. **1921**, I, 541.

[9]) Leo Hermanns u. P. Sachs, Zeitschr. f. physiol. Chemie **114**, 88—93 [1921]; Chem. Centralbl. **1921**, III, 1302.

[10]) Carl Th. Mörner, Zeitschr. f. physiol. Chemie **107**, 203 [1919]; Chem. Centralbl. **1920**, I, 83.

[11]) E. Salkowski, Zeitschr. f. physiol. Chemie **109**, 49—56 [1920]; Chem. Centralbl. **1920**, III, 14.

[12]) William Robert Fearon, Biochem. Journ. **14**, 548—564 [1920]; Chem. Centralbl. **1921**, II, 7.

[13]) Jacob Meißenheimer, Zeitschr. f. physiol. Chemie **104**, 229—284 [1919]; Chem. Centralbl. **1919**, III, 273.

Die colorimetrische Tryptophanbestimmung auf Grund der Voisenetschen Reaktion wird am besten in folgender Weise ausgeführt: 2 ccm der zu untersuchenden Flüssigkeit werden mit 1 Tropfen 2proz. Formaldehydlösung und etwa 15 ccm möglichst konz. reiner Salzsäure gemischt, nach etwa 10 Minuten mit 10—12 Tropfen oder mehr 0,05 proz. Natriumnitritlösung vermischt und mit konz. Salzsäure auf 20 ccm aufgefüllt. Die Vergleichung kann nach kurzer Zeit im Colorimeter von Dubosq vorgenommen werden. Als Standard wird eine wässerig-alkoholische Gentianaviolettlösung empfohlen, eine 0,01 proz. Farbstofflösung ist mit einer im Mittel 0,112 proz. Tryptophanlösung äquivalent. Auch in schwerlöslichen oder koagulierten Proteinen läßt sich das Tryptophan so direkt bestimmen, wenn man sie durch möglichst kurzdauernde Einwirkung von 20—30 proz. Alkalilauge am Wasserbad in Lösung bringt[1]).

Besprechung der verschiedenen Verfahren zur Bestimmung des Tryptophans in Eiweiß-stoffen[2]).

Bei Fleischwaren, Eiern genügt eine einfache colorimetrische Bestimmung des Tryptophans nach Lösung einer abgewogenen Probe in starker Alkalilauge in der Wärme. Bei Cerealien-samen und Mehlen muß die Abtrennung der Eiweißkörper vorangehen. Die abgetrennten Globuline und Protamine werden bezüglich ihres Tryptophangehaltes untersucht. Auch bei Leguminosensamen, Reis u. dgl. werden die Proteine zunächst extrahiert. Aus tryptophan-armen Vegetabilien bereitet man einen Preßsaft, fällt hieraus die Proteine durch Essigsäure und Wärmekoagulation und bestimmt in der Fällung das Tryptophan[3]).

Physiologische Eigenschaften: Herzfeld und Klinger[4]) prüften die Abnahme des Trypto-phans zunächst in dessen reinen Lösungen unter Einwirkung von Bakterien nach dem Verfahren von Herzfeld[4]) und konnten diese nicht nur bei indolpositiven Arten, sondern auch bei indol-negativen wie Typhus und Paratyphusbacillen nachweisen. — Der Verbrauch an Tryptophan sinkt stark, wenn neben ihm noch andere Eiweißbausteine (Pepton) zugegen sind. Gelegentlich kann dann sogar eine Vermehrung des Tryptophangehaltes auftreten, z. B. bei Bacterium coli und Proteus, da viele Arten es durch peptolytische Wirkung aus höheren Verbindungen in größeren Mengen freimachen, als sie es verbrauchen können. — Arten wie die Typhus- und die Paratyphusbacillen, deren peptolytisches Vermögen gering ist, bewirken stets eine Ab-nahme[4]).

Über Farbenänderungen auf Tryptophannährböden durch Bakterien[5]). Der phenol-bildende Bacillus phenologenes entwickelt sich anscheinend nicht auf Nährböden für die Iso-lierung acidaminolytischer Mikroben mit Tryptophan usw.[6]).

Bact. fluorescens, B. pyocyaneus, B. prodigiosus bilden sowohl bei Gegenwart als bei Abwesenheit von Glycerin Ammoniak sowohl aus der Seitenkette als aus dem Indolkern des Tryptophans, Pyocyaneus und Fluorescens aus beiden mit gleicher Leichtigkeit, Prodigiosus aus der Seitenkette weit schneller. B. proteus nicht nur auf die Seitenkette. Bei Fehlen von Glycerin entsteht viel freies Ammoniak neben wenig synthetisiertem Stickstoff; bei Gegenwart von Glycerin hingegen so gut wie kein freies Ammoniak bei großer Zunahme des synthetisierten Stickstoffs[7]).

Proteusbakterien verwandeln l-Tryptophan bei Anwendung von Hendersonscher Phosphatmischung als Puffer in linksdrehende α-Indolmilchsäure. Sie ist mit Cu-Acetat fast quantitativ ausfällbar. Krystalle vom Schmelzp. 98—99°, $[\alpha]_D^{15} = -5{,}84°$ in wässeriger Lö-sung[8])

[1]) Otto Fürth u. Fritz Lieben, Biochem. Zeitschr. **109**, 124—152 [1920]; Chem. Cen-tralbl. **1921**, II, 6.

[2]) Pierre Thomas, Annales de l'Inst. Pasteur **34**, 701—708 [1920]; Chem. Centralbl. **1921**, II, 158.

[3]) Otto Fürth u. Fritz Lieben, Biochem. Zeitschr. **122**, 58—85 [1921]; Chem. Centralbl. **1921**, IV, 1236.

[4]) E. Herzfeld u. R. Klinger, Centralbl. f. Bakt. u. Parasitenk. I. Abt. **76**, 1—12 [1915]; Chem. Centralbl. **1915**, II, 86.

[5]) Elfrida Constance Victoria Cornish u. Robert Stenhouse Williams, Biochem. Journ. **11**, 180 [1917]; Chem. Centralbl. **1917**, II, 820.

[6]) Albert Berthelot, Annales de l'Inst. Pasteur **32**, 17—36 [1918]; Chem. Centralbl. **1918**, II, 130.

[7]) H. Raistrick u. A. B. Clark, Biochem. Journ. **15**, 76 [1921]; Chem. Centralbl. **1921**, III, 233.

[8]) Takaoki Sasaki u. Ichiro Otsuka, Biochem. Zeitschr. **121**, 167—170 [1921]; Chem. Centralbl. **1921**, III, 1250.

Bei den untersuchten Immunseren von Pferden wird gegenüber Dysenterie, Diphtherie und Tetanus eine Verschiebung des Tryptophangehaltes nicht nachgewiesen[1]).

Bei tryptischer Verdauung von Fibrin wird im Laufe einiger Wochen in der Regel nicht mehr als $1/3$, höchstens aber $2/3$ der vorhandenen Menge Tryptophan in freier Form abgespalten. Die Abspaltung schreitet also nur ganz allmählich vor[2]).

Wird durch das in den Basalzellen der Epidermis vorhandene Ferment, Dopaoxydase, nicht verändert[3]).

Blutserum und Eierklar verdanken ihre Schutzwirkung gegen die Eosinhämolyse der Gegenwart von Tryptophan[4]).

Junge Ratten, denen lediglich Zein verabreicht worden war, und die deshalb an Gewicht abgenommen haben, nahmen nicht weiter ab, wenn der Nahrung Tryptophan zugesetzt wurde. Tryptophan ist demnach zur Erhaltung erforderlich[5]).

Das Chinolinderivat des Tryptophans — die Kynurensäure — vermag dieses in der Nahrung, wie Fütterungsversuche mit Ratten zeigen, nicht zu ersetzen[6]).

Werden Ratten mit Haferkorn, unter Zusatz von Zein, das weder Tryptophan noch Lysin und überaus wenig Cystin enthält, gefüttert, so wird das Wachstum überraschend gefördert. In diesem Fall kann man als sicher hinstellen, daß hier jene 3 Aminosäuren nicht die wesentlichen Wachstumsfaktoren sind[7]).

Wird einem Kaninchen stets 1 g Tryptophan injiziert, so ist die Menge der gebildeten Kynurensäure bei gleichbleibender Nahrung fast konstant. Sie ändert sich auch nicht in einer Hungerperiode, zeigt aber deutliche Verminderung in der nächsten Fütterungsperiode. Ein sicherer Einfluß des Sehnenschnittes auf diese Menge war nicht festzustellen[8]).

Nach intravenöser Verabreichung von Tryytophan an Kaninchen können aus dem Harn 7—28% Kynurensäure isoliert werden[9]). Dabei ist wahrscheinlich die Indolbrenztraubensäure die Zwischenstufe der Umwandlung. — Die ganze Reaktion kann durch folgende Formeln erläutert werden:

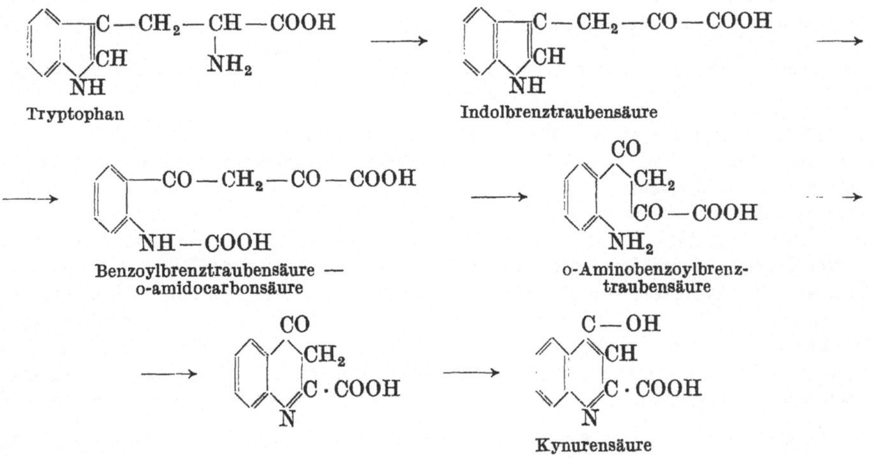

Tryptophan $\longrightarrow$ Indolbrenztraubensäure $\longrightarrow$

Benzoylbrenztraubensäure — o-amidocarbonsäure $\longrightarrow$ o-Aminobenzoylbrenztraubensäure $\dashrightarrow$

$\longrightarrow$ $\longrightarrow$ Kynurensäure

[1]) O. Fürth u. Fritz Lieben, Biochem. Zeitschr. **116**, 232 [1921]; Chem. Centralbl. **1921**, III, 248.

[2]) Otto Fürth u. Fritz Lieben, Biochem. Zeitschr. **109**, 153—164 [1920]; Chem. Centralbl. **1921**, I, 103.

[3]) Br. Bloch, Zeitschr. f. physiol. Chemie **98**, 226—254 [1917]; Chem. Centralbl. **1917**, I, 885.

[4]) Carl L. A. Schmidt u. G. F. Norman, Journ. of infectious disease **27**, 40—45; ausführl. Ref.: Ber. ges. Physiol. **3**, 473—474 [1921]; Chem. Centralbl. **1921**, I, 161.

[5]) Thomas B. Osborne, Lafayette B. Mendel, Edna L. Ferry u. Alfred J. Wakeman, Journ. of Biolog. Chem. **17**, 325—349 [1914]; Chem. Centralbl. **1914**, I, 1842.

[6]) Chuai Asayama, Biochem. Journ. **10**, 466—472 [1916]; Chem. Centralbl. **1917**, I, 102.

[7]) E. V. Mc Collum, N. Simmonds u. W. Pitz, Journ. of Biolog. Chem. **28**, 483—499 [1917]; Chem. Centralbl. **1917**, I, 1121.

[8]) Zenji Matsuoka, Journ. of Biolog. Chem. **35**, 333—339 [1918]; Chem. Centralbl. **1919**, I, 386.

[9]) A. Ellinger u. Z. Matsouka, Zeitschr. f. physiol. Chemie **109**, 259 [1920]; Chem. Centralbl. **1920**, III, 317.

Kaninchen, deren Harn keine Indicanreaktion zeigt, geben diese intensiv nach einmaliger Gabe von 1 g Tryptophan mit der Schlundsonde direkt in den Magen, während bei langsamer Verfütterung bei subcutaner Applikation des Tryptophans kein Indican auftritt[1]).

Langfristige Versuche mit Hunden, die mit Aminosäuregemischen gefüttert wurden, haben gezeigt, daß bei Entfernung von l-Tryptophan aus dem vollständigen Aminosäuregemisch die Stickstoffbilanz auch dann negativ bleibt, wenn man die Menge des zugeführten Aminosäuregemisches, dem Tryptophan fehlt, steigert. Tryptophan ist demnach im tierischen Organismus durch keinen anderen Eiweißbaustein ersetzbar[2]).

Bei gemischter Ernährung des Erwachsenen ist der mittlere Tryptophangehalt der Nahrungsproteine mit 2,0—2,4% zu bewerten. Tryptophanbedarf des Menschen (70 kg) wird zu 2,5—3,2 g veranschlagt, er kann bei sonst ausgiebiger Ernährung auf etwa 0,017—0,20 g pro kg und für kurze Zeit auf 0,015—0,009 g pro kg herabgedrückt werden[3]).

Physikalische und chemische Eigenschaften: Tryptophan und aminosäurehaltige Polypeptide geben in verdünnter Lösung mit Phosphorwolframsäure eine violettrötliche Färbung[4]). Gehalt an Methyl: negativ; bestimmt nach der Methode von Herzig und Meyer[5])[6]).

Gibt beim Kochen mit HCl in Gegenwart von Benzaldehyd eine große Menge von in Säuren unlöslichem Huminstickstoff.

Mit Formaldehyd in salzsaurer Lösung erhitzt, liefert es einen erheblichen Teil seines N in Form von in Säuren unlöslichem Huminstickstoff. Eine teilweise Desamidierung tritt dabei ein[7]).

Wenn Caseinogen in saurer Lösung hydrolysiert wird, wird Tryptophan rasch zerstört. Reines Tryptophan ist beim Kochen in saurer Lösung viel beständiger. Tryptophan allein wird von allen Alkalien rasch zerstört, aber in höherem Grade von NaOH und Na_2CO_3 als von $Ba(OH)_2$. Bei der Hydrolyse von Caseinogen mit NaOH wird Tryptophan rasch zerstört, aber bei der Hydrolyse mit dem zweiwertigen $Ba(OH)_2$ ist es ziemlich stabil. Die Zerstörung des Tryptophans kann durch den Zusatz krystallinischer Aminosäuren zu einem hohen Grade verhütet werden[8]).

Verbraucht bei der Hydrolyse der Proteinkörper auf 1 Mol. 8 Atome Brom. Quotient $\frac{N}{Br}$, das Verhältnis der Anzahl der Atome N zu der Anzahl der Atome des verbrauchten Broms $= 0{,}25$—$0{,}27$[9]).

Kocht man Tryptophan mit Mineralsäuren in reiner Lösung, so entsteht kein Humin, dasselbe wird aber reichlich gebildet, wenn Protein oder Kohlenhydrate zugegen sind. Die Reaktion beruht wahrscheinlich auf der Kondensation eines Alhehydes mit der Imidgruppe des Tryptophankernes. — Ist bei der Einwirkung ein Überschuß an Kohlenhydrat vorhanden, so finden sich nahezu 90% des Tryptophanstickstoffs in der Huminstickstoff-Fraktion. — Ein Zusatz von Histidin vergrößert nicht die Bildung des Huminstickstoffs[10]).

Die bei Säurehydrolyse von Proteinen auftretenden dunklen, in Säure unlöslichen Kondensationsprodukte sind im wesentlichen als Umwandlungsprodukte des Tryptophans (Melanoidine) anzusehen, denen sich nach Maßgabe vorhandener Kohlenhydratkomplexe diesen entstammende Humine beimengen können. Die Beteiligung anderer Komplexe dürfte nur eine nebensächliche Rolle spielen. Die Reaktion von Voisenet (Violettfärbung mit schwach N_2O_3-

---

[1]) Chuai Asayama, Act. Schol. Med. Univ. Kioto **1**, 115 [1916]; Chem. Centralbl. **1920**, III, 495.

[2]) Emil Abderhalden, Zeitschr. f. physiol. Chemie **96**, 1—147 [1915]. — Chem. Centralbl. **1916**, I, 801—803.

[3]) Otto Fürth u. Fritz Lieben, Biochem. Zeitschr. **122**, 58—85 [1921]; Chem. Centralbl. **1921**, IV, 1236.

[4]) Emil Abderhalden, Zeitschr. f. physiol. Chemie **114**, 290—300 [1921]; Chem. Centralbl. **1921**, III, 1293.

[5]) Herzig u. Meyer, Monatshefte f. Chemie **15**, 613 [1891]; **16**, 599 [1895]; **18**, 379 [1897].

[6]) Yoshura Harold Burn, Biochem. Journ. **8**, 154—156 [1914]; Chem. Centralbl. **1919**, II, 1071.

[7]) Ross Aiken Gortner, Journ. of Biolog. Chemie **26**, 177—203 [1916]; Chem. Centralbl. **1917**, I, 658.

[8]) Herbert Onslow, Biochem. Journ. **15**, 383—391 [1921]; Chem. Centralbl. **1921**, III, 1430.

[9]) M. Siegfried u. H. Reppin, Zeitschr. f. physiol. Chemie **95**, 18—28 [1915]; Chem. Centralbl. **1916**, I, 513.

[10]) Ross Aiken Gortner u. Morris J. Blish, Journ. of Amer. Chem. Soc. **37**, 1630—1636 [1914]; Chem. Centralbl. **1915**, II, 616.

haltiger konz. Salzsäure und Formaldehyd) kann sozusagen als Vorstufe der Melanoidinbildung gelten, insofern als bei der Säurehydrolyse das ursprünglich leicht lösliche violette Reaktionsprodukt sich schließlich als wasserlösliches „Melanoidin" abscheidet. Das Auftreten eines violetten Zwischenproduktes (Reaktion von Liebermann) ist unter gewissen Umständen auch bei der vielfachen Säurehydrolyse bemerkbar und dürfte vermutlich mit dem Auftreten eines Alkaloids einerseits, von oxydativen Faktoren andererseits bei der Eiweißhydrolyse zusammenhängen[1]).

Wird ein Protein, das Tyrosin und Tryptophan enthält, mit wachsenden Mengen Trioxymethylen der Spaltung unterworfen, so steigen die Werte sowohl für unlöslichen als für löslichen Humin-N schnell bis zu einem Maximum, nach dem eine scharfe Abnahme eintritt. Die NH_3-Fraktion vermindert sich bei geringen Zusätzen und steigt schnell bei größeren. Fehlt einem Protein (Gelatine) das Tyrosin und Tryptophan, so wird bei Zusatz von Trioxymethylen der N beider Huminfraktionen nicht verändert, nur der NH_3-N wird ständig steigen. Zusatz von Histidin und Cystin zur Gelatine ändert das Verhältnis nicht. Zusatz von Tyrosin steigert die Bildung von löslichem, Tryptophan die von unlöslichem Humin, die Bildung vom löslichen viel weniger ausgesprochen. Bei der Bildung des Humins ist die Aminogruppe der aliphatischen Seitenkette des Tryptophans nicht beteiligt, die primäre Reaktion scheint vielmehr den Indolkern zu treffen, da Ersatz des Tryptophans durch Indol zum gleichen Ergebnis führt[2]).

Gibt nach Abderhalden mit dem Reagens für Tyrosin ebenfalls Blaufärbung. Wird bei der Säurehydrolyse völlig zerstört[3]).

Nach O. Winterstein[4]) wird Tryptophan durch Xanthydrol nicht gefällt. Es entstehen aber Verbindungen mit Pyrrol, Indol und Skatol.

Gibt 71,0% seines Nitrogens an Humin ab, in 20proz. HCl mit Zucker erhitzt[5]).

α-Methyl-tryptophan; Pr-2-Methyltryptophan.

Mol.-Gewicht: 218,19.
Zusammensetzung: $C_{12}H_{14}O_2N_2$.

$$C_6H_4 \Big\langle \begin{matrix} -C-CH_2-CH(NH_2)\cdot COOH \\ \| \\ NH-C\cdot CH_3 \end{matrix}$$

Bildung[6]): Die Herstellung kann erfolgen durch die Gattermannsche Synthese aus 2-Methylindol, indem man 2-Methylindol-3-aldehyd gewinnt, aus welchem die Verbindung erhalten wird. Kann auch aus Pr_2-Methylindolyl-α-benzoylaminoacrylsäure gewonnen werden.

Darstellung: Durch Erhitzen von α-Methylindolaldehyd mit Hippursäure, Na-Acetat und Essigsäureanhydrid erhält man ein Azlacton $C_{19}H_{14}O_2N_2$ (I), Krystalle aus heißem absol. Alkohol, die 2 Mol. C_2H_5OH enthalten und beim Erhitzen mit 1proz. NaOH in Methylindol-α-benzoylaminoacrylsäure, $C_{19}H_{16}O_3N_2$ (II) übergehen. Diese Säure krystallisiert aus 65 proz. Alkohol in Prismen vom Schmelzpunkt unter Gasentwicklung und gibt bei Reduktion mit Na

<table>
<tr><td align="center">I.</td><td align="center">II.</td></tr>
<tr>
<td>$$C_6H_4 \Big\langle \begin{matrix} -C\cdot CH:C\cdot N:C\cdot C_6H_5 \\ \| \qquad | \qquad | \\ NH\cdot C\cdot CH_3\ CO\!-\!\!-\!O \end{matrix}$$</td>
<td>$$C_6H_4 \Big\langle \begin{matrix} -C\cdot CH:C\cdot NH\cdot CO\cdot C_6H_5 \\ \| \qquad\quad | \\ NH\cdot C\cdot CH_3\ CO_2H \end{matrix}$$</td>
</tr>
<tr><td align="center">III.</td><td align="center">IV.</td></tr>
<tr>
<td>$$C_6H_4 \Big\langle \begin{matrix} -C\cdot CH_2\cdot CH\cdot NH_2 \\ \| \qquad\quad | \\ NH\cdot C\cdot CH_3\ \ CO_2H \end{matrix}$$</td>
<td>$$C_6H_4 \Big\langle \begin{matrix} -C\cdot CH_2\cdot CH\cdot NH\cdot SO_2\cdot C_{10}H_7 \\ \| \qquad\quad | \\ NH\cdot C\cdot CH_3\ \ CO_2Na \end{matrix}$$</td>
</tr>
</table>

[1]) O. Fürth u. F. Lieben, Biochem. Zeitschr. **116**, 224 [1921]; Chem. Centralbl. **1921**, III, 231.

[2]) Ross Aiken Gortner u. George E. Holm, Journ. of Amer. Chem. Soc. **39**, 2477—2501 [1917]; Chem. Centralbl. **1918**, I, 553.

[3]) C. O. Johns u. D. B. Jones, Journ. of Biolog. Chem. **36**, 319—322 [1918]; Chem. Centralbl. **1919**, II, 650.

[4]) E. Winterstein, Zeitschrift f. physiol. Chemie **105**, 25—31 [1919]; Chem. Centralbl. **1919**, IV, 421.

[5]) M. L. Roxas, Journ. of Biolog. Chem. **27**, 71—93 [1916]; Chem. Centralbl. **1917**, I, 971.

[6]) G. Barger u. A. J. Ewins, Biochem. Journ. **11**, 58—63 [1917]; Chem. Centralbl. **1917**, II, 226.

in alkoholischer Lösung unter Abspaltung der Benzoylgruppe α-Methyltryptophan, $C_{12}H_{14}O_2N_2$ (III),Nadeln aus 60proz. Alkohol, Schmelzp. 215—234°, optisch inaktiv. Durch Schütteln von α-Methyltryptophan mit NaOH und β-Naphthalinsulfochlorid erhält man β-Naphthalinsulfo-d, 1-methyltryptophannatrium $C_{22}H_{19}O_4N_2SNa$ (IV), mikroskopische Nadeln aus heißem Wasser, Schmelzp. 172—173°. Bei der Oxydation mit $FeCl_3$ gibt α-Methyltryptophan α-Methyl-β-indolaldehyd [1]).

Physiologische Eigenschaften: Nach subcutaner Verabfolgung an Kaninchen ließ sich im Harn der Tiere keine Kynurensäure nachweisen; das einzige faßbare Produkt war unverändertes Methyltryptophan [1]).

Physikalische und chemische Eigenschaften: Farblose Prismen aus Methylalkohol + Äther, die erst bei 110° Methylalkohol verlieren. Schmelzp. 263—273°. — Leicht löslich in Wasser, wenig in absol. Alkohol. — Gibt eine starke Reaktion mit Triketohydrindenhydrat, mit Bromwasser im Überschuß einen Niederschlag, aber keine Färbung, mit dem Reagens von Hopkins und Cole eine grünlichblaue Färbung noch in Verdünnung 1 : 500, in sehr konz. Lösung gibt die Ringprobe mit H_2SO_4 und Glyoxylsäure zunächst eine rötlichpurpurne Färbung, die bei der Mischung der beiden Schichten tiefblau wird. Schmeckt süß. Das **Pikrat**, aus Methylalkohol + Petroläther liefert orangerote Tafeln. Schmelzp. 173° [2]).

Histidin (Bd. IV, S. 712; Bd. IX. S. 152).

Vorkommen: Kommt in Böden gewöhnlich vor. Um die Zersetzung dieser Verbindung und solche enthaltende Düngemittel kennenzulernen, wird getrocknetes Blut und Boden (3 : 40) gemischt, 240 Tage aufbewahrt und nach gewissen Tagen untersucht. Die Menge des Histidin-N in dem Gemisch ausgedrückt in Teilen auf 100 Teile hydrolysierbaren N in ursprünglichem Gemische betrug: Ursprünglicher Boden 12,366, nach 18 Tagen 12,975, nach 44 Tagen 5,547, nach 86 Tagen 2,912, nach 148 Tagen 1,342, nach 240 Tagen 2,010 [3]). Wurde (neben Tyrosin und Tryptophan) in Ergotinextrakten nachgewiesen [4]). In Caltha palustris, nicht in bestimmbarer Menge [5]). Konnte im Blute normaler Schlachttiere nachgewiesen werden [6]). Im Ochsengehirn 0,19% [7]).

Bildung: Mycobacterium lacticola enthält nach Wachstum in Bouillonkultur 0,090%, nach Wachstum in eiweißfreier Kultur 0,090% Histidin-N [8]). In der bei der Autolyse der Bierhefe (zwecks Ermittlung des Aminosäuregehaltes) ungelöst verbleibenden Zellrückständen wurde nach Hydrolyse die Verteilung des N bestimmt: Im Hydrolysat Arginin + Histidin-N 22% [9]). Bei der Aufspaltung des Hefeeiweißes werden vom Gesamt-N 10% Histidin und Arginin erhalten [10]).

Bei der Hydrolyse des Gliadins 3,4% Histidinstickstoff, des Lactalbumins 4,6%, des Oryzenins 5,4% Histidinstickstoff [11]). Das in Alkohol lösliche Protein von Andropogon sorghum, das Kafirin, enthält 1,12% Histidin [12]). Bei 2stündiger Hydrolyse mit siedendem 10proz. HCl

[1]) Alexander Ellinger u. Z. Matsuoka, Zeitschr. f. physiol. Chemie **91**, 45—57 [1914]; Chem. Centralbl. **1914**, II, 420.

[2]) G. Barger u. A. S. Ewins, Biochem. Journ. **11**, 58—63 [1917]; Chem. Centralbl. **1917**, II, 226.

[3]) Elbert C. Lathrop, Journ. Franklin Inst. **183**, Nr. 3, Chem. News **115**, 220—222, 229—232 [1917]; Chem. Centralbl. **1917**, II, 560.

[4]) Sigmund Fränkel u. Josef Rainer, Biochem. Zeitschr. **74**, 167—169 [1916]; Chem. Centralbl. **1916**, II, 65.

[5]) E. Poulsson, Archiv f. experim. Pathol. u. Pharmakol. **80**, 173—182 [1916]; Chem. Centralbl. **1916**, II, 826.

[6]) Emil Abderhalden, Zeitschr. f. physiol. Chemie **88**, 478—483 [1913]; Chem. Centralbl. **1914**,I, 1021.

[7]) Tomihide Shimizu, Biochem. Zeitschr. **117**, 252 [1921]; Chem. Centralbl. **1921**, III, 492.

[8]) Sakae Tamura, Zeitschr. f. physiol. Chemie **88**, 190—198 [1913]; Chem. Centralbl. **1914**, I, 566.

[9]) Jacob Meißenheimer, Zeitschr. f. physiol. Chemie **104**, 229—284 [1919]; Chem. Centralbl. **1919**, III, 273.

[10]) Jacob Meißenheimer, Zeitschr. f. physiol. Chemie **114**, 205—249 [1921]; Chem. Centralbl. **1921**, III, 1289.

[11]) Thomas B. Osborne, Donald D. van Slyke, Charles S. Leavenworth u. Mariam Vinograd, Journ. of Biolog. Chem. **22**, 259 [1915]; Chem. Centralbl. **1915**, II, 1195.

[12]) D. Breese Jones u. Carl O. Johns, Journ. of Biolog. Chem. **36**, 323—334 [1918]; Chem. Centralbl. **1919**, I, 743.

des aus den Samen des griechischen Heues gewonnenen Nucleoproteids entsteht 0,75% Histidin[1]. Die Hydrolyse des Eiweißes des Ragweedpollens (Ambrosia artemisifolia und A. trifida) ergab auf den Pollen berechnet 2,41% Histidin. Dem hohen Gehalt an Histidin kann wegen dessen Beziehung zu dem giftigen Imidoazolyläthylamin Bedeutung beigemessen werden[2]. Für 100 Teile N ist in den Globulinen der Arachis hypogaea, und zwar im Arachin 2,78 im Conarachin 2,72 Histidin-N enthalten. Danach enthält Arachin bzw. Conarachin 1,88% bzw. 1,83% Histidin[3].

Arachin von Arachis hypogaea enthält 1,88% Histidin[4]. Bei der Hydrolyse von Phaseolin 3,32%[5]. Im Cocosnußglobulin basischer N nach dem Verfahren von van Slyke bestimmt, wurde gefunden 2,42% Histidin[6]. Bei der Hydrolyse des Globulins der Cocosnuß wurden 2,42% Histidin gefunden[7]. Der Gehalt an Histidin von Sojabohnen, Baumwollsamenmehl, Weizenkleie, Mais, Hanfsamen, Reis, Hafer, Gerste und anderen Nährstoffen wurde von Nollau[8] ermittelt. Bei der Hydrolyse des α-Globulins der Mungbohne (Phaseolus aureus Roxburgh) wurde 3,31%, bei der des β-Globulins 2,02% Histidin gefunden[9]. In der Sojabohne (Soja hispida) 1,44%[10]. Bei der Hydrolyse von Bynin gefunden Histidinstickstoff 1,09%, bei Hordein 1,33%[11].

Bei der Hydrolyse des Shizolobins, des Globulins der chinesischen Samtbohne, Shizolobium niveum 2,27%[12].

Bildet sich bei der Autolyse von Reinkulturen von Glomerolea rufomaculasis[13].

In 5 Amylasepräparaten (A, B aus der Bauchspeicheldrüse, C—E aus Malz) war Gehalt an Histidinstickstoff 6,0 und 6,9% bzw. 4,6 ,6,5 und 5,4%[14].

Das Percin genannte Protamin aus dem Sperma von Perca flavescens gibt bei der Spaltung mit H_2SO_4 5,6% Histidin des Gesamtstickstoffs. — Das Protamin aus dem Sperma von Stizostedion vitreum 6,7%[15]. In dem mit Schwefelsäure hydrolysierten Pferdefleisch Histidin-N 10,84—11,26% des Gesamt-N[16].

In Prozenten des Gesamt-N enthält Fibrin von Rind A 0,11, Rind B 1,10, Schaf 0,74, Schwein 1,36 Histidin-N[17]. In der Trockensubstanz von Sericin 1,02[18].

Der Gesamtstickstoff von Neurokeratin enthält 6,279% Histidin-N[19]. Im Caseinogen 6,55%, im Lactoglobulin 3,96%, im Lactalbumin 4,44%; in Milch und Colostrum der Kuh

---

[1]) H. E. Wunschendorff, Journ. de Pharm. et de Chim. [7] 20, 86—88 [1919]; Chem. Centralbl. 1919, III, 1065.

[2]) Jessie Horton Koeßler, Journ. of Biolog. Chem. 35, 415—424 [1918]; Chem. Centralbl. 1919, I, 393.

[3]) Carl O. Johns u. D. Breese Jones, Journ. of Biolog. Chem. 30, 33—38 [1917]; Chem. Centralbl. 1918, I, 273.

[4]) Carl O. Johns u. D. Breese Jones, Journ. of Biolog. Chem. 36, 491—500 [1918]; Chem. Centralbl. 1919, I, 743.

[5]) A. J. Finks u. Carl O. Johns, Journ. of Biolog. Chem. 41, 375 [1920]; Chem. Centralbl. 1920, III, 199.

[6]) Carl O. Johns, A. J. Finks u. C. E. F. Gersdorff, Journ. of Biolog. Chem. 37, 149—153 [1919]; Chem. Centralbl. 1919, I, 859.

[7]) D. Breese Jones u. Carl O. Johns, Journ. of Biolog. Chem. 44, 283—301 [1920]; Chem. Centralbl. 1921, I, 456.

[8]) E. H. Nollau, Journ. of Biolog. Chem. 21, 611 [1915]; Chem. Centralbl. 1915, II, 853.

[9]) Carl O. Johns u. Henry C. Waterman, Journ. of Biolog. Chem. 44, 303—317 [1921]; Chem. Centralbl. 1921, I, 457.

[10]) D. B. Jones u. H. C. Waterman, Journ. of Biolog. Chem. 46, 459 [1921]; Chem. Centralbl. 1921, IV, 231.

[11]) Heinrich Lüers, Biochem. Zeitschr. 96, 117 [1919]; Chem. Centralbl. 1919, III, 680.

[12]) D. Breese Jones u. Carl O. Johns, Journ. of Biolog. Chem. 40, 435 [1919]; Chem. Centralbl. 1920, III, 716.

[13]) Howard S. Read, Journ. of Biolog. Chem. 19, 257—262 [1914]; Chem. Centralbl. 1915, I, 903.

[14]) H. C. Sherman u. A. O. Gettler, Journ. of Amer. Chem. Soc. 35, 1790—1794 [1913]; Chem. Centralbl. 1914, I, 270.

[15]) A. Kossel, Zeitschr. f. physiol. Chemie 88, 163—185 [1913]; Chem. Centralbl. 1914, I, 557.

[16]) Tullio Gayda, Biochem. Zeitschr. 64, 438—441 [1914]; Chem. Centralbl. 1914, II, 582.

[17]) Ross Aiken Gortner u. Alexander J. Wuertz, Journ. of Amer. Chem. Soc. 39, 2239 bis 2242 [1917]; Chem. Centralbl. 1918, I, 449.

[18]) Walter Türk, Zeitschr. f. physiol. Chemie 111, 70—75 [1920]; Chem. Centralbl. 1921, III, 1126.

[19]) Burt E. Nelson, Journ. of Amer. Chem. Soc. 38, 2558—2561 [1916]. — Chem. Centralbl. 1917, I, 658.

übereinstimmend[1]). Bei der Hydrolyse des Caseins (Caseinogens) 2,5%[2]). In Spuren im HgSO$_4$-Niederschlag aus hydrolysiertem Caseinogen wahrscheinlich in Verbindung mit Tryptophan[3]).

Der Histidingehalt verschiedener Proteine wurde nach dem Titanverfahren titrimetrisch bestimmt. Die Proteine wurden zwecks Abtrennung des Histidins von Tyrosin mit HJ + P hydrolysiert; beim Titanverfahren wurde p-Diazobenzolsulfosäure und p-Diazobenzolarsinsäure (diazotiertes Atoxyl) verwendet. Die Werte sind mit den bisher ermittelten in einzelnen Fällen genügend übereinstimmend, in anderen sind erhebliche noch nicht aufgeklärte Differenzen zu beobachten[4]).

	Histidin in Gewichtsprozenten des hydrolysierten Proteins		
	ermittelt durch Titration des Histidinfarbstoffs mit		Frühere Analysen
	p-Diazobenzolsulfosäure	diazotiertem Atoxyl	
Protein aus Kaninchenmuskeln . .	5,8	5,2	—
Leim	0,55	0,6	0,4
Edestin	4,3—4,5	4,8	—
Edestin aus Hanfsamen	2,7	2,5	2,10—2,36
Histon aus Thymus	2,0	2,2	1,2—1,5
Histon aus Dorschtestikeln	2,3	2,1	2,34
Casein	3,4—3,7—3,8	3,6	2,59
Hämoglobin	10,07	10,6	10,96

Bei der Hydrolyse der Gelatine wurde 0,9% Histidin gefunden[5]).

Bildung von d, l-Histidin. Aus 2 g Benzoyl-d, l-histidin bei 4 stündigem Kochen mit 120 ccm 20 proz. Salzsäure[6]).

Synthese: Glyoxalinformaldehyd, $C_3H_3N_2 \cdot CHO$, kondensiert sich mit Hippursäure zu 2-Phenyl-4-[1-acetylglyoxalin-4(5)-methyliden]-oxazolon (I); die hieraus durch Hydrolyse entstehende α-Benzoylamino-β-glyoxalin-4(5)-acrylsäure (II) liefert bei der Reduktion Benzoyl-d, l-histidin (III)[6]).

$$\text{I.}$$

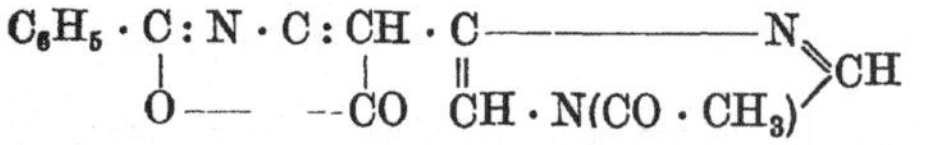

$$C_6H_5 \cdot C:N \cdot C:CH \cdot C \text{———} N{\diagdown} CH$$
$$\underset{O \text{——}}{\quad} \underset{\text{——CO}}{\quad} \underset{CH \cdot N(CO \cdot CH_3)}{\quad}$$

$$\text{II.}$$

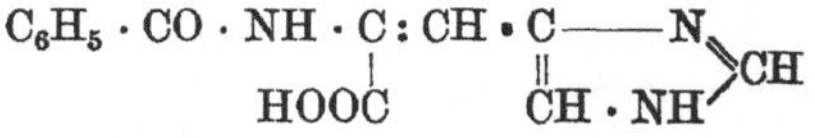

$$C_6H_5 \cdot CO \cdot NH \cdot C:CH \cdot C \text{——} N{\diagdown} CH$$
$$\underset{HOOC}{\quad} \underset{CH \cdot NH}{\quad}$$

$$\text{III.}$$

$$C_6H_5 \cdot CO \cdot NH \cdot CH \cdot CH_2 \cdot C \text{——} N{\diagdown} CH$$
$$\underset{HOOC}{\quad} \underset{CH \cdot NH}{\quad}$$

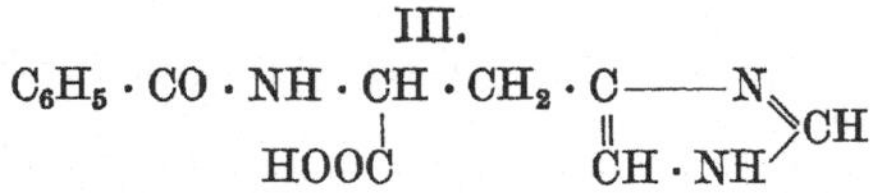

Darstellung: 2 l Blutpaste (konz. Suspension roter Blutkörper, durch Zentrifugieren von defibriniertem Rinderblut gewonnen), werden in geräumiger Schale langsam mit der gleichen Menge konz. Salzsäure versetzt, die Mischung dann im Rundkolben auf Sandbad etwa 18 Stunden erhitzt, wobei sich das Volumen auf etwa 2 l verringern und die Biuretreaktion verschwinden soll. Die abgekühlte Mischung trägt man langsam in das gleiche Volumen gesättigter Lösung von Natriumcarbonat ein, macht schließlich nach Verschwinden des Schaumes genau neutral gegen Lackmus und filtriert, worauf das Filtrat mit 25 oder mehr g Natriumhydroxyd versetzt

[1]) **Charles Crowther** u. **Harold Raistrick**, Biochem. Journ. **10**, 434—452 [1916]; Chem. Centralbl. **1916**, I, 99.

[2]) **Frederick William Foreman**, Biochem. Journ. **13**, 378 [1919]; Chem. Centralbl. **1920**, I, 683.

[3]) **Herbert Onslow**, Biochem. Journ. **15**, 392—399 [1921]; Chem. Centralbl. **1921**, IV, 1299.

[4]) **C. L. Lautenschläger**, Zeitschr. f. physiol. Chemie **102**, 226—243 [1918]; Chem. Centralbl. **1918**, II, 862—864.

[5]) **H. D. Dakin**, Journ. of Biolog. Chem. **44**, 499—529 [1920]; Chem. Centralbl. **1921**, I, 454.

[6]) **Frank Lee Pymann**, Journ. Chem. Soc. London **109**, 186—202 [1916]; Chem. Centralbl. **1916**, II, 265.

und bis zur Austreibung des gesamten Ammoniaks erhitzt wird[1]). Bei mehrstündigem Stehen in der Kälte krystallisieren nun Leucin und Tyrosin aus. Das Filtrat wird abwechselnd mit konz. Lösungen von Quecksilberchlorid und Natriumcarbonat behandelt, bis eine gegen Phenolphthalein deutlich alkalische Probe mit weiterem Quecksilberchlorid nicht mehr den schweren voluminösen Niederschlag von Histidinquecksilber liefert. — Man filtriert den Niederschlag und reinigt ihn zunächst durch wiederholtes Aufschwemmen in 2 l destilliertem Wasser und abermaliges Filtrieren. — Dann suspendiert man ihn in der fünffachen Menge Wasser und säuert mit konz. Salzsäure gegen Bromphenolblau an ($p_H = 3$). — Dabei löst sich das Histidinquecksilber unter Hinterlassung eines schmutzigbraunen Rückstandes und fällt dann aus dem Filtrat nach Zusatz von Natriumcarbonat bis zur deutlichen Reaktion gegen Phenolphthalein wieder als rein cremefarbige, flockige Masse, die noch mehrmals durch Suspension in Wasser nach jedesmaligem Filtrieren gereinigt wird. — Die Verbindung wird schließlich in wässeriger Suspension durch Schwefelwasserstoff zerlegt, das Filtrat vom Quecksilbersulfid bei Zimmertemperatur der Verdunstung überlassen, wobei große gelbliche Krystalle von Histidinchlorhydrat sich aus der braunen sirupösen Flüssigkeit ausscheiden[1]).

500 ccm Blutkörperchenbrei (von Armour and Co., Chicago) werden mit 1000 ccm 37 proz. Salzsäure in gewogenem Kolben 30 Stunden unter Rückfluß erhitzt, die Salzsäure bei 60° im Vakuum abdestilliert, der Rückstand 2 Stunden bei 100° getrocknet und gewogen[2]). Der so gewonnene Rückstand (2) wird in 100 ccm Wasser gelöst, mit Kalk in geringem Überschuß zur völligen Fällung der Fe(OH)$_3$ und Humin versetzt, dann mit 500 ccm 95 proz. Alkohol und im Vakuum bei 40° destilliert, bis 800 ccm übergegangen sind (Entfernung von Ammoniak). Die Lösung wird nun abgesaugt, der Niederschlag mit 2000 ccm heiß gesättigter Kalklösung gewaschen. Das Filtrat, auf 4000 ccm verdünnt und im Wasserbad erhitzt, wird mit 350 g (falls Rückstand 2 soviel betrug) Soda behandelt, nachher die Lösung vom Calciumcarbonat abgesaugt, mit 1000 heißem Wasser gewaschen und nach Kühlung mit 37 proz. Salzsäure gegen Lackmus neutralisiert, dann mit Eisessig versetzt, bis keine Gasentwicklung mehr eintritt und im Vakuum bei 50—60° auf etwa 800 ccm eingeengt. Bei 4 tägigem Stehen im Eisschrank scheidet sich dann fast alles Tyrosin und eine erhebliche Menge Leucin neben Kochsalz aus. Absaugen, Waschen mit 200 ccm eiskaltem Wasser, Verdünnen des Filtrats (5) auf 2000 ccm. Je 500 ccm davon mit 1500 ccm Wasser verdünnen und mit 350 g (bei 350 g Rückstand 2) festem Sublimat auf Wasserbad erhitzt, ohne Berücksichtigung eines etwa entstandenen Niederschlages abgekühlt und vorsichtig mit einer Lösung von 70 g Soda in 3000 ccm Wasser versetzt, die klare Flüssigkeit abgehebert, ebenso 7 mal je 4000 ccm Wasser nach sorgfältigem Umrühren und Absetzen des Niederschlages. Dieser durch Zusatz von 37 proz. Salzsäure gelöst, geringe Mengen flockigen Rückstandes abfiltriert, Filtrat mit H$_2$S unter Druck gesättigt, das farblose Filtrat aus gewogenen Kolben im Vakuum bei 60° destilliert, Rückstand im Vakuum bei 80° 2 Stunden getrocknet, in 60 ccm 37% Salzsäure auf Wasserbad gelöst, nach Abkühlen mit einigen Krystallen Histidindichlorid geimpft und durch Reiben zur Krystallisation gebracht, die in 2 Tagen sich im Eisschrank vollendet. Das ausgeschiedene körnige Pulver erst mit 50 ccm 37 proz. Salzsäure, dann mit einer kalten Mischung von 20 ccm dieser Säure und 20 ccm Alkohol gewaschen, bei 100° getrocknet. Umkrystallisieren von je 30 g nach Lösen in 20 g heißem Wasser, Zusatz von 200 ccm heißem 95 proz. Alkohol, Erhitzen zum Sieden und Filtrieren[2]).

Nachweis und Bestimmung: Zur Erkennung des Histidins durch Farbenreaktionen[3]).

Colorimetrisches Verfahren zur quantitativen Bestimmung von Histidin mittels der Farbreaktion mit Diazobenzolsulfosäure nach dem Verfahren von Pauly ausgearbeitet[4]).

Titrimetrische Bestimmung von freiem und intraprotein gebundenem Histidin.

1. Das Silberverfahren[5]). Zu der neutralen histidinhaltigen Lösung läßt man AgNO$_3$-Lösung von bekanntem Gehalt hinzutropfen, bis eine Tüpfelprobe mit einer sodaalkalischen Lösung von p-Diazobenzolsulfosäure keine Rotfärbung mehr gibt. Da die Silbersalze keine Farbenreaktion geben, nur die freie Base, so kann der Endpunkt der Titration an dem Ausbleiben der Rotfärbung erkannt werden; 1 Mol. Imidazol entspricht 1 Atom Ag, 1 Mol. freies Histidin 2 Atomen Ag, 1 Mol. Histidinmethylester 3 Atomen Ag. Bei Gegenwart an Glykokoll,

---

[1]) Harry M. Jones, Journ. of Biolog. Chem. **33**, 429 [1918]; Chem. Centralbl. **1919**, I, 28.

[2]) Milton T. Hanke u. Karl K. Koeßler, Journ. of Biolog. Chem. **43**, 521—526 [1920]; Chem. Centralbl. **1921**, I, 26.

[3]) Herm. Pauly, Zeitschr. f. physiol. Chem. **94**, 426 [1915]; Chem. Centralbl. **1915**, II, 1195.

[4]) Moritz Weiß u. Nikolaus Ssobolew, Biochem. Zeitschr. **58**, 119—129 [1913]; Chem. Centralbl. **1914**, I, 295.

[5]) Lautenschläger, Zeitschr. f. physiol. Chemie **102**, 226 [1918].

Alanin, Argininmethode nicht anwendbar. Titration mit $^1/_{10}$ n oder $^1/_{100}$ n Ag-Lösung nach dem Mohrschen Verfahren direkt oder nach Volhardt. Im ersteren Falle wird die freie Base, deren Salz oder Ester in wenig Wasser gelöst und so lange mit $AgNO_3$ versetzt, bis Probe mit alkalischer Diazobenzolsulfsäure keine Färbung mehr zeigt. Titration in neutraler, schwach saurer oder ammoniakalischer Lösung. Im zweiten Falle wird die Base aus wässeriger schwach salpetersaurer Lösung mit einer bestimmten Menge überschüssiger $AgNO_3$-Lösung ausgefällt, Überschuß mit Rhodanlösung unter Zusatz von Fe-Indicator zurücktitriert. Abfiltrierter Ag-Niederschlag dient zur Kontrollbestimmung. Bestimmung des Histidins in unzerlegtem Sturin ist nach dieser Methode nicht durchführbar.

2. Titration mit Diazolösungen. Imidazolverbindungen kuppeln mit Diazolösungen unter Bildung von Azofarbstoffen. Zu der zu bestimmenden Lösung der Imidazolverbindungen fügt man eine Lösung von p-Diazobenzolsulfosäure ermittelt durch Tüpfelprobe den Moment, wo sich überschüssige Diazolösung vorfindet. Tüpfelproben mit technischem K-Salz (1 : 8 : 4 : 6-amidonaphtholdisulfosaures Na) oder H-Salz (1 : 8 : 3 : 6-amidonaphtholdisulfosaures Na) ausgeführt, welche dunkleren Farbstoff liefern. Die Titrierlösung p-Diazobenzolsulfosäure wird durch Mischen eine $^1/_5$ n-Sulfanilsäurelösung und eine $^1/_5$ n-$NaNO_2$-Lösung hergestellt. Die $^1/_{10}$ n-Diazolösung läßt man aus einer Eisbürette unter Umrühren in die auf 0° gekühlte sodaalkalische Lösung der zu titrierenden Substanz eintropfen.

3. Titanverefahren. Zur histidinhaltigen Lösung wird Diazolösung im Überschuß hinzugefügt, Histidin dadurch unter Farbstoffbildung völlig umgewandelt. Überschüssige Diazolösung durch Alkohol in der Siedehitze zersetzt; Farbstoff bleibt unverändert. Farbstoffmenge durch die oxydierende Wirkung in der Siedehitze auf eine Lösung von $TiCl_3$ von bekanntem Gehalt ausgeübt, ermittelt. Diese wird zu $TiCl_4$ oxydiert, aus der titrimetrisch ermittelten Menge des oxydierten Titans ergibt sich die Menge des Farbstoffes, somit auch die Menge des Farbstoffkomponenten, des Histidins. Das Verhältnis, in welchem p-Diazobenzolsulfosäure und Histidin zusammentreten, wurde als 1 : 1 ermittelt. — Zur Titration eine geringe Menge der Substanz in Wasser gelöst, mit 20 ccm 96 proz. Alkohol versetzt und frische Lösung von Diazobenzolsulfosäure oder Diazobenzolarsinsäure im Überschuß zugegeben. Entstandene Farbstofflösung, auf dem Wasserbade bis zur Verflüchtigung des Alkohols erwärmt. Alkalische Lösung mit verdünnter Salzsäure angesäuert und mit einer $TiCl_3$-Lösung von bekanntem Titer bis zur Entfärbung titriert. Nach kurzem Erwärmen, dann Abkühlen überschüssige $TiCl_3$-Lösung mit einer $^1/_{10}$ n-Ferrisalzlösung zurücktitriert. Titration ist in einem indifferenten Gasstrom auszuführen. 1 Mol. des aus Tyrosin und Imidazolderivaten entstandenen Farbstoffs erfordert 1 Mol. $TiCl_3$ zur Reduktion. $TiCl_3$-Lösung wird etwa $^1/_{10}$ n- dargestellt. Wegen rascher Umwandlung der Diazobenzolsulfosäure in alkalischer Lösung unter Bildung von Farbstoffen wird auch ein Blindversuch mit Diazobenzolsulfosäure ausgeführt und Ergebnisse bei der Berechnung in Abzug gebracht. Verfahren läßt sich nur bei tyrosinfreien Proteinen anwenden; in tyrosinhaltigen muß das Protein hydrolysiert und Histidin abgetrennt werden.

Reaktion zwischen Diazokomponenten und den untersuchten Eiweißbausteinen wird durch eine große Anzahl von Körpern (Harnsäure, Monoaminosäuren, zweibasische Aminosäuren) verhindert. — α-Amidovaleriansäure verzögert, δ-Amido-n-valeriansäure fast gar nicht. — Taurin, Hydroxylamin- und Hydrazinsalz, Phenylhydrazin, Methyl- und Diphenylhydrazin und Amidoguanidin wirken stark hindernd. Ursache der Hinderung konnte nicht aufgeklärt werden. Guanidin wirkt schwach, Harnstoff, carbaminsaures Ammonium oder Hexamethylentetramin, Benzalazin, Barbitursäure gar nicht hemmend. Glykolläthylester, freies Glykokoll stark, Glycinamid schwächer, Triglycin und Leucylglycin noch schwächer hindernd. — Im unzersetzten Proteinmol. wird die Reaktion von Aminosäuren nicht beeinflußt. Um das Histidin der Reaktionsbehinderung durch die Monoaminosäuren zu entziehen, ist eine Abtrennung der Histidinfraktion angezeigt. 1. Ag-Barytverfahren: Das Protein mit HJ und P hydrolysiert (2, 3 Teile J, 0,28 Teile roter P mit 1,7 Teilen Wasser angesetzt, gekühlt, später erhitzt, bis die Flüssigkeit farblos ist, dann durch Glaswolle filtriert). Das klare Hydrolysat zur Entfernung von HI, P und phosphoriger Säure mit Bleiacetat versetzt, das überschüssige Pb mit H_2S ausgefällt, der H_2S vertrieben. Zur Trennung des Histidins von Tyrosinlösung so lange mit konz. wässeriger Ag-Lactatlösung versetzt, bis eine Tüpfelprobe mit Barytwasser eine Braunfärbung ergibt. Nach Zugabe von Baryt bis zur phenolphthaleinalkalischen Reaktion wird Niederschlag abfiltriert; er ist tyrosinfrei. 2. $HgCl_2$-Verfahren. Hydrolyse des Proteins mit konz. HCl oder 33 proz. H_2SO_4. Dem Hydrolysat so viel konz. Sublimatlösung zugefügt, daß auf 1 Mol. der zu erwartenden Histidinmenge 2 Mol. Sublimat entfallen. Lösung mit

Soda alkalisch gemacht, filtriert, Niederschlag ausgewaschen. Nach der Zersetzung derselben mit H_2S wird Histidin mit der Titanmethode bestimmt[1]).

Eine quantitative Methode zur Trennung des Histamins vom Histidin[2]). Der Mischung der Imidazolderivate wird feste Natronlauge zugesetzt, so daß eine 20proz. Lösung davon entsteht, diese wird 6mal mit je 2 Raumteilen Amylalkohol ausgezogen. In diesen geht alles Histamin und Methylimidazol nebst Ammoniak und anderen etwa vorhandenen Aminen (Histaminfraktion), während in der wässerigen alkalischen Lösung alles Histidin, Imidazolpropionsäure, Essigsäure und Milchsäure bleiben. (Histidinfraktion.) In der letzten kann das Histidin durch Bestimmung des Amin-stickstoff ermittelt werden, während die colorimetrische Bestimmung der Imidazolderivate anzeigt, ob solche noch außer jenem vorhanden sind. Methylimidazol wird mit Wasserdampf abgetrieben und im Destillat colorimetrisch bestimmt. Histamin und Methylimidazol werden dem Amylalkohol vollständig durch n-Schwefelsäure entzogen[2]).

Imidazolderivate, Bestimmung[3]). Die Paulysche Reaktion mit Diazobenzolsulfosäure ist für fast alle Imidazolderivate verwendbar. Wesentlich ist, das die Diazobenzolsulfonatlösung erst mit Soda vermischt, dann die Imidazollösung zugesetzt wird. Als Vergleichslösung wird Kongorot allein oder mit Methylorange angewendet. Die Reaktion ist sehr empfindlich (bis 0,1 mg).

Es wird zunächst mit Salzsäure hydrolysiert, Säure und flüchtige Phenole durch Destillation im Vakuum, Ammoniak und Humin durch Behandlung mit Kalk entfernt, Histidin gemeinsam mit Arginin, Lysin und Cystin durch Phosphorwolframsäure gefällt, der Niederschlag in verdünnter Lauge gelöst und colorimetrisch auf Grund der Färbung mit p-Phenyldiazoniumsulfonat untersucht. — Tyrosin stört nicht, geht nämlich in den Phosphorwolframsäureniederschlag nicht hinein; Histamin und Tyramin finden sich in ungefaultem Eiweiß niemals in genügender Menge, um das Ergebnis der Bestimmung zu beeinflussen[4]).

Physiologische Eigenschaften: In defibriniertem Kaninchenblut bildeten Bacillus sporogenes und Bact. histolyticus, besonders der erste, beträchtliche Mengen Histidin[5]).

Paratyphusbacillus A und B, B. faecalis alcaligenes, B. pyocyaneus bewirken die aerobe Zerlegung des Histidins, wobei der Imidazolring aufgespalten wird und NH_3 gebildet wird. Bacillus Proteus vulgaris bildet NH_3 lediglich nur aus dem N der Seitenkette[6]). Der phenolbildende Bacillus phenologenes entwickelt sich reichlich auf Nährböden für die Isolierung acidaminolytischer Mikroben mit l-Tyrosin, d, l-Tyrosin, Histidin, Prolin, Arginin, Lysin, Alanin oder Leucin, anscheinend nicht auf solchen mit Glykokoll, Tryptophan, Phenylanin, Glutaminsäure und Asparaginsäure[7]). Bakterien, die nach Art des Bact. aminophilus aus Histidin β-Imidazoläthylamin zu bilden vermögen, konnten bei Untersuchungen von Wunden verschiedener Art in der Hälfte der Fälle isoliert werden[8]).

Der Kochsche Tuberkelbacillus, welcher N-Verbindungen als Nährmaterial braucht, gedeiht nur dann gut, wenn ihm außer Monoamidosäuren gewisse Diamidosäuren wie Arginin und Histidin zur Verfügung stehen. Statt Histidin kann auch Carnosin treten[9]).

Die Bildung des Histamins aus Histidin durch Bacillus coli wird in Gegenwart einer leicht verwertbaren Kohlenstoffquelle wie Glycerin oder Glucose gehindert. — Ist außerdem eine Stickstoffquelle (Kaliumnitrat, Ammoniumchlorid oder beide) vorhanden, so werden bei Gegenwart von Sauerstoff etwa 50% des Histidins innerhalb 2 Wochen in Histamin verwandelt. —

---

[1]) C. L. Lautenschläger, Zeitschr. f. physiol. Chemie **102**, 226—243 [1918]; Chem. Centralbl. **1918**, II, 862—864.

[2]) K. K. Koeßler u. M. F. Hanke, Journ. of Biolog. Chem. **39**, 521 [1920]; Chem. Centralbl. **1920**, IV, 552.

[3]) K. K. Koeßler u. M. T. Hanke, Journ. of Biolog. Chem **39**, 498 [1920]; Chem. Centralbl. **1920**, IV, 552.

[4]) Milton T. Hanke u. Karl K. Koeßler, Journ. of Biolog. Chem. **43**, 527—542 [1920]; Chem. Centralbl. **1921**, II, 4.

[5]) Albert Berthelot, Compt. rend. de l'Acad. des Sc. **166**, 187—189 [1918]; Chem. Centralbl. **1918**, I, 761.

[6]) Harold Raistrick, Biochem. Journ. **13**, 446—458 [1919]; Chem. Centralbl. **1920**, I, 684.

[7]) Albert Berthelot, Annales de l'Inst. Pasteur **32**, 17—36 [1918]; Chem. Centralbl. **1918**, II, 130.

[8]) Albert Berthelot, Compt. rend. de l'Acad. des Sc. **168**, 251—253 [1919]; Chem. Centralbl. **1919**, I, 963.

[9]) André Mayer u. Georges Schaeffer, Compt. rend. de la Soc. de Biol. **82**, 113—115 [1919]; Chem. Centralbl. **1919**, III, 104.

Bei Gegenwart von Glycerin ohne Nitrat oder Ammonsalz scheint unter anaeroben Verhältnissen aus Histidin Imidazolpropionsäure zu entstehen[1]).

Von den Spaltungsprodukten des Hämoglobins vermag Histidin allein oder mit Leucin das Hämoglobin in Nährlösungen für Influenzabacillen zu ersetzen[2]).

Durch Einwirkung von Proteus vulgaris auf 10 g salzsaures Histidin in einer eiweißfreien Nährlösung von Hendersonschem Phosphatgemisch wurde 1,1 g d-β-Imidazolylmilchsäure gewonnen mit $[\alpha]_D = + 33{,}7$ und Schmelzp. 196°[3]).

Über Farbenänderungen auf Histidinnährböden durch Bakterien[4]).

Histidin scheint die Hämoglobinbildung zu steigern, ist also ein wichtiger Baustein bei der Blutfarbstoffsynthese[5]).

Die Erythrocyten von Menschen, Hunden und Ziegen sind bis zu einem gewissen Grade für Histidin durchgängig[6]). Subcutan injiziert bei Hunden verursacht keine Magensaftsekretion[7]).

Die in kaltem Wasser unlöslichen Eiweißstoffe des Rindfleisches liefern bei der Spaltung weniger Histidin, dagegen mehr Argininstickstoff als das koagulierte Eiweiß. Während des Wachstums Veränderung der Zusammensetzung, da die Spaltungsprodukte des Stierfleisches weniger NH_3- und Histidin- und mehr Argininstickstoff aufweisen als die aus dem Fleische eines Kalbes[8]).

Die biologische Wertigkeit (Entbehrlichkeit oder Unersetzlichkeit) im tierischen Organismus ist noch nicht geklärt[9]).

Injektion und Perfusion von Histidin gaben mehrfach Steigerungen des Kreatingehaltes, die auf einen Zusammenhang hinweisen[10]).

Im Stoffwechsel in der progressiven Paralyse ist auch der durch Phosphorwolframsäure fällbare N abnorm hoch, dabei anscheinend das Histidin[11]).

Versuche mit jungen Ratten haben ergeben, daß die Tiere lange Zeit befriedigend weiterwachsen bei einer Kost, die ihrem gesamten N in Form einer geeigneten Mischung von freien Aminosäuren (z. B. Mischung von Caseinogen und Lactalbumin mit Zusatz von 2% Tryptophan und 0,5—1% Cystin) enthält. Wurden aber Arginin und Histidin entfernt, so trat schnell Gewichtsverlust bei den Tieren ein, dem nach Zusatz der fehlenden Diaminosäuren zur Kost wieder neues Wachstum folgte. Wurde nur Arginin oder nur Histidin zugesetzt, so trat kein Gewichtsverlust ein. Ernährungsgleichgewicht ist also bei Gegenwart nur einer dieser Substanzen möglich, wahrscheinlich weil sie im Stoffwechsel ineinander übergehen können. Beim Fehlen von Arginin und Histidin ist das Allantoin im Urin stark vermindert. Die Annahme, daß Arginin und Histidin das Ausgangsmaterial für die Bildung der Purine im Organismus bilden, wird durch diese Versuche bestätigt[12]).

Physikalische und chemische Eigenschaften von d-Histidin: Erhalten durch die asymmetrische Spaltung der racemischen Verbindung durch gärende Hefe. In allen Eigenschaften dem l-Histidin gleich, bis auf die optische Drehung. $[\alpha]_D^{20} = + 37{,}88°$ in wässeriger Lösung

---

[1]) **Karl K. Koeßler** u. **Milton T. Hanke**, Journ. of Biolog. Chem. **39**, 539 [1919]; Chem. Centralbl. **1920**, III, 719.

[2]) **Martin Jacoby** u. **Käte Frankenthal**, Biochem. Zeitschr. **122**, 100—104 [1921]; Chem. Centralbl. **1921**, III, 1361.

[3]) **Kinsaburo Hirai**, Act. Schol. Med. Univ. Kioto **3**, 1 [1919]; Chem. Centralbl. **1920**, III, 489.

[4]) **Elfrida Constance Victoria Cornish** u. **Robert Stenhouse Williams**, Biochem. Journ. **11**, 180 [1917]; Chem. Centralbl. **1917**, II, 820.

[5]) **G. H. Whipple**, **C. W. Hooper** u. **F. S. Robscheit**, Amer. journ. of physiol. **53**, 167 bis 205 [1920]; Chem. Centralbl. **1921**, I, 57.

[6]) **Shuro Kozawa** u. **Nobu Mijamoto**, Biochem. Journ. **15**, 167 [1921]; Chem. Centralbl. **1921**, III, 737.

[7]) **L. Popielski**, Archiv f. d. ges. Pysiol. **178**, 237—259 [1920];

[8]) **Walter E. Thrun** u. **P. F. Trowbridge**, Journ. of Biolog. Chem. **34**, 343—52 [1918]; Chem. Centralbl. **1919**, I, 108.

[9]) **Emil Abderhalden**, Zeitschr. f. physiol. Chemie **96**, 1—147 [1915]; Chem. Centralbl. **1916**, I, 801—803.

[10]) **L. Baumann** u. **H. M. Hines**, Journ. of Biolog. Chem. **35**, 75—82 [1918]; Chem. Centralbl. **1919**, I, 387.

[11]) **Rudolf Allers**, Biochem. Zeitschr. **96**, 106—116 [1919]; Chem. Centralbl. **1919**, III, 687.

[12]) **Harold Ackroyd** u. **Frederick Gowland Hopkins**, Biochem. Journ. **10**, 551—576 [1916]; Chem. Centralbl. **1917**, I, 888.

(0,34 g Substanz in 15 ccm Wasser gelöst). — d-Histidinmonochlorid enthält 1 Mol. Krystall-wasser. $[\alpha]_D^{20} = -7,89°$, in salzsaurer Lösung. (0,5 g Substanz in 9,5 ccm Wasser mit einem Gehalt von 3 Mol. HCl gelöst[1]).

Histidin zeigt sich optisch inaktiv bei der Bildung durch Hydrolyse aus dem racemischen Kuhmilchcasein, optisch inaktiv und d bei der Bildung aus Schafmilchcasein[2]).

Bei der Formoltitrierung des Histidins wird unter Anwendung von Phenolphthalein und Thymolphthalein ein Wert von 118, 116, 133% erhalten, berechnet auf ein reagierendes Stick-stoffatom des Histidins; beim Histidinmethylester nähert sich die gefundene Zahl 174 und 200% der Formaldehydbindung von zweien der drei im Histidin enthaltenen Stickstoff-atome[3]).

Wird beim Kochen mit 20—50% KOH in sehr geringem Maße zersetzt[4]).

Ist ziemlich stabil beim Kochen mit $Ba(OH)_2$. Es wird in saurer Lösung durch $HgSO_4$ nur in hohen Konzentrationen gefällt, aber in Gegenwart anderer Aminosäuren noch in Kon-zentration bis zu 0,02% in 7 proz. $HgSO_4$[5]).

Verbraucht bei der Hydrolyse der Proteinkörper auf 1 Mol. etwas mehr als 2 Atome Br.

Quotient $\dfrac{N}{Br}$, das Verhältnis der Anzahl der Atome N zu der Anzahl der Atome des verbrauchten Broms = 1,26—1,39[6]).

Gibt in 20 proz. HCl mit Zucker erhitzt 1,84% seines Stickstoffs an Humin ab[7]).

Wird ein Protein, in welchem sowohl Tyrosin als Tryptophan fehlen (Gelatine), der Säure-hydrolyse bei Gegenwart von Formaldehyd unterworfen, wird der N beider Huminfraktionen nicht verändert, nur der NH_3-Stickstoff wird ständig steigen. Zusatz von Histidin und Cystin zur Gelatine ändert das Verhältnis nicht. Demnach beteiligen sich Histidin und Cystin an der Bildung des unlöslichen Humins nicht[8]).

Die Diazoverbindung wird in salzsaurer Lösung mit Zinkstaub reduziert und mit NH_3 im Überschuß alkalisch gemacht. Dabei entsteht eine goldgelbe Färbung, sogar in Verdünnung 1 : 100000; charakteristisch erst von 1 : 20000 an[9]).

Gehalt an Methyl 0,03%; bestimmt nach der Methode von Herzig und Meyer[10])[11]).

Derivate von d, l-Histidin. d, l-Histidin-chlorhydrat[12]) $C_6H_9O_2N_3$, 2 HCl. Schmelzp. 235° (korr.) unter Zersetzung.

d, l-Histidin-pikrat[12]) $C_6H_9O_2N_3$, 2 $C_6H_3O_7N_3 \cdot 2 H_2O$. Schmilzt lufttrocken bei 103° (korr.), nach dem Sintern bei 100°. Schmelzp. 140—150° nach dem Trocknen unterhalb 100°.

Benzoyl-d, l-histidin[12]) $C_{13}H_{13}O_3N_3$, aus 9,7 g α-Benzoylamino-β-glyoxalin-4(5)acrylsäure, in 97 ccm Wasser aufgeschlämmt, beim Schütteln mit 97 g in $^1/_4$ Stunden zugesetztem 2 proz. Na-Amalgam; Prismen mit 1 H_2O aus Wasser, verliert Wasser bei 115°. Schmelzp. 248° (korr.) unter Zersetzung nach dem Gelbwerden bei etwa 235°, sehr wenig löslich in kaltem Wasser, Alkohol, löslich in verdünnten Mineralsäuren, Alkalien. — **Chlorhydrat** $C_{13}H_{13}O_3N_3 \cdot$ HCl. Prismen aus Wasser, Schmelzp. 232° (korr.) unter Aufschäumen, leicht löslich in Wasser.

---

[1]) Felix Ehrlich, Biochem. Zeitschr. **63**, 379—401 [1914]; Chem. Centralbl. **1914**, II, 340.

[2]) Harold Ward Dudley u. Herbert Ernest Woodman, Biochem. Journ. **9**, 97—102 [1915]; Chem. Centralbl. **1916**, I, 1254.

[3]) A. Kossel u. S. Edlbacher, Zeitschr. f. physiol. Chemie **93**, 396—400 [1915].

[4]) R. H. Aders Plimmer, Biochem. Journ. **10**, 115—119 [1916]; Chem. Centralbl. **1916**, II, 1193.

[5]) Herbert Onslow, Biochem. Journ. **15**, 383—391 [1921]; Chem. Centralbl. **1921**, III, 1430.

[6]) M. Siegfried u. H. Reppin, Zeitschr. f. physiol. Chemie **95**, 18—28 [1915]; Chem. Centralbl. **1916**, I, 513.

[7]) M. L. Roxas, Journ. of Biolog. Chem. **27**, 71—93 [1917]; Chem. Centralbl. **1917**, I, 971.

[8]) Ross Aiken Gortner u. George E. Holm, Journ. of Amer. Chem. Soc. **39**, 2477—2501 [1917]; Chem. Centralbl. **1918**, I, 553.

[9]) Ginsaburo Totani, Biochem. Journ. **9**, 385—392 [1915]; Chem. Centralbl. **1916**, II, 1014.

[10]) Herzig u. Meyer, Monatshefte f. Chemie **15**, 613; 16, 599; 18, 379.

[11]) Yoshua Harold Burn, Biochem. Journ. **8**, 154—156 [1914]; Chem. Centralbl. **1914**, II, 1071.

[12]) Frank Lee Pymann, Journ. Chem. Soc. London **109**, 186—202 [1916]; Chem. Centralbl. **1916**, II, 265.

Pikrat, gelbe Nadeln aus Wasser, Schmelzp. 226° (korr.) unter Zersetzung ziemlich löslich in heißem Wasser.

d-l-α-Methylamino-β-glyoxalin-4-propionsäure[1]) (d, l-Methylhistidin) $C_7H_{11}O_2N_3$. Bildung aus der Chlorverbindung und 40 proz. Methylamin bei 110° (5 Stunden). Aus dem Chlorhydrat mit Silbercarbonat. Nadeln. Schmelzp. 270° (korr.) unter Gasentwicklung. Süßschmeckend mit bitterem Nachgeschmack. **Dipikrat** $C_7H_{11}O_2N_3 \cdot 2\,C_6H_3N_3O_7 \cdot 3\,H_2O$. Aus Wasser prismatische Nadeln, lufttrocken, sintern bei etwa 70°. Schmelzp. 132° (korr.). Leicht löslich in heißem, wenig löslich in kaltem Wasser. **Sesquipikrat** aus Wasser, große, glänzende rhombische Prismen. Schmelzp. 193° (korr.). Sie enthalten anscheinend 7 Moleküle Krystallwasser, von denen 6 im Vakuum bei 60° entweichen, während das letzte noch bei 110° zurückgehalten wird. **Monopikrat** $C_7H_{11}O_2N_3 \cdot C_6H_3O_7N_3 \cdot 3\,H_2O$. Wenig löslich in Wasser; daraus kleine abgeflachte Prismen. Schmelzp. 118° (korr.) unter Gasentwicklung. **Dichlorhydrat** $C_7H_{11}O_2N_3 \cdot 2\,HCl \cdot H_2O$. Aus verdünnter Salzsäure große Tafeln, die bei 127° weich werden. Schmelzp. 134° (korr.). Sehr löslich in Wasser, schwer löslich in Alkohol. **Chloraurat** $C_7H_{11}O_2N_3 \cdot 2\,HCl \cdot 2\,AuCl_3$. Aus Wasser, worin es nur wenig löslich ist, krystallisiert es in glänzenden, schwach orangefarbenen, abgeflachten Prismen, die sich bei 151° (korr.) unter Gasentwicklung zersetzt. **Benzoylderivat** $(C_{14}H_{15}O_3N_3)_2H_2O$. Aus Wasser; kleine Prismen. Schmelzp. 241° (korr.) unter Zersetzung.

Derivate von l-Histidin: l-Histidinphosphorwolframat[2]).

l-α-Benzoylamino-β-[Imidazolyl-4(5)]-propionsäure[3]) $=$ Exo-Benzoyl-l-histidin $C_{13}H_{13}O_3N_3$, wird bei Verwendung von $1\frac{1}{3}$ Mol. Benzoylchlorid und einem Minimum an Lösungsmitteln unmittelbar aus dem alkalischen Reaktionsgemisch durch Neutralisation mit Salzsäure und Essigsäure in einer Ausbeute von 78% erhalten. Derbe Stäbchen aus heißem Wasser vom Schmelzp. 247°. $[\alpha]_D^{20} = -46,56°$ in 6,03 proz. wässeriger Lösung bei Gegenwart von 2 Mol. Salzsäure. Die Verbindung ist gegenüber Säuren sehr beständig, sie wird von 24 stündigem Kochen mit der 15 fachen Menge 20 proz. Salzsäure unter Bildung von l-Histidin hydrolysiert. Die Verbindung enthält 1 Mol. Wasser, welches bei 100° nur zum geringen Teil entweicht. Beim Kochen mit der 40 fachen Menge absol. Alkohols erfolgt teilweise Lösung und Abscheidung voluminöser verfilzter Nädelchen der wasserfreien Verbindung.

l-α-Benzoylamino-β-[Imidazolyl-4(5)]-propionsäuremethylester[3]) $=$ Exo-Benzoyl-l-histidinmethylester, $C_{14}H_{15}O_3N_3$. Man leitet in eine Suspension von 2,7 g wasserfreiem Benzoylhistidin in 27 ccm Methylalkohol Salzsäure bis zur Sättigung, kocht 2 Minuten und dampft ein. Nach möglichster Entfernung der Salzsäure löst man in wenig Wasser und macht mit Ammoniak schwach alkalisch. Es bildet große, zu Drusen vereinigte Nadeln, Schmelzp. 159°. Löslich in heißem Wasser, leicht löslich in kaltem Methylalkohol, löslich in 3 Teilen heißem Alkohol, leicht löslich in heißem Aceton und Essigester, wenig löslich in Benzol und Chloroform, sehr wenig in heißem Äther. Die Verbindung reagiert schwach alkalisch.

l-α-Benzoylamino-β-[l-Benzoylimidazolyl-4(5)]-propionsäuremethylester[3]) $=$ Exo-Dibenzoyl-l-histidinmethylester $C_{21}H_{19}O_4N_3$. Man schüttelt 2 Tage lang 1,02 g Benzoylhistidinmethylester in 30 ccm trockenem Benzol mit 0,21 ccm Benzoylchlorid, filtriert von dem abgeschiedenen amorphen Exo-Histidinmethylesterchlorhydrat und verdampft die benzolische Lösung, der sirupöse Rückstand krystallisiert bei Zusatz von Äther und Petroläther. Ausbeute 0,6 g atlasglänzende Platten aus 50 proz. Alkohol. Seidenglänzende Lamellen und prismatische Nadeln aus Chloroform $+$ Petroläther oder Benzol $+$ Petroläther, sehr leicht löslich in Aceton, Alkohol, Essigester, Chloroform und Benzol, weniger löslich in Äther und heißem Ligroin. Schmelzp. 108—109°, unlöslich in kochendem Wasser. Mit Diazobenzolsulfosäure entsteht in alkalischer Lösung keine Fällung. Beim Kochen bildet sich allmählich das leichtlösliche benzoesaure Salz des Exo-Benzoylhistidinesters. Langsam erfolgt die Umwandlung auch schon in der Kälte, rasch in alkalischer Lösung, weniger rasch in Sodalösung. $\frac{1}{5}$ n-Essigsäure verändert die Substanz kaum, $\frac{1}{10}$ n-Salzsäure spaltet rasch Benzoesäure ab.

---

[1]) R. G. Farghe u. L. Fee Pyman, Journ. Chem. Soc. London **119**, 734 [1921]; Chem. Centralbl. **1921**, III, 644.

[2]) Jack Cecil Drummond, Biochem. Journ. **12**, 5 [1918]; Chem. Centralbl. **1918**, II, 944.

[3]) O. Gerngroß, Zeitschr. f. physiol. Chemie **108**, 50—63 [1919]; Chem. Centralbl. **1920**, I, 219.

Tribenzoyltriamidosäuremethylester[1]) $C_{27}H_{25}N_3O_5$

$$CH-NH-CO-C_6H_5$$
$$\overset{||}{C}-NH-CO-C_6H_5$$
$$\overset{|}{C}H_2$$
$$\overset{|}{C}H-NH-CO-C_6H_5$$
$$\overset{|}{C}OOCH_3$$

Entsteht bei der Benzoylierung des Histidinmethylesters in alkalischer Lösung. Nadeln. Schmelzp. 219°. Leicht löslich in Eisessig, löslich in Alkohol, unlöslich in Wasser und Äther; löslich bei geringem Erwärmen in wässerigen Alkalien und konz. Salzsäure; addiert trotz vorhandener Doppelbindung nur schwer Brom; wird leicht von Kaliumpermanganat und Soda angegriffen. — Beim Erhitzen des trockenen Tribenzoylproduktes erhält man einen Rückstand, welcher die Rotfärbung mit Diazobenzolsulfosäure und Alkalicarbonat gibt.

α-**Chlor-β-glyoxalin-4-propionsäure**[2]) aus Histidin; ist optisch aktiv. Schmelzp. 201,0 (korr.), bei sehr langem Erhitzen Schmelzp. 195°. **Sesquioxalat** $(C_8H_{10}O_2N_2Cl)_4(C_2H_2O_4)_3$ Schmelzp. 161—163° (korr.). Leicht löslich in Wasser, wenig löslich in kaltem Methylalkohol und Alkohol.

Histidin-bis-azobenzolarsinsäure[3]) $C_6H_7O_2N_3(N=N\cdot C_6H_4\cdot AsO_3H_2)_2$. Aus diazotierter Arsanilsäure mit Histidin. Ausbeute kaum 20% der Theorie. — Ist beständig beim Kochen mit verdünnter Salzsäure. Färbt auf Seide ein stark nach Rot neigendes mattes Gelb.

Prolin (Bd. IV, S. 722; Bd. IX, S. 157).

Vorkommen: In der Hefe[4]). Konnte im Blute normaler Schlachttiere nachgewiesen werden[5]). Im Ochsengehirn 0,25%[6]).

Bildung: Mycobacterium lacticola enthält nach Wachstum in Bouillonkultur 0,620%, nach Wachstum in eiweißfreier Kultur 0,462% l-Prolin-N[7]). Bei der Autolyse der Hefe[8]). Bei der Aufspaltung des Hefeeiweißes werden vom Gesamt-N 2% als Prolin erhalten[9]).

Bei 2stündiger Hydrolyse mit siedendem 10proz. HCl des aus den Samen des griechischen Heues gewonnenen Nucleoproteids entsteht Prolin 3,80%[10]). Das in Alkohol lösliche Protein von Andropogon sorghum, das Kafirin, enthält 7,80% Prolin[11]). Arachin, von Arachis hypogaea enthält 1,37% Prolin[12]). Bei der Hydrolyse des Stizolobins, des Globulins der chinesischen Samtbohne, Stizolobium niveum 4,00%[13]).

---

[1]) A. Kossel u. S. Edlbacher, Zeitschr. f. physiol. Chemie **23**, 396 [1915].

[2]) R. G. Fargher u. F. Lee Pyman, Journ. Chem. Soc. London **119**, 734 [1921]; Chem. Centralbl. **1921**, III, 644.

[3]) Herm. Pauly, Zeitschr. f. physiol. Chemie **94**, 284 [1915]; Chem. Centralbl. **1915**, II, 1194.

[4]) Jacob Meißenheimer, Zeitschr. f. physiol. Chemie **104**, 229—284 [1919]; Chem. Centralbl. **1919**, III, 273.

[5]) Emil Abderhalden, Zeitschr. f. physiol. Chemie **88**, 478—483 [1913]; Chem. Centralbl. **1914**, I, 1021.

[6]) Tomihide Shimizu, Biochem. Zeitschr. **117**, 252 [1921]; Chem. Centralbl. **1921**, III, 492.

[7]) Sakae Tamura, Zeitschr. f. physiol. Chemie **88**, 190—198 [1913]; Chem. Centralbl. **1914**, I, 566.

[8]) Jacob Meißenheimer, Wochenschr. f. Brauerei **32**, 325 [1915]; Chem. Centralbl. **1915**, II, 1259.

[9]) Jacob Meißenheimer, Zeitschr. f. physiol. Chemie **114**, 205—249 [1921]; Chem. Centralbl. **1921**, III, 1289.

[10]) H. W. Wunschendorff, Journ. de Pharm. et de Chim. [7] **20**, 86—88 [1919]; Chem. Centralbl. **1919**, III, 1065.

[11]) D. Breese Jones u. Carl O. Johns, Journ. of Biolog. Chem. **36**, 323—334 [1918]; Chem. Centralbl. **1919**, I, 743.

[12]) Carl O. Johns u. D. Breese Jones, Journ. of Biolog. Chem. **36**, 491—500 [1918]; Chem. Centralbl. **1919**, I, 743.

[13]) D. Breese Jones u. Carl O. Johns, Journ. of Biolog. Chem. **40**, 435 [1919]; Chem. Centralbl. **1920**, III, 716.

Bei der Hydrolyse des Globulins der Cocosnuß wurde 5,54% Prolin gefunden[1]).

Das Protamin aus dem Sperma des Oncorhynchus Tschawitscha gibt bei der Hydrolyse 10,83% Prolin[2]). Ist als Spaltungsprodukt des Thynnins (Protamin aus dem Sperma des Thynnus thynnus) und Percins (Protamin aus dem Sperma des Perca flavescens) nachgewiesen[3]). Bei der Hydrolyse der Gelatine wurden 9,5% Prolin gefunden[4]). Bei der Hydrolyse der Eischale des Seidenspinners 2,17%[5]).

Der Stickstoffgehalt von Neurokeratin besteht zu 27,95% aus Prolin-, Oxyprolin- und Tryptophan-N[6]). Bei der Hydrolyse des Caseins (Caseinogens) 7,63%[7]). In Spuren im $HgSO_4$-Niederschlag aus hydrolysiertem Caseinogen wahrscheinlich in Verbindung mit Tryptophan[8]).

Darstellung: Zur Reinigung des Prolins empfiehlt sich die Überführung des Rohproduktes in die Uramidosäure, die im Gegensatze zu denen von Leucin, Isoleucin, Valin, Alanin, Phenylalanin und Tyrosin der wässerigen Lösung durch Äther nicht entzogen wird. Erhitzt man dann die restierende Lösung mit 10—20 proz. Schwefelsäure oder Salzsäure, so liefert die Extraktion mit Äther in sehr guter Ausbeute l-Prolylhydantoin[9]).

Physiologische Eigenschaften: Der phenolbildende Bacillus phenologenes entwickelt sich reichlich auf Nährböden für die Isolierung acidaminolytischer Mikroben mit Prolin usw.[10]).

Versuche mit Hunden, die mit Aminosäuregemischen gefüttert werden, haben gezeigt, daß im tierischen Organismus l-Prolin ein ersetzbarer Baustein ist[11]).

Physikalische und chemische Eigenschaften: Zeigt sich optisch -l- bei der Bildung durch Hydrolyse sowohl aus dem racemisierten Kuhmilchcasein wie aus dem Schafmilchcasein[12]).

Reagiert beim Erwärmen mit salzsaurer Lösung mit Glucose nicht, aber mit Xylose oder Fructose merklich[13]).

Derivate: l-Prolinhydantoin[9])

$$\begin{array}{ccc} CH_2 & \!\!-\!\! & CH_2 \\ | & & | \\ CH_2 & & CH-CO \\ & \diagdown\ \ \diagup & \diagdown NH \\ & N\!-\!\!-\!\!-\!\!-\!\!CO \end{array}$$

Dicke, glänzende, prismatische Nadeln, Schmelzp. 165—167°; $[\alpha]_D^{20} = -232°$ bis $-238{,}5°$ ($c = 2$); sehr leicht löslich in heißem Wasser; durch Alkali bei Zimmertemperatur schwerer racemisierbar als andere Hydantoine.

d, l-Prolinhydantoin $C_6H_8O_2N_2$. Darstellung aus d, l-Prolin in üblicher Weise. Stark lichtbrechende, anscheinend hexagonale Prismen aus Wasser. Schmelzp. 142—143°, sehr leicht löslich in Wasser und Alkohol, leicht löslich in Äther und Aceton, wenig löslich in Chloroform[4]).

---

[1]) D. Breese Jones u. Carl O. Johns, Journ. of Biolog. Chem. **44**, 283—301 [1920]; Chem. Centralbl. **1921**, I, 456.

[2]) A. Kossel, Zeitschr. f. physiol. Chemie **38**, 163—185 [1913]; Chem. Centralbl. **1913**, I, 557.

[3]) A. Kossel u. F. Edlbacher, Zeitschr. f. physiol. Chemie **88**, 186—189 [1913]; Chem. Centralbl. **1914**, I, 558.

[4]) H. D. Dakin, Journ. of Biolog. Chem. **44**, 499—529 [1920]; Chem. Centralbl. **1921**, I, 454—455.

[5]) Masaji Tomita, Biochem. Zeitschr. **116**, 40 [1921]; Chem. Centralbl. **1921**, III, 359.

[6]) Burt E. Nelson, Journ. of Amer. Chem. Soc. **38**, 2558—2561 [1916]; Chem. Centralbl. **1917**, I, 658.

[7]) Frederick William Foreman, Biochem. Journ. **13**, 378 [1919]; Chem. Centralbl. **1920**, I, 683.

[8]) Herbert Onslow, Biochem. Journ. **15**, 392—399 [1921]; Chem. Centralbl. **1921**, IV, 1299.

[9]) Henry Drysdale Dakin, Biochem. Journ. **12**, 290 [1918]; Chem. Centralbl. **1919**, I, 817.

[10]) Albert Berthelot, Annales de l'Inst. Pasteur **32**, 17—36 [1918]; Chem. Centralbl. **1918**, II, 130.

[11]) Emil Abderhalden, Zeitschr. f. physiol. Chemie **96**, 1—147 [1915]; Chem. Centralbl. **1916**, I, 801—803.

[12]) Harold Ward Dudley u. Herbert Ernest Woodman, Biochem. Journ. **9**, 97—102 [1915]; Chem. Centralbl. **1916**, I, 1254.

[13]) M. L. Roxas, Journ. of Biolog. Chem. **27**, 71—93 [1917]; Chem. Centralbl. **1917**, I, 971.

Oxyprolin (Bd. IV, S. 728; Bd. IX, S. 160).

Bildung: Bei der Aufspaltung des Hefeeiweißes werden vom Gesamt-N 4,5% als Oxyprolin
(?) erhalten[1]. Bei der Hydrolyse des Caseins (Caseinogens) 0,23%[2]. Bei der Hydrolyse der
Gelatine wurden 14,1% Oxyprolin gefunden[3].

Der Stickstoffgehalt von Neurokeratin besteht zu 27,95% aus Prolin-, Oxyprolin-,
Tryptophan-N[4].

γ-Oxyprolin.

Bildung: Aus γ-Oxybenzoylprolin durch siedendes Barytwasser[5].

Physikalische und chemische Eigenschaften: Schmelzp. 261—262° (Maquennescher
Block)[5].

Derivate: **γ-Oxybenzoylprolin**[5]) $C_{12}H_{13}O_4N$

$$H_2C\!-\!CH\cdot OCO\cdot C_6H_5$$
$$HOOC\cdot HC\quad CH_2$$
$$NH$$

Durch Kochen der verdünnten alkoholischen Lösung der α-Benzoylamino-γ, δ-dibrom-
valeriansäure mit überschüssigem Bariumcarbonat am Rückflußkühler, unter Wanderung der
Benzoylgruppe. Lange rechtwinklige Nadeln aus Alkohol. Schmelzp. 158—161° (Maquennescher Block). Leicht löslich in heißem Wasser und heißem Alkohol, weniger in kaltem Wasser,
sehr wenig löslich in siedendem Benzol und Chloroform, unlöslich in Äther, Geschmack sehr
bitter.

[1] Jacob Meißenheimer, Zeitschr. f. physiol. Chemie **114**, 205—249 [1921]; Chem. Centralbl. **1921**, III, 1289.

[2] Frederick William Foreman, Biochem. Journ. **13**, 378 [1919]; Chem. Centralbl. **1920**,
I, 683.

[3] H. D. Dakin, Journ. of Biolog. Chem. **44**, 499—529 [1920]; Chem. Centralbl. **1921**, I, 454.

[4] Burt E. Nelson, Journ. of Amer. Chem. Soc. **38**, 2558—2561 [1916]; Chem. Centralbl.
1917, I, 658.

[5] Einar Hammersten, Compt. rend. du Lab. de Carlsberg **11**, 223—262 [1915]; Chem.
Centralbl. **1916**, II, 1144.

Stickstoffhaltige Abkömmlinge des Eiweißes unbekannter Konstitution.

Von

Géza Zemplén-Budapest.

Oxyproteinsäuren (Bd. IV, S. 760; Bd. IX, S. 166).

Stellen polypeptidartige Stoffe vor, da sie eine bestimmte Menge NH_2-Gruppen enthalten, welche durch Hydrolyse anwächst. — Die Oxyproteinsäure enthält eine sehr große Menge NH_2-Gruppen; bei Bestimmung nach van Slyke enthält sie 44,3% des Gesamt-N an Amino-stickstoff. — Die Hauptmenge der bei hydrolytischer Spaltung der Oxy- und Alloxyprotein-säure entstehenden stickstoffhaltigen Produkte sind durch Phosphorwolframsäure nicht fäll-bare Stoffe. — Sowohl in der Oxy- als auch in der Alloxyproteinsäure gelang es, nach der Methode von van Slyke Arginin und Cystin nachzuweisen[1]).

Bestimmung: Methode zur quantitativen Bestimmung der Oxyproteinsäurefraktion des Harnes. Unterscheidet sich von den bisher angewandten durch die sichere Entfernung des Harnstoffes und anderer N-haltiger Harnbestandteile mittels Kieselgurs, das, dem Harnextrakt zugesetzt, eine sichere Extraktion, besonders mit Alkohol zur Entfernung des Harnstoffs, er-möglicht.

Der menschliche Harn enthält durchschnittlich 4,5% des Gesamt-N in Form von Oxy-proteinsäure-N, in engen Grenzen schwankend. Bei kachektischen Carcinomkranken und Phthisikern wurden abnorm hohe Werte, über 5—9,6%, gefunden[2]).

Ein vereinfachtes Verfahren zur Bestimmung der Oxyproteinsäurefraktion im Harne hat O. von Fürth[3]) ausgearbeitet. — Der Harnstoff wird durch Sojabohnenurease vergoren. Das entstandene Ammoncarbonat wird in Ammoniumsulfat überführt, dieses größtenteils mit saurem Alkohol, der Rest durch Bariumhydroxyd in der Wärme, dessen Überschuß durch Kohlensäure beseitigt, das Filtrat mit Kieselgur zur Trockene gebracht. Die noch vorhandenen alkohollöslichen Substanzen lassen sich nun durch 2 Stunden langes Auskochen mit Alkohol beseitigen. Der Stickstoff der hinterbleibenden Barytfraktion wird bestimmt, ferner der Stick-stoff der daraus durch Mercuriacetat bei erdalkalischer Reaktion fällbaren Fraktion als Oxy-proteinsäurestickstoff. — Dieser ergab sich bei normalen Menschenharn zu 2,5—3,6% des Ge-samtstickstoffs[3]).

Die Oxyproteinsäure im Urin und Blut der Krebskranken wird durch Alkohol wie durch alkalische Hg-Salzlösung gefällt, und es läßt sich auch als Kolloid durch seine Schaumbildungs-fähigkeit bestimmen. Fügt man zu 100 ccm Wasser Urin, so wird einmal der Punkt erreicht, wo die Flüssigkeit beim Schütteln zu schäumen beginnt, der Schaum $^1/_2$ Minute hält. Bei Krebskranken der Verdauungsorgane wird dieser Punkt bei weniger als 6 ccm Urin, bei anderen Kranken, auch Krebskranken und Gesunden bei viel mehr Urin erreicht. Die Albumine sind vorerst zu entfernen. Die Oxyproteinsäuren lassen sich nach Traube auch mit einer Emulsion von Lecithin, mittels der Verminderung der Oberflächenspannung einer kolloidalen Lösung, bestimmen. Die Resultate mit dem Serum Krebskranker zeigen auch nur für Fälle von Krebs der Verdauungsorgane hohe Werte. Die Traubesche Meßtechnik ist durch die Bestimmung

---

[1]) P. Glagolew, Zeitschr. f. physiol. Chemie **89**, 432—440 [1914]; Chem. Centralbl. **1914,** I, 1672.

[2]) Rempei Sassa, Biochem. Zeitschr. **64**, 195—221 [1914]; Chem. Centralbl. **1914**, II, 438.

[3]) Otto von Fürth, Biochem. Zeitschr. **69**, 448 [1915];

der Schaumfähigkeit ersetzbar. Lecithinzugabe drängt die Schaumfähigkeit rapide zurück. In Gegenwart von Serumalbumin wirkt Lecithin sehr schwach; im Falle von Albumin wie neutrales Fett. Die Sera Krebskranker geben nach Entfernung der Albumine analoge Resultate wie die Urine[1]).

Physiologische Eigenschaften: Bei nicht carcinomatösen Individuen schwankte der Prozentgehalt an Oxyproteinsäurestickstoff zwischen 1,5 und 2,7% des Gesamtstickstoffs. Höhere Werte wurden nur bei Graviden und schwer Tuberkulösen gefunden. Von 76 untersuchten Nichtcarcinomatösen und Nichtgraviden reagierten nur 5 Fälle (davon waren 4 Tuberkulöse) im Sinne eines Carcinoms. Dagegen zeigten von 42 sicheren Carcinomfällen 35 einen Gehalt an Oxyproteinsäure von 2,8—4,7%. — Die Bestimmung der Oxyproteinsäure ist darum besonders bei positivem Ausfall der Reaktion ein wertvolles Mittel zur Diagnose des Carcinoms[2]).

Sind im Stoffwechsel in der progressiven Paralyse meist deutlich vermehrt, ziemlich parallel dem Rest-N, dessen Gesamtvermehrung aber dadurch nicht erklärt wird[3]).

---

[1]) A. Madinaveitia, An. soc. española Fis. Quim. II **17**, 136—145; Chem. Centralbl. **1919**, IV, 812.

[2]) Manfred Damask, Wiener klin. Wochenschr. **28**, 499—502 [1915]; Chem. Centralbl. **1915**, II, 90.

[3]) Rudolf Allers, Biochem. Zeitschr. **96**, 106—116 [1919]; Chem. Centralbl. **1919**, III, 687.

Harnstoff und Derivate (Bd. IV, S. 765; Bd. IX, S. 167).

Von

Géza Zemplén-Budapest.

Harnstoff (Bd. IV, S. 765; Bd. IX, S. 167).

Vorkommen: Ursprung und Verteilung des Harnstoffs in der Natur. Anwendung neuer,. auf der Verwendung von Xanthydrol beruhender Methode zur Analyse des Harnstoffs[1]).

Konnte in den alkoholischen Auszügen, dem Zellsaft und den Ausscheidungsprodukten von Seeanemonen, Seesternen, Blutegeln, Krebsen, Langusten, Seidenraupen und Weinbergschnecken mit Hilfe von Xanthydrol nachgewiesen werden[2]).

Im Blut der wirbellosen Tiere ist der Harnstoffgehalt verhältnismäßig niedrig, obwohl im Mittel höher als bei einigen Meeres- und Frischwasserfischen[3]). In dem Blut von Cardiarias: littoralis, Mustelis canis und Raia erinacea wurde ein beträchtlicher Harnstoffgehalt nachgewiesen. Bei den Teleostiern der Harnstoff-N niedriger als im Blute des Menschen oder anderer Säugetiere. — In dem Sammelharn von 6 Lophii piscatorii auf 1 l aufgefüllt war Harnstoff-N-Gehalt 120 mg[4]).

Im Harn der Rassen in Singapore ist der Harnstoffgehalt erheblich niedriger als bei Europäern[5]). Harnstoffgehalt im Blute des Neugeborenen[6]). Der Harnstoffgehalt ausgetragener Föten beträgt 0,25—0,55 g pro 1 (gasometrisch); 0,16—0,31 g pro 1 (gravimetrisch). Der Harn Neugeborener enthält 0,75—2,25 g Harnstoff pro 1[7]). Mit Ausnahme der Tränen und des Schweißes und in den Geweben übertrifft die Harnstoffkonzentration niemals die des Blutes. — Die Schweiß- und Tränendrüsen können aktiv Harnstoff ausscheiden, und diese Sekrete können deshalb Harnstoff bis zu dreifacher Konzentration des Blutes enthalten[8]).

In der Rückenmarksflüssigkeit der Allgemeinparalytiker zu 50—60 mg-% vorhanden[9]). 32 Muster Blutserum und Spinalflüssigkeit von lebenden Tabikern stammend, wurden auf ihren Gehalt an Harnstoff untersucht. Der Harnstoffgehalt des Blutserums und der der Spinalflüssigkeit erwiesen sich als gleich; die gefundenen Werte schwanken zwischen 0,02 und 0,046 g in 100 ccm[10]). Es wurden durchschnittlich in 10 ccm Blut von Kindern und Säuglingen 15,5 mg Harnstoff gefunden[11]).

---

[1]) R. Fosse, Ann. di Chim. e Farmacol. [9] 6, 155—215 [1916]; Chem. Centralbl. 1917, I, 411.

[2]) R. Fosse, Compt. rend. de l'Acad. des Sc. 157, 151—154 [1913]; Chem. Centralbl. 1913, I, 972.

[3]) Rollin G. Myers, Journ. of Biolog. Chem. 41, 119 [1920]; Chem. Centralbl. 1920, III, 108.

[4]) W. Denis, Journ. of Biolog. Chem. 16, 389—393 [1913]; Chem. Centralbl. 1914, I, 1094.

[5]) James Argyll Campbell, Biochem. Journ. 13, 239 [1919]; Chem. Centralbl. 1920, I, 139.

[6]) J. P. Sedgwick u. Mildred R. Ziegler, Amer. Journ. of diseases of children 19, 429 [1919]; Chem. Centralbl. 1920, III, 898.

[7]) R. Clogue u. J. Reglade, Compt. rend. de la Soc. de Biol. 84, 491 [1921]; Chem. Centralbl. 1921, III, 437.

[8]) H. L. Gad Andresen, Compt. rend. de la Soc. de Biol. 83, 500 [1920]; Chem. Centralbl. 1920, III, 203.

[9]) M. Briand u. A. Rouquier, Bull. et mém. de la soc. méd. des hôp. de Paris 37, 145. Ref.: Ber. ges. Physiol. 7, 586 [1921]; Chem. Centralbl. 1921, III, 575.

[10]) G. E. Cullen u. A. W. M. Ellis, Journ. of Biolog. Chem. 20, 511 [1914]; Chem. Centralbl. 1915, III, 666.

[11]) Frederic W. Schulz, Arch. of pediatr. 37, 445—447 [1920]; Chem. Centralbl. 1921, I, 425.

Der Gehalt an Harnstoff in Venenblut und in dem zu gleicher Zeit mit Hilfe blutiger Schröpfköpfe entnommenen Blute war in vielen Fällen nicht gleich groß. Im allgemeinen ist im Schöpfkopfblut der Harnstoffgehalt konstanter; dieses Blut eignet sich besser zur Bestimmung des mittleren Harnstoffgehaltes. Das Venenblut soll man wählen, wenn man die Harnstoffausscheidung ermitteln will[1]).

Harnstoff ist bei Leukämie nur mit 20% am Reststickstoff beteiligt[2]). Im Harn des Pellagrakranken in großen Mengen[3]).

Beim Hunde konnte in der Atmungsflüssigkeit kein Harnstoff nachgewiesen werden[4]).

Bildung: Harnstoff soll sich im Organismus aus $(NH_4)_2CO_3$ bilden, dessen Komponenten NH_3 und CO_2 bei der Spaltung der Eiweißkörper bzw. Aminosäuren entstehen sollen. Die Abspaltung von NH_3 aus Aminosäuren wurde nun im normalen tierischen Organismus nachgewiesen, dadurch, daß sich die Menge von NH_3 im Harn nach subcutaner oder noch stärker nach peroraler Darreichung von Aminosäuren steigert. Geprüft wurde Alanin, Glykokoll, Phenylalanin, Phenyl für sich und zusammen mit Alanin, Leucin, per os Phenylalanin, Zein und trockenes Eiweiß. Am meisten steigert den Gehalt des Harns an NH_3 Phenylalanin[5]).

Die Bildung von Harnstoff bei der aseptischen Autolyse der Hundeleber wurde durch Bildung von Xanthylharnstoff mit Sicherheit nachgewiesen. Durch Erhitzen auf 100° wird die Leber der Fähigkeit zur Bildung von Harnstoff beraubt[6]). Es finden sich keinerlei Anhaltspunkte für die Annahme, daß aus Kreatin oder Kreatinin im Körper Harnstoff gebildet werde. Harnstoff ist kein Abbauprodukt dieser Substanzen[7]). Man kann annehmen, daß die Harnstoffbildung nicht eine besondere Funktion der Leber, sondern eine Funktion aller Gewebe ist[8]). Die Rolle der Leber bei der Bildung von Harnstoff auf Kosten von Aminosalzen[9]). Eine Bildung von NH_3 aus Harnstoff findet in der isolierten Leber nicht statt; die Bildung von Harnstoff aus NH_4-Salzen in der Leber scheint demnach kein umkehrbarer Prozeß zu sein[10]).

Es ist anzunehmen, daß für die Bildung von Harnstoff im Organismus fast ausschließlich die Leber in Betracht kommt[11]).

Die Niere scheidet mehr Harnstoff aus, wenn sie unter Harnstoffbelastung gleichzeitig auch noch eine neutrale Phosphatmischung ausscheiden muß, als ohne diese[12]).

Bei der Oxydation von Proteinen, Aminosäuren, wie derjenigen organischen Substanzen, die bei der Oxydation mit Kaliumpermanganat in Gegenwart von Ammoniak Harnstoff liefern, entsteht ein Zwischenprodukt, das beim Kochen mit Ammoniumchlorid Harnstoff liefert, offenbar Cyansäure[13]).

Die Oxydation kleiner Mengen Glucose durch $KMnO_4$ in konz. NH_3 führt zur Bildung von Cyansäure und Harnstoff, so daß von diesem nach Umlagerung des Ammoniumcyanats durch Erwärmen bis mehr als 70% der Glucose entstehen. Weit größer ist die Ausbeute bei Verwendung von Formaldehyd oder Urotropin; aus 100 Teilen Formaldehyd können 140 Teile Harn-

[1]) Eduard Peyre, Compt. rend. de la Soc. de Biol. **85**, 335—336 [1921]; Chem. Centralbl. **1921**, IV, 1081.

[2]) Charles L. Martin u. W. Denis, Amer. Journ. of the med. sciences **160**, 223—233 [1920]; ausführl. Ref. Ber. ges. Physiol. **5**, 58—59; Chem. Centralbl. **1921**, I, 425.

[3]) M. K. Sullivan, R. E. Stanton u. P. R. Dawson, Arch. of intern. med. **27**, 387 [1921]; Ref.: Ber. ges. Physiol. **8**, 38 [1921]; Chem. Centralbl. **1921**, III, 743.

[4]) G. Battez u. Ch. Dubois, Compt. rend. de la Soc. de Biol. **83**, 791 [1920]; Chem. Centralbl. **1920**, III, 266.

[5]) Domenico Lo Monaco, Archiv. di Farmacol. sperim. **21**, 121—128 [1916]; Chem. Centralbl. **1916**, II, 22.

[6]) R. Fosse u. R. Rouchelman, Compt. rend. de l'Acad. des Sc. **172**, 771—772 [1921]; Chem. Centralbl. **1921**, I, 847.

[7]) William C. Rose u. Frank W. Dimmitt, Journ. of Biolog. Chem. **26**, 345—353 [1916]; Chem. Centralbl. **1917**, I, 802.

[8]) Alonzo Englebert Taylor u. Howard B. Lewis, Journ. of Biolog. Chem. **22**, 77 [1915]; Chem. Centralbl. **1915**, II, 964.

[9]) B. C. P. Jansen, Arch. néerland. sc. exact. et nat. [3], 2. Serie B, 405—424 [1915]; Chem. Centralbl. **1916**, I, 568.

[10]) B. C. P. Jansen, Arch. néerland sc. exact. et nat. [3], 2. Serie B, 594—599 [1916]; Chem. Centralbl. **1916**, I, 568.

[11]) R. Hoagland u. C. M. Mansfield, Journ. of Biolog. Chem. **31**, 487 [1921]; Chem. Centralbl. **1921**, III, 741.

[12]) T. Nagayama, Amer. Journ. of Physiol. **51**, 449—453 [1920]; Chem. Centralbl. **1921**, I, 52.

[13]) R. Fosse, Compt. rend. de l'Acad. des Sc. **168**, 320 [1918]; Chem. Centralbl. **1919**, I, 1005.

stoff entstehen. Die ganze Reaktionsfolge wäre nach Einschieben als weiteres Zwischenprodukt
der in den Pflanzen verbreitete Blausäure:

$$CH_2O \xrightarrow{+NH_3+O} CNH \xrightarrow{O_2} CONH \xrightarrow{+NH_3} CO(NH_2)_2{}^1).$$

Das früher beschriebene Verfahren[2]) zur Synthese des Harnstoffs durch Oxydation organischer Substanzen lieferte positive Resultate bei Formamid, Acetamid, Oxamid, Malonamid,
Succinamid, Acetonitril, Propionitril, Benzonitril, Benzylcyanid und Methylcarbylamin[3]).
Synthese[4]). Unter den von Barendrecht gewählten Bedingungen findet keine Synthese des Harnstoffs statt[5]). Die Bildung von Harnstoff und Biuret aus Oxamid hat Werner[6]}
untersucht.

Pseudothiohydantoinsilber liefert bei 12 stündiger Einwirkung von Ammoniak bei 110 bis
120° als Hauptprodukt Harnstoff[7]). Das Wesen der elektrochemischen Harnstoffsynthese[8]).

Fichter, Stutz und Grieshaber[9]) sprachen aus, daß die Grundlage der oxydativen
Harnstoffbildungen der Auftritt von Formamid sei. Eine Reduktion von Ammoniumcarba-
minat durch Hydroxylamin ist also notwendig dazu. Versuche von Fichter, Steiger,
Stanisch[10]) zeigten aber folgendes. — Hydroxylamin wirkt auf CO_2 ein, wobei Dihydroxylamin-
carbonat $(NH_2OH)_4 \cdot H_2CO_3$ und das Dihydroxylaminsalz der Oxycarbaminsäure

$$\begin{array}{c} H \\ HO \end{array}\!\!>\!\!N-C\!\!<\!\!\begin{array}{c} O \\ OH \end{array} \cdot 2\,NH_2 \cdot OH$$

gebildet werden. Die elektrolytische Harnstoffbildung wurde eingehend untersucht. Nur die
Anode war an der Harnstoffbildung beteiligt. Mit der Reaktion von Fosse kann die Harnstoffbildung gezeigt werden. Die Anodenbildung ist eine reine Oxydationserscheinung. Rein
chemisch durch Oxydationsmittel wie Wasserstoffsuperoxyd, Calciumpermanganat und Ozon
konnte ebenfalls eine Harnstoffbildung hervorgerufen werden. Die Reaktion vollzieht sich
nach der Gleichung:

$$(NH_4)_2CO_3 \rightleftarrows CO(NH_2)_2 + 2\,H_2O \text{ ober- } 135°,$$

aber $\quad NH_2 \cdot COO \cdot NH_4 + H_2O \rightleftarrows (NH_4)_2CO_3 \rightleftarrows CO(NH_2)_2 + 2\,H_2O$

unterhalb 135°.

So erklärt sich, daß die Maximalausbeute — aus $(NH_4)OOC \cdot NH_2$ ausgegangen — bei
135° eintritt. Die Erniedrigung der Temperatur stabilisiert in der ersten Teilreaktion das
Carbaminat, in der zweiten den Harnstoff. Der Temperaturkoeffizient hat aber eben eine entgegengesetzte Wirkung als die Vermehrung der Wassermenge.

Schmidt beobachtete, daß Cyanamid mit Wasser, bei gewöhnlicher Temperatur in
ätherischer Lösung, eher bei Erwärmung und Verdampfen, aber am meisten bei Zugabe von
H_2O_2 zum Wasser, vor dem Verdampfen, sofort direkt in Harnstoff verwandelt wird. Die
Gegenwart von Essigsäure, Oxalsäure und stärkerer organischer Säuren stört nicht[11]).

---

[1]) R. Fosse, Compt. rend. de l'Acad. des Sc. **168**, 1164—1166 [1914]; Compt. rend. de la
Soc. de Biol. **82**, 749—751 [1919]; Chem. Centralbl. **1919**, III, 602.
[2]) R. Fosse, Compt. rend. de l'Acad. des Soc. **172**, 1240 [1921].
[3]) R. Fosse u. G. Laude, Compt. rend. de l'Acad. des Sc. **173**, 318—321 [1921]; Chem. Centralbl. **1921**, III, 1352.
[4]) H. P. Barendrecht, Rec. trav. chim. Pays-Bas **39**, 603 [1920]; Th. J. F. Mattaar, Rec.
trav. chim. Pays-Bas **40**, 65 [1921]; H. P. Barendrecht, Rec. trav. chim. Pays-Bas **40**, 66 [1921];
Chem. Centralbl. **1921**, III, 114.
[5]) Th. J. F. Mattaar, Rec. trav. chim. Pays-Bas **39**, 495 [1920]; Chem. Centralbl. **1921**,
III, 113.
[6]) Emil Alphonse Werner, Journ. of Chem. Soc. **113**, 694 [1918]; Chem. Centralbl. **1919**,
I, 819.
[7]) Ernst Schmidt, Archiv d. Pharmazie **256**, 308—312 [1918]; Chem. Centralbl. **1918**,
II, 1039.
[8]) Fr. Fichter, Zeitschr. f. Elektrochemie **24**, 41 [1918]; Chem. Centralbl. **1918**, I, 616.
[9]) Fr. Fichter, Stutz u. Grieshaber, Verhandl. d. Naturforscher-Gesellschaft Basel **23**,
221 [1912]; Chem. Centralbl. **1913**, I, 1271.
[10]) Fr. Fichter, H. Steiger u. Th. Stanisch, Verhandl. Naturforscher-Gesellschaft Basel
28, II, 66—103 [1918]; Chem. Centralbl. **1918**, II, 444.
[11]) Ernst Schmidt, Archiv d. Pharmazie **255**, 351—357 [1917]; Chem. Centralbl. **1917**, II, 603.

Darstellung: Man behandelt wässerige Lösungen von Cyanamid mit Salpetersäure unter steter Abkühlung des Reaktionsgemisches, wobei man salpetersauren Harnstoff erhält[1].

Nach D.R.P. 311018 wird Harnstoff aus Cyanamid in der Weise hergestellt, daß das Mangansuperoxydhydrat der Reaktionsflüssigkeit in geringerem, als dem in Lösung enthaltenen Cyanamidstickstoffe entsprechen würde, zugesetzt wird. Durch sehr feine Verteilung des Mangansuperoxydhydrats kann dessen Menge ohne schlechten Einfluß herabgemindert werden[2].

Verfahren zur Herstellung von Harnstoff aus Cyanamid durch Einwirkung von festen Katalysatoren, dadurch gekennzeichnet, daß man die Wirksamkeit der festen Katalysatoren verschlechternden reduzierenden Stoffe vor der Katalyse unschädlich macht. Für die Entfernung der reduzierenden Stoffe haben sich besonders Permanganate, Persulfate und Wasserstoffsuperoxyd bewährt[3].

Zur Darstellung des Harnstoffs wird Kalkstickstoff mit Salpetersäure in Gegenwart einer starken Lösung von Calciumnitrat behandelt[4].

Kalkstickstoff liefert mit Wasser und Calciumnitrat bei 80—100° hauptsächlich Harnstoff, neben wenig Ammoniak; bei 110° wird nur $^1/_5$ als Harnstoff gewonnen[5].

Es werden Kalkstickstoff mit Schwefeldioxyd, mit oder ohne Wasser unter Druck erhitzt. Bei 80—90° erhält man Harnstoff, oberhalb 90° Ammoniak[6].

Nach D.R.P. 311018 werden zur Herstellung von Cyanamid anstatt des Mangansuperoxydhydrats andere Stoffe in demselben Sinne verwendet, die die Umsetzung des Cyanamids begünstigen. Es wird mit etwa 4—5 Teilen Zinndioxyd dieselbe Wirkung erzielt wie mit 200 Teilen des Patentes 257 642, wenn das Zinndioxyd in feinster Verteilung in der Weise dargestellt wird, daß zur sauren Cyanamidlösung in konz. wässeriger Lösung Zinnsalz zugegeben wird. Zur Wirkung kommt die durch Dissoziation abgeschiedene Zimtsäure. Andere, die Hydrolyse begünstigenden Metalloxyde, wie Bleisuperoxyd, Chromhydroxyd, Eisenhydroxyd, werden auch in fein verteilter Form aus ihren Salzen hergestellt. Zum Beispiel das Bleisuperoxyd aus Bleicarbonat durch Oxydation mit Chlorkalklösung[7].

Verfahren zur Darstellung von Harnstoff aus Kohlensäureverbindungen des Ammoniaks, dadurch gekennzeichnet, daß man Sorge trägt, daß Sauerstoff nicht in Berührung mit metallischen Teilen der Apparatur in Berührung komme, und daß Ammoniak in Überschuß sei[8].

Verfahren zur Darstellung von Harnstoff dadurch gekennzeichnet, daß die Katalyse unmittelbar in dem Brei durchgeführt wird, den man bei der Behandlung einer Aufschwemmung von Kalkstickstoff in Wasser mit Kohlensäure erhält. Als Katalysator kann Manganperoxyd, Eisenoxydhydrat usw. dienen[9].

Läßt man eine bei 90° und 15 Atm. hergestellte Schmelze aus 10 Teilen Carbaminat und 1 Teil Wasser durch ein druckfestes geheiztes Spiralrohr laufen, daß die auf 135—140° gehaltene Schmelze 2—3 Stunden zum Durchlaufen des Rohres braucht, so sind in der entspannten Schmelze 25% oder mehr des angewendeten Carbaminats in Harnstoff umgewandelt[10]. Die nicht umgesetzten Ammoniaksalze werden aus dem Harnstoffautoklaven unter Druck in ein auf niedriger Temperatur gehaltenes Druckgefäß überdestilliert[10].

---

[1] Österreich. Verein f. chemische und metallurgische Produktion, D. R. P. Kl. 12 o, Nr. 285 259 vom 11. Jan. 1914 (26. Juni 1915).

[2] Farbwerke von Meister Lucius, D.R.P. 254 474, 256 525, 257 642 u. 257 643, 311 018, ausg. am 14. Febr. 1919; Chem. Centralbl. **1913**, I, 1247; Chem. Centralbl. **1919**, II, 422.

[3] Aktien - Gesellschaft für Stickstoffdünger, Knapsack D. R. P. 301 263 [1920]; Chem. Centralbl. **1921**, I, 313.

[4] Nitrum - Akt. - Ges., Zürich u. H. Schellenberg, Engl. Pat. 153574 [1920]; Chem. Centralbl. **1921**, II, 358.

[5] E. Lie u. North Wartern Cyanamide Comp., Engl. Pat. 517 900; Chem. Centralbl. **1921**, IV, 421.

[6] S. Giertsen, Engl. Pat. 160857; Chem. Centralbl. **1921**, IV, 422.

[7] Farbwerke M. Lucius u. Brüning, D. R. P. 311 019, ausgegeb. 18. Febr. 1919; Zus. zu Pat. Nr. 311 018; Chem. Centralbl. **1919**, II, 422.

[8] Badische Anilin- u. Sodafabrik, Ludwigshafen a. Rh., D.R.P. 301 751, Kl. 12 o [1920]; Chem. Centralbl. **1921**, II, 175.

[9] Aktien-Gesellschaft für Stickstoffdünger, Knapsack, Bez. Köln a. Rh., D. R. P. 301 262, Kl. 12 o [1920]; Chem. Centralbl. **1921**, II, 265.

[10] Badische Anilin- und Sodafabrik, Ludwigshafen a. Rh., D. R. P. 332 679 [1921]; Chem. Centralbl. **1921**, II, 647.

Isolierung des Harnstoffs. E. Winterstein und Küng[1]) wiesen in einem normalen Mägerkäse (Zentrifugenmagerkäse) Härnstoff nach. Der Wassergehalt des Käses betrug 14,3%, der Ätherextrakt 4,7% der Trockensubstanz. Zur Isolierung des Harnstoffs wurden 2,4 kg zerriebener lufttrockener Käse mit etwa 5 Vol. heißem Alkohol extrahiert, der Alkohol abgedampft und der sirupöse Rückstand in viel Wasser gegossen, wobei sich Caseoglutin ausschied. Die wässerige Lösung wurde mit Petroläther ausgeschüttelt, mit H_2SO_4 angesäuert und mit Phosphorwolframsäure ausgefällt. Im Filtrat wurde die Phosphorwolframsäure durch Baryt entfernt. Die schwach bläulich gefärbte Lösung wurde mit Essigsäure neutralisiert und der Harnstoff mit einer konz. Lösung von $Hg(NO_3)_2$ ausgefällt. Die Hg-Verbindungen wurden mit H_2S zerlegt und die konz. Lösung mit 3 Vol. Eisessig versetzt. Nach Zugabe einer 10 proz. Lösung von Xanthydrol schieden sich bald Krystalle von Dixanthylharnstoff ab. Dixanthylharnstoff: $C_{27}H_{20}N_2O_3$, Schmelzp. 258—259°. Die Fossesche[2]) Xanthydrolmethode eignet sich nach E. Winterstein[3]) gut zum Nachweis von Harnstoff in Molkereiprodukten.

Nachweis und Bestimmung: Nachweis des Harnstoffs in den Pflanzen[4]).

Zum qualitativen Nachweis von Harnstoff wird die Lösung neutralisiert und mit etwa 2% Agar und etwas Phenolphthalein aufgekocht und auf Uhrgläschen gegossen. — Nach dem Erkalten wird eine halbe Sojabohne aufgelegt. Bei Gegenwart von Harnstoff bildet sich bald ein roter Ring. — Zwei blinde Versuche werden angesetzt, 1. ohne die Lösung, 2. mit Lösung und einer Spur Harnstoff. — Die Genauigkeit beträgt etwa 1 mg Harnstoff in 1 ccm Lösung[5]).

Schiffsche Reaktion zum Nachweis von Harnstoff[1]). Man löst (mit Aceton verunreinigtes) Furfurol 5 Tropfen in 2 ccm 96 proz. Alkohol und versetzt mit 2 ccm Wasser und 1 ccm konz. HCl. 1 Stunde stehen lassen. Wenige Tropfen dieser Lösung geben mit Spuren Harnstoff eine prächtige purpurrote, allmählich in Violett übergehende Färbung[6]).

Ein sicherer Harnstoffnachweis wird erreicht nach Ganassini[7]) mit dem Reagens[8]): 5 Tropfen reinsten Furfurols, 2 ccm Aceton, 2 ccm Wasser und 1 ccm konz. HCl. Ein wenig dieser Flüssigkeit färbt sich mit geringsten Mengen Harnstoff erst rosa, dann rot, purpurrot, später braun. Auch andere Verbindungen (Essigester, Acetaldehyd, Acetylaceton, Brenztraubensäure) mit der Gruppe $CH_3 \cdot CO$ reagieren. Die Probe wird aber dadurch unsicher.

Kritische Untersuchungen über die Bestimmungsprinzipien des Harnstoffs stammen von Joh. Feigl[9]). Laut diesem ist als spezifisch für Harnstoff nur die Ureasemethode und die Xanthydrolmethode zu betrachten. Der Standpunkt, Bromlaugen-Stickstoff-Werte gewissermaßen unabhängig oder mittelbar in Beziehung zum gesuchten und tatsächlich vorhandenen Harnstoff zu diskutieren, hält vor der Kritik nicht stand.

Entweder nach Benedict bestimmt oder mit Urease oder Sojabohnenmehl wird es in NH_3 überführt und als solches bestimmt. Früher muß aber der NH_4-Salzgehalt des Harnes bestimmt werden[10]).

Bestimmung mit Neßlers Reagens in Blut oder in den Geweben. Eine Mischung von 1—3 ccm Plasma, Serum oder Blut und das doppelte Volumen Sojabohnenschwemmung (bereitet aus 1 g gesiebtem Sojamehl, 0,4 g NaH_2PO_4, 100 g dest. Wasser) werden im Wasserbad $\frac{1}{2}$ Stunde auf 56° gehalten. Dazu kommt das gleiche Volumen 20 proz. Trichloressigsäure. 1—6 ccm des Filtrats werden mit 3 ccm reiner NaOH und dest. Wasser bis zur Marke (50 ccm)

---

[1]) E. Winterstein, Zeitschr. f. physiol. Chemie **59**, 138 [1909]; Chem. Centralbl. **1909**, I, 1495.

[2]) Fosse, Annales de l'Inst. Pasteur **30**, 525 [1916].

[3]) E. Winterstein, Zeitschr. f. physiol. Chemie **105**, 25—31 [1919]; Chem. Centralbl. **1919**, IV, 421.

[4]) R. Fosse, Compt. rend. de l'Acad. des Sc. **156**, 1938—1941 [1913]; Chem. Centralbl. **1913**, II, 587.

[5]) J. F. A. Pool, Pharm. Weekblad **57**, 178—179 [1920]; Chem. Centralbl. **1920**, I, 631.

[6]) Domenico Ganassini, Boll. Chim. Farm. **59**, 3—5 [1920]; Chem. Centralbl. **1920**, II, 681.

[7]) Domenico Ganassini, Gazz. chim. ital. **7**, 348 [1877].

[8]) Domenico Ganassini, Arch. di Farmacol. sperim. **26**, 238—242 [1918]; Chem. Centralbl. **1919**, II, 473.

[9]) Joh. Feigl, Zeitschr. f. d. ges. experim. Med. **12**, 55—133 [1920]; Chem. Centralbl. **1921**, II, 693.

[10]) J. S. White u. J. G. Williams, Pharm. Journ. **42**, 323 [1916]; Chem. Centralbl. **1916**, II, 77.

versetzt. Die Lösungen mit bekanntem NH_3-Gehalt, die ebensoviel Trichloressigsäure und NaOH enthalten, werden colorimetrisch in Gegenwart von Neßlers Reagens mit der zu prüfenden Lösung verglichen[1]).

Bestimmung durch direktes Neßlerisieren. Die bisher bei dem Verfahren von Folin und Denis erforderliche Anwendung von Mercks Blutkohle kann umgangen werden, wenn man ein von Stickstoffverbindungen möglichst freies Ureasepräparat verwendet. Ein solches erhält man durch 10—15 Minuten langes gelindes Schütteln von 3 g mit 20 proz. Essigsäure, dann zweimal mit Wasser gewaschenem Permutitpulver mit 5 g feinem Jackbohnenmehl und 100 ccm 30 proz. Alkohol und Filtrieren. 1 ccm dieser Lösung wird mit 1 ccm verdünnt. Harn (meist 1 : 10) in einem Probierglas 5 Min. bei 40—55° oder zweckmäßig unter Zusatz von 1 Tropfen Phosphatpulver 15 Min. bei Zimmertemperatur digeriert, dann auf 150 ccm verdünnt, mit 20 ccm Neßlerscher Lösung mit Folin und Wu versetzt, auf 200 ccm aufgefüllt und mit einer in gleicher Weise aus 1 mg Stickstoff in Form von Ammoniumsulfat und 1 ccm Ureaselösung erhaltenen Mischung vergleichen[2])

Bestimmung des Harnstoffs mittels Natriumhypobromit[3]). Bei der Bestimmung von reinem Harnstoff mittels Bromlauge findet man stets ein geringes Defizit, dessen Höhe ziemlich dieselbe ist bei der Berechnung aus dem freigemachten Stickstoff oder dem verbrauchten Brom, während sich, nach der Menge der gebildeten CO_2 berechnet, der Fehler verdoppelt. Die Hauptrolle auf den Verlauf der Reaktion spielt die Menge des freien Alkalis und die des Harnstoffs. Aus den gefundenen Zahlen läßt sich eine Korrektur berechnen. Bei der Bestimmung des Harnstoffs im Urin ergibt die Berechnung nach dem Bromverbrauch regelmäßig zu hohe Werte, besonders wenn der Urin zuckerhaltig ist. Es wird also auch Brom zu anderen Oxydationen als derjenigen des Harnstoffs verbraucht. Die bei der Berechnung aus dem N und CO_2 erhaltenen Werte für den Harnstoff stimmen im allgemeinen gut überein; bei den zuckerhaltigen Urinen sind die CO_2-Werte aber niedriger als die aus dem N berechneten[3]).

Die zu den Versuchen verwandte Bromlauge wurde stets aus titrierter Brom-Bromkaliumlösung und CO_2-freier n-NaOH frisch bereitet[4]). Die Bestimmung der CO_2 in der alkalischen Lösung nach beendeter N-Entwicklung erfolgte in der Weise, daß die Flüssigkeit mit einer Lösung von 107 g NH_4Cl und 219 g kryst. Calciumchlorid in 2 l Wasser versetzt wurde, derart, daß auf 1 Mol. freie NaOH 1 Mol. NH_4Cl kam; es scheidet sich reines $CaCO_3$ ohne Beimengung von $Ca(OH)_2$ krystallisiert ab, während bei einem Überschuß von NH_4Cl Verluste an $CaCO_3$ eintreten. Das $CaCO_3$ wird mit 0,1 n-HCl zersetzt und der Säureüberschuß mit NaOH zurücktitriert. Die Menge des nicht verbrauchten aktiven Broms ergibt sich aus der nach dem Ansäuern und Zusatz von KJ verbrauchten Thiosulfatmenge unter Anstellung eines Blindversuches unter den gleichen Bedingungen. Die Menge des Harnstoffs wurde aus dem verbrauchten Brom, der gebildeten CO_2 und in einigen Fällen auch aus den entwickelten N berechnet. Defizit hängt von dem Verhältnis der freien NaOH zum Harnstoff ab[4]).

Das Defizit bei der Harnstoffbestimmung wird dadurch aufgeklärt, daß die alkalische Flüssigkeit nach der Zersetzung des Harnstoffs noch NH_3 entwickelt, wenn man mit einem Gemisch von Zn und Cu erhitzt. Säuert man dagegen mit H_2SO_4 an, so daß freies Brom auftritt, so findet man bei nachträglicher Kjeldahlisierung nur einen geringen Teil dieses Stickstoffs wieder[4]). Die Annahme, daß Nitrit vorliege, ist nicht zwingend, da sich Kaliumcyanat in gleicher Weise verhält. Auf Grund von Versuchen von Jolles[5]) wird gezeigt, daß aus der alkalischen Lösung, in der CO_2 nach der früher beschriebenen Methode bestimmt worden ist, durch Ansäuern mit HCl und Erwärmen noch eine dem Defizit ungefähr entsprechende Menge CO_2 entwickelt werden kann. Die Quelle für diese CO_2 ist Natriumcyanat. — Hypobromit lagert den Harnstoff zu einem kleinen Teil zu Ammoniumcyanat um und dieses reagiert in folgender Weise: $CO(NH_2)_2 + 3\,Br + 4\,NaOH = NaCNO + N + 3\,NaBr + 4\,H_2O$. Die früher

---

[1]) A. Grigant u. Fr. Guérin, Journ. de Pharm. et de Chim. **19**, 233—243 [1919]; Chem. Centralbl. **1919**, IV, 859.

[2]) Otto Folin u. Guy E. Joungburg, Journ. of Biolog. Chem. **38**, 111 [1919]; Chem. Centralbl. **1920**, IV, 462.

[3]) E. Dekeuwer u. L. Lescoeur, Compt. rend. de la Soc. de Biol. **82**, 445—447 [1919]; Chem. Centralbl. **1919**, IV, 350.

[4]) L. Lescoeur, Journ. de Pharm. et de Chim. [7] **20**, 305—314, 343—351, 374—381 [1919]; Chem. Centralbl. **1920**, II, 361.

[5]) Jolles, Zeitschr. f. anal. Chemie **48**, 27; Chem. Centralbl. **1909**, I, 583.

gefundene Tatsache, daß der aus CO_2 berechnete Fehler doppelt so groß ist wie der aus N oder Br berechnete, wird hierdurch erklärt[1]).

H. Citron beschreibt einen Apparat, genannt „Amidometer", zur Harnstoffbestimmung im Blut und Harn mittels Bromlauge[2]). Das Bromlaugenverfahren ergibt nicht allen Stickstoff des Harnstoffs, anderseits spaltet auch aus Kreatin, Kreatinin und Harnsäure etwas Stickstoff ab[3]). Bei der Einwirkung des NaOBr auf den Harn bzw. eine Harnstofflösung würde deshalb zu wenig N gefunden, weil ein Teil des letzteren in der Flüssigkeit gelöst bliebe. Bei der Verwendung seines Nitrometers, bei welchem die N-Entwicklung im Vakuum vor sich gehe, würden theoretische oder doch nahezu theoretische Werte erhalten[4]). Bestimmung von kleinen Mengen mit Natriumhypobromit mit Hilfe eines Ureometers[5]).

Bestimmung von Harnstoff in Harn[6]). Als Meßrohr für den N wird eine gewöhnliche Bürette (50 ccm) ohne Hahn benutzt, die durch einen 60—70 ccm langen Schlauch mit einer 100-ccm-Pipette verbunden ist. Die Spitze der Pipette wird nach oben gerichtet, Pipette und Bürette in einem Stativ befestigt, die Bürette mit einem durchbohrten Gummistopfen mit kurzem Winkelrohr geschlossen, letzteres durch einen Schlauch und ein kurzes, durch einen Gummistopfen gehendes Glasrohr mit dem Entwicklungsgefäß verbunden. Dieses ist ein weithalsiges Glas von 100—200 ccm Inhalt. Man braucht noch einen einseitig geschlossenen Glaszylinder (10 ccm lang, 1,5 ccm weit), der in das Entwicklungsgefäß hineinpaßt, und ein Kühlgefäß von $^3/_4$ l.

Bürette und Pipette wird mit Wasser gefüllt, so daß bei vollständiger Füllung der Bürette die Pipette höchstens bis zu einem Drittel angefüllt ist. Stopfen des Entwicklungsgefäßes wird abgenommen. Bei festem Eindrücken des Stopfens in das Entwicklungsgefäß muß das Wasser bis in die Teilung der Bürette hinabgedrückt werden. In das Entwicklungsgefäß bringt man 15 ccm einer aus 40 g NaOH, 100 ccm Wasser und 10 ccm oder 10 g Brom frisch bereiteten NaOBr-Lösung, in den kleinen Glaszylinder 5 ccm Harn, stellt den Zylinder in das Entwicklungsgefäß und drückt den Gummistopfen fest ein. Man liest den Stand des Wassers in der Bürette ab, indem man die Pipette aus dem Stativ nimmt und so hält, daß das Wasser in beiden gleich hoch steht. Die Pipette wird wieder befestigt, so daß das Wasser in ihr halb so hoch steht wie das in der Bürette. Dann mischt man durch Neigen den Harn mit der NaOBr-Lösung, zuletzt unter kräftigem Schütteln, stellt das Entwicklungsgefäß für $^1/_2$ Stunde in das mit Wasser von Zimmertemperatur gefüllte Kühlgefäß und liest den Stand des Wassers in der Bürette in der oben angegebenen Weise ab. Die Zahl der Kubikzentimeter des verdrängten Wassers ist die Menge des entwickelten N. Zur Ermittelung der richtigen N-Menge sind Vergleichsversuche mit einer wässerigen 2 proz. Harnstofflösung anzustellen[6]).

Man gibt je 10 ccm frisch bereiteter Hypobromitlösung (1 ccm Br mit 10 ccm NaOH auf 200 ccm verdünnt) in einen Becher, setzt dazu so viel Harnstofflösung, daß das Hypobromit in Überschuß verbleibe, rührt und titriert nach Zusatz von 5 ccm 20 proz. KJ-Lösung und 10 ccm 10 proz. Essigsäure das ausgeschiedene Jod mit $^1/_{10}$ n-$Na_2S_2O_3$ (1 ccm $^1/_{10}$ n-$Na_2S_2O_3$ = 0,001 g Harnstoff)[7]).

Bei Harnen usw., wo auch andere durch NaOBr oxydierbare Substanzen vorhanden, z. B. bei zuckerhaltigem Harn, werden 10 ccm auf 200 ccm verdünnt, zentrifugiert 10 ccm mit 2 ccm Pateinscher Lösung, setzt 1 ccm NaOH zu, zentrifugiert, gießt ab vom Bodensatz und wäscht 2 mal mit je 10 ccm Wasser unter Zentrifugieren aus. Den Niederschlag löst man in 2 ccm Essigsäure, macht mit NaOH leicht alkalisch und verfährt wie oben[7]).

---

[1]) L. Lescoeur, Journ. de Pharm. et de Chim. [7] **20**, 374—381 [1919]; Chem. Centralbl. **1920**, II, 681.

[2]) H. Citron, Deutsch. med. Wochenschr. **45**, 542—543 [1920]; Chem. Centralbl. **1920**, IV, 39.

[3]) Erwin Becher, Dtsch. Archiv f. klin. Med. **134**, 331—341 [1920]. Chem. Centralbl. **1921**, I, 967.

[4]) Alberto Garcia, Bull. de la Soc. chim. de France [4], **15**, 574—575 [1914]; Chem. Centralbl. **1914**, II, 438.

[5]) W. Mestrezat, Journ. de Pharm. et de Chim. [7] **10**, 100 [1914]; Chem. Centralbl. **1915**, I, 1388.

[6]) G. Frerichs u. E. Mannheim, Archiv d. Pharmazie **256**, 112—118 [1918]; Chem. Centralbl. **1918**, II, 410—412.

[7]) Golse, Bull. de la Soc. pharm. **56**, 188 [1914]; Journ. de Pharm. et de Chim. **19**, 20—22; Chem. Centralbl. **1919**, II, 651.

Nach Philibert[1]) bestimmt man Harnstoff im Harn folgenderweise: Man versetzt 10 ccm Harn mit 2 ccm basischem Bleiacetat, füllt auf 50 ccm auf, verdünnt 10 ccm des Filtrats mit 5 ccm 10proz. Natronlauge, läßt eine angemessene Menge Hypobromit zufließen, schüttelt kräftig durch und führt das entwickelte Gas in eine in $1/_{10}$ccm geteilte Bürette über. In gleicher Weise führt man unter möglichst gleichen Verhältnissen einen zweiten Versuch mit 0,5proz. Harnstofflösung aus, wobei möglichst die gleiche Gasmenge erhalten werden soll. Hierbei kann eine Genauigkeit von 99% erreicht werden[1]).

In Anlehnung an die Arbeit von Youngburg[2]) werden die NH_4-Salze des Urins mit Permutit entfernt. Dann wird 1 ccm der Lösung in einem Apparat von van Slyke zur Bestimmung des CO_2-Gehaltes des Blutes im Vakuum mit 1 ccm NaOBr-Lösung zusammen gebracht, Hg wird auf die Marke 50 ccm eingestellt, und dann wird $1/_2$ Minute kräftig geschüttelt. Unter Berücksichtigung der im Apparat und in den Lösungen befindlichen Luft und Reduktion auf 0° und 760 mm läßt sich die entwickelte Menge N ablesen. Der aus anderen Harnbestandteilen entwickelte N kann vernachlässigt werden. Vergleiche mit Bestimmungen nach der Ureasemethode zeigen die Brauchbarkeit des Verfahrens. Die NaOBr-Lösung erhält man durch Mischen gleicher Teile folgender Flüssigkeiten: 12,5 g NaBr und 12,5 g Br_2 auf 100 ccm Wasser und 28 g NaOH auf 100 ccm Wasser[3]).

Die Bestimmungen des Harnstoffs im Blut durch Natriumhypobromit wurden vergleichsweise in einem Yvonschen Hg-Ureometer und in einem Moreigneschen Wasserureometer ausgeführt, wobei der innere Durchmesser der Röhren des Apparates derart gewählt wurde, daß 1 ccm Gas eine Höhe von 4 ccm einnahm, so daß $1/_{20}$ ccm gut abgelesen werden konnte. Es ergab sich, daß beide Apparate zur Bestimmung des Harnstoffs im Blut dienen können, wenn unter Einhaltung der bei der Bestimmung derart kleiner Harnstoffmengen erforderlichen Vorsicht gearbeitet wird. Das gefundene Resultat muß mit einer Kontrollbestimmung einer titrierten Harnstofflösung von annähernd gleichem Gehalt verglichen werden. Bei Verwendung des Hg-Ureometers ist die von Grimbert und Laudat vorgeschlagene Korrektion in Anrechnung zu bringen[4]).

B. Albert verband das Verfahren zur N-Bestimmung im Blute (und Urin) von Siebeck und Lesser, nach welchem das N durch Bromlauge entbunden und manometrisch gemessen wird, mit der vorherigen Enteiweißung des Blutes[5]) mit Eisen bei Gesamtverdünnung 1 : 10. (Für Harn Verdünnung 1 : 100.) Die erhaltenen Werte waren 0,04—0,05% höher als die der Ureasemethode. Gehalt von 10% Eiweiß hatte nur sehr geringen Einfluß[6]).

Slosse[7]) stellte Vergleichsbestimmungen nach der Folinschen und der Hypobromitmethode an, die fast durchweg Abweichungen zeigen. Das Hypobromit zerlegt nicht nur Harnstoff, sondern auch andere stickstoffhaltige Substanzen des Blutes, Harnsäure, Kreatin, Kreatinin, Aminosäuren, die stets vorhanden sind, in pathologischen Fällen vielfach aber in einer Menge, die nicht vernachlässigt werden darf. — Slosse weist besonders auf den Fehler hin, der bei Berechnung der Ambardschen Konstante aus so gewonnenen Werten eintreten kann[7]).

Die Hypobromitmethode gibt bei der Bestimmung des Harnstoffs im Blute beträchtliche Fehler, weil das Natriumhypobromit Ammoniak, Harnsäure und Kreatin mehr oder minder stark zersetzt[8]).

Präzisionsureometer zur Bestimmung des Harnstoffs in wenigen Tropfen Harns, sowie in 5 ccm Blutserum oder Cerebrospinalflüssigkeit. Der Apparat besteht aus 2 Teilen, einem unteren kleinen Gefäß, das die Bromlauge enthält, in die ein mit der zu untersuchenden Flüssigkeit gefülltes Glasschälchen gesetzt wird, und einem oberen Gefäß, das durch luftdichten Schliff auf das untere aufgesetzt werden kann und aus einem Wasserreservoir nebst kalibrierter Steigröhre besteht. Beide Gefäße kommunizieren mittels einer durch den Boden des oberen Reser-

[1]) Philibert, Journ. de Pharm. et de Chim. [7] 19, 335—346, 386—397, 434—441 [1919]; Chem. Centralbl. 1920, II, 64.

[2]) Youngburg, Journ. of Biolog. Chem. 45, 391 [1921].

[3]) Raymond L. Stehle, Journ. of Biolog. Chem. 47, 13—17 [1921]; Chem. Centralbl. 1921, IV, 1166.

[4]) André Guillaumin, Journ. de Pharm. et de Chim. [7] 8, 64—70 [1913]; Chem. Centralbl. 1913, II, 817.

[5]) B. Albert, Biochem. Zeitschr. 92, 397 [1918].

[6]) B. Albert, Biochem. Zeitschr. 93, 82—88 [1919]; Chem. Centralbl. 1919, II, 475.

[7]) A. Slosse, Compt. rend. de la Soc. de Biol. 82, 1402 [1919]; Chem. Centralbl. 1920, I, 427.

[8]) M. Laudat, Compt. rend. de la Soc. de Biol. 83, 730 [1920]; Chem. Centralbl. 1920, IV, 68.

voirs geführten Glasröhre. Der im unteren Gefäß entwickelte N erhöht den Druck in dem allseitig geschlossenen System und treibt die Wassersäule im Steigrohr um ein bestimmtes Stück in die Höhe. Die Kalibrierung des Steigrohres gestattet eine Ablesung -bis auf 0,005⁰/₀₀ N, entsprechend $^1/_{20}$ mg Harnstoff. Da die Steigröhre für einen bestimmten Inhalt des Apparates an Flüssigkeit und Luft geeicht ist, muß stets die gleiche Menge Flüssigkeit angewendet werden, evtl. durch Verdünnen. — Für die Messung im Urin genügt $^1/_2$ ccm, der entsprechend zu verdünnen ist. Der Bestimmung im Serum muß eine Fällung mit Trichloressigsäure oder Phosphorwolframsäure vorausgehen[1]).

Die aus käuflichem Eau de Javelle bereitete Hypobromitlösung ergibt, zur Bestimmung des Harnstoffs verwandt, annähernd die gleichen Werte wie die in üblicher Weise aus Br hergestellte Lösung[2]).

Bestimmung mit Urease. Durch wiederholte Fällung aus wässeriger Lösung, indem diese in die mindestens 10fache Menge Aceton eingetragen wird, oder durch Verdunsten der Lösung über Schwefelsäure bei Zimmertemperatur im Vakuum von weniger als 1 mm kann Sojabohnenurease als haltbares, sehr aktives Trockenpräparat gewonnen werden. Mit Hilfe dieses Präparates läßt sich die Bestimmung von Harnstoff in Harn in sehr kurzer Zeit genau ausführen. — $^1/_2$ ccm. Harn wird mit genau 5 ccm einer Lösung von 6 g Kaliumdihydrophosphat im Liter und genau 1 ccm 10proz. Ureaselösung gut gemischt, zur Vermeidung des Schäumens mit 2 Tropfen Caprylalkohol versetzt und mit den Entlüftungsröhren nach Folin verbunden. — Nach 15—20 Minuten (je nach der Temperatur des Raumes) werden 4—5 g festes Kaliumcarbonat zugefügt und nun durch einen Luftstrom das gebildete Ammoniak in die mit 25 ccm $^1/_{50}$ n-Salzsäure oder Schwefelsäure beschickte Vorlage überführt[3]). Zur Bestimmung mittels der Ureasemethode geben Slyke und Cullen neue Vorsichtsmaßregeln an[4]). 2 ccm eines Glycerin-Wasserauszugs des Sojamehles werden mit 5 ccm Harn und 50 ccm Wasser versetzt; nach 12stündigem Stehen bei Zimmertemperatur bzw. nach 4 Stunden bei 30° oder 3 Stunden bei 50° wird der Inhalt gegen Methylorange titriert[5]).

Zu 5 g Permutit, der durch Dekantieren mit 2proz. Essigsäure und 2maliges Nachwaschen mit Wasser gereinigt ist, werden 20 g Bohnenmehls (von „Jack‟-Bohnen) und 200 ccm 30proz. Alkohol gegeben. Man schüttelt 10 Minuten und verwendet 1 ccm des Filtrats für jede Bestimmung. Der Apparat (ein mit Tropftrichter versehener Rundkolben) wird evakuiert, in den Tropftrichter 2 ccm des 20fach verdünnten Harns und 1 ccm Fermentlösung gebracht, in dem Kolben gelassen und mit 2 ccm Wasser nachgewaschen. Der Apparat wird dann für 20 Minuten in ein Wasserbad von 40° gesenkt. Dann läßt man ein Gemisch von 3 ccm konz. Neßlerschen Reagens und 42 ccm Wasser durch den Impftrichter unter gelindem Schütteln einlaufen. Die Vergleichslösung enthält im Liter 0,944 g Ammoniumsulfat (d. i. in 5 ccm 1 g Stickstoff). Vor der Ablesung werden 5 ccm mit 42 ccm Wasser und 3 ccm Neßlerschem Reagens versetzt. Die Farbvergleichung geschieht im Dubosqueschen Colorimeter bei einer Schichtdicke von 10 der Vergleichslösung. Zur Berechnung wird die Schichtdicke des Harns in die der Vergleichslösung dividiert, der nach Folinscher Permutitmethode ermittelte Ammoniakstickstoff abgewogen und der Rest mit dem Faktor 2,14 multipliziert, wodurch man den Harnstoffgehalt in Prozenten erhält[6]).

Im Urin erfolgt die Bestimmung des Harnstoffs schnell und genau durch Zersetzung desselben mittels der in den Sojabohnen enthaltenen Urease, indem man die gemessene Harnprobe mit 1 g gepulverter Sojabohne versetzt und 1 Stunde im Wasserbad bei 35—40° hält. Das gebildete NH_3 wird durch einen durchgeblasenen Luftstrom in mit $^1/_{10}$ n-Säure gefüllte Allihnsche Flasche übergetrieben. Darauf wird 1 g wasserfreies Natriumcarbonat zugegeben und die Luft noch weiter 1 Stunde durchgeleitet. Zur Vermeidung des Schäumens wird mit flüssigem Paraffin überschichtet[7]).

---

[1]) Heyninx, Biochem. Zeitschr. **51**, 355—368 [1913]; Chem. Centralbl. **1913**, II, 329.

[2]) A. Chaumeil, Journ. de Pharm. et de Chim. [7] **17**, 11—14 [1918]; Chem. Centralbl. **1918**, I, 673.

[3]) Donald D. van Slyke u. Glenn E. Cullen, Journ. of Biolog. Chem. **19**, 211—228 [1914]; Chem. Centralbl. **1915**, I, 1095.

[4]) D. D. van Slyke u. Glenn E. Cullen, Journ. of Biolog. Chem. **19**, 211 [1915] u. **24**, 117—122 [1916]; Chem. Centralbl. **1915**, I, 1094—1095 u. **1916**, I, 1200.

[5]) H. Wester, Pharm. Centralhalle **57**, 423—430 [1916]; Chem. Centralbl. **1916**, II, 581.

[6]) A. M. Roman, Journ. of urol. **4**, 351 [1921]; Ref.: Ber. ges. Physiol. **6**, 533 [1921]; Chem. Centralbl. **1921**, IV, 95.

[7]) Robert Henry Aders Plimmer u. Ruth Filby Skelton, Biochem. Journ. **8**, 70—73 [1914]; Chem. Centralbl. **1914**, I, 2070.

Die von Takeuchi in der Sojabohne entdeckte Urease verwandelt Harnstoff unter Wasseraufnahme in Ammoniumcarbonat. Durch Fällung mittels Alkohols läßt sich das Ferment aus dem sauren wässerigen Auszug leicht als haltbares Dauerpräparat darstellen. — Zur Bestimmung des Harnstoffs in Urin mißt man in ein 50-ccm-Kölbchen 1 ccm Harn, setzt 10 ccm Wasser, einige Stäubchen Trockenferment und 5 Tropfen Toluol hinzu. Ein zweites Kölbchen wird in derselben Weise, aber ohne Ferment, beschickt. Beide Kölbchen bleiben mit Korkstopfen verschlossen 20 Stunden bei Zimmertemperatur stehen. Darauf wird nach Zusatz von je 2 Tropfen einer 0,05 proz. Methylorangelösung mit $^1/_{10}$ n-Salzsäure titriert. Durch Subtraktion der für die Alkalinität gefundenen Werte läßt sich die Menge des gebildeten Ammoniumcarbonats bestimmen. — Da 1 Mol. Ammoniumcarbonat aus 1 Mol. Harnstoff entsteht, erhält man durch Multiplikation der gefundenen Anzahl Kubikzentimeter n-Säure mit 0,003 g die in 1 ccm Harn enthaltene Menge Harnstoff[1][2][3][4].

Man kann das Sojamaterial mit m-Phosphorsäure geschüttelt vor der colorimetrischen Bestimmung völlig entfernen. Zur Bestimmung im Blut ist dieselbe Methode ebensogut anwendbar[5].

Die von Hahn[6] angegebene Methode ist von Horváth und Kadletz[3] durch Einschaltung einer Vorlage von Säure modifiziert worden. Verfasser hält diese Abänderung für eine überflüssige Erschwerung seines Verfahrens[7].

1 ccm Harn wird mit 1 ccm annähernd neutraler Phosphatlösung (111 g Dinatriumhydophosphat 2 H_2O und 85 g Kaliumdihydrophosphat in 500 ccm) und mit Urease (aus Jackbohnen) behandelt; nach Zersetzung des Harnstoffs wird ein Eiweißfällungsmittel (mit Salzsäure versetzte Quecksilberkaliumjodidlösung) zugefügt, zentrifugiert und ein aliquoter Teil der überstehenden Flüssigkeit neßlerisiert[8].

Man verdünnt 5 bzw. 10 ccm Urin auf 50 ccm und schüttelt gut durch. 3—4 g Permutit werden mit 20—25 ccm des verdünnten Urins übergossen und 5 Minuten kräftig geschüttelt. Man läßt 15—30 Sekunden absetzen und filtriert dann durch ein dünnes Filter. Zu 5 ccm des Filtrates gibt man 2 ccm einer alkoholischen Ureaselösung (nach Folin und Youngburg) und 2 Tropfen einer Pufferlösung, die 142 g Dinatriumhydrophosphat und 120 g Natriumdihydrophosphat pro Liter enthält. 15 Minuten dauert die Zersetzung des Harnstoffs durch das Ferment. Die Bestimmung wird nach der Vorschrift von van Slyke und Cullen zu Ende geführt[9].

Vorschrift für Bestimmung des Harnstoffs im Harn nach der Ureasemethode von Hahn und Saphra[10].

Die Methode von Marshall[11] wird auf die Bestimmung des Harnstoffs im Blut angewendet, in dem einmal in 10 ccm defibriniertem Serum der Harnstoff mit Sojabohnenextrakt in Ammoniumcarbonat übergeführt wird und nach Ansäuern mit Mineralsäuren das NH_3 nach Folins Methode durch einen Luftstrom in vorgelegte $^1/_{25}$ n-HCl hinübergetrieben wird. In einem Kontrollversuch wird der NH_3-Gehalt des Blutes bestimmt und aus der Differenz ergibt sich der Harnstoff-N. Die Methode ist auch auf andere Körperflüssigkeiten geeignet und auch gut auf kleine Mengen Harn anwendbar[12].

---

[1] A. Hahn u. S. Saphra, Dtsch. med. Wochenschr. **40**, 430 [1914]; Chem. Centralbl. **1915**, I, 1094.

[2] Cyrus H. Fiske, Journ. of Biolog. Chem. **23**, 455—458 [1915]; Chem. Centralbl. **1916**, I, 722.

[3] Béla v. Horváth u. Heinrich Kadletz, Dtsch. med. Wochenschr. **42**, 414 [1915]; Chem. Centralbl. **1916**, I, 998.

[4] J. Temminck Groll, Chem. Weekblad **13**, 254 [1915]; Chem. Centralbl. **1916**, I, 1251; C. P. Mom, Chem. Weekblad **13**, 254 [1915]; Chem. Centralbl. **1916**, I, 1251.

[5] Otto Folin u. W. Denis, Journ. of Biolog. Chem. **26**, 501—503 [1916]; u. ebendort **26**, 505—506 [1916]; Chem. Centralbl. **1917**, I, 826.

[6] Hahn, Dtsch. med. Wochenschr. **41**, 134 [1915]; Chem. Centralbl. **1915**, I, 1230.

[7] Arnold Hahn, Dtsch. med. Wochenschr. **45**, 911—912 [1919]; Chem. Centralbl. **1919**, IV, 563.

[8] J. B. Sumner, Journ. of Biolog. Chem. **38**, 57 [1919]; Chem. Centralbl. **1920**, IV, 500.

[9] G. E. Youngburg, Journ. of Biolog. Chem. **45**, 391 [1920]; Chem. Centralbl. **1921**, IV, 8.

[10] G. Luigi Malerba, Rif. med. **37**, 362—363 [1921]; ausführl. Ref. Ber. ges. Physiol. **8**, 166 [1921]; Chem. Centralbl. **1921**, IV, 848.

[11] Marshall, Journ. of Biolog. Chem. **14**, 28 [1913];

[12] E. K. Marshall jr., Journ. of Biolog. Chem. **15**, 487—496 [1913]; Chem. Centralbl. **1913**, II, 1827.

Eigenberger[1]) stellte Untersuchungen über Harnstoffbestimmungen mit Sojabohne an. — Die Methode ergab in eiweißhaltigen Flüssigkeiten, wie Blut und Transsudaten usw. bedeutend größere Reststickstoffwerte als die zugehörigen Harnstoffwerte. — Die mit anderen Harnstoffbestimmungen aus Blut erhaltenen größeren Werte sind auf Stickstoffsubstanzen zurückzuführen, die durch die üblichen Fällungsmethoden nicht entfernt werden können[1]).

Das Verfahren von Grigaut und Guérin[2]) zur Bestimmung von Harnstoff in geringen Blutmengen unterscheidet sich von demjenigen von Folin und Denis mittels Sojaurease und direkter Neßlerisierung durch Anwendung von Urease in wirksamer Form: Suspension von 1 g gebeuteltem Sojamehl (Maschennummer 45) in 100 g destilliertem Wasser mit 0,4 g reinem Natriumhydrophosphat, eines einfacheren und schnelleren Prozesses zur Enteiweißung (Beimengung der gleichen Menge 20proz. Lösung von Trichloressigsäure) und einer stärker alkalischen Neßlerschen Lösung[2]).

Das Blut wird zunächst von den Eiweißstoffen befreit. Die abgemessene Blutmenge wird in einem das 15—20fache Volumen fassenden Gefäße mit dem 7fachen Volumen Wasser verdünnt, mit 1 Volumen einer 10proz. Lösung von Natriumwolframat ($Na_2WO_4 \cdot 2\,H_2O$) dann unter Schütteln mit 1 Vol. $^2/_3$ n-Schwefelsäure versetzt. Nach Verschließen des Gefäßes mit einem Gummistopfen wird einigemal heftig geschüttelt, wobei die Fällung dunkelbraun werden muß. Die Mischung wird dann auf Filter gegossen und mit einem Uhrglas bedeckt. Dem Filtrat werden, wenn es länger als 2—3 Tage aufbewahrt werden soll, für je 10 ccm Blut 1—2 Tropfen Toluol oder Xylol zugesetzt.

5 ccm Blutfiltrat werden in einem Pyrexglasrohr von etwa 75 ccm mit 2 Tropfen einer Lösung von 140 g Natriumpyrophosphat und 20 g glasiger Phosphorsäure in 1 oder $^1/_3$ molekularer $NaH_2PO_4 + {}^2/_3$ molekularer Na_2HPO_4 versetzt, dann mit 0,5—1 ccm einer aus Jackbohnenpulver (Arlington Chemical Co.) nach näher angegebenem Verfahren gewonnenen Ureaselösung und 5 Minuten in wenig (nicht über 55°) Wasser getaucht oder 10—15 Minuten und länger bei Zimmertemperatur gehalten. Das gebildete Ammoniak wird direkt ohne Kühler nach Zusatz eines trockenen Siedensteins, von 2 ccm Boraxlösung und 1—2 Tropfen Paraffinöl in ein mit 2 ccm 0,05 n-Salzsäure beschicktes dünneres Reagensrohr destilliert, das Destillat nach Kühlung mit 2,5 ccm Neßlerscher Lösung versetzt und auf 25 ccm aufgefüllt. Man kann auch das durch Urease gebildete Ammoniak durch Durchlüftung austreiben, und man kann den Harnstoff anstatt durch Urease durch Erhitzen im Autoklaven auf 150° umwandeln. Das letzte ist zu empfehlen, wenn mehrere Proben gleichzeitig zu untersuchen sind, oder wenn auch Bestimmung von Kreatinin ausgeführt werden soll[3]).

Die zur Bestimmung des Harnstoffs im Blut von Folin und Wu benutzte Urease von Canavalia cusiformis ist wenig beständig. Delaby empfiehlt für die Reaktion 2—3 ccm eines aus 30 g der gepulverten Droge, 15 g Permutit, 200 ccm 16proz. Alkohol bereiteten Ureasepapiers zu verwenden[4]).

Für die Bestimmung des Harnstoffs im Serum dient folgendes Verfahren: 5 ccm Serum und 10 ccm Methylalkohol werden in einem Zentrifugierröhrchen gut vermischt, durch Zentrifugieren vom gebildeten Niederschlag befreit. 10 ccm der abgehobenen Flüssigkeit versetzt man mit 30 ccm Wasser und 15 Tropfen einer 0,2proz. alkoholischen Methylrotlösung. Die Mischung wird kurz aufgekocht, um CO_2 zu verjagen und mit $^1/_{10}$ n-Schwefelsäure auf den Umschlagspunkt gebracht. Als Standardflüssigkeit dienen 40 ccm aufgekochtes Wasser mit 15 Tropfen Methylrotlösung. 2 g der feingepulverten Sojabohnen werden mit 100 ccm Salzlösung 10 Minuten lang geschüttelt und filtriert. Der so entstandene Extrakt kann einige Tage im Eisschrank aufbewahrt werden. Beim Gebrauch werden 5 ccm der Ureaselösung dem alkoholischen Serumlösung hinzugefügt. Zur Kontrolle dienen 2 Proben mit je 40 ccm aufgekochtem Wasser + 15 Tropfen Methylrotlösung + 5 ccm der Ureaselösung. Die Proben werden eine Stunde im Wasserbad bei 42° oder im Brutschrank bei 37° stehen gelassen. Zum Schluß fügt man 15 ccm $^1/_{10}$ n-Schwefelsäure dem Gemische hinzu, die CO_2 wird dann durch kurzes Aufkochen entfernt. Die Titration des gebildeten Ammoniaks nimmt man mit $^1/_{100}$ n-kohlensäure-

[1]) Eigenberger, Zeitschr. f. physiol. Chemie 93, 370 [1914]; Chem. Centralbl. 1915, II, 674.

[2]) A. Grigaut u. Fr. Guérin, Compt. rend. de la Soc. de Biol. 82, 25—27 [1919]; Chem. Centralbl. 1919, IV, 4.

[3]) O. Folin u. H. Wu, Journ. of Biolog. Chem. 38, 81 [1919]; Chem. Centralbl. 1920, IV, 460.

[4]) Raymond Delaby, Bull. des sciences pharmacol. 27, 372—374 [1920]; Chem. Centralbl. 1921, II, 59.

freier Natronlauge vor. — Das Verfahren kann auch auf Blut, Harn, Cerebrospinalflüssigkeit angewendet werden; bei letzteren erübrigt sich die Vorbehandlung mit Methylalkohol[1]).

Ein verbesserter Apparat zum Gebrauch bei der Bestimmung von Harnstoff im Blut nach der Methode von Folin und Wu[2]).

Die Bestimmung des Harnstoffs im Muskel mit Hilfe der Ureasemethode von Marshall wird vereinfacht, indem man Urease mit dem in der Fleischmaschine hergestellten Muskelbrei vermengt, wobei in $^1/_2$ Stunde der gesamte Harnstoff des Muskels ohne Verlust unter NH_3-Bildung zerlegt wird[3]).

Harnstoff wird in der Milch nach dem Ureaseverfahren von Marshall bestimmt, mit der Maßnahme, daß das gebildete Ammoniak durch Neßlerisation gemessen wird. 3 ccm menschlicher oder 5 ccm Kuhmilch bleiben 30 Minuten mit 2 ccm eines Jackbohnenextrakts stehen. Man fügt nun 1 g festes Kaliumcarbonat und 2 Tropfen Kerosin hinzu, leitet 15 Minuten einen Luftstrom durch die Mischung und sammelt das Ammoniak in einem 100-ccm-Kolben, der 2 ccm 0,1 n-Salzsäure und 25 ccm Wasser enthält. Sodann werden destilliertes Wasser, bis zum Volumen von etwa 60—70 ccm, 15 ccm Neßlersche Lösung und endlich wieder Wasser bis zur Marke zugefügt. Die Farbe wird colorimetrisch mit der einer Lösung von 0,5 mg Ammoniakstickstoff in 100 ccm verglichen[4]).

Nach Mom[5]) wird eine Methode empfohlen, die mit Urobacillus Pasteurii Harnstoff in $(H_4N)_2CO_3$ umwandelt und so bestimmt[6]).

Bestimmung mit salpetriger Säure. — Zur Bestimmung des Harnstoffs kann die folgende Reaktion benutzt werden:

$$CO(NH_2)_2 + 2\,HNO_2 = 4\,N + CO_2 + 3\,H_2O.$$

Erforderlich: 1. Lösung von 69 g Natriumnitrit im Liter, 2. $^1/_1$ n-Salpetersäure.

Kurz vor Gebrauch werden je 20 ccm beider Lösungen gemischt, genügend, um 600 mg Harnstoff zu zersetzen. Das gebildete Kohlendioxyd wird im besonderen Apparat in einer Sodalösung aufgefangen und das abgeschiedene Calciumcarbonat titrimetrisch bestimmt[7]).

Bei der von Ekekrantz und Södermann[8]) angewendeten Methode zur Bestimmung des Harnstoffs ergibt sich infolge der Entwicklung von NO aus dem HNO_2 des Reagenses ein Fehler, der sich durch die Zwischenschaltung eines Absorptionsapparates mit HCl-haltiger $CuCl_2$-Lösung oder H_2SO_4-haltiger $FeSO_4$-Lösung vermeiden läßt. Der Apparat besteht aus einem Gasentwicklungsrohr, verschlossen durch einen 3fach durchbohrten Stöpsel. Durch das eine Rohr wird CO_2 eingeleitet, das andere führt zu dem in $^1/_{20}$ ccm eingeteilten Nitrometer, das dritte ist das Meßrohr. Das untere mit Hg abgepreßte Seitenrohr steht mit dem Gasabsorptionsapparat in Verbindung und kann von diesem durch einen Quetschhahn abgesperrt werden. Der Gasabsorptionsapparat wird mit 50 proz. $CuCl_2$-Lösung mit 5% HCl (1,12) beschickt. Man bringt mit einer Pipette genau 1 ccm Harn in das Gasentwicklungsrohr, schiebt den Stöpsel hinein, schließt den Trichter und öffnet den Hahn am Trichter. Darauf öffnet man den Quetschhahn wieder und beschickt das Meßrohr des Trichters mit dem Millonschen Reagens. Nach 10—15 Minuten unterbricht man den CO_2-Strom, schließt den Quetschhahn und füllt das Nitrometer mit 50% KOH. Man läßt dann einen CO_2-Strom von 100 Blasen pro Minute passieren. Wenn alle Luft vertrieben und das Nitrometer geschlossen ist, werden 2 ccm des Reagenses in das Gasentwicklungsrohr gebracht, indem man über die Mündung des Trichterrohres einen Kautschukschlauch zieht und das Reagens nach Öffnen des Hahns durch Blasen in das Gasentwicklungsrohr hineinpreßt. Man öffnet den Quetschhahn und erhitzt das Gemisch im Gasableitungsrohr mit einer kleinen Flamme bis zum beginnenden Sieden. Darauf

[1]) E. L. Kennaway, Brit. journ. of exp. pathol. 1, 135—141 [1920]; Chem. Centralbl. **1921**. II, 61.

[2]) Thomas Watson u. H. L. Withe, Journ. of Biolog. Chem. **45**, 465—466 [1921]; Chem. Centralbl. **1921**, II, 1046.

[3]) James B. Sumner, Journ. of Biolog. Chem. **27**, 95—101 [1916]; Chem. Centralbl. **1917**, I, 974.

[4]) W. Denis u. A. S. Minot, Journ. of Biolog. Chem. **37**, 353—366 [1919]; Chem. Centralbl. **1919**, IV, 117.

[5]) C. P. Mom, Chem. Weekblad **14**, 72—75 [1915]; Chem. Centralbl. **1916**, I, 587.

[6]) Takeuchi, Chem.-Ztg. **35**, 408 [1911]; Chem. Centralbl. **1911**, I, 1530.

[7]) H. Doublet u. L. Lescoeur, Compt. rend. de la Soc. de Biol. **83**, 1103 [1920]; Chem. Centralbl. **1920**, IV, 520.

[8]) Ekekrantz u. Södermann, Zeitschr. f. physiol. Chemie **76**, 173 [1911/12].

leitet man einen CO_2-Strom von 100 Blasen in den Apparat, bis das Volumen im Nitrometer konstant bleibt. Man schaltet die CO_2 aus, schließt den Quetschhahn und liest das N-Volumen ab. Den Prozentgehalt an Harnstoff berechnet man aus der Formel p = 0,2141 · v · g (v = abgelesenes N-Volumen, g = das Gewicht des in 1 ccm feuchten N enthaltenen trockenen N). Die mit 2—3 proz. Harnstofflösung ausgeführten Bestimmungen liefern genaue Werte[1]).

Eine Apparatur [2])[3]), und Gebrauch im allgemeinen und bei Harn zur Harnstoffbestimmung wird beschrieben. Ein Apparat zur volumetrischen Bestimmung des Harnstoffs für klinische Zwecke hat Weiß[4]) beschrieben. Nach Renaud wird das entwickelte Stickstoffvolum in ein Meßrohr gefüllt, der Komparator wird eingestellt, diese Luftmenge bleibt praktisch monatelang unverändert, und die zu untersuchende Gasmenge wird mit derselben von Fall zu Fall verglichen[5]). Ein genaues Wasserureometer[6]). Über die Kroghsche Mikromethode zur Bestimmung von Harnstoff[7]).

Einrichtung und Anwendung eines einfachen Apparates zur Bestimmung des Harnstoffs im Blut[8]). Ein Apparat zur Bestimmung des Harnstoffs mit Hilfe von Sojabohnenurease hat S. Partos[9]) beschrieben.

Methoden zur Bestimmung des Harnstoffs auf der Verwendung von Xanthydrol beruhend[10]).

Die Abscheidung erfolgt als Dixanthylharnstoff

$$O < (C_6H_4)_2 > CH \cdot NH \cdot CO \cdot NH \cdot CH < (C_6H_4)_2 > O.$$

Auf diesem Wege ist es leicht, 3—5 g Harnstoff durch die Analyse zu identifizieren und $1/_{100}$ mg auf mikrochemischem Wege zu erkennen und aus einer Lösung 1 : 100000 zu fällen. Eine Lösung von 0,75 g Xanthydrol und 0,0485 g Harnstoff in 5 l 10 proz. CH_3COOH scheidet im Laufe mehrerer Tage 0,3475 g Dixanthylharnstoff ab[11]).

Die zu analysierende Flüssigkeit versetzt man zuerst mit dem 3,5 fachen Eisessig und sodann portionsweise mit dem halben Volumen einer 10 proz. absol.-alkoholischen Xanthydrollösung, und zwar in 5 gleichen Portionen in Zwischenräumen von 10 Minuten. Nach Ablauf einer Stunde vom letzten Xanthydrolzusatz gerechnet, sammelt man die ausgeschiedenen Krystalle, wäscht sie mit absol. Alkohol, trocknet und wägt. Die Reinheit des erhaltenen Dixanthylharnstoffs

$$O < (C_6H_4)_2 > CH \cdot NH \cdot CO \cdot NH \cdot CH < (C_6H_4)_2 > O,$$

wird durch eine N-Bestimmung nach Dumas oder Schloesing kontrolliert[12]).

Das Xanthydrol fällt in essigsaurer Lösung kein biologisches Produkt und außer Harnstoff keinen Harnbestandteil in Form einer Xanthylverbindung aus. Dagegen vereinigt sich

---

[1]) Yngve Funcke, Zeitschr. f. physiol. Chemie **114**, 72—78 [1921]; Chem. Centralbl. **1921**, IV, 1357.

[2]) A. Desgrez u. R. Moog, Compt. rend. de l'Acad. des Sc. **159**, 250—253 [1912]; Chem. Centralbl. **1914**, II, 956.

[3]) A. Desgrez u. Feuillié, Compt. rend.de l'Acad. des Sc. **153**, 1007 [1912]; Chem. Centralbl. **1912**, I, 51.

[4]) Richard Weiß, Münch. med. Wochenschr. **62**, 1046 [1915].

[5]) André Renaud, Journ. de Pharm. et de Chim. **18**, 104—106 [1918]; Chem. Centralbl. **1919**, II, 648.

[6]) D. Seyot, Bull. des sciences pharmacol. **26**, 411—412 [1919]; Chem. Centralbl. **1920**, II, 582.

[7]) K. L. Gad-Andresen, Biochem. Zeitschr. **99**, 1—18 [1919]; Chem. Centralbl. **1920**, II, 362.

[8]) C. N. Peltrisot, Journ. de Pharm. et de Chim. [7] **18**, 73—80 [1918]; Chem. Centralbl. **1918**, II, 789.

[9]) S. Partos, Biochem. Zeitschr. **103**, 292 [1920]; Chem. Centralbl. **1920**, IV, 114.

[10]) R. Fosse, Compt. rend. de l'Acad. des Sc. u. Bull. de la Soc. chim. de France siehe Chem. Centralbl. **1901**, 894, 945; II, 429; **1902**, I, 936; **1903**, II, 383; **1905**, II, 138, 1494; **1906**, II, 527, 612; **1907**, I, 116, 279; **1908**, I, 139; **1909**, II, 284, 371, 1133; **1913**, I, 113; **1914**, I, 189, 1974; II, 51, 143, 269, 895; **1915**, I, 1090 u. Ann. de Chim. **6**, 13—95; Annales de l'Inst. Pasteur **30**, 225—592 [1916]; Chem. Centralbl. **1917**, I, 85.

[11]) R. Fosse, Compt. rend. de l'Acad. des Sc. **157**, 151 [1913]; Chem. Centralbl. **1913**, II, 972 u. ebendort **157**, 948—951 [1913]; Chem. Centralbl. **1914**, I, 189.

[12]) R. Fosse, Compt. rend. de l'Acad. des Sc. **158**, 1076—1079 [1914]; Chem. Centralbl. **1914**, I, 1974.

Xanthydrol mit Phenylharnstoff, den Carbaminsäureestern, Biuret, den Diamiden, Succinimid, Pyrrol und seinen Derivaten, Dimethylanilin zu gut definierten Verbindungen[1].

Man verwendet 10 ccm des nun auf das 10fache verdünnten Harns, 35 ccm Eisessig und 5 ccm einer 10proz. methylalkoholischen Xanthydrollösung unter Einhaltung der gegebenen Arbeitsweise[2]. Man saugt die Krystalle über einer Siebscheibe auf einem gehärteten Filter ab, trocknet Filter samt Niederschlag im Trockenschrank, hebt die ineinander verfilzten, sich leicht ablösenden Krystalle vom Filter ab und wägt[3].

Das Blutserum wird zuerst durch das modifizierte Tanretsche Reagens — 2,71 g Sublimat, 7,2 g Jodkalium, 66,6 ccm Eisessig, Wasser zu 100 ccm — gereinigt und darauf mit Xanthydrol behandelt[4]. Man bringt je 10 ccm Serum und Tanretsches Reagens in eine Zentrifugenröhre, zentrifugiert sehr energisch, gibt einen aliquoten Teil der Flüssigkeit (15 ccm), 15 ccm Essigsäure und 1,5 ccm einer 10proz. methylalkoholischen Xanthydrollösung in ein Kölbchen, saugt nach einer Stunde unter Benutzung des früher angegebenen Apparates ab, wäscht den Niederschlag mit Alkohol aus, trocknet ihn einige Minuten im Trockenschrank und wägt. Der Harnstoffgehalt pro Liter ergibt sich aus dem Ansatz:

$$\frac{\text{Gewicht des Niederschlags}}{7} \cdot \frac{20}{15} \cdot 100 \, \text{gr}.$$

Das Resultat ist um ein geringes zu hoch, doch wird davon nur die zweite oder dritte Dezimale betroffen[4].

Bei Konzentrationen von 0,1—1 g Harnstoff pro Liter empfiehlt Fosse[5] eine von ihm stammende Ausführung der Xanthydrolmethode.

Die von Fosse[6] eingeführte Harnstoffbestimmung beruht auf der Bildung von unlöslichem Dixanthylharnstoff, wenn man Xanthydrol mit Harnstoff in methylalkoholischer Lösung zusammenbringt:

$$2\,O\!\!<^{C_6H_4}_{C_6H_4}\!\!>\!CH-OH + \underset{NH_2}{\overset{NH_2}{CO}} = 2\,H_2O + O\!\!<^{C_6H_4}_{C_6H_4}\!\!>\!CH-NH-CO-NH-CH\!\!<^{C_6H_4}_{C_6H_4}\!\!>\!O$$

5 ccm einer 6proz. Xanthydrollösung werden in 5 Portionen in einem Zeitraum von etwa 50 Minuten in eine Lösung von 1 ccm Harn, 9 ccm Wasser und 20 ccm Eisessig eingetragen. — Man filtriert nach einer Stunde den ausgeschiedenen Dixanthylharnstoff, wäscht mit Methylalkohol und multipliziert mit 142, 857, wobei man den im Liter Harn enthaltenen Harnstoff erhält.

Im Serum eines Urämikers wurde zur Bestimmung des sehr hohen Harnstoffgehaltes nach der Methode von Fosse nicht eine erhöhte Menge von Xanthydrol zugesetzt, sondern das Serum vor der Fällung verdünnt. Die erhaltenen Zahlenwerte stimmten lediglich mit den nach der Hypobromitmethode erhaltenen[7].

Die Xanthydrolmethode ist in 1proz. Harnstofflösung nicht mehr genau. Zur Bestimmung des Harnstoffs muß das Serum so verdünnt werden, daß es etwa 0,5 g Harnstoff im Liter enthält, dann mit dem starken Tanretschen Reagens (10 ccm) versetzt und zentrifugiert. Die klare Flüssigkeit wird in bestimmter Weise mit reiner Essigsäure und einer 10proz. Lösung von Xanthydrol im absoluten Methylalkohol versetzt, der Xanthylharnstoff nach 3 Stunden durch Goochtiegel filtriert, mit Methylalkohol gewaschen, bei 70° getrocknet und gewogen[8].

[1]) R. Fosse, Compt. rend. de l'Acad. des Sc. **158**, 1432—1435 [1914]; Chem. Centralbl. **1914**, II, 143.

[2]) R. Fosse, Compt. rend. de l'Acad. des Sc. **158**, 1076 [1913];

[3]) R. Fosse, Compt. rend. de l'Acad. des Sc. **158**, 1588—1590 [1914]; Chem. Centralbl. **1914**, II, 269.

[4]) F. Fosse, A. Robyn, u. F. François, Compt. rend. de l'Acad. des Sc. **159**, 367—369 [1914].

[5]) R. Fosse, Compt. rend. de l'Acad. des Sc. **159**, 253—256 [1914]; Chem. Centralbl. **1914**, II, 895.

[6]) L. Maestro, Arch. di Farmacol. sperim. **19**, 572 [1915]; Chem. Centralbl. **1915**, II, 984.

[7]) Ch. Achard, A. Ribot u. A. Leblanc, Compt. rend. de la Soc. de Biol. **83**, 291—292 [1920]; Chem. Centralbl. **1920**, II, 722.

[8]) W. Mestrezat u. M. Janet, Compt. rend. de la Soc. de Biol. **83**, 920 [1920]; Chem. Centralbl. **1920**, IV, 217.

Xanthydrol kondensiert sich mit Harnstoff in saurer Lösung zu Dixanthylharnstoff:

$$CO{<}_{NH_2}^{NH_2} + 2(C_6H_4)_2CH \cdot OH \cdot O = O <(C_6H_4)_2> CH \cdot NH \cdot CO \cdot NH \cdot CH <(C_6H_4)_2> O.$$

Da das Verhältnis Dixanthylharnstoff : Harnstoff 420 : 60 ist, so ergibt das Gewicht des erhaltenen Niederschlags: 7 die Menge des vorhandenen Harnstoffs[1]).

1. Bestimmung in Harn: 10 ccm Harn, verdünnt auf 100 ccm, werden mit 35 ccm Essigsäure gemischt und darauf 1 ccm 10 proz. methylalkoholische Xanthydrollösung eingerührt. Von 10 zu 10 Minuten weitere 1 ccm Reagens einrühren. Nach Gesamtzusatz von 5 ccm 1 Stunde stehen lassen, abfiltrieren, mit 20 ccm Alkohol auswaschen, trocknen bei 100° und wägen. Gewicht: 7 = Harnstoff. Die Ausführung der Bestimmung wird nicht gestört durch Anwesenheit von Ammoniak, Methylamin, Guanidin, Kreatin, Arginin, Asparaginsäure, Tyrosin, Harnsäure, Xanthin, Gelatine, Pepton, Eialbuminoide, Mannit, Glucose, Lävulose, Dextrin, Saccharose, Citronen-, Wein-, Milchsäure usw.[1]).

2. Bestimmung im Blut: 20 ccm Blutserum werden durch Zusatz von 20 ccm einer Lösung von 2,71 g Sublimat; 7,2 g Kaliumjodid und 66 ccm Essigsäure in 100 ccm Wasser enteiweißt, 20 ccm Filtrat 10 ccm = Serum werden nach Zusatz von 20 ccm Essigsäure mit 2 ccm des Reagenses versetzt und der Niederschlag nach 1 Stunde abfiltriert[1]).

3. Bestimmung in mineralsaurer Lösung. Übersättigen mit Ammoniak, Filtrat mit Essigsäure ansäuern und wie oben weiter verarbeiten.

4. Wiedergewinnung des Xanthydrols: Filtrate auf dem Wasserbade von Alkohol und Methylalkohol befreien, Filtrat mit Soda neutralisieren, mit Chloroform ausschütteln, Chloroform verdampfen, Rückstand in der 10 fachen Menge Methylalkohol gelöst, kann nach dem Filtrieren als Reagens wieder benutzt werden[1]).

Bei der Bestimmung des Harnstoffs mit Xanthydrol ist zum Zustandekommen der Konzentration die Gegenwart von Säure erforderlich. Die Löslichkeit von Dixanthylharnstoff in reinem Alkohol bei 15° ist 0,009 g in 100 ccm. Mit einer gesättigten Lösung von Xanthydrol in Wasser (0,13 g in 1000 ccm bei 15°) kann man Harnstoff in einer durch einige Tropfen Salzsäure angesäuerten Lösung von der Konzentration 1 : 10000 innerhalb 15 Sekunden, in einer Lösung 1 : 800000 in etwa 10 Minuten nachweisen. Die Lösung von Xanthydrol oxydiert sich nach etwa 1 Woche zu Xanthon[2]).

Vergleichende Bestimmungen des Harnstoffs mit Hilfe der Hypobromit- und Xanthydrolmethode zeigen, daß mit Hilfe der Hypobromitmethode beim gesunden Menschen bei gemischter Kost bis zu 25% vom Werte zuviel gefunden werden kann. Der Fehler wirkt im allgemeinen bei Nierenkranken, und zwar um so stärker, je größer die Stickstoffretention im Blute ist, so daß der Fehler bei schwerer Azotämie bis auf 3% sinken kann. Bei Leberkranken kann aber der Fehler 75% vom Werte und mehr betragen[3]).

In essigsaurer Lösung ist die Bestimmung des Harnstoffs mittels Xanthydrol genau auch in Gegenwart des Tanretschen Reagenses, wenn der Harnstoffgehalt zwischen 0,5 und 1 g im Liter, am besten etwa 0,5 g beträgt und von dem Xanthydrol $^1/_{10}$ der essigsauren Harnstofflösung verwandt wird. Das Verfahren gestaltet sich dann folgendermaßen: 10 ccm des evtl. je nach seinem Gehalt an Harnstoff verdünnten Serums werden mit 10 ccm des Tanretschen Reagenses gemischt und zentrifugiert, zu 15 ccm der klaren Lösung das gleiche Volumen Essigsäure und in drei Portionen in 10 Minuten Zwischenraum 3 ccm einer frisch bereiteten 10 proz. Lösung von Xanthydrol in Methylalkohol zugesetzt. Nach 2 Stunden werden die Krystalle gesammelt, mit einigen Kubikzentimetern absol. Methylalkohol gewaschen, im Trockenschrank getrocknet und gewogen[4]).

Die Ergebnisse Frenkels[1]) bezüglich der Bestimmung des Harnstoffs in den Flüssigkeiten des Organismus mit Xanthydrol werden bestätigt. Die Methode verdient den Vorzug vor der gasvolumetrischen in den Fällen, wo eine große Genauigkeit erforderlich ist, oder wo

[1]) Frenkel, Ann. de chim. analyt. appl. [2] 2, 234 [1920]; Chem. Centralbl. 1920, IV, 637.

[2]) Emile Alphonse Werner u. William Robert Fearon, Journ. Chem. Soc. London 117, 1356—1362 [1920]; Chem. Centralbl. 1921, I, 443.

[3]) M. Laudat, Journ. de Pharm. et de Chim. [7] 23, 5—15 [1921]; Chem. Centralbl. 1921, II, 952.

[4]) W. Mestrezat u. Marthe Paul-Janet, Journ. de Pharm. et de Chim. [7] 22, 369—377 1920]; Chem. Centralbl. 1921, II, 951.

nur wenig Material, das noch reichlichere Mengen anderer N-haltiger Substanzen, insbesondere NH₃, enthält, zur Verfügung steht[1].

Bestimmung von Harnstoff in ganz kleinen Blutmengen ist von L. Kristeller[2] beschrieben worden.

Bestimmung des nicht eiweißartigen Stickstoffs und des Harnstickstoffs im Blut[3]. Die Bestimmung des gesamten Reststickstoffs erfolgt in einer Lösung, erhalten durch Einfließen von Blut in 45 ccm absol. Alkohol. — 5 ccm des alkoholischen Filtrats werden mit 1 Tropfen Schwefelsäure, 1 ccm rauchender Schwefelsäure, 1 g Kaliumsulfat und 1 Tropfen 5 proz. Kupfersulfatlösung $^1/_2$—1 Stunde erhitzt. Dann gibt man 2 ccm Wasser zu und unterschichtet nach dem Erkalten mit 4 ccm 40 proz. Natronlauge. — In einen speziellen Destillationsapparat wird das Ammoniak abdestilliert und in 5 ccm $^1/_{14}$ n-Schwefelsäure aufgefangen. — Die Titration erfolgt nach Zugabe von 2 ccm 2 proz. Natriumjodatlösung und 2 ccm 2 proz. Kaliumjodidlösung mit $^1/_{280}$ n-Thiosulfat mit Stärke als Indicator, am besten in einem kohlensäure- und ammoniakfreien Luftstrom. — Zur Bestimmung des Harnstoffstickstoffes werden 5 ccm des alkoholischen Filtrates auf 0,5—1 ccm konzentriert und nach Folin mit Kaliumacetat und Essigsäure behandelt. Das gebildete Ammoniak wird wie oben bestimmt[3].

Zur Harnstoffbestimmung im Blutserum benutzt Ed. Justin-Mueller[4] einen im Original ausführlich beschriebenen Apparat, der sich praktisch sehr gut bewährte[5]. Nach Ivar Bang wird Blut nach der Äther-Alkoholbehandlung kjeldahlisiert und das NH₃ in $^1/_{200}$ n-H₂SO₄ geleitet[6]. 10 ccm Blutserum werden mit 10 ccm 20 proz. Trichloressigsäure durchgeschüttelt, filtriert und 5 ccm des Filtrats mit Pateinscher Lösung nach Golse[7] behandelt.

Die von Cohen Tervaert und van Lier zur Bestimmung des Harnstoffs in größeren Blutmengen benutzte Methode ist so abgeändert worden, daß 0,4 ccm Blut genügen. Das bei schwachsaurer Reaktion durch die Wirkung der Urease der Sojabohne aus dem Blutharnstoff gebildete Ammoniak wird nach Zusatz von Alkali durch einen Luftstrom in eine Vorlage gesaugt, die sehr verdünnte Salzsäure enthält. Die nicht gebundene Säure wird jodometrisch nach Bang bestimmt. Eine gleiche Menge Blut wird in derselben Weise behandelt, nur daß der Zusatz der Urease unterbleibt. Aus dem Unterschied des Titrationsergebnisses beider Blutproben wird der Harnstoffgehalt berechnet[8].

Während nach der Braunsteinschen Vorschrift keine quantitative Ausbeute des Harnstoffstickstoffes erhalten wird, ist dies der Fall, wenn das Filtrat von dem nach Vorschrift von Mörner und Sjöquist erhaltenen Niederschlage 14 Stunden bei 185° mit 15 g Kahlbaumscher Phosphorsäure behandelt wird[9].

Christensens[10] Verfahren, das die entstehende CO₂ bei der Hydrolyse bestimmt, gibt zwar mit reinem Harnstoff genaue Werte, im gemeinen Harn, der vorher durch Ba(OH)₂ ausgefällt wird, liefert es aber zweifellos zu hohe Werte. Die Methode von Henriques und Gammeltoft[11], die das gebildete NH₃ bei der Hydrolyse bestimmt, gibt regelmäßig niedrigere Werte und scheint sichere Resultate zu liefern[12].

---

[1]) Giuseppe d'Este, Boll. d. chim. pharm. **60**, 397—402 [1921]; Chem. Centralbl. **1922**, II, 10.

[2]) L. Kristeller, Zeitschr. f. experim. Pathol. u. Therapie **16**, 496—567 [1914]; Chem. Centralbl. **1914**, II, 1288.

[3]) Charles G. L. Wolf, Journ. of Physiol. **49**, 89—94 [1914]; Chem. Centralbl. **1915**, I, 915.

[4]) Ed. Justin-Mueller, Bull. des sciences pharmacol. **22**, 331—334 [1915]; Chem. Centralbl. **1916**, I, 1198.

[5]) W. Mestrezat u. Marthe Paul-Janet, Journ. de Pharm. et de Chim. [7] **22**, 369—377 [1920]; Chem. Centralbl. **1921**, II, 961.

[6]) J. A. Schweiz. Apoth.-Ztg. **54**, 541—543, 557—559 [1916]; Chem. Centralbl. **1917**, I, 134.

[7]) Golse, Bull. soc. pharm. **56**, 188 [1919]; Journ. de Pharm. et de Chim. **19**, 20—22 [1919]; Chem. Centralbl. **1919**, II, 651.

[8]) R. Bahlmann, Nederl. Tijdschr. v. Geneesk. **64**, 1, 473 [1920]; Ref.: Ber. ges. Physiol. **1**, 54 [1920]; Chem. Centralbl. **1920**, IV, 3.

[9]) A. H. Todol, Biochem. Journ. **14**, 252 [1920]; Chem. Centralbl. **1920**, IV, 69.

[10]) Christensen, Nord. med. arkiv 1886, 18.

[11]) Gammeltoft, Skand. Archiv f. Physiol. **25**, 153 [1911].

[12]) H. T. B. Rasmussen, Skand. Archiv f. Physiol. **30**, 191—195 [1913]; Chem. Centralbl. **1913**, II, 1335.

Nach Hammett[1]) müssen bei der direkten Bestimmung von Harnstoff in den Geweben die Bestimmungen des NH_3-Gehaltes unbedingt gleichzeitig und unter gleichen Bedingungen ausgeführt werden (nach Sumner[2]).

Nach C. Brahm[3]) sind sämtliche Methoden, die sich auf die Zersetzung des Harnstoffs mit Bromlauge basieren, zu verwerfen; da die Zersetzung nicht nach der von Citron[4]) angenommenen Formel verläuft.

Die Methode einer Titration des Harnstoffs beruht darauf, daß durch $HgCl_2$ allein die Purine, durch $HgCl_2$ mit Na-Acetat NH_3 und Kreatinin, durch $HgCl_2$ und Na_2CO_3 der Harnstoff ausgefällt werden kann. Und zwar gibt bei fortgesetztem Zusatz von $HgCl_2$ zum Harn die Mischung mit Na_2CO_3 zuerst einen weißen, dann einen gelben und schließlich einen roten Niederschlag. Die ersten zwei Niederschläge sind basische Verbindungen des Harnstoffs mit Hg, der rote Niederschlag stammt von $HgCO_3$. Es wurde festgestellt, daß bis zum Auftreten des Niederschlages 1 Mol. Harnstoff 7 Mol. Hg, das als $HgCl_2$ zugesetzt wurde, bindet. Auf dieser Grundlage wurde eine titrimetrische Methode ausgearbeitet, die mit 1 ccm Urin arbeitet, und eine Mikromethode, die von 0,2 ccm Urin ausgeht. Es wird eine heißgesättigte und erkaltete $HgCl_2$-Lösung, von der 1 ccm 0,002 g Harnstoff entspricht verwendet[5]).

Physiologische Eigenschaften: Ursprung und Verteilung des Harnstoffs in der Natur. Anwendung neuer, auf der Verwendung von Xanthydrol beruhender Methoden zur Analyse des Harnstoffs[6]). Zusammenfassende Darstellung der Arbeiten von Fosse[7]).

Es besteht eine Beziehung zwischen Glykogenese und Ureogenese, denn: 1. Die Fähigkeit der Glucose zur Erzeugung von Harnstoff ist ebenso deutlich, wenn man ihre Oxydation in Gegenwart der Muttersubstanz des NH_3 im Organismus, des Eiweißes selbst, bewirkt. — 2. Die Ausbeute an Harnstoff bei der Oxydation von mit Glucose versetztem Blut nimmt in gewissen Grenzen im Verhältnis zur anwesenden Glucose und zum verbrauchten O_2 zu. — 3. Durch Mischen von 1 ccm Glucoselösung, 5 ccm Blut und 4 g $KMnO_4$ kann man eine Anreicherung an Harnstoff bis 40 g für 1 l Blut erreichen[8]).

Über die Biologie der Harnstoff vergärenden Mikroorganismen[9]). Harnstoff wird von Mikrococcus spumaeformis nicht assimiliert[10]). Aus Stuhlproben bei einer akuten Gastroenteritisepidemie isolierten Stämme von Proteus vulgaris verwandelten Harnstoff energisch in NH_3[11]). Die sporenbildenden, Harnstoff in NH_3 und CO_2 zerlegenden Bakterienspezies Urobacillus Pasteurii (Miquel) Beijerinck, Urobacillus leubei Beijerinck und Bacillus Pasteuri (Miquel) Migula, Stamm B_3 Löhnis werden zu einer Species Bacillus probatus A. M. et Viehoever zusammengefaßt. Bei dieser Spezies ist, wenn man von 10 Millionen Sporen als Impfmaterial in 20 ccm Bouillon mit 1% Pepton und 2% Harnstoff ausgeht und die Kulturen 20—50 Stunden bei 28° stehen läßt, die Harnstoffbildung annähernd proportional der gefundenen Oidienzahl. Die Harnstoffspaltung wird erst nachweisbar, wenn mehr als 2000 Millionen Stäbchen in 20 ccm Bouillon gebildet sind. — Die Spezies kann in mineralischer Nährlösung nicht wachsen, wenn diese nur unzersetzten Harnstoff enthält[12]).

Botanische Untersuchung harnstoffspaltender Bakterien mit besonderer Berücksichtigung der Spezies diagnostisch verwertbaren Merkmale und des Vermögens der Harnstoffspaltung.

---

[1]) Frederick S. Hammett, Journ. of Biolog. Chem. **33**, 381—385 [1918]; Chem. Centralbl. **1919**, II, 8.

[2]) Sumner, Journ. of Biolog. Chem. **27**, 95 [1917]; Chem. Centralbl. **1917**, I, 974.

[3]) C. Brahm, Dtsch. med. Wochenschr. **45**, 803 [1919]; Chem. Centralbl. **1919**, IV, 442.

[4]) Citron, Dtsch. med. Wochenschr. **45**, 542, 975 [1919]; Chem. Centralbl. **1919**, IV, 39, 719.

[5]) Ernst Friedländer, Münch. med. Wochenschr. **68**, 1225—1226 [1921]; Chem. Centralbl. **1921**, IV, 1199.

[6]) R. Fosse, Annales de l'Inst. Pasteur **30**, 642—670, 739—755 [1916]; Chem. Centralbl. **1917**, I, 411, 1107.

[7]) L. Grimbert, Journ. de Pharm. et de Chim. [7] **17**, 274—282 [1918]; Chem. Centralbl. **1918**, II, 36.

[8]) R. Fosse, Compt. rend. de la Soc. de Biol. **82**, 480—481 [1919]; Compt. rend. de l'Acad. des Sc. **168**, 908—910 [1919]; Chem. Centralbl. **1919**, III, 601.

[9]) H. Geilinger, Centralbl. f. Bakt. u. Parasitenk. II. Abt. **47**, 245 [1917]; Chem. Centralbl. **1917**, II, 30.

[10]) Henri Coupin, Compt. rend. de l'Acad. des Sc. **160**, 151—152 [1915];

[11]) Aimée Horowitz, Annales de l'Inst. Pasteur **30**, 307—318 [1916]; Chem. Centralbl. **1917**, I, 24.

[12]) Arno Viehoever, Berichte d. Deutsch. Botan. Gesellschaft **31**, 285—289 [1913]; Chem. Centralbl. **1913**, II, 1694.

Die als Harnstoffspalter bekannten Organismen werden zusammengestellt[1]). Eine Kultur eines bei Pflanzen Tumoren erzeugenden Bacteriums besaß gutes Spaltungsvermögen gegenüber Harnstoff. Die Wirkung ließ sich nur mit lebenden Bakterien erreichen[2]). Die Wirkung der Harnstoff spaltenden Bakterien wird durch Serum von Menschen, Kaninchen oder Hammel erheblich gesteigert. Aminosäuren bewirken eine unbedeutende Abschwächung. Erhitzen auf 70° macht das Serum noch wirksamer, Dialyse schwächt die Wirkung. Von den zwei wirksamen Bestandteilen wirkt der in Alkohol unlösliche bei weitem stärker[2]).

Die Harnstoffspaltung wird weder von an der Oberfläche noch im Innern der Sojabohnen vorkommenden Bakterien verursacht. Das ureolytische Vermögen kommt einem löslichen Enzym der Bohnen zu. Urobacillus Pasteurii vermag nicht Harnstoff in der Lösung zu spalten. Wirkungsgeschwindigkeit der Sojabohnenurease hängt mit der Enzymmenge zusammen[3]).

Schon sehr kleine Mengen von Traubenzucker steigern die bakterielle Harnstoffzersetzung in außerordentlichem Grade. Es handelt sich ausschließlich um Einfluß auf die Bildung des Ferments. Die Empfänglichkeit der Diabetiker für Infektionen wird hierdurch in neues Licht gerückt[4]). Steigerung der Bildung von Harnstoff spaltendem Ferment durch Bakterien erfolgt durch so geringe Mengen Traubenzucker, daß ihre Funktion dahin gedeutet werden kann, daß sie als Baustein für die Bildung einer schon in kleinster Menge gewaltige Wirkungen entfaltenden Substanz dienen[5]).

Bei Maltose bzw. Dextrose als C-Quelle können Hefen den Harnstoff als N-Quelle gut verwerten[6]). Die mit Harn als N-Quelle für Hefe angestellten Versuche ergaben nur einen geringen Fettgehalt. Bei Zugabe von Zucker hat sich Harnstoff als eine vortreffliche N-Quelle bewährt. Die Zugabe von 0,1 g Hefe auf 70 ccm Harn (aufs 5fache mit Wasser verdünnt) erwies sich als die günstigste Aussaat[7]).

Harn eignet sich sehr gut zur Hefeaufzucht als Stickstoffquelle bei Gegenwart einer guten C-Quelle, wobei sein Gehalt an Phosphat fördernd in Betracht kommt. Neutralisierung mit K_2HPO_4 oder Na_2HPO_4 wirkt günstig. Zusatz von $(NH_4)_2SO_4$ verbessert die Ausbeute. Zusatz von Pepton wirkt günstig. Salze, die leicht O abgeben, wirken nicht günstig. Harn von Pflanzenfressern ist wegen der ungünstigeren Verwertung der Hippursäure weniger geeignet als menschlicher[8]). Kann nur als N-Quelle für Hefe dienen, nicht als C-Quelle[9]).

Bei der Ausnutzung von Harnstoff-N durch verschiedene Hefen ist die Umwandlung des Harnstoffs in NH_3 vor der Assimilation äußerst wahrscheinlich[10]).

Ist keine C-Quelle für Hefe. In Harnstoff gezogene Algen zeigten keine Massenzunahme, waren dem Tode nahe, ebenso wie die im Sulfoharnstoff gezogenen. Harnstoff und Sulfoharnstoff ernähren wegen mangelnder CH_2-Gruppe nicht; infolge ihrer basischen Natur wirken sie schädlich[11]).

Bei der Assimilierung von N-Verbindungen durch Oidium lactis wirkt Harnstoff günstig[12]).

Aspergillus niger, Penicillium glaucum, Mucor Boidin, Botrytis Bassiana, Isaria farinosa, Cladosporium herbarum, Aspergillus glaucus, Penicillium brevicaule, Saccharomyces validus, Pichia membrana faciens, Saccharomyces anomalus, Sacch. ellipsoideus, Monilia candida, Oidium lactis, Phytophtora infestans und Fusarium (Fusisporium G.) konnten Harnstoff als alleinige Stickstoffquelle ausnutzen[13]).

---

[1]) Arno Viehoever, Centralbl. f. Bakt. u. Parasitenk. II. Abt. **39**, 209—358 [1913]; Chem. Centralbl. **1914**, I, 770.

[2]) Martin Jacoby, Biochem. Zeitschr. **74**, 109—122 [1916]; Chem. Centralbl. **1916**, I, 1176.

[3]) H. Wester, Pharm. Centralhalle **57**, 423—430 [1916]; Chem. Centralbl. **1916**, II, 581.

[4]) Martin Jacoby, Biochem. Zeitschr. **77**, 405—407 [1916]; Chem. Centralbl. **1917**, I, 107.

[5]) Martin Jacoby, Biochem. Zeitschr. **79**, 35—50 [1917]; Chem. Centralbl. **1917**, I, 793.

[6]) P. Lindner u. G. Wüst, Wochenschr. f. Brauerei **30**, 477—479 [1913]; Chem. Centralbl. **113**, II, 1888.

[7]) Th. Bokorny, Allgem. Brauer- u. Hopfen-Ztg. **56**, 957—960 [1916]; Chem. Centralbl. **1916**, II, 751.

[8]) Th. Bokorny, Biochem. Zeitschr. **82**, 359—390 [1917]; Chem. Centralbl. **1917**, II, 408.

[9]) Th. Bokorny, Allgem. Brauer- u. Hopfen-Ztg. **57**, 249—252 [1917]; Chem. Centralbl. **1918**, I, 848.

[10]) Pierre Thomas, Annales de l'Inst. Pasteur **33**, 777—806 [1919]; Chem. Centralbl. **1920**, I, 269.

[11]) Th. Bokorny, Allgem. Brauer- u. Hopfen-Ztg. **59**, 1323—1325 [1919]; Chem. Centralbl. **1920**, I, 341.

[12]) Beijerinck, Koninkl. Akad. van Wetensch. Amsterdam, Wisk. en Natk. Afd. **27**, 1089 bis 1097 [1919]; Chem. Centralbl. **1919**, III, 761.

[13]) Alexander Kossowicz, Biochem. Zeitschr. **67**, 391—399 [1914].

Wenn Aspergillus niger in einer Lösung von 5% Maltose + 2% Harnstoff neben den nötigen Mineralsubstanzen kultiviert wird, so tritt Selbstvergiftung durch NH_3 ein, da mit Maltose weniger Oxalsäure gebildet wird und die durch Spaltung des Harnstoffs entstehenden NH_3-Mengen nicht völlig neutralisiert werden[1]).

In den unterseitigen Epidermiszellen der Blattmittelrippe von Tradescantia discolor verschiebt sich, bei 24stündigem Liegen in Harnstofflösung, der plasmolytische Grenzwert entsprechend einer Aufnahme von etwa 0,05—0,06 G. M. Harnstoff[2]).

Über Düngungsversuche mit Harnstoff hat Kappen[3]) Untersuchungen angestellt. Es hat sich gezeigt, daß phosphorsaure Harnstoffe vorzügliche Düngemittel sind, indem sie, ohne einen wertlosen oder nachteiligen Ballast in den Boden einzuführen, von der Pflanze in ausgezeichneter Weise aufgenommen und assimiliert werden. — Sie können für sich oder auch mit anderen passenden Düngemitteln gemischt angewendet werden[4]).

Ist zugleich C- und N-Nahrung für grüne Pflanzen. Der Menschenharn ist besser als der tierische Harn, weil ersterer fast allen N als Harnstoff enthält. Harnstoff ist ein wertvolles Düngemittel. Gibt bei der Spaltung CO_2 (neben NH_3), darum können ihn hauptsächlich grüne Pflanzen zur C-Ernährung gebrauchen[5]). Das Harnstoffnitrat kann als Düngemittel mit gutem Erfolge angewendet werden[6]).

Harnstoffgehalt des Blutes und der Muskeln von normalen Katzen und von solchen, deren Leber- und Nierengefäße man abgebunden hatte, erwies sich als gleichhoch, nach intravenöser Injektion von Glykokoll und Alanin; die Leber kann demnach als Hauptsitz der Bildung von Harnstoff aus Aminosäuren nicht betrachtet werden[7]).

Harnstoff ist in allen Organen und Geweben normaler Tiere enthalten; Harnstoffgehalt aller Organe und Gewebe ist annähernd derselbe und gleich dem des Blutes sowohl unter normalen Bedingungen wie in Gegenwart abnorm großer Harnstoffmengen; nur das Fett und die Organe des uropoetischen Systems verhalten sich abweichend: Ersteres ist durch niedrigen, letztere sind durch hohen Harnstoffgehalt ausgezeichnet. Wird Harnstofflösung intravenös injiziert, so diffundiert Harnstoff fast momentan in alle Teile des Körpers. Durch die Nieren wird Harnstoff sehr rasch eliminiert (16 g pro kg Körpergewicht in 24 Stunden). Bei normalen Tieren ist Geschwindigkeit der Ausscheidung proportional der Konzentration des Harnstoffs im Blut; bei Wasserverarmung des Organismus ist sie geringer. Wird die Ausscheidung des Harnstoffs gehindert, so wird im Körper aufgespeichert. Umwandlung in andere Substanzen erfolgt nicht[8]).

Der Harnstoffgehalt des Blutes morgens im nüchternen Zustande 0,35—0,36 °/₀₀, mit Schwankungen 0,31—0,40, nachmittags nach dem Essen 0,46 °/₀₀, mit Schwankungen 0,42—0,53[9]) Die durch in kurzen zeitlichen Zwischenräumen erfolgten Bestimmungen des Harnstoffs im Blut und im Harn bei 29 jungen Leuten zeigen, in ein Koordinatensystem eingetragen, ziemlich starke Abweichungen vom Mittelwert, woraus folgt, daß außer der Harnstoffkonzentration im Blut noch andere Faktoren die Menge im Harn beeinflussen. Bei den höheren Harnstoffkonzentrationen im Blut, wie sie durch Einnahme von Harnstoff erzeugt werden, war die relative Abweichung von den Mittelwerten geringer. Die starken Variationen der Harnstoffausscheidung bei kurzen Beobachtungsperioden stehen im Gegensatz zu der Gleichmäßigkeit der Ausscheidung innerhalb 8—24 Stunden. Bei diesen wechselnden Zahlen handelt sich es um eine Eigenschaft der Nierentätigkeit in allen Fällen[10]).

---

[1]) F. Boas, Berichte d. Deutsch. botan. Gesellschaft **37**, 63—65 [1919]; Chem. Centralbl. **1919**, III, 890.

[2]) K. Höfler u. A. Stiegler, Ber. d. Deutsch. botan. Gesellschaft **39**, 157 [1921]; Chem. Centralbl. **1921**, III, 829.

[3]) H. Kappen, Landwirtschaftl. Versuchsstat. **86**, 115—136 [1915];

[4]) Badische Anilin- u. Sodafabrik, Ludwigshafen a. Rh., D.R.P. Kl. 16, Nr. 286491 v. 25. Mai 1914 (13. Aug. 1915).

[5]) Th. Bokorny, Archiv f. d. ges. Physiol. **172**, 466—496 [1918]; Chem. Centralbl. **1919**, I, 553.

[6]) R. Otto, Land. Jahrb. **56**, Erg.-Bd. **1**, 69 [1921]; Chem. Centralbl. **1921**, III, 502.

[7]) Cyrus H. Fiske u. James B. Sumner, Journ. of Biolog. Chem. **18**, 285—295 [1914]; Chem. Centralbl. **1914**, II, 651.

[8]) E. K. Marshall jr. u. David M. Davis, Journ. of Biolog. Chem. **18**, 53—80 [1914]; Chem. Centralbl. **1914**, II, 580.

[9]) Biscons u. Rouzaud, Compt. rend de la Soc. de Biol. **83**, 6—7 [1920]. Chem. Centralbl. **1920**, I, 399.

[10]) T. Addis u. C. K. Watanabe, Journ. of Biolog. Chem. **29**, 391—398 [1917]; Chem. Centralbl. **1917**, II, 765.

Die Volumänderungen des jeweils produzierten Harns sind ohne Einfluß auf die ausgeschiedene Harnstoffmenge. Der Grad der Zunahme der Ausscheidungsgeschwindigkeit des Harnstoffs ist quantitativ unabhängig vom Grad der Volumzunahme[1]).

An gesunden jungen Leuten im Alter von 20—35 Jahren in der Weise angestellte Versuche, daß sowohl der Harnstoffgehalt des Blutes und des Harns wie auch die in 1 Stunde ausgeschiedene Harnmenge ermittelt wurde, beweisen, daß das Ambard-Weillsche Gesetz nicht zutrifft, und daß die Geschwindigkeit der Harnstoffausscheidung, nicht allein von der Konzentration des Harnstoffs im Blut und im Harn, sondern auch von anderen, bisher unbekannten Bedingungen abhängt[2]). In mittleren Lebensjahren zeigt der Gesamtrest-N des nüchternen Vollblutes der Hauptsache nach Strukturen, die Harnstoff als Hälfte der komplexen Größe erscheinen lassen. Mehr als die Hälfte der Beobachtungen liegt eng an 50% Harnstoff-N[3]).

Der Harnstoffanteil des Reststickstoffes (Nichteiweißstickstoffs) der Blutflüssigkeit in den verschiedenen Altersklassen. Harnstoff-N-Werte in 9 Stufen: St. 1: Harnstoff-N bis 6,0 mg pro 100 ccm Blut; St. 2: 6,0—8,0 mg; St. 3: 8,0—10,0 mg; St. 4: 10,0—13,0 mg; St. 5: 13,0 bis 16,0 mg; St. 6: 16,0—18,0 mg; St. 7: 18,0—20,0 mg; St. 8: 20,0—22,0 mg; St. 9: 22,0 und mehr mg. — Den engeren Mittelbereich, Stufe 5, erfüllen bei Altersklasse I (bis 2 Jahre) 25%; Altersklasse II (2—5 Jahre) 30%; Altersklasse III (5—10 Jahre) 16%; Altersklasse IV (10 bis 15 Jahre) 24%; Altersklasse V (15—20 Jahre) 50%; Altersklasse VI (20—30 Jahre) 49%; Altersklasse VII (30—40 Jahre) 47%; Altersklasse VIII (40—50 Jahre) 47%; Altersklasse IX (50—60 Jahre) 30%; Altersklasse X (60—70 Jahre) 19%; Altersklasse XI (70—80 Jahre) 17%; Altersklasse XII (80 und mehr Jahre) 11%. — Den erweiterten Mittelbereich, Stufe 4 und 6, erfüllen bei Altersklasse I 75% bzw. 65%, 76%, 82%, 78%, 74%, 70%, 59%, 52%, 43%, 39%. — Höhere Stufen vorzugsweise in den höheren Altersklassen[4]).

Chaussin[5]) glaubt bei Kaninchen und Senegalziegen einen in mehrtägigen Perioden schwingenden Rhythmus in der Ausscheidung von Harnstoff und Alkalicarbonaten feststellen zu können, die sich gegenseitig kompensieren.

Mit Hilfe des Xanthydrols konnte Oliver[6]) bei Ratten intravital nachweisen, daß die Harnstoffkonzentration der gewundenen Harnkanälchen größer ist als die des Blutes und aller übrigen Nierenzellen. Daraus folgt, daß er genau wie die übrigen Krystalloide in den Glomerulis ausgeschieden wird[6]).

Zwischen Plasma oder Ringerscher Lösung und Blutkörperchen ergab sich für Harnstoff der Verteilungskoeffizient 0,72—0,80, zwischen Plasma und wasserfreiem Fett 0,07, zwischen Plasma und den Sekreten des Organismus 1. In allen Geweben, außer Fettgeweben, und im Blute ist die Harnstoffkonzentration gleich[7]).

Der Gehalt des Blutes an NH_3 bei Kaninchen zeigt nach großen Gaben von Harnstoff deutliche Vermehrung; Vermehrung ist weniger deutlich, wenn Darmkreislauf ausgeschaltet ist. Dies spricht dafür, daß die Bildung von NH_3 im Darm erfolgt[8]).

Bei allen Bestimmungen in defibriniertem Rinderblut fand sich Harnstoff, und zwar etwa 80% der im Plasma enthaltenen Menge, auf gleiche Volumen bezogen[9]). Über Abweichungen des Harnstoffgehaltes im Blut bei einem und demselben Individuum siehe Hammett[10]).

Bei den normalen Placenten schwankte der Gehalt an Harnstoff von 1,7—12,9 mg für 100 g mit einem Durchschnitt von 5,8 mg, bei toxämischen von 2,5—24,4 mg mit dem Durch-

---

[1]) T. Addis u. C. K. Watanabe, Journ. of Biolog. Chem. **29**, 391—398 [1917]; Chem. Centralbl. **1917**, II, 765.

[2]) Thomas Addis u. C. K. Watanabe, Journ. of Biolog. Chem. **24**, 203 [1916]; Chem. Centralbl. **1916**, II, 748.

[3]) Joh. Feigl, Archiv f. experim. Pathol. u. Pharmakol. **83**, 257—270 [1918]; Chem. Centralbl. **1918**, II, 1046.

[4]) Joh. Feigl, Archiv f. experim. Pathol. u. Pharmakol. **83**, 190—203 [1918]; Chem. Centralbl. **1918**, II, 1046.

[5]) J. Chaussin, Journ. de Physiol. et de Pathol. gén. **18**, 1132 [1921]; Chem. Centralbl. **1921**, III, 52.

[6]) J. Oliver, Journ. of experim. Med. **33**, 177 [1921]; Chem. Centralbl. **1921**, III, 66.

[7]) K. L. Gad-Andresen, Biochem. Zeitschr. **116**, 266 [1921]; Chem. Centralbl. **1921**, III, 245.

[8]) George D. Barnett u. Thomas Addis, Journ. of Biolog. Chem. **30**, 41—46 [1917]; Chem. Centralbl. **1918**, I, 286.

[9]) K. L. Gad-Andresen, Biochem. Zeitschr. **107**, 250 [1920]; Chem. Centralbl. **1920**, III, 607.

[10]) Frederick S. Hammett, Journ. of Biolog. Chem. **41**, 599 [1920]; Chem. Centralbl. **1920**, III, 215.

schnitt von 10,3 mg N. Während von den ersten 67% weniger als 8,1 mg N in dieser Form enthielten, war dies bei den letzten nur in 40% der Fall[1]).

Das Verhältnis von Harnstoff zu Chloriden in den aufeinanderfolgenden Harnoperationen zeigt charakteristische, bei verschiedener Ernährung voneinander abweichende, bei gleicher konstante Tages- und Nachtschwankungen[2]).

Chlor- und Harnstoffgehalt des Blutserums kompensieren sich gewissermaßen, so daß bei steigendem Harnstoffgehalt der Cl-Gehalt sinkt und umgekehrt. Andererseits ist der Gefrierpunkt, obwohl er im großen und ganzen die Konzentration an Cl und Harnstoff widerspiegelt, nicht immer mit dem Gehalt des Blutserums an diesen beiden Stoffen in Einklang zu bringen[3]).

Im arbeitenden Muskel kreisendes Blut erhöht merklich den Harnstoffgehalt, wobei ein künstlicher Zusatz von Aminosäure nicht nötig ist. Fleischkost erhöht die Harnstoffbildung[4]).

Es besteht für den Harnstoffgehalt zwischen Gesamtblut und Serum kein bestimmtes Verhältnis, er ist in jenem bald höher als in diesem, bald gleich, bald niedriger. — Der Unterschied hängt nicht mit der Höhe des Gesamtgehaltes zusammen, wohl aber mit dem Zähigkeitsgrade, indem bei normaler Zähigkeit Abweichungen selten sind, und große Abweichungen meist zugunsten des Serums hauptsächlich bei stark erhöhter Zähigkeit vorkommen. Den Abweichungen im Harnstoffgehalt entsprechen auch solche im Cholesteringehalte fast immer im gleichen Sinne[5]).

Der Wert des Harnstoffs (Harnstoffstickstoff 8,3—16 mg pro 100 ccm) in Frauenmilch steht in enger Beziehung zu den in einer Reihe von Fällen ermittelten Werten im Blute[6]). Der Gehalt an Milchharnstoff wird durch die Art der Fütterung beeinflußt. Im Colostrum ist der Harnstoffgehalt erhöht und nähert sich erst am vierten Tage nach dem Kalben dem normalen Werte[7]).

Wird von der Urease der Robiniensamen, durch das Enzym der blauen Lupine und durch das Phasin der weißen Sojabohnen gespalten. — Wird von den NaCl-Auszügen der Samen von Delphinium consolida und Atriplex hortensis sowie Sphenostylis stenocarpa, durch die Enzyme der Erderbse, der Erdnuß, durch den Samenauszug von Datura Stramonium nicht verändert. — Wird durch das Enzym von Strophanthus gratus und Sesamsamen gespalten[8]).

Das in der Sojabohne enthaltene Ferment, die Urease, wird gewonnen, indem der aus 1 Teil Sojabohnenmehl und 5 Teilen Wasser erhaltene Extrakt sofort zentrifugiert oder filtriert und der wässerige Auszug in mindestens 10 Teile Aceton gegossen wird[9]). Im Gegensatz zu dem nach Hahn und Saphra[10]) erhaltenen Alkoholniederschlag ist das Produkt in Wasser leicht löslich. — Die Lösung stellt eine opalescierende Flüssigkeit dar. Unter gegebenen Bedingungen zersetzt eine bestimmte Menge Enzym eine bestimmte Menge Harnstoff pro Zeiteinheit, unbeeinflußt durch einen Überschuß an Harnstoff. — Zwischen 10 und 50° wird bei einer Temperaturerhöhung um 10° die Reaktionsgeschwindigkeit verdoppelt. Schwermetalle und Säuren zerstören die Wirksamkeit schon in geringer Konzentration, Alkalien sind weniger schädlich, doch hemmen auch schwache Basen. — Ammoniumcarbonat setzt die Geschwindigkeit um $^1/_8$ der optimalen herunter, so daß die Fermentwirkung sich selbst hemmt. Durch Zusatz von Kaliumdihydrophosphat oder Dikaliumhydrophosphat in äquimolekularen Mengen kann diese Wirkung wieder aufgehoben werden[9]).

---

[1]) Frederick S. Hammett, Journ. of Biolog. Chem. **34**, 515—520 [1918]; Chem. Centralbl. **1919**, I, 304.

[2]) J. Chaussin, Compt. rend. de la Soc. de Biol. **82**, 327—330 [1919]; Chem. Centralbl. **1919**, III, 74.

[3]) J. Chalier, R. Boulud, u. A. Chevalier, Compt. rend. de la Soc. de Biol. **84**, 984 [1921]; Chem. Centralbl. **1921**, III, 1146.

[4]) Ugo Lombroso, Atti della R. Accad. dei Lincei, Roma [5] **26**, I, 569—573 [1917]; Chem. Centralbl. **1917**, II, 307.

[5]) Biscons u. Rouzaud, Compt. rend. de la Soc. de Biol. **83**, 29—31 [1919]; Chem. Centralbl. **1920**, I, 439.

[6]) W. Denis, Fritz B. Talbot u. A. S. Minot, Journ. of Biolog. Chem. **39**, 47 [1919]; Chem. Centralbl. **1919**, III, 680.

[7]) W. Denis u. A. of S. Minot, Journ. Biolog. Chem. **38**, 453 [1919]); Chem. Centralbl. **1920**, III, 680.

[8]) Iwan L. Wakulenko, Landwirtschaftl. Versuchsstat. **82**, 313—391 [1913]; Chem. Centralbl. **1914**, I, 1959.

[9]) Donald D. van Slyke, Gotthard Zacharias u. Glenn E. Cullen, Dtsch. med. Wochenschr. **40**, 1219—1221 [1914]; Chem. Centralbl. **1915**, I, 1094.

[10]) Hahn u. Saphra, Dtsch. med. Wochenschr. **40**, 430 [1914]; Chem. Centralbl. **1915**, I, 1094.

Der durch Sojabohnenurease bestimmte Harnstoffgehalt menschlicher Placenta nimmt bei längerem Stehen unter aseptischen Bedingungen erheblich zu[1]. Quellen des gebildeten Harnstoffs unbekannt. In der Placenta scheinen Stoffwechselprozesse sich zu vollziehen, zu denen der Foetus selbst nicht befähigt ist[2].

Kleine Mengen steigern die Bildung der Katalase nicht, größere Mengen erhöhen die Bildung von Katalase[3].

Die überlebende Leber des Kaninchens und der Katze ist fähig, bei der Durchblutung mit $(NH_4)_2CO_3$ das NH_3 teilweise in Harnstoff, und zwar in der zweiten Hälfte in größerem Betrage umzuwandeln. Bei Durchblutung mit dem eigenen defibrinierten Blut, dem in 100 ccm 44 mg N in Form von Glykokoll zugesetzt waren, ergab keine Vermehrung der Harnstoffmenge in der Durchblutungsflüssigkeit. Die Bildung von Harnstoff aus Aminosäuren konnte nicht schlüssig nachgewiesen werden[4].

Versuche bezüglich Art und Ort der Bildung von Harnstoff haben gezeigt, daß die Durchströmung einer Hungerleber von Hunden ohne Zusatz N-haltiger Substanz bereits zur Anreicherung der Durchströmungsflüssigkeit an Harnstoff führen kann. Die Ermittlung der Harnstoffquellen wird deshalb nur dann gelingen, wenn eine entsprechende Abnahme der betreffenden Substanz konstatiert werden kann, ohne gleichzeitige Anreicherung der Flüssigkeit an NH_3. Die überlebende Leber vermag NH_4-Salze und $(NH_4)_2CO_3$ organischer und anorganischer Säuren in Harnstoff zu verwandeln. NH_2-Gruppe primärer Amine spaltet die Leber ab und verwandelt in Harnstoff. Die Reste werden vollständig oder zum Teil (je nach der Verbreitung) oxydiert. — Trimethylamin wird nach Entmethylierung in Harnstoff umgewandelt[5].

Der Leber kommt eine wichtige Rolle bei der Bildung von Harnstoff aus Aminosäuren zu[6].

Bei den Wirbeltieren, bei denen Harnstoff das Endprodukt des N-Stoffwechsels darstellt, enthalten die Nieren den meisten Harnstoff, der Gehalt des Blutes sowie der anderen Gewebe an Harnstoff ist ungefähr der gleiche. Hennen, denen Alanin eingeführt ist, zeigen keine Erhöhung des Harnstoffgehaltes, weder im Blut noch in den Geweben, woraus folgt, daß Harnstoff keine Stufe des intermediären Stoffwechsels der Aminosäuren bei der Henne darstellt. Die Nieren der Henne haben den gleichen Harnstoffgehalt wie die anderen Gewebe[7].

Harnstoff häuft sich in der Niere nach Durchschneidung des Rückenmarks nicht an, im Gegensatz zu indigosulfosaurem Salz in den Versuchen an Kaninchen von Heidenhain[8].

Unter dem Einflusse von Thymol ergibt sich für den Eintritt von Harnstoff in Rinderblutkörperchen eine Verzögerung[9].

Durchströmung der Leber von Hunden und Kaninchen mit Blut ohne Zusatz führte zu keiner nennenswerten Bildung von Harnstoff, wenn die Leber nach 72stündigem Hungern entnommen war, wohl aber bei während der Verdauung entnommenen. Erhebliche Anreicherung des Blutes an Harnstoff bei Zusatz von NH_4-Salzen, Glykokoll, Alanin, Leucin, Asparaginsäure, Glutaminsäure oder Serin, nicht merklich nach Tyrosin, Cystin (?) oder Taurin[10].

Der Harnstoffgehalt des Blutes und der Gewebe von Meerschweinchen, die bei ausschließlicher Haferkost gehalten werden, ist mehrfach so hoch wie in der Norm. Diese skorbutähnlichen Erscheinungen blieben aus, wenn mit dem Hafer kleine Mengen Kohl oder Orangen gereicht wurden, Blut zeigte lange Zeit den normalen Harnstoffgehalt. Hungerzustand und Mangel an Wasser sind keine ausschlaggebenden Faktoren[11].

Wert und Bestimmung der Ambardschen Konstante. Wenn die Niere Harnstoff in einer konstanten Konzentration ausscheidet, so schwankt die Ausscheidung (die in 24 Stun-

---

[1] Journ. of Biolog. Chem. **33**, 381 [1919]; Chem. Centralbl. **1919**, II, 8.

[2] Frederick S. Hammett, Journ. of Biolog. Chemie **37**, 105—112 [1919]; Chem. Centralbl. **1919**, I, 879.

[3] W. E. Burge, Amer. Journ. of Physiol. **50**, 165—173 [1919]; Chem. Centralbl. **1921**, I, 303.

[4] Cyrus H. Fiske u. Howard T. Karsner, Journ. of Biolog. Chem. **16**, 399—415 [1913]; Chem. Centralbl. **1914**, I, 1098.

[5] Wilhelm Löffler, Biochem. Zeitschr. **85**, 230—294 [1918]; Chem. Centralbl. **1918**, I, 640.

[6] B. C. P. Jansen, Journ. of Biolog. Chem. **21**, 557—561 [1915]; Chem. Centralbl. **1915**, II, 846.

[7] Walter G. Karo u. Howard B. Lewis, Journ. of Amer. Chem. Soc. **38**, 1615—1620 [1916]; Chem. Centralbl. **1916**, II, 1037.

[8] Arthur R. Cushny, Journ. of Physiol. **51**, 36—44 [1917]; Chem. Centralbl. **1917**, II, 106.

[9] Gertrud Katz, Biochem. Zeitschr. **90**, 153—165 [1918]; Chem. Centralbl. **1919**, I, 50.

[10] Wilhelm Löffler, Biochem. Zeitschr. **76**, 55—75 [1916]; Chem. Centralbl. **1916**, II, 583.

[11] Howard R. Lewis u. Walter G. Karr, Journ. of Biolog. Chem. **28**, 17—25 [1916]; Chem. Centralbl. **1917**, I, 887.

den ausgeschiedene Harnmenge = D) proportional mit dem Quadrat der Harnstoffkonzentration im Blut. Wenn die Harnstoffkonzentration des Harns (C) schwankt, so ist D umgekehrt proportional der Quadratwurzel aus der Harnstoffkonzentration im Harn, vorausgesetzt, daß der Harnstoffgehalt des Blutes (U) konstant ist. Schwankt sowohl U wie C, so ändert sich D direkt proportional dem Quadrat des Harnstoffgehaltes im Blut und umgekehrt proportional der Quadratwurzel aus der Harnstoffkonzentration des Harns[1].

Zur logarithmischen Berechnung der Ambardschen Konstante K aus der Gleichung[2]:

$$K = \sqrt{\dfrac{U}{D \cdot \dfrac{70}{P} \cdot \sqrt{\dfrac{C}{25}}}}$$

oder mit eingesetztem Wert D für die in 24 Stunden abgeschiedene Harnmenge:

$$K = \sqrt{\dfrac{U}{\dfrac{V \cdot 1440}{T} \cdot \dfrac{70}{P} \cdot \sqrt{\dfrac{C}{25}}}},$$

worin U den Gehalt des Blutes an Harnstoff in 1000 Teilen, P das Körpergewicht, C den Gehalt des Harns an Harnstoff in 1000 Teilen, V das Harnvolumen, T die vorausgegangene Zeit in Minuten darstellt, gelangt man nach passender Umformung auf die Beziehung $\log K = {}^1/_4 \log N + \log U + {}^1/_2 \log T + {}^1/_2 \log P - {}^1/_2 \log V - {}^1/_4 \log C$, wo N den Wert des Verhältnisses $\dfrac{25}{1440 \cdot 70}$ bedeutet. Zur Vereinheitlichung der Rechnung in eine einzige Addition setze man an Stelle der beiden Subtrahenten deren dekadische Ergänzung, die durch entsprechende Ergänzung auf eine durch 2 bzw. 4 teilbare Kennziffer, z. B. $\bar{3},309,80 = \bar{4} + 1,30980$ gebracht wird, woraus sich für die endgültige Rechnung folgendes Schema $\log K = \bar{3},84775 + \log U + {}^1/_2 \log T + {}^1/_2 \log P + {}^1/_2 \mathrm{Log}\ V + {}^1/_4 \log C$ ergibt[2].

Versuche an Ratten bezüglich der Stickstoffausscheidung ergaben, daß Harnstoff in einzelnen Fällen Stickstoffretention bewirkte, die in anderen Fällen ganz fehlte. Harnstoff findet im Zellstoffwechsel keine direkte Verwendung zur Bildung von Aminosäuren[3].

Die Bedeutung der Ambardschen Konstante für die Charakterisierung gewisser Nierenerkrankungen wird erörtert[4].

Die Ambardsche Zahl ist nicht unter allen Umständen konstant, nicht einmal beim gleichen Menschen, auch nicht, wenn man die Formel durch Beziehung des Körpergewichtes auf das Durchschnittsgewicht von 70 kg ändert. Im Mittel wurde die Konstante, auf Harnstoff-N berechnet, zu 0,09—0,1 gefunden gegen 0,06—0,08 ccm Harnstoff berechnet, bei Ambard und Weil. Bei Darreichung von Wasser stieg die Konstante, bei Darreichung von Harnstoff traten Schwankungen ein[5].

Die Bestimmung des hämorenalen Index der Harnstoffausscheidung ist für den Nachweis einer Schädigung der wichtigsten Nierenfunktion, der Stickstoffausscheidung, den bisher gebräuchlichen Methoden überlegen und ermöglicht auch eine annähernd quantitative Abschätzung des Funktionsausfalls der kranken Niere[6].

Über die Prüfung der Nierentätigkeit mit Beobachtungen über den „Harnstoffkoeffizienten"[7].

Im großen ganzen verhält sich die Maximalkonzentration (Konzentration, bis zu der ein Körper im Harn ausgeschieden werden kann) im Harnstoff bei Kindern wie bei Erwachsenen. Die Konstante der Harnstoffsekretion (Verhältnis der Konzentration von Harnstoff in Serum und

---

[1]) L. Grimbert, Journ. de Pharm. et de Chim. 8, 461—469 [1913]; Chem. Centralbl. 1914, I, 49.

[2]) Eug. Cordonnier, Bull. des sciences pharmacol. 26, 462 [1919]; Chem. Centralbl. 1920, II, 427.

[3]) Emil Abderhalden, Zeitschr. f. physiol. Chemie 96, 1—147 [1915]; Chem. Centralbl. 1916, I, 801—803.

[4]) B. Albert, Biochem. Zeitschr. 93, 89—93 [1918]; Chem. Centralbl. 1919, I, 570.

[5]) Werner Wolf, Biochem. Zeitschr. 94, 261—267 [1919]; Chem. Centralbl. 1919, III, 244.

[6]) H. Guggenheimer, Zeitschr. f. experim. Pathol. u. Ther. 21, 141 [1918]; Chem. Centralbl. 1920, IV, 463.

[7]) H. Mac Lean u. O. L. V. de Wesselow, Brit. journ. of exp. pathol. 1, 53—65 [1920]; Chem. Centralbl. 1921, II, 62.

Harn) muß für Kinder wegen ihres geringen Körpergewichtes mit einer Modifikation der Ambardschen Formel berechnet werden[1].

Quantitative Bestimmung des ausgeschiedenen Harnstoffes hat ergeben, daß beide Konstanten von derselben Größenordnung sind und parallel gehen[2]. Das Verhältnis der Art der Ausscheidung des Harnstoffs (D) zur Konzentration des Harnstoffs im Blut (B), also $\frac{D}{B}$ ist wichtig zur Erkennung der Funktionstüchtigkeit der Nieren[3].

Gegenüber den Resultaten von Abderhalden, Hirsch und Lampé[4] werden durch einen am Schwein ausgeführten Versuch die früheren Resultate[5], demnach bei günstiger Wahl der Versuchsbedingungen mit Harnstoff sehr erhebliche Stickstoffretentionen erzielen lassen, bestätigt[6].

Schweinen wurden unterhalb der Abnutzungsquote gelegene Eiweißgaben gefüttert unter gleichzeitiger Beigabe von Ammoniumsalzen oder Harnstoff. Das Versuchstier nahm ganz normal an Gewicht zu und verhielt sich überhaupt in jeder Beziehung wie das mit viel Eiweiß gefütterte Kontrolltier, so daß mit größter Wahrscheinlichkeit behauptet werden kann, daß es sich bei den mit NH_4-Salzen und Harnstoff erzielten dauernden Retentionen um Ansatz eiweißhaltiger Substanzen handelt[7].

Die Verfütterung von Benzoesäure an Schweine, die auf den niedrigsten Stand ihres endogenen N-Stoffwechsels gebracht waren, führte unter Heranziehung erheblicher Mengen von N aus dem Harnstoff in Form von Glykokoll zur Synthese von Hippursäure[8].

Unter gewissen Voraussetzungen kann das Verhältnis der im Harn in 1 Stunde ausgeschiedenen Menge zu der in 100 ccm Blut enthaltenen einen Anhalt für Harnstoffausscheidungsfunktion der Niere geben. Dieses Verhältnis wurde an Kaninchen vor und nach Zerstörung einer Niere bei gleicher Ernährung und Zufuhr der gleichen Menge Wasser bestimmt. Nach der Operation zeigte sich eine Änderung des Verhältnisses nur dann, wenn Harnstoff injiziert wurde. Das Herabgehen ist in diesem Falle dahin zu deuten, daß die verbliebene Niere geringere Kapazität für die Harnstoffausscheidung hat als beide vor der Operation[9].

Der Verlauf der Ausscheidung von verabreichtem Harnstoff bei jungen, gesunden Erwachsenen bei konstanter Diät ließ keine wesentliche Verschiedenheit der Nierenarbeit erkennen. Keine Anhaltspunkte für „Nierenermüdung". Hauptanteil des zugeführten Harnstoffs wird während des Tages, der Rest in der Nacht ausgeschieden. Ein kleiner Teil blieb nach 24 Stunden im Körper zurück[10].

Bei dem funktionellen Versagen der Niere bei asystolischen Herzkranken in der Periode der Oligurie ließ sich ein Fall feststellen, wo die Kurve für Ausscheidung von Albumin derjenigen für Ausscheidung von Harnstoff entgegengesetzt verläuft. Umgekehrt ließ sich im Verlaufe polyurischer Krisen, wobei fast stets große Mengen Harnstoff ausgeschieden werden, beispielsweise im Augenblick der Resorptionen von Ödemen bei Asystolikern, eine Art übermäßiger Funktion feststellen, indem das Konzentrationsvermögen des Nierenparenchyms für Harnstoff über das Normale hinaus anstieg[11].

---

[1] Apert, Cambessédès u. de Rio-Branco, Bull. et mém. de la soc. méd. des hôp. de Paris **36**, 933—937 [1920]; ausführl. Ref. Ber. ges. Physiol. **5**, 75 [1921]; Chem. Centralbl. **1921**, I, 427.

[2] H. Chabanier u. M. Lebert, Compt. rend. de la Soc. de Biol. **84**, 548 [1921]; Chem. Centralbl. **1921**, III, 362.

[3] J. Harved Austin, E. Stillman u. D. D. v. Slyke, Journ. of Biolog. Chem. **46**, 91 [1921]; Chem. Centralbl. **1921**, III, 378.

[4] Abderhalden, Hirsch u. Lampé, Zeitschr. f. physiol. Chemie **82**, 1 [1912], **84**, 218 [1913].

[5] E. Grafe, Zeitschr. f. physiol. Chemie **78**, 500 [1912]; E. Grafe u. K. Turban **83**, 25 [1913].

[6] E. Grafe, Zeitschr. f. physiol. Chemie **86**, 347—355 [1913]; Chem. Centralbl. **1913**, II, 1315.

[7] E. Grafe, Zeitschr. f. physiol. Chemie **88**, 389—424 [1913]; Chem. Centralbl. **1914**, I, 698.

[8] E. V. McCollum, u. D. R. Hoagland, Journ. of Biolog. Chem. **16**, 321—325 [1913]; Chem. Centralbl. **1914**, I, 808.

[9] T. Addis u. C. K. Watanabe, Journ. of Biolog. Chem. **28**, 251—259 [1916]; Chem. Centralbl. **1917**, I, 887.

[10] T. Addis u. C. K. Watanabe, Journ. of Biolog. Chem. **27**, 249—266 [1916]; Chem. Centralbl. **1917**, I, 969.

[11] Ch. Achard u. A. Leblanc, Compt. rend. de la Soc. de Biol. **81**, 155—158 [1918]; Chem. Centralbl. **1919**, I, 245.

Bei Niereninsuffizienz und N-Retention nehmen die N-haltigen Endprodukte in der Spinalflüssigkeit zu. Die Konzentration des Harnstoffes in der Spinalflüssigkeit beträgt 88% von der des Blutes[1]).

Exstirpiert man einem Hund das Pankreas und injiziert dann in die Vena jugularis oder in den Pfortaderkreislauf Pankreasextrakt, so werden die durch die Pankreasexstirpation erhöhten Harnstoffmengen im Blut und im Urin beträchtlich vermindert[2]).

Bei alimentärer Intoxikation steigt der Harnstoffspiegel beim Säugling, wenn die Nierenfunktion ungestört ist, bis zu 62,5 mg, bei gestörter Nierenfunktion auf über 100 mg. Bei der Entgiftung gehen Schwinden der toxischen Symptome und Sinken des Harnstoffspiegels Hand in Hand. Die bei allen von toxischen Symptomen begleiteten Ernährungsstörungen festgestellte Erhöhung des Harnstoffspiegels im Blute wird zurückgeführt auf toxisch wirkende Produkte des Darminhalts, die auf Grund vermehrter Durchlässigkeit des Darmes in den Körper gelangen und dort einen erhöhten prozentualen Eiweißgehalt hervorrufen[3]).

Harnstoff spielt bei ödematösen Erscheinungen keine Rolle; selbst die intravenöse Injektion konz. Lösungen ist nicht von Ödem gefolgt[4]).

Bei einer Patientin mit Epilepsie wurden im Intervall nach der Methode von Moog mit dem Ureometer von Ivon 0,25, 0,40, 0,33 g Harnstoff in 1 l Blut gefunden. — 12 Stunden vor einem Anfall war 0,84 g Harnstoff, 12 Stunden nach Abklingen des Anfalles noch 0,47 g Harnstoff vorhanden[5]). Bei Diurese tritt Verdoppelung der Harnstoffausscheidung ein[6]). Harnstoffretention kommt bei chronisch interstitieller Nephritis, bei Sublimatvergiftung und bei beiderseitiger multipler Cystenniere vor. Hohe Werte von Harnstoff werden häufig bei Pneumonie, allgemeiner Carcinomatose und Darmverschluß gefunden[7]). Der Harnstoff ist im Endstadium der Brightschen Krankheit im Blut sehr stark erhöht, während der Stickstoffspiegel annähernd normal bleibt. Man kann daher nur den Harnstoffspiegel im Blut bei Nephritikern als prognostisch wichtig betrachten[8]).

. Harnstoff als Diureticum bei Hydrops der Nierenkranken[9]). Hélouin[10]) sieht im Harnstoff den Urheber der toxischen Erscheinungen, die beim Tier nach 3 g pro kg Körpergewicht erzeugt werden können[10]).

Im Blute von Genesenden kann nach mäßigen Marschleistungen der Rest-N, teils als komplexe Größe, teils in der Harnstofffraktion, teils in beiden gemeinsam, bei leicht gestörter Nierenfunktion anwachsen[11]). Harnstoff ist im Stoffwechsel in der progressiven Paralyse sehr häufig beträchtlich relativ vermindert bis auf etwa 50% des Gesamt-N, ohne erkennbaren Zusammenhang mit den Schwankungen in diesem oder im Gehalte an NH_3[12]). Harnstoffgehalt des Blutes nach Operationsnarkosen war fast regelmäßig erhöht. Nach Chloroformnarkose durchschnittliche Zunahme für Harnstoff 0,27 g im Liter; nach Äthernarkose 0,12 g[13]). Harnstoffgehalt des Harns während der infektiösen Grippe ist relativ erhöht, beträgt jedoch nur 30—40% der Harntrockensubstanz gegenüber 50% im normalen Harn[14]).

[1]) Victor C. Myers u. Morris S. Fine, Journ. of Biolog. Chem. **37**, 239—244 [1919]; Chem. Centralbl. **1919**, III, 109.

[2]) Paulesco, Compt. rend. de la Soc. de Biol. **85**, 555—559 [1921]; Chem. Centralbl. **1922**, I, 66.

[3]) Robert Wilmanns, Monatsschr. f. Kinderheilk. **21**, 31—38 [1921]; Chem. Centralbl. **1922**, I, 69.

[4]) Martin H. Fischer u. Anna Sykes, Kolloid-Zeitschr. **16**, 129 [1915]; Chem. Centralbl. **1915**, II, 900.

[5]) H. Dufour u. G. Semelaigne, Bull. et mém. de la soc. méd. des hôp. de Paris **36**, 58 [1920]; Chem. Centralbl. **1920**, III, 63.

[6]) E. K. Marshall jr., Journal of pharmacol. a. exp. therapeut. **16**, 141—154 [1920]; Chem. Centralbl. **1921**, I, 44.

[7]) Victor C. Myers, Journ. Laborat. clin. Med. **5**, 418—428 [1920]; Chem. Centralbl. **1921**, I, 191.

[8]) M. Laudat, Compt. rend. de la Soc. de Biol. **84**, 23—25 [1921]; Chem. Centralbl. **1921**, I, 546.

[9]) H. Strauß, Berl. klin. Wochenschr. **58**, 375 [1921]; Chem. Centralbl. **1921**, III, 129.

[10]) Hélouin, Presse méd. **28**, 797 [1920]; Ref.: Ber. ges. Physiol. **6**, 525 [1921]; Chem. Centralbl. **1921**, III, 140.

[11]) Joh. Feigl, Biochem. Zeitschr. **84**, 332—353 [1917]; Chem. Centralbl. **1918**, I, 455.

[12]) Rudolf Allers, Biochem. Zeitschr. **96**, 106—116 [1919]; Chem. Centralbl. **1919**, III, 687.

[13]) Rouzaud, Compt. rend. de la Soc. de Biol. **82**, 727—728 [1919]; Chem. Centralbl. **1919**, I, 837.

[14]) J. Amann, Schweiz. Apoth.-Ztg. **57**, 549—552 [1919]; Chem. Centralbl. **1919**, III, 1077.

Die Beobachtungen, daß eine unmittelbare und dauernde Steigerung der Harnstoff-ausscheidung ein günstiges Anzeichen für die Prognose der Sublimatnephritis darstellt, wurden an durch $HgCl_2$-Injektion nephritisch gemachten Kaninchen bestätigt. Nach einer Periode spärlicher N-Ausscheidung und verminderter Diurese erfolgt ein plötzliches Ansteigen der Harn-stoffausscheidung und Steigerung der Diurese. Die Hyperleucocytose klingt ab. Die Harn-stoffausscheidung ist nicht nur auf retinierten N, sondern auch auf Bildung von Harnstoff aus dem durch $HgCl_2$ zerstörten Gewebe und aus dem Zerfall der Leukocyten zurückzuführen[1]).

Der Harnstoffgehalt der cephalorachitischen Flüssigkeit bei den Tetanuskranken schwankte zwischen 0,60—2 g pro l; Gehalt über 1,20 g pro l erscheint sehr bedenklich, bei der tuberkulösen Meningitis steigt nur sehr wenig über den normalen; bei der Meningitis cerebro-spinalis steigt er nur mäßig, wenn sogleich mit dem spezifischen Serum behandelt wird; bei den spät zur Behandlung gelangten Fällen ist er anfangs sehr hoch, bleibt er höher als 0,80 g pro l, so ist wenig Hoffnung auf Genesung. — Harnstoffgehalt des Blutes von 30 Typhuskranken schwankte zwischen 0,72 und 1,48 g pro l. Verhältnis des Harnstoffgehaltes der cephalorachi-tischen Flüssigkeit zu demjenigen des Blutes (bei Gesunden 1 : 4) war bei Typhuskranken größer als 1 : 3, bei Meningitis cerebrospinalis größer als 1 : 3 und 1 : 2. Bei Fällen schwerer Urämie näherte sich das Verhältnis der Zahl 1 und überschritt diese Zahl bei tödlichen Fällen. — Typhus- und Meningitiskranke scheiden in der Genesung starke Mengen von Harnstoff, 25—35 g pro l, aus[2]).

Über die Schwankungen im Gehalt des Blutes an Gesamtharnstoff, Stickstoff und Rest-stickstoff bei Urämikern siehe Gruat und Rathery[3]).

Der Harnstoffstickstoff ist gegenüber den Versuchen von Frank[4]) und Frank und Schittenhelm[5]) in der Nucleinsäureperiode bei einem Stoffwechselversuche nicht erhöht[6]).

Die intravenöse Injektion von Harnstoff in einer Nährlösung von Glucose, Na-Acetat, Na-Citrat und NaCl, bewirkte keine N-Ablagerung im Organismus der Ziegen. Die von anderen Autoren beobachtete N-Retention bei Verfütterung von Harnstoff dürfte demnach auf bak-terieller Wirkung im Darmkanal beruhen, oder es handelte sich um einfache Retention in un-veränderter Form. — Nach der intravenösen Injektion bei Truthähnen wurde der Harnstoff nicht in Harnsäure umgewandelt, sondern unverändert durch die Nieren ausgeschieden[7]).

Die Stickstoffverteilung in den Geweben des Hundes, bestimmt nach intravenöser Zu-fuhr von NH_3, Harnstoff und Glykokoll, weist keine, auch nur annähernd konstanten Werte oder ein bestimmtes Verhältnis auf. Die physiologischen Verschiedenheiten sind so groß, und die Unterschiede nach Ernährung mit Kost von verschiedenem N-Gehalte fallen nicht ins Gewicht. Injizierte Substanzen werden in der Leber und Muskeln angehäuft, wo Harnstoff deaminisiert wird[8]).

Nach Einführung von Harnstoff beim Menschen per os besitzt das Blut stärker alkalische Reaktion, gemessen an der prozentualen Sättigung mit O_2 in Berührung mit einem Gasgemisch von 17 mm O_2-Druck nach dem Verfahren von Kato[9]). Der danach erwartete Einfluß auf die Alveolarluft besteht aber jedenfalls nur in geringem Grade[10]).

Ist beim vorher hungernden Menschen ohne Einfluß auf die Harnsäureausscheidung[11]). Bei ausgewachsenen und jungen Ratten findet man nach Eiweißfütterung den Harnstoff-gehalt der Gewebe merklich erhöht. Die Leber ist sowohl am hungernden wie am gefütterten

[1]) Pietro Montuschi, Arch. di Farmacol. sperim. 20, 193—210 [1915]; Chem. Centralbl. 1916, I, 225.

[2]) O. Ferrier, Journ. de Pharm. et de Chim. [7] 12, 314—318 [1915]; Chem. Centralbl. 1916, I, 1181.

[3]) E. Gruat u. F. Rathery, Compt. rend. de la soc. de Biol. 83, 766 [1920]; Chem. Centralbl. 1920, III, 264.

[4]) Frank, Archiv f. experim. Pathol. u. Pharmakol. 68, 349 [1913].

[5]) Frank u. Schittenhelm, Zeitschr. f. physiol. Chemie 63, 269 [1909].

[6]) Max Dohrn, Zeitschr. f. physiol. Chemie 86, 130—136 [1913]; Chem. Centralbl. 1913, II, 703.

[7]) V. Henriques u. A. C. Andersen, Zeitschr. f. physiol. Chemie 92, 21—45 [1914]; Chem. Centralbl. 1914, II, 722.

[8]) Gertrude Dorman, Cathcart, Biochem. Journ. 10, 197—244 [1916]; Chem. Centralbl. 1916, II, 1172.

[9]) Kato, Journ. of Physiol. 50, 37 [1916].

[10]) Goro Momose, Biochem. Journ. 9, 485—491 [1915]; Chem. Centralbl. 1916, II, 1175.

[11]) Howard B. Lewis, Max S. Dunn u. Edward A. Doisy, Journ. of Biolog. Chem. 36, 9—26 [1918]; Chem. Centralbl. 1919, I, 485.

Tier reicher an NH_3 und Harnstoff als die Muskeln[1]). In die durch Schröpfkopf oder Punktieren zugänglich gemachte Haut eingeführter Harnstoff veranlaßt Urticaria, welche wahrscheinlich auf eine spezifische Zunahme der Durchgängigkeit der Capillaren zurückzuführen ist[2]).

Versuche zeigten, daß bei Wiederkäuern, in deren Verdauungskanal die Wirkung der Bakterien eine bedeutende Rolle spielt, Harnstoff die Rolle des Eiweißes im Stoffwechsel zu übernehmen vermag, indem er zunächst zu Bakterieneiweiß aufgebaut wird, das der Darm bis zu 80—90% resorbiert. Amide sind demnach dem verdaulichen Eiweiß zuzurechnen[3]).

Wiederkäuer können ihren gesamten Bedarf an N-haltigen Nährstoffen für den Eiweißumsatz und -ansatz aus dem Harnstoff decken. Versuche mit $^1/_4$ jährigen Lämmern[4]). Harnstoff wird als Futtermittel mit zuckerhaltigen Stoffen angewendet[5]).

Der retinierte Stickstoff kann sich nach Harnstoffzufuhr sehr verschieden auf das Blut und übrigen Körper verteilen und ein normaler Stickstoffrest ist kein Beweis für das Fehlen einer Stickstoffretention, umgekehrt erhöhter Stickstoffrest kein Beweis für das Bestehen einer solchen[6]).

Intravenös verabreichte 30 proz. Harnstofflösungen (20 ccm) haben sich in weit höherem Maße als Zuckerlösungen zur Herabsetzung von Hypersekretionszuständen des Magens in 3 Fällen als wirksam erwiesen. Die Beeinflussung der Drüsensekretionen stellt nämlich eine allgemeine Wirkung intravenös verabreichter hypertonischer Lösungen überhaupt dar. Wirkung von Salvarsan wird durch 30 proz. Harnstofflösung verstärkt[7]).

Physikalische und chemische Eigenschaften: Löslichkeit bei 20—25° in 100 g Wasser 79,00 g, in 100 g 50 proz. Pyridin 21,53 g, in 100 g reinem Pyridin 0,96 g[8]).

Die Dissoziation von Harnstoff

$$HN:C{<}^{NH_3}_{|O} \longrightarrow (HNCO \rightleftarrows HOCN) + NH_3$$

tritt erst bei 90° ziemlich schnell ein. Durch Bestimmung der zersetzten Harnstoffmenge beim Erhitzen auf 100°, bei Gegenwart von Essigsäure, Salpetersäure oder Salzsäure wies Werner nach, daß die Zersetzung um so größer, je schwächer die Säure ist. Da freier Harnstoff nicht ionisiert ist, verzögert die Gegenwart von NH_4-Ionen nicht den Zerfall[9]).

Die Zersetzung des Harnstoffs in wässerig-alkoholischer Lösung ist keine Hydrolyse, sondern eine Zersetzung über das Ammoniumcyanat. Der Zusatz von Alkohol verzögert zwar die Zersetzung des Harnstoffs, während er die Umwandlung von Ammoniumcyanat in Harnstoff beschleunigt, doch behält man in Gegenwart von Alkohol bei verschiedenen Temperaturen befriedigende monomolekulare Konstanten und denselben Temperaturkoeffizienten, 3,5, wie in wässeriger Lösung, so daß der Alkohol den Mechanismus der Reaktion nicht zu beeinflussen scheint. Die Geschwindigkeit der Zersetzung des Harnstoffs ist durch die Geschwindigkeit des Zerfalls des Ammoniumcyanats in NH_3 und CO_2 bestimmt, die durch HCl beschleunigt wird. Durch den Alkohol wird bis zu einer Konzentration von 75% die aktive Masse des freien Harnstoffs durch Verminderung der Hydrolyse des Hydrochlorids nicht wesentlich vermindert, was durch Messung der Geschwindigkeit der Rohrzuckerhydrolyse festgestellt wird. Eine Zersetzung des Harnstoffs über Ammoniumcarbamat oder -carbonat findet in nachweisbarer Menge nicht statt. Die Verzögerung durch Alkohol dürfte in einer Hemmung des Zerfalls des Ammoniumcyanats bestehen. — Bei 71,25° zersetzt sich $^1/_7$ des Harnstoffs in $^1/_{10}$ n-Lösung in Wasser in 9430 Minuten, in 40 proz. Alkohol in 20300 Minuten; in Gegenwart von $^1/_{10}$ n-HCl

---

[1]) H. H. Mitchell, Journ. of Biolog. Chem. **36**, 501—520 [1918]; Chem. Centralbl. **1919**, I, 762.

[2]) Torald Sollmann u. J. D. Pilcher, Journ. of pharmacol. a. exp. therapeut. **9**, 309—340 [1917]; Chem. Centralbl. **1919**, III, 936.

[3]) Wilhelm Völtz, Biochem. Zeitschr. **102**, 151—227 [1920]; Chem. Centralbl. **1920**, I, 781.

[4]) W. Völtz, Wochenschr. f. Brauerei **36**, 352—354 [1919]; Chem. Centralbl. **1920**, II, 199—200.

[5]) Verein der Spiritusfabrikanten in Deutschland, D. R. P. 325 443, Kl. 53g, ausg. 1920, Chem. Centralbl. **1920**, IV, 573.

[6]) Nonnenbruch, Archiv f. experim. Pathol. u. Pharmakol. **89**, 200 [1921]; Chem. Centralbl. **1921**, III, 69.

[7]) Karl Stejskal, Wiener. klin. Wochenschr. **34**, 343—344 [1921]; Chem. Centralbl. **1921**, III, 888.

[8]) William M. Dehn, Journ. of Amer. Chem. Soc. **39**, 1399—1404 [1917]; Chem. Centralbl. **1918**, I, 49.

[9]) Emil Alphonse Werner, Journ. Chem. Soc. London **117**, 1078—1081 [1920]; Chem. Centralbl. **1921**, I, 80.

ist $k^{71,25} \cdot 10^5$ in Wasser 2,77, in 20 proz. Alkohol 2,47, in 40 proz. Alkohol 2,24, in 60 proz. Alkohol 1,85, in 90 proz. Alkohol 1,12[1]).

Erhitzt man Harnstoff in 5 n-alkoholischer Lösung 2 Stunden auf 150°, so erhält man Urethan in 42% Ausbeute[2]). Verhalten in alkalischer Lösung bei der Zersetzung von Glucose: neutral; in saurer Lösung bei der Inversion von Rohrzucker: neutral[3]). Wenn Natriumhypobromit auf Harnstoff einwirkt, entsteht neben Stickstoff Kohlenoxyd[4]).

Nach E. A. Werner[5]) ist die bisherige Ansicht über den Mechanismus der Reaktion zwischen Harnstoff und salpetriger Säure, die durch die Gleichung $CO(NH_2)_2 + 2\,HNO_2 \to CO_2 + 2\,N_2 + 3\,H_2O$ ausgedrückt wird, irrtümlich. Harnstoff und reine salpetrige Säure reagieren nicht. Nur die Gegenwart einer starken Säure ruft eine Reaktion hervor, die einer schwachen nur in abnorm hoher Konzentration. Danach reagiert der Harnstoff zuerst mit einer starken Säure durch Salzbildung:

$$\mathrm{HN:C}\!\!\begin{array}{c}\diagup \mathrm{NH_3}\\ |\\ \diagdown \mathrm{O}\end{array} + \mathrm{HX} \longrightarrow \mathrm{HN:C}\!\!\begin{array}{c}\diagup \mathrm{NH_2\cdot HX}\\ \\ \diagdown \mathrm{OH}\end{array},$$

und nur dann mit salpetriger Säure. Erst dann entsteht Cyansäure, die teilweise hydrolysiert, teilweise von salpetriger Säure zerlegt wird:

$$\mathrm{HN:C(OH)NH_2,\ HX + HNO_2 \to \dot{N}_2 + HNCO + 2\,H_2O + HX;\ HNCO + H_2O \to}$$
$$\to \mathrm{NH_3 + CO_2 HNCO + HNO_2 \to CO_2 + N_2 + H_2O}$$

Die Reaktion zwischen Harnstoff und Salpetersäure in verdünnter Lösung ist zweifellos monomolekular[6]). Die Produkte sind lediglich Kohlensäure und Ammoniumnitrat. Die Reaktion ist also analog der Zersetzung des Harnstoffs durch Salzsäure oder Schwefelsäure und nicht auf primäre Bildung von salpetriger Säure aus der Salpetersäure und Zersetzung des Harnstoffs durch erstere zurückzuführen. — Bei allen Verdünnungen ist die Reaktionsgeschwindigkeit mit Salpetersäure größer als mit Salzsäure. — Die Reaktionsgeschwindigkeit nimmt mit dem Anwachsen der Salpetersäurekonzentration regelmäßig ab, ohne daß, wie bei der Salzsäure, ein Maximum bemerkbar war. Ebenso wie bei der Salzsäure muß man annehmen, daß nur freier Harnstoff reagiert. Dadurch erklärt sich die Verminderung der Geschwindigkeit mit zunehmender Säurekonzentration, indem der als Nitrat fixierte Harnstoff an der ersten Phase folgender Reaktion nicht teilnimmt:

$$\mathrm{I.\quad HN = C}\!\!\begin{array}{c}\diagup \mathrm{NH_3}\\ |\\ \diagdown \mathrm{O}\end{array} + \mathrm{HNO_3 = (NH_4)NO_3 + (HNCO \rightleftarrows HO\cdot CN)}$$

$$\mathrm{II.\quad (HNCO \rightleftarrows HOCN) + H_2O + HNO_3 = (NH_4)NO_3 + CO_2}$$

Es ergab sich, daß Ammoniumnitrat, Kaliumnitrat, Ammoniumchlorid und Kaliumchlorid deutlich beschleunigend auf die Zersetzung des Harnstoffs bei $^1/_2$ n-Konzentration wirkten. — Nach der Dissoziationstheorie für die Zersetzung von Harnstoff findet unter der Einwirkung der Hitze zuerst Bildung von Ammoniak und Cyansäure statt; dann folgt bei Gegenwart von Säuren Bindung des Ammoniaks und Hydrolyse der Cyansäure zu Ammoniumsalz und Kohlensäure. Der Zusatz von Ammoniumsalz oder von einem Salz, das mit dem Ammoniumsalz ein Ion gemeinsam hat, sollte daher verzögernd wirken. — Da dies bei Gegenwart von Salpetersäure nicht der Fall ist, scheint es, daß die Dissoziationstheorie für die Zersetzung des Harnstoffs bei Gegenwart von Salpetersäure nicht anwendbar ist. — Den großen Einfluß der Temperatur auf die Geschwindigkeit zeigt folgende Zusammenstellung für die Reaktion zwischen $^1/_2$ n-Harnstofflösung ($^1/_4$ Mol. im Liter) und $^1/_2$ n-Salpetersäure. — Bei 100° ist K. $10^5 = 102{,}0$; bei 89° ist K. $10^5 = 23{,}0$; bei 80° = 9,3; bei 70° = 2,4. Unter 80° ist die Zersetzungsgeschwindigkeit des Harnstoffs klein und kann bei 30—40° vernachlässigt werden, so daß unter 40° Harnstoff zur Entfernung von salpetriger Säure aus Salpetersäure ohne Verlust an letzterer benutzt werden kann[6]).

[1]) George Joseph Burrows u. Charles Edward Fawsitt, Journ. Chem. Soc. London 105, 609—623 [1914]; Chem. Centralbl. 1914, I, 1742.

[2]) Emil Alphonse Werner, Journ. Chem. Soc. 113, 622 [1918]; Chem. Centralbl. 1919, I, 716.

[3]) H. J. Waterman, Chem. Weekblad 14, 1126—1131 (1918); Chem. Centralbl. 1918, I, 705.

[4]) W. H. Hurtley, Biochem. Journ. 15, 11 [1921]; Chem. Centralbl. 1921, IV, 229.

[5]) Emil Alphonse Werner, Journ. Chem. Soc. London 111, 863—876 [1917]; Chem. Centralbl. 1918, I, 823.

[6]) Theodor Williams Price, Journ. Chem. Soc. London 115, 1354 [1919]; Chem. Centralbl. 1920, I, 669.

Über die Quellung der Gelatine mit Harnstofflösungen haben Fischer u. Sykes Untersuchungen angestellt[1]). Zur Koagulationsgeschwindigkeit von Kongorubinhydrosolen in Gegenwart von Harnstoff[2]).

Derivate: Physiologische Eigenschaften: Die α-Bromureide mit gerader Kette zeigten bei physiologischer Prüfung lediglich harntreibende, keinerlei hypnotische Wirkung. Die Wirkung des Bromurals und Adalins ist demnach der verzweigten Seitenkette und nur in geringem Maße dem Einfluß des Halogens zuzuschreiben[3]).

Die hypnotische Wirkung der in α-Stellung bromierten aliphatischen Ureide tritt nur dann in Erscheinung, wenn durch die Konstruktion der C-Kette gewisse Vorbedingungen der pharmakodynamischen Wirkung hinreichende Löslichkeit in Wasser und Lipoiden gegeben sind[4]).

Harnstoffnitrat. Krystallographische Notizen[5]). Hat sich als vorzügliches Düngemittel für gärtnerische Zwecke bewährt[6]).

Phosphorsaurer Harnstoff. Verdünnte Cyanamidlösungen werden mit der zur Bildung von phosphorsaurem Harnstoff erforderlichen Menge freier Phosphorsäure versetzt und dann unter Aufrechterhaltung der sauren Reaktion der Flüssigkeit bis zum Auskrystallisieren des Salzes konzentriert[7]).

Harnstoffphosphorwolframat[8]).

Silberverbindung[9]) $CO(NHAg)_2$ absorbiert kein NH_3.

Siliciumverbindung[10]). Durch Erhitzen von Siliciumtetrachlorid mit Harnstoff entsteht eine Verbindung, welche Silicium enthält und die Eigenschaft einer schwachen Säure zeigt. Die Verbindung hat medizinischen Wert[10]).

Calciumchloridharnstoff. Wird in intravenösen Injektionen gegeben, um die Übererregbarkeit des zentralen sowie des peripheren Nervensystems herabzusetzen, und um ferner die Blutgefäße durch Kolloidgefäße abzudichten. Indiziert bei Asthma, Heufieber, Nasenschleimhaut, Nesselfieber, bei Seruminjektionen. Im Handel unter dem Namen „Afenil"[11]).

Letzteres soll in Fällen von Grippepneumonien 8—10 Tage lang intravenös injiziert werden[12]). Nach Patent Nr. 306938 werden Harnstoffverbindungen dargestellt, in dem 1 Mol. Chlorcalcium entsprechende Lösung mit 4 Mol. Harnstoff bis zur Krystallisation eingedampft wird[13]).

Die **Harnstoffchlorcalciumverbindung** hat die Zusammensetzung $CaCl_2 \cdot 4\,CO(NH_2)_2$. Kann bei Heufieber und Asthma bronchiale unter die Haut eingespritzt werden, ohne wie $CaCl_2$ heftige Schmerzen zu verursachen.

Die mit mehr als 4 Mol. Harnstoff haben keinen therapeutischen Wert.

Obige Verbindung ist ein weißes, an der Luft beständiges Pulver, Schmelzp. 158—160°, ist in Wasser sehr leicht löslich, in hochprozentigem Spiritus wenig löslich. Die Verbindungen von Chlorcalcium mit 1,2 und 3 Mol. Harnstoff sind hygroskopisch.

Harnstoffcalciumjodid[14]) $CaJ_2[CO(NH_2)_2]_6 \cdot 2\,H_2O$. Durch Kochen von Jodcalcium mit Harnstoff, Wasser und einigen Tropfen Essigsäure am Rückflußkühler. — Große weiße, durch-

---

[1]) Martin H. Fischer u. Anne Sykes, Kolloid-Zeitschr. **16**, 129 [1915]; Chem. Centralbl. **1915**, II, 900.

[2]) J. Reinstötter, Kolloid-Zeitschr. **28**, 268 [1921]; Chem. Centralbl. **1921**, III, 752.

[3]) M. Tiffenau u. E. Ardely, Bull. des sciences pharmacol. **28**, 155 [1921]; Chem. Centralbl. **1921**, III, 366.

[4]) M. Tiffenau u. Et. Ardely, Bull. des sciences pharmacol. **28**, 241 [1921]; Chem. Centralbl. **1921**, III, 740.

[5]) Th. V. Barker, Neues Jahrb. f. Min. **1914**, I, 199; Chem. Centralbl. **1914**, II, 1942.

[6]) R. Otto, Landwirtschaftl. Jahrb. **52**. Erg.-Bd. 1, 81—84 [1919]; Chem. Centralbl. **1919**, III, 1080.

[7]) Österreich. Verein für chemische und metallurgische Produktion: Ö.P. 83 395; Chem. Centralbl. **1921**, IV, 259.

[8]) Jacob u. Cecil Drümmond, Biochem. Journ. **12**, 5 [1918]; Chem. Centralbl. **1918**, II, 944.

[9]) G. Bruni u. G. Levi, Gazz. chim. ital. **46**, II, 235—246 [1916]; Chem. Centralbl. **1917**, I, 7.

[10]) Hermann Weyland, D.R.P. Kl. 12o, Nr. 272 338 v. 15. Febr. 1913 (27. März 1914); Chem. Centralbl. **1914**, I, 1385.

[11]) Carl Wienand Rose, Berl. klin. Wochenschr. **54**, 1030—1032 [1917]; Chem. Centralbl. **1918**, I, 39.

[12]) Alfred Arnstein, Wiener med. Wochenschr. **70**, 815 [1920]; Chem. Centralbl. **1920**, III, 61.

[13]) Knoll & Co., D.R.P. 306 938, 15. Juli 1918; Chem. Centralbl. **1918**, II, 420.

[14]) Walter Spitz, D.R.P. 318 343, Kl. 12q; Chem. Centralbl. **1920**, I, 601.

sichtige Tafeln, Schmelzp. 167,5°; leicht löslich in Wasser und Alkohol. Das Calcium wird durch ammoniakalischen Ammoniumoxalat quantitativ ausgefällt.

Aluminiumharnstoffsalze [1]**: Perchlorat** $[Al(OCN_2H_4)_6] \cdot (ClO_4)_3$. Weiße mikroskopische Prismen, wenig löslich in Alkohol. Nicht hygroskopisch. Bildet mit Vanadinharnstoffperchlorat Mischkrystalle.

Permanganat $[Al(OCN_2H_4)_6](MnO_4)_3$. Dunkle Krystalle, löslich in Wasser mit violetter Farbe. Bildet mit dem Perchlorat Mischkrystalle. — **Bichromat** $[Al(OCN_2H_4)_6] \cdot (Cr_2O_7)_3$. Orangefarbige Krystalle. — **Jodid** $[Al(OCN_2 \cdot H_4)_6]J_3$. Weißes, leichtlösliches Pulver. — **Perjodid** $[Al(OCN_2H_4)_6]J_3$, $3 J_2$. Graphitfarbige Krystalle, löslich in Wasser und Alkohol. — **Perjodidsulfat** $[Al(OCN_2H_4)_6]JSO_4$, J_2, orangerote, wenig lösliche Krystalle. — **Perjodidnitrat** $[Al(OCN_2H_4)_6]J(NO_3)_2$, J_2. Rötliches, krystallinisches Pulver, wenig löslich. — **Titanharnstoffperchlorat** $[Ti(OCN_2H_4)_6](ClO_4)_3$. Violette, mikroskopische Prismen, löslich in Wasser mit unbeständiger violetter Farbe.

Chromiharnstoffpersulfat $[Cr(OCN_2H_4)_6]_2(S_2O_8)_3$. Grüne Krystalle. — **Ferriharnstoffpersulfat** $[Fe(OCN_2H_4)_6]_2(S_2O_8)_3$. Bläulichgrünes, krystallinisches Pulver, löslich in Wasser mit gelber Farbe.

Vanadinharnstoffperchlorat [2]) $[V(CON_2H_4)_6](ClO_4)_3$. — Vanadinsäureanhydrid wird mit Hilfe von schwefliger Säure Gas in 25 proz. Schwefelsäure gelöst, elektrolytisch reduziert und die Lösung mit Harnstoff und Natriumperchlorat versetzt. Krystallinisches grünblaues Pulver. Beständig an der Luft; nicht hygroskopisch; wenig löslich in kaltem Wasser. — Die frisch bereitete Lösung ist grün, wird aber schnell gelbbraun und bei Zusatz von Säure wieder grün. — Die Lösung in konz. Harnstofflösung ist beständig.

Vanadinharnstoffbromid [2]) $[V(CON_2H_4)_6]Br_3 \cdot 3 H_2O$. — Aus $VBr_3 \cdot 6 H_2O$ in konz. Lösung und überschüssigem Harnstoff. Blaugrünes, krystallinisches Pulver; löslich in Wasser mit brauner Farbe; in verdünnter Lösung oder in Harnstofflösung mit grüner Farbe.

Vanadinharnstoffjodid [2]) $[V(CON_2H_4)_6]J_3$. Aus $V_2(SO_4)_3$ in konz. Lösung mit einem Überschuß von Harnstoff und Jodnatrium. Grünblaue, nadelförmige Krystalle; löslich mit brauner Farbe.

Vanadinharnstoffperjodidsulfat [2]) $[V(CON_2H_4)_6](J)(SO_4)J_2$. — Aus $V_2(SO_4)_3$, Harnstoff, Jodnatrium und Jod. — Mikroskopische rotbraune Nadeln.

Joddoppelsalz von Chinin und Carbamid [3]) $C_{20}H_{24}N_2O_2HJ \cdot CH_4N_2OHJ \cdot 5 H_2O$. Eine Lösung von Chininsulfat und Harnstoff in Wasser versetzt man mit BaJ_2. Auch das Chininjodhydrat und Harnstoff (dabei wird aber ein rotes amorphes Nebenprodukt gewonnen). Hellgelbe, prismatische Krystalle, Schmelzp. 62—64°, verwittert an der Luft; löslich in 18 Teilen kaltem Wasser. Bei 100° Zersetzung. $C_{20}H_{24}N_2O_2HJ \cdot CH_4N_2OHJ + H_2O = C_{20}H_{24}N_2O_2 \cdot 2 HJ + CO_2 + NH_3$. Beim Verdunsten der wässerigen Lösung wird Chininjodhydrat gebildet.

Verbindung mit Wasserstoffsuperoxyd [4]). D.R.P. 294726 beschreibt die Darstellung eines haltbaren Präparates aus Harnstoff und Harnstoffperoxyd; dies wird günstig beeinflußt durch Zugabe von geringen Mengen Stärke oder stärkeähnlicher Substanzen.

Formaldehyd-Carbamidverbindung [5]). Zusammensetzung: $C_7H_{12}N_6O_3 + 0,4 CH_2O + 1,2 H_2O$ (3 Mol. Carbamid auf 4 Mol. CH_2O)

$$\begin{array}{ccc} NH \cdot CH_2 \cdot N \cdot CH_2 \cdot NH \\ \diagdown \quad\quad | \quad\quad \diagup \\ CO \quad\quad CO \quad\quad CO \\ \diagup \quad\quad | \quad\quad \diagdown \\ NH \cdot CH_2 \cdot N \cdot CH_2 \cdot NH \end{array}$$

Eine Lösung von Harnstoff in 35 proz. Formaldehyd wird längere Zeit stehengelassen; amorphe Abscheidung. Das Produkt ist in H_2O_2 und HNO_3 unlöslich, aber leicht in Gemischen beider löslich.

---

[1]) G. A. Barbieri, Atti della R. Accad. dei Lincei, Roma **24**, 916—921 [1915]; Chem. Centralbl. **1916**, I, 924.

[2]) G. A. Barbieri, Atti della R. Accad. dei Lincei, Roma [5] **24**, I, 435—438 [1915]; Chem. Centralbl. **1915**, I, 24.

[3]) P. Golubew, Journ. russ. phys.-chem. Gesellschaft **47**, 14—17 [1915]; Chem. Centralbl. **1916**, I, 709.

[4]) Farbenfabriken vorm. Bayer & Co., D. R. P. 294726, 17. Okt. 1916; Chem. Centralbl. **1916**, II, 861.

[5]) C. v. Girsewald u. H. Siegens, Berichte d. Deutsch. Chem. Gesellschaft **47**, 2464—2469 [1914]; Chem. Centralbl. **1914**, II, 1041.

Tetramethylendiperoxyddicarbamid[1]). Zusammensetzung:

$$C_6H_{12}N_4O_6 = \begin{matrix} NH \cdot CH_2 \cdot OO \cdot CH_2 \cdot NH \\ | \qquad\qquad\qquad | \\ CO \qquad I. \qquad CO \\ | \qquad\qquad\qquad | \\ NH \cdot CH_2 \cdot OO \cdot CH_2 \cdot NH \end{matrix}$$

oder mit Halbmolekulargewicht wäre es:

II.

$$C_3H_6O_3N_2 = CO\!\!\left\langle{\!\!\begin{matrix} NH \cdot CH_2 \\ NH \cdot CH_2 \end{matrix}\!\!}\right\rangle\!\!OO$$

Ob Struktur I oder II den Tatsachen besser entspricht, ist noch nicht festgestellt wegen Mangels eines entsprechenden Lösungsmittels. $^1/_2$ Mol. Harnstoff wird in einem Gemisch von 120 g 30proz. H_2O_2 und 1 Mol. CH_2O-Lösung gelöst und unter Kühlung mit HNO_3 (D : 1,4) versetzt. Nach Hinzufügen von Wasser werden die Krystalle abfiltriert. Unlöslich in Wasser, Alkohol, CH_3OH, Chloroform, Pyridin usw. Löslich in konz. HNO_3 und H_2SO_4; mit konz. HCl schon in der Kälte Cl-Entwicklung. Beim Kochen mit verdünnten Säuren tritt Spaltung in H_2O_2, CH_2O und $NH_2 \cdot CO \cdot NH_2$ resp. CO_2 und NH_3 ein; desgleichen beim Kochen mit Alkalien, wobei HCOOH resp. Formiate entstehen.

Kondensationsprodukte aus Formaldehyd mit Harnstoff (Acetylharnstoff, Benzoylharnstoff oder Thioharnstoff usw.), die in Wasser löslich, beim Trocknen aber unlöslich werden[2]).

Benzyldimethylcarbamid[3]) $C_{10}H_{14}ON_2$. Benzylammoniumbenzylcarbamat wird mit Dimethylamin in das dickflüssige Dimethylammoniumbenzylcarbamat übergeführt, das man im Rohr 4 Stunden auf 140° erhitzt. Aus Alkohol glänzende, farblose Nadeln. Schmelzp. 166°.

Benzyldiäthylcarbamid $C_{12}H_{18}ON_2$. Dünne, glänzende Prismen. Schmelzp. 169—170°.

N-Allyl-N′-p-carbäthoxyphenylharnstoff[4]) $C_{13}H_{16}O_3N_2$, aus dem entsprechenden Thioharnstoff durch Mercurioxyd. Blättchen aus Benzol, Schmelzp. 120°, leicht löslich in Alkohol und Äther, schwerer löslich in heißem Benzol und heißem Wasser. Wirkt schwach anästhesierend.

N-β, γ-Dibrompropyl-N′-carbäthoxyphenylharnstoff[4]) $C_{13}H_{16}O_3N_2Br_2$, feine Nadeln aus Chloroform, Schmelzp. 146°.

Methylolharnstoff[5]) $C_2H_6O_2N_2 = NH_2 \cdot CO \cdot NH \cdot CH_2-OH$. — Aus je 1 Mol. Harnstoff und Formalin beim Einengen der neutralisierten Lösung im Vakuum über Schwefelsäure. — Prismen aus Alkohol, Schmelzp. etwa 110° korr. Beim Ansäuern der Lösung entsteht Methylenharnstoff.

Dimethylolharnstoff[5]) $CO(NH \cdot CH_2-CH)$. Zerfällt dieses oberhalb 123° in Wasser, Formaldehyd und eine Verbindung folgender Konstitution:

$$CO\!\!\left\langle{\!\!\begin{matrix} NH \text{————} CH_2-NH \\ N(CH_2-OH)-CH_2-NH \end{matrix}}\right\rangle\!\!CO$$

Methylisoharnstoff[6]) $NH : C(OCH_3) \cdot NH_2$, aus 6 g Harnstoff und 12,6 g Methylsulfat bei langsamem Erhitzen auf 112° und schnellem Abkühlen, aus der wässerigen Lösung des Produktes fällt Pikrinsäure das Pikrat, $C_2H_6ON_2 \cdot C_6H_3O_7N_3$, gelbe Nadeln aus Wasser, Schmelzp. 184° (Zersetzung), das auch aus dem Methylisoharnstoff von Stieglitz und Mc Kee entsteht.

$(C_2H_6ON_2)_2 \cdot H_2PtCl_6$ orangerote Würfel aus Wasser. — Unterbricht man die Reaktion nicht schnell genug, so erhält man Cyanursäure, N-Methylcyanursäure und nach der Destillierung der wässerigen Lösung mit NaOH Methylamin und wenig Dimethylamin.

---

[1]) C. v. Girsewald u. H. Siegens, Berichte d. Deutsch. Chem. Gesellschaft **45**, 2571 [1912]; Chem. Centralbl. **1912**, II, 1427 und ebendort **47**, 2464—2469 [1914]; Chem. Centralbl. **1914**, II, 1041.

[2]) H. John, Engl. Pat. 151016 [1920]; Amer. Pat. 1355834 [1920]; Chem. Centralbl. **1921**, II, 193.

[3]) Emil Alphonse Werner, Journ. Chem. Soc. London **117**, 1046—1053 [1920]; Chem. Centralbl. **1921**, I, 79.

[4]) H. Thoms u. Kurt Ritsert, Berichte d. Deutsch. pharm. Gesellsch. **31**, 65—75 [1921]; Chem. Centralbl. **1921**, I, 584.

[5]) Augustus Edward Dixon, Journ. Chem. Soc. London **113**, 238 [1918]; Chem. Centralbl. **1919**, I, 613.

[6]) Emil Alphonse Werner, Journ. Chem. Soc. London **105**, 923—932 [1914]; Chem. Centralbl. **1914**, II, 317—318.

Äthylmethylisoharnstoff[1]) $C_2H_5 \cdot N : C(OCH_3) \cdot NH_2$, aus 4,4 g Äthylharnstoff und 6,3 g Methylsulfat bei 80° und schnellem Abkühlen. — **Pikrat** $C_4H_{10}ON_2 \cdot C_6H_3O_7N_3$, tiefgelbe Nadeln, Schmelzp. 147°. — $(C_4H_{10}ON_2)_2 \cdot H_2PtCl_6$ orangerote, vierseitige Prismen, Schmelzp. 142°. — Das saure Methylsulfat zersetzt sich bei 170° zu Methylcyanat, Äthylamin und etwas Methyläthylamin. — **Phenylmethylisoharnstoff** $C_6H_5 \cdot N : C(OCH_3) \cdot NH_2$, aus 6,8 g Phenylharnstoff und 6,3 g Methylsulfat bei 85°, zähes Öl, aus der Lösung des sauren Methylsulfats durch NaOH gefällt. — $(C_8H_{10}ON_2)_2 \cdot H_2PtCl_6$ orangerote Prismen, zersetzt sich bei 180°, ohne zu schmelzen. Pikrat mikroskopische, gelbe Nadeln, Schmelzp. 162°. — Das saure Methylsulfat zersetzt sich bei 175° zu Phenylcyanat, Methylamin, Methylanilin und wenig Anilin[1]).

Diacetophenonharnstoff[2]) $C_{17}H_{16}ON_2$

$$CH_3 - \overset{\overset{\textstyle \|}{N}}{C} - C_6H_5$$
$$\underset{\underset{\textstyle \|}{N}}{\overset{\textstyle |}{C}} = O$$
$$CH_3 - \overset{\|}{C} - C_6H_5$$

Aus 10 g Harnstoff mit 10 g Acetophenon nach 2—3 stündigem Erhitzen auf 170°. Farblose Prismen aus Benzol + Petroläther. Schmelzp. 176°. — Leicht löslich in Alkohol, Benzol, Äther, Chloroform, Eisessig, unlöslich in verdünnten Mineralsäuren, löslich in konz. Schwefelsäure mit gelber Farbe, die beim Erwärmen über Rotbraun in Grün geht. Beständig gegen siedende alkoholische Kalilauge und siedende Essigsäure. — Wird durch siedende alkoholische Salzsäure langsam gespalten.

Dipropiophenonharnstoff[2]) $C_{19}H_{20}ON_2$

$$CH_3 \cdot CH_2 \cdot \overset{\|}{C} - C_6H_5$$
$$\underset{N}{\overset{N}{C}} = O$$
$$CH_3 \cdot CH_2 - \overset{\|}{C} - C_6H_5$$

Aus Harnstoff und Äthylphenylketon bei 170°. Farblose Stäbchen aus Alkohol. Schmelzp. 196—197°. — Erweicht aber schon von 170° ab unter langsamer Zersetzung. — Gleicht im übrigen der vorhergehenden Verbindung, ohne aber die Färbung mit konz. Schwefelsäure zu geben.

Monoacetylharnstoff[3]) $C_3H_6O_2N_2$. Durch Kochen von 1 g Carbamid mit 10 ccm $(CH_3CO)_2O$ bei 100° während 1 Stunde. Büschel farbloser Prismen, Schmelzp. 212°. Wenn Natriumhypobromit auf Acetylharnstoff einwirkt, entsteht neben Stickstoff Kohlenoxyd[4]).

α-Bromisovalerylharnstoff. Verfahren dadurch gekennzeichnet, daß man Metallcyanat in Gegenwart indifferenter Verdünnungsmittel durch Einwirkung von α-Bromisovalerylhalogenid in α-Bromisovalerylcyanat überführt und dieses mit Ammoniak behandelt. Bei Anwendung von Verdünnungsmitteln, wie Benzin, gibt Mercurocyanat (weißes bis hellgraues Pulver, aus Kaliumcyanat und Mercuronitrat in verdünnter Lösung) ebenso wie Silbercyanat das α-Bromisovalerylcyanat,

$$\begin{matrix} CH_3 \\ \diagup \\ CH_3 \diagdown \end{matrix}\hspace{-1em} CH \cdot CHBr \cdot CO \cdot N : CO$$

in quantitativer Ausbeute. Die Lösung wird ohne Isolierung des Cyanats mit Ammoniak behandelt[5]).

---

[1]) Emil Alphonse Werner, Journ. Chem. Soc. London **105**, 923—932 [1914]; Chem. Centralbl. **1914**, II, 317—318.

[2]) M. Scholtz, Archiv d. Pharmazie **253**, 111—117 [1916].

[3]) Edward F. Kohmann, Journ. of Amer. Chem. Soc. **37**, 2130—2133 [1915]; Chem. Centralbl. **1916**, I, 9.

[4]) W. H. Hurtley, Biochem. Journ. **15**, 11 [1921]; Chem. Centralbl. **1921**, IV, 229.

[5]) Knoll & Co., D. R. P. Kl. 12 o. Nr. 275 200 v. 27. Juli 1912 (10. Juni 1914); Chem. Centralbl. **1914**, II, 277.

Acetyl-α-bromisovalerianylcarbamid[1]**.** Aus α-Bromisovalerianylharnstoff, Essigsäure-anhydrid und Schwefelsäure bei 60°. Farblose Krystalle aus Alkohol, schmeckt schwach bitter und ist leicht löslich in Alkohol und Aceton, weniger löslich in Wasser. Schmelzp. 108°.

Bis-α-bromisovalerylharnstoff[2]

$$\begin{array}{c}CH_3 \\ CH_3\end{array}\!\!>\!\!CH-\underset{\underset{Br}{|}}{CH}-CO-NH-CO-NH-CO-\underset{\underset{Br}{|}}{CH}-CH\!<\!\!\begin{array}{c}CH_3 \\ CH_3\end{array}$$

Aus α-Bromisovalerylamid und Oxalylchlorid. Schmelzp. 117—119°.

Bromdiäthylacetylcarbamid[3]**.** Aus Bromdiäthylacetylisocyanat und Acetamid oder aus Acetylisocyanat und Bromdiäthylacetamid. Krystalle, Schmelzp. 108—109°. Leicht löslich in Äther und Aceton, wenig löslich in Petroläther und kaltem Wasser[3]. Entsteht aus Bis-bromdiäthylacetylharnstoff mit Methylalkohol und wässerigem Ammoniak[4].

Bis-α-bromdiäthylacetylharnstoff[4]

$$\begin{array}{c}C_2H_5 \\ C_2H_5\end{array}\!\!>\!\!\underset{\underset{Br}{|}}{C}-CO-NH-CO-NH-CO-\underset{\underset{Br}{|}}{C}\!<\!\!\begin{array}{c}C_2H_5 \\ C_2H_5\end{array}$$

Aus α-Bromdiäthylacetamid und Oxalylchlorid. Schmelzp. 87—88°.

Acetyl-bromdiäthylacetylcarbamid[1] erhält man bei der Einwirkung von Essigsäure-anhydrid auf Bromdiäthylacetylcarbamid in Gegenwart von Chlorzink bei 60°. Farb- und geruchlose Krystalle aus verdünntem Alkohol, schmeckt bitter schwach, leicht löslich in Alkohol, Aceton, Äther, Chloroform und Essigäther, weniger löslich in Wasser. Schmelzp. 108—109°.

α-Bromcapronylharnstoff[5] $CH_3 \cdot (CH_2)_3 \cdot CHBr \cdot CO \cdot NH \cdot CONH_2$ aus Bromcapronyl-chlorid und Harnstoff. Feine Nadeln. Schmelzp. 134°. Leicht löslich in Chloroform, Äther, Aceton, Benzol, heißem 90 proz. Alkohol; ziemlich löslich in kaltem Alkohol; 100 g Wasser lösen von 15° 0,033.

α-Brom-onanthylharnstoff[5] $CH_3 \cdot (CH_2)_4 CHBr \cdot CO \cdot NH \cdot CO \cdot NH_2$. Krystalle aus Alkohol; Schmelzp. 136°. 100 g Wasser lösen bei 20° 0,015 g.

α-Bromlaurylharnstoff[5]**.** Faserige Massen aus Alkohol, Schmelzp. 186°. Fast unlöslich in Wasser.

α-Brompelargonylharnstoff[5] $CH_3 \cdot (CH_2)_6 \cdot CHBr \cdot CONH \cdot CO \cdot NH_2$. Seidenartige Nadeln aus Alkohol, Schmelzp. 176°; 100 g Wasser lösen bei 20° 0,009 g.

Bromdiäthylacetylcarboxyäthylharnstoff[3],

$$\begin{array}{c}C_2H_5 \\ C_2H_5\end{array}\!\!>\!\!\underset{\underset{Br}{|}}{C}-CO-NH-CO-NH-CO-OC_2H_5$$

Aus Bromdiäthylacetylisocyanat und Äthylurethan. — Farblose, schwach bitter schmeckende Krystalle, Schmelzp. 62—63°, leicht löslich in Alkohol und Äther, wenig löslich in Petroläther, schwer löslich in kaltem Wasser. — Besitzt sedative und schlafmachende Wirkung.

Propionyl-bromdiäthylacetylcarbamid[1]**.** Aus Bromdiäthylacetylcarbamid und Pro-pionsäureanhydrid. Farblose Krystalle aus verdünntem Alkohol, schwach bitter. Leicht löslich in Alkohol, Aceton und Benzol, weniger löslich in Wasser. Schmelzp. 103°.

Benzoyl-bromdiäthylacetylharnstoff[1] aus Bromdiäthylacetylharnstoff, Benzoesäure-anhydrid und Schwefelsäure auf 90°. Umkrystallisieren aus Ligroin. Nahezu geruch- und ge-schmackfreie, farblose Krystalle. Leicht löslich in Alkohol, Aceton, Benzol, schwer löslich in Wasser. Schmelzp. 139—140°.

---

[1] Farbenfabriken vorm. Friedrich Bayer & Co., Leverkusen bei Köln a. Rh., D. R. P. 327 129, Kl. 12o (1920); Chem. Centralbl. **1921**, II, 72.

[2] Farbenfabriken vorm. Friedr. Bayer & Co., Leverkusen b. Köln a. Rh. u. Knoll & Co., D. R. P. Kl. 12o, Nr. 283 105 v. 8. Aug. 1912 (30. März 1915); Chem. Centralbl. **1915**, I, 814.

[3] Farbenfabriken vorm. Friedr. Bayer & Co., Leverkusen b. Köln a. Rh., Kl. 12o, Nr. 286 760 v. 6. Dez. 1913 (31. Aug. 1915); Chem. Centralbl. **1915**, II, 770.

[4] Farbenfabriken vorm. Friedr. Bayer & Co., Leverkusen b. Köln a. Rh., u. Knoll & Co., D. R. P. Kl. 12o, Nr. 283 105 v. 8. Aug. 1912 (20. März 1915); Chem. Centralbl. **1915**, I, 814.

[5] Al. Tiffenau u. E. Ardely, Bull. des sciences pharmacol. **28**, 155 [1921]; Chem. Centralbl. **1921**, III, 366.

Di-o-anisylharnstoff[1]) $C_{15}H_{16}O_3N_2$. Aus Alkohol, Schmelzp. 182°.

Mono-m-nitrophenylharnstoff[1]), gelbe, in heißem Wasser lösliche Krystalle, Schmelzpunkt 165°.

Benzoylphenylharnstoff[1]) $C_{14}H_{12}O_2N_2$, resultiert bei der Einwirkung von Anilin auf Benzoylallophansäureäthylester bei 150°. Schmelzp. 209°.

l-Menthyl-d- und l-β-oxy-propionacetalylharnstoff[2]) $C_{10}H_{19} \cdot NH \cdot CO \cdot NH \cdot CH_2 \cdot$ CH(OH) $\cdot$ CH(OCH$_3$)$_2$ $\cdot$ 47 g Amino-oxypropiondimethylacetal werden in ätherischer Lösung mit 62 g l-Menthylisocyanat 1 Stunde lang gekocht. Nach 12 Stunden scheidet sich das d-Produkt in schönen verfilzten Nadeln aus. Ausbeute 50—55 g. Schmelzp. 148°. $[\alpha]_D^{19} = -36,9°$ (c = 4,446 in Alkohol, $\alpha = -3,38°$, 2-dm-Rohr). Sehr leicht löslich in Alkohol, Benzol, Aceton, schwerer in kaltem Essigester und Äther, unlöslich in Wasser.

Aus der etwas eingeengten ätherischen Mutterlauge des d-Harnstoffes fällt bei stärkerer Abkühlung die l-Form aus. Ausbeute 25% des gesamten Harnstoffes. Schmelzp. 69°. $[\alpha]_D^{19} = -72,8°$ (c = 4,5936 in Alkohol, $\alpha = -6,68°$, 2-dm-Rohr).

Monoxanthylmethylharnstoff[3]):

$$C_{15}H_{14}O_2N_2 = CH_3 \cdot NH \cdot CO \cdot NH \cdot CH {\Large\langle}{{C_6H_4}\atop{C_6H_4}}{\Large\rangle} O$$

Erhalten durch Einwirkung von Xanthydrol in Alkohol auf Methylharnstoff in CH_3COOH. Farblose Krystalle, Schmelzp. etwa 230°, ändert sich etwas mit der Art des Erhitzens. Diese Erscheinung zeigen sämtliche Verbindungen, die eine an N gebundene Xanthylgruppe enthalten.

Monoxanthylphenylharnstoff[3]):

$$C_{20}H_{16}O_2N_2 = C_6H_5 \cdot NH \cdot CO \cdot NH \cdot CH {\Large\langle}{{C_6H_4}\atop{C_6H_4}}{\Large\rangle} O$$

Bildung analog wie beim Methylderivat. Schmelzp. etwa 225°.

Monoxanthyldimethylharnstoff[3]). Bildung analog aus Xanthydrol und alkoholischem Dimethylharnstoff; Krystalle, Schmelzp. 225°.

Xanthylphenylharnstoff[4]) $O < (C_6H_4)_2 > CH \cdot NH \cdot CO \cdot NH \cdot C_6H_5$, mikroskopische, wenig lösliche Krystalle aus Toluol oder Xylol, schmilzt je nach der Schnelligkeit des Erhitzens unter- oder oberhalb 220° unter Zersetzung.

Xanthylcarbaminsäuremethylester[4]) $O < (C_6H_4)_2 > CH \cdot NH \cdot COOCH_3$, Nadeln; sintert gegen 191°, schmilzt bei 193°.

Xanthylcarbaminsäureisobutylester[4]), feine Nadeln, Schmelzp. 148°.

Xanthylcarbaminsäureisoamylester[4]), Schmelzp. 145°. Dixanthylbiuret $O < (C_6H_4)_2 > CH \cdot NH \cdot CO \cdot NH \cdot CO \cdot NH \cdot CH < (C_6H_4)_2 > O$. Schmelzp. 260°.

Monoxanthyl-o-tolylharnstoff[3]) $C_{21}H_{18}O_2N_2$. Bildung analog aus Xanthydrol in Alkohol und o-Tolylharnstoff in CH_3COOH. Schmelzp. etwa 228°.

Monoxanthyl-p-tolylharnstoff[3]). Aus p-Tolylharnstoff und Xanthydrol in analoger Weise.

Monoxanthyl-β-naphthylharnstoff[3]) $C_{24}H_{18}O_2N_2$, in analoger Weise erhalten; Krystalle aus Pyridin.

Monoxanthyldiphenylharnstoff[3]) $C_{26}H_{20}O_2N_2$. Bildung durch Einwirkung von Xanthydrol in C_2H_5OH auf Diphenylharnstoff in heißer CH_3COOH. Krystalle aus Alkohol, Schmelzp. 179—180° (bei 183° neue Krystallabscheidung).

Dixanthylharnstoff[5]) $C_{27}H_{20}N_2O_3$. Schmelzp. 258—259°.

Methylallophanat[1]). Bildung aus 1 Mol. Methylchlorcarbonat und 2 Mol. Harnstoff in 75% Ausbeute. Sehr wenig löslich in heißem Wasser, löslich in verdünntem Alkohol und Aceton.

---

[1]) F. B. Dains u. E. Wertheim, Amer. Chem. Soc. **42**, 2303—2309 [1920]; Chem. Centralbl. **1921**, I, 327.

[2]) A. Wohl u. Fr. Momber, Berichte d. Deutsch. Chem. Gesellschaft **47**, 3346—3358 [1914]; Chem. Centralbl. **1915**, I, 249.

[3]) W. Adriani, Rec. trav. chim. Pays-Bas **35**, 180—210 [1915]; Chem. Centralbl. **1916**, I, 154.

[4]) R. Fosse, Compt. rend. de l'Acad. des Sc. **158**, 1432—1435 [1914]; Chem. Centralbl. **1914**, II, 143.

[5]) E. Winterstein, Zeitschr. f. physiol. Chemie **105**, 25—31 [1919]; Chem. Centralbl. **1919**, IV, 421.

Äthylallophanat[1]**.** 1 Mol. Äthylchlorformiat wird mit 2,1 Mol. Harnstoff 2—3 Stunden auf dem Wasserbade unter Rückfluß gekocht. Nach dem Waschen mit Wasser Schmelzpunkt 189—192°.

Äthylphenylallophanat[1]**.** Beim Erhitzen von 1 Mol. Äthylallophanat und 1 Mol. Anilin auf 125° (1 Stunde). Schmelzp. 105°.

Äthyltolylallophanat[1]**.** Durch 4stündiges Erhitzen von 1 Mol. o-Toluidin und 1 Mol. Allophansäureäthylester auf 115—116°. Löslich in verdünntem, alkoholischem Kali. Schmelzpunkt 133°.

Äthyl-m-nitrophenylallophanat[1]) $C_{10}H_{11}O_5N_3$. Bildung aus gleichen Molekülen Ester und m-Nitroanilin in Petroleum bei 125°. Aus Alkohol gelbe Nadeln vom Schmelzp. 189—190°.

o-Anisylallophansäureäthylester[1]) $C_{11}H_{14}O_4N_2$. Aus o-Anisidin und Allophansäureäthylester bei 130—140° (2 Stunden). Aus Alkohol feine Nadeln vom Schmelzp. 125°. Unlöslich in Wasser, sehr leicht löslich in Aceton und Benzol.

Biuret-Derivate: α-Phenylbiuret[1]) $C_8H_9O_2N_3$. Bildung durch Erhitzen molarer Mengen des Allophansäuremethylesters und Anilin bei 150° (2 Stunden). Aus Alkohol, Aceton oder heißem Wasser glänzende Schuppen, Schmelzp. 155°. Beim Erhitzen mit Anilin wird **Diphenylbiuret** gebildet, auch bei Temperaturen von 150—170°. Über 170° wird Diphenylharnstoff gebildet.

o-Tolylbiuret[1]) $C_9H_{11}O_2N_3$. Aus verdünntem Alkohol feine weiße Nadeln. Schmelzp. (unter Sublimation) 179—180°.

Diphenylbiuret[1]) $C_{14}H_{13}O_2N_3$. Aus 1 Mol. Äthylallophanat mit 2 Mol. Anilin (1 Stunde bei 125°). Weiße, seidenglänzende Nadeln. Schmelzp. 209—210°.

Di-o-anisylbiuret[1]) $NH(CO \cdot NH \cdot C_6H_4 \cdot OCH_3)_2$. Aus Aceton oder Alkohol, weiße Nadeln. Schmelzp. 211—212°, teilweise sublimierend.

Di-o-tolylbiuret[1]) $C_{16}H_{17}O_2N_3$. Aus Alkohol weiße Nadeln vom Schmelzp. 204—205°.

Di-m-tolylbiuret[1]**).** Aus Alkohol baumwollartige Masse weißer Nadeln vom Schmelzpunkt 179°.

Di-m-nitrophenylbiuret[1]) $C_{14}H_{11}O_6N_5$. In Alkohol sehr wenig löslich, gelbe Krystalle Schmelzp. 215—216°.

Di-p-bromdiphenylbiuret[1]) $C_{11}H_{11}O_2N_2Br_2$. Resultiert aus p-Bromanilin und Allophansäureäthylester bei 120° (2 Stunden). Aus heißem Nitrobenzol kleine Platten mit Perlmutterglanz. Zersetzung bei 280°.

Benzophenonbiuret[2]) $C_{15}H_{13}O_2N_3$

$$
\begin{array}{c}
C_6H_5 - C - C_6H_5 \\
\| \\
N \\
| \\
C = O \\
| \\
NH \\
| \\
C = O \\
| \\
NH_2
\end{array}
$$

Aus Benzophenon und Harnstoff, beim Erhitzen auf 170°. Nadeln aus Alkohol. Zersetzt sich oberhalb 300°. Leicht löslich in Alkohol. Ausbeute gering wegen der Bildung größerer Mengen von Cyansäure.

Carbaminsäure (Bd. IV, S. 778; Bd. IX, S. 180).

Derivate: Der Dissoziationsdruck des Ammoniumcarbamats beträgt bei 81° 3,18 Atm., für 93° 5,20 Atm.[3]. Die früheren Angaben[4] sind unrichtig.

---

[1]) F. B. Dains u. E. Wertheim, Amer. Chem. Soc. **42**, 2303—2309 [1920]; Chem. Centralbl. **1921**, I, 327.

[2]) M. Scholtz, Archiv d. Pharmazie **253**, 111 [1915];

[3]) Martignon u. M. Fréjacques, Bull. de la Soc. chim. de France [4] **29**, 21—29 [1921]; Chem. Centralbl. **1921**, I, 663.

[4]) Fichter u. Becker, Berichte d. Deutsch. Chem. Gesellschaft **44**, 3173 [1912]; Chem. Centralbl. **1912**, I, 76 u. Martignon u. M. Fréjacques, Compt. rend. de l'Acad. des Sc. **170**, 462 [1920]; Chem. Centralbl. **1920**, III, 185.

Urethane (Bd. IV, S. 779, Bd. IX, S. 182).

Physiologische Eigenschaften: Bacillus probatus A. M. et Viehoever kann in urethanhaltiger mineralischer Nährlösung nicht wachsen[1]). Nach Darreichung von Urethan steigt bei phlorrhizindiabetischen Hunden das D : N-Verhältnis sehr beträchtlich[2]).

Urethan wirkt am großhirnlosen Tier viel intensiver als am normalen. Der Schlaf tritt einerseits bei kleineren Dosen ein, andererseits ist er tiefer und andauernder. Die Wirkung auf die Atmung ist bei beiden Kategorien von Kaninchen annähernd die gleiche[3]).

Ist C- und N-Nahrung für die Hefe. Auch Algen gedeihen dabei gesund, doch bleibt ihr Wachstum stehen[4]).

Physikalische und chemische Eigenschaften: Löslichkeit bei 20—25° in 100 g Wasser 153,33 g, in 100 g 50 proz. Pyridin 101,10 g, in 100 g reinem Pyridin 21,32 g[5]).

Derivate: Anhydroformaldehydurethan[6]). Entsteht mit kalter Salzsäure (cc.) aus Nitrosourethan. Amorphe lackartige Masse. Krystalle aus Wasser. Schmelzp. 102°.

Nitrosourethan. Liefert mit kalter konz. Salzsäure Anhydroformaldehydurethan[6]).

p-Carbäthoxyphenylurethan[7]) $C_{12}H_{15}O_4N$. Nädelchen aus 50 proz. Alkohol, Schmelzpunkt 130,5°, leicht löslich in Alkohol, Äther, Benzol, Chloroform, wirkt schwach anästhesierend.

Äthylurethan. Bei der Narkose der Nerven durch Äthylurethan in Konzentrationen, die einen umkehrbaren Verlust an Reizarbeit zustande bringen, wird die Reduktion von Kohlensäure vermindert. — Die Verminderung steht im kausalen Zusammenhange mit der Narkose. Bei schwachen Konzentrationen wird die Kohlensäurebildung vermehrt im Zusammenhang mit der vermehrten Reizbarkeit der Nerven. — Manche Nerven, deren Stoffwechsel unabänderlich anormal gering war, waren nicht erregbar[8]).

Sekundär-Butylurethan[9]) $(CH)_3(C_2H_2)CHNH \cdot CO \cdot OC_2H_5$. Bildung durch 40 g sek. Butylamin in 100 ccm Äther und 30 g Äthylchlorcarbonat. Siedep. bei 14 mm 87—88°.

Thioharnstoff (Bd. IV, S. 780; Bd. IX, S. 183).

Bildung: Schwefelkohlenstoff und Ammoniumcarbonat ergeben bei 160° ein Gemisch von Ammoniumthiocyanat und Thioharnstoff. Das Gleichgewicht ist abhängig von der Konzentration der verwendeten Reagenzien, der Temperatur, der Erhitzungsdauer und von der Konzentration des gebildeten Schwefelwasserstoffs. Zur quantitativen Herstellung von Thioharnstoff ist die Reaktion nicht geeignet[10]).

Bestimmung: Thioharnstoff läßt sich mit Jod titrieren, wenn der Gehalt 6 mg pro 100 ccm Lösung nicht überschreitet[10]).

Physiologische Eigenschaften: Bacillus probatus A. M. et Viehoever kann in thioharnstoffhaltiger mineralischer Nährlösung nicht wachsen[1]).

Die Bildung von Sulfocyansäure aus CS_2 im tierischen Organismus könnte über Thioharnstoff gehen, dessen Vorkommen im Organismus von Gautrelet gefunden wurde. Nach

---

[1]) Arno Viehoever, Berichte d. Deutsch. botan. Gesellschaft **31**, 285—289 [1913]; Chem. Centralbl. **1913**, II, 1694.

[2]) Fritz Hering, Beitr. z. Phys. [Cremer] **1**, 1—22 [1914]; Chem. Centralbl. **1914**, I, 805.

[3]) Suketaka Morita, Arch. f. experim. Pathol. u. Pharmakol. **78**, 223—231 [1915]; Chem. Centralbl. **1915**, I, 798.

[4]) Th. Bokorny, Allgem. Brauer- u. Hopfenztg. **59**, 1323—1325 [1919]; Chem. Centralbl. **1920**, I, 341.

[5]) William M. Dehn, Journ. of Amer. Chem. Soc. **39**, 1399—1404 [1917]; Chem. Centralbl. **1918**, I, 49.

[6]) Theodor Curtius, Journ. f. prakt. Chemie **96**, 202—235 [1918]; Chem. Centralbl. **1918**, II, 14.

[7]) H. Thoms u. Kurt Ritsert, Berichte d. Deutsch. pharm. Gesellschaft **31**, 65—75 [1921]; Chem. Centralbl. **1921**, I, 584.

[8]) Shiro Tashiro u. H. S. Adams, Zeitschr. f. Biol. **1**, 450—462 [1914]; Chem. Centralbl. **1915**, I, 850.

[9]) C. S. Marvel u. W. A. Noyes, Journ. of Amer. Chem. Soc. **42**, 2259—2278 [1920]; Chem. Centralbl. **1921**, I, 324.

[10]) François A. Gilfillan, Journ. of Amer. Chem. Soc. **42**, 2072—2080 [1920]; Chem. Centralbl. **1921**, II, 96.

Eingabe von Thioharnstoff fand sich indessen beim Kaninchen keine Vermehrung der Sulfocyansäure im Harn[1]).

Physikalische und chemische Eigenschaften: Löslichkeit bei 20—25° in 100 g Wasser
9,10 g, in 100 g 50 proz. Pyridin 41,20 g, in 100 g reinem Pyridin 12,50 g[2]).

Die Leitfähigkeit und die Werte für $\lambda\infty$ wurden für eine Reihe von Additionsprodukten
von Thioharnstoffen mit Jodmethyl und Jodäthyl in wässeriger Lösung bei 25° bestimmt. Dieselben Größen wurden in absol. alkoholischer Lösung gemessen. $\lambda\infty$ ist im allgemeinen wenig
abhängig vom Molekulargewicht. Der Dissoziationsgrad scheint von der Anzahl der Substituenten im Thioharnstoff beeinflußt zu werden. Wasserzusatz zum Alkohol vergrößert den
Diassoziationsgrad, setzt aber $\lambda\infty$ etwas herunter. Die Reaktionsgeschwindigkeit der Ver-
einigung von Thioharnstoffen mit Jodmethyl und Jodäthyl wurde in alkoholischer Lösung bei
25° bestimmt. Reaktion ist von zweiter Ordnung. Jodäthyl reagiert viel langsamer als Jodmethyl; das Geschwindigkeitsverhältnis ist bei den verschiedenen Thioharnstoffen nicht
konstant. Thioharnstoff besitzt eine größere Additionsgeschwindigkeit als seine Substitutionsprodukte. Monosubstituierte Thioharnstoffe reagieren schneller als di- und trisub-
stituierte[3]).

Bei der Entschwefelung mit Mercurioxyd entsteht in stark ammoniakalischer Lösung
neben Cyanamid und Dicyanamid auch Guanidin[4]).

Derivate: Salzsaures Thiocarbamid[5]) CSN_2H_4, HCl. Krystalle aus Salzsäure, Schmelzp.
136—137° nach vorheriger Erweichung. Verändert sich an trockener Luft nur wenig. Ist
bei 15° in Wasser doppelt so löslich als Thioharnstoff (1 Teil Salz löslich in 4,5 Teilen
Wasser). —

Schwefelsaures Thiocarbamid[5]) CSN_2H_4, H_2SO_4. Aus Thioharnstoff und H_2SO_4 in Aceton. Weiße krystallinische Masse, löslich in Eisessig, wird von Aceton oder Choroform zuerst
ölig gefällt.

Salpetersaures Thiocarbamid[5]). Wird beim Trocknen anscheinend teilweise zu Form-
amidindisulfiddinitrat oxydiert. Das mit einer durch einen Luftstrom gereinigten Säure hergestellte Salz ist sonst ziemlich beständig. Kocht man die Säure vorher mit Harnstoff, so explo-
diert das Nitrat beim Trocknen im Exsiccator.

Oxalsaures Thiocarbamid[5]) CSN_2H_2, $H_2C_2O_4$. Aus den Komponenten in möglichst
wenig siedendem Aceton oder in heißem Eisessig. Weiße Prismen aus oxalsäurehaltigem Aceton,
Schmelzp. 73—74°.

Thiocarbamidtrichloracetat[5]) CSN_2H_4, $CCl_2 \cdot CO_2H$. Aus den Komponenten in heißem
Wasser bei Zusatz von Chloroform. Weiße Nadeln oder Prismen. Ein Monochloracetat konnte
nicht erhalten werden, weil Thioharnstoff mit Monochloressigsäure Isothiohydantoinhydro-
chlorid liefert.

Thiocarbamidpikrat[5]) $CSN_2H_4 \cdot C_6H_3O_7N_3$. Aus den Komponenten in heißem Eisessig.
Prismen von Aussehen des monoklinen Schwefels. Wird von Wasser oder auch Aceton
zerlegt[5]).

Molekularverbindung mit SO₂[6]) CSN_2H_4, $^1/_2 SO_2$. Farblos.

Acetylthioharnstoff[7]) $C_3H_6ON_2S$. Thioharnstoff mit Hippursäure im $(CH_3CO)_2O$ +
CH_3COOH erwärmt auf 100° 1 Stunde, gibt die Verbindung. Ebenso wenn Thioharnstoff +
NH_4SCN verwendet werden, so bildet sich neben dem Hydantoin Acetylthioharnstoff.

Thioharnstoff mit $(CH_3CO)_2O$ erwärmt auf 100°, gibt ein Gemisch des Mono- und Diacetyl-
thioharnstoffs. Mit Wasser gekocht, geht **Mono-Verbindung** in Lösung. — Farblose Prismen
vom Schmelzp. 165°.

---

[1]) Serafino Dezani, Arch. di Farmacol. sperim. **26**, 115—128 [1918]; Chem. Centralbl.
1919, I, 485.

[2]) William M. Dehn, Journ. of Amer. Chem. Soc. **39**, 1399—1404 [1917]; Chem. Centralbl. **1918**, I, 49.

[3]) Heinrich Goldschmidt u. Anton Hougen, Zeitschr. f. Elektrochem. **22**, 339—349
[1916]; Chem. Centralbl. **1916**, II, 897.

[4]) Ernst Schmidt, Archiv f. Pharmazie **254**, 626 [1916]; **255**, 338 [1917]; Chem. Centralbl.
1917, I, 378; **1917**, II, 602.

[5]) Augustus Edward Dixon, Journ. Chem. Soc. London **111**, 684—690 [1917]; Chem.
Centralbl. **1918**, I, 618.

[6]) A. Korezynski u. M. Glebocka, Gazz. chim. ital. **50**, I, 378—387 [1920]; Chem. Centralbl. **1921**, I, 29.

[7]) T. B. Johnson, A. S. Hill u. B. H. Bailey, Journ. of Amer. Chem. Soc. **37**, 2406—2416
[1915]; Chem. Centralbl. **1916**, I, 211.

Diacetylthioharnstoff[1]) $C_5H_8O_2N_2S$. Thioharnstoff mit $(CH_3CO)_2O$ erwärmt, gibt ein Gemisch der Mono- und Diacetylverbindung. Das Gemisch wird extrahiert mit kochendem $(CH_3CO)_2O$. Büschel transparenter, hellgelber, blattähnlicher Prismen vom Schmelzp. 151 bis 152°. Beim Erwärmen auf 110° nimmt die Verbindung eine helle citronengelbe Färbung an.

N-Allyl-N'-p-carbäthoxyphenylthioharnstoff[2]) $C_{13}H_{16}O_2N_2S$. Nadeln aus 50 proz. Alkohol, Schmelzp. 92°, leicht löslich in Alkohol, Äther, Benzol, Chloroform, wenig löslich in heißem Wasser. Wirkt ganz schwach anästhesierend.

N-β, γ-Dibrompropyl-N'-carbäthoxyphenylthioharnstoff[2]) $C_{13}H_{16}O_2N_2BrS$. Feine Nadeln, Schmelzp. 146,5°, leicht löslich in heißem Wasser, Alkohol, Chloroform, Eisessig, unlöslich in Äther und Ligroin. Wirkt nicht anästhesierend.

Benzyldimethylthioharnstoff[3]) $C_{10}H_{14}N_2S$. Dithiocarbamat wird in alkoholischer Lösung bis zum Aufhören der Schwefelwasserstoffentwicklung gekocht. Dünne, rhombische Prismen, Schmelzp. 95—96°.

Benzyldiäthylthiocarbamid[3]) $C_{12}H_{18}N_2S$. Seidige Nadeln. Schmelzp. 67°.

Thioharnstoff und Phenyl-methyl-äthyl-azoniumjodid[4]) $C_6H_5(CH_3)(C_2H_5)(NH_2)NJ$, $2\;CH_4N_2S$. Feine, seidige Nadeln. Schmelzp. 192—193°.

Thioharnstoff und Phenyl-benzyl-methyl-azoniumjodid[4]) $C_6H_5(C_6H_5CH_2)(CH_3)(NH_2)$ NJ, $2\;CH_4N_2S$. Weiße, krystallinische Substanz, Schmelzp. 211°.

Thioharnstoff und Phenyl-benzyl-propyl-azoniumjodid[4]) $C_6H_5(C_6H_5CH_2)(C_3H_7)(NH_2)$ NJ, $2\;CH_4N_2S$. Weiße krystallinische Substanz. Schmelzp. 180—181°.

Thioharnstoff und Phenyl-benzyl-allyl-azoniumjodid[4]) $C_6H_5(C_6H_5CH_2)(C_3H_5)(NH_2)NJ$, $2\;CH_4N_2S$. Feine seidige Nadeln. Schmelzp. 187—188°.

Thiocarbaminsäure. Über die Metall- (insbesondere Nickel- und Cobalt-) Salze der Thiocarbaminsäure siehe Compin[5]).

Thiourethan[6]) $C_8H_{15}O_3NS$. Gelbes Öl vom Siedep. 157—159°; erstarrt bei längerem Stehen und krystallisiert dann aus Äther oder Lösung in dünnen Prismen vom Schmelzp. 55,5—56°.

Methylammoniumdimethyldithiocarbamat[3]). Schmelzp. 90—91°.

Methylammoniumdiäthyldithiocarbamat[3]). Große hexagonale Prismen. Schmelzpunkt 103°.

Dimethylammonium-n-butyldithiocarbamat[3]) $C_7H_{18}N_2S_2$. Hexagonale Prismen. Schmelzp. 93,5°.

Dimethylammoniumbenzyldithiocarbamat[3]) $C_{10}H_{16}N_2S_2$. Aus Benzylammoniumbenzyldithiocarbamat und Dimethylamin. Kleine, glänzende, rhomboedrische Prismen. Schmelzpunkt 116—117°.

Diäthylammoniummethyldithiocarbamat[3]). Prismen, Schmelzp. 89—90°.

Diäthylammoniumbenzyldithiocarbamat[3]) $C_{12}H_{20}N_2S_2$. Derbe hexagonale Prismen. Schmelzp. 111°.

Äthyl-selenharnstoff[7]).

Mol.-Gewicht: 151,2.

Zusammensetzung: $C_3H_8N_2Se$.

$$C_2H_5-NH-CSe \cdot NH_2$$

Darstellung: Aus 22,5 g Äthylamin in 400 ccm Äther entsteht auf Zusatz von 250 ccm einer normalen Bromcyanlösung im Äther Äthylcyanamid und Äthylaminbromhydrat. — Letz-

[1]) Edward F. Kohmann, Journ. of Amer. Chem. Soc. **37**, 2130—2133 [1915]; Chem. Centralbl. **1916**, I, 9.

[2]) H. Thoms u. Kurt Ritsert, Berichte d. Deutsch. pharm. Gesellschaft **31**, 65—75 [1921]; Chem. Centralbl. **1921**, I, 584.

[3]) Emil Alphonse Werner, Journ. Chem. Soc. London **117**, 1046—1053 [1920]; Chem. Centralbl. **1921**, I, 79.

[4]) Bawa Kartar Singh u. Miri Lal, Journ. Chem. Soc. London **119**, 210—211 [1921]; Chem. Centralbl. **1921**, I, 832.

[5]) Louis Compin, Bull. de la Soc. de Chim. de France [4] **27**, 464—469 [1920]; Chem. Centralbl. **1921**, I, 76.

[6]) Johnson u. Ticknor, Journ. of Amer. Chem. Soc. **40**, 636—646 [1918]; Chem. Centralbl. **1921**, I, 79.

[7]) Hans Schmidt, Berichte d. Deutsch. Chem. Gesellschaft **54**, 2068 [1921].

teres scheidet sich aus. Das Filtrat wird mit Selenwasserstoff behandelt und verschlossen über Nacht stehen gelessen.

Eigenschaften: Schmelzp. 125°. Leicht löslich in warmem Wasser und scheidet sich beim Erkalten in schönen Nadeln. — Färbt sich am Licht, noch schneller, wenn gleichzeitig Luft vorhanden, sehr bald rot durch ausgeschiedenes Selen. — In geschmolzenen, vor Licht geschützten Gefäßen ist es dagegen haltbar. — Fügt man zur wässerigen Lösung etwas Bleiacetatlösung und macht alkalisch, so wird momentan Selenblei abgeschieden.

Derivate: Additionsprodukt mit Allylbromid. Schmelzp. 115°. Leicht löslich in Wasser.

Allyselenharnstoff[1]).

Mol.-Gewicht: 163,2.

Zusammensetzung: $C_4H_8N_2Se$.

$$C_3H_5 \cdot NH \cdot CS_3 \cdot NH_2$$

Darstellung: Aus Allylamin, Bromcyan und Selenwasserstoff wie bei der Äthylverbindung beschrieben.

Physiologische Eigenschaften: Hat eine intensive Wirkung auf die Haut.

Physikalische und chemische Eigenschaften: Krystalle vom Schmelzp. gegen 93°. — Leicht löslich in warmem Wasser oder Alkohol, unlöslich in Petroläther, etwas löslich in Äther. — Verhalten am Licht und gegen Bleilösung wie beim Äthylselenharnstoff.

Derivate: Additionsprodukt mit Jodäthyl. Farblose Krystalle. Schmelzp. 100°. — Leicht löslich in Wasser. Ist gegen Luft und Licht weit beständiger als Allyl-selenharnstoff, doch nimmt das in reinem Zustand geruchlose Präparat an der Luft bald einen unangenehmen gewürzigen Geruch an. — Beim Erwärmen mit Alkalien macht sich ein sehr penetranter Geruch bemerkbar.

---

[1]) **Hans Schmidt,** Berichte d. Deutsch. Chem. Gesellschaft **54,** 2067 [1921].

Guanidin, Kreatin, Kreatinin.

Von

Géza Zemplén-Budapest.

Guanidin (Bd. IV, S. 783, Bd. IX, S. 187).

Vorkommen: Im Phosphorwolframsäureniederschlag von Alkoholextrakten der Reisschale möglicherweise vorhanden[1]).

Bildung: Entsteht bei der Entschwefelung von Thioharnstoff durch HgO in alkoholischer ammoniakalischer Lösung. Bei obiger Entschwefelung bildet sich auch Cyanamid $NH_2 \cdot CS \cdot NH_2 = CN \cdot NH_2 + H_2S$, und dieses verbindet sich mit NH_3 zu Guanidin $(NH_2)_2 \cdot C : NH$. Fertig gebildetes Cyanamid, erhalten durch Ansäuern einer wässerigen Lösung von Natriumcyanamid mit HCOOH, vereinigte sich mit NH_3 ebenfalls zu Guanidin. Und zwar war die Ausbeute aus 5 g Natriumcyanamid bei gewöhnlicher Temperatur 3,9 g, bei 100° 8,1 g Guanidingoldchlorid neben viel Dicyandiamid[2]).

Pseudohydantoin wird in alkalischer Lösung von Quecksilberoxyd zu Guanidin oxydirt[3]).

Darstellung: Beim Erhitzen von Dicyandiamid mit Ammoniumthiocyanat entsteht reines Guanidinthiocyanat, nach der Gleichung $C_2H_4N_4 + 2\,NH_4 \cdot SCN \rightarrow 2\,C_2H_5N_3 \cdot HSCN$. — Das Gemisch der Komponenten beginnt bei 80° zu schmelzen; man bringt die Temperatur allmählich auf 120° und hält bei dieser Temperatur $3^{1}/_{2}$ Stunden. Die Schmelze wird dann mit Wasser behandelt, um das als Nebenprodukt gebildete Thioammelin abzutrennen. Die Ausbeute aus reinem Guanidinthiocyanat beträgt über 90% der Theorie. Aus der Mutterlauge scheidet man es am besten als Carbonat ab, indem man das vierfache Volumen Alkohol zusetzt und nach der Neutralisation mit Kalilauge einen Strom Kohlensäure einleitet[4]).

Wird Kalkstickstoff in eine Schmelze von Ammoniumnitrat eingetragen und auf 200 bis 220° erhitzt, so findet laut Reaktion $CaCN_2 + 3\,NH_4NO_3 \rightarrow (HN) = C = (NH_2)_2, HNO_3 + Ca(NO_3)_2 + 2\,NH_3$ die Bildung von Guanidinnitrat statt[5]).

Die Umwandlung von Dicyandiamid durch starke Schwefelsäure in Guanidin führt zu guten Ausbeuten, wenn man Dicyandiamid mit der 4fachen Menge 61proz. Schwefelsäure 6 Stunden auf 140° erhitzt[6]).

Nachweis: Ist wenig wirksam zum Nachweis mit der von Magnus[7]) eingeführten Methode zur graphischen Registrierung der Bewegungen des überlebenden Darmes[8]).

Physiologische Eigenschaften: Bacillus probatus A. M. et Viehoever kann in guanidinhaltiger mineralischer Nährlösung nicht wachsen[9]). Aspergillus niger, Penicillium glaucum,

[1]) Drummond u. Funk, Biochem. Journ. 8, 598—615 [1914]; Chem. Centralbl. **1916**, I, 1152.

[2]) Ernst Schmidt, Archiv d. Pharmazie **254**, 626—632 [1916]; Chem. Centralbl. **1917**, I, 378.

[3]) Ernst Schmidt, Archiv d. Pharmazie **256**, 308—312 [1918]; Chem. Centralbl. **1918**, II, 1039.

[4]) Emile Alphonse Werner u. James Bell, Journ. Chem. Soc. London **117**, 1133—1136 [1920]; Chem. Centralbl. **1921**, I, 210.

[5]) Franz Hofwimmer, D. R. P. 332681; Chem. Centralbl. **1921**, II, 647.

[6]) T. L. Davis, Journ. of Amer. Chem. Soc. **43**, 669 [1921]; Chem. Centralbl. **1921**, III, 301.

[7]) Magnus, Archiv f. d. ges. Physiol. **108**, 1 [1905].

[8]) M. Guggenheim u. Wilh. Loeffler, Biochem. Zeitschr. **72**, 303—324 [1916]; Chem. Centralbl. **1916**, I, 489.

[9]) Arno Viehoever, Berichte d. Deutsch. botan. Gesellschaft **31**, 285—289 [1913]; Chem. Centralbl. **1913**, II, 1694.

Mucor Boidin, Botrytis Bassiana, Isaria farinosa, Cladosporium herbarum, Aspergillus glaucus, Penicillium brevicaule, Saccharomyces validus, Pichia membrana-faciens, Saccharomyces anomalus, Sacch. ellipsoideus, Monilia candida, Oidium lactis, Phytophthora infestans und Fusarium (Fusisporium G.) konnten Guanidinverbindungen als alleinige Stickstoffquelle ausnutzen [1]).

Über Düngungsversuche mit Guanidin hat Kappen [2]) Untersuchungen angestellt.

Bei der Entwicklung des Hühnerembryos tritt Kreatin zuerst am 12. Tage auf; bis zu diesem Tage nimmt der Gehalt an Guanidin regelmäßig zu, zeigt dann eine deutliche Abnahme, der wieder ein geringes, aber beständiges Ansteigen folgt [3]).

Hunden mit der Nahrung gegeben verminderte Guanidincarbonat die Kreatininausscheidung. Zusatz von Glycin neutralisierte diese Wirkung in einigen Fällen [4]). Vergiftung durch Guanidin erzeugt eine Störung mit Hemmung der Herzvagusbetätigung; Wirkung der Guanidinsalze in erster Linie auf die Verbindungsstellen des Herzvagus [5]).

Die Wirkung der Gifte: Acetylcholin, Cholin, Cholinmuscarin (Nitrosocholin) usw. (Steigerung der Erregbarkeit glatter Muskulatur) wird bei Gegenwart von Guanidin beeinflußt. Es kann verschieden stark ausgeprägter Synergismus der Gifte beobachtet werden [6]).

Injektion von Guanidinchlorhydrat ruft bei Kaninchen Erscheinungen hervor, die fast identisch mit der Tetania parathyreopriva sind; gleichzeitig entsteht Hypoglykämie. Ist möglich, daß Hypoglykämie durch Wirkung von Guanidin, das nach der Entfernung der Schilddrüse im Blute vermehrt erscheint, veranlaßt wird. Guanidinhypoglykämie beruht weder auf Verminderung der gesamten festen Bestandteile noch auf Verdünnung des Blutes [7]). Die durch Guanidin verursachte Hypoglykämie ebenso wie der dadurch bedingte tetanische Zustand kann durch Injektion von Calciumlactat nicht beseitigt werden. Dies weist auf eine Beziehung zwischen Blutzuckergehalt und Acidose hin [8]). Einführung von Guanidinchlorhydrat bewirkt bei Kaninchen eine plötzliche Verminderung des innerhalb 24 Stunden im Harn ausgeschiedenen Gesamt-N, der aber in den folgenden Tagen wieder ansteigt. Ausscheidung von NH_3 stark vermehrt, Säureausscheidung deutlich vermindert. Harn wurde neutral oder alkalisch [9]). Injektion von Guanidin ruft eine Zunahme der H·-Konzentration und Abnahme der CO_2-Kapazität des Blutes nach den tetanischen Symptomen hervor. Später, nachdem Acidosis ernst geworden ist, tritt auch Hypoglykämie auf. Gleichzeitige Steigerung der Ammoniakausscheidung und Verminderung der Säureausscheidung im Harn [8]).

Bei der Toxikose ist besonders die Erzeugung einer galvanischen Übererregbarkeit durch die Guanidine von Bedeutung. Es werden diejenigen Veränderungen der elektrischen Erregbarkeit hervorgerufen, die für spontane und experimentelle Tetanie als charakteristisch gelten. Die Wirkungen von Physostigmin und Acetylchinolin erfahren eine sehr erhebliche Verstärkung. — Die Fixation des Guanidins an die lebende Substanz hat wahrscheinlich irgend etwas mit der Lockerung der Ca-Bindung und der Verdrängung des Ca aus dem Plasmakolloiden zu tun, was die Beseitigung der Symptome der Guanidintoxikose ebenso wie derjenigen der Tetanie durch Überangebot von Ca erklären würde [10]).

Guanidinsalze in Konzentrationen von 0,25—1,7% bewirken zuerst eine Beschleunigung des Herzschlages durch Acceleransreizung, dann eine ausgesprochene anhaltende Verlangsamung durch Reizung der Herzvagusnerven und Vasokonstriktion. Der Angriffspunkt der Wirkung des Guanidins liegt ähnlich wie beim Nicotin in den sympathischen Neuronen [11]).

[1]) Alexander Kossowicz, Biochem. Zeitschr. 67, 391—399 [1914].

[2]) H. Kappen, Landwirtschaftl. Versuchsstation 86, 115—136 [1915].

[3]) David Burns, Biochem. Journ. 10, 263—279 [1916]; Chem. Centralbl. 1916, II, 1172.

[4]) W. Thompson, Journ. f. Physiol. 51, 347—376 [1917]; Chem. Centralbl. 1918, I, 558.

[5]) David Burns u. Alexander Mc. L. Watson, Journ. of Physiol. 52, 88—94 [1918]; Chem. Centralbl. 1918, II, 908.

[6]) Hermann Fühner, Archiv f. experim. Pathol. u. Pharmakol. 82, 51—80 [1917]; Chem. Centralbl. 1918, II, 970.

[7]) C. K. Watanabe, Journ. of Biolog. Chem. 33, 253—265 [1918]; Chem. Centralbl. 1919, I, 49.

[8]) C. K. Watanabe, Journ. of Biolog. Chem. 34, 65—72 [1918]; Chem. Centralbl. 1919, I, 115.

[9]) C. K. Watanabe, Journ. of Biolog. Chem. 34, 51—63 [1918]; Chem. Centralbl. 1919, I, 115.

[10]) E. Frank, R. Stern u. M. Nothmann, Zeitschr. f. d. ges. experim. Med. 24, 341—367 [1921]; Chem. Centralbl. 1921, III, 1213.

[11]) David Burns u. Alexander Watson, Journ. of Physiol. 53, 386 [1920]; Chem. Centralbl. 1920, III, 208.

Höhere Guanidinkonzentrationen erzeugen weit weniger spontane Zuckungen am Froschmuskel als niedrige. Von 1—0,25—0,06% nehmen sie zu, darunter tritt Abnahme ein. Auf die Nervenendigungen ist Curarewirkung festzustellen, die bis zu 0,02% herunter um so schneller ist, je stärker die Lösung ist. Mäßige Erhebung der Temperatur (5°) verstärkt die Wirkung; starke Erhebung (25°) hebt sie nicht vollkommen auf. Bei 0° Zuckungen noch nicht vollständig aufgehoben [1]).

Die Giftwirkung des Guanidins an Kleinlebewesen, Fröschen und Säugetieren nimmt mit dem Grade der Amidierung ab und hängt von der Konzentration des Guanidinkomplexes ab. Vor allem werden die Bewegungsnerven angegriffen; die Kontraktion der Herzmuskulatur wird nicht behindert [2]).

In den Muskeln der zehnfüßigen Crustaceen fehlt Kreatin. Guanidinsalze rufen bei lebenden Hummern und Krabben Zuckungen und Zittern der Muskel hervor wie bei Wirbeltieren. Es handelt sich um gleiche Wirkung auf das Zentralnervensystem wie bei Säugetieren, während die beim Frosch festgestellte Wirkung auf das periphere Nervenmuskelende fehlt [3]).

Nach Injektionen von Guanidinsulfat oder -carbonat findet sich in der Muskulatur von Hunden, Katzen, Hühnern und Fröschen eine geringe, mit der Größe der Guanidingabe wechselnde Zunahme des Kreatingehaltes [4]). Nach intravenöser Injektion von 1 ccm 1 proz. Guanidinlösung war der Anstieg des Blutdruckes durch Adrenalin bei der Katze höher und mindestens von doppelt so langer Dauer als in der Norm. Die Reizbarkeit des Froschmuskels und des Meerschweinchens durch Adrenalin nahm nach vorhergehender Behandlung mit 0,02 proz. Lösung von salzsaurem Guanidin zu [5]).

Die Guanidinwirkung ist am Skelettmuskel des Frosches in erster Linie eine erregbarkeitssteigernde. Lösungen von salzsaurem Guanidin und Chlorbarium wirken am isolierten Froschmuskel erregend synergetisch, derart, daß ihre Mischung mindestens die doppelte Wirksamkeit besitzt wie die Lösung jeder Substanz für sich allein [6]).

Methylguanidin (und Guanidin) wirkt an isolierten Froschherzen zwar dem Anaphylatoxin ähnlich, doch sind die für diastolischen Stillstand erforderlichen Konzentrationen zu hoch, als daß sie auch nur annähernd beim parenteralen Eiweißabbau im Tierkörper erreicht werden können [7]).

Beim isolierten Froschgatrocnemius erzeugt 0,125—0,5% Guanidinsulfat nach Erregung curareartige Lähmung [8]). Injiziert man einer R. esculenta von etwa 30 g ungefähr $1/_4$ der letalen Dosis = 0,004—0,005 g Guanidinchlorhydrat, so beobachtet man neben den charakteristischen fibrillären Zuckungen Kontraktionen ganzer Muskeln. Das Guanidinzucken kommt nicht zustande, wenn das Versuchstier vorher mit der verdünnten Cocainlösung behandelt worden ist [9]).

Es ist die Frage, ob Guanidin die Ursache der Tetanie ist. Unter der Einwirkung großer Guanidindosen wird der Phosphatgehalt des Kaninchenblutserums in manchen Fällen bis auf das 5fache gesteigert; der Calciumgehalt wird herabgesetzt. Bei lange durchgeführter Acidose ging der Ca-Gehalt bis auf die Hälfte des normalen Bestandes herunter. In allen Tetaniefällen nach Guanidin ist das Verhältnis von Calcium zu Phosphat verkleinert. Bei höherer einmaliger Guanidindosis tritt auch Hypoglykämie auf, unabhängig vom Verhalten des Calciums. Bei Zufuhr mehrerer kleiner Dosen fehlt die Hypoglykämie, auch dann, wenn Ca-Gehalt des Blutes stark absank. Verhalten des Calciums ist bei der Guanidinvergiftung nicht ursächlich mit dem Kohlenhydratstoffwechsel verknüpft. Acidosis besteht gleichzeitig mit der Hypoglykämie.

---

[1]) John S. Meighan, Journ. of Physiol. **51**, 51—58 [1917]; Chem. Centralbl. **1917**, II, 108.

[2]) Mario Garino, Arch. di Farmacol. sperim. **22**, 229—244 [1916]; Chem. Centralbl. **1916**, II, 1047.

[3]) J. Smith Sharpe, Journ. of Physiol. **51**, 159—163 [1917]; Chem. Centralbl. **1917**, II, 692.

[4]) Georg M. Wishart, Journ. of Physiol. **53**, 440 [1920]; Chem. Centralbl. **1920**, III, 208.

[5]) David Burns u. Alexander Watson, Journ. of Physiol. **53**, XCIX [1920]; Chem. Centralbl. **1920**, III, 209.

[6]) Hermann Fühner, Archiv f. experim. Pathol. u. Pharmakol. **88**, 179—191 [1920]; Chem. Centralbl. **1921**, I, 462.

[7]) G. Rosenow, Zeitschr. f. d. ges. experim. Med. **12**, 263; Ref.: Ber. ges. Physiol. **7**, 541 [1921]; Chem. Centralbl. **1921**, III, 495.

[8]) M. H. Grant, Journ. of Physiol. **54**, 79 [1921]; Chem. Centralbl. **1921**, III, 599.

[9]) E. Frank u. R. Stern, Archiv f. experim. Pathol. **90**, 168 [1921]; Chem. Centralbl. **1921**, III, 675.

Die Grundursache der Tetanie nach Parathyreoidektomie und der idiopathischen ist eine durch Störung der Nebenschilddrüsenfunktion bewirkte Bildung von Guanidinverbindungen[1]).

Im Muskel des Hundes nimmt nach Entfernung der Nebenschilddrüse das Gesamtguanidin und das freie Guanidin ab, das Kreatin nimmt dagegen zu. Die Abnahme an N in freiem Guanidin entspricht der Zunahme an N in Kreatin, aber die Abnahme an Gesamtguanidin übertrifft diesen Wert. Guanidin wird entweder frei, oder der Muskel vermag solches, das anderswo gebildet wurde, nicht aufzunehmen[2]).

Bezüglich des Guanidingehaltes der Faeces bei idiopathischer Tetanie weisen gewisse Tatsachen auf die Möglichkeit eines Zusammenhanges der Krankheitserscheinungen mit der Absorption von Guanidin aus dem Darm hin[3]).

Es ist möglich, daß in dem Harnstoff-Kreatinstoffwechsel durch pathogene Mikroorganismen Änderungen eintreten, welche die Guanidinentwicklung begünstigen. Die Versuche machen es ferner wahrscheinlich, daß die Encephalitis eine Guanidinvergiftung darstellt[4]).

Sowohl bei der nach Entfernung der Nebenschilddrüsen auftretenden Tetanie wie bei der idiopathischen Tetanie der Kinder findet man vermehrte Ausscheidung von Guanidin im Harn und Kot, bei kreatinfreier Kost pro Tag im Harn 305, im Kot 17 mg, im ganzen pro kg Körpergewicht 6,7 mg. Das Guanidin kommt vornehmlich als Dimethylguanidin zur Ausscheidung[5]).

Eine Entfärbung (Reduktion) des Methylenblaues durch das Ferment des ausgewaschenen Pferdefleisches findet nicht statt in Gegenwart von Guanidinhydrochlorid statt Bernsteinsäure[6]).

Guanidincarbonat steigerte bei Enten, in Nahrung eingegeben, die Ausscheidung von Kreatin im Harn um etwa 60%[7]).

Physikalische und chemische Eigenschaften: Krystallisiertes Guanidin schmilzt beim Erhitzen unter Zersetzung bei 160° unter Bildung von Ammoniak und Melamin. In Gegenwart von 1 Mol. Kaliumäthylat entsteht bei 160° nur wenig Ammoniak, bei 200° ist der Vorgang noch nicht zu Ende; der Rückstand besteht aus Monokaliumcyanamid. — Beim Kochen einer wässerigen Lösung von Guanidin entstehen sofort Kohlensäure und Ammoniak, ferner erhält man etwas Melamin, aber keinen Harnstoff[8]).

Guanidin liefert mit Natriumnitrit und verdünnter Schwefelsäure Cyanamid[9]).

Nach O. Winterstein[10]) wird Guanidin durch Xanthydrol nicht gefällt. Es entsteht aber Verbindung mit Pyrrol, Indol, Skatol.

Derivate: Guanidinsulfat. Aus Calciumcyanamid[11]) kann leicht Dicyandiamid gewonnen werden [Söll und Stutzer[12])]. Von dem Dicyandiamid

$$\overset{\displaystyle NH}{\underset{\displaystyle H_2NC}{\vphantom{|}}}\!\!\!\overset{\|}{}\!\!\!-\!\!-\!\!-\overset{\displaystyle H}{\underset{\displaystyle N}{\vphantom{|}}}\!\!\!\overset{|}{}\!-C\equiv N$$

werden 100 g in einem Kolben mit 200 ccm 75 proz. H_2SO_4 gemischt. Nach Aufhören der heftigen Reaktion wird am Baboblech vorsichtig erwärmt, bis eine heftige Gasentwicklung entsteht, danach wird abgekühlt, im Moment des Festwerdens werden 1500 ccm 95 proz. Alkohol zugegeben. Im Eisschrank über Nacht stehengelassen, wird das Filtrat mit Alkohol nachgewaschen, eingeengt, am Dampfbade mit $BaCO_3$ neutralisiert, konzentriert, wenn alkalisch,

[1]) C. K. Watanabe, Journ. of Biolog. Chem. **36**, 531—546 [1918]; Chem. Centralbl. **1919**, I, 762.

[2]) Pearl S. Henderson, Journ. of Physiol. **52**, 1—5 [1918]; Chem. Centralbl. **1918**, II, 197.

[3]) John Smith Sharpe, Biochem. Journ. **14**, 46—47 [1920]; Chem. Centralbl. **1920**, I, 691.

[4]) A. Fuchs, Wiener med. Wochenschr. **71**, 709 [1921]; Chem. Centralbl. **1921** III, 366.

[5]) F. J. Nattrass u. J. S. Sharpe, Brit. med. journ. **1921**, II, 238—239; Chem. Centralbl. **1921**, III, 1175.

[6]) Thorsten Thunberg, Skand. Archiv f. Physiol. **35**, 163—195 [1917]; Chem. Centralbl. **1917**, I, 784—786.

[7]) W. H. Thompson, Biochem. Journ. **11**, 307—318 [1917]; Chem. Centralbl. **1918**, II, 48.

[8]) Hans Krall, Journ. Chem. Soc. London **107**, 1396 [1915]; Chem. Centralbl. **1915**, II, 1288.

[9]) G. Pellizani, Gazz. chim. ital. **51**, 1 [1921]; Chem. Centralbl. **1921**, III, 779.

[10]) E. Winterstein, Zeitschr. f. physiol. Chemie **105**, 25—31 [1919]; Chem. Centralbl. **1919**, IV, 421.

[11]) P. A. Levene u. J. K. Senior, Journ. of Biolog. Chem. **25**, 223—224 [1916]; Chem. Centralbl. **1917**, I, 325.

[12]) Söll u. Stutzer. Berichte d. Deutsch. Chem. Gesellschaft **42**, 4537 [1910]; Chem. Centralbl. **1910**, I, 427.

mit H_2SO_4 neutralisiert und bis zur Konsistenz eines dicken Öles eingedampft, welches in 1 l 95 proz. Alkohol gegossen wird und unter Rühren, Kratzen gewinnt man das Sulfat in Krystallen. Das Produkt ist nicht ganz rein.

Man führt Dicyanamid durch Erhitzen mit 61 proz. Schwefelsäure auf 135—140° in Guanidinsalz über und versetzt unterhalb 20° mit einer Mischung von 92 proz. Schwefelsäure und 40° Bé starke Salpetersäure. Die gekühlte Lösung wird in Wasser filtriert. Beim Abkühlen krystallisiert **Nitroguanidin** in einer Ausbeute von 84% der Theorie[1]).

Guanidinsalze. Bei der Reaktion zwischen Dicyanamid und einem NH_4-Salz können hohe Beträge an Guanidinsalzen entstehen. Nach dieser Reaktion wurden Nitrate, Thiocyanate, Sulfate und Chloride des Guanidins hergestellt; die Reaktion wurde durch Erwärmen eingeleitet, ging dann infolge der Eigenwärme der Reaktion weiter und wurde durch erneutes Erwärmen einige Zeit auf bestimmter Höhe gehalten[2]).

Guanidincarbonat[3]). Rhodanammonium wird in einem Kolben 20 Stunden im Ölbade auf 190—200° erhitzt. Die abgekühlte Masse wird mit heißem Wasser extrahiert und das Guanidinthiocyanat enthaltende Filtrat zur Trockene eingedampft. Mit K_2CO_3 findet eine Umsetzung statt, die Lösung wird wieder eingedampft, von KSCN getrennt und das rohe Carbonat durch Lösen in Wasser und Zusatz von Alkohol umkrystallisiert. Aus 100 g $(H_4N)SCN$ erhält man 15—20 g reines Guanidincarbonat.

Das Salz wird an der Stelle von Natriumcarbonat als nicht hygroskopische Titersubstanz in der Acidimetrie empfohlen[4]).

Doppelsalz von Guanidinnitrat mit Silbernitrat[5]) $CH_5N_3 \cdot HNO_3 \cdot 2\,AgNO_3$. — Farblose Nadeln.

Guanidinsilber[5]) $AgCH_4N_3 \cdot$

$$NH = C\left\langle\begin{array}{l} NH_3 \\ | \\ N-Ag \end{array}\right.$$

Aus Guanidinnitrat und Silbernitrat in Gegenwart von 5 Mol. Alkali. Farblos, nicht explosiv. — Ein anderes Silbersalz $Ag_2 \cdot CH_3N_3$.

$$Ag-N = C\left\langle\begin{array}{l} NH_3 \\ | \\ N-Ag \end{array}\right.$$

entsteht mit 2 Mol. Silbernitrat. — Schwarz, sehr explosiv. — Vermeidet man einen Überschuß von Alkali, so erhält man bei Anwendung von 2 Mol. Silbernitrat einen gelben Niederschlag, der ein Gemisch von Mono- und Disilberderivat ist.

Kupferguanidin[5]) $Cu \cdot CH_3N_3 \cdot$

$$Cu = N-C\left\langle\begin{array}{l} NH_3 \\ | \\ N \end{array}\right.$$

Aus einer verdünnten wässerigen Guanidinlösung und Kupfersalz fällt Alkali obiges Produkt. Aus konz. Lösungen der Chloride krystallisieren in Gegenwart von viel Kaliumhydroxyd tiefblaue Nadeln der Zusammensetzung $Cu-C_2H_9N_6Cl$ aus, die durch Wasser zerlegt werden.

Sechsbasisches Guanidinium-6-molybdänsäurearsenat[6]) $(CN_3H_6)H_6[As_2(Mo_2O_7)_9 \cdot O_2]$ $\cdot 6\,H_2O$. — Schwerlösliche mikroskopische Prismen.

Zwölfbasisches Guanidinium-9-molybdänsäurearsenat[6]) $(CN_3H_6)_{12}[As_2)Mo_2O_7)_9 \cdot O_2]$ $\cdot 12\,H_2O$. — Hellgelbe Nadeln.

Zwölfbasisches Guanidinium-9-molybdänsäurephosphat[6]) $(CN_3H_6)_{12}[P_2(MoO_7) \cdot O_2]$ $\cdot 30\,H_2O$. — Gelbe mikroskopische Nadeln.

Guanidinium-17-molybdänsäure-2-phosphat[6]) $(CN_3H_6)_{22} \cdot [P_4(Mo_2O_7)_{17} \cdot O_4] \cdot 40\,H_2O$. — Krystallini cher gelblicher Niederschlag.

[1]) **Marius Daniel, Marqueyrol** u. **Pierre Loriette**, Schweiz. Pat. 87384 [1919]; Chem. Centralbl. **1921**, II, 804.

[2]) **Thomas Ewan** u. **John H. Young**, Journ. Soc. Chem. Ind. **40**, 109—112 [1921]; Chem. Centralbl. **1921**, III, 1230.

[3]) **J. Smith Sharpe**, Journ. of Biolog. Chem. **28**, 399—401 [1917]; Chem. Centralbl. **1917**, I, 1084.

[4]) **A. H. Dodd**, Journ. Soc. Chem. Ind. **40**, I, 89 [1921]; Chem. Centralbl. **1921**, IV, 224.

[5]) **Hans Krall**, Journ. Chem. Soc. London **107**, 1396 [1915]; Chem. Centralbl. **1915**, II, 1288.

[6]) **Arthur Rosenheim** u. **Adele Traube**, Zeitschr. f. ancrgan. Chemie **91**, 75—106 [1915].

Guanidinphosphorwolframat[1]).

Nitroguanidin. Durch Einwirkung von H_2SO_4 allein, von HNO_3 allein und von einem Gemisch beider Säuren: 80 Pfund rohes (90—94 proz.) Guanidinnitrat wurde bei 25—33° in 147 Pfund 95 proz. H_2SO_4 gelöst. Nach dem Stehen über Nacht wurde mit 514 Pfund Wasser verdünnt und vom Nitroguanidin abfiltriert, das gereinigt und getrocknet etwa 55 Pfund wog, entsprechend 80,2% der Theorie[2]).

Aminoguanidin $CH_6N_4 \cdot CO_3H_2$. Durch Reduktion des Nitroguanidins[3]) oder durch Einwirkung von Cyanamid[4]) auf Hydrazin. Das zweite Verfahren wurde umgeändert und von Pellizzari und Gaiter[5]) ausgearbeitet. Es wird als Bicarbonat hergestellt.

Bromhydrat $CH_6N_4 \cdot HBr$. Erhalten durch Suspendieren des Bicarbonats in Wasser und Neutralisieren mit HBr. Prismatische Nadeln aus Wasser, Schmelzp. 149° unter Zersetzung; leicht löslich in Wasser, doch sehr viel weniger als das Chlorhydrat; wenig löslich in kaltem, leicht löslich in warmem Wasser.

Diaminoguanidin. Halogencyanide geben mit Hydrazin Salze des Diaminoguanidins; ohne Wasser, in Äther zur Reaktion gebracht, sind die Stoffe rein und ist die Ausbeute ziemlich gut[6])[7]). Über Derivate des Diaminoguanidins siehe die Arbeit von Gaiter[8]).

Bromhydrat $CH_7N_5 \cdot HBr$[6]). Aus Hydrazinhydrat und Bromcyan. Krystallisiert aus Alkohol in opaken kleinen Krystallen oder in langen transparenten Nadeln, die sich langsam schon in der Flüssigkeit, rascher nach dem Abfiltrieren in die erste Form zurückverwandeln. Schmelzp. 262° bis 263° unter langsamer Zersetzung. **Nitrat** $CH_7N_5 \cdot HNO_3$ aus dem Bromhydrat mittels Bleinitrat. Ziemlich große farblose prismatische Nadeln, Schmelzp. 143°; sehr leicht löslich in Wasser, weniger in Alkohol. Die konz. Lösung gibt mit Kupfernitrat und Natriumacetat einen intensiv dunkelblauen krystallinischen Niederschlag, welcher durch Wasser bedeutend heller wird.

Nitrat des Dibenzaldiaminoguanidins[6]) $NH = C(NH \cdot N : CH \cdot C_6H_5)_2 \cdot HNO_3$. Aus Diaminoguanidinnitrat (1 Mol.) und Benzaldehyd (2 Mol.) in wässeriger Lösung. Die Kondensation wird durch einige Tropfen HNO_3 begünstigt. Farblose Nadeln aus Wasser, Schmelzp. 211—212°, färbt sich am Licht intensiv rot; leicht löslich in Alkohol, wenig löslich in Wasser.

Triaminoguanidin, Triaminoguanidinnitrat[5]) $CH_8N_6 \cdot HNO_3$, dargestellt aus Aminoguanidinnitrat in alkoholischer Lösung oder aus Guanidinnitrat, bzw. Aminoguanidincarbonat in wässeriger Lösung. Farblose Nadeln aus Wasser, Schmelzp. 216° unter Zersetzung und Gasentwicklung, schmilzt bei langsamem Erhitzen etwas früher; sehr leicht löslich in Wasser, weniger in kaltem Wasser, sehr wenig in Alkohol.

Tribenzaltriaminoguanidinnitrat[5]) $C_6H_5 \cdot CH : N \cdot N = C(: NH \cdot N : CH \cdot C_6H_5)_2 \cdot HNO_3 \cdot 3 H_2O$. Durch Zufügen von Benzaldehyd zu der mit HNO_3 angesäuerten Lösung in Wasser, des Triaminoguanidinnitrats. Weißliche, mikroskopische Nadeln aus Wasser mit $3 H_2O$, die aus Alkohol umkrystallisierte Substanz bildet weißgelbliche Nadeln und scheint ebenfalls 3 Mol. Wasser zu enthalten, die jedoch beim Trocknen an der Luft teilweise entweichen. Wird bei 100° wasserfrei. **Bromhydrat des Triaminoguanidins**[5]) $CH_8N_6 \cdot HBr$. Entsteht bei Einwirkung von Bromcyan (1 Mol.) auf 3 Mol. Hydrazinhydrat, also manchmal Nebenprodukt bei der Darstellung des Bromhydrats des Diaminoguanidins, wenn man zu wenig Bromcyan angewandt hatte. Ferner entsteht es bei der Zersetzung des Bromhydrats des Diaminoguanidins bei 150 bis 160° und am einfachsten aus Aminoguanidinbicarbonat. Nadeln aus Wasser, Schmelzp. 232° (beim raschen Erhitzen) unter Zersetzung und starker Gasentwicklung, bei langsamem Erhitzen schon einige Grade früher; leicht in warmem, wenig in kaltem Wasser, wenig in kaltem und warmem Wasser löslich. **Bromhydrat des Tribenzaltriaminoguanidins**[5]) $CH_2N_6(C_7H_6)_3 \cdot HBr \cdot 3 H_2O$. Gelbliche Krystalle aus Alkohol, leicht löslich in Alkohol; hat keinen scharfen Schmelzpunkt, sondern beginnt sich beim Erhitzen gegen 145—150° zu zersetzen. **Chlorhydrat**

[1]) Jack Cecil Drummond, Biochem. Journ. **12**, 5 [1918]; Chem. Centralbl. **1918**, II, 944.

[2]) Thomas Ewan u. John H. Young, Journ. Soc. Chem. Ind. **40**, 109—112 [1921]; Chem. Centralbl. **1921**, III, 1230.

[3]) Thiele, Annalen d. Chemie u. Pharmazie **270**, 1 [1892].

[4]) Pellizzari u. Cuneo, Gazz. chim. ital. **24**, I, 453 [1894].

[5]) G. Pellizzari u. Augusto Gaiter, Gazz. chim. ital. **44**, II, 72—77, 78—86 [1914] Chem. Centralbl. **1914**, II, 1348.

[6]) G. Pellizzari u. A. Gaiter, Gazz. chim. ital. **44**, II, 72—77 [1914]; Chem. Centralbl. **1914**, II, 1347 u. Gazz. chim. ital. **35**, I, 291.

[7]) Stolle u. Hoffmann, Berichte d. Deutsch. Chem. Gesellschaft **37**, 4524 [1904].

[8]) Augusto Gaiter, Gazz. chim. ital. **45**, I, 450 [1915]; Chem. Centralbl. **1915**, II, 652.

des **Triaminoguanidins**[1]) $CH_8N_6 \cdot HCl$. Darstellung analog wie das Nitrat; weiße opake Prismen aus Wasser, transparente, dünne Nadeln aus Alkohol, Schmelzp. 231° unter Zersetzung, schmilzt bei langsamem Erhitzen etwas früher (229°), sehr wenig löslich in Alkohol.

Chlorhydrat des Tribenzaltriaminoguanidins[1]) $CH_2N_6(C_7H_6)_3 \cdot HCl \cdot 3\,H_2O$. Krystalle aus Alkohol, sehr leicht löslich in Alkohol. **Tribenzaltriaminoguanidin**[1]) $CH_2N_6(C_7H_6)_3$ aus dem vorher genannten Salz durch Na_2CO_3 in wässeriger Suspension; gelbe Nadeln aus Alkohol, Schmelzp. 193° (Stolle, Schmelzp. 196°); wenig löslich in Alkohol. **Sulfocyanat des Triaminoguanidins** $CH_8N_6 \cdot HCNS$. Nadeln aus wenig Alkohol, Schmelzp. 136° ohne Zersetzung, leicht löslich in Alkohol und Wasser. **Pikrat** $CH_8N_6 \cdot C_6H_2(NO_2)_3OH$ gelbe Nadeln aus Wasser, Schmelzp. 171°; zersetzt sich erst oberhalb des Schmelzpunktes; ziemlich löslich in Wasser; krystallisiert aus Alkohol in Lamellen. **Sulfat und Oxalat.** Es bietet zu große Schwierigkeiten ihre reine Darstellung, wegen ihrer leichten Löslichkeit in Wasser.

Guanylharnstoff. Guanylharnstoff wird durch ein patentiertes Verfahren folgenderweise hergestellt: Kalkstickstoff wird bei Gegenwart von Wasser in der Hitze mit Disulfat behandelt. Die Reaktionswärme reicht aus, um das Gemisch lebhaft kochend zu erhalten. Gips und Kohle werden abfiltriert und Guanylharnstoffsulfat oberhalb 33° zur Krystallisation gebracht[2]).

Biguanid. Liefert mit Natriumnitrit und Essigsäure Dicyandiamid[3]).

Alkylguanide (Bd. IV, S. 786; Bd. IX, S. 191).

Methylguanidin.

Vorkommen: 0,70 g (als Pikrat) in 1 kg getrocknetem Kabeljau[4]).

Werden 9 kg Schafffleisch mit Wasser extrahiert, der Extrakt in 2 Portionen geteilt, die eine Portion mit Mercurisulfat $+\ H_2SO_4$ und später mit P-Wolframsäure, die zweite mit Bleizucker, P-Wolframsäure und H_2SO_4 weiter verarbeitet, so liefert die Behandlung des Extrakts mit Mercurisulfat eine geringere Menge Methylguanidin als Purine, Carnosin und Carnitin[5]). Findet sich nicht in Fleisch, höchstens in stark in Zersetzung übergegangenem Fleisch[6]). In dem wässerigen Dialysat eines Fleischbrühedauerpräparates wurde 1,3% Methylguanidin gefunden[7]). Fehlt in Melolontha vulgaris[8]).

Bildung: Kreatinin wird in ammoniakalischer Lösung durch Quecksilberoxyd zu Methylguanidin oxydiert[9]).

Bei der Oxydation von Kreatin mit Quecksilberacetat entsteht Methylguanidoglyoxylsäure, Methylguanidin und Oxalsäure[6]).

Nachweis: Mit der von Magnus[10]) eingeführten Methode zur graphischen Registrierung der Bewegungen des überlebenden Meerschweinchendünndarms läßt sich durch eine plötzliche Tonusänderung 0,01 g Methylguanidin nachweisen[11]).

[1]) G. Pellizzari u. A. Gaiter, Gazz. chim. ital. **44**, II, 78—85 [1914]; Chem. Centralbl. **1914**, II, 1348.

[2]) Franz Hofwimmer, Österr. Pat. 81462 [1920]; Chem. Centralbl. **1921**, II, 176.

[3]) G. Pellizarri, Gazz. chim. ital. **51**, 1 [1921]; Chem. Centralbl **1921**, III, 779.

[4]) K. Yoshimura u. M. Kanai, Zeitschr. f. physiol. Chemie **88**, 346—351 [1913]; Chem. Centralbl. **1914**, I, 681.

[5]) J. Smorodinzew, Zeitschr. f. physiol. Chemie **92**, 221—227 [1914]; Chem. Centralbl. **1914**, II, 797.

[6]) Isidor Greenwald, Journ. of Amer. Chem. Soc. **41**, 1109—1115 [1919]; Chem. Centralbl. **1919**, III, 781.

[7]) Ernst Waser, Zeitschr. f. Unters. d. Nahrungs- u. Genußmittel **40**, 289—345 [1920]; Chem. Centralbl. **1921**, II, 704.

[8]) Dankwart Ackermann, Zeitschr. f. Biol. **73**, 319—321 [1921]; Chem. Centralbl. **1921**, III, 1293.

[9]) Ernst Schmidt, Archiv d. Pharmazie **256**, 308—312 [1918]; Chem. Centralbl. **1918**, II, 1039.

[10]) Magnus, Archiv f. d. ges. Physiol. **108**, 1 [1905].

[11]) M. Guggenheim u. Wilh. Loeffler, Biochem. Zeitschr. **72**, 303—324 [1916]; Chem. Centralbl. **1916**, I, 489.

Physiologische Eigenschaften: Injektion von Methylguanidin gab mehrfach Steigerungen des Kreatingehaltes, die auf einen Zusammenhang hinweisen[1]. Läßt sich aus Paralytikerharn — 0,125 g im Liter — isolieren[2].

Methyl und Dimethylguanidin bewirkten baldiges Erbrechen, Steigerung der motorischen und physischen Erregbarkeit, Muskelkrämpfe, vermehrte Speichelsekretion, Pupillenerweiterung[3].

Das Guanidin kommt bei der nach Entfernung der Nebenschilddrüsen auftretenden und bei der idiopathischen Tetanie der Kinder vornehmlich als Dimethylguanidin zur Ausscheidung[4].

Derivate: Methylguanidinphosphorwolframat[5].

α-**Methylguanidoglyoxylsäure.** Bei mehrtägigem Stehen von reinem Kreatin oder Kreatinin bei Zimmertemperatur in einer Lösung von Mercuriacetat entsteht α-Methylguanidoglyoxylsäure $C_4H_7O_3N_3 = NH_2C(:NH) \cdot N(CH_3) \cdot CO \cdot CO_2H$. Glänzende Kryställchen mit $2\,H_2O$. Schmelzp. 203—204°, sehr wenig löslich in kaltem Wasser, etwas mehr löslich in heißem Wasser, gibt mit $CaCl_2$ in der Kälte keine Reaktion, beim Erhitzen schnell Niederschlag von Oxalat; bei längerem Kochen mit $Ba(OH)_2$ wird der gesamte N abgegeben. Die Verbindung ist toxisch, beim Meerschweinchen toxische Kontraktionen, Betäubung und Tod durch 0,15 g. Beim Hunde Vermehrung der Kreatinausscheidung[6].

Dimethylguanidin (Bd. IV, S. 787; Bd. IX, S. 191).

Physiologische Eigenschaften: Gehalt frischer Faeces an Dimethylguanidin bei idiopathischer Tetanie der Kinder von 1—2 Jahren 0,070—0,80%, bei normalen Kindern von geringen Spuren bis 0,028%. Tägliche Ausscheidung bei erkrankten Kindern 0,018 g[7].

Erzeugt bei der Katze einen Symptomenkomplex, welcher der Spasmophilie des Kindes außerordentlich ähnlich sieht. Es wird angenommen, daß bei der tonischen Innervation im Plasma des Skelettmuskels Dimethylguanidin entsteht, das erst die dauernde reibungslose Aufrechterhaltung des physiologischen Tonus gewährleistet. Die Epithelkörperchen sollen verhüten, daß an den einzelnen Stationen zuviel Dimethylguanidin entsteht; der entgiftende Komplex würde sich aus dem Plasma der Epithelkörperchen lösen, ins Blut übergehen und an allen Orten der Entstehung von Dimethylguanidin dämpfend eingreifen können[8].

Kreatin und Kreatinin (Bd. IV, S. 790; Bd. IX, S. 192).

Vorkommen: Der Kreatin- bzw. Kreatiningehalt im Blute der wirbellosen Tiere ist im allgemeinen niedriger als bei Wirbelfischen und anderen Säugetieren[9]. Kreatinin- und Kreatinwerte im Blute des Neugeborenen[10].

Bestimmung: Zur Gewinnung von Extrakten, welche für die colorimetrische Bestimmung des Kreatins bzw. Kreatinins geeignet sind, schlägt Costantino[9] folgendes Verfahren vor. Das feinzerteilte Organ wird mit 200—250 ccm einer wässerigen 2 proz. (1% Salzsäure) enthaltenden Quecksilberchloridlösung etwa 2 Stunden geschüttelt, filtriert und das Quecksilber mit Schwefelwasserstoff entfernt. — In einem aliquoten Teil wird der Schwefelwasserstoff verjagt, mit Natronlauge neutralisiert, auf etwa 10 ccm konzentriert und das Kreatin in üblicher

[1] L. Baumann u. H. M. Hines, Journ. of Biolog. Chem. **35**, 75—82 [1918]; Chem. Centralbl. **1919**, I, 387.

[2] Rudolf Allers, Biochem. Zeitschr. **96**, 106—116 [1919]; Chem. Centralbl. **1919**, III, 687.

[3] R. Klinger, Archiv f. experim. Pathol. u. Pharmakol. **90**, 129 [1921]; Chem. Centralbl. **1921**, III, 674.

[4] F. J. Nattraß u. J. S. Sharpe, Brit. med. journ. **1921**, II, 238—239 [1921]; Chem. Centralbl. **1921**, III, 1175.

[5] Jack Cecil Drummond, Biochem. Journ. **12**, 5 [1918]; Chem. Centralbl. **1918**, II, 944.

[6] L. Baumann u. Thorsten Ingvaldsen, Journ. of Biolog. Chem. **35**, 277—280 [1918]; Chem. Centralbl. **1919**, I, 351.

[7] John Smith Sharpe, Biochem. Journ. **14**, 46—47 [1920]; Chem. Centralbl. **1920**, I, 691.

[8] E. Frank, R. Stern u. M. Nothmann, Zeitschr. f. d. ges. experim. Med. **24**, 341—370 [1921]; Chem. Centralbl. **1921**, III, 1213.

[9] Rollin G. Myers, Journ. of Biolog. Chem. **41**, 119 [1920]; Chem. Centralbl. **1920**, III, 108.

[10] J. P. Sedgwick u. Mildred R. Ziegler, Amer. Journ. of diseases of children **19**, 429 [1919]; Chem. Centralbl. **1920**, III, 898.

Weise in Kreatinin umgewandelt. Nach dieser Methode resultieren farblose und eiweißfreie Lösungen[1]).

Enthält die zu untersuchende Substanz Glucose, Aceton oder Acetessigsäure, so wird das Kreatinin als Kalium-Kreatininpikrat ausgefällt, das Doppelsalz in Salzsäure gelöst, der Kreatiningehalt der Lösung colorimetrisch bestimmt. — Die Bestimmung des Kreatins erfolgt in derselben Weise, nachdem das Kreatin nach der Myersschen Autoklavenmethode in Kreatinin umgewandelt wird[2]).

Bestimmung von Kreatin + Kreatinin im Muskel. Man erhitzt 5 g des fein geschnittenen Materials mit 50 ccm Wasser zum Sieden, versetzt mit 10 ccm einer 15 proz. Suspension von Aluminiumhydroxyd, filtriert, wäscht mit 150 ccm heißem Wasser, 55 ccm 25 proz. Schwefelsäure und noch 25 ccm Wasser nach, bringt die Lösung 3 Stunden lang in ein siedendes Wasserbad, läßt erkalten, füllt auf 300 ccm auf, versetzt 10 ccm der Lösung in einem 100-ccm-Kolben mit 20 ccm gesättigter Pikrinsäurelösung und so viel 10 proz. Natronlauge, daß 1,5 ccm mehr zugegen sind, als zur Neutralisation der Schwefelsäure erfordert wird, und vergleicht die Lösungen colorimetrisch mit einer Standardlösung, die in 10 ccm so viel Kreatinin enthält, wie 1 mg Kreatin entspricht. Die Bestimmung des Kreatins in anderen Geweben und Organen geschieht im wesentlichen in der für Muskel beschriebenen Weise, nur daß weniger Schwefelsäure verwandt wird[3]).

Physiologische Eigenschaften: Der Kreatingehalt der Muskulatur von Ratten, die mit dem argininreichen Edestin gefüttert waren, erwies sich als nicht merklich höher als der der Muskulatur anderer, mit argininarmem Casein gefütterter Tiere[4]).

Es wurde der Kreatin- und Kreatiningehalt des Harns zweier Männer untersucht, vor, während und nach Verabreichung von täglich 1—5 g Kreatin. — 16—39% des aufgenommenen Kreatins wurden unverändert im Harn wieder ausgeschieden; ein kleiner Teil (1,5—2%) kam als Kreatinin zur Ausscheidung[5]).

Werden reine Kreatinlösungen bei nicht zu niedriger Temperatur (36°) sich selbst überlassen, so findet partielle Umwandlung in Kreatinin statt; in gleicher Weise wird Kreatinin beim Stehen in wässeriger Lösung zum Teil in Kreatin umgewandelt. — Wurde fein geriebener Muskel in Gegenwart von Wasser und unter Zusatz von Toluol sich selbst überlassen, so erfolgte allmählich eine Zunahme des Kreatinins und eine entsprechende Abnahme des Kreatins. Auch hier stellt sich ein Gleichgewichtszustand her, die Umwandlung erfolgt aber bedeutend schneller als in reiner wässeriger Lösung. — Bei höherer Temperatur ist die Umwandlungsgeschwindigkeit gesteigert. — Wurde autolysierendem Muskel Kreatinin zugesetzt, so wurde die Umwandlung des Kreatins in Kreatinin gehemmt; bei Zusatz von hinreichenden Kreatininmengen verlief die Reaktion in entgegengesetztem Sinne. Umgekehrt erlitt Kreatin, welches autolysierendem Muskel zugesetzt wurde, dasselbe Schicksal wie das bereits im Muskel enthaltene Kreatin[6]).

Eine Revision der bisherigen Methoden zur Bestimmung von Kreatinin bzw. Kreatin im Blute wird von Feigl[7]) gegeben. — Es zeigt sich, daß die nach der älteren Folin schen Methode gewonnenen Ergebnisse über präformiertes Kreatinin in ihrer praktischen Bedeutung nicht beeinträchtigt, die Zahlen für Kreatin dagegen wertlos sind[6]).

Im Gegensatz zu normalen Erwachsenen zeigen Kinder bei normaler Ernährung regelmäßige Kreatinurie. — Bei Milchkindern beeinflussen die Änderungen in der Zufuhr von Säuren oder Basen die Kreatinurie nicht. — Kleine Mengen zugeführten Kreatins steigern die Kreatinurie[8]).

[1]) A. Costantino, Arch. di Farmacol. sperim. **19**, 254—258 [1915]; Chem. Centralbl. **1915**, II, 287.

[2]) J. Lucien Morris, Journ. of Biolog. Chem. **21**, 201 [1915]; Chem. Centralbl. **1915**, II, 725.

[3]) N. W. Janney u. N. R. Blatherwick, Journ. of Biolog. Chem. **21**, 567 [1915]; Chem. Centralbl. **1915**, II, 859.

[4]) Victor C. Myers u. Morris S. Fine, Journ. of Biolog. Chem. **21**, 389—393 [1915]; Chem. Centralbl. **1915**, II, 760.

[5]) Victor C. Myers u. Morris S. Fine, Journ. of Biolog. Chem. **21**, 377 [1915]; Chem. Centralbl. **1915**, II, 760.

[6]) Victor R. Myers Morris S. Fine, Journ. of Biolog. Chem. **21**, 583—599 [1915]; Chem. Centralbl. **1915**, II, 844.

[7]) Joh. Feigl, Biochem. Zeitschr. **105**, 255 [1920]; Chem. Centralbl. **1920**, III, 606.

[8]) James L. Gamble u. Samuel Goldschmidt, Journ. of Biolog. Chem. **40**, 199 [1919]; Chem. Centralbl. **1920**, III, 696.

Kreatin.

Vorkommen: Kreatin wurde in den Extraktstoffen von Cryptobranchus Japonicus (Riesensalamander) aufgefunden [1]. Kommt im getrockneten Kabeljau nicht vor [2]. 1,40 g in 1 kg getrocknetem Kabeljau [2]. Im Sammelharn von 6 Lophii piscatorii war 140 mg Kreatin-N [3]. Aus den Körpermuskeln von Petromyzon marinus wurde Kreatin isoliert [4]. Im Blute des Walfisches Megaptera versabilis Cope zu 21,6 g pro l; im Blute von Physeter macrocephalus zu 8,9 g pro l [5].

Der Gehalt des Skelettmuskels bei Hund, Kaninchen, Katze, Huhn und Schildkröte an Kreatin-N betrug 3,5—5,7%, der des Herzmuskels 2,3—5,4% vom Gesamt-N [6]. In dem wässerigen Dialysat eines Fleischbrühedauerpräparates wurden 5,4% Kreatin gefunden [7].

Gehalt des Psoasmuskels an Kreatin in 5 Fällen (Unglücksfälle) 0,360—0,421 g auf 100 g Muskel, in anderen Fällen (chronische Krankheiten) absolut und relativ niedriger. Bei Personen, gestorben an akuten Krankheiten, Kreatingehalt normal, bei Septikämie stark vermindert [8].

Hauptsächlich in den Blutkörpern des menschlichen Blutes, 6—8 mg für 100 ccm, im Plasma 0,4—0,6 mg pro ccm; Vollblut enthält etwa 3 mg; bei Frauen reichlicher als bei Männern. Deutlicher Zusammenhang zwischen der Zunahme des Kreatins im Plasma und seinem Auftreten im Harn. Noch nicht festgestellt, ob das Plasma beim Fehlen von Kreatin im Harn auch kreatinfrei ist, oder ob ein Schwellenwert für die Ausscheidung besteht [9].

Im Durchschnitt enthält das Blut von Kindern und Säuglingen 7,9 mg Kreatin (und Kreatinin) auf 10 ccm Blut [10]. Bei angeborener Amyotonie scheidet sich bei eiweißarmer Nahrung Kreatin aus [11]. In Frauenmilch 1,9—3,9 mg pro 100 ccm [12]. Bei zwei normalen Frauen konnte Kreatinurie durch eiweißreiche Kost erzeugt, durch eiweißarme wieder zum Verschwinden gebracht werden. Bei Männern wurde durch Eiweißgehalt der Nahrung bis zu 34,5 g täglich keine Kreatinurie hervorgerufen [13].

Untersuchungen an Frauen über den Kreatingehalt des Blutes während der Menstruation haben kein eindeutiges Resultat gegeben. Auch das Alter scheint ohne Einfluß zu sein [14].

Der Harn von 2 Kranken und von 4 gesunden Kindern wurde täglich auf seinen Gehalt an Kreatin und an Kreatinin untersucht. Kreatin war stets zugegen, auch bei kohlenhydratreicher Nahrung. — Die in 24 Stunden ausgeschiedene Menge betrug 0,035—0,1 g [15]. Im Harn der Rassen in Singapore ist die absolute Menge Kreatinin ein wenig geringer als in Europa, aber prozentual höher [16].

Darstellung: Man versetzt 8 l menschlichen Harns mit einer Lösung von 60—80 g Pikrinsäure in 400 ccm heißem Alkohol, läßt über Nacht stehen, filtriert, fügt zu 500 g des Nieder-

---

[1]) Ilse Reuter, Zeitschr. f. Biol. **72**, 129—140 [1920]; Chem. Centralbl. **1921**, I, 640.

[2]) K. Yoshimura u. M. Kanai, Zeitschr. f. physiol. Chemie **88**, 346—351 [1913]; Chem. Centralbl. **1914**, I, 681.

[3]) W. Denis, Journ. of Biolog. Chem. **16**, 389—393 [1913]; Chem. Centralbl. **1914**, I, 1094.

[4]) D. Wright Wilson, Journ. of Biolog. Chem. **18**, 17—20 [1914]; Chem. Centralbl. **1914**, II, 575.

[5]) Rollin G. Myers, Journ. of Biolog. Chem. **41**, 137 [1920]; Chem. Centralbl. **1920**, III, 108.

[6]) Otto Folin u. F. E. Buckman, Journ. of Biolog. Chem. **17**, 483—486 [1914]; Chem. Centralbl. **1914**, II, 247.

[7]) Ernst Waser, Zeitschr. f. Untersuch. d. Nahrungs- u. Genußmittel **40**, 289—345 [1920]; Chem. Centralbl. **1921**, II, 704.

[8]) W. Denis, Journ. of Biolog. Chem. **26**, 379—386 [1916]; Chem. Centralbl. **1917**, I, 782.

[9]) Andrew Hunter u. Walter B. Campbell, Journ. of Biolog. Chem. **33**, 169—191 [1918]; Chem. Centralbl. **1919**, I, 37.

[10]) Frederic W. Schulz, Arch. of pediatr. **37**, 445—447 [1920]; Chem. Centralbl. **1921**, I, 425.

[11]) Milferd R. Ziegler u. N. O. Pearce, Journ. of Biolog. Chem. **42**, 581 [1920]; Chem. Centralbl. **1920**, III, 724.

[12]) W. Denis, Fritz B., Talbot u. A. S. Minot, Journ. of Biolog. Chem. **39**, 47 [1919]; Chem. Centralbl. **1920**, III, 680.

[13]) W. Denis u. A. S. Minot, Journ. of Biolog. Chem. **31**, 561—566 [1917]; Chem. Centralbl. **1921**, I, 639.

[14]) Chi Che Wang u. Mamie L. Deutler, Journ. of Biolog. Chem. **45**, 237—243 [1920]; Chem. Centralbl. **1921**, I, 511.

[15]) Alonzo Engelbert Taylor, Journ. of Biolog. Chem. **21**, 663 [1915]; Chem. Centralbl. **1915**, II, 853.

[16]) James Argyll Campbell, Biochem. Journ. **13**, 239 [1919]; Chem. Centralbl. **1920**, I, 139.

schlages 100 g K_2CO_3 und 750 g Wasser, läßt 1—2 Stunden unter gelegentlichem Umrühren stehen, filtriert, versetzt das Filtrat mit 100 ccm 99 proz. Essigsäure, fügt zu der Lösung $^1/_4$ ihres Volumens konz. alkoholische $ZnCl_2$-Lösung hinzu, zersetzt das Kreatinin-Zn-Salz durch Erhitzen mit frisch gefälltem $Pb(OH)_2$, filtriert und entbleit das Filtrat mit H_2S. Man dampft zur Trockne, löst in siedendem Wasser und fällt mit 95 proz. Alkohol; nach $^1/_2$ stündigem Stehen filtriert man das ausgefällte Kreatin ab, erwärmt das Filtrat 1 Woche lang auf 80—90°, dampft zur Trockne, löst in siedendem Wasser, fällt mit 95 proz. Alkohol, filtriert das Kreatin ab, erwärmt das Filtrat wiederum 1 Woche lang auf 80—90° und wiederholt dies Verfahren, bis nur noch geringe Mengen Kreatinins in Lösung geblieben sind[1]).

Man behandelt den Harn mit alkoholischer Pikrinsäure, zersetzt das gebildete Pikrat mit konz. HCl, filtriert, neutralisiert das Filtrat mit MgO, filtriert, säuert das Filtrat mit Eisessig an, versetzt mit Alkohol, filtriert nochmals, versetzt das Filtrat mit 30 proz. $ZnCl_2$-Lösung, filtriert das resultierende Kreatinin-$ZnCl_2$-Doppelsalz ab, wäscht mit Wasser und Alkohol und trocknet. Man kocht das Kreatinin-Zn-Salz mit Wasser und $Ca(OH)_2$ entfernt das Zn mittels H_2S, säuert die vom Zn befreite Lösung mit Eisessig an und dampft ein, worauf das Kreatin auskrystallisiert[2]).

1 kg Liebigs Fleischextrakt wird mit 2 l heißem Alkohol extrahiert. Vom abgeschiedenen Sirup wird abgegossen, man wiederholt die Extraktion noch 2 mal mit je 2 l Alkohol und engt die alkoholischen Extrakte zum dünnen Sirup ein. Das auskrystallisierte Kreatin wird aus Wasser umkrystallisiert. Ausbeute 25—30 g[3]).

Nachweis und Bestimmung: Bei Anwendung der Pikratmethode[4]) auf Blut verursacht die vorherige Eiweißfällung durch Metaphosphorsäure im gewissen Maße auch die Fällung der zu hohe Werte verursachenden Substanzen[5]).

Die Gegenwart von Glykocyamin stört die Bestimmung des Kreatins nach den üblichen Methoden, weil bei der Umwandlung von Kreatin in Kreatinin in Gegenwart von Säure, das Glykocyamin in Glykocyamidin übergeht, das die Pikrinsäurereaktion gibt. Die Ergebnisse der Bestimmung müssen daher durch Vergleich mit Lösungen, die entsprechenden Zusatz von Glykocyamin erhalten hatten, kontrolliert werden[6]).

Die Folinsche Methode gibt für Kreatin im Plasma und im Vollblut falsche, bis zwei- bzw. viermal zu hohe Ergebnisse[7]).

10 ccm Urin werden mit 5 ccm 10 proz. Natronlauge und 15 ccm gesättigter Pikrinsäure versetzt, gemischt und 5—7 Min. stehengelassen, dann mit Wasser auf 250 ccm verdünnt. In einem Stahlischen oder Haldaneschen Hämometer wird die eine graduierte Röhre mit einer 0,5 Kaliumbichromatlösung gefüllt, die andere bis zur Marke 50 mit der vorher beschriebenen Urin-Pikrinsäurelösung. Dann wird wie bei der Hämoglobinbestimmung tropfenweise Wasser bis zur Farbengleichheit zugesetzt. Die abgelesene Zahl ergibt in mg die Menge Kreatinin für 100 ccm des angewandten Urins[8]).

Die Bestimmung mittels Pikrinsäure verbesserten Folin und Doisy[9]) durch Ausarbeitung des Verfahrens mit KCl-haltigem KOH[10]).

Zur Bestimmung des Kreatins ist es zweckmäßiger, statt $K_2Cr_2O_7$-Lösung, sich einer Lösung zu bedienen, die man herstellt, indem man 0,001 g Kreatinin mit 20 ccm gesättigter Pikrinsäurelösung und 1,5 ccm 10 proz. NaOH 10 Minuten stehen läßt und sodann auf 100 ccm verdünnt[11]).

[1]) Otto Folin, Journ. of Biolog. Chem. **17**, 463—468 [1914]; Chem. Centralbl. **1914**, II, 246.

[2]) Stanley R. Benedict, Jour. of Biolog. Chem. **18**, 183—190 [1914]; Chem. Centralbl. **1914**, II, 652.

[3]) H. Steudel, Zeitschr. f. physiol. Chemie **112**, 53 [1921]; Chem. Centralbl. **1921**, I, 893.

[4]) Folin u. Denis, Journ. of Biolog. Chem. **26**, 491 [1916]; Chem. Centralbl. **1917**, I, 825.

[5]) W. Denis, Journ. of Biolog. Chem. **35**, 513—516 [1918]; Chem. Centralbl. **1919**, II, 325.

[6]) L. Baumann u. H. M. Hines, Journ. of Biolog. Chem. **31**, 549—559 [1917]; Chem. Centralbl. **1921**, I, 639.

[7]) Andreas Hunter u. Walter R. Campbell, Journ. of Biolog. Chem. **32**, 195—231 [1917]; Chem. Centralbl. **1921**, II, 692.

[8]) D. Burns, Journ. of Physiol. **54**, XLVII [1921]; Chem. Centralbl. **1921**, IV, 402.

[9]) Otto Folin u. E. A. Doisy, Journ. of Biolog. Chem. **28**, 349—356 [1917]; Chem. Centralbl. **1917**, I, 1155.

[10]) Folin, Journ. of Biolog. Chem. **17**, 472, 479 [1914]; Chem. Centralbl. **1914**, II, 246.

[11]) Otto Folin u. J. L. Morris, Journ. of Biolog. Chem. **17**, 469—473 [1914]; Chem. Centralbl. **1914**, II, 246.

Bestimmung im Blut, in der Milch und in Geweben unter Verwendung einer Kreatininstandard-lösung[1]).

Die Umwandlung des Kreatins in Kreatinin erfolgt zweckmäßig in der Weise, daß man die Kreatinlösung mit etwa dem gleichen Volumen $^1/_1$ n-HCl versetzt und zur Trockne dampft. Den Rückstand löst man in heißem Wasser, fügt Pikrinsäurelösung, NaOH und Rochellesalz hinzu und bestimmt das Kreatinin in der gebräuchlichen Weise. — Handelt es sich um die Bestimmung des Kreatins im Harn, so empfiehlt es sich, zwecks Vermeidung übermäßiger Pigmentbildung der mit HCl einzudampfenden Flüssigkeit etwas Bleipulver zuzusetzen[2]).

Kreatinin kann aus nicht zu verdünnten Lösungen der Muskeln durch Pikrinsäure bei Gegenwart von Kaliumpikrat quantitativ gefällt werden. Die Anwendung dieses Verfahrens auf Muskelextrakte, in denen zunächst das Kreatin in Kreatinin übergeführt war, ergab, daß die erhaltene Pikratlösung, durch H_2SO_4 in Lösung übergeführt und zerlegt, bei der colorimetrischen Bestimmung die gleichen Werte gab, wie sie bei der direkten colorimetrischen Bestimmung von Extrakt erhalten werden[3]).

Nach Greenwald und Guire[4]) wird Kreatin wie folgt bestimmt: Das Blut wird in die fünffache Menge siedende, etwa 0,01 n-Essigsäure eingelassen, erhitzt und mit Essigsäure versetzt, bis zur ganz farblosen Schaumbildung. Nach dem Filtrieren wird mit Wasser abgekühlt, das Volumen bestimmt, mit 5—10 g Kaolin zur völligen Enteiweißung geschüttelt, bis der Schaum dünn wird. Nach Zusatz von noch 5—10 g Kaolin und 1 Tropfen Essigsäure für je 100 ccm Flüssigkeit wird filtriert. Eine 10—40 ccm Blut entsprechende Menge des Filtrats wird nach Zusatz von 3 ccm n-HCl bis auf 5 ccm eingedampft. Dann hält man es 3 Stunden knapp unter dem Kochpunkt. Nach Abkühlen wird nach Zusatz eines Tropfens 0,05 proz. Methylrot-lösung neutralisiert mittels 10 proz. NaOH, dazu kommt 15 ccm gesättigte Pikrinsäurelösung und 3 ccm NaOH. Nach 10 Minuten wird auf 100 ccm verdünnt, filtriert und mit aus verdünn-ter Kreatininlösung, Methylrot, Pikrinsäure und Alkali entsprechend hergestellter Versuchs-lösung im Colorimeter von Dubosq verglichen[4]).

Physiologische Eigenschaften: In den Muskeln der zehnfüßigen Crustaceen fehlt Kreatin[5]). Das völlige Fehlen des Kreatins bei Astacus fluviatilis und Crangon vulgaris, das durch beträcht-liche Mengen Arginin ersetzt ist, deutet fast mit Sicherheit auf die Entstehung von Kreatin aus Arginin im Stoffwechsel[6]). Bei der Entwicklung des Hühnerembryos tritt Kreatin zuerst am 12. Tage auf; bis zu diesem Tage nimmt der Gehalt an Guanidin regelmäßig zu, zeigt dann eine deutliche Abnahme, der wieder ein geringes, aber beständiges Ansteigen folgt[7]). Die Aus-scheidung von Kreatin erfolgt in verhältnismäßig großen Mengen bei Wiederkäuern in der Norm und steht in umgekehrtem Verhältnis zu der Menge der Kohlenhydrate in der Nahrung. Bei Aufhören der Lactation nimmt Kreatinausscheidung ab. Eiweiß, sowohl exogenes als endo-genes, kann nicht die einzige Quelle des Kreatins sein; dieses dürfte, in großen Mengen gebildet, in den Geweben verbraucht werden, wobei Ausnutzung im engen Zusammenhang mit dem Kohlenhydratstoffwechsel steht[8]).

Der Kreatingehalt des Harns, untersucht bei Bence-Jonesscher Albuminurie[9]). Die Kreatinwerte im Blute von Jugendlichen sind niedriger als bei Erwachsenen, mit zunehmendem Alter etwas ansteigend[10]). In höherem Alter überschreiten die Werte für Kreatin im Blute die Grenzen der allgemeinen Norm[11]). Beteiligung des Kreatins am Aufbau des Reststickstoffs im

[1]) Otto Folin, Journ. of Biolog. Chem. **17**, 469—473, 475—481 [1914]; Chem. Centralbl. **1914**, II, 247.

[2]) Stanley R. Benedict, Journ. of Biolog. Chem. **18**, 191—194 [1914]; Chem. Centralbl. **1914**, II, 652.

[3]) Louis Baumann u. Thorsten Ingvaldsen, Journ. of Biolog. Chem. **25**, 195—200 [1916]; Chem. Centralbl. **1916**, II, 1079.

[4]) Isidor Greenwald u. Grace Mc Guire, Journ. of Biolog. Chem. **34**, 103—118 [1918]; Chem. Centralbl. **1919**, II, 85.

[5]) J. Smith Sharpe, Journ. of Physiol. **51**, 159—163 [1917]; Chem. Centralbl. **1917**, II, 692.

[6]) Fr. Kutscher, Zeitschr. f. Biol. **64**, 240—246 [1914]; Chem. Centralbl. **1914**, II, 499.

[7]) David Burns, Biochem. Journ. **10**, 263—279 [1916]; Chem. Centralbl. **1916**, II, 1172.

[8]) John Boyd Orr, Biochem. Journ. **12**, 221—230 [1918]; Chem. Centralbl. **1919**, I, 390.

[9]) Otto Folin u. W. Denis, Journ. of Biolog. Chem. **18**, 277—283 [1914]; Chem. Centralbl. **1914**, II, 654.

[10]) Joh. Feigl, Biochem. Zeitschr. **84**, 264—280 [1917]; Chem. Centralbl. **1918**, I, 455.

[11]) Joh. Feigl, Biochem. Zeitschr. **87**, 1—22 [1918]; Chem. Centralbl. **1918**, II, 45.

nüchternen Blute. Durchschnitt pro 100 ccm Vollblut 6,5 mg. Extreme 4,0 einerseits und 10,0 m andererseits[1]).

Beim gesunden Menschen ist sowohl der normale Harn als der alkalisch gelassene bei fleischfreier wie bei fleischreicher Kost frei von Kreatin. Abundante Fleischzufuhr kann jedoch Kreatinurie hervorrufen. Beim Diabetiker ist Kreatinurie häufig, ohne daß dabei die Gesamtkreatininausscheidung vermehrt erscheint. Die Kreatinausscheidung ist im Zusammenhang mit der Acidose. Diabetiker mit mäßiger Acetonkörperausscheidung, zeigten Kreatinurie in deutlicher Abhängigkeit von alimentärer Fleischzufuhr. Schwere Diabetiker scheiden unabhängig von der Ernährung dauernd Kreatin aus. Beweis für die Erklärung der endogenen Kreatinurie durch Mehrzerfall körpereigenen Muskelgewebes konnte nicht erbracht werden[2]).

Die Konzentration von Kreatin im mütterlichen und im fötalen Plasma ist gleich. Wenn Tendenz zu einem Unterschied vorliegt, geht sie in der Richtung einer ein wenig höheren Konzentration beim Foetus. Durchgang von Kreatin durch die Placenta scheint ein einfacher Diffusionsvorgang zu sein. Kreatingehalt des Plasmas bei der Geburt entspricht dem gewöhnlich in Verbindung mit Kreatinurie gefundenen. Im Gesamtblute ist die Kreatinkonzentration im allgemeinen beim Foetus höher als bei der Mutter, in den Blutkörperchen und im Plasma aber bei beiden gleich. Schwangerschaft ist von einer Ansammlung von Kreatin in den Blutkörperchen begleitet[3]).

Der Kreatingehalt vom quergestreiften Muskel änderte sich nicht, wenn man auf die zerkleinerte Muskelmasse bei 37° Arginin oder Methylureidoessigsäure einwirken ließ. Wurde Hundemuskel mit einer Flüssigkeit durchströmt, welche Arginin oder Methylureidoessigsäure enthielt, so änderte sich weder der Kreatingehalt des Muskels noch der der Durchströmungsflüssigkeit[4]). An gesunden Männern steigerte die Zugabe von Fleisch zur Nahrung die Ausscheidung des Kreatinins im Harn bei gleichzeitigem Auftreten von Kreatin. Reines Kreatin per os ändert die Ausscheidung von Kreatinin nicht[5]). Der Kreatingehalt bei Gesunden schwankt zwischen 5 und 10 mg pro 100 ccm Blut. Zur präparativen Darstellung von Kreatin und Kreatinin für die colorimetrischen Stammlösungen erwiesen sich die Methoden von S. R. Benedict am besten[6]).

Beumer und Iseke[7]) haben sehr häufig bei Kindern im Alter von 3 Monaten bis 15 Jahren, selbst in Fällen, wo Krankheitserscheinungen eine vermehrte Einschmelzung von Körpergewebe als sicher annehmen ließen, die Abwesenheit von Kreatin im Harn festgestellt. Sie berichten über den Einfluß von Thyreoidin auf ein 13jähriges weibliches Myxödem. Die Schilddrüsensubstanz bewirkte eine außerordentlich starke Kreatinausscheidung, die darauf zurückgeführt wird, daß in dem behandelten Organismus eine Einschmelzung von Körpereiweiß stattfindet. Versuche, die von stoffwechselgesunden Kindern ausgeführt wurden, zeigten, daß bei prinzipiell gleicher Wirkung des Thyreoidins ein Unterschied bezüglich Intensität und Dauer bei gesunden und myxödematösen vorhanden ist. Das Myxödem wird stärker und andauernder beeinflußt als der gesunde Organismus[7]).

Über Abweichungen des Kreatingehaltes im Blut bei einem und demselben Individuum siehe Hammett[8]). Über ein Verhältnis zwischen Kreatinausscheidung und aufgenommener Milchmenge[9]).

Eine Studie über Kreatinurie haben Gamble u. Goldschmidt[9]) publiziert; dabei ermittelten sie das Verhältnis der Eiweißzufuhr zum Harnkreatin. —

---

[1]) Joh. Feigl, Archiv f. experim. Pathol. u. Pharmakol. **83**, 257—270 [1918]; Chem. Centralbl. **1918**, II, 1047.

[2]) Max Bürger u. Hermann Machwitz, Archiv f. experim. Pathol. u. Pharmakol. **74**, 222—243 [1913]; Chem. Centralbl. **1914**, I, 412.

[3]) Andrew Hunter u. Walter R. Campbell, Journ. of Biolog. Chem. **34**, 5—15 [1918]; Chem. Centralbl. **1919**, I, 107.

[4]) L. Baumann u. J. Marker, Journ. of Biolog. Chem. **22**, 49 [1915]; Chem. Centralbl. **1915**, II, 963.

[5]) David Burns u. John Boyd Orr, Biochem. Journ. **10**, 495—503 [1916]; Chem. Centralbl. **1917**, I, 103.

[6]) Joh. Feigl, Biochem. Zeitschr. **81**, 14—79 [1917]; Chem. Centralbl. **1917**, II, 23.

[7]) Hans Beumer u. Carl Iseke, Berl. klin. Wochenschr. **57**, 178—181 [1920]; Chem. Centralbl. **1920**, I, 594.

[8]) Frederick S. Hammett, Journ. of Biolog. Chem. **41**, 599 [1920]; Chem. Centralbl. **1920**, III, 214.

[9]) James L. Gamble u. Samuel Goldschmidt, Journ. of Biolog. Chem. **40**, 199 u. 215 [1919]; Chem. Centralbl. **1920**, III, 696.

Kreatin findet sich normal nicht im Harn, sondern nur im Hungerzustand, mit Wiederaufnahme der Ernährung schwindet es sogleich[1]). Die Kreatin-Kreatininausscheidung beim Säugling scheint in erster Linie durch die Massenentwicklung der Muskulatur, weniger durch ihren Tonuszustand bestimmt zu werden. Kreatin wurde fast regelmäßig ausgeschieden, am meisten in den Fällen von Ernährungsstörung[2]).

Die Ausscheidung von Kreatin[3])[4]) beim Vogel wird durch den Zusatz von Formaldehyd vermehrt. Bei Enten, wo die Ausscheidung nach Eingabe von Arginin allein in der Nahrung der Methylierung von 1,1% des Guanidinkernes entsprach, war bei Zusatz von Paraformaldehyd 2,2% das Resultat. Dieser allein war unwirksam. Bei subcutaner Anwendung des Gemisches entsprach die Ausscheidung von Kreatin einer Methylierung von 24,2% mit Arginin allein 2,5%. Bei dieser Anwendungsart bewirkte auch Paraformaldehyd allein eine erhebliche Steigerung. Ähnlich wirkte auch Zugabe von Hexamethylentetramin, wenn auch subcutan, nicht so intensiv. Sarkosin, Glycin, Guanidincarbonat mit Paraformaldehyd zusammen steigerte, in der Nahrung gegeben, ebenso die Ausscheidung des Kreatins im Harn um etwa 60%. Auf die Menge des präformierten Kreatinins übte keine der Substanzen merklichen Einfluß aus. Die Einwirkung von Formaldehyd auf Arginin dürfte sich so vollziehen, daß unter gleichzeitiger Oxydation und Methylierung über Methylenguanidobuttersäure $CH_2 : N \cdot C(: NH) \cdot NH(CH_2)_3COOH$ und Methylenguanidoessigsäure $CH_2 : N \cdot C(: NH) \cdot NH \cdot CH_2 \cdot COOH$, ein isomeres des Kreatins, $CH_3 \cdot NH \cdot C : (NH) \cdot NH \cdot CH_2 \cdot COOH$, entsteht und sich zum Kreatin $NH_2 \cdot C(: NH) \cdot N(CH_3) \cdot CH_2 \cdot COOH$ umlagert. Dies steht in Übereinstimmung mit der Annahme von Werner[5]), daß die Einwirkung von Formaldehyd auf Aminoverbindungen unter Methylierung und Bildung von Ameisensäure verläuft:

$$C \ldots NH_2 + CH_2O = C \ldots N : CH_2 + H_2O$$
$$\text{und } H_2O + C \ldots N : CH_2 + CH_2O = C \ldots NH \cdot CH_3 + HCOOH$$

Die Verabreichung von Eiweiß an hungernden Menschen führte am 4. Tage des Versuches zum Verschwinden des Kreatins aus dem Harn[6]). Beim Menschen wie beim Kaninchen führt subcutane Injektion von Kreatin zu einer Vermehrung des Kreatinins im Harn. Kreatin wird im lebenden Organismus zu Kreatinin umgewandelt. Beim Menschen wird vom injizierten Kreatin 76—77% im Harn nicht mehr ausgeschieden. Teilweise Zerstörung und Speicherung im Muskel. Kreatinin subcutan injiziert, erscheint kein Kreatin im Harn. Wenn Kreatinin in Kreatin auch umgewandelt wird, wird letzteres nicht ausgeschieden, sondern zerstört oder aufgespeichert[7]). Die Einnahme großer Dosen (20 g) Kreatins führt beim Menschen zu einem sehr merklichen Anstieg der Kreatininausscheidung (0,30—0,40 g). Dies muß auf eine Umwandlung von Kreatin in Kreatinin im Organismus zurückgeführt werden. Nach großen Dosen (16 g) Kreatinin ist die Kreatinmenge im Harn nicht vermehrt. Die Reaktion Kreatin → Kreatinin + Wasser ist im Organismus nicht umkehrbar. Keine Anhaltspunkte zur Bildung von Harnstoff aus Kreatin oder Kreatinin[8]).

Der Kreatingehalt der nach Entnervung entartenden Skelettmuskel von Katzen und Kaninchen nimmt ständig ab. Demnach scheint Kreatin keine besondere Beziehung zum sarkoplastischen Element des Skelettmuskels zu haben[9]).

Die Ansicht, daß die Zufuhr von Eiweiß die Ausscheidung von Kreatin stark beeinflußt, wird bestätigt. Eiweißreiche Kost steigert den Gehalt an Kreatin im Harn von 24 Stunden, eiweißarme vermindert ihn bis zum Verschwinden. Die hohen Kreatinwerte können nicht auf

---

[1]) Wilhelm Schulz, Archiv f. d. ges. Physiol. **186**, 126—171 [1921]; Chem. Centralbl. **1921**, I, 688.

[2]) Er. Schiff u. A. Bálint, Archiv f. Kinderheilk. **69**, 439—450 [1921]; Chem. Centralbl. **1922**, I, 102.

[3]) William Henry Thompson, Biochem. Journ. **11**, 307—318 [1917]; Chem. Centralbl. **1918**, II, 48.

[4]) Emil Alphonse Werner, Journ. of Physiol. **51**, 347 [1917]; Chem. Centralbl. **1917**, II, 639.

[5]) Werner, Journ. Chem. Soc. London **111**, 846 [1918]; Chem. Centralbl. **1918**, I, 819.

[6]) William C. Rose, Frank W. Dimmitt u. Paul N. Cheatham, Journ. of Biolog. Chem. **26**, 339—344 [1916]; Chem. Centralbl. **1917**, I, 802.

[7]) J. F. Lyman u. J. C. Trimby, Journ. of Biolog. Chem. **29**, 1—5 [1917]; Chem. Centralbl. **1917**, II, 767.

[8]) William C. Rose u. Frank W. Dimmitt, Journ. of Biolog. Chem. **26**, 345—353 [1916]; Chem. Centralbl. **1917**, I, 802.

[9]) E. P. Cathcart, P. S. Henderson u. D. Noël Paton, Journ. of Physiol. **52**, 70—74 [1918]; Chem. Centralbl. **1918**, II, 198.

Mangel von Kohlenhydraten zurückgeführt werden, denn Gehalt der Nahrung an diesen war immer hoch[1]).

Die Kreatinurie der Kinder ist der verhältnismäßig großen Eiweißzufuhr zuzuschreiben. Weitere Ursache ist der geringe Sättigungspunkt des unreifen Muskels, angedeutet durch den niedrigen Kreatingehalt des kindlichen Muskels und durch den niedrigen Schwellenwert des Eiweißverbrauches, bei dem Kreatin ausgeschieden wird[2]).

Im Harn junger Kinder ist die Menge des Kreatins größer als bei Erwachsenen; Ursache scheint in der Unentwickeltheit der Muskeln zu liegen. Ein extremes Beispiel lieferte ein Fall von Amyotonia congenita, mit sehr großen Mengen von Kreatin im Harn im Verhältnis zum Kreatinin. Die Ausscheidung ist während der Nacht gering, am höchsten morgens. Die höhere Ausscheidung am Tage hängt nicht mit größerer Acidität zusammen[3]).

Am hungernden Schweine sinkt nach Zufuhr von Stärke die Kreatinausscheidung. Alkali setzt die Kreatinmenge beim Hungertier herab, demnach spielt Acidosis eine Rolle bei der Kreatinausscheidung. Durch Säurezufuhr tritt Kreatin im vorher kreatinfreien Harn dennoch nicht auf. Zufuhr von Casein vermehrt die Menge von Kreatin. — Die Kreatinausscheidung ist lediglich durch die Art und den Umfang der Verwertung des Eiweißes im Organismus bedingt[4]).

Kreatingehalt des Blutes und der Muskulatur von Katzen vor und nach Injektion von Kreatin in den Dünndarm zeigt, daß Kreatin außerordentlich rasch aus dem zirkulierenden Blut durch die Muskeln resorbiert wird, daß das sog. Muskelkreatin ein postmortales Produkt und daß im lebenden Muskel nur wenig Kreatin enthalten ist[5]).

Kreatin- und Kreatiningehalt des Harns fastender und nichtfastender Hunde und Kaninchen, bestimmt nach subcutaner Verabfolgung von Coffein, ließ nur bei fastenden Kaninchen einen Einfluß des Coffeins, und zwar einen steigernden, auf die Kreatinausscheidung feststellen[6]). Durch Injektion von Natriumselenit an Hunden wird die Kreatinausscheidung vermehrt, und zwar in umgekehrtem Verhältnis wie die Kohlenhydratzufuhr[7]). Bei einer Hündin trat nach Injektion von Adrenalin bzw. Ätheranästhesie Glucosurie und in deren Begleitung Kreatinurie, ferner vermehrte Ausscheidung von N ein[8]). Bei Hunden bewirkt Hydrazinsulfat subcutan eine starke Kreatinausscheidung mit gleichzeitiger Hypoglykämie. Harn enthält merkliche Mengen Carbonate. Die Beziehungen zwischen Hypoglykämie und alkalischer Harnreaktion deuten auf die Bedeutung des Säurebasengleichgewichts im Organismus für die Regulation der Blutzuckermenge. Für die Kreatinausscheidung ist maßgebend einmal der Zustand der Acidose, selbst bei ausreichendem Kohlenhydratbestand des Körpers, zweitens aber das Fehlen von Kohlenhydraten auch ohne Acidose, wie es die Hydrazinversuche zeigen[9]).

Im Muskel des Hundes nimmt nach Entfernung der Nebenschilddrüse das Gesamtguanidin und das freie Guanidin ab, das Kreatin nimmt dagegen zu. Die Abnahme an N in freiem Guanidin entspricht der Zunahme an N in Kreatin[10]).

Der Kreatingehalt des Muskels nahm bei Kaninchen während des Fastens zunächst zu, dann ab; im Harn wurde während des Fastens Kreatin in ständig steigenden Mengen ausgeschieden, das wahrscheinlich aus dem Muskelgewebe entstammte. Bei alleiniger Kohlenhydratfütterung nahm der Kreatingehalt des Muskels, wie bei den fastenden Tieren, zunächst zu,

[1]) W. Denis mit Unterst. von Anna S. Minot, Journ. of Biolog. Chem. **30**, 47—51 [1917]; Chem. Centralbl. **1918**, I, 289.

[2]) W. Denis u. J. G. Kramer mit Unterst. von Anna S. Minot, Journ. of Biolog. Chem. **30**, 189—196 [1917]; Chem. Centralbl. **1918**, I, 289.

[3]) Frank Powis u. Henry Stanley Raper, Biochem. Journ. **10**, 363—375 [1916]; Chem. Centralbl. **1917**, I, 118.

[4]) H. Steenbock u. E. G. Groß, Journ. of Biolog. Chem. **36**, 265—289 [1918]; Chem. Centralbl. **1919**, I, 763.

[5]) Otto Folin u. W. Denis, Journ. of Biolog. Chem. **17**, 493—502 [1914]; Chem. Centralbl. **1914**, II, 247.

[6]) William Salant u. J. B. Rieger, Amer. Journ. of Physiol. **33**, 186—203 [1914]; Chem. Centralbl. **1914**, I, 1684.

[7]) E. P. Cathcart u. J. B. Orr, Journ. of Physiol. **48**, 113—127 [1914]; Chem. Centralbl. **1914**, II, 253.

[8]) Kwanji Tsuji, Biochem. Journ. **9**, 449—455 [1915]; Chem. Centralbl. **1916**, II, 1179.

[9]) Frank P. Underhill u. Emil J. Baumann, Journ. of Biolog. Chem. **27**, 151—160 [1916]; Chem. Centralbl. **1917**, I, 967.

[10]) Pearl S. Henderson, Journ. of Physiol. **52**, 1—5 [1918]; Chem. Centralbl. **1918**, II, 197.

dann ab. Im Harn wurden verhältnismäßig geringe Mengen Kreatin ausgeschieden[1]). Die subcutane Darreichung von Kreatin und Kreatinin an Kaninchen scheint den Kreatingehalt der Muskeln zu steigern (6% über der Norm). Dieser scheinbare Kreatinzuwachs der Muskeln bezieht sich nicht auf eine Retention des unveränderten Kreatinins. — 25—80% des verfütterten Kreatins erschien unverändert wieder im Harn, während 2—10% als Kreatinin ausgeschieden wurde. Bei Verfütterung von Kreatinin erschienen 77—82% wieder im Harn, eine Umwandlung in Kreatin wurde nicht beobachtet[2]). An einem Kaninchen wurde während eines Zeitraumes von $1/_2$ Jahr die Kreatinin- und Kreatinausscheidung bei stets gleicher Fütterung verfolgt und der Einfluß von Injektionen sowohl von Betain wie von Cholin untersucht. Von insgesamt 3 Versuchen mit Cholin ergaben zwei eine Vermehrung; einer in die Erregungsperiode fallend, in der die Kreatininausscheidung sowieso maximal war, verlief negativ. Von 6 Versuchen mit Betain waren fünf positiv, einer negativ. Diese Versuche sollen geeignet sein, die Hypothese von einer Kreatinbildung aus Cholin und Betain zu unterstützen[3]).

Die Kreatinausscheidung im Harn von Kaninchen erwies sich als unabhängig von der Menge der abgebauten Körpersubstanz; während der Verfütterung der eiweißreichen Kost wurde ebensoviel Kreatin ausgeschieden wie während des Fastens. Die Analysen des Muskelgewebes lehren, daß das ausgeschiedene Kreatin nicht vom vorgebildeten Muskelkreatin abstammen kann[4]). Wenn bei Hydrazininjektion an Kaninchen keine Änderung des Blutzuckerspiegels eintritt, so tritt auch keine Kreatinurie auf. Dagegen sind Hypoglykämie und Ausscheidung von Kreatin verknüpft. Diese Kreatinurie hängt nicht vom Hunger an sich ab, denn in zwei Hungerexperimenten war die Ausscheidung von Kreatin mit einem erhöhten Blutzuckergehalt verbunden. Die Kreatinurie scheint schon bei den geringsten Störungen des Gleichgewichts des Kohlenhydratstoffwechsels aufzutreten und eine der frühesten und empfindlichsten Symptome dafür zu sein[5]).

Im Harn von mit Hafer und Korn allein gefütterten Kaninchen erschien sehr bald Kreatin, dabei eine ausgeprägte Acidosis. Andererseits verschwindet das Kreatin sofort aus dem Harn, sobald man eine basenbildende Kost verabreicht, wobei zugleich der Harn alkalisch wird. Es muß angenommen werden, daß zwischen dem Erscheinen von Kreatin im Harn und der Acidose ein ursächlicher Zusammenhang besteht. Kreatin im Harn kann als Anzeichen einer Acidose im Organismus gelten[6]). Der Kreatingehalt des Kaninchenmuskels wurde durch intravenöse Injektionen des Arginins um 8—25 (durchschnittlich 14,5%) des in dieser Form injizierten Guanidins gesteigert[7]).

Nach Cathcart, Benedict und Diefendorf, Mendel und Rose tritt Kreatin im Harn auf bei Entziehung von Kohlenhydraten. Diese Beobachtung dürfte durch die in diesen Fällen regelmäßig eintretende Ausscheidung von Acetessigsäure vorgetäuscht sein, die stets einen Fehler bei der colorimetrischen Bestimmung des Kreatinins bedingt. Die Kreatininwerte sind dann stets zu niedrig, die Gesamtkreatininwerte dagegen richtig, so wird stets eine Differenz gefunden, die die Gegenwart von Kreatin vortäuscht. Wird aber die Acetessigsäure nach einem gewissen Verfahren entfernt, so wird kein Kreatin mehr gefunden, und auch die Kreatinwerte bleiben konstant[8]).

Eine Kreatinretention ließ sich bei der Bestimmung des Kreatin- und Kreatiningehalts des Blutes von etwa 200 an den verschiedensten Krankheiten leidenden Patienten in keinem Falle feststellen[9]).

---

[1]) Victor C. Myers u. Morris S. Fine, Journ. of Biolog. Chem. **15**, 283—310 [1913]; Chem. Centralbl. **1913**, II, 1416—1417.

[2]) Victor C. Myers u. Morris S. Fine, Journ. of Biolog. Chem. **16**, 169—186 [1913]; Chem. Centralbl. **1914**, I, 558.

[3]) Otto Riesser, Zeitschr. f. physiol. Chemie **90**, 221—225 [1914]; Chem. Centralbl. **1914**, I, 2190.

[4]) Stanley R. Benedict u. Emil Osterberg, Journ. of Biolog. Chem. **18**, 195—214 [1914]; Chem. Centralbl. **1914**, I, 652.

[5]) William Mac Adam, Biochem. Journ. **9**, 229—239 [1915]; Chem. Centralbl. **1916**, I, 1256.

[6]) Frank P. Underhill, Journ. of Biolog. Chem. **27**, 127—139 [1916]; Chem. Centralbl. **1917**, I, 966.

[7]) W. H. Thompson, Journ. of Physiol. **51**, 111—153 [1917]; Chem. Centralbl. **1917**, II, 689.

[8]) George Graham u. E. P. Poulton, Proc. of the roy. soc. London Serie B **87**, 205—220 [1914]; Chem. Centralbl. **1914**, I, 1001.

[9]) Otto Folin u. W. Denis, Journ. of Biolog. Chem. **17**, 487—491 [1914]; Chem. Centralbl. **1914**, II, 274.

Der Kohlenhydratstoffwechsel steht in engen Beziehungen zur Umwandlung des Kreatins in Kreatinin, so daß bei Unfähigkeit des Organismus, zur Ausnutzung des Zuckers, Kreatin aus; dem Urin verschwindet. Diese Theorie wird mit neuen Versuchen an fastenden Hunden unterstützt[1]). Das Bestehen eines Zusammenhanges zwischen Kreatinausscheidung und Acidosis wird dadurch bestätigt, daß durch subcutane Injektion von verdünntem Alkali an hungernden Kaninchen das Kreatin in dem gleichzeitig alkalisch gewordenen Harn vermindert, sogar zum Schwinden gebracht werden konnte[2]). Bei Phlorrhizinglucosurie, mit starker Kreatinurie und allgemeiner Acidose, konnte durch innerliche Verabreichung von $NaHCO_3$ die Kreatinmenge des Harnes nicht beeinflußt werden, obwohl der Harn stark alkalisch wurde. Es scheint also, daß außer der Reaktion noch andere Faktoren für die Kreatinausscheidung maßgebend sind[3]).

War im Stoffwechsel in der progressiven Paralyse meist erheblich vermindert, regelmäßig bei rascherem Fortschreiten des Prozesses. Damit steht im Zusammenhange, daß sich aus Paralytikerharn Methylguanidin isolieren ließ[4]).

Die Acidose ist nicht die Ursache für die Kreatinurie beim Diabetiker, sondern Acidose wie Kreatinurie sollen Folge des mangelhaften Kohlenhydratumsatzes sein[5]).

Beim Blute von Kranken mit katatonischem Stupor besteht ein ursächlicher Zusammenhang zwischen Vermehrung des Kreatins und wiederkehrendem Muskeltonus[6]).

Bei guter straffer Beschaffenheit des Herzmuskels wurde im allgemeinen ein hoher Kreatinwert, bei schlaffer Beschaffenheit, insbesondere bei fettiger Entartung ein niedriger Wert beobachtet. Ein Einfluß des Alters und Geschlechts auf den Kreatingehalt des Herzens war nicht erkennbar[7]).

Versuche über die Herkunft des Kreatins im tierischen Organismus ergaben, daß ε-Guanido-n-capronsäure $NH : C(NH_2) \cdot NH \cdot (CH_2)_5 \cdot CO_2H$, Kaninchen per os verabreicht, wird zu 6% unverändert im Harn ausgeschieden; etwa 8% wurden als ε-Ureido-n-capronsäure, $NH_2 \cdot CO \cdot NH \cdot (CH_2)_5 \cdot CO_2H$ ausgeschieden; die Hauptmenge wurde anscheinend völlig verbrannt. — Wurde Kaninchen subcutan ε-Ureido-n-capronsäure verabreicht, so wurden etwa 50% dieser Säure unverändert im Harn ausgeschieden. — ε-Amino-n-capronsäure, $NH_2 \cdot (CH_2)_5 \cdot CO_2H$, wurde Kaninchen subcutan verabreicht, zu etwa 17% im Harn wiedergefunden; die Hauptmenge wird offenbar verbrannt[8]).

Die Arginase, die von Abderhalden „Deguanidase" genannt wird, könnte nicht nur auf Arginin, sondern ebenso auf andere Guanidocarbonsäuren (Glykocyamylglycin, Glykocyamin, Kreatin) unter Abspaltung von $CO(NH_2)_2$ einwirken. Bei Kreatin, das nach der Gleichung:

$$NH_2 \cdot C(:NH) \cdot N(CH_3) \cdot CH_2 \cdot CO_2H + H_2O = NH_2 \cdot CO \cdot NH_2 + NH(CH_3) \cdot CH_2 \cdot CO_2H$$

in Harnstoff und Sarkosin zerfallen sollte, ist eine Spaltung nicht zu erkennen[9]).

Curare bleibt ohne Einfluß auf die Kreatinmenge im Muskel von Kaninchen. Nach Durchtrennung des Nervus ischiadicus sinkt die Kreatinmenge im entnervten Bein, entsprechend der Aufhebung des Tonus. — Tetrahydro-β-naphthylamin bewirkt starke Vermehrung des Muskelkreatins, ebenso das Coffein, Adrenalin. Nervendurchschneidung hemmt diese Vermehrung. Pikrotoxin, das die sympathischen Zentren nicht beeinflußt, bewirkt keine Zunahme des Muskelkreatins. Der Fieberstich bleibt ohne Einfluß auf den Kreatingehalt. — Aus den Versuchen geht hervor, daß zwischen Erregung sympathischer Zentren und Muskeltonus einerseits, Kreatingehalt andererseits, ein Parallelismus besteht[10]).

---

[1]) William C. Rose, Journ. of Biolog. Chem. 26, 331—338 [1916]; Chem. Centralbl. 1917, I, 801.

[2]) Frank P. Underhill, Journ. of Biolog. Chem. 27, 141—146 [1916]; Chem. Centralbl. 1917, I, 966.

[3]) Frank P. Underhill u. Emil J. Baumann, Journ. of Biolog. Chem. 27, 147—150 [1916]; Chem. Centralbl. 1917, I, 966.

[4]) Rudolf Allers, Biochem. Zeitschr. 96, 106—116 [1919]; Chem. Centralbl. 1919, III, 687.

[5]) M. Lauritzen, Zeitschr. f. klin. Med. 90, 376 [1921]; Chem. Centralbl. 1921, III, 384.

[6]) F. S. Hammett, Journ. of the Amer. med. assoc. 76, 502 [1921]; Ref.: Ber. ges. Physiol. 8, 37 [1921] Chem. Centralbl. 1921, III, 679.

[7]) Fr. Constabel, Biochem. Zeitschr. 122, 152—153 [1921]; Chem. Centralbl. 1922, I, 68.

[8]) Karl Thomas u. M. H. G. Goerne, Zeitschr. f. physiol. Chemie 92, 163—176 [1914]; Chem. Centralbl. 1914, II, 793.

[9]) A. Clementi, Arch. di Farmacol. sperim. 21, 172—179 [1916]; Chem. Centralbl. 1916, II, 20.

[10]) Otto Riesser, Archiv f. experim. Pathol. u. Pharmakol. 10, 183—230 [1916]; Chem. Centralbl. 1916, II, 1039.

Versuche mit Injektion von Arginin und Histidin und mit Perfusion von diesen sowie von Sarkosin, Betain, Cholin, Methylguanidin und Cyanamid gaben mehrfach Steigerungen des Kreatingehaltes, die auf einen Zusammenhang hinweisen[1].

Es fehlt die genügende Grundlage für eine Theorie, die einen exogenen Ursprung des Harnkreatins bei Fehlen von Kreatin in der Nahrung annimmt. Denn die Zufuhr von äußerst eiweißreicher Nahrung führte bei normalen Männern und Frauen nicht zur Ausscheidung von Kreatin. Auch war es bei Kostsätzen, die 3400—3900 Cal. täglich lieferten, ohne Einfluß auf den Kreatin-Kreatininstoffwechsel, ob sie mit mäßiger oder starker Aufnahme von N einhergingen[2].

Nach oraler und subcutaner Verabreichung von ε-Methylguanido-n-capronsäure und ε-Methylguanidobuttersäure konnte im Harn von Kaninchen eine vermehrte Ausscheidung von Kreatinin nicht festgestellt werden[3].

Über die Einwirkung von einer viel Säure bildenden Nahrung und von Alkaliaufnahme bei Menschen ließ sich eine Abhängigkeit der Kreatinausscheidung von der Änderung des Säure-Basengleichgewichts nicht erkennen[4].

Als Zwischenprodukt bei der Umwandlung von Arginin in Kreatin kann Glykocyamin betrachtet werden[5].

Die Bildung von Kreatin ist eine Funktion der Muskeln, in denen sich wahrscheinlich auch seine Umwandlung in Kreatinin vollzieht. Weder Kachexie an sich noch Fieber als solches bewirken Kreatinurie, wohl aber gewisse Arten der Infektion[6].

Nach Verfütterung genügender Mengen Arginin ist beim Schwein die Kreatinausscheidung vermehrt. Die Bildung des Kreatins hängt in erster Linie vom Gleichgewicht zwischen Arginase und Arginin zerstörenden oxydativen Systemen ab[7]. Der erwachsene weibliche Organismus zerstört oder verwandelt das Kreatin weniger gut als der männliche[8]. Zwischen der Ausscheidung von Kreatin und Kreatinin scheint kein Zusammenhang zu bestehen[9].

Bacillus probatus A. M. et Viehoever kann in kreatinhaltiger mineralischer Nährlösung nicht wachsen[10]. Ist C- und N-Nahrung für die Hefe. Wirkt auf Algen (Spirogyra) sehr günstig[11].

Eine Entfärbung (Reduktion) des Methylenblaues durch das Ferment des ausgewaschenen Pferdefleisches findet nicht statt in Gegenwart von Kreatin statt Bernsteinsäure[12].

Physikalische und chemische Eigenschaften: Löslichkeit bei 20—25° in 100 g Wasser 8,71 g, in 100 g 50 proz. Pyridin 16,00 g, in 100 g reinem Pyridin ∞ (Substanz wird mit Pyridin völlig fest[13]. Angaben über die Umwandlung von Kreatin in Kreatinin[14].

---

[1] L. Baumann u. H. M. Hines, Journ. of Biolog. Chem. **35**, 75—82 [1918]; Chem. Centralbl. **1919**, I, 387.

[2] William C. Rose, J. Sterling Dimmitt u. H. Leigh Bartlett, Journ. of Biolog. Chem. **34**, 601—612 [1918]; Chem. Centralbl. **1919**, I, 387.

[3] Karl Thomas u. M. S. H. Goerne, Zeitschr. f. physiol. Chemie **104**, 73 [1918]; Chem. Centralbl. **1919**, I, 969.

[4] W. Denis u. A. S. Minot, Journ. of Biolog. Chem. **37**, 245—252 [1919]; Chem. Centralbl. **1919**, III, 66.

[5] L. Baumann u. H. M. Hines, Journ. of Biolog. Chem. **31**, 549—559 [1917]; Chem. Centralbl. **1921**, I, 639.

[6] E. Ch. Meyer, Dtsch. Arch. f. klin. Med. **134**, 219 [1921]; Ref.: Ber. ges. Physiol. **6**, 64 [1921]; Chem. Centralbl. **1921**, I, 917.

[7] E. G. Groß u. H. Steenbock, Journ. of Biolog. Chem. **47**, 33 [1921]; Chem. Centralbl. **1921**, III. 493.

[8] Genevieve Stearus u. Howard B. Lewis, Amer. Journ. of Physiol. **56**, 60 [1921]; Chem. Centralbl. **1921**, III, 556.

[9] M. S. Rose, Journ. of Biolog. Chem. **32**, 1 [1921]; Chem. Centralbl. **1921**, III, 743.

[10] Arno Viehoever, Berichte d. Deutsch. botan. Gesellschaft **31**, 285—289 [1913]; Chem. Centralbl. **1913**, II, 1694.

[11] Th. Bokorny, Allgem. Brauer- u. Hopfenztg. **59**, 1323—1325 [1919]; Chem. Centralbl. **1920**, I, 341.

[12] Thorsten Thunberg, Skand. Archiv f. Physiol. **35**, 163—165 [1917]; Chem. Centralbl. **1917**, I, 784—786.

[13] William M. Dehn, Journ. of Amer. Chem. Soc. **39**, 1399—1404 [1917]; Chem. Centralbl. **1918**, I, 49.

[14] Philip A. Shaffer, Journ. of Biolog. Chem. **18**, 525—540 [1914]; Chem. Centralbl. **1914**, II, 1145.

Bei mehrtägigem Stehen von reinem Kreatin bei Zimmertemperatur in einer Lösung von Mercuriacetat entsteht α-Methylguanidoglyoxylsäure, $C_4H_7O_3N_3 = NH_2 \cdot C(:NH) \cdot N(CH_3) \cdot CO \cdot CO_2H$. — Dem Hunde injiziert wird die Ausscheidung von Kreatin vermehrt[1]).

Bei alkalischer Reaktion ist die Umwandlung von Kreatin in Kreatinin eine unvollständige Reaktion erster Ordnung, die mit einem wohldefinierten Gleichgewichtszustand endigt. Die nicht dissoziierte Base Kreatinin zeigt neben dieser Überführung Zersetzungserscheinungen. In saurer Lösung geht Kreatin vollständig in Kreatinin über unter Bildung von Kreatininkationen[2]). Bei der Oxydation von Kreatin mit Quecksilberacetat entsteht Methylguanidoglyoxylsäure, Methylguanidin und Oxalsäure[3]). Geht bei Einwirkung von $AgNO_3$ in schwach saurem Medium in Kreatinin über[4]). Nach O. Winterstein wird Kreatin durch Xanthydrol nicht gefällt. Es entsteht aber Verbindung mit Pyrrol, Indol, Skatol[5]). Reduziert Methylenblau[6]).

Kreatinin (Bd. IV, S. 792; Bd. IX, S. 195).

Vorkommen: Fehlt in Melolontha vulgaris[7]). Im Sammelharn von 6 Lophii piscatorii waren 7 mg Kreatinin-N[8]). Fand sich im Blute des Walfisches Megaptera versabilis Cope zu 17,6 g und von Physeter macrocephalus zu 5,3 g im Liter[9]).

Hundeblutserum enthält normalerweise 0,001—0,002% Kreatinin; im Skelettmuskel verschiedener Tiere (Hund, Katze, Rind) wurden etwa 6 Stunden nach dem Tode 0,005—0,015% gefunden[10]).

In dem mit Schwefelsäure hydrolysierten Pferdefleisch ist das Kreatinin-N 1,82% des Gesamt-N[11]). Zahlreiche Analysen ergaben entgegen den Angaben mancher Autoren, daß im Säugetiermuskel stets Kreatinin vorhanden ist[12]). In einem Dauerpräparat aus Fleischbrühe wurden in dem alkohollöslichen Teil 1,8%, in dem alkoholunlöslichen Teil 3,8% Kreatinin gefunden[13]). In dem wässerigen Dialysat eines Fleischbrühedauerpräparates wurde 2,7% Kreatinin gefunden[13]).

Es wurde der Kreatiningehalt des Harns von 26 gesunden Frauen bestimmt, die mindestens 2 Tage lang kreatin- und kreatininfreie Diät erhalten hatten. Das in 24 Stunden ausgeschiedene Kreatin betrug 0,01—0,025 g, im Durchschnitt 0,15 g pro kg Körpergewicht[14]).

6 Pflegerinnen des Wesley Memorial Hospital (Northwestern Univ. Med. School) sind in bezug auf die Kreatininausscheidungen untersucht. Die Stickstoffbestimmungen wurden nach den üblichen Methoden ausgeführt[15]). Der Harnstickstoff wurde nach Benedikt und der Kreatininstickstoff nach Folin, unter Verwendung des Dubosq-Colorimeters bestimmt. — Die Kreatininausscheidung betrug pro Tag 0,674—0,886 g auf das Körpergewicht umgerechnet, pro kg 10,46—14,97 mg[15]). — Für Männer wurden früher doppelt so hohe Werte gefunden.

---

[1]) Louis Baumann u. Thorsten Ingvaldsen, Journ. of Biolog. Chem. **35**, 277—280 [1918]; Chem. Centralbl. **1919**, I, 351.

[2]) Amandus Hahn u. Georg Barkan, Zeitschr. f. Biol. **72**, 25—36 [1920]; Chem. Centralbl. **1921**, I, 240.

[3]) Isidor Greenwald, Journ. of Amer. Chem. Soc. **41**, 1109—1115 [1919]; Chem. Centralbl. **1919**, III, 781.

[4]) J. Smorodinzew, Journ. russ. phys.-chem. Gesellschaft **47**, 1275—1279 [1915]; Chem. Centralbl. **1916**, II, 22.

[5]) E. Winterstein, Zeitschr. f. physiol. Chemie **105**, 25—31 [1919]; Chem. Centralbl. **1919**, IV, 421.

[6]) Friedrich Hasse, Biochem. Zeitschr. **98**, 159—176 [1919]; Chem. Centralbl. **1920**, I, 78.

[7]) Dankwart Ackermann, Zeitschr. f. Biol. **73**, 319—321 [1921]; Chem. Centralbl. **1921**, III, 1293.

[8]) W. Denis, Journ. of Biolog. Chem. **16**, 389—393 [1913]; Chem. Centralbl. **1914**, I, 1094.

[9]) Rollin G. Myers, Journ. of Biolog. Chem. **41**, 137 [1920]; Chem. Centralbl. **1920**, III, 108.

[10]) Philip A. Shaffer, Journ. of Biolog. Chem. **18**, 525—540 [1914]; Chem. Centralbl. **1914**, II, 1145.

[11]) Tullio Gayda, Biochem. Zeitschr. **64**, 438 bis 449 [1914]; Chem. Centralbl. **1914**, II, 582.

[12]) Victor C. Myers u. Morris S. Fine, Journ. of Biolog. Chem. **21**, 383—387 [1915]; Chem. Centralbl. **1915**, II, 760.

[13]) Ernst Waser, Zeitschr. f. Untersuch. d. Nahrungs- u. Genußmittel **40**, 289—345 [1920]; Chem. Centralbl. **1921**, II, 704.

[14]) Martha Traeg u. Elizabeth E. Clark, Journ. of Biolog. Chem. **19**, 115 [1914]; Chem. Centralbl. **1915**, I, 797.

[15]) Mary Hull, Journ. of Amer. Chem. Soc. **36**, 2146 [1914]; Chem. Centralbl. **1915**, I, 797.

In normalem Menschenblut 100 ccm 3—5 mg Gesamtkreatinin. Bei Krankheiten 6 mg und in schweren Fällen 10 mg in 100 ccm Blut[1]). Bei angeborener Amyotonie ist eine verringerte Ausscheidung von Kreatinin vorhanden[2]). In Frauenmilch vorgebildetes Kreatinin 1—1,6 mg pro 100 ccm[3]). Untersuchungen an Frauen über den Kreatiningehalt des Blutes während der Menstruation haben kein eindeutiges Resultat gegeben. Auch das Alter scheint ohne Einfluß zu sein[4]).

Darstellung: Man versetzt 8 l menschlichen Harns mit einer Lösung von 60—80 g Pikrinsäure in 400 ccm heißem Alkohol, läßt über Nacht stehen, filtriert, fügt zu 500 g des Niederschlages 100 g K_2CO_3 und 750 g Wasser, läßt 1—2 Stunden unter gelegentlichem Umrühren stehen, filtriert, versetzt das Filtrat mit 100 ccm 99 proz. Essigsäure, fügt zu der Lösung $^1/_4$ ihres Volumens konz. alkoholische $ZnCl_2$-Lösung hinzu, zersetzt das Kreatinin-Zn-Salz durch Erhitzen mit frisch gefälltem $Pb(OH)_2$, filtriert und entbleit das Filtrat mit H_2S. Man fällt mit Alkohol und erhitzt den Niederschlag 3 Stunden lang im Autoklaven auf 135—140°[5]).

Man behandelt den Harn mit alkoholischer Pikrinsäure, zersetzt das gebildete Pikrat mit konz. HCl, filtriert, neutralisiert das Filtrat mit MgO, filtriert, säuert das Filtrat mit Eisessig an, versetzt mit Alkohol, filtriert nochmals, versetzt das Filtrat mit 30 proz. $ZnCl_2$-Lösung, filtriert das resultierende Kreatinin-$ZnCl_2$-Doppelsalz ab, wäscht mit Wasser und Alkohol und trocknet. Man erwärmt das Doppelsalz mit konz. NH_3-Lösung, läßt die resultierende klare Lösung erkalten und stellt sie in den Eisschrank, worauf reines Kreatinin auskrystallisiert[6]).

Man erhitzt Methylguanidoessigsäure mit organischen Säuren, z. B. Essigsäure[7]).

Nachweis und Bestimmung: Für den Nachweis von Fleischextrakt kommt das Kreatinin in Betracht; es empfiehlt sich, das Gesamtkreatinin auf 100 Teile fettfreie organische Substanz zu berechnen und den Gesamtkreatinin-N auf 100 Teile Gesamt-N, letzterer Wert wird als „Gesamtkreatinin-N-Zahl" berechnet. Sie liegt beim Fleischextrakt bei 20 und auch darüber; das Gesamtkreatinin beträgt etwa 10% der organischen Substanz[8]).

Wird Schweinefleisch mit $HgSO_4$ in H_2SO_4 gefällt, das Filtrat mit H_2S zersetzt, mit Baryt und CO_2 neutralisiert und mit Phosphorwolframsäure gefällt, die nach Zersetzung des Niederschlages mit Baryt erhaltene Lösung mit CO_2 behandelt, mit HNO_3 neutralisiert, eingedampft und mit 25 proz. $AgNO_3$-Lösung behandelt — so krystallisiert nach längerem Stehen eine Doppelverbindung des Kreatinins mit $AgNO_3$ aus. — $C_4H_7N_3O \cdot AgNO_3$; zersetzt sich bei 188—191°; Nadeln, leicht löslich in heißem Wasser. — Bei Hammelfleisch entsteht die Verbindung aus Kreatin. — Kreatin geht bei Einwirkung von $AgNO_3$ in schwach saurem Medium in Kreatinin über[9]).

Bei Anwendung der Pikratmethode[10]) verursacht durch vorherige Eiweißfällung mit Metaphosphorsäure im gewissen Maße auch die Fällung der zu hohe Werte verursachenden Substanzen[11]).

Genaues Studium der Fehlerquellen, die bei der colorimetrischen Bestimmung kleiner Kreatininmengen im Blut von Einfluß sind, läßt das Urteil von Mc. Crudden und Sargent[12]) daß alle bisherigen Kreatininbestimmungen unzuverlässig seien, als nicht zutreffend erscheinen.

---

[1]) Greenwald u. Guire, Journ. of Biolog. Chem. **34**, 103—108 [1918]; Chem. Centralbl. **1919**, II, 86.

[2]) Milferd R. Ziegler u. N. O. Pearce, Journ. of Biolog. Chem. **42**, 581 [1920]; Chem. Centralbl. **1920**, III, 724.

[3]) W. Denis, Fritz B. Talbot u. A. S. Minot, Journ. of Biolog. Chem. **39**, 47 [1919]; Chem. Centralbl. **1920**, III, 680.

[4]) Chi Che Wang u. Mamie L. Deutler, Journ. of Biolog. Chem. **45**, 237—243 [1920]; Chem. Centralbl. **1921**, I, 511.

[5]) Otto Folin, Journ. of Biolog. Chem. **17**, 463—468 [1914]; Chem. Centralbl. **1914**, II, 246.

[6]) Stanley R. Benedict, Journ. of Biolog. Chem. **18**, 183—190 [1914]; Chem. Centralbl. **1914**, II, 652.

[7]) Farbenfabriken vorm. Friedr. Bayer & Co., Leverkusen, Kl. 12 p, Nr. 281051; Chem. Centralbl. **1915**, I, 73.

[8]) Karl Micko, Zeitschr. f. Untersuch. d. Nahrungs- u. Genußmittel **26**, 321—339 [1913]; Chem. Centralbl. **1913**, II, 1767.

[9]) J. Smorodinzew, Journ. russ. phys.-chem. Gesellschaft **47**, 1275—1279 [1915]; Chem. Centralbl. **1916**, II, 22.

[10]) Folin u. Denis, Journ. of Biolog. Chem. **26**, 49 [1917]; Chem. Centralbl. **1917**, I, 825.

[11]) W. Denis, Journ. of Biolog. Chem. **35**, 513—516 [1918]; Chem. Centralbl. **1919**, II, 325.

[12]) Mc. Crudden u. C. S. Sargent, Journ. of Biolog. Chem. **26**, 527—533 [1916]; Chem. Centralbl. **1917**, I, 917.

Die Eigenfärbung von Pikrinsäure mit NaOH spielt bei Werten von 2 mg in 100 ccm Blut praktisch keine Rolle. Für niedrige Kreatininwerte (0,1—0,2 mg) wird eine Tabelle konstruiert, um die durch die Eigenfärbung bedingten Fehler korrigieren zu können. Da Oxalat die Pikraminsäure bleicht, darf davon nur wenig verwendet werden. Die früheren Zahlen von Gettler und Baker treffen zu[1].

Beitrag zur Bestimmung des Kreatinins[2]. Die Folinsche Methode gibt für präformiertes Kreatinin im Plasma annähernd genaue, im Vollblut aber um etwa 50% zu hohe Ergebnisse[3].

Mc. Crudden und C. S. Sargent[4] bezweifeln die Genauigkeit der Methode von Folin[5] zur Bestimmung des Kreatinins im Blute, wegen der geringen im Blute vorkommenden Mengen, so daß man aus der Farbe gar nichts über die Kreatininmenge ersehen kann. — Die im Harn vorkommenden Mengen sind ebenfalls so gering, daß man zur colorimetrischen Bestimmung nahezu gleiche Mengen Kreatinin enthaltende Vergleichslösungen verwenden soll[3].

Ältere Pikrinsäurelösungen sind ungeeignet; daher müssen zu der Bestimmung im Blute frische Pikrinsäurelösungen benutzt werden. So gibt das Verfahren von Folin[6] genaue Resultate[7].

Ausarbeitung des Pikrinsäureverfahrens[8].

Vorschriften zur colorimetrischen Bestimmung des Kreatinins im Harn, Blut und Gewebsextrakten mit Hilfe von Pikrinsäurelösung und $K_2Cr_2O_7$ nebst Angaben über die Umwandlung von Kreatin in Kreatinin[9].

Das präformierte Kreatinin wird aus der Differenz der Werte für Gesamtkreatinin und Kreatin berechnet. Zur Gesamtkreatininbestimmung gaben Enteiweißung durch Hitzekoagulation und Behandeln mit dialysiertem Eisen oder 10 proz. Trichloressigsäure und direkte Fällung mit 5- bzw. 10proz. Trichloressigsäure übereinstimmende Werte. Dieser Unterschied resultiert aus der Anwendung des Kaolins, das auch basische Substanzen entfernt. Der Unterschied in den Werten anderer Versuche wird erhalten durch Beseitigung basischer Stoffe, die nach Erhitzen mit HCl, mit Pikrinsäure und NaOH wie Kreatinin reagieren[10].

Die colorimetrische Bestimmung des Kreatinins in der Milch wird durch den hohen Lactosegehalt der Milch stark beeinträchtigt. Dieser wird daher vorher durch Kupfersulfat und Kalk entfernt. Zu 10 ccm Milch in einen 50-ccm-Meßkolben werden 5 ccm 20proz. Kupfersulfatlösung und 15 ccm 10proz. Suspension von Kalk gebracht. Nach Ausfüllen zur Marke, Mischen, Stehenlassen während 30 Minuten wird zentrifugiert, die überstehende Flüssigkeit durch ein kleines trockenes Filter gegossen. Zur Bestimmung des präformierten Kreatinins werden 10 ccm des Filtrates in einen 25-ccm-Meßkolben gebracht, mit 2 Tropfen n-Salzsäure versetzt, 10 ccm gesättigter Pikrinsäurelösung und 1 ccm 10proz. Natronlauge zugesetzt und 10 Minuten stehengelassen; die colorimetrische Bestimmung erfolgt in der üblichen Weise. Für normale Milch eignet sich als Vergleichsflüssigkeit eine solche, die 0,025 mg Kreatinin in 10 ccm destilliertem Wasser, 10 ccm Pikrinsäure, 1 ccm 10proz. Natronlauge enthält und auf 25 ccm aufgefüllt wird. — Für die Bestimmung des Gesamtkreatinins werden 10 ccm des Filtrats in einem 50-ccm-Meßkolben mit 2 Tropfen n-Salzsäure und 10 ccm Pikrinsäurelösung 30 Minuten bei 120°

---

[1] Alexander O. Gettler, mit Unterstützung v. Ruth Oppenheimer, Journ. of Biolog. Chem. **29**, 47—56 [1917]; Chem. Centralbl. **1917**, II, 780.

[2] E. Vautier, Ann. chim. analyt. appl. [2] **2**, 300—305 [1920]; Chem. Centralbl. **1920**, IV, 325; **1921**, II, 537.

[3] Andrew Hunter u. Walter R. Campbell, Journ. of Biolog. Chem. **32**, 195—231[1917]; Chem. Centralbl. **1921**, II, 692.

[4] Mc. Crudden u. C. S. Sargent, Journ. of Biolog. Chem. **26**, 527—533 [1916]; Chem. **1917**, I, 917.

[5] Folin, Journ. of Biolog. Chem. **17**, 469 [1914]; Chem. Centralbl. **1914**, II, 246.

[6] Folin, Journ. of Biolog. Chem. **17**, 475 [1914]; Chem. Centralbl. **1914**, II, 247 u. Mc. Crudden u. Sargent, Journ. of Biolog. Chem. **26**, 527.

[7] A. Hunter u. W. R. Campbell, Journ. of Biolog. Chem. **28**, 335—348 [1916]; Chem. Centralbl. **1917**, I, 913.

[8] Otto Folin u. S. Doisy, Journ. of Biolog. Chem. **28**, 349—356 [1917]; Chem. Centralbl. **1917**, I, 1155.

[9] Philip A. Shaffer, Journ. of Biolog. Chem. **18**, 525—540 [1914]; Chem. Centralbl. **1914**, II, 1145.

[10] J. Greenwald u. Grace Mc Guire, Journ. of Biolog. Chem. **34**, 103—118 [1918]; Chem. Centralbl. **1919**, II, 85.

im Autoklav erhitzt. Die abgekühlte Lösung wird mit 1 ccm 10 proz. Natronlauge 30 Minuten stehengelassen und colorimetrisch gemessen[1]).

Zur Bestimmung des Kreatinins ist es zweckmäßiger, statt $K_2Cr_2O_7$-Lösung, sich einer Lösung zu bedienen, die man herstellt, indem man 0,001 g Kreatinin mit 20 ccm gesättigter Pikrinsäurelösung und 1,5 ccm 10 proz. NaOH 10 Minuten stehen läßt und sodann auf 100 ccm verdünnt[2]).

In Fleischextrakten[3]): A. Bestimmung des präformierten Kreatinins. 10 g des Extraktes löst man in 100 ccm Wasser und pipettiert von der Lösung je nach ihrer Stärke 5—10 ccm ab, die man mit 15 ccm Pikrinsäure und 5 ccm 10 proz. NaOH versetzt; dann wartet man 7 Minuten, verdünnt mit Wasser von möglichst 17° auf 500 ccm und mißt die Farbstärke dieser Lösung gegen $\frac{1}{2}$ n-$HKCrO_4$-Lösung. Verwendet wurde dazu ein Tauchcolorimeter von F. Köhler. Bei zu großer Farbstärke verdünnt man die Extraktlösung und nicht die Kreatininpikratlösung. Die abgelesenen Schichtdicken ergeben an Hand der für den verwendeten Meßapparat festgestellten Eichkurve die Menge des präformierten Kreatinins[3]).

B. Bestimmung des Gesamtkreatinins. 10 g des Extraktes löst man in 100 ccm n-HCl und erhitzt in einem Kolben während 4 Stunden im Wasserbade bei 97°. Dann verdünnt man so weit, daß 5 oder 10 ccm der Lösung 5—10 mg Kreatinin enthalten, mißt 5 oder 10 ccm der Lösung ab und neutralisiert darin die HCl mit NaOH oder, besser, entfernt sie durch Abdampfen; dann fügt man 15 ccm gesättigte wässerige Pikrinsäurelösung und 5 ccm 10 proz. NaOH zu, verdünnt nach 7 Minuten auf 500 ccm und mißt im Colorimeter die Farbstärke. Aus dem Unterschiede der nach A und B gefundenen Werte, multipliziert mit 1,16, erhält man den Gehalt an wasserfreiem Kreatin. Doppelbestimmungen ergaben gut übereinstimmende Werte. Nach diesem Verfahren ausgeführte Bestimmungen ergaben bei[3]):

Marke des Fleischextraktes	Präformiertes Kreatinin %	Kreatin %
„Neues Fleischextrakt mit der Flagge"	4,2	2,7
Armours Fleischextrakt	1,4	2,0
Liebigs Fleischextrakt, dunkel aus 1908	2,07	3,77
„ „ hell aus 1908	3,72	2,09
„ „ aus 1909	0,76	5,58
„ „ 1912 angekauft	3,60	3,13
„ „ in Kugeln, 1913 angekauft	5,65	1,38
„Bullox" (Kemmerichs) Fleischextrakt, 1912 angek.	3,42	2,39
„ „ „ 1913 angek.	2,7	5,0
Fleischextrakt, „Marke Dampfschiff"	4,5	2,8
„ der Oranienburger Eiswerke	4,6	1,7
„ aus dem Handel (Antwerpen) . . .	1,47	1,72
„ „ „ „ (London)	1,24	1,09
„ „ „ „ (London)	2,33	1,82

Auch in selbstangefertigten Fleischextrakten recht erhebliche Schwankungen sowohl des präformierten Kreatinins (2,3—7,0%) als auch des Kreatins (0,75—7,5%). Aus 1000 g gutem, europäischem Schlachtfleisch werden nach den Erfahrungen etwa 30—35 g Extrakt mit 7,5 bis 8,9% Gesamtkreatinin erhalten.

Physiologische Eigenschaften: Bacillus probatus A. M. et Viehoever kann in kreatininhaltiger mineralischer Nährlösung nicht wachsen[4]). Bei der Kreatininfäulnis kann Sarkosin nachgewiesen werden. Da sich bei 12 tägiger Kreatininfäulnis N-Methylhydantoin nachweisen ließ, bei vierwöchiger aber nicht, sondern nur Sarkosin, so ist anzunehmen, daß der fermen-

[1]) W. Denis u. A. S. Minot, Journ. of Biolog. Chem. **37**, 353—366 [1919]; Chem. Centralbl. **1919**, IV, 117.

[2]) Otto Folin u. J. L. Morris, Journ. of Biolog. Chem. **17**, 469 bis 473 [1914]; Chem. Centralbl. **1914**, II, 246.

[3]) E. Bauer u. G. Trümpler, Zeitschr. f. Untersuch. d. Nahrungs- u. Genußmittel **27**, 697—713 [1914]; Chem. Centralbl. **1914**, II, 265—266.

[4]) Arno Viehoever, Berichte d. Deutsch. botan. Gesellschaft **31**, 285—289 [1913]; Chem. Centralbl. **1913**, II, 1694.

tative Abbau des Kreatinins bei der Fäulnis über N-Methylhydantoin zu Sarkosin führt[1]). Kreatiningehalt des Harns, untersucht bei Bence-Jonesscher Albuminurie[2]).

Betreffs der Natur der reduzierenden Substanz im menschlichen Blut kommen Harnsäure und Kreatinin nicht in Betracht[3]).

Der Kreatiningehalt des Pflanzenfresserharnes ist unabhängig von dem Eiweißgehalt des Futters, denn er geht nicht parallel mit der Gesamteiweißzersetzung im Körper des Pflanzenfressers. Die ausgeschiedenen Kreatininmengen sind individuell und auch bei verschiedenen Tierarten sehr verschieden; beachtenswert sind die hohen Kreatininwerte bei Milchkälbern. Das Colorimeter von Autenrieth und Königsberger ist vorzüglich geeignet, auch in der tierärztlichen Praxis zur Bestimmung des Kreatinins verwendet zu werden[4]).

Bestimmung im Blut, in der Milch und in Geweben unter Verwendung einer Kreatininstandardlösung[5]).

Obere Normalgrenze bei Gesunden 2,0 mg in 100 ccm Blut. Bei leichten Krankheitsfällen mit gesunder Niere bis 2,5 mg in 100 ccm Blut, bei schweren über 3 mg bis 4 mg. — Zur präparativen Darstellung von Kreatinin für die colorimetrischen Stammlösungen erwiesen sich die Methoden von S. R. Benedict am besten. Eine Reinigung des Kreatinins für die Bestimmung läßt sich durch Überführung in das schwerlösliche Kreatininkaliumpikrat ausführen[6]).

In höherem Alter überschreiten die Werte für Kreatinin im Blute die Grenzen der allgemeinen Norm[7]). Kreatininwerte im Blute von Jugendlichen sind niedriger als bei Erwachsenen, mit zunehmendem Alter etwas ansteigend[8]).

Beteiligung des Kreatinins am Aufbau des Reststickstoffes im nüchternen Blute. Großteil der Kreatininbefunde mit dem Mittelwert 1,5 mg für 100 ccm Vollblut. Äußerste Extreme 0,6 und 0,7 mg einerseits, 2,2—2,4 mg andererseits[9]).

Für je 100 ccm 0,7—1,3 , im Durchschnitt 1 mg Kreatinin im Blut gleichmäßig zwischen Blutkörper und Plasma verteilt. Bei männlichen Wesen, bei tätigen mehr, bei weiblichen, bei untätigen weniger[10]).

Konzentration von Kreatinin im mütterlichen und im fötalen Plasma ist gleich. Wenn Tendenz zu einem Unterschied vorliegt, geht sie in der Richtung einer ein wenig höheren beim Foetus. Durchgang von Kreatinin durch die Placenta scheint ein einfacher Diffusionsvorgang zu sein. Bei der Geburt steigt Kreatinin im Blute an[11]).

Über Kreatiningehalt des Blutes und die Abweichungen desselben bei einem und demselben Individuum siehe Hammett[12]).

Die gesamte Tagesausscheidung des Kreatinins schwankt bei kreatininfreier Kost nur innerhalb mäßiger Mengen und ist von der Harnmenge vollständig unabhängig. Mit zunehmendem Hunger sinkt das Niveau der Ausscheidungskurve. Im Verlauf des Tages werden drei Maxima des Ausscheidens, vormittags, nachmittags und abends beobachtet. Auf diese Maxima ist weder die Nahrungsaufnahme noch das Aufstehen von Einfluß. Sie bleiben auch im Hungerzustand bestehen. Muskeltätigkeit jeder Art zeigt nicht nur im Hunger, sondern auch bei nor-

---

[1]) D. Ackermann, Zeitschr. f. Biol. **63**, 78—82 [1913]; Chem. Centralbl. **1914**, I, 528.

[2]) Otto Folin u. W. Denis, Journ. of Biolog. Chem. **18**, 277—283 [1914]; Chem. Centralbl. **1914**, II, 654.

[3]) Evelyn Ashley Cooper u. Hilda Walker, Biochem. Journ. **15**, 415—421 [1921]; Chem. Centralbl. **1921**, III, 1507.

[4]) Hugo Münzer, Archiv f. d. ges. Physiol. **158**, 41—83 [1914]; Chem. Centralbl. **1914**, II, 438.

[5]) Otto Folin, Journ. of Biolog. Chem. **17**, 469—473, 475—481 [1914]; Chem. Centralbl. **1914**, II, 247.

[6]) Joh. Feigl, Biochem. Zeitschr. **81**, 14—79 [1917]; Chem. Centralbl. **1917**, II, 23.

[7]) Joh. Feigl, Biochem. Zeitschr. **87**, 1—22 [1918]; Chem. Centralbl. **1918**, II, 45.

[8]) Joh. Feigl, Biochem. Zeitschr. **84**, 264—280 [1917]; Chem. Centralbl. **1918**, I, 455.

[9]) Joh. Feigl, Archiv f. experim Pathol. u. Pharmakol. **83**, 257—270 [1918]; Chem. Centralbl. **1918**, II, 1047.

[10]) Andrew Hunter u. Walter R. Campbell, Journ. of Biolog. Chem. **23**, 169—191 [1918]; Chem. Centralbl. **1919**, I, 37.

[11]) Andrew Hunter u. Walter R. Campbell, Journ. of Biolog. Chem. **34**, 5—15 [1918]; Chem. Centralbl. **1919**, I, 107.

[12]) Frederick S. Hammett, Journ. of Biolog. Chem. **41**, 599 [1920]; Chem. Centralbl. **1920**, III, 214.

maler Ernährung eine deutliche Steigerung der Kreatininzufuhr in derselben Periode, wobei aber die Tagesausfuhr nicht erhöht zu sein braucht[1]).

Siro Mazza[2]) fand im allgemeinen niedrigere Werte für das ausgeschiedene Kreatinin als die bisher angegebenen, besonders niedrige bei Basedowscher Krankheit, leichtem Diabetes, Anämien, Glomerulonephritis, Urämie, sehr hohe dagegen bei Tuberkulose, schwerem Diabetes und malignen Neoplasmen[2]).

Die Kreatin- und Kreatininausscheidung beim Säugling scheint in erster Linie durch die Massenentwicklung der Muskulatur, weniger durch ihren Tonuszustand bestimmt zu werden[3]).

An gesunden Männern steigerte die Zugabe von Fleisch zur Nahrung die Ausscheidung des Kreatinins im Harn bei gleichzeitigem Auftreten von Kreatin. Steigerung ist mit der gegebenen Fleischmenge nicht proportional. Reines Kreatin per os ändert die Ausscheidung von Kreatinin nicht[4]).

Beim Menschen wie beim Kaninchen führte subcutane Injektion von Kreatin zu einer Vermehrung des Kreatinins im Harn. Kreatin wird im lebenden Organismus zu Kreatinin umgewandelt. Beim Menschen werden vom injizierten Kreatin 76—77% im Harn nicht mehr ausgeschieden. Teilweise Zerstörung und Speicherung im Muskel. Kreatinin subcutan injiziert, erscheint kein Kreatin im Harn. Wenn auch Kreatinin in Kreatin evtl. umgewandelt wird, wird letzteres nicht ausgeschieden, sondern zerstört oder aufgespeichert[5]).

Die Einnahme großer Dosen (20 g) Kreatins führt beim Menschen zu einem sehr merklichen Anstieg der Kreatininausscheidung (0,30—0,40 g). Dies muß auf eine Umwandlung von Kreatin in Kreatinin im Organismus zurückgeführt werden. Nach großen Dosen (16 g) Kreatinin ist die Kreatinmenge im Harn nicht vermehrt. Die Reaktion Kreatin — Kreatinin + Wasser ist im Organismus nicht umkehrbar. Keine Anhaltspunkte zur Bildung von Harnstoff aus Kreatin oder Kreatinin[6]).

Abführen durch Rochellesalz oder reichliche Wasserzufuhr ist mit einer geringen Vermehrung der Kreatininausscheidung verbunden. Anwendung nicht purgierender Alkalien haben keinen Einfluß, und ein saures Abführmittel wie Natriumdihydrophosphat führt zu einer leichten Verminderung[7]).

Im Harn von Kaninchen wurde mit dem Ansteigen der Körpertemperatur auch eine Steigerung der Kreatininausscheidung beobachtet[8]). Die subcutane Darreichung von Kreatin und Kreatinin an Kaninchen scheint den Kreatingehalt der Muskeln zu steigern (6% über der Norm). Dieser scheinbare Kreatinzuwachs der Muskeln beruht nicht auf einer Retention des unveränderten Kreatinins. 25—80% des verfütterten Kreatins erschienen unverändert wieder im Harn, während 2—10% als Kreatinin ausgeschieden wurden. Bei Verfütterung von Kreatinin erschienen 77—82% wieder im Harn, eine Umwandlung in Kreatin wurde nicht beobachtet[9]).

Kreatin- und Kreatiningehalt des Harns fastender und nichtfastender Hunde und Kaninchen, bestimmt nach subcutaner Verabfolgung von Coffein, ließ nur bei fastenden Kaninchen einen Einfluß des Coffeins, und zwar einen steigenden, auf die Kreatinausscheidung feststellen[10]).

An einem Kaninchen wurde während eines Zeitraumes von $^1/_2$ Jahr die Kreatinin- und Kreatinausscheidung bei stets gleicher Fütterung verfolgt und der Einfluß von Injektionen sowohl von Betain wie von Cholin untersucht. Von insgesamt 3 Versuchen mit Cholin ergaben

[1]) Wilhelm Schulz, Archiv f. d. ges. Physiol. 186, 126—171 [1921]; Chem. Centralbl. 1921, I, 688.

[2]) Siro Mazza, Morgagni I. Abt. 63, 345—353 [1920]; ausführl. Ref.: Ber. ges. Physiol. 6, 253 [1921]; Chem. Centralbl. 1921, I, 969.

[3]) Er. Schiff u. A. Bálint, Archiv f. Kinderheilk. 69, 439—450 [1921]; Chem. Centralbl. 1922, I, 102.

[4]) David Burns u. Johns Boyd Orr, Biochem. Journ. 10, 495—503 [1916]; Chem. Centralbl. 1917, I, 103.

[5]) J. F. Lyman u. J. C. Trimby, Journ. of Biolog. Chem. 29, 1—5 [1917]; Chem. Centralbl. 1917, II, 767.

[6]) William C. Rose u. Frank W. Dimmitt, Journ. of Biolog. Chem. 26, 345—353 [1916]; Chem. Centralbl. 1917, I, 802.

[7]) David Burns, Biochem. Journ. 14, 94 [1920]; Chem. Centralbl. 1920, III, 112.

[8]) Victor C. Myers u. G. O. Volovic, Journ. of Biolog. Chem. 14, 489—508 [1913]; Chem. Centralbl. 1913, II, 609.

[9]) Victor C. Myers u. Morris S. Fine, Journ. of Biolog. Chem. 16, 169—186 [1913]; Chem. Centralbl. 1914, I, 558.

[10]) William Salant u. J. R. Rieger, Amer. Journ. of Physiol. 33, 186—203 [1914]; Chem. Centralbl. 1914, I, 1684.

zwei eine Vermehrung; einer, in die Erregungsperiode fallend, in der die Kreatininausscheidung sowieso maximal war, verlief negativ. Von 6 Versuchen mit Betain waren 5 positiv, 1 negativ. Diese Versuche sollen geeignet sein, die Hypothese von einer Kreatinbildung aus Cholin und Betain zu stützen[1]).

Die Injektion von Natriumselenit bewirkt an Hunden einen unmittelbaren Anstieg der Kreatininwerte, der bisweilen von einem Absinken unter den Normalwert gefolgt ist[2]).

An Hunden bewirken 5 g Alkohol pro kg Körpergewicht Abnahme der Kreatininausfuhr[3]).

Tägliche Eingabe von 1,5—2 g Phytin vermindert beim normalen Individuum die Kreatininausscheidung[4]).

Arginincarbonat, mit der Nahrung an Hunde und Vögel gegeben, verursacht eine Vermehrung der Gesamtkreatininausscheidung im Harn. Bei Hunden mit fleischloser Kost um 10%, bei Fleischkost um 18%, bei Vögeln um 22,6%. Subcutan und intravenös eingeführt ist die Steigerung bei Hunden größer, bei Vögeln geringer, bei Kaninchen war die Steigerung gegenüber einer vorangehenden Urethanperiode 140%, gegenüber der früheren Normalperiode 80%. Auf die Ausfuhr von vorgebildetem Kreatinin hatte Arginin nur bei Hunden einen Einfluß. — Die Verwendung von racemischem Arginin gab bei Hunden eine größere, bei Kaninchen eine geringere Steigerung der Ausfuhr. — Wird Arginin mit Pausen verabreicht, so trat bei Hunden und Vögeln eine Abnahme, bei parenteraler Zufuhr bei Vögeln keine Änderung der Wirkung, bei Hunden in einem Falle Steigerung, im anderen Abnahme ein[5]).

Der Gesamtkreatiningehalt ist in konstantem Verhältnisse mit den reinen Fleischextraktivstoffen[6])[7]).

Es wurden Sauerstoffaufnahme, Kohlensäureabgabe, Wärmeproduktion, Kreatininausscheidung, Pulsfrequenz Körpergewicht und Körperoberfläche von 17 gesunden Männern und Frauen im Alter von 20—30 Jahren bestimmt. Die in 24 Stunden ausgeschiedene Menge Kreatinin betrug pro kg Körpergewicht etwa 0,02 kg bei Männern und etwa 0,018 g bei Frauen[8]).

Eine Kreatininretention ließ sich bei der Bestimmung des Kreatin- und Kreatiningehalts des Blutes von etwa 200 an den verschiedensten Krankheiten leidenden Patienten in keinem Falle feststellen[9]).

Ausscheidung von Kreatinin als Probe der Nierenfunktion[10]). Die Kreatininausscheidung von 4 Patienten, welche an Schuppenflechte oder Ekzem litten und längere Zeit hindurch kreatin- und kreatininfrei ernährt wurden, erwies sich als außerordentlich niedrig; sie war um etwa 20% geringer, als sie vorher bei normaler Kost gewesen war[11]).

Die Kreatininretention der Nephritiker geht der des Harnstoffs und Indicans im allgemeinen parallel. Bei akuter Azotämie steigt erst der Harnstoff, dann das Kreatinin und zuletzt das Indican an. Bei chronischer Azotämie ist der Blutharnstoff leichter diätetisch zu beeinflussen als das Indican und Kreatinin. Relativ hoher Harnstoffgehalt des Blutes bei relativ niedrigem Kreatiningehalt gibt bessere Prognose als das umgekehrte Verhalten[12]).

[1]) Otto Rießer, Zeitschr. f. physiol. Chemie 90, 221—235 [1914]; Chem. Centralbl. 1914, I, 2190.

[2]) E. P. Cathcart u. J. B. Orr, Journ. of Physiol. 48, 113—127 [1914]; Chem. Centralbl. 1914, II, 253.

[3]) Alessandro Amato, Ann. di clin. med. 10, 43—59 [1920]; Chem. Centralbl. 1921, I, 118.

[4]) Francesco Venturi u. Vladimiro Massella, Archiv. di Farmacol. sperim. 16, 97—118 [1913]; Chem. Centralbl. 1913, II, 1935.

[5]) W. H. Thompson, Journ. of Physiol. 51, 111—153 [1917]; Chem. Centralbl. 1917, II, 689.

[6]) L. Geret, Zeitschr. f. Untersuch. d. Nahrungs- u. Genußmittel 33, 35—38 [1917]; Chem. Centralbl. 1917, I, 536.

[7]) Kappeller, u. Gottfried, Zeitschr. f. Untersuch. d. Nahrungs- u. Genußmittel 31, 1 [1916]; Chem. 1916, I, 573 u. Baur u. Trumpler, Zeitschr. f. Untersuch. d. Nahrungs- u. Genußmittel 27, 697 [1914]; Chem. Centralbl. 1914, II, 265.

[8]) Walter W. Palmer, James H. Means u. James L. Gamble, Journ. of Biolog. Chem. 19, 239—244 [1914]; Chem. Centralbl. 1915, I, 904.

[9]) Otto Folin u. W. Denis, Journ. of Biolog. Chem. 17, 487—491 [1914]; Chem. Centralbl. 1914, II, 247.

[10]) Otto Neubauer, Münch. med. Wochenschr. 1914, 857—859; Chem. Centralbl. 1914, II, 890.

[11]) A. J. Ringer u. G. W. Raiziß, Journ. of Biolog. Chem. 19, 487—492 [1914]; Chem. Centralbl. 1915, I, 1132.

[12]) Max Rosenberg, Münch. med. Wochenschr. 63, 928—931 [1916]; Chem. Centralbl. 1916, II, 343.

Im Blute von Genesenden kann die Anstauwirkung, hervorgerufen durch mäßige Marschleistungen bei leicht gestörter Nierenfunktion, auch das Kreatinin anwachsen lassen[1]). Bei Niereninsuffizienz und N-Retention nehmen die N-haltigen Endprodukte in der Spinalflüssigkeit zu. Die Konzentration des Kreatinins in der Spinalflüssigkeit beträgt 46% von der des Blutes[2]). War im Stoffwechsel in der progressiven Paralyse meist erheblich vermindert, regelmäßig bei rascherem Fortschreiten des Prozesses. Damit steht im Zusammenhange, daß sich aus Paralytikerharn Methylguanidin isolieren ließ[3]). Über die Veränderungen des Kreatiningehaltes bei Nierenkranken siehe Rosenberg[4]).

Die Untersuchungen über den Kreatin-Kreatininstoffwechsel bei kurzdauernden Fiebern haben ergeben, daß die Erscheinung der febrilen Hyperkreatinurie und Kreatinurie genau wie bei langdauernden fieberhaften Erkrankungen nach rasch abklingenden Fieberattacken und nach artifiziellen Temperatursteigerungen beobachtet werden kann. Dabei zeigt im allgemeinen das Verhältnis von Kreatinin-Stickstoff und Gesamtstickstoff im Gegensatz zum normalen Verhalten selbst bei sehr schwachen Schwankungen der Stickstoffausfuhr eine bemerkenswerte Konstanz. Eine Ausnahme machen die Versuche mit künstlicher Durchwärmung der Muskulatur, in denen das Gesamtkreatinin-Stickstoff einseitig vermehrt wurde[5]).

Patienten, bei denen infolge nervöser Störungen die normale Verbindung zwischen Muskeln und Gehirn unterbrochen war, zeigten eine erhöhte Kreatinausscheidung[6]).

Chemische Eigenschaften: Kreatinin wird in ammoniakalischer Lösung bei gewöhnlicher Temperatur durch Quecksilberoxyd zu Methylguanidin und Oxalsäure oxydiert[7]). Bei mehrtägigem Stehen von reinem Kreatinin bei Zimmertemperatur in einer Lösung von Mercuriacetat entsteht α-Methylguanidoglyoxylsäure, $C_4H_7O_3N_3 = NH_2C(:NH) \cdot N(CH_3) \cdot CO \cdot CO_2H$[8]). Nach O. Winterstein wird Kreatinin durch Xanthydrol nicht gefällt. Es gibt aber Verbindungen mit Pyrrol, Indol, Skatol[9]).

Nach Owen Lambert Vaughan de Wesselow[10]) spielt wahrscheinlich das Kreatinin bei der Zuckerbestimmung des Gesamtblutes mittels Pikrinsäurelösung eine Rolle, nachdem es als fremde Substanz schon im frühen Stadium des Erhitzens mit der Pikrinsäurelösung reagiert und hierdurch wahrscheinlich die zu hohen Werte verursacht.

Derivate: Kreatininphosphorwolframat[11])

Cyanamid.

Darstellung: Calciumcyanamid wird mit Essigsäure bei nicht über 55° verrieben. — Die erhärtete Masse wird nach 24 Stunden grob gepulvert und mit Äther ausgezogen. Ausbeute 95%[12]).

Zur Darstellung leitet man unter Kühlung zu 100 g Calciumcyanamid, das in 1500 ccm Wasser aufgeschwemmt war, Kohlensäure, bis neutrale oder nur schwach alkalische Reaktion erreicht ist. Wenn man die Temperatur unter 40° hält, entsteht anscheinend nur wenig Verlust infolge Polymerisation zu Dicyandiamid. Nach Abfiltrieren des Calciumcarbonats dampft man im Vakuum ein, bis sich beim Abkühlen eine krystallinische Masse abscheidet, die man dreimal

[1]) Joh. Feigl, Biochem. Zeitschr. **84**, 332—353 [1917]; Chem. Centralbl. **1918**, I, 455.

[2]) Victor C. Myers u. Morris S. Fine, Journ. of Biolog. Chem. **37**, 239—244 [1919]; Chem. Centralbl. **1919**, III, 109.

[3]) Rudolf Allers, Biochem. Zeitschr. **96**, 106—116 [1919]; Chem. Centralbl. **1919**, III, 687.

[4]) Max Rosenberg, Archiv f. experim. Pathol. u. Pharmakol. **86**, 15 [1920]; Chem. Centralbl. **1920**, III, 264.

[5]) M. Burger, Zeitschr. f. d. ges. experim. Med. **12**, 1 [1921]; Chem. Centralbl. **1921**, III, 121.

[6]) Abraham Albert Weinberg, Biochem. Journ. **15**, 306—311 [1921]; Chem. Centralbl. **1921**, III, 965.

[7]) Ernst Schmidt, Archiv d. Pharmazie **256**, 308—312 [1918]; Chem. Centralbl. **1918**, II, 1039.

[8]) Louis Baumann u. Thorsten Ingvaldsen, Journ. of Biolog. Chem. **35**, 277—280 [1918]; Chem. Centralbl. **1919**, I, 351.

[9]) E. Winterstein, Zeitschr. f. physiol. Chemie **105**, 25—31 [1919]; Chem. Centralbl. **1919**, IV, 421.

[10]) Owen Lambert Vaughan de Wesselow, Biochem. Journ. **13**, 148—152 [1919]; Chem. Centralbl. **1919**, IV, 719.

[11]) Jack Cecil Drummond, Biochem. Journ. **12**, 5 [1918]; Chem. Centralbl. **1918**, II, 944.

[12]) E. Alph. Werner, Journ. Chem. Soc. London **109**, 1325—1327 [1916]; Chem. Centralbl. **1917**, I, 857.

mit absol. Äther auszieht. Nach dem Abdestillieren des Äthers konzentriert man die verbleibende Lösung über Schwefelsäure im Vakuum. Es werden sonach 55 g entsprechend 92% reines Cyanamid in Form zerfließlicher Nädelchen erhalten[1]).

Eine gehaltreiche Cyanamidlösung wird erhalten, wenn man eine verdünnte Calciumcyanamidlösung, nach der Entfernung des Kalkes, von neuem zur Einwirkung auf Kalkstickstoff bringt[2]).

200 g Calciumcyanamid werden mit 1500 ccm destilliertem Wasser aufgeschwemmt und bei Wasserkühlung ein Kohlendioxydstrom so lange eingeleitet, bis die Reaktion neutral oder schwach alkalisch gegen Lackmus ist. Der Niederschlag wird abgesaugt, gründlich mit Wasser ausgewaschen und das Filtrat nach Zugabe von etwas Talkum im Vakuum auf dem Wasserbad so lange destilliert, bis der Rückstand beim Eintauchen in kaltem Wasser zu einem festen Krystallbrei erstarrt.

Die Zufuhr von Kalkstickstoff und Kohlendioxyd wird so geregelt, daß die Alkalität 0,5 n nicht übersteigt. Die Temperatur soll nicht unterhalb 30° gehalten werden[3]).

Nachweis und Bestimmung: Die Methoden von Kappen[4]) und von Caro[5]) wurden verglichen. Es hat sich ergeben, daß man die bei der Kappenschen Methode sich durch Polymerisation des Cyanamids durch das zugesetzte Ammoniak ergebenden Fehler ausschließen kann, wenn man in der schwach sauren Cyanamidlösung zunächst Silbernitratlösung zusetzt und dann erst die Lösung schwach ammoniakalisch macht. Auch die Carosche Methode führt man zweckmäßig so aus, daß man die Cyanamidlösung zunächst sehr schwach essigsauer macht und dann das ammoniakalische Silberacetat zusetzt. Das Cyanamid läßt sich auf den angegebenen Wegen genau bestimmen, wenn freies Ammoniak oder Ammoniumsalz nicht in größeren Mengen gegenwärtig sind, da durch die Löslichkeit des Cyanamidsilbers in Ammoniak und Ammoniumsalzlösungen Fehler entstehen[6]).

Bestimmung von Cyanamid und Dicyandiamid in Calciumcyanamid. Man bestimmt zunächst den gesamten Stickstoff nach Kjehldahl, fällt aus der wässerigen Lösung der Probe das Cyanamid mit Silbernitrat oder Silberacetat in Gegenwart von Ammoniak als Argentumcyanamid und bestimmt im abfiltrierten Niederschlag den Stickstoff. Man kann auch mit gemessener Menge n-Silbernitrat fällen und im Filtrat das überschüssige Silber zurücktitrieren. Das Filtrat der Silber-Cyanamidfällung dient zur Bestimmung des Dicyandiamids, indem es mit wenig 10proz. Kalilauge bis zum Verschwinden des Ammoniakgeruches gekocht wird. Das ausfallende Silberdicyandiamid dient zur Stickstoffbestimmung. Ein Mehr an Stickstoff zwischen der Summe von Cyanamid und Dicyandiamid ist auf Kosten anderer Stickstoffverbindungen wie Harnstoff und unlösliche Stickstoffverbindungen zu setzen[7]).

Physiologische Eigenschaften: Cyanamid, Dicyandiamid, Düngungsversuche[8]). Injektion von Cyanamid gab mehrfach Steigerungen des Kreatingehaltes, die auf einen Zusammenhang hinweisen[9]). Arbeiter, mit der Darstellung der Verbindung beschäftigt, erkranken an Hautentzündungen, Allgemeinzustand wird krankhaft mit Störungen des Bewußtseins, der Herztätigkeit und der Atmung. — In großer Menge wirkt es auf Meerschweinchen, Kaninchen und Hunde tödlich. Giftwirkung zeigt sich auch bei subcutaner Zufuhr der Lösung bei Fröschen. Wirkung wird der Gruppe CN, verstärkt durch die Gruppe NH_2, zugeschrieben. Alkohol steigert die Löslichkeit im Organismus[10]).

---

[1]) Chem. trade journ. **62**, 228 [1918]; Journ. of industr. a. engin. chim. **10**, 487 [1918]; Chem. Centralbl. **1918**, II, 951.

[2]) Aktien-Gesellschaft für Stickstoffdünger, D.R.P. 302515 [1921]; Chem. Centralbl. **1921**, II, 853.

[3]) W. Aktiebolag, u. J. H. Lidholm, Engl. Pat. 159866.

[4]) Kappen, Landwirtschaftl. Versuchsstation **70**, 445 [1909].

[5]) Caro, Zeitschr. f. angew. Chemie **23**, 2405 [1910].

[6]) G. Grube u. J. Krüger, Zeitschr. f. angew. Chemie **27**, 326 bis 327 [1914]; Chem. Centralbl. **1914**, II, 267.

[7]) Marqueyrol, P. Loriette u. L. Desvergnes, Ann. chim. analyt. appl. [II] **2**, 164 [1920]; Chem. Centralbl. **1920**, IV, 272.

[8]) O. Lemmermann, Arbeiten d. D. L. G. **279**, 90 [1920]; Chem. Centralbl. **1920**, III, 940.

[9]) L. Baumann u. H. M. Hines, Journ. of Biolog. Chem. **35**, 75—82 [1918]; Chem. Centralbl. **1919**, I, 387.

[10]) Domenico Lo Monaco u. F. Frattali, Arch. di Farmacol. sperim. **26**, 179—192 [1918]; Chem. Centralbl. **1919**, I, 564.

Physikalische und chemische Eigenschaften: Über Konstitution und Polymerisation des Cyanamids siehe die Arbeit von Werner[1]. Durch Einwirkung von Wasser wird direkt in Harnstoff umgewandelt. H_2O_2 begünstigt in auffallender Weise den Vorgang[2]. Bei der Entschwefelung von Thioharnstoff mit HgO entsteht Cyanamid. Es gibt mit NH_3 Guanidin und durch Polymerisation Dicyandiamid[3].

Beim Durchleiten von Chlor über festes Cyanamid entsteht ein gelbes, hochpolymeres in Wasser, Alkohol, Aceton, Essigsäure und Alkalien unlösliches, unschmelzbares Produkt, das sich erst bei hoher Temperatur zersetzt. — Beim Einleiten von Chlor in eine wässerige Lösung von Cyanamid oder Calciumcyanamid entsteht ein stark zu Tränen reizendes Produkt; beim Erhitzen der Lösung entwickeln sich rötliche Dämpfe, die sich in einer Kältemischung zu einer roten, äußerst explosiven Flüssigkeit kondensieren lassen. — Bringt man äquimolekulare Mengen Cyanamid und unterchlorige Säure in eiskalter, wässeriger Lösung zusammen, so scheiden sich bei einigem Stehen bei 0° beständige Krystalle aus, die sich bei gewöhnlicher Temperatur unter schwacher Gasentwicklung und Auftreten der roten Flüssigkeit zersetzen und bereits bei 40° äußerst heftig explodieren[4].

Derivate: Alkalicyanamide werden erhalten, wenn man auf Kalkstickstoff in Gegenwart von Wasser Alkalisulfate bei Temperaturen unterhalb 100°, am besten zwischen 25—35° aufeinander einwirken läßt[5].

Dicyandiamidinaurat $(C_2H_6N_4O \cdot HCl)_2AuCl_2$ Gelbe, matte, säulen- oder tatelförmige Krystalle, Schmelzp. gegen 200°[3].

Dicyanimid[3]. Das salzsaure Salz

$$\begin{matrix} CN \\ | \\ CN \end{matrix} \Big\rangle NH \cdot HCl$$

entsteht beim Zerlegen des Silbersalzes in ätherischer Suspension mit Salzsäure. — Das Silbersalz wird erhalten durch Eintragen von trockenem Silbercyanamid in eiskaltes Chlorcyan. — Läßt sich mit Phenolphthalein und Alkali titrieren und wird durch Wasser in Biuret überführt.

Cyanharnstoff[6]) $H_2N{-}CO{-}NH{-}CN$. Bildet sich beim Zerlegen des Dicyanimidsilbers mit verdünnter wässeriger Salzsäure. — Läßt sich mit Phenolphthalein und Alkali sehr genau titrieren. — Kann unter vermindertem Druck über Schwefelsäure unverändert aufbewahrt werden.

---

[1]) Emil Alphonse Werner, Journ. Chem. Soc. **107**, 715 [1915]; Chem. Centralbl. **1915**, II, 534.

[2]) Ernst Schmidt, Archiv d. Pharmazie **255**, 351—357 [1917]; Chem. Centralbl. **1917**, II, 603.

[3]) Ernst Schmidt, Archiv d. Pharmazie **254**, 626—632 [1916]; Chem. Centralbl. **1917**, I, 378.

[4]) Ch. Mauguin u. L. J. Simon, Compt. rend. de l'Acad. des Sc. **170**, 998 [1920]; Chem. Centralbl. **1920**, III, 81.

[5]) E. Hene u. A. van Haaren, D.R.P. 306315 u. 307011 (1921); Chem. Centralbl. **1921**, II, 804.

[6]) Ch. Mauguin u. L. J. Simon, Compt. rend. de l'Acad. des Sc. **170**, 998 [1920]; Chem. Centralbl. **1920**, III, 81.

Amine.

Von

Géza Zemplén-Budapest.

1. Aliphatische Amine.

Primäre Amine.

Nachweis und Bestimmung: Modifizierung des Trennungsverfahrens von Bertheaume[1]).
Die Trennung gelingt um so schlechter. je mehr Ammoniak vorhanden, da dann größere Mengen
Alaninoxyd in Anwendung kommen. Es wird deshalb das Methylamin zunächst durch Aus-
ziehen der Chlorhydrate mit absol. Alkohol angereichert. Die Abtrennung von Dimethylamin
und Trimethylamin von Ammoniak und Methylamin durch Extraktion der Chlorhydrate mit
Chloroform gelingt quantitativ. Die Trennung der ersten beiden voneinander durch Jod-
Kaliumjodidlösung nicht quantitativ.
Derivate: Über die Pikrate der aliphatischen Monoamine[2]).

Methylamin (Bd. IV, S. 801; Bd. IX, S. 200).

Bildung: Bei der Reduktion von Cyanwasserstoff im Gemisch mit H beim Überleiten
über fein verteiltes Fe entstehen bei 200° 45% Methylamin und 55% NH_3. Die Ausbeute an
Methylamin wächst mit dem Sinken des Partialdrucks des HCN. Bei 15 Volumen H auf 1 Volumen HCN können 80% Methylamine und mehr als 70% Methylamin erhalten werden[3]).
Darstellung: Die Reduktion der Blausäure zu Methylamin gelingt glatt, wenn man die
Reduktion in saurer Lösung bei Gegenwart kolloidaler Metalle der Platingruppe durch molekularen Wasserstoff bewirkt. Ein weit besseres Ergebnis erzielt man aber, wenn man statt der
Blausäure die weit billigere Ferrocyanwasserstoffsäure in saurer Lösung hydriert[4]). Am besten
arbeitet man im Vakuum unter Rückfluß und nimmt auch die Destillation im Vakuum vor[5]).

Beim Erhitzen eines Gemisches von Ammoniummethylsulfat mit zwei Äquivalenten
Ammoniumbenzolsulfat $1^1/_2$ Stunden auf etwa 260° beträgt die Ausbeute an Methylamin
nahezu 50% der Theorie[6]).

Nachweis und Bestimmung: Ist wenig wirksam zum Nachweis mit der von Magnus[7])
eingeführten Methode zur graphischen Registrierung der Bewegungen des überlebenden
Darmes[8]).

---

[1]) H. Franzen u. A. Schneider, Biochem. Zeitschr. **116**, 195 [1921]; Chem. Centralbl.
1921, III, 228.

[2]) A. Ries, Zeitschr. f. Krystallographie **55**, 454—522 [1920]; Chem. Centralbl. **1921**, I, 139.

[3]) Sydney Barratt u. Alan Francis Titley, Journ. Chem. Soc. London **115**, 902—907
[1919]; Chem. Centralbl. **1920**, I, 702.

[4]) J. D. Riedel, D. R. P. Kl. 12 q Nr. 264528 v. 14. Dez. 1912 (20. Sept. 1913); Chem. Centralbl.
1913, II, 1349.

[5]) Hilton Ira Jones u. Ruth Wheatley, Journ. of Amer. Chem. Soc. **40**, 1411 [1918];
Chem. Centralbl. **1919**, I, 605.

[6]) William Smith Denham u. Lionel Frederick Knapp, Journ. Chem. Soc. **117**, 236
[1920]; Chem. Centralbl. **1920**, III, 128.

[7]) Magnus, Archiv f. d. ges. Physiol. **108**, 1 [1905].

[8]) M. Guggenheim u. Wilh. Löffler, Biochem. Zeitschr. **72**, 303—324 [1916]; Chem. Centralbl. **1916**, I, 489.

Physiologische Eigenschaften: Eine 1 proz. Monomethylaminchlorhydratlösung übt eine fördernde Wirkung auf Diastase aus, die freie Base dagegen eine hemmende[1]).

Physikalische und chemische Eigenschaften: Nach O. Winterstein[2]) wird Methylamin durch Xanthydrol nicht gefällt. Verbindung entsteht mit Pyrrol, Indol und Skatol.

Derivate: Kupferchlorür mit $2^{1}/_{2}$ $NH_2 \cdot CH_3$[3]). Dunkelgrüne Substanz, bei Zimmertemperatur und einer Ammoniaktension von Atmosphärendruck. — Mit $1^{1}/_{2}$ $NH_2 \cdot CH_3$ im Vakuum.

Kupferbromür mit 3 $NH_2 \cdot CH_3$. Tiefgrün bei Zimmertemperatur und Atmosphärendruck; im Vakuum enthält es 1 $NH_2 \cdot CH_3$.

Kupferjodür mit 3 $NH_2 \cdot CH_3$. Grasgrün bei Zimmertemperatur und Atmosphärendruck; mit 1 $NH_2 \cdot CH_3$ oliv, im Vakuum.

Kupfercyanür. Bei Zimmertemperatur und Atmosphärendruck enthält 1 $NH_2 \cdot CH_3$ und ist graugrün. — Im Vakuum enthält es $^{1}/_{3}$ $NH_2 \cdot CH_3$.

Kupferhodanür. Bei Zimmertemperatur und Atmosphärendruck enthält es 1 $NH_2 \cdot CH_3$ und ist schwachgrün. — Die Zusammensetzung ist dieselbe im Vakuum.

Silberchlorid. Enthält bei Zimmertemperatur und Atmosphärendruck 1 $NH_2 \cdot CH_3$ und verliert im Vakuum alles Amin. Ist reinweiß.

Silberbromid. Enthält bei Zimmertemperatur und Atmosphärendruck 1 $NH_2 \cdot CH_3$ und verliert im Vakuum alles Amin. — Ist reinweiß.

Silberjodid. Enthält bei Zimmertemperatur und Atmosphärendruck 1 $NH_2 \cdot CH_3$ und verliert im Vakuum alles Amin. — Ist reinweiß.

Kaliumgoldchlorid. Enthält bei Zimmertemperatur und Atmosphärendruck 7 $NH_2 \cdot CH_3$ und ist orange gefärbt; im Vakuum enthält es 4 $NH_2 \cdot CH_3$.

Kaliumgoldrhodanür. Enthält bei Zimmertemperatur und Atmosphärendruck 6 $NH_2 \cdot CH_3$, ist oliv gefärbt; im Vakuum enthält es 2 $NH_2 \cdot CH_3$.

Ammoniumpalladiumchlorür. Enthält bei Zimmertemperatur und Atmosphärendruck 6 $NH_2 \cdot CH_3$ und ist weiß; im Vakuum enthält es 4 $NH_2 \cdot CH_3$.

Kaliumnatriumplatincyanür. Bei Zimmertemperatur und Atmosphärendruck mit 1 $NH_2 \cdot CH_3$, welches im Vakuum verlorengeht.

Magenesiumplatincyanür. Enthält bei Zimmertemperatur und Atmosphärendruck 6 $NH_2 \cdot CH_3$ und ist weiß. — Im Vakuum enthält es 4 $NH_2 \cdot CH_3$.

Calciumplatincyanür. Enthält bei Zimmertemperatur und Atmosphärendruck 3 $NH_2 \cdot CH_3$ und ist weiß. — Im Vakuum enthält es 2 $NH_2 \cdot CH_3$.

Bariumplatincyanür[3]). Enthält bei Zimmertemperatur und Atmosphärendruck 4 $NH_2 \cdot CH_3$ und ist weiß. — Wird im Vakuum unter Aminoverlust hellorange.

Zinkplatincyanür[3]). Bei Zimmertemperatur und Atmosphärendruck enthält es 6 $NH_2 \cdot CH_3$ und ist weiß gefärbt; im Vakuum enthält es 3 $NH_2 \cdot CH_3$.

Kaliumplatinrhodanür. Enthält bei Zimmertemperatur und Atmosphärendruck 6 $NH_2 \cdot CH_3$ und ist hellbraun. Im Vakuum enthält es 4 $NH_2 \cdot CH_3$.

Natriumplatinchlorid. Enthält bei Zimmertemperatur und Atmosphärendruck 12 $NH_2 \cdot CH_3$ und ist hellgrüngelb. — Im Vakuum enthält es 6 $NH_2 \cdot CH_3$.

Kaliumplatinchlorid. Enthält bei Zimmertemperatur und Atmosphärendruck 12 $NH_2 \cdot CH_3$; im Vakuum mit 6 $NH_2 \cdot CH_3$.

Kupferplatinchlorid. Enthält unter Atmosphärendruck und Zimmertemperatur 18 $NH_2 \cdot CH_3$ und ist kornblumenblau; im Vakuum mit 12 $NH_2 \cdot CH_3$ dunkelgrün.

Methylammoniumplatinrhodanid. Enthält unter Atmosphärendruck und Zimmertemperatur 10 $NH_2 \cdot CH_3$ und ist dunkelbraun und flüssig; im Vakuum enthält es 6 $NH_2 \cdot CH_3$ und ist fest.

Kaliumplatinrhodanid. Enthält 18 $NH_2 \cdot CH_3$, ist braun und flüssig bei Zimmertemperatur und Atmosphärendruck; im Vakuum enthält es 6 $NH_2 \cdot CH_3$.

Kupferplatinrhodanid. Enthält 24 $NH_2 \cdot CH_3$ bei Zimmertemperatur und Atmosphärendruck und ist olivgrün und flüssig; im Vakuum enthält es 6 $NH_2 \cdot CH_3$.

Cadmiumplatinrhodanid. Enthält bei Zimmertemperatur und Atmosphärendruck 18 $NH_2 \cdot CH_3$ und ist braun. — Im Vakuum enthält es 6 $NH_2 \cdot CH_3$.

---

[1]) A. Desgrez u. R. Moog, Compt. rend. de l'Acad. des Sc. **172**, 551—553 [1921]; Chem. Centralbl. **1921**, I, 1005.

[2]) E. Winterstein, Zeitschr. f. physiol. Chemie **105**, 25—31 [1919]; Chem. Centralbl. **1919**, IV, 421.

[3]) Walter Peters, Zeitschr. f. anorgan. Chemie **89**, 191—209 [1914].

Zinkplatinrhodanid[1]). Enthält bei Zimmertemperatur und Atmosphärendruck 24 NH$_2$ · CH$_3$ und ist dunkelbraun und flüssig. — Im Vakuum enthält es 6 NH$_2$ · CH$_3$.

Manganplatinrhodanid. Enthält bei Zimmertemperatur und Atmosphärendruck 22 NH$_2$ · CH$_3$ und ist braun. — Im Vakuum enthält es 6 NH$_2$ · CH$_3$.

Nickelplatinrhodanid. Enthält bei Zimmertemperatur und Atmosphärendruck 18 NH$_2$ · CH$_3$ und ist hellbraun gefärbt und flüssig. — Im Vakuum enthält es 6 NH$_2$ · CH$_3$.

Kobaltplatinrhodanid. Enthält bei Zimmertemperatur und Atmosphärendruck 21 NH$_2$ · CH$_3$ und ist violett gefärbt. Im Vakuum enthält es 6 NH$_2$ · CH$_3$ und ist grün.

Quecksilbermethylammoniumnitrat[2]) Hg = N(CH$_3$) · HNO$_3$ + H$_2$O. Aus Quecksilbernitrat und konz. Methylaminlösung. Weißes Pulver, unlöslich in Wasser, Alkohol, Äther und den gewöhnlichen Lösungsmitteln. Verflüchtigt sich beim Erhitzen ohne zu schmelzen.

Quecksilbermethylammoniumchlorid[2]) Hg = N(CH$_3$) · HCl. — Weißes krystallinisches Pulver in Wasser, Alkohol und Äther.

Methylaminstannochlorid[3]) CH$_3$ · NH$_2$ · HSnCl$_3$. — Aus den Komponenten verdünnter Salzsäure. — Haarähnliche Krystalle aus verdünnter Salzsäure. Schmilzt nicht bei 305°, wenig löslich in Wasser, verdünnten Säuren; entsteht auch bei der Reduktion in Cyanwasserstoffsäure mit Zinn und verdünnter Salzsäure.

Methylaminstannichlorid[3]) (CH$_3$ · NH$_2$)$_2$H$_2$SnCl$_6$. Aus den Komponenten in verdünnter Salzsäure oder aus der Stannochloridverbindung in verdünnter Salzsäure beim Einleiten von Chlor. — Krystalle aus verdünnter Salzsäure. Wird bei 208° dunkel, schmilzt nicht bis 305°.

Äthylamin (Bd. IV, S. 802; Bd. IV, S. 202).

Darstellung: Darstellung aus Ammoniak und Äthylbromid[4]).

Aus 1 Mol. Acetaldehyd gelöst in 2 Mol. 7—8 proz. alkoholischem Ammoniak, bei Zimmertemperatur energisch geschüttelt mit Nickel und Wasserstoff. 8,6 g Acetaldehyd geben 6 g Äthylamin + Diäthylamin[5]).

Nachweis und Bestimmung: Ist wenig wirksam zum Nachweis mit der von Magnus[6]) eingeführten Methode zur graphischen Registrierung der Bewegungen des überlebenden Darmes[7]).

Physiologische Eigenschaften: Subcutan injiziert an Hunden hat eine unbedeutende Magensaftsekretion zur Folge[8]).

Physikalische und chemische Eigenschaften: Die spezifische Leitfähigkeit des Äthylamins beträgt bei —33,5° (Kochpunkt des Ammoniaks) $\varkappa^{-33,5} = 4,6 \cdot 10^{-8}$, die Viscosität $\eta^{-33,5} = 0,005749$, die Dichte $D^{-33,5} = 0,742$[9]). Mit Wasserstoffsuperoxyd, in Gegenwart von Ferrosulfat liefert Äthylamin Acetaldehyd[10]).

Über die Quellung von Gelatine mit Äthylaminlösungen haben Fischer und Sykes Untersuchungen angestellt[11]).

Derivate: Quecksilberäthylammoniumnitrat[2]) Hg = N(C$_2$H$_5$) · HNO$_3$. Weißer Niederschlag. Unlöslich in Wasser und den üblichen Lösungsmitteln.

---

[1]) Walter Peters, Zeitschr. f. anorgan. Chemie **89**, 191—209 [1914].

[2]) M. Raffo u. A. Scarella, Gazz. chim. ital. **45**, I, 123—127 [1915]; Chem. Centralbl. **1915**, I, 1199.

[3]) J. G. F. Druce, Chem. News **118**, 1 [1919]; Chem. Centralbl. **1919**, III, 43.

[4]) Emil Alphonse Werner, Journ. Chem. Soc. London **113**, 899 [1918]; Chem. Centralbl. **1919**, I, 922.

[5]) Georges Mignonac, Compt. rend. de l'Acad. des Sc. **172**, 223—226 [1921]; Chem. Centralbl. **1921**, I, 668.

[6]) Magnus, Pflügers Archiv d. Physiol. **108**, 1 [1905].

[7]) M. Guggenheim u. Wilh. Löffler, Biochem. Zeitschr. **72**, 303—324 [1916]; Chem. Centralbl. **1916**, I, 489.

[8]) L. Popielski, Archiv f. ges. Physiol. **178**, 237—259 [1920].

[9]) Howard Mc Kee Elsey, Journ. of Amer. Chem. Soc. **42**, 2454—2476 [1920]; Chem. Centralbl. **1921**, I, 527.

[10]) K. Suto, Biochem. Zeitschr. **71**, 169 [1915]; Chem. Centralbl. **1915**, II, 879.

[11]) Martin H. Fischer u. Anne Sykes, Kolloid-Zeitschr. **16**, 129 [1915]; Chem. Centralbl. **1915**, II, 900.

Äthylaminstannochlorid[1]) $C_2H_5 \cdot NH_2 \cdot HSnCl_3$. — Aus den Komponenten in verdünnter Salzsäure oder aus Acetonitril Zinn und Salzsäure. Farblose Nadeln aus verdünnter Salzsäure. Schmelzp. 149°. — Wird in Wasser etwas hydrolysiert.

Äthylaminstannichlorid[1]) $(C_2H_5 \cdot NH_2)_2 \cdot H_2SnCl_6$. — Krystalle aus verdünnter Salzsäure. Schmelzp. 180°.

Sekundäre Amine.

Dimethylamin (Bd. IV, S. 804).

Bildung: Bei der Reduktion von Cyanwasserstoff im Gemisch mit H, beim Überleiten über fein verteiltes Fe, entsteht neben Methylamin Dimethylamin nur in Spuren. Die Nebenreaktion, die zur Bildung von Dimethylamin führt, tritt, wenn der Partialdruck des HCN sinkt, noch mehr zurück[2]).

Physikalische und chemische Eigenschaften: Die spezifische Leitfähigkeit des Dimethylamins beträgt bei —33,5° (Kochpunkt des Ammoniaks) $\varkappa^{-33,5} = 2,2 \cdot 10^{-10}$, die Viscosität $\eta^{-33,5} = 0,004368$, Dichte $D^{-33,5} = 0,727$[3]).

Nach O. Winterstein[4]) wird Dimethylamin durch Xanthydrol nicht gefällt. Verbindung entsteht nur mit Pyrrol, Indol, Skatol.

Derivate: Kupferchlorür[5]). Enthält bei Zimmertemperatur und Atmosphärendruck $3\,NH(CH_3)_2$ und ist dunkelgrün und flüssig. — Im Vakuum enthält es $1\,NH(CH_3)_2$.

Kupferbromür. Enthält bei Zimmertemperatur und Atmosphärendruck $4\,NH(CH_3)_2$ und ist dunkelblau und flüssig. — Im Vakuum enthält es $1\,NH(CH_3)_2$ und ist dunkelgrün gefärbt.

Kupferjodür. Enthält bei Zimmertemperatur und Atmosphärendruck 2 oder $4\,NH(CH_3)_2$ und ist hellblau. — Im Vakuum enthält es $NH(CH_3)_2$.

Kupfercyanür. Enthält bei Zimmertemperatur und Atmosphärendruck $2\,NH(CH_3)_2$ und ist dunkelgrün.

Kupferrhodanür. Enthält bei Zimmertemperatur und Atmosphärendruck $1\,NH(CH_3)_2$ und ist mattgrün. — Dieselbe Verbindung existiert auch im Vakuum.

Silberchlorid. Enthält bei Zimmertemperatur und Atmosphärendruck $^1/_2\,NH(CH_3)_2$ und ist weiß. — Im Vakuum wird das ganze Dimethylamin verloren.

Silberbromid. Enthält bei Zimmertemperatur und Atmosphärendruck $^1/_2\,NH(CH_3)_2$ und ist weiß. Im Vakuum entweicht das Dimethylamin.

Silberjodid. Enthält bei Zimmertemperatur und Atmosphärendruck $^1/_2\,NH(CH_3)_2$ und ist weiß. — Im Vakuum entweicht das Dimethylamin.

Natriumperchlorat. Enthält bei Zimmertemperatur und Atmosphärendruck $2\,NH(CH_3)_2$ und ist weiß. — Im Vakuum entweicht das Dimethylamin.

Kaliumgoldchlorid. Enthält bei Zimmertemperatur und Atmosphärendruck $6\,NH(CH_3)_2$ und ist braun. Zersetzt sich im Vakuum.

Kaliumgoldrhodanür. Enthält bei Zimmertemperatur und Atmosphärendruck $6\,NH(CH_3)_2$ und ist oliv gefärbt und flüssig. — Im Vakuum wird es infolge Zersetzung schwarz.

Ammoniumpalladiumchlorür. Enthält bei Zimmertemperatur und Atmosphärendruck $4\,NH(CH_3)_2$ und ist weiß. — Im Vakuum bleibt die Substanz unverändert.

Kaliumnatriumplatincyanür. Enthält bei Zimmertemperatur und Atmosphärendruck $1\,NH(CH_3)_2$ und ist weiß. — Verliert im Vakuum alles Amin.

Magnesiumplatincyanür. Enthält bei Zimmertemperatur und Atmosphärendruck $6\,NH(CH_3)_2$ und ist weiß. — Im Vakuum enthält es $2\,NH(CH_3)_2$.

Calciumplatincyanür. Enthält bei Zimmertemperatur und Atmosphärendruck $2\,NH(CH_3)_2$ und ist weiß. — Enthält im Vakuum ebenfalls $2\,NH(CH_3)_2$.

---

[1]) J. G. Fr. Druce, Chem. News **118**, 1 [1919]; Chem. Centralbl. **1919**, III, 43.

[2]) Sydney Barratt u. Alan Francis Titley, Journ. Chem. Soc. London **115**, 902—907 [1919]; Chem. Centralbl. **1920**, I, 702.

[3]) Howard Mc Kee Elsey, Journ. of Amer. Chem. Soc. **42**, 2454 bis 2476 [1920]; Chem. Centralbl. **1921**, I, 527.

[4]) E. Winterstein, Zeitschr. f. physiol. Chemie **105**, 25—31 [1919]; Chem. Centralbl. **1919**, IV, 421.

[5]) Walter Peters, Zeitschr. f. anorgan. Chemie **89**, 191—209 [1914].

Bariumplatincyanür[1]). Enthält bei Zimmertemperatur und Atmosphärendruck 4 NH $(CH_3)_2$ und ist kanariengelb. — Zersetzt sich im Vakuum und wird dabei orange[1]).

Zinkplatincyanür. Enthält bei Zimmertemperatur und Atmosphärendruck 4 $NH(CH_3)_2$ und ist weiß. — Im Vakuum enthält es 2 $NH(CH_3)_2$.

Kaliumplatinrhodanür. Enthält bei Zimmertemperatur und Atmosphärendruck 4 NH $(CH_3)_2$ und ist dunkelbraun. — Im Vakuum enthält es 2 $NH(CH_3)_2$.

Natriumplatinchlorid. Enthält bei Zimmertemperatur und Atmosphärendruck 6 NH $(CH_3)_2$ und ist hellbraun. — Im Vakuum enthält es 5 $NH(CH_3)_2$.

Kaliumplatinchlorid. Enthält bei Zimmertemperatur und Atmosphärendruck 6 NH $(CH_3)_2$ und ist weiß. — Im Vakuum enthält es 5 $NH(CH_3)_2$.

Kupferplatinchlorid. Enthält bei Zimmertemperatur und Atmosphärendruck 12 NH $(CH_3)_2$ und ist dunkelgrün. — Im Vakuum enthält es 6 $NH(CH_3)$.

Ammoniumplatinrhodanid. Enthält bei Zimmertemperatur und Atmosphärendruck 16 $NH(CH_3)_2$ und ist braun und flüssig. Im Vakuum enthält es 4 $NH(CH_3)_2$.

Kaliumplatinrhodanid. Enthält bei Zimmertemperatur und Atmosphärendruck 12 NH $(CH_3)_2$ und ist weiß. — Im Vakuum enthält es 4 $NH(CH_3)_2$.

Kupferplatinrhodanid. Enthält bei Zimmertemperatur und Atmosphärendruck 18 NH $(CH_3)_2$ und ist laubgrün. — Im Vakuum enthält es 6 $NH(CH_3)_2$.

Cadmiumplatinrhodanid. Enthält bei Zimmertemperatur und Atmosphärendruck 18 $NH(CH_3)_2$ und ist braun. — Im Vakuum enthält es 6 $NH(CH_3)_2$.

Zinkplatinrhodanid. Enthält bei Zimmertemperatur und Atmosphärendruck 18 NH $(CH_3)_2$ und ist braun und flüssig. Im Vakuum enthält es 6 $NH(CH_3)_2$.

Manganplatinrhodanid. Enthält bei Zimmertemperatur und Atmosphärendruck 18 NH $(CH_3)_2$ und ist oliv und flüssig. — Im Vakuum enthält es 6 $NH(CH_3)_2$.

Nickelplatinrhodanid. Enthält bei Zimmertemperatur und Atmosphärendruck 18 NH $(CH_3)_2$, ist grasgrün und flüssig. — Im Vakuum enthält es 6 $NH(CH_3)_2$.

Kobaltplatinrhodanid[1]). Enthält bei Zimmertemperatur und Atmosphärendruck 18 NH $(CH_3)_2$, ist schwarzgrün und flüssig. — Im Vakuum enthält es 6 $NH(CH_3)_2$.

Dimethylaminstannochlorid[2]) $(CH_3)_2NH \cdot HSnCl_3$. Fast farblose Nadeln aus Wasser, Schmelzp. 197°.

Dimethylaminstannichlorid[2]) $[(CH_3)_2NH]_2H_2SnCl_6$. — Fast farblose Krystalle aus verdünnter Salzsäure. Schmelzp. 289°.

Diäthylamin (Bd. IV, S. 805).

Entsteht neben Äthylamin bei der katalytischen Reduktion von Acetaldehyd mit Wasserstoff nach Mignonac[3]).

Darstellung: Price, Brazier und Wood[4]) stellten in größerem Maßstab Diäthylamin dar. Sie stellen p-Nitrosodiäthylanilin dar, zersetzen es mit NaOH und kondensieren das übergehende rohe Diäthylamin als solches. Die wässerige Lösung der Base wird zu festem gepulvertem NaOH gegeben. Die dabei entstehende Wärme leitet die Destillation der Base selbst ein, die durch schwaches Erhitzen zu Ende geführt wird. Ausbeute 86,5% der Theorie, nach dem alten Verfahren nur 75%. Pro Tag kann so 1 kg dargestellt werden[4]).

Ein Gemisch von 8000 ccm Alkohol und 3000 g Äthylbromid wird mit NH_3 während eines Tages gesättigt. Nach Entfernung des $(NH_4)Br$ wird der Alkohol und das Äthylbromid abdestilliert, nach Zugabe von Wasser wird mit NaOH zersetzt, abdestilliert und nachher die Amine fraktioniert destilliert. — Es wurden 10,9% Äthylamin und 17,9% $(C_2H_5)_2NH$ gewonnen. Vom Monoäthylamin durch Behandlung mit C_2H_5Br kann zu 50% noch Diäthylamin gewonnen werden[5]). Darstellung aus Ammoniak und Äthylbromid[6]).

---

[1]) Walter Peters, Zeitschr. f. anorgan. Chemie **89**, 191—209 [1914].

[2]) J. G. F. Druce, Chem. News **118**, 1 [1919]; Chem. Centralbl. **1919**, III, 42.

[3]) George Mignonac, Compt. rend. de l'Acad. des Sc. **172**, 223—226 [1921]; Chem. Centralbl. **1921**, I, 668.

[4]) T. Slater Price, S. A. Brazier u. A. S. Wood, Journ. Chem. Soc. Ind. **35**, 147—149 [1916]; Chem. Centralbl. **1916**, I, 1137.

[5]) W. E. Garner u. D. Tyrer, Journ. Chem. Soc. London **109**, 174—175 [1916]; Chem. Centralbl. **1916**, II, 124.

[6]) Emil Alphonse Werner, Journ. Chem. Soc. London **113**, 899 [1918]; Chem. Centralbl. **1919**, I, 922.

Physikalische und chemische Eigenschaften: Die spezifische Leitfähigkeit des Diäthylamins beträgt bei — 33,5° (Kochpunkt des Ammoniaks) $\varkappa^{-33,5} = 2,2 \cdot 10^{-9}$, die Viscosität $\eta^{-33,5} = 0,008236$, die Dichte $D^{-33,5} = 0,713$ [1]).

Derivate: Diäthylaminostannochlorid [2]) $(C_2H_5)_2NH \cdot HSnCl_3$. Zerfließliche Krystalle. Schmelzp. 58°.

Diäthylaminstannichlorid [2]) $[C_2H_5)_2NH]H_2SnCl_6$. — Etwas zerfließliche Krystalle, Schmelzp. etwa 260° unter Zersetzung.

Tertiäre Amine.
Trimethylamin (Bd. IV, S. 805; Bd. IX, S. 202).

Vorkommen: Kommt in Böden gewöhnlich nicht vor, weil entweder bei den im Boden stattfindenden Zersetzungsvorgängen nicht gebildet oder schnell weiter zersetzt wird [3]).

Bildung: Die Nebenreaktion, die zur Bildung von Trimethylamin führt, bei der Reduktion von HCN im Gemisch mit H beim Überleiten über fein verteiltes Fe, tritt, wenn der Partialdruck des HCN sinkt, noch mehr zurück; bei 15 Volumina H auf 1 Volumen HCN entstehen 80% Methylamine, davon mehr als 70% Methylamin [4]).

Nachweis und Bildung: Ist wenig wirksam zum Nachweis mit der von Magnus [5]) eingeführten Methode zur graphischen Registrierung der Bewegungen des überlebenden Darmes [6]).

Ammoniak und Trimethylamin lassen sich in der Weise nebeneinander bestimmen, daß die wässerige Lösung der Hydrochloride mit überschüssigem Formalin versetzt und in Gegenwart einiger Tropfen Phenolphthaleinindicator mit bekannter Lauge bis zu schwach Rosafärbung titriert wird, woraus sich der Ammoniakstickstoff berechnen läßt. Die mit viel Wasser verdünnte Lösung wird nach dem Ansäuern mit konz. HCl über freier Flamme auf $^1/_3$ eingedampft. Nach dem Übersättigen der Lösung mit Lauge wird aus einem Kjeldahlkolben in gewogene Säure destilliert. Die Differenz der Zahlen der verbrauchten ccm, multipliziert mit den Zahlen des Stickstoffs 1,4 (y—x) mg, ergibt unmittelbar die Stickstoffmenge des tertiären Amins in mg. — Die Bestimmung des Ammoniaks beruht auf seiner Überführung in Hexamethylentetramin. — Hexamethylentetramin gibt bei Destillieren mit Alkali in Gegenwart von Formol Trimethylamin. — Die Umsetzung

$$6\,H \cdot CHO + 4NH_4Cl = N_4(CH_2)_6 + CH_2O + 4HCl$$

verläuft in neutralem bzw. alkalischem Medium bei großem Formaldehydüberschuß quantitativ von links nach rechts; der umgekehrte Verlauf der Reaktion, der ebenfalls quantitativ ist, tritt beim Kochen der wässerigen Lösung des Hexamethylentetramins mit verdünnter Säure ein. Die Bestimmungsmethode kommt vor allem beim Studium der autolytischen Prozesse des Glutens und bei Kontrolle der enzymatischen Hydrolysen in Betracht [7]).

Physiologische Eigenschaften: Wird in der Leber bis zu NH_3 entmethyliert und dann in Harnstoff umgewandelt [8]). Die Giftigkeit betrug bei Kaninchen pro kg Körpergewicht [9]) intravenös 0,0016, subcutan 0,008, rectal 0,008—1,3 g.

Eine 1 proz. Trimethylaminchlorhydratlösung übt eine fördernde Wirkung auf Diastase, die freie Base dagegen eine hemmende [10]).

[1]) Howard Mc Kee Elsey, Journ. of Amer. Chem. Soc. **42**, 2454—2476 [1920]; Chem. Centralbl. **1921**, I, 527.

[2]) J. G. F. Druce, Chem. News **118**, 1 [1919]; Chem. Centralbl. **1919**, III, 42.

[3]) Elbert C. Lathrop, Journ. Franklin Inst. **183**, Nr. 3, Chem. News **115**, 220—222, 229—232 [1917]; Chem. Centralbl. **1917**, II, 560.

[4]) Sydney Barratt u. Alan Francis Titley, Journ. Chem. Soc. London **115**, 902—907 [1919]; Chem. Centralbl. **1920**, I, 702.

[5]) Magnus, Pflügers Archiv d. Physiol. **108**, 1 [1905].

[6]) M. Guggenheim u. Wilh. Loeffler, Biochem. Zeitschr. **72**, 303—324 [1916]; Chem. Centralbl. **1916**, I, 489.

[7]) Koloman Budai, Zeitschr. f. physiol. Chemie **86**, 107—121 [1913]; Chem. Centralbl. **1913**, II, 811.

[8]) Wilhelm Löffler, Biochem. Zeitschr. **85**, 230—294 [1918]; Chem. Centralbl. **1918**, I, 640.

[9]) Lucien Dreyfus, Compt. rend. de la Soc. de Biol. **83**, 481 [1920]; Chem. Centralbl. **1920**, III, 58.

[10]) A. Desgrez u. R. Moog, Compt. rend. de l'Acad. des Sc. **172**, 551—553 [1921]; Chem. Centralbl. **1921**, I, 1005.

Physikalische und chemische Eigenschaften: Nach O. Winterstein[1] wird Trimethylamin durch Xanthydrol nicht gefällt. Es entsteht Verbindung mit Pyrrol, Indol, Skatol.

Die Viscosität des Trimethylamins beträgt bei — 33,5° (Kochpunkt des Ammoniaks) $\eta^{-33,5} = 0,003208$, Dichte $D^{-33,5} = 0,702$[2]).

Derivate: Kupferplatinchlorid[3]. Enthält bei Zimmertemperatur und Atmosphärendruck 2 $N(CH_3)_3$ und ist olivbraun. — Die Zusammensetzung ist dieselbe im Vakuum.

Kupferplatinrhodanid[3]. Enthält bei Zimmertemperatur und Atmosphärendruck $4^1/_2$ und 6 $N(CH_3)_3$ und ist hellgelbgrün gefärbt. — Im Vakuum enthält es 3 $N(CH_3)_3$ und ist braun.

Trimethylaminphosphorwolframat[4].

Trimethylaminstannochlorid[5]) $(CH_3)_3N \cdot HSnCl_3$. Weiße Krystalle aus verdünnter Salzsäure. Schmelzp. 119—122°. — Wird durch Wasser hydrolysiert.

Trimethylaminstannichlorid[5]) $[(CH_3)_3N]_2H_2SnCl_6$. — Weiße Schuppen. Beginnt bei 300° sich zu zersetzen.

Triäthylamin.

Darstellung[6]): Aus Äthylaminhydrochlorid mit Ätzkali in Freiheit gesetzte Base wird mit Äthylbromid versetzt und in geschlossenen Flaschen 3 Stunden im Wasserbade erwärmt. Die vom Salz abgetrennte Flüssigkeit gibt mit HCl Triäthylaminhydrochlorid. Ausbeute 65—70%.

Physiologische Eigenschaften: Eine 1 proz. Triäthylaminchlorhydratlösung übt eine fördernde Wirkung auf Diastase aus, die freie Base dagegen eine hemmende[7].

Physikalische und chemische Eigenschaften: Die Viscosität des Triäthylamins beträgt bei — 33,5° (Kochpunkt des Ammoniaks) $\eta^{-33,5} = 0,007726$, Dichte $D^{-33,5} = 0,778$[8]).

Derivate: Triäthylaminstannichlorid[5]) $[C_2H_5)_3N] \cdot H_2SnCl_6$. — Prismen aus verdünnter Salzsäure. Schmelzp. 268° unter Zersetzung. — Leicht löslich in Wasser.

Diamine.

Äthylendiamin (Bd. IV, S. 808).

Physiologische Eigenschaften: Das Acetat und Chlorhydrat des Äthylendiamins, besonders aber Euphyllin (Theophyllin-Äthylendiamin), haben starke, viele Stunden anhaltende gerinnungsbeschleunigende Wirkung (intramuskulär oder intravenös), während sie in vitro gerinnungshemmend wirken. Die Wirkung wird auf die Vermehrung des Fibrinfermentes zurückgeführt. Dabei scheint die Milz eine Rolle zu spielen[9].

Tetramethylendiamin, Putrescin (Bd. IV, S. 808; Bd. IX, S. 202).

Vorkommen: In Melolontha vulgaris[10].

Nachweis und Bestimmung: Ist wenig wirksam zum Nachweis mit der von Magnus[11]

[1]) E. Winterstein, Zeitschr. f. physiol. Chemie **105**, 25—31 [1919]; Chem. Centralbl. **1919**, IV, 421.

[2]) Howard Mc Kee Elsey, Journ. of Amer. Chem. Soc. **42**, 2454—2476 [1920]; Chem. Centralbl. **1921**, I, 527.

[3]) Walter Peters, Zeitschr. f. anorgan. Chemie **89**, 191—209 [1914];

[4]) Jack Cecil Drummond, Biochem. Journ. **12**, 5 [1918]; Chem. Centralbl. **1918**, II, 944.

[5]) J. G. F. Druce, Chem. News **118**, 1 [1919]; Chem. Centralbl. **1919**, III, 42.

[6]) Jitendra Nath Rakshit, Journ. of Amer. Chem. Soc. **35**, 1781—1783 [1913]; Chem. Centralbl. **1914**, I, 230.

[7]) A. Desgrez u. R. Moog, Compt. rend. de l'Acad. des Sc. **172**, 551—553 [1921]; Chem. Centralbl. **1921**, I, 1005.

[8]) Howard Mc Kee Elsey, Journ. of Amer. Chem. Soc. **42**, 2454—2476 [1920]; Chem. Centralbl. **1921**, I, 529.

[9]) Nonnenbruch u. W. Szyszka, Dtsch. Archiv f. klin. Med. **134**, 174—184 [1920]; Chem. Centralbl. **1921**, I, 640; ausführl. Ref.: Ber. ges. Physiol. **5**, 503 [1921].

[10]) Dankwart Ackermann, Zeitschr. f. Biol. **73**, 319—321 [1921]; Chem. Centralbl. **1921**, III, 1293.

[11]) Magnus, Pflügers Archiv f. Physiol. **108**, 1 [1905].

eingeführten Methode zur graphischen Registrierung der Bewegungen des überlebenden Darmes[1]).

Physiologische Eigenschaften: Die Giftigkeit betrug bei Kaninchen pro kg Körpergewicht[2]) intravenös 0,0008—0,001, rectal 0,004 g.

Derivate: Putrescinphosphorwolframat[3])

Hexamethyl-tetramethylen-diammoniumhydroxyd[4])

$$(CH_3)_3\overset{|}{N} - (CH_2)_4 - \overset{|}{N}(CH_3)_3$$
$$OH \qquad OH$$

Aus Putrescin durch Methylierung (Methode s. Homobetain [bei Alanin]). Zersetzungspunkt des Goldsalzes unscharf. Im Tierversuch bei Frosch, Maus und Katze typische Curarewirkung. Nach Verfütterung werden 58% im Harn wiedergewonnen.

Pentamethylendiamin, Cadaverin (Bd. IV, S. 810, Bd. IX, S. 202).

Nachweis und Bestimmung: Ist wenig wirksam zum Nachweis mit der von Magnus[5]) eingeführten Methode zur graphischen Registrierung der Bewegungen des überlebenden Darmes[1]).

Physiologische Eigenschaften: Die Giftigkeit betrug bei Kaninchen pro kg Körpergewicht[2]) intravenös 0,001, rectal 0,004 g.

Derivate: Cadaverinphosphorwolframat[3])

Hexamethyl-pentamethylen-diammoniumhydroxyd[4])

$$(CH_3)_3\overset{|}{N} - (CH_2)_5 - \overset{|}{N}(CH_3)_3$$
$$OH \; . \qquad OH$$

Goldsalz zeigt unscharfen Zersetzungspunkt. Im Tierversuch curareartige Wirkung.

Pentamethylendiamindibenzoyl-p-arsinoxyd[6])

$$C_{19}H_{20}O_4N_2As_2 = O:As \cdot C_6H_4 \cdot CO \cdot NH(CH_2)_5 \cdot NH \cdot CO \cdot C_6H_4 \cdot As:O.$$

Aus Dichlorarsinbenzoylchlorid und Pentamethylendiaminchlorhydrat in Gegenwart von 2,5 n-NaOH, weißes, nicht hygroskopisches Pulver, unlöslich in den üblichen Lösungsmitteln, löslich in 5 proz. und stärkerer Natronlauge. Durch Oxydation und Reduktion ließen sich analoge Verbindungen wie bei den anderen Aminosäuren nicht gewinnen.

2. Aromatische Amine.

ω-Phenyläthylamin (Bd. IV, S. 813; Bd. IX, S. 203).

Physiologische Eigenschaften: Hatte bei subcutaner Injektion bei Hunden und Katzen eine mächtige Erregung des Atemzentrums zur Folge[7]).

Die Veränderungen des Blutdruckes durch diese Substanz beruhen größtenteils auf Herzwirkung. Versuche am durchströmten Froschherzen, am überlebenden isolierten Herzen des Kaninchens und am Herzen der lebenden Katze haben ergeben, daß Phenyläthylamin ein Gift für den Herzmuskel ist, das ihn in kleinen Mengen anregt, in großen lähmt. Regt die Ver-

---

[1]) M. Guggenheim u. Wilh. Loeffler, Biochem. Zeitschr. **72**, 303—324 [1916]; Chem. Centralbl. **1916**, I, 489.

[2]) Lucien Dreyfus, Compt. rend. de la Soc. de Biol. **83**, 481 [1920]; Chem. Centralbl. **1920**, III, 58.

[3]) Jack Cecil Drummond, Biochem. Journ. **12**, 5 [1918]; Chem. Centralbl. **1918**, II, 944.

[4]) D. Ackermann u. F. Kutscher, Zeitschr. f. Biol. **72**, 177—186 [1920]; Chem. Centralbl. **1921**, I, 543.

[5]) Magnus, Pflügers Archiv f. Physiol. **108**, 1 [1905].

[6]) Ernst Sieburg, Archiv d. Pharmazie **254**, 224—240, 241—245 [1916]; Chem. Centralbl. **1916**, II, 220.

[7]) Gertrud Bry, Zeitschr. f. experim. Pathol. u. Ther. **16**, 186—193 [1914]; Chem. Centralbl. **1914**, II, 944.

engerung der Kranzgefäße an; nach großen Dosierungen folgt dieser Wirkung eine Erschlaffung[1].

An Kaninchen per os und intravenös verabreicht wird bei allmählicher Zufuhr schnell und vollständig entgiftet. Pro Zeiteinheit kann nur eine bestimmte Menge entgiftet werden, wird diese Dosis überschritten, so treten akute Vergiftungssymptome ein. Die akut toxische Dosis ist größer als bei β-Imidazolyläthylamin, kleiner als bei Isoamylamin. Die Desamidierung im Körper erfolgt nach Schema:

$$R \cdot CH_2 \cdot NH_2 \longrightarrow R \cdot CH_2 \cdot OH \longrightarrow R \cdot CHO \longrightarrow R \cdot COOH$$

$$\text{oder} \quad R \cdot CH_2 \cdot NH_2 \longrightarrow R \cdot CHO \Big\langle {R \cdot COOH \atop R \cdot CH_2OH} \longrightarrow R \cdot COOH$$

Die Leber ist imstande, zugesetzten Phenyläthylalkohol in Phenylessigsäure zu verwandeln. Oral verabreichtes Phenyläthylamin wird im Harn zu etwa 40% als Phenylessigsäure ausgeschieden[2].

Das Chlorhydrat wirkt am Mäuseuterus (glatte Muskulatur) in geringen Konzentrationen erregend, in höheren hemmend. An der Froschblase hemmend[3]. Bewirkt an schilddrüsenlosen Hunden hohe Steigerung des N-Stoffwechsels, beträchtliche Vermehrung der Harnausscheidung und Abnahme des Körpergewichtes, ganz wie Schilddrüsenpräparate[4].

Phenyläthylamin bewirkt schon in geringen Mengen an der Ratte eine Zunahme der Ausscheidung von Kohlensäure und des Verbrauches von Sauerstoff, auch des Stickstoffumsatzes, womit häufig Anwachsen der Diurese und vermehrte Abgabe von Wasser durch die Lunge einhergeht. — Es findet dabei vermehrte Verbrennung von Kohlenhydraten statt, zuweilen in solchem Umfange, daß der Respirationskoeffizient in nüchternem Zustande stark erhöht wird, nicht selten sogar die 1,0 erreicht. Die Erhöhung des Gaswechsels unter dem Einflusse der genannten Amine tritt allmählich auf und bleibt oft auch nach Aussetzen der Darreichung bestehen, ein Verhalten, das sich beispielsweise auch nach Fütterung mit Schilddrüsensubstanzen beobachten läßt. Da eine besonders charakteristische Wirkung des Phenyläthylamins die Erregung des sympathischen Nervensystems ist, bei Schilddrüsenwirkung auch eine Veränderung des Nebennierenapparates angenommen wird, so ist an die Möglichkeit zu denken, daß die Beeinflussung des sympathischen Nervensystems auch die Erhöhung des gesamten Stoffwechsels verursacht[5].

Wirkt auf Kaulquappen stark narkotisch[6].

Die temperatursteigernde und erweckende Wirkung von Schilddrüsenextrakten wird bei winterschlafenden Igeln gemindert oder ganz aufgehoben, wenn man den Tieren Phenyläthylamin injiziert[7].

Physikalische und chemische Eigenschaften: Phenyläthylamin, durch Abspaltung von CO_2 aus Phenylalanin erhalten, das $KMnO_4$ sofort entfärbte, wurde in Form des Chlorhydrats durch H_2 in Gegenwart von Pb-Katalysator langsam zu Cyclohexyläthylamin reduziert. Die Reduktion des käuflichen Produktes gelang nicht[8].

Derivate: Phenyläthylaminphosphorwolframat[9].

Paraoxyphenyl-äthylamin; Tyramin (Bd. IV, S. 814; Bd. IX, S. 204).

Vorkommen: Aus 1,8 kg eines vollkommen reifen normalen, entrindeten Emmentaler Käses wurden durch Extraktion der alkalisch gemachten wässerigen Auszüge 1,37 g der salzsauren Base des p-Oxyphenyläthylamin dargestellt. Es ließ sich auch ein Bacillus, von der

---

[1]) Henry G. Barbour u. Edward M. Frankel, Journ. of pharmacol. a. exp. therapeut. **7**, 511—527 [1915]; Chem. Centralbl. **1916**, I, 169.

[2]) M. Guggenheim, u. Wilh. Loeffler, Biochem. Zeitschr. **72**, 325—350 [1916]; Chem. Centralbl. **1916**, I, 482.

[3]) Leo Adler, Archiv f. experim. Pathol. u. Pharmakol. **83**, 248—256 [1918]; Chem. Centralbl. **1918**, II, 1071.

[4]) J. Abelin, Biochem. Zeitschr. **93**, 128—148 [1919]; Chem. Centralbl. **1919**, I, 673.

[5]) J. Abelin, Biochem. Zeitschr. **101**, 197—238 [1920].

[6]) J. Abelin, Biochem. Zeitschr. **102**, 58—88 [1920]; Chem. Centralbl. **1920**, I, 762.

[7]) Leo Adler, Archiv f. experim. Pathol. u. Pharmakol. **91**, 110—124 [1921]; Chem. Centralbl. **1922**, I, 150.

[8]) Albert Weinhagen, Biochem. Journ. **11**, 273—276 [1917]; Chem. Centralbl. **1918**, I, 917.

[9]) Jack Cecil Drummond, Biochem. Journ. **12**, 5 [1918]; Chem. Centralbl. **1918**, II, 944.

Gruppe des Bac. casei, isolieren, der beim Wachstum auf Tyrosinlösungen, bei Zusatz von Milchzucker und der üblichen Nährsalze, p-Oxyphenyläthylamin bildet[1]. Nach O. Winterstein
und E. Küng[2]) befindet sich in einem normalen Magerkäse in geringen Mengen p-Oxyphenyläthylamin.

In Herba capsellae Bursae Pastoris. Isolierung durch Amylalkohol, darauffolgende
Natronlaugeextraktion und Mercurichloridfällung[3].

Durch Extraktion von Phoradendron flavescens-Pflanzen (einer amerikanischen Mistel)
mit Wasser und Behandlung des Extraktes mit Alkali, Äther, Salzsäure, Äther und Oxal äure
wurde p-Oxyphenyläthylamin isoliert[4]. Außer in Phloradendron flavescens wurde auch in
Ph. villosum und Ph. californicum nachgewiesen[5].

In den Extraktstoffen von Melolontha vulgaris[6].

Im Speicheldrüsengift der Cephalopoden ist der einzige giftige Bestandteil des Octopus
speichels[7].

Nachgewiesen in den therapeutischen Präparaten der verschiedenen Körperdrüsen, den
Verdauungsenzymen und ihren Produkten und den verschiedenen Körperflüssigkeiten, mit
Ausnahme des Blutes[8].

Bildung: Beim Erhitzen von Tyrosin mit Glycerin auf 170—180° entsteht neben dem Anhydrid des Tyrosins. Beim Erhitzen von Tyrosin mit Diphenylmethan konnte nur das Carbonat
des Oxyphenyläthylamins erhalten werden[9].

p-Oxyphenyläthylamin wird aus l-Tyrosin durch Einwirkung von Bacillus coli communis
und Proteus vulgaris durch Zusatz von Lactose (Erhöhung der [H˙]) gebildet[10].

Darstellung: Aus dem bei der Reduktion von p-Oxybenzylcyanid, das sorgfältig gereinigt
werden muß, mit Natrium und Alkohol erhaltenen Gemisch werden, nach Ansäuern mit Salzsäure, durch Alkohol p-Kresol und p-Oxyphenylessigsäure ausgezogen, ehe die Lösung mit
Natriumcarbonat versetzt und mit Amylalkohol ausgeschüttelt wird[11].

Physiologische Eigenschaften: Beim Wachsen auf einer tyrosinhaltigen Nährlösung bildet
Bact. coli commune erhebliche Mengen von p-Oxyphenyläthylamin. Aus 10 g Tyrosin wurden
5,96 g des Amins, das sind 78,7% der Theorie, erhalten[12].

Als Abbauprodukte des Tyrosins gaben Versuche damit zur Untersuchung der Wirkung
von Bact. coli phenologenes negative Erfolge[13]. Bei Einwirkung eines aus dem Kote eines
Brustkindes isolierten Stammes von Bact. lactis aerogenes und eines anderen Stammes von
Bact. lactis aerogenes auf salzsaures Tyramin konnte keine sichere Tyrosolbildung nachgewiesen
werden[14].

Führt bei subcutaner Injektion an Meerschweinchen zu einer Veränderung der morpho-
logischen Blutbeschaffenheit, die mit dem Bilde der perniziösen Anämie auffallend über-
einstimmt. Da p-Oxyphenyläthylamin im Darm in großen Mengen aus Tyrosin gebildet wer-

---

[1]) Felix Ehrlich u. Fritz Lange, Biochem. Zeitschr. **63**, 156—169 [1914]; Chem. Centralbl.
1914, II, 258.

[2]) E. Winterstein, Zeitschr. f. physiol. Chemie **105**, 25—31 [1919]; Chem. Centralbl. **1919**,
IV, 421.

[3]) H. Boruttau u. H. Cappenberg, Archiv d. Pharmazie **259**, 33 [1890].

[4]) Albert C. Crawford u. Walter K. Watanabe, Journ. of Biolog. Chem. **19**, 303—304
[1914]; Chem. Centralbl. **1915**, I, 899.

[5]) Albert C. Crawford u. Walter K. Watanabe, Journ. of Biolog. Chem. **24**, 169—172
[1916]; Chem. Centralbl. **1916**, I, 1152.

[6]) Dankwart Ackermann, Zeitschr. f. Biol. **71**, 193 [1920]; Chem. Centralbl. **1920**,
III, 493.

[7]) M. Henze, Zeitschr. f. physiol. Chemie **87**, 51—58 [1913]; Chem. Centralbl. **1913**, II, 1318.

[8]) Pellissier u. Chardet, Bull. des sciences pharmacol. **22**, 82—84 [1915]; Chem. Centralbl.
1916, I, 852.

[9]) F. Graziani, Atti della R. Accad. dei Lincei, Roma **24** [I], 822 [1915]; Chem. Centralbl.
1915, II, 461; **24**, 936 [1915]; Chem. Centralbl. **1916**, I, 923.

[10]) Takaoki Sasaki, Journ. of Biolog. Chem. **32**, 527—532 [1921]; Chem. Centralbl. **1921**,
I, 683.

[11]) Karl K. Koeßler u. Milton T. Hanke, Journ. of Biolog. Chem. **39**, 585 [1919]; Chem.
Centralbl. **1920**, III, 711.

[12]) Takaoki Sasaki, Biochem. Zeitschr. **59**, 429—435 [1914]; Chem. Centralbl. **1914**,
I, 1207.

[13]) M. Rhein, Biochem. Zeitschr. **87**, 123—128 [1918]; Chem. Centralbl. **1918**, II, 51.

[14]) Kinsaburo Hirai, Act. Schol. Med. Univ. Kioto **2**, 425 [1918]; Chem. Centralbl. **1920**,
III, 488.

den kann, sind die geschilderten Wirkungen der Base für die Erklärung der Genese der perniziösen Anämie von Bedeutung[1]).

An Kaninchen per os und intravenös verabreicht wird bei allmählicher Zufuhr schnell und vollständig vergiftet. Pro Zeiteinheit kann nur eine bestimmte Menge entgiftet werden, wird diese Dosis überschritten, so treten akute Vergiftungssymptome ein. Die akut toxische Dosis ist größer wie bei β-Imidazolyläthylamin, kleiner wie bei Isoamylamin. Die Desamidierung im Körper erfolgt nach Schema:

$$R \cdot CH_2 \cdot NH_2 \longrightarrow R \cdot CH_2 \cdot OH \longrightarrow R \cdot CHO \longrightarrow R \cdot COOH$$

$$\text{oder} \quad R \cdot CH_2 \cdot NH_2 \longrightarrow R \cdot CHO \begin{cases} R \cdot COOH \\ R \cdot CH_2OH \end{cases} \longrightarrow R \cdot COOH$$

Oxyphenyläthylalkohol konnte neben Oxyphenylessigsäure aus der Durchströmungsflüssigkeit der mit Oxyphenyläthylamin durchströmten Leber isoliert werden. Die Leber ist andererseits imstande, zugesetzten Oxyphenyläthylalkohol in Oxyphenylessigsäure zu verwandeln. — Oral verabreichtes p-Oxyphenyläthylamin wird im Harn zu 40% als p-Oxyphenylessigsäure ausgeschieden[2]).

Erweist sich als besonders wirksam für Blutdrucksteigerung bei Versuchen mit enthirnten Katzen unter künstlicher Atmung; greift aber im Gegensatz zu Adrenalin hauptsächlich zentral, an dem gegen Nicotin empfindlichen Ganglienapparat, an[3]).

Tyramin hemmt, am deutlichsten bei langsamer intravenöser Injektion, ebenso wie Adrenalin und Pituitrin den durch Sekretin als auch durch Pilocarpin bedingten Pankreasfluß. — Atropin wirkt nur auf die Pilocarpin- kaum auf die Sekretinwirkung[4]). Tyramin ist als Antagonist des Morphins und deshalb für die Anwendung in der Geburtshilfe zu empfehlen[5]). — Tyraminchlorhydrat zu 1—10 mg pro 100 g Körpergewicht steigert die Kurve des Atemvolumens für längere Zeit in mäßigem Garde, durchschnittlich um 25%; größere Gaben wirken herabsetzend. — Zu 1,6—20 mg wirkt es dem Morphin 1—1,8 mg entgegen, wenn beide in gemeinsamer Lösung injiziert werden, am besten bei 6—20 mg auf 1 mg Morphin. Der Antagonismus von Tyramin und Morphin beruht nicht auf verzögerter Absorption des zweiten. Werden beide Mittel gleichzeitig, aber an getrennten Körperstellen injiziert, so tritt zunächst stärkere Atmungsdepression ein als bei Injektionen in gemeinsamer Lösung, dann folgt aber schnell besonders deutliche Gegenwirkung[5]).

Durch intravenöse Injektion einer großen Dose von Tyramin (5 mal 9 ccm 1 proz. Lösung innerhalb von 2 Tagen) entstand bei Kaninchen eine starke Anämie von sekundärem Charakter sowie eine Siderosis in der Milz, den Mesenterialdrüsen, dem Blinddarm und dem Knochenmark[6]).

Wirkt am Mäuseuterus (glatte Muskulatur) in einer Konzentration von 1 : 20 000 deutlich hemmend, 1 : 500 löst eine $BaCl_2$- und Nicotinkontraktion. An der Froschblase erregend[7]).

Tyramin reizt den Kaninchendarm; den Katzendarm bringt es zuerst in einen Reiz-, dann in einen Hemmungszustand, beim Hund entfaltet es nur eine hemmende Wirkung[8]). Subcutan injiziert an Hunden verursacht es keine Magensaftsekretion[9]).

Rief nur bei Katzen und auch hier nur inkonstant Magensekretion hervor, versagte bei allen anderen Tieren[10]). Verengert die Kranzgefäße des Herzens[11]). Wirkt im Wege des Sym-

---

[1]) Toku Iwao, Biochem. Zeitschr. **59**, 436—443 [1914]; Chem. Centralbl. **1914**, I, 1208.

[2]) M. Guggenheim u. Wilh. Loeffler, Biochem. Zeitschr. **72**, 325—350 [1916]; Chem. Centralbl. **1916**, I, 482.

[3]) George Baehr u. Ernst P. Pick, Archiv f. experim. Pathol. u. Pharmakol. **80**, 161—163 [1916]; Chem. Centralbl. **1916**, II, 831.

[4]) Manji Kageyama, Act. Schol. Med. Univ. Kioto **1**, 229 [1916]; Chem. Centralbl. **1920**, III, 496.

[5]) Henry G. Barbour u. Loyd L. Maurer, Journ. of pharmacol. a. exp. therapeut. **15**, 305 [1920]; Chem. Centralbl. **1920**, III, 524.

[6]) Toku Iwao, Act. Schol. Med. Univ. Kioto **1**, 263 [1916]; Chem. Centralbl. **1920**, III, 496.

[7]) Leo Adler, Archiv f. experim. Pathol. u. Pharmakol. **83**, 248—256 [1918]; Chem. Centralbl. **1918**, II, 1071.

[8]) Fr. Vanysek, Biochem. Zeitschr. **67**, 221—231 [1914]; **68**, 350 [1915].

[9]) L. Popielski, Archiv f. d. ges. Physiol. **178**, 237—259 [1920].

[10]) R. W. Keeton, F. C. Koch u. A. B. Luckhardt, Amer. Journ. of Physiol. **51**, 454 [1920]; Chem. Centralbl. **1920**, III, 497.

[11]) N. P. Krawkow, Archiv f. d. ges. Physiol. **157**, 501—530 [1914]; Chem. Centralbl. **1914**, II, 65.

pathicus auf die glatten Muskeln. Äthylamin hat eine schwache sympathomimetrische Wirkung; diese wird verstärkt, wenn ein aromatischer Kern an Stelle von Wasserstoff eintritt. Es kann aber das Tyrosin auf die glatten Muskeln, obgleich Oxyphenyl vorhanden, nur sehr schwach einwirken[1]).

Erzeugt, in Tyrodescher Flüssigkeit gelöst, beim Durchströmen des überlebenden Meerschweinchenlungenpräparates Bronchialkrampf. — Die durch Adrenalin gesetzte intensive Erregung der sympatischen Bronchodilatatoren paralysiert für längere Zeit die bronchoconstrictorische Wirkung von Tyramin[2]).

p-Oxyphenyläthylamin in 0,5 proz. Lösung, mit einer Geschwindigkeit von etwa 100 ccm pro Stunde in die freigelegte Vena jugularis eines mit Urethan narkotisierten Kaninchens infundiert, ruft eine der Adrenalinwirkung ähnliche, wenn auch nicht gleichstarke Glucosurie hervor. — Der Blutzuckergehalt ist erhöht[3]).

Bewirkt an schilddrüsenlosen Hunden hohe Steigerung des N-Stoffwechsels, beträchtliche Vermehrung der Harnausscheidung und Abnahme des Körpergewichtes, genau wie Schilddrüsenpräparate[4]). Entsprechend der erhöhten Verbrennung von Kohlenhydraten bewirkt Verschwinden des Glykogens aus der Leber, übereinstimmend mit den Stoffen der Schilddrüse[5]). Die temperatursteigernde und erweckende Wirkung von Schilddrüsenextrakten wird bei winterschlafenden Igeln gemindert oder ganz aufgehoben, wenn man den Tieren p-Oxyphenyläthylamin injiziert[6]). Die Wirkung des Tyramins auf den Gaswechsel der Ratten hat J. Abelin[7]) untersucht und fand sie derjenigen des Phenyläthylamins ähnlich (siehe dort).

Die Empfindlichkeit von Mäusen gegen Acetonitril wird durch Vorbehandlung mit Tyramin herabgesetzt[8]).

Beschleunigt die Metamorphose älterer Kaulquappen[9]). Wird durch das in den Basalzellen der Epidermis vorhandene Ferment, Dopaoxydase, nicht verändert[10]).

Tenosin siehe auch bei β-Imidazolyläthylamin. Besteht in 1 ccm aus 0,0005 g β-Imidazolyläthylamin und 0,02 g p-Oxyphenyläthylamin und besitzt völlig die Wirkungen des Secale cornutum. Ist haltbar, ermöglicht eine genaue Dosierung[11]). Das synthetisch hergestellte Wehenmittel Tenosin enthält 0,003 p-Oxyphenyläthylamin neben 0,0001 β-Imidazolyläthylamin[12]).

Am wirksamsten erwies sich ein Präparat, das 0,002 p-Oxyphenyläthylamin und 0,0003 bis 0,0005 β-Imidazolyläthylamin enthielt. Das jetzige enthält nur 0,0001 β-Imidazolyläthylamin und 0,003 p-Oxyphenyläthylamin[12]).

Enthält die Komponenten in einem Verhältnis, daß die blutdrucksenkende Wirkung des Hystamins durch die blutdrucksteigernde des Tyramins ausgeglichen wird. — Hohenbichler[13]) hält das Präparat für einen vollwertigen Secaleersatz. Tenosin (Secaleersatz), das in 1 ccm 0,000125 g p-Oxyphenyläthylamin und 0,00625 g β-Imidazolyläthylamin enthält, zeigte die beste Secalewirkung[14]). In 44 von 50 Fällen mit gutem Erfolg angewandt[15]).

---

[1]) G. Quagliarello, Zeitschr. f. Biol. **64**, 263—284 [1914]; Chem. Centralbl. **1914**, II, 998.

[2]) Georg Baehr u. Ernst P. Pick, Archiv f. experim. Pathol. u. Pharmakol. **74**, 41—64 [1914]; Chem. Centralbl. **1914**, I, 405.

[3]) Manja Kageyama, Act. Schol. Med. Univ. Kioto **1**, 215 [1916]; Chem. Centralbl. **1920**, III, 496.

[4]) J. Abelin, Biochem. Zeitschr. **93**, 128—148 [1919]; Chem. Centralbl. **1919**, I, 673.

[5]) J. Abelin u. J. Jaffé, Biochem. Zeitschr. **102**, 39—57 [1920]; Chem. Centralbl. **1920**, I, 762.

[6]) Leo Adler, Archiv f. experim. Pathol. u. Pharmakol. **91**, 110—124 [1921]; Chem. Centralbl. **1922**, I, 150.

[7]) J. Abelin, Biochem. Zeitschr. **101**, 197—238 [1920].

[8]) O. Wuth, Biochem. Zeitschr. **116**, 237—245 [1921]; Chem. Centralbl. **1921**, III, 1097.

[9]) J. Abelin, Biochem. Zeitschr. **102**, 58—88 [1920]; Chem. Centralbl. **1920**, I, 762.

[10]) Br. Bloch, Zeitschr. f. physiol. Chemie **98**, 226—254 [1917]; Chem. Centralbl. **1917**, I, 885.

[11]) Rob. Zimmermann, Münch. med. Wochenschr. **60**, Nr. 48 [1913]; Chem. Centralbl. **1914**, I, 696.

[12]) Franz Jaeger, Dtsch. med. Wochenschr. **42**, 194—196 [1916]; Chem. Centralbl. **1916**, I, 628 u. 629.

[13]) Adolf Hohenbichler, Wiener klin. Wochenschr. **32**, 113 [1919]; Chem. Centralbl. **1919**, II, 625.

[14]) Franz Jaeger, Centralbl. f. Gynäkol. **1919**, Nr. 29; Chem. Centralbl. **1919**, III, 835.

[15]) Kroß, Centralbl. f. Gynäkol. **1913**, Nr. 43, 4 Seiten; Chem. Centralbl. **1914**, I, 570.

Tenosin hat sich als unschädliches, sehr wirksames Stypticum bei den verschiedenartigsten Blutungen bewährt[1]).

Bezüglich der blutdrucksteigernden Wirkung kann von dem Tenosin derselbe therapeutische Effekt erwartet werden wie von den anderen Mutterkornpräparaten[2]).

Physikalische und chemische Eigenschaften: Die freie Base zeigt den Siedepunkt bei 55 mm 210—212° und bildet weiße Krystalle vom Schmelzp. 161°[3]).

Derivate: p-Oxyphenyläthylaminphosphorwolframat[4]).

Quecksilberverbindung[5]). $C_8H_{10}ONHg$. Aus p-Oxyphenyläthylamin in NaOH und $HgCl_2$. Weißer Niederschlag, unlöslich in Wasser und organischen Flüssigkeiten, wenig löslich in verdünnten Säuren, löslich in konz. HCl und NaOH.

Tyraminchydrochlorid krystallisiert aus Salzsäure enthaltendem Alkohol in faserigen, glänzenden Nadeln, Schmelzp. 280° korr.[6]).

Dichlor-p-oxyphenyläthylamin[7]). Durch die Eisessiglösung des p-Oxyphenyläthylamins wird ein Cl-Strom bis zur Sättigung geleitet, das überschüssige Cl und HCl vertrieben und mit Äther gefällt. Ausbeute 81,4% der berechneten. Aus Methylalkohol oder Alkohol monokline, wahrscheinlich holoedrische Tafeln mit Prismen- und Pyramidenflächen. Schmelzp. 184—186°. Die wässerige Lösung färbt sich hellviolett. Die freie Base ist hellgrau und enthält $1\frac{1}{2}$ Mol. H_2O. Wenig löslich in Wasser und Alkohol, Schmelzp. 219—220°[7]).

Dibrom-p-oxyphenyläthylamin[7]). Das Bromhydrat krystallisiert, wenn man 2,7 g p-Oxyphenyläthylamin in 25 ccm Eisessig mit 4 g 100 ccm Eisessig gelöst Br versetzt. Makroskopische, sechsseitige, monokline Tafeln aus Methylalkohol. Schmelzp. 270°. Durch Zusatz der berechneten Menge Lauge fällt die Base erst käsig aus, dann krystallisiert aus Wasser mit 2 Mol. H_2O flache, rhombische, perlmutterglänzende Täfelchen. Wenig löslich in Wasser und Alkohol. Die wasserfreie Base schmilzt bei 210° und sublimiert bei vorsichtigem Erhitzen[7]).

Dijodtyramin[8]). Beschleunigt erheblich die Metamorphose älterer Kaulquappen, ähnlich der Verfütterung der Schilddrüse. An jungen Kaulquappen tritt nur die wachstumshemmende Wirkung hervor[8]). Nach Fütterung mit Dijodtyramin konnte an Froschlarven und Axolotl eine typische Schilddrüsenwirkung beobachtet werden[9]). Die Empfindlichkeit von Mäusen gegen Acetonitril wird durch Vorbehandlung mit Dijodtyramin herabgesetzt[10]).

p-Oxyphenyl-äthyl-methylamin[11]).

Mol.-Gewicht: 151,14.

Zusammensetzung: $C_9H_{13}NO$.

Konstitution:

$$HO-\langle\!\!\rangle-CH_2-CH_2-NH-CH_3$$

Bildung: Bei vorsichtigem Erhitzen von Surinamin auf 250°.

Physiologische Eigenschaften: Ist sympathomimetrisch wirksam wie das p-Oxyphenylmethylamin, jedoch etwas weniger stark.

Derivate: Platinsalz $(C_9H_{13}ON)_2H_2PtCl_6$. — Schmelzp. 205°.

Chlorhydrat[12]) $C_9H_{13}ON \cdot HCl$. — Löslich in absol. Alkohol und Äther. Schmelzp. 147°.

---

[1]) E. Kosminski, Dtsch. med. Wochenschr. **45**, 825 [1919]; Chem. Centralbl. **1919**, III, 503.

[2]) E. Impens, Dtsch. med. Wochenschr. **46**, 183—184 [1920]; Chem. Centralbl. **1920**, I, 589.

[3]) F. Graziani, Atti R. Accad. dei Lincei, Roma **24**, I, 822 [1915]; Chem. Centralbl. **1915**, II, 461; ebendort **24**, 936—941 [1915]; Chem. Centralbl. **1916**, I, 923.

[4]) Jack Cecil Drummond, Biochem. Journ. **12**, 5 [1918]; Chem. Centralbl. **1918**, II, 944.

[5]) F. Hoffmann — La Roche & Co., D.R.P. 280000 v. 31. Okt. 1914; Chem. Centralblatt **1914**, II, 1334.

[6]) Karl K. Koeßler u. Milton T. Hanke, Journ. of Biolog. Chem. **39**, 585 [1919]; Chem. Centralbl. **1920**, III, 711.

[7]) R. Zeynek, Zeitschr. f. physiol. Chemie **114**, 275—285 [1921]; Chem. Centralbl. **1921**, III, 1279.

[8]) J. Abelin, Biochem. Zeitschr. **102**, 58—88 [1920]; Chem. Centralbl. **1920**, I, 762.

[9]) J. Abelin, Biochem. Zeitschr. **116**, 138—164 [1921]; Chem. Centralbl. **1921**, III, 1097.

[10]) O. Wuth, Biochem. Zeitschr. **116**, 237—245 [1921]; Chem. Centralbl. **1921**, III, 1097.

[11]) E. Winterstein, Zeitschr. f. physiol. Chemie **105**, 20 [1919]; Chem. Centralbl. **1919**, III, 428.

[12]) E. Winterstein, Schweiz. Apoth.-Ztg. **57**, 375 [1919]; Chem. Centralbl. **1919**, III, 616.

p-Oxyphenyl-butylamin[1]).

Physiologische Eigenschaften: Erwies sich als besonders wirksam für Blutdrucksteigerung bei Versuchen mit enthirnten Katzen unter künstlicher Atmung; greift aber, im Gegensatz zu Adrenalin, hauptsächlich zentral, an dem gegen Nicotin empfindlichen Ganglienapparat, an[1]).

p-Oxyphenyl-butyldimethylamin[1]).

Physiologische Eigenschaften: Erwies sich als besonders wirksam für Blutdrucksteigerung bei Versuchen mit enthirnten Katzen unter künstlicher Atmung; greift aber im Gegensatz zu Adrenalin hauptsächlich zentral, an dem gegen Nicotin empfindlichen Ganglienapparat, an.[1])

Hordenin (Bd. IV, S. 816; Bd. IX, S. 205).

Synthese: Aus Anisylbromid und Brommethyläther entsteht in ätherischer Lösung mit Natrium durch 12stündiges Stehen und 2stündiges Kochen mit einer Ausbeute von 48% α-[p-Methoxyphenyl]-β-methoxyäthan[2]).

$$\underset{CH_2 \cdot Br}{\overset{O \cdot CH_3}{\bighexagon}} + Br-CH_2-O-CH_3 + 2\,Na \longrightarrow \underset{CH_2-CH_2-O-CH_3}{\overset{O \cdot CH_3}{\bighexagon}}$$

Es bildet eine farblose Flüssigkeit, Siedepunkt unter 12 mm Druck 119—121°. — Gibt bei 2stündigem Erhitzen mit kaltgesättigter Bromwasserstoffsäure im Rohr auf 110° α-[p-Oxyphenyl]-β-bromäthan:

$$HO-C_6H_4-CH_2-CH_2-Br.$$

Schwach anisartig riechende farblose Nadeln aus Ligroin, Schmelzp. 89—91°; leicht löslich in Kalilauge, ruft Ekzeme hervor. Liefert bei 9$^1/_2$tägigem Stehen mit wasserfreiem Dimethylamin im Rohr in Kältemischung Hordenin mit einer Rohausbeute von 82%[2]).

$$HO\bighexagon CH_2-CH_2-Br + \overset{CH_3}{\underset{CH_3}{>}}NH \longrightarrow HO\bighexagon CH_2-CH_2N\overset{CH_3}{\underset{CH_3}{<}}$$

Darstellung: 3 kg Malzkeime werden mit siedendem Wasser erschöpfend ausgezogen, die Filtrate über freier Flamme, zuletzt auf Wasserbad zum Sirup eingeengt, dieser mit 2—3 Vol. 96proz. Alkohol verrührt und der Niederschlag nach etwa 1stündigem Stehen abfiltriert[4]). Aus dem goldgelben Filtrat wird der Alkohol durch Destillation, die letzten Spuren durch mehrmaliges Abdampfen des Rückstandes mit Wasser entfernt, der Sirup mit Na_2CO_3 schwach alkalisiert und mit Äther erschöpft. Bei Verdampfen der ätherischen Auszüge krystallisierte sofort fast reines Hordenin, das aus Wasser mit Blutkohle umkrystallisiert wurde. Ausbeute 12 g Rohprodukt, 10 g reines Hordenin[3]).

Physiologische Eigenschaften: Sterile Lösung, welche mit Zucker oder Alkohol als C-Quelle und entsprechenden anorganischen Nährsalzen versetzt, mit Reinkulturen der Heferasse Willia anomala Hansen und der Schimmelpilze Oidium lactis und Penicillium glaucum geimpft wurde, wirkt auf die Organismen nicht giftig, ermöglicht vielmehr sehr üppiges Gedeihen. Aus den Kulturen von Willia und Oidium ließ sich Tyrosol $HO \cdot C_6H_4 \cdot CH_2 \cdot CH_2 \cdot OH$ isolieren. Aus den Kulturen von Penicillium entsteht vielleicht p-Oxyphenylessigsäure. Bei längerem Wachstum wird wahrscheinlich auch der Benzolkern des Hordenins gesprengt[3]).

Erweist sich als besonders wirksam für Blutdrucksteigerung bei Versuchen mit enthirnten Katzen unter künstlicher Atmung; greift aber im Gegensatz zu Adrenalin hauptsächlich zentral, an dem gegen Nicotin empfindlichen Ganglienapparat, an[1]).

---

[1]) George Baehr u. Ernst P. Pick, Archiv f. experim. Pathol. u. Pharmakol. **80**, 161—163 [1916]; Chem. Centralbl. **1916**, II, 831.

[2]) Ernst Späth u. Philipp Sobel, Monatss. f. Chemie **41**, 77 [1920]; Chem. Centralbl. **1920**, IV, 770.

[3]) Felix Ehrlich, Biochem. Zeitschr. **75**, 417—431 [1916]; Chem. Centralbl. **1916**, II, 411—412.

Physikalische und chemische Eigenschaften: Man erhitzt einige Bruchstücke von Rutil (Titansäureanhydrid) mit konz. H_2SO_4 einige Stunden nahe zum Sieden, läßt erkalten und preßt die klare Flüssigkeit ab. Rührt man einige Partikelchen des Hordenins in 2—3 ccm des Reagenses ein, so beobachtet man eine dunkelorangegelbe Färbung[1]).

β-Imidazolyläthylamin; Histamin (Bd. IV, S. 816; Bd. IX, S. 206).

Vorkommen: Über die Anwesenheit von Histamin in Extrakten aus den hinteren Lappen der Pituitaria haben Abel und Nagayama publiziert[2]). Über Histamin als Zersetzungsprodukt der Albuminosen[3]). Histamin konnte weder im Witteschen Pepton noch in Erepton, Hypophysenextrakten, Pankreassaft, Milch, normalem Harn festgestellt werden, in Magensaft wechselnde Mengen. — Verschiedene Beobachtungen lassen annehmen, daß das aus Organen erhaltene β-Imidazolyläthylamin ein Kunstprodukt ist[4]). In völlig frischer Hypophyse cerebri konnte Histamin nicht aufgefunden werden[5]). Über die Gegenwart von Histamin in den Muskeln Gasbrandkranker[6]).

In 100 g einer Probe von Wittesehem Pepton wurde Histamin in einer Menge, äquivalent 3,35 mg des Dichlorids gefunden[7]).

Synthese: Citronensäure wird durch rauchende Schwefelsäure in Acetondicarbonsäure (I) übergeführt, diese nach Pechmann in Diisonitrosoaceton (II). Dieser wird durch Stannochlorid zu Diaminoaceton reduziert (III), letzteres kondensiert mit Natriumthiocyanat zu 2-Thiol-(4- oder 5-)-aminomethylglyoxalin (IV), welches durch 70 proz. Salpetersäure in (4- oder 5-)Oxymethylglyoxalin (V) übergeführt wird[8]). Bei der Einwirkung von Phosphorpentachlorid erhält man 4-(5-)-Chlormethylglyoxalin (VI), daraus mit Kaliumcyanid 4(5-)-Cyanmethylglyoxalin[9]) (VII). 5 g Cyanmethylglyoxalin werden dann in 50 ccm absol. Alkohol gelöst und die heiße Lösung mit 8 g Natrium reduziert. Aus der eingeengten Reaktionsmischung wird das Histamin (VIII) mit Amylalkohol extrahiert[8]).

I.
$$(HOOC \cdot H_2C)_2 \cdot CO \longrightarrow$$

II.
$$[COOH(HNO:)C]_2 \cdot CO \longrightarrow$$

III.
$$CO(CH_2NH_2)_2 \longrightarrow$$

IV.

$$\longrightarrow \begin{array}{c} HC-NH \\ \| \quad\quad >C-SH \\ C-N \\ | \\ CH_2-NH_2 \end{array} \longrightarrow$$

V.

$$\begin{array}{c} HC-NH \\ \| \quad\quad >C-H \\ C-N \\ | \\ CH_2-OH \end{array} \longrightarrow$$

VI.

$$\begin{array}{c} HC-NH \\ \| \quad\quad >CH \\ C-N \\ | \\ CH_2-Cl \end{array} \longrightarrow$$

VII.

$$\longrightarrow \begin{array}{c} HC-NH \\ \| \quad\quad >CH \\ C-N \\ | \\ CH_2-CN \end{array} \longrightarrow$$

VIII.

$$\begin{array}{c} HC-NH \\ \| \quad\quad >CH \\ C-N \\ | \\ CH_2-CH_2 \cdot NH_2 \end{array}$$

---

[1]) E. Denigès, Bull. de la Soc. chim. de France [4] **19**, 308—311 [1916]; Chem. Centralbl. **1916**, II, 959.

[2]) John J. Abel u. T. Nagayama, Journal of pharmacol. a. exp. therapeut. **15**, 347 [1920]; Chem. Centralbl. **1920**, III, 521.

[3]) T. Nagayama, Journal of pharmacol. a. exp. therapeut. **15**, 401 [1920]; Chem. Centralbl. **1920**, III, 521.

[4]) L. Popielski, Wydz. Lek. Lwów **1920**, 67; ausführl. Ref.: Ber. ges. Physiol. **4**, 532 [1921]; Chem. Centralbl. **1921**, I, 337.

[5]) Milton T. Hanke u. Karl K. Koeßler, Journ. of Biolog. Chem. **43**, 557—565 [1920]; Chem. Centralbl. **1921**, I, 99.

[6]) Edgard Zunz, Compt. rend. de la Soc. de Biol. **82**, 1078 [1917]; Chem. Centralbl. **1920**, I, 180.

[7]) Milton T. Hanke u. Karl K. Koeßler, Journ. of Biolog. Chem. **43**, 567—577 [1920]; Chem. Centralbl. **1921**, I, 106.

[8]) Karl K. Koeßler u. Milton Th. Hanke, Journ. of Amer. Chem. Soc. **40**, 1716—1726 [1918]; Chem. Centralbl. **1919**, I, 648.

[9]) Frank Lee Pyman, Journ. Chem. Soc. London **99**, 668—682 [1910]; Chem. Centralbl. **1911**, II, 30.

Nachweis und Bestimmung: Mit der von Magnus[1]) eingeführten Methode zur graphischen Registrierung der Bewegungen des überlebenden Meerschweinchendünndarmes läßt sich durch eine plötzliche Tonusänderung 0,000025 g β-Imidazolyläthylamin nachweisen[2]).

Trockenes Material wird direkt der Hydrolyse unterworfen, wasserhaltiges zunächst durch Zusatz von Alkohol auf Gehalt von 75% desselben gebracht, nach Zusatz einiger Tropfen Essigsäure 1—2 Stunden auf Wasserbad erhitzt, nach Erkalten filtriert, worauf sowohl Filtrat als Rückstand durch Erhitzen vom Alkohol befreit werden[3]). Hydrolyse durch 20proz. Salzsäure 30 Stunden unter Rückfluß, Entfernung der Salzsäure durch Destillation im Vakuum bei 60.° des Ammoniaks durch Behandlung von $Ca(OH)_2$ und Alkohol- und Vakuumdestillation bei 40°, des Humins durch Filtration, Fällung mit Phosphorwolframsäure aus der mit Salzsäure angesäuerten, zur Trockene verdampften und wieder mit verdünnter Salzsäure aufgenommenen Lösung, Zerlegung des Niederschlages in viel Wasser mit Baryt in der Hitze, fast völlige Entfernung des Überschusses aus dem Filtrat durch Schwefelsäure, Eindampfen, Lösen in möglichst wenig Wasser, Ausziehen des Histamins mit Amylalkohol, daraus durch Schwefelsäure, Wiederholung dieses Vorganges nach genauem Neutralisieren mit Baryt und Eindampfen des Filtrates, um zunächst noch vorhandene Spuren von Histidin zu beseitigen, nötigenfalls ein drittes Mal. Das Histamin wird schließlich durch Silbernitrat + Baryt gefällt (das Filtrat, in dem nur Spuren Histamin sein können, enthält doch anscheinend stets physiologisch wirksame Substanzen), der Niederschlag mit Salz- und Schwefelsäure zerlegt und in dem mit Natronlauge genau neutralisierten Filtrat nach Einengen das Histamin colorimetrisch bestimmt[3]).

Physiologische Eigenschaften: β-Imidazolyläthylamin wirkt auf die Portalgefäßcapillaren der Froschleber dilatierend[4]). — Verengert die Kranzgefäße des Herzens[5]). Gefäßerweiternde Wirkung beruht auf peripherer Einwirkung auf die Blutgefäße, unabhängig von irgendeinem Zusammenhang mit den Nerven. Wirkung unabhängig vom Tonus der Arterien und gleich in den verschiedenen Organen[6]). Ist ein stark sekretionssteigerndes Mittel auch bei anderen Organen infolge seiner Wirkung auf Capillaren[7]).

Beeinflussung des Arteriendrucks durch Verschluß gewisser Gefäßgebiete und durch Histamin[8]). Histamin wirkt auf isolierte Gefäßstreifen, Kaninchenohr, Hinterextremität des Frosches ausschließlich kontrahierend, auf Splanchnicus und Lungengefäße des Frosches in kleinsten Gaben dilatierend, in stärkeren kontrahierend[9]). Die Capillaren sind nach kurzer Einwirkung von Histamin von der Bauchhöhle aus erweitert, strotzend mit Blut gefüllt, gewunden, sie erscheinen auch in größerer Zahl. Die Histaminwirkung ist ganz lokal, denn Blutdruckmessungen zeigen keine Erhöhungen an. Die gleichen Erscheinungen lassen sich beobachten, wenn den Tieren intravenös 2 ccm physiologischer Kochsalzlösung, die pro kg Körpergewicht 2 mg Histamin enthält, injiziert wird[10]). Histamin erregt den Katzendarm von 1 : 750000 ab, bei größeren Konzentrationen tritt Lähmung ein[11]).

Wirkt unmittelbar auf die Muskelfaser. Äthylamin hat eine schwache sympathomimetrische Wirkung; diese wird verstärkt, wenn ein aromatischer Kern an Stelle von Wasserstoff eintritt, wird aber ganz verschieden, wenn Imidazol an Stelle von H tritt. Es kann aber

[1]) Magnus, Arch. f. d. ges. Physiol. **108**, 1 [1905].

[2]) M. Guggenheim u. Wilh. Loeffler, Biochem. Zeitschr. **72**, 303—324 [1916]; Chem. Centralbl. **1916**, I, 489.

[3]) Milton T. Hanke u. Karl K. Koeßler, Journ. of Biolog. Chem. **43**, 543—556 [1920]; Chem. Centralbl. **1921**, II, 4.

[4]) Suketaka Morita, Arch. f. experim. Pathol. u. Pharmakol. **78**, 232 [1915]; Chem. Centralbl. **1915**, I, 798.

[5]) N. P. Krawkow, Arch. f. d. ges. Physiol. **157**, 501—530 [1914]; Chem. Centralbl. **1914**, II, 65.

[6]) H. H. Dale u. A. N. Richards, Journ. of Physiol. **52**, 110—165 [1918]; Chem. Centralbl. **1918**, II, 911.

[7]) R. W. Keeton, F. C. Koch u. A. B. Luckhardt, Amer. Journ. of Physiol. **51**, 454 [1920]; Chem. Centralbl. **1920**, III, 497.

[8]) D. S. Edwards, Amer. Journ. of Physiol. **52**, 284 [1920]; Chem. Centralbl. **1920**, III, 651.

[9]) E. Rothlin, Biochem. Zeitschr. **111**, 257 [1920]; Chem. Centralbl. **1921**, I, 308.

[10]) Arnold Rice Rich, Journ. of experim. Med. **33**, 287—297 [1921]; Chem. Centralbl. **1921**, I, 1007.

[11]) Herbert Olivecrona, Journal of pharmacol. a. exp. therapeut. **17**, 141—167 [1921]; Chem. Centralbl. **1921**, I, 1007.

das Histidin auf die glatten Muskeln nur sehr schwach einwirken, obgleich Imidazol vorhanden ist[1]).

Das Chlorhydrat wirkt am Mäuseuterus (glatte Muskulatur) erregend. An der Froschblase schwach erregend[2]). Histamin erweist sich als energisches Erregungsmittel und als kräftiger Antagonist gegenüber der hemmenden Darmwirkung des Chloroforms[3]). Hat keine nennenswerte Wirkung auf die Harnabsonderung[4]).

Als Mutterkornersatz[5]). Kann für die typische Mutterkornwirkung nicht herangezogen werden[6]).

Gleichzeitige Injektion von Adrenalin und Imidazolyläthylamin an Kaninchen verhindert, daß die sonst nach Injektion von β-Imidazolyläthylamin auftretende nach der Steigerung folgende Senkung des Blutdrucks wegbleibt. — Am überlebenden Uterus erzeugt Imidazolyläthylamin intensive und rasche Tonuszunahme. Imidazolyläthylamin 1 : 200 000 wirkt stärker als Adrenalin 1 : 200 000[7]). An Kaninchen per os und intravenös verabreicht wird bei allmählicher Zufuhr schnell und vollständig entgiftet. Pro Zeiteinheit kann nur eine bestimmte Menge entgiftet werden; wird diese Dosis überschritten, so treten akute Vergiftungssymptome ein. Die akut toxische Dosis ist am kleinsten unter allen Aminen. Nur in einzelnen Fällen ließ sich im Serum und in dem während der Infusion gelassenen Harn eine geringe Menge von Imidazolyläthylamin feststellen. Im Harn erscheint hauptsächlich als ungiftiges Imidazolderivat (Imidazolessigsäure?). In der überlebenden Leber findet nur eine geringfügige Entgiftung der Base statt. Es erscheint ausgeschlossen, daß die Base mit Glykokoll zu Glycyl-β-imidazolyläthylamin gekuppelt wird[8]).

Bei schneller intravenöser Injektion von 1—2 mg Histamin an narkot. Katzen fällt zunächst der Blutdruck steil bis auf 50—60 mm (Contractur der Pulmonalarterien), dann steigt evtl. bis zur normalen Höhe oder gar darüber hinaus (Contractur der Arterien), definitiv schließt sich daran ein Hauptabfall des Blutdrucks. Pulswellen immer schwächer. Bei langsamer Injektion (0,1 mg in der Minute) zunächst ein prompter Abfall auf 80—70 mm, Verbleiben auf diesem Niveau bis 0,6 mg Injektion, langsames Weiterfallen, Nachlassen der Pulswellen und Versagen der Atmung. Starke Verminderung des Schlagvolumens ist nicht die Folge geschwächter Herzreaktion, sondern der Blutleere des Herzens. Auch in deu großen Venen, in Leber und Lungen ist wenig Blut. Dagegen in den kleinsten Venen und Capillaren und in den Muskeln ist Stauung vorhanden. Rote Blutkörperchen nehmen zu, da aus den Capillaren Plasma austritt. Leukocyten nehmen ab.

Die primäre Wirkung des Histaminschocks ist eine allgemeine Erschlaffung der capillaren Gefäße; das absterbende Endothel bedingt den Durchtritt des Plasmas und die Erweiterung der Capillaren die Blutleere im Gefäßsystem[9]).

Die subcutanen Injektionen von β-Imidazolyläthylamin bewirken durch starke Magensaftsekretion eine Austrocknung der Nervenzellen, die sich in Kopfschwindel und Apathie geltend macht. Der Mensch scheint viel stärker auf die Einführung von β-Imidazolyläthylamin zu reagieren als der Hund, dieser wieder mehr als das Kaninchen. Zu therapeutischen Zwecken darf β-Imidazolyläthylamin nicht eingeführt werden, da dabei ein gefährlicher Kollaps auftreten kann[10]).

Intravenös in Mengen von 0,00003 g auf 1 kg Körpergewicht Hunden injiziert, setzt β-Imidazolyläthylamin den Blutdruck rapid herab; als Begleiterscheinungen treten auf: Auf-

[1]) G. Quagliarello, Zeitschr. f. Biol. **64**, 263—284 [1914]; Chem. Centralbl. **1914**, II, 998.

[2]) Leo Adler, Archiv f. experim. Pathol. u. Pharmakol. **83**, 248—256 [1918]; Chem. Centralbl. **1918**, II, 1071.

[3]) Fr. Vanýsek, Biochem. Zeitschr. **67**, 221—231 [1914]; **68**, 350 [1915].

[4]) Erich Leschke, Biochem. Zeitschr. **96**, 50—72 [1914]; Chem. Centralbl. **1919**, III, 689.

[5]) G. Katz, Therapie d. Gegenwart **1921**, 2 [1921]; Chem. Centralbl. **1921**, III, 373.

[6]) K. Spiro u. A. Stoll, Verhandl. d. Schweiz. Naturforscher-Gesellschaft, Neuenburg **1920**, Ber. ges. Physiol. **8**, 349 [1921]; Chem. Centralbl. **1921**, III, 889.

[7]) Petre Niculescu, Zeitschr. f. experim. Pathol. u. Ther. **15**, 1—12 [1914]; Chem. Centralbl. **1914**, I, 1004.

[8]) M. Guggenheim u. Wilh. Loeffler, Biochem. Zeitschr. **72**, 325—350 [191]; Chem. Centralbl. **1916**, I, 482.

[9]) H. H. Dale u. P. P. Laidlaw, Journ. of Physiol **52**, 355—390 [1919]; Chem. Cenralbl. **1919**, III, 349.

[10]) L. Popielski, Archiv f. d. ges. Physiol. **178**, 237—259 [1920].

regung, dann in Depression übergehend, Speichel, Tränen und Pankreasabwanderung, Kotabgang und Harnabfluß[1]). — Bei subcutaner Injektion führt β-Imidazolyläthylamin schon in Mengen von 0,00021 g auf 1 kg Körpergewicht eine starke Absonderung des sauren Magensaftes (3,75 ccm Magensaft für 1 kg Gewicht) herbei, sonstige Erscheinungen bleiben aus. In das Duodenum gebracht, ist β-Imidazolyläthylamin ohne Wirkung. — Die Magensaftsekretion bei subcutaner Injektion findet auch nach Durchtrennung der Vagusnerven und Darreichung von Atropin statt; β-Imidazolyläthylamin wirkt also wahrscheinlich auf die Drüsen selbst. Bei der Wirkung von subcutan injizierten Organextrakten auf die Magensaftsekretion ist wahrscheinlich β-Imidazolyläthylamin der wirksame Körper. — Die physiologischen Eigenschaften und Entstehungsbedingungen von β-Imidazolyläthylamin beweisen, daß beim Eiweißzerfall Körper von kleinem Molekulargewicht, aber von äußerst starker physiologischer Wirkung entstehen können[1]).

Subcutane Injektionen von Histamin verursachen bei Menschen starke Gefäßdilatation, besonders im Gebiet des Kopfes und im Splanchnicusgebiet, Brechneigung, Krampf der Bronchialmuskulatur und hypertonische Kontraktion des Magens. Der Blutdruck sinkt besonders in der Diastole auf äußerst niedrige Werte. p-Oxyphenylamin hebt die Wirkung des Histamins teilweise auf. Die Wirkung des Histamins ist vermutlich in einer Lähmung des Sympathicus bzw. der „myoneuralen Junktion" zwischen Nerv und Muskelfasern zu sehen[2]).

Nach wiederholten kleinen Gaben von Histamin (intravenös) trat keine Änderung der Leukocytenzahl im Blute ein[3]).

Histamin ist wirksamer Bestandteil der Hypophysenextrakte; seine Gegenwart wurde in den verschiedensten tierischen Geweben und Organextrakten festgestellt; ebenso in enzymatischen Produkten, wie Wittes Pepton und Erepton, aus tierischen und vegetabilischen Eiweißstoffen. Die Aufspaltung reiner Eiweißstoffe mit HCl liefert eine Base, die als Histamin oder ein Substitutionsprodukt desselben angesehen werden kann. Histamin ist so ein Bestandteil unserer Nahrung, auch bildet sich eine größere Menge wahrscheinlich im Verlaufe der Verdauung. Spielt bedeutsame Rolle als Reizmittel für Magen- und Darmmuskulatur und als Erweiterer der Capillaren während der Verdauung. Histamin ist auch als depressorische Substanz wirksam und spielt führende Rolle unter den beim traumatischen Schock beteiligten chemischen Faktoren. Histamin kann, obwohl sich im Hinterlappen der Hypophyse in großer Konzentration vorfindet, nicht mehr als „Hormon" betrachtet werden. — Der tierische Organismus verträgt beträchtliche Mengen peroral[4]).

Nach Abel und Kubota[4]) sollen Histamin und der wirksame Bestandteil der Hypophyse chemisch und physiologisch identisch sein. Während der isolierte Meerschweinchenuterus durch Histamin und Hypophysenextrakte in gleichem Sinne beeinflußt wird, zeigt Douglas Cow[5]), daß der Uterus von Mäusen oder Ratten sich ganz anders verhält. Durch Histamin wird der Tonus des isolierten Organs herabgesetzt, während Hypophysenextrakte eine Tonussteigerung hervorrufen. Diese Befunde sind mit der Hypothese der Identität von Histamin und Hypophysenextrakt in Widerspruch.

Gegenüber den Befunden von Cow[5]) finden Abel und Kubota[6]), daß der Uterus von Meerschweinchen oder Mäusen Hypophysenextrakt und Histaminsalzen gegenüber in der gleichen Weise reagiert, und zwar zeigen die Uteri beider Tierarten nach kleinen Dosen Kontraktionen und Tonussteigerungen. — Der Meerschweinchenuterus ist empfindlicher. Konz. Lösungen beider Körper lähmen sowohl den Meerschweinchen- wie auch den Mäuseuterus in gleicher Weise. — Jedoch zeigt der Uterus von Ratten nach Applikation von Hypophysenextrakten oder Histamin gewisse Unregelmäßigkeiten, die durch weitere Untersuchungen aufgeklärt werden müssen.

[1]) L. Popielski, Archiv f. d. ges. Physiol. **178**, 214—236 [1920].

[2]) P. Schenk, Archiv f. experim. Pathol. u. Pharmakol. **89**, 332 [1921]; Chem. Centralbl. **1921**, III, 125.

[3]) J. R. Paul, Bull. of the Johns Hopkins hosp. **32**, 20 [1921]; Ref. Ber. ges. Physiol. **7**, 472 [1921]; Chem. Centralbl. **1921**, III, 427.

[4]) John J. Abel u. Seiko Kubota, Journal of pharmacol. a. exp. therapeut. **13**, 243—300 [1919]; Chem. Centralbl. **1919**, III, 763.

[5]) Douglas Cow, Journal of pharmacol. a. exp. therapeut. **14**, 275—277 [1919]; Chem. Centralbl. **1920**, I, 511.

[6]) John J. Abel u. D. J. Macht, Journal of pharmacol. a. exp. therapeut. **14**, 279—293 [1919]; Chem. Centralbl. **1920**, I, 512.

Gastrin gleicht in seinen Eigenschaften dem Histamin nicht derart, daß man daraus auf Identität beider Körper schließen muß[1]).

Gastrin und Histamin auf der einen Seite, Atropin auf der anderen haben eine antagonistische Wirkung auf die Magensekretion. — Es handelt sich dabei nicht um eine chemische Neutralisation; Atropin und Gastrinkörper greifen vielmehr an verschiedenen Stellen den Sekretionsmechanismus an[2]). — Über Ähnlichkeit von Histamin mit Gastrin[3]).

Die temperatursteigernde und erweckende Wirkung von Schilddrüsenextrakten wird bei winterschlafenden Igeln gemindert oder ganz aufgehoben, wenn man den Tieren Histamin injiziert[4]).

Bewirkt in niedrigen Konzentrationen 1 : 100000 am isolierten Froschherzen Herabsetzung der Frequenz und geringe Verstärkung der Kontraktionen. Höhere Konzentrationen (von 1 : 10 000 ab) bedingen periodische Herzstillstände und Gruppenbildung. — Am Säugetierherzen bewirkt eine sehr starke, vorübergehende Erhöhung der Frequenz, die dann allmählich bis unter die Norm absinkt. Die Konzentrationshöhe nimmt gleichzeitig zu[5]).

Erzeugt in Tyrodescher Flüssigkeit gelöst, beim Durchströmen des überlebenden Meerschweinchenlungenpräparates Bronchialkrampf, welcher durch Adrenalin beseitigt werden kann. Der gelöste Krampf ist jedoch sofort wieder durch neue Histaminapplikation auslösbar[6]).

Ruft noch in der auf die anaphylaktische Reaktion des Meerschweinchendarmes folgenden Antianaphylaxie Reaktion hervor und bedingt selbst keine Antianaphylaxie. Es ist also nicht identisch mit dem anaphylaktischen Reaktionskörper[7]).

Versagt vollkommen oder wirkt bedeutend schwächer nach Anwendung von Emetin[8]). In die durch Schröpfkopf oder Punktieren zugänglich gemachte Haut eingeführtes Histamin veranlaßt typische Urticaria, welche wahrscheinlich auf eine spezifische Zunahme der Durchgängigkeit der Capillaren zurückzuführen ist[9]). Beim Verdünnen der Histaminlösung ist die schnelle Verminderung der Wirkung zu erkennen[10]).

Die Beziehung des Histamins zum Peptonschock siehe Hanke und Koeßler[11]).

Ist bezüglich der Empfindlichkeit von Mäusen gegen Acetonitril wirkungslos[12]).

Das synthetisch hergestellte Wehenmittel „Tenosin" enthält 0,0001 β-Imidazolyläthylamin neben 0,003 p-Oxyphenyläthylamin[13]). Tenosin (Secaleersatz), das in 1 ccm 0,000125 g p-Oxyphenyläthylamin und 0,00625 g β-Imidazolyläthylamin enthält, zeigte die beste Secalewirkung[14]). 0,2 ccm Tenosin (0,000125 g Histamin mit 0,00625 g p-Oxyphenyläthylamin etwa 1 ccm) wirkt rasch und 1 Stunde lang. Tenosin wirkt am besten bei Blutungen post partum. Es wirkt nicht anhaltend, man muß die Injektionen wiederholen[15]). Histamin wirkt immer entgegengesetzt wie Adrenalin[16]). Eine Mischung von Imidazolyläthylamin und Oxyphenyläthylamin kommt als Arzneimittel unter dem Namen Tenosin in den Handel[17]). -

---

[1]) R. W. Keeton, F. C. Koch u. A. B. Luckhardt, Amer. Journ. of Physiol. **51**, 454 [1920].

[2]) R. W. Keeton, A. B. Luckhardt u. F. C. Koch, Amer. Journ. of Physiol. **51**, 469 [1920]; Chem. Centralbl. **1920**, III, 497.

[3]) F. C. Koch, A. B. Luckhardt u. R. W. Keeton, Amer. Journ. of Physiol. **52**, 508 [1920]; Chem. Centralbl. **1920**, III, 650.

[4]) Leo Adler, Arch. f. experim. Pathol. u. Pharmakol. **91**, 110—124 [1921]; Chem. Centralbl. **1922**, I, 150.

[5]) W. Einis, Biochem. Zeitschr. **52**, 96—117 [1913]; Chem. Centralbl. **1913**, II, 525.

[6]) George Baehr u. Ernst P. Pick, Arch. f. experim. Pathol. u. Pharmakol. **74**, 41—64 [1914]; Chem. Centralbl. **1914**, I, 405.

[7]) Rudolf Massini, Zeitschr. f. Immunitätsforsch. u. experim. Ther. I. **25**, 179—183 [1916]; Chem. Centralbl. **1916**, II, 747.

[8]) Ernst P. Pick u. Richard Wasicky, Archiv f. experim. Pathol. u. Pharmakol. **80**, 147—160 [1916]; Chem. Centralbl. **1916**, II, 832.

[9]) Torald Sollmann u. J. D. Pilcher, Journal of pharmacol. a. exp. therapeut. **9**, 309—340 [1917]; Chem. Centralbl. **1919**, III, 936.

[10]) Torald Sollmann, Journal of pharmacol. a. exp. therapeut. **10**, 147—157 [1917]; Chem. Centralb. **1919**, III, 937.

[11]) Milton T. Hanke u. Karl K. Koeßler, Journ. of Biolog. Chem. **43**, 567—577 [1920]; Chem. Centralbl. **1921**, I, 106.

[12]) O. Wuth, Biochem. Zeitschr. **116**, 237—245 [1921]; Chem. Centralbl. **1921**, III, 1097.

[13]) Franz Jaeger, Dtsch. med. Wochenschr. **42**, 194—196 [1916]; Chem. Centralbl. **1916**, I, 628.

[14]) Franz Jaeger, Centralbl. f. Gynäkol. **1919**. Nr. 29; Chem. Centralbl. **1919**, III, 835.

[15]) Franz Jaeger, Centralbl. f. Gynäkol. **1910**, 43, 6; Chem. Centralbl. **1921**, I, 189.

[16]) J. B. Llosa, Compt. rend. de la Soc. de Biol. **83**, 1358 [1920]; Chem. Centralbl. **1921**, I, 189.

[17]) Giorn. Farm. Chim. **70**, 98 [1921]; Chem. Centralbl. **1921**, IV, 486.

Wirkung des Silber-Histamins auf den Uterus[1]).

Bakterien, die nach Art des Bact. aminophilus aus Histidin β-Imidazolyläthylamin zu bilden vermögen, konnten bei Untersuchungen von Wunden verschiedener Art der Fälle isoliert werden[2]).

Physikalische und chemische Eigenschaften: Unterscheidet sich in bedeutendem Maße von Adrenalin durch seine Haltbarkeit in Lösungen und durch seine bedeutendere und andauernde Wirkung auf die Gefäße[3]). Unterscheidet sich vom Hypophysenextrakt (Pituglandol) durch die Beständigkeit gegen Alkali und die Wirkung auf den Rattenuterus[4]).

Derivate: β-**lmidazolyläthylaminphosphorwolframat**[5])

4-(5)-Benzoyl-β-aminoäthylimidazol[6]). Aus Imidazolyläthylamin in Chloroform und Benzoylchlorid. — Prismen vom Schmelzp. 146°. — Gibt in sodaalkalischer Lösung mit Diazobenzolsulfosäure einen roten Farbstoff.

N-[β-Imidazolyl-4(5)-Äthyl]-benzamid[7]) = Exo-Benzoylhistamin $C_{12}H_{14}ON_3$. 0,8233 g gepulverte Histaminbase werden in 15 ccm getrocknetem Chloroform mit 0,4 ccm Benzoylchlorid in 12 ccm Chloroform versetzt und 10 Stunden geschüttelt. Vom ausgeschiedenen Histaminchlorhydrat wird abfiltriert und das Chloroform verjagt. Der zurückbleibende Sirup krystallisiert aus Chloroform + Petroläther. Ausbeute 0,7 g. Krystalle aus Alkohol + Petroläther, vom Schmelzp. 147°; sehr leicht löslich in Methylalkohol, ziemlich löslich in Alkohol, löslich in Chloroform, wenig löslich in Aceton und Benzol, sehr wenig löslich in Essigäther, fast unlöslich in Äther und Petroläther. Derbe Krystalldrusen von sechsseitigen Prismen und Platten aus kochendem Wasser, leicht löslich in Salzsäure. Der Benzoylrest wird erst durch mehrstündiges Kochen mit 20 proz. Salzsäure abgespalten. Salze: Das **Monochlorhydrat** $C_{12}H_{14}ON_3$, HCl entsteht als Nebenprodukt bei der Darstellung des Eso-Exo-Dibenzoylhistamins, sehr leicht löslich in Wasser und Methylalkohol, leicht löslich in Alkohol, sehr wenig löslich in Essigäther und Aceton. Das **Benzoat** $C_{19}H_{19}N_3O_3$, bildet sich als Zersetzungsprodukt des Dibenzoylhistamins oder durch Lösen molekularer Mengen von Exo-Benzoylhistamin und Benzoesäure in der fünffachen Menge heißen Essigesters. 4- und 6seitige lanzettenförmige Nadeln aus Essigester. Schmelzp. 105—106°, sehr leicht löslich in Wasser und Chloroform, ziemlich löslich in Aceton und Essigester, unlöslich in Äther. Eignet sich zur Isolierung des Histamins aus Fäulnisgemischen.

N-[β-(1-Benzoylimidazolyl-4(5)-)Äthyl]-benzamid[7]) = Eso-Exo-Dibenzoylhistamin $C_{19}H_{17}O_2N_3$. Man suspendiert 1 g gepulvertes und getrocknetes Exo-Benzoylhistamin in 20 ccm trockenem Benzol und schüttelt mit 0,27 ccm Benzoylchlorid 12 Stunden lang; filtriert vom abgeschiedenen Exo-Benzoylhistaminchlorhydrat und verdampft das Benzol. Es hinterbleiben 0,6 g atlasglänzende Krystalle, unlöslich in Wasser. Beim Krystallisieren aus 50 proz. Alkohol erfolgt teilweise Zersetzung, sehr leicht löslich in Chloroform, Aceton, Benzol und Alkohol, leicht löslich in Essigester, ziemlich leicht löslich in Äther, wenig löslich in Petroläther, unlöslich in heißem Ligroin. Schmale dünne vierseitige Platten aus Essigäther, Chloroform und Alkohol bei Zusatz von Petroläther. Beim längeren Stehen an der Luft verwandelt es sich in benzoesaures Exo-Benzoylhistamin. $^1/_{10}$ n-Salzsäure spaltet den Eso-Benzoylrest rasch ab.

Trimethyl-β-imidazolyl-äthylamin-ammoniumhydroxyd[8]). Goldsalz vom Schmelzpunkt 227°. Wirkung curareähnlich.

---

[1]) Milton T. Hanke u. Karl K. Koeßler, Journ. of Biolog. Chem. **43**, 579—582 [1920]; Chem. Centralbl. **1921**, I, 105.

[2]) Albert Berthelot, Compt. rend. de l'Acad. des Sc. **168**, 251—253 (1919]; Chem. Centralbl. **1919**, I, 963.

[3]) W. A. Swetschnikow, Archiv f. d. ges. Physiol. **157**, 471—485 [1914]; Chem. Centralbl. **1914**, II, 64.

[4]) M. Guggenheim, Biochem. Zeitschr. **65**, 189—218 [1914]; Chem. Centralbl. **1914**, II, 1202.

[5]) Jack Cecil Drummond, Biochem. Journ, **12**, 5 [1918]; Chem. Centralbl. **1918**, II, 944.

[6]) Otto Gerngroß, D.R.P. Kl. 12 p, Nr. 282491 v. 1. März 1913 (5. März 1915]; Chem. Centralbl. **1915**, I, 584.

[7]) Otto Gerngroß, Zeitschr. f. physiol. Chemie **108**, 50—63 [1919]; Chem. Centralbl. **1920**, I, 219.

[8]) D. Ackermann u. F. Kutscher, Zeitschr. f. Biol. **72**, 177—186 [1920]; Chem. Centralbl. **1921**, I, 543.

Indoläthylamin.

Nachweis und Bestimmung: Mit der von Magnus[1]) eingeführten Methode zur graphischen Registrierung der Bewegungen des überlebenden Meerschweinchendünndarms läßt sich durch plötzliche Tonusänderung 0,002 g Indoläthylamin nachweisen[2]).

Physiologische Eigenschaften: 0,25 g Indoläthylaminhydrochlorid wurden während $2^{1}/_{2}$ Stunden durch eine Kaninchenleber geleitet. Die Durchblutungsflüssigkeit gab nach einiger Zeit auf Zusatz eines Drittels ihres Volumens an konz. HCl, einigen Tropfen verdünnter Eisenchloridlösung und kurzem Kochen eine feine Rotfärbung. Es gelang eine Säure zu isolieren, die sich als β-Indol-pr-3-essigsäure erwies. Ausbeute 44% der Theorie[3]).

$^{1}/_{2}$—1 g Indoläthylaminchlorhydrat werden von einem 7—8 mg schweren Hunde gut vertragen. Aus dem gesammelten Harn, der die Farbenreaktion wie beim Durchblutungsversuch erst auf Zusatz einer Spur salpetriger Säure ergab, wurde mit Äther oder Essigester ein dicker Sirup erhalten, der ein Pikrat ergab. Aus der Lösung des Pi rats wurde mit Nitron die Pikrinsäure ausgefällt und aus dem Filtrat eine Säure, die Indolacetursäure

$$C_6H_5-\underset{\underset{NH}{|}}{C}-\underset{\underset{CH}{\parallel}}{CH_2}-CO-NH-CH_2-COOH$$

erhalten. Schmelzp. 94°, leicht löslich in Alkohol, Äther, Essigester, unlöslich in Ligroin und Benzol, krystallisiert aus Wasser mit 1 Mol. Krystallwasser. Maximalausbeute 30% der Theorie.

Kynurensäure, ein mögliches Verwandlungsprodukt des verfütterten Indoläthylamins, konnte in 24 Stunden nur in Spuren nachgewiesen werden. Es wird angenommen, daß die Indolacetursäure in normalem Urin der Herbivoren vorkommt[3]).

An Kaninchen per os und intravenös verabreicht wird bei allmählicher Zufuhr schnell und vollständig entgiftet. Pro Zeiteinheit kann nur eine bestimmte Menge entgiftet werden; wird diese Dosis überschritten, so treten akute Vergiftungssymptome ein. Die akut toxische Dosis ist größer wie bei β-Imidazolyläthylamin, kleiner als bei Isoamylamin. Die Desamidierung im Körper erfolgt nach Schema:

$$R \cdot CH_2 \cdot NH_2 \longrightarrow R \cdot CH_2 \cdot OH \longrightarrow R \cdot CHO \longrightarrow R \cdot COOH$$

$$\text{oder}\quad R \cdot CH_2 \cdot NH_2 \longrightarrow R \cdot CHO \Big\langle \begin{matrix} R \cdot COOH \\ R \cdot CH_2OH \end{matrix} \longrightarrow R \cdot COOH$$

Indoläthylalkohol konnte neben Indolessigsäure aus der Durchströmungsflüssigkeit der mit Indoläthylamin durchströmten Leber isoliert werden. Aus dem Harn ließ sich eine in Nadeln krystallisierende Säure isolieren, welche die für die Indolessigsäure charakteristischen Reaktionen gab[4]).

Derivate: Indoläthylaminphosphorwolframat[5]).

Proteinogene Amine und Peptamine (Bd. IX, S. 207).

Aus den Aminosäuren entstehen durch Decarboxylierung physiologisch höchst wirksame Amine. Dieser Vorgang ist im Pflanzen- und Tierreich weit verbreitet, und durch ihn wird der N der Aminosäuren zugänglicher. Der Vorgang ist wahrscheinlich eine Energiequelle für die Tätigkeit der einzelligen Lebewesen. Der Tierkörper baut die proteinogenen Amine in gleicher Weise ab wie die Mikroorganismen, besonders durch die Wirkung der Leber. Für die Bildung der Amine verfügen die Drüsen mit innerer Sekretion über Mittel[6]).

[1]) Magnus, Archiv f. d. ges. Physiol. **108**, 1—71 [1905].

[2]) M. Guggenheim u. Wilh. Loeffler, Biochem. Zeitschr. **72**, 303—324 [1916]; Chem. Centralbl. **1916**, I, 489.

[3]) Arthur James Ewins u. Patrick Playfair Laidlaw, Biochem. Journ. **7**, 18—25 [1913]; Chem. Centralbl. **1913**, II, 889.

[4]) M. Guggenheim u. Wilh. Loeffler, Biochem. Zeitschr. **72**, 325—350 [1916]; Chem. Centralbl. **1916**, I, 482.

[5]) Jack Cecil Drummond, Biochem. Journ. **12**, 5 [1918]; Chem. Centralbl. **1918**, II, 944.

[6]) J. Abelin, Die Naturwissenschaften **5**, 186—191 [1917]; Chem. Centralbl. **1917**, I, 875.

Chloracetyl-p-oxyphenyläthylamin (Bd. IX, S. 208).

Chloracetyl-p-oxyphenyläthylamin[1]). Aus p-Oxyphenyläthylamin, Natronlauge und Chloracetylchlorid. Bildet derbe Krystalle vom Schmelzp. 109°. — Leicht löslich in Alkohol und Äther. — Wenig löslich in kaltem Wasser, leicht löslich in heißem Wasser.

Glycyl-p-oxyphenyläthylamin[1])
$$C_{10}H_{14}N_2O_2.$$

Aus Chloracetyl-p-oxyphenyläthylamin und wässerigem Ammoniak. — Schmelzp. 136°. Es ist eine starke Base, die mit Mineralsäuren Salze bildet; die Millonsche Reaktion ist positiv; die Base ist leicht löslich in Alkohol und heißem Wasser, wenig löslich in kaltem Wasser. — Das **Pikrat** löst sich leicht in Wasser, das **Chlorhydrat** bildet farblose hygroskopische Krystalle, leicht löslich in absol. Alkohol, schwer löslich in Äther. Ist weniger giftig als p-Oxyphenyläthylamin.

Glycyl-β-imidazolyläthylamin[1]) (Bd. IX, S. 208).

ist eine gelbliche sirupöse, stark alkalische Masse, leicht löslich in Alkohol, wenig löslich in Äther. Das Chlorhydrat schmilzt bei 250°, es ist leicht löslich in Wasser, wenig löslich in kaltem Alkohol, leicht löslich in heißem Alkohol. Das **Pikrat** bildet derbe Krystalle vom Schmelzp. 211—212°. — Beim Kochen mit verdünnter Salzsäure wird das Glycyl-β-imidoazolyläthylamin gespalten.

---

1) F. Hoffmann La Roche & Co., Grenzach, D.R.P. Kl. 12o Nr. 281912; Chem. Centralbl. **1915**, I, 408.

Basen mit unbekannter und nicht sicher bekannter Konstitution.

Von

Géza Zemplén-Budapest.

Japonin[1]) (Bd. IV, S. 818; Bd. IX, S. 209).

In den Extraktstoffen des Cryptobranchus japonicus (Riesensalamander) wurde ein neuer, **Japonin** genannter, Körper gefunden, dessen Methylierungsprodukt ein schwer lösliches, gut krystallisierendes **Aurat** lieferte, Schmelzp. 322° unter Zersetzung, Au : 47,6—47,7%, hellgelbe Säulchen. Das **Methylierungsprodukt** selbst gab folgende Reaktionen: Mit Kalium-Cadmium-jodid weißen Niederschlag; mit Dragendorfs Reagens roter, krystallinischer Niederschlag, beim Erhitzen schwarzbraun (J); mit Kalium-Quecksilberjodid gelber Niederschlag, leicht löslich in der Wärme, in der Kälte lange, rhombische Nadeln; mit Neßlers Reagens gelblicher Niederschlag, löslich beim Erhitzen, in der Kälte lange, durchsichtige, rhombische Nadeln; mit gesättigter Sublimatlösung und wässeriger Cadmiumchloridlösung krystallinischer Niederschlag; mit Pikrin- und Pikrolonsäure kein Niederschlag; mit Phosphorwolframsäure schwer löslicher, krystallinischer Niederschlag.

Kreatosin[2]).

Darstellung: Aus einer konz. Lösung von Liebigs Fleischextrakt werden die anderen Fleischbasen durch neutralen Bleiacetat und Phosphorwolframsäure fraktioniert gefällt. — Der letzte Phosphorwolframsäureniederschlag wird mit Barytwasser zersetzt und im gereinigten Abdampfrückstand des Filtrates in alkoholischer Lösung die Base gemeinsam mit Carnitin mit einer alkoholischen Quecksilberchloridlösung gefällt. Nach 2stündigem Stehen im Eisschrank werden die Krystalle abgesaugt, mit Wasser in Gegenwart von Tierkohle mehrmals ausgekocht und stark konzentriert. — Das evtl. ausfallende Carnitinquecksilberchlorid wird abfiltriert, die Mutterlauge mit wenig Wasser verdünnt, mit Schwefelwasserstoff das Quecksilber entfernt, das Filtrat zur Trockene verdampft, das Chlornatrium mit absol. Alkohol entfernt und die wässerige Basenlösung mit Goldchlorid fraktioniert gefällt. — Die erste schmutzigbraune Carnitingoldchloridfraktion wird entfernt, die später ausfallenden gelben krystallinischen Niederschläge werden gesammelt, aus wenig Wasser auskrystallisiert und unter vermindertem Druck über Phosphorpentoxyd getrocknet.

Goldsalz $C_{11}H_{28}N_3O_4 \cdot Au_2Cl_8$. — Gelbe Krystalle ohne Krystallwasser, Schmelzp. 128 bis 130°.

Carnitin (Bd. IV, S. 820; Bd. IX, S. 210).

Vorkommen: Werden 9 g Schaffleisch mit Wasser extrahiert, der Extrakt in zwei Portionen geteilt, die eine Portion mit Mercurisulfat + H_2SO_4 und später mit P-Wolframsäure, die zweite mit Bleizucker, P-Wolframsäure und H_2SO_4 weiter verarbeitet, so liefert den besten Ertrag an Purinen, Carnosin und Carnitin die Behandlung des Extrakts mit Mercurisulfat[3]).

[1]) Ilse Reuter, Zeitschr. f. Biol. **72**, 129—142 [1920]; Chem. Centralbl. **1921**, I, 540.

[2]) R. Krimberg u. Leonid Izrailsky, Zeitschr. f. physiol. Chemie **88**, 324 [1913]; Chem. Centralbl. **1914**, I, 696.

[3]) J. Smorodinzew, Zeitschr. f. physiol. Chemie **92**, 221—227 [1914]; Chem. Centralbl. **1914**, II, 797.

Physikalische und chemische Eigenschaften: Ist mit Oxybutyrobetain (I) nicht identisch. Carnitin verliert beim Erhitzen mit H_2SO_4 auf etwa 130° 1 Mol. Wasser unter Bildung einer vorläufig als Apocarnitin bezeichneten ungesättigten Verbindung; ihre Bildung erfolgt auch beim Erhitzen des Carnitins mit konz. HJ und rotem P auf 150—160° oder schon beim Kochen damit im offenen Gefäß. Sie ist identisch mit der von Krimberg[1]) erhaltenen, für γ-Butyrobetain gehaltenen Verbindung. Bei der Einwirkung von konz. H_2SO_4 bei 90—100° spaltet Carnitin nur halb so viel Wasser ab unter Bildung einer als Äther des Carnitins aufgefaßten Verbindung. Das Chloraurat des Carnitins ist verschieden von dem aus dem Präparat von Fischer und Göddertz. Letzteres wird von konz. H_2SO_4 nicht verändert. Von HJ und P wird es in γ-Butyrobetain reduziert, identifiziert über das Chloraurat. Wahrscheinlich ist Carnitin eine β-Oxyverbindung (II); bei der Oxydation müßte sie eine (Trimethylaminomethyl)-malonsäure liefern, die unter CO_2-Abspaltung Homobetain liefern könnte. Die katalytische Hydrierung des Apocarnitins verläuft nicht glatt; einmal wurde ein als Butyrobetain angesprochenes Produkt, wahrscheinlich die γ-Verbindung, keinesfalls α-i- oder α-n-Butyrobetain erhalten[2]).

I.   II.

$$\begin{array}{ll}
CH_2 \cdot CH_2 \cdot N(CH_3)_3 & \qquad (CH_3)_3N \cdot CH_2\,CH_2OH \\
\quad|\qquad\qquad\quad \diagdown O & \qquad\quad|\qquad\qquad\quad CH \\
CH(OH) \!\!-\!\! CO & \qquad\quad O\!\!-\!\!CO
\end{array}$$

Derivate: Apocarnitinchloraurat[2]) $C_7H_{14}NO_2$, $AuCl_4$, beim Versetzen der Reaktionslösung mit Eis und Entfernen der H_2SO_4 mit $BaCO_3$, hellgelbe glänzende Blättchen, aus heißem verdünnten HCl. Schmelzp. 190—195° und Blasenwerfen, Sintern bei etwa 180°.

Carnitinäther. Chloraurat $C_{14}H_{30}N_3O_5 \cdot 2\,AuCl_4$. Schmelzp. unscharf 175—182°.

Apocarnitinchlorid, an der Luft zerfließliche Nadeln, in absol. Alkohol nicht allzu leicht löslich. Lösung inaktiv, addiert kein Br; entfärbt $KMnO_4$ in saurer und alkalischer Lösung sofort, bei 3—4° zögernd; beim Schütteln in Wasser mit H_2 und Pd-Schwarz erfolgte zunächst rasche, dann viel langsamere Absorption; intensiver Buttersäuregeruch; Abspaltung von Trimethylamin, aus der Lösung isoliertes Chloraurat, wahrscheinlich identisch mit dem des γ-Butyrobetains.

Chloraurat, hellgelb gefärbte Blättchen, erweicht bei 160—161°, schmilzt bei 166—171° zusammen, zersetzt sich bei 205° unter Dunkelfärbung und Aufschäumen.

Carnitinaurat[2]), rötliche Prismen, erweicht bei etwa 145°. Schmelzp. 150—151°.

---

[1]) Krimberg, Zeitschr. f. physiol. Chemie **53**, 514.

[2]) R. Engeland, Berichte d. Deutsch. Chem. Gesellschaft **54**, 2208 [1921]; Chem. Centralbl. **1921**, III, 1408.

Cholin, Betain, Neurin, Muscarin usw.
(Bd. IV, S. 828; Bd. IX, S. 211).

Von

Géza Zemplén-Budapest.

Cholin (Bd. IV, S. 828).

Vorkommen: Kommt in Böden gewöhnlich nicht vor, weil entweder bei den im Boden stattfindenden Zersetzungsvorgängen nicht gebildet oder schnell weiter zersetzt wird[1]. Als Secalebestandteil ist durch seine starke Beeinflussung des Kreislaufes ausgezeichnet[2]. In den bei der Autolyse der Bierhefe (zwecks Ermittlung des Aminosäuregehaltes) ungelöst verbleibenden Zellrückständen wurde nach Hydrolyse die Verteilung des N bestimmt: Im Hydrolysat Lysin-Cholin-N 4%[3].

Bei der Aufspaltung des Hefeeiweißes werden vom Gesamt-N 0,5% als Cholin erhalten[4].

In der Mutterlauge von der Mykose, gewonnen durch alkoholischen Auszug aus Leucites sepiaria Sw. und Panus stypticus Bull. kann Cholin nachgewiesen werden. Ebenso im wässerigen Auszuge des ersten Pilzes[5].

In den Extrakten aus Hafersamen ließ sich Cholin in freier Form nachweisen[6]. Im Phosphorwolframsäureniederschlag des Alkoholextraktes von Reisschalen vorhanden[7]. In Capsella bursa pastoris. Aus dem Fluidextrakt konnte durch Mercurichlorid ($HgCl_2$) Fällung im Filtrat Cholin isoliert werden[8].

In Caltha palustris[9]. In der wässerigen Lösung bei der Destillierung des alkoholischen Hopfenextraktes[10]. In 1 kg lufttrockenem Material von Blüten von Chrysanthemum sinense Cholin 0,17 g, von oberirdischen Teilen von Chrysanthemum coronarium wenig, von oberirdischen Teilen von Artemisia vulgaris L. 0,11 g, von Reiskleien 0,19 g, von jungen Blättern von Morus alba L. var. latifolia Bur. 0,10 g[11]. In den Früchten von Cicer arietinum L.[12]. Findet sich in Lythrum salicaria = 0,026%[13].

[1] Elbert C. Lathrop, Journ. Franklin Inst. **183**, Nr. 3; Chem. News **115**, 220—222, 229—232 [1917]; Chem. Centralbl. **1917**, II, 560.

[2] Rob. Zimmermann, Münch. med. Wochenschr. **60**, Nr. 48 [1914]; Chem. Centralbl. **1914**, I, 696.

[3] Jacob Meißenheimer, Zeitschr. f. physiol. Chemie **104**, 229—284 [1919]; Chem. Centralbl. **1919**, III, 273.

[4] Jacob Meißenheimer, Zeitschr. f. physiol. Chemie **114**, 205—249 [1921]; Chem. Centralbl. **1921**, III, 1289.

[5] Julius Zellner, Monatshefte f. Chemie **38**, 319—330 [1917]; Chem. Centralbl. **1918**, I, 1043.

[6] Georg Trier, Zeitschr. f. physiol. Chemie **85**, 372—391 [1913]; Chem. Centralbl. **1913**, II, 619.

[7] J. C. Drummond u. Casimir Funk, Biochem. Journ. **8**, 598—615 [1914]; Chem. Centralbl. **1916**, I, 1152.

[8] H. Boruttau u. H. Cappenberg, Archiv d. Pharmazie **259**, 33 [1921]; Chem. Centralbl. **1921**, III, 232.

[9] E. Poulsson, Archiv f. experim. Pathol. u. Pharmakol. **80**, 173—182 [1916]; Chem. Centralbl. **1916**, II, 826.

[10] Frederick Belding Power, Frank Tutin u. Harold Rogerson, Journ. Chem. Soc. London **103**, 1267—1292 [1913]; Chem. Centralbl. **1913**, II, 1414.

[11] K. Yoshimura, Zeitschr. f. physiol. Chemie **88**, 334—345 [1913]; Chem. Centralbl. **1914**, I, 680.

[12] As. Zlatarow, Zeitschr. f. Untersuch. d. Nahrungs- u. Genußmittel **31**, 180—183 [1916]; Chem. Centralbl. **1916**, I, 1154.

[13] J. R. Carracido u. A. Madinaveitia, Ann. soc. española Fis. Qui. [2] **19**, 148 [1921]; Chem. Centralbl. **1921**, III, 486.

Im Saft der Schoten von Aralia cordata wurde Cholin nachgewiesen[1]). Krautige Teile von Adonis vernalis mit Alkohol extrahiert; aus dem in Wasser löslichen Teilen des alkoholischen Extrakts durch Bleiessig ein Niederschlag; das Filtrat vom Niederschlag enthielt 1,2% Lävulose, 2,9% Adonitol u. Cholin[2]).

In den Extraktstoffen von Melolontha vulgaris[3]). Anwesenheit im Gehirnlecithin durch Analyse des Platinsalzes bestätigt. (Rindern, Schafen). Cholin-N-Gehalt im Rinder- und Schaflecithin ist dem an Aminoäthylalkohol-N ungefähr gleich[4]).

Etwa die eine Hälfte der löslichen Stickstoffsubstanz von Herzlecithin besteht aus Cholin[5]). Im Ochsengehirn $= 0,57\%$[6]). In den Milzextrakten ist Cholin vorhanden[7]). Kommt im getrockneten Kabeljau nicht vor[8]).

Darstellung: Zwecks Gewinnung von Cholin kann die Phosphorwolframsäuremethode ersetzt werden, durch Extraktion der Base mit einer alkoholischen Sublimatlösung[9]).

Freies Cholin kann aus Trimethylamin und Äthylenoxyd bei Gegenwart von Wasser leicht krystallisiert erhalten werden. Zerfällt bei der trockenen Destillation überwiegend in Trimethylamin und Glykol, zum kleinsten Teile auch unter Bildung von β-Dimethylaminoäthanol und von Dimethylvinylamin. Cholinchlorid zerfällt bei der Destillation fast quantitativ in Dimethylaminoäthanol und Methylchlorid[10]).

Aus dem Chlorid mit Ag_2O unter Ausschluß der CO_2 der Luft. Der Sirup mit absol. Alkohol wiederholt im Vakuum eingedampft, dann mit trockenem Äther durchgeschüttelt. Über P_2O_5 im Vakuumexsiccator aufbewahrt[11]).

Nachweis und Bestimmung: Da Muscarin sich aus wässeriger Lösung mit Phosphorwolframsäure fällen läßt, dagegen Cholin keine Fällung zeigt, so ist die Trennung dieser beiden Stoffe gesichert[12]).

Mit der von Magnus[13]) eingeführten Methode zur graphischen Registrierung der Bewegungen des überlebenden Meerschweinchendünndarms läßt sich durch eine plötzliche Tonusänderung 0,01 g Cholin nachweisen[14]).

Zum physiologischen Nachweis wurde Cholin in Acetylcholin umgewandelt und Wirkung auf das Froschherz nach Atropinisierung untersucht. Auf diesem Wege ist noch 0,00001 mg Cholin nachzuweisen. Die Untersuchungen ergaben folgendes: 1. Nach Entfernung der Nebennieren wurde zuweilen erhöhter Cholingehalt des Blutserums gefunden; doch ist spezifischer Zusammenhang zwischen Nebennieren und Cholinstoffwechsel zweifelhaft. 2. Im gestreiften Muskel wurde nach Entfernung der Nebennieren Cholin nicht vermehrt. 3. Bei einer Reihe von pathologischen Verhältnissen fand sich keine Vermehrung des Cholins in Blutserum oder Cerebrospinalflüssigkeit. 4. Der Cholingehalt der Cerebrospinalflüssigkeit und des Speichels war weit geringer, der des Harns und der Herz- und Skelettmuskulatur etwas größer als der des Blutserums, der der Aminoflüssigkeit ungefähr gleich. 5. Intravenös injiziertes Cholin verschwand sehr schnell aus dem Blute, ohne daß es zu einer Vermehrung im Herzen kam[15]).

[1]) K. Miyake, Journ. of Biolog. Chem. **21**, 661 [1915]; Chem. Centralbl. **1915**, III, 842.

[2]) Frederick W. Heyl, Merrisl C. Hart u. James M. Schmidt, Journ. of Amer. Chem. Soc. **40**, 436—453 [1918]; Chem. Centralbl. **1918**, II, 39.

[3]) Dankwart Ackermann, Zeitschr. f. Biol. **71**, 193 [1920]; Chem. Centralbl. **1920**, III, 493.

[4]) J. E. Darrah u. C. G. Mac Arthur, Journ. of Amer. Chem. Soc. **38**, 922—930 [1916]; Chem. Centralbl. **1916**, II, 827.

[5]) C. G. Mac Arthur, F. G. Norbury u. W. G. Karr, Journ. of Amer. Chem. Soc. **39**, 768—777 [1917]; Chem. Centralbl. **1921**, I, 98.

[6]) Tomihide Shimizu, Biochem. Zeitschr. **117**, 252 [1921]; Chem. Centralbl. **1921**, III, 492.

[7]) Ernst Berlin, Zeitschr. f. Biol. **69**, 371—390 [1918]; Chem. Centralbl. **1918**, II, 908.

[8]) K. Yoshimura u. M. Kanai, Zeitschr. f. physiol. Chemie **88**, 346—351 [1913]; Chem. Centralbl. **1914**, I, 681.

[9]) N. T. Deleano, Bull. şoc. de şt. din Bucaresti **23**, 39—42 [1914]; Chem. Centralbl. **1914**, II, 647.

[10]) Kurt H. Meyer u. Heinrich Hopff, Berichte d. Deutsch. Chem. Gesellschaft **54**, 2274—2282 [1921]; Chem. Centralbl. **1921**, III, 1458.

[11]) Harold Ward Dudley, Journ. Chem. Soc. London **119**, 1256—1260 [1921]; Chem. Centralbl. **1922**, I, 13.

[12]) Curt Wachtel, Biochem. Zeitschr. **120**, 265—283 [1921]; Chem. Centralbl. **1921**, IV, 849.

[13]) Magnus, Archiv f. d. ges. Physiol. **108**, 1 [1905].

[14]) M. Guggenheim u. Wilh. Loeffler, Biochem. Zeitschr. **72**, 303—324 [1916]; Chem. Centralbl. **1916**, I, 489.

[15]) Reid Hunt, J. Pharm. Therapie **7**, 301—337 [1915]; Chem. Centralbl. **1916**, I, 79.

Durch Umwandlung in Acetylcholin und dessen Einwirkung auf den überlebenden Darm des Meerschweinchens. Von Körperflüssigkeit werden 1—2 ccm mit Glas- oder Quarzsand versetzt, getrocknet oder nach Eindampfen in Schälchen mit Alkohol extrahiert und Alkohol verdunstet; nach völliger Trocknung wird 1 ccm $CH_3 \cdot COCl$ zugegeben, die Körper enthaltenden Röhrchen zugeschmolzen und 1 Stunde auf 100° erhitzt. Der vom überschüssigen $CH_3 \cdot COCl$ durch Erwärmen auf dem Wasserbad befreite Röhreninhalt wird mit Wasser aufgenommen, mit Na_2CO_3 neutralisiert, je nach der zu erwartenden Cholinmenge auf 10—100 ccm verdünnt und zum Experiment verwendet. — Nachgewiesen konnte in 1 l Harn 0,002—0,01 g, in 1 l Serum 0,002—0,02 g des Chlorhydrats[1]).

Trennung von β-Aminoäthylalkohol. Man löst die Chlorhydrate der Basen in Methylalkohol und gibt die theoretische Menge Natriummethylat zu, um sie in Freiheit zu setzen. Nach dem Filtrieren verdampft man im Vakuum. Der Rückstand wird in absol. Äther gelöst und eine Lösung von $^{1}/_{2}$ Mol. β-Naphthalinsulfosäurechlorid in Äther zugefügt. Kühlen. Nach $^{1}/_{2}$ Stunde mischt man mit 1 Mol. n-Sodalösung, dekantiert die Ätherschicht, wäscht die wässerige Lösung mit Äther und säuert schließlich mit verdünnter Salzsäure an. Das gefällte Amid wird auf einem Filter gesammelt, gewaschen und aus Toluol krystallisiert[2]).

Die quantitative Bestimmung des Cholins auf biologischem Wege läßt sich verbessern, wenn man das Acetylcholin nicht auf den überlebenden Säugetierdarm, sondern auf das isolierte Froschherz einwirken läßt. Es ist hier etwa 100 000 mal wirksamer als Cholin[3]).

Physiologische Eigenschaften: Charakteristische Schwankungen des Gehaltes an Cholin in Serum, Harn und Cerebrospinalflüssigkeit waren bei Krankheiten (Lues, Tabes) nicht festzustellen. Subcutane Verabreichung größerer Cholinmengen erhöhte den Gehalt des Harnes nicht merkbar, intravenöse den von Blut und Harn vorübergehend. Der größte Teil des Cholins wird nicht durch den Harn ausgeschieden. Überlebende Leber, verändert es nur in geringem Grade[1]).

Die Wirkung von Cholin, Steigerung der Erregbarkeit glatter Muskulatur am zentrenfreien Hautmuskelpräparat des Blutegels ist stärker als am zentrenhaltigen Froschmagenring. Cholin wirkt erst in einer Konzentration 1 : 10 000 so stark wie Cholinmuscarin 1 : 100 000. Die Wirkung des Cholins wird durch Physostigmin nicht verstärkt[4]).

Die die Bewegungen des Magens und Dünndarms der Säugetiere erregende Substanz, die nach Wieland von der Serosaseite an Wasser oder Salzlösungen abgegeben wird, besteht zu $^{3}/_{4}$ aus Cholin. Diese Darmsubstanz wirkt qualitativ und quantitativ in der gleichen Weise auf Atmung, Blutdruck, Magendarmbewegung, den isolierten Säugetierdarm und das isolierte Froschherz wie Cholinlösung in entsprechender Konzentration. In 1 Stunde wird von der Serosaseite eines ganzen Kaninchendünndarms bis über 3 mg Cholin an die Außenfläche abgegeben. Cholin muß in der Magenwand wahrscheinlich auch während des Lebens vorhanden sein; ist jedenfalls eine der Bedingungen für die automatische Tätigkeit des Auerbachschen Plexus und kann daher als Hormon der Darmbewegungen bezeichnet werden[5]).

Die normale Darmtätigkeit wird durch Atropin gehemmt. Der violette, durch Auswaschen von Cholin befreite Darm wird durch mäßige Dosen gereizt. Dieses wird erklärt durch die beständige Reizung des Plexus von Auerbach durch Cholin, die durch Atropin antago-nistisch gedämpft oder behoben wird. Bei Gegenwart geringer Cholinmengen wirkt das Atropin einerseits reizend[6]).

Im lebenden Darm befindet sich Cholin in diffusionsfähigem Zustande in solchen Mengen, daß sie den Auerbachschen Plexus erregen müssen. Hierdurch ist eine der Bedingungen für das Zustandekommen der rhythmischen Darmbewegungen und die Erregung des Auer-

[1]) M. Guggenheim u. W. Loeffler, Biochem. Zeitschr. **74**, 208—218 [1916]; Chem. Centralbl. **1916**, II, 109.

[2]) E. Fourneau u. A. Gonzalez, Ann. soc. española Fis. Quim. [2] **19**, 151 [1921]; Chem. Centralbl. **1921**, IV, 454.

[3]) Hermann Fühner, Biochem. Zeitschr. **77**, 408—414 [1916]; Chem. Centralbl. **1917**, I, 130.

[4]) Hermann Fühner, Archiv f. experim. Pathol. u. Pharmakol. **82**, 51—80 [1917]; Chem. Centralbl. **1918**, II, 970.

[5]) J. W. le Heux, Archiv f. d. ges. Physiol. **173**, 8—27 [1918]; Chem. Centralbl. **1919**, I, 564.

[6]) J. W. le Heux, Koninkl. Akad. v. Wetensch. Amsterdam, Wisk. en Natk. Afd. **28**, 243—252 [1919]; Chem. Centralbl. **1920**, I, 511.

bachschen Plexus gegeben. — Man kann daher Cholin als Hormon der Darmbewegung bezeichnen[1]).

Der normale Meerschweinchendarm reagiert gleich dem Kaninchendarm auf Atropin fast ausnahmslos mit Hemmung, der ausgewaschene auf mittlere Dosen mit Erregung. Das ist die normale Wirkung mittlerer Atropingaben, während bei Gegenwart von Cholinmengen, die ihrerseits den Auerbachschen Plexus zu erregen vermögen, diese Wirkung durch kleinste Atropinmengen antagonistisch aufgehoben wird[2]).

Die bei der Katze nach 2stündiger tiefer Chloroformnarkose eintretende Lähmung der Magen-Darmbewegung läßt sich nebst den durch sie bedingten Folgeerscheinungen durch intravenöse Einspritzung von 0,005—0,015 g Cholinchlorid pro kg heilen, wobei auch ein günstiger Einfluß auf das Allgemeinbefinden festzustellen ist. Bei langsamer Einspritzung kein schädlicher Einfluß. Eine Verminderung des Cholingehaltes im Dünndarm der Katze tritt durch die Chloroformnarkose nicht ein[3]).

Die autonomen Sakralnerven des Harnleiters werden durch Cholin erregt. Steigert in geeigneten Mengen die Häufigkeit und Stärke der Zusammenziehungen und vermehrt den Tonus[4]). Die Giftigkeit betrug bei Kaninchen pro kg Körpergewicht[5]) intravenös 0,0007 bis 0,0008, subcutan 0,008; rectal 0,0046—0,006. — Nach Neutralisation mit Salzsäure intravenös 0,001; subcutan 1,0, rectal $>$ 1,0. —

Guanidin kann aus Lecithin über Cholin entstehen und die Phosphorsäure zur Bildung von Nuclein und Knochensubstanz dienen[6]).

Da nach Eingabe von Cholin von verschiedenen Autoren im Harn kein Cholin sowie auch keine Zunahme des N-Methyls nachgewiesen werden konnte, wird angenommen, daß das Cholin im Organismus zu Methoxyäthylamin, $OH \cdot CH_2 \cdot CH_2 \cdot NH \cdot CH_3$ entmethyliert wird. Für diese Verbindung wird die Möglichkeit eines Zerfalles in $NH_2 \cdot CH_3$ und $CH_2 \cdot OH \cdot CH_2OH$, bzw. in CH_3OH und $CH_2 \cdot OH \cdot CH_2NH_2$ in Betracht gezogen. Die nach der ersteren Annahme erfolgende intermediäre Bildung von $CH_2OH \cdot CH_2OH$ müßte sich durch eine Zunahme der Oxalsäureausscheidung anzeigen. Das nach der zweiten Annahme entstehende Colamin, $CH_2OH \cdot CH_2NH_2$, würde möglicherweise die Oxalsäure im Harn ebenfalls vermehren. Im Harn von Hunden, welche Lecithin verfüttert erhielten, konnte nie eine deutliche Vermehrung der Oxalsäure beobachtet werden. Eine Spaltung des Methyloxyäthylamins in Äthylenglykol und Methylamin ist also nicht anzunehmen[7]).

Injektion von Cholin gab mehrfach Steigerungen des Kreatingehaltes, die auf einen Zusammenhang hinwiesen[8]).

Verlangsamt die Herztätigkeit der Frösche. Wirkt erregend auf die Hemmungsapparate unmittelbar am Herzen, ohne es zum Stillstand in der Diastole zu bringen. Quergestreifte Muskulatur und die motorischen Nerven bleiben unberührt[9]). Die Wirkung des Cholins auf das Herz der Warmblütigen soll sich bloß in Erregung verschiedener (der hemmenden, beschleunigenden, verstärkenden) intrakardinalen Zentren äußern[10]). Senkt am Kaninchen den Blutdruck. Bei normalen Kaninchen ist jedoch die Blutdrucksenkung unbedeutend, dafür bei den durch Adrenalininjektion hypertensiven Tieren sehr ausgesprochen. Am überlebenden Krötenherzen bewirkt Verlangsamung der Herzschläge, Verminderung der Ventrikelkonzentrationen, Reizung des Hemmungsapparates[11]). Kaninchen injiziert steigert die Kreatininausscheidung,

---

[1]) R. Magnus, Naturwissenschaften 8, 383 [1920]; Chem. Centralbl. 1920, III, 463.

[2]) J. W. le Heux, Archiv f. d. ges. Physiol. 179, 177—194 [1920]; Chem. Centralbl. 1922, I, 103.

[3]) Malte von Kühlwein, Archiv f. d. ges. Physiol. 191, 99—107 [1921]; Chem. Centralbl. 1922, I, 103.

[4]) David J. Macht, Journal of pharmacol. a. exp. therapeut. 8, 261—271 [1916]; Chem. Centralbl. 1916, II, 505.

[5]) Lucien Dreyfus, Compt. rend. de la Soc. de Biol. 83, 481 [1920]; Chem. Centralbl. 1920, III, 58.

[6]) W. F. Shanks, Journ. of Physiol. 55, VIII [1921]; Chem. Centralbl. 1921, III, 557.

[7]) G. Satta, Arch. di Farmacol. sperim. 17, 337—349 [1914]; Chem. Centralbl. 1914, II, 723.

[8]) L. Baumann u. H. M. Hines, Journ. of Biolog. Chem. 35, 75—82 [1918]; Chem. Centralbl. 1919, I, 387.

[9]) J. W. Golowinski, Archiv f. d. ges. Physiol. 157, 136—146 [1914]; Chem. Centralbl. 1914, I, 2008.

[10]) J. W. Golowinski, Archiv f. d. ges. Physiol. 159, 93—118 [1914]; Chem. Centralbl. 1914, II, 999.

[11]) Aldo Benelli, Arch. di Farmacol. sperim. 17, 193—215 [1914]; Chem. Centralbl. 1914, I, 2064.

diese an Kaninchen gemachten Versuche sollen die Hypothese von einer Kreatinbildung aus Cholin stützen[1]).

Cholin übt keinen wesentlichen Einfluß auf das Wachstum und Entwicklung von Froschlarven[2]). Erhöht den Blutzuckerspiegel bei Hunden[3]).

Physikalische und chemische Eigenschaften: Cholin läßt sich durch direkte Abspaltung von Wasser in Neurin nicht überführen. Als Cholinchlorid zu diesem Zweck mit reiner Schwefelsäure auf dem Wasserbade erwärmt wurde, verwandelte es sich zum Teil in eine betainartige Verbindung:

$$\begin{matrix} CH_3 \\ CH_3 \\ CH_3 \end{matrix} \Big\rangle N - CH_2 - CH_2 - O - SO_2 - O$$

Andere wasserentziehende Mittel wie Phosphorpentoxyd, Zinkchlorid, Phosphoroxychlorid führten ebenfalls nicht zum Ziele. Wird Cholinplatinchlorid zum Schmelzen erhitzt, so liefert es in der Hauptsache Trimethylaminplatinchlorid neben wenig Platinsalmiak, aber kein Neurinplatinchlorid[4]).

Eine Lösung von salzsaurem Cholin gibt mit überschüssigem Platinchlorid, nach der Verdunstung der Lösung am Rande des Tropfens orangebraune Platten und Säulen. — Beim Ineinanderfließen von einem Tropfen salzsaurem Cholin und einem Tropfen Natriumgoldchlorid entstehen gelbe, scharf abgeschnittene Säulen. — Sehr schöne Krystalle erhält man mit HgJ_2; das Doppelsalz krystallisiert in langen Nadeln. — Schöne Krystallisation erhält man beim Versetzen der wässerigen Lösung des salzsauren Cholins mit Kaliumwismutjodid. Das Pikrat krystallisiert in kurzen Nadeln, das Pikrolonat in kurzen Säulen[5]).

Bei der Oxydation des Cholinchlorplatinates mit Salpetersäure 1,4 entsteht das Chloroplatinat des Cholinsalpetrigsäureesters, das Chloroplatinat des Nitro-oxyäthyltrimethylamins, das Chlorplatinat des Trimethylamins. Wird Cholinchloroplatinat, statt einmal, fünfmal mit Salpetersäure eingedampft, so ergeben die ersten beiden Fraktionen Würfel und kurze Prismen vom Schmelzp. 208. Die analytischen Ergebnisse stimmen auf die Muscarinformel von Schmiedeberg und Harnack. — Die dritte und vierte Fraktion ergab vier- und sechsseitige verwitterte Prismen vom Schmelzp. 204°. — Die fünfte bis siebente Fraktion bestand aus Trimethylaminchloroplatinat. In einem Falle wurde das Chloroplatinat des Salpetrigsäureesters des Aminoäthylalkohols erhalten[6]).

Derivate: Cholinchlorid. Bei Behandlung von Narbenschäden gute Erfolge[7]). Die Behandlung von Narben mit Cholinchlorid nach Fraenkel[8]) hat sich nicht bewährt[9]). Wirkt am Mäuseuterus (glatte Muskulatur) erregend. An der Froschblase stärker erregend[10]).

Cholinphosphorwolframat[11]).

Platinbromidsalz[12]) $(C_5H_{13}N \cdot OH \cdot Br)_2 \cdot PtBr_4$. — Aus Cholinhydrochlorid, Platintetrachlorid und überschüssiger Bromwasserstoffsäure. — Beim Eindampfen dunkelrote, granatfarbene, große Prismen, Würfel und Oktaeder. — Wenig löslich in kaltem, ziemlich löslich in heißem Wasser. Schmelzp. unter Zersetzung 240°. — Aus Cholinhydrobromid und Platintetrachlorid entsteht die Verbindung $(C_5H_{13}N \cdot OHBr)_2 \cdot PtCl_4$. Dunkelroter Nieder-

---

[1]) Otto Rießer, Zeitschr. f. physiol. Chemie **90**, 221—225 [1914]; Chem. Centralbl. **1914**, I, 2190.

[2]) J. L. Kniebe, Zeitschr. f. Biol. **71**, 165 [1920]; Chem. Centralbl. **1920**, III, 494.

[3]) A. Bornstein u. R. Vogel, Biochem. Zeitschr. **122**, 274—284 [1921]; Chem. Centralbl. **1922**, I, 147.

[4]) Ernst Schmidt, Archiv d. Pharmazie **252**, 708 [1914].

[5]) N. Schoorl, Pharm. Weekblad **55**, 363—369 1918]; Chem. Centralbl. **1918**, II, 475.

[6]) Albert B. Weinhagen, Journ. of Amer. Chem. Soc. **42**, 1670 [1919]; Chem. Centralbl. **1920**, III, 820.

[7]) Rassiga, Münch. med. Wochenschr. **63**, 1151 bis 1153 [1916]; Chem. Centralbl. **1916**, II, 592.

[8]) Fraenkel, Münch. med. Wochenschr. **62**, 1401 [1915].

[9]) Otto Burkhard, Münch. med. Wochenschr. **63**, 1505 [1916]; Chem. Centralbl. **1916**, II, 1182.

[10]) Leo Adler, Archiv f. experim. Pathol. u. Pharmakol. **83**, 248—256 [1918]; Chem. Centralbl. **1918**, II, 1071.

[11]) Jack Cecil Drummond, Biochem. Journ. **12**, 5 [1918]; Chem. Centralbl. **1918**, II, 944.

[12]) A. B. Weinhagen, Zeitschr. f. physiol. Chemie **105**, 249 [1919]; Chem. Centralbl. **1919**, III, 677.

schlag aus heißem Wasser. — Würfel, Prismen oder längliche Plättchen. — Schmelzp. untei
Zersetzung bei 255°.

Glycerinphosphorsaures Cholin[1]) $CH_2(OH)$—$CH(OH)$—$CH(OH)$—CH_2—O—$PO_3H_2[HC$
—$N(CH_3)_3$—CH_2—CH_2—$OH]_2$. — Die Substanz bewirkt an Hunden und Kaninchen vorzugsweise Brachykardie mit beträchtlicher, bisweilen sehr großer Verstärkung des Pulses. — Mit
der Brachykardie erhöht sich meist auch der arterielle Blutdruck. Die durch Cholin bewirkte Senkung des Blutdruckes ist nur leicht und flüchtig, während die Steigerung minuten-
lang anhält und sehr deutlich sein kann. — Die durch Cholin bewirkte Brachykardie beruht
auf Reizung des Vagus, speziell dessen intrakardialen Endigungen. Bei Menschen mit arte-
riellem Überdruck scheint die hypotensive Wirkung des Cholins vorherrschend[1]).

Dijodsalicylsaures Cholin[2]). Darstellbar durch Absättigung der freien Base mit dei
betreffenden Dihalogenoxybenzoesäure oder durch Umsetzung von Salzen des Cholins mit
Salzen der Dihalogenoxybenzoesäure. Schmelzp. 117—118°, ist in Wasser und Alkohol leicht
löslich, in Äther wenig löslich.

Dijod-p-oxybenzoesauresCholin[2]). Darstellung entsprechend in analoger Weise wie beim
obigen Präparat. Schmelzp. 203—204°; in Wasser und Alkohol leicht löslich, in Äther wenig
löslich. Ist auch nicht hygroskopisch.

Dichlorsalicylsaures Cholin[2]). Darstellung analog; Schmelzp. 78—80°, in Wasser und
Alkohol sehr leicht löslich, in Äther wenig löslich.

Formylcholin[3]) $OH \cdot N(CH_3)_3 \cdot CH_2 \cdot CH_2 \cdot O \cdot OCH$. Durch Kochen von Cholinchlorid
in $H \cdot COOH$ (D : 1,22). **Formylcholinplatinchlorid** $[N(CH_3)_3 \cdot CH_2 \cdot CH_2 \cdot O \cdot OCH]_2PtCl_4$,
orangerote Oktaeder vom Schmelzp. 255—256° aus Wasser. **Formylcholinaurichlorid** $[N(CH_3)_3$
$CH_2 \cdot CH_2 \cdot O \cdot CH]AuCl_4$, goldgelbe Platten aus Wasser vom Schmelzp. 175°.

Acetylcholin. Wurde aus dem wässerigen Extrakt des Mutterkorns isoliert. Wirkt herz-
lähmend und erregend auf die Darmmuskulatur[4]).

Mit der von Magnus[5]) eingeführten Methode zur graphischen Registrierung der Bewegungen des überlebenden Meerschweinchendünndarms läßt sich durch eine plötzliche Tonusänderung 0,0000001 g Acetylcholin nachweisen[6]). Die gefäßerweiternde Wirkung beruht auf
peripherer Einwirkung auf die Blutgefäße unabhängig von irgendeinem Zusammenhang mit
den Nerven. Wirkung hängt vom Tonus und der Reaktionsfähigkeit der Arterien ab[7]).

Die Wirkung von Acetylcholin, Steigerung der Erregbarkeit glatter Muskulatur, wurde
am Hautmuskelpräparat des Blutegels und am Froschmagenring geprüft. Blutegelpräparat
ist empfindlicher. Acetylcholin wirkt erst in einer Konzentration 1 : 10 000 so stark wie
Cholinmuscarin 1 : 100 000. Wirkung wird bei Gegenwart von Physostigminmengen um mehr
als das Millionenfache verstärkt: ebenfalls wird die Wirkung von Physostigmin bei Gegenwart
von an sich schwach wirkenden Acetylcholinmengen sehr verstärkt. Ursache des Synergismus
Physostigmin-Acetylcholin ist vielleicht, daß die Spaltung in Cholin und Essigsäure durch
Physostigmin verhindert wird[8]).

Übt am Froschherz nach Vorbehandlung mit Calciumchlorid sympathicotrope Contractur als paradoxe Wirkung aus, die durch Ergotoxin verhindert werden kann[9]). In Capsula
bursa pastoris 4,2% Acetylchloin in der Droge. Isolierung geschieht durch Alkoholfällung aus
Methylalkohol und alkoholische Mercurichloridfällung im Niederschlag[10]).

---

[1]) Aldo Paka u. Azzo Varisco, Arch. di Farmacol. sperim. **19**, 109—137 [1915]; Chem.
Centralbl. **1915**, I, 1215.

[2]) F. Hoffmann-La Roche & Co., D.R.P. 290498, ausg. 2. März 1916; Chem. Centralbl.
1916, I, 536.

[3]) Arthur James Ewins, Biochem. Journ. **8**, 366—373 [1914]; Chem. Centralbl. **1916**.
I, 837.

[4]) Arthur James Ewins, Biochem. Journ. **8**, 44—49 [1914]; Chem. Centralbl. **1914**, I, 1673.

[5]) Magnus, Archiv f. d. ges. Physiol. **108**, 1 [1908].

[6]) M. Guggenheim u. Wilh. Loeffler, Biochem. Zeitschr. **72**, 303—324 [1916]; Chem. Centralbl. **1916**, I, 489.

[7]) H. H. Dale u. A. N. Richards, Journ. of Physiol. **52**, 110—165 [1918]; Chem. Centralbl.
1918, II, 911.

[8]) Hermann Fühner, Archiv f. experim. Pathol. u. Pharmakol. **82**, 51—80 [1917]; Chem.
Centralbl. **1918**, II, 970.

[9]) Ernst P. Pick, Wiener klin. Wochenschr. **33**, 1081—1085 [1920]; Chem. Centralbl.
1921, I, 379.

[10]) H. Boruttau u. H. Cappenberg, Archiv d. Pharmazie **259**, 33 [1921]; Chem. Centralbl.
1921, III, 232.

Erhöht den Blutzuckerspiegel bei Hunden[1]).

Acetylcholinchloroplatinat[2]) $C_7H_{16}O_2NCl)_2PtCl_4$ polyedrische Krystalle aus Wasser, Schmelzp. 256—257°.

Stearylcholinjodid[3]). Tafeln aus Methylalkohol, wenig löslich in kaltem Wasser, ziemlich löslich in warmem Wasser, siedendem Alkohol und Holzgeist.

Palmitylcholinjodid[3]). Krystalle aus Aceton + Methylalkohol, gleicht im übrigen dem vorhergehenden Salz.

Laurylcholinjodid. Krystalle, die sich beim Umkrystallisieren aus Alkohol allmählich in Cholinjodid verwandeln.

Oleylcholinjodid[3]), sich fettig anfühlende Blättchen aus Aceton, leichter löslich in Wasser, Alkohol und Aceton als das Stearylcholinjodid.

Acetylcholinbromid, aus Acetylbromäthanol und Trimethylamin in Benzoelösung, bei 100°, rechtwinklige, zerfließliche Prismen aus absol. Alkohol.

Stearylcholinchlorid[3]), wenig hygroskopische Prismen aus Aceton + Alkohol erster Schmelzp. 73°, zweiter 193°, leicht löslich in Wasser. Das Au-Salz krystallisiert aus verdünntem Alkohol in großen, sehr dünnen, rhomboedrischen Tafeln, Schmelzp. 109—110°, das Pt-Salz in hexagonalen Tafeln, Schmelzp. 218°, das Pikrat in rhomboedrischen Tafeln, Schmelzp. 102°.

Palmitylcholinchlorid[3]), kaum hygroskopische, prismatische Nadeln aus Aceton + Alkohol, Schmelzp. 66° und 194,5°. Das Au-Salz krystallisiert in großen durchscheinenden Tafeln, Schmelzp. 110°, das Pt-Salz in feinen Nadeln, Schmelzp. 218°, das Pikrat in dem Au-Salz ähnlichen Tafeln, Schmelzp. 101,5°.

Myristicylcholinchlorid[3]). Blättchen, Schmelzp. 58 und 195°. Au-Salz, große dünne Tafeln, Schmelzp. 108—109°, Pt-Salz, Nadeln, Schmelzp. 217,5°, Pikrat rhombische Tafeln, Schmelzp. 98,5°.

Laurylcholinchlorid, zerfließliche Tafeln aus Aceton + Alkohol, Schmelzp. 54 und 196°. Au-Salz, rechtwinklige Tafeln, Schmelzp. 106°, Pt-Salz, prismatische Nadeln, Schmelzp. 117°, Pikrat, rhombische Tafeln, Schmelzp. 97,5°.

Caprylcholinchlorid[3]), sehr zerfließliche Krystallmasse aus Aceton, Schmelzp. 35 und 198°. Pikrat rhombische Tafeln, Schmelzp. 94°, Au-Salz rhombische Tafeln, Schmelzp. 87 bis 88°, Pt-Salz prismatische Nadeln, Schmelzp. 203—204°.

Butyrylcholinchlorid, sehr zerfließliche prismatische Nadeln aus Aceton. Au-Salz, rhombische Tafeln, Schmelzp. 93—94°, Pt-Salz Prismen, Schmelzp. 209°, Pikrat, Tafeln.

Acetylcholinchlorid, aus Glykolchloracetin und Trimethylamin in Benzollösung, wird durch Umkrystallisieren aus Alkohol und Aceton zu Cholinchlorid verseift.

Benzoylcholinchlorid[3]), aus Benzoylchloräthanol und Trimethylamin in Benzoelösung bei 125°, durchscheinende Prismen aus Aceton + Alkohol, Schmelzp. 200° unter Zersetzung. Au-Salz Nadeln aus verdünntem Alkohol, Schmelzp. 182°, Pt-Salz, kleine Rhomboeder, Schmelzpunkt 224°, Pikrat, rechtwinklige Tafeln.

Oleylcholinchlorid[3]), lecithinartige Krystallmasse aus heißem Aceton, leicht löslich in kaltem Wasser. Pikrat, rechtwinklige Tafeln, Schmelzp. 88—89°, Pt-Salz, Prismen, Schmelzp. 104—105°[3]).

Glycylcholin[4]). Ein Gemisch von salzsaurem Glycylchlorid und Cholinchlorid wurde im Vakuum auf 100° erhitzt, das entstandene Glycylcholin als Pt-Salz isoliert.

Glycylcholin-Pt-Salz[4]) $N(CH_3)_3Cl \cdot C_2H_4O \cdot CO \cdot CH_2 \cdot NH_2, HCl, PtCl_4, H_2O = C_7H_{18}O_2N_2Cl_6Pt, H_2O$. Orangefarbene Nadeln, Schmelzp. 236—238° unter lebhafter Zersetzung.

Glycylcholinchlorhydrat[4]). Mit H_2O. Weiße, hygroskopische, krystallinische Substanz, sehr leicht löslich in Wasser, unlöslich in absol. Alkohol. Prismatische Nadeln.

Glycylcholin-Au-Salz[4]) $N(CH_3)_3Cl \cdot C_2H_4 \cdot O \cdot COCH_2 \cdot NH_2, HCl, 2 AuCl_3 = C_7H_{18}O_2N_2Cl_8Au_2$. Glänzende goldgelbe Blättchen oder Nadeln, Schmelzp. 180—184° unter leichter Zersetzung. Ziemlich löslich in Alkohol, etwas weniger löslich in Wasser.

Glycylcholin-HgCl₂[4]). Feine wollige Nadeln, Schmelzp. 150—156°.

---

[1]) A. Bornstein u. R. Vogel, Biochem. Zeitschr. **122**, 274—284 [1921]; Chem. Centralbl. **1922**, I, 147.

[2]) Arthur James Ewins, Biochem. Journ. **8**, 44—49 [1914]; Chem. Centralbl. **1914**, I, 1673.

[3]) E. Fourneau u. Harold J. Page, Bull. de la Soc. chim. de France [4] **15**, 544—553 [1914]; Chem. Centralbl. **1914**, II, 395—396.

[4]) Harold Ward Dudley. Journ. of Chem. Soc. London **119**, 1256—1260; Chem. Centralbl. **1922**, I, 13.

Cholinester. Die Chloride, Bromide und Jodide mehrerer Cholinester wurden durch Erhitzen der Chlor-, Brom- und Jodäthanolester mit Trimethylamin in Benzollösung dargestellt. Die Chloräthanolester reagieren mit Trimethylamin in Benzollösung erst von Caprylsäureester an abwärts, während sich sämtliche Jodäthanolester mit Trimethylamin bei 100° im Rohr glatt umsetzen. Die Jodide der Cholinester lassen sich in methylalkoholischer Lösung durch Behandeln mit überschüssigem AgCl in die Chloride verwandeln. Die Jodide sind hygroskopisch, aber nicht zerfließlich, die Chloride unterhalb C_{12} zerfließlich. Alle diese Salze sind in Wasser zu seifenartigen, beim Schütteln schäumenden Flüssigkeiten löslich. Die Chloride der höheren Glieder der Reihe schmelzen zunächst bei relativ niedriger Temperatur zu einer zähen, durchscheinenden, stark lichtbrechenden Flüssigkeit, die bei etwa 200° plötzlich unter starker Gasentwicklung dünnflüssig wird und sodann erstarrt. Es tritt hier eine teilweise Zersetzung unter Abspaltung von CH_3Cl ein, die auch beim Erhitzen von Cholinchlorhydrat mit den Säurechloriden zu beobachten ist. Die Cholinester geben (als Chloride) mit Pikrinsäure $PtCl_4$ und $AuCl_3$ krystallinische Niederschläge, mit Jodjodkaliumlösung dagegen nicht die Reaktion von Florence, sondern eine ölige Fällung. Die konz. wässerige Lösung der höheren Glieder gibt mit $AgNO_3$ keine Fällung von AgCl, sondern eine kolloidale Lösung des letzteren, scheidet aber das gebildete AgCl auf Zusatz von Alkohol ab. Die Cholinester sind leicht verseifbar. Die Chloride sind beständiger als die Jodide. In wässeriger, gegen Lackmus neutraler Lösung werden die Ester durch Natronlauge augenblicklich verseift, während sie gegen Na_2CO_3 ebenso in Gegenwart von Säure in der Kälte ziemlich beständig sind, in der Hitze aber durch Säuren sofort verseift werden. Die rein wässerigen Lösungen der Ester können ohne Zersetzung zum Sieden erhitzt werden; erst bei längerem Kochen tritt teilweise Zersetzung ein[1]).

Von den Cholinestern ist der der Essigsäure 1000 mal, der der Benzolsäure nur 2 mal so stark, der der Bernsteinsäure ebenso wirksam wie Cholin. Dementsprechend sind Benzoesäure und Bernsteinsäure kaum, Essigsäure stark wirksam auf die Darmbewegungen. Wenn Cholin zuvor ausgewaschen ist, wirken die vorher wirksamen organischen Säuren nicht mehr. Bisweilen kann man durch Cholinzusatz die Wirkung wieder hervorrufen, bisweilen muß ein fermentähnlicher Darmbestandteil noch hinzukommen. Atropin hemmt die Wirkung der Cholinester und der Salze. — Röntgenbeobachtungen an Katzen ergaben, daß 4—10 mg Cholinsalz intravenös die Peristaltik des Antrums des Magens verstärken und Mageninhalt in das Duodenum übertritt. Der Magen entleert sich etwas schneller als normal. — Der Dünndarm zeigt verstärkte Pendelbewegungen, schnellere Entleerung. Der Dickdarm bleibt unbeeinflußt. — Die Wirkung hält stundenlang an. — Die unter Cholin auftretenden Bewegungen haben keinen krampfartigen Charakter[2]).

Cholinpropyläther[3]) $OH \cdot N(CH_3)_3 \cdot CH_2 \cdot CH_2 \cdot O \cdot C_3H_7$. Aus β-Jodäthylpropyläther und alkoholischer Lösung von Trimethylamin. **Platinichlorid** $(C_8H_{20}ON)_2PtCl_6$, orangerote Prismen, Schmelzp. 246°.

Cholinäther[3]):

$$OH \cdot N(CH_3)_3 \cdot CH_2 \cdot CH_2\!\!\diagdown$$
$$\qquad\qquad\qquad\qquad\quad O$$
$$OH \cdot N(CH_3)_3 \cdot CH_2 \cdot CH_2\!\!\diagup$$

Aus β, β-Dijodäthyläther und Trimethylamin in Alkohol. **Jodid** aus 95 proz. Alkohol in rechtwinkligen Platten, Siedep. 275°. **Chlorid,** rhombische Platten, Schmelzp. 280°. **Platinchlorid,** aus Wasser in Gruppen von schmalen Prismen, unlöslich in Alkohol, Schmelzp. 226° unter Zersetzung. — **Aurichlorid,** goldgelbe, rhombische Platten. Schmelzp. 269°, ziemlich wenig löslich in heißem Wasser.

Cholinsalpetrigsäureester[4]) entsteht meistens bei der Behandlung von Cholinplatinchlorid mit Salpetersäure nach Schmiedeberg und Harnack. Es entsteht auch in geringer Ausbeute bei der Einwirkung von Salpetrigsäureanhydrid auf Cholin. — Es bewirkt in einer Menge, die 0,8 mg des Chlorhydrates entspricht, an 38 g Frosch in 13 Minuten diastolischen Herzstillstand. Entsteht bei der Behandlung des Cholinchloroplatinats mit Salpetersäure. Schwachgelbes basisch riechendes Öl, stark hygroskopisch. Löslich in Wasser und Alkohol, unlöslich in Äther

[1]) E. Fourneau u. Harold J. Page, Bull. de la Soc. chim. de France [4] **15**, 544—533 [1914] Chem. Centralbl. **1914**, II, 395—396.

[2]) J. W. le Heux, Archiv f. d. ges. Physiol. **190**, 280—310 [1921]; Chem. Centralbl. **1922** I, 103.

[3]) Arthur James Ewins, Biochem. Journ. **8**, 366—373 [1914]; Chem. Centralbl. **1916**, I, 837

[4]) A. W. Weinhagen, Zeitschr. f. physiol. Chemie **112**, 13—28 [1910]; Chem. Centralbl **1921**, I, 778.

Im Exsiccator über Schwefelsäure resultieren kurze breite Nadeln. — **Hydrochlorid,** klare, durchsichtige, kleine prismatische Nadeln und Prismen vom Schmelzp. 165°. — **Goldchlorid,** kleine, spitze Flocken. **Chlorplatinat,** Schmelzp. 234° unter Zersetzung. — Löslich in Wasser von 1 : 100 bei 20°. — Der Ester entsteht in geringen Mengen bei der Einwirkung von Salpetrigsäureanhydrid auf Cholin[1]).

Nitrooxyäthyltrimethylamin [1]). Entsteht in Form des Chloroplatinats bei der Einwirkung von Salpetersäure auf Cholinchlorplatinat. — Das Chlorplatinat besitzt die Zusammensetzung $[(CH_3)_3N—CH_2—CH_2—O \cdot NO_2]_2H_2PtCl_6$. — Kreisförmige und sechsseitige Platten und dreieckige Prismen von orangeroter Farbe. Schmelzp. 204—205°.

Formocholin[2])[3]): a) **Formocholinmethyläther** $OH \cdot N(CH_3)_3CH_2 \cdot O \cdot CH_3$ aus Trimethylamin und Jodomethylmethyläther. — **Jodid** aus Alkohol + Äther glänzende, hygroskopische Platten, Schmelzp. 84°. **Platinchlorid,** säulige Aggregate von orangeroten, rhombischen Prismen, schmilzt unter Zersetzung bei 234°, wenig löslich in kaltem Wasser, ziemlich leicht in heißem Wasser. **Aurichlorid,** goldgelbe Nadeln aus Wasser, Schmelzp. 135—136°.

b) **Formocholinäthyläther** $OH \cdot N(CH_3)_3 \cdot CH_2 \cdot O \cdot C_2H_5$. Aus Jodmethyläthyläther und $N(CH_3)_3$. **Jodid,** glänzende Plättchen. Schmelzp. 94°. — **Platinchlorid,** breite regelmäßige, orangerote Krystalle aus heißem Wasser, Schmelzp. 241—242°; wenig löslich in kaltem Wasser, unlöslich in Alkohol. **Aurichlorid,** goldgelbe Plättchen vom Schmelzp. 138—139.

c) **Formocholinpropyläther** $OH \cdot N(CH_3)_3 \cdot CH_2O \cdot C_3H_7$ aus Jodomethylpropyläther und $N(CH_3)_3$. **Jodid** aus Alkohol + Äther in langen feinen Nadeln vom Schmelzp. 108°. — **Platinchlorid,** lange, dünne, orangerote Nadeln vom Schmelzp. 236—237°, leicht löslich in heißem Wasser, wenig in kaltem Wasser, unlöslich in Alkohol. — **Aurichlorid,** goldgelbe Blätter aus heißem Wasser, schmilzt bei 114°.

d) **Formocholinbutyläther** $OH \cdot N(CH_3)_3 \cdot CH_2O \cdot C_4H_9$, aus Trimethylamin und Jodomethylbutyläther. — **Jodid,** glänzende farblose Platten vom Schmelzp. 98°. — **Platinchlorid,** orangerote Oktaeder aus heißem Wasser Schmelzp. bei 243—244°, unlöslich in Alkohol, leicht löslich in heißem Wasser. **Aurichlorid,** goldgelbe Blättchen aus heißem Wasser, schmilzt bei 81°.

Trimethyl-β-cyanäthylammoniumhydroxyd[2]) $OH \cdot N(CH_3)_3 \cdot CH_2 \cdot CH_2 \cdot CN$, aus β-Chlorpropionitril und Trimethylamin in alkoholischer Lösung.

Derivate: **Chlorid,** Prismen aus Alkohol, Schmelzp. 228—229° unter Zersetzung, hygroskopisch, ziemlich wenig löslich in kaltem Alkohol. — **Platinchlorid,** braungelbe Oktaeder, Schmelzp. 249—250° unter Zersetzung, ziemlich wenig löslich in heißem Wasser. **Aurichlorid,** goldgelbe Nadeln, schmilzt bei 213—214°.

Trimethyl-β-aminoäthylammoniumhydroxyd[2]). Zusammensetzung: $OH \cdot N(CH_3)_3 \cdot CH_2 \cdot CH_2 \cdot NH_2$.

Darstellung: Durch Erhitzen von Cholinsalpetrigsäureester mit einem Überschuß von alkoholischer NH_3 während mehrerer Stunden auf 100°.

Derivate: **Aurichlorid.** Aus heißer verdünnter HCl, gelbbraune, rechtwinklige Prismen, schmilzt bei 263°, ziemlich wenig löslich in kaltem, ziemlich leicht löslich in heißem Wasser.

N-Dimethyloxazoliniumhydroxyd[2])

$$OH(CH_3)_2N \cdot CH_2 \cdot CH_2$$
$$CH_2——O$$

Wurde erhalten bei dem Versuch zur Darstellung von einem Oxycholin folgender Struktur:

$$OH \cdot (CH_3)_2N\!\!<^{CH_2 \cdot CH_2OH}_{CH_2OH}$$

Die Verbindung enthält aber 1 Mol. H_2O weniger, $(CH_3CO)_2O$ greift es nicht an. Aus Dimethylaminomethylalkohol und Äthylenchlorhydrin unter Kühlen.

Salze: Voriges Reaktionsprodukt wird mit $HgCl_2$ gefällt, der Niederschlag mit H_2S zersetzt und folgende Salze dargestellt. **Aurichlorid:** Goldgelbe Prismen aus Wasser. Schmelzp. 279°; wenig löslich in kaltem Wasser, ziemlich in heißem Wasser. **Platinchlorid:** Orangerote

[1]) **Albert B. Weinhagen,** Journ. of Amer. Chem. Soc. **42,** 1670 [1919]; Chem. Centralbl. **1920,** III, 820.
[2]) **Arthur James Ewins,** Biochem. Journ. **8,** 366—373 [1914]; Chem. **1916,** I, 837.
[3]) **Schmidt u. Litterscheid,** Annalen d. Chemie u. Pharmazie **337,** 37 [1904/05]; Chem. Centralbl. **1905,** I, 152.

rechtwinklige Prismen aus heißem Wasser. Schmelzp. 237—238°. **Mercurichloridverbindung** $C_5H_{12}ON \cdot 2\,HgCl_2$, hexagonale Prismen aus Wasser, schmilzt bei 244—245°.

Cholinmuscarin (Nitrosocholin). Die Wirkung von Cholinmuscarin (Steigerung der Erregbarkeit glatter Muskulatur) am zentrenfreien Hautmuskelpräparat des Blutegels ist stärker als am zentrenhaltigen Froschmagenring. Cholinmuscarin wirkt in einer Konzentration von 1 : 100 000 etwa ebenso stark wie Acetylcholin und Cholin 1 : 10 000. Wirkung wird in Gegenwart von Physostigmin und Guanidin verstärkt[1]).

Betain (Bd. IV, S. 833, Bd. IX, S. 215).

Vorkommen: In den Extrakten aus Hafersamen ließ sich Betain in freier Form nachweisen. Das Betain wurde als Chlorhydrat isoliert[2]). Im Phosphorwolframsäureniederschlag von Alkoholextrakten der Reisschalen nachgewiesen[3]). In den Früchten von Cicer Arietinum L.[4])

Aus dem Adductormuskel von Pecten irradians, dem Fußmuskel von Sycotypus caniculatus und aus den Körpermuskeln von Petromyzon marinus wurde Betain isoliert[5]). 0,44 g (als Chlorid) in 1 kg getrocknetem Kabeljau[6]).

Darstellung: Zwecks Gewinnung von Betain kann die Phosphorwolframsäuremethode ersetzt werden durch Extraktion der Base mit einer alkoholischen Sublimatlösung[7]).

Nach D.R.P. Nr. 281 056 gewinnt man salzsaures Betain, aus Melasse, Melasseschlempe oder anderen Abläufen der Rübenzuckerfabrikation, indem man die Rohstoffe mit Salzsäure ansäuert und bei mäßiger Temperatur unter vermindertem Druck eindampft und das Betainchlorhydrat auskrystallisieren läßt. — Das so erhaltene Rohprodukt wird durch Behandeln mit Methylalkohol von anorganischen Salzen getrennt[8]).

Darstellung von Betain aus Melasseentzuckerungsabfallaugen[9]). Es wird 1 kg auf 78° Balling eingedickte Melasseabfallauge mit 810 g etwa 40 proz. Phosphorsäure versetzt; nach 48 Stunden wird von dem Kaliumphosphat und Glutaminsäure enthaltenden Krystallbrei abfiltriert. Das Filtrat wird mit 300 g 40 proz. Phosphorsäure versetzt, auf dem Wasserbade bis zum Gewichte von etwa 800 g eingedampft und der Krystallisation überlassen. — Nach 48 Stunden werden von der Mutterlauge etwa 160—190 g rohes Betainphosphat getrennt, das aus heißem Wasser leicht umzukrystallisieren und zu reinigen — zuletzt mit wenig Blutkohle — ist. Zur Darstellung von reinem Betain werden 100 g des Betainphosphats in 750 ccm warmem Wasser gelöst, die Lösung wird mit etwa 20 g gelöschten Kalkes in Form von Kalkmilch von etwa 5° Bé bis zur alkalischen Reaktion versetzt, das gebildete Calciumphosphat abfiltriert und das Filtrat bis zur Bildung einer Krystallhaut eingeengt. Die Krystallisation tritt unmittelbar beim Abkühlen ein; die weitere Reinigung erfolgt durch Umkrystallisieren. — Aus der Abfallauge werden hiernach 7% ihres Gewichtes reines Betain erhalten[9]).

Aus Melasseentzuckerungsabfallaugen[10]) nach dem Verfahren von Andrlík.

Physiologische Eigenschaften: Bei der Assimilation durch Mikroorganismen findet eine Desamidierung und ein weitgehender Abbau des Betains, hauptsächlich zu Säuren statt, unter denen besonders die Glykolsäure bemerkenswert ist. Aus dem Betain wird durch die Pilze zunächst Trimethylamin und dann NH_3 abgespalten, doch läßt sich nur bei der Vegetation

---

[1]) Hermann Fühner, Archiv f. experim. Pathol. u. Pharmakol. **82**, 51—80 [1917]; Chem. Centralbl. **1918**, II, 970.

[2]) Georg Trier, Zeitschr. f. physiol. Chemie **85**, 372—391 [1913]; Chem. Centralbl. **1913**, II, 619.

[3]) Drummond u. Funk, Biochem. Journ. **8**, 598—615 [1914]; Chem. Centralbl. **1916**, I, 1152.

[4]) As. Zlatarow, Zeitschr. f. Untersuch. d. Nahrungs- u. Genußmittel **31**, 180—183 [1916]; Chem. Centralbl. **1916**, I, 1154.

[5]) D. Wright Wilson, Journ. of Biolog. Chem. **18**, 17—20 [1914]; Chem. Centralbl. **1914**, II, 575.

[6]) K. Yoshimura u. M. Kanai, Zeitschr. f. physiol. Chemie **88**, 346—351 [1913]; Chem. Centralbl. **1914**, I, 681.

[7]) N. T. Deleano, Bull. şoc. de ştiint. din Bucareşti **23**, 39—42 [1914]; Chem. Centralbl. **1914**, II, 647.

[8]) Aktien-Gesellschaft für Anilinfabrikation, Kl. 12q, Nr. 281056; Chem. Centralbl. **1915**, I, 104.

[9]) K. Andrlík, Zeitschr. f. Zuckerindustrie Böhmen **39**, 387—391 [1915]; Chem. Centralbl. **1915**, II, 266.

[10]) H. Pellet, La Industria azucarera hispano-americana **1915**, 15. Oktober; Bull. de l'Assoc. des chim. de sucr. et Dist. **33**, 184—185 [1916]; Chem. Centralbl. **1917**, I, 1075.

von Penicillium glaucum, Aspergillus niger auf Betain eine beträchtliche Menge des abgespaltenen NH_3 nachweisen. Die Spaltung des Betains durch Mikroorganismen gibt ein Bild, wie der Abbau und die Verarbeitung des Betains in höheren Pflanzen erfolgen kann[1]).

Im Gegensatz zu anderen Betainen widersteht der saprophytischen Zersetzung nicht; aus 2 g Chlorid werden nach einer Fäulnis von 2 Wochen 0,95 g Chloraurat des Trimethylamins erhalten[2]).

Bei der Herstellung des Guanols findet eine Zersetzung von Betain durch Kompostbakterien statt. Darin Kahmpilze, die nach Ehrlich Betain angreifen, Organismen, die $(CH_3)_3N$ bilden und eine neue Art in Form kleiner Stäbchen, die als Betainobacter α bezeichnet wird. Diese spaltet den gesamten N des Betains als NH_3 ab, bildet durch Oxydation des Betains CO_2, wobei als Zwischenprodukte CH_4O, $H \cdot CO_2H$ und $CH_3 \cdot CO_2H$ auftreten[3]).

Untersuchungen an Rübenblättern, Blättern von Lycium und von Atriplex patula, Gerste, Rübensamen und Samen von Amaranthus caudatus ergaben: die Trockensubstanz junger Blätter enthält mehr Betain als die alter Blätter derselben Pflanze. Beim Reifen und Absterben der Pflanzenorgane verschwindet das Betain gleichzeitig mit den anderen N-Formen, doch vermindert sich dabei zugleich das Verhältnis zwischen Betain-N zum Gesamt-N. Betain ist kein Abfallprodukt, nach Schluß der vegetativen Tätigkeit wandert es in die Mutterpflanze zurück; das wahrscheinlichste Zersetzungsprodukt, das Trimethylamin war nämlich nicht nachzuweisen. Während des Keimens der Samen wird Betain gebildet; während des Sprossens häuft es sich in den Blättern an und verschwindet aus der Wurzel. Wird auch ohne Wirkung des Lichtes in etiolisierten Blättern gebildet; bei der Assimilation des C spielt es keine besondere Rolle[4]).

Von der absoluten Ungiftigkeit des Betains zeugen die Ergebnisse der Versuche, bei welchen das Betain in einer Dosis von 0,5 g den Ratten, 1,0 g den Meerschweinchen, 5,0 g den Katzen und Hunden direkt ins Blut geführt, keinerlei Vergiftungserscheinungen hervorrief. Die toxischen Erscheinungen in den Versuchen von Waller, Primmer und Sowton[5]) rühren von der Acidität der Betainlösungen her. Auch gehörig neutralisiertes Betainchlorhydrat ist völlig ungiftig. Dem Menschen schadet 5—10 g freies Betain nicht[6]). Kaninchen injiziert steigert es die Kreatininausscheidung, was die Hypothese von einer Kreatinbildung aus Betain stützen soll[7]). Injektion von Betain gab mehrfach Steigerungen des Kreatingehalts, die auf einen Zusammenhang hinweisen[8]).

Physikalische und chemische Eigenschaften: Bei 19,3° lösen 100 g Wasser 157,1 g wasserfreies Betain, bei 21,1° lösen 100 g Methylalkohol 54,36 g, bei 18,3° lösen 100 g Äthylalkohol 8,59 g Betain. — Die Lösungswärme des wasserfreien Betains in Wasser beträgt 1385 cal. — Durch Einengen einer Lösung von Betain in 30 proz. Wasserstoffsuperoxyd unter vermindertem Druck, erhält man eine Molekularverbindung von der Zusammensetzung $C_5H_{11}O_2N \cdot H_2O_2$. Es bildet farblose, an der Luft rasch verwitternde monokline Krystalle[9]).

Aus alkalischen Schlempen durch Ausziehen mit 95 proz. Alkohol gewonnenes Betain wurde der Destillation mit Zusatz von Ätzkali unterworfen. Bis 200—220° entsteht reines Trimethylamin; CO_2-Bildung wurde nachgewiesen. Aus dem Retortenrückstand wurde durch Extraktion mit Alkohol ein in Alkalischmelze beständiger Körper von der empirischen Zusammensetzung $C_4H_9NO_2 \cdot HCl$ isoliert, dessen Formel wahrscheinlich verdreifacht werden muß. — Bei 500—540° entsteht bei der weiteren Zersetzung in geringerer Menge Trimethylamin als bei der Zersetzung zwischen 200—220°. Es entstehen daneben CH_3NH_2 und NH_3, letzteres sekundär. Die Gesamtmenge an Aminen, die bei der Zersetzung des Betains entstehen sollten,

---

[1]) Felix Ehrlich u. Fritz Lange, Zeitschr. d. Vereins Dtsch. Zuckerind. **1914**, 158—171; Chem. Centralbl. **1914**, I, 963.

[2]) D. Ackermann, Zeitschr. f. Biol. **64**, 44—50 [1914]; Chem. Centralbl. **1914**, II, 58.

[3]) Alfred Koch u. Alice Oelsner, Biochem. Zeitschr. **94**, 139—162 [1919]; Chem. Centralbl. **1919**, III, 295.

[4]) V. Staněk, Zeitschr. f. Zuckerind. Böhmen **40**, 300—308 [1916]; Chem. Centralbl. **1916**, I, 1157.

[5]) Waller, Primmer u. Sowton, Proc. Royal Soc. London, **72**, 321—345 [1903].

[6]) Alois Velich, Centralbl. f. Physiol. **28**, 249—251 [1914]; Chem. Centralbl. **1914**, II, 499.

[7]) Otto Rießer, Zeitschr. f. physiol. Chemie **90**, 221—225 [1914]; Chem. Centralbl. **1914**, I, 2190.

[8]) L. Baumann u. H. M. Hines, Journ. of Biolog. Chem. **35**, 75—82 [1918]; Chem. Centralbl. **1919**, I, 387.

[9]) Hugo Stoltzenberg, Zeitschr. f. physiol. Chemie **92**, 445—494 [1914].

wird nicht erreicht, etwa um 15% im Mittel wird an Amin zu wenig gefunden. Es bilden sich auch CH_4 und H_2, daneben CO, vielleicht auch N_2, HCN kann nicht nachgewiesen werden[1]).

Mit Alkalien bildet Betain keine Verbindungen; beim Versetzen von Betainlösungen mit konz. Alkalilauge wird Betain fast quantitativ ausgefällt[2]). Verhalten in alkoholischer Lösung bei der Zersetzung von Glucose neutral; in saurer Lösung bei der Inversion von Rohrzucker ein-säurige Base[3]). Verbraucht bei der Hydrolyse der Proteinkörper kein Br[4]).

Derivate: Betainhydrochlorid. Darstellung aus Melasseschlempe[5])[6]).

Darstellung: Aus Melasseschlempe nach 1. in methylalkoholischer Lösung mit freiem $H_4Fe(CN)_6$; 2. in wässeriger Lösung mit HCl und gelbem Blutlaugensalz; 3. in wässeriger Lösung mit HCl und rotem Blutlaugensalz. In allen Fällen wenigstens 10% Ausbeute an salzsaurem Betain, auf die Schlempe bezogen[7]).

Mit CH_3OH denaturierter Äthylalkohol eignet sich sehr gut zur Fällung von Betain-hydrochlorid aus nitrathaltigen Schlempen[8]).

Verfahren zur Gewinnung von Betainchlorhydrat aus Melasse, Melasseschlempe usw., da-durch gekennzeichnet, daß man den betreffenden Ausgangsstoff im Vakuum möglichst von Wasser befreit, mit konz. HCl bei einer 60° nicht wesentlich übersteigenden Temperatur an-säuert und durch Abkühlen zum Auskrystallisieren bringt[9]).

Verbindung $C_4H_9NO_2 \cdot HCl$[1]). Entsteht bei der Alkoholextraktion des Retortenrückstandes der Betaindestillation mit Zusatz von Ätzkali bei 200—220°. Das Produkt ist farblos, schmeckt fruchtsäuerlich und schmilzt aus Alkohol umkrystallisiert bei 187—189°. Zeigt keine typisch ausgeprägten Formen und ist etwas hygroskopisch. Das **Platinsalz** $(C_4H_9O_2N \cdot HCl)_3PtCl_4$, aus der salzsauren Lösung mit Platinchloridlösung und Alkohol als gelbe, filzige Krystallmasse ge-fällt, schmilzt bei 120—121° unter Aufschäumen.

Salzsaures Betain[10]). Dissoziiert in wässeriger Lösung so weit, daß die Säure zur schnellen Digestion von Eieralbumin und Fibrin durch Pepsin genügt. — Die Wirkung ist etwa gleich der einer verdünnten Salzsäurelösung von gleicher Konzentration.

Betainferrocyanid[11]) $Fe(CN)_6H_4 \cdot 4 C_5H_{11}O_2N + 2 H_2O$; weißes Pulver mit grünlichem Stich, aus Wasser quadratische Formen mit gezackten Rändern.

Betainferricyanid $Fe(CN)_6H_3 \cdot 3 C_5H_{11}O_2N + 2 H_2O$: kanariengelbe Blätter mit ge-zackten Rändern; Rhomboeder bei vorsichtigem Krystallisieren aus Wasser.

Di-Betain-Bariumbromid[12])

$$BaBr_2, \ 2 \ CH_2 \!-\!\!-\!\!-\! CO, \ 6 \ H_2O$$
$$N(CH_3)_3 \!-\! O$$

Man läßt eine Lösung von 0,9 g Brombarium und 1,1 g Betain in sehr wenig Wasser neben Calciumchlorid bei gewöhnlicher Temperatur eindunsten. — Es bildet sich zunächst ein Sirup, aus dem sich bei längerem Stehen das Additionsprodukt krystallinisch abscheidet. — Man preßt die feinen weißen Blättchen zwischen Tonplatten ab und trocknet sie neben Calciumchlorid. — Ist in Wasser spielend leicht löslich; an der Luft zieht sie Feuchtigkeit an.

Betain-Kupferchlorid[12])

$$CuCl_2, \ CH_2 \!-\!\!-\!\!-\! CO, \ 3 \ H_2O$$
$$N(CH_3)_3 \!-\! O$$

[1]) Fr. Albers, Chem.-Ztg. **37**, 1533—1534 u. 1545—1547 [1913]; Chem. Centralbl. **1914**, I, 234.

[2]) Hugo Stoltzenberg, Zeitschr. f. physiol. Chemie **92**, 445—494 [1914].

[3]) H. J. Waterman, Chem. Weekblad **14**, 1126—1131 [1918]; Chem. Centralbl. **1918**, I, 705.

[4]) M. Siegfried u. H. Reppin, Zeitschr. f. physiol. Chemie **95**, 18—28 [1915]; Chem. Cen-tralbl. **1916**, I, 513.

[5]) H. Stoltzenberg, Centralbl. f. d. Zuckerind. **22**, Nr. 5, S. 2; Chem. Centralbl. **1914**, I, 22.

[6]) Urban, Berichte d. Deutsch. Chem. Gesellschaft **46**, 557 [1913]; Chem. Centralbl. **1913**, I, 1104.

[7]) Georg Boeder, Berichte d. Deutsch. Chem. Gesellschaft **46**, 3724—3727 [1913]; Chem. Centralbl. **1914**, I, 130.

[8]) H. Stoltzenberg, Centralbl. f. d. Zuckerind. **22**, Nr. 4, 1; Chem. Centralbl. **1914**, I, 22.

[9]) Aktien-Ges. f. Anilinfabrikation, Berlin-Treptow, D.R.P. Kl. 12q, Nr. 276489 v. 8. Mai 1913 (10. Juli 1914); Chem. Centralbl. **1914**, II, 446.

[10]) J. H. Long, Journ. of Amer. Chem. Soc. **37**, 1333 [1915]: Chem. Centralbl. **1915**, II, 355.

[11]) Georg Roeder, Berichte d. Deutsch. Chem. Gesellschaft **46**, 3724 [1913]; Chem. Cen-tralbl. **1914**, I, 130.

[12]) P. Pfeiffer u. Fr. Wittka, Berichte d. Deutsch. Chem. Gesellschaft **48**, 1299 [1915].

Man löst 1 g grünes Kupferchlorid und 0,5 g Betain in 4,8 ccm Wasser und gibt 80 ccm absol. Alkohol hinzu. Primär scheidet sich ein bräunlichgelbes Pulver aus, welches beim Stehen der Lösung in einem bedeckten Gefäß allmählich verschwindet, während sich gleichzeitig grüne Krystalle bilden. — Gelbgrüne Krystalldrusen, die aus radial angeordneten, glänzenden Nädelchen bestehen; sie geben weder neben Phosphorpentoxyd noch bei 100° Wasser ab. Bei etwa 183° schmelzen sie zu einer undurchsichtigen Flüssigkeit; mehrere Grade vorher werden sie weich und nehmen eine dunkle Farbe an.

Betainphosphorwolframat[1]**).**

Platinbromidsalz[2]**)** $(C_5H_{11}O_2N \cdot HBr)_2 \cdot PtBr_4 \cdot 2 H_2O$. — Aus Betain chlorhydrat, Platintetrachlorid und überschüssiger Bromwasserstoffsäure. Granatrote, derbe Krystalle aus Wasser. — Meist erscheint es in 4- und 6-seitigen abgeschrägten dicken Blättchen. Wenig löslich in kaltem, ziemlich löslich in heißem Wasser. Schmelzp. unter Zersetzung unscharf bei 240°.

Platinsalze[3]**)** $C_5H_{11}O_2N \cdot PtCl_4 + 3 H_2O$. Reguläre Krystalle. Schmelzp. 209° unter Zersetzung. Sehr leicht löslich in Wasser, unlöslich in Alkohol.

Betainphosphat $C_5H_{11}O_2N \cdot H_3PO_4$. Monokline Krystalle. Schmelzp. 199°.

Betainsulfat $C_5H_{11}O_2N \cdot H_2SO_4 + H_2O$. Monokline Krystalle. Schmelzp. etwa 80°; leichtlöslich in Wasser. — $2 C_5H_{11}O_2N \cdot H_2SO_4$. — Rhombische Krystalle. Schmelzp. 180°.

Betainnitrit $2 C_5H_{11}O_2N \cdot HNO_2 + H_2O$. Weißer Niederschlag. Schmelzp. 220°. — $C_5H_{11}O_2N \cdot HNO_2 + H_2O$, rhombische Krystalle. Schmelzp. 128°.

Betainnitrat $C_5H_{11}O_2N \cdot HNO_3$. Rhombische Krystalle. Schmelzp. 124°, leicht löslich in Wasser.

Betainchlorat $C_5H_{11}O_2N \cdot HClO_3$. Monokline Krystalle. Schmelzp. 115°, leicht löslich in Wasser.

Betainbichromat $C_5H_{11}O_2N \cdot H_2Cr_2O_7$. Dunkelbraune Krystalldrusen. Schmelzp. 226 bis 227° unter Zersetzung.

Betainpermanganat[3]**)** $C_5H_{11}O_2N \cdot HMnO_4$. Violettrote rhombische Krystalldrusen. Schmelzp. etwa 120° unter Explosion.

Fluorwasserstoffsaures Betain[3]**)** $C_5H_{11}O_2N \cdot HF$. Krystalle; $C_5H_{11}O_2N \cdot 2 HF$, zerfließliche Krystalle.

Chlorwasserstoffsaures Betain $2 C_5H_{11}O_2N \cdot HCl + H_2O$. Monokline Krystalle, der Schmelzpunkt des wasserfreien Salzes beträgt 250°. $2 C_5H_{11}O_2N \cdot HCl + H_2O_2$, Krytsalle.

Bromwasserstoffsaures Betain $C_5H_{11}O_2N \cdot HBr$. Monokline Krystalle. Schmelzp. 233° unter Zersetzung. — $2 C_5H_{11}O_2N \cdot HBr$. Krystallmehl. Schmelzp. 262°.

Jodwasserstoffsaures Betain $C_5H_{11}O_2N \cdot HJ$. Monokline Krystalle. Schmelzp. 200° unter Zersetzung; $2 C_5H_{11}O_2N \cdot HJ$, schneeweiße Krystalle. Schmelzp. 242° unter Zersetzung.

Goldsalze $C_5H_{11}O_2N \cdot HAuCl_4$, gelbe rhombische Prismen. Schmelzp. 245°; $2 C_5H_{11}O_2N \cdot HAuCl_4$, hellgelbe reguläre Krystalle, Schmelzp. 169° unter Zersetzung. — $C_5H_{11}O_2N \cdot AuCl_3$ lehmgelber Niederschlag, Schmelzp. 172,5°. — $5 C_5H_{11}O_2N \cdot 4 HAuBr_4$, dunkelroter Niederschlag, Schmelzp. 185°. — $C_5H_{11}O_2N \cdot HAuBr_4$, schwarzbraune Blättchen, Schmelzp. 260°.

Platinsalze[3]**)** $2 C_5H_{11}O_2N \cdot H_2PtCl_6 + 4 H_2O$, reguläre orangefarbige Krystalle, Schmelzp. 254,5° unter Zersetzung. — $2 C_5H_{11}O_2N \cdot H_2PtCl_6 + 3 H_2O$, monokline, orangefarbige, leicht verwitternde Krystalle, Schmelzp. des wasserfreien Salzes 255—260° unter Zersetzung.

Serinbetain[4]).

Mol.-Gewicht: 147,11.

Zusammensetzung: $C_6H_{13}O_3N$.

Derivate: Serinbetain

$$(CH_3)_3N-CH-CH_2OH$$
$$O-CO$$

Goldsalz. Schmelzp. 211—212°.

---

[1]) Jack Cecil Drummond, Biochem. Journ. **12**, 5 [1918]; Chem. Centralbl. **1918**, II, 944.

[2]) A. B. Weinhagen, Zeitschr. f. physiol. Chemie **105**, 249 [1919]; Chem. Centralbl. **1919**, II, 677.

[3]) Hugo Stoltzenberg, Zeitschr. f. physiol. Chemie **92**, 445—494 [1914].

[4]) D. Ackermann u. F. Kutscher, Zeitschr. f. Biol. **72**, 177—186 [1920]; Chem. Centralbl. **1921**, I, 543.

Histidinbetain.

Physikalische und chemische Eigenschaften: Für die Bestimmung der optischen Aktivität wurden 0,4769 g Goldsalz, $C_9H_{15}N_3O_2 \cdot 2\ HAuCl_4$, in wässeriger Suspension mit H_2S in der Wärme zersetzt und das Filtrat auf 10 ccm eingeengt; es drehte im Landoltschen Apparat im 2-mm-Rohr 0,88° nach rechts. $[\alpha]_D$ für das Dichlorid bei Gegenwart von 6 Mol. freier $HCl = +30{,}0°$; $[\alpha]_D$ für die freie Base bei Gegenwart von 8 Mol. freier $HCl = +41{,}1°$[1]).

Derivate: Histidinbetain-monopikrat[1]). Erhalten durch Neutralisation der Base aus dem Steinpilz mit Pikrinsäure oder durch Zugabe von Pikrinsäure zur neutralen Lösung ihrer Salze oder aus dem Dipikrat durch Zusatz der berechneten Natronlauge; feine, weiche Nädelchen mit 1 Mol. Krystallwasser, das bei 105° entweicht; Schmelzp. 201°.

Histidinbetain-dipikrat[1]). Erhalten aus dem Histidinbetain des Steinpilzes durch Zusatz von Natriumpikrat zur Lösung des Chlorids, die durch Abdampfen von überschüssiger HCl befreit ist, oder aus dem Monopikrat; flache dünne Prismen oder längliche Platten mit 2 Mol. Krystallwasser, die bei 105° unter Verwitterung abgegeben werden; Schmelzp. 212—213° (nach vorhergehender Bräunung).

Neurin (Bd. IV, S. 855; Bd. IX, S. 221).

Nachweis und Bestimmung: Mit der von Magnus[2]) eingeführten Methode zur graphischen Registrierung der Bewegungen des überlebenden Meerschweinchendünndarms läßt sich durch plötzliche Tonusänderung 0,001 g Neurin nachweisen[3]).

Physikalische und chemische Eigenschaften: Wurde durch Schütteln von Trimethylbromäthylammoniumbromid mit Ag_2O und Eindampfen der wässerigen Lösung im Hochvakuum über P_2O_5 als farbloses krystallisiertes Hydrat mit $3\ H_2O$ erhalten. Sehr hygroskopisch, ätzt die Haut. Mit $PtCl_4$ fällt reines, bei 213° schmelzendes Chloroplatinat, mit Pikrinsäure Pikrat vom Schmelzp. 264°. Zersetzt sich im Sommer nach wenigen Stunden, bei Winterkälte im Laufe eines Tages unter Entwicklung von Trimethylamin. Bei der trockenen Destillation entstehen neben wenig Dimethylvinylamin Trimethylamin und Vinylalkohol bzw. Acetaldehyd[4]).

Derivate: Neurinchlorid. Bei der trockenen Destillation des Neurinchlorids entsteht neben Methylchlorid und Polymerisationsprodukte in geringer Menge N-Dimethylvinylamin $(CH_3)_2N \cdot CH : CH_3$[4]).

Muscarin (Bd. IV, S. 836; Bd. IX, S. 222).

Bildung: Bei der Oxydation des Cholinchloroplatinats mit Salpetersäure. Als Chlorplatinat isoliert[5]).

Nachweis und Bestimmung: Das Muscarin läßt sich aus wässeriger Lösung mit Phosphorwolframsäure ausfällen und mit Natronlauge und Seignettesalz daraus isolieren. Da Cholin mit Phosphorwolframsäure keine Fällung gibt, so ist die Trennung dieser beiden Stoffe gesichert[6]).

Muscarin, Trennung von Cholin[6]).

Physiologische Eigenschaften: Bepinselung des Froschherzens mit 0,1 proz. Muscarin, bewirkte am Elektrodiagramm dieselbe Änderung wie Vagusreizung[7]).

Die autonomen Sakralnerven des Harnleiters werden durch Muscarin erregt. Steigert in geeigneten Mengen die Häufigkeit und Stärke der Zusammenziehungen und vermehrt den Tonus. Wirkung wird durch vorherige Anwendung von Ergotoxin nicht behindert[8]).

---

[1]) E. Winterstein u. C. Reuter, Zeitschr. f. physiol. Chemie **86**, 234—237 [1913]; Chem. Centralbl. **1913**, II, 693.

[2]) Magnus, Pflügers Archiv d. Physiol. **108**, 1 [1905].

[3]) M. Guggenheim u. Wilh. Loeffler, Biochem. Zeitschr. **72**, 303—324 [1916]; Chem. Centralbl. **1916**, I, 489.

[4]) Kurt H. Meyer u. Heinrich Hopff, Berichte d. Deutsch. Chem. Gesellschaft **54**, 2274—2282 [1921]; Chem. Centralbl. **1921**, III, 1458.

[5]) Albert B. Weinhagen, Journ. of Amer. Chem. Soc. **42**, 167 [1919]; Chem. Centralbl. **1920**, III, 820.

[6]) Curt Wachtel, Biochem. Zeitschr. **120**, 265—283 [1921]; Chem. Centralbl. **1921**, IV, 849.

[7]) A. Samojlow, Centralbl. f. Physiol. **27**, 7—11 [1913]; Chem. Centralbl. **1913**, II, 601.

[8]) David J. Macht, Journal of pharmacol. a. exp. therapeut. **8**, 261—271 [1916]; Chem. Centralbl. **1916**, II, 505.

Muscarin übt am Froschherz folgende paradoxe Wirkung aus: bei Vorbehandlung mit Calciumchlorid oder Adrenalin sympathicotrope Contractur, die durch Ergotoxin verhindert werden kann[1]).

Bei der Behandlung von Cholinplatinchlorid mit Salpetersäure nach Schmiedeberg und Harnack entsteht meistens als Hauptprodukt das Platinchloridsalz des Salpetrigsäureesters des Cholins, daneben aber noch gegenüber dem Cholinsalpetrigsäureester antagonistisch wirkende und unwirksame Nebenprodukte. Dies erklärt die wechselnde pharmakologische Aktivität des sog. künstlichen Muscarins[2]).

Derivate: Am Froschherzen in situ geprüft, zeigten sich **Acetonmuscarin** und **Acetalmuscarin,** selbst in 1 proz. Lösung unwirksam, **Anhydromuscarin, Homomuscarin** und **Triäthylhomomuscarin** wirksam, das zweite nur $^1/_4$ so stark wie das erste, das dritte wieder gleich diesem. Der Stillstand durch die Triacetylhomomuscarine wird durch Atropin selbst 1 : 400 nicht aufgehoben[3]).

Acetonmuscarinchlorid[3]) $CH_3 \cdot CO \cdot CH_2 \cdot N(CH_3)_3Cl$ aus Monochloraceton und Trimethylamin in Alkohol; hygroskopische Krystalle, Schmelzp. zwischen 20 und 30°, löslich in Wasser und Alkohol, unlöslich in Äther, autooxydierbar, stark reduzierend. Das Platinsalz, Schmelzp. = 217—223°, ist löslich in heißem Wasser, unlöslich in Alkohol, Goldsalz in heißem Wasser zersetzlich.

Acetalmuscarinchlorid[3]) $(C_2H_3O_2)_2CH \cdot CH_2 \cdot CH_2 \cdot N(CH_3)_3Cl$; aus Chloracetat und Trimethylamin in Alkohol bei 125°. Hygroskopisch; löslich in Wasser und Alkohol, unlöslich in Äther, liefert ein Platinsalz in rautenförmigen Krystallen, neben den oktaedrischen des Salzes von Anhydromuscarin, das aus dem Acetal durch konz. Salzsäure entsteht.

Homomuscarin.

Derivate: Chlorhydrat des β-Homomuscarinacetals, Trimethyl-β, β-dioxyäthylpropylammoniumchlorid $(C_2H_5O)_2 \cdot CHCH_2CH_2 \cdot N(CH_3)_3Cl$, erhalten aus dem Acetal des Chlorpropionaldehyds und Trimethylamin in 33 proz. alkoholischer Lösung bei Wasserbadtemperatur; sternförmige, kleine, sehr hygroskopische Nadeln; löslich in Wasser und Alkohol, unlöslich in Äther. — **Platindoppelsalz** $[HC(OC_2H_5)_2 \cdot CH_2CH_2 \cdot N(CH_3)_3]_2 \cdot PtCl_6$, erhalten in alkoholischer Lösung, prismatisch-rhombische, orangerote Krystalle aus Methylalkohol; leicht löslich in Wasser, nicht in Alkohol; beginnt bei 160° sich zu schwärzen; zersetzt sich unter Gasentwicklung gegen 190—195°. — **Golddoppelsalz** $HC(OC_2H_5)_2 \cdot CH_2CH_2 \cdot N(CH_3)_3 \cdot AuCl_4$, erhalten aus wässeriger Lösung; glänzende, strohgelbe Nadeln; leicht löslich in Alkohol, unlöslich in Wasser; reduziert sich, beim Stehen besonders in wässeriger Lösung unter Abscheidung von metallischem Goldspiegel; verfärbt sich bei 85°, schmilzt bei 93—95° zu einer klaren, goldgelben Flüssigkeit, die sich rasch zersetzt.

β-Homomuscarinchlorhydrat, aus dem Acetal mit dem 8 fachen Volumen stark gekühlter konz. HCl; etwas hygroskopische Krystalle, leicht löslich in Wasser und Alkohol, unlöslich in Äther. — **Platindoppelsalz** $[HCO \cdot CH_2 \cdot CH_2 \cdot N(CH_3)_3]_2 \cdot PtCl_6$, in wässeriger und alkoholischer Lösung erhalten; mikroskopische, schwach orangegelbe Stäbchen aus heißem Wasser; wenig löslich in kaltem Alkohol und Wasser; zersetzt sich, ohne zu schmelzen, gegen 156—160°. — **Golddoppelsalz** $HCO \cdot CH_2 \cdot CH_2 \cdot N(CH_3)_3AuCl_4$, in wässeriger Lösung erhalten; mikroskopische Krystalle, unlöslich in Wasser, löslich in Alkohol; zersetzt sich beim Erhitzen in Wasser unter Goldabscheidung; beginnt bei 130° sich zu verfärben, schmilzt unter Zersetzung bei 150 bis 155°. — **Semicarbazon des β-Homomuscarinchlorhydrats,** $NH_2 \cdot CO \cdot NH \cdot N = CH \cdot CH_2 \cdot CH_2 \cdot N(CH_3)_3Cl$; durch Erwärmen des Chlorhydrats mit der gleichen Menge Kaliumacetat und salzsaurem Semicarbazid; kleine reguläre Oktaeder; Schmelzp. 247,5°[4]).

Triäthylhomomuscarin[3]).

Triäthylhomomuscarinchlorid $OCH \cdot CH_2 \cdot CH_2 \cdot N(C_2H_5)_3Cl$. Krystallisiert nach längerem Stehen über Schwefelsäure, liefert wasserfreies Goldsalz.

[1]) Ernst P. Pick, Wiener klin. Wochenschr. **33,** 1081—1085 [1920]; Chem. Centralbl. **1921,** I, 379.

[2]) A. B. Weinhagen, Zeitschr. f. physiol. Chemie **112,** 13—28 [1920]; Chem. Centralbl. **1921,** I, 778.

[3]) V. Brabant, Arch. intern. de pharmacodyn. et therap. **25,** 295 [1921]; Chem. Cenralbl. **1921,** III, 124.

[4]) V. Brabant, Zeitschr. f. physiol. Chemie **86,** 206—214 [1913]; Chem. Centralbl. **1913,** II, 690.

Pseudomuscarin[1])[2]).

$$OH \cdot N(CH_3)_3 \cdot CH_2 \cdot CH_2 \cdot O \cdot NO.$$

Bildung: In Form seines Platinichloridsalzes durch Erhitzen von Cholinplatinichlorid in konz. HNO_3 (D : 1,4) am Wasserbade und Verdampfen zur Trockene.

Physiologische Eigenschaften: Das synthetische Produkt hat curareähnliche Wirkung auf Frösche, dagegen kontrahiert es nicht die Säugetierpupille. Unterscheidung vom natürlichen Produkt[1]).

Derivate: Salze des Pseudomuscarins[1]). Die Hydrolyse der Salze ergibt Cholin und salpetrige Säure. Das freie Nitrosocholin gibt die Liebermannsche Nitrosoreaktion mit Phenol und H_2SO_4.

Pseudomuscarinplatinichlorid[1]). Oktaedrische Krystalle aus Wasser vom Schmelzp. 250 bis 251° unter Zersetzung.

Pseudomuscarinaurichlorid[1]). Aus dem vorigen durch Zersetzen mit KCl, Eindampfen zur Trockene, Aufnehmen mit Alkohol und Versetzen der wässerigen Lösung des eingedampften Alkoholextraktes mit wässeriger Goldchloridlösung. Platten aus Wasser, vom Schmelzp. 256° (sintert bei 200°).

Stachydrin (Bd. IV, S. 837; Bd. IX, S. 223).

Vorkommen: Aus 350 g Alfalfaheu wurden 0,875 g Stachydrinchlorhydrat gewonnen[3]). Wenig in Blüten von Chrysanthemum sinense Sabin, in den Blättern (1 kg lufttrocken) 0,06 g[4]).

Darstellung: Zwecks Gewinnung von Stachydrin kann die Phosphorwolframsäuremethode ersetzt werden durch Extraktion der Base mit einer alkoholischen Sublimatlösung. α_D^{18} des Stachydrins $= -26,2°$; bleibt es längere Zeit in Berührung mit Basen oder Säuren, so sinkt α_D auf $-9,2$—$9,3°$; mit konz. Alkali gekocht, wird die Base völlig racemisiert[5]).

Physiologische Eigenschaften: Widersteht vollständig der saprophytischen Zersetzung; die bakterielle Abspaltung der Kohlensäure wie die des N wird durch die Methylierung verhindert[6]).

Derivate: Stachydrinphosphorwolframat[7]).

Trigonellin (Bd. IV, S. 838; Bd. IX, S. 223).

Vorkommen: 0,17 g in 1 kg lufttrockenem Material von jungen Blättern von Morus alba L. var. latifolia Bur.[4]).

Derivate: Ferroverbindung des Trigonellins[8]), rote, schräg abgeschnittene Prismen; das **Ferricyanid des Alkaloids,** gelbe Prismen bildend.

Betonicin[9]) (Bd. IX, S. 225).

Bildung: Bei der Einwirkung von CH_3J und NaOH auf 4-Oxyhygrinsäure.

Physikalische und chemische Eigenschaften: Vierseitige Pyramiden aus Alkohol, zersetzt sich bei 252°, etwas hygroskopisch, schmeckt süß, ist neutral, gibt starke Pyrrolreaktion, $[\alpha]_D = -35,1°$ (c $= 3,5050$ in Wasser).

---

[1]) A. James Ewins, Biochem. Journ. 8, 209—215 [1914]; Chem. Centralbl. **1914**, II, 1036.

[2]) Harnack, Archiv f. experim. Pathol. u. Pharmakol. **4**, 168 [1878] und **6**, 101 [1879].

[3]) H. Steenbock, Journ. of Biolog. Chem. **35**, 1—13 [1909]; Chem. Centralbl. **1919**, I, 376.

[4]) K. Yoshimura, Zeitschr. f. physiol. Chemie **88**, 334—345 [1913]; Chem. Centralbl. **1914**, I, 680.

[5]) N. T. Deleano, Bull. Şoc. de Ştiinţe din Bucareşti **23**, 39—42 [1914]; Chem. Centralbl. **1914**, II, 647.

[6]) D. Ackermann, Zeitschr. f. Biol. **64**, 44—50 [1914]; Chem. Centralbl. **1914**, II, 58.

[7]) Jack Cecil Drummond, Biochem. Journ. **12**, 5 [1918]; Chem. Centralbl. **1918**, II, 944.

[8]) Georg Roeder, Berichte d. Deutsch. Chem. Gesellschaft **46**, 3724—3727 [1913]; Chem. Centralbl. **1914**, I, 130.

[9]) John Augustus Gordon u. Hubert William Bentley Clewer, Journ. Chem. Soc. London **115**, 923—933 [1919]; Chem. Centralbl. **1920**, I, 712.

Derivate: Hydrochlorid. Nadeln oder Prismen aus absolutem Alkohol, zersetzt sich bei 227°, nicht hygroskopisch, reagiert sauer, $[\alpha]_D = -24,8°$ (c = 3,5900 in Wasser). — $C_7H_{13}O_3N \cdot HAuCl_4$, vierseitige gelbe Tafeln aus Wasser, zersetzt sich bei 230—232°[1]).

Turicin[1]) (Bd. IX, S. 225).

Bildung: Bei der Einwirkung von CH_3J und NaOH auf 4-Oxyhygrinsäure.

Physikalische und chemische Eigenschaften: Prismen mit $1\,H_2O$ aus Alkohol, zersetzt sich wasserfrei bei 260°, schmilzt wasserhaltig bei etwa 249° und zersetzt sich bei 256°, etwas hygroskopisch, neutral gegen Lackmus, schmeckt süß, gibt starke Pyrrolreaktion, $[\alpha]_D = +41,5°$ (c = 1,8065 in Wasser).

Derivate: Hydrochlorid. Nadeln oder sechsseitige Tafeln aus absol. Alkohol, zersetzt sich bei 224°, reagiert sauer, $[\alpha]_D = +25,7°$ (c = 2,8000 in Wasser). — $C_7H_{13}O_3N \cdot HAuCl_4$, gelbe Prismen aus Wasser, zersetzt sich bei 230—232°[1]).

---

[1]) John Augustus Gordson u. Hubert William Bentley Clewer, Journ. Chem. Soc. London **115**, 923—933 [1919]; Chem. Centralbl. **1920**, I, 712.

Indol und Indolabkömmlinge.

Von

Géza Zemplén-Budapest.

Vorkommen: In den Dämpfen, welche die Melasse bei der Entzuckerung mit Baryt oder Strontian beim anhaltenden Kochen mit einem starken Überschuß der alkalischen Erden entwickelt. Die Muttersubstanzen sind wahrscheinlich die in der Melasse enthaltenden Reste von Eiweißstoffen[1].

Freies Indol ist in kleinen Mengen fast stets in normalem Harn vorhanden. In seltenen Fällen ist die Menge des Indols pathologisch stark erhöht[2].

Bildung: Bei der Fäulnis von 2,194 kg trockenem Fibrin wurde gefunden 22,351 g Indol, das ist 1,26%[3].

Moraczewski bestimmte die Indolmengen bei der Fäulnis von Fibrin und Casein[4].

Typhus-, Paratyphusbacillen und auch Diphtheriebacillen können im Gegensatze zu den eigentlichen Indolbildnern und vielen indolnegativen auch freies Indol verbrauchen[5].

Keine Bildung von Indol in tryptophanreichen Mitteln durch Bacillus phenologenes[6].

Die Indolbildung durch Bact. coli communis wird durch Zucker, die bei der Gärung Säure bilden, gehemmt. Die Hemmung bedingt nicht der Zucker selbst, sondern die aus ihm entstandene Säure. Milchsäure hemmt unterhalb 0,1%, HCl bei ganz schwach saurer Reaktion. Andererseits findet bei Zusatz kleiner Mengen Alkali die Bildung von Indol auch in Traubenzuckerbouillon trotz nachweisbarer Vergärung des Zuckers statt[7].

Der Pfeiffersche Bacillus bildet zuweilen, wenn die Kolonien gut entwickelt sind, besonders auf Nährböden, die mit gekochtem Blut nach dem Verfahren von Levinthal bereitet sind, Indol[8].

Stämme des Flexnerschen und des Y-Typhus von Ruhrbacillen, der Typen Strong und Saigon bilden alle, außer dem Strongschen Stamm mit verschiedener Stärke Indol[9].

Aus Stuhlproben bei einer akuten Gastroenteritisepidemie isolierter Stämme von Proteus vulgaris zeigten recht wechselnde Fähigkeit zur Bildung von Indol[10]. Proteusbacillen, die zum A-Stamm gehören, bilden Indol[11].

---

[1] Edmund O. von Lippmann, Berichte d. Deutsch. Chem. Gesellschaft **49**, 106—107 [1916]; Chem. Centralbl. **1916**, I, 297.

[2] A. Labat, Compt. rend. de la Soc. de Biol. **83**, 1089 [1920]; Chem. Centralbl. **1920**, III, 680.

[3] E. u. H. Salkowski, Zeitschr. f. physiol. Chemie **105**, 242—248 [1919]; Chem. Centralbl. **1919**, III, 678.

[4] W. von Moraczewski, Biochem. Zeitschr. **70**, 37—44 [1915].

[5] E. Herzfeld u. R. Klinger, Centralbl. f. Bakt. u. Parasitenk. I. Abt. **76**, 1—12 [1915]; Chem. Centralbl. **1915**, II, 86.

[6] Albert Berthelot, Annales de l'Inst. Pasteur **32**, 17—36 [1918]; Chem. Centralbl. **1918**, II, 130.

[7] Fritz Verzár, Biochem. Zeitschr. **91**, 1—45 [1918]; Chem. Centralbl. **1919**, I, 97—99.

[8] Marcel Rhein, Compt. rend. de la Soc. de Biol. **82**, 138—139 [1919]; Chem. Centralbl. **1919**, III, 278.

[9] E. Debains, Annales de l'Inst. Pasteur **31**, 73—83 [1917]; Chem. Centralbl. **1917**, II, 113.

[10] Aimée Horowitz, Annales de l'Inst. Pasteur **30**, 307—318 [1916]; Chem. Centralbl. **1917**, I, 24.

[11] Hans Schäffer, Centralbl. f. Bakt. u. Parasitenk. I **83**, 439 [1919]; Chem. Centralbl. **1919**, III, 1076.

In 11 von 12 Fällen der Influenza meningitis, nicht aber bei Meningitis anderer Ätiologie erhielt Rivers[1]) in der mit 1 Tropfen Blut versetzten Spinalflüssigkeit mit Ehrlichs Reagens positive Indolreaktion einige Stunden nach Entnahme[1]).

Bacillus violaceus und Bacillus pyocyaneus bilden Indol, bei Bacillus subtilis und Staphylococcus pyogenes aureus war es nicht nachzuweisen[2]). Von Lactose, Maltose, Galaktose, Fructose und Glucose hemmt nur die Glucose die Bildung von Indol vollständig, und zwar bei Konzentrationen von 1,80—2,25 $^0/_{00}$ nach 43 Stunden vollständig[3]). Durch den neuen atypischen Dysenteriebacillus, Bacillus d'Hérelle wird kein Indol gebildet[4]). Wirkungen von Säuren, Alkalien und Zuckern auf das Wachstum und die Indolbildung von Bacillus coli[5]).

Darstellung: Eine zur Darstellung brauchbare Synthese rührt von W. Glund[6]). — Man geht dabei von o-Aldehydophenylglycin, das von o-Nitrobenzaldehyd aus in einfachen Operationen leicht in Form seines Oxims gewonnen wird. Das Oxim wird mit schwefliger Säure zerlegt und dann mit Essigsäureanhydrid und Natriumacetat in Indol verwandelt.

$$\text{o-Aldehydophenylglycin} \longrightarrow \text{Indol} + CO_2 + H_2O$$

22,5 g o-Aminobenzaldoxim werden mit 17 g Chloracetamid und 350 ccm Wasser in Gegenwart von 9 g Calciumcarbonat 3 Stunden erhitzt. Dabei bildet sich o-Aldehydophenylglycinamidoxim[7]):

Es bildet mikroskopische Prismen aus Wasser vom Schmelzp. 212—214° unter Zersetzung. Es ist kaum löslich in kaltem Wasser, schwer löslich in organischen Flüssigkeiten. — Werden 10 g der Verbindung mit 125 ccm 2 n-Natronlauge gekocht, dann 250 ccm Schwefelsäure zugegeben, so entsteht o-Aldehydophenylglycinoxim:

Es bildet Krystalle aus Wasser vom Schmelzp. 134° unter Gasentwicklung. — Sehr leicht löslich in Äther, Aceton, Alkohol; ziemlich löslich in heißem Wasser und Chloroform.

3 g dieses Oxims werden mit 50 ccm kaltgesättigter, wässeriger schwefliger Säure auf dem Wasserbade bis zur eben erfolgten Lösung erwärmt. Man fügt dann weitere 50 ccm schweflige Säure hinzu und läßt im Kölbchen, das mit der Capillare leicht verschlossen ist, auf dem Wasserbade 3 Stunden ruhig stehen. Der freie Aldehyd, das o-Aldehydophenylglycin scheidet sich dann meist schon in der Hitze in großen schönen Krystallen aus. Nach dem Trocknen auf dem Wasserbad werden 2,1 g oder 76% der Theorie erhalten. Der Aldehyd ist sofort rein. Schmelzp. 176°. Aus 12 g rohem Oxim wurden bei Anwendung von 200 ccm schwefliger Säure und späterer

---

[1]) T. M. Rivers, Journ. of the Amer. med. Assoc. **75**, 1495—1496 [1920]; ausführl. Ref.: Ber. ges. Physiol. **6**, 91 [1921]; Chem. Centralbl. **1921**, II, 952.

[2]) Alice Breslauer, Zeitschr. f. Gärungsphysiologie **4**, 353 [1915]; Chem. Centralbl. **1915**, I, 559.

[3]) Albert Fischer, Biochem. Zeitschr. **70**, 105—118 [1915].

[4]) F. D'Hérelle, Annales de l'Inst. Pasteur **30**, 145—147 [1916]; Chem. Centralbl. **1916**, II, 26.

[5]) Frank John Sadler Wyeth, Biochem. Journ. **13**, 10 [1919]; Chem. Centralbl. **1919**, III, 278.

[6]) Wilhelm Glund, Berichte d. Deutsch. Chem. Gesellschaft **48**, 421 [1915];

[7]) Wilhelm Glund, Journ. Chem. Soc. **103**, 1251 [1913].

Zufügung von noch 100 ccm in gleicher Weise durch direkte Krystallisation 8 g Aldehyd erhalten und durch Fortkochen der schwefligen Säure noch eine zweite Krystallisation von 1,7 g erhalten. — Die Gesamtausbeute war demnach 9,7 g oder 87% der Theorie. — Die Überführung in Indol geschieht wie folgt:

10 g frisch geschmolzenes Natriumacetat werden mit 20 ccm Essigsäureanhydrid übergossen und 3 g o-Aldehydophenyl-glycin zugefügt. Man erwärmt zunächst etwa 1 Minute auf dem Wasserbade, bis der größte Teil in Lösung gegangen ist, und hält sodann 10 Minuten lang im Einschliffkölbchen unter Rückfluß im Sieden. Es entweicht viel Kohlensäure, und das Acetat klumpt zusammen. — Die Masse wird erkalten gelassen, mit Wasser versetzt und dann allmählich 100 ccm 33 proz. Kalilauge zugefügt unter zeitweiliger oberflächlicher Kühlung, um zu starke Erwärmung zu vermeiden. Der Geruch des Essigsäureanhydrids ist dann verschwunden und der reine Geruch des Indols, das sich in Tröpfchen an der Oberfläche sammelt, an seine Stelle getreten. — Beim Abtreiben mit Wasserdampf geht das Indol mit den ersten Wasserdampfmengen so reichlich über, daß es beim Arbeiten mit größeren Mengen leicht den Kühler verstopft. Man destilliert, bis das Destillat nur noch schwach nach Indol riecht. Beim Stehen in Eis scheidet sich das Indol daraus sofort in Form glänzender Platten ab, die gesammelt und über Stangenkali getrocknet werden. — Ausbeute 1,3 g. — Die Mutterlauge gibt an Äther noch 0,2—0,3 g Indol ab, die beim Verdunsten des Äthers krystallisiert zurückbleiben. — Die Ausbeute beträgt also 1,5 g oder 77% der Theorie. Das Produkt zeigt den Schmelzp. 53° und bedarf keiner weiteren Reinigung.

Indoldarstellung[1]).

Nachweis und Bestimmung: Um bei der praktischen qualitativen Indolbestimmung bei Proteusbacillen zuverlässige Resultate zu erhalten, sind folgende Punkte zu beachten: 1. Das p-Dimethylaminobenzaldehydreagens nach Ehrlich ist wegen seiner Empfindlichkeit zu empfehlen; 2. Als Nährlösung wird immer die Zipfelsche Lösung verwendet; 3. In Ermangelung der Zipfelschen Lösung werden nur mittels Destillation der Kulturen richtige Resultate erhalten[2]).

Nachweis von Indol in Bakterienkulturen. Mit Nitromethan. — Erstarrte Agarplatten werden durch Oberflächenaussaat mit dem Untersuchungsmaterial beschickt, um isolierte Kulturen zu erhalten. — Nach 8—16 stündigem Wachstum im Brutschrank hebt man die zu untersuchende Kolonie oder Koloniegruppe mit darunterliegendem Agarbett heraus, gibt in einem Reagensrohr verdünnte Kalilauge hinzu und kocht auf. Nach dem Abkühlen setzt man 1 ccm Amylalkohol hinzu und fügt unter Schütteln konz. Salzsäure bei. — Der sich absetzende Amylalkohol muß, wenn dem Agar einige Tropfen Nitromethan zugefügt waren und die Kolonien auch nur geringe Mengen Indol produziert hatten, rot oder rosa mit nach dem Indolgehalt wechselnder Färbungsintensität gefärbt sein. — Man kann auch statt dem Agar der verdünnten Lauge die Tropfen Nitromethan zusetzen[3]).

Nachweis bei Kulturen von Bacterium coli. Die Reaktion auf Indol von Morelli ist nach 24 stündiger Einwirkung bei 5 proz. Witte-Pepton einwandfrei. Bei Bylapepton genügte eine 1 proz. Lösung. Nitrate, Nitrite stören noch bei einem Gehalt von 0,1% die Morellische Reaktion nicht, 0,5% Traubenzucker verhinderte aber sie ganz. Zuckerfreie Nährboden sind unbedingt nötig zu den Kulturen. Thocu und Geilinger[4]) vergleichen auch die Morellische Reaktion mit der von Kourich und Zipfel, Salkowski-Kitasato, Ehrlich-Böhme und Baudisch.

Zur Ersparnis von Alkohol und Pepton wird durch Pringsheim[5]) empfohlen: 1. Als Substrat gewöhnliche Fleischextraktbouillon mit 1% Pepton, nach Impfung mit Kartoffelbacillen im Kölbchen 5 Tage bei 37° gebrütet, dann vorsichtig abgegossen, durch Papier filtriert und mit physiol. Lösung von 1,3 g verdünnt; 2. An Stelle des Ehrlich-Böhmerschen Reagenses ein solches aus 5 g Dimethylamidobenzaldehyd, 50 g Methylalkohol und 40 g konz.

---

[1]) W. Glund, D.R.P. Kl. 12o, Nr. 286762 v. 25. Dez. 1913 (31. Aug. 1915); Chem. Centralbl. **1915**, II, 861.

[2]) E. A. R. F. Baudet, Folia microbiol. **2**. Heft 3. 10 S. [1914]; Chem. Centralbl. **1914**, I, 1845.

[3]) Oskar Baudisch, Zeitschr. f. physiol. Chemie **94**, 132 [1915]; Chem. Centralbl. **1915**, II, 859.

[4]) J. Thöni u. H. Geilinger, Mitt. Lebensmitteluntersuch. u. Hyg. **8**, 65—93 [1917]; Chem. Centralbl. **1917**, II, 328.

[5]) E. Pringsheim, Centralbl. f. Bakt. u. Parasitenk. I. Abt. **82**, 318—320 [1918]; Chem. Centralbl. **1919**, II, 235.

HCl. Zur Reaktion werden davon 5 Tropfen mit 10 Tropfen gesättigter wässeriger Lösung von $K_2S_2O_8$ benutzt.

Salkowski[1]) berichtet, daß die von Steeusma[2]) durch Zusatz von wenig $NaNO_2$ bei der Reaktion auf Indol verschärftes Verfahren irreführen kann, weil dann auch ohne Gegenwart von Indol destilliertes Wasser mit Dimethylamidobenzaldehyd (Merksches) und HCl eine Rotfärbung verursachen können. Diese Pseudoreaktion unterscheidet sich aber von der wahren Indolreaktion, daß bei dieser Pseudoreaktion die Farbe mit Amylalkohol geschüttelt nicht in diesen übergeht und langsam verblaßt, im Gegenteil bei der Indolreaktion hält sich der Farbstoff, namentlich in Amylalkohollösung tagelang. Amylalkohol bei stärkerer Konzentration absorbiert das Spektrum ganz bis auf den größten Teil des Rots, während sich bei passender Verdünnung ein mehr oder weniger starker Absorptionsstreifen im Grün bemerkbar macht. Es scheinen sich bei der Reaktion zwei Farbstoffe zu bilden; bei längerem Stehen der amylalkoholischen Lösung mit Wasser geht ein Teil des Farbstoffs wieder in dieses über, mit purpurroter oder purpurvioletter Farbe, und der Amylalkohol zeigt dann rote Färbung mit einem Stich ins Orange. — Bei der Reaktion ohne Zusatz von $NaNO_2$ sind die Absorptionserscheinungen bei stärkerer Konzentration dieselben, bei passender Verdünnung hellt sich aber das Spektrum bis auf einen schmalen Absorptionsstreifen zwischen C und D, näher an D, auf. Überschreitet die Konzentration eine gewisse obere Grenze, so fällt die Ehrlichsche Reaktion schlechter aus.

30—50 g gut verrührter frischer Faeces werden mit 10% Kalilauge aus einem Kjehldalkolben destilliert. Das Destillat wird mit n-Schwefelsäure gegen Phenolphthalein neutralisiert und nach Zugabe eines weiteren Kubikzentimeters wieder destilliert. Dieses Destillat wird mit 1 ccm 2 proz. β-Naphthochinonmonoatriumsulfatlösung und 2 ccm 10 proz. Kalilauge versetzt und 15 Minuten stehen gelassen. Im Chloroformextrakt wird das Indol colorimetrisch bestimmt[3]).

Die von Nonnotte und Demanche[4]) benutzte colorimetrische Methode hat einen Nachteil, insofern auch die vielfach in Harn und in Bakterienkulturen auftretende Indolessigsäure mit Stickstoffoxyd (N_2O_3) Rotfärbung gibt[5]).

Physiologische Eigenschaften: Verhalten verschiedener Bakterien gegen Indol; $+$ = Indolbildung, $-$ = keine Indolbildung[6]).

B. diphtheriae	—	B. lactis aerogenes IV	+
B. dysenteriae, Shiga	—	Slimy 6 d—6 d I	—
B. dysenteriae, Flexner	—	Slimy 53 d—53 d I	+
B. thyphosus	—	Vibriocholera	+
B. alkaligenes	—	Vibriocholera F und P	+
B. cuniculicida	+	Vibriocholera Nassac	+
B. paratyphosus-α	...	Vibriocholera $H/_{61}$	—
B. paratyphosus-β	...	Vibriocholera $H/_{120}$	—
Morgan bac.	—	Vibriocholera Metschnikow	+
B. coli (gewöhnliche Art)	+	B. mesentericus	+
B. coli (Rohrzucker vergärende Form)	+	B. alvei	...
B. cloacac	+	B. anthracis	...
B. proteus	+	Streptococcus pyogenes	—
B. mucosus capsulatus I	+	Staphylococcus pyogenes	—
B. mucosus capsulatus II—III	—	Mic. tetragenes	—
B. mucosus (Pfeiffer)	—	Mic. melitensis	—
B. lactis aerogenes (Chicago)	—	Mic. zymogenes	—

Wird die Indolproduktion durch Bacillen in Nährböden ohne Zucker und in solchen mit Glucose, Maltose, Saccharose, Lactose und Mannit untersucht, so findet sich bei Colibacillen im allgemeinen Parallelität zwischen der Hemmung der Indolbildung und der Gärung mit Gasbildung, doch liefern 2 Stämme in Gegenwart von Saccharose trotz solcher, allerdings langsamer

[1]) E. Salkowski, Biochem. Zeitschr. **97**, 123—128 [1919]; Chem. Centralbl. **1919**, IV, 1034.

[2]) Steeusma, Zeitschr. f. physiol. Chemie **47**, 25 [1906]; Chem. Centralbl. **1906**, I, 968.

[3]) O. Bergeim, Journ. of Biolog. Chem. **32**, 17 [1921]; Chem. Centralbl. **1921**, IV, 630.

[4]) Nonotte u. Demanche, Compt. rend de la Soc. de Biol. **64**, 658 [1911]; Moraczewski, Zeitschr. f. physiol. Chemie **55**, 42 [1908]; Chem. Centralbl. **1908**, I, 1743.

[5]) H. F. Zoller, Journ. of Biolog. Chem. **41**, 25 [1920]; Chem. Centralbl. **1920**, IV, 69.

[6]) Arthur J. Kendall, Alexander A. Day u. Arthur W. Walker, Journ. of Amer. Chem. Soc. **35**, 1201—1249 [1913]; Chem. Centralbl. **1913**, II, 1693.

Gärung auch Indol. Gleiches zeigte sich bei Proteus vulgaris, Pseudodysenteriebacillen, Choleravibrionen, Vibrio septicus. Die Bildung von Indol kann auch eintreten, wenn die gärfähige Substanz verbraucht ist[1]).

Physikalische und chemische Eigenschaften: Gautier und Hervieux[2]) stellten fest, daß nach Injektion von Indol in die Bauchvene stets Indoxyl im Harne in beträchtlichen Mengen erscheint. — Dieses Auftreten beginnt bereits 6 Stunden nach der Injektion und dauert mehrere Tage an.

Bei der von Magnus[3]) eingeführten Methode zur graphischen Registrierung der Bewegungen des überlebenden Darmes wirkt Indol in Dosen von 0,05—0,01 g[4]).

Liefert in alkoholischer Lösung am Licht eine Verbindung $C_{16}H_{12}ON_2$, die höchstwahrscheinlich Indoxyläther ist[5]).

Erhitzt man Indol mit Schwefel auf 180—190°, so entsteht eine schwefelfreie Verbindung $C_{14}H_{12}N_2$[6]). Nadeln aus Aceton, Schmelzpunkt beim langsamen Erhitzen bei 319° unter Zersetzung, beim schnellen Erhitzen bei 326°, leicht löslich in Eisessig, Alkohol, weniger löslich in Äther, Benzol, Xylol, löslich in konz. Schwefelsäure mit gelber Farbe, die beim Erwärmen in Grün übergeht. — Bei der Einwirkung schwacher Oxydationsmittel, wie Eisenchlorid, verdünnte Jod- oder Bromlösungen, entsteht ein grünes, schwer lösliches, nicht krystallisierendes Oxydationsprodukt. Die stark fluoreszierenden Lösungen der Verbindung $C_{14}H_{12}N_2$ färben sich an der Luft infolge Oxydation allmählich grünlich. Die Verbindung $C_{14}H_{12}N_2$ besitzt keine basischen Eigenschaften oder Neigung zur Bildung von additionellen Verbindungen, auch läßt sie sich weder acetylieren noch benzoylieren. — Bei der Oxydation mit konz. Salpetersäure entsteht Isatin, demnach ist in ihr noch der Indolkern enthalten. — Kondensiert man Indol mit Nitrobenzol in Gegenwart von etwas alkoholischer Kalilauge, so erhält man Phenylcarbylamin neben dem in sekundärer Reaktion entstehenden Azobenzol. — Diese Reaktion kann evtl. so zu deuten sein, daß das zunächst zu erwartende Anil des Indolons

$$C_6H_4 \begin{array}{c} C = N - C_6H_5 \\ \\ CH \\ N \end{array}$$

entsteht, daß aber diese Verbindung unbeständig ist und schon bei gewöhnlicher Temperatur in zwei gleiche Teile, nämlich Phenylcarbylamin zerfällt[6]).

Wasserstoffionenkonzentrationen von $> 1 \times 10^{-6}$ verursachen eine Verminderung der Flüchtigkeit des Indols mit Wasserdampf, wahrscheinlich infolge Bildung schwach assoziierter Verbindungen mit der Säure. — Bei $p_H = $ etwa 10,5 besteht keine merkliche Wirkung. Bei geeigneter Reaktion kann das Verfahren der Destillation mit Wasserdampf durch ein solches direkter Destillation ersetzt werden[7]).

Mit p-Kresol liefert Indol sogar in sehr verdünnten Lösungen, bis 0,0037% Indol einen in Äther löslichen Farbstoff, der identifiziert werden kann[8]).

Nach O. Winterstein gibt Indol Verbindungen mit NH_3, Methyl-, Dimethyl-, Trimethylamin, Guanidin, Kreatin, Kreatinin, Arginin, Glykokoli, Hippursäure, Alanin, Leucin, Asparagin, Asparaginsäure, Glutaminsäure, Tyrosin, Tryptophan, Harnsäure, Xanthin, Glucose, Lävulose, Saccharose, Dextrine, Hühner- und Bluteiweiß, Gelatine, Fibrin, Witte-Pepton, Glycerin, Erithyt, Mannit, Ameisen-, Essig-, Propion-, Butter-, Valerian-, Glykol-, Milch-,

---

[1]) R. Appelmans, Compt. rend. de la Soc. de Biol. **85**, 725—727 [1921]; Chem. Centralbl. **1922**, I, 52.

[2]) Cl. Gautier u. Ch. Hervieux, Compt. rend. de la Soc. de Biol. **82**, 1302—1304 [1919]; Chem. Centralbl. **1920**, I, 434.

[3]) Magnus, Pflügers Archiv f. Physiol. **108**, 1 [1905].

[4]) M. Guggenheim u. Wilh. Loeffler, Biochem. Zeitschr. **72**, 303—324 [1916]; Chem. Centralbl. **1916**, I, 489.

[5]) Bernardo Oddo, Gazz. chim. ital. **43**, II, 190 [1913]; Chem. Centralbl. **1913**, II, 1402; ebendort **46**, I, 323—333 [1916]; Chem. Centralbl. **1916**, II, 577.

[6]) W. Madelung u. M. Teucer, Berichte d. Deutsch. Chem. Gesellschaft **48**, 953—955 [1915].

[7]) Harper F. Zoller, Journ. of Biolog. Chem. **41**, 37 [1920]; Chem. Centralbl. **1920**, III, 86.

[8]) Alice Breslauer, Zeitschr. f. Gärungsphysiologie **4**, 353—368 [1915]; Chem. Centralbl. **1915**, I, 559.

Citronen-, Wein-, Oxal-, Bernsteinsäure, $(H_4N)_2CO_3$, $(H_4N)_2C_2O_4$, $(H_4N)Cl$, $Na_2(NH_4)PO_4$ $(NH_4)_2SO_4$, $(NH_4)NO_3$[1]).

Derivate: Natrium und Kaliumsalz[2]) konnte nicht krystallisiert erhalten werden.
Calciumsalz mit Ammoniak $Ca(C_8H_6N)_2 \cdot 4\,NH_3$. — Krystalle.
Magnesiumsalz mit Ammoniak $Mg(C_8H_6N)_2 \cdot 4\,NH_3$. — Nadeln.
Silbersalz mit Ammoniak[2]) $Ag(C_8H_6N)NH_3$. — Krystalle.

α-Methylindol (Bd. IV, S. 864; Bd. IX, S. 230).

Physikalische und chemische Eigenschaften: Aus Methylindol an der Luft und Licht entsteht eine Verbindung, die sauerstoffhaltig ist. Bildet gelbe Krystalle vom Schmelzp. 208—209°, aus Alkohol[3]). Verhalten gegen Aldehyde und Ameisensäure[4]).

Derivate: 2-Methylindol-3-aldehyd[5]). Im Vakuum der Gaedeschen Pumpe sublimierbar bei 180°; Schmelzp. 202—203°.

α-Methylketoxyläther[6]) $C_{18}H_{16}ON_2$

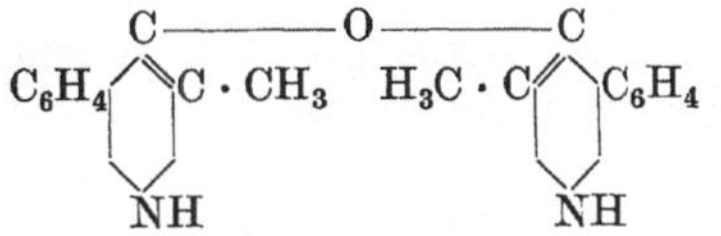

$$C_6H_4\diagdown C \cdot CH_3 \quad\quad H_3C \cdot C \diagdown C_6H_4$$
$$\text{(Struktur mit } C—O—C \text{ Brücke, NH}\text{)}$$

Durch Autoxydation des α-Methylindols. Gelbe, mikroskopische Krystalle aus Alkohol, Schmelzp. 208—209°, wenig löslich in heißem Benzol, Chloroform und Äther, leicht löslich in Pyridin.

Skatol (Bd. IV, S. 868; Bd. IX, S. 232).

Vorkommen: In den Dämpfen, welche die Melasse bei der Entzuckerung mit Baryt oder Strontian beim anhaltenden Kochen mit einem starken Überschuß der alkalischen Erden entwickelt. Die Muttersubstanzen sind wahrscheinlich die in der Melasse enthaltenden Reste von Eiweißkörper[7]).

Physiologische Eigenschaften: Bei der Skatolbildung bei der putriden Bronchitis spielen Bakterien wie Pyocyaneus, denen energische Enzyme, besonders Aminacidase zur Verfügung stehen, die Hauptrolle[8]).

Physikalische und chemische Eigenschaften: Nach O. Winterstein gibt Skatol Verbindungen mit NH_3, Methyl-, Dimethyl-, Trimethylamin, Guanidin, Kreatin, Kreatinin, Arginin, Glykokoll, Hippursäure, Alanin, Leucin, Asparagin, Asparaginsäure, Glutaminsäure, Tyrosin, Tryptophan, Harnsäure, Xanthin, Hühner- und Bluteiweiß, Gelatine, Fibrin, Witte-Pepton, Glycerin, Erithryt, Mannit, Glucose, Lävulose, Saccharose, Dextrine, Ameisen-, Essig-, Propion-, Butter-, Valerian-, Glykol-, Milch-, Citronen-, Wein-, Oxal-, Bernsteinsäure, $(NH_4)_2CO_3$, $(NH_4)_2C_2O_4$, $(NH_4)Cl$, $Na_2(NH_4)PO_4$, $(NH_4)_2SO_4$, $(NH_4)NO_3$[1]).

Derivate: β-Methylketoxyläther[9]) $C_{18}H_{16}ON_2$. Durch Autoxydation von Skatol. Schmelzpunkt 245°, unter Zersetzung.

---

[1]) E. Winterstein, Zeitschr. f. physiol. Chemie **105**, 25—31 [1919]; Chem. Centralbl. **1919**, IV, 421.

[2]) Eduard C. Franklin, Journ. of physic. Chemie **24**, 81 [1920]; Chem. Centralbl. **1920**, III, 249.

[3]) Bernardo Oddo, Gazz. chim. ital. **43**, II, 190 [1913]; Chem. Centralbl. **1913**, II, 1402; ebendort **46**, I ,323—333 [1916]; Chem. Centralbl. **1916**, II, 577.

[4]) M. Scholtz, Berichte d. Deutsch. Chem. Gesellschaft **46**, 2138 [1913]; Chem. Centralbl. **1913**, II, 687.

[5]) G. Barger u. A. S. Ewins, Biochem. Journ. **11**, 58—63 [1917]; Chem. Centralbl. **1917**, II, 226.

[6]) Bernardo Otto, Gazz. chim. ital. **50**, II, 268—275 [1920]; Chem. Centralbl. **1921**, I, 578.

[7]) Edmund O. von Lippmann, Berichte d. Deutsch. Chem. Gesellschaft **49**, 106—107 [1916]; Chem. Centralbl. **1916**, I, 297.

[8]) Takaoki Sasaki u. Ichiro Otsuka, Dtsch. med. Wochenschr. **1914**, 4 Seiten; Chem. Centralbl. **1914**, II, 654.

[9]) Bernardo Oddo, Gazz. chim. ital. **50**, II, 268—275 [1920]; Chem. Centralbl. **1921**, I, 573.

Indolessigsäure (Bd. IV, S. 913).

Bildung: Bei der Fäulnis von 2,194 kg trockenem Fibrin wurde gefunden 8,3 g Indolessigsäure[1].

Keine Bildung von Indol-3-essigsäure in tryptophanreichen Mitteln durch Bacillus phenologenes[2].

Nachweis und Bestimmung: Gibt die Reaktion ohne $NaNO_2$ mit 25 proz. HCl nicht oder nur als allmählich auftretende, schwache Rotviolettfärbung, wohl aber bei Zusatz von $NaNO_2$ (mit gleichem Verhalten gegen Amylalkohol und spektroskopisch wie Indol) oder bei Verwendung von rauchender Salzsäure. Aus der Verwendung von dieser erklärt sich vermutlich der Befund von Hester[3]. Salkowski[4] hält die Bildung von Ureorosein nach Hester für zweifelhaft. Merkwürdig verhält sich Indolessigsäure bei längerem Stehen mit Dimethylamidobenzaldehyd und HCl mit nachträglicher Zugabe von Nitrit.

Oxyindolessigsäure.

Der bei der Ehrlichschen Diazoreaktion gebildete Farbstoff ist wahrscheinlich die Azoverbindung einer Oxyindolessigsäure und diese ein Abbauprodukt des Tryptophans[5].

$$\text{OH}$$
$$\underset{\substack{\text{N}\quad\text{NH} \\ \| \\ \text{N}\cdot C_6H_3Cl_2}}{\underset{\text{CH}}{\overset{\text{C}\cdot CH_2\cdot COOH}{\bigcirc}}}$$

Indolpropionsäure (Bd. IV, S. 915).

Physikalische und chemische Eigenschaften: Gibt in kalter gesättigter Lösung mit Paradimethylamidobenzaldehyd und HCl eine ganz leichte, durch Zusatz von $NaNO_2$ verstärkte Rosafärbung, die sehr schnell Orange wird und dann verblaßt. Bei Anwendung von rauchender Säure tritt auch hier Rotviolettfärbung auf, die meist bald in Grün übergeht; die grüne Lösung wird durch $NaNO_2$ tief blau[4].

Indolbrenztraubensäure[6].

Mol.-Gew. 203,14.
Zusammensetzung: $C_{11}H_9O_3N$.

$$\underset{\text{NH}}{\overset{\text{C}-CH_2-CO-COOH}{\underset{\text{CH}}{\bigcirc}}}$$

Darstellung: Indolaldehyd gibt mit Hippursäure und Essigsäureanhydrid in Gegenwart von Natriumacetat das Acetylderivat des Azlactons folgender Konstitution:

$$\underset{\text{N}-CO-CH_3}{\overset{\text{C}-CH = C}{\underset{\text{CH}}{\bigcirc}}}\quad \underset{CO \quad O}{C}\diagdown \underset{}{\overset{N}{C}}-C_6H_5$$

[1] E. u. H. Salkowski, Zeitschr. f. physiol. Chemie **105**, 245—248 [1919]; Chem. Centralbl. **1919**, III, 678.

[2] Alb. Berthelot, Annales de l'Inst. Pasteur **32**, 17—36 [1918]; Chem. Centralbl. **1918**, II, 130.

[3] Hester, Journ. of biologie. Chem. **4**, 253 [1907].

[4] E. Salkowski, Biochem. Zeitschr. **97**, 123—128 [1919]; Chem. Centralbl. **1919**, IV, 1034.

[5] Leo Hermanns u. P. Sachs, Zeitschr. f. physiol. Chemie **114**, 88—93 [1921]; Chem. Centralbl. **1921**, III, 1302.

[6] A. Ellinger u. Z. Matsuoka, Zeitschr. f. physiol. Chemie **109**, 259 [1920]; Chem. Centralbl. **1920**, III, 317.

10 g Indolaldehyd, 14 g Hippursäure und 5,5 g Natriumacetat werden mit 25 ccm Essig-säureanhydrid 1 Stunde auf 100° erhitzt. Das Reaktionsprodukt, eine krystallinische Masse wird mit Wasser ausgekocht, bis das Filtrat nicht mehr sauer reagiert, getrocknet und aus Chloroform umkrystallisiert. — Dieses Azlacton bildet hellgelbe, rhombische oder schiefrhom-bische Tafeln oder Säulen, Schmelzp. 205—206°. — 4 g des acetylierten Azlactons werden mit 60 ccm 40 proz. Natronlauge bis zur völligen Lösung und zum Aufhören der Ammoniakentwick-lung erhitzt. — Die Lösung wird rasch gekühlt und in die 10 fache Menge Wasser gegossen. — Von einer geringen, nach Indol riechenden Abscheidung wird abfiltriert. — Die mit Eis gekühlte Flüssigkeit wird bei schwefelsaurer Reaktion mit Äther extrahiert. — Der Ätherrückstand wird durch Petroläther von Benzoesäure befreit, dann wieder mit Äther aufgenommen, wobei eine dunkelgefärbte Verunreinigung zurückbleibt. Ausbeute 2,2 g.

Physiologische Eigenschaften: Subcutan verabreicht ist sie in Dosen von 0,5—1 g giftig; sie verursacht Albuminurie. — Nach intravenöser Verabreichung an Kaninchen konnten 1,2 bis 12,7% der berechneten Menge Kynurensäure aus dem Harn isoliert werden.

Physikalische und chemische Eigenschaften: Krystalle aus Eisessig, mit 1 Mol. Essig-säure, das bei 100 g über Kaliumhydroxyd entweicht.

Derivate: p-Nitrophenylhydrazon $C_{17}H_{14}O_4N_4$ bildet zu Rosetten gruppierte Tafeln aus Benzol und Benzol und Petroläther. — Schmelzp. 153—154°.

Biologisch wichtige Aminosäuren, die im Eiweiß nicht vorkommen.

Abbauprodukte von solchen und von im Eiweiß vorkommenden Aminosäuren.

(Mit Ausnahme der Amine und der vom Tryptophan ableitbaren Verbindungen.)

Von

Ernst B. H. Waser-Zürich.

β-Alanin, β-Amino-propionsäure, β-Amino-äthan-α-carbonsäure, 3-Amino-propansäure (Bd. IV, S. 730).

Mol.-Gewicht: 89,07.

Zusammensetzung: 40,42% C; 7,92% H; 35,93% O; 15,73% N; $C_3H_7O_2N$.

$$\begin{array}{c} CH_2 \cdot NH_2 \\ | \\ CH_2 \\ | \\ COOH \end{array}$$

Vorkommen: D. Ackermann will das β-Alanin unter den Fäulnisprodukten der Asparaginsäure gefunden haben, doch konnten E. Abderhalden u. A. Fodor seine Angaben nicht bestätigen [1] [2].

Darstellung: E. Abderhalden und A. Fodor (l. c.) benutzten zur Darstellung die alte Methode von Heintz [3] und Mulder [4]. Sie geben die folgende Vorschrift:

100 g β-Jodpropionsäure (Kahlbaum) werden unter Kühlung in der zehnfachen Menge 25 proz. Ammoniaks aufgelöst, die Lösung 8 Tage bei gewöhnlicher Temperatur sich selbst überlassen und hierauf bei 14 mm Druck eingeengt. Das Halogen wird nun am besten durch Silbersulfat, das Silber durch H_2S und die Schwefelsäure vorsichtig durch Barytwasser entfernt, das letzte Filtrat zum Syrup eingedickt. Der Rückstand wird mit wenig Wasser aufgenommen und die Lösung mit überschüssigem Alkohol zur Fällung gebracht. Das zunächst ausfallende Öl wird zum zweiten Male mit Alkohol umgefällt und das wiederum als Öl ausfallende Produkt längere Zeit in der Kälte aufbewahrt, wobei es allmählich krystallinisch wird. Die Krystalle werden abgesaugt, mit verdünntem Alkohol gewaschen und zur Reinigung in Wasser gelöst und wieder mit Alkohol gefällt. Auf diese Weise erhält man zirka 12 g ganz reines, in schönen Nadeln krystallisierendes β-Alanin vom Schmelzp. 200°; die verschiedenen Mutterlaugen liefern noch weitere 10 g eines etwas weniger reinen Produktes.

[1] D. Ackermann, Zeitschr. f. physiol. Chemie **69**, 281 [1900]; Zeitschr. f. Biol. **56**, 87 [1911].

[2] E. Abderhalden u. A. Fodor, Zeitschr. f. physiol. Chemie **85**, 112 [1913].

[3] Heintz, Annalen d. Chemie u. Pharmazie **156**, 36 [1870].

[4] Mulder, Berichte d. Deutsch. chem. Gesellschaft **9**, 1903 [1876].

Nachweis: Die endständige NH_2-Gruppe des β-Alanins verhält sich sehr labil; andererseits ist das β-Alanin wie ja die meisten β-Aminosäuren gegenüber verschiedenen Reagenzien viel stabiler, als dies bei den α-Aminosäuren der Fall ist.

So lagert sich das Betain des β-Alanins, das nach Willstätter[1] durch erschöpfende Methylierung entsteht, schon bei mäßigem Erhitzen in acrylsaures Trimethylamin um:

$$CH_2-CH_2-N(CH_3)_3 \qquad\qquad CH=CH_2\ N(CH_3)_3$$
$$CO \cdots \cdots O \qquad \longrightarrow \qquad CO \text{---} \text{---} O\ H$$

und sowohl das freie β-Alanin, wie sein Chlorhydrat oder sein Äythlester spalten beim Erhitzen als solche oder beim gelinden Erwärmen mit verdünntem Alkali oder Bleioxyd mit Leichtigkeit Ammoniak ab und gehen in Acrylsäure bzw. deren Derivate über (E. Abderhalden u. A. Fodor; l. c.).

$$CH_2-NH_2 \qquad\qquad CH_2$$
$$CH_2 \qquad -NH_3 = \qquad CH$$
$$COOH \qquad\qquad COOH\,.$$

Dagegen tritt, wie S. Ruhemann[2] nachgewiesen hat, die Blaufärbung mit Triketohydrindenhydrat beim β-Alanin viel weniger leicht ein als beim gewöhnlichen α-Alanin.

Zum Nachweis des β-Alanins wird am besten, außer der Darstellung der verschiedenen gut charakterisierten Salze und Derivate, die Überführung des Äthylesters in den äußerst stechend riechenden Acrylsäureester benutzt, eine Reaktion, die schon bei ganz kleinen Mengen durch bloßes Erhitzen zu bewerkstelligen ist (E. Abderhalden und A. Fodor, l. c.).

Salze und Derivate: (s. Tabelle.)

β-Amino-n-buttersäure, β-Amino-propan-α-carbonsäure, 3-Amino-butansäure-(1).

Mol.-Gewicht: 103,08.
Zusammensetzung: 46,57% C; 8,80% H; 31,04% O; 13,59% N . $C_4H_9O_2N$.

$$CH_3$$
$$*CH \cdot NH_2$$
$$CH_2$$
$$COOH$$

Vorkommen: Die β-Aminobuttersäure wurde bisher in der Natur noch nicht angetroffen.

Bildung, Darstellung der d, l, β-Amino-n-buttersäure: 1. Balbiano, der die Säure im Jahre 1880[3] zuerst in Händen hatte, digerierte 1 Vol. β-Chlorbuttersäureester mit 9 Vol. konzentriertem alkoholischem Ammoniak während 2 Tagen bei 70—80°. Dabei entstand das β-Aminobuttersäureamid, das sich beim Kochen mit Wasser und Bleioxydhydrat in Ammoniak und das Bleisalz der Aminosäure zersetzte, aus welch letzterem die β-Aminobuttersäure durch Behandlung mit H_2S gewonnen wurde:

$$CH_3 \qquad\qquad CH_3 \qquad\qquad CH_3$$
$$CHCl \quad\xrightarrow{NH_3}\quad CH-NH_2 \quad\xrightarrow{H_2O}\quad CH-NH_2$$
$$CH_2 \qquad\qquad CH_2 \qquad\qquad CH_2$$
$$COOH \qquad\qquad CONH_2 \qquad\qquad COOH\,.$$

2. Weidel und Roithner[4] gingen vom Brenzweinsäureamid aus, das sie mit Kaliumhypobromitlösung unter Kühlung in den β-Methyl-β-Lactylharnstoff überführten, aus dem sie durch Aufspaltung mit konz. HCl die β-Aminobuttersäure erhielten.

---

[1] R. Willstätter, Berichte d. Deutsch. Chem. Gesellschaft **35**, 590 [1902].
[2] S. Ruhemann, Journ. Chem. Soc. **97**, 2025 [1910].
[3] Balbiano, Berichte d. Deutsch. Chem. Gesellschaft **13**, 312 [1880].
[4] Weidel u. Roithner, Monatshefte f. Chemie **17**, 185 [1896].

Salze und Derivate des β-Alanins.

Substanz	Lit. Stellen	Bruttoformel	Mol.-Gew.	Schmelzpunkt	Löslichkeit Wasser	Alkohol	Äther	Krystallform	Hygroskopizität	Sonstige Bemerkungen
Kupfersalz	[1],[2],[3],[4]	$(C_3H_6O_2N)_2Cu + 6H_2O$	347·78	—	—	l.	—	dunkelblaue Tafeln od. Prismen	?	
Nickelsalz	[2],[3],[4]	$(C_3H_6O_2N)_2Ni$	234·80	—	—	—	—	blaugrünes Pulver	?	
Silbersalz	[2]	$C_3H_6O_2N \cdot Ag$	195·94	130°	—	—	—	weiße Krystalldrusen	?	
Aurat	[2]	$C_3H_7O_2N \cdot HAuCl_4$	429·11	144—145°	l. l.	l. l.	l. l.	strahlenförmig geordnete Nadeln	?	
Platinat	[2],[5],[6]	$(C_3H_7O_2N)_2 \cdot H_2PtCl_6$	587·91	210° u. Zers.	l. l.	s. w. l.	unl.	dklgelbe Nädelchen (auch aus HCl)	?	
Chlorhydrat	[2],[4],[5]	$C_3H_8O_2NCl$	125·53	122°	l. l.	l.	,,	farblose Blättchen	+	
Bromhydrat	[2]	$C_3H_8O_2NBr$	169·99	105—115°	s. l. l.	l. l.	,,	,, Nadeln	+++	
Jodhydrat	[2]	$C_3H_8O_2NJ$	216·99	199°	l. l.	w. l.	,,	farbl. Nad. (an d. Luft Bräunung)	—	
Sulfat	[5]	$(C_3H_7O_2N)_2 \cdot H_2SO_4$	276·22	150° u. Zers.	—	—	—	—	?	
Methylester	[2]	$C_4H_9O_2N$	103·08	S.-P. 58° b/15 mm	l.	—	—	—	?	$D^{16°}_{4°} = 1·03464$ dissoziiert sehr leicht
,, -chlorhydrat	[2],[5]	$C_4H_{10}O_2NCl$	139·55	95°	l. l.	l. l.	unl.	blättrige Krystallmasse	++	
,, -platinat	[2]	$(C_4H_9O_2N)_2 \cdot H_2PtCl_6$	615·94	192°	l. l.	—	—	Nadeln	?	
Äthylester	[13]	$C_5H_{11}O_2N$	117·10	S.-P. 58° b/14 mm unter Zersetzung	—	—	—	—	?	
,, -chlorhydrat	[2],[5],[7],[8]	$C_5H_{12}O_2NCl$	153·57	65·5, 69—70°	l. l.	l. l.	unl.	perlmutterähnl. Blättchen aus Alkohol + Äther	+++	
,, -platinat	[2]	$(C_5H_{11}O_2N)_2 \cdot H_2PtCl_6$	643·97	196°	—	—	—	Nadeln	?	
,, -aurat	[2]	$(C_5H_{11}O_2N)_2 \cdot HAuCl_4$	574·25	143—146°	—	—	—	,,	+++	
Benzoylverbindung	[2]	$C_{10}H_{11}O_3N$	193·10	120°	w. l.	l.	l. l.	farblose flache Säulen	?	Silbersalz: Nad. F.-P. 240°
Naphthylisocyanatverbind.	[12]	$C_{14}H_{14}O_3N_2$	258·13	231—33° u. Zers.	—	1:400	—	glänz. Täfelchen aus 94 proz. Alk.	?	
Phthalylverbindung	[9]	$C_{11}H_9O_4N$	219·08	150—151°	w. l.	l.	—	gezahnte Nad. aus heiß. Wasser	?	
β-Alaninamid	[10]	$C_3H_8ON_2$	88·08	41°	l. l.	l. l.	w. l.	Nadeln	+++	
,, -chlorhydrat	[10]	$C_3H_9ON_2Cl$	124·55	149°	s. l. l.	w. l.	—	—	—	
,, -platinat	[10]	$(C_3H_8ON_2)_2 \cdot H_2PtCl_6$	585·94	213° u. Zers.	l. l.	w. l.	—	hellorangegelbe Prismen	?	
,, -pikrat	[10]	$C_9H_{12}O_8N_5$	318·15	156°	l. l.	s. w. l.	—	zuerst ölig, dann gelbe glänz. Nad.	?	

[1] V. Wender, Atti della R. Accad. dei Lincei, Roma (4) 5, I, 802 [1889]. — [2] F. H. Holm, Archiv d. Pharmazie 242, 590 [1904]. — [3] A. Callegari, G. 36, II, 63 [1906]. — [4] H. Ley, Berichte d. Deutsch. Chem. Gesellschaft 42, 368 [1909]. — [5] F. Lengfeld u. J. Stieglitz, Journ. of Amer. Chem. Soc. 15, 507 [1893]. — [6] R. Engeland, Zeitschr. f. Untersuch. d. Nahrungs- u. Genußmittel 16, 663 [1908]. — [7] Th. Curtius u. E. Müller, Berichte d. Deutsch. Chem. Gesellschaft 37, 1261 [1904]. — [8] M. Weidel u. E. Roithner, Monatshefte f. Chemie 17, 172 [1896]. — [9] S. Gabriel, Berichte d. Deutsch. Chem. Gesellschaft 38, 631 [1905]. — [10] A. P. N. Franchimont u. H. Friedmann, Rev. trav. chim. Pays-Bas 25, 75 [1906]. — [11] Mulder, Berichte d.

3. Die gangbarste Methode geht von der Crotonsäure aus. Sie wurde zuerst von R. Engel (l. c.) angewendet, hernach von Th. Curtius und O. Gumlich[1]), G. Stadnikow[2]), Philippi und Spenner[3]) und namentlich von E. Fischer und H. Scheibler (l. c.) verbessert. Die Angaben der beiden letzten Autoren seien hier ausführlich wiedergegeben.

100 g Crotonsäure werden mit 1 l wässerigem, in der Kälte gesättigtem Ammoniak in einem eisernen, mit Porzellaneinsatz versehenen Autoklaven 24 Stunden im Ölbad auf 130 bis 140° (Temperatur des Öles) erhitzt, dann die Lösung in einer Schale auf dem Wasserbade verdampft und der Rückstand noch mehrmals mit Wasser eingedampft, bis der Ammoniak möglichst vollständig entfernt ist. Nun wird die rohe Aminosäure mit überschüssiger Salzsäure versetzt, wieder verdampft, der zurückbleibende Sirup in 500 ccm Methylalkohol (man kann auch Äthylalkohol verwenden) aufgenommen und die Flüssigkeit in üblicher Weise mit gasförmiger Salzsäure gesättigt. Nach mehrstündigem Stehen wird der Methylalkohol unter vermindertem Druck abgedampft und die Veresterung mit trockenem Methylalkohol wiederholt. Beim abermaligen Verdampfen unter vermindertem Druck bleibt das Hydrochlorid des Esters als Sirup zurück. Zur Darstellung des freien Esters wird es am besten mit Ammoniak (statt mit Alkali) zerlegt. Man versetzt den Sirup unter Kühlung mit Eis und Kochsalz und unter Schütteln mit 50 ccm einer bei 0° gesättigten methylalkoholischen Ammoniaklösung und leitet schließlich noch gasförmiges Ammoniak ein, bis die Flüssigkeit stark danach riecht. Die Temperatur bleibt dauernd unter 0°. Dann versetzt man mit 500 ccm Äther, filtriert vom Chlorammonium ab, schüttelt die Flüssigkeit 10 Minuten mit K_2CO_3 und verdampft sie unter vermindertem Druck aus einem Bade, dessen Temperatur nicht über 20° steigt. Der Rückstand wird in wenig Äther gelöst, mit Na_2SO_4 getrocknet und nach dem Verjagen des Äthers bei zirka 15 mm fraktioniert. Die Fraktion von 45—80° beträgt zirka 80 g; sie wird nochmals getrocknet und fraktioniert. Zum Schluß erhält man 75 g reinen Ester; aus Vor- und Nachlauf können durch Verseifen mit Wasser noch einige Gramm β-Aminobuttersäure erhalten werden, so daß die Gesamtausbeute zirka 61% der Theorie beträgt.

Durch 4 stündiges Kochen mit der 10 fachen Menge Wasser am Rückflußkühler wird der β-Aminobuttersäuremethylester völlig verseift und beim Eindampfen der wässerigen Lösung bleibt die inaktive β-Aminobuttersäure sofort krystallinisch und fast rein zurück. Zum Umkrystallisieren löst man in etwa der 20 fachen Menge trockenem, kochendem Methylalkohol, dampft stark ein und fügt hierauf etwa die 10 fache Menge heißen Äthylalkohol hinzu, worin die Aminosäure viel schwerer löslich ist. Beim Abkühlen erfolgt die Abscheidung von kugeligen Krystallaggregaten, die aus feinen, analysenreinen Nadeln der β-Aminobuttersäure bestehen.

4. Noch bequemer und auch billiger ist die Darstellung der β-Aminobuttersäure aus Acetessigester [E. Fischer und R. Groh[4])].

Für diese Operation kann rohes Acetessigesterphenylhydrazon dienen, das man durch Zusatz der berechneten Menge Phenylhydrazin zu einer durch Eis gekühlten Lösung von Acetessigester im 3 fachen Volumen Äther und Verdunsten der ätherischen Lösung unter vermindertem Druck bereiten kann.

110 g (0,5 Mol) Hydrazon werden in 440 ccm Alkohol gelöst und mit 55 g käuflichen Aluminiumspänen, die in gewöhnlicher Weise amalgamiert wurden, versetzt, 200 ccm Wasser hinzugefügt, die Mischung mit Eis gekühlt und 6 Stunden stark gerührt, wobei die Temperatur der Flüssigkeit zwischen 10 und 20° bleiben soll. (Steigt die Temperatur höher, so wird die Bildung von Phenylmethylpyrazolon, die vermieden werden soll, begünstigt.) Nun wird das Gemisch ohne Kühlung in einer 4 -l-Flasche, die noch einen seitlichen Tubus besitzt, während 20 Stunden geschüttelt. Der seitliche Tubus wird mit einem Stopfen verschlossen, in dem zur Ableitung des entweichenden Wasserstoffes ein Rohr von zirka 35 cm Länge steckt. Nach dieser Zeit wird nochmals mit 10 g amalgamierten Aluminiumspänen und 100 ccm Wasser versetzt und nochmals 20 Stunden geschüttelt. Das Aluminium ist nun bis auf einen kleinen Rest verbraucht; man verdünnt mit 1400 ccm Wasser, zentrifugiert, gießt die Flüssigkeit ab, schlämmt das Aluminiumhydroxyd nochmals mit 1,5 l warmem Wasser auf und zentrifugiert nach dem Abkühlen von neuem. Zur Verseifung des Esters wird die fast klare, etwas gefärbte Gesamtflüssigkeit 3 Stunden am Rückflußkühler gekocht und dann unter vermindertem Druck

[1]) Th. Curtius u. O. Gumlich, Journ. f. prakt. Chemie (2) **70**, 204 [1904].

[2]) G. Stadnikow, Journ. russ. phys. chem. Ges. **41**, 900 [1909]; **42**, 885 [1910]; Berichte d. Deutsch. Chem. Gesellschaft **44**, 41, 44 [1911].

[3]) Philippi u. Spenner, Monatshefte f. Chemie **36**, 97 [1915].

[4]) E. Fischer u. R. Groh, Annalen d. Chemie u. Pharmazie **383**, 365 [1911].

auf 100 ccm gebracht. Der hierbei entstehende Niederschlag wird abfiltriert, die Mutterlauge ausgeäthert, um den Rest von aromatischen Produkten zu entfernen, dann wieder unter vermindertem Druck zum Sirup verdampft und in warmem Alkohol gelöst. Beim längeren Stehen in der Kälte scheidet sich die β-Aminobuttersäure als farblose, krystallinische Masse ab. Nach Aufarbeiten der Mutterlauge beträgt die Gesamtausbeute 20 g Aminosäure oder 56% der Theorie.

Physikalische und chemische Eigenschaften der d, l, β-Amino-n-buttersäure: Kugelige Aggregate von mikroskopischen Nadeln. Schmelzp. 191—192° (korr.) unter Zersetzung. Löst sich in gleichen Teilen Wasser, ist in Alkohol löslich, in absol. Alkohol und Äther unlöslich. Inaktiv. Fast geschmacklos.

Salze der d, l, β-Amino-n-buttersäure: Das Kupfersalz $(C_4H_8O_2N)_2 \cdot Cu$ erhielt Engel[1]) durch Kochen der wässerigen Lösung der Aminosäure mit Kupferoxyd. Die Bildung des Salzes erfolgt aber viel langsamer als bei den α-Aminosäuren, wie dies E. Fischer und H. Scheibler (l. c.) gezeigt haben. Die Fähigkeit, in wässeriger Lösung in der Hitze das Metalloxyd aufzunehmen, nimmt überhaupt mit der Entfernung der Aminogruppe von Carboxyl ab; die γ-, δ- und ε-Aminosäuren lösen unter diesen Bedingungen das Kupferoxyd überhaupt nicht oder doch nur in sehr geringem Maße [E. Fischer u. G. Zemplén[2])].

Man stellt daher das Kupfersalz besser durch Zusammenbringen äquimolekularer Mengen von β-Aminobuttersäure und reinem, aus Wasser umkrystallisiertem Kupferacetat in heißer, wässeriger Lösung dar. Man verdampft unter Wasserzusatz auf dem Wasserbade so oft zur Trockene, bis der Geruch der Essigsäure verschwunden ist. Das Salz krystallisiert in großen Prismen, die nach mehrtägigem Trocknen an der Luft noch 2 Mol Krystallwasser enthalten.

Das **Platinat** $(C_4H_9O_2N)_2 \cdot H_2PtCl_6$ [Heberdey[3])] bildet, bei 100° getrocknet, orangerote, leicht lösliche Prismen.

Derivate der d, l, β-Amino-n-buttersäure: Die β-Naphthalinsulfoverbindung $C_{10}H_7SO_2 \cdot C_4H_8O_2N$ [2]) wird auf die gewöhnliche Weise durch Einwirkung von β-Naphthalinsulfochlorid auf die Aminobuttersäure erhalten. Zur Reinigung wird sie aus der 250 fachen Menge siedenden Wassers umkrystallisiert; ihrer Schwerlöslichkeit in Wasser wegen kann sie zur Charakterisierung und Abscheidung der β-Aminobuttersäure benutzt werden. Sie krystallisiert in Prismen, die in Alkohol und Essigester leicht löslich sind und bei 166—167° (korr.) nach vorherigem Sintern schmelzen.

Die **Benzoylverbindung** $C_{11}H_{13}O_3N$ [E. Fischer und G. Roeder[4])], krystallisiert aus heißem Wasser in schönen Nadeln vom Schmelzp. 155° (korr.). Die Ausbeute ist aber nicht quantitativ, weil die Trennung von der Benzoesäure Schwierigkeiten verursacht.

Die **Phenylcyanatverbindung** $C_{11}H_{14}O_3N_2$ [E. Fischer und G. Roeder, l.c.] eignet sich gut zur Erkennung der Aminosäure. Sie krystallisiert aus der 50 fachen Menge heißem Wasser in schönen prismatischen Nadeln, welche bei 148° unter Aufschäumen zu einer farblosen Flüssigkeit schmelzen. Löst man die Phenylcyanatverbindung in heißer 25 proz. Salzsäure, so bleibt beim Abdampfen ein neues Produkt zurück, das gegen 200° schmilzt und sehr wahrscheinlich Methylphenylhydrouracil ist.

Der **Methylester** $C_5H_{11}O_2N$ (E. Fischer und H. Scheibler, l. c.) wird bei der Darstellung der β-Aminobuttersäure als Zwischenprodukt erhalten; er kann aber auch aus der freien Säure durch Veresterung gewonnen werden. Die Eigenschaften des d, l- wie des d- oder l-Esters sind bis auf die Verschiedenheit des optischen Verhaltens fast gleich. Alle 3 Verbindungen sieden unter 13 mm Druck bei 54—55°; in Wasser, Alkohol, Äther und Ligroin sind sie leicht löslich. Die Dichte des inaktiven Esters ist $D^{20°} = 0{,}993$.

Der **Äthylester** $C_6H_{13}O_2N$ [G. Stadnikow[5])] wird ebenfalls als Zwischenprodukt bei der Darstellung der β-Aminobuttersäure aus Crotonsäure oder durch Veresterung der freien Säure erhalten [siehe auch E. Fischer[6]) und Philippi und Spenner[7])]. Der Siedepunkt des Äthylesters liegt unter 15 mm Druck bei 63—65°, bei 14 mm Druck bei 60—61° und unter 12,5 mm Druck bei 59—60°.

[1]) R. Engel. Bull. de la Soc. chim. **50**, 102 [1888].
[2]) E. Fischer u. G. Zemplén, Berichte d. Deutsch. Chem. Gesellschaft **42**, 4883 [1911].
[3]) Heberdey, Monatshefte f. Chemie **17**, 187 [1896].
[4]) E. Fischer u. G. Roeder, Berichte d. Deutsch. Chem. Gesellschaft **34**, 3755, Anm. 2 [1901].
[5]) G. Stadnikow, Journ. russ. phys. chem. Ges. **41**, 900 [1909]; **42**, 885 [1910]; Berichte d. Deutsch. Chem. Gesellschaft **44**, 41, 44 [1911].
[6]) E. Fischer u. H. Scheibler, Sitzungsber. d. Kgl. Preuß. Akad. d. Wissensch. Berlin **1911**. S. 566.
[7]) Philippi u. Spenner, Monatshefte d. Chemie **36**, 97 [1915].

Schließlich sei noch die **N-Methyl-β-aminobuttersäure** erwähnt, die von H. Scheibler und J. Magasanyk[1]) durch Einwirkung von alkoholischem Methylamin auf Crotonsäure oder auf β-Chlorbuttersäure im Rohr in allerdings nicht sehr großer Ausbeute erhalten wurde.

$$
\begin{array}{ccc}
CH_3 & & CH_3 \\
| & & | \\
CH & NH_2 \cdot CH_3 & CH-NH_2 \cdot CH_3 \\
\| & \longrightarrow & | \\
CH & & CH_2 \\
| & & | \\
COOH & & COOH \\
\text{Crotonsäure} & &
\end{array}
$$

$$
\begin{array}{ccc}
CH_3 & & CH_3 \\
| & & | \\
CHCl & NH_2 \cdot CH_3 & CH-NH \cdot CH_3 \\
| & \longrightarrow & | \\
CH_2 & & CH_2 \\
| & & | \\
COOH & & COOH \\
\text{β-Chlorbuttersäure.} & &
\end{array}
$$

Über ihre Eigenschaften existieren leider keine Angaben.

Darstellung der d- und der l, β-Amino-n-buttersäure (Aufspaltung der d, l-Säure in die optisch aktiven Komponenten): Die Säure besitzt ein asymmetrisches Kohlenstoffatom und existiert daher in zwei optisch aktiven und einer inaktiven Form, die alle drei bekannt sind. Die Darstellung der optisch-aktiven Modifikationen ist in diesem Falle besonders mühsam und soll daher etwas ausführlicher behandelt werden. Sie geschieht nach E. Fischer und H. Scheibler[2]) durch fraktionierte Krystallisation der Camphersulfonate des d, l, β-Aminobuttersäure-methylesters.

Zu einer Lösung von 116 g Camphersulfonsäure (0,5 Mol) in 350 g trockenem Methylalkohol fügt man unter Kühlung zuerst 58,5 g reinen β-Aminobuttersäuremethylester (0,5 Mol) und dann unter Umschütteln 1300 ccm trockenen Äther. Nach kurzer Zeit beginnt die Krystallisation des Camphersulfonates, das sehr leichte, mikroskopische Nädelchen bildet. Nach 12stündigem Stehen im Eisschrank wird die Krystallmasse, welche die ganze Flüssigkeit durchsetzt, scharf abgesaugt und mit einer auf 0° abgekühlten Mischung von 1 Teil trockenem Methylalkohol und 3 Teilen trockenem Äther ausgewaschen. Die Ausbeute beträgt etwa 130 g oder drei Viertel der Gesamtmenge des gelösten Salzes. Das Salz enthält den Ester der linksdrehenden Aminosäure im Überschuß, das Filtrat dient dementsprechend zur Darstellung der d-Verbindung. Das krystallisierte Salz wird von neuem in der doppelten Gewichtsmenge trockenem Methylalkohol gelöst und nach Zusatz des 3fachen Volumens Äther im Eisschrank der Krystallisation überlassen, wobei wieder etwa drei Viertel der Gesamtmenge ausfallen. Die Trennung der beiden Camphersulfonate geht leider auf diesem Wege so langsam vor sich, daß selbst nach 10maligem Umkrystallisieren die optische Aktivität der aus dem Salz isolierten Aminosäure erst 40% des richtigen Wertes beträgt. Nach der 5. Krystallisation beträgt die Menge des Camphersulfonates noch zirka 45 g. Aus dem Camphersulfonat läßt sich der freie Ester dadurch isolieren, daß man zu 45 g Salz, die in etwa 22 ccm warmem Methylalkohol gelöst sind, einen geringen Überschuß von methylalkoholischem Ammoniak von bekanntem Titer gibt. Das schwerlösliche Ammoniumcamphersulfonat krystallisiert bald und wird durch einen Zusatz des 10fachen Volumens Äther völlig ausgefällt. Nach 1stündigem Stehen im Eisschrank wird abgesaugt, mit etwas Äther nachgewaschen und das Filtrat unter vermindertem Druck bei etwa 20° eingedampft. Bei der Destillation des Rückstandes geht nach einem beträchtlichen Vorlauf der Ester von 53—57° über; nach dem Trocknen über Na_2SO_4 und nochmaliger Fraktionierung zeigt er den Schmelzp. 54—55°/13 mm. $[\alpha]_D^{19} = -6,97°$ ($\pm 0,02°$). Diese Zahl beträgt kaum ein Viertel des richtigen Wertes.

Durch Kochen mit Wasser liefert dieser Ester eine Aminosäure von der spezifischen Drehung — 7,9°. Zur Gewinnung der l, β-Aminobuttersäure ist indessen die Isolierung des Esters nicht nötig, da man bequemer zum Ziel kommt, wenn man die ätherisch-alkoholische Lösung, die nach dem Auskrystallisieren des Ammoniumcamphersulfonates resultiert, wiederholt mit kleinen Mengen Wasser schüttelt, bis dieses nicht mehr alkalisch reagiert. Das läßt sich

---

[1]) H. Scheibler u. J. Magasanyk, Berichte d. Deutsch. Chem. Gesellschaft **48**, 1810 [1915].

[2]) E. Fischer u. H. Scheibler, Annalen d. Chemie u. Pharmazie **383**, 337 [1911].

durch 10 maliges Ausschütteln leicht erreichen. Die vereinigten Lösungen des Esters werden dann 4 Stunden am Rückfluß gekocht und die Flüssigkeit schließlich im Vakuum eingedampft. Die Ausbeute an Aminosäure ist fast quantitativ. Die weitere Verarbeitung des Präparates auf optisch reine Aminosäure geschieht durch mehrmaliges Umkrystallisieren aus trockenem Methylalkohol. Je reiner die Substanz wird, um so schwerer löslich wird sie in Methylalkohol. Schließlich erhält man als Resultat eine l, β-Aminobuttersäure von $[\alpha]_D^{20} = -35{,}2°$.

Aus der Mutterlauge, die bei der oben beschriebenen ersten Krystallisation des d-campher-sulfonsauren l, β-Aminobuttersäuremethylesters bleibt und die noch 44 g Salz enthält, wird auf die gleiche Weise ein rechtsdrehender Aminobuttersäuremethylester gewonnen. Er hat nach 2 maligem Destillieren denselben Schmelzpunkt, dreht aber etwas stärker, und zwar ist $[\alpha]_D^{20} = +8{,}81°$ ($\pm 0{,}02°$). Aus diesem Ester wird durch Verseifung eine Aminobuttersäure von $[\alpha]_D^{20} = +10{,}1°$ gewonnen. Auch hier ist es nicht nötig, zuerst den Ester zu isolieren, man kommt auf dem für die l-Säure geschilderten Wege und durch Krystallisation aus Methyl-alkohol rascher zu hochdrehenden Präparaten $[\alpha]_D^{20} = +35{,}3°$ ($\pm 0{,}2°$).

Sowohl die l- als auch die d-Form zeigen, da sie untereinander gleich sind, deutliche Unterschiede von der racemischen Form. Dies trifft hauptsächlich zu für die Krystallform, die Löslichkeit und den allerdings etwas unscharfen Schmelzpunkt.

Physikalische und chemische Eigenschaften der d-β-Amino-n-buttersäure: Prismen, die sich bei 220° unter Gasentwicklung zersetzen. Die Löslichkeitsverhältnisse sind ganz ähnlich wie bei der d, l-Säure, nur ist die rechtsdrehende Form in Methylalkohol weniger löslich als die inaktive Säure. $[\alpha]_D^{20°} = +35{,}3°$ ($\pm 0{,}2°$).

Physikalische und chemische Eigenschaften der l-β-Amino-n-buttersäure: Bis auf die Drehung des polarisierten Lichtstrahls analog wie bei der d-Säure. $[\alpha]_D^{20°} = -35{,}2°$.

Bezüglich des **Abbaues** der β-**Aminobuttersäure** sei erwähnt, daß bei ihr die Walden-sche Umkehrung lange nicht so glatt wie bei den α-Aminosäuren eintritt und daß bei diesen Reaktionen oft sehr starke Racemisierung eintritt (E. Fischer und H. Scheibler, l. c.)..

γ-Amino-n-buttersäure, γ-Amino-propan-α-carbonsäure, 4-Aminobutansäure, Piperidinsäure (Bd. IV, S. 738).

Mol.-Gewicht: 103,08.
Zusammensetzung: 46,57% C, 8,80% H, 31,04% O, 13,59% N . $C_4H_9O_2N$.

$$CH_2 \cdot NH_2$$
$$|$$
$$CH_2$$
$$|$$
$$CH_2$$
$$|$$
$$COOH$$

Vorkommen: Die γ-Aminobuttersäure steht in nahen Beziehungen zur Glutaminsäure und zur Pyrrolidoncarbonsäure bzw. zum Pyrrolidon. Als natürliches Produkt wurde sie bisher noch nicht nachgewiesen, doch hat sie D. Ackermann[1]) bei der Fäulnis von Glutaminsäure-lösungen erhalten können. Die Wiederholung seiner Versuche durch E. Abderhalden und K. Kautsch[2]) lieferte allerdings ein völlig negatives Resultat, während es E. Abderhalden, G. Fromme, und P. Hirsch[3]) gelang, bei etwas veränderten Versuchsbedingungen, aus 25 g Glutaminsäure neben reichlichen Mengen unveränderten Ausgangsmaterials 0,1 g γ-Amino-buttersäure zu bekommen.

Bildung, Darstellung: Die γ-Aminobuttersäure kann unter bestimmten, aber schwer zu treffenden Bedingungen aus Bernsteinsäure hergestellt werden, die man bei Gegenwart von Ammoniumsulfat in schwefelsaurer Lösung stillen elektrischen Entladungen aussetzt [W. Loeb[4]].

H. D. Dakin[5]) oxydierte das Mononatriumsalz der Glutaminsäure mit Natrium-p-Toluolsulfochlorid (Chloramin-T) zur β-Cyanpropionsäure NC—CH_2—CH_2—COOH, die dann durch Reduktion mit Natrium und Alkohol die γ-Aminobuttersäure ergibt.

[1]) D. Ackermann, Zeitschr. f. physiol. Chemie **69**, 265 [1910].
[2]) E. Abderhalden u. K. Kautsch, Zeitschr. f. physiol. Chemie **81**, 294 [1912].
[3]) E. Abderhalden, G. Fromme und P. Hirsch, Zeitschr. f. physiol. Chemie **85**, 131 [1913].
[4]) W. Loeb, Biochem. Zeitschr. **60**, 159 [1914].
[5]) H. D. Dakin, Biochem. Journ. **11**, 79 [1917].

E. Abderhalden und K. Kautsch (l. c.) benutzten zur Darstellung der γ-Aminobuttersäure die alte Methode von C. Schotten (l. c.) und S. Gabriel[1]), indem sie das aus Piperidin und chlorkohlensaurem Äthyl entstehende Piperylurethan mit Salpetersäure oxydierten und das entstehende Produkt, das noch den Äthylameisensäurerest enthält, mit Salzsäure im Rohr über 100° erhitzten, wobei das Chlorhydrat der γ-Aminobuttersäure entstand.

$$\text{Piperidin} \qquad \text{Piperylurethan}$$

$$\gamma\text{-Aminobuttersäure.}$$

Zur Ausführung dieser Reaktionsfolge geben die Autoren folgende Vorschrift:

I. Darstellung des Piperylurethans. 42 g Piperidin (2 Mol) werden in der 8 fachen Menge getrockneten absol. Äthers gelöst. Unter starker Kühlung läßt man im Laufe von 25 Minuten etwas mehr als die für 1 Mol berechnete Menge Chlorkohlensäureäthylester zutropfen. Man versetzt dann mit 150 ccm Wasser, schüttelt durch und bringt so das Piperidinchlorhydrat in Lösung. Nach dem Abtrennen schüttelt man die wässerige Lösung nochmals mit Äther aus, trocknet die ätherische Lösung über $MgSO_4$ und destilliert. Das Piperylurethan geht bei 211—212° als farbloses Öl über. Ausbeute 93% der Theorie.

II. Überführung des Piperylurethans in γ-Aminobuttersäure. Zur Aufspaltung des Piperidinringes und zur Oxydation wird das Piperylurethan in ungefähr die doppelte Menge konz. Salpetersäure eingetropft (nicht umgekehrt), und zwar unter Eiskühlung und beständigem Schütteln. Die Reaktionsmasse wird nun mit dem 3 fachen Volumen Wasser versetzt und mit Benzol wiederholt ausgeschüttelt. Die filtrierte Benzollösung wird auf dem Wasserbad eingedunstet, der gelbe ölige Rückstand mit dem 2—3 fachen Volumen konz. Salzsäure 2 Stunden im Rohr auf 120—130° erhitzt. Den stark gefärbten Röhreninhalt schüttelt man nach dem Verdünnen mit Wasser und mit Tierkohle. Das Filtrat wird auf dem Wasserbad eingeengt und das Eindampfen zur Entfernung der Salzsäure nach jedesmaligem Zusatz von frischem Wasser einige Male wiederholt. Nun wird der Rückstand mit wenig Wasser gelöst, mit Silbercarbonat aufgekocht, das Filtrat durch Schwefelwasserstoff vom gelösten Silber befreit, mit Tierkohle gekocht und auf dem Wasserbad eingedampft. Aus der konz. Lösung krystallisiert nach dem Zufügen von Methylalkohol (und evtl. auch noch Äther bis zur beginnenden Trübung) und nach dem Filtrieren ganz reine γ-Aminobuttersäure aus, die bei 203° unter Gasentwicklung schmilzt. Ausbeute 5,5 g aus 25 g Piperylurethan. Zum Umkrystallisieren ist auch 75 proz. Äthylalkohol geeignet, aus dem die Aminosäure in großen prismenartigen Krystallen herauskommt.

Th. Curtius und W. Hechtenberg[2]) endlich synthetisierten die γ-Amino-n-buttersäure, indem sie den Glutarsäureglycinester als Ausgangsmaterial benützten.

Salze, Derivate: Goldsalz $C_4H_9O_2N \cdot HAuCl_4$ [R. Engeland u. F. Kutscher[3]), E. Abderhalden und K. Kautsch (l. c.)]. Orangegelbe, glänzende monokline Tafeln vom Schmelzp. 138—139°; sehr leicht löslich in Wasser, Methyl- und Äthylalkohol; sehr wenig löslich in Äther; unlöslich in Benzol.

Platinsalz $(C_4H_9O_2N)_2 \cdot H_2PtCl_6$ [C. Schotten[4]); E. Abderhalden und K. Kautsch, l. c.]. Orangegelbe, glänzende, große Prismen vom Schmelzp. 220° unter Zersetzung. Spielend löslich in Wasser, weniger in Methylalkohol, kaum in absol. Alkohol.

---

[1]) S. Gabriel, Berichte d. Deutsch. Chem. Gesellschaft **23**, 1770 [1890].
[2]) Th. Curtius u. W. Hechtenberg, Journ. f. prakt. Chemie (2) **105**, 319 [1923].
[3]) R. Engeland u. F. Kutscher, Zeitschr. f. physiol. Chemie **69**, 281 [1910].
[4]) C. Schotten, Berichte d. Deutsch. Chem. Gesellschaft **16**, 643 [1883].

Chlorhydrat $C_4H_9O_2N \cdot HCl$ (C. Schotten, E. Abderhalden und K. Kautsch, l. c.). Es bildet eine farblose, seidenartige, in Federn verwachsene Krystallmasse vom Schmelzp. 135—136°, die in Wasser spielend, in absol. Alkohol sehr wenig löslich ist. Das Chlorhydrat ist schwach hygroskopisch und zeigt starke Doppelbrechung des Lichtes.

Naphthalinsulfoverbindung $C_{10}H_7SO_2 \cdot NH \cdot C_4H_7O_2$ [W. Loeb[1]]. Krystallisiert aus Wasser oder sehr verdünntem Alkohol in langen verzweigten Nadeln vom Schmelzp. 127—128°.

Äthylester $C_6H_{13}O_2N$ [E. Abderhalden und K. Kautsch, l. c.; J. Tafel[2]]. Durch Veresterung der γ-Aminobuttersäure in absoluter alkoholischer Lösung mittels Salzsäuregas erhält man das **Chlorhydrat** des Äthylesters als farblose, hygroskopische Krystallmasse. Schmelzpunkt 65—72°. Der daraus in Freiheit gesetzte Ester siedet unter einem Druck von 12 mm bei 75—77°, wobei er zum Teil in Pyrrolidon übergeht (Siedep. unter 12 mm 133°), das unter den Abbauprodukten der Pyrrolidoncarbonsäure besprochen werden soll.

γ-Amino-n-valeriansäure, γ-Amino-butan-α-carbonsäure, 4-Aminopentansäure.

Mol.-Gewicht: 117,10.

Zusammensetzung: 51,24% C, 9,47% H, 11,96% N, 27,33% O . $C_5H_{11}O_2N$.

$$\begin{array}{c} CH_3 \\ | \\ {}^*CH \cdot NH_2 \\ | \\ CH_2 \\ | \\ CH_2 \\ | \\ COOH \end{array}$$

Vorkommen: Die in nahen Beziehungen zur Lävulinsäure stehende γ-Aminovaleriansäure kann nicht unter die Naturprodukte gerechnet werden, da sie bisher nirgends als Zwischen- oder Endglied eines natürlichen, chemischen Prozesses aufgefunden wurde.

$$CH_3 - CH(NH_2) - CH_2 - CH_2 - COOH$$
γ-Aminovaleriansäure

<table>
<tr><td>CH₃</td><td>CH₃</td><td></td></tr>
<tr><td>CO</td><td>C = N — NH — C₆H₅</td><td>CH₂ — CO</td></tr>
<tr><td>CH₂</td><td>CH₂</td><td>CH₂ — CH</td></tr>
<tr><td>CH₂</td><td>CH₂</td><td>CH₃</td></tr>
<tr><td>COOH</td><td>COOH</td><td></td></tr>
<tr><td>Lävulinsäure</td><td>Phenylhydrazon</td><td>5-Methylpiperidon.</td></tr>
</table>

Bildung, Darstellung der d, l-γ-Amino-n-valeriansäure: Zur Darstellung der γ-Aminovaleriansäure kommt als einziges Ausgangsmaterial die Lävulinsäure in Betracht. Tafel[2]) reduzierte ihr Phenylhydrazon mit Natriumamalgam direkt zur Aminosäure und umging dann deren umständliche Reindarstellung dadurch, daß er aus dem Rohprodukt das Anhydrid darstellte, das sich viel besser isolieren und dann mühelos in die γ-Amino-valeriansäure überführen ließ. Die obenstehenden Formelbilder veranschaulichen die von ihm eingeschlagenen Wege.

E. Fischer und R. Groh[3]) verwandten dann als Reduktionsmittel Aluminiumamalgam und erzielten damit eine wesentliche Verbesserung der Darstellungsmethode. Sie geben zur Bereitung der γ-Aminovaleriansäure die folgende Vorschrift:

200 g rohes, mit kaltem Wasser verriebenes, abgesaugtes und scharf abgepreßtes Lävulinsäure-Phenylhydrazon werden in 2 l Alkohol gelöst, mit 500 ccm Wasser gemischt und mit 70 g Aluminiumgrieß, das in gewöhnlicher Weise mit Sublimat amalgamiert ist, geschüttelt.

[1]) W. Loeb, Biochem. Zeitschr. **60**, 159 [1914].

[2]) J. Tafel, Berichte d. Deutsch. Chem. Gesellschaft **19**, 2414 [1886]; **22**, 1860 [1889] u. **33**, 2231 [1900].

[3]) E. Fischer u. R. Groh, Annalen d. Chemie u. Pharmazie **383**, 363 [1911]; siehe auch E. Fischer, Berichte d. Deutsch. Chem. Gesellschaft **32**, 2454 [1899].

Man benutzt hierzu am besten eine gewöhnliche Flasche von 4 l Inhalt, die noch einen seitlichen Tubus hat. Dieser wird mit einem Stopfen verschlossen, durch den ein 35 cm langes Rohr geht, zur Ableitung des entweichenden Wasserstoffes. Anfangs erwärmt sich die Flüssigkeit durch die bald eintretende Reaktion. Das Schütteln wird fortgesetzt, bis der größte Teil des Aluminiums oxydiert ist, wozu gewöhnlich 15—20 Stunden ausreichen.

Das abgeschiedene Aluminiumhydroxyd läßt sich nur schwer filtrieren; es ist viel rascher, zu zentrifugieren, wodurch die Trennung leicht gelingt. Nach Abgießen der Flüssigkeit wird der Schlamm mit Wasser angerührt und von neuem zentrifugiert (evtl. kann man sich auch mit Pressen behelfen).

Die wässerig-alkoholische Lösung wird nun durch Aufkochen mit wenig Tierkohle geklärt und das Filtrat am besten unter vermindertem Druck auf 150 ccm eingeengt. Um den Rest des Anilins und gefärbter Produkte zu entfernen, wird die Lösung ausgeäthert und nach dem Abheben des Äthers mit dem 4fachen Volumen Alkohol versetzt. Bei allmählichem Zusatz von Äther krystallisiert die γ-Aminovaleriansäure in farblosen Krystalldrusen. Die Ausbeute beträgt gegen 70 g oder 60% der berechneten Menge.

Physikalische und chemische Eigenschaften der d, l-Säure: Weiße, spröde Krystalldrusen, die gegen 214° (korr.) schmelzen. Sehr leicht löslich in Wasser, fast unlöslich in Alkohol, ganz unlöslich in Äther, Ligroin und Benzol. Inaktiv. Wird durch Kochen mit Natronlauge oder konz. Salzsäure nicht zersetzt. Zerfällt bei der Destillation in Wasser und 2-Methyl-pyrrolidon-(5), s. d.

In ihrem allgemeinen Verhalten zeigt die γ-Aminovaleriansäure große Ähnlichkeit mit ihren nächsten Isomeren und Homologen, vor allem ist sie ausgezeichnet durch eine ungemein große Wasserlöslichkeit, eine Eigenschaft, die anscheinend allen nicht direkt zu den Eiweiß-bausteinen zu rechnenden Aminosäuren zukommt. Die Verbindungen der γ-Aminovalerian-säure mit Säuren sind sehr beständig, während ihre Metallsalze schon durch Kohlensäure zerlegt werden können.

Salze und Derivate der d, l-Säure: Das **Chlorhydrat** $C_5H_{11}O_2N \cdot HCl$ (Tafel, l. c.) krystalli-siert in strahlig vereinigten Spießen; es ist in Wasser und Alkohol leicht löslich und schmilzt bei 154°.

Das **Platinat** $(C_5H_{11}O_2N)_2 \cdot H_2PtCl_6$ (Tafel, l. c.) ist in heißem Alkohol ziemlich schwer löslich, in Wasser leicht löslich; es krystallisiert in feinen hellgelben Blättchen, die gegen 200° unter Zersetzung schmelzen.

Die **Benzoylverbindung** $C_{12}H_{15}O_3N$ wurde zuerst von Senfter und Tafel[1]) durch Ein-wirkung von Benzoylchlorid auf die γ-Aminovaleriansäure in ätzalkalischer Lösung dargestellt. E. Fischer und R. Groh[2]), welche diese Verbindung zur Zerlegung der racemischen Amino-säure in die optisch aktiven Komponenten benutzten, führten die Benzoylierung mit besserer Ausbeute in bicarbonatalkalischer Lösung aus. Sie erhielten so aus 30 g Aminosäure 45 g Benzoylverbindung, die durch Auskochen mit Ligroin von Benzoesäure befreit wurde und nach dem Umkrystallisieren aus heißem Wasser noch 35 g Reinprodukt lieferte.

Weiße, verfilzte Krystallmasse, in heißem Wasser leicht löslich, in Äther und Benzol wenig löslich. Schmelzp. 132°. Bei höherem Erhitzen findet Wasserabspaltung, zugleich aber auch Abspaltung von Benzoesäure statt.

Das **Anhydrid der γ-Aminovaleriansäure** C_5H_9ON entsteht nach Tafel (l. c.) sehr leicht, wenn man die Aminosäure im reinen oder rohen Zustande längere Zeit im Ölbade auf 250—260° erhitzt. Aus dem Anhydrid kann die Aminovaleriansäure durch Kochen mit Barythydrat wieder regeneriert werden. Die Leichtigkeit, mit der diese Umwandlung eintritt, wurde von Tafel zur Verbesserung seiner ursprünglichen Darstellungsmethode der γ-Aminovaleriansäure benutzt. Da das Anhydrid ein Homologes des aus der γ-Aminobuttersäure entstehenden Pyrrolidons ist, soll es im Zusammenhang mit diesem besprochen werden (s. d.).

Darstellung und Eigenschaften der optisch aktiven Säuren: Zur Darstellung der optisch aktiven Säuren löst man 20 g der inaktiven Benzoyl-γ-Aminovaleriansäure zusammen mit 34 g Chinin in 140 ccm heißem Alkohol auf und fügt 400 ccm heißes Wasser hinzu. Beim Er-kalten trübt sich die Mischung. Gibt man jetzt einige Impfkrystalle hinzu (für deren Bereitung siehe die Originalarbeit) und läßt 15 Stunden im Eisschrank stehen, so scheidet sich das Chinin-salz in feinen Nadeln aus. Es wird aus 70 ccm Alkohol und 200 ccm Wasser in gleicher Weise

---

[1]) L. Senfter u. J. Tafel, Berichte d. Deutsch. Chem. Gesellschaft **27**, 2313 [1894].

[2]) E. Fischer u. R. Groh, Annalen d. Chemie u. Pharmazie **383**, 363 [1911]; siehe auch E. Fischer, Berichte d. Deutsch. Chem. Gesellschaft **32**, 2454 [1899].

umkrystallisiert und ist dann so rein, daß ein weiteres Umlösen keinen Zweck mehr hat. Man erhält in der Regel 20 g des Chininsalzes, aus dem man die l-Benzoyl-γ-Aminovaleriansäure gewinnt. Sie krystallisiert aus Wasser in Nadeln vom Schmelzp. 133° (korr.) und erweist sich in diesem Lösungsmittel als schwerer löslich als die racemische Form. In alkoholischer Lösung (0,1756 g gelöst zu 1,7569 g) zeigt sie $[\alpha]_D^{20°} = -21,9°$. Sie liefert beim Kochen mit 20 proz. Salzsäure im Quarzkolben die rechtsdrehende d-γ-Aminovaleriansäure.

Aus der ersten Mutterlauge des Chininsalzes der l-Benzoyl-γ-Aminovaleriansäure erhält man auf gleiche Weise die l-γ-Aminovaleriansäure.

Die rechtsdrehende d-γ-Amino-n-valeriansäure verhält sich bis auf die optische Aktivität gleich wie die inaktive Form. $[\alpha]_D^{20°} = +12,0°$. Die linksdrehende Form zeigt die nämlichen Eigenschaften, sie scheint indessen optisch noch nicht ganz rein erhalten worden zu sein, denn ihr Drehungswinkel beträgt nur $[\alpha]_D^{20°} = -10,7°$.

δ-Amino-n-valeriansäure, δ-Amino-butan-α-carbonsäure, 5-Amino-pentansäure, Homopiperidinsäure, Putridin (Bd. IV, S. 741).

Mol.-Gewicht: 117,10.

Zusammensetzung: 51,24% C, 9,47% H, 27,33% O, 11,96% N . $C_5H_{11}O_2N$.

$$\begin{array}{c} CH_2 \cdot NH_2 \\ | \\ CH_2 \\ | \\ CH_2 \\ | \\ CH_2 \\ | \\ COOH \end{array}$$

Vorkommen: Die δ-Aminovaleriansäure wurde bei der hydrolytischen Aufspaltung von Proteinen durch Säuren und Fermente noch nicht unter den Spaltprodukten aufgefunden, sie kann daher auch noch nicht als Baustein des Eiweißmoleküls angesehen werden. Trotzdem ist sie ein weitverbreitetes und in beträchtlichen Mengen gebildetes Produkt der Fäulnis von Eiweißkörpern und ihnen nahe stehenden Substanzen wie Fibrin, Fleisch, Leim und Pankreasgewebe [E. und H. Salkowski[1]), S. Gabriel und W. Aschan[2]), H. Salkowski[3]), D. Ackermann[4]), D. Ackermann und P. May[5])].

Als Muttersubstanzen der δ-Aminovaleriansäure kommen das Arginin und die Pyrrolidincarbonsäure in Betracht. Aus beiden Aminosäuren wurde sie durch bakteriellen Abbau gewonnen [D. Ackermann[6]), C. Neuberg[7])]. Ackermann konnte aus 56 g Arginincarbonat (mit 10 g NaCl, 10 g Witte-Pepton, 20 g Glykose, einigen Tropfen Na_2HPO_4 und $MgSO_4$-Lösung in 4000 ccm Wasser gelöst) durch Faulen mit einer Pankreasflocke während 23 Tagen bei 36° 5,3 g δ-Aminovaleriansäure als Goldsalz isolieren, wobei erst noch zwei Drittel der ganzen Ausbeute infolge Verlustes nicht zur Wägung kamen.

Der nämliche Autor erhielt die δ-Aminovaleriansäure auch bei der Fäulnis von Prolinlösungen durch Sprengung des Pyrrolidinringes. Neuberg wies nach, daß daneben auch die n-Valeriansäure entsteht. Zur Trennung von unverändertem Prolin und von der entstandenen Fettsäure benutzt er die Eigenschaft der δ-Aminovaleriansäure, kein Kupfersalz zu bilden.

Derivate: Die **Benzolsulfoverbindung** $C_6H_5SO_2 \cdot NH \cdot C_4H_8COOH$ (E. Fischer und M. Bergmann[8])] entsteht durch Einwirkung von Benzolsulfochlorid auf δ-Aminovaleriansäure in alkalischer Lösung. Sie liefert durch wechselweise Einwirkung von 2-n-Natronlauge und Jodmethyl bei 63—65° die Benzolsulfo-δ-methylaminovaleriansäure $C_6H_5SO_2 \cdot N(CH_3) \cdot C_4H_8COOH$ in Form von flachen Prismen oder Nadeln, die bei 70—71° (korr.) schmelzen und sich in den meisten gebräuchlichen Lösungsmitteln leicht bis sehr leicht lösen. Aus dieser

---

[1]) E. u. H. Salkowski, Berichte d. Deutsch. Chem. Gesellschaft **16**, 1192 [1883].

[2]) S. Gabriel u. W. Aschan, Berichte d. Deutsch. Chem. Gesellschaft **24**, 1364 [1891].

[3]) H. Salkowski, Berichte d. Deutsch. Chem. Gesellschaft **31**, 776 [1898].

[4]) D. Ackermann, Zeitschr. f. physiol. Chemie **54**, 24 [1908].

[5]) D. Ackermann u. P. May, Centralbl. f. Bakt. u. Parasitenk. **42**, 631 [1906].

[6]) D. Ackermann, Zeitschr. f. physiol. Chemie **56**, 305 [1908]; **69**, 265 [1910].

[7]) C. Neuberg, Biochem. Zeitschr. **37**, 490 [1911].

[8]) E. Fischer u. M. Bergmann, Annalen d. Chemie u. Pharmazie **398**, 96 [1912].

Verbindung und noch besser aus der auf ähnlichem Wege dargestellten Toluolsulfoverbindung kann mit Leichtigkeit die **δ-Methylamino-n-valeriansäure** $CH_3NH \cdot CH_2\!-\!CH_2\!-\!CH_2\!-\!CH_2$ —COOH hergestellt werden. Man erhält sie durch Behandeln der Benzol- oder Toluolsulfoverbindung mit Salzsäure während 18 Stunden auf dem Wasserbad und durch Reinigen über das Phosphorwolframat. Die so erhaltene, am Stickstoff methylierte Aminosäure krystallisiert aus einem Alkoholäthergemisch in Nadeln oder Prismen vom Schmelzp. 121—122° (korr.). In verdünnter salzsaurer Lösung liefert sie mit Kaliumwismutjodid einen Niederschlag von tiefroten, schiefen Tafeln oder Prismen. Ihr Phosphorwolframat besteht aus 4- oder 6 seitigen dünnen Platten. Das Pikrat der Methylaminovaleriansäure ist in Wasser, Alkohol und kaltem Essigester leicht löslich; es krystallisiert mit 1 Mol Krystallwasser in gelben Blättchen mit meist abgerundeten Ecken, die bei 65° zu sintern beginnen und bei 70—71° (korr.) schmelzen.

Beim Erhitzen auf 130—160° geht die δ-Methylaminovaleriansäure in das N-Methyl-χ-piperidon über (s. d.).

ε-Amino-n-capronsäure, ε-Amino-pentan-α-carbonsäure, 6-Amino-hexansäure.

Mol.-Gewicht: 131,10.
Zusammensetzung: 54,92% C, 9,99% H, 24,41% O, 10,69% N . $C_6H_{13}O_2N$.

$$CH_3 \cdot NH_2$$
$$|$$
$$CH_2$$
$$|$$
$$CH_2$$
$$|$$
$$CH_2$$
$$|$$
$$CH_2$$
$$|$$
$$COOH$$

Vorkommen: Diese mit dem Leucin und dem Norleucin isomere, zuerst von S. Gabriel und Th. Maass[1] hergestellte Aminosäure gehört nicht zu den Bausteinen des Eiweiß. D. Ackermann[2] glaubt, bei der Fäulnis von Lysin die ε-Aminocapronsäure neben Pentamethylendiamin erhalten zu haben; er vermutet auch deren Identität mit dem von L. Brieger[3] aus faulem Pferdefleisch und menschlichen Leichenteilen gewonnenen „Mydatoxin" $C_6H_{13}O_2N$. Da er aber keine sicheren Angaben und Analysen gibt, so ist dieses Vorkommnis noch nicht als zweifelsfrei anzusehen.

Bildung, Darstellung: 1. S. Gabriel und Th. Maass (l. c.) gewannen sie aus dem δ-Phenoxybutylamin auf einem wegen seiner Kompliziertheit heute gänzlich verlassenen Wege.

2. J. v. Braun[4] stellte die ε-Aminocapronsäure aus dem Piperidin in guter Ausbeute und auf relativ einfachem Wege her. Da inzwischen eine noch bessere Methode bekannt wurde, sei die Darstellungsmethode J. v. Brauns nur durch die folgenden Formeln angedeutet:

Piperidin		Benzoylpiperidin		Benzimidchlorid des ε-Chloramylamins

[1] S. Gabriel u. Th. Maass, Berichte d. Deutsch. Chem. Gesellschaft **32**, 1270 [1899].
[2] D. Ackermann, Zeitschr. f. physiol. Chemie **69**, 273 [1910].
[3] L. Brieger, Untersuchungen über Ptomaine III. Berlin 1886.
[4] J. v. Braun, Berichte d. Deutsch. Chem. Gesellschaft **37**, 2915, 3210 [1904]; **38**, 2336 [1905]; **40**, 1839 [1907].

$$\xrightarrow{+H_2O} \quad
\begin{array}{c} CH_2 \\ CH_2 \diagup \diagdown CH_2 \\ CH_2 \quad CH_2Cl \\ NH \\ COC_6H_5 \end{array}
\xrightarrow{+NaJ} \quad
\begin{array}{c} CH_2 \\ CH_2 \diagup \diagdown CH_2 \\ CH_2 \quad CH_2J \\ NH \\ CO-C_6H_5 \end{array}
\xrightarrow{+KCN} \quad
\begin{array}{c} CH_2 \\ CH_2 \diagup \diagdown CH_2 \\ CH_2 \quad CH_2-CN \\ NH \\ CO-C_6H_5 \end{array}
\xrightarrow{+H_2O}$$

Benzoyl-ε-chloramylamin   Benzoyl-ε-jodamylamin   ε-Benzoylamino-n-capronsäurenitril

$$\xrightarrow{+H_2O} \quad
\begin{array}{c} CH_2 \\ CH_2 \diagup \diagdown CH_2 \\ CH_2 \quad CH_2-COOH \\ NH_2 \end{array}
\quad +C_6H_5COOH$$

ε-Aminocapronsäure   Benzoesäure.

3. Die einfachste Methode, welche die ε-Aminocapronsäure zu einer leicht zugänglichen Substanz macht, rührt von O. Wallach[1]) her. Er übertrug die von ihm entdeckte Ringerweiterungsmethode durch Umlagerung der cyclischen Ketonoxime in die Isooxime oder Lactame der Aminosäuren auf das Cyclohexanonoxim und gewann durch Hydrolyse des aus diesem entstehenden Lactams die ε-Aminocapronsäure auf ganz einfachem Wege:

$$\begin{array}{l} CH_2-CH_2-CH_2 \\ | \qquad\qquad | \\ CH_2-CH_2-C=NOH \end{array}
\longrightarrow
\begin{array}{l} CH_2-CH_2-CH_2 \\ | \qquad\qquad \searrow NH \\ CH_2-CH_2-CO \end{array}
\longrightarrow
\begin{array}{l} CH_2-CH_2-CH_2-NH_2 \\ | \\ CH_2-CH_2-COOH. \end{array}$$

Das aus dem Cyclohexanon in glatter Reaktion gewinnbare, bei 88° schmelzende Oxim wird in dem doppelten Volumen starker Schwefelsäure (100 ccm konz. $H_2SO_4 : 20$ ccm H_2O) gelöst und mit kleiner Flamme bis zum Aufwallen erwärmt. Die mit wenig Wasser verdünnte saure, dunkel gefärbte Flüssigkeit wird nach dem Abfiltrieren abgeschiedener Kohle unter Kühlung mit 25·proz. Natronlauge schwach alkalisch gemacht, die Lösung 4 mal·mit Chloroform ausgezogen, nachdem das Chloroform abdestilliert ist, wird der Rückstand im Vakuum destilliert. Siedepunkt des in der Vorlage sofort erstarrenden Isooxims bei 12 mm 139°. Ausbeute aus 100 g Oxim 70—75 g Isooxim.

Das Isooxim wird mit ungefähr der 3 fachen Menge 20 proz. Salzsäure im Rohr während 3 Stunden auf 150° erhitzt und das filtrierte Reaktionsprodukt so lange auf dem Wasserbade verdampft, bis überschüssiges Wasser und anhaftende Salzsäure entfernt sind, worauf das Chlorhydrat der neuen Aminosäure schnell auskrystallisiert. Die freie Aminosäure kann man auf·bekannte Weise mit Hilfe von Silber- oder Bleioxyd isolieren. Die Umlagerung des Oxims in das Isooxim geht quantitativ vor sich.

O. Wallach erbrachte in den soeben zitierten Arbeiten auch den Konstitutionsbeweis für die ε-Amino-n-capronsäure. Sie liefert nämlich bei der Einwirkung von salpetriger Säure unter anderem die δ, ε-Hexensäure $CH_2 = CH—CH_2—CH_2—CH_2—COOH$, und bei der Oxydation mit Kaliumpermanganat in alkalischer Lösung wurde die Adipinsäure COOH—CH_2—CH_2—CH_2—CH_2—COOH erhalten.

Physiologisches Verhalten der ε-Aminocapronsäure. Die zuerst als ungiftig angesehene ε-Aminocapronsäure erwies sich bei späteren Untersuchungen als beträchtlich wirksam[2])[3]). Ein Kaninchen von 1600 g, das 2,4 g ε-Aminocapronsäure subcutan erhalten hatte, war nach 10 Stunden tot. 5 weitere Tiere, die täglich 0,5 g subcutan erhielten, reagierten mit starker Abmagerung. Von der Aminosäure wurden 17,4% unverändert wieder ausgeschieden, der übrige Teil muß verbrannt worden sein, da für einen Übergang in das giftige Lactam und in die Ureidosäure keine Anhaltspunkte gefunden wurden.

Physikalische und chemische Eigenschaften: Blättchen aus Methylalkohol + Äther, die von 190° an sintern und bei 202—203° schmelzen. Sehr leicht löslich in Wasser, schwer löslich in Methylalkohol, fast unlöslich in absol. Alkohol. Liefert bei der Oxydation mit Kaliumpermanganat in alkalischer Lösung Adipinsäure (Wallach l. c.). Gibt bei der Einwirkung von salpetriger Säure δ, ε-Hexensäure und etwas γ, δ-Hexensäure (Wallach l. c.).

---

[1]) O. Wallach, Annalen d. Chemie u. Pharmazie **312**, 171 [1900]; **343**, 44 [1905].

[2]) Sternheim, siehe S. Gabriel u. Th. Maass, Berichte d. Deutsch. Chem. Gesellschaft **32**, 1272 [1899].

[3]) K. Thomas u. M. H. G. Goerne, Zeitschr. f. physiol. Chemie **92**, 163 [1914].

Die ε-Aminocapronsäure gleicht in ihrem ganzen Habitus fast völlig den oben beschriebenen niedrigeren Homologen mit endständigen Aminogruppen[1]). Erwähnenswert ist aber, daß die Neigung zur Bildung eines inneren Anhydrids bei dieser Aminosäure lange nicht mehr so groß ist, wie etwa bei der γ-Aminobuttersäure oder der δ-Aminovaleriansäure. Dies hängt mit der bekannten Tatsache zusammen, daß die Tendenz zur Bildung von 5—6gliedrigen Ringen viel größer ist als diejenige zur Bildung von Siebenringen[2]).

Salze und Derivate: Das **Chlorhydrat** $C_6H_{13}O_2N \cdot HCl$ [J. v. Braun[3])] bildet eine sehr hygroskopische Masse.

Das **Platinat** $(C_6H_{13}O_2N)_2 \cdot H_2PtCl_6$ (J. v. Braun, l. c.) schmilzt unscharf bei 210°.

Das **Lactam der ε-Aminocapronsäure** entsteht beim Erhitzen der Aminosäure in höchstens 20—30% der theoretisch berechneten Menge[4])[5]). In sehr guter Ausbeute wird das nämliche Lactam aus dem Cyclohexanonoxim durch Umlagerung gewonnen[5]):

$$\begin{array}{ccc}
CH_2\text{—}CH_2\text{—}C=NOH & & CH_2\text{—}CH_2\text{—}CO \\
\mid \qquad\qquad \mid & \xrightarrow[70\text{—}75\%]{\text{Ausbeute}} & \mid \qquad\qquad \diagdown \\
CH_2\text{—}CH_2\text{—}CH_2 & & CH_2\text{—}CH_2\text{—}CH_2 \diagup NH
\end{array}$$

Anhydrisierg. Ausbeute 20—30% / Hydrolyse Ausbeute 100%

$$CH_2\text{—}CH_2\text{—}COOH$$
$$\mid$$
$$CH_2\text{—}CH_2\text{—}CH_2\text{—}NH_2.$$

Dieses Lactam soll im Anschluß an die entsprechenden Verbindungen der δ-Amino·valeriansäure und γ-Aminobuttersäure, nämlich das Piperidon und Pyrrolidon näher behandelt werden.

Das **Benzolsulfonylderivat** $COOH\text{—}(CH_2)_5\text{—}NH\text{—}SO_2C_6H_5$ (J. v. Braun, l. c.) wird erhalten durch Schütteln der Säure mit Benzolsulfochlorid in alkalischer Lösung. Es scheidet sich, wenn man in nicht zu verdünnter Lösung arbeitet, auf Zusatz von Säure als schnell erstarrendes Öl ab, das sich spielend in Alkohol, sehr wenig in Äther und gar nicht in Ligroin löst. Aus Wasser krystallisiert es in langen durchsichtigen Nadeln, die bei 122° schmelzen.

α, β-Diaminopropionsäure, α, β-Diamino-äthan-α-carbonsäure, 2, 3-Diamino-propansäure (Bd. IV, S. 745).

Nachweis: In schwach sodaalkalischer Lösung läßt sich die Diaminopropionsäure fast quantitativ durch Mercuriacetat ausfällen; aus dem Niederschlag kann die Säure durch Behandlung mit Schwefelwasserstoff wieder gewonnen werden[6]).

α, α'-Diaminobernsteinsäure, α, β-Diamino-äthan-α, β-dicarbonsäure, 2, 3-Diamino-butandisäure.

Mol.-Gewicht: 148,08.

Zusammensetzung: 32,42% C, 5,44% H, 43,22% O, 18,92% N. $C_4H_8O_4N_2$.

$$\begin{array}{c}
COOH \\
\mid \\
{}^*CH \cdot NH_2 \\
\mid \\
{}^*CH \cdot NH_2 \\
\mid \\
COOH
\end{array}$$

---

[1]) Nach E. Fischer u. G. Zemplén, Berichte d. Deutsch. Chem. Gesellschaft **42**, 4878 [1909] gibt auch das ε-Leucin kein Kupfersalz.

[2]) Beim Erhitzen der nächsthöheren homologen Säure, der ζ-Amino-n-Önanthsäure, erhält man überhaupt nur polymere Produkte, nicht aber das einfache Lactam

$$\begin{array}{ccc}
CH_2\text{—}CH_2\text{—}CH_2\text{—}NH \\
\mid \qquad\qquad\qquad \mid \\
CH_2\text{—}CH_2\text{—}CH_2\text{—}CO
\end{array}.$$

[3]) J. v. Braun, Berichte d. Deutsch. Chem. Gesellschaft **37**, 2915, 3210 [1904]; **38**, 2336 [1905]; **40**, 1839 [1907].

[4]) S. Gabriel u. Th. Maass, Berichte d. Deutsch. Chem. Gesellschaft **32**, 1270 [1899].

[5]) O. Wallach, Annalen d. Chemie u. Pharmazie **312**, 171 [1900]; **343**, 44 [1905].

[6]) C. Neuberg u. J. Kerb, Biochem. Zeitschr. **40**, 498 [1911].

Vorkommen: In der Natur bisher nicht aufgefunden. Theoretisch sind 4 Formen möglich, von denen aber nur die Mesoform und die racemische Form bekannt sind, während die beiden optisch aktiven Formen noch nicht erhalten wurden.

a) Mesodiaminobernsteinsäure.

$$\begin{array}{c} COOH \\ | \\ H-C-NH_2 \quad [1]) \\ | \\ H-C-NH_2 \\ | \\ COOH \end{array}$$

Bildung: In geringer Menge beim Erhitzen von hochschmelzender α, α'-Dibrombernsteinsäure unter Druck mit alkoholischem Ammoniak auf $100°$[2]), oder mit 25 proz. wässerigem Ammoniak und Ammoniakcarbonat auf $110°$[3]). Entsteht auch neben der d, l-Diaminobernsteinsäure (Racemform) bei der Reduktion von Dioxyweinsäure-bis-phenylhydrazon, $HOOC—C (= N—NH—C_6H_5)—C(= N—NH—C_6H_5)—COOH$, mit Natriumamalgam[4]).

Darstellung: Man trägt rasch 3 kg 2,5 proz. Natriumamalgam in eine mit 1 kg Eis versetzte Lösung von 100 g Dioxyweinsäure-bis-phenylhydrazon in 600 ccm Wasser und 25 g Ätznatron ein, fügt nach $^1/_2$ stündigem Schütteln langsam 167 g 30 proz. Schwefelsäure hinzu, schüttelt noch 1 Stunde, kühlt ab, extrahiert mit Äther, säuert die alkalische Lösung mit verdünnter Schwefelsäure an und läßt 24 Stunden stehen, wobei sich die Mesosäure absetzt, während die d, l-Säure in Lösung bleibt; man löst die mit heißem Alkohol gewaschene, rohe Mesosäure zur Reinigung in wenig mehr als der berechneten Menge kalter, normaler Natronlauge, schüttelt mit Tierkohle und fällt mit Essigsäure[5]).

Physikalische und chemische Eigenschaften: Prismen, die z. T. bei raschem Erhitzen sublimieren. Schmilzt nicht unzersetzt. Fast unlöslich in Wasser, Alkohol, Äther, Schwefelkohlenstoff, Chloroform, Ligroin, Eisessig, Anilin, Nitrobenzol und Phenol. Wird durch 1 Mol salpetrige Säure in α-Oxy-α'-aminobernsteinsäure (s. d.) und durch 2 Mol salpetrige Säure in Mesoweinsäure übergeführt.

Salze: Kupfersalz $C_4H_6O_4N_2 \cdot Cu$. Tiefblaue, Krystallwasser und etwas Ammoniak enthaltende Blättchen aus wässerigem Ammoniak, die bei $110—115°$ beides verlieren[1]).

Derivate: Diäthylester $C_8H_{16}O_4N_2$. Das Chlorhydrat entsteht beim Verestern der Mesodiaminobernsteinsäure mit Alkohol und gasförmiger Salzsäure. Nadeln aus Benzol + Ligroin. Schmelzp. $38°$. Siedep. bei 15 mm $160—166°$. Leicht löslich. Die wässerige Lösung reagiert auf Lackmus stark, auf Curcuma mäßig alkalisch.

Dichlorhydrat des Diäthylesters $C_8H_{16}O_4N_2 \cdot 2\,HCl$. Nadeln aus Alkohol. Sehr leicht löslich in kaltem Wasser, schwerer in kaltem Alkohol[1])[5]).

N, N′-Diacetyl-mesodiaminobernsteinsäure $C_8H_{12}O_6N_2$. Man erhitzt Mesodiaminobernsteinsäure längere Zeit mit überschüssigem Acetylchlorid auf $100°$, destilliert das Acetylchlorid ab und verreibt das Reaktionsprodukt mit Wasser. Krystallkörner aus Wasser. Zersetzt sich bei $235°$. Ziemlich leicht löslich in heißem Wasser, schwer in heißem Alkohol, unlöslich in Äther und Benzol[1]).

N,N′-Diacetyl-mesodiaminobernsteinsäure-diäthylester $C_{12}H_2O_6N_2$. Aus Mesodiaminobernsteinsäurediäthylester oder seinem Chlorhydrat mit Essigsäureanhydrid. Tafeln aus Aceton. Schmelzp. $180,5°$. Leicht löslich in Chloroform, Alkohol und Benzol, schwer löslich in Ligroin, Äther und Petroläther[5]).

b) Racemische Diaminobernsteinsäure.

$$\begin{array}{c} COOH \\ | \\ H_2N-C-H \quad [1]) \\ | \\ H-C-NH_2 \\ | \\ COOH \end{array}$$

[1]) Farchy u. Tafel, Berichte d. Deutsch. Chem. Gesellschaft **26**, 1982 [1893].
[2]) Lehrfeld, Berichte d. Deutsch. Chem. Gesellschaft **14**, 1817 [1881].
[3]) Neuberg u. Silbermann, Zeitschr. f. physiol. Chemie **44**, 154 [1905].
[4]) Tafel, Berichte d. Deutsch. Chem. Gesellschaft **20**, 247 [1887].
[5]) Tafel u. Stern, Berichte d. Deutsch. Chem. Gesellschaft **38**, 1590 [1905].

Darstellung: Man verfährt wie bei der Mesosäure (s. d.), neutralisiert das saure Filtrat von der Mesosäure genau mit Natronlauge, schüttelt es mit viel Äther aus und läßt die wässerige Lösung mehrere Tage stehen, bis sich die d, l-Säure abscheidet; man löst 10 g dieser rohen Säure in 55 ccm warmer 10proz. Salzsäure, fügt 200 ccm Wasser hinzu, filtriert nach 24 Stunden von ausgeschiedener Mesosäure ab und neutralisiert das Filtrat mit Natron, wobei sich die d, l-Säure krystallinisch ausscheidet[1]).

Physikalische und chemische Eigenschaften: Prismen mit 1 Mol Krystallwasser, das sehr langsam an der Luft, rasch beim Erhitzen auf 130—140° entweicht. Zersetzt sich beim Erhitzen ohne zu sublimieren. Etwas löslich in heißem Wasser. Wird von salpetriger Säure in Traubensäure übergeführt.

Derivate: N, N'-Diacetyl-d, l-Diaminobernsteinsäure $C_8H_{12}O_6N_2$. Entsteht analog dem Derivat der Mesosäure (s. d.). Zersetzt sich bei 235°[1]).

α, α'-Diamino-adipinsäure, α, δ-Diamino-butan-α, δ-dicarbonsäure, 2, 5-Diamino-hexandisäure.

Mol.-Gewicht: 176,12.

Zusammensetzung: 40,88% C, 6,87% H, 36,34% O, 15,91% N. $C_6H_{12}O_4N_2$.

$$
\begin{array}{c}
COOH \\
| \\
{}^*CH \cdot NH_2 \\
| \\
CH_2 \\
| \\
CH_2 \\
| \\
{}^*CH \cdot NH_2 \\
| \\
COOH
\end{array}
$$

Bildung: Man erwärmt 59,6 g krystallisierte, wasserhaltige α, α'-Diphtalimido-α, α'-dicarboxy-adipinsäure

$$C_6H_4\underset{CO}{\overset{CO}{\diagdown\diagup}}N-C\underset{COOH}{\overset{COOH}{\diagup\diagdown}} CH_2 - CH_2 \underset{HOOC}{\overset{HOOC}{\diagup\diagdown}}C-N\underset{CO}{\overset{CO}{\diagdown\diagup}}C_6H_4$$

unter 40 mm Druck 24 Stunden lang auf 105°, erhitzt das so erhaltene Pulver 1 Stunde auf dem Wasserbad mit 2 l $^4/_{10}$ n-Barytwasser und dampft dann mit 100 ccm konz. Salzsäure ein[2]).

Physikalische und chemische Eigenschaften: Prismatische Krystalle. Schmilzt nicht bei 275° (Bloc Maquenne), zersetzt sich aber beim längeren Erwärmen bis auf diese Temperatur. Die Diaminoadipinsäure ist in den üblichen neutralen Lösungsmitteln so gut wie unlöslich. In ganz schwacher Schwefel- oder Salzsäure, sogar in einem reichlichen Überschuß normaler Lösungen dieser Säuren ist die Diaminosäure schwer löslich. In 5 n-Schwefelsäure und besonders in 5 n-Salzsäure ist sie leicht löslich. In konz. Salzsäure löst sie sich erst beim Erwärmen und fällt beim Abkühlen wieder aus. In gesättigter alkoholischer Salzsäure löst sie sich selbst beim Erwärmen nicht auf. In Ammoniakwasser sehr schwer, in Natronlauge dagegen leicht löslich. Salzsaure, einigermaßen starke Lösungen werden von Phosphorwolframsäure sofort gefällt.

Derivate: Dibenzoylverbindung. Mikrokrystallin. In kochendem Wasser sehr schwer, in kaltem ganz unlöslich. In den üblichen, neutralen Lösungsmitteln (Alkohol, Aceton, Essigester, Chloroform, Benzol) selbst in der Wärme äußerst schwer löslich. Schmelzp. zwischen 270° und 275° (Bloc Maquenne) unter sofortiger Zersetzung.

---

[1]) Farchy u. Tafel, Berichte d. Deutsch. Chem. Gesellschaft **26**, 1982 [1893].
[2]) S. P. L. Sörensen u. A. C. Andersen, Zeitschr. f. physiol. Chemie **56**, 269 [1908].

α, α'-Diamino-korksäure, α, ζ-Diamino-hexan-α, ζ-dicarbonsäure, 2, 7-Diamino-octandisäure.

Mol.-Gewicht: 204,15.

Zusammensetzung: 47,02% C, 7,90% H, 31,35% O, 13,73% N . $C_8H_{16}O_4N_2$.

$$
\begin{array}{c}
\text{COOH} \\
| \\
{}^*\text{CH} \cdot \text{NH}_2 \\
| \\
\text{CH}_2 \\
| \\
\text{CH}_2 \\
| \\
\text{CH}_2 \\
| \\
\text{CH}_2 \\
| \\
{}^*\text{CH} \cdot \text{NH}_2 \\
| \\
\text{COOH}
\end{array}
$$

Vorkommen: In der Natur noch nicht aufgefunden.

Bildung:[1]) Als Ausgangsmaterial diente α, α'-Dibromkorksäure, die nach der Vorschrift von Baeyer und Liebig[2]) dargestellt wurde, und zwar wurde die Korksäure in Portionen von 50 g mit 100 g Phosphortribromid und 180 g Brom 10 Stunden lang auf dem Wasserbade erwärmt und nach Vorschrift gereinigt. Schmelzp. der Dibromkorksäure 170—172,5°. Die Dibromkorksäure wurde in Mengen von 30—50 g mit der 20fachen Menge konz. Ammoniaks (25%) und 30, resp. 50 g festen Ammoncarbonats im eisernen Digestor 6 Stunden lang auf 120° erhitzt, wobei der Druck auf zirka 12 Atmosphären stieg. Das Reaktionsprodukt enthielt die Diaminokorksäure in Form eines dicken, schwach gelblichen Schlammes, der abgesaugt und mit kaltem Wasser ausgewaschen wurde. Die gesamten Mutterlaugen wurden, um den in überschüssigem Ammoniak gelösten Anteil zu gewinnen, bis zur Entfernung des Ammoniaks resp. des Ammoncarbonats stark eingedampft, wobei weitere Mengen der Diaminosäure auskrystallisierten. Nach 48stündigem Stehen wurde der Rückstand mit kaltem Wasser angerührt, abgesaugt und bis zur Halogenfreiheit ausgewaschen. Die so erhaltene Portion wurde mit der ersten vereinigt.

Beide stellen schon fast reine Diaminokorksäure dar. Durch Umkrystallisieren aus siedendem Ammoniak gewinnt man sie völlig rein. Dabei ist jedoch zu bemerken, daß wegen der großen Schwerlöslichkeit der Diaminosäure zirka das 50fache Gewicht Ammoniak zur Lösung notwendig ist, und daß bei Arbeiten in Porzellangefäßen diese Säure Neigung hat, Kieselsäure und Aluminiumhydroxyd aufzunehmen, so daß zur Analyse bestimmte Präparate in Platingefäßen umgelöst werden müssen. Die Ausbeute an reiner Säure betrug 30%.

Physikalische und chemische Eigenschaften: Die Substanz krystallisiert in glitzernden Nädelchen, die unter dem Mikroskop sternförmig gruppiert erscheinen. Sie hat keinerlei Geschmack, besitzt keinen Schmelzpunkt, sondern zersetzt sich langsam beim Erhitzen über 300°; dabei sublimiert unter Nebelbildung ein Teil, aus dem Hexamethylendiamin isoliert werden konnte. Beim Überhitzen treten fichtenspanrötende Dämpfe auf. In Alkalien wie in Mineralsäuren ist die Diaminokorksäure unter Salzbildung leicht löslich.

Salze, Derivate: Kupfersalz $C_8H_{14}O_4N_2 \cdot \text{Cu}$. 1,05 g Diaminokorksäure (etwas mehr als 1 Mol) wurden mit 10 ccm n-Natronlauge versetzt, mit 20 ccm Wasser verdünnt, umgeschüttelt, aufgekocht und dann vom Ungelösten abfiltriert. Zu dieser Lösung des stark dissoziierten Natriumsalzes wurde dann Kupfersulfat bis zur sauren Reaktion gegeben, wobei sich sofort das normale Kupfersalz als blaßblaue, in Wasser total unlösliche Krystallmasse abschied.

Silbersalz $C_8H_{14}O_4N_2 \cdot \text{Ag}_2$. Weißes Pulver. In Wasser ganz unlöslich. Auf gleiche Weise lassen sich die anderen Salze der Diaminokorksäure gewinnen. Die mit dreiwertigem Metall sind im Überschuß des Fällungsmittels in der Regel löslich, die mit zweiwertigem Metall bis auf die von Blei, Mangan und Nickel unlöslich.

Phosphorwolframsäure erzeugt in der mit Salz- oder Schwefelsäure angesäuerten Lösung einen Niederschlag, der sich im Überschuß des Fällungsmittels löst.

---

[1]) C. Neuberg u. E. Neimann, Zeitschr. f. physiol. Chemie **45**, 98 [1905].
[2]) Baeyer u. Liebig, Berichte d. Deutsch. Chem. Gesellschaft **31**, 2106 [1898].

Pikrinsäure, Tannin, Platinchlorid, Goldchlorwasserstoffsäure, Kaliumwismut- und Kaliumquecksilberjodid fällen nicht.

Phenylcyanatverbindung. Feste, weiße Krystallmasse. Schneeweiße Nädelchen aus Alkohol + Wasser. Schmelzp. 250°.

Dichlorhydrat $C_8H_{18}O_4N_2Cl_2$. Weiße Krystallmasse. Leicht löslich in Wasser.

Isoserin, α-Oxy-β-amino-propionsäure (Bd. IV, S. 757).

Nachweis: Das Isoserin kann fast quantitativ ausgeschieden werden, wenn man zu seiner schwach sodaalkalischen Lösung so lange kleine Mengen einer 25 proz. Mercuriacetatlösung hinzufügt, als sich ein Niederschlag bildet[1]).

α-Oxy-γ-amino-n-buttersäure, α-Oxy-γ-aminopropan-α-carbonsäure, 4-Amino-butanol-(2)-säure.

Mol.-Gewicht: 119,08.

Zusammensetzung: 40,31% C, 7,62% H, 11,77% N, 40,31% O . $C_4H_9O_3N$.

$$\begin{array}{c} CH_2 \cdot NH_2 \\ | \\ CH_2 \\ | \\ *CH \cdot OH \\ | \\ COOH \end{array}$$

Vorkommen: Man kann sich diese bisher nur durch Synthese gewonnene Aminosäure durch Abbau des Ornithins bzw. des Arginins entstanden denken. Ihr Methylbetain ist das im Fleischextrakt vorkommende Carnitin

$$\begin{array}{c} CH_2-CH_2-CH(OH)-CO \\ | \qquad\qquad\qquad | \\ N(CH_3)_3- \qquad\qquad ---O \end{array}$$

Darstellung: Die Synthese der γ-Amino-α-oxy-n-buttersäure verläuft sehr glatt, wenn man von der γ-Phthalimido-α-brombuttersäure ausgeht[2]), die man am besten nach der Vorschrift von S. Gabriel und J. Colman[3]) darstellt. Durch Behandlung mit Wasser und $CaCO_3$, besser mit $BaCO_3$ wird das Halogen durch die OH-Gruppe ersetzt und hernach durch Verseifung mit Salzsäure die Phthalimidogruppe abgespalten:

$$C_6H_4\diagdown{}^{CO}_{CO}\diagup N-CH_2-CH_2-CHBr-COOH \longrightarrow$$

$$\longrightarrow C_6H_4\diagdown{}^{CO}_{CO}\diagup N-CH_2-CH_2-CH(OH)-COOH \longrightarrow$$

$$\longrightarrow H_2N \cdot CH_2-CH_2-CH(OH)-COOH + C_6H_4(COOH)_2.$$

Zu diesem Zwecke suspendiert man 10 g γ-Phthalimido-α-brombuttersäure in 500 ccm kochendem Wasser und trägt allmählich 16 g gefälltes Bariumcarbonat ein. Unter starkem Schäumen erfolgt rasch Lösung der Säure. Man kocht noch 20 Minuten, filtriert ab und engt das Filtrat unter 15—20 mm Hg auf 60 ccm ein, worauf das Bariumsalz krystallinisch ausfällt. Nach mehrstündigem Stehen in der Kälte wird es abgesaugt und getrocknet. Es hat in lufttrockenem Zustand 6 Mol Krystallwasser. Die Ausbeute beträgt mehr als 80%. Die freie Säure wird durch Lösen von 10 g wasserhaltigem Bariumsalz in 50 ccm heißem Wasser, Fällen mit kleinem Überschuß an Schwefelsäure, heiß Filtrieren und Abkühlen des Filtrates gewonnen. Ausbeute 80%. Die γ-Phthalimido-α-oxybuttersäure enthält 1 Mol Krystallwasser, sie schmilzt dann gegen 100°, in krystallwasserfreiem Zustand schmilzt sie bei 144—145° (korr.). Sie löst sich in heißem Wasser im Verhältnis 1 : 2, ist leicht löslich in Alkohol, Aceton und Chloroform, wenig löslich dagegen in Äther und Benzol.

---

[1]) C. Neuberg u. J. Kerb, Biochem. Zeitschr. **40**, 511 [1911].

[2]) E. Fischer u. A. Göddertz, Berichte d. Deutsch. Chem. Gesellschaft **43**, 3272 [1910].

[3]) S. Gabriel u. J. Colman, Berichte d. Deutsch. Chem. Gesellschaft **41**, 513 [1908].

Zur Verseifung erhitzt man die Phthalimidooxybuttersäure mit der 30 fachen Menge 25 proz. Salzsäure 12 Stunden lang, indem man sie in einem Platinkolben in ein stark kochendes Wasserbad einhängt und für ständigen Ersatz des verdampfenden Chlorwasserstoffes sorgt. Nach dem Erkalten filtriert man die ausgeschiedene Phthalsäure ab, engt die Mutterlauge in einer Platinschale ein, filtriert wieder und äthert schließlich aus. Die wässerige Lösung wird auf dem Wasserbade bis zur Sirupdicke eingeengt, wieder mit Wasser aufgenommen und mit Silberoxyd quantitativ entchlort. Das Filtrat vom Chlorsilber dampft man im Vakuum zum Sirup ein und bringt durch Verreiben mit siedendem Alkohol zum Krystallisieren. Ausbeute 77%.

Physikalische und chemische Eigenschaften: Die Aminosäure schmilzt im Capillarrohr nach vorherigem Sintern gegen 191—192° (korr.) zu einer gelbbraunen Flüssigkeit und geht dann unter Aufschäumen allmählich in das Oxy-pyrrolidon (s. d.) über. Sie löst sich äußerst leicht in Wasser und krystallisiert beim Verdunsten der wässerigen Lösung in farblosen, ziemlich großen Prismen. Die Aminosäure ist sehr schwer löslich in kaltem Alkohol, selbst in siedendem Alkohol löst sie sich noch recht schwer, in Äther ist sie unlöslich. Sie hat keinen ausgesprochenen Geschmack und reagiert auf Lackmus schwach sauer. Sie wird weder in wässeriger, noch in schwefelsaurer Lösung bei mäßiger Konzentration von Phosphorwolframsäure gefällt. Die wässerige Lösung nimmt beim 10 Minuten langen Kochen mit gefälltem Kupferoxyd nur sehr geringe Mengen des Metalles auf, und aus dem ganz schwach blau gefärbten Filtrat kann man nur die freie Aminosäure isolieren.

Salze: Das **Chlorhydrat** $C_4H_9O_3N \cdot HCl$ läßt sich am besten reinigen, indem man es rasch in nicht zuviel warmem Alkohol löst und nach dem Abkühlen die Lösung mit Essigester bis zur bleibenden Trübung versetzt. Das Salz scheidet sich dann in farblosen, manchmal wetzsteinförmigen Krystallen ab.

Das **Chloroplatinat** krystallisiert aus warmem Alkohol beim Abkühlen in orangefarbenen, sehr kleinen Blättchen.

Derivate: γ-**Trimethylamino-α-oxy-n-buttersäure** $C_7H_{15}O_3N$. 1 g der Säure wird in etwas weniger als der für 3 Mol berechneten Menge starker Kalilauge gelöst, mit 3 Mol Jodmethyl (3,6 g) und mit so viel Methylalkohol versetzt, daß völlige Lösung erfolgt. Die Mischung erwärmt sich von selbst; wenn nach einiger Zeit die Reaktion schwach sauer wird, gibt man wieder so lange Alkali in schwachem Überschuß hinzu, bis die alkalische Reaktion bleibt. Nun wird neutralisiert, im Vakuum zur Trockene verdampft, der Rückstand mit Wasser aufgenommen, zur Entfernung des Jods mit einem Überschuß von Silbersulfat geschüttelt, das Filtrat wieder im Vakuum verdampft und der Rückstand mehrmals mit warmem, 80 proz. Alkohol ausgelaugt. Beim Verdampfen der alkoholischen Lösung hinterbleibt ein Sirup, der bei längerem Verweilen im Exsiccator teilweise krystallinisch erstarrt. Er enthält Trimethylaminooxybuttersäure in Form ihres Sulfates und löst sich sehr leicht in Wasser.

Goldsalz der Trimethylaminooxybuttersäure $C_7H_{15}O_3N \cdot HAuCl_4$. Gelbe, lanzettenförmige Nadeln, die bei 162° sintern und bei 175—176° (korr.) unscharf und ohne Zersetzung schmelzen. Wird das Aurat mit Schwefelwasserstoff zerlegt, so verbleibt nach dem Eindampfen des Filtrates das Chlorhydrat als Sirup, der im Exsiccator erstarrt. Daraus erhält man das

Platinsalz. In Wasser äußerst leicht löslich, kann daraus durch Alkohol als Sirup gefällt werden, der bei Verwendung von genügend viel Alkohol allmählich erstarrt. Feine mikroskopische Nädelchen, die in absol. Alkohol unlöslich sind und nach vorherigem Sintern nicht ganz konstant bei 216° (korr.) unter Zersetzung schmelzen.

β-Oxy-γ-amino-n-buttersäure, β-Oxy-γ-aminopropan-α-carbonsäure, 4-Amino-butanol-3-säure-1.

Mol.-Gewicht: 119,08.

Zusammensetzung: 40,31% C, 7,62% H, 11,77% N, 40,31% O . $C_4H_9O_3N$.

$$\begin{array}{c} CH_2-NH_2 \\ | \\ *CH-OH \\ | \\ CH_2 \\ | \\ COOH \end{array}$$

Vorkommen: Ein natürliches Vorkommnis ist noch nicht angegeben worden.

Darstellung: M. Tomita[1]). Als Ausgangsmaterial wird am bequemsten das Chlor-oxypropylphthalimid benutzt, das nach den Angaben von Gabriel und Ohle[2]) sehr leicht durch Einwirkung von Epichlorhydrin auf Phthalimid hergestellt werden kann. Durch Umsetzung mit Kaliumcyanid erhält man das Cyanoxypropylphthalimid, aus dem beim Kochen mit Schwefelsäure die gewünschte Oxyaminosäure entsteht:

$$
\begin{array}{ccc}
\begin{array}{c}
C_6H_4 \\
\diagdown\diagup \\
CO\ \ CO \\
\diagdown\diagup \\
N \\
| \\
CH_2 \\
| \\
CH-OH \\
| \\
CH_2 \\
| \\
Cl
\end{array}
&
\begin{array}{c}
C_6H_4 \\
\diagdown\diagup \\
CO\ \ CO \\
\diagdown\diagup \\
N \\
| \\
CH_2 \\
| \\
CH-OH \\
| \\
CH_2 \\
| \\
CN
\end{array}
&
\begin{array}{c}
C_6H_4 \\
\diagup\diagdown \\
COOH\ \ COOH \\
\text{Phthalsäure} \\
NH_2 \\
| \\
CH_2 \\
| \\
CH-OH \\
| \\
CH_2 \\
| \\
COOH
\end{array}
\end{array}
$$

Chloroxypropylphthalimid   Cyanoxypropylphthalimid γ-Amino-β-oxy-n-buttersäure.

Physikalische und chemische Eigenschaften: Krystalle aus wässerigem Alkohol. Schmelzp. 214°. Sehr leicht löslich in Wasser, dagegen fast nicht löslich in Alkohol, Methylalkohol, Äther, Chloroform und Essigester. Geschmacklos. Reagiert gegen Lackmus neutral. Zeigt eine schöne Biuretreaktion. Verwandelt sich beim Erhitzen unter Wasserabgabe in ihr inneres Anhydrid. das β-Oxy-α'pyrrolidon (s. d.). Geht bei der erschöpfenden Behandlung mit Jodmethyl und Alkali in das Betain über.

Salze und Derivate: Kupfersalz $(C_4H_7O_3N)_2 \cdot Cu$. Krystalle.

Betain der β-Oxy-γ-amino-n-buttersäure. Sirup.

Goldsalz des Betains $C_7H_{15}O_3N \cdot HAuCl_4$. Citronengelbe, schöne Nadeln. Schmilzt bei 180—182° zu einer klaren, orangeroten Flüssigkeit (mithin etwa 30° höher als das Goldchlorid-Doppelsalz des Carnitins).

α-Oxy-δ-amino-n-valeriansäure, α-Oxy-δ-amino-butan-α-carbonsäure, 5-Amino-pentanol-(2)-säure-(1).

Mol.-Gewicht: 133,10.
Zusammensetzung: 45,08% C, 8,33% H, 36,06% O, 10,53% N . $C_5H_{11}O_3N$.

$$
\begin{array}{c}
CH_2 \cdot NH_2 \\
| \\
CH_2 \\
| \\
CH_2 \\
| \\
{}^{*}CH \cdot OH \\
| \\
COOH
\end{array}
$$

Vorkommen: In der Natur noch nicht aufgefunden. Die Oxyaminosäure ist sehr nahe verwandt mit dem Ornithin und Arginin. Sie ist isomer mit zwei schon bekannten α-Amino-säuren, nämlich der α-Amino-γ-oxy-n-valeriansäure von E. Fischer und H. Leuchs[3]) und mit der α-Amino-δ-oxy-n-valeriansäure von S. P. L. Sörensen[4]), welch letztere beim Kochen mit starker Salzsäure ja bekanntlich teilweise in racemisches Prolin übergeht.

Darstellung: Die Synthese der δ-Amino-α-oxy-n-valeriansäure stammt von E. Fischer und G. Zemplén[5]). Sie geht aus vom m-Nitrobenzoylpiperidin, das nach Schotten[6]) oxy-diert wird zur m-Nitrobenzoyl-δ-amino-n-valeriansäure. In diese wird in α-Stellung zur Carb-

[1]) M. Tomita, Zeitschr. f. physiol. Chemie **124**, 253 [1923].
[2]) Gabriel u. Ohle, Berichte d. Deutsch. Chem. Gesellschaft **50**, 820 [1917].
[3]) E. Fischer u. H. Leuchs, Berichte d. Deutsch. Chem. Gesellschaft **35**, 3787 [1902].
[4]) S. P. L. Sörensen, Chem. Centralbl. **1905**, II, 399.
[5]) E. Fischer u. G. Zemplén, Berichte d. Deutsch. Chem. Gesellschaft **42**, 4878 [1909].
[6]) C. Schotten, Berichte d. Deutsch. Chem. Gesellschaft **21**, 2247 [1888].

oxylgruppe mit Brom und Phosphor ein Bromatom eingeführt, das dann durch die Hydroxylgruppe ersetzt wird, worauf schließlich noch die Nitrobenzoylgruppe abgespalten wird:

$$\begin{array}{c} CH_2 - CH_2 - N - CO - C_6H_4 - NO_2 \\ | \qquad\qquad | \\ CH_2 - CH_2 - CH_2 \end{array} \xrightarrow{KMnO_4}$$

m-Nitrobenzoylpiperidin

$$\xrightarrow{KMnO_4} COOH - CH_2 - CH_2 - CH_2 - CH_2 - NH - CO - C_6H_4 - NO_2 \xrightarrow{Br+P}$$

m-Nitrobenzoyl-δ-amino-n-valeriansäure

$$\xrightarrow{Br+P} COOH - CHBr - CH_2 - CH_2 - CH_2 - NH - CO - C_6H_4 - NO_2 \xrightarrow{+CaCO_3}$$

m-Nitrobenzoyl-δ-amino-α-brom-n-valeriansäure

$$\xrightarrow{+CaCO_3} COOH - CH(OH) - CH_2 - CH_2 - CH_2 - NH - CO - C_6H_4 - NO_2 \xrightarrow{+HCl\ od.\ Ba(OH)_2}$$

m-Nitrobenzoyl-δ-amino-α-oxy-n-valeriansäure

$$\xrightarrow{+HCl\ od.\ Ba(OH)_2} COOH - CH(OH) - CH_2 - CH_2 - CH_2 - NH_2 + HOOC - C_6H_4 - NO_2$$

δ-Amino-α-oxy-n-valeriansäure   m-Nitrobenzoesäure.

20 g m-Nitrobenzoylpiperidin werden mit 800 ccm Wasser zum Sieden erhitzt und im
Laufe von etwa $^1/_2$ Stunde eine Lösung von 25—30 g Kaliumpermanganat zufließen gelassen.
Die Ausbeute an Aminosäure beträgt leicht 60%. 50 g dieses Valeriansäurederivates werden
mit 6 g rotem Phosphor fein zerrieben und zu der mit kaltem Wasser gekühlten Masse 125 g
Brom im Laufe von 12—15 Minuten zugetropft, wobei sich viel HBr entwickelt. Nun erwärmt
man im Wasserbad höchstens 12 Minuten, bis die stürmische Gasentwicklung nachläßt, und
kühlt das dunkelbraune Öl ab. Nach Zusatz von etwa 250 ccm eiskaltem Wasser wird unter
Kühlung schweflige Säure eingeleitet, bis das Öl nur noch grau gefärbt ist. Man verdünnt mit
weiteren 500 ccm Wasser und fügt allmählich einen Überschuß von Natriumbicarbonat hinzu.
Bei richtig ausgeführter Reaktion bleibt nur wenig Rückstand. Beim Ansäuern des Filtrates
fällt ein farbloses, dickes Öl aus, das bald krystallinisch erstarrt. Ausbeute 65% der Theorie.
Zur Reinigung kann man aus heißem 60 proz. Alkohol umkrystallisieren, aus dem die Substanz
in büschelförmigen, farblosen Nadeln herauskommt, die gegen 120° sintern und bei 125° vollständig geschmolzen sind. Die Bromaminosäure ist sehr leicht löslich in Aceton, Essigester,
heißem Alkohol, wenig löslich in Äther und Benzol. In heißem Wasser löst sie sich im Verhältnis
1 : 150. Man kann daraus durch Ersatz des Broms durch die Aminogruppe mit Hilfe von Ammoniak das δ-m-Nitrobenzoylornithin herstellen.

Zum Ersatz des Broms durch die Hydroxylgruppe suspendiert man 50 g δ-m-Nitrobenzoyl-
amino-α-brom-n-valeriansäure in 5 l kochendem Wasser und fügt 50 g reines, gefälltes Calciumcarbonat hinzu. Unter starkem Aufschäumen erfolgt bald völlige Lösung der Säure. Man
kocht noch 15 Minuten, filtriert dann ab und konzentriert im Vakuum auf 500 ccm, worauf sich
das Calciumsalz der δ-m-Nitrobenzoyl-amino-α-oxy-n-valeriansäure krystallinisch abscheidet.
Nach 2 tägigem Stehen bei 0° beträgt seine Menge 28 g oder 57% der Theorie. Aus der Mutterlauge können nach langem Stehen noch einige Gramm erhalten werden. Das Calciumsalz läßt
sich durch Umkrystallisieren aus 15 Teilen heißem Wasser reinigen; es enthält 4 Mol Krystallwasser und ist hygroskopisch. Bei 80° schmilzt es in seinem eigenen Krystallwasser, wird dann
wieder fest und ist bei 200° noch ungeschmolzen.

Um die freie Säure zu gewinnen, löst man 20 g Salz in 300 ccm heißem Wasser, versetzt
mit 65 ccm n-Schwefelsäure und kühlt ab. Bald scheidet sich Gips aus, man fügt zur Ver-
vollständigung seiner Abscheidung noch 400 ccm Alkohol hinzu. Wird das Filtrat unter 20 mm
Hg auf 100 ccm eingedampft, so fällt die freie Säure ölig aus. Sie wird 3 mal mit je 150 ccm
Essigäther extrahiert, hierauf vom Lösungsmittel befreit. Das zurückbleibende, gelbliche Öl
zeigt keine Neigung zum Krystallisieren. Die Ausbeute beträgt 12 g oder 72% der Theorie.

Zur Abspaltung der m-Nitrobenzoesäure kann man mit Salzsäure oder mit Barythydrat
hydrolysieren. Erstere Methode ist wegen der Abtrennung des Chlors etwas umständlicher,
liefert aber bessere Ausbeuten.

10 g ölige Säure werden in 300 ccm 5 n-Salzsäure gelöst und 5 Stunden am Rückfluß
gekocht. Nach dem Erkalten wird die ausgeschiedene m-Nitrobenzoesäure abfiltriert, die
Lösung im Vakuum eingedampft, um die Salzsäure zu entfernen. Das Chlorhydrat der Aminosäure hinterbleibt als ein dicker, gelblicher Sirup. Es wird in Wasser gelöst, mit Silberoxyd
entchlort, das Filtrat genau vom Silber befreit, bei 20 mm Hg eingeengt und mit Alkohol
gefällt. Bei der ersten Fällung erhält man 2,75 g, aus der Mutterlauge noch 1,08 g weniger
reine Aminosäure. Gesamtausbeute demnach 81% der Theorie.

Physikalische und chemische Eigenschaften: Kleine flache Prismen. Schmelzp. unter Gasentwicklung gegen 188—191° (korr.); geht dabei in Oxypiperidon (s. d.) über. Sehr leicht löslich in Wasser, sehr wenig löslich in kaltem Methyl- und Äthylalkohol. Die mit Schwefelsäure angesäuerte Lösung gibt mit Phosphorwolframsäure, auch nach längerem Stehen, keinen Niederschlag; erst nach mehreren Tagen scheiden sich kleine Prismen ab, wahrscheinlich weil die Säure langsam in Oxypiperidon übergeht.

Im Gegensatz zu der von Sörensen[1]) dargestellten isomeren Säure wird diese Säure beim Kochen mit starker Salzsäure nicht in Prolin verwandelt. Der Grund für dieses Verhalten ist wahrscheinlich darin zu suchen, daß die δ-Amino-α-oxy-n-valeriansäure bei dieser Behandlung ihre in Nachbarstellung zur Carboxylgruppe befindliche Hydroxylgruppe nicht gegen Chlor umtauschen kann, worauf sie dann auch nicht zum Ringschluß befähigt ist, für dessen Zustandekommen man bekanntlich solche halogenierten Zwischenprodukte annimmt.

Salze, Derivate: Die δ-**Amino-α-oxy-n-valeriansäure** liefert kein Kupfersalz.

Die Veresterung der Säure geht sehr leicht vor sich, wenn man ohne Kühlung Salzsäuregas in die Suspension von 1 g Aminosäure in 10 ccm trockenem Methylalkohol einleitet. Setzt man den Ester in Freiheit, so erhält man ein Anhydrid, das β-Oxy-α-piperidon

$$NH \underline{\quad\quad} CH_2 \underline{\quad\quad} CH_2$$
$$CO - CH(OH) - CH_2,$$

das auch beim Schmelzen der Aminosäure erhalten wird (s. d.).

Die optisch aktiven Komponenten der δ-Amino-α-oxy-n-valeriansäure sind bisher noch nicht hergestellt worden.

δ-Oxy-α-amino-n-valeriansäure, δ-Oxy-α-amino-butan-α-carbonsäure, 2-Amino-pentanol-(5)-säure-(1).

Mol.-Gewicht: 133,10.

Zusammensetzung: 45,08% C, 8,33% H, 36,06% O, 10,53% N . $C_5H_{11}O_3N$.

$$CH_2 \cdot OH$$
$$CH_2$$
$$CH_2$$
$$*CH \cdot NH_2$$
$$COOH$$

Vorkommen: Ein natürliches Vorkommnis dieser Säure ist noch nicht bekanntgeworden.

Darstellung: Man erhitzt die Natriumverbindung des Phthalimidomalonsäureesters mit Trimethylenbromid auf 165—170°, erhitzt den so entstehenden (nicht rein dargestellten) δ-Brom-α-phthalimido-propylmalonsäureester mit neutraler Kaliumacetatlösung unter Zugabe von Alkohol 20 Stunden im siedenden Wasserbade und unterwirft den nun gebildeten δ-Acetoxy-α-phthalimido-propylmalonsäureester, ohne ihn aus der Lösung zu isolieren, einer sukzessiven Behandlung mit verdünnter Natronlauge und mit Salzsäure bei Wasserbadtemperatur[1]).

Physikalische und chemische Eigenschaften: Nadeln oder Blättchen aus 80 proz. Alkohol. Schmelzp. 223—224° (korr.) unter Gasentwicklung. Leicht löslich in Wasser, löslich in wässerigem Alkohol, schwer löslich in absol. Alkohol und Aceton, fast unlöslich in Äther und Ligroin. Liefert beim längeren Erhitzen auf 195—200°, sowie bei der Behandlung mit Salzsäure verschiedener Konzentration Pyrrolidin-α-carbonsäure neben anderen Zersetzungsprodukten.

Salze: Kupfersalz $(C_5H_{10}O_3N)_2 \cdot Cu$. Blauviolette Krystalle, löslich in 100 Teilen Wasser bei gewöhnlicher Temperatur.

Kupfer-Doppelsalz der δ-Oxy-α-amino-n-valeriansäure und des **Glykokolls** $(C_5H_{10}O_3N)$ $(C_2H_4O_2N) \cdot Cu + H_2O$. Sehr leicht löslich in Wasser.

Phosphorwolframat. Nadeln. Schwer löslich in Wasser, sehr leicht in Alkohol.

Derivate: Mono- und Di-Benzoylverbindungen. Bei der Benzoylierung in ausgeprägt alkalischer Lösung entsteht **N-Monobenzoyl-δ-oxy-α-amino-n-valeriansäure.** Kurze, dicke,

――――――――
[1]) S. P. L. Sörensen, Chem. Centralbl. **1905**, II, 398ff. u. 399. — Sörensen u. Andersen, Zeitschr. f. physiol. Chemie **56**, 236, 290 [1908]; **76**, 44 [1912].

vielflächige Krystalle, in warmem Wasser einigermaßen leicht, in kaltem Wasser dagegen ziemlich schwer löslich; in Alkohol leicht löslich; in den übrigen, üblichen, neutralen Lösungsmitteln, selbst in der Wärme sehr schwer löslich. Schmelzp. nicht scharf bei zirka 160° (Bloc Maquenne). Das Bariumsalz der N-Monobenzoylverbindung scheidet sich zuerst sirupös aus, erstarrt aber beim Stehenlassen vollständig und ist in Wasser, wie auch in absol. Alkohol leicht löslich.

Bei der Benzoylierung in ganz schwach alkalischer Lösung entsteht die **N, O-Dibenzoyl-δ-oxy-α-amino-n-valeriansäure.** Ziemlich große, flache, beinahe rektanguläre Tafeln, die selbst in warmem Wasser sehr schwer löslich sind. In Alkohol, Aceton und Essigester leicht, in Chloroform etwas schwerer löslich, in Äther und Benzol schwer löslich und in Ligroin sehr schwer löslich Schmelzp. 164—165° (Bloc Maquenne). Liefert beim Erwärmen mit $^1/_{20}$ n-Natronlauge die N-Monobenzoylverbindung zurück.

β-Oxy-α-amino-isovaleriansäure, β, β-Dimethyl-serin.

Mol.-Gewicht: 133,09.

Zusammensetzung: 45,11% C, 8,26% H, 36,11% O, 10,52% N . $C_5H_{11}O_3N$.

$$\begin{array}{c} CH_3 \; CH_3 \\ \diagdown \diagup \\ C-OH \\ | \\ *CH-NH_2 \\ | \\ COOH \end{array}$$

Darstellung: W. Schrauth und H. Geller[1] fanden eine neue Methode, um namentlich von aliphatischen, ungesättigten Säuren zu Oxy-amino-säuren zu gelangen. Sie schlugen dazu folgenden Weg ein:

$$\begin{array}{c} CH_3 \; CH_3 \\ \diagdown \diagup \\ C \\ \| \\ CH \\ | \\ COO-C_2H_5 \end{array} \quad \xrightarrow[\substack{\text{Mercuri-}\\ \text{acetat.}\\ \text{und KBr}}]{CH_3OH,} \quad \overset{\text{I.}}{\begin{array}{c} CH_3 \; CH_3 \\ \diagdown \diagup \\ C-OCH_3 \\ | \\ CH-HgBr \\ | \\ COO-C_2H_5 \end{array}} \quad \xrightarrow[\text{NaOH}]{\substack{\text{Brom,}\\ \text{nachher}}} \quad \overset{\text{II.}}{\begin{array}{c} CH_3 \; CH_3 \\ \diagdown \diagup \\ C-OCH_3 \\ | \\ CH-Br \\ | \\ COOH \end{array}} \quad \xrightarrow[\text{NH}_3]{\text{25 proz.}}$$

$$\xrightarrow[\text{NH}_3]{\text{25 proz.}} \quad \overset{\text{III.}}{\begin{array}{c} CH_3 \; CH_3 \\ \diagdown \diagup \\ C-OCH_3 \\ | \\ CH-NH_2 \\ | \\ COOH \end{array}} \quad \xrightarrow[]{\substack{\text{HBr}\\ \text{(D:1,47)}}} \quad \overset{\text{IV.}}{\begin{array}{c} CH_3 \; CH_3 \\ \diagdown \diagup \\ C-OH \\ | \\ CH-NH_2 \\ | \\ COOH \end{array}}$$

1. **β-Methoxy-α-bromquecksilber-isovaleriansäureäthylester:** (I). 87 g Mercuriacetat wurden in 250 ccm Methylalkohol gelöst und mit 34 g β, β-Dimethylacrylsäure-äthylester versetzt; das Reaktionsgemisch wurde 3 Tage bei Zimmertemperatur stehengelassen und die Lösung von einer geringen Menge des überschüssig angewandten, inzwischen abgeschiedenen Quecksilberacetats abfiltriert. In die filtrierte Lösung wurde nach und nach unter Umrühren eine wässerige Lösung von 34 g Bromkalium eingetragen, wobei sich erstere unter gelinder Erwärmung schwach gelblich verfärbte; nach beendeter Reaktion und auf Zusatz von Wasser fiel das Reaktionsprodukt als ölige Masse aus, welche in der Kälte aber krystallinisch erstarrte. Das gewonnene Produkt wurde abgesaugt, gewaschen und getrocknet: Ausbeute 80 g = 70% der Theorie. Schöne weiße Platten vom Schmelzp. 51°, leicht löslich in Alkohol, Benzol, Äther, Chloroform und Essigester, schwer löslich in Wasser.

2. **β-Methoxy-α-brom-isovaleriansäure** (II): 40 g β-Methoxy-α-bromquecksilber-isovaleriansäure-äthylester wurden in 100 ccm Chloroform gelöst und mit 14,6 g Brom (1 Mol) versetzt; das Reaktionsprodukt wurde dem Sonnenlichte ausgesetzt, wobei unter Abscheidung von Quecksilberbromid die Lösung in jeweils 4—7 Tagen entfärbt wurde. Das abgeschiedene

---

[1] W. Schrauth u. H. Geller, Berichte d. Deutsch. Chem. Gesellschaft **55**, 2783 [1922].

Salz wurde abfiltriert und in das Filtrat zwecks Abscheidung des noch gelösten Quecksilberbromids Schwefelwasserstoff eingeleitet; der hierbei entstandene Niederschlag wurde abermals abfiltriert und aus dem Filtrate das Chloroform im Vakuum abdestilliert. Der zurückgebliebene Ester wog 17 g (73% der Theorie) und bildete ein farbloses, scharf riechendes Öl. Dasselbe wurde mit Natronlauge verseift, indem 14 g des Esters mit 108 ccm (2 Mol) $^1/_2$ n-Natronlauge versetzt und während 12 Stunden bei gewöhnlicher Temperatur auf der Maschine geschüttelt wurden. Die klare, gelbliche Lösung wurde alsdann mit der entsprechenden Menge n-Schwefelsäure angesäuert und im Vakuum bis auf 50 ccm eingedampft. Das hierbei sich abscheidende Öl wurde mit Äther aufgenommen und die ätherische Lösung von der wässerigen im Scheidetrichter getrennt. Beim Verdampfen des Äthers hinterblieb eine zähe, gelbliche Masse, welche bei längerem Stehen im Vakuumexsiccator krystallinisch erstarrte. Ausbeute 8,5 g = 70% der Theorie. Reinigung durch Fällen der Ätherlösung mit Petroläther. Schmelzp. 77°.

3. **β-Methoxy-α-amino-isovaleriansäure (III):** 5 g β-Methoxy-α-bromisovaleriansäure wurden im Rohr mit 25 ccm 25 proz. Ammoniak $1^1/_2$ Stunden bei 100° erhitzt, wobei sich das Reaktionsprodukt schwach gelblich verfärbte. Nach beendeter Reaktion wurde die Lösung auf dem Wasserbade zur Trockene eingedampft, und die zurückbleibende Aminosäure durch Waschen mit heißem absol. Alkohol vom Bromammonium befreit. Das Produkt wurde aus verdünntem Alkohol umkrystallisiert. Ausbeute 2,5 g = 74% der Theorie. Weiße, glänzende Platten, welche ohne scharfen Schmelzpunkt erst zwischen 250 und 260° unter Braunfärbung und Gasentwicklung zusammensintern. In Chloroform, Äther, Alkohol und Essigester ist die Säure unlöslich, sehr leicht löslich dagegen in Wasser.

4. **β-Oxy-α-amino-isovaleriansäure (IV):** 1,5 g β-Methoxy-α-amino-isovaleriansäure wurden in einem mit Rückflußkühler versehenen Kolben mit 10 ccm Bromwasserstoffsäure (spez. Gew. 1,47) versetzt und 1 Stunde gekocht; hierauf wurde das Reaktionsgemisch auf dem Wasserbade zur Trockene eingedampft, der Rückstand mit absol. Alkohol aufgenommen und mit Ammoniak bis zur alkalischen Reaktion versetzt, wobei das Dimethylserin in weißen Platten zur Ausscheidung gelangte. Zur Reinigung wurde das Produkt in wenig Wasser gelöst und mit viel absol. Alkohol gefällt. Ausbeute 1 g = 71% der Theorie. Schmelzp. 218° unter Braunfärbung und Gasentwicklung. Geschmack süß. Unlöslich in Alkohol, Äther, Benzol und Essigester; leicht löslich in Wasser.

Derivate: Phenylisocyanatverbindung $C_{12}H_{16}O_4N_2$. Wird in theoretischer Ausbeute erhalten. Schmelzp. 162° unter Gasentwicklung. Sehr leicht löslich in Alkohol, Äther und Essigester; ziemlich leicht löslich in Wasser.

β-Naphthalinsulfo-Verbindung $C_{15}H_{17}O_5NS$. Die in nahezu theoretischer Menge erhaltene Verbindung bildet, aus Alkohol umkrystallisiert, kleine, weiße Nadeln vom Schmelzp. 261°.

α-Oxy-ε-amino-n-capronsäure, α-Oxy-ε-amino-pentan-α-carbonsäure, 6-Amino-hexanol-(2)-säure-(1).

Mol.-Gewicht: 147,11.

Zusammensetzung: 48,94% C, 8,91% H, 32,63% O, 9,52% N.　$C_6H_{13}O_3N$.

$$\begin{array}{c} CH_2 \cdot NH_2 \\ | \\ CH_2 \\ | \\ CH_2 \\ | \\ CH_2 \\ | \\ {}^*CH \cdot OH \\ | \\ COOH \end{array}$$

Vorkommen: In der Natur noch nicht aufgefunden.

Darstellung, Eigenschaften: Diese mit dem Lysin nahe zusammenhängende Aminosäure ist bisher nur von E. Fischer und G. Zemplén[1]) behandelt worden. Zu ihrer Synthese geht man vom ε-Leucin (ε-Aminocapronsäure, s. d.) aus, das man durch Behandlung mit Benzoylchlorid in seine Benzoylverbindung überführt oder das man nach der v. Braunschen Synthese

---

[1]) E. Fischer u. G. Zemplén, Berichte d. Deutsch. Chem. Gesellschaft **42**, 4888 [1909].

durch Verseifung des Benzoyl-ε-leucinnitrils gewinnt[1]. Man führt durch Behandlung mit Brom und Phosphor in die der Carboxylgruppe benachbarte Stellung ein Atom Brom ein, das dann durch die Hydroxylgruppe ersetzt wird.

ε-Benzoylamido-α-brom-n-capronsäure[1]. Zur Darstellung der gebromten Säure mischt man die Benzoylamidocapronsäure mit etwas mehr als dem zehnten Teil ihres Gewichtes (entsprechend etwas mehr als 1 Atom) Phosphor und läßt von der abgemessenen Menge des Broms (pro Gramm Säure nimmt man etwa 1 ccm Brom, entsprechend rund 8 Atomen) die ersten Tropfen, die unter Feuererscheinung reagieren, langsam und unter Kühlung, später etwas schneller zufließen. Man kann übrigens ruhig einen erheblichen Überschuß an Brom anwenden, ohne Störungen oder Komplikationen im Reaktionsverlauf befürchten zu müssen. Nach Zugabe des Broms erwärmt man mehrere Stunden auf einem schwach siedenden Wasserbad, bis die Bromwasserstoffentwicklung nachläßt, gießt die braune, sehr zähe Masse in kaltes Wasser, entfernt das freie Brom durch schweflige Säure und schüttelt ordentlich durch, wobei sich das dunkle, klebrige Reaktionsprodukt allmählich in eine graue, krümelige Masse verwandelt. Man löst in Alkohol, filtriert von etwa unverbrauchtem Phosphor ab, fällt mit Wasser und verreibt das in Äther schwer lösliche Reaktionsprodukt zur Entfernung etwa unveränderten Benzoylleucins nach kurzem Trocknen mit Äther; dabei erhält man in einer Ausbeute, die bei mehreren Versuchen zwischen 75 und 90% schwankte, ein nur wenig gefärbtes, bei etwas über 160° schmelzendes Präparat, das zur völligen Reinigung zweimal aus Alkohol, in dem es sich in der Wärme sehr leicht, in der Kälte mäßig leicht löst, umkrystallisiert wird und dann einen blendend weißen Brei von kleinen Kryställchen darstellt, die bei 166° schmelzen.

ε-Benzoylamino-α-oxy-n-capronsäure[1]. Da sich die ε-Benzoylamino-α-brom-n-capronsäure auch in heißem Wasser sehr schwer löst, so ist es zweckmäßig, hier Alkohol anzuwenden. 60 g des Rohproduktes werden in 750 ccm heißem 80 proz. Alkohol gelöst, 20 g gefälltes Calciumcarbonat zugefügt, wobei sofort starke CO_2-Entwicklung eintritt. Die trübe Lösung wird in 7 l kochendes Wasser eingegossen, noch weitere 30 g Calciumcarbonat zugefügt, 15 Minuten im starken Kochen erhalten, dann filtriert und die Flüssigkeit unter stark vermindertem Druck auf etwa 500 ccm eingeengt. Dabei fällt das Calciumsalz der ε-Benzoylamino-α-oxy-n-capronsäure als farbloses, krystallinisches, körniges Pulver in einer Ausbeute von 35 g aus (90% der Theorie). Für die Umwandlung in die freie Säure werden 32 g Calciumsalz mit 26 ccm 5 n-Salzsäure, die durch Wasser auf 60 ccm verdünnt werden, übergossen. Dabei scheidet sich ein Öl ab, das beim Reiben bald krystallinisch erstarrt. Die Masse wird nach dem Abkühlen auf 0° abfiltriert (24 g). Die Mutterlauge gab beim längeren Stehen noch eine zweite Krystallfraktion (4 g). Die Substanz wird aus der doppelten Menge Wasser umgelöst. Beim Erkalten fällt zuerst wieder ein Öl aus, das bald zu kurzen, flachen Prismen erstarrt. Reinausbeute 19 g. Die benzoylierte Säure schmilzt bei 107° (korr. 108°) zu einer farblosen Flüssigkeit. Sie löst sich sehr leicht in Alkohol und Aceton und schwer in Äther. Aus warmem Essigester erhält man sie in hübschen Krystallen.

ε-Amino-α-oxy-n-capronsäure. Zur Abspaltung der Benzoylgruppe löst man die vorstehende Verbindung in der 10 fachen Menge heißer 5 n-Salzsäure und kocht 5 Stunden am Rückflußkühler. Nach dem Erkalten wird die ausgeschiedene Benzoesäure abfiltriert, der Rest der Benzoesäure ausgeäthert und die salzsaure Flüssigkeit unter vermindertem Druck zum Sirup eingedampft. Man löst dann wieder in Wasser, entfernt die Salzsäure vorsichtig durch Silberoxyd und im Filtrat das gelöste Silber durch genaue Fällung mit Salzsäure. Das Filtrat wird wieder unter vermindertem Druck stark eingedampft und mit Alkohol versetzt. Die Aminooxysäure scheidet sich bald in mikroskopischen, farblosen Plättchen aus, die nach dem Waschen mit Alkohol gleich analysenrein sind. Die Ausbeute beträgt 40—45% der angewandten Benzoylverbindung.

Physikalische und chemische Eigenschaften: Die α-Oxy-ε-amino-n-capronsäure krystallisiert in Plättchen, die sich in Wasser sehr leicht, in Methyl- und Äthylalkohol dagegen sehr wenig lösen und bei 225—230° (korr.). schmelzen.

Die Autoren halten es für sehr unwahrscheinlich, daß beim Schmelzen der Aminosäure ein inneres Anhydrid entsteht. Die ε-Amino-α-oxy-n-capronsäure liefert auch kein Kupfersalz. Suspendiert man sie in der 10 fachen Menge Methylalkohol und leitet trockenes Salzsäuregas ein, so löst sie sich rasch auf und verwandelt sich wahrscheinlich in ihren salzsauren Methylester, der beim Verdampfen der Lösung im Vakuum als Sirup hinterbleibt. Löst man ihn in Wasser, entfernt die Salzsäure quantitativ durch Silberoxyd und verdampft das Filtrat unter

---

[1] J. v. Braun, Berichte d. Deutsch. Chem. Gesellschaft **40**, 1839 [1907] u. **42**, 839 [1909].

vermindertem Druck, so erhält man große Mengen unveränderter Aminooxysäure, während es nicht gelingt, ein dem Oxypiperidon entsprechendes Produkt zu isolieren.

Glykosaminsäure, $\beta, \gamma, \delta, \varepsilon$-Tetraoxy-$\alpha$-amino-n-capron-säure, 2-Aminohexantetrol-(3, 4, 5, 6)-säure-(1).

Mol.-Gewicht: 195,11.
Zusammensetzung: 36,90% C, 6,72% H, 49,20% O, 7,18% N . $C_6H_{13}O_6N$.

$$\begin{array}{c} CH_2 \cdot OH \\ | \\ {}^*CH \cdot OH \\ | \\ {}^*CH \cdot OH \\ | \\ {}^*CH \cdot OH \\ | \\ {}^*CH \cdot NH_2 \\ | \\ COOH \end{array}$$

Vorkommen: Bis heute liegen noch nicht die geringsten Anhaltspunkte dafür vor, daß die Glykosaminsäure, die durch einfache Oxydation des Glykosamins gewonnen werden kann, auch als solche in der Natur vorkommt, wie ja auch die Rolle, die das Glykosamin selbst im tierischen Stoffwechsel spielt, noch durchaus unaufgeklärt ist.

Da die Glykosaminsäure relativ leicht aus d- oder l-Arabinose synthetisiert werden kann, so bildet sie ein wichtiges Zwischenglied bei der Umwandlung von Zuckern in Derivate von Aminosäuren, und ihre Gewinnung sowohl aus Arabinose wie aus Glykosamin soll daher im folgenden etwas näher behandelt werden.

a) Linksdrehende Form, d-Glykosaminsäure, Chitaminsäure.

(Konfiguration s. 1).

$$\begin{array}{c} CH_2 \cdot OH \\ | \\ HO-C-H \\ | \\ HO-C-H \\ | \\ H-C-OH \\ | \\ CH \cdot NH_2 \\ | \\ COOH \end{array}$$

Bildung, Darstellung: a) Aus Glykosamin[1]). 50 g Glykosaminbromhydrat in 500 ccm Wasser werden mit 100 g Brom versetzt und längere Zeit bei Zimmertemperatur in einer gut verschlossenen Flasche stehengelassen. Bei öfterem Umschütteln geht das Brom nach einigen Tagen in Lösung. Man fügt von Zeit zu Zeit so viel Brom hinzu, daß ein kleiner Teil desselben immer ungelöst bleibt. Nach 2—3 Wochen wird die dunkelrote Flüssigkeit über freiem Feuer erhitzt, bis die Entfärbung der Lösung das Entweichen alles freien Broms anzeigt. Beim Erkalten krystallisiert das unangegriffene Glykosaminbromhydrat zum größten Teile aus. Das Filtrat wird mit 500 ccm Wasser verdünnt, zuerst mit Bleicarbonat, dann mit Silberoxyd zur Entfernung des Broms geschüttelt. Man filtriert, kocht die Rückstände mit Wasser aus, fällt aus dem Filtrat die gelösten Schwermetalle mit H_2S, schüttelt zur besseren Filtration mit etwas Zinkstaub, behandelt nochmals mit H_2S und filtriert endlich ab. Das Filtrat dampft man ein, worauf die Glykosaminsäure auskrystallisiert, wenn man vorschriftsgemäß gearbeitet hat. Ausbeute 20—40% der Theorie. Reinigung durch Abpressen und wiederholtes Umkrystallisieren aus heißem Wasser, evtl. mit Zusatz von Alkohol. Trocknen bei 100°.

C. Neuberg[2]) gibt an, daß man ebensogut das Glykosaminchlorhydrat mit Brom behandeln kann und daß es besser ist, die Behandlung mit H_2S in der Wärme statt in der Kälte

---

[1]) E. Fischer u. F. Tiemann, Berichte d. Deutsch. Chem. Gesellschaft **27**, 138 [1894].
[2]) C. Neuberg, Berichte d. Deutsch. Chem. Gesellschaft **35**, 4009 [1902].

vorzunehmen. Nach Abzug des unveränderten Ausgangsmaterials sollen 40% Ausbeute resultieren.

H. Pringsheim und G. Ruschmann[1]) oxydieren das Glykosamin nach der Methode von Heffter[2]) mit gelbem Quecksilberoxyd und konnten so die Glykosaminsäure in bequemer und schneller Weise in einer Ausbeute von 48% gewinnen.

b) Aus Arabinose. Je nachdem man von d- oder l-Arabinose ausgeht, kann man die d- oder l-Glykosaminsäure herstellen. Die Prozeduren sind in beiden Fällen gleich[3]).

20 g l-Arabinosamin [dargestellt nach Lobry de Bruyn und van Leent[4])] werden mit einem Gemisch von 10 ccm Wasser und 4,8 ccm reiner Blausäure (1 Mol) übergossen und im verschlossenen Gefäß $^1/_2$ Stunde auf 40° erwärmt. Zuerst entsteht eine dünnflüssige Lösung, die aber bald dickflüssig wird und sich dunkel färbt. Die Masse wird in 100 ccm Salzsäure (stark gekühlt, spezifisches Gewicht 1,19) eingetragen, 24 Stunden bei gewöhnlicher Temperatur aufbewahrt, dann im Vakuum möglichst verdampft, der Rückstand mit überschüssigem Barytwasser im Vakuum wieder verdampft, um den Ammoniak zu entfernen. Der Baryt wird jetzt mit H_2SO_4 ausgeschieden, überschüssige Schwefelsäure und Salzsäure durch Kochen mit Bleioxyd entfernt, das Filtrat durch H_2S entbleit, im Vakuum stark konzentriert und mit Alkohol versetzt. Der entstehende Niederschlag ist eine dunkle amorphe Masse. Reibt man ihn mit wenig Wasser an, so gehen die sirupösen Bestandteile in Lösung, während die Glykosaminsäure zurückbleibt und durch Abpressen auf Ton leicht von der sirupösen Mutterlauge befreit werden kann. Ausbeute 2 g, was ungefähr 10% der Theorie entspricht. Reinigung wie oben geschildert.

Physikalische und chemische Eigenschaften: Farblose, glänzende Blättchen oder Nadeln aus Wasser. Verkohlt oberhalb 250° ohne zu schmelzen. Sehr leicht löslich in siedendem Wasser, löslich in zirka 37 Teilen Wasser von 20°. Schwer löslich in Alkohol, unlöslich in Äther. Schmeckt süß. $[\alpha]_D^{18°} = -14,9 - 14,81°$ in 2,5 proz. Salzsäure; p = 8,84. Läßt sich durch Behandlung mit Alkohol und Salzsäure und darauffolgende Reduktion des sirupösen, salzsauren Glykosaminsäure-lactons mit Natriumamalgam in d-Glykosamin überführen. Mit Jodwasserstoffsäure und Phosphor entsteht eine Oxy-α-amino-n-capronsäure und weiterhin partiell racemisierte α-Amino-n-capronsäure. Salpetrige Säure erzeugt Chitarsäure $C_6H_{10}O_6$.

Salze und Derivate: **Kupfersalz** $(C_6H_{12}O_6N)_2Cu$[5]). Blaue Krystallmasse.

Silbersalz[5]). Weiße Nadeln. Zersetzt sich in wässeriger Lösung beim Erhitzen.

Bromhydrat[5]) $C_6H_{13}O_6N \cdot HBr$. Krystalle aus Alkohol $+$ Äther.

Chlorhydrat[5]) $C_6H_{13}O_6N \cdot HCl$. Krystalle.

Bei der Behandlung mit **Phenylisocyanat**[6]) entsteht Diphenylcarbamid und Tetraoxybutyl-N-phenylhydantoin. Schmelzp. 199—201° $[\alpha]^D = +93,2°$ (in H_2O).

Bei der Einwirkung von **Phenylsenföl**[6]) in alkalischer Acetonlösung entsteht die Tetraoxybutyl-N-phenylthiohydantoinsäure, die aus Alkohol krystallisiert gewonnen werden kann. Schmelzp. 178—180° unter Zersetzung. In kaltem Alkohol und den gebräuchlichen organischen Solvenzien wenig löslich.

Brucinsalz $C_{29}H_{39}O_{10}N_3$[6]). Krystallinisches Salz. Unlöslich in Alkohol und anderen organischen Solvenzien. Bräunt sich bei 210° und schmilzt bei 228—230°.

Acetylierung[6]). Trägt man in eine siedende Mischung von 3 g geschmolzenem Natriumacetat und 25 ccm Essigsäureanhydrid 3 g trockene, gepulverte Glykosaminsäure ein, so erfolgt heftige Reaktion, man erhitzt noch 3 Minuten und gießt in 100 ccm Wasser. Man schüttelt mit $CHCl_3$ aus, verdampft und erhält nach dem Verreiben des zuerst sirupösen Rückstandes mit Äther ein krystallinisches Produkt, das man aus Alkohol (50%) umkrystallisiert und so in weißen, glasglänzenden Prismen vom Schmelzp. 125° erhält. Die Analyse ergibt die Formel $C_{10}H_{15}O_5N$, so daß 2 Acetylgruppen ein- und 3 Mol Wasser ausgetreten sind.

[1]) H. Pringsheim u. G. Ruschmann, Berichte d. Deutsch. Chem. Gesellschaft **48**, 680 [1915].

[2]) Heffter, Berichte d. Deutsch. Chem. Gesellschaft **22**, 1049 [1889].

[3]) E. Fischer u. H. Leuchs, Berichte d. Deutsch. Chem. Gesellschaft **35**, 3789, 3802 [1902]; **36**, 24 [1903].

[4]) Lobry de Bruyn u. van Leent, Rec. trav. chim. Pays-Bas **14**, 145 [1895].

[5]) E. Fischer u. F. Tiemann, Berichte d. Deutsch. Chem. Gesellschaft **27**, 138 [1894].

[6]) C. Neuberg, Berichte d. Deutsch. Chem. Gesellschaft **35**, 4009 [1901].

Methylierung[1]). Bei der Behandlung der Glykosaminsäure mit Dimethylsulfat und Barythydrat tritt Spaltung ein in Betain und eine Tetrose:

$$
\begin{array}{ccc}
\text{COOH} & \text{COOH} & \text{COO}\diagdown \\
| & | & \qquad\diagup\text{N(CH}_3)_3 \\
\text{CH—NH}_2 & \text{CH}_2\text{—NH}_2 & |\;\;\text{CH}_2 \\
| & \diagup\text{OH} & \\
\text{CH—OH} & \text{CH}\diagdown\text{OH} & \text{CHO} \\
| & | & | \\
\text{CH—OH} & \text{CH—OH} & \text{CH—OH} \\
| & | & | \\
\text{CH—OH} & \text{CH—OH} & \text{CH—OH} \\
| & | & | \\
\text{CH}_2\text{—OH} & \text{CH}_2\text{—OH} & \text{CH}_2\text{—OH}
\end{array}
$$

Führt man die Methylierung in saurer Lösung aus, so scheint ein methyliertes Betain der Glykosaminsäure zu entstehen, das als Chlorhydrat vom Schmelzp. 227—228° isoliert und dessen Goldsalz hergestellt werden konnte.

Reduktion[2]). Wird Glykosaminsäure mit HJ (spezifisches Gewicht 1,96) und rotem Phosphor im Rohr 4 Stunden auf 100° erhitzt, so entsteht eine Amino-oxy-capronsäure, deren Konstitution insofern noch nicht bekannt ist, als die Lage der Hydroxylgruppe noch nicht bestimmt werden konnte. Diese Aminooxycapronsäure färbt sich bei 180° gelb, schmilzt zwischen 220 und 230° und krystallisiert aus Wasser, in dem es ziemlich leicht löslich ist, in kleinen Prismen oder Tafeln und aus Holzgeist, in dem es auch in der Wärme sehr wenig löslich ist, in feinen farblosen Nadeln.

Oxydation[3]). Bei der Oxydation der Glykosaminsäure mit Wasserstoffsuperoxyd und Ferrosulfat entsteht eine Pentosenlösung.

Bei der Behandlung mit **Silbernitrit**[2])[4])[5]) entsteht je nach der Wahl der Bedingungen Chitonsäure oder Chitarsäure, die von E. Fischer für stereoisomer gehalten werden, wobei sich allerdings auch noch andere, nicht krystallisierende Isomere bilden können.

Die Ninhydrinreaktion tritt auch mit der Glykosaminsäure ein[6]). Glykosaminsäure entwickelt beim trockenen Erhitzen fichtenspanrötende Dämpfe[4]).

b) Rechtsdrehende Form, l-Glykosaminsäure.

(Konfiguration s. l).

$$
\begin{array}{c}
\text{CH}_2\cdot\text{OH} \\
| \\
\text{H—C—OH} \\
| \\
\text{H—C—OH} \\
| \\
\text{HO—C—H} \\
| \\
\text{CH}\cdot\text{NH}_2 \\
| \\
\text{COOH}
\end{array}
$$

Bildung, Darstellung: Aus l-Arabinosimin nach der gleichen Methode wie die d-Glykosaminsäure, s. d.[7])

Physikalische und chemische Eigenschaften: Tafeln oder Nadeln aus Wasser. Zersetzt sich oberhalb 250°, ohne zu schmelzen. Löst sich bei 20° in 34 Teilen Wasser. $[\alpha]_D^{18°}$ (Enddrehung) $= +14,31°$ (0,3961 g in 4,095 g 3,5 proz. Salzsäure).

c) Inaktive Form, d, l-Glykosaminsäure.

Bildung: Aus d- und l-Glykosaminsäure in siedendem Wasser[7]).

Physikalische und chemische Eigenschaften: Dünne Prismen aus Wasser. Löslich in 574 Teilen Wasser von 20°[7]).

---

[1]) H. Pringsheim, Berichte d. Deutsch. Chem. Gesellschaft **48**, 1158 [1915].
[2]) E. Fischer u. F. Tiemann, Berichte d. Deutsch. Chem. Gesellschaft **27**, 138 [1894].
[3]) C. Neuberg, Biochem. Zeitschr. **20**, 531 [1909].
[4]) C. Neuberg, Berichte d. Deutsch. Chem. Gesellschaft **35**, 4009 [1902].
[5]) E. Fischer, Annalen d. Chemie u. Pharmazie **381**, 136 [1911].
[6]) E. Abderhalden u. H. Schmidt, Zeitschr. f. physiol. Chemie **72**, 37 [1911].
[7]) E. Fischer u. Leuchs, Berichte d. Deutsch. Chem. Gesellschaft **35**, 3789 [1902] u. **35**, 3804 [1902].

α-Oxy-α′-amino-bernsteinsäure, β-Oxy-α-amino-äthan-α, β-dicarbonsäure, 3-Amino-butanol-(2)-disäure, Oxyasparaginsäure, Aminoäpfelsäure.

Mol.-Gewicht: 149,07.

Zusammensetzung: 32,20% C, 4,74% H, 53,67% O, 9,39% N . $C_4H_7O_5N$.

$$\begin{array}{c} COOH \\ | \\ *CH \cdot OH \\ | \\ *CH \cdot NH_2 \\ | \\ COOH \end{array}$$

Vorkommen: Skraup will die Säure als Spaltungsprodukt bei der Hydrolyse des Caseins neben anderen Verbindungen beobachtet haben[1]). H. D. Dakin dagegen konnte in dem durch mehr als 5 Monate dauernde Trypsinverdauung von Casein erhaltenen Gemenge keine der von ihm synthetisch erhaltenen Oxyasparaginsäuren finden[2]).

Bildung, Darstellung: Aus Mesodiaminobernsteinsäure mit einem halben Molekül Bariumnitrit[3]).

H. D. Dakin (l. c.) gewinnt die Säure durch Einwirkung von Ammoniak (am besten 5 Teile konz. wässerige Lösung 10 Stunden im Autoklaven bei 100°) auf Chloräpfelsäure (aus Natrium-Fumarat durch Chlor), wobei zunächst Fumarylglycidsäure entsteht, die dann in Oxyasparaginsäure übergeht:

$$\begin{array}{cccc} \begin{array}{c} COOH \\ | \\ CH \\ \| \\ CH \\ | \\ COOH \end{array} \longrightarrow & \begin{array}{c} COOH \\ | \\ CHCl \\ | \\ CH \cdot OH \\ | \\ COOH \end{array} \dashrightarrow & \begin{array}{c} COOH \\ | \\ CH \diagdown \\ \quad\quad O \\ CH \diagup \\ | \\ COOH \end{array} \longrightarrow & \begin{array}{c} COOH \\ | \\ CH \cdot OH \\ | \\ CH \cdot NH_2 \\ | \\ COOH \end{array} \\ \text{Fumarsäure} & \text{Chloräpfelsäure} & \text{Fumarylglycidsäure} & \text{Oxyaminobernsteinsäure.} \end{array}$$

Das Produkt krystallisiert zunächst nur schwer aus wässeriger Lösung, aber ganz leicht, nachdem einmal Krystalle zur Impfung gewonnen sind. Durch fraktionierte Krystallisation können 2 Isomere gewonnen werden, von denen das leichter lösliche zirka 30 Teile kaltes Wasser zur Lösung erfordert, das andere darin nur sehr wenig löslich ist. Dieses gibt mit gasförmiger salpetriger Säure fast oder ganz ausschließlich Traubensäure, jenes Mesoweinsäure. Beide können bis zu einem gewissen Grade ineinander umgewandelt werden, besonders das schwerer lösliche in das andere durch mehrstündiges Erhitzen der 25 proz. wässerigen Lösung auf 120 bis 125°. Beide sind inaktiv und müssen in je zwei optisch aktive Formen spaltbar sein, für die folgende Konfigurationen angenommen werden

$$\begin{array}{cccc} \begin{array}{c} COOH \\ | \\ H-C-NH_2 \\ | \\ HO-C-H \\ | \\ COOH \end{array} & \begin{array}{c} COOH \\ | \\ H_2N-C-H \\ | \\ H-C-OH \\ | \\ COOH \end{array} & \begin{array}{c} COOH \\ | \\ H-C-NH_2 \\ | \\ H-C-OH \\ | \\ COOH \end{array} & \begin{array}{c} COOH \\ | \\ H_2N-C-H \\ | \\ HO-C-H \\ | \\ COOH \end{array} \end{array}$$

weniger lösliche Form	leichter lösliche Form
Paraform	Antiform.

Beide Formen geben beim gelinden Erhitzen intensive Pyrrolreaktion. Die Salze sind meist ähnlich, Ausnahme bei den sauren Calciumsalzen. Das Phenylhydantoinderivat der Antisäure ist viel leichter löslich als das der Parasäure. Oxyasparaginsäure hindert die Fällung von Eisen und Kupfer durch überschüssiges Alkali. Kaliumpermanganat wird in saurer, neutraler oder alkalischer Lösung langsam reduziert. Bei Oxydation der neutralen Salze mit Hypochlorit oder Chloramin-T entsteht reichlich Glyoxal neben etwas Tartronaldehydsäure. Die Fenton-

---

[1]) Z. Skraup, Berichte d. Deutsch. Chem. Gesellschaft **37**, 1596 [1904]; Zeitschr. f. physiol. Chemie **42**, 285 [1904]; Monatshefte f. Chemie **25**, 645 [1904].

[2]) H. D. Dakin, Journ. of Biolog. Chem. **50**, 403 [1922].

[3]) Neuberg u. Silbermann, Zeitschr. f. physiol. Chemie **44**, 155 [1905].

:sche Reaktion der Weinsäure mit Wasserstoffsuperoxyd und Ferrosulfat geben die Säuren nicht, dagegen mit Phenolen und Schwefelsäure ähnliche Färbungen, wie Äpfel- und Wein:säure. Die Antiform wird beim Erhitzen mit starker, wässeriger Kalilauge völlig zersetzt und ist auch gegen Erhitzen mit wenig Salzsäure auf 125° nicht beständig.

Die Abwesenheit der Säuren unter den Spaltprodukten der Eiweißkörper ist bisher nicht ·erwiesen worden. Die starke Zersetzung der Äthylester bei der Destillation unter 10 mm Druck macht ihre Gewinnung nach der Estermethode wenig wahrscheinlich.

a) Paraform.

Physikalische und chemische Eigenschaften: Kleine, weiße, opake Kryställchen, anscheinend Würfel oder Tafeln. Zersetzt sich langsam oberhalb 235°. Kann weder durch Alkaloide, noch durch Penicillium glaucum in optisch aktive Komponenten gespalten werden; nur durch gärende Hefe entsteht in kleiner Menge eine rechtsdrehende Säure, die mit gasförmiger, salpetriger Säure d-Weinsäure liefert, also wohl eine dieser entsprechende Konfiguration besitzt.

Salze und Derivate: Calciumsalz. Das saure Salz bildet glänzende, vierseitige Tafeln mit 5 Mol Krystallwasser, die bei 120° im Vakuum entweichen. Das neutrale Salz ist wenig löslich.

Bariumsalz. Das saure Salz bildet bei langsamer Krystallisation gut ausgebildete Tafeln mit 3 Mol Krystallwasser, das bei 135° im Vakuum entweicht. Ziemlich löslich in kaltem, leicht löslich in heißem Wasser. Das neutrale Salz ist wasserfrei, sehr wenig löslich.

Kupfersalz $(C_4H_4O_5N)_2Cu_3$. Anscheinend mit $8\,H_2O$. Sehr wenig löslich in Wasser, löslich in überschüssigem Alkali und in stark überschüssiger Kupferacetatlösung.

Zinksalz $(C_4H_4O_5N)_2Zn_3$. Wahrscheinlich mit $7\,H_2O$. Wenig löslich.

Silbersalz $(C_4H_4O_5N)\cdot Ag_2$.

Bleisalze. Von wechselnder Zusammensetzung.

Strychninsalz $C_4H_7O_5N\cdot C_{21}H_{22}O_2N_2\cdot 3\,H_2O$. Reguläre Prismen. $[\alpha]_D^{20°} = -23,2°$ in 1 proz. wässeriger Lösung.

Cinchoninsalz $C_4H_7O_5N\cdot C_{19}H_{22}ON_2\cdot 2\,H_2O$. Sehr feine, hexagonale Prismen. $[\alpha]_D^{20°} = +122,5°$ in 1 proz. wässeriger Lösung.

Brucinsalz $C_4H_7O_5N\cdot C_{23}H_{26}O_4N_2\cdot 4\,H_2O$. Dünne Tafeln. Wasserfrei äußerst hygroskopisch. $[\alpha]_D^{20°} = -23,4°$ in 2 proz. wässeriger Lösung.

Chininsalz $C_4H_7O_5N\cdot C_{20}H_{24}O_2N_2\cdot 2\,H_2O$. Feine, verfilzte Nadeln. Wasserfrei sehr hygroskopisch. $[\alpha]_D^{20°} = -116°$ in 1 proz. wässeriger Lösung.

Phenylhydantoinderivat $C_{11}H_{10}O_5N_2$. Bündel feiner Nadeln, Schmelzp. 201,5—202,5° (unkorr.). In Wasser, Alkohol und Aceton weniger löslich als·das Antiderivat. Sehr wenig löslich in Chloroform.

b) Antiform.

aa) **Inaktive Form:** Krystallisiert in großen, oft mehrere Zentimeter langen Krystallen, unter dem Mikroskop hexagonalen Tafeln und dicken Prismen von komplizierter Form. Läßt sich mit Hilfe von Alkaloiden (Chinin, Brucin, Strychnin) in zwei optisch aktive Formen aufspalten, die aber beide mit gasförmiger salpetriger Säure inaktive Mesoweinsäure liefern, so daß sich über ihre relative Konfiguration nichts aussagen läßt. Beim Erhitzen mit Wasser werden beide teilweise in inaktive Parasäure verwandelt.

Salze: Calciumsalz. Das saure Salz ist sehr leicht löslich in Wasser, in dem es beim Sieden zu einer gummiähnlichen Masse schmilzt. Enthält 4 Mol Krystallwasser und geht leicht in das neutrale Salz über. Das neutrale Salz ist wenig löslich, es enthält 2 Mol Krystallwasser.

Bariumsalz. Krystallinische Körner, die 3 Mol Krystallwasser enthalten, die schon bei 105° entweichen. Löslich in zirka 25 Teilen kaltem Wasser. Das neutrale Salz ist sehr wenig löslich und krystallwasserfrei. Kupfer-, Zink-, Silber- und Bleisalze verhalten sich ähnlich wie die der Paraform.

Phenylhydantoinderivat $C_{11}H_{10}O_5N_2$. Durch Einwirkung von Phenylisocyanat auf die Lösung der Säure in n-Natronlauge. Perlmutterartige Tafeln (ähnlich wie Leucin). Schmelzp. 196—198° (unkorr.). Leicht löslich in Aceton, wenig löslich in Chloroform und Essigester.

bb) **Rechtsdrehende Form. d-Anti-Oxyasparaginsäure.** Dicke, wetzsteinförmige Prismen, löslich in 45 Teilen Wasser bei Zimmertemperatur. $[\alpha]_D^{20°} = +12,1°$ in 2 proz. wässeriger Lösung.

Salze: Strychninsalz $C_4H_7O_5N \cdot C_{21}H_{22}O_2N_2 \cdot 4\,H_2O$. Blättchen aus Wasser. Verliert das Krystallwasser erst über Phosphorpentoxyd unter stark vermindertem Druck bei 120°. $[\alpha]_D^{20°} = -19,1°$ in 1proz. wässeriger Lösung.

cc) **Linksdrehende Form.** **l-Anti-oxyasparaginsäure.** Wetzsteinförmige Prismen aus Wasser. Löslich in 45 Teilen Wasser bei Zimmertemperatur. $[\alpha]_D^{20°} = -11,9°$ in 2proz. wässeriger Lösung.

Salze: Chininsalz $C_4H_7O_5N \cdot C_{20}H_{24}O_2N_2 \cdot 4\,H_2O$. Nadeln. $[\alpha]_D^{20°} = -95,5°$ in 1proz. wässeriger Lösung.

Glykocyamin, Guanylglycin, Carboxymethyl-guanidin, Guanidinoessigsäure.

Mol.-Gewicht: 117,09.

Zusammensetzung: 30,75% C, 6,02% H, 27,33% O, 35,90% N. $C_3H_7O_2N_3$.

$$HN = C - NH_2$$
$$|$$
$$NH$$
$$|$$
$$CH_2$$
$$|$$
$$COOH$$

Vorkommen: Merkwürdigerweise wurde diese vom Arginin bzw. Ornithin sich herleitende und von Strecker[1]) erstmals aus Cyanamid und Glykokoll erhaltene Substanz trotz ihrer Schwerlöslichkeit und trotzdem sie nur zu wenigen Prozenten der Methylierung anheimfällt, als normaler Bestandteil des Organismus noch nicht aufgefunden[2]).

Bildung, Darstellung, Isolierung: Beim mehrtägigen Stehen einer wässerigen, mit etwas Ammoniak versetzten Lösung von Cyanamid und Glykokoll (Strecker l. c.). Aus Monochloressigsäure und einer wässerigen Guanidinlösung bei 2stündigem Erwärmen auf 60° oder bei 12—15stündigem Erwärmen auf 37°[3]).

Aus einer Lösung von 12,2 g jodwasserstoffsaurem S-Methylisothioharnstoff und 3,2 g Ätzkali in Wasser und 5 g Glykokoll[4]).

Aus der Verbindung $C_6H_{14}O_4N_6$ (dimolekulare Guanidinoessigsäure?) durch Kochen mit konz. Salzsäure[5]).

Darstellung des Glykocyamins[6]). 15 Gewichtsteile Glykokoll und 18 Gewichtsteile Guanidincarbonat werden in wenig Wasser gelöst und in einem Kölbchen auf dem Sandbad gekocht. Sobald das Wasser bis auf einen geringen Rest verdampft ist, findet lebhafte Entwicklung von NH_3 und CO_2 statt, wobei die Temperatur der Schmelze bis auf 140° steigt. Nach F. Nicola[7]) läßt man zweckmäßig die Temperatur der Schmelze nicht über 110°, die des Bades nicht über 130° steigen. Nun entfernt man das Kölbchen vom Bad, läßt erkalten und fällt durch Zusatz von Wasser das schwer lösliche Glykocyamin. Die abgeschiedenen Krystalle werden abfiltriert. das Filtrat erneut wie oben behandelt, so daß nach 4—5maliger Wiederholung fast alles Ausgangsmaterial umgesetzt ist. Das Produkt ist rein weiß. Man kann es in ganz schwacher Natronlauge aufnehmen und mit Essigsäure wieder ausfällen.

Isolierung des Glykocyamins aus Harn[8]). Bei Verfütterung von Glykocyamin an Kaninchen geht bei subcutaner Verabreichung ein ziemlich erheblicher Teil, bei peroraler Applikation ein geringerer Teil in den Harn über und kann daraus wie folgt gewonnen werden:

Der bei Herstellung des alkoholischen Harnauszuges unlöslich gebliebene Teil enthält wahrscheinlich das gesamte zur Abscheidung gekommene Glykocyamin. Dieser mit Alkohol gut gewaschene und getrocknete Rückstand wird mit Wasser ausgekocht, die tiefbraun gefärbte, alkalisch reagierende Lösung mit Essigsäure schwach angesäuert. Beim längeren Stehen in der Kälte scheidet sich gewöhnlich ein Teil des Glykocyamins ab in Form von Krystallen.

[1]) Strecker, Compt. rend. **52**, 1212 [1861].

[2]) K. Thomas, Zeitschr. f. physiol. Chemie **88**, 466 [1913].

[3]) Ramsay, Berichte d. Deutsch. Chem. Gesellschaft **41**, 4387 [1908].

[4]) Wheeler u. Merriam, Amer. Chem. Journ. **29**, 491 [1903].

[5]) Söll u. Stutzer, Berichte d. Deutsch. Chem. Gesellschaft **42**, 4540 [1907].

[6]) Nencki u. Sieber, Journ. f. prakt. Chemie (2) **17**, 477 [1878].

[7]) F. Nicola, Chem. Centralbl. **1902**, II, 296.

[8]) M. Jaffé, Zeitschr. f. physiol. Chemie **48**, 430, 438 [1906].

Aus der abfiltrierten Mutterlauge wird der Rest gewonnen, indem dieselbe mit etwas Wasser verdünnt und mit Bleiessig bis nahe zur Entfärbung gefällt wird. Aus dem Filtrat des Bleiniederschlages erhält man nach dem Einleiten von H_2S und Einengen auf dem Wasserbade eine zweite und auch noch eine dritte Krystallfraktion, so daß sich das Glykocyamin auf diese Weise beinahe quantitativ abscheiden läßt. Es kann durch Umkrystallisieren aus heißer konz. Essigsäure gereinigt und durch Überführung in das Glykocyamidin identifiziert werden.

Isolierung des Glykocyamins aus Kot[1]). Die während der Fütterungsperiode gesammelten Faeces werden getrocknet, zunächst mit reinem, dann mit salzsäurehaltigem Alkohol ausgekocht, die salzsaure Lösung zur Trockene verdampft, mit Wasser aufgenommen und filtriert. Das noch sehr dunkle Filtrat wird mit Tierkohle behandelt, auf ein kleines Volumen eingeengt und mit essigsaurem Natron versetzt. Vorhandenes Glykocyamin muß jetzt zur Ausscheidung kommen, doch ist dies meist nicht der Fall, da es fast ausschließlich in den Harn übergeht.

Physiologische Eigenschaften: Wird im Organismus des Kaninchens in Kreatin übergeführt[2]).

Physikalische und chemische Eigenschaften: Nadeln aus Wasser. Verkohlt beim Erhitzen ohne zu schmelzen. 1 Teil löst sich bei 14,5° in 227 Teilen, bei 15° in 280—283 Teilen Wasser. Löslicher in heißem Wasser. Fast unlöslich in Alkohol und Äther.

Wird durch lange fortgesetztes Kochen mit verdünnter Salzsäure in Glykocyamidin (s. d.) übergeführt (Jaffé l. c.). Das Chlorhydrat liefert beim Erhitzen auf 140—170° oder bei der Einwirkung von konz. Salzsäure im geschlossenen Rohr bei 130—140° Glykocyamidin[3]).

Wird durch Kochen mit Barytwasser in Glykokoll, Hydantoinsäure, Ammoniak und Kohlensäure gespalten. Die wässerige Lösung gibt mit Quecksilberchlorid und mit Platinchlorid Niederschläge. Gibt mit Silbernitrat erst auf Zusatz von Natronlauge einen im Überschuß löslichen Niederschlag[4]).

Nachweis: Glykocyamin gibt mit Nitroprussidnatrium[1]) und einigen Tropfen Natronlauge eine rotgelbe oder rote Färbung, die auf Zusatz von Essigsäure in ein dunkles, sehr beständiges Burgunderrot übergeht (Unterschied von Glykocyamidin und von Kreatin).

Salze: Chlorhydrat[5])[1]) $C_3H_7O_2N_3 \cdot HCl$. Krystallisiert in Prismen vom Schmelzp. 191°, die bei längerem Erhitzen auf 160—170° in das Chlorhydrat des Glykocyamidins übergehen. Es ist leicht löslich in Wasser und Alkohol.

Acetat[1]) $C_3H_7O_2N_3 \cdot CH_3COOH$. Farblose Nadeln und dünne Prismen, leicht löslich in Wasser, in kalter, konz. Essigsäure fast unlöslich. In Wasser spalten sie bald wieder die freie Base ab.

Pikrat[1])[6]) $C_9H_{10}O_9N_6$. In Wasser sehr wenig löslich, krystallisiert in feinen, gelben Nadeln vom Schmelzp. 199—200° unter Zersetzung.

Platinsalz[7]) $(C_3H_7O_2N_3)H_2PtCl_6$. Prismen, die sich bei 198—200° zersetzen.

Goldsalz[7]) $C_3H_7O_2N_3 \cdot HAuCl_4$. Schöne Krystalle, Schmelzp. 173°.

Kupfersalz[7]) $(C_3H_7O_2N_3)_2Cu \cdot H_2O$. Hellblauer Niederschlag, der bei 150—160° noch nicht wasserfrei wird.

Glykocyamidin, 2-Imino-4-oxo-imidazoltetrahydrid.

Mol.-Gewicht: 99,07.

Zusammensetzung: 36,34% C, 5,09% H, 16,15% O, 42,42% N.　$C_3H_5ON_3$.

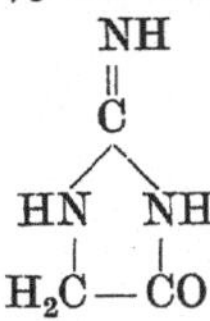

Vorkommen: Kein natürliches Vorkommnis bekannt.

Bildung, Darstellung: Bei längerem Erhitzen des Glykocyaminchlorhydrates auf 160—170° bis die Schmelze unter Violettfärbung wieder fest wird, erhält man das Glykocyamidinchlor-

[1]) M. Jaffé, Zeitschr f. physiol. Chemie **48**, 430, 438 [1906].

[2]) Jaffé l. c.; Dorner, Zeitschr. f. physiol. Chemie **52**, 225 [1907]; s. a. Czernecki, Zeitschr. f. physiol. Chemie **44**, 302 [1905].

[3]) Strecker, l. c.; Nicola, Chem. Centralbl. **1902**, II, 296; — Korndörfer, Archiv d. Pharmazie **242**, 621 [1904].

[4]) Korndörfer l. c.; Nicola l. c.

[5]) Nencki u. Sieber, Journ. f. prakt. Chemie (2) **17**, 477 [1878].

[6]) H. L. Wheeler u. H. F. Merriam, Amer. Chem. Journ. **29**, 491 [1903].

[7]) G. Korndörfer, Archiv d. Pharmazie **242**, 620 [1904].

hydrat, aus dem man das freie Glykocyamidin durch Kochen mit Bleihydroxyd gewinnen[1][2][3][4]) kann. Glykocyamidin kann man auch erhalten[5]), wenn man 5 g Glykocyamin in einem Reagensglas mit konz. H_2SO_4 übergießt, so daß es eben davon bedeckt ist und nun 24 Stunden im Wasserbad erhitzt, die Masse mit Wasser verdünnt, mit Natronlauge schwach alkalisch macht, darauf mit Essigsäure sofort wieder schwach ansäuert. Das gebildete Glykocyamidin kann man jetzt in Gegenwart von Natriumacetat mit Sublimat ausfällen. Wenn man den Hg-Niederschlag mit H_2S zersetzt, so erhält man zirka 5 g Glykocyamidinchlorhydrat.

Physikalische und chemische Eigenschaften: Weiße Krystalle, die in Wasser sehr leicht löslich sind. Reaktion schwach alkalisch. Reduziert Fehlingsche Lösung.

Nachweis: Nitroprussidnatriumreaktion. Zu 2 ccm der Glykocyamidinlösung werden 5—7 Tropfen einer 5 proz. Nitroprussidnatriumlösung gefügt, dann die entsprechende Tropfenzahl 10 proz. Natronlauge. Nach zirka 1 Minute wird über dem Sparbrenner leicht auf 20—30° erwärmt, abgekühlt und tropfenweise Eisessig zugesetzt. Schon nach dem ersten Tropfen tritt dunklere Färbung auf, die manchmal in Purpurviolett übergeht. Grenzverdünnung 1 : 15 000[6]).

Salze, Derivate: Chlorhydrat $C_3H_5ON_3 \cdot HCl$. Farblose zu Drusen vereinigte Nadeln, die sich bei 200° bräunen und bei 209—210° unter Zersetzung schmelzen.

Jodmethylat[3]). Aus Glykocyamidin, Jodmethyl und Methylalkohol (im Rohr bei 100°). Farblose Täfelchen aus Wasser, Nadeln aus Alkohol, Schmelzp. höher als 245°.

Chlormethylat[3]). Nadeln aus Wasser, schwärzen sich bei 200° und sind bei 245° noch nicht geschmolzen. Das Pikrat des Chlormethylates bildet gelbe Nädelchen vom Schmelzp. 193°.

Pikrat[2]). In Wasser und Alkohol wenig löslich gelbe Nadeln vom Schmelzp. 210°.

Glykocyamidin gibt mit Sublimat einen weißen Niederschlag, mit Chlorzink weiße, glänzende Nadeln, mit Platinchlorid ein fast unlösliches Platinat, mit Phosphormolybdänsäure unter Reduktion einen gelben Niederschlag.

<h2 style="text-align:center">γ-Guanidino-n-buttersäure.</h2>

Mol.-Gewicht: 145,12.

Zusammensetzung: 41,35% C, 7,64% H, 22,05% O, 28,96% N . $C_5H_{11}O_2N_3$.

$$HN = C - NH_2$$
$$|$$
$$NH$$
$$|$$
$$CH_2$$
$$|$$
$$CH_2$$
$$|$$
$$CH_2$$
$$|$$
$$COOH$$

Vorkommen: Die Auffindung dieser Säure bildete ein wichtiges Glied im Konstitutionsbeweis des Arginins, denn es ging daraus hervor, daß auch das Arginin ein Guanidinderivat sein müsse[7]). Die Guanidinbuttersäure entsteht nämlich bei der Oxydation des Arginins und liefert bei weiterer Oxydation ihrerseits Guanidin und Bernsteinsäure, wie aus folgender Übersicht hervorgeht:

$$
\begin{array}{ccccccc}
NH-C{<}{\!}_{NH}^{NH_2} & & & NH-C{<}{\!}_{NH}^{NH_2} & & & NH_2-C{<}{\!}_{NH}^{NH_2}\\
| & & & | & & & \\
CH_2 & & & CH_2 & & & COOH\\
| & +O_2 & & | & +O_2 & & |\\
CH_2 & \dashrightarrow & & CH_2 & & & CH_2\\
| & & & | & & & |\\
CH_2 & & & CH_2 & & & CH_2\\
| & & & | & & & |\\
CH-NH_2 & & & COOH & & & COOH\\
| & & & & & & \\
COOH & & & & & &
\end{array}
$$

[1]) Nencki u. Sieber, Journ. f. prakt. Chemie (2) **17**, 477 [1878].
[2]) M. Jaffé, Zeitschr. f. physiol. Chemie **48**, 430, 438 [1906].
[3]) G. Korndörfer, Archiv d. Pharmazie **242**, 620 [1904].
[4]) F. Nicola, Chem. Centralbl. **1902**, II, 296.
[5]) E. Schmidt, Chem. Centralbl. **1912**, I, 247.
[6]) G. Dorner, Zeitschr. f. physiol. Chemie **52**, 225 [1907].
[7]) F. Kutscher, Zeitschr. f. physiol. Chemie **32**, 415 [1901].

12 g lufttrockenes Arginincarbonat werden in 250 ccm Wasser gelöst, auf 25° erwärmt und langsam mit 36 g Bariumpermanganat, die in 500 ccm Wasser gelöst sind, versetzt, wobei sich das Reaktionsgemisch auf 37° erwärmt. Hierauf überläßt man die Masse 6 Stunden im Thermostaten bei 40° sich selbst; dabei tritt vollkommene Entfärbung ein. Nun saugt man vom Manganschlamm ab, wäscht diesen sorgfältig mit heißem Wasser aus, vereinigt die Waschwässer mit dem Filtrat, leitet CO_2 ein und engt auf 300 ccm ein. Nun wird mit H_2SO_4 stark angesäuert und mit Phosphorwolframsäure vorsichtig ausgefällt. Der Niederschlag wird nach 24 Stunden abgesaugt und mit 5 proz. H_2SO_4 kurz ausgewaschen.

Der Phosphorwolframniederschlag wird in wässeriger Suspension mit Baryt zersetzt, abgesaugt, das Filtrat mit CO_2 behandelt, vom $BaCO_3$ abgesaugt, stark eingeengt und mit H_2SO_4 neutralisiert. Dabei scheidet sich neben etwas $BaSO_4$ in dicken weißen Prismen eine organische Substanz ab, die nicht näher untersucht wurde. Das Filtrat davon wird mit kalt gesättigter Natriumpikratlösung gefällt, worauf sich 5 g Guanidinpikrat abscheiden, die man nach 48 Stunden abfiltriert.

Das Filtrat davon wird mit H_2SO_4 stark angesäuert und erneut mit Phosphorwolframsäure gefällt, der Niederschlag abgesaugt, mit 5 proz. H_2SO_4 gewaschen, in Wasser aufgeschwemmt und mit Bariumcarbonat wie oben zersetzt. Beim Einengen des von Phosphorwolframsäure, Schwefelsäure und Baryt befreiten Filtrates scheidet sich am Boden der Krystallisierschale eine feste Krystallkruste aus. Die überstehende Mutterlauge wird abgegossen, die Masse in heißem Wasser gelöst, mit etwas Tierkohle entfärbt und konzentriert. Nun scheiden sich kleine, stark glänzende, zu Drusen vereinigte Krystalle ab, die schon an der Luft ihren Glanz verlieren und im Exsiccator in ein weißes Pulver zerfallen. [Die Guanidinobuttersäure ist die einzige aller Guanidosäuren von C_2 bis C_6, die mit Krystallwasser, und zwar mit 2 Mol. H_2O, krystallisiert, dieses allerdings auch sehr leicht wieder abgibt[1]).]

Im Filtrat vom Phosphorwolframniederschlag findet sich Bernsteinsäure.

Auch beim Abbau des im Extractum secalis cornuti vorkommenden Agmatins wurden die gleichen Spaltprodukte bei der Oxydation gefunden, wie beim Arginin[2]). Die gleichen Autoren halten ihr Vorkommen auch in sonstigen Gär- und Fäulnisflüssigkeiten für wahrscheinlich.

Darstellung: Zur Synthese der Guanidinobuttersäure[3]) mischt man nach bekanntem Schema[4]) 1,0 g Cyanamid mit 2,0 g γ-Aminobuttersäure, macht das Ganze durch einige Tropfen 10 proz. Ammoniaklösung alkalisch und läßt das Gemisch bei Zimmertemperatur leicht bedeckt 5 Wochen stehen. Das verdunstete Ammoniak ersetzt man von Zeit zu Zeit. Die gebildete Guanidinobuttersäure setzt sich allmählich in harten Drusen, die aus kurzen, kräftigen Säulen bestehen, ab. Das Reaktionsprodukt saugt man ab und wäscht es mit kaltem Wasser, in dem es ziemlich schwer löslich ist. Die Ausbeute beträgt 1,5—2 g. Zur Reinigung führt man in das Hydrochlorid über.

Physiologische Eigenschaften: Leberpreßsaft spaltet die Guanidinobuttersäure in Harnstoff und γ-Aminobuttersäure; Muskelpreßsaft spaltet nicht und enthält daher wahrscheinlich auch keine Arginase[1]).

Physikalische und chemische Eigenschaften: Mit Krystallwasser kurze, kräftige Säulen; ohne Krystallwasser weißes Pulver. Leicht löslich in heißem Wasser, schwer in kaltem, unlöslich in Alkohol.

Salze: Chlorhydrat[3]) $C_5H_{11}O_2N_3 \cdot HCl$. Schwer löslich in konz. Salzsäure, kaum löslich in absol. Alkohol. Schmelzp. 184° (aus dem Aurat regeneriert). Fällbar durch Phosphorwolframsäure auch in starker Verdünnung, nicht aber durch Pikrinsäure bzw. Natriumpikrat, im Gegensatz zu Guanidin.

Chloroaurat $C_5H_{12}O_2N_3AuCl_4$[3]). Aus dem Chlorhydrat. Breite, glänzende Platten. Schwer löslich in Wasser. Schmilzt zwischen 198 und 200° zu einer klaren, roten Flüssigkeit, die beim Erkalten wieder krystallinisch erstarrt.

---

[1]) K. Thomas, Zeitschr. f. physiol. Chemie **88**, 471 [1913].
[2]) R. Engeland u. F. Kutscher, Chem. Centralbl. **1910**, II, 1762.
[3]) R. Engeland u. F. Kutscher, Berichte d. Deutsch. Chem. Gesellschaft **43**, 2882 [1910].
[4]) Strecker, Jahresber. üb. d. Fortschr. d. Chemie **1868**, 686.

δ-Guanidino-n-valeriansäure.

Mol.-Gewicht: 159,13.

Zusammensetzung: 45,25% C, 8,23% H, 20,11% O, 26,41% N . $C_6H_{13}O_2N_3$.

$$HN = C - NH_2$$
$$|$$
$$NH$$
$$|$$
$$CH_2$$
$$|$$
$$CH_2$$
$$|$$
$$CH_2$$
$$|$$
$$CH_2$$
$$|$$
$$COOH$$

Vorkommen: Kein natürliches Vorkommnis bekannt.

Darstellung: Diese Säure wurde von Ackermann, Engeland und Kutscher[1]) so hergestellt, daß sie 3 g δ-Aminovaleriansäure in wenig Wasser lösten, mit einer wässerigen Lösung von 1,1 g Cyanamid versetzten, mit einigen Tropfen Ammoniak alkalisch machten und das Gemisch unter zeitweiligem Ersatz des verdunstenden Ammoniaks leicht bedeckt einige Wochen stehenließen. Nach etwa 5 Wochen hatten sich reichliche Mengen von Krystallen der δ-Guanidylvaleriansäure ausgeschieden.

Physikalische und chemische Eigenschaften: Die freie Säure krystallisiert aus heißem Wasser in harten, häufig zu Drusen verwachsenen Krystallen ohne Krystallwassergehalt. Sie schmelzen bei 265—266° unter Zersetzung und sind leicht löslich in heißem, weniger in kaltem Wasser und sehr schwer löslich in kaltem Alkohol.

Salze: Bei mehrmaligem Abdampfen mit starker Salzsäure entsteht das **Chlorhydrat** $C_6H_{13}O_2N_3$ · HCl in Form langer Nadeln, die sich in Wasser leicht, in Salzsäure und absol. Alkohol dagegen wenig lösen und bei 170—171° nach vorherigem Sintern schmelzen.

Das **Goldsalz** krystallisiert in breiten, lichtempfindlichen Blättern, die nach vorherigem Sintern bei 120—122° schmelzen.

ε-Guanidino-n-capronsäure.

Mol.-Gewicht: 173,15.

Zusammensetzung: 48,51% C, 8,73% H, 18,48% O, 26,41% N . $C_7H_{15}O_2N_3$.

$$HN = C - NH_2$$
$$|$$
$$NH$$
$$|$$
$$CH_2$$
$$|$$
$$CH_2$$
$$|$$
$$CH_2$$
$$|$$
$$CH_2$$
$$|$$
$$CH_2$$
$$|$$
$$COOH$$

Vorkommen: In der Natur noch nicht aufgefunden.

Darstellung[2]): Äquimolekulare Mengen von ε-Leucin[3]) und Cyanamid[4]) werden in möglichst wenig Wasser gelöst und mit einigen Tropfen Ammoniak deutlich alkalisch gemacht. Man läßt unter zeitweiligem Zusatz von Cyanamid einige Wochen stehen. Schon nach wenigen Tagen

---

[1]) D. Ackermann, R. Engeland u. F. Kutscher, Chem. Centralbl. **1911**, II, 1319.

[2]) K. Thomas, Zeitschr. f. physiol. Chemie **88**, 465 [1913].

[3]) Dargestellt nach den Angaben von A. Baeyer, Annalen d. Chemie u. Pharmazie **278**, 102 [1894]; O. Wallach, Annalen d. Chemie u. Pharmazie **312**, 187 [1900]; J. v. Braun, Berichte d. Deutsch. Chem. Gesellschaft **40**, 1839 [1907].

[4]) Dargestellt aus Kalkstickstoff nach F. Baum, Biochem. Zeitschr. **26**, 330 [1910].

beginnt sich die wenig lösliche Guanidin-n-capronsäure abzuscheiden. Die Krystalle werden abgesaugt, mit wenig Wasser gewaschen und abgepreßt. Beigemengtes Dicyandiamid wird durch Kochen mit 96 proz. Alkohol entfernt (Kontrolle durch das in Alkohol wenig lösliche, in langen, feinen Nadeln krystallisierende Silbernitrat-Doppelsalz). Ausbeute bis zu 90% der Theorie.

Physikalische und chemische Eigenschaften: Mikrokrystalline Nadeln, die zu Drusen vereinigt sind. Kein Schmelzpunkt. In Wasser auch in der Wärme sehr wenig löslich, bei Zimmertemperatur ungefähr im Verhältnis 1 : 1400. Die saure wässerige Lösung wird nicht gefällt durch Silbernitrat, dagegen durch Phosphorwolframsäure und vollständig durch Quecksilberacetat und Soda in wässerig-alkoholischer Lösung.

Physiologische Eigenschaften: Die Säure wird durch Muskelpreßsaft nicht gespalten.

Salze: Chlorhydrat. Schmelzp. 165° ohne Zersetzung. Sehr leicht löslich in Wasser. Leicht löslich in heißem Alkohol, weniger in kaltem (bei Zimmertemperatur lösen 100 g 99,6 proz. Alkohol 2,188 g).

Goldsalz $C_7H_{15}O_2N_3 \cdot HAuCl_4$. Schiefe Oktaeder, frei von Krystallwasser. Schmelzp. 166°. Wenig löslich in kaltem Wasser, leicht löslich in heißem. Sehr leicht löslich in Alkohol.

Nitrat. Durch doppelte Umsetzung mit Silbernitrat aus dem Chlorhydrat. Derbe Prismen. Ziemlich wenig löslich in kaltem Wasser. Schmelzp. 154—155°. Zersetzung bei 170°.

Acetat. Durch Umkrystallisieren der freien Guanidino-n-capronsäure aus Eisessig. Dünne, 6 eckige Tafeln, die schon bei der Berührung mit Wasser, beim Erwärmen an der Luft oder im Vakuum gespalten werden. Kein Schmelzpunkt.

Platinat. Beim Zusatz von Platinchlorid zur Lösung des Chlorhydrats entsteht keine Fällung.

Derivate: Die ε-Guanido-n-capronsäure wurde von K. Thomas[1]) zu Versuchen über die Herkunft des Kreatins im tierischen Organismus verwendet, die indessen kein positives Resultat ergaben. Sie verwandelt sich zum Teil in die entsprechende **Ureidosäure.**

$$NH_2$$
$$|$$
$$CO$$
$$|$$
$$NH-(CH_2)_5-COOH$$

die ebenfalls von K. Thomas (1. c.) zu Untersuchungen über die Herkunft des Kreatins benutzt wurde. Man erhält diese Säure, indem man 20 g ε-Leucin mit 85 g Harnstoff, 300 g Barythydrat und 800 ccm Wasser im 2-l-Rundkolben 8 Stunden am Rückfluß kocht. Hierauf wird der Baryt durch CO_2 ausgefällt, abfiltriert und auf dem Wasserbad eingedampft. Nach dem Ansäuern mit Eisessig fallen sofort weiße Nadeln aus, die nach 3 stündigem Stehen im Eis, Absaugen, Waschen mit kaltem Wasser, Alkohol und Äther getrocknet werden. Die Ausbeute beträgt 88% der Theorie; die Nadeln zersetzen sich nach einmaligem Umkrystallisieren aus Wasser bei 174—178°, doch ist der Zersetzungspunkt nicht ganz konstant. Die Ureidocarbonsäure ist gut löslich in heißem, wenig löslich in kaltem Wasser und Alkohol, unlöslich in Äther, Aceton und verdünnten Säuren, leicht löslich in verdünnten Alkalien und Soda. Sie gibt kein Hydantoin, keine Fällung mit Phosphorwolframsäure, Pikrinsäure, Pikrolonsäure und mit den Acetaten der Schwermetalle, außer mit Mercuriacetat und -nitrat und Soda. Sie ist im Tierversuch nicht indifferent: Von 8 Kaninchen starben 4 am Tage der 3. Injektion (täglich 2,0 g). Die Ureidosäure wird zur Hälfte verbrannt und kann zur anderen Hälfte aus dem Urin wieder gewonnen werden.

Isocystein, [β-Amino-α-carboxy-äthyl]-mercaptan, α-Mercapto-β-amino-propionsäure, 3-Amino-propanthiol-(2)-säure.

Mol.-Gewicht: 121,14.

Zusammensetzung: 29,72% C, 5,82% H, 16,42% O, 11,57% N, 26,47% S . $C_3H_7O_2NS$.

$$CH_2 \cdot NH_2$$
$$|$$
$$*CH \cdot SH$$
$$|$$
$$COOH$$

---

[1]) K. Thomas, Zeitschr. f. physiol. Chemie **88**, 467 [1913]; **92**, 163 [1914].

Vorkommen: Kein natürliches Vorkommnis bekannt.

Bildung, Darstellung: Die einzige, bisher veröffentlichte Arbeit über diese dem Cystin isomere Aminosäure stammt von S. Gabriel[1]). Zur Darstellung ging er von der β-Jodpropionsäure aus, die er in Dihydrouracil überführte. Der β-Lactylharnstoff kann leicht bromiert, die eingetretenen Bromatome gegen die Rhodangruppe ausgetauscht und die Rhodanverbindung zum Isocystein (Thioisoserin, Sulfhydryl-β-aminopropionsäure) aufgespalten werden. Letzteres geht bei vorsichtiger Oxydation in Isocystin über.

Dihydro-Uracil

$$CH_2\diagdown\begin{matrix}CH_2-NH\\CO-NH\end{matrix}\diagup CO$$

50 g β-Jodpropionsäure werden unter Turbinieren portionsweise in 600 ccm 25 proz. Ammoniak eingetragen (bei 0°). Man läßt über Nacht stehen, dampft auf dem Wasserbad zum Sirup ein und kocht mit 250 ccm n-Kalilauge bis zum Verschwinden des Ammoniaks. Nach dem Erkalten werden 21 g Kaliumcyanat hinzugefügt, die Lösung am nächsten Tage auf dem Wasserbade eingedunstet, dann mit 120 ccm 25 proz. Salzsäure versetzt, auf dem Wasserbad völlig eingedampft, mit 150 ccm Wasser versetzt und nochmals eingedampft. Nunmehr bleiben beim Verrühren mit Wasser 10 g Dihydrouracil zurück, was 35% der Theorie entspricht.

Bromdihydrouracil

$$BrHC\diagdown\begin{matrix}CH_2-NH\\CO--NH\end{matrix}\diagup CO$$

10 g staubfeines Dihydrouracil werden in 40 ccm Eisessig mit 14 g Brom im Rohr auf 100° bis zum Verschwinden der Bromfärbung erhitzt, und zwar zweckmäßig im Schüttelofen. Nach 1 Stunde läßt man erkalten, verdünnt den Rohrinhalt mit 40 ccm Wasser und läßt über Nacht stehen. Ausbeute 12 g Krystalle.

Rhodandihydrouracil

$$NCS-HC\diagdown\begin{matrix}CH_2-NH\\CO-NH\end{matrix}\diagup CO$$

10 g Bromdihydrouracil werden in 600 ccm siedendem, absol. Alkohol gelöst, mit 6 g Kaliumrhodanid versetzt und $1^1/_2$ Stunden am Rückfluß gekocht. Beim Erkalten der vom KBr abgegossenen Lösung krystallisieren 5—7 g Nadeln aus, die bei 202—203° unter starkem Blasenwerfen zu einer braunen Flüssigkeit schmelzen und sich in Alkali lösen.

Spaltung des Rhodandihydrouracils. 4 g Rhodankörper werden in 40 ccm rauchender Salzsäure gelöst und im Druckrohr 25—30 Minuten lang auf 170° erhitzt (Cumolbad). Nach rascher Abkühlung öffnet sich das Rohr unter starkem Druck, es entweichen viel CO_2 und auch etwas H_2S, nebenbei fällt reichlich Salmiak aus. Der Rohrinhalt wird mit Wasser in einen Destillierkolben gespült, im Vakuum bei 50—60° völlig zur Trockene gebracht und die hinterbliebene, salmiakreiche Salzkruste in Wasser gelöst. Man entfärbt durch Schütteln mit etwas Tierkohle, filtriert und versetzt mit 240 ccm kalt gesättigter Sublimatlösung, worauf sich ein weißer Niederschlag abscheidet, der bald pulverig wird und dessen Menge über Nacht noch zunimmt. 5,7 g Quecksilbersalz. Dieses Salz löst sich zum größten Teil in 15 ccm verdünnter, lauwarmer 10 proz. Salzsäure. Die filtrierte Lösung wird mit H_2S zur Entfernung des Quecksilbers behandelt, das farblose Filtrat im Vakuum bei 50—60° völlig eingeengt, worauf der hinterbliebene Sirup zu einer strahligen Krystallmasse erstarrt (zirka 1,2 g). Für die weitere Verarbeitung ist die Substanz genügend rein, man kann sie aus Alkohol umkrystallisieren.

Salze, Derivate: Isocysteinchlorhydrat

$$\begin{matrix}CH_2-NH_2\cdot HCl\\|\\CH-SH\\|\\COOH\end{matrix}$$

---

[1]) S. Gabriel. Berichte d. Deutsch. Chem. Gesellschaft **38**, 630 [1905].

Farblose Krystallschuppen, äußerst wasserlöslich. Schmelzp. 141° unter Schaumbildung. Nachhaltiger, bitterer Geschmack, ähnlich wie Schwefelwasserstoff. Entfärbt Jod- und Bromlösungen momentan. Wird bei der Behandlung mit Bromwasser oder $KMnO_4$ zu **Isocysteinsäure** oxydiert, $NH_2—CH_2—CH(SO_3H)—COOH$. Kurze 4 seitige Säulen mit aufgesetzten Pyramiden aus Wasser. Mäßig löslich in kaltem Wasser, daraus durch Alkohol oder Eisessig wieder fällbar. Zersetzungsp. 272—274° unter Aufschäumen und Dunkelfärbung.

Isocysteinchlorhydrat gibt mit Eisenchlorid wie Cystein eine schnell vorübergehende, intensive indigoblaue Färbung.

Mit Ammoniak und Eisenchlorid entsteht eine rotviolette Färbung.

In alkalischer Lösung entsteht mit Nitroprussidnatrium eine kirschrote Färbung, die schnell in Rotgelb, dann in Grünlichgelb übergeht.

Verschieden vom Cystein ist das Verhalten gegen Kupfersulfat. Mit wenig $CuSO_4$ gibt das Chlorhydrat eine braunschwarze Fällung, die auf weiteren Zusatz von $CuSO_4$ sich mit purpurvioletter Färbung löst, die sich beim Stehen nicht verändert.

Isocystin, Bis-[β-amino-α-carboxy-äthyl]-disulfid.

Mol.-Gewicht: 240,26.

Zusammensetzung: 29,97% C, 5,03% H, 26,64% O, 11,66% N, 26,70% S. $C_6H_{12}O_4N_2S_2$.

$$\begin{array}{ccc} CH_2 \cdot NH_2 & & CH_2 \cdot NH_2 \\ | & & | \\ {}^*CH —S—S— {}^*CH \\ | & & | \\ COOH & & COOH \end{array}$$

Vorkommen: Ein natürliches Vorkommnis ist nicht bekannt.

Bildung[1]): In eine Lösung von 2,55 g rohem Isocysteinchlorhydrat[2]) in 12 ccm Wasser wird so viel fein gepulvertes Jod eingetragen und mit einem Pistill verrieben, als sich darin unter Entfärbung löst. Eine schließlich verbleibende Gelbfärbung nimmt man durch Zusatz weniger Kryställchen des Chlorhydrates weg. Dann gibt man 1,8 g wasserfreies Natriumacetat hinzu und läßt die unter gelindem Erwärmen hergestellte Lösung über Nacht stehen. Im Verlaufe dieser Zeit hat sich ein farbloses, aus würfelförmigen Krystallen bestehendes Pulver (1,7 g) abgeschieden, das man auf Ton absaugt und dann aus 7 ccm Wasser umkrystallisiert. Es resultieren 1,1 g spitzwinklige, glasglänzende Krystalle von Isocystinjodhydrat, die bei 185° unter starkem Schäumen schmelzen. Zur Isolierung des Isocystins löst man das Jodhydrat (0,9 g) in wässerigem Ammoniak und stellt die Lösung in einer flachen Schale in den Vakuumexsiccator über H_2SO_4. Nach 1 Stunde resultiert ein Brei von feinen Nadeln, die, mit wenig Wasser verrührt, in ein undeutlich krystallinisches Pulver übergehen. Man saugt auf Ton ab, löst in zirka 8 ccm Wasser, kocht die Lösung mit Tierkohle auf, engt sie auf dem Wasserbad ein, wobei sich von den Rändern der Platinschale her kreideähnliche Krusten abscheiden, die sich beim Zurückschieben in die heiße Flüssigkeit darin nicht mehr lösen. Man läßt nun das Ganze über Nacht im Exsiccator eindunsten, rührt das verbliebene, weiße, undeutlich krystallinische Produkt mit wenig Wasser an und trocknet es nach dem Auswaschen und Absaugen bei 100°.

Physikalische und chemische Eigenschaften: Das Isocystin beginnt bei 180° unter vorangehender Bräunung und unter Schäumen zu sintern und schmilzt gegen 185° zu einer rotbraunen, zähen Masse unter Aufschäumen zusammen. Es ist nur allmählich in kochendem Wasser löslich und kommt aus dieser Lösung erst bei starkem Einengen wieder heraus. Es ist leicht löslich in Säuren, fixen und flüchtigen Alkalien, unlöslich in Alkohol.

Isocystin gibt mit kalter, alkalischer Bleilösung sofort Schwärzung (Cystin erst beim Erwärmen).

Versetzt man Isocystinlösungen mit $CuSO_4$ und erwärmt, so erhält man unter CuS-Bildung Schwarzfärbung. Setzt man vor dem Erwärmen Natriumacetat zu, so wird die blaue Färbung etwas dunkler und macht beim Erwärmen ebenfalls einer Schwärzung Platz.

---

[1]) S. Gabriel, Berichte d. Deutsch. Chem. Gesellschaft **38**, 630 [1905].
[2]) s. o.

o-Tyrosin, β-(o-Oxyphenyl-)-α-aminopropionsäure (Bd. IV, S. 699).

Mol.-Gewicht: 181,10.

Zusammensetzung: 59,64% C, 6,12% H, 26,50% O, 7,74% N . $C_9H_{11}O_3N$.

$$
\begin{array}{c}
CH \\
\diagup\diagdown \\
CH \quad CH \\
|\qquad \| \\
CH \quad C-OH \\
\diagdown\diagup \\
C \\
| \\
CH_2 \\
| \\
*CH-NH_2 \\
| \\
COOH
\end{array}
$$

Vorkommen: Noch kein natürliches Vorkommnis bekannt.

Darstellung: Außer der Synthese von L. Blum[1]) wurde noch eine zweite Synthese von T. B. Johnson und W. M. Scott[2]) mit sehr guten Ausbeuten ausgeführt, indem sie als Ausgangsmaterial das 2-Thiohydantoin benutzten, eine Verbindung, die nach Johnson und Nicolet[3]) sehr leicht zugänglich ist, falls man nur genügende Mengen Glykokoll oder ein Acylderivat davon (z. B. Hippursäure) zur Verfügung hat. Der Verlauf der Synthese ist folgender:

$$
C_6H_4\diagdown^{OH}_{CHO} + NH-CS-NH-CH_2-CO \longrightarrow
$$

Salicylaldehyd   2-Thiohydantoin

$$
C_6H_4\diagdown^{OH}_{CH=}\;
\begin{array}{l}
CO-\!-\!-\!-NH \\
\quad|\qquad\;| \\
C-NH-CS
\end{array}
\qquad \xrightarrow{CH_2Cl-COOH}
$$

2-Thio-4-oxybenzalhydantoin

$$
C_6H_4\diagdown^{OH}_{CH=}\;
\begin{array}{l}
CO-\!-\!-\!NH \\
\quad|\qquad| \\
C-NH-CO
\end{array}
\qquad \xrightarrow{Natrium\text{-}Amalgam}
$$

4-o-Oxybenzalhydantoin

$$
C_6H_4\diagdown^{OH}_{CH_2-}\;
\begin{array}{l}
CO-\!-\!-\!-\!-NH \\
\quad|\qquad\quad| \\
CH-NH-CO
\end{array}
\qquad \xrightarrow{Ba(OH)_2}
$$

o-Tyrosinhydantoin

$$
C_6H_4\diagdown^{OH}_{CH_2-CH(NH_2)-COOH}
$$

o-Tyrosin.

30 g Thiohydantoin, 37,5 g Salicylaldehyd, 90 g geschmolzenes Natriumacetat und 230 g Eisessig werden zusammen 4 Stunden im Ölbad auf 140—150° erhitzt. Die heiße Mischung wird dann in eine große Menge kaltes Wasser eingerührt, worauf sich das Thiohydantoin fast sofort abscheidet. Nach völliger Abscheidung wird filtriert, das rohe Produkt aus heißem Eisessig umkrystallisiert. Ausbeute fast quantitativ. Strahlenförmige Nadeln vom Schmelzp. 248°.

50 g Thiooxybenzalhydantoin, 150 g Monochloressigsäure und 400 ccm Wasser werden in eine Flasche gegeben und die Mischung 2 Stunden im Ölbad auf 140—150° erhitzt. Nach vollendeter Reaktion wird das Benzalhydantoin durch Filtration abgetrennt, sorgfältig mit Wasser gewaschen und durch Umkrystallisieren aus einem großen Volumen Alkohol gereinigt. Es ist darin schwer löslich und scheidet sich beim Abkühlen in kurzen Nadeln vom Schmelzp. 271° unter Zersetzung aus. Ausbeute 80%.

10 g des ungesättigten Hydantoins werden in einer Mischung von 30 ccm 10proz. NaOH und 75 ccm Wasser aufgelöst, auf 80° erwärmt und durch allmähliche Zugabe von 100 g 3proz. Natriumamalgam reduziert. Nach 1 Stunde werden langsam noch 100 g Natriumamalgam zugegeben und schließlich noch 3—4 Stunden auf 70—80° gehalten. Es wird eine farblose

---

[1]) L. Blum, Archiv f. experim. Pathol. u. Pharmakol. **59**, 269 [1908].

[2]) T. B. Johnson u. W. M. Scott, Journ. of Amer. Chem. Soc. **37**, 1846 [1915].

[3]) T. B. Johnson u. B. H. Nicolet, Journ. of Amer. Chem. Soc. **33**, 1973 [1911].

Lösung erhalten, die abgekühlt, vom Quecksilber abgegossen und mit einem Überschuß von
HCl angesäuert wird. Wenn man einengt und abkühlt, so scheidet sich das o-Tyrosinhydantoin
in einer Ausbeute von 85% krystallinisch aus. Schmelzp. 205—206°.

7 g dieses Hydantoins werden mit starker Barytlösung zirka 48 Stunden digeriert, worauf
die Hydrolyse vollständig ist. Zur Isolierung der Aminosäure wird genau mit H_2SO_4 neutralisiert, die farblose Lösung konzentriert und gekühlt. Das o-Tyrosin scheidet sich krystallinisch
aus. Es löst sich schwer in Wasser, einmal gelöst, scheidet es sich aber schwer wieder aus. Man
löst es in heißem Wasser und läßt dann im Vakuum über H_2SO_4 stehen, worauf man es fast
farblos und krystallinisch bekommt.

Physikalische und chemische Eigenschaften: Blum[1]) gibt den Schmelzp. 259—260° an,
doch ist dieser Schmelzpunkt schwer zu erreichen, da es sehr auf die Art des Erhitzens an-
kommt. Langsames Erhitzen: Schmelzp. 232—233° unter Aufschäumen und Bildung eines
wieder erstarrenden Öles, das dann erst bei 270° wieder schmilzt[2]). Schnelles Erhitzen:
Schmelzp. 247—250°.

o-Tyrosin gibt positive Millonsche Reaktion; mit $FeCl_3$ entsteht eine Violettfärbung
noch in Verdünnungen von 1 : 3000.

Salze: Chlorhydrat. Krystallisiert aus verdünnter Salzsäure in prismatischen Krystallen
vom Zersetzungsp. 180°[2]).

o-Methoxy-phenylalanin, β-(2-Methoxy-phenyl)-α-amino-propionsäure.

Mol.-Gewicht: 195,11.
Zusammensetzung: 61,50% C, 6,71% H, 24,61% O, 7,18% N . $C_{10}H_{13}O_3N$.

Vorkommen: Ein natürliches Vorkommnis noch nicht bekannt.

Darstellung[2]): Auf analoge Weise wie das o-Tyrosin durch Kondensation von Methylsalicylaldehyd mit Hydantoin oder Thiohydantoin, wobei letztere Methode die besseren Ausbeuten ergibt.

8 g des Kondensationsproduktes von Thiohydantoin und Methylsalicylaldehyd (2-Thio-
4-o-Methoxy-benzal-hydantoin) werden mit 16,3 g Chloressigsäure und 50 ccm Wasser 4 Stunden bei 130—140° digeriert. Man erhält eine klare Lösung, aus der sich beim Kühlen das
schwefelfreie Hydantoin abscheidet. Es krystallisiert aus 95 proz. Alkohol in dünnen Prismen
oder Nadeln, die bei 178° zu einem Öl schmelzen. Zur Reduktion werden 175 ccm einer 10 proz.
Natronlauge mit 300 ccm Wasser gemischt und 30 g des obigen Hydantoins darin in der Hitze
gelöst. Wird nach vollständiger Auflösung die Lösung gekühlt, so scheidet sich das Natriumsalz
des Hydantoins sofort in farblosen Nadeln aus. Um das Salz in Lösung zu behalten, wird diese
auf 80—90° erwärmt und hierauf 600 g 3 proz. Natriumamalgam langsam zugesetzt. Nach
der letzten Portion des Amalgams wird die Lösung noch während 3—4 Stunden erwärmt und
schließlich mit verdünnter Salzsäure angesäuert. Die Hydantoinsäure scheidet sich sofort aus.
Ausbeute 29 g. Rechtwinklige Prismen, die bei 189° unter Aufschäumen schmelzen.

29 g der Hydantoinsäure werden durch Erwärmen mit verdünnter Salzsäure in das
Hydantoin übergeführt. Die Hydantoinsäure wird durch Erwärmen in diesem Lösungsmittel
gelöst. Nach genügend langem Erhitzen scheidet sich das Hydantoin aus der heißen Lösung
aus. Es ist praktisch unlöslich in kalter verdünnter Salzsäure. Es kann leicht gereinigt werden
durch Umkrystallisation aus Alkohol und scheidet sich aus diesem Lösungsmittel in quantitativer Ausbeute in Prismen aus, die bei 186° zu einem Öl schmelzen.

---

[1]) L. Blum, Archiv f. experim. Pathol. u. Pharmakol. **59**, 269 [1908].
[2]) T. B. Johnson u. W. M. Scott, Journ. of Amer. Chem. Soc. **37**, 1846 u. 1854 [1915].

Aus dem Hydantoin wird die Aminosäure durch Hydrolyse mit starkem Barytwasser erhalten, siehe bei o-Tyrosin. Ausbeute aus 7,5 g Hydantoin 4 g o-Methoxyphenylalanin. Reinigung durch Umkrystallisation aus heißem Wasser.

Physikalische Eigenschaften: Rosettenförmig angeordnete Nadeln. Schmelzp. 206° unter Aufschäumen. Löslich in kaltem und heißem Wasser.

m-Tyrosin, β-(m-Oxyphenyl-)-α-amino-propionsäure (Bd. IV, S. 699).

Mol.-Gewicht: 181,10.

Zusammensetzung: 59,64% C, 6,12% H, 26,50% O, 7,74% N . $C_9H_{11}O_3N$.

$$
\begin{array}{c}
CH \\
CH \quad C-OH \\
CH \quad CH \\
C \\
CH_2 \\
*CH-NH_2 \\
COOH
\end{array}
$$

Vorkommen: In der Natur noch nicht aufgefunden.

Darstellung: Das m-Tyrosin wurde von L. Blum[1] nach der Methode von Erlenmeyer[2] folgendermaßen synthetisiert:

Gleiche Moleküle Hippursäure und m-Oxybenzaldehyd werden mit 3 Mol wasserfreiem Natriumacetat in der Reibschale innigst vermischt und nach Versetzen mit 3 Mol Essigsäureanhydrid auf dem siedenden Wasserbad erhitzt. Nach 5 Minuten schmilzt die Masse zu einer bräunlichen Flüssigkeit, die beim Umrühren sehr bald erstarrt. Nach 1 Stunde wird die gelbe Masse mit heißem Wasser durchgerührt, abgesaugt, dann mit Wasser und mit Alkohol gewaschen. Man erhält so das acetylierte Lactimid der m-Oxybenzoylaminozimtsäure

$$
H_3C-CO-O-C_6H_4-CH=C\underset{\underset{CO-O-C-C_6H_5}{|}}{}N
$$

Gelbes Pulver, in Wasser unlöslich, in Äther und kaltem Alkohol wenig löslich, sehr leicht löslich in Chloroform, aus dem es durch Ligroin gefällt wird. Schmelzp. 149° unkorrigiert.

Die fein gepulverte Substanz wird mit der berechneten Menge Natronlauge (10%) auf dem Wasserbade erwärmt, bis unter gleichzeitiger Abspaltung der Acetylgruppe Lösung eintritt. Man erhält so die m-Oxybenzoylaminozimtsäure.

$$
HO-C_6H_4-CH=C\underset{\underset{NH-CO-C_6H_5}{|}}{}COOH .
$$

Die Säure wird durch vorsichtigen Zusatz von Salzsäure, bis Kongopapier gerade blau wird, zu der aufs Doppelte verdünnten, auf 80° erwärmten Lösung in kleinen, weißen Krystallen ausgefällt. Sie wird durch Umkrystallisieren aus 50 proz. heißem Alkohol gereinigt und schmilzt bei 205—206° unkorrigiert.

Die quantitativ verlaufende Reduktion zum m-Benzoyltyrosin wird so vorgenommen, daß man die in Wasser suspendierte ungesättigte Verbindung unter ständigem Turbinieren mit einem 10 proz. Überschuß von 2,5 proz. Natriumamalgam versetzt. Nach Beendigung der Reduktion wird das m-Benzoyltyrosin durch Versetzen der alkalischen Lösung bei 80° mit Salzsäure als in der Kälte erstarrender Sirup ausgefällt. Es wird aus siedendem Wasser, in dem es im Verhältnis 1 : 30 löslich ist, unter Zusatz von etwas Tierkohle umkrystallisiert. Schmelzp. 180° unkorrigiert.

Zur Abspaltung der Benzoylgruppe kocht man mit der 40 fachen Menge 20 proz. Salzsäure 4 Stunden auf dem Wasserbade, stellt dann 24 Stunden in den Eisschrank, filtriert von der Benzoesäure ab und dampft das Filtrat auf dem Wasserbade zur Trockene. Das salzsaure

---

[1] L. Blum, Archiv f. experim. Pathol. u. Pharmakol. **59**, 269 [1908].

[2] E. Erlenmeyer, Annalen d. Chemie u. Pharmazie **271**, 137 [1892]; **275**, 1 [1893]; **307**, 138 [1899].

m-Tyrosin wird in wenig heißem Wasser aufgenommen, nach Filtration mit Ammoniak versetzt und so das freie m-Tyrosin in quantitativer Ausbeute krystallinisch ausgefällt.

Physiologische Eigenschaften: Das m-Tyrosin wurde, gleich wie das o-Tyrosin sowohl von L. Blum[1] wie auch von L. Flatow[2] zu Stoffwechselversuchen benutzt, wobei sich herausstellte, daß es im Organismus hauptsächlich zu m-Oxyphenylessigsäure abgebaut wird, daß daneben aber auch eine nicht unbeträchtliche und direkt nachweisbare Menge m-Oxyphenylbrenztraubensäure entsteht.

Physikalische und chemische Eigenschaften: Weiße Krystallblättchen (aus 25 Teilen heißem Wasser umkrystallisiert). Schmelzp. 280—281° (unkorr.). Löslich in 120 Teilen kaltem oder in 22 Teilen heißem Wasser; in Alkohol sehr wenig löslich, in Äther unlöslich. In Eisessig löslich beim Erwärmen.

Die Millonsche Reaktion tritt in gleicher Weise wie beim eigentlichen Tyrosin ein. Mit verdünnter Eisenchloridlösung entsteht eine blaugrüne Färbung, die auf Zusatz von mehr Eisenchlorid schnell verschwindet.

m-Methyl-tyrosin, β-(4-Oxy-3-methylphenyl)-α-amino-propionsäure.

Mol.-Gewicht: 195,11.

Zusammensetzung: 61,50% C, 6,71% H, 24,61% O, 7,18% N . $C_{10}H_{13}O_3N$.

$$
\begin{array}{c}
OH \\
| \\
C \\
/\!\!\!/ \quad \backslash \\
CH \quad C-CH_3 \\
| \qquad \| \\
CH \quad CH \\
\backslash\!\!\!\backslash \;/ \\
C \\
| \\
CH_2 \\
| \\
{}^*CH-NH_2 \\
| \\
COOH
\end{array}
$$

Vorkommen: Natürliche Vorkommnisse sind nicht bekannt.

Darstellung: Aus 3-Methyl-4-methoxy-benzaldehyd durch Kondensation mit Hippursäure nach der Methode von Erlenmeyer[3].

Physiologische Eigenschaften: Geht beim Alkaptonuriker nicht in ein Hydrochinonderivat über, sondern wird glatt verbrannt.

Physikalische Eigenschaften: Schmelzp. 277°.

Ratanhin, N-Methyl-tyrosin, β-(Oxy-4-phenyl-)-α-(methylamino-) propionsäure, Andirin, Angelin, Geoffroyin, Surinamin.

Mol.-Gewicht: 195,11.

Zusammensetzung: 61,50% C, 6,71% H, 24,61% O, 7,18% N . $C_{10}H_{13}O_3N$.

$$
\begin{array}{c}
OH \\
| \\
C \\
/\!\!\!/ \quad \backslash \\
CH \quad CH \\
| \qquad \| \\
CH \quad CH \\
\backslash\!\!\!\backslash \;/ \\
C \\
| \\
CH_2 \\
| \\
{}^*CH-NH-CH_3 \\
| \\
COOH
\end{array}
$$

[1] L. Blum, Archiv f. experim. Pathol. u. Pharmakol. **59**, 269 [1908].
[2] L. Flatow, Zeitschr. f. physiol. Chemie **64**, 379 [1910].
[3] K. Fromherz u. L. Hermanns, Zeitschr. f. physiol. Chemie **89**. 121 [1914].

Vorkommen: Das von Ruge[1]) entdeckte, von Gintl[2]) als Homologes des Tyrosins erkannte Ratanhin wurde von Goldschmiedt[3]) zuerst als eine p-Oxyphenylaminobuttersäure angesehen. Die Bestimmung des an Stickstoff gebundenen Methyls nach Herzig und Meyer sowie die Identifizierung der beim Erhitzen unter CO_2-Abgabe entstehenden Base als p-Oxyphenyläthylmethylamin ergaben jedoch, daß das Ratanhin die Struktur einer β-p-Oxyphenyl-α-methylaminopropionsäure[3]) hat. Mit dem Ratanhin erwiesen sich identisch die unter den Bezeichnungen Andirin, Angelin, Geoffroyin und Surinamin beschriebenen Verbindungen.

Das Ratanhin findet sich in der Wurzelrinde der peruanischen Pflanze Krameria triandra, in der brasilianischen Ferreira spectabilis, in Geoffroya surinamensis und anderen exotischen Papilionaceen. Man gewinnt es, indem man das Rindenmaterial mit Wasser auskocht, die verdünnte Lösung mit Bleiessig behandelt, das Filtrat durch H_2S entbleit, verdunstet und das ausgeschiedene Ratanhin aus Ammoniak umkrystallisiert. [Über eine etwas abgeänderte Gewinnungsweise vgl. H. Blau[4]).]

Bildung, Darstellung: Die erste Synthese des Ratanhins wurde von Friedmann und Gutmann[5]) ausgeführt, die von Anisalmalonsäure ausgingen. Die zweite Synthese stammt von Johnson und Nicolet[6]), die als Ausgangsmaterial Anisalhydantoin benutzten. Die präparativ einfachste Methode ist diejenige von E. Fischer und W. Lipschitz[7]).

1. N-p-Toluolsulfo-l-tyrosinäthylester. 60 g l-Tyrosinäthylesterhydrochlorid werden mit einer Lösung von 12 g Na_2CO_3 in 60 ccm H_2O übergossen, 360 ccm $CHCl_3$ hinzugefügt und kräftig durchgeschüttelt, bis der in Freiheit gesetzte Ester vom Chloroform ganz aufgenommen ist. Man fügt dann 47 g Toluolsulfochlorid (1 Mol), gelöst in 150 ccm $CHCl_3$, hinzu, mischt durch kräftiges Schütteln und läßt einige Stunden stehen, wobei manchmal wieder das durch die Reaktion gebildete Hydrochlorid des l-Tyrosinesters auskrystallisiert. Um dieses auch in Reaktion überzuführen, fügt man wieder 12 g Na_2CO_3, gelöst in 60 ccm H_2O, zu und schüttelt 2 Stunden auf der Maschine. Dabei ist nötig, das in Freiheit gesetzte CO_2 von Zeit zu Zeit entweichen zu lassen. Das gelb gefärbte Chloroform enthält die Toluolsulfoverbindung; es wird abgetrennt, mit Na_2SO_4 getrocknet und unter vermindertem Druck bis zur beginnenden Trübung eingedunstet. Um Krystalle zu erhalten, wird eine kleine Probe völlig eingedunstet, der ölige Rückstand auf — 20° abgekühlt und mit Petroläther verrieben. Trägt man die Krystalle in die obige Lösung ein, so scheidet sich die Hauptmenge der Substanz auf Zusatz von Petroläther krystallinisch ab, besonders, wenn gleichzeitig durch Kältemischung gekühlt wird. Ausbeute an fast farblosem Produkt 65 g = 73% der Theorie. Größere Mengen werden am besten gereinigt durch Lösen in eiskalter n-NaOH und sofortiges Ausfällen mit Essigsäure. Das zuerst ausgeschiedene Öl krystallisiert bald. Schmelzp. 114°.

2. N-p-Toluolsulfotyrosin. 45 g Ester werden in 100 ccm 5 n-NaOH gelöst, 20 Minuten auf dem Wasserbad erhitzt, die Lösung noch mit 150 ccm Wasser verdünnt und mit 110 ccm 5 nHCl übersättigt. Das zuerst ausfallende Öl verwandelt sich beim Erhitzen auf dem Wasserbad bald in eine krystallinische Masse, die nach dem Abkühlen auf 0° abgesaugt wird. Sie muß sich in verdünnter $KHCO_3$-Lösung bei gelindem Erwärmen völlig lösen, sonst ist die Verseifung unvollständig. Ausbeute fast 40 g. Schmelzp. 187—188° (korr.).

3. N-p-Toluolsulfo-O, N-dimethyl-l-tyrosin. 10 g N-Toluolsulfo-l-tyrosin werden in 180 ccm 0,5 n-NaOH (3 Mol) gelöst und mit 13 g Jodmethyl (zirka 3 Mol) $1\frac{1}{4}$ Stunden in der Druckflasche unter Schütteln in einem Bade von 70° erwärmt. Beim Abkühlen krystallisiert das Natriumsalz in glänzenden Blättchen. Zur Gewinnung der freien Säure übersättigt man vor dem Auskrystallisieren des Salzes die Lösung mit 5 n-HCl. Das ausfallende Öl erstarrt beim Abkühlen und Reiben rasch. Ausbeute fast quantitativ (10,5 g). Zur Reinigung wird es in verdünntem heißem Alkohol gelöst, mit Tierkohle aufgekocht und durch Abkühlen und weiteren Zusatz von Wasser wieder abgeschieden. Schmelzp. 141—142° nach vorherigem geringem Sintern.

4. N-Methyl-l-Tyrosin. 5 g der obigen Verbindung werden in 25 ccm HJ (D 1,96) und 3,5 g Jodphosphonium im geschlossenen Rohr unter häufigem Schütteln im Wasserbad erhitzt. Die Reaktion ist in etwa 15 Minuten beendet. Man erkennt das Ende daran, daß die heiße Flüssigkeit bei ruhigem Stehen nicht mehr braun wird. Das gebildete Tolylmercaptan schwimmt

[1]) Ruge, Jahresbericht über die Fortschritte der Chemie **1862**, 493.
[2]) Gintl, Jahresbericht über die Fortschritte der Chemie **1869**, 774.
[3]) G. Goldschmiedt, Monatshefte f. Chemie **33**, 1379 [1912] u. **34**, 659 [1913].
[4]) H. Blau, Zeitschr. f. physiol. Chemie **58**, 153 [1908].
[5]) E. Friedmann u. S. Gutmann, Biochem. Zeitschr. **27**, 491 [1910].
[6]) T. B. Johnson u. B. H. Nicolet, Chem. Centralbl. **1912**, II, 498.
[7]) E. Fischer u. W. Lipschitz, Berichte d. Deutsch. Chem. Gesellschaft **48**, 374 [1915].

zum größten Teil als Öl auf der wässerigen Schicht. Nach dem Abkühlen gießt man in 150 Teile H_2O, wartet, bis das Mercaptan ganz erstarrt ist und filtriert. Die wässerige Lösung wird im Vakuum verdampft, wobei das Hydrojodid des N-Methyl-l-tyrosins krystallinisch zurückbleibt. Löst man es in wenig Wasser und versetzt mit wässerigem Ammoniak bis zur schwach alkalischen Reaktion, so fällt das N-Methyl-l-tyrosin sofort als farblose krystallinische Masse. Zur Vertreibung des Ammoniaks erwärmt man kurze Zeit auf dem Wasserbade, kühlt wieder auf 0° und saugt den Niederschlag ab. Ausbeute 2,4 g oder 89% der Theorie. Zur Reinigung wird in der 5fachen Menge Wasser unter Zusatz von wenig Salzsäure kalt gelöst und wieder mit Ammoniak abgeschieden. Dieses Präparat (2 g) ist rein.

Physikalische und chemische Eigenschaften: Nadeln mit schräg abgestumpften Ecken. Schmelzp. 318° unter Zersetzung. Löslich in kaltem Wasser. Löslich in 125 Teilen heißem Wasser, in 9840 Teilen kaltem Alkohol, in 2345 Teilen siedendem Alkohol, unlöslich in Äther, leicht löslich in Ammoniak. $[\alpha]_D^{19°} = + 19{,}79°$.

In den Reaktionen mit Mercurinitrat und rauchender Salpetersäure (Millon) sowie in den Proben von Piria, Déniges, Mörner, Wurster, Aloys und Rabaut zeigt das Ratanhin die größte Ähnlichkeit mit dem Tyrosin.

Bei der Kalischmelze des Ratanhins entsteht p-Oxybenzoesäure [1][2].

Salze u. Derivate d. Ratanhins. Wo nichts bemerkt ist, stammen die Salze von dem l-Ratanhin.

Die Salze mit den Alkalien und Erdalkalien bieten nichts Charakteristisches, es sind amorphe oder gummiähnliche Massen, zum Teil mit Krystallwasser.

Kupfersalz[1][3] $(C_{10}H_{13}O_3N)_2Cu$. Dunkelviolette, derbe Prismen, die sich beim Kochen mit Wasser nicht zersetzen.

Silbersalz[4]. Mikrokrystalliner Niederschlag, leicht löslich in Ammoniak und Salpetersäure.

Platinat[4]. Kleine, rötlich gelbe Krystalle, löslich in Wasser und Alkohol.

Chlorhydrat[1] $C_{10}H_{13}O_3N \cdot HCl$. Monokline Krystalle aus salzsaurer Lösung.

Sulfat[4]. Rhombische Krystalle.

Phosphat[4]. Rhombische Prismen.

Methylester[1][3] $C_{11}H_{15}O_3N$. Monokline Prismen aus Essigester. Schmelzp. 116—117°. Wenig löslich in kaltem, leicht löslich in heißem Wasser, Benzol und absol. Alkohol, schwerer in Aceton.

Sulfonsäure[5] $C_{10}H_{12}O_3N(SO_3H) + H_2O$. Große, quadratische Tafeln aus absol. Alkohol. Gibt mit $FeCl_3$ wie Tyrosin eine violette Färbung.

Dijodratanhin[6] $C_{10}H_{11}O_3NJ_2$. Mit Jod in alkalischer Lösung. Kaum gefärbte, mikroskopische Nädelchen, die sich bei 206—207° zersetzen.

d, l-Dijodratanhin[7] (Methyljodgorgosäure). Fast farblose Krystalle, zersetzen sich bei schnellem Erhitzen bei 205° unter starkem Aufbrausen. Leicht löslich in verdünnten Säuren und Alkalien, sehr wenig löslich in heißem Wasser. Wird aus verdünnter Schwefelsäurelösung durch Phosphorwolframsäure gefällt; Platinchlorid, Sublimat und Pikrinsäure fällen nicht.

m-Tolyl-alanin, β-(m-Tolyl-)-α-amino-propionsäure.

Mol.-Gewicht: 179,11.

Zusammensetzung: 67,04% C, 7,39% H, 17,75% O, 7,82% N. $C_{10}H_{13}O_2N$.

$$
\begin{array}{c}
CH \\
CH \quad C-CH_3 \\
CH \quad CH \\
C \\
CH_2 \\
CH-NH_2 \\
COOH
\end{array}
$$

[1] G. Goldschmiedt, Monatsh. f. Chemie **33**, 1379 [1912].
[2] H. Blau, Zeitschr. f. physiol. Chemie **58**, 153 [1908].
[3] E. Fischer u. W. Lipschitz, Berichte d. Deutsch. Chem. Gesellschaft **48**, 374 [1915].
[4] Gintl, Jahresbericht über die Fortschritte der Chemie **1869**, 774.
[5] Ruge, Jahresbericht über die Fortschritte der Chemie **1862**, 493.
[6] G. Goldschmiedt, Monatshefte f. Chemie **34**, 659 [1913].
[7] T. B. Johnson u. B. H. Nicolet, Chem. Centralbl. **1912**, II, 498.

Vorkommen: In der Natur nicht aufgefunden worden.

Darstellung: Die Synthese dieses Körpers wurde von L. Böhm[1]) ausgeführt. Sie geht nach dem allgemeinen Schema der Einführung der Alaninseitenkette in aromatische Kerne vor sich, nämlich durch Kondensation von m-Tolylaldehyd mit Hippursäure:

30 g Hippursäure werden mit 14 g wasserfreiem Natriumacetat fein pulverisiert und gut gemischt, dazu in einem Kölbchen 20 g m-Tolylaldehyd und 48 g Essigsäureanhydrid gebracht und auf dem Wasserbad 20 Minuten erhitzt. Die Masse färbt sich stark gelb und geht schließlich bis auf wenige Kryställchen in Lösung. In eine Schale ausgegossen, erstarrt sie beim Erkalten, wird mit Wasser verrieben und auf der Nutsche scharf abgesaugt, zunächst mit viel kaltem, dann mit heißem Wasser, schließlich mit 20 proz. Alkohol gut ausgewaschen. Das so gereinigte, in gelben Nadeln krystallisierende Azlacton wurde sofort in verdünnter Natronlauge aufgeschwemmt und durch Erhitzen auf dem Wasserbade in Lösung gebracht. Nach dem Filtrieren wurde das erkaltete Filtrat mit Salzsäure angesäuert, wobei die Benzoylaminomethylzimtsäure als knetbare Masse ausfällt, die beim Stehen krystallinisch erstarrt.

Das abfiltrierte und getrocknete Rohprodukt wurde durch Umkrystallisieren aus heißem Aceton unter Zusatz von heißem Wasser in hellgelben Nadeln erhalten, die bei 202° schmelzen. Ausbeute 60—70% der Theorie. Nach nochmaligem Umkrystallisieren aus absol. Alkohol und Benzol mit Zusatz von Ligroin erhält man ein fast weißes, feinkrystallinisches Produkt. Schmelzp. 205,4° (unkorr.).

10 g Benzoylaminomethylzimtsäure werden in etwa 100 g Wasser aufgeschwemmt und 100 g etwa 2,5 proz. Natriumamalgam innerhalb von etwa $^1/_2$ Stunde portionsweise zugegeben. Das Amalgam verflüssigt sich ohne Gasentwicklung, und die Säure geht bald in Lösung. Die schließlich schwach gelb gefärbte Lösung wird vom Quecksilber getrennt, filtriert und 1 Stunde unter Zusatz von 30 ccm 33 proz. Natronlauge am Rückflußkühler gekocht, dann nach dem Erkalten mit Salzsäure angesäuert. Das Benzoyl-m-tolylalanin fällt als weiche Schmiere aus, die beim Stehen fest wird und die man dann absaugt und mit Wasser auswäscht. Zur Reinigung ist ein Umkrystallisieren aus wenig Eisessig unerläßlich. Aus der 8 fachen Menge dieses Lösungsmittels krystallisiert ein fast weißes Produkt in Blättchen vom Schmelzpunkt 185° (unkorr.). Krystallisiert man es nochmals aus heißem Alkohol unter Zusatz von heißem Wasser um, so wird es in glänzenden weißen Blättchen vom Schmelzp. 195° erhalten.

Die Abspaltung der Benzoylgruppe geht am besten vor sich, wenn man 5 g Benzoylaminosäure 4 Stunden mit 12 proz. Salzsäure im Bombenrohr auf 140° erhitzt. Noch besser ist die Methode von Dakin, die Substanz mit der 100 fachen Menge 20 proz. Salzsäure 12 bis 24 Stunden, d. h. bis der größte Teil in Lösung gegangen ist, am Rückflußkühler zu kochen. Danach wird heiß vom Ungelösten abfiltriert und nach dem Erkalten durch Absaugen und Ausäthern von der Benzoesäure abgetrennt. Die Lösung wird im Vakuum zur Trockene gebracht. Der Rückstand wird in Wasser aufgenommen und evtl. zur Entfernung der Salzsäure nochmals abdestilliert. Im folgenden muß nun die außerordentlich hohe Löslichkeit der Aminosäure in Wasser berücksichtigt werden, man darf deshalb nur in möglichst wenig Wasser lösen und muß jede Verdünnung vermeiden. Die Lösung wird heiß filtriert, das Filtrat mit Ammoniak eben alkalisch gemacht, wieder filtriert, der Überschuß des Ammoniaks durch Kochen entfernt und dann rasch scharf durch Eis oder Kältemischung abgekühlt. Nur auf diese Weise erhält man die Aminosäure in Form eines Breies von feinen Krystallnädelchen, die nach dem Stehen im Eisschrank abgesaugt und mit wenig eiskaltem Wasser ausgewaschen werden. Ausbeute nicht mehr als 50% der Theorie. Das so erhaltene m-Tolylalanin wurde in derselben Weise nochmals aus wenig heißem Wasser ohne Ammoniakzusatz umkrystallisiert und schmolz dann bei 245° (unkorr.).

Physiologische Eigenschaften: Aus den Stoffwechselversuchen, die von Böhm[1]) und von Fromherz und Hermanns[2]) angestellt wurden, geht hervor, daß das m-Tolylalanin wie das p-Tolylalanin in gleicher Weise zu rund zwei Drittel der verfütterten Menge verbrannt wird. An einen Alkaptonuriker verfüttert, gehen beide nicht in Alkapton über.

Physikalische und chemische Eigenschaften: Krystalle, die bei 245° (unkorr.) schmelzen. Sehr leicht löslich in Wasser, unlöslich in Alkohol und Äther.

---

[1]) L. Böhm, Zeitschr. f. physiol. Chemie **89**, 101 [1914].
[2]) K. Fromherz u. L. Hermanns, Zeitschr. f. physiol. Chemie **89**, 113 [1914].

Das m-Tolylalanin hat einen außerordentlich unangenehmen bitteren Geschmack und zeigt sich demnach hierin den Aminosäuren der aliphatischen Reihe mit verzweigter Kette entsprechend, während die entsprechende Aminosäure der p-Reihe, das von Dakin dargestellte p-Tolylalanin, geschmacklos ist, wie die aliphatischen Aminosäuren mit gerader Kette.

p-Tolyl-alanin, β-(p-Tolyl-)-α-amino-propionsäure.

Mol.-Gewicht: 179,11.

Zusammensetzung: 67,04% C, 7,39% H, 17,75% O, 7,82% N . $C_{10}H_{13}O_2N$.

$$\begin{array}{c}
CH_3 \\
| \\
C \\
\diagup \diagdown \\
CH \quad CH \\
| \quad \| \\
CH \quad CH \\
\diagdown \diagup \\
C \\
| \\
CH_2 \\
| \\
*CH - NH_2 \\
| \\
COOH
\end{array}$$

Vorkommen: Kein natürliches Vorkommnis bekannt.

Darstellung: Werden nach dem Vorgehen von H. D. Dakin[1]) und A. J. Wakemann und H. D. Dakin[2]) p-Methylbenzaldehyd (p-Tolylaldehyd) und Hippursäure unter Zusatz von Natriumacetat und Essigsäureanhydrid auf dem Wasserbad erhitzt, so entsteht das Azlacton der Benzoylamino-p-methylzimtsäure. Gelbe Nadeln aus Alkohol oder Essigester, unlöslich in kaltem Wasser, leicht löslich in heißem Alkohol. Schmelzp. 141—142°. Durch Kochen mit Natronlauge wird es zersetzt unter Bildung von Ammoniak, Benzoesäure und **p-Tolylbrenz-traubensäure.** Nadeln aus wässerigem Alkohol. Leicht löslich in Alkohol und Äther. Schmelzp. 178—180°.

Löst man dagegen das Azlacton in 5 proz. Natronlauge heiß auf und fällt hernach mit Salzsäure, so erhält man die α-Benzoylamino-p-methylzimtsäure

$$CH_3 - C_6H_4 - CH = C \diagup \begin{matrix} COOH \\ NH - CO - C_6H_5 \end{matrix}.$$

Farblose Nadeln aus verdünntem Alkohol. Schmelzp. 226—227° unter Zersetzung.

Behandelt man diese Verbindung mit Natriumamalgam und kocht das Reduktionsprodukt mit Salzsäure, so resultiert das p-Tolylalanin.

Physiologische Eigenschaften: Durch Verabreichung an einen Alkaptonuriker wurde die Homogentisinsäurebildung nicht erhöht. Nach Verfütterung größerer Mengen konnte im Harn in geringer Menge eine Substanz isoliert werden, die sich als d-Acetyl-p-Tolylalanin herausstellte. Sie krystallisierte in farblosen Nadeln aus Chloroform, war leicht löslich in heißem Wasser, wenig in Chloroform und Benzol, schmolz bei 170—171° und zeigte $[\bar{\alpha}]_D^{20°} = + 34,6°$.

Von normalen Individuen wird das p-Tolylalanin vollständig verbrannt, dagegen erscheinen bei der Verfütterung an Katzen im Harn p-Tolylessigsäure und p-Tolyluraminopropionsäure und bei der Durchströmung von Hundelebern unter Zusatz von p-Tolylalanin oder p-Tolylbrenztraubensäure ließ sich immer die Bildung von Acetessigsäure und Aceton nachweisen.

Fromherz und Hermanns untersuchten diese Substanz ebenfalls (siehe bei „m-Tolylalanin").

Physikalische und chemische Eigenschaften: Farblose Prismen, löslich in Wasser, aus salzsaurer Lösung durch Ammoniak fällbar. Geschmacklos. Schmelzp. 277—279° unter Zersetzung.

---

[1]) H. D. Dakin, Chem. Centralbl. **1911**, I, 1550.

[2]) A. J. Wakemann u. H. D. Dakin, Chem. Centralbl. **1911**, I, 1550.

3, 4-Dioxyphenylalanin, β-(3, 4-Dioxyphenyl-)-α-amino-propionsäure.

Mol.-Gewicht: 197,10.

Zusammensetzung: 54,79% C, 5,62% H, 32,48% O, 7,11% N . $C_9H_{11}O_4N$.

$$
\begin{array}{c}
OH \\
| \\
C \\
\diagup\!\diagdown \\
CH \quad C-OH \\
| \qquad \| \\
CH \quad CH \\
\diagdown\!\diagup \\
C \\
| \\
CH_2 \\
| \\
*CH-NH_2 \\
| \\
COOH
\end{array}
$$

Vorkommen: Das Dioxyphenylalanin wurde von Torquati[1]) in den Fruchtschalen und Keimlingen von Vicia faba entdeckt, das Verdienst, seine Konstitution aufgeklärt zu haben, kommt Guggenheim zu[2]). Neuerdings wurde auch ein Vorkommnis in der Samtbohne (Stizolobium decringianum, Bort) von E. R. Miller[3]) angegeben.

Konstitutionsbeweis: Die Existenz zweier orthoständiger Hydroxylgruppen geht schon aus der smaragdgrünen Eisenchloridreaktion, sodann aus dem Verhalten gegen Schwermetallsalze hervor. Die p-Stellung der Seitenkette wurde durch Oxydation zur Protocatechusäure bewiesen, und das Vorhandensein einer Aminogruppe geht aus der Identität der nach van Slyke und Kjeldahl erhaltenen Stickstoffzahlen hervor (Guggenheim l. c.).

Bildung, Darstellung: 2 Jahre vor Entdeckung dieser Aminosäure unter natürlichen Produkten war sie von C. Funk[4]) durch Kondensation von Carbonyldioxybenzaldehyd mit Hippursäure nach der Erlenmeyerschen Methode synthetisch erhalten worden. Dieser Synthese reihten sich ähnliche an von Fromherz und Hermanns[5]), die als Ausgangsmaterial Vanillin benutzten, von Stephen und Weizmann[6]), die, vom Piperonylbromid ausgehend, die Gabrielsche Phthalimidreaktion anwandten und neuerdings diejenige von Hirai[7]), der die allgemein anwendbare Methode von Sasaki[8]) benutzte und Glycinanhydrid mit Vanillin kondensierte. Als neueste, sehr gute Ausbeuten liefernde und zu optisch aktivem 3, 4-Dioxyphenylalanin führende Methode sei diejenige von E. Waser und M. Lewandowski geschildert[9]).

100 g rohes Tyrosin (Rohprodukt von der Eiweißhydrolyse ohne weitere Reinigung) werden in 375 ccm Wasser suspendiert und unter Wasserkühlung und ständigem Turbinieren 265 g konz. Salpetersäure langsam zugegeben. Das Tyrosin löst sich vollständig auf zu einer klaren, braun gefärbten Lösung. Nach einiger Zeit beginnt die Temperatur der Lösung zu steigen, sie färbt sich rot, und das gelbe Nitrotyrosinnitrat fängt an, sich auszuscheiden. Die Temperatur soll nicht über 25° steigen. Die Reaktion ist nach zirka 4 Stunden beendigt; man läßt nun über Nacht stehen, saugt ab, löst das Nitrat in wenig heißem Wasser, filtriert und neutralisiert mit Ammoniak. Das so abgeschiedene freie Nitrotyrosin wird ebenfalls abgesaugt und mit kaltem Wasser, in dem es fast unlöslich ist, gut gewaschen. Zur Reinigung, die indessen für die folgenden Operationen nicht nötig ist, kann man aus siedendem Alkohol umkrystallisieren. Schmelzp. (im geschlossenen Capillarröhrchen schnell erhitzt) 222—224° unter Zersetzung. Das Nitrotyrosin dreht in 4 proz. salzsaurer Lösung nach rechts: $[\alpha]_D^{15°} = + 3,21°$.

[1]) Torquato Torquati, Arch. di Farmacol sperim. **15**, 213, 308 [1913].

[2]) M. Guggenheim, Zeitschr. f. physiol. Chemie **88**, 276 [1913]; siehe auch DRP. Nr. 275 443. Kl. 12q, F. Hoffmann-La Roche & Co., Grenzach.

[3]) E. R. Miller, Chem. Centralbl. **1921**, I, 456.

[4]) C. Funk, Journ. Chem. Soc. **99**, 554 [1911].

[5]) Fromherz u. Hermanns, Zeitschr. f. physiol. Chemie **91**, 194 [1914].

[6]) Stephen u. Weizmann, Journ. Chem. Soc. **105**, 1152 [1914].

[7]) K. Hirai, Biochem. Zeitschr. **114**, 67 [1921].

[8]) T. Sasaki, Berichte d. Deutsch. Chem. Gesellschaft **54**, 163 [1921].

[9]) E. Waser u. M. Lewandowski, Helv. chim. acta **4**, 657 [1921].

100 g rohes Nitrotyrosin werden in einer Mischung von 400 g konz. Salzsäure und 350 g Wasser gelöst und zum Sieden erhitzt. Nun werden nach und nach 180 g Stanniol zugegeben, und nachdem die H_2-Entwicklung nachgelassen hat, wird noch 1 Stunde auf dem Wasserbad stehengelassen. Dann filtriert man von dem unverbrauchten Zinn ab, verjagt die überschüssige Salzsäure durch fast völliges Eindampfen im Vakuum, verdünnt mit Wasser und fällt das noch in Lösung befindliche Zinn durch H_2S. Die Zinnsulfidniederschläge werden mehrmals mit Wasser ausgekocht, da sie stets Aminotyrosin enthalten und hierauf die vereinigten Filtrate im Vakuum auf ein kleines Volumen gebracht. Das Aminotyrosin wird durch Zusatz der berechneten Menge 2 n-KOH in Freiheit gesetzt und nach dem Absaugen und Waschen mit kaltem Wasser aus siedendem Wasser umkrystallisiert, wobei sich ein Zusatz von Tierkohle und anfängliches Einleiten von wenig SO_2 nützlich erweisen. Ausbeute 68% der Theorie. Feine weiße, verfilzte Nadeln vom Schmelzp. 278,5° (korr.). (Erhitzen wie oben.) $[\alpha]_D^{15°} = -3,61°$ in 4 proz. Salzsäure.

20 g Aminotyrosin werden in 160 g kalter Schwefelsäure (1 : 5) aufgelöst, mit weiteren 200 ccm Wasser verdünnt und zwischen 0 und $-2°$ tropfenweise mit einer Lösung von 11,7 g Bariumnitrit in 200 ccm Wasser versetzt. Die gelbbraune Diazolösung läßt man sofort in eine bis zum Siedepunkt erhitzte Lösung von 150—200 g krystallisiertem Kupfersulfat in 200 ccm Wasser einfließen, worauf sehr lebhafte Stickstoffentwicklung eintritt. Nach beendeter Reaktion kühlt man rasch ab, saugt vom auskrystallisierten Kupfersulfat ab, befreit das Filtrat durch H_2S vom noch gelösten Kupfer und kocht die Kupfersulfidniederschläge gründlich mit Wasser aus. Aus den vereinigten Filtraten wird die Schwefelsäure durch überschüssiges Bariumcarbonat entfernt. Bequemer ist es, bis zur fast erreichten Neutralisation mit einer konz. Barythydratlösung zu versetzen und erst zum Schluß mit einem kleinen Überschuß von $BaCO_3$ vollends zu neutralisieren. Man hat sehr darauf zu achten, daß die Reaktion nie alkalisch wird, da sonst durch Autooxydation die Ausbeute sehr beeinträchtigt wird. Auch die $BaSO_4$-Niederschläge müssen gut ausgewaschen werden, da sie stets Aminosäure mit niederreißen. Die vereinigten Filtrate werden im Vakuum unter Durchleiten von H_2 oder CO_2 zur Trockene gebracht, wobei sich die freie Aminosäure als nur schwach bräunlich gefärbte Masse abscheidet. Ausbeute an Rohprodukt 85% der Theorie. Zur Reinigung krystallisiert man unter Zusatz von eisenfreier Tierkohle und Einleiten einiger Blasen SO_2 aus siedendem Wasser um, wobei etwa 40 Teile Wasser nötig sind. Ist die Substanz einmal gelöst, so dauert es ziemlich lange, bis sie sich wieder ausscheidet. Man erhält sie dann in Form schön ausgebildeter Prismen oder Nädelchen, die ganz leicht grau gefärbt sind und nur unter Anwendung besonderer Vorsichtsmaßregeln (Luftabschluß) ganz farblos erhalten werden können. In feuchtem Zustande ist das Dioxyphenylalanin sehr empfindlich gegen den Luftsauerstoff, während es sich in trockenem Zustande unverändert aufbewahren läßt. Ausbeute an reinem Produkt 75% der Theorie. $[\alpha]_D^{15°} = -12,74°$ in 4 proz. HCl. Schmelzp. 284,5°.

Das synthetische Produkt zeigt in allen Punkten vollständige Übereinstimmung mit dem aus Vicia faba gewonnenen natürlichen Dioxyphenylalanin.

Isolierung aus Vicia faba[1]). 10 kg von den Samen befreite Fruchtschalen werden mit einer verdünnten Lösung von schwefliger Säure behandelt, dann in einer Fleischhackmaschine zerkleinert. Die Vorbehandlung mit H_2SO_3 verhindert die Oxydation, die sonst sehr rasch erfolgen würde. Die zerkleinerte Masse wird mit Essigsäure deutlich angesäuert und mit 30 l Wasser extrahiert. Das trübe, schwach grünliche Filtrat wird mit 2,5 l 20 proz. Bleiacetatlösung versetzt, der reichliche, gut absitzende Niederschlag, der keine oder fast keine Aminosäure enthält, abfiltriert und ausgewaschen. Das Filtrat wird mit Ammoniak deutlich lackmusalkalisch gemacht, wobei sich ein reichlicher gelblichweißer Niederschlag absetzt. Dieser wird abgesaugt und mehrmals mit Wasser ausgewaschen. Schließlich wird in zirka 5 l Wasser aufgeschwemmt und mit H_2S zersetzt. Das vom Bleisulfid abfiltrierte, schwach gelbliche Filtrat wird im Wasserstoff- oder Kohlendioxydstrom bei zirka 15 mm Druck stark konzentriert. Das Dioxyphenylalanin scheidet sich dabei als gelblichweißes krystallinisches Pulver ab. Die Ausbeute ist recht beträchtlich. Aus 10 kg Schalen erhält man zirka 25 g Rohprodukt und weitere Mengen aus der Mutterlauge durch erneute Behandlung mit Bleiacetat. Zur Reinigung wird das Dioxyphenylalanin aus heißem Wasser unter Zusatz von wenig schwefliger Säure und etwas Tierkohle umkrystallisiert.

Physiologische Eigenschaften: Durch das hauptpigmentbildende Ferment, die sog. Dopa-

---

[1]) M. Guggenheim, Zeitschr. f. physiol. Chemie **88**, 276 [1913]; siehe auch DRP. Nr. 275 443, Kl. 12q, F. Hoffmann-La Roche & Co., Grenzach.

Oxydase wird das 3, 4-Dioxyphenylalanin in charakteristischer und spezifischer Weise schwarz gefärbt[1]).

Das Dioxyphenylalanin ist pharmakologisch indifferent, es zeigt nach intravenöser Injektion beim Kaninchen keine Einwirkung auf Blutdrucks- und Atmungskurve. Es hat auch keine Wirkung auf überlebende glattmuskuläre Organe wie Uterus oder Darm. Beim Menschen bewirkt das Dioxyphenylalanin, per os eingenommen, starke Übelkeit und Erbrechen[2]).

Verursacht wahrscheinlich die Nichtverwendbarkeit der Georgiasamtbohne zur Ernährung[3]).

Physikalische und chemische Eigenschaften: Prismen oder Nädelchen, die bei 284,5° unter Aufschäumen und Zersetzung schmelzen. Wenig löslich in kaltem, löslich in 40 Teilen siedendem Wasser. Unlöslich in Alkohol und Äther. $[\alpha]_D^{15°} = -12,74\%$ in 4 proz. wässeriger Salzsäure.

Das 3, 4-Dioxyphenylalanin löst sich in Soda mit schwach gelber Farbe, die bei Luftzutritt allmählich rotbraun wird. In Ätzalkalien löst sich die Aminosäure mit gelber Farbe, solange man in Wasserstoffatmosphäre arbeitet. Bei Luftzutritt färbt sich die alkalische Lösung rot.

In verdünnten Mineralsäuren ist die Aminosäure unter Bildung von Salzen leicht löslich. Sie bildet kein Pikrat und kein krystallisiertes Kupfersalz. Mit Sublimat entsteht keine Fällung, erst auf Zusatz von Soda scheidet sich ein brauner flockiger Niederschlag ab. Die wässerige Lösung des Dioxyphenylalanins gibt mit neutralem Bleiacetat auf Zusatz von Ammoniak eine weiße flockige Fällung. Silbernitrat wird schon in der Kälte sofort reduziert. Millonsches Reagens gibt orangerote, Diazobenzolsulfosäure tief rotbraune Färbung, mit Phosphorwolframsäure entsteht keine Fällung, die Lösung färbt sich allmählich rotviolett.

Charakteristisch ist die überaus empfindliche Eisenchloridreaktion. Versetzt man eine Lösung von Dioxyphenylalanin mit ganz wenig verdünnter $FeCl_3$-Lösung, so entsteht eine intensive smaragdgrüne Färbung, die auf Zusatz von Natronlauge in Granatrot, von Ammoniak in Blauviolett, von Soda in Rotviolett und von Natriumacetat in tief violettstichiges Blau übergeht[4]).

Salze, Derivate: Chlorhydrat[5])[4]). Wird beim Eindunsten seiner wässerigen oder schwach salzsauren Lösung im Exsiccator in schönen farblosen prismatischen Krystallen erhalten, die meist rosettenartig angeordnet sind und sich beim langen Stehen an der Luft allmählich dunkel färben. Schmelzp. 209° (korr.). Zersetzung unter Aufschäumen bei 220°.

Äthylesterchlorhydrat[5]). Beim Kochen der Aminosäure mit der 5 fachen Menge gesättigtem salzsaurem Alkool im CO_2-Strom geht sie in Lösung und beim Eindunsten im Exsiccator erhält man das Salz als schwach rosaviolett gefärbten, sehr hygroskopischen Sirup. Wenig löslich in Äther, leicht löslich in Alkohol.

Tribromdioxyphenylalanin[2]). Entsteht durch Stehenlassen der Aminosäure unter einer Glocke neben einem Schälchen mit Brom. Es tritt zuerst violette Färbung auf, die Substanz wird dann wieder weiß und zerfließt schließlich zu einem gelblichen Sirup, der mit schwefliger Säure aufgenommen wird. Macht man nun mit Soda schwach alkalisch und säuert schließlich mit Essigsäure an, so scheiden sich reichlich feine, verflochtene, farblose Nädelchen ab, die bei zirka 200° (unkorr.) unter Zersetzung schmelzen. $C_9H_8O_4NBr_3$. Wenig löslich in Wasser in der Kälte, leicht dagegen in der Hitze. Mit $FeCl_3$ entsteht eine rasch vorübergehende grüne Färbung, die tiefblau wird.

Tribenzoyldioxyphenylalanin. Feine weiße Nädelchen, Schmelzp. unscharf 170°. Wenig löslich in heißem Wasser, leicht löslich in Eisessig und in Alkohol. Beim Kochen mit Alkali tritt unter Rotfärbung Verseifung ein.

---

[1]) Br. Bloch, Zeitschr. f. physiol. Chemie **98**, 226 [1917] usw.
[2]) M. Guggenheim, Zeitchr. f. physiol. Chemie **88**, 276 [1913].
[3]) A. J. Finks u. C. O. Johns, Chem. Centralbl. **1922**, III, 563; — B. Sure u. J. W. Read, Chem. Centralbl. **1922**, I, 60.
[4]) E. Waser und M. Lewandowsky, Helv. chim. acta. **4**, 657 (1921).
[5]) M. Guggenheim, H. **88**, 276 [1913]; siehe auch DRP. 275 443, Kl. 12q, F. Hoffmann-La Roche & Co., Grenzach.

Vanillyl-alanin, β-(3-Methoxy-4-oxyphenyl-)-α-amino-propionsäure.

Mol.-Gewicht: 211,11.

Zusammensetzung: 56,84% C, 6,21% H, 30,32% O, 6,63% N. $C_{10}H_{13}O_4N$.

$$
\begin{array}{c}
OH \\
| \\
C \\
/\!\!/ \\
CH \quad C\!-\!OCH_3 \\
\| \quad \| \\
CH \quad CH \\
\backslash\!\backslash / \\
C \\
| \\
CH_2 \\
| \\
{}^{*}CH\!-\!NH_2 \\
| \\
COOH
\end{array}
$$

Vorkommen: Natürliches Vorkommnis unbekannt.

Darstellung: T. B. Johnson und R. Bengis[1]. Durch Kondensation von Vanillin mit Hydantoin oder mit Thiohydantoin, wobei letztere Reaktion zu bevorzugen ist, da sie bessere Ausbeuten liefert. Durch Behandlung des Benzalthiohydantoins mit Chloressigsäure erhält man das gleiche Benzalhydantoin wie bei der Kondensation von Vanillin mit Hydantoin. Bei der Reduktion mit Zinn und Salzsäure erhält man aus dem Benzalhydantoin das Benzylhydantoin. Die Herstellung dieses Benzalhydantoins läßt sich aber umgehen, da das Benzalthiohydantoin bei der Behandlung mit Zinn und Salzsäure oder mit Zinnchlorür und Salzsäure gleichzeitig entschwefelt und reduziert wird. Das Benzylhydantoin liefert bei der Hydrolyse mit konz. Barytwasser das Bariumsalz der Aminosäure:

1. **2-Thio-4-(3-Methoxy-4-oxy-benzal)-hydantoin.** 7,8 g 2-Thiohydantoin werden mit 10 g Vanillin, 20 g wasserfreiem Natriumacetat und 30 ccm Eisessig während 5 Stunden auf 157 bis

---

[1] T. B. Johnson u. R. Bengis, Journ. of Amer. Chem. Soc. **35**, 1606 [1913].

167° erhitzt. Nach 15 Minuten tritt klare Lösung ein und das Kondensationsprodukt beginnt sich auszuscheiden. Nach dem Abkühlen und sorgfältiger Trennung mit heißem Wasser werden 15,5 g oder 91% der Theorie an rohem Hydantoin gewonnen. Man reinigt durch Umkrystallisieren aus verdünntem Alkohol und erhält die Substanz beim Abkühlen in prachtvollen, dünnen, gelben Nadeln, die bei 232—233° zu einem gelben Öl schmelzen.

2. **4-(3-Methoxy-4-oxybenzyl)-hydantoin.** a) Reduktion mit Zinn und Salzsäure. 5 g des obigen Benzal-thiohydantoins und 9,6 g granuliertes Zinn werden in 75 ccm 95 proz. Alkohol suspendiert und die Mischung mit Salzsäuregas während 2¹/₂ Stunden gesättigt. Während dieser Operation wird der Alkohol auf dem Dampfbad erwärmt. Man erhält eine hellgelbe Lösung. Nach 5—6stündigem Stehen wurden noch 2 Mol granuliertes Zinn zugegeben und während 3 Stunden mit Chlorwasserstoff behandelt. Die Flüssigkeit wird nun filtriert und bei 100° zur Trockne verdampft. Der Rückstand wird mit ungefähr 400 ccm heißem Wasser aufgenommen, das Zinn durch Behandeln der Lösung mit Schwefelwasserstoff als Sulfid ausgefällt und durch Filtration abgetrennt. Nach dem Eindampfen des Filtrates auf 10—15 ccm und Abkühlen scheiden sich die charakteristischen, faßähnlichen Krystalle des 4-(3-Methoxy-4-oxybenzyl)-hydantoins aus, die nach Umkrystallisation aus heißem Wasser bei 193° unter Zersetzung schmelzen.

b) Reduktion mit Zinnchlorür und Salzsäure. 5 g des Thiobenzalhydantoins werden in 75 ccm 95 proz. Alkohol gelöst und 5,5 g krystallisiertes Zinnchlorür zugegeben. Während 2 Stunden wird Salzsäuregas durch die Lösung geleitet, dann 6 Stunden auf 100° erhitzt, hierauf Alkohol und Salzsäure abgedampft und der Rückstand in Wasser gelöst. Das Zinn wird als Sulfid entfernt, die Lösung konzentriert und abgekühlt, worauf sich das 4-(3-Methoxy-4-oxybenzyl)-hydantoin abscheidet. Schmelzp. 194—195°.

3. **3-Methoxy-4-oxy-phenylalanin.** (Vanillylalanin.) Das Hydantoin ist sehr beständig bei Gegenwart von Alkali, dagegen erleidet es vollkommene Hydrolyse bei langedauerndem Erhitzen mit einem Überschuß von Bariumhydroxyd. 1 g Hydantoin und 8 g Baryt werden in 25 ccm heißem Wasser gelöst und 25 Stunden in einer Kjeldahlflasche gekocht. Dabei entwickelt sich Ammoniak und es scheidet sich Bariumcarbonat aus. Das Barium wurde durch die nötige Menge Schwefelsäure entfernt und die Lösung der Aminosäure zu einem kleinen Volumen verdampft und gekühlt, worauf sich die Aminosäure ausscheidet. Sie wird durch Umkrystallisieren aus heißem Wasser gereinigt. Ausbeute 0,6 g = 65% der Theorie.

Physikalische und chemische Eigenschaften: Dünne Prismen, die bei 255—256° unter Aufschäumen schmelzen. Die Aminosäure enthält 2 Mol Krystallwasser, die bei 105—110° entweichen. Die Säure löst sich sofort in verdünnter Salzsäure und in Ammoniak und gibt die Millonsche Reaktion.

Veratryl-alanin, β-(3, 4-Dimethoxy-phenyl-)-α-amino-propionsäure.

Mol.-Gewicht: 225,13.

Zusammensetzung: 58,63% C, 6,72% H, 28,43% O, 6,22% N . $C_{11}H_{15}O_4N$.

$$
\begin{array}{c}
OCH_3 \\
| \\
C \\
\diagup \diagdown \\
CH \quad C-OCH_3 \\
| \qquad \| \\
CH \quad CH \\
\diagdown \diagup \\
C \\
| \\
CH_2 \\
| \\
{}^*CH-NH_2 \\
| \\
COOH
\end{array}
$$

Vorkommen: Ein natürliches Vorkommnis ist noch nicht bekannt.

Darstellung: T. B. Johnson und R. Bengis[1]. Durch Kondensation von 3, 4-Dimethoxy-benzaldehyd (Methyl-vanillin) mit Thiohydantoin, Reduktion des entstehenden 2-Thio-4-

---

[1] T. B. Johnson u. R. Bengis, Journ. of Amer. Chem. Soc. **35**, 1606 [1913].

(3, 4-Dimethoxy-benzal)-hydantoins, Entschwefelung und Hydrolyse des 4-(3, 4-Dimethoxy-benzyl)hydantoins:

$$OCH_3 \longrightarrow OCH_3 \longrightarrow OCH_3 \longrightarrow OCH_3 \longrightarrow OCH_3$$

| Methyl-vanillin | Thio-hydantoin | 2-Thio-4-(3, 4-Dimethoxy-benzal)-hydantoin | 2-Thio-4-(3, 4-Dimethoxy-benzyl)-hydantoin | 4-(3, 4-Dimeth-oxybenzyl)-hydantoin | 3, 4-Dimethoxy-phenyl-alanin. |

1. 2-Thio-4-(3, 4-Dimethoxybenzal)-hydantoin. 7 g Methylvanillin werden mit 5,0 g Thiohydantoin, 15 g geschmolzenem Natriumacetat und 21 ccm Eisessig gemischt, 1 Stunde auf 165—170° erhitzt, abgekühlt und mit Wasser verdünnt. Das gebildete Kondensationsprodukt scheidet sich in prismatischen Krystallen aus, die durch Umkrystallisieren aus 95 proz. Alkohol gereinigt werden und bei 229—230° zu einem Öl schmelzen. Ausbeute roh 8,3 g = 75% der Theorie.

2. 2-Thio-4-(3, 4-Dimethoxy-benzyl)-hydantoin. 7 g des obigen Hydantoins werden in einer Mischung von 50 ccm Wasser und 2 ccm verdünnter Natronlauge suspendiert. Dann werden 60 g 3 proz. Natriumamalgam in 10-g-Portionen in Abständen von 30 Minuten eingetragen, während die Mischung auf einer heißen Platte auf 80° erwärmt wird. Die Reduktion ist nach 7 Std. anscheinend fertig, die Flüssigkeit wird mit verdünnter Salzsäure angesäuert, worauf sich das Hydantoin als Öl ausscheidet, das schließlich erstarrt und bei 102—103° zu einem trüben Öl schmilzt. Die Substanz ist äußerst löslich in 95 proz. Alkohol und in Essigsäure. Sie löst sich in heißem Wasser und scheidet sich beim Abkühlen als bald erstarrendes Öl aus. Das Hydantoin enthält Krystallwasser, das bei 110° entweicht. Die wasserfreie Substanz schmilzt bei 102—103° zu einem trüben, dicken Öl, das erst bei 120—125° durchsichtig wird. Ausbeute 5,8 g = 77% der Theorie.

3. 4-(3, 4-Dimethoxy-benzyl)-hydantoin. 4,8 g des Thiohydantoins und 6,4 g Chloressigsäure werden in 10 ccm Wasser gelöst und die Lösung 5 Stunden gekocht. Die Mischung wird dann mit Alkohol verdünnt und schließlich bei 100° eingedampft, wobei ein dicker Sirup resultiert, der auch durch wiederholte, gleiche Behandlung und tagelanges Stehen nicht zum Erstarren zu bringen ist. Ausbeute 4,5 g.

4. 3, 4-Dimethoxyphenylalanin. Das rohe, schwefelfreie Hydantoin (4,5 g) wird mit 23 g Bariumhydroxyd und 20 ccm Wasser erhitzt, bis die Ammoniakentwicklung aussetzt. Man verdünnt dann mit 500 ccm Wasser, fällt das Barium mit der nötigen Menge Schwefelsäure und filtriert. Die Lösung wird zu einem Volumen von 10 ccm eingedampft und abgekühlt, worauf sich die neue Aminosäure abscheidet.

Physikalische und chemische Eigenschaften: Haarähnliche Krystalle, die ähnlich wie Tyrosin zu Garben gruppiert sind. Schmelzp. 249—250° unter Aufschäumen. Sehr leicht löslich in Wasser und Alkohol; die Millonsche Reaktion verläuft negativ, was die Abwesenheit eines Phenolhydroxyls beweist. Die Aminosäure enthält kein Krystallwasser.

α-Naphth-alanin, β-(α-Naphthyl-)-α-amino-propionsäure.

Mol.-Gewicht: 215,11.

Zusammensetzung: 72,52% C, 6,09% H, 14,88% O, 6,51% N . $C_{13}H_{13}O_2N$.

$$
\begin{array}{c}
CH \quad CH \\
CH \quad C \quad CH \\
CH \quad C \quad CH \\
CH \quad C \\
CH_2 \\
{}^*CH-NH_2 \\
COOH
\end{array}
$$

Vorkommen: Wurde bisher nicht in der Natur gefunden und ist höchstwahrscheinlich auch kein Naturprodukt[1]).

Darstellung: α-Naphth-alanin wurde zuerst von T. Kikkoji[2]) hergestellt. Man kondensiert α-Naphthaldehyd mit Hippursäure nach der von Erlenmeyer[3]) angegebenen Methode zum Lactimid der Naphthyl-benzoyl-α-aminoacrylsäure und spaltet mit Alkali zur freien Säure auf. Die Naphthyl-benzoyl-α-aminoacrylsäure wird mit Natriumamalgam zum Benzoyl-naphth-alanin reduziert und aus dieser die Benzoylgruppe durch Kochen mit verdünnter Salzsäure[4]) entfernt. Die genaue Vorschrift entspricht fast völlig derjenigen für das β-Naphth-alanin (s. d.).

Neuerdings kann man das α-Naphth-alanin wesentlich einfacher darstellen nach der Methode von Sasaki durch Kondensation von Glycinanhydrid und Naphthaldehyd[1]).

7,8 g α-Naphthaldehyd (2 Mol) werden mit 4,2 g fein pulverisiertem Glycinanhydrid gemischt und unter Zusatz von 3,8 g frisch geschmolzenem Natriumacetat und 15 g Essigsäureanhydrid 6 Stunden auf 140—150° erhitzt. Die erstarrte Reaktionsmasse wird sodann mit viel Wasser behandelt, und nach dem Erkalten scharf abgesaugt und abgepreßt. Der Rückstand wird darauf von neuem mit kaltem Alkohol behandelt, abgesaugt und nochmals sehr sorgfältig mit kaltem Alkohol gewaschen. Die Rohausbeute beträgt 6,0 g = 61,5% der Theorie.

Das bräunlich gefärbte Krystallpulver ist äußerst schwer löslich in den üblichen organischen Solventien. Es schmilzt resp. zersetzt sich noch nicht bei 320°. Zur Weiterverarbeitung ist die Substanz rein genug. 20 g Kondensationsprodukt werden mit 15 g rotem Phosphor und 217 g Jodwasserstoffsäure (D = 1,7) versetzt und 8 Stunden unter Rückflußkühlung gekocht. Nach Zusatz von warmem Wasser und Abfiltrieren des Rückstandes wird das Filtrat unter erneutem Zusatz von Wasser wiederholt im Vakuum abdestilliert. Der Destillationsrückstand wird in Wasser aufgelöst und mit einer kalt gesättigten Natriumacetatlösung gefällt. Der Niederschlag wird abgesaugt und sorgfältig mit kaltem Wasser gewaschen. Die bei 100° getrocknete Substanz wiegt 20,2 g, die Ausbeute beträgt somit 87,5% der Theorie. Zur weiteren Reinigung wird die Substanz in sehr verdünnter Salzsäure warm aufgelöst und mit Tierkohle behandelt. Das Filtrat wird wieder mit Natriumacetatlösung gefällt. Die schuppenartig ausfallenden farblosen Krystalle schmelzen bei 240° (unkorr.) unter Zersetzung.

Physiologische Eigenschaften: Bei Verfütterung von α-Naphth-alanin an einen Hund wird im Harn ein in Wasser und Äther schwer lösliches, stickstoffhaltiges Naphthalinderivat ausgeschieden, über dessen Zusammensetzung noch keine Angaben vorliegen. Die genaue Untersuchung des Harns ergab die völlige Abwesenheit von ätherlöslichen Umwandlungsprodukten des α-Naphthalanins. (T. Kikkoji, l. c.).

Durch Proteusbakterien wird das inaktive α-Naphth-alanin in die rechtsdrehende α-Naphthyl-milchsäure umgewandelt. (Nach Umkrystallisieren aus siedendem Wasser farblose Nadeln, die bei 142° [korr.] schmelzen und in absol. Alkohol folgende Drehung zeigen $[\alpha]_D^{13°} = + 24,31°$. Sasaki u. Kinose, l. c.)

Physikalische und chemische Eigenschaften: Das α-Naphth-alanin krystallisiert bei allmählicher Ausscheidung in farblosen, dünnen Blättchen, bei raschem Ausfällen in Kugeln, die radiäre Streifung erkennen lassen (Kikkoji). Nach Auflösen in sehr verdünnter, warmer Salzsäure und Ausfällen mit Natriumacetatlösung erhält man das α-Naphth-alanin in farblosen, schuppenartigen Krystallen (Sasaki, Kinose). Schmelzp. 240°.

Salze und Derivate: Chlorhydrat. Farblose, dichte Drusen von Nadeln. **Benzoyl-α-Naphth-alanin.** $C_{20}H_{17}O_3N$. Rosetten von farblosen, glitzernden Blättchen, die nach Sintern und Erweichen bei 192—193° (unkorr.) schmelzen. In Wasser und Schwefelkohlenstoff schwer löslich, in Xylol in der Kälte schwer, in der Wärme aber ziemlich löslich. In absol. Alkohol, Äther, Essigester und Chloroform leicht, in Holzgeist und Aceton spielend löslich.

---

[1]) T. Sasaki u. J. Kinose, Biochem. Zeitschr. **121**, 171 [1921].
[2]) T. Kikkoji, Biochem. Zeitschr. **35**, 57 [1911].
[3]) E. Erlenmeyer jun., Annalen d. Chemie u. Pharmazie **275**, 18 [1893].
[4]) E. Fischer u. A. Mouneyrat, Berichte d. Deutsch. Chem. Gesellschaft **33**, 2383 [1900].

β-Naphth-alanin, β-(β-Naphthyl-)-α-amino-propionsäure.

Mol.-Gewicht: 215, 11.

Zusammensetzung: 72,52% C, 6,09% H, 14,88% O, 6,51% N. $C_{13}H_{13}O_2N$.

$$\begin{array}{c}
CH\ \ CH \\
CH\ \ C\ \ CH \\
CH\ \ C\ \ C \\
CH\ \ CH\ \ CH_2 \\
{}^*CH-NH_2 \\
COOH
\end{array}$$

Vorkommen: In der Natur kaum zu erwarten.

Darstellung: T. Kikkoji[1]). Nach der Erlenmeyerschen Methode aus β-Naphthaldehyd und Hippursäure.

1. **Lactimid der β-Naphtyl-benzoyl-α-aminoacrylsäure.**

$$-CH=C-----N$$
$$CO-O-C-C_6H_5$$

17 g β-Naphthaldehyd, 15,5 g Hippursäure, 10 g frisch geschmolzenes Natriumacetat und 23 g frisch destilliertes Essigsäureanhydrid werden zusammen vermischt, wobei sich das Gemisch zu einem festen, bräunlichen Kuchen zusammenballt. Die Reaktionsmasse wird im Wasserbad 4 Stunden erhitzt, hernach mit wenig Alkohol versetzt und stehengelassen. Dabei wird sie nach kurzer Zeit fest und krystallinisch. Die ausgeschiedenen Krystalle werden abgesaugt, zuerst mit Wasser, dann mit Methylalkohol und dann mit wenig Äther ausgewaschen. Man erhält 21,5 g Lactimid. Reinigung durch Umkrystallisieren aus heißem Holzgeist. Schmelzpunkt 147—148° (unkorr.). Hellgelbe Nadeln. Unlöslich in Wasser und Petroläther. In Methylalkohol, Alkohol und Aceton in der Kälte schwer, in der Wärme leichter löslich, scheidet sich aus diesen Lösungsmitteln beim Erkalten krystallinisch ab. In Essigester, Benzol und Äther auch in der Kälte leicht, in Chloroform spielend löslich.

2. **β-Naphtyl-benzoyl-α-aminoacrylsäure.**

$$\begin{array}{c}
NH-CO\cdot C_6H_5 \\
CH=C-\ \ COOH
\end{array}$$

25 g Lactimid werden wiederholt mit 5 proz. Kalilauge gekocht, bis alles gelöst ist. Die Flüssigkeit wird filtriert und mit verdünnter Schwefelsäure angesäuert. Dabei fällt die Säure krystallinisch aus. Nach dem Erkalten absaugen und trocknen. Ausbeute annähernd theoretisch. Reinigung durch Umkrystallisieren aus verdünntem Methylalkohol. Leicht gelbliche, dicke Nadeln, die bei 229—230° (unkorr.) zu einer rotgelblichen Flüssigkeit unter Gasentwicklung schmelzen. Unlöslich in Wasser und Petroläther. Leicht löslich in Alkohol, in warmem Methylalkohol und Aceton, schwer löslich in kaltem Methylalkohol und Aceton, in Äther, Essigester und Benzol. In kalter Natronlauge schwer, in warmer leicht löslich. Beim Erkalten scheidet sich das Natriumsalz der Säure aus. In Kalilauge leicht löslich.

3. **β-Naphtyl-benzoyl-α-amino-propionsäure.**

$$\begin{array}{c}
NH-CO\cdot C_6H_5 \\
-CH_2-CH-COOH
\end{array}$$

10 g der Amino-acrylsäure werden in 150 ccm 5 proz. Kalilauge in der Kälte gelöst. Die Lösung wird mit 100 ccm Wasser verdünnt und im Verlauf von 2 Stunden mit 150 g 2 proz. Natriumamalgam reduziert. Darauf wird die Flüssigkeit mit 100 ccm 28 proz. Kalilauge ver-

---

1) T. Kikkoji, Biochem. Zeitschr. **35**, 71 [1911].

setzt, etwa $^1/_2$ Stunde zum Sieden erhitzt und in der Wärme mit verdünnter Schwefelsäure angesäuert. Dabei fällt die gesättigte Säure als ölige Masse aus, die rasch krystallinisch erstarrt. Ausbeute annähernd theoretisch. Reinigung durch Umkrystallisieren aus 50 proz. Methylalkohol. Glitzernde Blättchen. Schmelzp. 164° (unkorr.). Unlöslich in Wasser und Petroläther. In Benzol und Toluol kalt und warm schwer löslich. In Alkohol, Methylalkohol, Äther, Chloroform, Aceton und Essigester auch in der Kälte leicht löslich.

4. **β-Naphth-alanin-chlorhydrat.** 12 g β-Naphthyl-benzoyl-α-amino-propionsäure werden mit 1—6 l 10 proz. Salzsäure 36 Stunden am Rückflußkühler gekocht. Nach beendeter Einwirkung wird die Flüssigkeit erkalten gelassen, von ausfallender Benzoesäure und von einer ungelöst gebliebenen öligen Masse filtriert und eingedampft. Der Rückstand wird in heißem Wasser aufgenommen, die Lösung filtriert und mit Äther ausgeschüttelt. Beim Abdampfen der wässerigen Lösung bleiben 6—8 g Rückstand. Dieser besteht aus einem Gemenge von Chlorhydrat und freier Aminosäure.

5. **β-Naphth-alanin.** 5,3 g Chlorhydrat werden in 140 ccm Wasser unter Zusatz von einigen Tropfen Salzsäure in der Wärme gelöst. Die filtrierte Lösung wird mit Tierkohle entfärbt und darauf mit Kieselgur geklärt. Das Filtrat wird mit verdünnter Natronlauge schwach alkalisch gemacht und von einer dabei auftretenden, schmutzigen Ausfällung durch Filtration getrennt. Beim Ansäuern des Filtrates mit sehr verdünnter Essigsäure fällt die freie Aminosäure krystallinisch aus. Nach 24 stündigem Stehen im Eisschrank wird sie abgesaugt, zuerst mit Wasser, dann mit Alkohol und Äther ausgewaschen. Ausbeute 3,3 g.

Physiologische Eigenschaften: Beim Verfüttern an einen Hund tritt auch hier, allerdings in weit geringeren Mengen, im Harn ein in Wasser und Äther schwer lösliches, stickstoffhaltiges Naphthalinderivat auf, dem vielleicht die Formel $C_{15}H_{16}O_3N_2$ zukommt (vgl. bei α-Naphthalanin). Außer diesem Derivat wurde das Auftreten von β-Naphthalinessigsäure und von relativ großen Mengen Hippursäure beobachtet, ähnlich wie nach Verfütterung von β-Napthyl-brenztraubensäure.

Physikalische Eigenschaften: Das β-Naphth-alanin krystallisiert in Kugeln, die radiär zerfallen. Schmelzp. 263—264° (unkorr.).

Phenylserin, β-Phenyl-β-oxy-α-amino-propionsäure (Bd. IV, S. 531).

Mol.-Gewicht: 181, 10.
Zusammensetzung: 59,64% C, 6,12% H, 26,50% O, 7,74% N . $C_9H_{11}O_3N$.

$$\begin{array}{c} CH \\ CH \quad CH \\ CH \quad CH \\ C \\ *CH-OH \\ *CH-NH_2 \\ COOH \end{array}$$

Vorkommen: Ein natürliches Vorkommnis wurde bisher noch nicht bekannt.

Bildung: 4 g frisch bereiteter Glykokollester und 8 g Benzaldehyd werden in trockenem Äther gelöst und 2 g Natrium (zirka 2,5 Mol) in Drahtform zugegeben. Sehr bald entwickeln sich Gasblasen in der Flüssigkeit, während das Natrium sich mit einer braunen Kruste umgibt, von der es durch kräftiges Schütteln und mechanische Bearbeitung mit einem Glasstabe von Zeit zu Zeit befreit wird. Nach 24 Stunden wird der entstandene gelbbraune Niederschlag abgesaugt, mit Äther gewaschen und im Vakuum getrocknet. Er besteht in der Hauptsache aus dem Natriumsalz des N-Benzyliden-phenylserins

$$C_6H_5-CH(OH)-CH(N=CH-C_6H_5)-COONa.$$

Nach dem Herauslesen unverbrauchten Natriums wird der Rückstand in wenig Wasser gelöst und die Lösung mit Essigsäure angesäuert. Dabei tritt infolge Ausscheidung von Benzaldehyd eine starke Trübung auf. Die Benzyliden-imid-gruppe ist verseift und gleichzeitig hat sich die freie Oxyaminosäure gebildet. Nachdem die Lösung durch wiederholtes Ausschütteln mit Äther vom Aldehyd befreit ist, wird sie auf dem Wasserbade eingeengt. Das Phenylserin krystallisiert in schwach gelblich gefärbten Nädelchen, welche durch wiederholtes Umlösen aus Wasser fast weiß werden und dann bei 192° unter Zersetzung schmelzen[1]).

p-Oxyphenylserin, β-(p-Oxyphenyl-)-β-oxy-α-amino-propionsäure.

Mol.-Gewicht: 197,10.

Zusammensetzung: 54,79% C, 5,62% H, 32,48% O, 7,11% N . $C_9H_{11}O_4N$.

$$
\begin{array}{c}
OH \\
| \\
C \\
\diagup\diagdown \\
CH \quad CH \\
| \qquad \| \\
CH \quad CH \\
\diagdown\diagup \\
CH \\
| \\
*CH-OH \\
| \\
*CH-NH_2 \\
| \\
COOH
\end{array}
$$

Vorkommen: Ein natürliches Vorkommnis dieser Oxyaminosäure ist bisher nicht bekanntgeworden.

Bildung: Die Synthese der Verbindung wurde von Rosenmund und Dornsaft[1]) nach folgendem Schema ausgeführt.

$$
\underset{\substack{\text{p-Oxybenz-}\\\text{aldehyd}}}{
\begin{array}{c} OH \\ | \\ \bigcirc \\ | \\ CHO \end{array}}
\longrightarrow
\underset{\substack{\text{o-Carboxäthyl-}\\\text{p-oxybenzaldehyd}}}{
\begin{array}{c} O-COOC_2H_5 \\ | \\ \bigcirc \\ | \\ CHO \end{array}}
\longrightarrow
\underset{\substack{\text{(o-Carboxäthyl-}\\\text{p-oxyphenyl)-}\\\text{serin-ester-}\\\text{chlorhydrat}}}{
\begin{array}{c} O-COOC_2H_5 \\ | \\ \bigcirc \\ | \\ CH-OH \\ | \\ CH-NH_2HCl \\ | \\ COOC_2H_5 \end{array}}
\longrightarrow
\underset{\substack{\text{p-Oxyphenyl-}\\\text{serin}}}{
\begin{array}{c} OH \\ | \\ \bigcirc \\ | \\ CH-OH \\ | \\ CH-NH_2 \\ | \\ COOH \end{array}}
$$

26,8 g p-Oxybenzaldehyd werden in 108,75 ccm Natronlauge gelöst und unter guter Kühlung und Umschütteln nach und nach mit 22,9 g chlorkohlensaurem Äthyl versetzt. Nach Beendigung der Reaktion wird die schwach saure Flüssigkeit mit Äther ausgeschüttelt; dieser wird mit wasserfreiem Natriumsulfat getrocknet, auf dem Wasserbade größtenteils abgedunstet und der Rest im Vakuum destilliert. Bei 170—172° (19 mm) gingen 32 g einer hellgelben Flüssigkeit über, die in der Kältemischung erstarrte. Schmelzp. 13° (Thermometer in der Flüssigkeit).

20,9 g dieses Carboxäthyl-oxybenzaldehyds und 5,5 g Glykokollester werden in trockenem Äther gelöst und 1,5 g Natrium in feinen Scheiben zugegeben. Das Metall umgibt sich bald mit dem braunen Natriumsalz des Benzyliden-oxyphenylserins, von dem es öfter befreit werden muß, wenn die Reaktion im Gang bleiben soll. Die Menge des abgeschiedenen Salzes ist relativ gering. Die Hauptmenge des Reaktionsproduktes bleibt als Ester im Äther gelöst. Alkoholische Salzsäure fällt aus dieser Lösung unter Regeneration von einem Mol Carboxäthyl-oxybenzaldehyd das Chlorhydrat des Oxyaminosäureesters als gelbes Öl. Dieses krystallisiert aus seiner Lösung in Essigäther beim Abkühlen in feinen, weißen Nädelchen, welche sich aus

---

[1]) K. W. Rosenmund u. H. Dornsaft, Berichte d. Deutsch. Chem. Gesellschaft **52**, 1743 u. 1744 [1919].

Wasser umkrystallisieren lassen und in Alkohol, Äther und Essigester schwer löslich sind. Schmelzp. 181°. Ausbeute 6 g = 37% der Theorie.

Den freien Ester erhält man aus seinem Chlorhydrat leicht, wenn man dieses in wässeriger Lösung mit Ammoniak behandelt. Er fällt dann sofort als weiße, krystallinische Masse aus, ist leicht löslich in Alkohol, schwer löslich in kaltem Wasser und in Äther, leichter in heißem Wasser. Er läßt sich aus einem Gemisch von Alkohol und Äther umkrystallisieren, ebenso unzersetzt aus Wasser und krystallisiert in langen, prismatischen Nadeln vom Schmelzp. 124°.

Das p-Oxyphenylserin läßt sich direkt aus dem Chlorhydrat des Carboxäthyl-oxyphenyl-serinesters darstellen. Natronlauge bewirkt nämlich außer der Abspaltung von Chlorwasserstoff auch die Verseifung der Ester- und der Carboxäthyl-oxy-gruppe.

1 g des Esters wird, in Wasser suspendiert, in der Kälte mit 13 ccm n-Natronlauge (4 Mol) behandelt. Durch wiederholtes Schütteln bringt man allmählich alles in Lösung. Darauf fügt man 9,8 ccm n-Salzsäure (3 Mol) hinzu und dunstet die Lösung im Vakuum über Schwefel-säure bei Zimmertemperatur ein. Der trockene Salzrückstand wird nacheinander mit Äther, Alkohol und wenig Wasser extrahiert. Es bleibt dann eine schwere, krystallinische Substanz zurück (Oxyphenylserin), welche nochmals mit Wasser, Alkohol und Äther ge-waschen wird.

Physikalische und chemische Eigenschaften: Krystallisiert aus Wasser in kleinen Nadeln oder Blättchen. Im Schmelzrohr bei 190° Gelbfärbung, bei 212° Braunfärbung (einzelne Par-tikelchen geschmolzen), bei 217° völlige Zersetzung unter Gasentwicklung und Dunkelfärbung. Fast unlöslich in Alkohol und Äther, sehr schwer löslich in kaltem, etwas leichter in heißem Wasser. Löslich in Säuren und Alkalien. Gibt mit Millons Reagens Rotfärbung.

p-Methoxyphenylserin,
β-(p-Methoxyphenyl-)-β-oxy-α-amino-propionsäure.

Mol.-Gewicht: 211,12.

Zusammensetzung: 56,84% C, 6,21% H, 30,31% O, 6,64% N. $C_{10}H_{13}O_4N$.

$$
\begin{array}{c}
OCH_3 \\
| \\
C \\
CH \quad CH \\
CH \quad CH \\
C \\
| \\
*CH-OH \\
| \\
*CH-NH_2 \\
| \\
COOH
\end{array}
$$

Vorkommen: In der Natur noch nicht aufgefunden.

Bildung: K. W. Rosenmund und H. Dornsaft[1]). 9 g frisch bereiteter Glykokollester und 23,6 g Anisaldehyd werden in trockenem Äther gelöst und 4 g Natrium (2 Mol) in feinen Scheiben zugegeben. An dem Auftreten der Wasserstoffblasen und dem braunen Überzug des Natriums erkennt man sehr bald den Beginn der Reaktion. Sie wird dadurch beschleunigt, daß man das Metall immer wieder bloßlegt. Nach 24 Stunden wird der gelbbraune Niederschlag von der Flüssigkeit getrennt, mit Äther gewaschen, nach dem Heraussuchen unverbrauchten Natriums in wenig Wasser gelöst und mit Essigsäure bis zur sauren Reaktion versetzt. Die Lösung wird von abgeschiedenem Anisaldehyd durch Ausschütteln mit Äther befreit und auf dem Wasserbade zur Trockene verdampft. Der Rückstand wird wiederholt aus Wasser um-krystallisiert.

Physikalische und chemische Eigenschaften: Weiße, krystallwasserhaltige Nadeln, die nach dem Trocknen über Phosphorpentoxyd bei 185—186° schmelzen und beim Erhitzen mit starken Säuren Zersetzung erleiden.

---

[1]) K. W. Rosenmund u. H. Dornsaft, Berichte d. Deutsch. Chem. Gesellschaft **52**, 1744 [1919].

3, 4-Dioxyphenylserin,
β-(3, 4-Dioxyphenyl-)-β-oxy-α-amino-propionsäure.

Mol.-Gewicht: 213,10.

Zusammensetzung: 50,68% C, 5,20% H, 37,54% O, 6,58% N . $C_9H_{11}O_5N$.

Vorkommen: Natürliche Vorkommnisse unbekannt.

Bildung: Rosenmund und Dornsaft[1]) gingen zur Synthese ganz ähnlich vor, wie beim p-Oxyphenylserin, nur daß als Ausgangsmaterial dort p-Oxybenzaldehyd, hier Protocatechualdehyd verwendet wurde. 27 g Protocatechualdehyd wurden durch 43 g chlorkohlensaures Äthyl bei Gegenwart von 189 ccm 2 n-Natronlauge carbäthoxyliert. Es wurden 39 g einer schweren, hellgelben Flüssigkeit erhalten, die im Vakuum bei 215—217° (13 mm) destillierte.

Der carbäthoxylierte Protocatechualdehyd (30 g) reagiert ebenso leicht wie die entsprechende Verbindung des p-Oxybenzaldehyds mit Glykokollester (5,5 g) bei Gegenwart von Natrium (2,5 g). Auch hier bleibt die Hauptmenge des Reaktionsproduktes als Ester im Äther gelöst. Das Natrium wird, damit es wirkungsfähig bleibt, von dem sich auf ihm abscheidenden gelben Überzuge wiederholt befreit. Im übrigen ist dieser Niederschlag so gering, daß sich seine Aufarbeitung nicht lohnt.

Nachdem durch Zusatz einer größeren Menge Äther die Natriumverbindung möglichst ausgefällt war, wurde die klare, gelbe Lösung tropfenweise mit so viel alkoholischer Salzsäure versetzt, bis sich nichts mehr abschied. Die Abscheidung bestand aus einem dicken, gelben Öl, welches sich in Alkohol und Essigester klar, in Wasser aber nur zum Teil auflöste. Die nicht allzu konzentrierte, salzsäurehaltige, wässerige Lösung wurde durch wiederholtes Ausschütteln mit Äther geklärt und im Vakuum eingedunstet. Es hinterblieb jetzt ein farbloser Sirup, der wiederum mit Wasser verdünnt wurde. Als diese Lösung der freiwilligen Verdunstung überlassen wurde, krystallisierte eine Substanz aus, welche zur Reinigung mit Essigester verrieben wurde. Sie stellte das Chlorhydrat des Dicarboxäthyldioxyphenylserinesters dar. Die Verbindung war leicht löslich in Wasser und heißem Alkohol, unlöslich in Äther und Essigester. Aus Alkohol krystallisierte sie in feinen, zu Drusen vereinigten Nädelchen. Schmelzp. 151 bis 152° unter lebhafter Gasentwicklung, welche wahrscheinlich von der Kohlensäureabspaltung der Carboxäthylgruppe herrührt. 1 Mol dieser Verbindung wurde in der Kälte mit 6 Mol n-Natronlauge in einer Wasserstoffatmosphäre unter Zusatz von etwas Alkohol behandelt. Es entstand dabei eine halbfeste Ausscheidung, die sich allmählich in der Flüssigkeit auflöste. Nach 1 Stunde fügte man 5 Mol n-Salzsäure hinzu, wobei lebhafte Kohlendioxydentwicklung eintrat. Die Flüssigkeit wurde dann im Vakuumexsiccator über Schwefelsäure eingedunstet, der hinterbleibende Rückstand wurde mit Alkohol ausgekocht und dann in heißem Wasser gelöst. Beim Erkalten schied sich das 3,4-Dioxyphenylserin in Form eines feinkörnigen Niederschlages ab.

Physikalische und chemische Eigenschaften: Feinkörniger Niederschlag. Fast unlöslich in Alkohol und schwer löslich in Wasser. Schmelzp. 208—210° unter Zersetzung. In Wasser gelöst, gibt der Körper mit Eisenchlorid Brenzcatechinreaktion.

---

[1]) K. W. Rosenmund u. H. Dornsaft, Berichte d. Deutsch. Chem. Gesellschaft **52**, 1744 [1919].

Vanillylserin,
β-(4-Oxy-3-methoxy-phenyl-)-β-oxy-α-amino-propionsäure.

Mol.-Gewicht: 227,12.

Zusammensetzung: 52,84% C, 5,77% H, 35,22% O, 6,17% N . $C_{10}H_{13}O_5N$.

OH
|
C
$\diagup\diagdown$
CH   C—OCH₃
| ‖
CH CH
$\diagdown\diagup$
C
|
*CH—OH
|
*CH—NH₂
|
COOH

Bildung: K. W. Rosenmund und H. Dornsaft[1]). 39 g O-Carboxäthyl-vanillin (aus Vanillin und chlorkohlensaurem Äthyl leicht zu gewinnen) und 8,9 g Glykokollester werden in trockenem Äther gelöst, und die berechnete Menge (2 Mol) Natrium in feinen Scheiben zugegeben. Das Metall überzieht sich mit einer gelben Kruste, bestehend aus dem Natriumsalz des Benzyliden-carboxäthyl-vanillyl-serins, die wiederholt entfernt wird. Nach 2 Tagen wird das ätherische Filtrat mit alkoholischer Salzsäure versetzt, wodurch ein weißer, pulveriger Niederschlag entsteht. Dieser ist ein Gemisch der Chlorhydrate des Glykokollesters und des gewünschten Carboxäthyl-vanillyl-serinesters. Er wird in Wasser gelöst und mit überschüssigem Alkali versetzt. Nach 1 Stunde wird die Lösung genau mit Salzsäure neutralisiert und nach Zugabe von einigen Tropfen Essigsäure im Vakuumexsiccator eingedunstet. Aus der klaren Lösung krystallisiert nach einigem Stehen die Oxy-Methoxy-aminosäure aus.

Physikalische und chemische Eigenschaften: Feine, weiße Nädelchen. Sehr schwer löslich in Wasser. Schmelzp. 195° unter Zersetzung.

3, 4-Dioxy-phenyl-amino-essigsäure,
α-(3, 4-Dioxyphenyl-)-α-amino-essigsäure.

Mol.-Gewicht: 183,08.

Zusammensetzung: 52,44% C, 4,95% H, 34,96% O, 7,65% N . $C_8H_9O_4N$.

OH
|
C
$\diagup\diagdown$
CH C—OH
| ‖
CH CH
$\diagdown\diagup$
C
|
*CH—NH₂
|
COOH

Vorkommen: Ein natürliches Vorkommnis ist bisher nicht bekanntgeworden.

Darstellung: Die Darstellung und Beschreibung dieser Substanz verdankt man B. Bloch[2]). Er gibt folgende Vorschrift:

17,5 g Vanillin werden in 400 ccm Äther gelöst, 7 g Chlorammonium und 20 g Wasser zugegeben, das Ganze in Eis gekühlt. Dazu wird dann, unter stetem Schütteln und Kühlen, allmählich eine Lösung von 7,5 g Cyankali in 30 ccm Wasser getropft und das Ganze schließ-

---

[1]) K. W. Rosenmund u. H. Dornsaft, Berichte d. Deutsch. Chem. Gesellschaft **52**, 1746 [1919].

[2]) B. Bloch, Zeitschr. f. physiol. Chemie **98**, 238 [1917].

lich in einer Druckflasche $^1/_2$ Tag geschüttelt. Hierauf werden vorsichtig 120 ccm Salzsäure und 70 ccm Wasser zugesetzt, filtriert und das Filtrat im Vakuum zur Trockene verdampft. Der Rückstand wird in wenig Wasser gelöst, filtriert und mit einer konz. Lösung von Natriumacetat versetzt. Aus der heißen Lösung krystallisieren feine, seidenglänzende, etwas grauweiße Nadeln. Eine weitere Portion läßt sich aus der Mutterlauge noch durch Eindampfen im Vakuum gewinnen. Die so erhaltene p-Oxy-m-methoxyphenylaminoessigsäure ist in kaltem Wasser schwer, in heißem etwas leichter löslich. Mit $FeCl_3$ gibt sie eine rasch vorübergehende, schmutzig olivgrüne Färbung. Schmelzp. 240° (unkorr.) unter Zersetzung. Die Ausbeute ist eine geringe.

Zur Darstellung der 3, 4-Dioxyphenylaminoessigsäure werden 2,5 g der vorigen Substanz mit 10 ccm Jodwasserstoffsäure (1,70) im CO_2-Strom am Rückflußkühler auf dem Asbestteller erhitzt. Während des Kochens werden noch weitere 5 ccm HJ zugesetzt. Zur Entfernung der HJ wird im Vakuum im CO_2-Strom zur Trockene eingedampft, der Rückstand mit Wasser aufgenommen, unter Zusatz von etwas Blutkohle und Natriumbisulfit filtriert, das Filtrat mit Natriumacetat (zirka 5 ccm gesättigte Lösung), darauf mit der gleichen Menge Alkohol versetzt. Es setzt sich über Nacht ein Niederschlag ab, der abgenutscht und mit Alkohol ausgewaschen wird. Er wiegt 1,6 g, zeigt eine dunkelgraue Färbung, wird im Vakuum getrocknet, die färbende Substanz mit Äther entfernt. Die Substanz ist nun schön weiß und krystallinisch und gibt mit $FeCl_3$ die typische Brenzcatechinreaktion. Sie färbt sich mit diesem Reagens dunkelgrün und die grüne Farbe schlägt auf Zusatz von Soda in ein intensives Purpurrot um. Dagegen tritt die „Dopa"-Reaktion nicht ein.

Furyl-alanin, β-Furyl-α-amino-propionsäure.

Mol.-Gewicht: 155,08.

Zusammensetzung: 54,17% C, 5,85% H, 30,95% O, 9,03% N. $C_7H_9O_3N$.

$$
\begin{array}{c}
CH = CH \\
| \qquad \diagdown O \\
CH = C \\
| \\
CH_2 \\
| \\
{}^*CH - NH_2 \\
| \\
COOH
\end{array}
$$

Vorkommen: Ein natürliches Vorkommnis ist zur Zeit nicht bekannt.

Darstellung: Synthese von L. Flatow und H. Fischer[1]).

1. Furylbenzoylaminoacrylsäurelactimid.. Wurde durch Kondensation von Furfurol mit Hippursäure, Essigsäureanhydrid und Natriumacetat gewonnen. Intensiv gelbe Nadeln. Schmelzp. (aus Eisessig) 170°. Ausbeute 70%. Wird durch 4 proz. Natronlauge in die farblose freie Säure aufgespalten, die durch die theoretische Menge Natriumamalgam zum Benzoylfurylalanin reduziert wird. Schmelzp. (aus Wasser) 163°. Rosetten aus Prismen bestehend.

$$
\underset{\text{Furfurol}}{
\begin{array}{c}
CH - CH \\
\| \quad \| \\
CH \quad C - CHO \\
\diagdown \diagup \\
O
\end{array}}
+
\underset{\text{Hippursäure}}{
\begin{array}{c}
COOH \\
| \\
CH_2 \\
| \\
NH \\
| \\
CO \\
| \\
C_6H_5
\end{array}}
\longrightarrow
\underset{\text{Furylbenzoylaminoacrylsäurelactimid}}{
\begin{array}{c}
CH - CH \\
\| \quad \| \\
CH \quad C - CH = C - CO \\
\diagdown \diagup \qquad\quad | \quad\ | \\
O \qquad\qquad\ | \quad O \\
\qquad\qquad N = C - C_6H_5
\end{array}}
\longrightarrow
$$

$$
\underset{\text{Benzoylfurylalanin.}}{
\begin{array}{c}
CH - CH \\
\| \quad \| \\
CH \quad C - CH - CH - COOH \\
\diagdown \diagup \qquad\qquad | \\
O \qquad\qquad NH \\
\qquad\qquad\ | \\
\qquad\qquad CO - C_6H_5
\end{array}}
$$

<hr>

[1]) L. Flatow u. H. Fischer, Zeitschr. f. physiol. Chemie **64**, 387 [1910].

Das Furylalanin kann nicht, wie in analogen Fällen, durch Erhitzen seiner Benzoyl-verbindung mit Säuren erhalten werden. Die Empfindlichkeit des Furanringes bewirkt ein völliges Verharzen der unter dem Einfluß von Säuren sich bald rotbraun färbenden Lösung. Die Verseifung muß alkalisch geschehen.

Zu diesem Zwecke wird die Benzoylverbindung mit einem großen Überschuß 30 proz. Natronlauge bis zum Aufhören der NH_3-Entwicklung gekocht. Dann wird die verdünnte Lösung sehr vorsichtig mit Schwefelsäure derart neutralisiert, daß gerade das neutrale Natrium-sulfat entsteht. Kühlung. Nach dem Absaugen etwa ausgefallener Benzoesäure wird der Lösung schnell eine Lösung von überschüssigem Kupfersulfat zugesetzt und so viel Natronlauge unter Erhitzen auf dem Wasserbade, daß das Kupfersulfat dadurch noch nicht ganz quanti-tativ in das Hydroxyd umgewandelt wird. Man engt nun ein bis zur Ausscheidung von Natrium-sulfat, bringt dieses gemeinsam mit dem Kupfersalzniederschlag auf ein Filter, wäscht mit kaltem Wasser die löslichen Salze fort und zerlegt das meist mißfarbige Kupfersalz in heißer wässeriger Suspension mit H_2S. Einige Tropfen Essigsäure, der Suspension zugesetzt, heben den kolloi-dalen Zustand auf, in dem sich oftmals das entstehende Schwefelkupfer auszuscheiden pflegt. Nach Filtration von letzterem wird das Filtrat im Vakuum zur Trockene eingeengt und das Furylalanin als Krystallkruste erhalten, die aus derben, farblosen Prismen besteht. Man kry-stallisiert aus heißem Wasser um.

Synthese von T. Sasaki[1]).

2. Sasaki kondensiert Glycinanhydrid mit Furfurol, reduziert das entstandene 2, 5-Di-α-furfural-3, 6-diketo-piperazin mit Natriumamalgam zum 2, 5-Di-α-furfuryl-3, 6-diketo-piperazin und spaltet das Reduktionsprodukt mit Barytwasser zur gewünschten Aminosäure auf.

$$C_4H_3O \cdot CHO + H_2C \underset{NH-CO}{\overset{CO-NH}{\big\langle\big\rangle}} CH_2 + OHC \cdot C_4H_3O \longrightarrow$$

$$C_4H_3O \cdot CH = C \underset{NH-CO}{\overset{CO-NH}{\big\langle\big\rangle}} C = HC \cdot C_4H_3O \longrightarrow$$

$$C_4H_3O \cdot CH_2 - CH \underset{NH-CO}{\overset{CO-NH}{\big\langle\big\rangle}} CH - CH_2 \cdot C_4H_3O \longrightarrow$$

$$2 \quad \underset{O}{\underset{\diagdown\diagup}{\overset{HC-CH}{\underset{HC \quad\; C}{\|\quad\;\|}}}} - CH_2 - \underset{NH_2}{CH} - COOH$$

Die Vorschrift von Sasaki lautet folgendermaßen:

11,4 g Glycinanhydrid wurden fein pulverisiert, gut getrocknet, mit 28 g frisch destil-liertem Furfurol, 33 g trockenem Natriumacetat und 51 g Essigsäureanhydrid versetzt und gut vermischt 6 Stunden auf 120—130° im Ölbad erhitzt. Die nach dem Erkalten ganz erstarrte Reaktionsmasse wurde mit warmem Wasser digeriert, abgesaugt und sorgfältig mit Wasser, dann mit wenig Alkohol gewaschen. Die rohe dunkelgrünliche Substanz wog trocken 23,3 g. Aus siedendem Eisessig wurde sie unter Zusatz von wenig Tierkohle umkrystallisiert. Die Aus-beute an schönen gelben Nadeln betrug 22,6 g = 83,7% der Theorie. Schmelzp. 289—290° (korr.) unter Zersetzung. Leicht löslich in Chloroform, heißem Eisessig, löslich in heißem Alkohol etwas löslich in Aceton, Benzol, Essigester, kaum löslich in Wasser, unlöslich in Äther und Petroläther.

3 g Kondensationsprodukt wurden in 500 ccm 95 proz. Alkohol suspendiert und mit 3 proz. Natriumamalgam unter Neutralisieren mit verdünnter Schwefelsäure geschüttelt. Die Substanz wurde hierbei allmählich vom Alkohol aufgenommen und die Lösung entfärbte sich in dem Maße, wie das Amalgam verbraucht wurde. Nach dem Abfiltrieren des Natrium-sulfates wurde das Lösungsmittel unter vermindertem Druck abfiltriert. Das ausgeschiedene Rohprodukt wog trocken 3,04 g. Die Ausbeute an reiner Substanz betrug nach dem Umkrystall-lisieren aus siedendem Alkohol 2,9 g = 95,4% der Theorie. Schmelzp. 216° (korr.). Be-deutend leichter löslich in Alkohol als der Difuralkörper, auch löslich in siedendem Wasser, etwas weniger löslich in Chloroform, Aceton, Essigäther, Benzol, unlöslich in Äther und Petrol-äther.

---

[1]) T. Sasaki, Berichte d. Deutsch. Chem. Gesellschaft **54**, 2056 [1921].

2 g Furylalaninanhydrid wurden mit 16 g Bariumhydroxyd und 100 ccm Wasser versetzt und 24 Stunden am Rückflußkühler gekocht. Bei Verwendung der reinen umkrystallisierten Substanz geht keine bemerkbare Ammoniakentwicklung vonstatten. Nach Zusatz von 100 ccm heißem Wasser wurde filtriert und das Barium mit verdünnter Schwefelsäure quantitativ entfernt. Nach dem Einengen unter vermindertem Druck wurden 2 g Rohprodukt gewonnen. Nach einmaligem Umkrystallisieren aus 80 proz. Alkohol betrug die Ausbeute an reiner Substanz 1,9 g = 82,6% der Theorie.

Synthese von Ch. Gränacher[1]).

3. Furfurol wird mit Rhodanin kondensiert, das Kondensationsprodukt mit Alkali zur β-(α-Furyl-)-α-thioketobrenztraubensäure aufgespalten, deren Oxim bei der Reduktion das gewünschte Furyl-alanin liefert:

$$
\begin{array}{ccccc}
\text{Furfurol} & \text{Rhodanin} & \text{Furalrhodanin} & \beta\text{-}(\alpha\text{-Furyl-)-}\alpha\text{-thioketo-} \\
& & & \text{brenztraubensäure}
\end{array}
$$

$$
\begin{array}{cc}
\text{Oxim} & \text{Furylalanin.}
\end{array}
$$

Die Furylbrenztraubensäure ist bereits von Andreasch dargestellt worden[2]). Als Ausgangsmaterial dient das durch Kondensation molekularer Mengen von Furfurol und Phenylrhodanin in Eisessiglösung annähernd in quantitativer Ausbeute erhältliche α-Fural-N-phenyl-rhodanin.

15 g fein pulverisiertes α-Fural-N-phenyl-rhodanin werden in einer siedend heißen Lösung von 75 g Bariumhydroxyd in 300 ccm Wasser suspendiert und auf dem siedenden Wasserbad unter zeitweisem Umschütteln stehen gelassen. Im Verlauf 1 Stunde löst sich das intensiv gelb gefärbte Kondensationsprodukt auf und die Lösung nimmt eine gelbbraune Farbe an. Es wird dann der Barytschlamm abgesaugt, das Filtrat gekühlt und die Lösung mit Salzsäure angesäuert. Die Furyl-thiobrenztraubensäure fällt sofort als fester Niederschlag aus, der abgesaugt, mit Wasser gewaschen, im Vakuumexsiccator getrocknet wird und ein schmutzig gelblich-weißes Pulver darstellt, das zur weiteren Verarbeitung genügend rein ist. Ausbeute 11 g.

Die Herstellung des Oxims geschieht durch Erwärmen der Thioketosäure mit alkoholischer Hydroxylaminlösung.

2 g rohe Furyl-thiobrenztraubensäure werden in wenig Alkohol gelöst, die Lösung von ungelösten Beimengungen abfiltriert und diese zu einer vom Natriumchlorid abfiltrierten Hydroxylaminlösung gegeben, die aus 20 ccm einer Lösung von 6 g Natrium in 200 ccm Alkohol und 2 g Hydroxylamin-hydrochlorid hergestellt wird. Schon bei gewöhnlicher Temperatur beobachtet man Schwefelwasserstoffentwicklung. Man erhitzt das Gemisch kurze Zeit am Rückflußkühler zum Sieden, verdampft dann den Alkohol auf dem Wasserbad, bis ein schmieriger Rückstand bleibt und nimmt den letzteren in wenig Wasser auf, indem man mit wenig Natronlauge alkalisch macht. Dann kühlt man die dunkelgefärbte, filtrierte Lösung mit Eis und säuert sie mit Salzsäure an. Die Oximsäure fällt dann meist ölig aus, erstarrt aber nach kurzem Stehen in Eis und Reiben an den Wänden des Gefäßes zu einem Krystallbrei. Dieser wird abgesaugt, mit wenig Wasser gewaschen und im Vakuum getrocknet. Ausbeute 1,3 g. Reinigung durch

---

[1]) Ch. Gränacher, Helv. chim. acta 5, 610 [1922].
[2]) Andreasch, Monatshefte f. Chemie 39, 432 [1918].

Umkrystallisieren aus Benzol. Schneeweiße Nadeln. Schmelzp. 145°. Leicht löslich in Alkohol und Eisessig, unlöslich in Ligroin.

3 g des Oxims werden in der 15fachen Menge absol. Alkohols gelöst und etwas frisch bereitetes 2proz. Natriumamalgam zugegeben. Das Gemisch wird durch Zusatz von etwas konz. Milchsäure sauer gehalten und auf dem schwach siedenden Wasserbad erwärmt, so daß eine lebhafte Wasserstoffentwicklung andauert. Sobald letztere nachläßt, werden neue Mengen Amalgam zugefügt und die Lösung stets auf saure Reaktion geprüft, indem ein Tropfen der letzteren rotes Lackmuspapier nicht bläuen darf. Ist dies trotzdem der Fall, so werden neue Mengen Milchsäure zugefügt. Der Reduktionsprozeß wird während zirka 1 Stunde durchgeführt. Oft beginnt die Abscheidung der Aminosäure, die in absol. Alkohol schwer löslich ist, schon während der Reduktion, während das in absol. Alkohol zerfließliche milchsaure Natrium in Lösung bleibt. Sobald die Reduktion unterbrochen wird, gießt man sofort die Flüssigkeit vom Quecksilber ab und läßt sie in einer Kältemischung stehen, wobei sich der Hauptteil der Aminosäure nach einiger Zeit abscheidet. Das Filtrat wird auf dem Wasserbade zur Sirupkonsistenz eingedampft, letzterer mit neuen Mengen absol. Alkohols angerieben und in der Kälte stehengelassen, wobei noch weitere geringe Mengen der Aminosäure abgeschieden werden.

Reinigung durch Umkrystallisieren aus siedendem 80proz. Alkohol.

Physiologische Eigenschaften: Diese interessante Aminosäure wurde von L. Flatow und H. Fischer[1][2]) synthetisiert, um sie im Stoffwechselversuch zu prüfen. Sie erwies sich aber als so giftig, daß die Versuchstiere eingingen, bevor sie die für genauere Untersuchungen hinreichende Menge Harn produziert hatten. Die Sektion ergab stets starke Fettdegeneration der Leber.

Bei der Verfütterung des Furylalanins entsteht wahrscheinlich eine Furylbrenztraubensäure, denn der Urin dieser Tiere sowie der Ätherextrakt derselben zeigte regelmäßig folgende Eisenchloridreaktion: 1 Tropfen $FeCl_3$ bewirkte intensive violette Färbung, die sehr bald abblassend, einer schwach grünlichen gleichfalls vergänglichen, wich.

Das dürfte dem Verhalten einer Ketonsäure von der Konstitution einer Furylbrenztraubensäure

$$\text{CH}-\text{CH}$$
$$\underset{\text{CH}}{\|} \quad \underset{\text{C}}{\|}-\text{CH}_2-\text{CO}-\text{COOH}$$
$$\diagdown \diagup$$
$$\text{O}$$

entsprechen, denn wenn man das Kondensationsprodukt von Furfurol und Hippursäure mit 30proz. Natronlauge kocht, die Lösung ansäuert und mit Äther extrahiert, zeigt der Ätherrückstand das gleiche Verhalten. Bei dieser Reaktion aber dürfte weitgehender Analogie halber die Furylbrenztraubensäure vorhanden sein.

Physikalische und chemische Eigenschaften: Derbe, farblose Prismen. Schmelzp. 260° (korr.) unter Zersetzung. Löslich in Wasser, schwer löslich in absol. Alkohol, unlöslich in Aceton, Essigester und Benzol. Schmeckt zunächst süß, dann aber bitter.

Salze und Derivate: Kupfersalz. Kleine, harte, dunkelblaue Krystalldrusen aus den Verseifungsprodukten des Benzoyl-furyl-alanins. Blaßblauer, leichter, krystalliner Niederschlag beim Zusatz von Natronlauge zu einer mit Kupfersulfat versetzten Furylalaninlösung. Unlöslich in Wasser. (Flatow, l. c.)

Phenylisocyanatverbindung $C_{14}H_{14}O_4N_2$. Weiße, blätterige Nadeln aus verdünntem Alkohol. Unlöslich in Wasser, löslich in Alkohol. Schmelzp. 162—163° (korr.) (Sasaki l. c.); beginnt bei 174—175° zu sintern und schmilzt bei 177—178° (unkorr.) (Gränacher l. c.).

β-Naphthalinsulfoverbindung $C_{17}H_{15}O_5NS$. 1 g Furylalanin wurde mit 1,53 g Naphthalinsulfochlorid behandelt. Beim Ausfällen des Reaktionsproduktes ist ein Überschuß an Säure zu vermeiden. Ausbeute 1,9 g = 83% der Theorie. Die Substanz fängt bei 208° an, sich zu bräunen und zersetzt sich vollständig bei 222°. Zur Analyse wird aus Alkohol umkrystallisiert und bei 100° getrocknet.

---

[1]) L. Flatow u. H. Fischer, Zeitschr. f. physiol. Chemie **64**, 387 [1910].
[2]) L. Flatow, Zeitschr. f. physiol. Chemie **122**, 143 [1922].

d, l, α-Oxy-n-buttersäure, Butanol-(2)-säure, Äthylglykolsäure
(Bd. I, S. 968).

Mol.-Gewicht: 104,06.

Zusammensetzung: 46,13% C, 7,74% H, 46,13% O . $C_4H_8O_3$.

$$\begin{array}{c} CH_3 \\ | \\ CH_2 \\ | \\ {}^*CH \cdot OH \\ | \\ COOH \end{array}$$

Vorkommen: Bisher noch kein natürliches Vorkommnis bekannt, könnte aber als Spaltprodukt des Isoleucins oder der α-Amino-n-buttersäure auftreten.

Bildung: Bei der Einwirkung von Blausäure und Chlorwasserstoff auf Propionaldehyd[1]; durch Behandlung von 3, 4-Dibrombutanol-2-säure oder von α-Keto-n-buttersäure mit Natriumamalgam[2]; durch Erhitzen von Äthyltartronsäure auf 180° (Abspaltung von CO_2)[3]. Aus α-Chlorbuttersäure oder ihrem Äthylester durch Erhitzen mit Barytwasser[4]. Aus α-Brombuttersäure durch Behandlung mit Silberoxyd bei Gegenwart von Wasser[5]) oder durch Abdampfen mit Natronlauge[6][7]. Aus α-Brombuttersäureäthylester durch Erhitzen mit Barytwasser[8]. Durch Einwirkung von Propionylcarbinol in siedender, wässeriger Lösung auf Kupferhydroxyd[9].

Darstellung: 100 g α-Brombuttersäure werden mit 500 ccm Wasser und 1 Mol Pottasche 5—6 Stunden in einem geräumigen Kolben erhitzt, dann eingedampft und mit der berechneten Menge Salzsäure versetzt. Die vom Kaliumbromid und Kaliumchlorid abgesaugte, sirupöse Lösung wird ausgeäthert, der Ätherrückstand bei 10 mm fraktioniert und zur weiteren Reinigung die Fraktionierung wiederholt. Ausbeute zirka 163 g Destillat aus 300 g Brombuttersäure[10].

Chlorbutyrylchlorid wird durch Brom bei Gegenwart von Phosphor in Brombutyrylchlorid CH_3—CH_2—CHBr—COCl übergeführt, dieses mit einer wässerigen Lösung von Barythydrat im Überschuß gekocht, das Barium mit Schwefelsäure ausgefällt, die saure Flüssigkeit mit Äther etwa 30 Male ausgezogen, der Ätherrückstand in das Zinksalz übergeführt, dieses in Wasser gelöst, mit Schwefelwasserstoff behandelt, vom Zinksulfid abfiltriert und das Filtrat eingedampft, worauf man die reine Säure erhält[11].

Physiologische Eigenschaften: Am Muskel- und Nervenmuskelpräparat des Frosches erweist sich die α-Oxy-n-buttersäure als giftiger als die α-Oxyisobuttersäure[12]. Die Säure tritt beim phlorrhizinvergifteten Kaninchen als Zuckerbildner auf[13].

Physikalische und chemische Eigenschaften: Krystallinisch, an feuchter Luft zerfließlich. Schmilzt bei 43—44°[14], nach dem Sublimieren bei 42—42,5°[15]. Sublimiert bei 60—75°[15]. Siedet unter Zersetzung und Anhydridbildung bei 225—260°[14]. Siedet unter 14 mm Druck bei 140°[16]. Inaktive α-Oxy-n-buttersäure läßt sich mit Hilfe der Brucinsalze in die aktiven

---

[1]) Przibytek, Journ. de la Soc. phys.-chim. russ. 8, 335 [1876]; siehe auch Berichte d. Deutsch. Chem. Gesellschaft 9, 1312 [1876].

[2]) G. van der Sleen, Rec. trav. chim. Pays-Bas 21, 209 [1902].

[3]) Guthzeit, Annalen d. Chemie u. Pharmazie 209, 234 [1881].

[4]) Markownikow, Annalen d. Chemie u. Pharmazie 153, 242 [1870].

[5]) Friedel, Machuca, Annalen d. Chemie u. Pharmazie 120, 283 [1861].

[6]) Naumann, Annalen d. Chemie u. Pharmazie 119, 117 [1861].

[7]) Lossen, Smelkus, Annalen d. Chemie u. Pharmazie 342, 140 [1905].

[8]) Markownikow, Annalen d. Chemie u. Pharmazie 153, 243 [1870].

[9]) Kling, Compt. rend. de l'Acad. des Sc. 140, 1345 [1905].

[10]) Naumann, Annalen d. Chemie u. Pharmazie 119, 115 [1861]. — Schreiner, Annalen d. Chemie u. Pharmazie 197, 14 [1879]. — Bischof, Walden, Annalen d. Chemie u. Pharmazie 279, 103 [1894].

[11]) Markownikow, Annalen d. Chemie u. Pharmazie 153, 242 [1870]; 176, 311 [1875].

[12]) L. Karczag, Chem. Centralbl. 1910, I, 371.

[13]) Parnas, Baer, Biochem. Zeitschr. 41, 405 [1912].

[14]) Markownikow, Annalen d. Chemie u. Pharmazie 153, 244 [1870].

[15]) Przibytek, Journ. de la soc. phys.-chim. russ. 8, 337 [1876].

[16]) Bischof, Walden, Annalen d. Chemie u. Pharmazie 279, 103 [1894].

Komponenten (s. d.) spalten[1]). Aktivierung kann auch durch Pilze erzielt werden[2]). Bei der Elektrolyse einer konz. Lösung des Natriumsalzes der α-Oxy-n-buttersäure entstehen an der Anode Propionaldehyd und etwas Ameisensäure[3]). Durch Chromsäuregemisch wird die α-Oxy-n-buttersäure zu Essigsäure und Propionsäure oxydiert[4]), nach Ley[5]) sollen dabei nur Propionaldehyd und Propionsäure entstehen. Oxydation durch Wasserstoffsuperoxyd[6]). Beim Behandeln des Äthylesters der α-Oxy-n-buttersäure mit angesäuerter Kaliumpermanganatlösung entsteht Propionylameisensäureester $C_2H_5 \cdot CO \cdot COO \cdot C_2H_5$[7]).

Salze: $(C_4H_7O_3)_2Ca + 6\ H_2O$[7]). Leicht löslich in Wasser, krystallisiert daraus in warzenförmigen Aggregaten von undeutlicher Struktur. Aus Alkohol wird es in warzenförmigen Aggregaten von feinen Nadeln erhalten. $(C_4H_7O_3)_2Pb$[8]). Leicht löslich in Wasser, schwer zum Krystallisieren zu bringen. Im übrigen ganz ähnlich wie das $(C_4H_7O_3)_2Zn + H_2O$[9]) $(+ 2\ H_2O$ siehe [10]) [11]) [12]). Leicht löslich in kaltem, wenig löslich in heißem Wasser, unlöslich in Äther und absol. Alkohol. Nach Markownikow[8]) bildet es charakteristische warzenförmige Aggregate, die sich unter dem Mikroskop als Bündel von feinen vierseitigen Nadeln darstellen. Bei langsamer Krystallisation erhält man kleine, nadelförmige Krystalle. $C_4H_7O_3Ag$[8]). Ziemlich leicht löslich in Wasser, wird unter dem Einfluß des Lichtes nicht verändert, krystallisiert in Drusen von vierseitigen flachen Prismen.

d, l-Acetyl-α-oxy-n-buttersäure $C_4H_7O_2 \cdot O \cdot COCH_3$[13]). Durch Einwirkung von Acetylchlorid auf ein Gemisch von Propionaldehyd und Blausäure unter Kühlung. Siedepunkt im Kathodenvakuum 89° (Badtemp. 100—120°). Erstarrt beim Abkühlen, kann aus Schwefelkohlenstoff umkrystallisiert werden. Schmelzp. 43°.

d, l-Acetyl-α-oxy-n-buttersäureäthylester CH_3—CH_2—$CH(O \cdot COCH_3)$—$COO \cdot C_2H_5$[14]). Aus α-Brombuttersäureäthylester und Kaliumacetat. Siedep. 198°.

d, l-α-Oxybuttersäurenitril. Butanol(2)-nitril-(1). CH_3—CH_2—$CH(OH)$—CN. Aus Propionaldehyd und Blausäure unter Zusatz von 1—2 Tropfen einer konz. Lösung von Kaliumhydroxyd, Kaliumcarbonat oder Kaliumcyanid[15]). Dickliche Flüssigkeit von süßlich-bitterem Geschmack. Siedepunkt unter 23 mm Druck 102—103°. $D^{15°} = 0,9690$; $D^{11°} = 1,0238$. Unlöslich in Schwefelkohlenstoff, löslich in Wasser, Äther, Alkohol und Chloroform. Zerfällt beim Erhitzen wieder.

d, l-Acetyl-α-oxy-n-buttersäurenitril CH_3—CH_2—$CH(O \cdot COCH_3)$—CN. Durch Einwirkung von Acetylchlorid auf das obige Nitril. Siedep. 186° unter 765 mm Druck. $D^{12°} = 1,0027$[16]).

Anhydrid der α-Oxy-n-buttersäure[17])

$$CH_3 - CH_2 - CH - O - CO$$
$$CO - O - CH - CH_2 - CH_3.$$

Bei der Destillation von α-brombuttersaurem Natrium im Vakuum, neben wenig Crotonsäure. Öl. Siedet unter 760 mm Druck bei 257—258° und bildet warzige Krystalle vom Schmelzp. 20—21°, die einen süßen, honigartigen Geschmack besitzen.

[1]) Guye, Jordan, Bull. de la Soc. chim. de France (3) **15**, 477 [1896].
[2]) M. Kenzie, Harden, Journ. Chem. Soc. **83**, 430 [1903].
[3]) Miller, Hofer, Berichte d. Deutsch. Chem. Gesellschaft **27**, 468 [1894].
[4]) Markownikow, Annalen d. Chemie u. Pharmazie **176**, 311 [1875].
[5]) Ley, Journ. de la soc. phys.-chim. russ. **9**, 131 [1877].
[6]) Dakin, Chem. Centralbl. **1908**, I, 1161.
[7]) Aristow, Demjanow, Journ. de la soc. phys.-chim. russ. **19**, 267 [1887].
[8]) Markownikow, Annalen d. Chemie u. Pharmazie **153**, 242 [1870]; **176**, 311 [1875].
[9]) Naumann, Annalen d. Chemie u. Pharmazie **119**, 115 [1861].
[10]) Fittig, Thomson, Annalen d. Chemie u. Pharmazie **200**, 83 [1880].
[11]) Guthzeit, Annalen d. Chemie u. Pharmazie **209**, 234 [1881].
[12]) Friedel, Machuca, Annalen d. Chemie u. Pharmazie **120**, 279 [1861].
[13]) Anschütz u. Motschmann, Annalen d. Chemie u. Pharmazie **392**, 104, 124 [1912].
[14]) Gal, Annalen d. Chemie u. Pharmazie **142**, 373 [1867].
[15]) Ultée, Rec. trav. chim. Pays-Bas **28**, 251 [1909]. — Henry, Chem. Centralbl. **1898**, I, 984.
[16]) Colson, Ann. Chim. (7) **12**, 244 [1897]. — Henry, Jahresber. Fortschr. d. Chemie **1890**, 667; Chem. Centralbl. **1898**, I, 984.
[17]) Bischof, Walden, Berichte d. Deutsch. Chem. Gesellschaft **26**, 264 [1893]; **27**, 2951 [1894]; Annalen d. Chemie u. Pharmazie **279**, 100 [1894].

Nitrat der α-Oxy-n-buttersäure $CH_3\text{---}CH_2\text{---}CH(O\text{---}NO_2)\text{---}COOH$[1]). Durch allmählichen Zusatz des Zinksalzes zu einem Gemisch von 25 Teilen rauchender Salpetersäure und 40 Teilen konz. Schwefelsäure unter Vermeidung von zu starker Erwärmung. Schwach gelbliche Nadeln vom Schmelzp. 45°, die in Wasser, Alkohol, Äther und Benzol sehr leicht, weniger leicht in Ligroin löslich sind.

α-Oxybutyrylcyanamid $CH_3\text{---}CH_2\text{---}CH(OH)\text{---}CO\text{---}NH\text{---}CN$[2]). Durch Einwirkung von Natriumäthylat auf α-Oxy-n-buttersäureester und Thioharnstoff in siedendem, absol. Alkohol. Plättchen aus Wasser, Prismen aus Alkohol, Nadeln aus Chloroform. Erweicht bei 205°, schmilzt zwischen 207—208°. Das α-Oxybutyrylcyanamid geht beim Kochen mit 10 proz. Schwefelsäure fast quantitativ über in

Di-α-oxybutyrylharnstoff, N, N′-Bis-(α-oxybutyryl)-harnstoff[3]) $CH_3\text{---}CH_2\text{---}CH(OH)\text{---}$ $CO\text{---}NH\text{---}CO\text{---}NH\text{---}CO\text{---}CH(OH)\text{---}CH_2\text{---}CH_3$. Durch Einwirkung von Natriumäthylat auf α-Oxybuttersäureäthylester und Harnstoff in Alkohol. Mikroskopische, rhombische Prismen vom Schmelzp. 48—49°. Leicht löslich in Wasser, Alkohol, Äther und Benzol, unlöslich in Petroläther. Zersetzt sich beim Kochen mit Alkalien unter Bildung von Ammoniak. Das Silbersalz $C_9H_{14}O_5N_2Ag_2 + 1,5\ H_2O$ krystallisiert aus Wasser in mikroskopischen, rhombischen Prismen, die in siedendem Wasser leicht, in siedendem Alkohol wenig und in kaltem Wasser und Alkohol sehr wenig löslich sind.

d, l-α-Oxy-n-buttersäure-äthylester[4]) $CH_3\text{---}CH_2\text{---}CH(OH)\text{---}COO\text{---}C_2H_5$. Beim Erhitzen von α-Brombuttersäureäthylester mit α-oxybuttersaurem Natrium und Alkohol im Druckrohr auf 180°. Durch 12 stündiges Kochen von 100 g α-Oxy-n-buttersäure mit 75 g entwässertem Kupfersulfat in 200 g absol. Alkohol. Siedep. 167° (korr.). $D^{0°} = 1,0044$.

d, l-α-Oxy-n-buttersäure-d-amylester $CH_3\text{---}CH_2\text{---}CH(OH)\text{---}COO\text{---}CH_2\text{---}CH(CH_3)\text{---}$ $CH_2\text{---}CH_3$[5]).

d, l-α-Oxy-n-buttersäure-d, l-amylester $CH_3\text{---}CH_2\text{---}CH(OH)\text{---}COO\text{---}CH_2\text{---}CH(CH_3)\text{---}$ $CH_2\text{---}CH_3$[6]). Aus d, l, α-Oxybuttersäure und d, l-Amylalkohol mit Chlorwasserstoff. Siedep. 207°; $D^{15°} = 0,938 \cdot n_D = 1,4232$.

d, α-Oxy-n-buttersäure, Butanol-(2)-säure, Äthylglykolsäure.

Mol.-Gewicht: 104,06.
Zusammensetzung: 46,13% C, 7,74% H, 46,13% O . $C_4H_8O_3$.

$$\begin{array}{c} CH_3 \\ | \\ CH_2 \\ | \\ {}^*CH\text{---}OH \\ | \\ COOH. \end{array}$$

Bildung: Das Brucinsalz der inaktiven α-Oxybuttersäure wird durch fraktionierte Krystallisation bei höchstens $+ 10°$ gespalten; zuerst krystallisiert das Salz der linksdrehenden Säure aus, zuletzt das der rechtsdrehenden Säure, verunreinigt mit etwas inaktivem Salz. Man zerlegt die Brucinsalze mit Ammoniak und erhält aus dem Filtrat mit Barytwasser die Bariumsalze der Säuren. Die rechtsdrehende Säure ist nicht in optisch reinem Zustande isoliert worden[7]). Es wurden von dieser Säure der Isobutylester und der Ester des aktiven d-Amylalkohols und verschiedene, an der Hydroxylgruppe durch Acylreste substituierte Derivate davon von

---

[1]) Duval, Chem. Centralbl. **1904**, I, 434.

[2]) Clemmensen, Heitmann, Journ. of Amer. Chem. Soc. **42**, 331 [1909]; Chem. Centralbl. **1910**, I, 91.

[3]) Clemmensen, Heitmann, Journ. of Amer. Chem. Soc. **42**, 331 [1909].

[4]) Schreiner, Annalen d. Chemie u. Pharmazie **197**, 15 [1879]. — Clemmensen, Heitmann, Journ. of Amer. Chem. Soc. **42**, 331 [1909].

[5]) Walden, Chem. Centralbl. **1899**, I, 327.

[6]) Guye u. Jordan, Bull. de la Soc. chim. de France (3) **15**, 487 [1896].

[7]) Guye u. Jordan, Compt. rend. de l'Acad. des Sc. **120**, 563 [1895]; Bull. de la Soc. chim. de France (3) **15**, 477 (1896).

Guye und Jordan[1]) hergestellt und deren physikalische Konstanten bestimmt (OBS = d-α-Oxy-n-buttersäure).

Substanz	Siedepunkt	$n_D^{15°}$	$D^{15°}$	$[\alpha]_D^{15°}$	Schmelz-punkt
OBS-isobutylester	196°	1,4182	0,944	+ 7,7°	—
Propionyl-OBS-isobutylester .	234°	1,4271	0,989	+ 27,7°	—
Butyryl-OBS-isobutylester . .	243—245°	1,4339	0,972	+ 24,3°	—
n-Valeryl-OBS-isobutylester .	256°	1,4289	0,966	+ 18,7°	—
n-Capronyl-OBS-isobutylester	270°	—	—	+ 16,3°	—
Pelargonyl-OBS-isobutylester .	315°	—	—	+ 12,1°	55°
OBS-d-amylester	210°	1,4288	0,963	+ 8,1°	—

l-α-Oxy-n-buttersäure, Butanol-(2)-säure, Äthylglykolsäure.

Mol.-Gewicht: 104,06.
Zusammensetzung: 46,13% C, 7,74% H, 46,13% O . $C_4H_8O_3$.

$$CH_3$$
$$|$$
$$CH_2$$
$$|$$
$$*CH-OH$$
$$|$$
$$COOH$$

Bildung: Durch Spaltung der inaktiven α-Oxy-n-buttersäure mittels Brucins, vgl. das bei der d-Säure darüber Gesagte. Ferner durch Spaltung der inaktiven Säure mittels Penicillium glaucum, das man auf der Lösung des Ammoniumsalzes wachsen läßt[2]); man säuert an, äthert die l-α-Oxy-n-buttersäure aus und führt sie in das Zinksalz über. Auch von dieser Säure stellten Guye und Jordan eine Reihe von Estern und Acylderivaten her, deren physikalische Eigenschaften in folgender Tabelle zusammengestellt sind[1]): OBS = l-α-Oxy-n-buttersäure.

Substanz	Siedepunkt	$n_D^{15°}$	$D^{15°}$	$[\alpha]_D^{15°}$
OBS-Äthylester	165—170°	1,4101	0,978	— 1,9°
OBS-Butylester	197—203°	1,4267	0,982	— 9,7°
Acetyl-OBS-Butylester	230°	1,4270	1,006	— 30,7°
OBS-Isobutylester	197°	1,4251	0,965	— 7,7°
Acetyl-OBS-Isobutylester.	202°	1,4273	1,005	— 27,9°
Nitrat des OBS-Isobutylesters.	—	1,4266	1,075	— 43,2°
OBS-d-Amylester	208°	1,4263	0,944	— 7,3°
d-Methyläthylacetyl-OBS-d-Amylester .	250°	1,4322	0,959	— 15,1°
d,l-Methyläthylacetyl-OBS-d-Amylester.	252°	1,4363	0,964	— 15,3°
OBS-d,l-Amylester.	209°	1,4282	0,950	— 8,5°
OBS-n-Heptylester	245°	1,4347	0,928	— 6,1°
Acetyl-OBS-n-Heptylester.	253°	1,4268	0,969	— 21,8°
OBS-n-Octylester	255°	1,4313	0,916	— 5,3°
Acetyl-OBS-n-Octylester	265—270°	1,4360	0,965	— 18,6°

γ-Oxy-n-buttersäure, Butanol-(4)-säure-(1), γ-Oxypropan-α-carbonsäure.

Mol.-Gewicht: 104,06.
Zusammensetzung: 46,13% C, 7,74% H, 46,13% O . $C_4H_8O_3$.

$$CH_2-OH$$
$$|$$
$$CH_2$$
$$|$$
$$CH_2$$
$$|$$
$$COOH.$$

[1]) Guye u. Jordan, Compt. rend. de l'Acad. des Sc. **120**, 563 [1895]; Bull. de la Soc. chim. de France (3) **15**, 477 [1896].
[2]) Mc Kenzie u. Harden, Journ. Chem. Soc. **83**, 430 [1903].

Vorkommen: Bisher noch kein natürliches Vorkommnis bekannt, könnte aber als Abbauprodukt der Glutaminsäure oder der γ-Aminobuttersäure auftreten.

Bildung: Die Säure bzw. ihr Lacton (s. Butyrolacton) wird erhalten: Aus γ-Brompropylalkohol durch Kochen mit Kaliumcyanid und Alkohol und Verseifen des gebildeten Cyanids mit Kalilauge[1]); aus γ-Chlorbutyrylchlorid, erhalten bei der Chlorierung von Butyrylchlorid in Tetrachlorkohlenstoff, durch Verseifung[2]); aus γ-Chlorbuttersäure durch Erhitzen auf 180 bis 200°[3]); aus γ-Phenoxybuttersäure durch Kochen mit rauchender Bromwasserstoffsäure[4]); aus Bernsteinaldehydsäure durch Reduktion mit Natriumamalgam[5]); aus Succinylchlorid, gelöst in Eisessig und Äther, durch Behandlung mit Natriumamalgam[6]); aus Bernsteinsäureanhydrid durch Behandlung mit Natriumamalgam in ätherischer Lösung unter allmählichem Zusatz von Salzsäure[7]); aus Bernsteinsäureanhydrid durch Reduktion mit Wasserstoff bei Gegenwart von fein verteiltem Nickel[8]); aus γ-Dimethylaminobuttersäuremethylester oder aus γ-Dimethylaminobuttersäuremethylbetain durch Erhitzen[9]); aus Cyclopropandicarbonsäure durch Erhitzen[10]); aus Butyrolacton-α-carbonsäure (s. d.) durch Erhitzen[10]); aus α-(β-Oxyäthyl)-acetessigester beim Kochen mit konz. Barytwasser[11]).

Physikalische und chemische Eigenschaften: Sirup, der auch bei — 17° noch nicht erstarrt[11]); verflüchtigt sich beim Aufbewahren im Exsiccator[12]); elektrolytische Dissoziationskonstante $k^{25°} = 1{,}93 \cdot 10^{-5}$[13]). Zerfällt langsam schon bei gewöhnlicher Temperatur, größtenteils beim Erhitzen und vollständig beim Destillieren in Wasser und das innere Anhydrid, das Butyrolacton (s. d.)[11]). Wird von Chlorsäuregemisch zu Bernsteinsäure oxydiert[6]).

Salze: $C_4H_7O_3Na$. Zerfließliche Krystallmasse[12]). $C_4H_7O_3K$ Zerfließliche Krystallwarzen aus alkoholischer Lösung[12]). $C_4H_7O_3Ag$. Blättchen[13]). $(C_4H_7O_3)_2Ca$. Krystallinisch; sehr leicht löslich in Wasser, fast unlöslich in Alkohol[14]). $(C_4H_7O_3)_2Ba$. Krystallinisch, unlöslich in Alkohol[6]). $(C_4H_7O_3)_2Zn$. Undeutlich krystallinische Masse[6]). $(C_4H_7O_3)_2Cu$. Dunkelblaues Gummi[6]).

γ-Oxy-n-buttersäureäthylester $HO \cdot CH_2—CH_2—CH_2—COO—C_2H_5$. Bei der Behandlung von salzsaurem γ-Aminobuttersäureäthylester mit Natriumnitrit. Angenehm riechende Flüssigkeit[5]).

γ-Oxy-n-buttersäurenitril. Butanol-(4)-nitril-(1). γ-Oxybutyronitril. γ-Cyanpropylalkohol $HO \cdot CH_2—CH_2—CH_2—CN$. Aus γ-Jodpropylalkohol mit Cyankalium[15]). Aus Acetyl-γ-oxybutyronitril mit pulverisiertem Ätzkali[15]). Dicke Flüssigkeit von beißendem Geschmack und schwachem Geruch. Siedep. unter 765 mm Druck 238—240°; unter 30 mm Druck bei 140°. $D^{8°} = 1{,}0290$. Unlöslich in Schwefelkohlenstoff, löslich in Wasser, Alkohol, Äther und Chloroform. Verkohlt beim Erhitzen mit Phosphorpentoxyd vollständig.

γ-Butyrolacton. Butanolid-(3,1) (Bd. I, S. 968).

Mol.-Gewicht: 86,05.

Zusammensetzung: 55,78% C, 7,03% H, 37,19% O . $C_4H_6O_2$.

$$
\begin{array}{l}
CH_2\!-\!\!-\!\!-O \\
\;|\\
CH_2 \\
\;|\\
CH_2 \\
\;|\\
CO
\end{array}
$$

[1]) Frühling, Monatshefte f. Chemie **3**, 700 [1882].
[2]) Michael, Berichte d. Deutsch. Chem. Gesellschaft **34**, 4035 [1901].
[3]) Henry, Bull. de la Soc. chim. de France (2) **45**, 341 [1886].
[4]) Bentley, Haworth u. Perkin, Journ. Chem. Soc. **69**, 168 [1896].
[5]) Perkin u. Sprankling, Journ. Chem. Soc. **75**, 17 [1899].
[6]) A. Saytzew, Annalen d. Chemie u. Pharmazie **171**, 261 [1874]; Journ. f. prakt. Chemie (2) **25**, 64 [1882].
[7]) Fichter u. Herbrand, Berichte d. Deutsch. Chem. Gesellschaft **29**, 1192 [1896].
[8]) Eijkman, Chem. Centralbl. **1907**, I, 1617.
[9]) Willstätter, Berichte d. Deutsch. Chem. Gesellschaft **35**, 619 [1902].
[10]) Fittig u. Röder, Annalen d. Chemie u. Pharmazie **227**, 22 u. 23 [1885].
[11]) Fittig u. Chanlarow, Annalen d. Chemie u. Pharmazie **226**, 327 [1884].
[12]) Saytzew, Journ. f. prakt. Chemie (2) **25**, 66 [1882].
[13]) Henry, Zeitschr. f. physikal. Chemie **10**, 111 [1892].
[14]) Frühling, Monatshefte f. Chemie **3**, 703 [1882].
[15]) Henry, Chem. Centralbl. **1898**, I, 984.

Vorkommen: Kein natürliches Vorkommnis bekannt. Könnte als Abbauprodukt der Glutaminsäure oder der γ-Amino-n-buttersäure auftreten.

Bildung: Nach sämtlichen bei γ-Oxy-n-buttersäure angeführten Verfahren. Aus Trimethylenchlorbromid durch Einwirkung von Kaliumcyanid und Verseifung des entstandenen, unreinen γ-Chlorbutyronitrils[1]). Die nach den angegebenen Verfahren gewonnene γ-Oxy-n-buttersäure geht bei der Destillation quantitativ in das Butyrolacton über.

Darstellung: [Verfahren von Fittig und Roeder[2]) und von Fittig und Ström[3]), verbessert von Traube und Lehmann[4]) und von Johansson und Sebelius[5])]. 10 g Natrium werden in so viel absol. Alkohol gelöst, daß auch in der Kälte keine Ausscheidung von Natriumäthylat stattfindet und zu der Lösung 72 g Malonester gefügt. Das Gemisch wird gekühlt, bis sich der Natriummalonester völlig abgeschieden hat und dann 20 g Äthylenoxyd, das in etwa der 3fachen Menge Alkohol gelöst ist, langsam und unter Umschütteln dazu gebracht. Nach wenigen Minuten tritt lebhafte Erwärmung ein. Man hält durch Kühlung die Temperatur auf 40—50°, der Natriummalonester geht dabei allmählich in Lösung und an seiner Stelle scheidet sich nach einiger Zeit ein neuer Körper ab, das Natriumsalz des Carbobutyrolactonsäureesters. Bei nicht genügender Kühlung führt die Reaktion bis zum Sieden des Alkohols, wobei sich Nebenprodukte bilden.

Beim Einhalten der angegebenen Versuchsbedingungen scheidet sich die Hauptmenge des Natriumsalzes in weißen Blättchen aus. Ein Teil bleibt jedoch im Alkohol gelöst und kann nach dem Abfiltrieren der Hauptmenge durch Eindampfen des Filtrates im Vakuum gewonnen werden. (Ausbeute 60%.) Zur Darstellung des Carbobutyrolactonesters wird das im Verlaufe der Reaktion abgeschiedene Natriumsalz zusammen mit dem nach dem Eindampfen des Filtrates erhaltenen Rückstand durch einen Überschuß verdünnter Schwefelsäure zersetzt. Es scheidet sich hierbei ein in der Säure untersinkendes Öl ab, das ausgeäthert und nach dem Verdampfen des Äthers im Vakuum fraktioniert wird. Der Siedep. des reinen Esters liegt unter 25 mm Druck bei 175°.

Durch Verseifen des Esters mit konz. Natronlauge, wobei gleichzeitig wenigstens teilweise Kohlensäureabspaltung stattfindet, Ansäuern mit Schwefelsäure, 10 mal wiederholte Extraktion mit Äther und Destillation des Ätherextraktes wird ein fast reines Butyrolacton erhalten. Ausbeute zirka 50% des verwendeten Natriumbutyrolactoncarbonsäureesters.

Physikalische und chemische Eigenschaften: Sirup, der auch bei —17° noch nicht erstarrt. Flüchtig mit Wasserdämpfen. Geht durch Kochen mit Wasser oder Soda, oder besser mit Barythydrat in die zugehörige γ-Oxy-n-buttersäure (s. d.) über. Silberlösung wird unter Spiegelbildung reduziert; mit Chromsäuregemisch entsteht Bernsteinsäure; durch Anlagern von Chlor-, Brom- oder Jodwasserstoff entstehen die entsprechenden γ-Halogenbuttersäuren.

Anwendung: Zum Beizen und Gerben von Häuten[6]).

α-Oxy-iso-buttersäure, Dimethylglykolsäure, Dimethoxalsäure, Acetonsäure, 2-Methylpropanol-(2)säure (Bd. I, S. 969, 972, 973, 1029).

Mol.-Gewicht: 104,06.

Zusammensetzung: 46,13% C, 7,74, H, 46,13% O . $C_4H_8O_3$.

$$\begin{array}{c} CH_3 \quad CH_3 \\ \diagdown \quad \diagup \\ C \cdot OH \\ | \\ COOH. \end{array}$$

Vorkommen: In der Natur noch nicht aufgefunden. Leitet sich von der α-Amino-iso buttersäure durch hydrolytische Desaminierung ab.

---

[1]) A. M. Cloves, Annalen d. Chemie u. Pharmazie **319**, 357 [1902].
[2]) Fittig u. Roeder, Annalen d. Chemie u. Pharmazie **227**, 13 [1885].
[3]) Fittig u. Ström, Annalen d. Chemie u. Pharmazie **267**, 191 [1892].
[4]) Traube u. Lehmann, Berichte d. Deutsch. Chem. Gesellschaft **32**, 720 [1899]; **34**, 19' [1901].
[5]) Johansson u. Sebelius, Berichte d. Deutsch. Chem. Gesellschaft **51**, 840 [1918].
[6]) DRP. Nr. 222 670, Kl. 28 a vom 1. September 1908.

Bildung: Bei der tiefgreifenden Spaltung von Proteinen mit Salpetersäure[1]. (Wird als Beweis für das Vorkommen der α-Amino-iso-buttersäure im Eiweiß angesehen.) Bei der Oxydation von Cholesterin mit Salpetersäure in alkoholischer Lösung neben anderen Verbindungen[2]. Vielleicht als Zwischenprodukt bei der fermentativen Umwandlung von Cholesterin in Harnsäure in der Kalbsleber[3]:

$$\begin{array}{c}CH_3\\CH_3\end{array}\!\!>\!C(OH)-COOH + 2\,CO\!\!<\!\!\begin{array}{c}NH_2\\NH_2\end{array} + 3\,O_2 = \begin{array}{c}NH-CO\\ | \quad\ | \\ CO \quad C-NH\\ | \qquad \| \quad >CO\\ NH-C-NH\end{array} + CO_2 + 6\,H_2O.$$

Darstellung: Bei der Oxydation von Isobuttersäure mit Chromtrioxyd und Schwefelsäure, wobei die Reaktion allerdings meist weitergeht und Aceton, Essigsäure und Kohlendioxyd liefert[4]. In beliebig großen Mengen, wenn man das von Bucherer gewonnene Acetoncyanhydrin verseift und die entstandene Säure durch Destillation im Vakuum reinigt[5]. Durch Verseifung des aus Oxalsäuremethylester, Methyljodid und Magnesium in ätherischer Lösung entstandenen Äthylesters[6].

Physiologische Eigenschaften: Am Muskel- und Nervenmuskelpräparat des Frosches ist die Verbindung weniger giftig als die α-Oxy-n-buttersäure, dagegen giftiger als die β-Oxy-n-buttersäure[7]. Über den Einfluß auf die Entwicklung des Seeigeleies siehe J. Loeb[8].

Physikalische und chemische Eigenschaften: Zentimeterlange Nadeln aus Ligroin + Äther. Sublimiert schon bei zirka 50°. Schmelzp. 81°[9]. Siedep. 114° bei 12 mm[9]. Gibt bei der Oxydation mit Chromsäuregemisch Aceton neben CO_2 und Essigsäure. Kalischmelze liefert Aceton und Wasser. Bei der Destillation unter gewöhnlichem Druck zerfällt sie zu zirka $1/3$ in Methacrylsäure. Zerfällt beim Erwärmen mit Phosphorpentoxyd in Kohlenoxyd, Acetaldehyd, Aceton, Essigsäure usw.[10]. Gibt mit p-Nitrophenylhydrazin einen Glyoxalabkömmling[11]. Gibt beim Erhitzen mit Manganioxydhydrat eine braune, beim Erhitzen verschwindende Färbung[12]. Behandelt man eine Pyridinlösung der Säure mit Phosgen, so entsteht das cyclische dimolekulare Anhydrid der Säure

$$\begin{array}{c}(CH_3)_2 = C-CO-O\\ | \qquad\qquad\ | \\ O-CO-C = (CH_3)_2\end{array} = \text{Tetramethylglykolid}$$

(unlöslich in Wasser und Soda, Blättchen aus Petroläther, Schmelzp. 78—79°, Siedep. bei 11 mm 86°).

Salze: Silbersalz[13]) $C_4H_7O_3Ag$. Kleine Schuppen, löslich in 14 Teilen kaltem Wasser, leicht löslich in heißem Wasser.

Zinksalz[13]) $(C_4H_7O_3)_2Zn$. Mikroskopische, 6 seitige Blättchen. Löslich in 160 Teilen Wasser von 15°, leicht löslich in heißem Wasser, fast unlöslich in absol. Alkohol.

Calciumsalz[13]) $(C_4H_7O_3)_2Ca$. Warzen. Sehr leicht löslich in Wasser, aus konz. Lösung durch Alkohol fällbar.

Bariumsalz[13]) $(C_4H_7O_3)_2Ba$. Prismen, noch leichter wasserlöslich als das Calciumsalz.

Antipyrinsalz[14]) $C_4H_8O_3 \cdot C_{11}H_{12}ON_2$. Farblose Prismen. Schmelzp. 71—72,5°.

[1]) C. Th. Moerner, Zeitschr. f. physiol. Chemie **98**, 89 [1916].
[2]) Windaus, Berichte d. Deutsch. Chem. Gesellschaft **41**, 2558 [1908].
[3]) F. Traetta-Mosa u. F. Apolloni, Gazz. chim. ital. **40**, II, 368 [1910]; F. Traetta-Mosa u. G. Mizzenmacher, Gazz. chim. ital. **40**, II, 378 [1910].
[4]) Langheld u. Zeileis, Berichte d. Deutsch. Chem. Gesellschaft **46**, 1171 [1913].
[5]) A. Faworski, Journ. f. prakt. Chemie (2) **85**, 668 [1914].
[6]) H. Hepworth, Journ. Chem. Soc. **115**, 1203 [1919].
[7]) L. Karczag, Zeitschr. f. Biol. **53**, 93 [1909].
[8]) J. Loeb, Zeitschr. f. physiol. Chemie **70**, 222 [1910].
[9]) Meerwein, Annalen d. Chemie u. Pharmazie **396**, 250 [1913].
[10]) Bischoff u. Walden, Annalen d. Chemie u. Pharmazie **279**, 111 [1894].
[11]) H. D. Dakin, Chem. Centralbl. **1916**, II, 1119.
[12]) J. Boeseken u. P. E. Verkade, Chem. Centralbl. **1917**, I, 850.
[13]) Markownikow, Annalen d. Chemie u. Pharmazie **146**, 339 [1868]; **153**, 232 [1870].
[14]) DRP. Nr. 218 478, Kl. 12q, 12. Februar 1909; J. D. Riedel A.-G.; Chem. Centralbl. **1910**, I, 872.

Derivate: Amid[1]) $(CH_3)_2 = C(OH)—CONH_2$. Entsteht unter anderem beim Belichten einer Lösung von Aceton in wässeriger, verdünnter Blausäure. Schmelzp. 96°; gibt mit Kupfersulfat und Kalilauge eine rotviolette Färbung (Biuretreaktion).

Nitril = Acetoncyanhydrin (siehe bei Aceton).

Methylester[2]) $(CH_3)_2 = C(OH)—COOCH_3$. Siedep. 137°; sehr leicht löslich in Wasser.

Äthylester[3]) $(CH_3)_2 = C(OH)—COOC_2H_5$. Aus dem Kaliumsalz und Jodäthyl bei 130°. Siedep. 150°; wird von Wasser leicht in die Komponenten zerlegt. Liefert bei der Behandlung mit PCl_3 Methacrylsäureester[4]). Der Äthylester kann auch aus Oxalsäureäthylester durch Einwirkung von Jodmethyl und Magnesium in Äther erhalten werden[5]).

p-Nitrobenzylester[6]). Schmelzp. 80,5°.

α-Formylderivat[7])

$$\begin{array}{c} CH_3 \\ \diagdown \\ CH_3 \end{array} C \diagup \begin{array}{c} O—COH \\ \diagdown \\ COOH \end{array}.$$

Nadeln oder Tafeln aus Benzol. Schmelzp. 64—65°. Siedep. bei 15 mm Hg 125—126. Wird schon an der Luft verseift.

α, γ-Dioxy-n-buttersäure, 1, 3-Dioxybuttersäure.

Mol.-Gewicht: 120,06.

Zusammensetzung: 39,98% C, 6,71% H, 53,31% O . $C_4H_8O_4$.

$$\begin{array}{c} CH_2 \cdot OH \\ | \\ CH_2 \\ | \\ {}^*CH \cdot OH \\ | \\ COOH. \end{array}$$

Vorkommen: In der Natur noch nicht aufgefunden. Ist nur in Form ihrer Salze und Derivate bekannt, da sich die freie Säure mit großer Leichtigkeit unter Wasserabspaltung in das zugehörige innere Anhydrid, das α-Oxy-γ-butyrolacton (s. u.) umwandelt. Die Säure steht in nahen Beziehungen zu der α-Amino-γ-oxy-n-buttersäure, deren Methylbetain identisch mit dem Carnitin von Gulewitsch und Krimberg ist.

Darstellung: Das α-Oxy-γ-butyrolacton, das sich durch Einwirkung von Laugen auf Hexosen und Pentosen bildet, wird von Begleitstoffen getrennt, indem man das Gemisch in die Zinksalze überführt, die mehrmals, zuletzt aus 50 proz. Alkohol umkrystallisiert werden, worauf die zurückbleibenden, gummiartigen Zinksalze vorwiegend die gewünschte Säure enthalten. Von immer noch anhaftender Milchsäure trennt man durch Umwandlung in die Brucinsalze, mit deren Hilfe man die inaktive Säure auch in die optisch aktiven Antipoden aufspalten kann. Nach Zerlegung des Brucinsalzes mit Barythydrat kann man die Säure in ihr Phenylhydrazid überführen[8]).

Salze: Calciumsalz $(C_4H_7O_4)_2Ca + 2 H_2O$[8]). Gummiartig, wird erst bei Zusatz von Alkohol und nach längerem Reiben krystallinisch. Sehr leicht löslich in Wasser, unlöslich in organischen Solvenzien.

Kaliumsalz $C_4H_7O_4K$[8]). Gummiartig, sehr leicht löslich in H_2O.

Zinksalz $(C_4H_7O_4)_2Zn$[8]). Wie das Kaliumsalz.

Chininsalz $C_4H_8O_4 \cdot C_{20}H_{24}O_2N_2$[8]). Schmelzp. 150°, sehr leicht löslich in kaltem Alkohol.

Brucinsalze $C_4H_8O_4 \cdot C_{23}H_{26}O_4N_2 + 4 H_2O$.

Salz der d, l-Säure. Schmelzp. gegen 188° unter Zersetzung. $[\alpha]_D^{20°} = —27,23°$. Löslich in 10 Teilen heißem absol. Alkohol.

Salz der d-Säure. Schmelzp. 188° unter Zersetzung (wasserfreies Salz). $[\alpha]_D^{20°} = —20,58°$

[1]) Ciamician u. Silber, Berichte d. Deutsch. Chem. Gesellschaft **38**, 1671 [1905].

[2]) Meerwein, Annalen d. Chemie u. Pharmazie **396**, 250 [1913].

[3]) Fittig, Annalen d. Chemie u. Pharmazie **188**, 54 [1877].

[4]) Frankland u. Duppa, Annalen d. Chemie u. Pharmazie **135**, 25 [1865]; **136**, 12 [1865].

[5]) H. Hepworth, Journ. Chem. Soc. **115**, 1203 [1919].

[6]) E. Lyons u. E. E. Reid, Chem. Centralbl. **1918**, I, 17.

[7]) E. E. Blaise, Compt. rend. de l'Acad. des Sc. **154**, 1086 [1912].

[8]) J. U. Nef, Annalen d. Chemie u. Pharmazie **376**, 33, 40, 89 [1910].

Salz der l-Säure. Schmelzp. 188° unter Zersetzung. Schwerer löslich in Alkohol als die beiden anderen Salze. $[\alpha]_D^{20c} = -34,13°$.

Derivate: Phenylhydrazid. Schmelzp. 128—130°.

α-Oxy-γ-butyrolacton, 1-Oxybutyrolacton, 2-Oxybutanolid-(4,1).

Mol.-Gewicht: 102,05.

Zusammensetzung: 47,04% C, 5,92% H, 47,04% O . $C_4H_6O_3$.

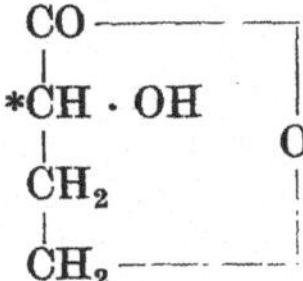

Vorkommen: Kein natürliches Vorkommen bekannt.

Bildung, Darstellung: Bildet sich neben d, l-Milchsäure und den beiden linksdrehenden 1, 4-Dioxyvalerolactonen sehr leicht bei der Einwirkung von 8 n-NaOH auf Pentosen und Hexosen (l-Arabinose, d-Mannose, d-Glykose, d-Fructose), Glykolaldehyd und ähnliche Verbindungen[1]). K. Raske[2]) stellt das Lacton aus der γ-Chlor-α-oxybuttersäure dar, die sich durch die große Leichtigkeit, mit der sie Salzsäure abspaltet, auszeichnet. Kocht man eine Lösung von 1 g der genannten Säure mit 20 ccm Wasser 1 Stunde am Rückfluß, so ist nach dieser Zeit alles Chlor abgespalten und die Flüssigkeit enthält neben HCl freie Dioxybuttersäure. Man versetzt mit der berechneten Menge (14,4 ccm) n-NaOH und dampft unter vermindertem Drucke ein; zu dem Rückstand setzt man so viel trockenes Natriumsulfat, daß ein trockenes Pulver entsteht, das im Extraktionsapparat längere Zeit mit Äther extrahiert wird. Nach dem Abdampfen des Äthers erhält man 0,85 g eines farblosen Sirups, der mit spärlichen, nadelförmigen Krystallen durchsetzt ist und hauptsächlich aus Lacton besteht, daneben aber noch geringe Mengen freier Dioxybuttersäure enthält.

d, l, α-Oxy-γ-butyrolacton. Ein Gemisch von 50 g Phenylhydrazid der Dioxybuttersäure (s. o.) mit 200 g Wasser und 80 g Barythydrat wird 7 Stunden im Wasserbad auf 100° erhitzt, das abgespaltene Phenylhydrazin durch 5 maliges Ausziehen mit Äther entfernt. Das nach Beseitigung des Bariums usw. mit Äther ausgezogene Butyrolacton, 22,4 g, ist ein gelbliches, in der Kälte sehr bewegliches, süßriechendes Öl, das sich leicht in 20 Teilen Äther löst. Durch Überführen in das Brucinsalz, Umkrystallisieren usw. wird es farblos gewonnen. Bei der Behandlung des d, l-Lactons mit Salpetersäure (1,21) entsteht d, l-Äpfelsäure.

d, α-Oxy-γ-butyrolacton. Es kann durch Spaltung der Chinin-, noch besser der Brucinsalze durch fraktionierte Krystallisation sehr leicht erhalten werden. $[\alpha]_D^{20°} = +20°$. Es liefert bei der Behandlung mit Salpetersäure (1,21) d-Äpfelsäure, hat also dieselbe Konfiguration wie diese. Bei der Einwirkung von Phenylhydrazin entsteht ein öliges, in Essigäther leicht lösliches Phenylhydrazid.

α-Oxy-n-valeriansäure, Propylglykolsäure, Pentanol-(2)-säure
(Bd. I, S. 975, 976).

Mol.-Gewicht: 118,08.

Zusammensetzung: 50,81% C, 8,54% H, 40,65% O . $C_5H_{10}O_3$.

$$CH_3$$
$$|$$
$$CH_2$$
$$|$$
$$CH_2$$
$$|$$
$$*CH \cdot OH$$
$$|$$
$$COOH.$$

Vorkommen: In der Natur noch nicht nachgewiesen. Als Muttersubstanzen kommen Prolin- und α-Amino-n-valeriansäure in Betracht.

[1]) J. U. Nef, Annalen d. Chemie u. Pharmazie **376**, 33, 40, 89 [1910].
[2]) K. Raske, Berichte d. Deutsch. Chem. Gesellschaft **45**, 725 [1912].

Bildung, Darstellung: Zur Darstellung der α-Oxy-n-valeriansäure bestehen verschiedene Möglichkeiten. Fittig und Dannenberg[1]) reduzierten α-Keto-n-valeriansäure mit Natrium-amalgam, K. Brunner[2]) erhitzte Propyltartronsäure

$$CH_3 - CH_2 - CH_2 - C\underset{\diagdown COOH}{\overset{\diagup COOH}{\leftarrow OH}}$$

auf 140—150°, wobei unter CO_2- und teilweiser H_2O-Abspaltung zur Hauptsache das Anhydrid entsteht, das leicht in die Säure übergeführt werden kann. W. Juslin[3]), der die Säure gleichzeitig und unabhängig mit Menozzi[4]) entdeckte, gibt neben der gleich zu beschreibenden Methode aus Butyraldehyd noch ein Verfahren zur Darstellung aus n-Valeriansäure an, die bromiert, in den Ester verwandelt und längere Zeit mit Sodalösung erwärmt wurde, so daß das Brom seinen Platz der Hydroxylgruppe abtritt und die α-Oxy-n-valeriansäure erhalten wird.

Am bequemsten erscheint die Methode mit Butyraldehyd als Ausgangsmaterial, die sowohl von Menozzi[4]), wie von W. Juslin[3]) benutzt wurde. Den hierzu nötigen Aldehyd stellt man sich durch trockene Destillation der Kalksalze von Butter- und Ameisensäure nach der Vorschrift von Linnemann[5]) dar.

$$CH_3 - CH_2 - CH_2 - CHO + HCN = CH_3 - CH_2 - CH_2 - CH\underset{\diagdown CN}{\overset{\diagup OH}{}}$$

$$CH_3 - CH_2 - CH_2 - CH\underset{\diagdown CN}{\overset{\diagup OH}{}} + 2\,H_2O = CH_3 - CH_2 - CH_2 - CH(OH) - COOH + NH_3.$$

Reiner, trockener Butyraldehyd wird mit einem Drittel seines Gewichtes wasserfreier Blausäure im geschlossenen Rohre auf 70° erhitzt, wobei sich das Flüssigkeitsvolumen um ein Neuntel verringert. Das Nitril wird mit dem 3 fachen Volumen rauchender Salzsäure gekocht, die Säure abgedampft und der Rückstand mit Äther behandelt. Nach dem Abdunsten des Äthers verbleibt ein schwach gefärbtes, saures Öl, das nicht krystallisiert, in Wasser unlöslich ist und das Anhydrid der Säure darstellt. Durch Kochen mit Natronlauge, Zerlegen mit Schwefelsäure und Extraktion mit Äther wird die Säure erhalten, die im Vakuum zu großen, tafelförmigen Krystallen anschießt.

Salze: Zinksalz[4])[2])[1]) $(C_5H_9O_3)_2Zn + 2\,H_2O$. Glänzende, zu Sternen vereinigte Nadeln. Wenn man unter Erwärmen Lösungen des Salzes konzentriert, bildet sich auch basisches Salz. Besser ist das Einengen solcher Lösungen im Exsiccator über H_2SO_4.

Kupfersalz[3]) $(C_5H_9O_3)_2Cu$. Blaugrünes, in kaltem und heißem Wasser ziemlich wenig lösliches Salz.

Calciumsalz[4])[1]) $(C_5H_9O_3)_2Ca$. In 100 Teilen Wasser lösen sich bei 15° 3,56 Teile und bei 100° 3,60 Teile. Trotz des geringen Löslichkeitsunterschiedes kann das Salz bei sehr langsamem Eindunsten der wässerigen Lösung auskrystallisieren.

Bariumsalz[3]) $(C_5H_9O_3)_2Ba + 0,5\,H_2O$. Sternförmig gruppierte glänzende, blättrige Krystalle, die in kaltem und heißem Wasser ziemlich leicht löslich sind.

Silbersalz[6]) $C_5H_9O_3Ag$. Kleine, drusenförmig zusammengeschmolzene Schuppen, die sich in kaltem Wasser wenig lösen und sich in heißem Wasser zersetzen.

γ-Oxy-n-valeriansäure, Pentanol-4-säure-(1). (Bd. I, S. 976, 1076).

Mol.-Gewicht: 118,08.

Zusammensetzung: 50,81% C, 8,54% H, 40,65% O. $C_5H_{10}O_3$.

$$\begin{array}{c} CH_3 \\ | \\ {}^*CH \cdot OH \\ | \\ CH_2 \\ | \\ CH_2 \\ | \\ COOH. \end{array}$$

[1]) Fittig u. Dannenberg, Annalen d. Chemie u. Pharmazie **331**, 132 [1904].
[2]) Brunner, Monatshefte f. Chemie **15**, 757 [1894].
[3]) W. Juslin, Berichte d. Deutsch. Chem. Gesellschaft **17**, 2504 [1884].
[4]) Menozzi, Gazz. chim. ital. **14**, 16 [1884]; Berichte d. Deutsch. Chem. Gesellschaft **17**, Ref. 251 [1884].
[5]) Linnemann, Annalen d. Chemie u. Pharmazie **161**, 186 [1872].
[6]) W. Juslin, Berichte d. Deutsch. Chem. Gesellschaft **17**, 2534 [1884].

Vorkommen: In der Natur bisher nur in Form ihres inneren Anhydrids, des γ-Valerolactons im Holzessig aufgefunden worden[1]). Als Muttersubstanz kommt die γ-Amino-n-valeriansäure in Betracht.

Bildung, Darstellung: Die γ-Oxy-n-valeriansäure ist in freier Form äußerst unbeständig, beständig dagegen in Form ihrer Salze (s. u.). Als Darstellungsmethoden kommen die unten für das γ-Valerolacton angeführten in Anwendung, das sehr leicht aus der freien Säure entsteht und andererseits beim Behandeln mit Laugen die Salze der γ-Oxy-n-valeriansäure liefert[2]).

Salze: In Form ihrer Salze kann die γ-Oxyvaleriansäure recht gut charakterisiert werden:

Ammoniumsalz $NH_4 \cdot C_5H_9O_3$, aus γ-oxyvaleriansaurem Barium durch Umsetzung mit Ammoniumsulfat [**Fittig** und **Rasch**[3])]. Kleine, in Wasser leicht lösliche Krystalle, die sich bei 115°, ohne zu schmelzen, in NH_3, H_2O und das Lacton zersetzen.

Calciumsalz $Ca(C_5H_9O_3)_2$, stellt nach dem Trocknen bei 80° eine in Wasser und Alkohol leicht lösliche, porzellanartige Masse dar.

Bariumsalz $Ba(C_5H_9O_3)_2$, ist nach dem Trocknen bei 100° eine völlig amorphe, zerfließliche, in heißem absol. Alkohol leicht lösliche Masse.

Silbersalz $Ag \cdot C_5H_9O_3$, ist in kochendem Wasser ziemlich leicht löslich und bildet einen beim Erkalten in großen triklinen Nadeln krystallisierenden Niederschlag.

Für die Salze siehe auch **Messerschmidt**[4]).

Derivate: Der **Äthylester** der γ-Oxyvaleriansäure CH_3—$CH(OH)$—CH_2—CH_2—$COOC_2H_5$, wurde nach zwei verschiedenen Methoden erhalten. **Neugebauer**[5]) erhielt den Ester durch Umsetzung des γ-oxyvaleriansauren Silbers mit Äthyljodid und beschrieb ihn als eine mit Alkohol und Äther, nicht aber mit Wasser mischbare, sich bei der Destillation größtenteils in Alkohol und γ-Valerolacton zersetzende Flüssigkeit.

Ph. Barbier und **R. Locquin**[6]) erhielten durch Behandeln von γ-Valerolacton mit Thionylchlorid das Chlorid der γ-Oxyvaleriansäure, das sich beim Eingießen in Äthylalkohol in den Ester verwandelt. Im Vakuum siedet der Ester unter 12 mm Druck bei 80—81°; er gibt bei der Verseifung das Lacton zurück.

Wird das γ-Valerolacton bei 280° mit Kaliumcyanid behandelt, so resultiert das γ-cyanvaleriansaure Kalium

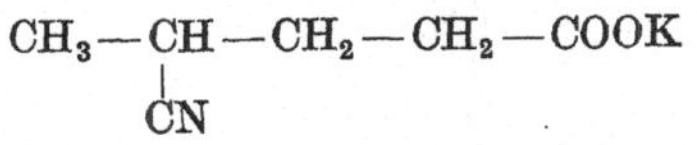

$$CH_3-CH-CH_2-CH_2-COOK$$
$$\vert$$
$$CN$$

[**K. Fries** und **H. Mengel**[7])]; bei der Einwirkung von Thionylchlorid entsteht das oben erwähnte Chlorid der γ-Oxyvaleriansäure, das, mit Alkoholen umgesetzt, die γ-Oxyvaleriansäureester liefert:

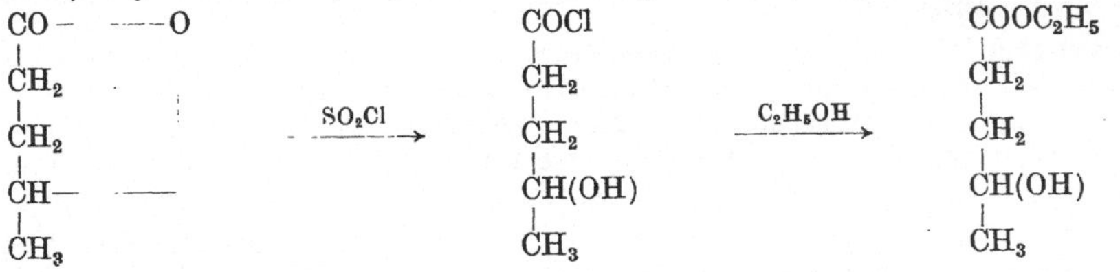

$$
\begin{array}{ccccc}
CO- \ ---O & & COCl & & COOC_2H_5 \\
\vert & & \vert & & \vert \\
CH_2 & & CH_2 & & CH_2 \\
\vert & \xrightarrow{SO_2Cl} & \vert & \xrightarrow{C_2H_5OH} & \vert \\
CH_2 & & CH_2 & & CH_2 \\
\vert & & \vert & & \vert \\
CH- \ --- & & CH(OH) & & CH(OH) \\
\vert & & \vert & & \vert \\
CH_3 & & CH_3 & & CH_3
\end{array}
$$

γ-Valerolacton, γ-Methylbutyrolacton, Pentanolid-(4,1) (Bd. I, S. 1076).

Mol.-Gewicht: 100,06.

Zusammensetzung: 59,96% C, 8,06% H, 31,98% O . $C_5H_8O_2$.

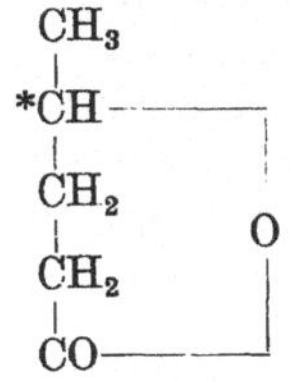

$$
\begin{array}{c}
CH_3 \\
\vert \\
{}^*CH------ \\
\vert \qquad\quad | \\
CH_2 \\
\vert \qquad\quad O \\
CH_2 \\
\vert \qquad\quad | \\
CO------
\end{array}
$$

[1]) **Grodzki**, Berichte d. Deutsch. Chem. Gesellschaft **17**, 1369 [1884].
[2]) **H. S. Taylor** u. **H. W. Close**, Journ. of Amer. Chem. Soc. **39**, 422 [1917].
[3]) **Fittig** u. **Rasch**, Annalen d. Chemie u. Pharmazie **256**, 151 [1890].
[4]) **Messerschmidt**, Annalen d. Chemie u. Pharmazie **208**, 96 [1881].
[5]) **Neugebauer**, Annalen d. Chemie u. Pharmazie **227**, 101 [1885].
[6]) **Ph. Barbier** u. **R. Locquin**, Bull. de la Soc. chim. de France (4) **13**, 223 [1913].
[7]) **K. Fries** u. **H. Mengel**, Berichte d. Deutsch. Chem. Gesellschaft **45**, 3408 [1912].

Vorkommen: Unter den Produkten der trockenen Destillation der Cellulose[1]).

Darstellung: Die gebräuchlichste Darstellungsmethode von γ-Valerolacton geht von der aus Zucker oder Stärke leicht zu gewinnenden Lävulinsäure aus, die durch Reduktion mit Natriumamalgam [L. Wolff[1]), M. S. Losanitsch[2])], durch aktivierten Wasserstoff (P. Sabatier und A. Mailhe[3])] oder endlich auf elektrolytischem Wege [J. Tafel und B. Emmert[4])] direkt in das Lacton übergeführt werden kann.

$$CH_3-CO-CH_2-CH_2-COOH + 2H = CH_3-\overset{\displaystyle \lceil\overline{O}}{CH}-CH_2-CH_2-CO + H_2O.$$

Man trägt (M. S. Losanitsch, l. c.) in eine unter Rückfluß siedende Lösung von 29 g Lävulinsäure in 200 ccm absol. Alkohol im Laufe von $^1/_4$ Stunde 46 g Natrium ein und kühlt, wenn sich das Natrium unter Nachgießen von absol. Alkohol nach einer weiteren Viertelstunde gelöst hat, etwas ab. Nun versetzt man mit 400 ccm Wasser und destilliert den Alkohol völlig ab. Den Rückstand säuert man durch einen geringen Überschuß von 50 proz. Schwefelsäure ein wenig an und äthert ihn erschöpfend aus, nachdem man die schwach saure Lösung 5 Minuten gekocht und damit die ursprünglich entstandene γ-Oxyvaleriansäure in das Lacton übergeführt hat. Das γ-Valerolacton geht in den Äther über und kann daraus in Ausbeuten bis zu 82% gewonnen werden.

δ-Oxy-n-valeriansäure, Pentanol-(5)-säure-(1), δ-Oxy-butan-α-carbonsäure.

Mol.-Gewicht: 118,08.

Zusammensetzung: 50,81% C, 8,54% H, 40,65% O . $C_5H_{10}O_3$.

$$\begin{array}{c} CH_2 \cdot OH \\ | \\ CH_2 \\ | \\ CH_2 \\ | \\ CH_2 \\ | \\ COOH. \end{array}$$

Vorkommen: Diese Säure wurde, ebensowenig wie ihre Isomeren, bisher noch nicht als natürliches Produkt aufgefunden. Hypothetisch entsteht sie durch oxydative Desaminierung der δ-Amino-n-valeriansäure.

Darstellung: Für die Darstellung dieser Säure existieren zwei Vorschriften, die beide von der δ-Phenoxyvaleriansäure ausgehen. R. Funk[5]) behandelt diese Substanz mit Salzsäure und erhält in schlechter Ausbeute die δ-Chlorvaleriansäure, die beim gelinden Sieden HCl abspaltet und in das δ-Valerolacton übergeht. Besser scheint die Vorschrift von Cloves[6]) zu sein:

9 g reine δ-Jodvaleriansäure (aus δ-Phenoxyvaleriansäure durch mehrstündiges Erhitzen mit konz. Jodwasserstoffsäure auf 120—130°) wird in absol. Alkohol gelöst, 1 Stunde lang mit 0,9 g Natrium in Alkohol auf dem Wasserbad erwärmt, das überschüssige Lösungsmittel abgedampft und der Rückstand mit Äther aufgenommen. Das nach dem Verjagen des Äthers bleibende Öl wird destilliert, wobei es unter Alkoholabspaltung vollständig zwischen 210 und 230° übergeht. Das Destillat wird mit Wasser versetzt, eine kleine Menge dabei ausgeschiedenen, unveränderten Esters durch einmalige Extraktion mit Äther entfernt und die nunmehr klare, wässerige Lösung wiederholt mit Äther extrahiert. Der Äther wird nach dem Trocknen verdampft, wobei die δ-Oxy-n-valeriansäure als dickflüssige Masse zurückbleibt, die bei 215—220° destilliert, dabei aber unter Wasserabspaltung in das Lacton übergeht.

Physikalische und chemische Eigenschaften: Die freie δ-Oxy-n-valeriansäure ist eine dickflüssige, nicht krystallisierende Masse, die sich sehr leicht unter Übergang in das δ-Valerolacton anhydrisiert[7]).

---

[1]) L. Wolff, Annalen d. Chemie u. Pharmazie **208**, 104 [1881].
[2]) M. S. Losanitsch, Monatshefte f. Chemie **35**, 301 [1914].
[3]) P. Sabatier u. A. Mailhe, Ann. chim. et phys. (8) **16**, 70 [1909].
[4]) J. Tafel u. B. Emmert, Zeitschr. f. Elektrochem. **17**, 569 [1911].
[5]) R. Funk, Berichte d. Deutsch. Chem. Gesellschaft **26**, 2574 [1893].
[6]) Cloves, Annalen d. Chemie u. Pharmazie **319**, 367 [1901].
[7]) F. Fichter u. A. Beißwenger, Berichte d. Deutsch. Chem. Gesellschaft **36**, 1200 [1903]

Salze: Durch Behandeln des δ-Valerolactons mit Bariumhydroxyd erhält man das in Alkohol leicht lösliche Bariumsalz[1][2]). Das Silbersalz bildet einen krystallinischen Niederschlag[2]).

δ-Valerolacton, Pentanolid-(5, 1).

Mol.-Gewicht: 100,06.

Zusammensetzung: 59,96% C, 8,06% H, 31,98% O . $C_5H_8O_2$.

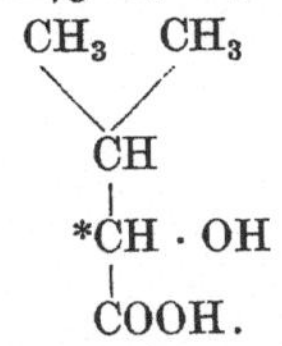

Vorkommen: Ein natürliches Vorkommnis des Lactons ist bisher nicht bekanntgeworden.

Darstellung: Das δ-Valerolacton entsteht nach **Fichter** und **Herbrand**[3]) und **Fichter** und **Beißwenger**[1]) in 10 proz. Ausbeute bei der Reduktion von Glutarsäureanhydrid mit Aluminiumamalgam in ätherischer Lösung.

$$CH_2\begin{matrix}CH_2-CO\\CH_2-CO\end{matrix}O \; + 2\,H_2 = \; CH_2\begin{matrix}CH_2-CH_2\\CH_2-\!\!-CO\end{matrix}O$$

Willstätter und **Kahn**[4]) erhitzten δ-Trimethyl-valerobetain auf 230—240° und erhielten dabei ein Viertel δ-Valerolacton und drei Viertel Dimethylaminovaleriansäureester:

$$\rightarrow CH_2-CH_2-CH_2-CH_2-CO \qquad + N(CH_3)_3$$

$$(CH_3)_3N-CH_2-CH_2-CH_2-CH_2-CO$$

$$\rightarrow (CH_3)_2N-CH_2-CH_2-CH_2-CH_2-COOCH_3.$$

Physikalische Eigenschaften: Siedep. 218—220°. Leicht löslich in Wasser, Alkohol und Äther. Polymerisiert sich nach kurzer Zeit.

α-Oxy-iso-valeriansäure, Isopropylglykolsäure, 3-Methylbutanol-2-säure-(1) (Bd. I, S. 982; Bd. IV, S. 542).

Mol.-Gewicht: 118,08.

Zusammensetzung: 50,81% C, 8,54% H, 40,65% O . $C_5H_{10}O_3$.

$$\begin{matrix}CH_3 \quad CH_3\\ \diagdown\diagup\\ CH\\ |\\ {}^*CH\cdot OH\\ |\\ COOH.\end{matrix}$$

Vorkommen: Ein natürliches Vorkommnis wurde noch nicht beschrieben. Als Muttersubstanz kann das Valin angesehen werden.

Bildung, Darstellung: Es gibt verschiedene Bildungsweisen und Darstellungsmethoden, die zur α-Oxyisovaleriansäure führen. **Markownikoff**[5]) erhielt sie durch Einwirkung von sekundärem Propyljodid und Zink auf Oxalsäureäther; **Lipp**[6]) beim Verseifen von Isobutyraldehydcyanhydrin; **Brunner**[7]) beim Erhitzen von Isopropyltartronsäure

$$\begin{matrix}CH_3\diagdown & & \diagup COOH\\ & CH-C{-}OH\\ CH_3\diagup & & \diagdown COOH\end{matrix}$$

———

[1]) **Fichter** u. **Beißwenger**, Berichte d. Deutsch. Chem. Gesellschaft **36**, 1200 [1903].; s. auch [3]).

[2]) **Funk**, Berichte d. Deutsch. Chem. Gesellschaft **26**, 2575 [1893].

[3]) F. **Fichter** u. A. **Herbrand**, Berichte d. Deutsch. Chem. Gesellschaft **29**, 1194 [1896].

[4]) R. **Willstätter** u. W. **Kahn**, Berichte d. Deutsch. Chem. Gesellschaft **37**, 1857 [1904].

[5]) **Markownikoff**, Zeitschr. f. Chemie **1870**, 517.

[6]) **Lipp**, Annalen d. Chemie u. Pharmazie **205**, 208 [1880].

[7]) **Brunner**, Monatshefte f. Chemie **15**, 769 [1894].

auf 150° unter CO_2-Abspaltung; Conrad und Ruppert[1]) aus dem Methylbutanonal

$$\begin{matrix} CH_3 \\ \\ CH_3 \end{matrix}\!\!\!\Big\rangle CH - CO - CHO$$

beim Behandeln mit wässerig-alkoholischem Kali.

Am einfachsten scheint es, die Säure aus der entsprechenden α-Bromisovaleriansäure nach dem Vorgehen von Clark und Fittig[2]) herzustellen. Diese Methode wurde verschiedentlich verbessert[3])[4])[5]) und wird am besten nach dem Verfahren von E. Fischer und G. Zemplén[6]) durchgeführt:

2 g α-Bromisovaleriansäure werden mit 100 ccm Wasser und 2 g $CaCO_3$ 10 Minuten gekocht, hierauf filtriert und das Filtrat stark eingeengt. Beim vorsichtigen Zusatz von Alkohol wird das Calciumsalz in einer Menge von 0,85 g krystallinisch ausgeschieden. Aus der Mutterlauge erhält man durch Behandeln mit Zinkchlorid noch 0,35 g schwer lösliches Zinksalz, so daß die Gesamtausbeute etwas über 70% der Theorie beträgt.

Schlebusch erhielt die Säure beim Behandeln von α-Chlorisovaleriansäure mit Baryt[7]).

Aus dem Valin erhält man die optisch aktive Oxyisovaleriansäure nach einem Verfahren, das von E. Fischer und H. Scheibler[5]) ausgearbeitet wurde:

1 g l-Valin ($[\alpha]_D^{20°} = -26°$ in Salzsäure) wird in 16 ccm n-Schwefelsäure gelöst, auf 0° abgekühlt und im Laufe 1 Stunde eine konz. wässerige Lösung von 0,9 g Natriumnitrit unter öfterem Umschütteln zugetropft. Die Gasentwicklung ist nach 3 Stunden Stehen bei 0° und 2 Stunden Stehen bei Zimmertemperatur fast beendet. Man übersättigt durch Zugabe von wenig Schwefelsäure und zieht wiederholt mit Äther aus. Das nach dem Verdampfen des Äthers verbleibende Öl wird in das Zinksalz übergeführt. Ausbeute an Zinksalz 0,97 g = 70% der Theorie. Das Zinksalz dreht in alkalischer Lösung (n-NaOH) nach rechts. $[\alpha]_D^{20°} = +12,2$ ($\pm$ 0,5°).

Die aus dem Zinksalz gewonnene freie Säure dreht in wässeriger und Acetonlösung nach links. In Aceton $[\alpha]_D^{20°} = -3,8°$. In Wasser $[\alpha]_D^{20°} =$ zirka $-2,5°$.

Nach G. W. Clough[8]) besitzt die aktive α-Oxyisovaleriansäure die gleiche Konfiguration wie l-Milchsäure, l-Glycerinsäure, d-Äpfelsäure und d-Weinsäure und ist daher mit d- zu bezeichnen.

Die gleiche aktive Säure wurde auch aus d-α-Bromisovaleriansäure durch Behandeln mit Silberoxyd oder n-Kalilauge hergestellt.

Salze:

Salz	Lit.	Formel	Löslichkeit		Krystallform
			Wasser	Alkohol	
Na	[2])	$C_5H_9O_3Na$	l. l.	s. l. l.	warzige Krusten
Cu	[4]),[2]),[7])	$C_5H_9O_3)_2Cu + H_2O$	w. l.	—	hellgrüne kleine Prismen, vierseitige Platten
Ag	[2]),[7])	$C_5H_9O_3Ag$	w. l.	—	farblose federförm. Krystalle
Ca	[4]),[2]),[6])	$(C_5H_9O_3)_2Ca + 1,5\ H_2O$	l.	unl.	warzige Krusten
Ba	[7])	$(C_5H_9O_3)_2Ba$	—	—	amorphe, hellgelbe Masse
Zn	[2]),[5])	$(C_5H_9O_3)_2Zn$	w. l.	unl.	farblose dünne Blättchen
Antipyrin	[9])	$C_5H_{10}O_3 \cdot C_{11}H_{12}ON_2$	s. l. l.	l.	kleine, mattglänzende Prismen. Schmelzp. 62—63°

[1]) Conrad u. Ruppert, Berichte d. Deutsch. Chem. Gesellschaft **30**, 862 [1897].
[2]) Clark u. Fittig, Annalen d. Chemie u. Pharmazie **139**, 206 [1866].
[3]) Ley u. Popoff, Annalen d. Chemie u. Pharmazie **174**, 63 [1874].
[4]) Schmidt u. Sachtleben, Annalen d. Chemie u. Pharmazie **193**, 106 [1878].
[5]) E. Fischer u. H. Scheibler, Berichte d. Deutsch. Chem. Gesellschaft **41**, 2893 [1908].
[6]) E. Fischer u. G. Zemplén, Berichte d. Deutsch. Chem. Gesellschaft **42**, 4891 [1909].
[7]) Schlebusch, Annalen d. Chemie u. Pharmazie **141**, 322 [1867].
[8]) G. W. Clough, Chem. Centralbl. **1919**, I, 713.
[9]) J. D. Riedel, A.-G.: DRP. Nr. 218 478, Kl. 12 p, 12. Februar 1909; Chem. Centralbl. **1910**, I, 872.

Derivate: Äthylester. Wird aus dem Silbersalz durch Umsetzung mit Jodäthyl[1]) hergestellt; er siedet bei 175° nicht ganz ohne Zersetzung und bildet eine farblose, leicht bewegliche Flüssigkeit von nicht unangenehmem Geruch, die in Wasser wenig löslich ist.

Amid. Von dem Amid der Oxyisovaleriansäure ist bisher nur das Benzoylderivat

$$\begin{array}{c} CH_3 \\ \\ CH_3 \end{array}\!\!\Big\rangle CH-CH\Big\langle\!\!\begin{array}{c} OCOC_6H_5 \\ \\ CONH_2 \end{array}$$

bekannt, das bei 98° schmilzt[2]).

Cyanamidderivat

$$\begin{array}{c} CH_3 \\ \\ CH_3 \end{array}\!\!\Big\rangle CH-CH(OH)-CO-NHCN\,[3]).$$

Es bildet sehr unregelmäßige, flache Nadeln vom Schmelzp. 219°, die sich in heißem Wasser leicht, in kaltem wenig lösen. Es ist leicht löslich in Alkohol, fast unlöslich in Äther, Chloroform, Benzol.

α,γ-Dioxy-n-valeriansäure.

Mol.-Gewicht: 134,08.
Zusammensetzung: 44,75% C, 7,52% H, 47,73% O . $C_5H_{10}O_4$.

$$\begin{array}{c} CH_3 \\ | \\ *CH\cdot OH \\ | \\ CH_2 \\ | \\ *CH\cdot OH \\ | \\ COOH. \end{array}$$

Vorkommen: In der Natur noch nicht aufgefunden.

Bildung, Darstellung: Die freie Säure ist nicht beständig, ihre Salze bilden sich bei der Behandlung des α-Oxy-γ-valerolactons beim Behandeln mit anorganischen Basen[4]).

Salze: Calciumsalz $Ca(C_5H_9O_4)_2$. Amorphes, hygroskopisches Pulver, sehr leicht löslich in Wasser. **Bariumsalz** $Ba(C_5H_9O_4)_2$. Amorph, hygroskopisch, leicht löslich in Wasser und absol. Alkohol. **Zinksalz** $Zn(C_5H_9O_4)_2 + H_2O$ (?). In Wasser leicht lösliche Prismen.

Derivate: Nitril (Aldolcyanhydrin): $C_5H_9O_2N$. $CH_3-CH(OH)-CH_2-CH(OH)-CN$. Entsteht durch Behandlung von frisch destilliertem Aldol mit molekularen Mengen Kaliumcyanid und Salzsäure bei $-5°$ bis $0°$ neben wechselnden Mengen von Isodialdan. Farblose, dicke Flüssigkeit, leicht löslich in Wasser und Äther, löslich in Alkohol, Chloroform und Benzol, unlöslich in Schwefelkohlenstoff[4]).

α-Oxy-γ-valerolacton. 2-Oxy-pentanolid-(4,1).

Mol.-Gewicht: 116,06.
Zusammensetzung: 51,70% C, 6,94% H, 41,36% O . $C_5H_8O_3$.

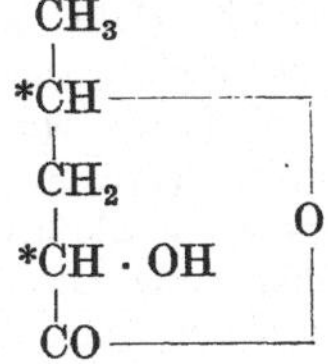

1) **Schmidt** u. **Sachtleben**, Annalen d. Chemie u. Pharmazie **193**, 106 [1878].
2) **J. Aloy** u. **Ch. Rabaut**, Chem. Centralbl. **1913**, II, 133.
3) **E. Clemmensen** u. **A. H. C. Heitmann**, Chem. Centralbl. **1910**, I, 91.
4) **Fittig** u. **Lepère**, Annalen d. Chemie u. Pharmazie **334**, 88 [1904].

Vorkommen: In der Natur noch nicht aufgefunden.

Darstellung: R. Fittig[1]) gibt zur Darstellung des Lactons folgende Vorschrift:

Aldol wird mit Blausäure in das Cyanhydrin übergeführt und letzteres mit Salzsäure verseift:

$$
\begin{array}{ccccccc}
 & & CN & & COOH & & CO-\quad\ O \\
 & & | & & | & & |\qquad\quad | \\
CHO & & CH(OH) & & CH(OH) & & CH(OH)\quad | \\
| & +HCN & | & +2\,H_2O & | & & |\qquad\quad | \\
CH_2 & \dashrightarrow & CH_2 & \longrightarrow & CH_2 & \dashrightarrow & CH_2\quad\ |\quad +H_2O+NH_3. \\
| & & | & & | & & |\qquad\quad | \\
CH(OH) & & CH(OH) & & CH(OH) & & CH———— \\
| & & | & & | & & | \\
CH_3 & & CH_3 & & CH_3 & & CH_3 \\
\end{array}
$$

Das Aldol wird nach dem Verfahren von Orndorff und Newbury[2]) bereitet und durch Destillation bei stark vermindertem Druck gereinigt. Es muß sofort weiter verarbeitet werden, da es sich sonst zum Paraldol polymerisiert. Es wird in einem Zylinder mit breitem Halse im $1^1/_2$—2 fachen Volumen Äther gelöst und in einer Kältemischung auf — 10° abgekühlt. Man gibt dann die berechnete Menge Cyankali und Salzsäure in der Weise zu, daß man langsam in kleinen Portionen feingepulvertes Cyankali einträgt und sofort jedesmal Salzsäure aus einem Tropftrichter nachfließen läßt, unter stetem Umrühren, so daß die Flüssigkeit immer sauer reagiert. Die Temperatur hält man am besten zwischen — 5 und 0°, sie soll nie über 0° steigen. Man muß vor allem dafür sorgen, daß sich das Kaliumcyanid sofort mit der Salzsäure umsetzt, weil es sonst kondensierend auf das Aldol einwirkt.

Nachdem sich alles Cyankali mit der Salzsäure umgesetzt hat, filtriert man vom Kaliumchlorid ab, schüttelt die ätherische Lösung anhaltend mit Natriumbisulfitlösung, um unverändertes Aldol auszuziehen. Dann wird die ätherische Lösung, die das Cyanhydrin enthält, abgedampft, wobei eine meist farblose oder schwach gelbliche, dicke Flüssigkeit von eigentümlichem, gewürzartigem Geruch hinterbleibt. Um vom Kondensationsprodukt zu trennen, löst man in Wasser und schüttelt die wässerige Lösung in der Kälte mit Tierkohle durch. Dabei geht das Cyanhydrin in Lösung, die Kondensationsprodukte aber ballen sich zusammen und lassen sich mit der Tierkohle abfiltrieren und auswaschen. Das Filtrat wird mit Äther ausgezogen und der Äther verdunstet, wobei eine farblose, dicke Flüssigkeit zurückbleibt, die nicht zum Krystallisieren gebracht werden kann. Das Cyanhydrin ist noch nicht ganz rein, kann aber so weiter verarbeitet werden.

Das Nitril wird im doppelten Volumen Äther gelöst, in der Kältemischung gekühlt und langsam, in kleinen Portionen unter gutem Schütteln mit konz. Salzsäure versetzt, bis sich eine homogene Flüssigkeit gebildet hat, was nach Zufügen des gleichen Volumens Salzsäure der Fall ist. Das geschlossene Gefäß bleibt noch einige Stunden in der Kältemischung. Schon nach wenigen Stunden beginnt die Ausscheidung von Ammoniumchlorid, die im Eisschrank in 4—5 Tagen zu Ende geführt wird. Die Flüssigkeit ist dann gelblich bis rötlich gefärbt, sie wird mit Wasser verdünnt, bis der Äther sich wieder abscheidet und nun sehr oft mit Äther ausgeschüttelt. Nach dem Abdunsten des Äthers hinterbleibt ein rötlicher Sirup, der das Oxylacton und einen zweiten, stechend riechenden Körper enthält. Dieser zweite Körper wird beim Lösen in Wasser als Harz ausgeschieden und kann nach Kochen mit Tierkohle abfiltriert werden. Die wässerige Lösung des rohen Oxylactons wird mit Soda schwach alkalisch gemacht und mit Äther sehr oft ausgeschüttelt. Es wird zur Reinigung durch Behandeln der Lösung mit Kalkmilch zunächst in das Calciumsalz der zugehörigen Dioxyvaleriansäure übergeführt. Die wässerige Lösung des Salzes hinterläßt nach dem Eindampfen einen gelb bis rot gefärbten Sirup, der im Exsiccator zu einer glasartigen Masse erstarrt. Durch Kochen mit Tierkohle und wiederholtes Auskochen der festen Substanz mit Chloroform erhält man das Salz ganz weiß und in Pulverform. Zersetzt man es jetzt mit Salzsäure, macht den Rückstand vom ätherischen Auszug ganz schwach alkalisch und äthert erneut aus, so hinterbleibt beim Abdampfen des Äthers das reine Oxylacton als eine dicke, farblose, neutrale Flüssigkeit, die ohne wesentliche Zersetzung zwischen 245—260° destilliert, in der Kältemischung nicht erstarrt und sich in Wasser sehr leicht, in Äther und Chloroform etwas schwerer löst.

[1]) R. Fittig, Annalen d. Chemie u. Pharmazie **334**, 68 [1904].
[2]) Orndorff u. Newbury, Monatshefte f. Chemie **13**, 516 [1892].

α-Oxy-n-capronsäure, α-Oxy-pentan-α-carbonsäure, Hexanol-(2)-säure-(1) (Bd. I, S. 973, 989).

Mol.-Gewicht: 132,10.

Zusammensetzung: 54,50% C, 9,16% H, 36,34% O . $C_6H_{12}O_3$.

$$CH_3$$
$$|$$
$$CH_2$$
$$|$$
$$CH_2$$
$$|$$
$$CH_2$$
$$|$$
$$*CH \cdot OH$$
$$|$$
$$COOH.$$

Vorkommen: Kein natürliches Vorkommnis bekannt. Als Muttersubstanz der Säure könnte das Norleucin auftreten, aus dem sie sich durch Einwirkung von salpetriger Säure gewinnen läßt[1]).

Darstellung: Zur Darstellung der α-Oxy-n-capronsäure[1]) geht man am besten vom Norleucin aus. Die Vorschriften für die d, l-Säure oder die l-Säure sind dieselben, im ersteren Falle geht man von synthetischem, im letzteren Falle von natürlichem d-Norleucin aus. Man löst die Aminocapronsäure in 10% mehr als der berechneten Menge n-Schwefelsäure und fügt die berechnete Menge Natriumnitrit in etwa 5 proz. wässeriger Lösung unter Eiskühlung hinzu. Nach dem Aufhören der Stickstoffentwicklung wird im Vakuum bei etwa 40° Badtemperatur eingeengt und mit absol. Äther 3 mal ausgeschüttelt. Nach dem Verdunsten des Äthers hinterbleibt ein schnell erstarrender Rückstand, der aus warmem Äther umkrystallisiert wird. Zur weiteren Reinigung führt man in das Kupfersalz über.

Physikalische und chemische Eigenschaften d, l-Säure: Leicht löslich in Wasser, Alkohol, Äther und Chloroform. Durchsichtige, scharfkantige Prismen, die bei 100° sublimieren und mit Wasserdampf nicht flüchtig sind. Schmelzp. 60—62°.

l-Säure: Leicht löslich in Wasser, Alkohol, Äther und Chloroform. Feine nadelförmige Prismen von brennend säuerlichem Geschmack. $[α]_D^{20°} = -2,17°$ in Wasser. Schmelzp. 60° (unkorr.).

Wird die Säure destilliert, so entstehen n-Valeraldehyd, Hexen(2)-säure und anscheinend auch Hexen(3)-säure, sowie eine bei 65° schmelzende Anhydroverbindung. Durch Chromsäuregemisch wird die Säure zu Kohlendioxyd, n-Valeraldehyd und n-Valeriansäure oxydiert.

Salze der d, l-Säure: Natriumsalz und **Kaliumsalz**[2]) sind seifenartig und zerfließlich, sie lösen sich leicht in Alkohol und schmelzen bei ungefähr 100°.

Silbersalz[3]). Krystalldrusen aus kochendem Wasser.

Magnesiumsalz $(C_6H_{11}O_3)_2Mg + 2 H_2O$[2]). Ziemlich leicht in kaltem Wasser lösliche Blättchen.

Bariumsalz[2]) $(C_6H_{11}O_3)_2Ba + 0,5 H_2O$. Längliche, perlmutterglänzende Blättchen, die sich in 110 Teilen Wasser von 16° lösen.

Zinksalz[3]) $(C_6H_{11}O_3)_2Zn + 2 H_2O$. Flockiger Niederschlag, der aus kochendem wässerigem Alkohol in Form sehr feiner, seidenglänzender Nadeln erhalten werden kann. Es löst sich in 681 Teilen Wasser von 16° und in 470 Teilen Wasser von 100°.

Kupfersalz[1]) $(C_6H_{11}O_3)_2Cu$. Blaßhimmelblaue Krystalle, die sich aus Wasser in feinen Flocken abscheiden. Sie lösen sich in 700 Teilen siedendem Wasser, zeigen bei 265° beginnende Schwarzfärbung und bei 270° (unkorr.) Zersetzung.

Derivate der d, l-Säure: Äthylester[3]). Flüssig, leichter als Wasser.

Anhydrid[4]). Sirupförmig, leicht löslich in Alkohol, Äther, Alkalien, unlöslich in Wasser. Wird beim Erhitzen mit Alkalien oder alkalischen Erden in die α-Oxycapronsäure zurückverwandelt.

---

[1]) E. Abderhalden u. A. Weil, Zeitschr. f. physiol. Chemie **84**, 50 [1913]; siehe auch Schulze u. Likiernik, Zeitschr. f. physiol. Chemie **17**, 524 [1893]; Berichte d. Deutsch. Chem. Gesellschaft **24**, 669 [1891].

[2]) Duvillier, Bull. de la Soc. chim. (3) **6**, 92 [1891].

[3]) Jelisafow, Journ. russ. phys. chem. Gesellschaft **12**, 367 [1880].

[4]) Ley, Journ. russ. phys.-chem. Gesellschaft **9**, 139 [1877].

Amid $C_6H_{13}O_2N$. CH_3—CH_2—CH_2—CH_2—$CH(OH)$—CO—NH_2. Aus dem Äthylester mit konz., wässerigem Ammoniak. Blättchen vom Schmelzp. 140—142°. Leicht löslich in Alkohol und siedendem Wasser, schwer löslich in Äther[1]).

Salze der l-Säure: Kupfersalz[2]) $(C_6H_{11}O_3)_2Cu$. Krystallisiert aus Wasser in glänzenden Blättchen von blaßhimmelblauer Farbe mit grünlichem Schimmer. Löst sich in 700 Teilen siedendem Wasser und zersetzt sich gegen 272° unter Aufschäumen.

Leucinsäure, α-Oxy-isobutylessigsäure, 4-Methyl-pentanol-(2)-säure-(1), α-Oxy-γ-methyl-n-valeriansäure, α-Oxy-iso-capronsäure (Bd. I, S. 991; Bd. IV, S. 568, 576).

Mol.-Gewicht: 132,10.

Zusammensetzung: 54,50% C, 9,16% H, 36,34% O . $C_6H_{12}O_3$.

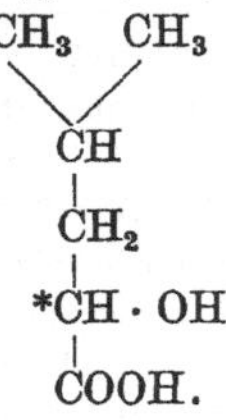

Vorkommen: Die Leucinsäure wurde bisher in der Natur noch nicht aufgefunden; sie könnte aus Leucin durch hydrolytische Desaminierung entstehen.

Darstellung der d, l-Leucinsäure: 100 g käufliches α-Bromisocapronylbromid werden mit 1357 ccm n-Natronlauge (= 3,5 Mol) bei Zimmertemperatur bis zur völligen Lösung geschüttelt, dann 2—3 Stunden auf dem Wasserbad erhitzt, bis alles Brom jonisiert ist. Nun wird mit 194 ccm n-Schwefelsäure neutralisiert, auf dem Wasserbad stark eingeengt, mit 120 ccm 5 n-H_2SO_4 stark übersättigt und wiederholt ausgeäthert. Beim Verdunsten des Äthers verbleibt ein von Krystallen durchsetzter Sirup. Zur Reinigung verwandelt man ihn in das Bariumsalz, zerlegt dieses wieder durch 5 n-H_2SO_4 und äthert die Oxysäure wieder aus. Sie bleibt beim Abdampfen des Äthers krystallinisch zurück. Ausbeute 39,8 g = 78% der Theorie. Zur völligen Reinigung wird in der gleichen Menge absol. Äthers gelöst und mit der 5 fachen Menge Petroläther versetzt[3]).

Physiologische Eigenschaften der d, l-Leucinsäure: Bei Durchblutungsversuchen von glykogenhaltiger Leber bildet sich wahrscheinlich Leucin[4]).

Durchblutungsversuche an Leber zeigten, daß d, l-Leucinsäure ein kräftiger Acetonbildner ist[5]).

Durchströmt man die glykogenhaltige Leber mit dem Ammoniumsalz der Leucinsäure, so entsteht wahrscheinlich Leucin daraus[6]).

Physikalische und chemische Eigenschaften der d, l-Leucinsäure: Rhombische Tafeln. Schmelzp. 76—77°. Leicht löslich in Wasser, Alkohol, Äther und Chloroform. Süßsäuerlicher Geschmack. Wird von Chromsäuregemisch zu Kohlendioxyd, Isovaleraldehyd und Isovaleriansäure oxydiert[7]).

Salze und Derivate der d, l-Leucinsäure: Kupfersalz[7])[8])[9]) $(C_6H_{11}O_3)_2Cu$. Krystallisiert aus Alkohol. Aus Wasser in mattglänzenden Krystallhäufchen, die sich in 600 Teilen siedendem Wasser lösen und sich bei 275° zersetzen.

---

[1]) Jelisafow, Journ. russ. phys. chem. Ges. **12**, 367 [1880].

[2]) E. Abderhalden u. A. Weil, Zeitschr. f. physiol. Chemie **84**, 50 [1913]: siehe auch Schulze u. Likiernik, Zeitschr. f. physiol. Chemie **17**, 524 [1893]; Berichte d. Deutsch. Chem. Gesellschaft **24**, 669 [1891].

[3]) H. Scheibler u. A. S. Wheeler, Berichte d. Deutsch. Chem. Gesellschaft **44**, 2684 [1911].

[4]) G. Embden u. E. Schmitz, Biochem. Zeitschr. **29**, 423 [1910].

[5]) F. Sachs, Biochem. Zeitschr. **27**, 34 [1910].

[6]) Embden u. Schmitz, Biochem. Zeitschr. **29**, 423 [1910]; **38**, 396, 405 [1912].

[7]) Ley, Journ. russ. phys. chem. Gesellschaft **9**, 136 [1877].

[8]) Röhmann, Berichte d. Deutsch. Chem. Gesellschaft **30**, 1981 [1897].

[9]) E. Abderhalden u. Weil, Zeitschr. f. physiol. Chemie **84**, 40, 53 [1913].

Zinksalz[1]) $(C_6H_{11}O_3)_2Zn + 2 H_2O$. Mikroskopisch feine Nadeln.

Calciumsalz[2]) $(C_6H_{11}O_3)_2Ca$. Flache schief abgeschnittene Prismen.

Silbersalz $C_6H_{11}O_3Ag$[2]). Krystallisiert in Nadeln.

Äthylester[3])[4]). Kann bei der Reduktion des Oximinoisobutylessigsäureesters mit Natriumamalgam oder mit Zinn und Salzsäure erhalten werden. Farbloses Öl von schwachem, angenehmem Geruch, das in Wasser wenig, in Alkohol und Äther aber leicht löslich ist und folgende physikalische Daten aufweist: Siedep. bei 10 mm Hg 82°; bei 16 mm Hg 80—81°. $d_{4°}^{0°} = 0,9832$.

Darstellung der l-Leucinsäure: Entweder aus natürlichem l-Leucin durch Einwirkung von salpetriger Säure oder durch Aufspaltung der synthetischen α-Oxy-iso-capronsäure in die optisch aktiven Komponenten. Die letztere gelingt sowohl mit Hilfe der Brucin- wie der Chinin- oder Chinidinsalze, wobei sich immer zuerst das Salz der l-Säure ausscheidet. Am besten geht die Spaltung mit Chinidin vor sich.

30 g umkrystallisierte Oxyisocapronsäure werden in 500 ccm Wasser gelöst und mit einer Lösung von 84 g (1 Mol) krystallalkoholhaltigem Chinidin in 200 ccm Alkohol versetzt. Die Mischung wird auf 500 ccm eingeengt und bei Zimmertemperatur nach Zugabe einiger Impfkrystalle 15 Stunden aufbewahrt. Die Ausbeute an Chinidinsalz betrug 45 g, es war aber noch zur Hälfte racemisch und mußte durch mehrfaches, verlustreiches Umkrystallisieren gereinigt werden. Die freie Säure erhält man durch Behandlung mit NaOH, Abfiltrieren des Chinidins, Übersättigen des Filtrates mit H_2SO_4 und mehrmaliges Ausäthern. Aus den Mutterlaugen gewinnt man die d-Säure, allerdings nicht in ganz reinem Zustand.

Physiologische Eigenschaften der l-Leucinsäure: Bei Durchblutung von Leber mit l-Leucinsäure entsteht reichlich Aceton[5]).

Physikalische und chemische Eigenschaften der l-Leucinsäure: Lange, dünne Prismen aus Alkohol + Äther. Schmelzp. 81—82°. Leicht löslich in Wasser, Alkohol, Äther und Chloroform.

$$[\alpha]_D^{20°} = -10,4° \,(\mp 0,1°) \text{ in Wasser; } = -27,8° \,(\pm 0,2°) \text{ in n-NaOH} .$$

Salze und Derivate der l-Leucinsäure: Kupfersalz[6]). Formel siehe oben. Krystallisiert aus Wasser in glänzenden Blättchen von blaugrüner Farbe. Es zeigt gegen 255° Schwarzfärbung, gegen 278° (unkorr.) Zersetzung unter Aufschäumen und löst sich in 600 Teilen siedendem Wasser.

Zinksalz[7])[8])[9]). Formel siehe oben. Krystallisiert aus absol. Alkohol mit einem, aus Wasser mit 2 Molekülen Krystallwasser. 1 Teil löst sich in 300 Teilen Wasser von 16° und 204 Teilen siedendem Wasser, leichter in siedendem Alkohol.

Äthylester[3]). Verhält sich sehr ähnlich dem racemischen Ester. Siedep. bei 12 mm Hg 79—80°. $[\alpha]_D^{20°} = -11,07° \,(\pm 0,2°)$.

Darstellung der d-Leucinsäure: Wurde bisher nicht in optisch reinem Zustand durch Aufspaltung der racemischen Form erhalten (s. o.).

Physiologische Eigenschaften der d-Leucinsäure: Die d-Leucinsäure bildet sich bei der Durchströmung von Hundeleber mit Hundeblut, dem Isobutylglyoxal beigesetzt wurde. Sie entsteht auch bei der Einwirkung von Glyoxalase aus Hundeleber auf Isobutylglyoxyl[10]).

Physikalische und chemische Eigenschaften der d-Leucinsäure: Prismen aus Alkohol + Äther. Schmelzp. 80—81°. Leicht löslich in Wasser, Alkohol, Äther und Chloroform. $[\alpha]_D^{20°} = + 26,3° \,(\pm 0,2°)$ in n-NaOH .

Salze und Derivate der d-Leucinsäure sind bisher nicht beschrieben worden.

---

[1]) Jochem, Zeitschr. f. physiol. Chemie **31**, 130 [1900].

[2]) E. Fischer u. G. Zemplén, Berichte d. Deutsch. Chem. Gesellschaft **42**, 4891 [1909].

[3]) H. Scheibler u. A. S. Wheeler, Berichte d. Deutsch. Chem. Gesellschaft **44**, 2684 [1911].

[4]) Bouveault u. Loquin, Bull. de la Soc. chim. (3) **31**, 1176 [1904].

[5]) F. Sachs, Biochem. Zeitschr. **27**, 27 [1910].

[6]) E. Abderhalden u. Weil, Zeitschr. f. physiol. Chemie **84**, 40, 53 [1913].

[7]) Körner u. Menozzi, Jahresbericht üb. d. Fortschritte der Chemie **1883**, 1027.

[8]) Gmelin, Zeitschr. f. physiol. Chemie **18**, 29 [1893].

[9]) A. Waage, Annalen d. Chemie u. Pharmazie **118**, 295 [1861].

[10]) H. D. Dakin u. Dudley, Chem. Centralbl. **1914**, II, 578.

α-Oxy-β-methyl-butan-α-carbonsäure,α-Oxy-β-methyl-n-valeriansäure.

Mol.-Gewicht: 132,10.
Zusammensetzung: 54,50% C, 9,16% H, 36,34% O . $C_6H_{12}O_3$.

$$
\begin{array}{c}
CH_3 \\
| \\
CH_2 \quad CH_3 \\
\diagdown \quad \diagup \\
{}^*CH \\
| \\
{}^*CH \cdot OH \\
| \\
COOH.
\end{array}
$$

Vorkommen: Bisher noch nicht in der Natur gefunden worden. Könnte als Abkömmling des Isoleucins auftreten.

Darstellung: Eine wässerige Lösung von Methyläthylbrenztraubensäure wird mit der doppelten theoretischen Menge 4 proz. Natriumamalgams (auf 10 g Säure 180 g Amalgam) versetzt und bei fortwährendem Durchleiten eines Kohlensäurestroms längere Zeit stehengelassen. Schon nach 3 Stunden trat nach Zusatz von Phenylhydrazinacetat kein Niederschlag mehr auf, so daß die Reduktion anscheinend vollständig war. Die Lösung wurde in Schacherls Apparat ausgeäthert, um neutrale Produkte zu entfernen. Dann wurde mit verdünnter H_2SO_4 angesäuert und erneut mit Äther extrahiert. Nach dem Abdunsten des Äthers im Vakuum hinterbleibt ein stark säuerlich riechender Körper, nämlich fast die theoretische Menge der erwarteten Oxysäure. Die Säure ist weiß und krystallinisch, sie ist sehr hygroskopisch und schmilzt schon bei Handwärme [1]).

Nach der Art der Gewinnung dieser Säure liegt wahrscheinlich der Racemkörper vor; von den optischen Isomeren ist noch nichts bekannt.

Salze: Silbersalz $C_6H_{11}O_3Ag$. Weißer, krystallinischer Körper, der sich am Licht schnell verfärbt.

Zinksalz $(C_6H_{11}O_3)_2Zn + 2 H_2O$. Krystallisiert in Blättchen.

α, β-Dioxyglutarsäure, α, β-Dioxy-propan-α, γ-dicarbonsäure, Pentandiol-(2, 3)-disäure.

Mol.-Gewicht: 164,06.
Zusammensetzung: 36,57% C, 4,91% H, 58,52% O . $C_5H_8O_6$.

$$
\begin{array}{c}
COOH \\
| \\
CH_2 \\
| \\
{}^*CH \cdot OH \\
| \\
{}^*CH \cdot OH \\
| \\
COOH.
\end{array}
$$

Vorkommen: Diese in Zusammenhang mit der von Dakin entdeckten β-Oxyglutamin-säure stehende Säure wurde in der Natur noch nicht aufgefunden.

a) Inaktive Form.

Bildung: Beim Behandeln einer wässerigen Glutaconsäurelösung mit der berechneten Menge Brom und nachherigem Aufkochen mit Calciumcarbonat [2]).

Bei der Oxydation einer verdünnten Lösung der Glutaconsäure in der äquivalenten Menge Kalilauge mit 1 proz. Kaliumpermanganatlösung unter Eiskühlung. Kiliani und Löffler l. c.

Darstellung: 50 g α, β-Dibromglutarsäure (aus Glutaconsäure nach der Brom-Dampf-Methode von Verkade gewonnen) werden mit 500 ccm wässeriger 2 n-Sodalösung $1\frac{1}{2}$ Stunden

---

[1]) A. Mebus, Monatshefte f. Chemie **26**, 493 [1905].

· [2]) Kiliani, Berichte d. Deutsch. Chem. Gesellschaft **18**, 2517 [1885]; — Kiliani u. Löffler, Berichte d. Deutsch. Chem. Gesellschaft **38**, 3625 [1905].

gekocht. Man säuert mit Salzsäure an, dampft bis zu einer dünnen Paste ein und extrahiert erschöpfend mit Äther. Der Ätherrückstand enthält Pyromellitsäure, deren Methylester, α-Ketoglutarsäure und α, β-Dioxyglutarsäure, welch letztere nach Abtrennung der beiden ersten Substanzen gewonnen werden kann. Der mit Äther erschöpfend extrahierte Reaktionsrückstand wird mit Aceton so lange behandelt, bis er nur noch anorganische Salze enthält. Nach dem Verdampfen des Acetonauszuges hinterbleibt ein Rückstand, der zum größten Teile aus α, β-Dioxyglutarsäure besteht, von der eine beträchtliche Menge auf Zusatz von trockenem Äther, dem eine Spur Aceton beigemengt ist, krystallinisch erstarrt[1]).

Physikalische und chemische Eigenschaften: 6seitige Tafeln aus Alkohol; Nadeln aus Wasser. Schmelzp. 164° unter Zersetzung. Sehr leicht löslich in Wasser, etwas weniger in Alkohol. Optisch inaktiv. Kiliani und Löffler l. c.

Salze: Saures Kaliumsalz. Nadeln aus Wasser + Alkohol. Kiliani und Löffler l. c.

b) Aktive α, β-Dioxyglutarsäure aus Metasaccharopentose.

Bildung: Aus Metasaccharopentose $C_5H_{10}O_4$ und verdünnter Salpetersäure (D : 1,2).

Physikalische und chemische Eigenschaften: Tafeln oder Nadeln. Schmelzp. 156°. Mäßig leicht löslich in Wasser. In wässeriger Lösung rechtsdrehend.

Salze: Saures Kaliumsalz $KC_5H_7O_6$. Krystalle. Leicht löslich in Wasser, löslich in 50proz. Alkohol, schwer löslich in absol. Alkohol[2]).

c) Aktive α, β-Dioxyglutarsäure aus Digitoxonsäure und Digitoxose.

Bildung: Man gibt zu digitoxonsaurem Calcium eisgekühlte Salpetersäure (D : 1,14) unter Kühlung durch Wasser, erwärmt dann auf 30° und schließlich 12—18 Stunden auf 35—37°, verdünnt mit Wasser und neutralisiert mit Calciumcarbonat.

Aus dem bei 120° schmelzenden α, β-Dioxyglutarsäurelactor mittels Calciumcarbonats[3]).

Darstellung: 1 Teil (vorteilhaft nicht mehr als 5 g) Digitoxose wird im Rundkolben, der in schräger Stellung in ein großes Wass rbad eingehängt ist, mit 5 Teilen verdünnter Salpetersäure (D : 1,2) zunächst 12 Stunden auf 30—32°, dann 24 Stunden auf 50°, hierauf rasch auf 70° und schließlich auf 90° (70—90° etwa 10 Stunden lang) erwärmt, hierauf wird die meist zum dünnen Sirup gewordene Mischung mit Wasser auf 40 Teile verdünnt, auf kochendem Wasser angewärmt, mit Calciumcarbonat (je 3 g auf 5 g Zucker) versetzt, $1^{1}/_{2}$ Stunden auf Heiztrichter gekocht (wobei auf den Kolben zweckmäßig ein kleiner Trichter aufgesetzt wird), kochend heiß filtriert und die nur gelb gefärbte Lösung bei 30° langsam verdunstet bis zum etwa 7fachen Gewicht des oxydierten Zuckers; hierbei entstehen allmählich prächtige, tafelförmige oder säulenförmige, stark glänzende Krystalle, bestehend aus mesoweinsaurem Calcium; sie werden 24 Stunden nach dem Erkalten abfiltriert und mit Wasser gewaschen; Ausbeute ziemlich konstant 0,35 g aus je 5 g Digitoxose.

Das Filtrat vom mesoweinsauren Calcium wird allmählich mit dem gleichen Gewicht 95proz. Alkohols vermischt, der entstandene amorphe Niederschlag nach 12—24 Stunden auf glattem Filter mit 50proz., dann mit 85proz. und 95proz., schließlich mit absol. Alkohol gewaschen und der letztere mit absol. Äther verdrängt, um den Niederschlag möglichst rasch über Schwefelsäure trocknen zu können.

Aus dem hierbei anfallenden Filtrate kann man durch Eindunsten bis zum Sirup und Fällen mit absol. Alkohol noch etwas nebenbei entstandenes digitoxonsaures Calcium gewinnen, was sich jedoch nur lohnt, wenn viel Zucker verarbeitet worden war.

Der erwähnte Niederschlag besteht in der Hauptsache aus dioxyglutarsaurem Calcium, er enthält aber meist noch immer kleine Mengen von Nitrat, deshalb nimmt man ihn nochmals in wenig Wasser auf, fällt wieder mit Alkohol und wäscht wie oben aus[3]).

Physikalische und chemische Eigenschaften: Weder die Säure selbst noch ihre Metallsalze krystallisieren. Die Säure geht beim Stehen wieder in das schwach rechtsdrehende Lacton $C_5H_6O_5$ vom Schmelzp. 120° über. Über das Drehungsvermögen der reinen Säure vgl. [3]).

---

[1]) E. H. Farmer u. C. K. Ingold, Journ. Chem. Soc. **119**, 2001 [1921].

[2]) Kiliani, Berichte d. Deutsch. Chem. Gesellschaft **18**, 2517 [1885]; — Kiliani u. Löffler, Berichte d. Deutsch. Chem. Gesellschaft **38**, 3625 [1905].

[3]) Kiliani, Berichte d. Deutsch. Chem. Gesellschaft **38**, 4042 [1905] u. **48**, 334 [1915].

Salze: Calciumsalz $CaC_5H_6O_6$. Amorph.

Bariumsalz $BaC_5H_6O_6$. Weißer Niederschlag.

Chininsalz $C_5H_8O_6$, 2 Chinin $+$ 5 H_2O . Krystallisiert aus kochendem Wasser in Form von Nadelwarzen, die bei 160° schmelzen[1]).

α-Keto-n-buttersäure, α-Oxo-n-buttersäure, Methylbrenztraubensäure, Propionylameisensäure, α-Oxo-propan-α-carbonsäure, Butanon-(2)-säure-(1).

Mol.-Gewicht: 102,05.

Zusammensetzung: 47,04% C, 5,92% H, 47,04% O . $C_4H_6O_3$.

$$CH_3$$
$$|$$
$$CH_2$$
$$|$$
$$CO$$
$$|$$
$$COOH .$$

Vorkommen: Die α-Ketobuttersäure steht in naher Beziehung zur α-Aminobuttersäure, wurde aber noch nicht in der Natur aufgefunden.

Bildung, Darstellung: Am einfachsten ist wohl die älteste Methode durch Verseifung des Propionylcyanides[2]).

Gut gekühltes Propionylcyanid wird mit der einem Molekül Wasser entsprechenden Menge höchst konz. Salzsäure versetzt und das nach einiger Zeit erstarrte Gemisch noch $^1/_2$ bis 1 Stunde mit verdünnter Salzsäure (s $= 1,10$) erwärmt. Die freie Säure wird durch Äther ausgezogen und durch Fraktionieren im Vakuum von etwas beigemengter Propionsäure befreit.

$$CH_3 - CH_2 - CO - CN + 2 H_2O + HCl = CH_3 - CH_2 - CO - COOH + NH_4Cl.$$

Nach Aristow und Demjanow[3]) kann man die Säure auch aus der Oxybuttersäure durch Oxydation erhalten, wie sie ja umgekehrt auch durch Reduktion mit Natriumamalgam in Oxybuttersäure übergeht[2\). Zu diesem Zwecke behandelt man α-Oxybuttersäureäthylester mit 5 proz. Kaliumpermanganatlösung in schwefelsaurer Lösung (1 : 5) bei 0°, so daß auf 1 Mol Ester 1 Atom Sauerstoff kommt. Man erhält den Ketobuttersäureäthylester, aus dem die freie Säure durch Verseifung leicht gewonnen werden kann.

R. Fittig und Dannenberg[4]) oxydierten Methylmesaconsäure, G. van der Sleen[5]) lagerte das Vinylglykolsäureamid mit Hilfe von Säuren oder Alkalien in die Ketobuttersäure um.

$$CH_2 = CH - CH(OH) - CONH_2 \longrightarrow CH_3 - CH_2 - CO - COOH$$

und es existieren noch eine Reihe von anderen Bildungsweisen, auf die jedoch nicht näher eingegangen werden kann[6]).

Physiologische Eigenschaften: Bei der künstlichen Durchblutung der Leber von Hunden mit Zusatz von α-Keto-n-buttersäure entsteht α-Amino-n-buttersäure[7]). Besonders eingehend wurde die Vergärung der Ketobuttersäure von Neuberg und Mitarbeitern[8]) untersucht. Es

---

[1]) Kiliani, Berichte d. Deutsch. Chem. Gesellschaft **48**, 334 [1915].

[2]) Claisen u. Moritz, Berichte d. Deutsch. Chem. Gesellschaft **13**, 2121 [1880].

[3]) Aristow u. Demjanow, Berichte d. Deutsch. Chem. Gesellschaft **20**, Ref. 697 [1887].

[4]) Fittig u. Dannenberg, Annalen d. Chemie u. Pharmazie **331**, 123 [1904].

[5]) G. van der Sleen, Chem. Centralbl. **1902**, II, 505.

[6]) Arnold, Annalen d. Chemie u. Pharmazie **246**, 333 [1888] ans Methoxalessigester. — M. O. Forster u. R. Müller, Chem. Centralbl. **1910**, I, 1125 aus Äthyltriazomalonsäureäthylester. — W. Wislicenus u. W. Silberstein, Berichte d. Deutsch. Chem. Gesellschaft **43**, 1825 [1910] aus β-Cyan-α-(p-nitrobenzoyloxy)-crotonsäure.

[7]) K. Kondo, Biochem. Zeitschr. **38**, 407 [1912].

[8]) C. Neuberg u. J. Kerb, Biochem. Zeitschr. **47**, 413 [1913]; **53**, 406 [1913]; Berichte d. Deutsch. Chem. Gesellschaft **46**, 2228 [1913]; Biochem. Zeitschr. **61**, 184 [1914].

zeigte sich, daß die Säure durch Weinhefe wie auch durch andere Hefe und Hefepräparate sehr energisch und ungefähr ebenso schnell wie Glykoselösungen vergoren wird, und zwar auch bei Toluolzusatz (im Unterschied zu Glykose). Dabei entsteht Kohlensäure. Als primäres Vergärungsprodukt wurde Propionaldehyd isoliert, dessen Hauptmenge aber zu Propylalkohol weiterverwandelt wird, den man in Form seines Naphthylcarbonsäureesters charakterisieren kann.

Bei der Fäulnis der Ketobuttersäure im Brutschrank entstehen Propionsäure, Kohlensäure, etwas Ameisensäure und Wasserstoff[1].

Physikalische und chemische Eigenschaften: Hygroskopische Platten vom Schmelzp. 31,5—32°. Siedep. bei 15 mm 74°, bei 21 mm 85°. Leicht löslich in Wasser und Alkohol, schwer löslich in Äther[2]. Wird durch Natriumamalgam zu α-Oxy-n-buttersäure reduziert[3] $d_{17,5^0} = 1,200$.

Salze: Silbersalz[3][4][5]) $C_4H_5O_3Ag$. Bildet sich beim Behandeln der α-Ketobuttersäure mit Silbernitrat und krystallisiert aus heißem Wasser, in dem es leicht löslich ist, in prismatischen, nicht sehr lichtempfindlichen Nadeln.

Bariumsalz[3][4][6]) $(C_4H_5O_3)_2Ba + H_2O$ ($+ 2,5\ H_2O$?). Krystallisiert aus Wasser, in dem es in der Hitze viel leichter löslich ist als in der Kälte, in kleinen weißen, flachen Prismen.

Derivate: Oxim[4]). Farblose Krystalle aus Wasser. Schmelzp. 154°.

Phenylhydrazon[6][7]). Krystallisiert aus Äther auf Zusatz von Ligroin in hellgelben, sehr beständigen Nadeln vom Schmelzp. 144—145°.

m-Nitrophenylhydrazon[1]). Krystallisiert aus verdünntem Alkohol in gelben Nadeln. Schmelzp. 189—190°.

p-Toluidid[8]) $C_4H_5O_2$—$NC_6H_4CH_3$. Aus α-Oxybuttersäuretoluidid durch Einwirkung von PCl_5. Monokline Krystalle aus Alkohol, Nadeln aus Äther. Schmelzp. 130—131°.

Äthylester[4][7]). Aus dem Silbersalz und Jodäthyl. In Wasser wenig lösliche Flüssigkeit von angenehmem Geruch und dem Siedep. 66—67° bei 16 mm Hg.

Phenylhydrazon des Äthylesters. Gelbe Krystalle aus Benzol. Schmelzp. 191—192°.

α-Keto-n-valeriansäure, α-Oxo-n-valeriansäure, α-Oxo-butan-α-carbonsäure, Butyrylameisensäure, Pentanon-(2)-säure-(1).

Mol.-Gewicht: 116,06.
Zusammensetzung: 51,70% C, 6,94% H, 41,36% O . $C_5H_8O_3$.

$$\begin{array}{c} CH_3 \\ | \\ CH_2 \\ | \\ CH_2 \\ | \\ CO \\ | \\ COOH \end{array}$$

Vorkommen: Diese Säure, deren Muttersubstanzen das Prolin bzw. die α-Amino-n-valeriansäure sein können, wurde bisher noch nicht in der Natur aufgefunden.

Bildung, Darstellung: Die Darstellung der α-Keto-n-valeriansäure ist nicht sehr einfach. Moritz[9]) und K. Brunner[10]) erhielten sie bei der Verseifung des Butyrylcyanides CH_3—CH_2—CH_2—CO—CN, der erste in unreinem Zustand, der zweite in sehr schlechter Ausbeute.

[1]) C. Neuberg u. J. Jamakawa, Biochem. Zeitschr. **67**, 122 [1914].
[2]) van der Sleen, Rec. trav. chim. Pays-Bas **21**, 231 [1902].
[3]) Claisen u. Moritz, Berichte d. Deutsch. Chem. Gesellschaft **13**, 2121 [1880].
[4]) van der Sleen, Chem. Centralbl. **1902**, II, 505.
[5]) C. Neuberg u. J. Kerb, Biochem. Zeitschr. **61**, 184 [1914].
[6]) Fittig u. Dannenberg, Annalen d. Chemie u. Pharmazie **331**, 123 [1904].
[7]) W. Aristow u. N. Demjanow, Berichte d. Deutsch. Chem. Gesellschaft **20**, Ref. 697 [1887].
[8]) Bischoff u. Walden, Annalen d. Chemie u. Pharmazie **279**, 106 [1894].
[9]) Moritz, Journ. Chem. Soc. **39**, 16 [1881].
[10]) K. Brunner, Monatshefte f. Chemie **15**, 745 [1894].

Besser ist wohl die Methode von R. Fittig und W. Dannenberg[1]), welche die Äthylmesacon-säure (erhalten nach den Angaben von Walden[2]) aus Propylacetessigester) genau wie die Methylmesaconsäure (die zur α-Keto-n-buttersäure führt), oxydieren, wobei als Nebenprodukte Buttersäure, Ameisensäure, Oxalsäure und Malonsäure entstehen. E. E. Blaise[3])[4]) benutzt seine allgemeine Methode zur Darstellung der α-Ketonsäuren mit Hilfe der Organozinkderivate. Man behandelt α-Oxyisobuttersäure mit Äthoxalylchlorid $C_2H_5\,O{-}CO{-}COCl$, das Reaktions-produkt mit Thionylchlorid und kondensiert das so erhaltene Säurechlorid mit der betreffenden Organozinkverbindung, wobei das gemischte Cycloacetal der gesuchten α-Ketonsäure entsteht. Letzteres wird dann durch Alkoholyse nach Haller verseift. Der Reaktionsverlauf wird durch folgende Übersicht verdeutlicht:

$$
\begin{array}{c}
CO{-}OC_2H_5 \\
| \\
COCl
\end{array}
\ +\
\begin{array}{c}
CH_3 \quad CH_3 \\
\diagdown\diagup \\
C(OH) \\
| \\
COOH
\end{array}
\ =\
\begin{array}{c}
COOC_2H_5 \\
| \\
COO{-}C{\diagup}^{CH_3}_{\diagdown CH_3} \\
| \\
COOH
\end{array}
\ \xrightarrow{SOCl_2}\
\begin{array}{c}
COOC_2H_5 \\
| \\
CO{-}C{\diagup}^{CH_3}_{\diagdown CH_3} \\
| \\
COCl
\end{array}
\ \xrightarrow{R\cdot ZnJ}
$$

Äthoxalylchlorid   Oxyisobuttersäure   Säurechlorid

$$
=\ ZnJCl\ +\
\begin{array}{c}
COOC_2H_5 \\
| \quad R \\
C\diagup\ \diagup\!-\!-\!- O \\
| \qquad CH_3 \\
O\diagup\!-CO\,\cdots\,C{\diagup}^{CH_3}_{\diagdown CH_3}
\end{array}
\ \xrightarrow{+\,2\,C_2H_5OH}\
\begin{array}{c}
R \\
| \\
CO \\
| \\
COOC_2H_5
\end{array}
\ +\ H_5C_2OOC{-}C{\diagup}^{OH}_{\diagup CH_3}_{\diagdown CH_3}
$$

Cycloacetal α-Ketonsäureester.

Die Verseifung des schließlich entstehenden Esters erfolgt am besten durch siedende, wässerige 5 proz. Oxalsäurelösung. Man verdampft sodann im Vakuum zur Trockene, nimmt den Rückstand mit absol. Äther auf, kühlt auf $-20°$ ab, filtriert die auskrystallisierende Oxal-säure ab, verjagt den Äther und destilliert die Ketonsäure im Vakuum über.

Physikalische und chemische Eigenschaften: Flüssig, Siedep. bei gewöhnlichem Druck 179°, bei 82—84 mm 115°. Schmelzp. tiefer als $-14°$. Leicht löslich in Äther, Benzol, Schwefel-kohlenstoff, Chloroform, Ligroin. Löslich in Wasser. Zersetzt sich nicht beim Stehen, wird durch Natriumamalgam zu α-Oxy-n-valeriansäure reduziert[5]). Liefert beim Behandeln mit 75 proz. Schwefelsäure auf dem Wasserbad β-Äthyl-γ-propyl-α-keto-butyrolacton-γ-carbon-säure[6]):

$$
\begin{array}{c}
CO{-}\!-\!-\!-CH{-}CH_2{-}CH_3 \\
|\qquad\qquad\quad | \\
CO{-}O{-}C{-}CH_2{-}CH_2{-}CH_3 \\
|\\
COOH
\end{array}
$$

Salze: Silbersalz[1]) $C_5H_7O_3Ag$. Dicker, käsiger, weißer Niederschlag, zeigt leichte Schwär-zung am Licht, kann in farblosen, kleinen Nädelchen beim Umkrystallisieren aus heißem Wasser erhalten werden.

Calciumsalz[1]) $(C_5H_7O_3)_2Ca + 2\,H_2O$. Kleine Täfelchen aus konz. wässeriger Lösung, in Wasser leichter löslich als das folgende

Bariumsalz[1]) $(C_5H_7O_3)_2Ba + H_2O$. Glänzende Blättchen oder Täfelchen. In heißem Wasser leicht, in kaltem wenig löslich.

Derivate: Phenylhydrazon[1])[3]). Wird beim Umkrystallisieren aus Äther beim Zusatz von Ligroin bis zur bleibenden Trübung in schönen, langen, hellgelben, sehr beständigen Nadeln erhalten, die bei 114—115° unter Zersetzung schmelzen.

p-Nitrophenylhydrazon[3]). Schmelzp. 205°.

Semicarbazon[3]). Schmelzp. gegen 200°.

Äthylester[3])[4]). Siedep. bei 11 mm Hg 70,5°.

Phenylhydrazon des Äthylesters. Blaßgelbe Nadeln aus verdünntem Alkohol. Schmelzp. 80—81°.

[1]) R. Fittig u. W. Dannenberg, Annalen d. Chemie u. Pharmazie **331**, 132 [1904].
[2]) Walden, Berichte d. Deutsch. Chem. Gesellschaft **24**, 2038 [1891].
[3]) E. E. Blaise, Compt. rend. de l'Acad. des Sc. **157**, 1440 [1913].
[4]) E. E. Blaise, Bull. de la Soc. chim. (4) **19**, 10 [1916].
[5]) Fittig u. Dannenberg, Annalen d. Chemie u. Pharmazie **331**, 129 [1904].
[6]) Fichter, Annalen d. Chemie u. Pharmazie **361**, 391 [1908].

γ-Oxy-α-oxo-n-valeriansäure, γ-Oxy-α-oxo-butan-α-carbonsäure, Pentanol-(4)-on-(2)-säure-(1).

Mol.-Gewicht: 132,06.
Zusammensetzung: 45,43% C, 6,10% H, 48,47% O . $C_5H_8O_4$.

$$\begin{array}{c} CH_3 \\ | \\ *CH \cdot OH \\ | \\ CH_2 \\ | \\ CO \\ | \\ COOH \end{array}$$

Das Bleisalz der obigen Säure bildet sich beim Erhitzen der Verbindung CH_3—$CHBr$—CH_2—CO—CBr_3 mit Bleiglätte im geschlossenen Rohr[1]).

Wichtiger als die freie Säure ist wohl das beständigere, durch innere Anhydridbildung entstehende

γ-Oxy-α-oxo-n-valeriansäurelacton.

Mol.-Gewicht: 114,04.
Zusammensetzung: 52,61% C, 5,30% H, 42,09% O . $C_5H_6O_3$.

$$\begin{array}{c} CH_3 \\ | \\ *CH\text{———} \\ | \\ CH_2 \\ | \qquad O \\ CO \\ | \\ CO\text{——} \end{array}$$

J. Pastureau[2]) erhielt bei der Einwirkung von Brom auf das Peroxyd des Methyl-propylketons ein Tetrabromid der folgenden Art:

$$\left(\begin{array}{c}CH_3 \\ C_3H_7\end{array}\!\!>\!CO_2\right)_2 + 4\,Br_2 = CH_3 - CHBr - CH_2 - CO - CBr_3 + 4\,HBr$$

(Farblose, hexagonale Rhomboeder und Prismen aus Alkohol. Schmelzp. 57°.)

Bei der Behandlung dieses Tetrabromides mit Pottaschelösung entsteht das obengenannte Lacton, das als farblose Flüssigkeit isoliert werden konnte. Erhitzt man das Tetrabromid mit Bleiglätte im Rohr, so entsteht das Bleisalz der α-Keto-γ-oxy-n-valeriansäure. Beide Substanzen, die man sich aus dem Oxyprolin entstanden denken kann, sind indessen nicht näher charakterisiert worden.

Dimethylbrenztraubensäure, α-Oxo-β-methyl-propan-α-carbonsäure, α-Oxo-isovaleriansäure, Isobutyrylameisensäure, 3-Methyl-butanon-(2)-säure-(1).

Mol.-Gewicht: 116,06.
Zusammensetzung: 51,70% C, 6,94% H, 41,36% O . $C_5H_8O_3$.

$$\begin{array}{c} CH_3 \quad CH_3 \\ \diagdown \; \diagup \\ CH \\ | \\ CO \\ | \\ COOH \end{array}$$

Vorkommen: Ein natürliches Vorkommnis der Säure ist bisher nicht bekannt, sie kann als Abkömmling des Valins aufgefaßt werden.

---

[1]) Pastureau, Bull. de la Soc. chim. de France (4) **5**, 227 [1908].
[2]) J. Pastureau, Chem. Centralbl. **1909**, I, 1315.

Bildung, Darstellung: Es gibt relativ viele Darstellungs- und Bildungsmethoden der β-Dimethylbrenztraubensäure [1][2][3][4][5][6][7]. Am einfachsten erscheint es, den relativ leicht zugänglichen Dimethyloxalessigester nach dem Vorgehen von Rassow und Bauer[2] der Ketonspaltung zu unterwerfen.

$$
\begin{array}{ccc}
\text{COO} - \text{C}_2\text{H}_5 & & \text{COOH} \\
\text{H} - \text{OH} & & \\
\text{CO} & & \text{CO} \\
\text{CH}_3 - \text{C} - \text{CH}_3 & \longrightarrow & \text{CH}_3 - \text{CH} - \text{CH}_3 \qquad + \text{CO}_2 + 2\,\text{C}_2\text{H}_5\text{OH} \\
\text{H} & & \\
\text{OH} & & \\
\text{COO} - \text{C}_2\text{H}_5 & &
\end{array}
$$

Kocht man Dimethyloxalessigester mit verdünnter Salzsäure oder Schwefelsäure, so geht er nach einiger Zeit unter Kohlendioxydentwicklung in Lösung. Nach dem Abkühlen wird mit Äther extrahiert, wobei fast ausschließlich saure Bestandteile in den Äther übergehen, da dieser beim Ausschütteln mit Sodalösung fast alles an diese abgibt. Die Säuren werden aus der Sodalösung durch H_2SO_4 wieder ausgeschieden, erneut in Äther aufgenommen, die ätherische Lösung getrocknet und verdunstet. Der Rückstand wird fraktioniert, wobei die Hauptmenge bei 12 mm Hg zwischen 60 und 100° übergeht. Auch bei gewöhnlichem Druck destilliert die Säure unzersetzt und konstant zwischen 170—175°. Das Destillat erstarrt in der Vorlage zu blätterigen Krystallen, die aber nach einiger Zeit wieder ölig werden. Sie können durch das Silbersalz als β-Dimethylbrenztraubensäure identifiziert werden.

Physikalische und chemische Eigenschaften: Schmelzp. 31°. Siedep. unter gewöhnlichem Druck 170—175°, bei 10 mm 65—67°. Leicht löslich in kaltem und heißem Wasser, in Alkohol und in Äther. Beim Digerieren mit Silberoxyd entsteht Isobuttersäure[8]. Bei der Reduktion mit Natriumamalgam entsteht α-Oxy-iso-valeriansäure[9]. Die Dimethylbrenztraubensäure soll bei der Kondensation mit Benzol die Dimethylatropasäure liefern[10].

Salze: Silbersalz[1][2] $C_5H_7O_3Ag$. Wird durch Digerieren der wässerigen Lösung der freien Säure mit Silbercarbonat in Form von weißen Krystallkörnern oder von schönen blätterigen Krystallen erhalten, die sich in kaltem Wasser wenig lösen. Beim Kochen wird die Lösung des Salzes nicht reduziert, auch auf Zusatz von Ammoniak nicht, wohl aber nach Zufügen von Kalilauge.

Derivate: Amid[1][3]. Krystallisiert aus Äther in quadratförmigen, farblosen Blättchen, die sich in Alkohol leicht, weniger in Äther, Chloroform und Wasser lösen und gut aus Benzol umkrystallisiert werden können. Es sublimiert schon beim Erwärmen auf dem Wasserbade und schmilzt bei 110°.

Oxim[4][5]. Krystallisiert in weißen Blättchen vom Schmelzp. 163—165° (102° Kohn).

Phenylhydrazon[1][4][5]. Schwefelgelbe Nadeln, die aus verdünntem Alkohol (1 : 2) umkrystallisiert werden können und bei 156—157° schmelzen sollen.

Äthylester[4]. Angenehm riechende Flüssigkeit vom Siedep. 65—69° bei 15 mm Hg und $d^{0°} = 1,031$.

Oxim des Äthylesters. Krystallisiert in feinen Nadeln vom Schmelzp. 55°, die in neutralen Lösungsmitteln mit Ausnahme von Wasser und Ligroin leicht löslich sind.

Semicarbazon des Äthylesters. Farblose Prismen, Schmelzp. 95—96°.

---

[1] K. Brunner, Monatshefte f. Chemie **15**, 745 [1894] aus Isobutyrylcyanid.

[2] B. Rassow u. R. Bauer, Journ. f. prakt. Chemie (2) **80**, 98 [1909].

[3] A. Franke u. L. Kohn, Monatshefte f. Chemie **20**, 887 [1899] aus Isobutyrylcyanid.

[4] K. Bouveault u. A. Wahl, Compt. rend. de l'Acad. des Sc. **132**, 416 [1901] aus Dimethylacrylsäure.

[5] L. Kohn, Monatshefte f. Chemie **19**, 522 [1898] aus 3, 3, 5-Trimethylhexan-2, 4-diolsäure.

[6] Moritz, Journ. Chem. Soc. **39**, 14 [1881] aus Diisobutyrylcyanid.

[7] G. Darzans, Compt. rend. de l'Acad. des Sc. **152**, 445 [1911] aus β, β-Dimethylglycidsäureester.

[8] Franke u. Kohn, Monatshefte f. Chemie **20**, 884 [1899].

[9] Wahl, Compt. rend. de l'Acad. des Sc. **132**, 1126 [1901]. — Bouveault u. Wahl, Compt. rend. de l'Acad. des Sc. **132**, 417 [1901].

[10] Ramart-Lucas, Compt. rend. de l'Acad. des Sc. **154**, 1617 [1912].

Methyläthylbrenztraubensäure, α-Oxo-β-methyl-butan-α-carbonsäure, α-Oxo-β-methyl-n-valeriansäure, 3-Methyl-pentanon-(2)-säure-(1).

Mol.-Gewicht: 130,08.

Zusammensetzung: 55,35% C, 7,75% H, 36,90% O . $C_6H_{10}O_3$.

$$
\begin{array}{c}
CH_3 \\
| \\
CH_2 \quad CH_3 \\
\diagdown \diagup \\
*CH \\
| \\
CO \\
| \\
COOH
\end{array}
$$

Vorkommen: Die mit dem Isoleucin in sehr naher Beziehung stehende Methyläthylbrenztraubensäure wurde noch nicht unter natürlichen Bedingungen aufgefunden.

Bildung, Darstellung: Es gibt verschiedene Bildungsweisen der Methyläthylbrenztraubensäure [siehe [1] [2]]; am rationellsten scheint die Methode von Mebus [3] zu sein, der von Methyläthyloxalessigester ausgeht. Der als Ausgangsmaterial verwendete Methyloxalessigester wird nach Arnold [4] dargestellt.

Man trägt Natrium in die etwa 10 fache Menge absol. Alkohols ein, befreit das Äthylat im H_2-Strom vollständig vom überschüssigen Alkohol und übergießt nach dem Erkalten mit der 14 fachen Menge absol. Äthers. Dann setzt man unter ständigem Umschütteln Oxalsäurediäthylester in geringem Überschuß zu und erwärmt zur Beschleunigung der Reaktion gelinde auf dem Wasserbade am Rückfluß. Zu der resultierenden, trüben Flüssigkeit setzt man die auf den Oxalester berechnete Menge Propionsäureäthylester und erhitzt auf dem Wasserbade 10 Stunden am Rückfluß zum Sieden. Beim Erkalten erstarrt der Kolbeninhalt unter Ausscheidung eines goldgelben, flockigen Niederschlages (Natriumverbindung des Methyloxalessigesters). Der Kolbeninhalt wird mit Wasser und verdünnter H_2SO_4 übergossen, die ätherische Schicht abgehoben und die wässerige Lösung mit frischem Äther ausgeschüttelt. Die Ätherextrakte werden mit Sodalösung und Wasser gewaschen, über Na_2SO_4 getrocknet und der nach dem Abdampfen des Äthers, Alkohols und unveränderten Propionesters verbleibende Rückstand im Vakuum fraktioniert. Die Hauptmenge des Methyloxalessigesters geht unter 10 mm Hg von 114—116° über. Ausbeute 70% der Theorie.

Zur Darstellung des Methyläthyloxalessigesters wird durch Eintragen von Natrium in die 14 fache Menge völlig trockenen Alkohols Natriumäthylat bereitet, erkalten gelassen und ein kleiner Überschuß von Methyloxalessigester hinzugegeben. Nach Zugabe des auf den Oxalester berechneten Jodäthyls wird auf dem Wasserbad am Rückfluß zum Sieden erhitzt, bis eine Probe auf Wasserzusatz keine schwerere Flüssigkeit mehr abscheidet, was nach etwa 18 Stunden der Fall ist. Man hat sorgfältig vor Zutritt feuchter Luft zu schützen. Der Alkohol wird hierauf auf dem Wasserbad abgedampft, der Rückstand mit viel Wasser und mit verdünnter H_2SO_4 bis zur sauren Reaktion übergossen, dann mit Äther extrahiert. Ist der Äther mit Jod gefärbt, so schüttelt man zuerst mit Thiosulfatlösung, dann mit Sodalösung und mit Wasser durch, trocknet mit Na_2SO_4, dampft den Äther ab und destilliert den Rückstand im Vakuum. Die Hauptfraktion des Methyläthyloxalessigesters geht unter einem Druck von 12 mm Hg bei 129—130° über.

Der Ester wird nun mit der 20 fachen Gewichtsmenge verdünnter H_2SO_4 (1 : 9) so lange am Rückfluß zum Sieden erhitzt, bis er unter CO_2-Entwicklung vollständig in Lösung gegangen ist, was nach etwa 15 Stunden der Fall ist. Bei Verwendung von konz. H_2SO_4 tritt die Säurespaltung in den Vordergrund. Die wässerige Lösung wird mit Äther ausgeschüttelt, über Na_2SO_4 getrocknet, verdampft und im Vakuum fraktioniert. Siedep. der Methyläthylbrenztraubensäure bei 21 mm Hg 90°.

<hr>

[1] W. Wislicenus u. W. Silberstein, Berichte d. Deutsch. Chem. Gesellschaft **43,** 1825 [1910].

[2] Bouveault u. Loquin, Compt. rend. de l'Acad. des Sc. **141,** 115 [1905]; siehe auch Chem. Centralbl. **1906,** II, 1824.

[3] A. Mebus, Monatshefte f. Chemie **26,** 483 [1905].

[4] Arnold, Annalen d. Chemie u. Pharmazie **246,** 329 [1888].

Die vorgenommenen Reaktionen werden durch folgendes Formelschema veranschaulicht:

$$\underset{\text{Oxalsäure-diäthylester}}{\begin{array}{c} COOC_2H_5 \\ | \\ COOC_2H_5 \end{array}} + NaOC_2H_5 = \begin{array}{c} COOC_2H_5 \\ | \\ C{-}ONa \\ {}{-}OC_2H_5 \\ {}OC_2H_5 \end{array} + CH_2{-}CH_2{-}COOC_2H_5 = \begin{array}{c} COOC_2H_5 \\ | \\ C{-}ONa \\ {}OC_2H_5 \\ | \\ CH{-}CH_3 \\ | \\ COOC_2H_5 \end{array} \longrightarrow$$

$$\longrightarrow \underset{\underset{\text{Methyloxalessigester}}{\text{Natrium-}}}{\begin{array}{c} COOC_2H_5 \\ | \\ CO \\ | \\ CNa{-}CH_3 \\ | \\ COOC_2H_2 \end{array}} + C_2H_5J = \begin{array}{c} COOC_2H_5 \\ | \\ CO \\ | \\ C{<}{}^{C_2H_5}_{CH_3} \\ | \\ COOC_2H_5 \end{array} + 2\,H_2O = \underset{\underset{\text{spaltung}}{\text{Keton-}}}{\begin{array}{c} COOH \\ | \\ CO \\ | \\ CH{<}{}^{C_2H_5}_{CH_3} \end{array}} + CO_2 + 2\,C_2H_5OH$$

$$\underset{\text{brenztraubensäure.}}{\text{Methyläthyl-}}$$

Physiologische Eigenschaften: Wird die racemische Säure in verdünnter wässeriger Lösung der Einwirkung von ober- oder untergäriger Hefe oder von Macerationssaft unterworfen[1]), so erfolgt Gärung: es entstehen CO_2, Methyläthylacetaldehyd

$${}^{CH_3}_{C_2H_5}{>}CH{-}CHO \quad \text{und Methyläthylcarbincarbinol} \quad {}^{CH_3}_{C_2H_5}{>}CH{-}CH_2OH$$

Die letztere Verbindung entstammt aus dem Aldehyd, sie ist linksdrehend, ist aber die d-Verbindung, denn die unangegriffene d, l-Methyläthylbrenztraubensäure war dabei linksdrehend geworden. Es handelt sich also dabei um die Wirkung einer Carboxylase, welche vorwiegend diejenige Form der d, l-Säure angreift, welche d-Methyläthylacetaldehyd liefert.

Auch die Fäulnis der d, l-Methyläthylbrenztraubensäure wurde untersucht[2]) und dabei konstatiert, daß sich diese Säure ebenso verhält, wie die anderen α-Ketocarbonsäuren, denn es entstehen vorwiegend Ameisensäure und optisch-aktive Valeriansäure (d-Methyläthylessigsäure), der etwa 70% racemischer Säure beigemengt sind. In kleinerer Menge entsteht daneben noch eine andere rechtsdrehende Säure mit höherem C-Gehalt, vielleicht nicht ganz reine und zum Teil rechtsdrehende Capronsäure. Aus diesem Verhalten geht hervor, daß sich Amino- und Ketonsäuren bei der Fäulnis grundsätzlich gleich verhalten.

Physikalische und chemische Eigenschaften: Krystalle, die nach Süßholzextrakt riechen. Schmelzp. 30,5°[3]), 35°[4]). Siedep. bei 15 mm 84°[4]), bei 21 mm 90°[3]). Ziemlich leicht flüchtig, besonders mit Wasserdampf. Leicht löslich in Wasser, Alkohol und Äther. Mit Natriumamalgam liefert die Säure α-Oxy-β-methyl-n-valeriansäure[3]).

Salze: Silbersalz $C_6H_9O_3Ag$[5]). In Wasser wenig lösliche, durch Luftsauerstoff schnell geschwärzte, weiße Krystallblättchen.

Calciumsalz[5]) $(C_6H_9O_3)_2Ca + 2\,H_2O$. Weiße, in Wasser lösliche Krystallblättchen. Fast unlöslich in Alkohol und Äther.

Derivate: Phenylhydrazon[5])[6])[7]). Feine gelbe Nädelchen. Schmelzp. 130° (Mebus), Schmelzp. 132—133° (Wislicenus u. Silberstein), Schmelzp. 142° (Bouveault u. Loquin).

Semicarbazon[7]) $C_7H_{13}O_3N_2$. Krystalle aus verdünntem Alkohol. Schmelzp. 165°.

Äthylester[7]) $C_8H_{14}O_3$. Farblose Flüssigkeit vom Siedep. 78—79° bei 15 mm Hg. d = 0,988.

Semicarbazon des Äthylesters $C_9H_{17}O_3N_3$. Nadeln aus Petroläther. Schmelzp. 82—83° (Hg-Bad). Leicht löslich in den übrigen organischen Lösungsmitteln. Geht bei der Behandlung mit Kalilauge auf dem Wasserbad in das entsprechende Lactam über.

$$\begin{array}{c} C_2H_5{-}CH{-}C{-}CO{-}NH \\ {}|{}\|{}| \\ CH_3{}N{-}NH{-}CO \end{array}$$

[1]) C. Neuberg u. W. H. Peterson, Biochem. Zeitschr. **67**, 32 [1914].
[2]) C. Neuberg u. B. Rewald, Biochem. Zeitschr. **71**, 122 [1915].
[3]) A. Mebus, Monatshefte f. Chemie **26**, 488 [1905].
[4]) Locquin, Bull. de la Soc. chim. de France (3) **35**, 964 [1906].
[5]) A. Mebus, Monatshefte f. Chemie **26**, 483 [1905].
[6]) W. Wislicenus u. W. Silberstein, Berichte d. Deutsch. Chem. Gesellschaft **43**, 1825 [1910].
[7]) Bouveault u. Locquin, Compt. rend. de l'Acad. des Sc. **141**, 115 [1905]; siehe auch Chem. Centralbl. **1906**, II, 1924.

das aus Benzol und Alkohol in Blättchen vom Schmelzp. 206—207° (Hg-Bad) auskrystallisiert, die sich in Pottaschelösung lösen.

α-Oxo-n-capronsäure, α-Keto-n-capronsäure, n-Valerylameisensäure.

Mol.-Gewicht: 130,08.

Zusammensetzung: 55,35% C, 7,75% H, 36,90% O . $C_6H_{10}O_3$.

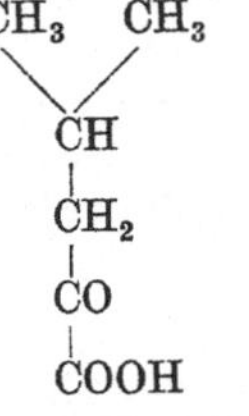

Vorkommen: Bisher wurde kein natürliches Vorkommnis dieser mit dem Norleucin in engem Zusammenhang stehenden Säure bekannt.

Darstellung, Eigenschaften und Verhalten: Zur Darstellung gibt K. Kondo[1]) folgendes Verfahren an: 4,6 g Natrium werden in 100 ccm Alkohol gelöst, zu der Lösung 37,2 g n-Butylacetessigester gegeben und bei einer Temperatur von 30—40° ein lebhafter Strom von Äthylnitritdampf eingeleitet. Der Alkohol wird hierauf im Vakuum abdestilliert, der Rückstand in Wasser gelöst, mit H_2SO_4 angesäuert, ausgeäthert und nach Verjagen des Äthers im Vakuum fraktioniert. Siedep. des Oximinocapronesters bei 12 mm Hg 151—152°.

Je 19 g davon werden in je 40 ccm 85 proz. Ameisensäure gelöst, mit 20 g Nitrosylschwefelsäure behandelt, die ganze Menge in 600 ccm Eiswasser gegossen, die ätherische Schicht abgegossen, der Äther und die Ameisensäure entfernt, der Rückstand in 150 ccm Äther aufgenommen und mit so viel Sodalösung ausgeschüttelt, daß die wässerige Schicht alkalisch reagiert. Die ätherische Schicht wird fraktioniert, wobei zwischen 88 und 89° der α-Keto-n-capronester (20 g) und oberhalb 120° fast reines Oxim (12,5 g) überdestilliert.

Das Semicarbazon des Esters krystallisiert aus Methylalkohol in glänzenden Prismen vom Schmelzp. 149°.

Zur Darstellung der freien Säure wird der Ester in 400 ccm 4 proz. Kalilauge gelöst, 24 Stunden stehengelassen, mit H_2SO_4 angesäuert, mit Äther extrahiert, wobei die Ketocapronsäure und die sauren Spaltprodukte des Oximinocapronesters in Lösung gehen. Die ätherische Lösung wird mit Sodalösung ausgeschüttelt, die erhaltene wässerige, alkalisch reagierende Lösung mit H_2SO_4 angesäuert, mit Äther extrahiert, der Äther verjagt und der Rückstand im Vakuum fraktioniert. Siedep. bei 14 mm Hg 93°, Ausbeute 18 g Säure.

Bei der künstlichen Durchblutung von Hundeleber mit Zusatz von α-Keto-n-capronsäure bildet sich α-Amino-n-capronsäure.

α-Keto-iso-capronsäure, α-Oxo-iso-capronsäure, Isovalerylameisensäure, α-Oxo-γ-methyl-butan-α-carbonsäure, 4-Methyl-pentanon-(2)-säure-(1).

Mol.-Gewicht: 130,08.

Zusammensetzung: 55,35% C, 7,75% H, 36,90% O . $C_6H_{10}O_3$.

Vorkommen: In der Natur ist diese vom Leucin sich ableitende Ketonsäure bisher noch nicht aufgefunden worden.

---

[1]) K. Kondo, Biochem. Zeitschr. **38**, 407 [1912].

Bildung, Darstellung: Aus Isobutylacetessigester erhält man durch Bleikammerkrystalle in konz. Schwefelsäure den α-Oximino-isocapronsäureester. Läßt man auf diesen Ester erneut Bleikammerkrystalle in 85 proz. Ameisensäure einwirken, so erhält man den Ester der Ketonsäure, der entweder mit Alkalilaugen oder besser mit reinem Wasser bei 150—160° zur freien Säure verseift wird[1]).

Physiologische Eigenschaften: Setzt man das Ammoniumsalz der Ketoisocapronsäure dem Durchblutungsblute einer Hundeleber bei, so entsteht l-Leucin, das in Form seiner Uraminoverbindung isoliert wurde[2]).

Physikalische und chemische Eigenschaften: Schmelzp. — 1,5°. Siedep. bei 15 mm Hg 84—85°[3]).

Oxobernsteinsäure, Ketobernsteinsäure, Oxalessigsäure, α-Oxo-äthan-α,β-dicarbonsäure, Butanondisäure.

Mol.-Gewicht: 132,03.

Zusammensetzung: 36,36% C, 3,05% H, 60,59% O . $C_4H_4O_5$.

$$\begin{array}{c} COOH \\ | \\ CH_2 \\ | \\ CO \\ | \\ COOH \end{array}$$

Diese Konstitution kommt der Säure wahrscheinlich nur in Form ihrer Salze zu. Die freie Oxalessigsäure wurde in zwei ineinander überführbaren Formen erhalten, die beide als Enolformen aufgefaßt werden[4]).

Oxymaleinsäure und Oxyfumarsäure, α-Oxy-äthylen-α,β-dicarbonsäuren, Butenoldisäuren.

Mol.-Gewicht und Zusammensetzung wie oben. $C_4H_4O_5$.

$$\begin{array}{cc} HOOC-C-H & \qquad HOOC-C-H \\ \overset{\|}{HOOC-C-OH} & \qquad \overset{\|}{HO-C-COOH} \end{array}$$

Oxymaleinsäure   Oxyfumarsäure

niedrigschmelzende Enolform   hochschmelzende Enolform.

Vorkommen: Die Säure wurde in der Natur trotz ihrer nahen Verwandtschaft mit der Asparaginsäure noch nicht aufgefunden.

Aus der überaus weitschichtigen Literatur über diese präparativ und theoretisch wichtige Substanz sei hier nur das Notwendige angegeben, im übrigen auf das Handbuch der organischen Chemie von Beilstein, IV. Aufl., verwiesen.

Darstellung der Oxalessigsäure[5]): 100 g fein gestoßene Weinsäure werden in einem Kolben mit einem Gemisch von 220 ccm Essigsäureanhydrid und 3 ccm konz. Schwefelsäure übergossen. Beim Umschütteln tritt unter starker Erwärmung Lösung ein. Die Reaktion vollendet man durch kurzes Aufkochen. Beim Erkalten krystallisiert das Diacetylweinsäureanhydrid fast quantitativ und in reinem Zustand aus, man filtriert ab und befreit durch Waschen mit Benzol von anhaftendem Essigsäureanhydrid. Schmelzp. 135°.

20 g Diacetylweinsäureanhydrid werden bei gewöhnlicher Temperatur mit 40 ccm wasserfreiem Pyridin versetzt und umgeschüttelt. Sobald Grünfärbung beginnt, gibt man 12 ccm Eisessig hinzu, erwärmt gelinde und rasch auf dem Wasserbad bis zur völligen Lösung und kühlt nun auf 0° ab. Zur vollständigen Fällung gibt man das gleiche Volumen Äther hinzu, filtriert, wäscht mit absol. Alkohol und Äther aus. Aus der Mutterlauge scheidet sich beim Stehen noch eine geringe Menge zweiter Fällung von ebenfalls fast reinem Pyridinkörper aus. Ausbeute 40—45% der Theorie. Schmelzp. 108—110°.

[1]) Locquin, Bull. de la Soc. chim. de France (3) **31**, 1151 [1904]; vgl. Bouveault u. Locquin, Bull. de la Soc. chim. de France (3) **31**, 1142 [1904].

[2]) G. Embden u. E. Schmitz, Biochem. Zeitschr. **38**, 393 [1912].

[3]) Locquin, Bull. de la Soc. chim. de France (3) **31**, 1151 [1904].

[4]) A. Wohl, Berichte d. Deutsch. Chem. Gesellschaft **40**, 2286 [1907].

[5]) A. Wohl u. C. Oesterlin, Berichte d. Deutsch. Chem. Gesellschaft **34**, 1139 [1901].

Die Pyridinverbindung wird in wenig Wasser gelöst, in der Kälte mit dem Doppelten der berechneten Menge verdünnter Schwefelsäure (12 proz.) versetzt und mehrfach ausgeäthert. Der Äther wird größtentells verdampft und der Rest im Vakuum über H_2SO_4 verdunstet. Die zurückbleibende Säure bildet eine weiße krystallinische Masse, die für weitere Verarbeitung genügend rein ist. Ausbeute 90%. Löst man in wenig heißem Aceton, fügt heißes Benzol bis zur beginnenden Trübung hinzu und läßt erkalten, so erhält man die Oxalessigsäure in mikroskopisch feinen Krystallaggregaten vom Schmelzp. 146°.

Wird der Pyridinkörper dagegen durch 30 proz. Schwefelsäure und gelindes Erwärmen auf dem Wasserbade zersetzt, so erhält man die hochschmelzende Form der Säure: Schmelzp.176—180°.

Beide Formen lassen sich mit Leichtigkeit ineinander überführen.

$$O\begin{cases}OC-CH-O\cdot CO\cdot CH_3\\ OC-CH-O\cdot CO\cdot CH_3\end{cases} + C_5H_5N = O\begin{cases}OC-CH\\ OC-C-O-CO\cdot CH_3\end{cases} + C_5H_5N\cdot CH_3\cdot COOH$$
Diacetylweinsäureanhydrid   Pyridin

$$O\begin{cases}OC-CH\\ OC-C-O-COCH_3\end{cases} + C_5H_5N\cdot CH_3COOH = O\begin{cases}OC-CH\\ OC-C-OH\cdot C_5H_5N\end{cases} + (CH_3CO)_2O$$

$$O\begin{cases}OC-CH\\ OC-C-OH\cdot C_5H_5N\end{cases} + H_2O = \begin{matrix}COOH-CO-CH_2-COOH\\ \text{oder}\\ COOH-C(OH)=CH-COOH\end{matrix} + C_5H_5N$$
Keto- oder Enolform der Oxalessigsäure.

Physikalische und chemische Eigenschaften: a) Niedrigschmelzende Enolform, Oxymaleinsäure: Schmelzp. 152°. Mikroskopisch feine Krystallaggregate. Leicht löslich in Alkohol, Aceton und Essigester, schwer in Äther, unlöslich in Benzol, Ligroin und Chloroform. Zersetzt sich in wässeriger Lösung allmählich schon bei gewöhnlicher Temperatur unter Bildung von Kohlendioxyd und Brenztraubensäure. Kann in alkoholischer Lösung bis nahe zum Siedepunkt erhitzt werden, ohne sich zu zersetzen, zerfällt aber schon bei 10°, wenn die Lösung mit Anilin versetzt wird. Wird in Wasser und Alkohol bei Zusatz von Eisenchlorid ebenso rasch wie die Oxyfumarsäure intensiv rot gefärbt. Gibt mit Nitroprussidnatrium und Ammoniak Blaufärbung.

b) Hochschmelzende Enolform, Oxyfumarsäure: Schmelzp. 184° unter Zersetzung. Weißes Krystallpulver aus Aceton + Benzol. Leicht löslich in Wasser, Alkohol und Äther, unlöslich in Chloroform und Benzol. Wird in Oxymaleinsäure übergeführt, wenn man die konz. wässerige Lösung mit Pyridin kurze Zeit auf 40—50° erwärmt und darauf mit 12 proz. Schwefelsäure unter Eiskühlung zersetzt. Löst sich in heißem Wasser unter Zersetzung. In alkoholischer Lösung ist das Verhalten beim Erhitzen und beim Anilinzusatz gleich wie bei der Oxymaleinsäure. In wässeriger und in Acetonlösung wird die Säure bei Zusatz von Kaliumpermanganat schon in der Kälte sofort oxydiert. Färbung mit Eisenchlorid wie bei der Oxymaleinsäure.

Salze: (Ketoform; Oxalessigsäure). Ammoniumsalz [1]) $C_4H_2O_5\cdot (NH_4)_2$. Weißer Niederschlag. Schmelzp. 75—77° unter Zersetzung.

Silbersalz [2]) $C_4H_2O_5\cdot Ag_2$. Krystalle.

Bariumsalz [3]) $C_4H_2O_5Ba + 2\,H_2O$.

Salz mit Harnstoff [1]) $C_4H_4O_5 + 2\,CH_4ON_2$. Krystallinischer Niederschlag aus Alkohol. Schmelzp. 124° unter Zersetzung.

Äthylester. Siehe unter Oxalessigester an anderer Stelle dieses Werkes.

α-Oxoglutarsäure, α-Keto-glutarsäure,
α-Oxo-propan-α, γ-dicarbonsäure, Pentanon-(2)-disäure.

Mol.-Gewicht: 146,05.

Zusammensetzung: 41,08% C, 4,14% H, 54,78% O. $C_5H_6O_5$.

$$\begin{matrix}COOH\\ |\\ CH_2\\ |\\ CH_2\\ |\\ CO\\ |\\ COOH\end{matrix}$$

[1]) Fenton u. Jones, Journ. Chem. Soc. **79**, 96 [1901].
[2]) R. Fittig, Annalen d. Chemie u. Pharmazie **331**, 102 [1904].
[3]) Fenton u. Jones, Journ. Chem. Soc. **77**, 79 [1900].

Vorkommen: Dieses hypothetische Abbauprodukt der Glutaminsäure konnte unter Naturprodukten noch nicht gefunden werden.

Darstellung: Man behandelt Oxalbernsteinsäureester zuerst in der Kälte, dann in der Wärme mit Salzsäure, wobei der Ester direkt in die gewünschte Säure übergeht[1]).

$$C_2H_5OOC-CO-CH(COOC_2H_5)-CH_2-COOC_2H_5 \longrightarrow HOOC-CO-CH_2-CH_2-COOH$$

Man läßt Oxalbernsteinsäure-ester über Nacht mit rauchender Salzsäure stehen, kocht die Lösung bis zum Aufhören der Kohlendioxydentwicklung und dampft auf dem Wasserbade ein[2]).

Physiologische Eigenschaften: Die Bernsteinsäuregärung der α-Ketoglutarsäure erfolgt sowohl durch verschiedene Hefe wie auch durch Macerationssaft innerhalb 3 Tagen sehr glatt und mit Ausbeuten bis zu 99,2% der Theorie[3])[4]). Dieser glatte Verlauf schließt eine Reaktion im Sinne des Cannizzaroschen Schemas aus. Auch bei der Fäulnis der Säure entsteht Bernsteinsäure, aber nur in Mengen von 14—19% der Theorie. Daneben entstehen reichlich flüchtige Säuren wie Ameisensäure, Essigsäure, Propionsäure. Beide Vorgänge, Gärung und Fäulnis, stehen wahrscheinlich in engster Beziehung zu den entsprechenden bei der Glutaminsäure.

Physikalische und chemische Eigenschaften: Kryställchen aus Essigester durch Petroläther. Schmelzp. 115—116°. Leicht löslich in kaltem und heißem Wasser und in Alkohol, wenig löslich in Äther. Gibt mit Hydrazinsulfat und Natronlauge 6-Oxo-1, 4, 5, 6-tetrahydropyridazincarbonsäure-(3)

$$CO\begin{smallmatrix} \diagup NH \text{------} N \diagdown \\[2pt] \diagdown CH_2-CH_2 \diagup \end{smallmatrix}\!\!C-COOH \quad [5])$$

Derivate: Diäthylester [1])[6]). Farblose Flüssigkeit, die bei 13 mm Hg bei 144° siedet. Schwach riechend.

Semicarbazon des Diäthylesters $C_{10}H_{17}O_5N_3$. Krystalle aus verdünntem Alkohol. Schmelzp. 114°.

Semicarbazon $C_6H_7O_5N_3$[1]). Kann aus heißem Wasser krystallinisch erhalten werden und schmilzt bei 220°.

Oxim $C_5H_7O_5N$[1]). Krystallisiert aus heißem Wasser oder Essigester. Schmelzp. 140° unter Zersetzung. Liefert beim Kochen der wässerigen Lösung CO_2, H_2O und Bernsteinsäuremononitril $COOH-CH_2-CH_2-CN$.

Mit **Hydrazinhydrat** liefert die α-Ketoglutarsäure die Pyridazinoncarbonsäure $C_5H_6O_3N_2$[1]), farblose Prismen aus Wasser vom Schmelzp. 197° unter Zersetzung.

$$\begin{array}{l} COOH \\ | \\ C =\!=\!= N \text{------} NH \\ | \qquad\qquad\quad | \\ CH_2-CH_2-CO \end{array}$$

Phenylhydrazon $C_{11}H_{12}O_4N_2$[1])[6]). Täfelchen aus warmem Essigester durch Chloroformzusatz. Schmelzp. 152—153°. Leicht löslich in Alkohol, Aceton, Essigester, schwer löslich in Äther, Benzol, Chloroform. Die Lösung des Phenylhydrazons wird auf Zusatz von Eisenchlorid oder Kaliumbichromat purpurrot. Beim längeren Stehen im Exsiccator oder beim Erhitzen mit oder ohne Lösungsmittel geht das Phenylhydrazon in das Anhydrid, die 1-Phenyl-6-pyridazinon-3-carbonsäure über, die in Blättchen vom Schmelzp. 172° krystallisiert.

$$\begin{array}{l} COOH \\ | \\ C =\!\cdot\!= N \text{-----} NC_6H_5 \\ | \qquad\qquad\qquad | \\ CH_2-CH_2-CO \end{array}$$

Leitet man in die alkoholische Lösung dieses Anhydrids Salzsäure ein, so scheidet sich NH_4Cl ab und man erhält den Diäthylester der Indol-α-carbonsäure-β-essigsäure in Form von Blättchen, die bei 83—84° schmelzen.

---

[1]) E. E. Blaise u. H. Gault, Bull. de la Soc. chim. de France (4) **9**, 455 [1911]; Compt. rend. de l'Acad. des Sc. **147**, 198 [1908]; **153**, 110 [1911].

[2]) Gabriel, Berichte d. Deutsch. Chem. Gesellschaft **42**, 655, Anm. 3 [1909].

[3]) C. Neuberg u. J. Kerb, Biochem. Zeitschr. **47**, 413 [1913].

[4]) C. Neuberg u. M. Ringer, Biochem. Zeitschr. **71**, 226, 237 [1915].

[5]) Gabriel, Berichte d. Deutsch. Chem. Gesellschaft **42**, 656 [1909].

[6]) W. Wislicenus u. K. Lohmeyer, Berichte d. Deutsch. Chem. Gesellschaft **44**, 1571 [1911].

Oxybrenztraubensäure.

Mol.-Gewicht: 104,03.

Zusammensetzung: 34,60% C, 3,88% H, 61,52% O . $C_3H_4O_4$.

$$\begin{array}{c} CH_2 \cdot OH \\ | \\ CO \\ | \\ COOH \end{array}$$

Tartronaldehydsäure, α-Oxy-β-oxo-äthan-α-carbonsäure, Propanolal-säure bzw. α,β-Dioxy-acrylsäure, α,β-Dioxy-äthylen-α-carbonsäure, Propendiol-(1, 2)-säure.

Mol.-Gewicht und Zusammensetzung siehe oben.

$$\begin{array}{ccc} CHO & & CH \cdot OH \\ | & & \| \\ *CH \cdot OH & \text{bzw.} & C \cdot OH \\ | & & | \\ COOH & & COOH \end{array}$$

Vorkommen: Diese beiden isomeren Säuren kommen als Abbauprodukte des Serins bzw. Isoserins in Betracht, aus denen sie sich z. B. auch bei der Elektrolyse bilden. In der Natur wurden sie noch nicht aufgefunden. Sie sollen gemeinsam behandelt werden, einmal weil sie in sehr nahen Beziehungen zueinander stehen und dann weil es anscheinend noch nicht geglückt ist, die eine oder die andere Form als solche zu charakterisieren, da sie in Lösungen wahrscheinlich gleichzeitig vorkommen. Für beide Säuren existiert nur eine und dieselbe Enolform.

$$\begin{array}{ccccc} CH_2 \cdot OH & & CH \cdot OH & & CHO \\ | & & \| & & | \\ CO & \longrightarrow & C \cdot OH & \longleftarrow & *CH \cdot OH \\ | & & | & & | \\ COOH & & COOH & & COOH \end{array}$$

Die Trennung der beiden Formen ist noch dadurch erschwert, daß die Salze durchaus nicht charakteristisch sind und daß man bei der Behandlung der Säurelösungen mit Hydrazinderivaten dasselbe Osazon erhält. Die beiden Säuren unterscheiden sich allerdings dadurch voneinander, daß die eine (Tartronaldehydsäure) ein asymmetrisches Kohlenstoffatom enthält und deshalb in einer racemischen und zwei optisch aktiven Formen auftreten kann, die allerdings bis jetzt auch noch nicht einzeln isoliert werden konnten.

Bildung: Die Säuren, namentlich die Glycerinaldehydsäure, bieten ein recht erhebliches Interesse wegen ihrer nahen Beziehungen zur Weinsäure einerseits und zur Glycerinsäure andererseits. Es gelang Neuberg und Silbermann[1]) durch Behandlung der Glycerinaldehydsäure mit Cyankali und nachfolgender Verseifung des entstandenen Nitrils das Kalisalz der l-Weinsäure und durch Reduktion der Glycerinaldehydsäure mit Natriumamalgam in schwach saurer Lösung die linksdrehende, in ihren Salzen aber schwach rechtsdrehende Glycerinsäure zu erhalten.

$$\begin{array}{ccccccc} CH_2OH & & O{=}C{-}H & & \begin{matrix}CN\\|\\CHOH\end{matrix} & & \begin{matrix}COOH\\|\\CHOH\end{matrix} \\ | & & | & +KCN & | & +2\,H_2O & | \\ HCOH & \longleftarrow & H{-}C{-}OH & \longrightarrow & CHOH & \longrightarrow & CHOH \\ | & & | & & | & & | \\ COOH & & COOH & & COOH & & COOH \end{array}$$

l-Glycerinsäure　　　l-Glycerinaldehydsäure　　　　　　　　l-Weinsäure

Dadurch ist mit ziemlicher Sicherheit festgestellt, daß die Konfiguration dieser 3 Säuren die gleiche ist. Besonders merkwürdig ist, daß man von der d-Cellulose, diesem unzweifelhaften Derivat der d-Glykose auf dem Weg über Nitrocellulose, Glycerinaldehydsäure, l-Glycerinsäure aus der d-Reihe der Kohlenhydrate in die l-Reihe gelangt, Übergänge, die zwar auch schon bekannt, aber doch sehr selten sind.

Umgekehrt kann durch Oxydation von Glycerinsäure durch Wasserstoffperoxyd in Gegenwart von Eisensalzen die Glycerinaldehydsäure erhalten werden[2]).

---

[1]) C. Neuberg u. M. Silbermann, Zeitschr. f. physiol. Chemie **44**, 134 [1905].
[2]) H. J. H. Fenton u. W. A. R. Wilks, Chem. Centralbl. **1912**, II, 2059.

Darstellung: Die beiden Säuren oder besser Gemische derselben wurden schon auf verschiedenen Wegen erhalten. Ciamician und Silber[1]) erhielten sie bei langdauernder Belichtung von Weinsäure in Sauerstoffatmosphäre. Fenton und Wilks oxydierten Glycerinsäure mit Wasserstoffperoxyd in Gegenwart von Eisensalzen[2]). Vignon erhielt sie bei Einwirkung von Kalilauge auf Oxynitrocellulose[3]). Am bequemsten ist wohl die von Will[4]) angegebene und von mehreren Autoren benutzte Darstellungsart aus gewöhnlicher Nitrocellulose. Im folgenden sei die Vorschrift von Neuberg und Silbermann[5]) wiedergegeben:

10 g Kollodiumwolle werden in der zur Lösung gerade nötigen Menge Alkohol und Äther gelöst und mit 50 g 10 proz. Natronlauge längere Zeit (5 Tage) unter häufigem Durchschütteln stehengelassen, bis eine Probe, mit Schwefelsäure versetzt, nur eine schwache Trübung gibt. Dann wird die vom Alkohol und Äther mechanisch getrennte Flüssigkeit mit Essigsäure neutralisiert, etwa 1 Stunde auf dem Wasserbad bis zum Aufhören der lebhaften Gasentwicklung gelinde erwärmt und in der Kälte mit Bleiessig gefällt. Nach einigem Stehen wird der Niederschlag abgesaugt, 8 mal mit destilliertem Wasser gewaschen, in einer Reibschale zerrieben und mit etwa 100 ccm Wasser in ein Kölbchen gespült. Dann wird zuerst in der Kälte, dann in der Wärme Schwefelwasserstoff eingeleitet, filtriert, mit heißem Wasser gewaschen und auf dem Wasserbad auf ein kleines Volumen eingedampft. Die so erhaltene reduzierende Lösung gibt mit überschüssigem Barytwasser sowie mit Chlorcalcium und Ammoniak in Wasser unlösliche Niederschläge, die sich in Essigsäure lösen. Die Substanz dreht nach links und gibt das oben beschriebene Osazon. Die Ausbeute beträgt nach den Angaben von Berl und Fodor[6]), die die Spaltung des Cellulosenitrats allerdings mit 30 proz. Kalilauge vornahmen, etwa 10%.

Physiologische Eigenschaften: Oxybrenztraubensäure wird durch untergärige Hefe nicht angegriffen, wohl aber durch obergärige Hefe unter Kohlendioxydentwicklung. Dabei entsteht Glykolaldehyd:

$$CH_2(OH) - CO - COOH = CO_2 + CH_2(OH) - CHO .$$

Auch das Calciumsalz der Oxybrenztraubensäure läßt sich vergären, nur muß man bei Gegenwart von Borsäure als Puffer arbeiten. Zusätze von Chloroform oder Toluol verhindern die Gärung nicht. Verwendet man arsenige Säure als Puffer, so unterdrückt Chloroform die Gärung, Toluol nicht[7]).

Physikalische und chemische Eigenschaften: Die freie Säure bildet einen zähen Sirup, der, aus der wässerigen Lösung mit Alkohol gefällt, nach Will[4]) in amorphen Flocken, nach Berl und Smith[8]) in Form eines hellbraunen, sehr hygroskopischen Pulvers erhalten werden kann. Leicht löslich in kaltem und heißem Wasser, wenig löslich in Alkohol und Äther.

Reduziert Fehlingsche Lösung, ferner ammoniakalische Silberlösung unter Spiegelbildung. Wird bei gewöhnlicher Temperatur durch Brom und Wasser oder durch Silberoxyd nicht wesentlich oxydiert, bei 40° entsteht Oxalsäure[9]). Bei der Behandlung mit Natriumamalgam entsteht Glycerinsäure[5]). Durch Behandlung mit wasserfreier Blausäure bildet sich das Nitril der Isoweinsäure[10]); dagegen erhielten Neuberg und Silbermann[5]) durch Behandeln der wässerigen Lösung mit Kaliumcyanid und Verseifung des Reaktionsproduktes mit Schwefelsäure l-Weinsäure und Mesoweinsäure. Mit Eisenchlorid entsteht in alkalischer Lösung eine violette Färbung[9]). Fuchsinschweflige Säure wird sehr langsam gefärbt[9]). Die Lösungen der freien Säure zersetzen sich bei längerem Stehen unter Bildung von Oxalsäure und bei längerem Erhitzen derselben bildet sich ein von Blutkohle fast vollständig absorbierbares Kondensationsprodukt[6]).

Salze: Die wässerigen Lösungen der Säuren liefern mit den meisten Basen (Ca, Ba, Sr, K, Na, Cu) in Wasser leicht lösliche Salze, die man beim Eindunsten der Lösungen als firnis-

[1]) Ciamician u. Silber, Berichte d. Deutsch. Chem. Gesellschaft **46**, 1558 [1913].
[2]) H. J. H. Fenton u. W. A. R. Wilks, Chem. Centralbl. **1912**, II, 2059.
[3]) Vignon, Compt. rend. de l'Acad. des Sc. **127**, 872 [1898].
[4]) W. Will, Berichte d. Deutsch. Chem. Gesellschaft **24**, 401 [1891].
[5]) Neuberg u. Silbermann, Zeitschr. f. physiol. Chemie **44**, 134 [1905].
[6]) E. Berl u. A. Fodor, Chem. Centralbl. **1910**, II, 1039.
[7]) C. Neuberg, Biochem. Zeitschr. **53**, 416 [1913]; — C. Neuberg u. P. Rosental, Biochem. Zeitschr. **61**, 171 [1914]; siehe auch Berl u. Fodor, Chem. Centralbl. **1910**, II, 1039.
[8]) Berl u. Smith, Chem. Centralbl. **1908**, II, 686.
[9]) Fenton u. Jones, Journ. Chem. Soc. **77**, 73 [1900].
[10]) Aberson, Zeitschr. f. physikal. Chemie **31**, 21 [1899].

artige Körper erhält. Das Bleisalz ist in Wasser unlöslich, aber löslich im Überschuß der essigsauren Bleilösung[1]).

Brucinsalz[2]). Krystallisiert in schönen Nadeln, die zur Reinigung aus Wasser oder Alkohol umkrystallisiert werden können.

Derivate: Phenylosazon[1])[3]) $C_{15}H_{14}O_2N_4$. Kleine, hellgelbe, prismatische Krystalle, die man durch Umkrystallisieren aus Alkohol und Fällen mit Wasser reinigen kann. Schmelzp. 213—215° unter Gasentwicklung. Löslich in verdünnter Sodalösung, durch Säuren daraus wieder fällbar.

Natriumsalz[1])[4]) $C_{15}H_{13}O_2N_4Na$. Krystallisiert aus der Lösung des Phenylosazons in heißer Sodalösung in glänzenden, hellgelben Nadeln, die bei raschem Erhitzen bei 231° unter Zersetzung schmelzen.

Kaliumsalz[1]) $C_{15}H_{13}O_2N_4K$. Analog. Schmelzp. 233° unter Zersetzung.

Ammoniumsalz[1]) $C_{15}H_{13}O_2N_4NH_4$. Feine hellgelbe Nadeln. Schmelzp. gegen 200° unter Zersetzung.

Calciumsalz[1]) $(C_{15}H_{13}O_2N_4)_2Ca$. Hellgelbe Nadeln, die durch Fällung der Lösung des Ammoniumsalzes mit Calciumchloridlösung erhalten werden. Es ist in Wasser wenig löslich und beginnt beim Erwärmen schon unter 100° sich unter Entwicklung von Isonitrilgeruch zu zersetzen und ist bei 220° völlig zersetzt. Mit Bleisalzen entstehen weiße, mit Kupfersalzen braune, mit Silbersalzen ebenfalls braune, sich unter Reduktion rasch schwärzende Niederschläge.

Durch Einleiten von Chlorwasserstoff in die alkoholische Lösung des Phenylosazons entsteht sehr leicht der **Äthylester,** welcher in langen, feinen, gelbbraunen Nadeln krystallisiert, die bei 149° schmelzen und sich in Alkohol, Äther und Alkalien leicht lösen.

p-Nitrophenylosazon[3]) $C_{15}H_{12}O_6N_6$. Ziegelrotes, in organischen Solvenzien fast unlösliches Krystallpulver, das bei 260° schmilzt.

Mit **Semicarbazid-Chlorhydrat** entsteht die Verbindung $CH_2(OH)—C(=N—NH—CO$ $—NH_2)—COOH$, $NH_2—NH—CO—NH_2$. Krystalle aus Eisessig, die bei 221° schmelzen.

Die freie Säure enthaltenden Lösungen reduzieren Fehlingsche Lösung und ammoniakalische Silberlösung sehr leicht, letztere unter Spiegelbildung. Erhitzen mit Bromwasser scheint keinen Einfluß auf die Säuren zu haben[1]).

Mesoxalaldehydsäure, Glyoxalcarbonsäure, Dioxopropionsäure, Formylglyoxylsäure, Dioxoäthancarbonsäure, Propanonalsäure.

Mol.-Gewicht: 102,02.

Zusammensetzung: 35,29% C, 1,97% H, 62,74% O . $C_3H_2O_4$.

$$CHO$$
$$|$$
$$CO$$
$$|$$
$$COOH$$

Vorkommen: In der Natur noch nicht aufgefunden.

Bildung: Die Mesoxalaldehydsäure entsteht bei der Oxydation der Weinsäure nach vorhergehender Bildung von Dihydroxymaleinsäure. Sie wird nach H. J. H. Fenton und J. H. Ryffel[5]) am besten erhalten, wenn man eine konzentrierte, wässerige Weinsäurelösung bei Gegenwart von etwas Ferrosalz mit Wasserstoffsuperoxyd unter Kühlung versetzt. Nach Zusatz von konz. Schwefelsäure scheidet sich freie Dihydroxymaleinsäure aus. Wird die freie Säure mit Ferrisalzen oder Sublimat bei 40—70° oxydiert, so entsteht die Mesoxalaldehydsäure, die nach Entfernung der Eisensalze und der freien Mineralsäure als dicker, nicht krystallisierender Sirup erhalten wird.

$$COOH—CH(OH)—CH(OH)—COOH \longrightarrow COOH—C(OH)$$
$$=C(OH)—COOH \longrightarrow COOH—CO—CHO .$$

---
[1]) W. Will, Berichte d. Deutsch. Chem. Gesellschaft **24**, 401 [1891].
[2]) Neuberg u. Silbermann, Zeitschr. f. physiol. Chemie **44**, 134 [1905].
[3]) E. Berl u. A. Fodor, Chem. Centralbl. **1910**, II, 1039.
[4]) Ciamician u. Silber, Berichte d. Deutsch. Chem. Gesellschaft **46**, 1558 [1913].
[5]) H. J. H. Fenton u. J. H. Ryffel, Journ. Chem. Soc. **81**, 426 [1902]; **87**, 813 [1905].

G. Ciamician und P. Silber[1]) erhielten zwar nicht die freie Aldehydsäure, wohl aber ihr Osazon bei der photochemischen Autoxydation der Weinsäure.

C. Neuberg[2]) hat die Mesoxalaldehydsäure ebenfalls in Form ihres Osazons aus den Produkten der photochemischen Oxydation der Asparaginsäure und der Äpfelsäure bei Gegenwart von Uransalzen isoliert.

H. D. Dakin[3]) gibt an, daß sich bei der Einwirkung von Natrium-p-Toluolsulfochloramid auf Asparagin außer Dichloracetamid eine reduzierende Substanz bildet, die mit Phenylhydrazin und anderen Aminen Derivate der Mesoxalaldehydsäure liefert.

Physikalische und chemische Eigenschaften: In freiem Zustand bildet der Aldehyd der Mesoxalsäure einen dicken Sirup, der nicht gut charakterisiert werden kann. Er ist in saurer Lösung ziemlich beständig, kondensiert sich mit Harnstoff zu Glykoluril und geht bei der Behandlung mit alkalischer Kupferlösung in Mesoxalsäure $HOOC—CO—COOH$ über. Bei kurzem Erwärmen mit Alkalien bildet sich Tartronsäure $HOOC—CH(OH)—COOH$. Gut charakterisiert sind die Derivate der Aldehydosäure mit Phenylhydrazin und mit Hydroxylamin. Sowohl das Osazon, wie die Dioxime sind identisch mit den entsprechenden Derivaten der Dibrombrenztraubensäure $CHBr_2—CO—COOH$.

Derivate: Osazon[4])

$$CH = N_2H \cdot C_6H_5$$
$$|$$
$$C = N_2H \cdot C_6H_5$$
$$|$$
$$COOH$$

Aus Chloroform umkrystallisiert bildet es orangegoldene Nadeln vom Schmelzp. 222—224° [siehe auch E. Fischer[5]), Nastvogel[6]) Söderbaum[7])]. Es liefert ein gut krystallisierendes **Natriumsalz**[4]), das sich in großen, glänzenden, orangegelben Nadeln ausscheidet, die bei 239° schmelzen und Seide und Wolle citronengelb anfärben.

Der **Äthylester des Osazons** wurde von J. Scheiber und P. Herold[8]) dargestellt; er schmilzt bei 135°.

Das **Amid des Osazons** wurde von H. D. Dakin[3]) erhalten, als er die Produkte der Einwirkung von Natrium-p-Toluolsulfochloramid auf Asparagin mit Phenylhydrazin behandelte. Es geht beim Erhitzen mit verdünnter Salzsäure in das 4-Benzolazo-1-phenyl-5-pyrazolon über.

Das **Dioxim**[4]) wird in zwei stereoisomeren Formen erhalten [s. a. Söderbaum[7])]. Die erste Form schmilzt bei 141—143°, sie ist leicht löslich in Wasser und geht bei Behandlung

$$CH = NOH$$
$$|$$
$$C = NOH$$
$$|$$
$$COOH$$

mit Salzsäure oder auch spontan in die zweite Form über, die bei 172° schmilzt und weniger leicht löslich ist als die erste. Beide geben mit Eisenchlorid eine blutrote Färbung. Bei Behandlung mit einer alkalischen Lösung von Kupferhydroxyd geht das Dioxim in Mesoxalsäure über.

p-Nitrophenyl-Osazon[9])

$$CH = N—NH—C_6H_4—NO_2$$
$$|$$
$$C = N—NH—C_6H_4—NO_2$$
$$|$$
$$COOH$$

[1]) G. Ciamician u. P. Silber, Berichte d. Deutsch. Chem. Gesellschaft **46**, 1108 [1913].
[2]) C. Neuberg, Biochem. Zeitschr. **13**, 308, 318 [1908].
[3]) H. D. Dakin, Biochem. Journ. **11**, 79 [1917].
[4]) H. J. H. Fenton u. J. H. Ryffel, Journ. Chem. Soc. **81**, 426 [1902]; **87**, 813 [1905].
[5]) E. Fischer, Berichte d. Deutsch. Chem. Gesellschaft **20**, 823, Anm. [1887].
[6]) Nastvogel, Annalen d. Chemie u. Pharmazie **248**, 85 [1888].
[7]) Söderbaum, Berichte d. Deutsch. Chem. Gesellschaft **25**, 904 [1892].
[8]) J. Scheiber u. P. Herold, Berichte d. Deutsch. Chem. Gesellschaft **46**, 1108 [1913].
[9]) H. D. Dakin, Chem. Centralbl. **1920**, I, 681.

Aus der nach Fenton (l. c.) erhaltenen Lösung des Aldehyds mit p-Nitrophenylhydrazin. Krystallisiert aus siedendem Nitrobenzol in feinen, meist zu Rosetten gelagerten Nadeln, die bei 310° (korr.) schmelzen. Wenig löslich in Alkohol, Äther, Chloroform. Leicht löslich in Pyridin unter Salzbildung. Färbt alkoholische Natronlauge intensiv blau. Das gleiche Produkt wurde aus den Oxydationsprodukten der synthetischen Oxyasparaginsäure isoliert.

Malonaldehydsäure, Formylessigsäure, β-Oxo-propionsäure, β-Oxo-äthan-α-carbonsäure, Propanalsäure bzw. β-Oxyacrylsäure, Propen-(2)-ol-(3)-säure-(1).

Mol.-Gewicht: 88,03.

Zusammensetzung: 40,89% C, 4,58% H, 54,53% O . $C_3H_4O_3$.

$$\begin{array}{ccc} CHO & & CH \cdot OH \\ | & & \| \\ CH_2 & bzw. & CH \\ | & & | \\ COOH & & COOH \end{array}$$

Vorkommen: Die Malonaldehydsäure ist, aus Analogie zu den Verhältnissen bei der Glutaminsäure, als Zwischenprodukt des Asparaginsäureabbaues durch Hefe und Fäulnisbakterien zu erwarten. Sie wird bei der Einwirkung von Natriumhypochlorit [K. Langheld[1])] oder von Natrium-p-toluolsulfochloramid [H. D. Dakin[2])] auf Asparaginsäure als erstes Zwischenprodukt des Abbaues angenommen, das aber sofort weiter verändert wird. Die Malonaldehydsäure konnte bisher noch nicht in freiem Zustand isoliert und beschrieben werden, wohl aber sind einige ihrer Derivate bekanntgeworden.

Bildung: Ihre vorübergehende Bildung ist bei der Umwandlung von Äpfelsäure in Cumalinsäure anzunehmen [siehe z. B. v. Pechmann[3])]. Sie entsteht durch Ameisensäureabspaltung beim Erwärmen von Äpfelsäure mit konz. Schwefelsäure:

$$COOH-CH_2-CH(OH)-COOH \; - \; HCOOH \; = \; COOH-CH_2-CHO$$

sie wird aber unter den Versuchsbedingungen sofort durch Kondensationsreaktionen weiter verändert.

Andere Reaktionen, bei denen ihre Bildung hätte erwartet werden können, ergaben raschen Zerfall in Kohlensäure und Acetaldehyd.

A. Wohl und W. Emmerich[4]) erhielten die Malonaldehydsäure in kleiner, gerade zur Analyse ausreichender Menge aus Acrolein:

$$CH_2=CH-CHO \quad \begin{array}{c} +\,2\,C_2H_5OH \\ +\,HCl \end{array} \longrightarrow \quad CH_2Cl-CH_2-CH{<}^{OC_2H_5}_{OC_2H_5} \quad \xrightarrow[\text{verd. KOH}]{\text{Digestion m.}}$$

$$\xrightarrow[\text{verd. KOH}]{\text{Digestion m.}} \quad CH_2(OH)-CH_2-CH{<}^{OC_2H_5}_{OC_2H_5} \quad \xrightarrow[\text{KMnO}_4]{\text{Oxyd. m.}}$$

$$\xrightarrow[\text{KMnO}_4]{\text{Oxyd. m.}} \quad KOOC|-CH_2-|CH{<}^{OC_2H_5}_{OC_2H_5} \quad \xrightarrow[\text{m. H}_2\text{SO}_4]{\text{Erwärmen}} \quad HOOC-CH_2-CHO$$

Derivate: Oxim. Es entsteht durch Spaltung der Cumalinsäure bei der Einwirkung von Hydroxylamin in alkalischer Lösung:

$$\begin{array}{c} CH-C(COOH)=CH \\ \| \qquad\qquad\qquad | \\ CH-CO\!-\!\!-\!\!-\!\!-\!\!-\!O \end{array} \longrightarrow \quad CH(=NOH)-CH_2-COOH$$

Dieses Oxim schmilzt unter plötzlichem Aufschäumen bei 117—118°; es gibt mit nascierendem Wasserstoff β-Aminopropionsäure und zerfällt beim Kochen mit Wasser in Hydroxylamin, Kohlendioxyd und Acetaldehyd [siehe v. Pechmann, l. c.; Hantsch[5])].

---

[1]) K. Langheld, Berichte d. Deutsch. Chem. Gesellschaft **42**, 392, 2360 [1909]; DRP. Nr.226226, Kl. 12o, 14. Januar 1909.

[2]) H. D. Dakin, Biochem. Journ. **11**, 79 [1917].

[3]) H. v. Pechmann, Annalen d. Chemie u. Pharmazie **264**, 285 [1891] usw.

[4]) A. Wohl u. W. Emmerich, Berichte d. Deutsch. Chem. Gesellschaft **33**, 2763 [1900].

[5]) A. Hantsch, Berichte d. Deutsch. Chem. Gesellschaft **25**, 1904 [1892].

Bernsteinaldehydsäure, Succinaldehydsäure, β-Aldehydo-propionsäure, β-Formyl-propionsäure, γ-Oxo-buttersäure, γ-Oxo-propan-α-carbonsäure, Butanalsäure.

Mol.-Gewicht: 102,05.

Zusammensetzung: 47,04% C, 5,92% H, 47,04% O . $C_4H_6O_3$.

$$\begin{array}{c} CHO \\ | \\ CH_2 \\ | \\ CH_2 \\ | \\ COOH \end{array}$$

Vorkommen: Diese Aldehydsäure bildet ein wichtiges Zwischenprodukt bei der Umwandlung der Glutaminsäure zu Bernsteinsäure durch Hefegärung oder Fäulnis [C. Neuberg und M. Ringer[1]]. Den Reaktionsmechanismus hat man sich folgendermaßen vorzustellen:

$$COOH - CH_2 - CH_2 - CH(NH_2) - COOH + O = NH_3 + COOH - CH_2 - CH_2 - CO - COOH$$
Glutaminsäure α-Ketoglutarsäure

$$COOH - CH_2 - CH_2 - CO - COOH = CO_2 + COOH - CH_2 - CH_2 - CHO$$
Bernsteinaldehydsäure

$$COOH - CH_2 - CH_2 - CHO + O = COOH - CH_2 - CH_2 - COOH$$
Bernsteinsäure.

Selbstverständlich tritt die Bernsteinaldehydsäure auch als Zwischenprodukt bei der Vergärung der α-Ketoglutarsäure zu Bernsteinsäure auf. Sie wurde allerdings bei diesen Reaktionen bisher noch nicht selbst gefaßt, doch wurde ihr Auftreten als Zwischenprodukt auf indirektem Wege durchaus glaubhaft gemacht [Neuberg und Ringer, l. c.[1]].

Bildung, Darstellung: W. H. Perkin jun. und Sprankling[2]), die Entdecker dieser Säure, gingen analog der Malonestersynthese vor, indem sie Bromacetal an Stelle von Alkylhaloiden auf Malonester einwirken ließen:

$$\begin{array}{l} C_2H_5O \\ \!\!\!\!\searrow \!\! CH - CH_2Br + H_2C \!\!\nearrow\!\!\!\!^{COOC_2H_5} \\ C_2H_5O {}_{COOC_2H_5} \end{array} \quad - \longrightarrow$$

$$\begin{array}{l} C_2H_5O \\ \!\!\!\!\searrow \!\! CH - CH_2 - CH \!\!\nearrow\!\!\!\!^{COOC_2H_5} + HBr \quad \xrightarrow[\text{mit KOH}]{\text{Verseifung}} \\ C_2H_5O {}_{COOC_2H_5} \end{array}$$

$$\begin{array}{l} C_2H_5O \\ \!\!\!\!\searrow \!\! CH - CH_2 - CH \!\!\nearrow\!\!\!\!^{COOH} \quad \xrightarrow[\text{H_2O auf 180°}]{\text{Erhitzen mit}} \quad HOC - CH_2 - CH_2 - COOH \\ C_2H_5O {}_{COOH} \end{array}$$
             Acetalylmalonsäure.

Nach v. Ungern-Sternberg[3]) und A. Ellinger[4]) kann die Bernsteinaldehydsäure aus Aconsäure dargestellt werden, indem man diese einfach mit der 30 fachen Menge Wasser 12 Stunden am Rückfluß kocht und die Lösung im Vakuum bei 35° zum Sirup verdunstet:

$$\begin{array}{l} HC = C - COOH \\ | | \quad\quad + H_2O \longrightarrow \\ O - CO - CH_2 \end{array} \quad \begin{array}{l} HO - CH = C - COOH \\ | \quad\quad -CO_2 \longrightarrow \\ HOOC - CH_2 \end{array}$$

$$\begin{array}{l} HO - CH = CH \\ | \quad\quad \longrightarrow \quad HOC - CH_2 - CH_2 - COOH \\ HOOC - CH_2 \end{array}$$

Die einfachste Darstellungsweise folgt dem Verfahren von Wislicenus, Böklen und Reuthe[5]) aus Formylbernsteinsäureester. Man versetzt 100 g Bernsteinsäureäthylester und 60 g Ameisensäureäthylester in 600 g absol. Äther mit 15 g Natriumdraht. Am folgenden

---

[1]) C. Neuberg u. M. Ringer, Biochem. Zeitschr. **91**, 131 [1918]; siehe auch **71**, 226, 237 [1915].

[2]) W. H. Perkin jun. u. Sprankling, Journ. Chem. Soc. **75**, 11 [1899].

[3]) E. v. Ungern-Sternberg, Diss. Königsberg 1904.

[4]) A. Ellinger, Berichte d. Deutsch. Chem. Gesellschaft **37**, 1801 [1904].

[5]) W. Wislicenus, E. Böklen u. F. Reuthe, Annalen d. Chemie u. Pharmazie **363**, 354 [1908].

Tage wird mit Wasser geschüttelt, die wässerige Schicht angesäuert und ausgeäthert und der Ätherrückstand im Vakuum fraktioniert. Siedep. bei 12—15 mm Hg 125—140°; nach der Reinigung über die Kupferverbindung Siedep. bei 15 mm Hg 137°. (Die Kupferverbindung des Formylbernsteinsäureesters wird in alkoholischer Lösung mit Kupferacetat erhalten: grüne Nadeln mit Krystallalkohol, der im Exsiccator weggeht. Schmelzp. 132—133°; unlöslich in Wasser, löslich in Benzol, Äther und Alkohol.)

Der Formylbernsteinsäureester wird nun mit der 5fachen Menge Wasser während 2 Stunden im Einschmelzrohre auf 120—130° erhitzt; man erhält nach dem Eindunsten die Aldehydobernsteinsäure als leicht in Wasser löslichen gelben Sirup. Die weitere Reinigung [s. a. C. Harries und E. Alefeld[1]), und A. Himmelmann[2]); C. Neuberg und M. Ringer (l. c.)] geschieht durch Destillation des öligen Sirups im Vakuum. Das Destillat erstarrt im Exsiccator allmählich zu einer krystallinischen Masse, die aus der dimeren Modifikation besteht. Diese Form ist viel beständiger und bildet beim Auflösen sofort die monomolekulare Modifikation zurück.

Die soeben beschriebene Methode beruht auf folgender Umsetzung:

$$HCOOC_2H_5 + \begin{array}{c} CH_2 - COOC_2H_5 \\ | \\ CH_2 - COOC_2H_5 \end{array} \longrightarrow \begin{array}{c} CHO - CH - COOC_2H_5 \\ | \\ CH_2 - COOC_2H_5 \end{array} \longrightarrow \begin{array}{c} CHO - CH_2 \\ | \\ CH_2 - COOH \end{array}$$

Eine weitere, allerdings etwas umständliche Darstellungsmethode ist diejenige von C. Harries und E. Alefeld[1]) Diese Autoren führen die Allylessigsäure in ihr Ozonid über und spalten dieses mit Wasser, wobei in mäßiger Ausbeute (10%) die Bernsteinaldehydsäure entsteht:

$$CH_2 = CH - CH_2 - CH_2 - COOH + O_3 = \begin{array}{c} CH_2 \quad\vdots\quad CH - CH_2 - CH_2 - COOH \\ | \qquad\vdots\qquad | \\ O - O \quad\vdots\quad O \end{array} \xrightarrow{+H_2O}$$

$$\xrightarrow{+H_2O} O = CH - CH_2 - CH_2 - COOH$$

Die Bernsteinaldehydsäure kann ferner aus γ-Azidobuttersäure $N_3-CH_2-CH_2-CH_2-COOH$ bei der Einwirkung von stärkeren Mineralsäuren unter Stickstoffentwicklung und Wasseranlagerung in reichlicher Menge erhalten werden [Th. Curtius[3])].

Nach K. Langheld[4]) soll die Bernsteinaldehydsäure in quantitativer Ausbeute bei der Einwirkung von Natriumhypochlorit auf Glutaminsäure entstehen. Die Darstellung nach den Angaben Langhelds scheint indes nicht zu gelingen (siehe C. Neuberg und M. Ringer [l. c.]).

In ausgezeichneter Ausbeute erhält H. D. Dakin[5]) die Aldehydsäure bei Einwirkung von Natrium-p-Toluolsulfo-Chloramid $CH_3-C_6H_4-SO_2-N-NaCl$ auf das Mononatriumsalz der Glutaminsäure.

Physiologische Eigenschaften: Abbau: Sowohl in Abwesenheit von Zucker, als bei gleichzeitig ablaufender alkoholischer Gärung wird die Bernsteinaldehydsäure in Bernsteinsäure übergeführt, und zwar, was besonders bemerkenswert ist, auch bei völliger Abwesenheit von Sauerstoff, in Kohlensäure- oder Wasserstoffatmosphäre [C. Neuberg und M. Ringer (l. c.); C. Neuberg und E. Reinfurth[6])].

Dieser ziemlich seltene Fall des Eintretens einer Oxydationsgärung auch in Abwesenheit von Sauerstoff hat ein Analogon in der Citronensäuregärung des Zuckers [P. Mazé und A. Perrier[7])].

Physikalische und chemische Eigenschaften: Farbloses, schwach aldehydartig, ranzig riechendes Öl, das im Äther-Kohlensäuregemisch fest wird, aber bei gewöhnlicher Temperatur wieder flüssig wird. Siedep. bei 14 mm 134—136°; bei 15 mm Hg 142—143°. Flüchtig mit Wasserdampf. Leicht löslich in Wasser, Alkohol, Äther, Essigester und Benzol. $D_{23°}^{23°} = 1,2568$. $n_\alpha^{23°} = 1,44571$; $n_D^{23°} = 1,44873$; $n_\gamma^{23°} = 1,45911$[1]).

[1]) Harries u. Alefeld, Berichte d. Deutsch. Chem. Gesellschaft **42**, 159 [1909].

[2]) C. Harries u. A. Himmelmann, Berichte d. Deutsch. Chem. Gesellschaft **42**, 166 [1909].

[3]) Th. Curtius, Berichte d. Deutsch. Chem. Gesellschaft **45**, 1066, 1076 [1912].

[4]) K. Langheld, Berichte d. Deutsch. Chem. Gesellschaft **42**, 392, 2360 [1909]; D.R.P. Nr. 226226, 226227, Kl. 12o vom 14. Januar 1909.

[5]) H. D. Dakin, Biochem. Journ. **11**, 79 [1917].

[6]) C. Neuberg u. E. Reinfurth, Biochem. Zeitschr. **92**, 234 [1918].

[7]) P. Mazé u. A. Perrier, Annales de l'Inst. Pasteur **18**, 535 [1905].

Die in frischem Zustand ölige Bernsteinaldehydsäure wird beim Stehen allmählich krystallinisch, da sie in ein Polymeres übergeht. E. Carrière und E. E. Blaise[1]) behaupten, daß sich spontan die trimere Form bildet, während C. Harries und E. Alefeld[2]), ferner C. Harries und A. Himmelmann[3]) und ebenso C. Neuberg und M. Ringer (l. c.) nur die dimere Form erhalten und charakterisiert haben.

Die Konstitution der Bernsteinaldehydsäure geht aus ihrer leichten Überführbarkeit in Bernsteinsäure, die schon durch Autoxydation, besser durch Kochen mit Salpetersäure erfolgt, hervor [Perkin jun. und Sprankling[4])]. Durch Reduktion mit Natriumamalgam erhält man das γ-Butyrolacton, das der unbeständigen γ-Oxybuttersäure entspricht [Perkin jun. und Sprankling[4])]. Die Aldehydnatur äußert sich in sehr starkem Reduktionsvermögen: In frischem Zustand wird Fehlingsche Lösung und ammoniakalische Silberlösung momentan reduziert, fuchsinschweflige Säure wird gerötet und die Angeli-Riminische Reaktion verläuft positiv.

Derivate: Semicarbazon: Weiße Krystalle. Schmelzp. 194—195° unter geringer Zersetzung [E. Carrière[5])]. Schmelzp. 177—178° [H. D. Dakin[6])].

Phenylhydrazon. Farblose Prismen aus Alkohol. Schmelzp. 188—189°. [Wislicenus, Böklen und Reuthe[7])]. Schmelzp. 191° [Perkin jun. und Sprankling[4])].

p-Nitrophenylhydrazon $C_{10}H_{11}O_4N_3$. Orangerote Nadeln. Schmelzp. 185—187° (H. D. Dakin, l. c.). Schmelzp. 180—181° (E. Carrière, l. c.).

Oxim: Schmelzp. 102—103° (E. Carrière, l. c.).

Äthylester: Siedep. 84° bei 12 mm (E. Carrière, l. c.).

Glutaraldehydsäure, δ-Oxo-n-valeriansäure, δ-Oxo-butan-carbon-säure, Pentanal-(5)-säure-(1).

Mol.-Gewicht: 116,06.

Zusammensetzung: 51,70% C, 6,94% H, 41,36% O . $C_5H_8O_3$.

$$\begin{array}{c} CHO \\ | \\ CH_2 \\ | \\ CH_2 \\ | \\ CH_2 \\ | \\ COOH \end{array}$$

Vorkommen: Die Glutaraldehydsäure läßt sich von der δ-Amino-n-valeriansäure als direktes Produkt der oxydativen Desaminierung ableiten. Natürliche Vorkommnisse dieser Säure sind bisher nicht bekanntgeworden.

Bildung, Darstellung: Die Säure kann auf ähnlichem Wege (Malonestersynthese) erhalten werden, wie die Bernsteinaldehydsäure. A. Ellinger[8]) ging folgendermaßen vor:

$$\begin{array}{c} C_2H_5O \\ C_2H_5O \end{array}\!\!\Big\rangle CH - CH_2 - CH_2Cl + CHNa\Big\langle\!\!\begin{array}{c} COOC_2H_5 \\ COOC_2H_5 \end{array} =$$

β-Chlorpropionacetal

$$= \begin{array}{c} C_2H_5O \\ C_2H_5O \end{array}\!\!\Big\rangle CH - CH_2 - CH_2 - CH\Big\langle\!\!\begin{array}{c} COOC_2H_5 \\ COOC_2H_5 \end{array} + NaCl$$

Propionacetalylmalonester.

$$\begin{array}{c} C_2H_5O \\ C_2H_5O \end{array}\!\!\Big\rangle CH - CH_2 - CH_2 - CH\Big\langle\!\!\begin{array}{c} COOC_2H_5 \\ COOC_2H_5 \end{array} + 3\,H_2O =$$

$$= CHO - CH_2 - CH_2 - CH_2 - COOH + CO_2 + 4\,C_2H_5OH$$

[1]) E. Carrière, E. E. Blaise, Compt. rend. de l'Acad. des Sc. **154**, 1173 [1912]; **156**, 239 [1913].
[2]) C. Harries u. A. Alefeld, Berichte d. Deutsch. Chem. Gesellschaft **42**, 163, 1426 [1909]. — C. Harries, Berichte d. Deutsch. Chem. Gesellschaft **45**, 2583 [1912].
[3]) C. Harries u. A. Himmelmann, Berichte d. Deutsch. Chem. Gesellschaft **42**, 166 [1909].
[4]) W. H. Perkin jun. u. Sprankling, Journ. Chem. Soc. **75**, 11 [1899].
[5]) E. Carrière, Compt. rend. de l'Acad. des Sc. **154**, 1173 [1912].
[6]) D. H. Dakin, Biochem. Journ. **11**, 79 [1917].
[7]) W. Wislicenus, E. Böklen u. F. Reuthe, Annalen d. Chemie u. Pharmazie **363**, 354 [1908].
[8]) A. Ellinger, Berichte d. Deutsch. Chem. Gesellschaft **38**, 2885 [1905].

Man erhitzt 10,5 g des nach A. Wohl[1]) bereiteten β-Chlorpropionacetals und 10,5 g Malonester zusammen mit 2,13 g Natrium, welche in 25 ccm absol. Alkohol gelöst sind, im Pfungstschen Autoklaven während 4 Stunden auf 130—140°. Dabei erweist es sich als zweckmäßig, die Verschlußschraube des Autoklaven nicht ganz anzuziehen, damit am Ende des Versuches aller Alkohol entwichen ist. Den wenig gefärbten Rückstand nimmt man mit Wasser auf und schüttelt ihn wiederholt mit Äther aus. Nachdem die ätherische Lösung mit Wasser gewaschen, über Chlorcalcium getrocknet und auf dem Wasserbad eingedunstet ist, wird der Rückstand im Vakuum fraktioniert. Der Siedepunkt des Propionacetalylmalonesters liegt unter 20 mm Druck bei 170°; die Ausbeute beträgt zirka 7 g.

Zur Überführung in die Glutaraldehydsäure werden 12 g des Esters in 4 Röhren mit der 6fachen Menge Wasser auf 180—190° erhitzt. Beim Öffnen entweicht Kohlensäure unter starkem Druck; der Röhreninhalt wird von wenig Schmiere abfiltriert und im Vakuum zum Sirup verdampft.

C. Harries und L. Tank[2]) erhielten die Glutaraldehydsäure durch Zerlegung des aus Cyclopenten hergestellten Ozonides mit Wasser neben Glutardialdehyd und Glutarsäure:

$$\begin{array}{ccc}
\underset{\substack{|\\ CH_2-CH_2}}{CH_2-CH}\!\!\diagup\!\!CH + O_3 & \longrightarrow & \underset{\substack{|\\ CH_2-CH_2-CH}}{CH_2-CH}\!\!\diagup\!\!\overset{O\,\vdots\,O}{\diagdown}\!\!O & \longrightarrow & \underset{\substack{|\\ CH_2-CH_2}}{CH_2-CHO}\!\!\diagup\!\!COOH
\end{array}$$

Cyclopenten   Cyclopentenozonid.

Physikalische und chemische Eigenschaften: Dickes Öl. Siedep. bei 9 mm 136°; bei 10 mm 139—140,5°; bei 760 mm 240°. Leicht löslich in Wasser, Alkohol, Äther, Benzol, Eisessig. $D_{4°}^{18\,5°} = 1{,}1657$. $n_\alpha^{18\,5°} = 1{,}44774$; $n_D^{18\,5°} = 1{,}44973$; $n_\gamma^{18{,}5°} = 1{,}46078$. Reduziert ammoniakalische Silberlösung in der Kälte und Fehlingsche Lösung in der Wärme. Wird durch Natronlauge verharzt. Oxydiert sich an der Luft zu Glutarsäure[2]). Derselbe Vorgang tritt auch bei der Behandlung mit ammoniakalischer Silberlösung ein [A. Ellinger[3])].

Salze: Das **Silbersalz** bildet Krystalle, die sich aber nach kurzer Zeit zersetzen [C. Harries und L. Tank[2])].

Derivate: Das **Oxim**[2]) krystallisiert aus heißem Wasser in Nadeln vom Schmelzp. 110—111°.

Das **Semicarbazon**[2]) bildet Prismen vom Schmelzp. 165—166°.

Das **Phenylhydrazon**[3]), das durch Einwirkung von Phenylhydrazin gewonnen wird, ist ölig; es wird zur Synthese der Indol-Pr-3-propionsäure verwendet.

Das **p-Nitrophenylhydrazon**[2]) krystallisiert aus heißem Wasser in Form von goldgelben Prismen vom Schmelzp. 148,5°.

Adipinaldehydsäure, Hexanal-(6)-säure-(1).

Mol.-Gewicht: 130,08.
Zusammensetzung: 55,35% C, 7,75% H, 36,90% O . $C_6H_{10}O_3$.

$$\begin{array}{c}
CHO \\ | \\ CH_2 \\ | \\ CH_2 \\ | \\ CH_2 \\ | \\ CH_2 \\ | \\ COOH
\end{array}$$

Vorkommen: Die Adipinaldehydsäure ist unter den Naturstoffen noch nicht nachgewiesen worden, kann aber als erstes Spaltprodukt der oxydativen Desaminierung der ε-Amino-n-capronsäure aufgefaßt werden.

---

[1]) A. Wohl, Berichte d. Deutsch. Chem. Gesellschaft **31**, 1796 [1898]; **33**, 2760 [1900].
[2]) C. Harries u. L. Tank, Berichte d. Deutsch. Chem. Gesellschaft **41**, 1704 u. 1706 [1908].
[3]) A. Ellinger, Berichte d. Deutsch. Chem. Gesellschaft **38**, 2885 [1905].

Bildung, Darstellung: Künstlich wurde die Aldehydosäure von C. Harries und H. v. Splawa-Neymann[1]) und von C. Harries und R. Seitz[2]) durch Spaltung des Cyclohexenozonides mit Wasser in 16% Ausbeute erhalten, analog der Umwandlung des Cyclopentenozonides in Glutaraldehydsäure. Als Nebenprodukt entstehen Cyclopentenaldehyd, Adipinsäure und Adipindialdehyd.

$$\begin{array}{c}CH_2-CH_2-CH \\ | \qquad\qquad \| \\ CH_2-CH_2-CH \end{array} + O_3 \longrightarrow \begin{array}{c}CH_2-CH_2-CH-O \\ | \qquad\qquad\qquad \diagdown O \\ CH_2-CH_2-CH-O \end{array} \longrightarrow \begin{array}{c}CH_2-CH_2-CHO \\ | \\ CH_2-CH_2-COOH \end{array}$$
Cyclohexen   Cyclohexenozonid   Adipinaldehydsäure.

Physikalische und chemische Eigenschaften: Krystallisiert aus Wasser. Schmelzp. 124 bis 125°. Siedep. bei 11—12 mm 150—165°; bei 15 mm 155—162°. Löslich in Wasser. Die wässerige Lösung der Adipinaldehydsäure reagiert stark sauer. Ammoniakalische Silberlösung wird stark, Fehlingsche Lösung wenig reduziert.

Derivate: Mit salzsaurem p-Nitrophenylhydrazin erhält man ein aus Alkohol in schönen gelben Nadeln krystallisierendes **p-Nitrophenylhydrazon** vom Schmelzp. 134°.

β-Thiomilchsäure, β-Mercaptopropionsäure, Thiohydracrylsäure.

Mol.-Gewicht: 106,12.

Zusammensetzung: 33,92% C, 5,70% H, 30,15% O, 30,22% S . $C_3H_6O_2S$.

$$\begin{array}{c}CH_2 \cdot SH \\ | \\ CH_2 \\ | \\ COOH \end{array}$$

Vorkommen: Unter den Abbauprodukten des Horns neben α-Thiomilchsäure.

Bildung, Darstellung: J. M. Lovén[3]) ließ Kaliumsulfhydrat auf β-Jodpropionsäure einwirken, und zwar auf die nämliche Art wie zur Darstellung der α-Thiomilchsäure aus α-Chlorpropionsäure. R. Andreasch[4]) erhielt die β-Säure durch Zerlegen von Imidocarbaminthiomilchsäure mit Barythydrat:

$$\begin{array}{c}NH \\ \| \\ C-S-CH_2-CH_2-COOH \\ | \\ NH_2 \end{array} = HS-CH_2-CH_2-COOH + CN-NH_2$$

Th. Rosenthal[5]) ging von der β-Sulfopropionsäure aus, die beim Behandeln mit PCl_5 das Chlorid liefert, das bei der Reduktion mit Zinn und Salzsäure direkt in die β-Thiomilchsäure übergeht. Das gelöste Zinn wird durch H_2S ausgeschieden, das Filtrat mit $BaCO_3$ gesättigt. Im Filtrat findet man dann neben Bariumchlorid die gewünschte Säure in Form ihres Bariumsalzes neben unangegriffenem sulfopropionsaurem Barium.

Am reinsten erhält man die β-Thiomilchsäure wohl nach dem Verfahren von E. Biilmann[6]) über die Xanthogenatpropionsäure, nach einer Vorschrift, die genau derjenigen für die α-Thiomilchsäure entspricht.

Beim Abbau des Cystins mit Natriumnitrit und konz. Salzsäure erhält man eine Säure $C_6H_8O_4Cl_2S_2$, in der die beiden Aminogruppen durch Chlor ersetzt sind. Behandelt man diese Verbindung mit Zinkstaub und verdünnter Salzsäure, so erhält man β-Thiomilchsäure. Mörner[7]) erhielt sie auch direkt aus Horn neben α-Thiomilchsäure.

$$\begin{array}{c}CH_2-S-S-CH_2 \\ | \qquad\qquad\qquad | \\ CH-NH_2 \quad CH-NH_2 \\ | \qquad\qquad\qquad | \\ COOH \qquad\quad COOH \end{array} \longrightarrow \begin{array}{c}CH_2-S-S-CH_2 \\ | \qquad\qquad\qquad | \\ CHCl \qquad\quad CHCl \\ | \qquad\qquad\qquad | \\ COOH \qquad\quad COOH \end{array} \longrightarrow 2\begin{array}{c}CH_2-SH \\ | \\ CH_2 \\ | \\ COOH \end{array} + 2\,HCl$$

[1]) C. Harries u. H. v. Splawa-Neymann, Berichte d. Deutsch. Chem. Gesellschaft **41**, 3557 [1908].

[2]) C. Harries u. R. Seitz, Annalen d. Chemie n. Pharmazie **410**, 1 [1915].

[3]) J. M. Lovén, Berichte d. Deutsch. Chem. Gesellschaft **16**, 790 [1883]; Journ. f. prakt. Chemie (2) **29**, 366 [1884].

[4]) R. Andreasch, Monatshefte f. Chemie **6**, 835 [1885].

[5]) Th. Rosenthal, Annalen d. Chemie u. Pharmazie **233**, 32 [1886].

[6]) E. Biilmann, Annalen d. Chemie u. Pharmazie **348**, 125 [1906].

[7]) K. A. H. Mörner, Zeitschr. f. physiol. Chemie **42**, 351 [1904].

Physikalische und chemische Eigenschaften: Weiß, krystallinisch. Schmelzp. 16,8°. Siedep. bei 15 mm 110,5—111,5°. $D^{20\,8°} = 1{,}218$[1]). Mischt sich mit Wasser, Alkohol und Äther[2]). Oxydiert sich äußerst leicht, schon an der Luft, besonders aber in Gegenwart von Eisensalzen oder Kupferoxydsalzen, zu Dithiohydracrylsäure $HOOC—CH_2—CH_2—S—S—CH_2—CH_2—COOH$. Wird durch Eisenchlorid gebläut. Mit viel Kupfersulfat entsteht ein lichtvioletter Niederschlag, der bald schmutzig grün wird. Auf Zusatz von Ammoniak oder Alkali zu der mit Eisenchlorid entstandenen Färbung bildet sich eine braunrote Färbung, die beim Schütteln mit Luft an Intensität noch zunimmt, nachher aber verschwindet[3]).

    Salze und Derivate: Kupfersalz[4]) $(HOOC—CH_2—CH_2—S—)_2Cu_2$. Unlöslich in Wasser, löslich in Laugen und Soda, an der Luft ziemlich beständig.

    Quecksilbersalz[3])[4]) $(HOOC—CH_2—CH_2—S—)_2Hg$. Glänzende Schuppen, wenig löslich in Wasser. Entsteht, wenn eine Lösung der Säure mit Sublimat behandelt wird, als amorpher, weißer Niederschlag, der aus Alkohol umkrystallisiert wird. Dabei entstehen zarte, perlmutterglänzende Blättchen, welche ein lockeres, schimmerndes Pulver bilden.

    Wismutsalz[4]). Ähnlich demjenigen der α-Säure (s. d.).

Taurin, 2-Amino-äthan-sulfonsäure-(1), β-Amino-äthan-α-sulfonsäure, (s. Bd. IV, S. 953).

Mol.-Gewicht: 125,13.

Zusammensetzung: 19,18% C, 5,63% H, 38,36% O, 11,19% N, 25,63% S. $C_2H_7O_3NS$.

$$\begin{array}{l} CH_2 \cdot NH_2 \\ | \\ CH_2 \cdot SO_3H \end{array}$$

Vorkommen: Im Fleischextrakt[5])[6]), ferner in Muskeln und anderen Organen von Pectus opercularis und Mytilus edulis[7])[8]), in den Muskeln und dem Hepatopankreas von Sycotypus canaliculis und Fulgur caricae[9]) und in besonders reichlicher und zur Gewinnung direkt ermunternder Menge in dem im Pazifischen Ozean weit verbreiteten Seeohr [Haliotis[10])].

Weiter kommt das Taurin in freiem Zustande vor in den Austern[11]), in den Speicheldrüsen der Cephalopoden[12]), im Fischrogen[13]) im Octopus vulgaris[14]) und in allen bisher darauf untersuchten Organen der Echinodermen[15]).

Besonders wichtig ist das Vorkommen des Taurins in Verbindung mit der Cholalsäure als Taurocholsäure $(C_{24}H_{39}O_4) \cdot NH—CH_2—CH_2—SO_3H)$, die ja im tierischen und menschlichen Organismus häufig anzutreffen ist und z. B. den Hauptbestandteil der Ochsengalle bildet[16]).

Es darf wohl als sicher gelten, daß als Muttersubstanz des Taurins nur das Cystin bzw. das Cystein in Betracht kommt. Denn man kann einerseits aus dem Cystein auf recht einfache Weise durch Erhitzen mit Wasser unter Druck auf 235—240° unter Kohlensäureabspaltung das Taurin erhalten[17]). Andererseits zeigte J. Wohlgemuth[18]), daß verfüttertes Cystein,

---

[1]) E. Biilman, Annalen d. Chemie u. Pharmazie **348**, 126 [1906].

[2]) J. M. Lovén, Journ. f. prakt. Chemie (2) **29**, 376 [1884].

[3]) R. Andreasch, Monatshefte f. Chemie **6**, 835 [1885].

[4]) J. M. Lovén, Berichte d. Deutsch. Chem. Gesellschaft **16**, 790 [1883]; Journ. f. prakt. Chemie (2) **29**, 366 [1884].

[5]) Micko, Zeitschr. f. physiol. Chemie **56**, 207, 209 [1908].

[6]) T. Jona, Chem. Centralbl. **1912**, I, 1135.

[7]) A. Kelly, Hofmeisters Beitr. **5**, 377 [1904].

[8]) B. C. P. Jansen, Chem. Centralbl. **1913**, II, 369.

[9]) L. B. Mendel, Hofmeisters Beitr. **5**, 582 [1904].

[10]) C. L. A. Schmidt u. Th. Watson, Chem. Centralbl. **1919**, I, 14.

[11]) U. Suzuki, K. Yoshimura u. Y. Tanaka, Chem. Centralbl. **1913**, I, 1043.

[12]) M. Henze, Chem. Centralbl. **1913**, II, 1318.

[13]) J. Koenig u. A. Großfeld, Chem. Centralbl. **1913**, II, 1249.

[14]) G. Buglia u. A. Costantino, Chem. Centralbl. **1913**, I, 1040.

[15]) A. Kossel u. S. Edlbacher, Zeitschr. f. physiol. Chemie **94**, 264 [1915].

[16]) Darstellung der Taurocholsäure siehe O. Hammarsten, Zeitschr. f. physiol. Chemie **43**, 127 [1904]; — I. Bang, Hofmeisters Beitr. **7**, 148 [1906].

[17]) Friedmann, Hofmeisters Beitr. **3**, 38 [1903].

[18]) J. Wohlgemuth, Zeitschr. f. physiol. Chemie **40**, 81 [1903]; **43**, 469 [1904].

soweit es überhaupt resorbiert wird, in Taurin übergeht, das dann zum größten Teile als Tauro-cholsäure in der Galle erscheint, und G. v. Bergmann[1]) konnte ebenfalls nachweisen, daß Cystein im Organismus in Taurin übergeführt wird und daß speziell das Taurin der Galle dem Eiweiß der Nahrung entstammt.

Darstellung: Eine weitere Methode stammt von J. A. A. Auzies[2]). Man behandelt Acetaldehyd mit Chlorsulfonsäure bei 140°, führt das erhaltene Produkt durch Kalk in das Salz $(HOC-CH_2-SO_3)_2Ca$ über, fügt zur Bildung eines Aldehydammoniaks wässerigen Ammoniak zu: $((NH_2)(OH)CH-CH_2-SO_3)_2Ca)$, erhitzt diesen, wodurch er 2 Mol Wasser verliert und in das Diimin $(NH = CH-CH_2-SO_3)_2Ca$ übergeht. Das Diimin wird zum Amin reduziert, mit H_2SO_4 zersetzt und das Filtrat eingedampft.

Physiologische Eigenschaften: Erwähnenswert ist, daß Bakterien aus Taurin keinen Schwefelwasserstoff zu entwickeln vermögen[3]), daß aber bei der Fäulnis in schwach alkalischer Lösung Thiosulfat entsteht[4]) und daß nach subcutaner, peroraler oder intravenöser Zufuhr von Taurin beim Menschen 62 bzw. 59 bzw. 72% im Harn wiedergefunden werden, ohne irgend-welche nachteiligen Folgen zu hinterlassen[5]).

Physikalische und chemische Eigenschaften: Das Taurin krystallisiert aus wässerigen Lösungen in großen, farblosen, tetragonalen Säulen oder monoklinen Prismen, die über 240° unter Zersetzung schmelzen. Es löst sich bei 12° in etwa 15,5 Teilen Wasser und ist in Alkohol sehr wenig löslich. Es zeigt in verdünnten Lösungen vollständig neutrale Reaktion und rötet Lackmuspapier nur in sehr konz. Lösung. Da es ferner keine Salze mit Säuren und auch keine Acylderivate liefert, wird es wohl mit Recht als ein inneres Ammoniumsalz

$$\begin{array}{c} CH_2-NH_3 \\ | \qquad\qquad \diagdown O \\ CH_2-SO_2 \diagup \end{array}$$

aufgefaßt, in dem sich der saure und basische Rest gegenseitig absättigen. Dennoch scheint das Taurin ganz schwache Säurefunktionen zu besitzen, denn es bildet mit gewissen Metall-oxyden Salze, die allerdings nicht gut charakterisiert sind. J. Lang[6]) sagt vom Quecksilber-oxydsalz, daß es sehr schwer löslich sei und sich deswegen zur Reinigung und vielleicht sogar zum Nachweis des Taurins eignen dürfte.

Nach G. Buglia und A. Costantino (l. c.) läßt sich das Taurin mit Formol exakt titrie-ren. C. Neuberg und J. Kerb konnten es mit Mercuriacetat in schwach sodaalkalischer Lösung ausfällen[7]).

Derivate: Phenylisocyanatverbindung[8]) (2-Phenylureido-äthan-1-sulfonsäure) $C_6H_5 \cdot NH-CO-NH-CH_2-CH_2-SO_3H$. Diese Verbindung entsteht, wenn man äquimolekulare Mengen von Taurin und Natronlauge in wenig Wasser (auf 1 Teil Taurin 5 Teile Wasser) löst und mit 1 Mol Phenylisocyanat bis zum Verschwinden des Geruches des Isocyanates schüttelt. Wegen ihrer Leichtlöslichkeit muß die Verbindung mit Hilfe ihres Bariumsalzes isoliert werden. Man neutralisiert genau mit HNO_3 und versetzt mit überschüssiger $BaCl_2$-Lösung. Das schwer lösliche Bariumsalz wird abfiltriert, es krystallisiert aus Wasser in prächtigen wasserklaren Tafeln, bei rascher Krystallisation in kleinen weißen Schuppen und Blättern der Formel $(C_9H_{11}N_2O_4S)_2 Ba + 1,5 H_2O$. Durch Behandlung des Ba-Salzes mit H_2SO_4 kann die freie Phenylisocyanatverbindung gewonnen werden. Sie krystallisiert aus dem eingeengten Filtrat in sehr kleinen, weißen Nadeln, die sich in Wasser und wässerigem Alkohol leicht lösen und sich bei 175° zersetzen.

β-Naphthalinsulfoverbindung[9]). Taurin liefert, in alkalischer Lösung mit einer äthe-rischen Lösung von β-Naphthalinsulfochlorid geschüttelt das β-naphthalinsulfoaminoäthan-sulfonsaure Natrium.

$C_{10}H_7SO_2-NH-CH_2-CH_2-SO_2-ONa$, das sich noch zum Nachweis von 0,1 g Taurin im Harn eignet. Es bildet aus Alkohol umkrystallisiert, Blätter von Perlmutterglanz, die bei 247° (korr.) schmelzen. Sie sind löslich in der mehrfachen Menge H_2O in der Siedehitze, in

[1]) G. v. Bergmann, Hofmeister Beitr. **4**, 192 [1904].
[2]) J. A. A. Auzies, Chem. Centralbl. **1911**, II, 1433.
[3]) T. Sasaki u. J. Otsuka, Chem. Centralbl. **1912**, I, 1790.
[4]) C. Neuberg u. O. Rubin, Biochem. Zeitschr. **67**, 82 [1914].
[5]) C. L. A. Schmidt, E. v. Adelung u. Th. Watson, Chem. Centralbl. **1919**, I, 50.
[6]) J. Lang, Berichte d. Deutsch. Chem. Gesellschaft **9**, 853 [1876].
[7]) C. Neuberg u. J. Kerb, Biochem. Zeitschr. **40**, 498 [1912].
[8]) C. Paal u. G. Zitelmann, Berichte d. Deutsch. Chem. Gesellschaft **36**, 3343 [1903].
[9]) P. Bergell, Zeitschr. f. physiol. Chemie **97**, 260 [1916].

der 8 fachen Menge H_2O in der Kälte, in der 40 fachen Menge siedendem Alkohol, sie sind wenig oder gar nicht löslich in Essigester, Aceton, Äther, Benzol, löslich in Tetrachlorkohlenstoff.

Das **Bariumsalz** der Naphthalinsulfoverbindung ist weniger leicht löslich in Wasser, leichter dagegen in Alkohol, es zersetzt sich oberhalb 250°.

o-Oxy-phenyl-essigsäure.

Mol.-Gewicht: 152,06.

Zusammensetzung: 63,13% C, 5,30% H, 31,57% O . $C_8H_8O_3$.

$$\begin{array}{c}
CH \\
CH\quad CH \\
CH\quad C-OH \\
C \\
CH_2 \\
COOH
\end{array}$$

Vorkommen: Die o-Oxyphenylessigsäure bildet sich in beträchtlicher Menge im Organismus nach Verfütterung von o-Tyrosin und o-Oxyphenylbrenztraubensäure[1][2]). Im Harn kann man sie nachweisen durch Extraktion der konz., schwefelsauren Lösung mit Äther und Überführung in ihr Lacton [s. u.][2]).

Darstellung: A. Baeyer und P. Fritsch[3]) erhielten die o-Oxyphenylessigsäure durch einmaliges Aufkochen von o-Oxymandelsäure (s. d.) mit Jodwasserstoffsäure (Siedep. 127°). Nach Zusatz von Wasser und schwefliger Säure wurde mit Äther extrahiert. Der Äther hinterließ nach dem Verdunsten eine ölige Säure, die schnell krystallisierte und durch Überführung in das Lacton (s. u.) gereinigt wurde. Das Lacton liefert beim Auflösen in Alkalien, Ansäuern und Ausäthern die freie Säure zurück. Sie hinterbleibt nach dem Verjagen des Äthers in Form farbloser Nadeln vom Schmelzp. 137°.

Die o-Oxyphenylessigsäure entsteht bei der Behandlung von 1-Bromcumaron mit alkoholischem Kali[4]) und beim Kochen von 1-Amidocumaron mit konz. Salzsäure[5]). Über eine Bildung aus Oxindol berichtet Ch. Marschalk[6]). Am besten wird sie nach der folgenden Vorschrift von Czaplicki, v. Kostanecki und Lampe[7]) gewonnen:

Da eine direkte Anlagerung von Blausäure an Salicylaldehydmethyläther schlecht vor sich geht, arbeitet man am besten nach dem von der chemischen Fabrik vormals Hofmann Schoetensack für die Darstellung der Mandelsäure patentierten Verfahren[8]).

10 g geschmolzener Salicylaldehydmethyläther werden mit etwa 50 ccm einer konz. Natriumbisulfitlösung so lange kräftig geschüttelt, bis der ganze Kolbeninhalt zu einem Brei der Bisulfitverbindung erstarrt. Diese wird an der Saugpumpe abgesaugt, zuerst mit wenig Wasser, dann mit Alkohol ausgewaschen und in einem Becherglas mit einer möglichst konz. Lösung von 10 g Cyankali übergossen. Die Bisulfitverbindung geht beim Umrühren rasch in Lösung, und es scheidet sich bald das Nitril der o-Methoxymandelsäure als dickes gelbes Öl ab:

$$C_6H_4\begin{matrix}OCH_3\\ COH, NaHSO_3\end{matrix} + KCN = C_6H_4\begin{matrix}OCH_3\\ CH(OH)-CN\end{matrix} + KNaSO_3$$

Man nimmt nun dieses Öl in Äther auf und läßt denselben verdunsten, wobei das Nitril als Krystallmasse zurückbleibt. Nach dem Umkrystallisieren aus wenig kochendem Benzol erhält man farblose, körnige Krystalle.

Das Nitril läßt sich in einer Operation — durch 1 stündiges Kochen mit der 8 fachen Menge Jodwasserstoffsäure (1,96) — in o-Oxyphenylessigsäure überführen, indem die Jodwasserstoff-

[1]) L. Flatow, Zeitschr. f. physiol. Chemie **64**, 378 [1910].
[2]) L. Blum, Archiv f. experim. Pathol. u. Pharmakol. **59**, 273 [1908].
[3]) A. Baeyer u. P. Fritsch, Berichte d. Deutsch. Chem. Gesellschaft **17**, 974 [1884].
[4]) R. Stoermer u. B. Kahlert, Berichte d. Deutsch. Chem. Gesellschaft **35**, 1637 [1902].
[5]) R. Stoermer u. G. Calov, Berichte d. Deutsch. Chem. Gesellschaft **34**, 774 [1901].
[6]) Ch. Marschalk, Berichte d. Deutsch. Chem. Gesellschaft **45**, 582 [1912].
[7]) S. Czaplicki, St. v. Kostanecki u. V. Lampe, Berichte d. Deutsch. Chem. Gesellschaft **42**, 827 [1909].
[8]) DRP. Nr. 85 230, siehe Friedländer, **4**, 160.

säure zugleich verseifend, reduzierend und entmethylierend wirkt. Nach dem Eingießen der Reaktionslösung in Natriumbisulfitlösung nimmt man das ausgeschiedene Öl mit Äther auf, verjagt denselben und saugt die zurückgebliebene Krystallmasse auf porösem Porzellan ab. Zur Reinigung krystallisiert man aus Chloroform um.

Physiologische Eigenschaften: Verabreicht man die o-Oxyphenylessigsäure an einen Alkaptonuriker, so findet keine Vermehrung der Homogentisinsäureausscheidung statt, beim Normalen geht sie unverändert in den Harn über[1].

Physikalische und chemische Eigenschaften: Farblose, glänzende Prismen aus Chloroform. Schmelzp. 144—145°. Siedep. 240—243°. Ziemlich leicht löslich in kaltem Wasser, leicht löslich in Äther, wenig löslich in kaltem Chloroform. Beim Destillieren bildet sich unter Wasserabspaltung das innere Anhydrid (s. u.). Wässerige Lösungen der o-Oxyphenylessigsäure werden auf Zusatz von Eisenchlorid violett.

Salze und Derivate: Das **Natriumsalz**[2] $C_8H_7O_3Na + H_2O$ bildet warzenförmige Krystalle. Das **Bariumsalz**[2] $(C_8H_7O_3)_2Ba + H_2O$ besteht aus in Wasser leicht löslichen Warzen. **Lacton** $C_8H_6O_2$.

$$
\begin{array}{c}
CH \\
CH \quad CH \\
CH \quad C\!\!-\!\!\!-\!\!-\!\!O \\
C\!-\!CH_2\!-\!CO
\end{array}
$$

Das innere Anhydrid der o-Oxyphenylessigsäure existiert in zwei ineinander überführbaren Formen. Destilliert man die o-Oxyphenylessigsäure über freiem Feuer, so geht zuerst Wasserdampf über und bei 235—238° ein Öl, welches in der Vorlage krystallinisch erstarrt. Es ist die bei 28—28,5° schmelzende labile Form. Beim längeren Stehen, schneller beim Impfen mit einem Krystall der hochschmelzenden Form geht die labile Form in die stabile, bei 49° schmelzende Modifikation über. Die labile Form krystallisiert in anscheinend monoklinen Rhomben. Die stabile Form erhält man aus Äther in großen rautenförmigen Tafeln, aus Terpentinöl in schönen Nadeln vom Siedep. 249°[3].

Das Lacton liefert mit Äthylendiamin ein doppelseitiges Additionsprodukt, das N · N'-Äthylen-bis-2-oxyphenylacetamid

$$
C_6H_4\!\!<\!\!\begin{array}{l}CH_2\!-\!CO\!-\!NH\!-\!CH_2\!-\!CH_2\!-\!NH\!-\!CO\!-\!CH_2\\OH \qquad\qquad\qquad\qquad\qquad\qquad\qquad HO\end{array}\!\!>\!\!C_6H_4
$$

farblose Nadelbüschel, die sich bei 197° zersetzen, in Alkohol ziemlich leicht, in Wasser sehr wenig und in verdünnten Alkalien und Säuren sehr leicht lösen. Aus der alkalischen Lösung ist das Produkt durch Kohlensäure wieder fällbar[4].

m-Oxy-phenyl-essigsäure.

Mol.-Gewicht: 152,06.

Zusammensetzung: 63,13% C, 5,30% H, 31,57% O . $C_8H_8O_3$.

$$
\begin{array}{c}
CH \\
CH \quad C\!-\!OH \\
CH \quad CH \\
C \\
CH_2 \\
COOH
\end{array}
$$

Vorkommen: Die m-Oxyphenylessigsäure bildet sich im Organismus nach Verfütterung von m-Oxyphenylbrenztraubensäure in reichlicher Menge[5].

[1] L. Blum, Archiv f. experim. Pathol. u. Pharmakol. **59**, 273 [1908].
[2] R. Stoermer, Annalen d. Chemie u. Pharmazie **313**, 84 [1901].
[3] A. Bayer u. P. Fritsch, Berichte d. Deutsch. Chem. Gesellschaft **17**, 974 [1884].
[4] A. Bistrzycki u. W. Schmutz, Annalen d. Chemie u. Pharmazie **415**, 1 [1918].
[5] L. Flatow, Zeitschr. f. physiol. Chemie **64**, 379 [1910].

Darstellung: Sie bildet sich in glatter Reaktion beim Erhitzen von m-Oxybenzylcyanid mit konz. Salzsäure und wird der verdünnten Lösung durch Äther entzogen[1]. Man kann die m-Oxyphenylessigsäure auch erhalten durch Reduktion von m-Nitrophenylessigsäure mit Zinn und Salzsäure zur m-Aminophenylessigsäure, entzinnen mit Schwefelwasserstoff, vertreiben des H_2S, diazotieren mit der berechneten Menge Natriumnitrit und Ersatz der Diazogruppe durch die Hydroxylgruppe beim Verkochen der Diazolösung[1].

Am einfachsten wird sie nach der Vorschrift von Czaplicki, v. Kostanecki und Lampe[2] dargestellt, die genau derjenigen für die o-Oxyphenylessigsäure (s. d.) entspricht[2].

Physiologische Eigenschaften: Die m-Oxyphenylessigsäure ruft beim Alkaptonuriker keine vermehrte Homogentisinsäureausscheidung hervor; beim Normalen geht sie unverändert in den Harn über[3].

Physikalische und chemische Eigenschaften: Feine Nadeln. Schmelzp. 129°. In Wasser spielend löslich, sehr leicht löslich in Alkohol und Äther, löslich in Benzol, sehr wenig löslich in Ligroin. Mit Eisenchlorid geben wässerige Lösungen der Säure eine violette, bald wieder verblassende Färbung.

Derivate: Bei der Behandlung mit Bromwasser entsteht ein **Tribromprodukt** $C_8H_5O_3Br_3$[4], das man aus verdünntem Alkohol umkrystallisieren kann. Es ist in Wasser sehr wenig, in Alkohol und Carbonaten sehr leicht löslich und schmilzt bei 237°.

Das **Nitril** der m-Oxyphenylessigsäure entsteht beim Behandeln einer Lösung von m-Aminobenzylcyanid in verdünnter Salzsäure mit 1 Mol Natriumnitrit. Es bildet in heißem Wasser leicht, in Alkohol und Äther in jedem Verhältnis lösliche, rhombische Tafeln, die bei 52—53° schmelzen und deren wässerige Lösung sich mit Eisenchlorid violett färbt[1].

3, 4-Dioxy-phenyl-essigsäure,   α-Homoprotocatechusäure.

Mol.-Gewicht: 168,06.

Zusammensetzung: 57,12% C, 4,80% H, 38,08% O . $C_8H_8O_4$.

$$
\begin{array}{c}
OH \\
| \\
C \\
\diagup\!\!\diagdown \\
CH \quad C\!-\!OH \\
| \qquad \| \\
CH \quad CH \\
\diagdown\!\!\diagup \\
C \\
| \\
CH_2 \\
| \\
COOH
\end{array}
$$

Vorkommen: Ein natürliches Vorkommnis ist nicht bekannt.

Bildung: Die Dioxyphenylessigsäure wurde zuerst von Tiemann und Nagai[5] aus α-Homovanillinsäure durch Abspaltung der O-Methylgruppe durch 3—4 stündiges Erhitzen im Rohr auf 170—180° erhalten. Noch einfacher ist die im folgenden geschilderte Synthese von A. Pictet und A. Gams[6] aus Methylvanillin.

Darstellung der 3, 4-Dioxyphenylessigsäure: 20 g Methylvanillin werden in 80 ccm kalt gesättigte Natriumbisulfitlösung eingetragen und solange umgerührt, bis vollständige Auflösung eintritt. Im Laufe einiger Stunden erstarrt die Flüssigkeit zu einem Brei der Natriumbisulfitverbindung. Diese wird abgesaugt, mit wenig Wasser ausgewaschen und mit einer Lösung von 12 g Cyankalium in 25 ccm Wasser übergossen. Beim Umrühren scheidet sich bald das Dimethoxymandelsäurenitril $(H_3CO)_2C_6H_3$—CH(OH)—CN als dickes Öl ab, welches nach kurzer Zeit zu einem krystallinischen Kuchen erstarrt. Dieser wird gepulvert und mit der

---

[1] H. Salkowski, Berichte d. Deutsch. Chem. Gesellschaft **17**, 507 [1884].

[2] S. Czaplicki, St. v. Kostanecki u. V. Lampe, Berichte d. Deutsch. Chem. Gesellschaft **42**, 827 [1909].

[3] L. Blum, Archiv f. experim. Pathol. u. Pharmakol. **59**, 273 [1908].

[4] H. v. Pechmann, W. Bauer u. J. Obermiller, Berichte d. Deutsch. Chem. Gesellschaft **37**, 2121 [1904].

[5] Tiemann u. Nagai, Berichte d. Deutsch. Chem. Gesellschaft **10**, 207 [1877].

[6] A. Pictet u. A. Gams, Berichte d. Deutsch. Chem. Gesellschaft **42**, 2949 [1909].

5 fachen Menge Jodwasserstoffsäure (D 1,5) $1^{1}/_{2}$ Stunden am Rückflußkühler gekocht. Nach dem Erkalten wird konz. Natriumbisulfitlösung bis zur Entfärbung zugegeben und mit Äther ausgeschüttelt. Nach kurzem Trocknen über Chlorcalcium wird die ätherische Lösung eingedampft. Der Rückstand besteht aus einem braun gefärbten, dicken Öl, welches im Exsiccator langsam erstarrt. Die fest gewordene Substanz wird aus einem Gemisch von Benzol und Petroläther umkrystallisiert. Sie bildet kleine, weiße Nadeln und erweist sich durch ihre Eigenschaften als Homoprotocatechusäure.

Physikalische und chemische Eigenschaften: Derivate: Glänzende, feine Nadeln. Schmelzpunkt 127°. Sehr leicht löslich in Wasser, Alkohol und Äther. Löslich in 3700 Teilen kaltem und in 550 Teilen heißem Benzol.

Die Dioxyphenylessigsäure ist eine sehr starke Säure und kann 3 Reihen von Salzen bilden, von denen allerdings nur die sog. primären, nämlich diejenigen mit der Carboxylgruppe, beständig sind. Die Salze mit den Alkalien, Erdalkalien, mit Ammonium und Zink bieten nichts Charakteristisches, sie sind krystallisiert und meist außerordentlich gut wasserlöslich. Auf Zusatz von $CuSO_4$ zu einer wässerigen Lösung der Säure scheidet sich zuerst ein braunrotes Salz ab, das sich aber auf Zusatz von mehr Wasser wieder löst und meist geringe Zersetzung erleidet. Das Bleisalz ist krystallinisch, es ist nicht löslich in verdünnter Essigsäure. Setzt man vor Zugabe des Bleies etwas Ammoniak zu, so scheidet sich ein basisches Bleisalz als voluminöser Niederschlag ab.

Die wässerige Lösung der Säure wird auf Zusatz von $FeCl_3$ grasgrün. Die Farbe wird dunkler, wenn man einige Tropfen sehr stark verdünnter Soda- oder Ammoniaklösung hinzufügt, und sie schlägt über Blau nach Rotviolett um, wenn man größere Mengen dieser beiden Alkalien zufügt.

Mit Silbernitrat entsteht in der Kälte keine Veränderung, erwärmt man aber und setzt einen Tropfen Ammoniak hinzu, so findet sofort Silberabscheidung statt. Alkalische Lösungen der Dioxyphenylessigsäure scheiden aus Fehlingscher Lösung nach einiger Zeit Kupferoxydul ab.

o-Oxy-phenyl-propionsäure, Melilotsäure, o-Hydrocumarsäure, β-(2-Oxyphenyl)-propionsäure. (Bd. I, S. 1274.)

m-Oxy-phenyl-propionsäure, β-(3-Oxy-phenyl-)propionsäure, m-Hydrocumarsäure, m-Oxyhydrozimtsäure.

Mol.-Gewicht: 166,08.
Zusammensetzung: 65,03% C, 6,07% H, 28,90% O . $C_9H_{10}O_3$.

$$\begin{array}{c} CH \\ CH \quad C-OH \\ CH \quad CH \\ C \\ CH_2 \\ CH_2 \\ COOH \end{array}$$

Vorkommen: Ein natürliches Vorkommnis ist nicht bekannt.

Bildung, Darstellung: Die 3-Hydrocumarsäure wurde zuerst von J. Braunstein[1] durch Kalischmelze des m-sulfohydrozimtsauren Natriums hergestellt.

A. H. Salway[2] gewann sie bei der Reduktion von Piperonylacrylsäure neben Piperonylpropionsäure:

$$CH_2 \underset{O}{\overset{O}{<}} C_6H_3-CH=CH-COOH \longrightarrow HO-C_6H_4-CH_2-CH_2-COOH$$

[1] J. Braunstein, Diss. Zürich 1876.
[2] A. H. Salway, Journ. Chem. Soc. **97**, 2418 [1910].

Am einfachsten ist wohl die Reduktion der m-Cumarsäure von F. Tie mann und R. Ludwig, die sich in gewohnter Weise mit Natriumamalgam vollziehen läßt[1]).

Physiologische Wirkung: Dem Äthyl- und Propyläther der Säure sollen antipyretische
und antirheumatische Wirkungen zukommen[2]).

Physikalische und chemische Eigenschaften, Derivate: Nadeln vom Schmelzp. 111°.
Leicht löslich in Wasser, Alkohol und Benzol, wenig löslich in Ligroin.

Das in Wasser im Verhältnis 1 : 50 lösliche Ammoniumsalz der m-Oxyphenylpropion-
säure gibt folgende Reaktionen:

Mit **Zinksulfat** weißer flockiger Niederschlag, der beim Kochen ungelöst bleibt.

Mit **Kupfersulfat** grüne krystallinische Fällung.

Mit **Bleiacetat** weiße krystallinische Fällung.

Mit **Silbernitrat** ein weißes Silbersalz, das beim Kochen nicht geschwärzt wird, sich in
siedendem Wasser löst und daraus in Krystallen sich abscheidet.

Äthyläther [m-Äthoxyphenylpropionsäure][2]). Schmelzp. 52—53°, Siedep. bei 20 mm
Hg 205°; wenig löslich in Wasser. Sein Natriumsalz ist ein in Wasser leicht lösliches
Pulver.

Propyläther [m-O-Propyloxyphenylpropionsäure][2]). Schmelzp. 56—57°; Siedep. bei
15 mm Hg 203—204°.

3, 4-Dioxy-phenyl-propionsäure, Hydro-kaffeesäure (Bd. I, S. 1306).

o-Oxymandelsäure, Salicylglykolsäure, α-Oxy-α-(2-oxyphenyl)-essigsäure.

Mol.-Gewicht: 168,06.

Zusammensetzung: 57,12% C, 4,80% H, 38,08% O . $C_8H_8O_4$.

$$\text{CH}$$
$$\text{CH} \quad \text{CH}$$
$$\text{CH} \quad \text{C—OH}$$
$$\text{C}$$
$$\text{*CH—OH}$$
$$\text{COOH}$$

Bildung, Darstellung: Die Oxymandelsäure kann nach Baeyer und Fritsch[3]) durch
ruhiges Stehenlassen von o-Oxyphenylglyoxylsäure (aus Isatin, s. d.) mit Natriumamalgam,
Ansäuern und Extrahieren mit Äther gewonnen werden.

Ihr erster Bearbeiter, Plöchl[4]), ging zur Darstellung vom Salicylaldehyd aus. Salicylaldehyd wird zu der berechneten Menge mit Äther übergossenem Cyankali unter guter Kühlung
gegeben. Dann läßt man die berechnete Menge rauchender Salzsäure langsam zufließen. Nach
beendeter Operation gießt man die ätherische Lösung ab, verdunstet den Äther und erhält
im Rückstand ein schwach gefärbtes Öl, welches sich in konz. Salzsäure mit roter Farbe löst.
Nach eintägigem Stehen ist viel Salmiak abgeschieden, man verdünnt mit Wasser, wobei sich
ein braunes Harz abscheidet, von dem man durch Filtration trennt. Das Filtrat wird mit
Äther extrahiert, der neben wenig Harz die gewünschte Säure aufnimmt. Nach dem Abdampfen
nimmt man die nicht krystallisierende Säure neuerdings mit Wasser auf, schüttelt mit Tierkohle und erhält so eine schwach gelb gefärbte, stark saure Lösung, die, mit Calcium- oder
Zinkcarbonat gesättigt, leicht lösliche, krystallinische Salze der o-Oxymandelsäure gibt.

Hat man die ursprüngliche wässerige Lösung nicht vollständig mit Äther extrahiert, so
scheidet sich beim Eindampfen derselben neben Salmiak ein braunes Öl ab, das beim Ein-

---

[1]) F. Tiemann u. R. Ludwig, Berichte d. Deutsch. Chem. Gesellschaft **15**, 2050 [1882].

[2]) DRP. Nr. 234 852, Kl. 12 q, 4. Mai 1910; Chem. Centralbl. **1911**, I, 1770; Farbenfabriken
vorm. Friedr. Bayer & Co., Elberfeld.

[3]) A. Baeyer u. P. Fritsch, Berichte d. Deutsch. Chem. Gesellschaft **17**, 974 [1884].

[4]) J. Plöchl, Berichte d. Deutsch. Chem. Gesellschaft **14**, 1317 [1881].

trocknen zu einem krystallinen Kuchen erstarrt. Die Analysen ergeben, daß hier das innere Anhydrid

$$C_6H_4 \Big\langle \begin{matrix} O-CO \\ CH(OH) \end{matrix}$$

vorliegt.

Besondere Erwähnung verdient die Bildung einer optisch aktiven o-Oxymandelsäure aus inaktivem Material, die E. Fischer und M. Slimmer gelang[1]. Das aus Helicin gewonnene Tetraacetylhelicin lagert Blausäure wahrscheinlich asymmetrisch an, denn das aus dem Tetraacetylhelicincyanhydrin entstehende Amid liefert beim Erwärmen mit verdünnten Mineralsäuren die o-Oxymandelsäure als ein bräunliches Öl, das nach rechts dreht; $[\alpha]_D^{20°} = +1,9°$. Zur Identifizierung der nicht krystallisierenden o-Oxymandelsäure führt man sie am besten durch Reduktion in die o-Oxyphenylessigsäure über (s. d.).

p-Oxymandelsäure, α-Oxy-α-(4-oxy-phenyl)-essigsäure, p-Oxyphenylglykolsäure.

Mol.-Gewicht: 168,06.
Zusammensetzung: 57,12% C, 4,80% H, 38,08% O . $C_8H_8O_4$.

$$
\begin{matrix}
& OH & \\
& | & \\
& C & \\
& \diagup\diagdown & \\
CH & & CH \\
| & & \| \\
CH & & CH \\
& \diagdown\diagup & \\
& C & \\
& | & \\
& {}^*CH-OH & \\
& | & \\
& COOH &
\end{matrix}
$$

Bildung: Aus p-Oxyphenylaminoessigsäure mit salpetriger Säure[2]. Aus p-Oxybenzaldehyd, Cyankali und Benzoylchlorid entsteht das dibenzoylierte Cyanhydrin $C_6H_5 \cdot OCO—C_6H_4—CH(CN)—OCO \cdot C_6H_5$, das bei der Behandlung mit rauchender Salzsäure das dibenzoylierte Amid $C_6H_5 \cdot OCO—C_6H_4—CH(CO \cdot NH_2)—OCO \cdot C_6H_5$ liefert, das bei der Verseifung mit Natronlauge in die gewünschte Säure übergeführt wird.

Darstellung: Zur Darstellung der p-Oxymandelsäure geht man unter Benutzung der Methode von Ellinger und Kotake[3] am besten von p-Oxyphenylglyoxylsäure aus:

$$HO—C_6H_4—CO—COOH + H_2 = HO—C_6H_4—CH(OH)—COOH$$

4,5 g dieser aus Anisol hergestellten Säure (siehe bei „Oxyphenylglyoxylsäure") werden in einem passenden kleinen Kolben in 20 ccm Wasser gelöst und mit 93,5 g 2proz. Natriumamalgam in 2 Portionen versetzt, von denen die zweite erst nach 30 Minuten zugegeben wird. Der Kolben wird luftdicht verstopft und mehrmals umgeschüttelt. Nach 1 Stunde wird die Reaktionsflüssigkeit mit 9,5 ccm rauchender Salzsäure angesäuert und wiederholt ausgeäthert. Beim Verdunsten des Äthers hinterbleibt eine krystallinische Masse, die sehr leicht in Wasser löslich ist und sich in wässeriger Lösung beim Erhitzen schon auf dem Wasserbade nach und nach färbt.

Trennung in die optisch aktiven Komponenten. 3,5 g der mehrmals umkrystallisierten und lufttrockenen d, l-p-Oxymandelsäure werden in 175 ccm Wasser gelöst und mit 6,2 g Cinchonin versetzt, 1 Stunde auf dem Wasserbad erhitzt und über Nacht stehengelassen. Eine Probe des Filtrates wird nach dem Verfahren von Rimbach und Marckwald[4] mit einer konz. NaCl-Lösung versetzt und der dabei ausgeschiedene Niederschlag von Cinchoninchlor-

____

[1] E. Fischer u. M. Slimmer, Chem. Centralbl. **1902**, II, 215; Berichte d. Deutsch. Chem. Gesellschaft **36**, 2580 [1903].

[2] K. Fromherz, Zeitschr. f. physiol. Chemie **70**, 351 [1911].

[3] A. Ellinger u. Y. Kotake, Zeitschr. f. physiol. Chemie **65**, 402 [1910], s. auch K. Fromherz, Zeitschr. f. physiol. Chemie **70**, 351 [1911]. — J. Aloy u. Ch. Rabaut, Bull. de la Soc. chim. de France (4) **9**, 762 [1911].

[4] Rimbach u. Marckwald, Berichte d. Deutsch. Chem. Gesellschaft **32**, 2385 [1899].

hydrat für das Filtrat als Impfmaterial benutzt. Nach 3 tägigem Stehenlassen an einem kühlen Orte wird die Flüssigkeit vom Niederschlag abfiltriert. Das auf ungefähr ein Drittel eingeengte Filtrat läßt man wieder, mit wenigen Krystallen der ersten Abscheidung geimpft, in der Kälte stehen. Wenn sich der krystallinische Niederschlag nicht mehr vermehrt, wird er abfiltriert und mit der ersten Portion vereinigt.

Das Filtrat wird mit Ammoniak ausgefällt, filtriert, mit H_2SO_4 angesäuert und mit Äther erschöpfend ausgezogen. Beim Verdunsten des Äthers hinterbleibt ein krystallinischer Rückstand (1,78 g). Er wird einmal aus relativ viel Wasser — um ihn von etwa übriggebliebener d-Säure zu befreien — und dann mehrmals aus wenig Wasser umkrystallisiert. Es resultieren schließlich mikroskopische Krystallblättchen, die stark rechts drehen.

Das aus der ursprünglichen Lösung abgeschiedene Cinchoninsalz, dessen Gewicht im ganzen 3,6 g beträgt, wird mehrmals aus Wasser umkrystallisiert. Die schließlich erhaltenen, prächtigen Prismen werden mit heißem Wasser aufgenommen, nach dem Erkalten mit Ammoniak gefällt und dem angesäuerten Filtrat durch Äther die freie Säure entzogen, welche nach dem Verdunsten krystallinisch zurückbleibt. Sie dreht stark links.

Physiologische Eigenschaften: Die p-Oxymandelsäure entsteht in ihrer Linksform bei der Durchblutung der Leber mit Phenylaminoessigsäure, wobei als Zwischenprodukt die Phenylglyoxylsäure auftritt[1]). Dagegen ist die von Schultzen und Rieß[2]) sowie von Baumann bei akuter, gelber Leberatrophie und die von Blendermann bei Verfütterung von Tyrosin erhaltene Säure nach Feststellungen von Kotake und Matsuoka[3]) keine Oxymandelsäure, sondern l-p-Oxyphenylmilchsäure.

Wird die d, l-Säure Kaninchen oder Hunden per os oder subcutan gegeben, so läßt sich im Harn nur die unveränderte Säure, jedoch keine optisch aktiven Produkte isolieren[4]).

Physikalische und chemische Eigenschaften: d, l-Säure: Die aus Wasser umkrystallisierte p-Oxymandelsäure zeigt unter dem Mikroskop Blättchen, welche zwischen 80 und 90° schmelzen. Die im Vakuum getrocknete, wasserfreie Substanz schmilzt bei 105—106°. Sehr leicht löslich in Wasser, löslich in Äther, wenig löslich in Benzol.

l-Säure: Die l-Säure enthält 0,5 Mol H_2O, $[\alpha]_D = -144{,}4°$. Schmelzp. 102—103°.

d-Säure: Die d-Säure enthält 1 Mol H_2O, $[\alpha]_D = +144{,}4°$. Schmelzp. 103—104°.

(Beide Schmelzpunkte mit wasserfreier Substanz.)

Löslichkeitsverhältnisse gleich wie bei der d, l-Säure.

Salze, Derivate: Das **Calciumsalz** der d- und l-Form bildet Tafeln mit 5,5 bzw. 5 Mol Krystallwasser[5]).

Das **O-Methylderivat** $C_9H_{10}O_4$[6]) entsteht aus dem Anisaldehydcyanhydrin bei der Verseifung mit verdünnter alkoholischer Salzsäure. Es bildet kleine Nadeln, die sich in Alkohol, Äther, Chloroform, Benzol und heißem Wasser leicht lösen und bei 93° schmelzen.

β-Phenyl-milchsäure, α-Oxy-β-phenyl-propionsäure.

Mol.-Gewicht: 166,08.

Zusammensetzung: 65,03% C, 6,07% H, 28,90% O . $C_9H_{10}O_3$.

$$
\begin{array}{c}
CH \\
CH \quad CH \\
CH \quad CH \\
C \\
CH_2 \\
*CH-OH \\
COOH
\end{array}
$$

---

[1]) O. Neubauer u. H. Fischer, Zeitschr. f. physiol. Chemie **67**, 230 [1910].

[2]) Schultzen u. Rieß, Zeitschr. f. physiol. Chemie **65**, 404, 409 [1910].

[3]) Y. Kotake u. Z. Matsuoka, Chem. Centralbl. **1919**, I, 388.

[4]) A. Ellinger u. Y. Kotake, Zeitschr. f. physiol. Chemie **65**, 402 [1910].

[5]) A. Ellinger u. Y. Kotake l. c.

[6]) Tiemann u. Köhler, Berichte d. Deutsch. Chem. Gesellschaft **14**, 1976 [1881].

Bildung, Darstellung: Die Phenylmilchsäure, die in zwei optisch aktiven und in einer racemischen Form existiert, kann vor allem durch direkten Abbau des Phenylalanins mit Natrium- oder Bariumnitrit oder durch Schimmelpilze gewonnen werden.

Weitere Methoden der Bildung von Phenylmilchsäure wurden von Erlenmeyer[1]) (Behandlung von Phenylacetaldehyd mit Blausäure und Verseifung des Nitrils [s. o.] mit Salzsäure), Conrad[2]) (Erhitzen von Benzyltartronsäure auf 160—180°) und von Plöchl[3]) (Behandeln von Phenylglycidsäure mit Natriumamalgam) angegeben.

Die linksdrehende Form der Oxysäure wurde von A. Suwa[4]) und von H. D. Dakin und H. W. Dudley[5]) durch Behandlung von l-Phenylalanin mit Bariumnitrit und Schwefelsäure gewonnen. Die d-Form entsteht bei der Verschimmelung von d, l-Phenylalanin mit Oidium lactis[6]) oder bei der Einwirkung von salpetriger Säure auf d-Phenylalanin[4]).

Eine physiologische Bildungsweise der d-Phenylmilchsäure fanden Dakin und Dudley[5]), als sie Hundelebern mit Hundeblut durchströmten, dem Benzylglyoxal zugesetzt war. Die d-Form entsteht auch bei der Einwirkung von Glyoxalase aus Hundeleber auf Benzylglyoxal.

Die linksdrehende Form bildet sich ferner bei der Autolyse von Phenylbrenztraubensäure mit Organbrei (Leber, Niere, Milz) oder beim Durchströmen der überlebenden Leber[7]).

Die Darstellung der Phenylmilchsäure erfolgt wohl am bequemsten nach der Vorschrift von E. Fischer und G. Zemplén[8]). Man verwendet die rohe α-Brom-β-phenylpropionsäure, die man sich aus käuflicher Benzylbrommalonsäure (8 g) durch Erhitzen auf 125—130° herstellt. Sie wird nur mit Wasser gewaschen, ausgeäthert und der beim Verdampfen des Äthers hinterbleibende ölige Rückstand mit 500 ccm Wasser und 6 g Calciumcarbonat 20 Minuten gekocht. Wird nun die filtrierte Lösung unter vermindertem Druck eingedampft, so krystallisiert das Calciumsalz der Oxysäure in farblosen Nadeln aus. Ausbeute 4,23 g = 68% der Theorie. Die Mutterlauge ergibt noch 0,6 g etwas weniger reiner Substanz.

Zur Bereitung der freien Säure wird das Salz in einem mäßigen Überschuß von verdünnter Salzsäure gelöst, mit Äther extrahiert und der beim Verdampfen verbleibende Rückstand, der nach einiger Zeit krystallinisch erstarrt, aus wenig warmem Wasser umkrystallisiert.

Physiologische Eigenschaften: Nach Versuchen von Knoop[9]) wird die Phenylmilchsäure im Organismus fast völlig zerstört. Auch Suwa[4]) zeigte, daß sich die Oxysäure als ziemlich gut verbrennlich erweist. Die Vermehrung der ätherlöslichen Säuren des Harnes machte zirka 57,1 bzw. 49,5% der gegebenen Menge aus. Aus dem ätherischen Extrakt wurde die l-Form gewonnen, die d-Form ist also besser angegriffen worden. Vorausgesetzt, daß bei der Desaminierung keine Waldensche Umkehrung eintritt, würde also die der natürlichen Aminosäure entsprechende l-Form schlechter verbrannt worden sein, was im Gegensatz zu den beim Tyrosin und auch sonst gewonnenen Ergebnissen steht.

Bei der Verfütterung von d, l-Phenylmilchsäure scheiden Hund, Kaninchen und Affe im Harn die d-Phenylmilchsäure aus, die wahrscheinlich unmittelbar asymmetrisch gespalten wird, wobei die d-Säure nicht angegriffen wird. Der Mensch scheidet dagegen im Harn l-Phenylmilchsäure aus, was darauf hindeutet, daß die d, l-Säure vorwiegend über die Phenylbrenztraubensäure abgebaut wird, die dann zum Teile asymmetrisch reduziert und in Form von l-Phenylmilchsäure ausgeschieden wird[10]). Y. Mori[11]) konnte tatsächlich aus dem Harn von Menschen nach Eingabe von d-Phenylmilchsäure Phenylbrenztraubensäure isolieren. 4 g ergaben z. B. 1,08 g Phenylmilchsäure (d-Form) und 0,13 g Phenylbrenztraubensäure. Nach Eingabe der l-Phenylmilchsäure entstand weniger der letzteren. Y. Mori[11]) glaubt ferner, daß sowohl l- wie d-Phenylmilchsäure, besonders aber die erstere, in der überlebenden Leber Acetessigsäure zu bilden vermögen.

Physikalische und chemische Eigenschaften: a) Inaktive Form: Schmelzp. 87—98°? Löslich in Äther. Große, dicke Prismen.

[1]) Erlenmeyer, Berichte d. Deutsch. Chem. Gesellschaft **13**, 303 [1880].

[2]) Conrad, Annalen d. Chemie u. Pharmazie **209**, 247 [1881].

[3]) Plöchl, Berichte d. Deutsch. Chem. Gesellschaft **16**, 2823 [1883].

[4]) A. Suwa, Zeitschr. f. physiol. Chemie **72**, 113 [1911].

[5]) H. D. Dakin u. H. W. Dudley, Chem. Centralbl. **1914**, II, 579.

[6]) F. Ehrlich, Berichte d. Deutsch. Chem. Gesellschaft **44**, 888 [1911].

[7]) Y. Mori u. T. Kanai, Zeitschr. f. physiol. Chemie **122**, 206 [1922].

[8]) E. Fischer u. G. Zemplén, Berichte d. Deutsch. Chem. Gesellschaft **42**, 4878 [1909].

[9]) F. Knoop, Hofmeisters Beitr. **6**, 150 [1906].

[10]) Y. Kotake u. Y. Mori, Zeitschr. f. physiol. Chemie **122**, 185 [1922].

[11]) Y. Mori, Zeitschr. f. physiol. Chemie **122**, 190 und 227 [1922].

b) Linksdrehende Form: Nadeln. Schmelzp. 121° (korr.). Leicht löslich in heißem Wasser, Alkohol und Äther. $[\alpha]_D^{20°} = -19,71°$.

c) Rechtsdrehende Form: Nadeln. Schmelzp. 124°. Leicht löslich in heißem Wasser, Alkohol, Äther, Essigester und Aceton; wenig löslich in Benzol, Chloroform und Toluol; unlöslich in Schwefelkohlenstoff. $\cdot[\alpha]_D^{20°} = +19,70°$.

Salze, Derivate: Bariumsalz $(C_9H_9O_3)_2Ba + H_2O$[1]). Leicht in Wasser lösliche, kugelförmige Aggregate.

Calciumsalz $(C_9H_9O_3)_2Ca + 3\,H_2O$[2]). Farblose Nadeln, wenig löslich in kaltem Wasser.

Nitril C_6H_5—CH_2—$CH(OH)$—CN[3]). Beim Zusammenbringen gleicher Moleküle Phenylacetaldehyd und wasserfreier Blausäure. Kleine Nadeln aus Benzol. Schmelzp. 57—58°. Verliert bei 100° HCN. Löslich in 10 Teilen kaltem Wasser. Leicht löslich in Alkohol, Äther, Chloroform, sehr wenig löslich in siedendem Ligroin. Mit Ammoniak entsteht daraus das Nitril des Phenylalanins.

Acetylderivat $C_{11}H_{12}O_4$[4]). Durch Erhitzen mit Acetylchlorid. Krystalle aus Chloroform und Ligroin. Schmelzp. 72°. Im absol. Vakuum unzersetzt destillierbar.

β-(o-Oxy-phenyl)-milchsäure, Salicyl-milchsäure, α-Oxy-β-(2-Oxyphenyl)-propionsäure.

Mol.-Gewicht: 182,08.

Zusammensetzung: 59,31% C, 5,54% H, 35,15% O . $C_9H_{10}O_4$.

$$
\begin{array}{c}
CH \\
CH \quad CH \\
CH \quad C\!-\!OH \\
C \\
CH_2 \\
{}^*CH\!-\!OH \\
COOH
\end{array}
$$

Darstellung: Die o-Oxyphenylbrenztraubensäure (Salicylglycidsäure) (s. d.)[5]) nimmt, wenn man sie in wässeriger Lösung mit Natriumamalgam reduziert, 2 Atome Wasserstoff auf und geht in die o-Oxyphenylmilchsäure über. Ist die Reduktion beendet, so wird die alkalische Lösung mit Salzsäure neutralisiert und zur Trockene verdampft. Der etwas gelb gefärbte Rückstand wird zunächst mit kaltem Alkohol behandelt, der kleine Mengen harziger Verunreinigungen aufnimmt, sodann in Wasser gelöst, mit Salzsäure angesäuert und mit Äther extrahiert. Der ätherische Auszug hinterläßt nach dem Verdunsten die Milchsäure in Form eines fast farblosen Sirups, welcher selbst nach wochenlangem Stehen über H_2SO_4 nicht krystallisiert.

Physikalische und chemische Eigenschaften: Die o-Oxyphenylmilchsäure zeigt in ihren Eigenschaften große Ähnlichkeit mit der Salicylglykolsäure (o-Oxymandelsäure). Sie löst sich in allen Verhältnissen in Wasser, krystallisiert aber nicht, während die Salze krystallinisch erhalten werden.

Salze, Derivate: Zinksalz $(C_9H_9O_4)_2Zn$. Krystallkrusten beim allmählichen Verdunsten der wässerigen Lösung.

Calciumsalz $(C_9H_9O_4)_2Ca + 6\,H_2O$. Krystallisiert in glänzenden, in Wasser leicht löslichen Prismen.

Ein Anhydrid der o-Oxyphenylmilchsäure konnte nicht erhalten werden.

[1]) Conrad, Annalen d. Chemie u. Pharmazie **209**, 247 [1881].
[2]) E. Fischer u. G. Zemplén, Berichte d. Deutsch. Chem. Gesellschaft **42**, 4878 [1909].
[3]) Erlenmeyer u. Lipp, Annalen d. Chemie u. Pharmazie **219**, 187 [1883].
[4]) R. Anschütz u. O. Motschmann, Annalen d. Chemie u. Pharmazie **392**, 100 [1912].
[5]) J. Plöchl u. L. Wolfrum, Berichte d. Deutsch. Chem. Gesellschaft **18**, 1188 [1885].

β-(p-Oxyphenyl)-milchsäure, α-Oxy-β-(Oxy-4-phenyl)-propionsäure.

Mol.-Gewicht: 182,08.

Zusammensetzung: 59,31% C, 5,54% H, 35,15% O . $C_9H_{10}O_4$.

$$
\begin{array}{c}
OH \\
| \\
C \\
\diagup\diagdown \\
CH \quad CH \\
| \qquad || \\
CH \quad CH \\
\diagdown\diagup \\
C \\
| \\
CH_2 \\
| \\
*CH - OH \\
| \\
COOH
\end{array}
$$

Vorkommen, Bildung: Nach Angaben von F. Ehrlich und K. H. Jacobsen kommt die p-Oxyphenylmilchsäure wahrscheinlich in vielen Käsearten vor[1]).

Sie wurde aber namentlich bei Verfütterung von Tyrosin und p-Oxyphenylbrenztraubensäure im Harn aufgefunden:

Im Harn von phosphorvergifteten Hunden[2]) und im Harn von Kaninchen[3]) nach tagelanger Verfütterung relativ großer Mengen Tyrosin wurde sie von Y. Kotake[2]) und von Blendermann[3]) in der l-Form isoliert.

A. Suwa[4]) fand, daß der gesunde Organismus (auch des Menschen) die p-Oxyphenylbrenztraubensäure zur d-p-Oxyphenylmilchsäure abbaut, der kranke Organismus dagegen zur l-Form.

Y. Kotake und Z. Matsuoka[5]) geben an, daß die p-Oxyphenylmilchsäure im Harn bei akuter gelber Leberatrophie vorkommt und vermutlich im Tierkörper unter pathologischen Verhältnissen aus Tyrosin über die Ketosäure gebildet wird. Die gleichen Forscher fanden ferner, daß die Säure auch bei Verfütterung von Tyrosin im Harn erscheint und ebenso in kleiner Menge bei Verabreichung von p-Oxyphenylbrenztraubensäure. Wird die Milchsäure in ihrer d, l-Form selbst verfüttert, so erleidet sie aktive Zersetzung; die d-Säure bleibt unangegriffen und bei der Bildung von l-p-Oxyphenylmilchsäure aus p-Oxyphenylbrenztraubensäure muß diese daher aktive Reduktion erfahren.

F. Ehrlich[6]) stellte fest, daß die Milchsäure auch beim Abbau des Tyrosins durch Oidium lactis und durch Willia anomala entsteht. Bei der Einwirkung von Monilia candida auf Tyrosinlösungen entsteht zur Hälfte die Oxysäure, zur anderen Hälfte das Tyrosol[1]).

Die linksdrehende p-Oxyphenylmilchsäure bildet sich ferner im Kaninchenorganismus nach Verfütterung von Tyrosin, und zwar wahrscheinlich durch asymmetrische Reduktion der p-Oxyphenylbrenztraubensäure[7]). Sie bildet sich auch bei der Verfütterung von d, l-Tyrosin, aber in bedeutend geringerer Menge[8]). l-Säure bildet sich ferner zum Teil beim Stehen von p-Oxyphenylbrenztraubensäure mit Organbrei (Leber, Niere, Milz) durch Autolyse, oder beim Durchströmen von überlebender Leber[9]).

Die p-Oxyphenylmilchsäure existiert in zwei optisch aktiven und in einer Racemform. Die letztere wurde zuerst von Erlenmeyer und Lipp[10]) beim Behandeln von p-Aminophenylalanin mit überschüssiger salpetriger Säure erhalten. Man kann sie auch aus p-Oxybrenztrauben-

---

[1]) F. Ehrlich u. K. H. Jacobson, Berichte d. Deutsch. Chem. Gesellschaft **44**, 888 [1911].

[2]) Y. Kotake, Zeitschr. f. physiol. Chemie **65**, 697 [1910].

[3]) Blendermann, Zeitschr. f. physiol. Chemie **6**, 234 [1882].

[4]) A. Suwa, Zeitschr. f. physiol. Chemie **72**, 113 [1911].

[5]) Y. Kotake u. Z. Matsuoka, Zeitschr. f. physiol. Chemie **89**, 475 [1914]; Chem. Centralbl. **1919**, I, 389.

[6]) F. Ehrlich, Biochem. Zeitschr. **36**, 477 [1911].

[7]) Y. Kotake, Z. Matsuoka u. M. Okagawa, Zeitschr. f. physiol. Chemie **122**, 175 [1922].

[8]) Y. Kotake u. M. Okagawa, Zeitschr. f. physiol. Chemie **122**, 200 [1922].

[9]) Y. Mori u. T. Kanai, Zeitschr. f. physiol. Chemie **122**, 206 [1922].

[10]) E. Erlenmeyer u. Lipp, Annalen d. Chemie u. Pharmazie **219**, 226 [1883].

säure durch Reduktion mit Natriumamalgam[1]) herstellen. Die l-Form wird gewonnen durch Behandlung von l-Tyrosin mit salpetriger Säure[2]).

d, l-p-Oxyphenylmilchsäure[1]). Bei 100° getrocknete Oxyphenylbrenztraubensäure (Darstellung s. d.) wird in einem kleinen Kolben in Wasser suspendiert, die theoretische Menge Natriumamalgam auf einmal zugefügt, wobei eine starke Erhitzung stattfindet. Nach 20 Minuten wird der Kolbeninhalt schnell mit konz. Salzsäure in etwas mehr als der berechneten Menge versetzt. Die vom Quecksilber abgetrennte Flüssigkeit wird über Nacht stehengelassen, wobei sie völlig krystallinisch erstarrt. Die Krystalle werden abgesaugt, wiederholt aus Wasser umkrystallisiert und an der Luft getrocknet. In diesem Zustand enthält die Säure ein halbes Molekül Krystallwasser. Zur Herstellung des Calciumsalzes wird die Säure in Wasser gelöst, mit frisch gefälltem Calciumcarbonat versetzt und im Wasserbad erhitzt. Das Calciumsalz enthält, wie schon Erlenmeyer und Lipp angeben, 6 Mol Krystallwasser und hat die Formel $(C_9H_9O_4)_2$ $Ca + 6 H_2O$. Es bildet kleine Krystalle, die in Wasser und Alkohol löslich sind, über H_2SO_4 3 Mol H_2O und beim Erhitzen auf 130—140° alles Krystallwasser verlieren.

Die freie Säure schmilzt auch im krystallwasserhaltigen Zustand bei 144—145°, ebenso wie die bei 105° scharf getrocknete Säure.

l-p-Oxyphenylmilchsäure[3]). 5 g l-Tyrosin (aus Casein) werden in 1 l Wasser, dem 30 ccm n-H_2SO_4 zugefügt sind, durch Erwärmen gelöst und bei 60—70° mit 3,157 g Bariumnitrit in wässeriger Lösung versetzt. Die Flüssigkeit bleibt über Nacht bei Zimmertemperatur stehen, wobei sie sich dunkler färbt. Die vom $BaSO_4$ abfiltrierte Lösung, die auf Kongopapier nicht reagiert, wird im Extraktionsapparat von Kutscher und Steudel 3 mal 24 Stunden mit Äther extrahiert. Der dunkle Ätherrückstand wird nach einem Tage krystallinisch. Ausbeute 2 bis 2,3 g. Nach Entfärben mit Tierkohle und mehrmaligem Umkrystallisieren aus Wasser verbleiben noch 0,4—0,45 g fast reine Säure. Man erhält sie in langen Nadeln vom Schmelzp. 162—164°.

Einfacher gestaltet sich die Isolierung folgendermaßen: Die vom $BaSO_4$ abfiltrierte Lösung wird mit Bleizuckerlösung gefällt, wobei ein geringer dunkler Niederschlag sich absetzt. Nach dem Abfiltrieren wird mit Bleiessig die p-Oxyphenylmilchsäure fast quantitativ gefällt. Aus dem Filtrat des mit H_2S zersetzten Niederschlages krystallisiert die Säure ziemlich rein aus. Durch Kochen mit Tierkohle wird die Lösung entfärbt, und beim Einengen auf dem Wasserbade scheidet sich die Säure in ebenso geringer Ausbeute ab, wie nach dem obigen Verfahren. Aus dem Filtrat vom Bleiessigniederschlag können 45% des angewandten Tyrosins zurückgewonnen werden. $[\alpha]_D = -18°$.

d-p-Oxyphenylmilchsäure[1]). 2 g l-Tyrosin wurden unter Erwärmen in 2 l einer Nährflüssigkeit aufgelöst, die 20 g Invertzuckersirup, 0,5 g K_2HPO_4, 0,5 g KH_2PO_4, 0,1 g $MgSO_4$ und Spuren Natrium- und Eisenchlorid enthielt. Die in einem Kolben sterilisierte Lösung wurde mit Oidium lactis geimpft. Schon nach 2 Tagen zeigte sich an der Oberfläche ein zarter Pilzflaum, der bald stärker wurde und in die Flüssigkeit hineinwuchs. Nach 6 Tagen hatte sich bereits eine starke Pilzdecke gebildet, die, durch Schütteln des Kolbens untergetaucht, bald von neuem Pilzmycel überwuchert wurde, das auch die Lösung allmählich erfüllte. Die Flüssigkeit wurde dann auch in der nächsten Zeit noch einige Male geschüttelt. Die Neubildung der Pilzdecke erfolgte schließlich immer langsamer, bis nach 4 Wochen das Wachstum ganz aufzuhören schien. Nach 5 wöchiger Dauer des Versuches wurde abgebrochen und die Flüssigkeit durch ein gewogenes Filter abfiltriert. Das gelblich gefärbte, klare Filtrat zeigte keine Drehung mehr und reagierte sauer, 100 ccm desselben verbrauchten zur Neutralisation gegen Phenolphthalein 10 ccm $^1/_{10}$ n-NaOH. Das auf dem Filter zurückbleibende Pilzmycel wurde mit destilliertem Wasser gründlich ausgewaschen, im Trockenschrank bei 105° getrocknet und gewogen: 3,52 g mit einem (nach Kjeldahl bestimmten) Stickstoffgehalt von 0,1176 g N_2. Demnach sind also 1,52 g Tyrosin von dem Pilz assimiliert worden, wenn man von dem Myceleiweiß absieht, das während der Pilzvegetation durch Autolyse wieder in Lösung gegangen ist.

Die Filtrate von der Pilzmasse werden im Vakuum bis zum Sirup eingedampft, mit dem mehrfachen Volumen Alkohol verrührt, filtriert und der Alkoholextrakt zur Trockene gebracht. Der Rückstand wird mit wenig Wasser aufgenommen, mit $NaHCO_3$ schwach alkalisch gemacht und in einen Extraktionsapparat mit Äther extrahiert. Hierbei wird eine geringe Menge (zirka 0,01 g) Tyrosol entfernt. Dann säuert man stark mit H_2SO_4 an, extrahiert von neuem gründ-

---

[1]) Y. Kotake, Zeitschr. f. physiol. Chemie **69**, 409 [1910].
[2]) F. Ehrlich u. K. H. Jacobson, Berichte d. Deutsch. Chem. Gesellschaft **44**, 888 [1911].
[3]) Y. Kotake, Zeitschr. f. physiol. Chemie **65**, 397 [1910].

lich mit Äther, trocknet scharf über Na_2SO_4 und verdampft, wobei der Äther einen gelblich gefärbten, harten, krystallinischen Rückstand (2,2 g) hinterläßt. Zur Reinigung wird zweimal in heißem Wasser gelöst, mit Tierkohle behandelt und eingeengt. Man erhält schließlich 1,8 g völlig reiner p-Oxyphenylmilchsäure, die stark nach rechts dreht $[\alpha]_D^{20°} = +18,14°$.

Physiologische Eigenschaften: Die p-Oxyphenylmilchsäure hat keinen Einfluß auf die Bildung von Acetonkörpern[1][2][3][4][5].

Die linksdrehende p-Oxyphenylmilchsäure scheint in der überlebenden Leber Acetessigsäure zu bilden, die rechtsdrehende Form dagegen liefert keine Acetessigsäure[6].

p-Oxyphenylmilchsäure kann im Kaninchenorganismus zwar in Oxyphenylbrenztraubensäure übergeführt werden, aber ziemlich schwer[7].

Physikalische und chemische Eigenschaften: a) Inaktive Form: Nadeln aus Wasser. Enthält $^1/_2$ Mol Krystallwasser. Schmelzp. der wasserhaltigen Säure 115—122°, wird dann wieder fest und schmilzt wieder bei 139—140°. Schmelzp. der bei 100° getrockneten Säure 144° (Erlenmeyer, Lipp l. c.). Schmelzp. der krystallwasserhaltigen und -freien Substanz 144—145° (Kotake l. c.). Sehr leicht löslich in heißem Wasser, schwerer in kaltem, ziemlich leicht in Alkohol, sehr wenig in Äther.

b) Linksdrehende Form: Nadeln mit $^1/_2$ Mol Krystallwasser. Schmelzp. 167—168° (unkorr.). Leicht löslich in kaltem Wasser. $\alpha_D^{20°} = -18,48°$ (0,5598 g in 23,5 ccm Wasser). (Kotake u. Matsuoka l. c.)

c) Rechtsdrehende Form: Seidenglänzende Nadeln aus heißem Wasser. Enthalten $^1/_2$ Mol Krystallwasser. Schmelzp. 169°. Löslich in 77,5 Teilen Wasser bei 16°. Sehr leicht löslich in heißem Wasser, leicht löslich in kaltem Methylalkohol, Alkohol, Äther, Aceton, Essigester. Wenig löslich in Benzol und Toluol. Unlöslich in Schwefelkohlenstoff. $\alpha_D^{20°} = +18,14°$ (F. Ehrlich u. Jacobsen l. c.).

Die Oxysäure gibt schon bei gelindem Erwärmen deutlich die Millonsche Reaktion.

Salze: Calciumsalz $(C_9H_9O_4)_2 \cdot Ca + 6 H_2O$. Kleine Krystalle. Verliert über Schwefelsäure $3 H_2O$. Löslich in Alkohol und Wasser (Erlenmeyer, Lipp l. c.). **Bleisalz** (Kotake l. c.).

Phenylglyoxylsäure, Benzol-keto-carbonsäure, Benzoylameisensäure.

Mol.-Gewicht: 150,05.

Zusammensetzung: 63,98% C, 4,03% H, 31,99% O . $C_8H_6O_3$.

$$\begin{array}{c}
CH \\
\diagup \diagdown \\
CH \quad CH \\
| \quad\quad || \\
CH \quad CH \\
\diagdown \diagup \\
C \\
| \\
CO \\
| \\
COOH
\end{array}$$

Bildung, Darstellung: Die Phenylglyoxylsäure entsteht neben l-Mandelsäure und l-Phenylaminoessigsäure beim Alkaptonuriker nach Einführung von d, l-Aminophenylessigsäure[8] und ebenso auch bei der künstlichen Durchblutung der Leber[9]. Ferner wurde sie bei der Durchblutung von Hundelebern mit einer Blutsalzphosphatlösung, der Phenylglyoxal beigesetzt war, neben l-Mandelsäure erhalten[10]. Bei der Durchströmung von Hundeleber mit defibriniertem

[1] A. Suwa, Zeitschr. f. physiol. Chemie **72**, 113 [1911].
[2] Y. Kotake, Zeitschr. f. physiol. Chemie **69**, 409 [1910].
[3] O. Neubauer u. W. Groß, Zeitschr. f. physiol. Chemie **67**, 218 [1910].
[4] E. Schmitz, Biochem. Zeitschr. **28**, 117 [1910].
[5] O. Neubauer u. K. Fromherz, Zeitschr. f. physiol. Chemie **70**, 326 [1911].
[6] Y. Mori, Zeitschr. f. physiol. Chemie **122**, 229 [1922].
[7] Y. Kotake u. M. Okagawa, Zeitschr. f. physiol. Chemie **122**, 200 [1922].
[8] Neubauer u. Flatow, Chem. Centralbl. **1909**, II, 50.
[9] Neubauer u. H. Fischer, Zeitschr. f. physiol. Chemie **67**, 230 [1910].
[10] H. D. Dakin u. H. W. Dudley, Chem. Centralbl. **1914**, I, 1208 u. II, 578.

Hundeblut, dem Phenylglyoxal zugefügt war, entstand sie neben l-Mandelsäure und d-α-Amino-phenylessigsäure[1]).

Durch Stehenlassen von Benzoylcyanid mit Salzsäure (spez. Gew. 1,2)[2]). Bei der Oxydation von Styrolenalkohol C_6H_5—CH(OH)—$CH_2 \cdot$ OH oder von Mandelsäure mit Salpetersäure[3]). Bei der Oxydation von Pulvinsäure mit alkalischer Chamäleonlösung[4]). Der Äthylester entsteht beim Erhitzen von Quecksilberphenyl mit Oxalsäureäthylesterchlorid[5]). Der Amylester entsteht bei der Reaktion von Benzol, Oxalisoamylesterchlorid und Aluminiumchlorid[6]). Aus Phenyltriazomalonsäure mit Kalilauge, ferner aus phenyliminoessigsaurem Kali an der Luft[7]). Durch Oxydation des Formylphenylessigesters mit Ozon[8]). Aus Mandelsäure bei der Oxydation am Licht[9]). S. a. W. Dieckmann[10]).

Die beste Ausbeute bei der Darstellung der Phenylglyoxylsäure liefert wohl die Methode von S. F. Acree[11]).

100 g Mandelsäure werden in 1 l Wasser mit Natronlauge neutralisiert, mit Eis gekühlt und innerhalb 2—3 Stunden zirka 70 g Kaliumpermanganat, in möglichst wenig Wasser gelöst einwirken gelassen. Zur Reduktion des überschüssigen $KMnO_4$ wird Alkohol zugesetzt, vom Braunstein abfiltriert, die Lösung angesäuert und von der ausgeschiedenen Benzoesäure abfiltriert. Das mit Alkali wieder neutralisierte Filtrat wird bei 70 mm Hg eingeengt und nach dem Ansäuern mit H_2SO_4 mit Äther extrahiert. Der halbfeste Ätherextrakt wird zur Beseitigung der immer noch vorhandenen Benzoesäure mit Schwefelkohlenstoff vermischt und nach gutem Kühlen filtriert. Die zurückbleibende Phenylglyoxylsäure wird aus Schwefelkohlenstoff umkrystallisiert. Ausbeute 75%. Je langsamer die Oxydation verläuft, um so mehr Benzoesäure wird gebildet und um so schlechter wird die Ausbeute. Zur Reinigung kann man in den Äthylester überführen und diesen noch weiter mit Hilfe der Bisulfitverbindung reinigen.

Physiologische Eigenschaften: L. Rosenthaler[12]) erhielt bei der Einwirkung von Hefe oder Milch (bei schwach alkalischer Reaktion) l-Mandelsäure durch optisch aktive Reduktion. Neubauer und Fischer[13]) sowie Dakin und Dudley[14]) zeigten, daß die gleiche Reduktion auch bei der Durchblutung der Hundeleber eintritt, s. a.[13]).

Physikalische und chemische Eigenschaften: Wird aus den Salzen ölig gefällt und erstarrt im Exsiccator krystallinisch. Schmelzp. 65—66°. In Wasser ungemein löslich, wird aber der wässerigen Lösung durch Äther entzogen. Zersetzt sich bei der Destillation größtenteils in Benzoesäure und Kohlenoxyd, teilweise auch in Benzaldehyd und Kohlendioxyd (Claisen l. c.). Wird durch Wasser glatt zu Benzoesäure und Kohlendioxyd oxydiert[15]). Wird durch Erwärmen mit Vitriolöl und durch Kochen mit Salpetersäure zu Benzoesäure oxydiert. Beim Erhitzen mit Jodwasserstoffsäure (s = 1,67) und rotem Phosphor auf 160° entsteht Toluylsäure, mit Natriumamalgam Mandelsäure (Claisen, l. c.). Beim Erwärmen mit Phenol und Vitriolöl wird Benzaurin gebildet.

Charakteristisch für die Phenylglyoxylsäure ist die folgende Reaktion: Fügt man zu einer Lösung der Säure in thiophenhaltigem Benzol konz. Schwefelsäure, so nimmt das ganze Gemisch bald eine tiefrote, später intensiv blauviolette Färbung an. Auf Zusatz von Wasser geht der Farbstoff mit intensiv carminroter Farbe in die Benzolschicht über.

[1]) H. D. Dakin u. H. W. Dudley, Chem. Centralbl. **1914**, I, 1208 u. II, 578.

[2]) Claisen, Berichte d. Deutsch. Chem. Gesellschaft **10**, 430, 845 [1877]. — Hübner u. Buchka, Berichte d. Deutsch. Chem. Gesellschaft **10**, 479 [1877].

[3]) Zincke u. Hunäus, Berichte d. Deutsch. Chem. Gesellschaft **10**, 1488 [1877].

[4]) Spiegel, Berichte d. Deutsch. Chem. Gesellschaft **14**, 1689 [1881].

[5]) Claisen u. Morley, Berichte d. Deutsch. Chem. Gesellschaft **11**, 1598 [1878].

[6]) Roser, Berichte d. Deutsch. Chem. Gesellschaft **14**, 940 [1881].

[7]) M. O. Forster u. R. Müller, Journ. Chem. Soc. **97**, 126 [1910].

[8]) J. Scheiber u. P. Herold, Annalen d. Chemie u. Pharmazie **405**, 295 [1914]; siehe auch[9]).

[9]) R. Ciusa u. A. Piergallini, Atti della R. Accad. dei Lincei Roma (5) **23**, I, 821 [1914].

[10]) W. Dieckmann, Berichte d. Deutsch. Chem. Gesellschaft **50**, 1375 [1917].

[11]) S. F. Acree, Chem. Centralbl. **1914**, I, 1830.

[12]) L. Rosenthaler, Biochem. Zeitschr. **14**, 238 [1908]; **19**, 186 [1909]; Chem. Centralbl. **1910**, II, 1671.

[13]) Neubauer u. H. Fischer, Zeitschr. f. physiol. Chemie **67**, 219, 230 [1910].

[14]) Dakin u. Dudley, Chem. Centralbl. **1914**, II, 578.

[15]) A. F. Holleman, Rec. trav. chim. Pays-Bas **23**, 169 [1904].

Salze:

Salze der Phenylglyoxylsäure.

Salz	Krystallwassergehalt	Schmelzpunkt	Krystallform	Löslichkeit
NH_4	—	—	breite Blätter	—
Na	—	—	kleine Prismen	
K	—	—	dünne quadratische Tafeln	w. l. in kaltem Alkohol
Ca	1 H_2O	—	flache Prismen	—
Sr	1 H_2O	—	—	—
Ba	—	—	flache Prismen	s. w. l. in kaltem H_2O z. l. l. in warmem H_2O
Zn	2 H_2O	—	kleine Prismen	l. l. H_2O
Pb	1 H_2O	—	krystallinischer Niederschlag	—
Cu	—	160—170°	kleine grüne Tafeln	l. l. H_2O
Ag	—	—	krystallinischer Niederschlag	l. l. H_2O, daraus flache Prismen
Anilin	—	—	Blättchen	s. w. l. in kaltem C_6H_6, H_2O
o-Toluidin . .	—	85—90°	Nadeln aus C_6H_6	—
p-Toluidin . .	—	140° u. Zers.	Nadeln aus C_6H_6	33 : 1000 in heißem H_2O
1,3,4-Xylidin .	—	117—120° u. Zers.	mikroskopische Nadeln	—
Naphthylamin	—	gegen 140° u. Zers.	Krystalle	—
Brucin	1 H_2O	Zers. bei 230°	farblose Krystalle	$[\alpha]_D^{20°} = -6 \cdot 00°$

Derivate:

Ester der Phenylglyoxylsäure.

Alkohol	Siedepunkt Grad C	Bemerkungen
Methyl	246—248	—
Äthyl	256—257; 156 bei 30 mm	$D^{17\,5°} = 1{,}1210$
n-Propyl	174 bei 60 mm	—
Isobutyl	170—174 bei 38 mm	—
Isoamyl	179—182 bei 42 mm	—
d-Amyl	163 bei 16 mm	farbloses Öl $[\alpha]_D^{19°} = +4 \cdot 1°$
l-Menthyl	F.-P. 73—74°	Nadeln aus Alkohol

Die Ester der Phenylglyoxylsäure werden durch Sättigen der Lösung der Säure in dem betreffenden Alkohol mit trockenem Salzsäuregas erhalten. Sie verbinden sich mit Natriumbisulfit zu krystallinischen Verbindungen, die durch Salzsäure leicht zerlegt werden[1]).

Reduktion des Äthylesters nach Clemmensen (amalgamierte Zinkspäne, Alkohol und Salzsäuregas) ergab in der Kälte Diphenylweinsäureester und Mandelsäureester; in der Wärme Mandelsäureester neben wenig Benzoesäureester[2]). Siedep. des Äthylesters bei 17—18 mm 140°[2]).

Sonstige Derivate der Phenylglyoxylsäure. Phenylhydrazon[3]). Mikroskopische, kleine, gebogene Nädelchen (charakteristisch) nach Umkrystallisieren aus heißem Alkohol und Wasser. Schmelzp. bei schnellem Erhitzen 164° (korr.).

o-Nitrophenylhydrazon[4]). Aus Benzol hellgelbe Krystallwarzen vom Schmelzp. 180—181° unter Zersetzung. Leicht löslich in Äther und Aceton, wenig in warmem Alkohol, sehr wenig in Ligroin. In Alkalien löslich mit roter Farbe.

p-Nitrophenylhydrazon[5]). Gelbe Nadeln aus verdünntem Alkohol. Schmelzp. 163—165°.

---

[1]) Claisen, Berichte d. Deutsch. Chem. Gesellschaft **10**, 1666 [1877].
[2]) Steinkopf u. Wolfram, Annalen d. Chemie u. Pharmazie **430**, 148 [1922].
[3]) Neubauer u. H. Fischer, Zeitschr. f. physiol. Chemie **67**, 230 [1910].
[4]) C. Gastaldi, Chem. Centralbl. **1912**, II, 1114.
[5]) D. H. Dakin u. H. W. Dudley, Chem. Centralbl. **1913**, II, 794.

Semicarbazon[1]. C_6H_5—C(COOH) = N—NH—CO—NH$_2$. Schmelzp. 200° unter Zersetzung. Fast unlöslich in sämtlichen Lösungsmitteln. Löslich in heißem, wenig löslich in kaltem Alkohol.

Semicarbazid[1]. C_6H_5—CO—NH—NH—CO—NH$_2$. Aus dem Semicarbazon mit Jod und Soda. Schmelzp. 240°. Liefert ein Chlorhydrat, das in freiem Zustand beständig ist, von Wasser dissoziiert wird.

o-Oxy-phenyl-glyoxylsäure, o-Oxybenzoyl-ameisensäure.

Mol.-Gewicht: 166,05.

Zusammensetzung: 57,81% C, 3,64% H, 35,54% O . $C_8H_6O_4$.

$$\begin{array}{c}
CH \\
CH \quad CH \\
CH \quad C—OH \\
C \\
CO \\
COOH
\end{array}$$

Bildung, Darstellung: Aus 1-Nitrocumaron durch Umlagerung in das Isonitrosocumaranon und Aufspaltung desselben durch Salzsäure[2].

Die Säure wird am besten aus Isatin dargestellt nach Vorschriften, die von A. Baeyer und P. Fritsch[3] und von L. Marchlewski und J. Sosnowski[4] stammen.

Eine Lösung von Isatin in etwas überschüssiger, verdünnter Natronlauge wird mit der berechneten Menge Natriumnitrit versetzt und nach dem Abkühlen mit Eiswasser in überschüssige, stark gekühlte, verdünnte Schwefelsäure langsam eingegossen. Man erwärmt dann die so erhaltene Lösung von o-Diazophenylglyoxylsäure allmählich auf etwa 60°, wobei reichliche Mengen von Stickstoff entweichen, filtriert nach dem Erkalten von etwas ausgeschiedenem Harz ab und extrahiert mit Äther.

Die ätherische Lösung hinterläßt nach dem Abdestillieren ein dickflüssiges, dunkelrotes Öl, welches bisweilen nach längerem Stehen krystallinisch erstarrt. Durch mehrmaliges Behandeln der wässerigen Lösung mit Tierkohle wurde eine nur noch schwach gelblich gefärbte Säure erhalten, welche aus einer mit Ligroin versetzten Benzollösung in konzentrisch gruppierten gelben Nadeln (oder Blättchen) krystallisiert.

Physikalische und chemische Eigenschaften: Hellgelbe, konzentrisch gruppierte Blättchen, löslich in Benzol und in Wasser. Löslich in Soda und Natronlauge. Schmelzp. 56—57°. (Es existieren auch tiefere Angaben.)

Bei der Reduktion mit Natriumamalgam entsteht daraus die o-Oxymandelsäure (s. d.).

Die o-Oxyphenylglyoxylsäure wird von Sodalösung und von Natronlauge mit gelber Farbe gelöst und durch Säuren unverändert wieder in Freiheit gesetzt. Bei längerem Kochen mit NaOH wird, aus dem dabei entstehenden Geruch zu schließen, unter teilweiser CO_2-Abspaltung Salicylaldehyd gebildet[2]. Beim Erhitzen für sich erleidet die Säure CO_2-und CO-Abspaltung. Mit konz. H_2SO_4 und thiophenhaltigem Benzol tritt leicht eine äußerst intensive, tief blaue Indopheninreaktion ein. Mit $FeCl_3$ bekommt man eine violettrote Färbung.

Derivate: Zur Charakterisierung der Säure besonders geeignet ist das **Oxim**[1], das man am besten bei Gegenwart von Salzsäure herstellt Schmelzp. 149° unter Gasentwicklung. Kleine, derbe Nadeln, die mit $FeCl_3$ eine kermesbraune Färbung geben. Besondere Bedeutung hat in letzter Zeit auch das innere Anhydrid der o-Oxyphenylglyoxylsäure, das sog. Cumarandion erlangt[5][6][7].

---

[1]) J. Bougault, Chem. Centralbl. **1916**, II, 742; **1917**, I, 12, 65; II, 157.

[2]) R. Stoërmer u. B. Kahlert, Berichte d. Deutsch. Chem. Gesellschaft **35**, 1645 [1902].

[3]) A. Baeyer u. P. Fritsch, Berichte d. Deutsch. Chem. Gesellschaft **17**, 973 [1884].

[4]) L. Marchlewski u. J. Sosnowski, Berichte d. Deutsch. Chem. Gesellschaft **34**, 2295 [1901].

[5]) Ph. Schad, Berichte d. Deutsch. Chem. Gesellschaft **26**, 221 [1893].

[6]) K. Fries u. W. Pfaffendorf, Berichte d. Deutsch. Chem. Gesellschaft **43**, 218 [1910] u. **45**, 154, 161 [1912].

[7]) R. Stoërmer, Berichte d. Deutsch. Chem. Gesellschaft **45**, 162 [1912].

Cumarandion. 1 Teil Säure in 30 Teilen Benzin gelöst werden mit einem Überschuß von Phosphorpentoxyd 15 Minuten gekocht. Die aus der abfiltrierten Lösung sich ausscheidenden Krystalle werden nochmals aus Benzol oder Eisessig umkrystallisiert und bilden dann große, gelbe, prismatische Tafeln vom Schmelzp. 134°. Dasselbe Lacton erhält man auch beim Destillieren der Säure im Vakuum. Unter 17 mm Hg siedet das Lacton bei 142°. Es ist in Benzin ziemlich wenig löslich, leichter in Benzol und Eisessig, leicht löslich in Äther und Aceton. Das Cumarandion nimmt sehr leicht Wasser auf unter Rückbildung der o-Oxyphenylglyoxylsäure.

Durch 5 Minuten langes Kochen mit absol. Alkohol erhält man aus dem Lacton den **Äthylester**[1]). Gelbe, klare ölige Flüssigkeit, erstarrt in der Kältemischung und wird bei 15° wieder flüssig. Er ist auch bei 15 mm Hg nicht unzersetzt destillierbar.

Phenylhydrazon[1]) $C_{14}H_{12}O_3N_2$. Krystallisiert aus stark verdünntem Alkohol in hellgelben Nädelchen vom Schmelzp. 148° unter Zersetzung. Es ist sehr leicht löslich in Alkohol und Eisessig, schwerer in Wasser, schwer in Benzol und Benzin. Es geht sehr leicht in das Phenylhydrazon des Lactons über.

p-Oxy-phenyl-glyoxylsäure, 4-Oxybenzoylameisensäure, 4-Oxybenzol-1-keton-carbonsäure.

Mol.-Gewicht: 166,05.

Zusammensetzung: 57,81% C, 3,64% H, 35,54% O . $C_8H_6O_4$.

$$
\begin{array}{c}
OH \\
| \\
C \\
CH \quad CH \\
CH \quad CH \\
C \\
| \\
CO \\
| \\
COOH
\end{array}
$$

Bildung, Darstellung: Die p-Oxyphenylglyoxylsäure entsteht im Tierkörper durch Abbau der p-Oxyphenylaminoessigsäure, und zwar nur aus der d-Säure, während die l-Säure unverändert ausgeschieden wird[2]).

Durch Verseifen von Pikryl-p-Oxyphenylglyoxylsäureester, welcher aus Pikrylphenol durch Einwirkung von Äthoxalylchlorid und Aluminiumchlorid entsteht[3]). Oxydation von p-Acetylamino-acetylbenzol mit alkalischer Permanganatlösung, Verseifen der Acetylaminophenylglyoxylsäure, Diazotieren und Verkochen[4]), s. a. Francis und Nierenstein[5]).

Für die Darstellung der Säure ist anscheinend am besten die Methode von A. Ellinger und Y. Kotake[6]). Anisol wird durch Acetylierung in p-Methoxyacetophenon verwandelt, dieses zu p-Methoxyphenylglyoxylsäure oxydiert und schließlich die O-Methylgruppe abgespalten:

$$
\underset{CO-CH_3}{\overset{OCH_3}{\bigcirc}} \xrightarrow{+CH_3COCl} \underset{CO-CH_3}{\overset{OCH_3}{\bigcirc}} \xrightarrow{+3\,O} \underset{CO-COOH}{\overset{OCH_3}{\bigcirc}} \xrightarrow{+H_2O} \underset{CO-COOH}{\overset{OH}{\bigcirc}}
$$

1. **Methoxyacetophenon**[7]). In einem mit Rückflußkühler und Tropftrichter versehenen Kolben werden 50 ccm Anisol, in 250 ccm CS_2 gelöst, und 80 g Aluminiumchlorid gebracht und allmählich 80 ccm Acetylchlorid in kleinen Portionen tropfenweise zugesetzt. Die Reaktion

[1]) K. Fries u. W. Pfaffendorf, Berichte d. Deutsch. Chem. Gesellschaft **45**, 154, 161 [1912].

[2]) K. Fromherz, Zeitschr. f. physiol. Chemie **70**, 351 [1911].

[3]) Bouveault, Bull. de la Soc. chim. de France (3) **17**, 948 [1897]; **19**, 75 [1898].

[4]) I. Aloy u. Ch. Rabaut, Bull. de la Soc. chim. de France (4) **9**, 762 [1911].

[5]) Francis u. Nierenstein, Annalen d. Chemie u. Pharmazie **382**, 194 [1911].

[6]) A. Ellinger u. Y. Kotake, Zeitschr. f. physiol. Chemie **65**, 402 [1910].

[7]) Nach der Vorschrift von Charon u. Zamanos, Chem. Centralbl. **1901**, II, 1341.

tritt schon in der Kälte ein, und die Flüssigkeit färbt sich unter lebhafter HCl-Entwicklung zuerst rötlich, dann violett, dann blau. Nachdem alles Acetylchlorid eingetragen ist, wird die Reaktionsmischung unter häufigem Umschütteln 1 Stunde stehengelassen und dann $^1/_2$ bis 1 Stunde am Rückfluß auf dem Wasserbad gekocht. Nach dem Erkalten zeigt die Flüssigkeit zwei Schichten. Die obere Schicht (hauptsächlich CS_2) wird dekantiert, die untere, zähflüssige Schicht, welche einige Male mit CS_2 gewaschen wird, enthält das Reaktionsprodukt in Form der Aluminiumdoppelverbindung. Der Kolben wird jetzt von außen mit Eis gekühlt und eine ziemlich große Menge Eis in Stücken allmählich zugesetzt, wobei sich die Doppelverbindung unter lebhaftem Zischen und heftiger HCl-Entwicklung zerlegt. Das Methoxyacetophenon, welches sich ölig ausscheidet, wird mit Äther aufgenommen, es verbleibt nach dem Verdunsten des Äthers krystallinisch. Zur weiteren Reinigung wird es destilliert und die Fraktion zwischen 250—275° aufgefangen. Sie erstarrt alsbald und kann nach dem Aufnehmen mit Äther und langsamem Verdunsten in großen, derben Tafeln vom Schmelzp. 38—39° erhalten werden. Ausbeute quantitativ.

2. p-Methoxyphenylglyoxylsäure. 14 g $KMnO_4$ (theoretische Menge) werden in 600 ccm Wasser gelöst, 27 ccm 10 proz. Natronlauge hinzugefügt und nach dem Abkühlen der Flüssigkeit 10 g Methoxyacetophenon auf einmal hinzugebracht. Nach 5 stündigem Stehen auf Eis wird die Flüssigkeit mit Salzsäure angesäuert und mehrmals ausgeäthert. Der Ätherrückstand wird mit Soda aufgenommen und mit Äther erschöpft, um von unverändertem Ausgangsmaterial zu befreien, dann wieder angesäuert, wobei sich etwas Anissäure ausscheidet, und das Filtrat mit Äther ausgeschüttelt. Beim Verdunsten des Äthers erhält man reine p-Methoxyphenylglyoxylsäure vom Schmelzp. 88°. Die Ausbeute beträgt 40—50% des Ausgangsmaterials.

3. p-Oxyphenylglyoxylsäure. Die p-Methoxyverbindung wird mit dem gleichen Gewicht Ätzkali, das im doppelten Gewicht Wasser gelöst ist, im Autoklaven 12 Stunden auf 170° erhitzt. Das Reaktionsprodukt wird mit Wasser verdünnt, mit H_2SO_4 stark angesäuert, von einer Substanz, die sich hierbei krystallinisch ausscheidet (Konstitution nicht aufgeklärt) abfiltriert und mit Äther erschöpfend ausgeschüttelt. Die ätherische Lösung, welche einige Male mit wenig Wasser gewaschen wird, hinterläßt nach dem Verdunsten einen sofort krystallinisch erstarrenden Rückstand. Die durch kaltes Chloroform von Verunreinigungen befreiten Krystalle werden zweimal aus Wasser umkrystallisiert und schmelzen dann bei 172—173°.

Physiologische Eigenschaften: Reduktion tritt im Tierkörper nicht ein[1]), wie denn auch die p-Oxyphenylglyoxylsäure den Tierkörper (Hund und Kaninchen) nach subcutaner und oraler Eingabe völlig unverändert passiert[2]).

Physikalische und chemische Eigenschaften: Fast weiße Nädelchen, Schmelzp. 177—178°. Leicht löslich in Wasser, Alkohol und Äther, sehr wenig löslich in Benzol und Chloroform, unlöslich in Petroläther.

Die p-Oxyphenylglyoxylsäure gibt eine sehr starke Millonsche Reaktion; auf Zusatz von konz. Schwefelsäure zu einer Lösung der Säure in thiophenhaltigem Benzol entsteht eine Violettfärbung[3]).

Bei der Destillation im Vakuum entsteht ein Gemenge von p-Oxybenzoesäure und p-Oxybenzaldehyd, letzterer entsteht besonders reichlich beim Kochen der Säure mit Dimethylanilin.

Bei der Reduktion mit Natriumamalgam erhält man aus der so erhaltenen p-Oxyphenylglyoxylsäure die p-Oxymandelsäure (s. d.).

Derivate: Das **Phenylhydrazon** $C_{14}H_{12}O_3N_2$[3]) krystallisiert aus Alkohol auf Wasserzusatz in prismatischen Nadeln, die sich sehr leicht in Äther, schlecht in Benzol lösen und bei 157° unter Zersetzung schmelzen.

p-Methoxy-phenylglyoxylsäure. $C_9H_8O_4$. $H_3CO\!-\!C_6H_4\!-\!CO\!-\!COOH$. Entsteht aus Anethol bei der Oxydation[4]). Bei der Oxydation von p-Methoxyacetophenon[5]). Bei der Oxydation von p-Methoxypropiophenon neben Anissäure[6]).

Nadeln, welche Krystallwasser enthalten. Schmelzp. 93° (wasserfrei). Sehr wenig löslich in siedendem Wasser, leicht in Alkohol und Äther. Gibt bei der trockenen Destillation Anissäure, ebenso bei der Oxydation mit Kaliumpermanganat in schwefelsaurer Lösung.

[1]) K. Fromherz, Zeitschr. f. physiol. Chemie **70**, 35 [1911].
[2]) A. Ellinger u. Y. Kotake, Zeitschr. f. physiol. Chemie **65**, 402 [1910].
[3]) K. Fromherz, l. c.
[4]) Garelli, Gazz. chim. ital. **20**, 693 [1890].
[5]) Bougault, Compt. rend. de l'Acad. des Sc. **132**, 783 [1901].
[6]) Bouveault, Bull. de la Soc. chim. de France (3) **17**, 943 (1897).

Phenylbrenztraubensäure, β-Phenyl-α-oxo-propionsäure.

Mol.-Gewicht: 164,06.

Zusammensetzung: 65,83% C, 4,92% H, 29,25% O . $C_9H_8O_3$.

$$
\begin{array}{c}
CH \\
CH \quad CH \\
CH \quad CH \\
C \\
CH_2 \\
CO \\
COOH
\end{array}
$$

Vorkommen: Die Phenylbrenztraubensäure steht in nächster Beziehung zum Phenylalanin, wurde aber noch nicht natürlich aufgefunden. Sie wurde sehr häufig auf ihr Verhalten im tierischen Organismus untersucht, und die Literatur ist, wie auch bei dem entsprechenden Tyrosinabkömmling, sowohl darüber wie auch über ihr chemisches Verhalten sehr ausgedehnt und kann nur auszugsweise berücksichtigt werden.

Bildung: Kaninchen liefern nach peroraler Eingabe von d-, l- oder d, l-Phenylalanin im Harn hauptsächlich Phenylbrenztraubensäure; daneben konnte auch zu einem kleinen Teile p-Oxyphenylbrenztraubensäure isoliert werden[1].

Aus Phenylglycidsäure[2]. Aus Phenylcyanbrenztraubensäureester[3]. Aus Phenylglycerinsäure[4]. Aus Phenylessigester mit Oxalester[5]. Aus Hippursäure mit Benzaldehyd[5]. Aus Benzylcyanid und Oxalester[6].

Darstellung: Am besten scheint sich die Methode von R. Hemmerlé[7] zu bewähren: Man kondensiert Benzylcyanid und Oxalsäurediäthylester mit Hilfe von Natriumäthylat zu α-Cyanphenylbrenztraubensäureäthylester. Aus dieser Verbindung entsteht die gewünschte Verbindung sehr leicht beim Lösen in kalter, konz. Schwefelsäure (D = 1,84) und Eingießen in Wasser. Die Reinigung erfolgt durch Lösen in 90 proz. Alkohol und Neutralisieren mit Soda:

$$C_6H_5-CH_2-CN + (COOC_2H_5)_2 \longrightarrow C_6H_5-CH(CN)-CO-COOC_2H_5 \longrightarrow$$
$$\longrightarrow C_6H_5-CH_2-CO-COOH$$

Physiologische Eigenschaften: Beim Durchbluten der glykogenhaltigen Leber mit dem Ammoniumsalz der Phenylbrenztraubensäure bildet sich die Uraminosäure des Phenylalanins[8]. Vergärung durch Hefe besonders leicht[9]. Liefert keine Acetessigsäure im Gegensatz zu Phenylalanin, Phenylmilchsäure, p-Oxyphenylbrenztraubensäure, sondern hindert die Acetessigsäurebildung bei der Durchblutung der überlebenden Leber stark oder völlig[10]. Ersetzt im Stoffwechselversuch das Phenylalanin nicht[11]. Wird z. T. unverändert im Harn wiedergefunden, z. T. ist vielleicht l-Phenylmilchsäure entstanden[12]. Wird im Organbrei (Leber, Milz, Niere)

---

[1] Y. Kotake, Y. Masai u. Y. Mori, Zeitschr. f. physiol. Chemie **122**, 195 [1922].

[2] Erlenmeyer, jun., Berichte d. Deutsch. Chem. Gesellschaft **33**, 3002 [1900]; Annalen d. Chemie u. Pharmazie **271**, 173 [1892].

[3] Erlenmeyer jun. u. Arbenz, Annalen d. Chemie u. Pharmazie **333**, 228 [1904].

[4] Dieckmann, Berichte d. Deutsch. Chem. Gesellschaft **43**, 1032 [1910].

[5] Plöchl, Berichte d. Deutsch. Chem. Gesellschaft **16**, 2815 [1883]. — Wislicenus, Berichte d. Deutsch. Chem. Gesellschaft **20**, 592 [1887]. — Erlenmeyer, Berichte d. Deutsch. Chem. Gesellschaft **22**, 1483 [1889]; **33**, 3001 [1900]; **27**, 2222 [1894]; Annalen d. Chemie u. Pharmazie **271**, 137 [1892]. — Claisen u. Ewan, Annalen d. Chemie u. Pharmazie **284**, 287 [1895]. — Erlenmeyer u. Kunlin, Annalen d. Chemie u. Pharmazie **307**, 146 [1899]; — Ruhemann u. Stapleton, Journ. Chem. Soc. **77**, 241 [1900].

[6] Bougault, Chem. Centralbl. **1915**, I, 671; **1916**, II, 320.

[7] R. Hemmerlé, Ann. chim. (9) **7**, 226 [1917].

[8] Knoop u. Kertens, Zeitschr. f. physiol. Chemie **71**, 252 [1911]. — Embden u. Schmitz, Biochem. Zeitschr. **29**, 423 [1910].

[9] Neuberg u. Karczag, Biochem. Zeitschr. **37**, 170 [1911].

[10] Embden u. Baldes, Biochem. Zeitschr. **55**, 301 [1913].

[11] Abderhalden, Zeitschr. f. physiol. Chemie **96**, 1 [1916].

[12] A. Suwa, Chem. Centralbl. **1911**, II, 710.

und in der überlebenden Leber z. T. in l-Phenylmilchsäure übergeführt[1]). Versuche an Hunden und Menschen ergeben ebenfalls, daß sie zu l-Phenylmilchsäure asymmetrisch reduziert wird[2]).

Physikalische und chemische Eigenschaften: Atlasglänzende Blättchen aus Chloroform. Schmelzp. 157° unter Kohlendioxydentwicklung. Sehr wenig löslich in kaltem und selbst in siedendem Wasser, wenig löslich in Chloroform und Benzol, fast unlöslich in kaltem Ligroin, sehr leicht löslich in Alkohol und in Äther. (In Äther im Verhältnis 19 : 100.)

Die alkoholische Lösung der Phenylbrenztraubensäure wird durch Eisenchlorid intensiv blaugrün gefärbt. Die Ketosäure läßt sich in mit Ammoniak gesättigter alkoholischer Lösung sehr leicht durch nascierenden Wasserstoff (aus Aluminiumamalgam) zu Phenylalanin reduzieren[3]). Die Reagenzien von Fehling und Nessler werden reduziert[4]).

Setzt man die Phenylbrenztraubensäure aus ihren Salzen in Freiheit, so entsteht im ersten Moment die Ketoform, die sich aber sehr rasch in die Enolform umlagert, wie man überhaupt annehmen muß, daß die Säure in freiem Zustand immer als Enolkörper reagiert, während sie in den Salzen in der Ketoform vorliegt[4]).

Bei der Reduktion mit Natriumamalgam entsteht aus der Ketosäure Phenylmilchsäure C_6H_5—CH_2—CH(OH)—COOH (s. d.).

Salze und Derivate: Natriumsalz[4]) $C_9H_7O_3Na + H_2O$. Das Krystallwasser entweicht auch bei 100° noch nicht.

Natriumbisulfitverbindung[4]). Beständig gegen kalte Salzsäure.

Brucinsalz[5]) $C_9H_8O_3 \cdot C_{23}H_{26}O_4N_2 + 2{,}5 \, H_2O$. Cremefarbig. Schmelzp. 182—183° unter Zersetzung. $[\alpha]_D^{20°} = +3{,}66°$.

Oxim[6]) $C_9H_9O_3N$. Nadeln aus Wasser, unlöslich in Ligroin. Zersetzt sich bei 159—160°. Liefert mit Jod und Soda Phenacetylhydroxamid $C_6H_5 \cdot CH_2 \cdot CO \cdot NHOH$[7]). Schmelzp. 75°.

Semicarbazon. Schmelzp. 180° unter Zersetzung. Fast unlöslich in Äther und den meisten Lösungsmitteln, löslich in heißem, wenig löslich in kaltem Alkohol.

Über Methyl-, Äthyl- und Benzylsemicarbazon vgl.[7]).

Phenylhydrazon[8]) $C_{15}H_{14}O_2N_2$. Große Prismen aus Alkohol. Schmelzp. 144—145°.

Methylester[9]). Schmelzp. 75°. Semicarbazon des Methylesters. Schmelzp. 196°.

Äthylester[9]). Schmelzp. 45°. Semicarbazon des Äthylesters Schmelzp. 167°. Sowohl aus dem Methyl- wie aus dem Äthylester kann man durch Einwirkung von starker Soda- oder besser Kaliumbicarbonatlösung durch Aldolkondensation zur Diphenylbrenztraubensäure gelangen[4]):

$$C_6H_5 - CH_2 - C(OH) - COOH$$
$$C_6H_5 - CH - CO - COOH$$

Farblose Nadeln vom Flüssigkeitsp. 194° unter Zersetzung. Unlöslich in Wasser, Chloroform und Benzol, löslich in Alkohol, Äther und Aceton. Zersetzt sich beim Kochen mit Wasser in CO_2 und α-Oxo-β-Phenyl-γ-Benzylbutyrolacton:

$$C_6H_5 - CH_2 - CH - O$$
$$\qquad\qquad\qquad\qquad \rangle CO$$
$$C_6H_5 - CH - CO$$

Anilid. Schmelzp. 126°[10]).

Piperidid[10]). Schmelzp. 58°.

Naphthylamid[10]). Schmelzp. 143°.

Amid[10]). Schmelzp. 190°. Löslich in heißem Alkohol, fast unlöslich in Wasser, Äther, Benzol.

O-Acetyl-phenylbrenztraubensäure C_6H_5—CH = C(OCOCH$_3$)—COOH[11])[12]). Die Acetylverbindung ist ein Derivat der Enolform der Phenylbrenztraubensäure. Aus dieser kann es

[1]) Y. Kotake u. T. Kanai, Zeitschr. f. physiol. Chemie **122**, 206 [1922].

[2]) Y. Kotake u. Y. Mori, Zeitschr. f. physiol. Chemie **122**, 191 [1922].

[3]) Knoop u. Kertess, Zeitschr. f. physiol. Chemie **71**, 252 [1911].

[4]) R. Hemmerlé, Ann. chim. (9) **7**, 226 [1917].

[5]) Hilditch, Journ. Chem. Soc. **99**, 224 [1911].

[6]) Erlenmeyer, Annalen d. Chemie u. Pharmazie **271**, 167 [1892].

[7]) J. Bougault, Compt. rend. de l'Acad. des Sc. **165**, 592 [1917] u. Chem. Centralbl. **1915**, II, 414.

[8]) R. Fittig, Annalen d. Chemie u. Pharmazie **299**, 31 [1898].

[9]) R. Hemmerlé, Compt. rend. de l'Acad. des Sc. **162**, 758 [1916].

[10]) J. Bougault, Chem. Centralbl. **1916**, II, 321.

[11]) M. Dieckmann, Berichte d. Deutsch. Chem. Gesellschaft **43**, 1032 [1910].

[12]) J. Bougault, Chem. Centralbl. **1917**, II, 287.

erhalten werden durch Kochen mit Essigsäureanhydrid. Andererseits kann es auch beim Behandeln von Phenylglycerinsäure mit Acetanhydrid entstehen. Farblose, feine Krystalle aus 50 proz. Essigsäure. Schmelzp. 169—171°. Wenig löslich in Wasser, Benzol und Ligroin, mäßig löslich in Chloroform und Äther, leicht in Alkohol (1 g löst sich in 20 ccm Alkohol oder 30 ccm Äther).

o-Oxy-phenyl-brenztraubensäure, Salicylglycidsäure, β-(Oxy-2-phenyl)-α-oxo-propionsäure.

Mol.-Gewicht: 180,06.

Zusammensetzung: 59,98% C, 4,48% H, 35,54% O . $C_9H_8O_4$.

$$\text{o-Oxy-phenyl-brenztraubensäure}$$

Vorkommen: Diese Säure ist eigentlich nur in Form ihrer Salze in der oben angegebenen Form beständig. In Freiheit gesetzt anhydrisiert sie sich sehr leicht und geht in das Lacton über, dessen Enolform gewöhnlich als Oxycumarin bezeichnet wird und das seinerseits durch Alkalien wieder zur freien Säure aufgespalten werden kann.

$$C_6H_4\underset{CH_2-CO}{\overset{O-CO}{<}} \qquad C_6H_4\underset{CH=C(OH)}{\overset{O-CO}{<}}$$

Ketoform   Enolform (Oxycumarin).

Der Lactonring ist sehr beständig, er wird z. B. im Kaninchenorganismus nicht aufgespalten, sondern nur mit Glykuronsäure gepaart, während die freie Säure bzw. ihr Natriumsalz vom Kaninchen ähnlich wie o-Tyrosin zum größeren Teil zu o-Oxyphenylessigsäure abgebaut wird[1]).

Darstellung: Chemisch wurde die Säure von Ploechl und Wolfrum[2]) und von Erlenmeyer jun. und Stadlin[3]) bearbeitet.

Die Synthese verläuft nach Erlenmeyer und Stadlin folgendermaßen:

$$C_6H_4\underset{CHO}{\overset{OH}{<}} + H_2C\underset{NH-CO-C_6H_5}{\overset{COOH}{<}} \longrightarrow$$

Salicylaldehyd   Hippursäure

$$C_6H_4\underset{CH=C}{\overset{OH}{<}}\underset{NH-CO-C_6H_5}{\overset{COOH}{<}} \longrightarrow C_6H_4\underset{CH=C-NH-CO-C_6H_5}{\overset{O-CO}{<}}$$

hypothetisches Zwischenprodukt   Benzoylamidocumarin

$$CH_3-CO \cdot O-C_6H_4-CH=C\underset{CO-O}{\overset{N}{<}}C-C_6H_5$$

Azlacton

Benzoylamidocumarin $\longrightarrow$ $C_6H_4\underset{CH_2-CO-COOH}{\overset{OH}{<}}$ $\longleftarrow$ Azlacton

o-Oxyphenylbrenztraubensäure (sofort umgelagert in)

$$C_6H_4\underset{CH_2-CO}{\overset{O-CO}{<}} \quad \text{bzw.} \quad C_6H_4\underset{CH=C(OH)}{\overset{O-CO}{<}}$$

[1]) L. Flatow, Zeitschr. f. physiol. Chemie **64**, 377 [1910].
[2]) Plöchl u. Wolfrum, Berichte d. Deutsch. Chem. Gesellschaft **18**, 1185 [1885].
[3]) E. Erlenmeyer jun. u. W. Stadlin, Annalen d. Chemie u. Pharmazie **337**, 289 [1904].

17,9 g Hippursäure und 8,2 g geschmolzenes Natriumacetat werden fein gepulvert und innig gemischt mit 12,2 g Salicylaldehyd und 30,6 g Essigsäureanhydrid 25 Minuten auf dem Wasserbad erhitzt. Es tritt vollständige Lösung ein, nach dem Erkalten erstarrt der Kolbeninhalt zu einer gelben krystallinen Masse. Das Produkt wird zuletzt auf dem Saugfilter mit Wasser gewaschen, dann mit Alkohol gedeckt. Bei der Krystallisation aus heißem Alkohol werden zuerst gelbe Blättchen vom Schmelzp. 137—138° erhalten (Azlacton), und erst zuletzt kommen die farblosen Krystalle des Benzoylamidocumarins (Schmelzp. 173°).

Das Oxycumarin wird sowohl aus dem Azlacton wie aus dem Benzoylamidocumarin durch Kochen mit Natronlauge bis zum Aufhören der NH_3-Entwicklung erhalten. Aus der alkalischen Lösung fällt beim Ansäuern mit HCl zuerst Benzoesäure, die abfiltriert wird. Bei weiterem Zusatz von HCl bleibt bei einem bestimmten Punkte die Lösung klar. Erhitzt man nun auf dem Wasserbad, so trübt sich die Lösung bald und beim Abkühlen scheiden sich feine Nadeln ab, die man aus Alkohol oder Benzol umkrystallisiert.

Physikalische und chemische Eigenschaften: Platte Nadeln oder Prismen aus Wasser. Wenig löslich in kaltem Wasser. Leicht löslich in Alkohol und Äther. Mit Eisenchlorid wird die wässerige Lösung intensiv grün gefärbt. Die freie Säure zersetzt sich beim Aufbewahren und beim Kochen mit Wasser unter Bildung des Anhydrids.

Derivate: Das **Anhydrid** (Oxy- oder Oxocumarin)[1][2]) bildet sich schon beim Kochen der Säure, ebenso beim Aufbewahren und besonders leicht beim Erhitzen mit verdünnten Säuren. Es bildet lange Nadeln vom Schmelzp. 152—153°, die in Äther und warmem Alkohol leicht löslich sind und mit Ammoniak das Amid geben. Wie alle Abkömmlinge der Phenylbrenztraubensäure, die noch die Gruppierung C_6—CH—CO—CO— enthalten, gibt auch

das Oxocumarin mit Eisenchlorid eine Grünfärbung.

Das **Phenylhydrazon** des Anhydrids[2]) $C_{15}H_{12}O_2N_2$ besteht aus schwach gelblichen, glänzenden Blättchen vom Schmelzp. 173—174°, die in Alkohol und Eisessig löslich, in Wasser unlöslich und in Chloroform wenig löslich sind.

Das **o-Phenylendiaminderivat** des Anhydrids[2]) $C_{15}H_{10}ON_2$ krystallisiert in schönen, farblosen Nadeln, die in Alkohol ziemlich, in Chloroform und Wasser wenig löslich sind und bei 230° schmelzen.

<h1 align="center">m-Oxy-phenyl-brenztraubensäure,
β-(Oxy-3-phenyl)-α-oxo-propionsäure.</h1>

Mol.-Gewicht: 180,06.
Zusammensetzung: 59,98% C, 4,48% H, 35,54% O . $C_9H_8O_4$.

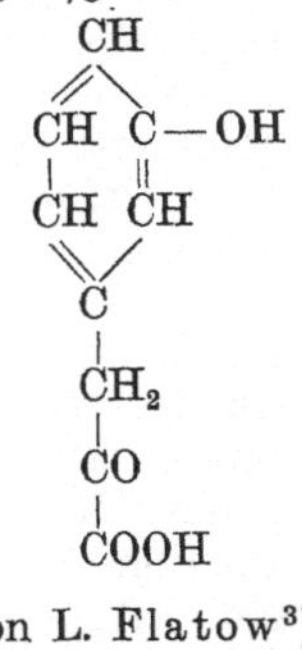

$$
\begin{array}{c}
CH \\
\diagup\diagdown \\
CH \quad\; C\!-\!OH \\
|\quad\;\; \| \\
CH \quad CH \\
\diagdown\diagup \\
C \\
| \\
CH_2 \\
| \\
CO \\
| \\
COOH
\end{array}
$$

Diese Säure wurde bisher nur von L. Flatow[3]) hergestellt und im Tierversuch untersucht. Wenn man das Kondensationsprodukt von Hippursäure mit m-Oxybenzaldehyd mit 20 proz. Natronlauge bis zum Aufhören der NH_3-Entwicklung kocht, dann ansäuert und nach dem Ausfallen der Benzoesäure die Lösung sehr häufig mit Äther extrahiert, so erhält man die m-Oxyphenylbrenztraubensäure. Sie enthält etwas Benzoesäure und etwas Essigsäure. Über Natronkalk geht die Essigsäure fort. Die Verunreinigung mit Benzoesäure wird am besten mit der Bisulfitmethode beseitigt. Zur Analyse krystallisiert man aus einem Gemisch von Benzol und Äther durch Zusatz von Petroläther um und erhält so die Säure als einen sehr elektrischen und hygroskopischen Niederschlag, der über Paraffin getrocknet wird.

---

[1]) Ploechl u. Wolfrum, l. c.
[2]) Erlenmeyer jun. u. Stadlin, l. c.
[3]) L. Flatow, Zeitschr. f. physiol. Chemie **64**, 380 [1910].

Die Säure schmilzt nach vorhergegangener Zersetzung bei 155°, sie liefert ein krystallisierendes Phenylhydrazon, und ihre Lösung gibt mit Eisenchlorid eine intensive Blaugrünfärbung.

4,8 g der Säure in Natriumbicarbonatlösung einem Kaninchen verfüttert, ergaben 0,9 g m-Oxyphenylessigsäure.

Die m-Oxyphenylbrenztraubensäure entsteht im Organismus des Kaninchens nach Verfütterung von m-Tyrosin in allerdings bescheidener, aber deutlich nachweisbarer Menge, eine Beobachtung, die für die Kenntnis des Abbaues des Tyrosins im Stoffwechsel von großer Bedeutung ist.

<h2 align="center">p-Oxy-phenyl-brenztraubensäure,
β-(Oxy-4-phenyl)-α-oxo-propionsäure.</h2>

Mol.-Gewicht: 180,06.

Zusammensetzung: 59,98% C, 4,48% H, 35,54% O . $C_9H_8O_4$.

$$
\begin{array}{c}
\mathrm{OH} \\
| \\
\mathrm{C} \\
\diagdown\!\diagup \\
\mathrm{CH}\quad\mathrm{CH} \\
|\qquad\| \\
\mathrm{CH}\quad\mathrm{CH} \\
\diagdown\!\diagup \\
\mathrm{C} \\
| \\
\mathrm{CH_2} \\
| \\
\mathrm{CO} \\
| \\
\mathrm{COOH}
\end{array}
$$

Vorkommen: Diese Säure wurde beim Abbau des Tyrosins bei Alkaptonurie und auch beim normalen Stoffwechsel aufgefunden[1]).

Bildung: Wird im Kaninchenharn nach reichlicher Verfütterung von l- und d, l-Tyrosin ausgeschieden und zum Teil asymmetrisch zur l-p-Oxyphenylmilchsäure reduziert[2]).

Entsteht auch zu einem kleinen Teile neben Phenylbrenztraubensäure nach Verfütterung von d, l-Phenylalanin an Kaninchen[3]).

Darstellung: Zur Darstellung kondensiert man p-Oxybenzaldehyd mit Hippursäure bei Gegenwart von Essigsäureanhydrid und geschmolzenem Natriumacetat nach der gewöhnlichen Methode. Das Produkt wird mit starker Natronlauge gespalten. Die beim Ansäuern mit Salz-säure ausgeschiedene Benzoesäure wird abfiltriert, und aus dem Filtrat krystallisiert beim Stehen die gewünschte Säure in rhombischen Tafeln aus[1])[4]).

Physiologische Eigenschaften: Bei der Vergärung der p-Oxyphenylbrenztraubensäure mi Getreidehefe[5]) bildet sich bis zu 70% Tyrosol; bei der Hefegärung entstehen Aldehyde[6]) Setzt man die Säure der Durchblutungsflüssigkeit von Hundelebern zu, so findet beträchtlich Steigerung der Acetonbildung statt[7]); nach Embden[8]) findet sowohl hier wie überhaupt be Verfütterung sehr leicht Amidierung zu Tyrosin statt; andererseits kann sich auch die p-Oxy phenylbrenztraubensäure aus Phenylalanin durch Kernoxydation und gleichzeitige oxydativ Desaminierung bilden. Bei subcutaner Injektion ihres Natriumsalzes wird sie nach Kotake[9])[10])[1] im Kaninchen- und Hundeorganismus fast völlig zerstört und liefert höchstens minima

---

[1]) O. Neubauer, Chem. Centralbl. **1909**, II, 50.

[2]) Y. Kotake, Z. Matsuoka u. M. Okagawa, Zeitschr. f. physiol. Chemie **122**, 175 [192?

[3]) Y. Katake, Y. Masai u. Y. Mori, Zeitschr. f. physiol. Chemie **122**, 196 [1922].

[4]) O. Neubauer, Chem. Centralbl. **1911**, I, 909.

[5]) O. Neubauer, l. c.

[6]) C. Neuberg u. L. Karczag, Biochem. Zeitschr. **37**, 170 [1911].

[7]) O. Neubauer, Chem. Centralbl. **1910**, II, 898.

[8]) Embden u. Schmitz, Biochem. Zeitschr. **29**, 423 [1910]. — Embden u. Baldes, Bioche Zeitschr. **55**, 301 [1913].

[9]) Y. Kotake, Zeitschr. f. physiol. Chemie **69**, 409 [1911].

[10]) Y. Kotake, Zeitschr. f. physiol. Chemie **65**, 397 [1910].

[11]) Kotake u. Matsuoka, Zeitschr. f. physiol. Chemie **89**, 475 [1914].

Spuren von p-Oxyphenylmilchsäure. Auch Suwa[1]·konnte dies beim Kaninchen bestätigen, doch fand er geringe Mengen von p-Oxyphenylessigsäure im Harn dieser Tiere. Auch beim Menschen wird die Hauptmenge verbrannt, ein Teil wird aktiv reduziert zu d-p-Oxyphenyl-milchsäure, während im kranken Organismus die linksdrehende Modifikation entstehen soll. Fromherz und Hermanns[2] fanden nach Verabreichung der p-Oxyphenylbrenztraubensäure an einen Alkaptonuriker gesteigerte Homogentisinsäureabscheidung während andere Abbau-produkte nicht zu finden waren und ein beträchtlicher Teil der Säure jedenfalls verbrannt worden war. E. Abderhalden[3] stellte endlich fest, daß beim Stoffwechselversuch an Ratten das Tyrosin nicht durch die p-Oxyphenylbrenztraubensäure ersetzt werden kann.

Wird im Organbrei (Leber, Niere, Milz) und in der überlebenden Leber zum Teil in l-p-Oxy-phenylmilchsäure übergeführt[4]).

Physikalische und chemische Eigenschaften: Rhombenförmige oder 6 seitige Tafeln oder schneeweiße Blättchen aus heißem Wasser. Schmelzp. 217° (korr.) unter Zersetzung. Besser löslich in heißem Wasser als in kaltem. Leicht löslich in Alkohol, Äther und Essigester, wenig löslich in Benzol.

Die p-Oxyphenylbrenztraubensäure reduziert ammoniakalische Silberlösung in der Kälte, Fehlingsche Lösung beim Kochen und gibt mit Eisenchlorid eine vorübergehende Grünfärbung[5]). Eine wässerige Lösung der Säure färbt sich beim Hinzufügen von Nitro-prussidnatriumlösung und Natronlauge rubinrot, beim Ansäuern mit Essigsäure grün.

Bei der Reduktion der Ketosäure mit Natriumamalgam entsteht die p-Oxyphenylmilch-säure[6]).

Derivate: Von Derivaten ist bisher nur das **Phenylhydrazon** bekannt, dem die Formel $C_{15}H_{14}O_3N_2$ zukommt und das aus heißem Alkohol auf Zusatz von Wasser in gelben, kolben-förmigen, spitzwinklig verzweigten, farnkrautblätterähnlich vereinigten Krystallen sich aus-scheidet, die bei langsamem Erhitzen bei 159—161° unter Zersetzung schmelzen[7]).

α'-Pyrrolidon-α-carbonsäure,　2-Keto-tetrahydropyrrol-5-carbonsäure, 2-Oxo-pyrroltetrahydrid-carbonsäure-(5), Pyroglutaminsäure, Glutiminsäure (Bd. IV, S. 615).

Mol.-Gewicht: 129,07.

Zusammensetzung: 46,49% C, 5,47% H, 37,19% O, 10,85% N . $C_5H_7O_3N$.

$$\begin{array}{c} CH_2-CH_2 \\ |\qquad\quad| \\ CO\quad CH-COOH \\ \diagdown\,\diagup\; {}^* \\ NH \end{array}$$

Vorkommen: Die Pyrrolidoncarbonsäure wurde von Vl. Stanek[8]) in der Melasse entdeckt, die davon im Minimum 28% enthält. Die Frage, ob sie auch als Eiweißbaustein angesehen werden muß, läßt sich wahrscheinlich nie mit Sicherheit entscheiden, da sie sich mit größter Leichtigkeit aus Glutaminsäure schon beim bloßen Kochen wässeriger Lösungen der freien Amino-säure oder deren Salze bildet und andererseits auch wieder Glutaminsäure zurückliefern kann.

Darstellung: Die Darstellung dieser Iminosäure ist äußerst einfach, da man lediglich Glutaminsäure längere Zeit auf höhere Temperatur zu erhitzen hat und das Ende der Reaktion am Aufhören der Gasentwicklung erkennt. Erhitzt man die aktive Glutaminsäure (eine andere kommt wohl kaum in Frage) nicht höher als auf 150—160°, so erhält man daraus in der Regel die l-Pyrrolidoncarbonsäure, der evtl. mehr oder weniger Racemat beigemengt ist, das sich aber beim Umkrystallisieren zuerst ausscheidet und daher relativ leicht abgetrennt werden kann. Erhitzt man, um rascher zu arbeiten, die aktive Glutaminsäure auf höhere Temperaturen (zirka 200°), so resultiert die d, l-Pyrrolidoncarbonsäure.

---

[1]) A. Suwa, Zeitschr. f. physiol. Chemie **72**, 113 [1911].

[2]) Fromherz u. Hermann, Zeitschr. f. physiol. Chemie **91**, 194 [1914].

[3]) E. Abderhalden, Zeitschr. f. physiol. Chemie **96**, 1 [1915].

[4]) Y. Mori u. T. Kanai, Zeitschr. f. physiol. Chemie **122**, 206 [1922].

[5]) Neubauer, Chem. Centralbl. **1909**, II, 50.

[6]) Y. Kotake, Zeitschr. f. physiol. Chemie **69**, 409 [1911].

[7]) O. Neubauer, Chem. Centralbl. **1911**, I, 909.

[8]) Vl. Stanek, Zeitschr. f. Zuckerind. in Böhmen **37**, 1 [1912].

Physiologische Eigenschaften: E. Abderhalden und R. Hanslian[1]) versuchten festzustellen, ob die Iminosäure im Organismus von Tieren und Menschen in Prolin oder Glutaminsäure übergeführt werden kann, kamen jedoch nicht zu einem abschließenden Ergebnis. Es zeigte sich, daß die Pyrrolidoncarbonsäure bei Kaninchen starke Darmentzündung und in größeren Dosen (14 und 25 g) sogar den Tod herbeiführen kann. Beim Menschen bewirkt sie Diarrhöen. Versuche, die Pyrrolidoncarbonsäure mit Hilfe der Reduktionswirkung des Bacillus butyricus in Prolin zu verwandeln, ergaben ein völlig negatives Resultat[2]).

Physikalische und chemische Eigenschaften: a) Inaktive Form: Glänzende Prismen. Schmelzp. 182—183°. Löslich in 19 Teilen kaltem Wasser, leicht löslich in heißem Wasser, wenig löslich in Alkohol, Äther, Benzol, Methylalkohol. Löslich in Eisessig.

b) Rechtsdrehende Form: Tafeln oder Prismen. Schmelzp. 182,4—184,4° (korr.). Leicht löslich in Wasser und Alkohol, unlöslich in Äther. $[\alpha]_D^{20°} = + 7,29°$ (in Wasser).

c) Linksdrehende Form: Trimetrische Tafeln. Schmelzp. 162°. Löst sich in 2,1 Teilen kaltem Wasser. Leicht löslich in heißem Wasser und Alkohol, unlöslich in Äther. $[\alpha]_D^{20°} =$ — 11,52° (in Wasser).

Die beiden aktiven Formen verwandeln sich beim Erhitzen auf 180° in die inaktive Form.

Nachweis und Trennung der Pyrrolidoncarbonsäure von anderen Substanzen. Zur Unterscheidung von Glutaminsäure kann man zweckmäßig die Ninhydrinreaktion benutzen, die mit der Pyrrolidoncarbonsäure als einer Iminosäure nicht eintritt[3]). Von der Glutaminsäure läßt sie sich einmal durch die Siegfriedsche Carbaminosäurereaktion abtrennen[4]), dann kann man sie sowohl von Glutaminsäure als von Asparaginsäure oder beiden trennen vermöge ihrer Löslichkeit in Eisessig, in dem die beiden Dicarbonsäuren unlöslich sind[5]).

Zum Nachweis der Pyrrolidoncarbonsäure eignen sich Strychnin- oder Brucinsalz besser als die Metallsalze[6]).

Salze und Derivate: a) d, l-Pyrrolidoncarbonsäure. **Silbersalz** $C_5H_6O_3NAg$[7]). Krystallisiert in Tafeln oder Prismen, die sich in Wasser sehr wenig lösen, sich bei 200° dunkel färben und bei 290° unter Zersetzung schmelzen.

Calciumsalz $(C_5H_6O_3N)_2Ca$[8]). Bei 100° getrocknetes glutaminsaures Calcium erleidet beim Erhitzen auf 180—185° einen auf 2 Mol H_2O berechneten Verlust an Wasser und geht dabei über in pyrrolidonsaures Calcium. Man kann das Salz auch aus der freien Pyrrolidoncarbonsäure durch Behandeln mit überschüssigem Calciumcarbonat erhalten; behandelt man das Filtrat davon mit Alkohol + Äther, so wird es in farblosen, hygroskopischen Krystallen abgeschieden.

Bariumsalz $(C_5H_6O_3N)_2Ba$[9]). Sehr leicht löslich in Wasser, kann nicht krystallinisch erhalten werden.

Bleisalz[7]). Leicht löslich in Wasser, gibt mit Jodäthyl keinen Ester. Schmelzp. 256—257°.

Kupfersalz $(C_5H_6O_3N)_2Cu$[7]). Grünlich gefärbtes, in wasserhaltigem Zustand blaugrünes, in Wasser sehr wenig lösliches Salz, das beim Erhitzen auf 170° mißfarbig wird.

Äthylester. Aus Silbersalz und Jodäthyl[7]). Nadeln oder Blättchen aus Äther. Schmelzp. 60—61°. Sehr leicht löslich in Wasser, absol. Alkohol, Methylalkohol, Essigester, Benzol, Aceton, wenig löslich in kaltem Äther, unlöslich in Petroläther. Die wässerige Lösung reagiert neutral.

Pyrrolidonylchlorid[10]). Aus Pyrrolidoncarbonsäure (10 g), übergossen mit 100 ccm Acetylchlorid und 16 g Phosphorpentachlorid. 3 Stunden Schütteln bei Zimmertemperatur, Absaugen, Waschen mit Acetylchlorid, Trocknen über H_2SO_4.

Aus 10 g fein gepulverter Pyrrolidoncarbonsäure mit 30 g Thionylchlorid bei 45—50°. Reaktion sehr lebhaft, Lösung wird dunkelbraun. Nach 20 Minuten Verdampfen im Vakuum bis zur Trockne, 4 mal aufnehmen in Chloroform und jedesmal wieder zur Trockne verdampfen.

[1]) E. Abderhalden u. R. Hanslian, Zeitschr. f. physiol. Chemie **81**, 228 [1912].
[2]) E. Abderhalden u. K. Kautzsch, Zeitschr. f. physiol. Chemie **81**, 313 [1912].
[3]) E. Abderhalden u. A. Weil, Zeitschr. f. physiol. Chemie **74**, 445 [1911].
[4]) E. Abderhalden u. K. Kautzsch, Zeitschr. f. physiol. Chemie **68**, 487 [1910].
[5]) F. W. Foreman, Biochem. Journ. **8**, 413 [1914].
[6]) H. D. Dakin, Chem. Centralbl. **1920**, I, 681.
[7]) E. Abderhalden u. K. Kautzsch, Zeitschr. f. physiol. Chemie **68**, 497 [1910]; **78**, 115 [1912].
[8]) E. Abderhalden u. K. Kautzsch, Zeitschr. f. physiol. Chemie **64**, 458 [1910].
[9]) L. Wolff, Annalen d. Chemie u. Pharmazie **260**, 125 [1890].
[10]) E. Abderhalden u. A. Suwa, Berichte d. Deutsch. Chem. Gesellschaft **43**, 2151 [1910].

Das rohe Chlorid liefert bei der Kupplung mit Glycinester in Chloroformlösung den Pyrroli-
donylglycinester und weiterhin das Pyrrolidonylglycin usw.

b) l-Pyrrolidoncarbonsäure. Silbersalz $C_5H_6O_3NAg$ [1]). Farblose Nadeln oder Säulen,
die sich gegen 200° dunkel färben und gegen 290° unter Zersetzung schmelzen. Ziemlich leicht
löslich in kaltem Wasser, unlöslich in absol. Alkohol.

Bleisalz [1]). Leicht löslich in Wasser.

Kupfersalz $(C_5H_6O_3N)_2Cu$ [1]). Grün gefärbt. Leicht löslich in kaltem Wasser.

Zinksalz $(C_5H_6O_3N)_2Zn + 2\,H_2O$ [2]). Durch Neutralisieren der Lösung der freien Säure
mit Zinkcarbonat. Einengen des Filtrates ergibt aus der heiß gesättigten Lösung hübsche,
farblose Krystalle. Das Krystallwasser entweicht langsam bei 120°. Schmelzp. 164° unter
Gasentwicklung.

$$[\alpha]_D^{20°} = -20{,}8° \text{ (5 proz. Lösung).}$$

Mercurisalz [1]). Aus 2 g Pyrrolidoncarbonsäure in 100 ccm wässerigem Alkohol mit einer
verdünnten alkoholischen Mercuriacetatlösung. 100 g Wasser lösen bei 22—23° 0,186 g. Das
Salz bräunt sich bei 203° und zersetzt sich bei 207—208° unter Aufschäumen und Schwärzung.

Eisensalz [3]). Dargestellt durch Einwirkung von metallischem Eisen unter Luftabschluß
auf Pyrrolidoncarbonsäure in der Wärme. Leicht löslich in Wasser. In trockenem Zustand
luftbeständig.

Methylester $C_6H_9O_3N$ [4]). Fast farbloses, in Wasser sehr leicht, in Petroläther sehr wenig
lösliches Öl, das unter 12 mm Hg bei zirka 180° siedet.

Äthylester $C_7H_{11}O_3N$ [4])[5])[6]). Aus Glutaminsäureäthylester beim Erhitzen auf 160—170°,
dann unter 12 mm Hg auf 200—210°. Aus Pyrrolidoncarbonsäurechlorid und Alkohol. Krystallisiert aus trockenem Äther + Ligroin in Nadeln oder dünnen, weißen Prismen. Erweicht bei
49° und ist bei 54° völlig geschmolzen. Siedep. unter 12 mm Hg 170—180°. Sehr leicht
löslich in Wasser, Alkohol, Aceton, Benzol. $[\alpha]_D^{16°} = -2{,}47°$.

Gibt mit flüssigem Ammoniak das

Pyrrolidoncarbonsäureamid $C_5H_8O_2N_2$ [4]). Umkrystallisierbar aus Wasser. Schmelzp.
165°, dreht stark nach links.

Thiohydantoin [7])

$$\begin{array}{c}
CH_2 - CH_2 \\
| \quad\quad | \\
CO \quad CH - CO \\
\diagdown \;\diagup \quad\quad | \\
N \quad\quad\quad | \\
\diagdown \quad\quad\quad | \\
CS - NH
\end{array}$$

2 g Pyrrolidoncarbonsäure, 1,5 g trockenes, gepulvertes Ammoniumrhodanat, 9 ccm Essigsäureanhydrid und 1 ccm Eisessig werden $^1/_2$ Stunde auf dem Wasserbad erhitzt. Lange, prismatische Krystalle aus Wasser oder Alkohol. Schwerer löslich in Wasser als in Alkohol.
Schmelzp. 206° unter Zersetzung. Beim Digerieren mit Salzsäure und Verdampfen zur
Trockene entsteht das Thiohydantoin der Glutaminsäure (s. d.).

α-Pyrrolidon, Oxo-2-pyrroltetrahydrid, γ-Amino-n-buttersäure-lactam.

Mol.-Gewicht: 85,07.

Zusammensetzung: 56,42% C, 8,29% H, 18,81% O, 16,47% N . C_4H_7ON.

$$\begin{array}{c}
CH_2 - CH_2 \\
| \quad\quad | \\
CO \quad CH_2 \\
\diagdown \;\diagup \\
NH
\end{array}$$

---

[1]) E. Abderhalden u. K. Kautzsch, Zeitschr. f. physiol. Chemie **68**, 497 [1910]; **78**, 115 [1912].

[2]) Vl. Stanek, Zeitschr. f. Zuckerind. in Böhmen **37**, 1 [1912].

[3]) D. R. P. Nr. 264 391, Kl. 12 p vom 7. März 1913, Zusatzpatent zu Nr. 264 390, F. Hoffmann-La Roche & Co., Grenzach.

[4]) E. Fischer u. R. Boehner, Berichte d. Deutsch. Chem. Gesellschaft **44**, 1332 [1911].

[5]) E. Abderhalden u. A. Weil, Zeitschr. f. physiol. Chemie **74**, 44 [1911].

[6]) E. Abderhalden u. E. Wurm, Zeitschr. f. physiol. Chemie **82**, 160 [1912].

[7]) T. B. Johnson u. H. H. Guest, Journ. of Amer. Chem. Soc. **47**, 242 [1912]; **49**, 68, 197
1913].

Bildung, Darstellung: Das Pyrrolidon wurde erstmals von S. Gabriel[1]) erhalten, als er γ-Amino-n-buttersäure zum Schmelzen (183—184°) erhitzte. Die Aminosäure verliert hierbei unter Aufschäumen 1 Mol Wasser. Man erhitzt, um die Kondensation zu vervollständigen, solange auf 200°, bis kein Wasser mehr unter Schäumen abdestilliert. Erhitzt man darauf die klare, farblose Flüssigkeit weiter, so destilliert bei 245° ein farbloses Öl, das Pyrrolidon, über.

Kocht man das Pyrrolidon[2]) mit der 2—2$\frac{1}{2}$fachen Menge krystallisierten Barythydrates und der 10fachen Menge Wasser 2 Stunden am Rückfluß, behandelt die Lösung zunächst mit Kohlendioxyd, dann mit etwas Schwefelsäure, dampft das von Baryt und Schwefelsäure befreite Filtrat ein, so hinterbleibt sehr reine γ-Aminobuttersäure in fast quantitativer Ausbeute.

Das Pyrrolidon kann auch erhalten werden, indem man Bernsteinsäure in Succinimid verwandelt und dieses am besten nach der Vorschrift von J. Tafel elektrolytisch reduziert.

$$\begin{array}{ccccc}
\begin{array}{l} CH_2-COOH \\ | \\ CH_2-COOH \end{array} & \longrightarrow & \begin{array}{l} CH_2-CO \\ | \qquad\quad\! \diagdown NH \\ CH_2-CO \diagup \end{array} & \longrightarrow & \begin{array}{l} CH_2-CH_2 \\ | \qquad\quad\! \diagdown NH \\ CH_2-CO \diagup \end{array} \\
\text{Bernsteinsäure} & & \text{Succinimid} & & \text{Pyrrolidon.}
\end{array}$$

Schließlich sei noch darauf aufmerksam gemacht, daß bei der Destillation des γ-Aminobuttersäureäthylesters ebenfalls das Pyrrolidon, und zwar quantitativ entsteht[3]).

Physikalische und chemische Eigenschaften: Faserige Krystallmasse. Schmelzp. 24,65°. Siedep. 250,5° unter gewöhnlichem Druck; 130—132° bei 12 mm. Sehr leicht löslich in Wasser, Alkohol und Äther, in den meisten anderen Lösungsmitteln leicht löslich, in Petroläther wenig löslich.

Die wässerige Lösung des Pyrrolidons reagiert neutral, sie ist in der Kälte auch bei Zusatz von Schwefelsäure beständig gegen Kaliumpermanganat, in der Wärme wird das Permanganat entfärbt. Mit Platinchlorid, Goldchlorid, Sublimat, Quecksilbernitrat, Silbernitrat, Quecksilberjodkalium, Pikrinsäure erhält man keine Niederschläge. Mit Wismutkaliumjodid erhält man eine ziegelrote, flockige, dann krystallin werdende, mit Nesslers Reagens im Überschuß eine flockige, amorphe, in der Wärme leicht lösliche und mit Jodjodwasserstoff eine dunkle Fällung. Phosphormolybdänsäure liefert einen geringfügigen, schwach gelben Niederschlag, der auf Zusatz von Salpetersäure beträchtlich vermehrt wird. Er tritt noch in 1 proz. Pyrrolidonlösung sehr deutlich auf, ist nicht ausgesprochen krystallin, löst sich in heißem Wasser wenig, leicht dagegen in Ammoniak.

Charakteristisch ist auch das Verhalten gegen Phosphorwolframsäure. Setzt man dieses Reagens zu einer heißen Pyrrolidonlösung und fügt sofort etwas Salpetersäure hinzu, so erhält man beim Abkühlen einen in hübschen weißen Nädelchen krystallisierenden Niederschlag, der in heißem Wasser wenig, leicht in Ammoniak löslich ist und noch in Konzentrationen von 0,2% Pyrrolidon auftritt. Pyrrolidon entwickelt mit Alkalimetallen kräftig Wasserstoff, mit Phosphorpentasulfid entsteht das Thiopyrrolidon, mit Phosphorpentachlorid weniger glatt das Chlorpyrrolin.

Salze, Derivate: Pyrrolidonquecksilber[4]). Eine konz. Lösung von Pyrrolidon löst gelbes Quecksilberoxyd in reichlicher Menge auf; beim Abdampfen der Lösung resultieren farblose Nadeln der Zusammensetzung $(C_4H_6ON)_2Hg + H_2O$. Das Krystallwasser wird über H_2SO_4 langsam, rascher bei 100° abgegeben. Die Nadeln bräunen sich von 180° an und schmelzen bei 218°. Sie sind sehr leicht löslich in kaltem Wasser, löslich in 1,25 Teilen kochendem Alkohol, in 2 Teilen warmem Chloroform und können durch Äther abgeschieden werden. In Essigester und Aceton sind sie in der Wärme ziemlich wenig löslich, noch weniger in Benzol, fast unlöslich in Schwefelkohlenstoff.

Pyrrolidonnatrium[5]). Es entsteht am besten, wenn man Natriumpulver in berechneter Menge in eine siedende Pyrrolidonbenzollösung einträgt und häufig umschüttelt. Die Operation nimmt mehrere Stunden in Anspruch. Das Produkt wird mit Benzol gewaschen und im

[1]) S. Gabriel, Berichte d. Deutsch. Chem. Gesellschaft **22**, 3338 [1889].

[2]) J. Tafel u. M. Stern, Berichte d. Deutsch. Chem. Gesellschaft **33**, 2224 [1900]; siehe auch G. Zerbes, Zeitschr. f. Elektrochem. **18**, 631 [1912].

[3]) E. Fischer, Berichte d. Deutsch. Chem. Gesellschaft **34**, 433 [1901]. — E. Abderhalden u. K. Kautzsch, Zeitschr. f. physiol. Chemie **81**, 294 [1912].

[4]) J. Tafel u. M. Stern, Berichte d. Deutsch. Chem. Gesellschaft **33**, 2224 [1900].

[5]) J. Tafel u. O. Wassmuth, Berichte d. Deutsch. Chem. Gesellschaft **40**, 2831 [1907].

Vakuum getrocknet; es ist sehr empfindlich gegen feuchte Luft. Die Krystalle schmelzen gegen 165°, sie sind leicht löslich in Methylalkohol und können daraus durch Äther gefällt werden. Sie sind unlöslich in Aceton, Essigester, Ligroin und Benzol. Mit Jodmethyl liefern sie das 1-Methylpyrrolidon.

Dipyrrolidonmonochlorhydrat[1]) $(C_4H_7ON)_2HCl$. Entsteht aus einer ätherischen Pyrrolidonlösung beim Zufügen etwa des halben Äquivalentes 30 proz. alkoholischer Salzsäure. In kaltem Chloroform ist es recht leicht löslich, ebenso in warmem Aceton. Daraus und ebenso aus Alkohol scheidet es sich auf Zusatz von Äther in drusenförmig vereinigten Spießen aus, die bei 86—88° schmelzen.

Pyrrolidonchlorhydrat[1]) $C_4H_7ON \cdot HCl$. Scheidet sich ab, wenn man Pyrrolidon in überschüssiger alkoholischer Salzsäure löst und mit Äther fällt. Es löst sich viel schwerer in Chloroform und Aceton und krystallisiert aus letzterem in 6 eckigen Krystallen vom Schmelzp. 128—131°.

Dipyrrolidonmonobromhydrat[1]) $(C_4H_7ON)_2HBr$. Körnige, flächenreiche Krystalle, die bei 135—137° schmelzen und in Chloroform und Aceton schwerer löslich sind als das entsprechende Chlorhydrat.

Pyrrolidonbromhydrat[1]) $C_4H_7ON \cdot HBr$. Krystallisiert sehr schwer, zeigt große Neigung, HBr abzuspalten und schmilzt unscharf zwischen 108 und 121°.

Brompyrrolidon[1]) C_4H_6ONBr. Leicht erhältlich. Schmelzp. 95°.

Acetylpyrrolidon[1]). Öl vom Siedep. 231° unter 737 mm Hg. Erstarrt auch bei — 19° noch nicht.

β-Oxy-α'-pyrrolidon, γ-Amino-β-oxy-n-buttersäure-lactam.

Mol.-Gewicht: 101,07.
Zusammensetzung: 47,49% C, 6,98% H, 31,67% O, 13,86% N . $C_4H_7O_2N$.

$$CH_2 - {}^*CH - OH$$
$$\mid \qquad \mid$$
$$CO \qquad CH_2$$
$$\diagdown \quad \diagup$$
$$NH$$

Bildung: 1 g γ-Amino-β-oxy-n-buttersäure wird im Reagensglas im Paraffinbad auf 215° erhitzt. Die Masse schmilzt unter Aufschäumen. Nach etwa 5 Minuten ist das Schäumen nahezu beendet; man erhitzt dann noch einige Minuten weiter und läßt erkalten, wobei die braune Schmelze allmählich krystallinisch erstarrt. Die Masse wird nun mehrmals mit Essigester ausgekocht. Die nach dem Erkalten ausgeschiedenen Krystalle werden nochmals aus Essigester umkrystallisiert. Schmelzp. 118°[2]).

β-Oxy-α-pyrrolidon, γ-Amino-α-oxy-n-buttersäure-lactam.

Mol.-Gewicht: 101,07.
Zusammensetzung: 47,49% C, 6,98% H, 31,67% O, 13,86% N . $C_4H_7O_2N$.

$$HO - {}^*CH - CH_2$$
$$\mid \qquad \mid$$
$$CO \qquad CH_2$$
$$\diagdown \quad \diagup$$
$$NH$$

Erhitzt man, nach dem Verfahren von E. Fischer und G. Zemplén[3]), 1 g γ-Amino-α-oxy-n-buttersäure (s. d.) im Reagensglas in einem Ölbad auf 210°, so schmilzt die Masse unter Aufschäumen. Nach etwa 5 Minuten ist das Schäumen beendet, man erhitzt noch einige Minuten weiter, worauf die braune Schmelze allmählich krystallinisch erstarrt. Nun kocht man mehrmals mit je 10 ccm Essigester aus, engt die Auszüge ein und erhält beim Abkühlen auf 0° das Oxypyrrolidon in farblosen Krystallen, die wie dünne Blättchen aussehen. Ausbeute nur 0,4—0,5 g.

[1]) J. Tafel u. M. Stern, Berichte d. Deutsch. Chem. Gesellschaft **33**, 2224 [1900].
[2]) M. Tomita, Zeitschr. f. physiol. Chemie **124**, 257 [1923].
[3]) E. Fischer u. G. Zemplén, Berichte d. Deutsch. Chem. Gesellschaft **43**, 3277 [1910].

Schmelzp. 85° (korr.). Sehr leicht löslich in Wasser, leicht löslich in Alkohol, ziemlich wenig löslich in Äther, sehr wenig in Petroläther.

Beim längeren Kochen mit 25 proz. Salzsäure erleidet das Lactam Rückverwandlung in die zugehörige Aminooxysäure.

Das Oxypyrrolidon kann auch erhalten werden bei der Veresterung der γ-Amino-α-oxy-n-buttersäure.

Beim Kochen von Lösungen des Oxypyrrolidons mit frisch gefälltem Quecksilberoxyd erhält man eine in kurzen, farblosen Prismen krystallisierende Quecksilberverbindung, ähnlich wie beim Piperidon.

In mäßig konz. Lösung tritt mit Phosphorwolframsäure keine Fällung ein.

γ-Amino-n-valeriansäure-lactam, δ-Methyl-α-pyrrolidon, 5-Keto-2-methylpyrroltetrahydrid.

Mol.-Gewicht: 99,08.

Zusammensetzung: 60,56% C, 9,16% H, 16,15% O, 14,14% N. C_5H_9ON.

$$\begin{array}{ccc} CH_2 & - & CH_2 \\ | & & | \\ CO & & {}^*CH-CH_3 \\ & \diagdown \diagup & \\ & NH & \end{array}$$

Wird γ-Amino-n-valeriansäure oder ihr Gemenge mit Salz im Ölbad auf 25C—260° erhitzt, so destilliert sie vollständig und das Destillat scheidet auf Zusatz von viel Pottasche ein Öl ab, das in Äther aufgenommen und mit Kaliumcarbonat getrocknet wird. Der Rückstand der ätherischen Lösung destilliert unter 743 mm Hg bei 248° ohne Zersetzung und erstarrt in der Kältemischung zu prächtigen Krystallen[1]).

Schmelzp. tiefer als 0°. Siedep. 248°. Leicht löslich in Wasser, Alkohol, Äther, Benzol und warmem Ligroin.

Kocht man das Lactam mit Barytwasser, so entsteht daraus das Bariumsalz der γ-Amino-n-valeriansäure.

Wird das Lactam der Reduktion mit Natrium und Amylalkohol unterworfen, so liefert es das 2-Methylpyrrolidin.

Versetzt man das bei der Behandlung des Lactams mit salpetriger Säure entstehende Nitrosomethylpyrrolidon tropfenweise mit konz. Natronlauge bis zum Aufhören der Stickstoffentwicklung, so enthält die Lösung das Natriumsalz der γ-Oxy-n-valeriansäure, das durch Ansäuern mit verdünnter Schwefelsäure und $^1/_4$ stündiges Kochen in das Valerolacton übergeht.

Chlorhydrat. Zuerst ölig, dann farblose Nädelchen, die sich leicht in Wasser und Alkohol lösen und bei 160° schmelzen.

Chlorplatinat. Gelbes, beim Stehen krystallinisch erstarrendes Öl.

Piperidon, Oxo-2-pyridinhexahydrid, δ-Amino-n-valeriansäure-lactam, „Cyclopentanon-isoxim" (Bd. IV, S. 743).

Mol.-Gewicht: 99,08.

Zusammensetzung: 60,56% C, 9,16% H, 16,15% O, 14,14% N. C_5H_9ON.

$$\begin{array}{ccc} CH_2 & - & CH_2 \\ | & & | \\ CH_2 & & CH_2 \\ | & & | \\ CO & - & NH \end{array}$$

Darstellung: Am besten geht man so vor[2]), daß man 0,5 g reine δ-Amino-n-valeriansäure in 10 ccm Methylalkohol suspendiert und ohne Abkühlung trockene Salzsäure bis zur Sättigung

---

[1]) J. Tafel, Berichte d. Deutsch. Chem. Gesellschaft **19**, 2414 [1886]; **20**, 250 [1887]; **22**, 1862 [1889].

[2]) E. Fischer u. G. Zemplén, Berichte d. Deutsch. Chem. Gesellschaft **42**, 4879, 4886 [1909]; siehe auch E. Fischer u. Bergmann, Annalen d. Chemie u. Pharmazie **398**, 114 [1913].

einleitet. Hierbei geht die Aminosäure leicht in Lösung. Wenn man nach 2 Stunden Stehen unter vermindertem Druck eindampft, so hinterbleibt ein krystallinischer Rückstand. Der Sicherheit halber wiederholt man die Veresterung, entchlort dann den Rückstand mit Silberoxyd und verdampft die Flüssigkeit nach Entfernung des Silbers aufs neue. Der zurückbleibende Sirup (0,3 g) erstarrt nach mehrstündigem Stehen im Exsiccator krystallinisch. In Äther ist er zum größten Teile löslich, nach dem Verdampfen des Äthers hinterbleibt wieder eine krystallinische Masse, welche die Eigenschaften des Piperidons besitzt. Durch mehrstündiges Erhitzen mit 20 proz. Salzsäure kann sie nämlich wieder in die ursprüngliche Aminosäure zurückverwandelt werden.

β-Oxy-α-piperidon, Oxo-2-oxy-3-pyridinhexahydrid, δ-Amino-α-oxy-n-valeriansäure-lactam.

Mol.-Gewicht: 115,08.

Zusammensetzung: 52,14% C, 7,88% H, 27,81% O, 12,17% N . $C_5H_9O_2N$.

$$
\begin{array}{c}
CH_2 \\
\diagup \quad \diagdown \\
CH_2 \quad \overset{*}{CH}-OH \\
| \qquad | \\
CH_2 \quad CO \\
\diagdown \quad \diagup \\
NH
\end{array}
$$

Beim Erhitzen von δ-Amino-α-oxy-n-valeriansäure auf ihren Schmelzpunkt (188—191° korr.) erhält man bis zu 75% des Oxypiperidons[1]. Die Umwandlung ist bei Anwendung von 1 g der Säure in 10 Minuten beendet, das Produkt wird durch Extraktion mit Essigester isoliert.

Das Oxypiperidon entsteht auch, wenn man die Suspension von 1 g der Aminooxysäure in 10 ccm Methylalkohol mit trockener Salzsäure verestert. Die Veresterung geht glatt. Setzt man den Ester mit Hilfe von Silbercarbonat in Freiheit, so erhält man das Lactam, das man dem Reaktionsgemisch ebenfalls durch Essigester entzieht. In diesem Falle beträgt die Reinausbeute 62%.

Farblose, lange Prismen. Schmelzp. 141—142° (korr.). Leicht löslich in Wasser und Alkohol, sehr wenig löslich in Äther und Chloroform, löslich in Essigester.

Das Oxypiperidon läßt sich jedenfalls nur sehr schwer in die zugehörige Aminooxysäure zurückverwandeln. Das Erhitzen von 0,2 g Lactam mit 3 ccm Wasser im Silberrohr auf 100° blieb auch nach 10 stündiger Fortsetzung ergebnislos.

Die ursprüngliche Vermutung, dieses Oxypiperidon liege in einem von den Autoren aus den hydrolytischen Spaltprodukten der Gelatine isolierten Körper vor, hat sich später als nicht zutreffend erwiesen, denn der als Oxypiperidon angesprochene Körper erwies sich als ein Gemisch von α-Aminosäureanhydriden.

Chloroplatinat. Mikroskopische, rhombenähnliche oder 6 seitige Täfelchen. Schmelzp. 160° unter Zersetzung.

Mit **Phosphorwolframsäure** entsteht sofort ein Niederschlag von mikroskopischen, farblosen Prismen.

β-Amino-α-piperidon, Amino-3-oxo-2-pyridinhexahydrid.

Mol.-Gewicht: 114,10.

Zusammensetzung: 52,59% C, 8,83% H, 14,02% O, 24,56% N . $C_5H_{10}ON_2$.

$$
\begin{array}{c}
CH_2 \\
\diagup \quad \diagdown \\
CH_2 \quad {}^{*}CH-NH_2 \\
| \qquad | \\
CH_2 \quad CO \\
\diagdown \quad \diagup \\
NH
\end{array}
$$

---

[1] E. Fischer u. G. Zemplén, Berichte d. Deutsch. Chem. Gesellschaft **42**, 4884, 4892 [1909]; **43**, 2189 [1911].

Dieses Lactam entsteht aus Ornithin und zu seiner Darstellung kocht man nach einer Vorschrift von E. Fischer und G. Zemplén[1]) 5 g Monobenzoylornithin mit 50 ccm konz. Salzsäure 6 Stunden am Rückfluß, filtriert nach dem Erkalten die Benzoesäure ab, äthert aus und verestert den Rückstand durch Lösen in Methylalkohol und Einleiten von Salzsäuregas ohne Kühlung bis zur Sättigung. Nach dem Abdampfen im Vakuum wiederholt man die Veresterung zur Sicherheit nochmals, entchlort den Rückstand mit Silberoxyd, befreit das Filtrat mit Salzsäure genau vom gelösten Silber und dampft im Vakuum ein. Den Rückstand kocht man 2 mal mit Essigester aus und erhält nach dem Abdampfen des Lösungsmittels das Aminopiperidon als Sirup, der im Vakuum erstarrt.

Krystalle. Sehr leicht löslich in Wasser, leicht in Alkohol, wenig in Essigester und sehr wenig löslich in Äther.

Chlorhydrat $C_5H_{10}ON_2 \cdot HCl$. Farblose Prismen aus heißem Alkohol. Sintert gegen 220° und schmilzt vollständig bei 250° unter Braunfärbung und Zersetzung.

Platinat $(C_5H_{10}ON_2)_2 \cdot H_2PtCl_6 + H_2O$. Seidenglänzende, blaß orangegelbe Nadeln, die sich zwischen 200 und 205° zersetzen.

Pikrat. Gelbes krystallinisches Pulver. Schmelzp. 160—162° [korr.].

Phosphorwolframsäure gibt in saurer Lösung einen starken, krystallinischen Niederschlag.

Kocht man das Aminopiperidon mit der 10 fachen Menge 20 proz. Salzsäure mehrere Stunden, so entsteht daraus wieder Ornithin.

Das Aminopiperidon ist nicht stark giftig. Eine Maus mittlerer Größe vertrug 0,008 g des Chlorhydrates anstandslos.

ε-Amino-n-capronsäure-lactam, „Cyclohexanonisoxim".

Mol.-Gewicht: 113,10.

Zusammensetzung: 63,66% C, 9,80% H, 14,15% O, 12,39% N. $C_6H_{11}ON$.

$$\begin{array}{ccc} CH_2 & - & CH_2 \\ | & & | \\ CH_2 & & CH_2 \\ | & & | \\ CH_2 & & CO \\ & \diagdown \diagup & \\ & NH & \end{array}$$

Die ε-Amino-n-capronsäure spaltet beim Erhitzen Wasser ab und geht in das obige Lactam über. Die Ausbeute ist aber höchstens 20—30% und somit bedeutend schlechter als beim Piperidon und den nächst niederen Homologen[2])[3]).

Zur Darstellung des ε-Amino-n-capronsäurelactams eignet sich die Methode von Wallach[4]) wohl bedeutend besser. Man löst Cyclohexanonoxim in dem doppelten Volumen starker Schwefelsäure (100 ccm konz. H_2SO_4 auf 20 ccm H_2O) und erwärmt mit kleiner Flamme bis zum Aufwallen. Die mit wenig Wasser verdünnte, saure, dunkle Flüssigkeit wird nach dem Abfiltrieren abgeschiedener Kohle unter Kühlung mit 25 proz. Natronlauge schwach alkalisch gemacht und 4 mal mit Chloroform ausgeschüttelt. Nach der Entfernung des Chloroforms wird der Rückstand im Vakuum destilliert. Er siedet unter 12 mm Hg bei 139° und erstarrt in der Vorlage sofort krystallinisch. Die Ausbeute beträgt 70—75% der Theorie.

Durchsichtige Krystalle. Blättchen aus Ligroin. Schmelzp. 68—70°. Siedep. 139° bei 12 mm. Sehr leicht löslich in Wasser, Alkohol, Äther, Chloroform und Benzol.

Beim Kochen mit Salzsäure erhält man quantitativ die ε-Amino-n-capronsäure.

Goldsalz[2]). Zuerst ölig, dann goldgelbe Nadeln, aus Wasser derbe Prismen vom Schmelzp. 75—76°.

Das Lactam wirkt nach Sternheim als starkes Nervengift.

---

[1]) E. Fischer u. G. Zemplén, Berichte d. Deutsch. Chem. Gesellschaft **42**, 4878 [1909].
[2]) S. Gabriel u. Th. A. Maass, Berichte d. Deutsch. Chem. Gesellschaft **32**, 1270 [1899].
[3]) J. v. Braun, Berichte d. Deutsch. Chem. Gesellschaft **40**, 1839 [1907].
[4]) O. Wallach, Annalen d. Chemie u. Pharmazie **312**, 171 [1900].

β-Imidazol-formaldehyd, Glyoxalin-formaldehyd.

Mol.-Gewicht: 96,05.

Zusammensetzung: 49,97% C, 4,20% H, 16,66% O, 29,17% N. $C_4H_4ON_2$.

$$\begin{array}{c} NH \!-\! CH \\ |\qquad \| \\ CH \quad N \\ \diagdown \diagup \\ C \\ | \\ CHO \end{array}$$

Der Imidazolformaldehyd wurde von Pyman[1]) durch Erwärmen von Oxymethylimidazol mit mäßig konz. Salpetersäure oder mit verdünnter Schwefelsäure und Chromtrioxyd auf dem Wasserbad erhalten. Blättchen aus Wasser. Schmelzp. 173—174° (korr.). Ziemlich wenig löslich in kaltem Wasser.

Pikrat. Wird aus Wasser, in dem es in der Kälte wenig löslich ist, in Krystallen erhalten, die bei 195—196° schmelzen.

Phenylhydrazon. Prismen vom Schmelzp. 199—200°, wenig löslich in Wasser, Alkohol, Aceton.

Cyanhydrin. Wird aus der Verbindung des Aldehyds mit Natriumbisulfit durch Zufügen von Kaliumcyanid erhalten. Es bildet in Wasser leicht lösliche, in Äther wenig lösliche Nadeln, die beim Erhitzen leicht HCN verlieren und bei 115° unter Zersetzung (korr.) schmelzen.

G. Barger und H. D. Dakin[2]) suchten den Zusammenhang mit der sagenhaften Urocaninsäure herzustellen. Im Organismus des Hundes wird der Aldehyd nach subcutaner Verabreichung in geringer Menge zur Carbonsäure oxydiert, doch konnte keine Urocaninsäure nachgewiesen werden.

Durch Erwärmen mit Malonsäure auf dem Wasserbad wurde die Imidazolmethylidenmalonsäure (in Wasser oder Essigsäure wenig lösliche Prismen vom Schmelzp. 214° unter Zersetzung) erhalten:

$$\begin{array}{l} \begin{array}{c} CH = N \\ |\qquad\quad \diagdown \\ NH \!-\! CH \diagup \end{array} \!\! C \!-\! CHO + H_2C \!\! \begin{array}{c} \diagup COOH \\ \diagdown COOH \end{array} = \\[2em] = \begin{array}{c} CH = N \\ |\qquad\quad \diagdown \\ NH \!-\! CH \diagup \end{array} \!\! C \!-\! CH = C \!\! \begin{array}{c} \diagup COOH \\ \diagdown COOH \end{array} + H_2O \end{array}$$

Auch nach Abspaltung einer Carboxylgruppe geht diese Säure nicht in Urocaninsäure über, so daß die Behauptung A. Hunters[3]), die Imidazolacrylsäure (s. d.) sei identisch mit der Urocaninsäure, jedenfalls mit großer Vorsicht aufgenommen werden muß.

β-Imidazol-acetaldehyd, Glyoxalin-acetaldehyd.

Mol.-Gewicht: 110,07.

Zusammensetzung: 54,51% C, 5,49% H, 14,54% O, 25,46% N. $C_5H_6ON_2$.

$$\begin{array}{c} NH \!-\! CH \\ |\qquad \| \\ CH \quad N \\ \diagdown \diagup \\ C \\ | \\ CH_2 \\ | \\ CHO \end{array}$$

K. Langheld[4]) will diesen Aldehyd nach einem sogar durch Patent geschützten[5]) Verfahren durch Einwirkung von Natriumhypochlorit auf Histidinchlorhydrat erhalten haben,

---

[1]) F. L. Pyman, Journ. Chem. Soc. **101**, 530 [1912]; **109**, 186 [1916].

[2]) G. Barger u. H. D. Dakin, Biochem. Journ. **10**, 376 [1916].

[3]) A. Hunter, Journ. of Biolog. Chem. **11**, 537 [1912].

[4]) K. Langheld, Berichte d. Deutsch. Chem. Gesellschaft **42**, 2373 [1909].

[5]) D.R.P. Nr. 226 226, Kl. 12o, 4. Januar 1909.

doch isolierte er ihn nicht in freiem Zustande. H. D. Dakin[1]) gibt an, daß auf dem von ihm ausgearbeiteten, prinzipiell nur wenig verschiedenen Wege nicht dieser Acetaldehyd, sondern das schon von Pyman[2]) beschriebene Cyanmethylimidazol entsteht.

β-Imidazol-äthylalkohol, Glyoxalin-äthylalkohol.

Mol.-Gewicht: 112,08.
Zusammensetzung: 53,53% C, 7,19% H, 14,28% O, 25,00% N. $C_5H_8ON_2$.

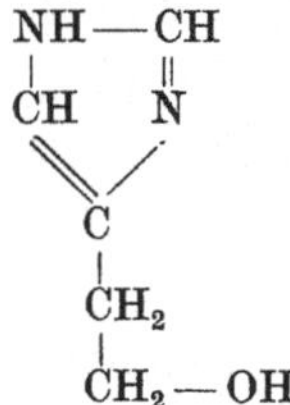

Dieser Alkohol, der noch nicht in freiem Zustande bekannt ist, wurde von A. Windaus und H. Opitz[3]) durch Einwirkung von Bariumnitrit auf synthetisches Imidazoläthylamin (s. d.) in Form seiner Verbindungen gewonnen. Er entsteht wahrscheinlich auch bei der Hefegärung des Histidins[4]).

Phosphorwolframat. Krystallisiert in kurzen, dicken Prismen.

Chlorplatinat. Krystallisiert in gut ausgebildeten, orangegelben Nadeln, die bei 175° schmelzen und sich in Wasser sehr leicht, in absol. Alkohol wenig und in Äther oder Aceton gar nicht lösen. Man kann aus ihm das in Nadeln krystallisierende Chlorhydrat erhalten.

Pikrolonat. Es ist charakteristisch. Schwer löslich in Wasser und Alkohol. Krystallisiert in feinen, gebogenen, gelben Nadeln vom Schmelzp. 264° unter Zersetzung.

Chlorhydrat. Nadeln.

Pikrat. Wenig löslich in Wasser und Alkohol. Schmelzp. 246° unter Zersetzung.

β-Imidazol-carbonsäure, Glyoxalin-carbonsäure.

Mol.-Gewicht: 112,05.
Zusammensetzung: 42,84% C, 3,60% H, 28,56% O, 25,01% N. $C_4H_4O_2N_2$.

Diese einfachste, vom Imidazol sich ableitende Carbonsäure wurde von F. Knoop[5]) durch Oxydation der Imidazolglyoxylsäure mit Wasserstoffsuperoxyd in essigsaurer Lösung erhalten. F. L. Pyman[6]) erhielt sie bei der Oxydation von Oxymethylimidazol mit konz. Salpetersäure in einer Ausbeute von 82% neben 11% Imidazolformaldehyd. Am bequemsten läßt sich diese Säure aus Histidin gewinnen, wenn man der von S. Fraenkel[7]) ausgearbeiteten Vorschrift folgt, die nicht zur α-Chlor-β-Imidazolpropionsäure führt, wie Fraenkel angibt, sondern in 65% Ausbeute das Chlorhydrat der Imidazolcarbonsäure liefert [A. Windaus und W. Vogt[8])]:

5 g fein gepulvertes Histidinchlorhydrat werden in 50 g rauchender Salzsäure verteilt und unter Eiskühlung und ständigem Rühren 5 g Natriumnitrit in konz. wässeriger Lösung

[1]) H. D. Dakin, Biochem. Journ. **10**, 319 [1916].
[2]) F. L. Pyman, Journ. Chem. Soc. **99**, 668 [1911].
[3]) A. Windaus u. H. Opitz, Berichte d. Deutsch. Chem. Gesellschaft **44**, 1723 [1911].
[4]) F. Ehrlich, Berichte d. Deutsch. Chem. Gesellschaft **44**, 139 [1911].
[5]) F. Knoop, Hofmeisters Beitr. **10**, 111 [1907].
[6]) F. L. Pyman, Journ. Chem. Soc. **109**, 186 [1916].
[7]) S. Fraenkel, Hofmeisters Beitr. **8**, 158 [1906].
[8]) A. Windaus u. W. Vogt, Hofmeisters Beitr. **11**, 406 [1908].

tropfenweise hinzugefügt. Man läßt mehrere Stunden stehen, bläst dann Luft durch, filtriert die fast farblose Flüssigkeit durch Glaswolle vom Natriumchlorid ab, verdampft zur Trockene, nimmt mit 95proz. Alkohol auf, trennt wieder vom ausgeschiedenen Kochsalz und engt ein. Der entstehende Sirup krystallisiert nicht, er löst sich in jedem Verhältnis in Wasser und Alkohol, ist löslich in Eisessig und unlöslich in Äther. Er wird nun in Eisessig gelöst, mit Zinkstaub behandelt, die abfiltrierte Flüssigkeit mit H_2S vom Zink befreit, mit Silberacetat versetzt, filtriert, nochmals mit H_2S behandelt, filtriert und schließlich zur Krystallisation eingeengt und aus Wasser umkrystallisiert. Es entstehen zentimeterlange, wasserklare Tafeln, die 1 Mol Krystallwasser enthalten und bei 80° schmelzen. Das Krystallwasser entweicht bei 120°.

F. L. Pyman gibt für die (wahrscheinlich wasserfreie) Säure an, daß sie bei schnellem Erhitzen bei 284° (korr.) unter Zerfall in CO_2 und Imidazol schmilzt. In siedendem Wasser beträgt die Löslichkeit 1 : 20, in kaltem 1 : 140. Unlöslich in organischen Lösungsmitteln.

Salze, Derivate: Chlorhydrat. Schmelzp. 262° (korr.). Leicht löslich in Wasser.

Nitrat. Prismen aus Wasser. Sehr leicht löslich in heißem Wasser. Schäumt bei zirka 200° auf und schmilzt nach dem Wiedererstarren bei zirka 270°.

Pikrat. Krystallisiert aus Wasser mit 1,5 Mol Krystallwasser, das es bei 100° verliert. Wenig löslich in kaltem Wasser. Schmelzp. 195—215° (korr.), zersetzt sich oberhalb 215°.

Methylester. Krystallisiert aus Holzgeist in Tafelform. Löslich in Alkohol. Schmelzp. 156° (korr.).

Äthylester. Wird aus 5 g Imidazolcarbonsäurechlorhydrat bei 6stündigem Kochen mit 25 g absol. Alkohol erhalten. Tafeln aus Alkohol. Wenig löslich in kaltem Wasser, ziemlich leicht in Alkohol, leicht in Äther und Chloroform. Schmelzp. 162° (korr.).

β-Imidazol-essigsäure, Glyoxalin-essigsäure.

Mol.-Gewicht: 126,07.

Zusammensetzung: 47,59% C, 4,80% H, 25,38% O, 22,23% N . $C_5H_6O_2N_2$.

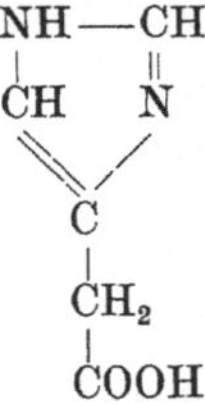

Bildung: F. Knoop[1]) erhielt sie durch Oxydation der aus Histidin entstehenden Imidazolmilchsäure mit Schwefelsäure und Bariumpermanganat. F. L. Pyman[2]) und K. K. Koessler und M. Th. Hanke[3]) konnten die Imidazolessigsäure als Nebenprodukt bei der Reduktion des aus Diaminoaceton und Kaliumrhodanid entstehenden Cyanmethylimidazols, das zur Synthese des Histidins und Imidazoläthylamins dient, isolieren.

Nach M. Guggenheim und W. Loeffler[4]) entsteht die Imidazolessigsäure bei sehr langsamer intravenöser Injektion von Imidazoläthylamin im Organismus des Kaninchens als ungiftiges Produkt, doch steht der sichere Nachweis hierfür noch aus.

Physikalische und chemische Eigenschaften: Nadeln mit 1 Mol Krystallwasser. Schmelzp. 222° (korr.) unter Zersetzung. Leicht löslich in kaltem Wasser, sehr wenig löslich in Alkohol, unlöslich in den sonstigen, üblichen, organischen Solvenzien.

Salze und Derivate: Chlorhydrat. Sehr leicht in Wasser, wenig in Alkohol lösliche Nadeln, die bei 226—228° (korr.) schmelzen.

Pikrat. Leicht löslich in Wasser und Alkohol. Schmelzp. 212—213° (korr.).

Natriumsalz $C_5H_5O_2N_2Na + 0,5 H_2O$. Krystallisiert aus absol. Alkohol in Nadeln, die in Wasser sehr leicht, in heißem absol. Alkohol ziemlich leicht löslich sind.

Äthylester. In freiem Zustand ein farbloses Öl.

[1]) F. Knoop, Hofmeisters Beitr. **10**, 111 [1907].
[2]) F. L. Pymann, Journ. Chem. Soc. **99**, 668 [1911].
[3]) K. K. Koessler u. M. Th. Hanke, Journ. Amer. Chem. Soc. **40**, 1716 [1918].
[4]) M. Guggenheim u. W. Loeffler, Biochem. Zeitschr. **72**, 328 [1916].

Äthylesterchlorhydrat. Krystallisiert aus Aceton in Nadeln vom Schmelzp. 115 bis 117° (korr.), die in Wasser und Alkohol sehr leicht, in heißem Aceton ziemlich leicht löslich sind. Der Äthylester wurde von A. Windaus und H. Opitz[1]) mit Hydrazinhydrat behandelt und lieferte beim Curtiusschen Abbau das Imidazolmethylamin.

β-Imidazol-propionsäure, Glyoxalin-propionsäure (Bd. IV, S. 721).

Mol.-Gewicht: 140,08.
Zusammensetzung: 51,40% C, 5,76% H, 22,84% O, 20,00% N . $C_6H_8O_2N_2$.

$$\begin{array}{c} NH\!-\!CH \\ |\quad\ \ \| \\ CH\quad N \\ \diagdown\diagup \\ C \\ | \\ CH_2 \\ | \\ CH_2 \\ | \\ COOH \end{array}$$

Bildung: Die von F. Knoop und A. Windaus[2]) sowohl beim Abbau des Histidins wie durch Synthese erhaltene Imidazolpropionsäure bildete ein wichtiges Glied im Konstitutionsbeweis des Histidins (s. d.). D. Ackermann[3]) fand, daß sie beim anaeroben, bakteriellen Abbau des Histidins, der in der Hauptsache Imidazoläthylamin liefert, als Nebenprodukt entsteht, doch fehlen nähere Angaben zur Charakterisierung der von ihm dabei isolierten Substanz. A. Berthelot und D. M. Bertrand[4]) erhielten ausschließlich Imidazolpropionsäure, als sie Histidin ohne weitere Stickstoffquelle der Einwirkung des Bac. aminophilus intestinalis unterwarfen, während sich unter normalen Umständen Imidazoläthylamin bildet.

Darstellung: Synthetisch gewinnt man die Imidazolpropionsäure aus Glyoxylpropionsäure, die man nach den Angaben von L. Wolff[5]) durch Einwirkung von Brom auf Lävulinsäure erhält. Sie läßt sich direkt mit Formaldehyd und Ammoniak zu der gewünschten Säure kondensieren.

$$\begin{array}{ccccc} CH_3 & CHBr_2 & CHO & NH_3 & H \\ | & | & | + & + & \diagdown CH \\ CO & CO & CO & NH_3 & O\diagup \\ | \quad 2\,Br & | \quad H_2O & | & & \\ CH_2 \xrightarrow{} & CH_2 \xrightarrow{} & CH_2 & & \\ | & | & | & & \\ CH_2 & CH_2 & CH_2 & & \\ | & | & | & & \\ COOH & COOH & COOH & & \\ \text{Lävulinsäure} & & \text{Glyoxylpropionsäure} & & \end{array}$$

$$\begin{array}{c} CH\!-\!NH \\ \|\qquad\ \diagdown CH \\ C\!-\!\!-\!\!-N\diagup \\ | \\ CH_2 \\ | \\ CH_2 \\ | \\ COOH \end{array}\quad\text{Imidazolpropionsäure.}$$

Zu einem Gemisch von 1 Mol Glyoxylpropionsäure und 1 Mol Formaldehyd (wässerige Lösung) werden etwas mehr als 3 Mol konz. Ammoniak zugetropft und das Gemisch 1 Tag stehengelassen, auf dem Wasserbad eingeengt und mit Essigsäure mehrfach eingedampft. Der Rückstand wird mit wenig Wasser aufgenommen, mit Holzgeist von unlöslichen, gefärbten Verunreinigungen befreit und liefert, aufs neue eingedampft, oft direkt eine Krystallisation, die auf Ton abgepreßt, mit Kohle entfärbt und aus wässeriger Lösung mit Aceton rein abgeschieden werden kann. Häufig muß allerdings über das Phosphorwolframat in üblicher Weise gereinigt werden. Die Ausbeute beträgt etwa 10% der Theorie.

F. L. Pyman[6]) erhielt die Imidazolpropionsäure durch Kohlendioxydabspaltung aus der Methylimidazolmalonsäure

$$\begin{array}{c} CH\!-\!NH \\ \|\qquad\ \ \diagdown C\!-\!CH_2\!-\!CH\diagup^{\textstyle COOH} \\ N\!-\!\!-\!CH\diagup \qquad\qquad\quad \diagdown COOH \end{array}$$

G. Barger und A. J. Ewins[7]) erhielten sie durch Reduktion der Imidazolacrylsäure (s. u.).

[1]) A. Windaus u. H. Opitz, Berichte d. Deutsch. Chem. Gesellschaft **44**, 1721 [1911].
[2]) F. Knoop u. A. Windaus, Hofmeisters Beitr. **7**, 144 [1905].
[3]) D. Ackermann, Zeitschr. f. physiol. Chemie **65**, 504 [1910].
[4]) A. Berthelot u. D. M. Bertrand, Compt. rend. de l'Acad. des Sc. **154**, 1827 [1912].
[5]) L. Wolff, Annalen d. Chemie u. Pharmazie **260**, 91 [1890].
[6]) F. L. Pyman, Journ. Chem. Soc. **99**, 1386 [1911].
[7]) G. Barger u. A. J. Ewins, Journ. Chem. Soc. **99**, 2376 [1911].

Physikalische und chemische Eigenschaften: Prismen aus Wasser und Aceton. Schmelzp. 209—210° (korr.). Leicht löslich in Wasser, wenig löslich in Methyl- und Äthylalkohol, fast unlöslich in Äther und Aceton.

Salze und Derivate: Chlorhydrat. Blätter, leicht löslich in Wasser und Alkohol, Schmelzp. 143—148°.

Die Säure bildet krystallinische Salze mit Jod- und Chlorwasserstoff, ferner amorphe Fällungen mit Silber- und Quecksilberverbindungen, ein in kleinen blauen Nadeln krystallisierendes Kupfersalz und beim Erhitzen mit Anilin auf 185° ein

Anilid. Prismatische Krystalle aus Wasser, in dem es in der Kälte wenig löslich ist. Leicht löslich in Äthyl- und Methylalkohol, in verdünnten Mineralsäuren, fast unlöslich in Äther, Benzol usw. Schmelzp. 190—191°.

Platinat. Gelbrote Würfel, die in Wasser löslich sind und bei 209° sich zersetzen.

β-Imidazol-acrylsäure, Glyoxalin-acrylsäure (Bd. IV, S. 1172).

Mol.-Gewicht: 138,07.

Zusammensetzung: 52,15% C, 4,38% H, 23,18% O, 20,29% N. $C_6H_6O_2N_2$.

$$
\begin{array}{c}
\text{NH}\!-\!\text{CH} \\
\mid \qquad \parallel \\
\text{CH} \quad\; \text{N} \\
\diagdown\;\diagup \\
\text{C} \\
\mid \\
\text{CH} \\
\parallel \\
\text{CH} \\
\mid \\
\text{COOH}
\end{array}
$$

Diese Säure wurde von G. Barger und A. J. Ewins[1]) beim Abbau des aus Mutterkorn gewonnenen Ergothioneins auf folgende Weise erhalten:

$$
\begin{array}{ccc}
\begin{array}{l}
\text{CH}\!-\!\text{NH} \\
\parallel\qquad\quad \diagdown\text{C}\!-\!\text{SH} \\
\text{C}\!-\!\!-\!\text{N}\diagup \\
\mid \\
\text{CH}_2 \\
\mid \qquad\diagup\text{CH}_3 \\
\text{CH}\!-\!\text{N}\!\!<\!\!\text{CH}_3 \\
\mid\quad\;\; \mid\;\diagdown\text{CH}_3 \\
\text{CO}\!-\!\text{O} \\
\text{Ergothionein}
\end{array}
&
\xrightarrow{\text{konz. KOH}}
&
\begin{array}{l}
\text{CH}\!-\!\text{NH} \\
\parallel\qquad\quad \diagdown\text{C}\!-\!\text{SH} \\
\text{C}\!-\!\!-\!\text{N}\diagup \\
\mid \\
\text{CH} \\
\parallel \\
\text{CH} \\
\mid \\
\text{COOH}
\end{array}
\end{array}
$$

$$
\xrightarrow[\text{verd. HNO}_3]{\text{Kochen mit}}
\begin{array}{l}
\text{CN}\!-\!\text{NH} \\
\parallel\qquad\quad \diagdown\text{CH} \\
\text{C}\!-\!\!-\!\text{N}\diagup \\
\mid \\
\text{CH} \\
\mid \\
\text{CH} \\
\mid \\
\text{COOH} \\
\text{Imidazolacrylsäure.}
\end{array}
$$

A. Hunter[2]) hält die Imidazolacrylsäure identisch mit der Urocaninsäure und will sie auch in geringer Menge bei der Verdauung von Plasmon mit Pankreatin erhalten haben, doch scheinen diese Angaben der Nachprüfung zu bedürfen[3]).

β-Imidazol-milchsäure, Glyoxalin-milchsäure, Oxydesamino-histidin, α-Oxy-β-(4(5)-Imidazolyl)-propionsäure (Bd. IV, S. 721).

Mol.-Gewicht: 156,08.

Zusammensetzung: 46,13% C, 5,17% H, 30,75% O, 17,95% N. $C_6H_8O_3N_2$.

$$
\begin{array}{c}
\text{NH}\!-\!\text{CH} \\
\mid \qquad \parallel \\
\text{CH} \quad\; \text{N} \\
\diagdown\;\diagup \\
\text{C} \\
\mid \\
\text{CH}_2 \\
\mid \\
{}^*\text{CH}\!-\!\text{OH} \\
\mid \\
\text{COOH}
\end{array}
$$

---

[1]) G. Barger u. A. J. Ewins, Journ. Chem. Soc. **99**, 2336 [1911].

[2]) A. Hunter, Journ. of Biolog. Chem. **11**, 537 [1912].

[3]) Vgl. Raistrich, Biochem. Journ. **11**, 71. — Y. Kotake u. M. Konishi, Zeitschr. f. physiol. Chemie **122**, 230 [1922]. — M. Konishi, Zeitschr. f. physiol. Chemie **122**, 237 [1922].

Die Imidazolmilchsäure wurde von S. Fraenkel[1]) durch Einwirkung von Silbernitrit auf Histidinchlorhydrat und von F. L. Pyman[2]) bei der Einwirkung von Silberoxyd auf d, l-α-Chlor-β-Imidazolpropionsäure gewonnen, welch letztere er aus Oxymethylimidazol über Chlormethylimidazol und Kondensation mit Natriummalonester erhielt:

Oxymethylimidazol   Chlormethylimidazol

α-Chlor-β-imidazolpropionsäure   Imidazolmilchsäure.

Durch Reduktion mit konz. Jodwasserstoffsäure und rotem Phosphor (8 Stunden im Rohr auf 150°) erhält man die Imidazolpropionsäure[3]). Durch Erhitzen mit Ätzbaryt hat Fraenkel[1]) einen in siedendem Wasser fast unlöslichen Körper $C_5H_8ON_2$ erhalten, der bei 216° ohne Aufschäumen schmilzt (Imidazoläthylalkohol?).

G. Barger und H. D. Dakin[4]) suchten durch Einwirkung von konz. Schwefelsäure wie auch verschiedener anderer Mineralsäuren bei hoher Temperatur unter Abspaltung von H_2O und CO zum Imidazolacetaldehyd zu gelangen, doch wurde das gewünschte Ziel wegen noch weitergehender Zersetzung nicht erreicht.

β-Imidazol-glyoxylsäure, Glyoxalin-glyoxylsäure.

Mol.-Gewicht: 140,05.

Zusammensetzung: 42,84% C, 2,88% H, 34,27% O, 20,01% N . $C_5H_4O_3N_2$.

Bildung: Die Imidazolglyoxylsäure wurde von F. Knoop[5]) durch Oxydation der Imidazolmilchsäure mit mäßig konz. Salpetersäure bei 6stündigem Kochen am Rückfluß erhalten. Sie erwies sich identisch mit einer von Mörner[6]) als Produkt der tiefgreifenden Spaltung der Proteine mit Salpetersäure erhaltenen, unbekannten Säure $C_5H_4O_3N_2$.

Physikalische und chemische Eigenschaften: Schmelzp. 290° unter Zersetzung. Wenig löslich in kaltem und heißem Wasser, wenig löslich in Alkohol, unlöslich in Äther und den übrigen organischen Solvenzien.

Bei der Oxydation mit Wasserstoffsuperoxyd und Essigsäure erhält man die Imidazolcarbonsäure.

---

[1]) S. Fraenkel, Monatshefte f. Chemie **24**, 229 [1903].
[2]) F. L. Pyman, Journ. Chem. Soc. **99**, 1386 [1911].
[3]) F. Knoop u. A. Windaus, Hofmeisters Beitr. **7**, 144 [1905].
[4]) G. Barger u. H. D. Dakin, Biochem. Journ. **10**, 376 [1916].
[5]) F. Knoop, Hofmeisters Beitr. **10**, 111 [1907].
[6]) C. Th. Mörner, Zeitschr. f. physiol. Chemie **101**, 15 [1918]; siehe auch F. Knoop, Zeitschr. f. physiol. Chemie **101**, 210 [1918]; C. Th. Mörner, Zeitschr. f. physiol. Chemie **103**, 80 [1918.]

Salze und Derivate: Ammoniumsalz. Krystallisiert in Büscheln, die in Wasser mäßig löslich sind und mit $CuSO_4$ eine krystallinische Fällung ergeben.

Oxim. Bildet farblose Nadeln vom Schmelzp. 229°.

β-Imidazolglycin, Glyoxalin-glycin, β-Imidazol-β-amino-essigsäure.

Mol.-Gewicht: 141,09.

Zusammensetzung: 42,53% C, 5,00% H, 22,68% O, 29,79% N. $C_5H_7O_2N_3$.

$$
\begin{array}{c}
NH-CH \\
\mid\quad\ \| \\
CH\quad N \\
\diagdown\ \diagup \\
C \\
\mid \\
*CH-NH_2 \\
\mid \\
COOH
\end{array}
$$

Vorkommen: Engeland[1]) isolierte aus menschlichem Urin eine kleine Menge eines Pikrolonates, das bei 244° schmolz und dem er die Bruttoformel $C_5H_7O_2N_3 \cdot C_{10}H_8O_5N_4$ zuschrieb. Durch Einwirkung von Salzsäure erhielt er daraus eine Lösung, die mit diazobenzolsulfosaurem Natrium eine Rotfärbung gab, woraus er den Schluß zog, daß das niedere Homologe des Histidins vorliege.

Bildung: C. P. Stewart[2]) ließ äquimolekulare Mengen von Imidazol-formaldehyd (s. d.) (1 g), Kaliumcyanid (0,65 g) und Ammoniumchlorid (0,53 g), die in möglichst wenig Wasser (5 ccm) gelöst waren, 48 Stunden bei Zimmertemperatur stehen. Die Lösung wurde nach und nach dunkel und war meist nach wenigen Stunden opak. Versuche, diese Erscheinung durch Füllen des Reaktionsgefäßes mit Stickstoff oder Wasserstoff zu vermeiden, verliefen ergebnislos. Es erscheint wichtig, die Konzentration der reagierenden Substanzen möglichst hoch zu wählen, weil bei einem Versuche, bei dem doppelt soviel Wasser als gewöhnlich genommen wurde, nur Spuren der Aminosäure erhalten wurden. Das Aminonitril wurde nicht isoliert, sondern direkt hydrolysiert. Zu diesem Zwecke wurde die Reaktionslösung mit dem gleichen Volumen konz. Salzsäure versetzt und 3 Stunden auf kochendem Wasserbad erhitzt. Nach dem Verdampfen zur Trockne wurde der Rückstand mit Wasser aufgenommen und die Chloride mit Silbernitrat gefällt. Nach dem Abfiltrieren wurde Silbernitrat in genügender Menge zugesetzt, um mit Bariumhydroxyd einen braunen Niederschlag zu erhalten. Die Silberverbindung der Aminosäure, die mit Silberoxyd vermischt war, wurde abfiltriert, ausgewaschen und durch Schwefelwasserstoff zersetzt. Das Filtrat vom Silbersulfid wurde ausgekocht, um den Schwefelwasserstoff auszutreiben, mit Schwefelsäure von Barium befreit und eingedampft. Die hinterbleibende, rohe Aminosäure wurde aus verdünntem Alkohol mehrmals umkrystallisiert. Die Ausbeute war wechselnd von 0,25—0,5 g aus 1 g Imidazolformaldehyd.

Physikalische und chemische Eigenschaften: Mikroskopische, farblose Tafeln, die bei 220° dunkel werden und bei 254° unter Zersetzung schmelzen. Die Aminosäure gibt Paulys für Imidazol charakteristische Reaktion, ferner die Triketohydrinden-(Ninhydrin-)Reaktion der Aminosäuren, während die Reaktion von Knoop auf Histidin negativ ist, und zwar sowohl in der von Knoop angegebenen Form, als auch in der Modifikation von Hunter[3]).

Salze und Derivate: Phosphorwolframat. Krystallisiert aus heißem Wasser in Form glitzernder, rhombischer Tafeln.

Pikrolonat $C_5H_7O_2N_3 \cdot C_{10}H_8N_4O_5$. Durch Zusammenbringen einer heiß gesättigten, wässerigen Lösung von etwas weniger als der theoretisch berechneten Menge Pikrolonsäure und einer konzentrierten, wässerigen Lösung der Aminosäure. Beim Abkühlen scheidet sich das Pikrolonat in Form tiefgelber Krystalle aus, die nach dem Umkrystallisieren aus Wasser und aus Alkohol bei 243° unter Zersetzung schmelzen.

Chlorhydrat. Durch Zersetzen des Pikrolonats mit Salzsäure und Extrahieren der freien Pikrolonsäure mit Benzol und mit Äther. Durch Auflösen der freien Aminosäure in Salzsäure. Das Salz ist hygroskopisch und zersetzt sich bei dem Versuche, es bei 100° zu trocknen.

---

[1]) Engeland, Zeitschr. f. physiol. Chemie **57**, 49 [1908].

[2]) C. P. Stewart, Biochem. Journ. **17**, 130 [1923].

[3]) Hunter, Biochem. Journ. **16**, 637 [1922].

C-4-(5)-Imidazolyl-N-2, 4-dinitrotolyl-3-glycin.

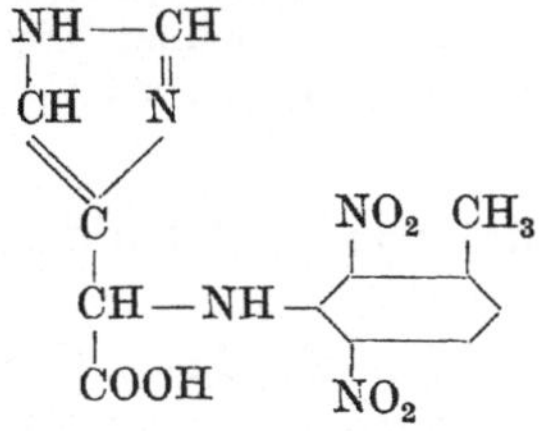

$$NH-CH$$

20 mg Aminosäure und 60 mg 2, 3, 4-Trinitrotoluol wurden in verdünntem Alkohol gelöst und unter Rückflußkühlung 3 Stunden gekocht. Die Flüssigkeit wurde schließlich tief gelb. Sie wurde zur Trockne verdampft, das unveränderte Trinitrotoluol durch wiederholte Extraktion mit Benzol entfernt und der Rückstand aus verdünntem Alkohol umkrystallisiert. Sehr leicht löslich in Wasser, unlöslich in Äthylalkohol. Zersetzt sich heftig bei 270°.

Gerbstoffe.

Von

Wolfgang Langenbeck-Karlsruhe[1][2]).

A. Hydrolysierbare Gerbstoffe und gerbstoffartige Verbindungen (von Ester- und Glucosidform).

1. Depside.

(Ester von Phenolcarbonsäuren mit Phenolcarbonsäuren oder andern Oxysäuren.)

Lecanorsäure (Orsellinoyl-orsellinsäure).

Mol.-Gewicht: 318,19.
Zusammensetzung: 60,37% C, 4,43% H, 35,20% O. $C_{16}H_{14}O_7$.

$$HO\langle \overset{CH_3}{\underset{OH}{\bigcirc}} \rangle - \overset{\ }{\underset{O}{C}} - O - \langle \overset{CH_3}{\underset{OH}{\bigcirc}} \rangle COOH$$

Vorkommen: In den Flechten.
Synthese: siehe E. Fischer, H. O. L. Fischer, Berichte d. Deutsch. Chem. Gesellschaft **46**, 1143 [1913]. Die Lecanorsäure sowie die übrigen Flechtendepside sind nur aus systematischen Gründen hier erwähnt; sie haben keine Gerbstoffeigenschaften und sind im Kapitel „Flechtenstoffe" nachzuschlagen.

Chlorogensäure (3, 4-Dioxycinnamoyl-chinasäure).

Mol.-Gewicht: 354,1.
Zusammensetzung: 54,2% C, 5,1% H, 40,7% O. $C_{16}H_{18}O_9(^1/_2H_2O)$.

$$\overset{HO}{\underset{HO}{\bigcirc}} - \overset{H}{C} = \overset{H}{C} - \overset{O}{C} \cdot O \cdot C_6H_7(OH)_3 \cdot COOH$$

Vorkommen: Als Monokalium-Coffeinsalz in den Kaffeebohnen[3]), ferner in Kopsia flavida, in den Samen von Helianthus annuus und Strychnos Nux Vomica, sowie im Milchsaft von Castilloa elastica[4]). Die beiden Komponenten der Chlorogensäure — Kaffeesäure und Chinasäure — sind auch in der Chinarinde gefunden worden. Die Kaffeesäure ist in der Natur außerordentlich verbreitet[5]).
Darstellung[6]): 1 kg grüne Kaffeebohnen werden fein gemahlen und 4 mal je 24 Stunden mit dem doppelten Gewicht Wasser bei Zimmertemperatur extrahiert. Die Bohnen werden nach jeder Extraktion scharf abgesaugt und mittels hydraulischer Presse abgepreßt. Die ver-

---

[1]) Herr Prof. K. Freudenberg hat mich während der Arbeit beraten und mir seine Abhandlungen sowie zahlreiche unveröffentlichte Beobachtungen zur Verfügung gestellt. L.
[2]) Die Literatur ist bis Ende 1923 berücksichtigt.
[3]) Payen, A. ch. (3) **26**, 108 [1849].
[4]) Gorter, Archiv d. Pharmazie **247**, 184 [1909].
[5]) Charaux, Journ. pharm. chim. (7) **2**, 292 [1910]. — Freudenberg, Berichte d. Deutsch. Chem. Gesellschaft **53**, 232 [1920].
[6]) K. Freudenberg, Berichte d. Deutsch. Chem. Gesellschaft **53**, 232 [1910]. — K. Freudenberg u. O. Ivers, bisher unveröffentlicht.

einigten Auszüge werden filtriert, im Vakuum auf etwa 250 ccm eingeengt und der Dialyse im Gutbierschen Schnelldialysator unterworfen. Die Dialyse dauert, je nach der Beschaffenheit der Pergamentmembran, 45—70 Stunden. Das Dialysat ist alle 6—8 Stunden durch frisches Wasser zu ersetzen. Während der Dialyse diffundiert so viel Wasser durch die Membran, daß die in der Membran befindliche Lösung einmal bei Unterdruck eingeengt werden muß. Schließlich werden die Dialysate, etwa 20 l, vereinigt und im Vakuum auf 150—200 ccm eingeengt. Nach einigem Stehen scheiden sich aus dieser Lösung Krystalle von chlorogensaurem Kalium-Coffein in reichlicher Menge ab. Nach 3—4 tägigem Stehen im Eisschrank werden diese abgesaugt, scharf ausgepreßt, 2 mal aus 50 proz. Alkohol und 3 mal aus möglichst wenig Wasser umkrystallisiert. Bei der ersten Krystallisation mit Wasser empfiehlt sich die Zuhilfenahme von Tierkohle. Die Ausbeute an chlororgensaurem Kalium-Coffein beträgt bis zu 3%. Zur Entfernung des Coffeins wird die Lösung des Salzes in 2—3 Teilen Wasser in der Wärme 8 mal mit dem doppelten Volumen Chloroform ausgeschüttelt, wenn nötig filtriert und mit der berechneten Menge 5 n-Schwefelsäure versetzt. Die Chlorogensäure krystallisiert auf Eis in 24 Stunden aus und wird mehrmals aus möglichst wenig Wasser umkrystallisiert, wobei einmal Tierkohle verwendet wird. Ausbeute 1—2% der Kaffeebohnen.

Physikalische und chemische Eigenschaften: Chlorogensäure ist optisch aktiv: $[\alpha]_D$ in 1—3 proz. wässeriger Lösung $= -33,1°$. Leim wird in verdünnter Lösung nicht gefällt, wohl aber in Gegenwart von Kochsalz oder in konz. Lösung. Salzsaures Chinin wird gefällt[1]). Die Säure löst sich schwer in kaltem, leicht in heißem Wasser. Verdünnte Säuren oder Mineralsalze setzen die Löslichkeit stark herab. Nicht ganz reine, konz. Lösungen der Säure gelatinieren leicht. Eisenchlorid erzeugt eine grüne Färbung. Chlorogensäure löst sich in Aceton, Alkohol und Essigäther; Äther nimmt sie schwer auf. Bromwasser wird entfärbt. Chlorogensäure ist eine starke Säure.

Abbau: Penicillium und Mucorarten[2]) sowie Tannase[3]) zerlegen Chlorogensäure in Chinasäure und die schwer lösliche Kaffeesäure. Beim Kochen mit verdünnten Mineralsäuren und Oxalsäure entstehen Chinasäure, Kaffeesäure und deren Zersetzungsprodukte, worunter viel Kohlensäure[4]). Zur alkalischen Hydrolyse hat Gorter 7,5 g in 40 g 13 proz. Kalilauge eingetragen; dabei erwärmte sich die Lösung. Sie blieb noch eine Viertelstunde stehen und wurde mit 46 g 10 proz. Schwefelsäure versetzt. Jetzt krystallisierte Kaffeesäure aus; in der Mutterlauge wurde Chinasäure nachgewiesen.

Derivate: Pentacetyl-chlorogensäure[5]). Zum Gemisch von 15 Tropfen konz. Schwefelsäure und 25 ccm Essigsäureanhydrid werden 5 g Chlorogensäure in kleinen Portionen gegeben, so daß die Flüssigkeit sich nur langsam erwärmt. Man läßt noch 2 Stunden bei Zimmertemperatur stehen, gießt in die 10—20 fache Menge Wasser und schüttelt kräftig. Die vollständig acetylierte Säure scheidet sich alsbald fest ab und wird aus verdünntem Alkohol umkrystallisiert. Ausbeute 5—6 g. In heißer alkoholischer Lösung spaltet Anilin oder Kaliumacetat die beiden am Kaffeesäurerest haftenden Acetylreste ab. Die Pentacetylverbindung addiert 1 Mol. Brom.

Dihydro-chlorogensäure. Chlorogensäure nimmt mit Natriumamalgam 2 Atome Wasserstoff auf. Die entstandene Dihydro-chlorogensäure wird durch Alkalien und Säuren glatt in Chinasäure und Dihydrokaffeesäure gespalten (Gorter).

Weitere Derivate: Triacetyl-chlorogensäure; Pentacetyl-dibrom-chlorogensäure.

m-Digallussäure.

Mol.-Gewicht: 322,1.
Zusammensetzung: 52,2% C, 3,1% H, 44,7% O. $C_{14}H_{10}O_9$.

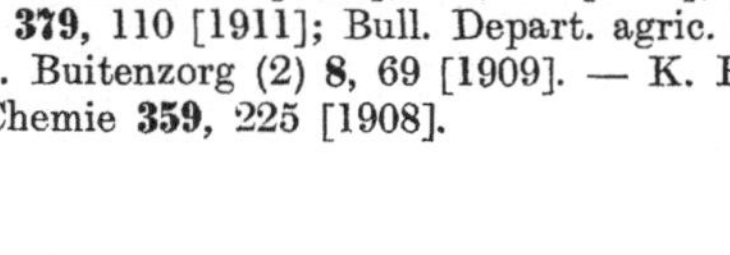

```
        HO
   HO⟨   ⟩—C — — — — O
        HO    ‖              |
              O       HO⟨   ⟩COOH
                           HO
```

---

[1]) Gorter, Ann. Jard. Bot. Buitenzorg (2) **8**, 69 [1919].
[2]) Gorter, Archiv d. Pharmazie **247**, 184 [1909].
[3]) K. Freudenberg, Berichte d. Deutsch. Chem. Gesellschaft **53**, 232 [1920].
[4]) Gorter, Annalen d. Chemie **358**, 327 [1908]; **359**, 217 [1908]; Archiv d. Pharmazie **247**, 184 436 [1909]; Annalen d. Chemie **379**, 110 [1911]; Bull. Depart. agric. Indes Neerland. Nr. 14 [1907 und 33 [1910]; Ann. Jard. Bot. Buitenzorg (2) **8**, 69 [1909]. — K. Freudenberg l. c.
[5]) Gorter, Annalen d. Chemie **359**, 225 [1908].

Vorkommen: Die Säure ist in der Natur noch nicht frei vorgefunden worden. Sie befindet sich mit Glucose verestert im chinesischen Tannin.

Synthese[1]**:** Aus Triacetyl-gallussäure wird zunächst durch teilweise Verseifung die Diacetyl-gallussäure

$$\begin{array}{c} H_3CCOO \\ | \\ HO\text{—}\langle\;\rangle\text{—}COOH \\ | \\ H_3CCOO \end{array}$$

bereitet. Diese enthält die freie Phenolgruppe in der Parastellung, denn sie gibt bei der Behandlung mit Diazomethan und nachheriger vollständiger Verseifung p-Methyl-äther-gallussäure.

Bei der Umsetzung mit Triacetyl-galloylchlorid entsteht in ziemlich guter Ausbeute die Pentacetyl-p-Digallussäure:

$$\begin{array}{c} AcO \qquad\qquad OAc \\ AcO\langle\;\rangle\text{—}C\text{—}O\text{—}\langle\;\rangle COOH \\ AcO \quad\; O \qquad OAc \end{array}$$

Wird sie vorsichtig mit kaltem, verdünntem Ammoniak verseift, so entsteht nicht die zu erwartende p-Digallussäure, sondern unter Wanderung des Galloylrestes die m-Digallussäure.

Physikalische und chemische Eigenschaften: Die Säure krystallisiert in Berührung mit Wasser in der Hitze leichter als in der Kälte. Sie enthält Krystallwasser, das sie bei 100° im Vakuum verliert. Die trockene Säure sintert von 260° (korr.) an und schmilzt gegen 271° (280° korr.) unter Zersetzung. Sie löst sich ziemlich leicht in Methylalkohol, Äthylalkohol und Aceton, verhältnismäßig schwer in Äther und Eisessig, selbst in der Wärme. In kaltem Wasser ist sie recht schwer löslich (1 : 860 bei 25°).

Die wässerige Lösung fällt Leimlösung und Chininacetat. Mit Eisenchlorid gibt sie eine starke, schwarzblaue Färbung. Versetzt man die 1—2 proz. wässerige Lösung der Digallussäure mit dem gleichen Volumen 3 proz. wässeriger Cyankaliumlösung, so zeigt sich nach etwa 10 Sekunden eine schöne, helle Rosafärbung, die zwar schwächer ist als die entsprechende der Gallussäure, aber wie diese beim Stehen verschwindet und beim Schütteln wiederkehrt.

Derivate: Pentamethyl-m-digallussäure-methylester entsteht durch Methylierung der m-Digallussäure mit Diazomethan sowie aus chinesischem Tannin (s. dieses). Seine Konstitution ist auf einem anderen Wege festgestellt worden[2]. Damit ist auch die Konstitution der m-Digallussäure selbst klargelegt.

Di-protocatechusäure.

Mol.-Gewicht: 290,08.

Zusammensetzung: 57,92% C, 3,47% H, 38,61% O. $C_{14}H_{10}O_7$.

$$\begin{array}{c} HO\langle\;\rangle\text{—}C\text{———}O \\ HO \quad\; O \qquad | \\ HO\langle\;\rangle COOH \end{array}$$

Vorkommen: Die Säure ist bisher in der Natur nicht gefunden worden.

Synthese[3]**:** Dicarbomethoxy-protocatechusäure wird durch partielle Verseifung in m-Monocarbomethoxy-protocatechusäure übergeführt und diese mit Dicarbomethoxy-protocatechusäure-chlorid in alkalischer Lösung umgesetzt. Die entstandene Tricarbomethoxy-p-Diprotocatechusäure geht beim Verseifen unter Acylwanderung (s. m-Digallussäure) in m-Di-protocatechusäure über.

Physikalische und chemische Eigenschaften: Die anfänglich amorphe Säure wird beim Erhitzen krystallinisch. Die Krystalle enthalten Wasser, das bei 100° leicht entweicht. Das

---

[1] Fischer, Bergmann u. Lipschitz, Berichte d. Deutsch. Chem. Gesellschaft **51**, 45 [1918].

[2] F. Mauthner, Journ. f. prakt. Chemie (2) **85**, 310 [1912]. — E. Fischer, K. Freudenberg, Berichte d. Deutsch. Chem. Gesellschaft **45**, 2720 [1912]; **46**, 1127 [1913]. — E. Fischer, Berichte d. Deutsch. Chem. Gesellschaft **46**, 3280 [1913].

[3] E. Fischer u. K. Freudenberg, Annalen d. Chemie **384**, 238 [1911]. — E. Fischer, Berichte d. Deutsch. Chem. Gesellschaft **52**, 812 [1919].

trockene Didepsid beginnt gegen 230° zu erweichen und schmilzt bei 237—239° (korr.). Die krystallisierte getrocknete Säure löst sich bei Zimmertemperatur in etwa 2500 Teilen Wasser, sie löst sich leicht in Aceton und Methylalkohol, dann sukzessive schwerer in Essigäther und Äther und ist fast unlöslich in Benzol und Ligroin.

Eine in der Wärme hergestellte und rasch abgekühlte wässerige Lösung gibt mit verdünnter Brucinlösung sofort einen starken Niederschlag und mit Chininacetatlösung auch bei starker Verdünnung einen sehr feinen Niederschlag, endlich mit Eisenchlorid eine ähnliche blaugrüne Färbung, wie die Protocatechusäure selbst.

Weitere synthetische Depside sind z. B. **Di-β-resorcylsäure und[Di-gentisinsäure[1]).**

2. Tanninklasse.

(Ester aromatischer Oxysäuren mit mehrwertigen Alkoholen und Zuckern.)

Glucogallin (1-Galloyl-β-glucose).

Mol.-Gewicht: 331,1.

Zusammensetzung: 47,1% C, 4,6% H, 48,3% O. $C_{13}H_{15}O_{10}$.

$$
\begin{array}{l}
\text{HC}\!-\!\!-\!\text{O}\!-\!\!-\!\text{C}\!\!-\!\!\langle\ \rangle\!\!-\!\text{OH} \\
\quad \text{HCOH} \qquad \text{OH}\ \ \text{OH} \\
\quad \text{HOCH} \qquad \text{O} \\
\quad \text{HC}\!-\!\!- \\
\quad \text{HCOH} \\
\quad \text{H}_2\text{COH}
\end{array}
$$

Vorkommen: Im chinesischen Rhabarber.

Darstellung[2]): Rhabarber wird mit kaltem Aceton erschöpft und die Lösung eingedampft, bis sie eine Dichte von 1,000 hat. Unter starkem Schütteln wird in kleinen Portionen das halbe Volumen eines hälftigen Gemisches von Aceton und Äther hinzugesetzt, dann Äther allein (etwa 1 Vol.), bis der anfangs voluminöse Niederschlag sich klebrig absetzt. Derselbe enthält hauptsächlich Glucoside von Methyl-oxy-anthrachinon. Die abgegossene Lösung wird stark eingeengt und durch Zusatz von Aceton wieder auf das spez. Gewicht von 1,000 gebracht. Zu dieser Lösung wird vorsichtig ein Vol. eines Gemisches von 1 Teil Aceton und 2 Teilen Benzol gegeben, dann 1 Vol. reines Benzol. Der ölige Niederschlag enthält Glucogallin, das durch Lösen in Aceton und Fällung mit Benzol zur Krystallisation gebracht wird. Das abgegossene Gemisch von Aceton und Benzol enthält d-Catechin (s. dieses) und Tetrarin (s. dieses).

Physikalische und chemische Eigenschaften: Glucogallin ist optisch aktiv. Die Drehung beträgt in etwa 2 proz. Lösung $[\alpha]_D = -24,1$ bis $-25,6$[3]). In 3—4 proz. wässeriger Lösung erhielt Gilson nach dem Gefrierverfahren normale Molekulargewichtswerte. Die 1-Galloylglucose löst sich selbst in der Wärme ziemlich schwer in Methylalkohol, recht schwer in Alkohol, Aceton, Essigäther und so gut wie gar nicht in Äther. Das beste Krystallisationsmittel ist 80 proz. Alkohol. Wässerige Lösungen von neutralem und basischem Bleiacetat, sowie von Brechweinstein erzeugen amorphe Niederschläge. Mit Eisenchlorid entsteht eine tiefblaue Färbung; Gelatine gibt auch in ziemlich konz. Lösung keine Fällung. Mit Phenylhydrazin wird rasch Glucosazon erhalten. Wässeriges Cyankali erzeugt schwache Rotfärbung, vielleicht durch langsame Abspaltung von Gallussäure (Fischer, Bergmann). An der Luft wird Glucogallin durch Alkalien verändert, da alle drei Phenolhydroxyle der Gallussäure frei sind. Die Acidität ist, der Abwesenheit der Carboxylgruppe entsprechend, gering; 1 g reagiert in wässeriger Lösung bereits nach Zugabe von 1—1,5 ccm $^1/_{10}$ n-Natronlauge neutral.

---

[1]) E. Fischer u. K. Freudenberg, Annalen d. Chemie **384**, 225 [1911]. — Pacsu, Berichte d. Deutsch. Chem. Gesellschaft **56**, 407 [1923].

[2]) Gilson, Bull. Acad. méd. Belg. (4) **16**, 827 [1902].

[3]) E. Fischer u. M. Bergmann, Berichte d. Deutsch. Chem. Gesellschaft **51**, 1760 [1918].

Abbau. Zur Bestimmung der in der Galloylglucose enthaltenen Gallussäure kochte Gilson 2 g in 60 ccm 2,5 proz. Schwefelsäure während 10 Minuten. Die Lösung wurde danach mehrere Male mit Äther ausgeschüttelt und der Ätherrückstand als Gallussäure gewogen. Auf Glucose wurde geprüft, indem eine ebenso hydrolysierte Probe in der Hitze mit frisch gefälltem Bleicarbonat in kleinen Portionen versetzt und nach Aufhören der Kohlensäureentwicklung noch einige Zeit erhitzt wurde, bis die Flüssigkeit neutral reagierte. Nach dem Erkalten wurde mit dem gleichen Volumen 92 proz. Alkohols versetzt, am anderen Tage filtriert und, wenn nötig, mit Schwefelwasserstoff entbleit. Die in der Lösung befindliche Glucose und die zuvor bestimmte Gallussäure entsprachen den berechneten Mengen. Auch mit Emulsin läßt sich Glucogallin spalten, wodurch es wahrscheinlich wird, daß ein Derivat der β-Glucose vorliegt.

Synthese: Acetobrom-glucose läßt sich mit dem Silbersalz der Triacetyl-gallussäure zur Acetylverbindung des Glucogallins umsetzen[1]), aus der durch gesättigte alkoholische Ammoniaklösung das freie Glucogallin gewonnen wird. Daraus geht hervor, daß der Gallussäurerest mit dem Hydroxyl der Aldehydgruppe der Glucose verestert ist.

Tetrarin

$C_{32}H_{32}O_{12}$ (krystallinisch) ist der Gallussäure-Zimtsäureester des Rheosminglucosids und setzt sich nach folgendem Schema zusammen:

$$C_{32}H_{32}O_{12} + 3\,H_2O = C_6H_{12}O_6 + C_7H_6O_5 + C_9H_8O_2 + C_{10}H_{12}O_2$$

Tetrarin   Glucose   Gallussäure   Zimtsäure   Rheosmin

Das Rheosmin ist vielleicht ein Oxy-cuminaldehyd. Das Tetrarin findet sich neben Glucogallin und d-Catechin im chinesischen Rhabarber und wurde von Gilson darin entdeckt. Es hat keine Gerbstoffeigenschaften.

3-Galloyl-Fructose[2]).

Isomer mit Glucogallin. Synthetisch aus Diacetonfructose[3]) und Triacetyl-galloylchlorid. Krystallinisch. $[\alpha]_D = -81°$.

Folgende krystalline synthetische Produkte sind in diesem Zusammenhang zu nennen:

Di-galloyl-glycol[3]). Tetragalloyl-erythrit[4]).

Mono-, Di-, Trigalloyl-lävoglucosan. Diese werden weiter unten behandelt. Vgl. auch die Digalloyl-glucose aus Chebulinsäure.

Acertannin[5]) (Di-galloyl-acerit, Di-galloyl-anhydrohexit).

Mol.-Gewicht: 468,62.

Zusammensetzung: 51,3% C, 4,3% H, 44,4% O.

$$C_{20}H_{20}O_{13} = C_6H_{10}O_3 \left(O \cdot C \underset{O}{{-}} \left\langle\!\!\!\!\begin{array}{c} OH \\ \\ OH \end{array}\!\!\!\!\right\rangle - OH \right)_2$$

Vorkommen: In den Blättern von Acer ginnala (Korea).

Darstellung: 500 g der lufttrockenen Blätter werden mit 3 l siedendem, absol. Alkohol 3 Stunden extrahiert. Der alkoholische Auszug wird auf 200 ccm eingeengt und mit 250 ccm Wasser versetzt. Nach dem Abkochen des Alkohols wird das Gemisch durch Äther von Chlorophyll und Wachs befreit. Die wässerige Lösung wird nach Entfernung des Äthers mit 15 g Natriumbicarbonat versetzt und mit Essigester erschöpfend extrahiert. Der Auszug wird mit Natriumchlorid geschüttelt, filtriert und unter vermindertem Druck eingedampft. Als Rück-

[1]) E. Fischer u. M. Bergmann, Berichte d. Deutsch. Chem. Gesellschaft **51**, 1791 [1918].
[2]) Fischer u. Noth, Berichte d. Deutsch. Chem. Gesellschaft **51**, 321 [1918].
[3]) Deren Konstitution: Berichte d. Deutsch. Chem. Gesellschaft **56**, 1246 [1923].
[4]) Fischer u. Bergmann, Berichte d. Deutsch. Chem. Gesellschaft **52**, 838 [1919].
[5]) A. G. Perkin u. Y. Uyeda, Journ. Chem. Soc. **121**, 66 [1922].

stand bleibt eine schwach gelbe, aufgeblähte Masse, die beim Kochen mit dem doppelten Volumen Wasser das Tannin in krystallinischer Form abscheidet. Nach dem Erkalten werden die Krystalle abfiltriert und aus 30 Teilen kochenden Wassers umkrystallisiert. Ausbeute an rohem Tannin etwa 9% der lufttrockenen Blätter. Das Acertannin kann auch aus dem käuflichen, in Korea hergestellten und in Japan verwendeten Extrakt (Shinnanaextrakt) der Blätter gewonnen werden. Dieser wird mit Alkohol behandelt und der alkoholische Auszug wie oben aufgearbeitet.

Physikalische und chemische Eigenschaften: Acertannin bildet, aus Wasser umkrystallisiert, farblose, prismatische Nadeln vom Schmelzp. 164—166°, die 2 Mol. Krystallwasser enthalten. Von diesen entweicht das erste bei längerem Erhitzen auf 125°, das zweite bei 140°. Die bei 140° getrocknete Substanz ist hygroskopisch und nimmt an der Luft merkwürdigerweise 3 Mol. Krystallwasser auf. Aus 50 proz. Alkohol krystallisieren Prismen mit 4 Mol. Krystallwasser. Acertannin ist sehr schwer löslich in kaltem Wasser (0,2%) und Aceton, schwer löslich in siedendem Wasser (etwa 3%), leicht löslich in Alkohol.

Optische Aktivität: $[\alpha]_D^{15°} = + 20,55$ (Aceton, 6 %). Dissoziationskonstante: $1 \cdot 10^{-7}$.

Es gibt mit Bleiacetat einen farblosen Niederschlag, mit Ferrichlorid eine tiefblaue Färbung, mit Kaliumacetat in absol. Alkohol einen dicken Niederschlag. Eine 4 proz. Lösung gibt mit 1 proz. Gelatinelösung in 10 proz. Kochsalzlösung sofort einen Niederschlag. Basische Farbstoffe werden gefällt. Cyankalium verursacht keine Farbreaktion. Acertannin ist zum Gerben nicht verwendbar, da es die Haut hart und brüchig macht. Mit Acertanninlösung gebeizte Baumwolle liefert mit Eisen schöne blaue bis schwarze Farbtöne (in China gewerblich verwendet).

Abbau:

$$C_{20}H_{20}O_{13} + 2 H_2O = C_6H_{12}O_5 + 2 C_7H_6O_4$$
$$\text{Acerit} \qquad \text{Gallussäure}$$

Acertannin wird mit 5 proz. Schwefelsäure 20 Stunden auf dem Wasserbade erhitzt. Aus der Reaktionsmasse werden mit Essigester 65% Gallussäure isoliert; ber. 67,5. Der Rückstand wird wie bei der Tannin-hydrolyse[1]) verarbeitet und mit siedendem, absol. Alkohol aufgenommen. Er setzt nach einigen Tagen die zuckerartige Komponente des Acertannins, den Acerit[2]) in krystallinischer Form ab, $C_6H_{12}O_5$. Aus Alkohol kleine farblose Krystalle; aus Wasser monokline Krystalle. Schmelzp. 142—143°. Acerit bildet kein Osazon, bei der Destillation mit Salzsäure kein Furfurol oder Methylfurfurol und reduziert Fehlingsche Lösung nicht. Er ist ohne Verkohlung flüchtig (wie Mannit). Optische Aktivität: In 14 proz. wässeriger Lösung $[\alpha]_D^{15°} = + 39°$.

Derivate: Acetyl-acertannin $C_{20}H_{12}O_{13}(C_2H_3O)_8$. Acertannin wird nach Fischer und Bergmann[3]) mit kaltem Pyridin und Essigsäureanhydrid acetyliert. Aus Methylalkohol kleine, farblose Nadeln vom Schmelzp. 154—155°.

Methylierung. Acertannin wird in Acetonlösung mit einem Überschuß von Diazomethan behandelt. Nach dem Abdampfen des Lösungsmittels hinterbleibt ein farbloser, nicht krystallisierender Rückstand. Dieser liefert bei der Hydrolyse mit wässerig-methylalkoholischer Natronlauge nur Gallussäuretrimethyläther.

Tetra-acetyl-acerit $C_6H_8O_5(C_2H_3O)_4$. Acerit wird mit Essigsäureanhydrid und etwas Zinkchlorid gekocht. Nach der Entfernung des Essigsäureanhydrids und Aufnehmen mit Methylalkohol setzen sich allmählich Krystalle ab. Aus Benzol-Ligroin feine, lange Nadeln, Schmelzp. 74—75°.

Amorphes Acertannin.

Die Mutterlaugen des Acertannins enthalten große Mengen eines leicht löslichen amorphen Gerbstoffs, dem etwas Quercetin, durch Äther extrahierbar, beigemengt ist. Bei der Hydrolyse mit 5 proz. H_2SO_4, 20 Stunden, zerfällt er in wenig Ellagsäure, viel Gallussäure und reichliche Mengen Acerit. Es handelt sich vermutlich um ein Gemenge von verschiedenen Gallussäureestern des Acerits. Der Gerbstoff fällt Gelatine.

---

[1]) E. Fischer u. K. Freudenberg, Berichte d. Deutsch. Chem. Gesellschaft **45**, 923. [1912].

[2]) Von den Entdeckern Aceritol genannt. Daraus leitet sich fürs Deutsche Acerit ab; vgl. engl. Mannitol, deutsch Mannit.

[3]) Fischer u. Bergmann, Berichte d. Deutsch. Chem. Gesellschaft **51**, 1797 [1918].

Hamameli-tannin.

Mol.-Gewicht: 484,3.

Zusammensetzung: 49,6% C, 4,2% H, 46,2 % O. $C_{20}H_{20}O_{14} \cdot 6\,H_2O$.

$$\text{Di-Galloyl-hexose} \left(\begin{array}{c} HO \\ HO-\!\!\!\!\bigcirc\!\!\!\!-C- \\ HO \quad\quad O \end{array} \right)_{2} \cdot C_6H_{10}O_6$$

Vorkommen[1]): In der Rinde von Hamamelis virginica (1—2%).

Darstellung[2]): 20 kg grobgemahlener Rinde werden mit kaltem Aceton erschöpft. Die Extrakte werden vorsichtig, zuletzt bei Unterdruck, auf 4 l eingeengt. Die Lösung wird bei vermindertem Druck (Annalen d. Chemie **429**, 290 [1922]) mit Benzol extrahiert, bis dieses farblos abläuft. Das Benzol entfernt große Mengen dunkel gefärbter Harze und fettiger Substanzen. Das der extrahierten Flüssigkeit noch anhaftende Benzol wird bei Unterdruck abgedampft. Nunmehr wird die schwarze sirupöse Lösung bis zu 140 Stunden bei Unterdruck mit Essigester extrahiert.

Um eine allzu lange Berührung des Hamameli-tannins mit dem Essigester zu vermeiden, wird das den Extrakt enthaltende Gefäß nach je 20 Stunden ausgewechselt; der letzte 20stündige Extrakt darf bei der im folgenden beschriebenen Aufarbeitung keine Krystallisation von Hamameli-tannin mehr liefern. Die Extrakte werden im Vakuum eingeengt, mit Wasser versetzt und wiederum zur Entfernung der letzten Spuren des Essigäthers konzentriert, alsdann vereinigt und mit Wasser auf 3 l verdünnt. Man gibt unter gelindem Erwärmen solange Talk in kleinen Portionen zu, bis sich dieser nicht mehr anfärbt und eine filtrierte Probe keine Trübung mehr zeigt. Nach der Filtration wird tropfenweise 10 proz. Bleiacetatlösung zugesetzt, bis auf den anfangs ausfallenden, sehr dunkeln Niederschlag hellgelbe Fällungen folgen. Dazu sind 30—40 ccm nötig. In dem Filtrat wird durch Schwefelwasserstoff in gelinder Wärme das Blei gefällt. Die filtrierte Lösung wird bei Unterdruck zum dünnflüssigen Sirup eingeengt, der meist über Nacht zum Krystallbrei erstarrt. Durch Rühren wird die Krystallisation beschleunigt, die erst nach 4—6tägigem Stehen auf Eis beendet ist. Das Krystallisat wird solange mit Eiswasser ausgewaschen, bis das Filtrat farblos abläuft. Die Mutterlaugen enthalten noch geringe Mengen von Hamameli-tannin. Sie werden mit der letzten, nicht mehr krystallisierenden Essigesterfraktion vereinigt, bis zur Konsistenz der konz. Schwefelsäure eingeengt und erneut 20 Stunden mit Essigäther extrahiert. Bei der Aufarbeitung wird noch ein geringes Krystallisat erhalten. Der Gerbstoff ist eine weiße, in Wasser klar und farblos lösliche Krystallmasse. Die Ausbeute an krystallwasserfreiem Material beträgt 260 g, d. i. 1,3% der Rinde.

Das Rohprodukt wird zunächst aus 30 Teilen Wasser umkrystallisiert (impfen!), im Vakuumtrockenschrank entwässert, in der 3—4fachen Menge Acetons gelöst und mit Benzol bis zur bleibenden Trübung versetzt. Nach einigen Stunden wird die überstehende klare Lösung durch ein trockenes Filter vom Bodensatz abgegossen, das organische Lösungsmittel bei Unterdruck verjagt und der Rückstand aus 30 Teilen Wasser krystallisiert. Der Bodensatz, der noch eine erhebliche Gerbstoffmenge enthält, wird nochmals auf die gleiche Weise behandelt.

Physikalische und chemische Eigenschaften: Der Gerbstoff enthält lufttrocken 6 Mol. Krystallwasser. Die spezifische Drehung beträgt in 1 proz. wässeriger Lösung etwa $[\alpha]_D = +35°$. In stärkerer Lösung ist die Drehung ähnlich wie beim chinesischen Tannin niedriger als dieser Grenzwert. Der Gerbstoff löst sich leicht in heißem Wasser, schwer in kaltem (weniger als 1%). In unreinem Zustande gelatiniert die wässerige Lösung häufig. Sie fällt Leim, aber nicht so stark, wie die Galläpfeltannine, und der Niederschlag löst sich nicht schwer in der Wärme. Alle übrigen Gerbstoffreaktionen fallen positiv aus. In Alkohol, Aceton und Essigäther löst sich der Gerbstoff leicht, in Äther dagegen kaum. Die Acidität, durch Titration bestimmt, gleicht der des Pyrogallols. Demnach ist kein freies Carboxyl vorhanden. Damit stimmt auch das Ergebnis der Untersuchung des methylierten Gerbstoffes überein (s. u.).

Abbau[3]): Der Gerbstoff zerfällt unter der Einwirkung heißer, verdünnter Schwefelsäure (vgl. Hydrolyse des chinesischen Tannins) in Gallussäure und Zucker (ungefähr 70 und 30%). Die Hydrolyse ist in etwas kürzerer Zeit als beim chinesischen Tannin beendet, weil weniger Gallussäuregruppen abzuspalten sind.

---

[1]) Grüttner, Archiv d. Pharmazie **236**, 278 [1908].

[2]) K. Freudenberg, unveröffentlicht.

[3]) K. Freudenberg, Berichte d. Deutsch. Chem. Gesellschaft **52**, 177 [1919]; **53**, 953 [1920].

Abbau mit Tannase: 10 g des wasserfreien Gerbstoffs werden in 2 l Wasser gelöst und mit Tannase, die aus 5 g Aspergillusmycel stammt[1]) versetzt. Die Flüssigkeit wird mit Toluol überschichtet und im Brutschrank aufbewahrt, bis nach einigen Tagen der Säuregehalt der Lösung, der von Zeit zu Zeit durch Titration bestimmt wird, konstant bleibt und eine Probe, die 100 mg Gerbstoff enthält, etwa 4 ccm 0,1 n-Lauge verbraucht. Die Lösung wird unter vermindertem Druck auf 20—30 ccm eingeengt, die fast farblos sich abscheidende Gallussäure abgesaugt und mit kaltem Wasser gewaschen. Das Filtrat wird abermals im Vakuum eingeengt, im Apparat ausgeäthert und die vom Äther aufgenommene Gallussäure aus sehr wenig Wasser umkrystallisiert.

Die ausgeätherte Lösung wird unter vermindertem Druck vom organischen Lösungsmittel befreit, auf 1 l verdünnt, erneut mit Tannase behandelt (halb soviel wie das erstemal) und in der gleichen Weise von der Gallussäure befreit.

Schließlich wird die Lösung auf 50 ccm gebracht und in der Kälte mit soviel „gewachsener" Tonerde geschüttelt, bis das klare Filtrat keine Reaktion mit Ferrisalz mehr gibt. Jetzt wird unter vermindertem Druck zum Sirup eingeengt, mit kaltem absol. Alkohol aufgenommen, von der Tannase abfiltriert und im Vakuum eingedampft, zuletzt unter Zugabe von etwas Wasser.

Vom Zucker wird ein Teil im Vakuum bei 100° getrocknet und daraus das Gesamtgewicht des Zuckers bestimmt. Gallussäure krystallisiert unter den gegebenen Verhältnissen mit einem Molekül Krystallwasser. Erhalten werden 34% Zucker und 66% Gallussäure (auf wasserfreie Säure umgerechnet).

Der Zucker ist ein Sirup, der nach links dreht und Fehlingsche Lösung stark reduziert. Er reagiert bei der Titration mit Hypojodit nach Willstätter und Schudel[2]) als Aldohexose\. Damit stimmt auch überein, daß er fuchsinschweflige Säure nicht färbt und Seliwanows Ketosenreaktion nicht gibt. Auch Furfurol, Lävulinsäure, Schleim- und Zuckersäure werden nicht erhalten. Mit p-Nitro-phenylhydrazin sowie mit Toluolsulfo-hydrazin werden krystallisierte Hydrazone erhalten[3]). Mit Phenylhydrazin kann kein Osazon gewonnen werden.

Aus dem Ergebnis des fermentativen Abbaus, aus der Elementarzusammensetzung des Gerbstoffs und aus der Untersuchung des Zuckers kann geschlossen werden, daß im Hamamelitannin die Digalloylverbindung einer neuen Aldohexose vorliegt.

Chebulinsäure.

Mol.-Gewicht: unbekannt; vielleicht 1040.

Zusammensetzung: 50,6% C, 3,6% H, 45,8% O. $C_{44}H_{36}O_{30}$. ?

Vorkommen: In den Myrobalanen, den Früchten von Terminalia Chebula[4]).

Darstellung: Nach Päßler und Hoffmann werden 120 g feingemahlene, entkernte Myrobalanen in der Kochschen Auslaugevorrichtung[5]) mit kaltem Wasser zu insgesamt 8 l ausgelaugt und sofort durch Berkefeld-Filterkerzen filtriert. Die Krystallisation beginnt schon nach wenigen Stunden. Die Lösung bleibt 5—6 Tage vor Keimen geschützt stehen. Die Ausscheidung wird mit kaltem Wasser gewaschen und mit 60 proz. Alkohol bei 50—60° ausgelaugt. Das Filtrat wird unter vermindertem Druck eingedampft, in Wasser gegossen und die abgeschiedene Säure mehrmals vorsichtig aus Wasser umkrystallisiert. Die Ausbeute beträgt bis zu 4%.

Physikalische und chemische Eigenschaften: Der Gerbstoff ist sehr schwer in kaltem Wasser löslich, in heißem löst er sich spielend. Beim Erkalten scheidet er sich erst milchig ab und krystallisiert sofort. Alkohol, Aceton und Essigäther lösen leicht, Eisessig und Äther dagegen kaum. Die spez. Drehung beträgt in 1—2 proz. Lösung in Alkohol = + 59—67°. Die Krystalle sind wasserhaltig und schmecken süß. Chebulinsäure gibt alle Gerbstoffreaktionen.

[1]) K. Freudenberg, Berichte d. Deutsch. Chem. Gesellschaft **52**, 183 [1919].

[2]) Willstätter u. Schudel, Berichte d. Deutsch. Chem. Gesellschaft **51**, 780 [1918].

[3]) K. Freudenberg u. Fr. Blümmel, unveröffentlicht.

[4]) Fridolin, Diss. Dorpat 1884. Sitzungsber. Dorp. Naturf. Ges. **7**, 131 [1884]. — Päßler u. Hoffmann, Lederindustrie (ledertechnische Rundschau) **1913**, 129. — E. Fischer u. M. Bergmann, Berichte d. Deutsch. Chem. Gesellschaft **51**, 314 [1918]. — Freudenberg, Berichte d. Deutsch. Chem. Gesellschaft **52**, 1238 [1919]. — Freudenberg u. Fick, Berichte d. Deutsch. Chem. Gesellschaft **53**, 1728 [1920].

[5]) Dingler, **267**, 513 [1888]. — Procker u. Päßler, Leitfaden f. gerbereitechnische Untersuchung S. 105 [Berlin 1901]. — J. Päßler, Das Verfahren zur Untersuchung der pflanzlichen Gerbemittel. Deutsche Gerberschule, Freiberg 1912, S. 7.

Der mit Alkali neutralisierten wässerigen Lösung wird die Chebulinsäure auch Essigäther nicht entzogen. Da sie außerdem Natriumacetat zerlegt, darf auf die Anwesenheit einer Carboxylgruppe geschlossen werden.

Abbau: Teilweise Hydrolyse der Chebulinsäure. Schon Fridolin hat festgestellt, daß heißes Wasser die Säure verändert. Erhitzt man die verdünnte Lösung 24 Stunden auf 100°, so steigt der Säuregehalt nahezu auf das 3fache. Durch Ausäthern läßt sich Gallussäure entfernen, die konz. Mutterlauge setzt bei längerem Stehen Digalloyl-glucose ab (etwa $1/3$ der angewendeten Chebulinsäure). Zur Reinigung wird die Digalloyl-glucose in der 15fachen Menge Wasser gelöst, abgekühlt, mit etwas Thalliumbicarbonatlösung[1]) nahezu neutralisiert, filtriert, im Vakuum zum Sirup eingedampft und mit Essigäther erschöpft. Der Essigäther wird im Vakuum verjagt, der Rückstand aus Wasser umkrystallisiert.

Die quantitative Bestimmung der beim fermentativen Abbau nach dem Muster des Hamameli-tannins gewonnenen Gallussäure und Glucose ergibt Zahlen, die annähernd auf eine Digalloyl-glucose hinweisen. Als nunmehr ein Gemisch aus Gallussäure und Glucose, das genau im Verhältnis der Komponenten der Digalloyl-glucose bereitet war, genau wie eine fermentative Abbauprobe aufgearbeitet wurde, ergab sich eine nahezu vollständige Übereinstimmung.

Die Digalloylglucose besitzt eine ähnliche Acidität, wie Pyrogallol. Sie ist in kaltem Wasser sehr schwer, in heißem leicht löslich. Entwässert löst sie sich auch in kaltem Wasser, um bald zu krystallisieren. Die spez. Drehung beträgt in 3—4proz. alkoholischer Lösung $+ 85°$. Das in siedendem Aceton gemessene Molekulargewicht stimmt mit der Berechnung überein.

Diese Digalloylglucose ist in der Chebulinsäure mit einer Säure $C_{14}H_{14}O_{11}$ (?) verbunden, die folgendermaßen isoliert wird:

Nachdem aus der Hydrolysenmasse die Hauptmenge der Digalloylglucose durch Krystallisation entfernt ist, wird das Filtrat mit Wasser verdünnt und mit Thalliumbicarbonatlösung nahezu neutralisiert. Die amorphe Fällung wird abgesaugt und das Filtrat, das an Essigäther noch eine geringe Menge Digalloylglucose abgibt, durch Einengen im Vakuum zur Krystallisation gebracht.

Das fast farblose Thalliumsalz ist schwer zu reinigen. Es wird deshalb in das besser zu reinigende Brucinsalz übergeführt. Man löst das Thalliumsalz in der 10fachen Menge heißen Wassers, kühlt ab und fällt die Hauptmenge des Thalliums mit Salzsäure. Das Filtrat vom Thallochlorid wird im Vakuum eingeengt, mit 2 Volumen Aceton versetzt und durch tropfenweisen Zusatz sehr verdünnter Salzsäure völlig von Thallium befreit. Nach Entfernung des Acetons wird in Wasser aufgenommen und mit der alkoholischen Lösung von soviel Brucin versetzt, wie dem angewendeten Thalliumsalz gleichkommt.

Das Brucinsalz wird nochmals aus der 50fachen Menge heißen Wassers umkrystallisiert. Es enthält 2 Mol. Brucin auf die Säure $C_{14}H_{14}O_{11}$.

Das Brucinsalz wird in heißer, wässeriger Lösung mit Bleiacetat in das Bleisalz der Säure verwandelt, aus dem die Säure selbst durch Schwefelwasserstoff gewonnen wird. Mit Thalliumcarbonat liefert sie nunmehr ein sehr schönes Thalliumsalz der Formel $C_{14}H_{12}O_{11}Tl_2$ (?).

Die freie Säure krystallisiert nicht. Sie ist optisch aktiv und in Äther nahezu unlöslich. Mit Eisenchlorid gibt sie dieselbe Färbung wie Gallussäure, mit Cyankali auf Filtrierpapier[2]) eine nur langsam erscheinende blauviolette Färbung. Kalkwasser gibt eine rahmfarbene Fällung (Gallussäure schmutzigblau).

Durch Trockendestillation spaltet die Säure Pyrogallol ab.

Türkisches Tannin[3]).

Zusammensetzung: schwankend, etwa 52,5% C, 3,5% H, 44,0% O.

Konstitution: Gemisch esterartiger Verbindungen von Glucose mit Gallussäure und wenig Digallussäure (im ganzen etwa 4—5 Gallussäurereste); außerdem ist gebundene Ellagsäure vorhanden und ein unbekannter Bestandteil.

Vorkommen: In den Zweiggallen von Quercus infectoria, den sog. Aleppogallen.

Darstellung: (nach Freudenberg): Zerkleinerte Aleppogallen werden mit Wasser angerührt und dann mehrmals in der Kälte ausgezogen. In einer Probe der vereinigten, trüben

---

[1]) Berichte d. Deutsch. Chem. Gesellschaft **52**, 1511 [1919].

[2]) K. Freudenberg, Berichte d. Deutsch. Chem. Gesellschaft **52**, 1241 [1919].

[3]) E. Fischer u. K. Freudenberg, Berichte d. Deutsch. Chem. Gesellschaft **47**, 2485 [1914].

— P. Karrer, R. Widmer u. M. Staub, Annalen d. Chemie **433**, 288 [1923].

Lösungen wird durch Titration (Tüpfeln gegen Lackmus) der Säuregehalt festgestellt, dann werden sie im Vakuum zum Sirup eingeengt, mit der berechneten Menge festem Natriumbicarbonat versetzt und sofort mit Essigäther in mehreren Portionen ausgeschüttelt. Die vereinigten Auszüge werden mehrere Male mit Wasser gewaschen und unter geringem Druck ungefähr auf das Gewicht der angewendeten Gallen eingeengt. Dann wird der Gerbstoff unter vermindertem Druck nach Zugabe von Wasser eingedampft. Der Sirup wird im Vakuum über Phosphorpentoxyd getrocknet und geht dabei in eine spröde Masse über.

Karrer verfährt folgendermaßen:

1 kg zermahlener Aleppogallen wird im Vakuum bei 40° getrocknet, hierauf während 3 Stunden mit Äther und nachher mit trockenem Aceton im Soxhletapparat erschöpfend extrahiert. Die Acetonlösung dampft man bei 30° im Vakuum ein und trocknet den Rückstand über Phosphorpentoxyd bei 30° und 18 mm. Ausbeute: 460 g Rohprodukt. Zur Entfernung der freien Ellagsäure löst man dieses in 900 ccm Wasser, fügt 22 g Natriumbicarbonat hinzu und schüttelt jetzt die Gerbstofflösung mit je 1 l Essigäther 5 mal aus. Die Ellagsäure bleibt in der wässerigen Schicht als Natriumsalz teils gelöst, teils suspendiert; nach dem Ansäuern dieser Lösung können 3 g Ellagsäure isoliert werden.

Ausbeute an gereinigtem Tannin 260 g.

Fraktionierung des türkischen Tannins:

Das türkische Tannin ist nicht einheitlich (s. unter „Methylierung"). Nach Karrer besteht es aus einem Gemisch verschiedenartig mit mehreren Molekülen Gallussäure und mit Ellagsäure veresterter Glucosemoleküle. Es läßt sich nämlich durch sehr häufig wiederholte fraktionierte Fällung mit Aluminiumhydroxyd in Fraktionen mit verschiedenen Eigenschaften zerlegen.

Das gereinigte Tannin wird in der 5 fachen Menge kaltem Wasser gelöst. In die Lösung trägt man eine kleine Menge frisch gefälltes Aluminiumhydroxyd ein, wie man es durch Ausfällen aus 10 g krystallisiertem Aluminiumsulfat ($Al_2(SO_4)_3 + 18 H_2O$) mit Ammoniak erhält. (Fällung bei gewöhnlicher Temperatur ohne Ammoniaküberschuß.) Die ersten Anteile des Aluminiumhydroxyds lösen sich in der Gerbstofflösung auf; man rührt $1^1/_2$ Stunden in der Turbine und läßt die Flüssigkeit nachher einige Stunden stehen. Nun hat sich ein Tannintonerdeniederschlag abgesetzt, dessen Quantität um so größer ist, je länger man ihn mit der Gerbstofflösung in Berührung läßt. Den abfiltrierten und ausgewaschenen Tannintonerdeniederschlag zersetzt man jetzt in der Kälte mit der eben notwendigen Menge verdünnter Schwefelsäure, zieht das freigemachte Tannin mit Essigäther aus, wäscht und trocknet den Essigesterextrakt und verdampft ihn unter vermindertem Druck. Man erhält so die erste Fraktion des türkischen Tannins. Durch Eintragen einer weiteren Menge Aluminiumhydroxyd in die Stammgerbstofflösung und Aufarbeiten in der beschriebenen Weise erhält man die nächste Tanninfraktion und fährt so fort, bis der gesamte Gerbstoff in Fraktionen getrennt ist. Hierauf werden diese in analoger Weise unterfraktioniert, wobei man Produkte gleicher spezifischer Drehung zweckmäßig vereinigt. Vor der Polarisation werden die Gerbstoff-Fraktionen in Wasser nochmals aufgenommen, das Lösungsmittel im Vakuum ganz abgedampft und die Präparate bei 100° im Vakuum getrocknet.

Physikalische und chemische Eigenschaften: Die Drehung des türkischen Tannins schwankt bei Präparaten verschiedener Darstellung, wie das bei einem Gemisch nicht anders zu erwarten ist. Die Konzentration hat, im Gegensatz zum chinesischen Tannin, keinen oder nur geringen Einfluß auf die spezifische Drehung. Sie beträgt in wässerigen Lösungen von 7% und darunter $[\alpha]_D = + 2,5$—5°; in Aceton in 9—12 proz. Lösung $[\alpha]_D = + 23$—24°. Das Lösungsmittel übt demnach einen sehr starken Einfluß auf das Drehungsvermögen aus. Die durch Aluminiumhydroxyd gewonnenen Fraktionen unterscheiden sich in ihrem Drehungsvermögen sehr erheblich. Die tiefste beobachtete spezifische Drehung betrug +15,6° (in Alkohol), die höchste +46,78°.

In der Löslichkeit in den verschiedenen Lösungsmitteln schließt sich das türkische Tannin eng dem chinesischen an.

Abbau: Das türkische Tannin spaltet nach der Art eines Glucosides schon bei gelinder Einwirkung, z. B. Kochen mit Wasser, kurzem Erwärmen mit verdünnten Säuren, die unlösliche Ellagsäure ab. Durch Einwirkung von Ammoniak entsteht Gallamid[1]. Strecker erhielt durch Hydrolyse mit Schwefelsäure außer Gallussäure 15—22% Glucose. Fischer und Freudenberg, die sein Verfahren etwas abgeändert haben[2]), gewannen nur 11,5—13,8% Glucose.

---

[1]) A. u. W. Knop, Journ. f. prakt. Chemie **56**, 327 [1852].
[2]) Vgl. Abschnitt: Chinesisches Tannin.

Auch van Tieghem, der türkisches Tannin mit Pilzen zerlegte, erreichte nicht ganz Streckers Glucosewerte[1]). Außer Glucose gewannen Fischer und Freudenberg 81,8—84,8% Gallussäure und 2,7—3,8% Ellagsäure. Karrer hydrolysierte die mit Hilfe von Aluminiumhydroxyd gewonnenen Tanninfraktionen ebenfalls mit 5 proz. Schwefelsäure und fand, daß in den einzelnen Fraktionen der Prozentgehalt an Glucose ziemlich gleich ist. Isoliert wurden 12%. Der Prozentgehalt an Gallus- und Ellagsäure dagegen wechselt stark und liegt für Gallussäure zwischen 76 und 82%, für Ellagsäure zwischen 8,8 und 2,1%. Ellagsäure- und Glucosegehalt gehen also nicht parallel, so daß die Ellagsäure nicht in Form eines einfachen Glucosides vorliegen kann. Dagegen besteht eine Beziehung zwischen Gallussäure- und Ellagsäuregehalt. Die Fraktionen, die mehr Ellagsäure enthalten, sind ärmer an Gallussäure. Die beiden Säuren scheinen sich also gegenseitig zu vertreten. Einen tieferen Einblick in den Bau des türkischen Tannins gewährt der Abbau der Tanninfraktionen mit Eisessig-bromwasserstoff (Karrer). Läßt man diesen bei gewöhnlicher Temperatur 8—10 Tage auf galloylierte Glucosen einwirken, so wird nur die depsidartig und die an Acetalhydroxyl 1 der Glucose gebundene Gallussäure abgespalten[2]). Aus reiner Pentagalloyl-glucose I[3]) entsteht so Tetra-galloyl-1-bromglucose II, die zur besseren Charakterisierung über ihr Acetylderivat III in die schwer lösliche Tetra-(triacetyl-galloyl)-1-Acetyl-glucose IV übergeführt wird.

$$
\begin{array}{c|c|c}
\text{HCOR} & \text{HCBr} & \text{HCBr} \\
\text{HCOR} & \text{HCOR} & \text{HCOR}_1 \\
O\ \text{HCOR} & O\ \text{HCOR} & O\ \text{HCOR}_1 \\
\text{CH} & \text{CH} & \text{CH} \\
\text{HCOR} & \text{HCOR} & \text{HCOR}_1 \\
\text{H}_2\text{COR} & \text{H}_2\text{COR} & \text{H}_2\text{COR}_1 \\
\text{I} & \text{II} & \text{III}
\end{array}
$$

$$
\begin{array}{c}
\text{HCOCOCH}_3 \\
\text{HCOR}_1 \\
O\ \text{HCOR}_1 \\
\text{CH} \\
\text{HCOR}_1 \\
\text{H}_2\text{COR}_1 \\
\text{IV}
\end{array}
$$

$$R = -CO \cdot C_6H_2(OH)_3$$

$$R_1 = -CO \cdot C_6H_2(OCOCH_3)_3$$

Bei Anwendung dieser Reaktion auf das türkische Tannin entsteht bei keiner der Fraktionen Tetra-(Triacetyl-gallyol-)-1-Acetyl-glucose (IV), sondern es bilden sich Produkte, die in Alkohol leichter löslich sind und bei der Acetylbestimmung höhere Acetylwerte ergeben. Dieser Befund spricht dafür, daß im türkischen Tannin keine Pentagalloyl-glucose vorgebildet ist, die ja die schwerlösliche Tetra-(Triacetyl-galloyl-glucoše)-1-Acetylglucose (IV) hätte liefern müssen, sondern ein Gemisch von unvollständig galloylierten Glucosen, die außerdem zum Teil Ellagsäure (wahrscheinlich glucosidisch) gebunden enthalten.

Derivate: Methylierung: Zur eiskalten Lösung von 5 g scharf getrocknetem Tannin in 20 ccm getrocknetem Aceton wird so viel einer ätherischen Diazomethanlösung hinzugetropft, bis die Flüssigkeit dauernd gelb gefärbt ist. Diese Lösung bleibt 3 Stunden bei gewöhnlicher Temperatur stehen und muß dann noch unverbrauchtes Diazomethan enthalten. Man zerstört nun den Überschuß von Diazomethan durch einige Tropfen Eisessig und fällt sofort mit viel Petroläther. Der harzige Niederschlag wird beim Verreiben mit frischem Petroläther schnell fest. Zur Entfernung der organischen Lösungsmittel wird er mit siedendem Wasser übergossen, bis alles geschmolzen ist und tüchtig durchgearbeitet. Nach Entfernung des heißen Wassers

---

[1]) Ann. scienc. nat. (5) Bot. 8, 210 [1867].
[2]) Helv. chim. acta 6, 8 [1923]. Das Verfahren setzt voraus, daß keine Wanderung von Galloylresten eintritt.
[3]) Die Formeln nehmen keine Rücksicht auf die Konfiguration.

erstarrt die Masse sofort beim Erkalten. Sie wird unter frischem Wasser fein zerrieben und das Erhitzen mit Wasser usw. nochmals wiederholt. Schließlich resultiert ein amorphes, schwachgelbliches Pulver. Ausbeute 5,5—5,8 g[1]). Das methylierte türkische Tannin ließ sich in eine in Tetrachlorkohlenstoff lösliche und in eine unlösliche Fraktion trennen. Es ist also nicht einheitlich.

Bei der Hydrolyse des methylierten Gerbstoffes wurden nur $6/_7$ der wiedererhaltenen Gallussäure als Trimethylgallussäure gewonnen, während $1/_7$ als m-p-Dimethyläther-gallussäure auftrat[1]).

Dieses Ergebnis ist ein Hinweis darauf, daß ein Teil der Gallussäure in Form von m-Digallussäure vorliegt. Daß aber noch ein unbekannter Bestandteil vorhanden ist, lehrt die Beobachtung von Fischer und Freudenberg, daß bei der Spaltung des methylierten Gerbstoffes 7% eines in Bicarbonat unlöslichen, in Alkalien, Äther und Chloroform löslichen, krystallinischen Produktes erhalten wird, das noch nicht näher untersucht ist.

Methyliert man verschiedene Tonerdefraktionen des türkischen Tannins mit Diazomethan und acetyliert sie dann mit Essigsäureanhydrid und Natriumacetat, so erhält man Produkte, die sich in ihrem Acetylgehalt stark unterscheiden.

Sumachgerbstoff.

Der amorphe Sumachgerbstoff (aus den Blättern von Rhus coriaria) enthält gebundene Gallussäure, Ellagsäure und wahrscheinlich auch Glucose; er dürfte somit dem türkischen Tannin nahestehen; doch scheint er weniger Gallussäure als dieses zu enthalten.

Chinesisches Tannin.

Mol.-Gewicht: 1400—1800 (?).
Zusammensetzung: etwa 53,5% C, 3,3% H, 43,2% O. $C_6H_{12}O_6 \cdot (C_7H_4O_4)_x$; $x = 8$ bis 10.

$$
\begin{array}{l}
\text{ROCH} \\
\text{HCOR} \\
\text{ROCH} \\
\text{HC} \\
\text{HCOR} \\
\text{H}_2\text{COR}
\end{array}
\bigg\rangle \text{O}
$$

R = Galloyl-

$$-\overset{}{\underset{\text{O}}{\text{C}}}-\hexagon\begin{array}{c}\text{OH}\\\text{OH}\\\text{OH}\end{array}$$

und m-Digalloyl-

$$-\overset{}{\underset{\text{O}}{\text{C}}}-\hexagon\!\!\begin{array}{c}\text{OH}\\\text{OH}\end{array}\!\!-\text{O}-\overset{}{\underset{\text{O}}{\text{C}}}-\hexagon\begin{array}{c}\text{OH}\\\text{OH}\\\text{OH}\end{array}$$

Von den 5 Resten R sind 3 Digalloyl- und 2 Galloylreste, oder 4 Digalloylreste und einer ein Galloylrest, oder 5 Digalloylreste. Vielleicht kommen auch längere Gallussäureverkettungen vor. Ob dem Chin. Tannin α- oder β-Glucose zugrunde liegt, ist ungeklärt; vielleicht beide.

Vorkommen: Bis 70% des Gewichts der Gallen von Rhus semialata.

Darstellung[2]): 50 g ostasiatische Zackengallen werden von Insektenresten befreit, fein gemahlen und 4 mal je 6 Stunden mit 250 ccm destilliertem Wasser kalt ausgezogen und mit einigen ccm Toluol sterilisiert. Die Lösung muß immer nach Toluol riechen. Die trüben Extrakte werden vereinigt und im Vakuum bei 40° auf 100—200 ccm eingeengt. Dann wird 1 ccm dieser Lösung aus einer Bürette, die 0,05 ccm noch anzeigt, mit $1/_{40}$n-NaOH titriert, bis ein Tropfen der Lösung kräftig gefärbtes blaues Lackmuspapier nicht mehr rötet und rotes merklich bläut.

1 ccm Tanninlösung verbrauchte z. B. 10,78 ccm $1/_{40}$-nNaOH, entsprechend 0,0357 g kryst. Soda; die gesamte Tanninlösung, 172 ccm, würde zur Neutralisation also 6,14 g kryst. Soda brauchen.

Jetzt wird die Tanninlösung im Vakuum auf 50 ccm eingeengt, mit der berechneten Menge fester krystallisierter Soda versetzt und sofort 3 mal mit je 100 ccm vorher mit Pottasche ent-

---

[1]) E. Fischer u. K. Freudenberg, Berichte d. Deutsch. Chem. Gesellschaft **47**, 2497 u. 2498 [1914].
[2]) K. Freudenberg, unveröffentlicht.

säuertem, alkoholfreiem Essigester ausgeschüttelt. Die Auszüge werden mit wenig Wasser (2 mal 5 ccm) gewaschen, der Essigester wird im Vakuum abdestilliert und der Rest des anhaftenden Essigesters durch Lösen in Wasser und Eindampfen im Vakuum weggeschafft. Man erhält eine spröde, hellgelbe, zerreibliche Masse. Ausbeute 50% der Gallen.

Die 1 proz. wässerige Lösung dieses Tannins dreht 85—90° nach rechts.

Dieses Präparat ist nicht einheitlich. Wird es in der 20 fachen Menge Wasser gelöst mehrere Tage bei 0° aufbewahrt, so scheidet sich ein Teil ab, der abgesaugt werden kann und in Wasser sehr schwer löslich ist. Das im Filtrat befindliche Tannin hat noch denselben Drehungswert.

Karrer, Salomon und Peyer[1]) zerlegen das Tanningemisch folgendermaßen: Aluminiumhydroxyd, das in kleiner Menge in eine wässerige Tanninlösung eingetragen wird, löst sich zunächst auf; nach kurzer Zeit fällt ein Niederschlag aus, der aus einer Verbindung des Tannins mit der Tonerde besteht. Der Niederschlag wird abfiltriert, das Tannin mit wenig kalter Schwefelsäure in Freiheit gesetzt, in Essigäther aufgenommen und wieder in Wasser übergeführt. Die beiden so erhaltenen Fraktionen werden weiter fraktioniert.

In Wasser drehen die zuerst gefällten Anteile niedriger als die späteren; und zwar bewegen sich die Drehungswerte in Wasser von $[\alpha]_D = + 30°$ bis $+ 158°$, in Pyridin von $+ 40°$ bis 51°, in Alkohol von $+ 14°$ bis $+ 27°$.

Solche Fraktionen werden erhalten sowohl aus käuflichem Tannin wie auch aus dem nach obiger Vorschrift dargestellten. Iljin[2]), der ähnliche, aber nicht so weitgehende Trennungen mit Zinkacetat ausgeführt hat, konnte feststellen, daß die einzelnen Fraktionen die gleiche Elementarzusammensetzung wie das Ausgangsmaterial hatten.

Physikalische Eigenschaften: Amorph. Die Molekulargewichtsbestimmung des aus Gallen durch Kaltauszug bereiteten Tannins ergab in Bernsteinsäure-dimethylester (k = 55) Werte von 1690—1793[3]). Dekagalloyl-glucose verlangt 1700. — Starke wässerige Lösungen bilden mit Äther 3 Schichten: zu oberst Äther mit Wasser und sehr wenig Tannin, zu mittelst Wasser mit Äther und wenig Tannin, zu unterst die Hauptmenge des Tannins mit Äther und Wasser (Äthersalz des Tannins, Oxoniumsalz). Trockener Äther löst in der Kälte etwa $^1/_2\%$ Tannin, in der Wärme weniger. Alkohol, Aceton, Pyridin und, wenn auch langsam, Essigäther lösen in jedem Verhältnis. Eisessig löst wenig Tannin.

Handelspräparate drehen in Wasser in 1 proz. Lösung 70° nach rechts, in stärkerer Lösung sinkt die spec. Drehung bis auf 45°[4]). In organischen Lösungsmitteln zeigt sich keine Abhängigkeit der Drehung von der Konzentration. Im übrigen vgl. das oben im Abschnitt „Darstellung" Gesagte.

Tannin enthält kein Carboxyl, da es aus neutralisierter Lösung von Essigäther aufgenommen wird. Lackmus gegenüber zeigt es saure Reaktion infolge gesteigerter Wirkung der Phenolgruppen. Die Acidität kann durch Titration und Tüpfeln auf Lackmus festgestellt werden. 1 g verbraucht in $^1/_3$ proz. Lösung 2 ccm n-Alkali[5]). Die Zahl ändert sich naturgemäß mit der Konzentration und kann nicht zur Berechnung des Äquivalents dienen. Über die Dissoziationskonstante (allerdings nicht an neuzeitlichen Präparaten bestimmt, vgl. die Arbeit von Walden[6])). Durch Mineralsäuren und ihre Salze wird Tannin ausgeflockt. Über Adsorption s. Spezialliteratur.

Chemische Eigenschaften: Tannin gibt mit Eiweiß und Alkaloiden bis hinunter zu einfachen Basen wie Pyridin amorphe Fällungen. Metallsalze, z. B. Kaliumcarbonat, Zink-, Bleisalze, erzeugen Fällungen; Ferrisalz erzeugt Tintenfärbung; die alkoholische Lösung gelatiniert mit alkoholischer Arsensäure.

Derivate: Acetylverbindung[7]). 6 g Tannin werden mit dem Gemisch von 25 ccm Essigsäureanhydrid und 25 ccm trockenem Pyridin 24 Stunden geschüttelt und nach 3 tätigem Stehen in sehr verdünnte eiskalte Schwefelsäure eingegossen. Die nach einigen Stunden erstarrende Masse wird getrocknet, in 40 ccm Chloroform gelöst und in 250 ccm kalten Methylalkohol eingegossen. Farblose Flocken. Ausbeute 93% der Theorie. $[\alpha]_D$ in Acetylentetrachlorid

[1]) Karrer, Salomon u. Peyer, Helv. chim. acta **6**, 3 [1923].
[2]) Iljin, Berichte d. Deutsch. Chem. Gesellschaft **47**, 985 [1914].
[3]) Freudenberg u. Kahn, unveröffentlicht. Auf die in anderen Lösungsmitteln ausgeführten Bestimmungen ist kein Gewicht zu legen.
[4]) Vgl. Navassart, Koll. Beitr. **5**, 299 [1914].
[5]) Freudenberg u. Vollbrecht, Zeitschr. f. physiol. Chemie. **116**, 281 [1921].
[6]) Walden, Berichte d. Deutsch. Chem. Gesellschaft **31**, 3167 (1898).
[7]) Fischer, Bergmann, Berichte d. Deutsch. Chem. Gesellschaft **51**, 1760 [1918].

$+ 3,2$ bis $+ 5,6°$. Synthetische Penta-(pentacetyl-m-digalloyl)-β-glucose dreht in Acetylen-tetrachlorid $+ 2,6°$ bis $+ 3,8°$[1]).

Methylverbindung[2]). Einige Gramm reinstes Tannin werden unter Äther mit 2 mal sorgfältig destillierter ätherischer Diazomethanlösung behandelt, bis die Einwirkung beendet ist. Nach dem Abdestillieren des Äthers und des überschüssigen Diazomethans hinterbleiben 109% des Ausgangsmaterials als feste, verrreibbare Masse. Sie wird mit kaltem Methylalkohol angerieben, abgesaugt und nachgewaschen (95—102%). In diesem Zustande erweist sich das Methylotannin als sehr einheitlich, weiteres Umlösen aus Methylalkohol ruft keine Veränderung mehr hervor. $[\alpha]_D$ in Benzol $+ 11,8—12,8°$. In Acetylentetrachlorid dürfte die Drehung etwa $2°$ höher liegen[3]). Synthetische Penta-(pentamethyl-m-digalloyl)-β-glucose (nicht einheitlich zu gewinnen), zeigt in Acetylentetrachlorid $[\alpha]_D + 8,7—19,5°$[4]).

Abbau des chinesischen Tannins: Die Hydrolyse[5]) mit 10 Teilen 5 proz. Schwefelsäure ($100°$ 72 Stunden) ergibt 93,6—94% Gallussäure (wasserfrei) und 6,8—7,9% Glucose. Eine Dekagalloyl-glucose verlangt 100% Gallussäure und 10,6% Glucose; die großen Verluste rühren von der zersetzenden Wirkung der Säure her.

Methylotannin gibt nach alkalischer Hydrolyse ein Gemisch von Trimethyl- und m, p-Di-methyl-äther-gallussäure, in dem die erstere vielleicht überwiegt[6]). Methylierung mit un-gereinigtem Diazomethan führt unter Umständen zum Pentamethyl-m-digallussäure-methyl-ester [bis 10% der Theorie[2]]. Ein Verfahren zur quantitativen Bestimmung des Tetragalloyl-glucosekomplexes

$$
\begin{array}{l}
\text{HCOH} \\
\text{HCOR} \\
\text{ROCH} \quad\quad \text{O} \\
\text{HC} \\
\text{HCOR} \\
\text{H}_2\text{COR}
\end{array}
\qquad
R = -\underset{\overset{|}{O}}{C}-\underset{\overset{|}{OH}}{\overset{\overset{OH}{|}}{\bigcirc}}-OH
$$

im Tannin haben **Karrer, Salomon** und **Peyer**[7]) ausgearbeitet. Sie behandeln Tannin mit Eisessig-Bromwasserstoff, wobei der am Carboxyl stehende Rest durch Brom ersetzt und die in Depsidbindung vorhandenen Galloyle abgelöst werden. Die zunächst entstehende Tetragalloyl-brom-glucose[8]) wird acetyliert, indem die Gallussäurereste in Triacetyl-galloyl umgewandelt werden; alsdann wird das Brom durch Acetyl ersetzt und das so gewonnene Abbauprodukt (Tetra(triacetyl-galloyl)-1-acetyl-glucose) bestimmt. Nach den Versuchs-ergebnissen enthalten die höher drehenden Tanninfraktionen auf eine Glucose durchschnitt-lich 9 oder 8—9 Gallussäurereste; die niedrig drehenden enthalten neben Verunreinigungen vielleicht etwas mehr depsidartig gebundene Gallussäure.

Diese Ergebnisse des Abbaues und die unleugbare Ähnlichkeit des Acetyl- und Methylo-tannins mit den entsprechenden synthetischen Derivaten der Penta-m-Digalloyl-β-glucose[9]) lassen vermuten, daß das chinesische Tannin ein Gemenge von Stoffen ist, die diesem Typus außerordentlich nahestehen. Vielleicht bildet dieses Zuckerderivat einen Bestandteil des chinesischen Tannins[10]).

[1]) Fischer, Bergmann, Berichte d. Deutsch. Chem. Gesellschaft **51**, 1768 [1918].
[2]) J. Herzig, Berichte d. Deutsch. Chem. Gesellschaft **56**, 221 [1923].
[3]) Fischer, Bergmann, Berichte d. Deutsch. Chem. Gesellschaft **51**, 1773 [1918].
[4]) Fischer, Freudenberg, Berichte d. Deutsch. Chem. Gesellschaft **45**, 2723 [1912].
[5]) Fischer, Freudenberg, Berichte d. Deutsch. Chem. Gesellschaft **45**, 924 [1912]. — Fischer u. Bergmann, Berichte d. Deutsch. Chem. Gesellschaft **51**, 1772 [1918].
[6]) Herzig u. Mitarbeiter, Berichte d. Deutsch. Chem. Gesellschaft **38**, 989 [1905]; Monatshefte f. Chemie **30**, 543 [1909]; **33**, 843 [1912]; die Dimethyl-äthersäure ist schwieriger vollständig zu er-fassen als die 3 fache methylierte Säure.
[7]) Karrer, Salomon u. Peyer, Helv. chim. acta **6**, 3 [1923].
[8]) Vgl. Türkisches Tannin.
[9]) Der Vergleich dieser Derivate mit den entsprechenden Tannin-Derivaten dürfte weiter führen als der Vergleich des freien Tannins mit der Penta-digalloyl-glucose, weil letztere noch weniger ein-heitlich ist als ihr Acetylderivat.
[10]) Über die zahlreichen Abhandlungen M. Nierensteins vgl. z. B. Karrer, Helv. chim. acta **6**, 12 [1923], sowie Sisley, Bl. [4] **31**, 273 [1922], und le Cuir technique **12**, 260 [1923].

Im Anschluß an die Tannine sollen einige synthetische Verbindungen der Gallussäure mit Glucose und ihren Derivaten angeführt werden.

Trigalloyl-lävoglucosan.

Mol.-Gewicht: 618,3.
Zusammensetzung: 52,4% C, 3,5% H, 44,1% O.

Synthese[1]): Lävoglucosan wird in Chloroformlösung mit Triacetyl-gallussäurechlorid und Chinolin zum Tri-(triacetyl-galloyl)-lävoglucosan umgesetzt. Dieses wird in Aceton gelöst, bei 0° im Wasserstoffstrom mit Natronlauge (15 Mol. auf 1 Mol. Acetylkörper) versetzt, die alkalische Lösung 3 Stunden stehen gelassen und mit der berechneten Menge Salzsäure neutralisiert. Nach dem Vertreiben des Acetons fällt ein gallertartiger Niederschlag aus (Niederschlag I). Aus dem Filtrat fällt nach längerem Stehen ein zweiter, flockiger Niederschlag aus (Niederschlag II). Beide Niederschläge werden nach mehrfachem, vorsichtigem Umlösen aus Alkohol krystallinisch. Die Produkte unterscheiden sich jedoch durch ihre Krystallform und ihr Verhalten gegen Ferrichlorid. Das Produkt aus Niederschlag I wird als α-Trigalloyl-lävoglucosan, das aus Niederschlag II als β-Trigalloyl-lävoglucosan bezeichnet. Die Verschiedenheit beruht vielleicht auf einer Verschiebung der Sauerstoffbrücken. Die wässerige Mutterlauge von Niederschlag II enthält Mono- und Digalloyllävoglucosan, die durch weitergehende Verseifung entstanden sind.

Physikalische und chemische Eigenschaften: α-Trigalloyl-lävoglucosan ist fast unlöslich in Wasser, schwer löslich in Aceton, sehr schwer löslich in kaltem, ziemlich schwer löslich in heißem Alkohol. $[\alpha]_D = -18°$. Zersetzung zwischen 250—320°. Die alkoholische Lösung erstarrt bei Zusatz einer alkoholischen Arsensäurelösung und gibt, in alkoholischer Lösung mit etwas Ferrichlorid versetzt, eine schwarzblaue, amorphe Fällung.

β-Trigalloyl-lävoglucosan zeigt ähnliche Löslichkeitsverhältnisse. $[\alpha]_D = -21,0°$. Zersetzung zwischen 270—320°. Mit Ferrichlorid entsteht keine Fällung, sondern nur eine blauviolette Lösung.

Digalloyl-lävoglucosan

ist in kaltem Wasser recht schwer, in heißem Wasser ziemlich leicht löslich. Zersetzung zwischen 220—270°. $[\alpha]_D = -27,93°$. Mit Ferrichlorid entsteht eine blauviolette Färbung und dann ein blauer Niederschlag.

Monogalloyl-lävoglucosan

ist in warmem Wasser leicht, in kaltem viel schwerer löslich. Die alkoholische Lösung gibt mit alkoholischer Arsensäure keine Gallerte. Eisenchlorid gibt eine violette Färbung. Zersetzung zwischen 220—240°. Alkoholische Kaliumacetatlösung gibt ein schwer lösliches Kaliumsalz.

Penta-galloyl-glucose.

Mol.-Gewicht: 940.
Zusammensetzung: 52,3% C, 3,4% H, 44,3% O.
Darstellung: Aus der Acetylverbindung mit Salzsäure in Methylalkohol-Aceton[2]) oder mit Natriumacetat in wässerigem Aceton bei 70°[3]).

[1]) P. Karrer u. H. R. Salomon, Helv. chim. acta **5**, 108 [1922].
[2]) Fischer u. Bergmann, Berichte d. Deutsch. Chem. Gesellschaft **52**, 836 [1919].
[3]) Fischer u. Bergmann, Berichte d. Deutsch. Chem. Gesellschaft **51**, 1779 [1918].

Wasserlöslicher amorpher Gerbstoff. Es ist anzunehmen, daß die so gewonnenen Produkte am 1-Atom zum Teil keine Gallussäure tragen, weil die Bindung der 1-Galloyl-glucose durch Säuren leicht gesprengt wird. Karrer nimmt an, daß in den Präparaten keine vollständig galloylierte Glucose vorliegt.

Penta-(m-digalloyl)-glucose.

Mol.-Gewicht: 1700.

Zusammensetzung: 53,6% C, 3,1% H, 43,3% O.   Etwa $C_{76}H_{52}O_{46}$.

Vorkommen: Vielleicht Bestandteil des chinesischen Tannins.

Darstellung[1]): Aus dem Acetylkörper[2]) durch Verseifung mit Salzsäure in Aceton-methylalkohol.

Geht die Synthese von der β-Glucose aus, so werden die Substanzen I erhalten, deren optische Eigenschaften mit den aus α-Glucose erhaltenen (II) hier zusammengestellt sind:

	in Wasser	Alkohol	Aceton	Pyridin[3])
$[\alpha]_D$ I	+ 21	+ 10,8	+ 10,8	+ 12,5 (5%); + 18,9 (1%)
$[\alpha]_D$ II	+ 51	+ 41	+ 45	+ 43,8 (1%)

In der geringen Löslichkeit in Wasser erinnern die Präparate an die ausfrierbaren Anteile des chinesischen Tannins. In allen übrigen Eigenschaften, auch im Ergebnis der Hydrolyse, herrscht denkbar weitgehende Übereinstimmung mit dem chinesischen Tannin[4]).

Fischer und Bergmann weisen nach, daß diese Pentadigalloyl-glucose nicht ganz einheitlich ist. Außer mit sterischen Isomeren ist mit der Möglichkeit zu rechnen, daß die Digallussäuregruppe am Hydroxyl 1 bei der Behandlung mit Salzsäure teilweise abgespalten wird, denn die 1-Galloyl-glucose wird außerordentlich leicht von Säuren hydrolysiert.

3. Glucoside.

Ellagengerbstoffe.

Sehr zahlreiche Gerbstoffe enthalten Ellagsäure in hydrolysierbarer Bindung. Im Eichengerbstoff ist die Ellagsäure esterartig an eine Carbonsäure gebunden, das gleiche dürfte auch bei anderen Vorkommen der Ellagsäure der Fall sein. Beim amorphen Gerbstoffe des Granatbaumes [Punica granatum[5]] scheint außer Ellagsäure nur Glucose am Aufbau beteiligt zu sein. Unentschieden ist, ob die Ellagsäure mit ihren Carboxylen mit Hydroxylen der Glucose verestert ist (der Gerbstoff wäre alsdann zu den Tanninen zu rechnen), oder ob die Glucose mit ihrem 1-Hydroxyl in Glucosidbildung mit einem Hydroxyl der Ellagsäure steht. Die Ellagsäure ist ein in Wasser unlösliches Krystallmehl von schwach gelber Farbe und großer Beständigkeit. Sie besitzt die Formel:

Ein Glucosid liegt dem Tetrarin (s. d.) zugrunde, sowie wahrscheinlich der Chebulinsäure.

---

[1]) Fischer u. Bergmann, Berichte d. Deutsch. Chem. Gesellschaft **52**, 829 [1919].
[2]) Fischer u. Bergmann, Berichte d. Deutsch. Chem. Gesellschaft **51**, 1768 [1918].
[3]) Die bisher nicht veröffentlichten Drehungswerte in Pyridin hat Herr Prof. B. Helferich an den Fischer-Bergmannschen Präparaten festgestellt.
[4]) Fischer u. Bergmann, Berichte d. Deutsch. Chem. Gesellschaft **51**, 1771 [1918].
[5]) Fridolin, Diss. Dorpat 1884. — Rembold, Annalen d. Chemie **143**, 285 [1867].

B. Kondensierte Gerbstoffe.

Maclurin (Pentaoxy-benzophenon).

Mol.-Gewicht: 262.
Zusammensetzung: 59,5% C, 3,8% H, 36,7% O. $C_{13}H_{10}O_6$.

Vorkommen: Neben dem färbenden Bestandteil, dem Morin, im Gelbholze.

Darstellung: Nach Hlasiwetz und Pfaundler[1]) wird das geraspelte Gelbholz 2—3 mal mit Wasser ausgekocht, das Filtrat auf die Hälfte des Gewichtes des angewendeten Holzes eingeengt und nach mehreren Tagen vom ausgeschiedenen Morin getrennt. Nach weiterer Konzentration beginnt die Abscheidung des Maclurins, die durch Zugabe von etwas Salzsäure, in der der Gerbstoff schwer löslich ist, vervollständigt wird. Er wird aus verdünnter Salzsäure umkrystallisiert, in sehr verdünnter Essigsäure gelöst und mit Bleiacetat versetzt, solange sich noch kein Bleiniederschlag bildet. Durch Schwefelwasserstoff wird außer dem Blei eine stark gefärbte Verunreinigung niedergeschlagen, und das Filtrat liefert nunmehr eine sehr hellgelbe Krystallisation von Maclurin.

Physikalische und chemische Eigenschaften: Maclurin wird durch neutrales Bleiacetat nur unvollständig gefällt[2]). Wie in Salzsäure, löst sich das Maclurin sehr schwer in Natriumchloridlösung[3]). Es wird bei 14° von 190 Teilen Wasser aufgenommen[4]). Die Lösung fällt Leim und färbt Eisenchlorid grün. Die Molekulargewichtsbestimmung in Eisessig ergibt den normalen Wert[5]).

Abbau: Hlasiwetz und Pfaundler[6]) kochen einen Teil Maclurin mit einer wässerigen Lösung von 3 Teilen Ätzkali zum Brei ein; die Masse wird verdünnt, mit Schwefelsäure angesäuert, zur Trockene gebracht und mit Alkohol ausgezogen. Nach Entfernung des Alkohols wird der Auszug in Wasser mit neutralem Bleiacetat gefällt. Der Niederschlag enthält Protocatechusäure, das Filtrat Phloroglucin. Benedikt gibt an, daß verdünnte Schwefelsäure bei 120° eine glatte Spaltung in demselben Sinne bewirkt. Nach Wagner[7]) scheidet sich aus der kalten Lösung des Maclurins in konz. Schwefelsäure nach einigen Tagen ein ziegelroter, krystallisierter Körper aus. Dieselbe Verbindung bildet sich auch beim Kochen mit verdünnter Schwefelsäure. Durch Kochen mit konz. Salzsäure entstehen gummiartige Substanzen.

Derivate: Maclurin bildet ein schwer lösliches Bromderivat und eine charakteristische Disazobenzol-verbindung[8]). Die 5 freien Hydrolyxe des Maclurins wurden nachgewiesen durch die Darstellung einer Pentabenzoyl-[9]) und Pentamethylverbindung[10]). Die letztere wurde von Kostanecki und Tambor[11]) aus Veratroylchlorid und Phloroglucin-trimethyläther mit Aluminiumchlorid synthetisch bereitet. Sie liefert bei der Oxydation mit Chromsäure in Eisessig Veratrumaldehyd, Veratrumsäure und Dimethoxybenzochinon[10]). Das Monobromsubstitutionsprodukt der Methylverbindung läßt sich durch Zinkstaub und Alkali in alkoholischer Lösung glatt von Brom befreien[12]).

---

[1]) Hlasiwetz u. Pfaundler, Annalen d. Chemie **127**, 352 [1863].
[2]) A. G. Perkin u. Cope, Journ. Chem. Soc. **67**, 943 [1895].
[3]) Löwe, Fr. **14**, 118 [1875].
[4]) Benedikt, Annalen d. Chemie **185**, 114 [1877].
[5]) Ciamician u. Silber, Berichte d. Deutsch. Chem. Gesellschaft **27**, 1627 [1894].
[6]) Klasiwetz u. Pfaundler, Annalen d. Chemie **127**, 351 [1863].
[7]) Wagner, Journ. f. prakt. Chemie **51**, 82 [1850].
[8]) Weselski, Berichte d. Deutsch. Chem. Gesellschaft **9**, 216 [1876]. — Bedford u. A. G. Perkin, Journ. Chem. Soc. **67**, 933 [1895]. — Perkin, Journ. Chem. Soc. **71**, 186 [1877].
[9]) König u. Kostanecki, Berichte d. Deutsch. Chem. Gesellschaft **27**, 1994 [1894].
[10]) Kostanecki u. Lampe, Berichte d. Deutsch. Chem. Gesellschaft **39**, 4014 [1906].
[11]) Kostanecki u. Tambor, Berichte d. Deutsch. Chem. Gesellschaft **39**, 4022 [1906].
[12]) Kostanecki u. Lampe, Berichte d. Deutsch. Chem. Gesellschaft **40**, 4910 [1907].

482　　　　　　　　　　　　　　Gerbstoffe.

Die Acetylierung mit kochendem Essigsäureanhydrid und Natriumacetat (5 Stunden)
führt statt zur erwarteten Pentacetylverbindung zu einem Kondensationsprodukt, das sich
vom Cumarin ableitet[1]):

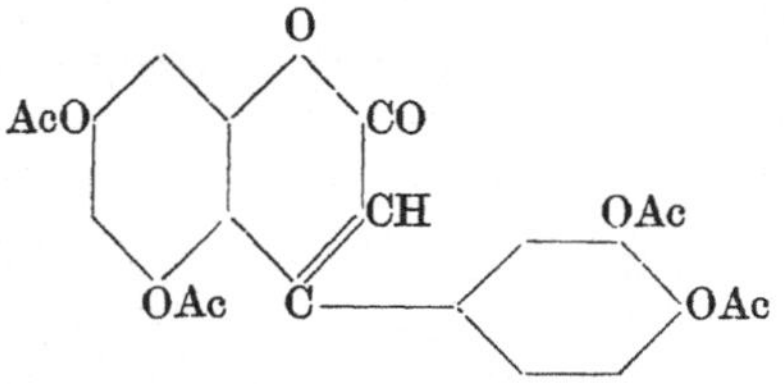

Synthese[2]): Man bringt äquimolekulare Mengen von Protocatechu-nitril und Phloroglucin in ätherische Lösung, fügt gepulvertes Chlorzink hinzu und leitet gasförmige Salzsäure
ein. Das entstehende Ketimidsalz wird mit Wasser verkocht und geht dadurch in Maclurin
über.

d-Catechin[3]).

Mol.-Gewicht: 290,1.

Zusammensetzung: $C_{15}H_{14}O_6$ oder $C_{15}H_{14}O_6 \cdot 4\,H_2O$.

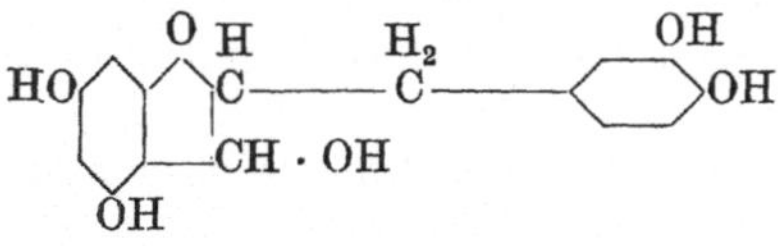

I

vielleicht auch

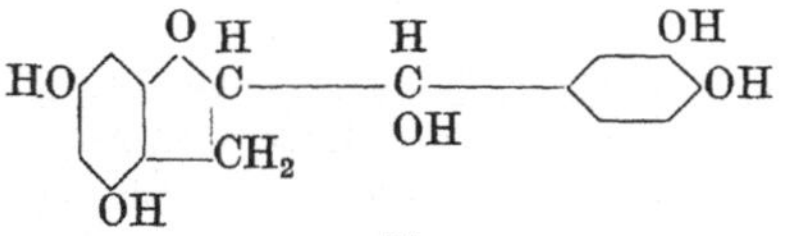

II

oder

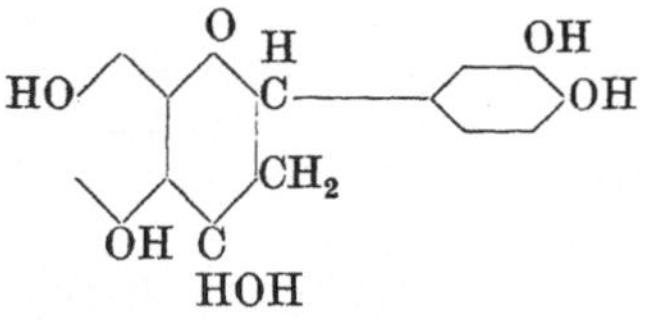

III

Dem Folgenden wird Formel I zugrunde gelegt.

[1]) Ciamician u. Silber, l. c.

[2]) K. Hösch, Berichte d. Deutsch. Chem. Gesellschaft **48**, 1122 [1914]. — K. Hösch u. Ph. v.
Zarzecki, Berichte d. Deutsch. Chem. Gesellschaft **50**, 462 [1917]; vgl. E. Fischer u. H. O. L.
Fischer, Berichte d. Deutsch. Chem. Gesellschaft **46**, 1143 [1913].

[3]) Entdeckt von Runge, Materien zur Phytologie II, S. 245, Berlin 1821; neuere Arbeiten:
Kostanecki u. Tambor, Berichte d. Deutsch. Chem. Gesellschaft **35**, 1867, 2408 [1902]. —
Kostanecki u. Krembs, Berichte d. Deutsch. Chem. Gesellschaft **35**, 2410 [1902]. — Kostanecki
u. Lampe, Berichte d. Deutsch. Chem. Gesellschaft **39**, 4007 [1907]; **40**, 720, 4910 [1907]. — A. G.
Perkin, Journ. Chem. Soc. **71**, 1136 [1897]. — Perkin u. Joshitake, Journ. Chem. Soc. **81**, 1160
[1902]. — Perkin, Journ. Chem. Soc. **87**, 401 [1905]. — Freudenberg, Berichte d. Deutsch. Chem.
Gesellschaft **53**, 1416 [1920]. — Freudenberg, Böhme u. Beckendorf, Berichte d. Deutsch.
Chem. Gesellschaft **55**, 1204 [1922]. — Freudenberg, Böhme u. Purrmann, Berichte d. Deutsch.
Chem. Gesellschaft **55**, 1734 [1922]. — Freudenberg, Berichte d. Deutsch. Chem. Gesellschaft **55**
1938 [1922]. — Freudenberg, Purrmann, Berichte d. Deutsch. Chem. Gesellschaft **56**, 1185 [1923]
— Freudenberg u. Cohn, Berichte d. Deutsch. Chem. Gesellschaft **56**, 2127 [1923]. — Freuden
berg, Orthner, Fikentscher, Annalen der Chemie [1924]. — Zum Teil widerlegt, zum Tei
unsicher, und deshalb hier nicht berücksichtigt sind folgende Abhandlungen Nierensteins: Annaler
d. Chemie **396**, 194 [1913]; Journ. Chem. Soc. **117**, 971 [1920]; **117**, 1151 [1920]; **119**, 164 [1921]; **121**
23 [1922]; **121**, 604 [1922]; Berichte d. Deutsch. Chem. Gesellschaft **56**, 1877 [1923].

Vorkommen: In Zweigen und Blättern von Uncaria Gambir; krystallinischer Hauptbestandteil des Würfel- oder Blockgambir. Im chinesischen Rhabarber[1]); im Mahagoniholze[2]), in dem Fruchtsaft von Paullinia cupana[3]).

Darstellung: 50 kg Blockgambir werden in 100 l kaltem Wasser angerührt und geknetet, bis keine festen Stücke mehr vorhanden sind. Das ungelöste Catechin wird abgesaugt, bei 300 Atm. abgepreßt, mit dem 2fachen Volum Sand zerrieben und noch feucht tagelang im Apparat ausgeäthert. Die Auszüge werden 2 mal aus dem 5fachen Volum Wasser umkrystallisiert. Sämtliche Mutterlaugen werden im Vakuum konzentriert, tagelang ausgeäthert und die Auszüge aus Wasser umkrystallisiert, wobei wasserunlösliches Quercetin abgetrennt wird. Die Mutterlaugen werden in dieser Weise weiter verarbeitet, bis keine Krystalle mehr erhalten werden. In den letzten Fraktionen befindet sich d-Epicatechin, dessen Abtrennung nach dem beim Epicatechin angegebenen Verfahren erfolgt. Die einzelnen Krystallisationen werden auf ihre Drehung geprüft. d-Catechin ist in Alkohol inaktiv und dreht in Aceton Wasser [1 : 1] $+ 17°$[4]). Erhalten werden

4700 g d-Catechin, in 50% Aceton $[\alpha]_D = + 15$—16°,

2 g d-Epicatechin, in 96 proz. Alkohol $[\alpha]_D = +69°$,

100 g Gemisch der beiden Catechine, dabei vielleicht etwas Racemat,

600 g Quercetin.

Das d-Catechin enthält noch einige Prozent d, l-Catechin und muß zur völligen Reinigung bis zum Drehungswert $+ 17{,}0°$ umkrystallisiert werden. Zur Verarbeitung auf Pentacetyl- oder Tetramethyl-d-Catechin ist das Präparat von $+ 15{,}0°$ rein genug.

Physikalische Eigenschaften: Farblose Nadeln; schwer löslich in kaltem Wasser und in Äther; leicht löslich in Aceton, Alkohol und heißem Wasser. Über die Drehung vgl. oben. Das wasserhaltige d-Catechin schmilzt bei 95—97° im Krystallwasser, wasserfrei schmilzt es bei 177°. Wasserfrei krystallisiert das d-Catechin aus nicht zu verdünnter Lösung bei 40°.

Chemische Eigenschaften und Derivate[4]): Catechin verharzt mit Alkalien sehr leicht unter gleichzeitiger Oxydation. Mit verdünnten Mineralsäuren gekocht, geht es in ein unlösliches amorphes Kondensationsprodukt über. Unter Luftabschluß mit 3 Teilen Wasser (das zweckmäßig 1°/₀₀ Kaliumcarbonat enthält) auf 115° erhitzt, wird es zum Teil zu Gerbstoff verharzt, zum Teil in d, l-Catechin, d-Epicatechin und d, l-Epicatechin umgelagert. An der Luft in wässeriger Lösung erhitzt verwandelt es sich langsam in löslichen Gerbstoff. Catechin fällt wässerige Leimlösung. Mit Coffein sowie Brucin gibt es krystalline Additionsverbindungen. Durch alkoholisches Kaliumacetat wird d-Catechin nicht gefällt.

Pentacetyl-d-catechin. 5 g lufttrockenes Catechin werden in 20 ccm wasserfreiem Pyridin und 25 ccm Essigsäure-anhydrid gelöst und nach 2 Stunden durch Einwerfen von Eisstücken als Pentacetylverbindung zur Krystallisation gebracht (6 g). Das feuchte Rohprodukt wird aus 7 Teilen 96 proz. Alkohol umkrystallisiert.

Alkoholisches Kaliumacetat verseift in der Wärme zu **Monacetyl-d-catechin**[5]). Schmelzp. 120—125°, in Aceton-Wasser (1 : 1) $[\alpha]_D = - 20°$.

Pentacetyl-dichlor-d-catechin[6]) durch Einleiten von Chlor in die Eisessiglösung des Pentacetyl-catechins. Schmelzp. 168°.

Pentabenzoyl-d-catechin[7]).

Pentacetyl-monobrom-d-catechin. Schmelzp. 120° (Liebermann und Tauchert).

Tetramethyl-d-Catechin. 15 g wasserhaltiges Catechin oder die gleiche Menge seiner Pentacetylverbindung werden in 90 ccm Methylalkohol, der hier dem Äthylalkohol bedeutend vorzuziehen ist, gelöst. Bei der Acetylverbindung muß hierbei erwärmt werden. Alsdann werden 40 ccm Dimethylsulfat und sofort in dünnem Strahl aus einem Tropftrichter 40 ccm 50 proz. Kalilauge unter Schütteln zugegeben. Die Reaktion dauert wenige Minuten. Nach dem Er-

[1]) Gilson, Bull. acad. méd. belg. [4] **16**, 827 [1902].— Freudenberg, Böhme u. Purrmann, Berichte d. Deutsch. Chem. Gesellschaft **55**, 1738 [1922].

[2]) Latour u. Caseneuve, Berichte d. Deutsch. Chem. Gesellschaft 8, 828 [1875]; Repert. d. Pharm. **14**, 417 [1875]; Archiv d. Pharmazie **208**, 558 [1876]. — Freudenberg u. Mitarbeiter l. c.

[3]) E. Kirmsse, Archiv d. Pharmazie **236**, 122 [1898]. — Freudenberg l. c.

[4]) Schmelzpunkte und Drehungswerte sind am Schluß des Kapitels zusammengestellt. Die Drehungswerte sind stets auf krystallwasserfreie Substanz bezogen.

[5]) Berichte d. Deutsch. Chem. Gesellschaft **55**, 1744 [1922].

[6]) Liebermann u. Tauchert, Berichte d. Deutsch. Chem. Gesellschaft **13**, 694 [1880]. — Freudenberg, Orthner u. Fikentscher, Annalen der Chemie [1924].

[7]) Berichte d. Deutsch. Chem. Gesellschaft **54**, 1211 [1921].

kalten wird die trübe, alkalische Flüssigkeit in dünnem Strahl unter Rühren in 1,5 l Wasser eingegossen. Der nahezu farblose Tetramethyläther wird nach 1 Stunde abgesaugt. Zur Reinigung wird das feuchte Produkt in der gerade notwendigen Menge warmen Methylalkohols gelöst und mit Tonerde aufgehellt. Nach der Filtration scheidet sich das Tetramethyl-catechin in einer Ausbeute von 60—80% der Theorie in farblosen Krystallen vom Schmelzp. 142—143° aus[1]).

Tetramethyl-monacetyl-d-catechin. 7 g Tetramethyäther werden in 28 ccm Pyridin und 28 ccm Essigsäureanhydrid gelöst. Nach 6 Stunden wird in viel Wasser gegossen und das ausfallende Öl mit sehr verdünnter Salzsäure und Wasser behandelt, bis es fest wird. Alsdann wird aus wenig Amylalkohol sowie wenig Methylalkohol umkrystallisiert[1]).

Tetramethyl-toluolsulfo-d-catechin. 5 g Tetramethyläther, der rein sein muß, 4 g Toluolsulfochlorid und 10 ccm wasserfreies Pyridin werden 1 Stunde auf dem Wasserbade erhitzt. Nach dem Erkalten wird etwas Methylalkohol zugesetzt und im Scheidetrichter mit Äther und Wasser behandelt. Die Ätherschicht wird mehrmals mit verdünnter Salzsäure, dann mit Natriumcarbonatlösung gewaschen. Der Ätherrückstand wird mehrmals aus Methylalkohol umkrystallisiert. Ausbeute 70—75% der Theorie. Schmelzp. 87—88°. $[\alpha]_D = + 22{,}7°$ in Acetylentetrachlorid.

Tetramethyl-dichlor-d-catechin. Schmelzp. 156—157°[2]).

Tetramethyl-monobrom-d-catechin[3]).

$$\text{H}_3\text{CO}\overset{\overset{\displaystyle\text{Br}\ \ \text{O}}{|}}{\underset{\underset{\displaystyle\text{OCH}_3}{|}}{\bigodot}}\ \overset{\text{H}}{\underset{\text{CHOH}}{\text{C}}}\!\!-\!\!-\!\!\overset{\text{H}_2}{\text{C}}\!\!-\!\!-\!\!\bigodot\text{OCH}_3\ \ \ ?$$

Die Lösung von 10 g Tetramethyl-d-catechin in 200 ccm Eisessig wird im Sonnenlicht mit 4,62 g Brom in wenig Eisessig versetzt und mehrere Stunden sich selbst überlassen. Das sich abscheidende Bromprodukt wird, wenn nötig, aus Benzol, dann aus Alkohol, umkrystallisiert. Schmelzp. 173—174°.

Tetramethyl-monacetyl-monobrom-d-catechin[3]). Schmelzp. 172° ohne Zersetzung.

Tetramethyl-monojod-d-catechin. Schmelzp. 192—193°[4]).

Tetramethyl-monacetyl-monojod-d-catechin. Schmelzp. 189°[4]).

Pentamethyl-d-catechin[5]) entsteht durch Methylierung des Tetramethyläthers. Schmelzp. 92—93°. $[\alpha]_D = + 8{,}2°$ in Acetylentetrachlorid.

Pentamethyl-monobrom-d-catechin[6]). Schmelzp. 142—144°.

Trimethyl-d-catechon[7]) $C_{15}H_9O_4(OCH_3)_3$ aus Tetramethyl-d-catechin mit Eisessig-Chromsäure.

$$\text{H}_3\text{CO}\overset{\overset{\displaystyle\text{O}}{\|}}{\underset{\underset{\displaystyle\text{O}}{\|}}{\bigodot}}\ \overset{\text{H}}{\underset{\text{CHOH}}{\text{C}}}\!\!-\!\!-\!\!\overset{\text{H}_2}{\text{C}}\!\!-\!\!-\!\!\bigodot\text{OCH}_3\ \ \ ?$$

Schmelzp. 210°.

Trimethyl-nitro-catechon $C_{15}H_8O_4(NO_2)(OCH_3)_3$[8]) durch Nitrieren des vorigen. Schmelzpunkt 141°.

Tetramethyl-catechon[9]). Die kalte Lösung von Pentamethyl-catechin in Eisessig bleibt mit dem gleichen Gewichtsteile in Eisessig gelöster Chromsäure 1 Stunde stehen. Aus Alkohol gelbe Krystalle vom Schmelzp. 174—175°.

---

[1]) Berichte d. Deutsch. Chem. Gesellschaft **55**, 1746 [1922] u. **56**, 1191 [1923].

[2]) Annalen d. Chemie [1924].

[3]) Kostanecki u. Krembs, Berichte d. Deutsch. Chem. Gesellschaft **35**, 2410 [1902]. — Kostanecki u. Lampe, Berichte d. Deutsch. Chem. Gesellschaft **39**, 4011 [1907].

[4]) Berichte d. Deutsch. Chem. Gesellschaft **40**, 1911 u. **40**, 4911 [1907].

[5]) Kostanecki u. Lampe, Berichte d. Deutsch. Chem. Gesellschaft **39**, 4007 [1907]. — Freudenberg, Berichte d. Deutsch. Chem. Gesellschaft **55**, 1746 [1922].

[6]) Berichte d. Deutsch. Chem. Gesellschaft **39**, 4012 [1907].

[7]) Kostanecki u. Tambor, Berichte d. Deutsch. Chem. Gesellschaft **35**, 1869 [1902]. — Kostanecki u. Lampe, Berichte d. Deutsch. Chem. Gesellschaft **39**, 4013 [1907].

[8]) Karnowski u. Tambor, Berichte d. Deutsch. Chem. Gesellschaft **35**, 2409 [1902]. — Kostanecki u. Lampe, Berichte d. Deutsch. Chem. Gesellschaft **39**, 4013 [1907].

[9]) Kostanecki u. Lampe, Berichte d. Deutsch. Chem. Gesellschaft **39**, 4013 [1907].

Disazobenzol-d-catechin[1]). Schmelzp. 193—195° (Zersetzung).

Triacetyl-disazobenzol-d-catechin[1]). Schmelzp. 253—255°.

Hydrazino-tetramethyl-d-catechin[2]) aus Toluolsulfo-tetramethyl-d-catechin mit Hydrazin.

Abbau: Die Destillation ergibt Brenzcatechin, die Kalischmelze liefert Phloroglucin, Protocatechusäure und Essigsäure[3]), nach anderen Ameisensäure[4]).

Das Tetramethyl-catechin sowie sein Monobromderivat liefern mit warmer Permanganatlösung Veratrumsäure[5]) und Spuren von Phloroglucindimethyläther[6]). In guter Ausbeute wird Veratrumsäure bei der Oxydation von Trimethylcatechon (in dem also der Brenzcatechinrest unverändert ist) erhalten[7]). Nitro-trimethyl-catechon ergibt bei gleicher Behandlung Nitroveratrumsäure[7]). Die Aufspaltung der Sauerstoffbrücke im Tetramethyl-catechin gelang Kostanecki und Lampe[7]) durch Reduktion mit Natrium und Alkohol. Das zuerst entstehende Phenol III wurde von Freudenberg und Cohn[8]) gefaßt. Der Methyl- und Äthyl-

$$\text{H}_3\text{CO}\!\!-\!\!\langle\text{OH}\rangle\!\!-\!\!\underset{\text{OCH}_3}{\;}\!\!-\!\!\overset{}{\underset{\text{H}_2}{\text{C}}}\!-\!\overset{}{\underset{\text{H}_2}{\text{C}}}\!-\!\overset{}{\underset{\text{H}_2}{\text{C}}}\!-\!\langle\rangle\!\!-\!\!\overset{\text{OCH}_3}{\underset{\text{OCH}_3}{}}$$
III

äther dieses Phenols wurde synthetisch bereitet[9]). Eine glatte Abtrennung des Phloroglucins vom übrigen Molekul gelingt bei der Einwirkung von Hydrazin auf Toluolsulfo-tetramethyl-catechin (IV)[2]). Neben Hydrazino-tetramethylcatechin (V) entsteht Phloroglucin-dimethyläther (VI) nebst Dimethoxyphenyl-pyrazolin (VII), das auch synthetisch gewonnen wurde.

$$\text{H}_3\text{CO}\!\!-\!\!\langle\overset{\text{O}}{\underset{\text{CH}\cdot\text{OSO}_2\text{C}_7\text{H}_7}{}}\overset{\text{H}}{\text{C}}\!\!\rangle\!-\!\!\overset{\text{H}_2}{\text{C}}\!-\!\langle\rangle\!\!-\!\!\overset{\text{OCH}_3}{\underset{\text{OCH}_3}{}}$$
IV

$$\text{H}_3\text{CO}\!\!-\!\!\langle\overset{\text{O}}{\underset{\text{CH}\cdot\text{NHNH}_2}{}}\overset{\text{H}}{\text{C}}\!\!\rangle\!-\!\!\overset{\text{H}_2}{\text{C}}\!-\!\langle\rangle\!\!-\!\!\overset{\text{OCH}_3}{\underset{\text{OCH}_3}{}}$$
V

$$\text{H}_3\text{CO}\!\!-\!\!\langle\text{OH}\rangle\!\!-\!\!\underset{\text{OCH}_3}{\;}\qquad\qquad \underset{\text{HC}}{\text{H}_2\text{C}}\!\!-\!\!\overset{\text{H}}{\text{C}}\!\!-\!\!\langle\rangle\!\!-\!\!\overset{\text{OCH}_3}{\underset{\text{OCH}_3}{}}$$
VI   VII

Erwähnenswert sind folgende Eigenschaften des Catechins:

1. Neigung zur Verharzung, auf die Kombination eines Oxybenzylalkohols entsprechend Formel II und III hinweisend.

2. Halochromie des Tetramethyl-catechins: Übereinstimmung mit den Cumaranen, Gegensatz zum Flavanol[10]) (Hinweis auf Formel I und II);

3. Unmöglichkeit, aus Tetramethyl-catechin Wasser abzuspalten (Hinweis auf I und II).

Die Auswertung der genannten Reaktionen mit den geschilderten Abbauversuchen führt mit Wahrscheinlichkeit zu Formel I für das Catechin.

[1]) A. G. Perkin u. Yoshitake, Journ. Chem. Soc. **81**, 1164 [1902].

[2]) Freudenberg, Orthner u. Fikentscher, Annalen d. Chemie [1924].

[3]) Hlasiwetz, Annalen d. Chemie **134**, 118 [1865]. — A. G. Perkin, Journ. Chem. Soc. **81**, 1167 [1902].

[4]) Gautier, Compt. rend. **85**, 752 [1877].

[5]) Kostanecki u. Lampe, Berichte d. Deutsch. Chem. Gesellschaft **40**, 4011 [1906].

[6]) Perkin, Journ. Chem. Soc. **87**, 401 [1905].

[7]) Kostanecki, u. Lampe, Berichte d. Deutsch. Chem. Gesellschaft **40**, 720 u. **40**, 4013 [1906].

[8]) Freudenberg u. Cohn, Berichte d. Deutsch. Chem. Gesellschaft **56**, 2127 [1923].

[9]) Freudenberg u. Mitarbeiter, Berichte d. Deutsch. Chem. Gesellschaft **53**, 1416 [1920]; **54**, 1202 [1921]; **55**, 1941 [1922]; **56**, 2127 [1923].

[10]) Freudenberg u. Orthner, Berichte d. Deutsch. Chem. Gesellschaft **55**, 1748 [1922].

l-Catechin.

Die optische Antipode des vorigen.

Vorkommen: Entsteht durch Umlagerung von l-Epicatechin und befindet sich daher in den eingedickten Säften von Acacia catechu, bildet deshalb einen Bestandteil des sog. Acacatechins.

Darstellung[1]): Das Acacatechin (Gemisch von l-Epicatechin, d, l-Epicatechin, d, l-Catechin und l-Catechin) wird durch Ausäthern und Krystallisation aus Wasser zunächst in einen Alkohol-aktiven Anteil zerlegt, der das l-Epicatechin enthält, und einen in Alkohol inaktiven, der aus den übrigen Catechinen besteht. Aus den letzteren Fraktionen wird in verschiedenen Krystallisationen das in Alkohol inaktive, in wässerigem Aceton aber — 17° drehende l-Catechin ausgesondert. Aus 8 kg Pegu-Catechu wurden 500 g Catechingemisch und daraus 60 g l-Catechin isoliert.

l-Catechin läßt sich auch durch Umlagerung von l-Epicatechin bereiten (Ausbeute 20%).

d, l-Catechin.

Das Racemat der beiden vorigen Catechine. Es ist in Wasser schwerer löslich als diese und krystallsisiert mit 3 Krystallwasser.

Vorkommen: In geringen Mengen im Gambir (eingedickter Saft von Uncaria Gambir), vielleicht durch Umlagerung des darin befindlichen Hauptbestandteils, des d-Catechins entstanden. Befindet sich als Hauptbestandteil im „Acacatechin" (aus 500 g Rohgemisch wurden 320 g d, l-Catechin isoliert)[2]).

d, l-Catechin ist die stabilste Form der Catechine und entsteht bei der Umlagerung aller übrigen Formen schließlich als Hauptprodukt. Es ist durch Umlagerung von d-Catechin, l-Catechin und l-Epicatechin bereitet worden. Selbst der Umlagerung unterworfen, liefert es geringe Mengen d, l-Epicatechin.

Darstellung: Rohes Acacatechin wird durch Krystallisation von dem in Alkohol aktiven l-Epicatechin befreit und dann nach Maßgabe seines in wässerigem Aceton bestimmten Drehungsvermögens mit d-Catechin vermischt. Das jetzt noch möglicherweise beigemengte d, l-Epicatechin wird durch Krystallisation aus Wasser entfernt, aus dem es langsam ausfällt.

Der Schmelzpunkt des reinen d, l-Catechins liegt bei 215° (korr.); unrein erweicht es etwa bei 140°. Ganz reine Krystallisationen erweichen erst kurz vor dem Schmelzen.

Die chemischen Eigenschaften sind dieselben wie bei den aktiven Catechinen; über die Schmelzpunkte der Derivate gibt die Tabelle Aufschluß.

l-Epicatechin.

Mol.-Gewicht
Zusammensetzung } wie das stereo-isomere Catechin.
Formel:

Die Krystalle enthalten zunächst 4 Mol. Wasser und verwittern an der Luft.

Vorkommen: Im Holze von Acacia Catechu und daher auch im Extrakte des Holzes (Pegu-Catechu) sowie dem daraus gewonnenen Catechingemisch (Acacatechin).

Darstellung: Feingemahlenes Holz wird 150 Stunden im Apparat mit Äther extrahiert und der Auszug in warmem Wasser gelöst. Beim Erkalten krystallisiert l-Epicatechin aus; die Mutterlauge wird im Apparat lange ausgeäthert und der Ätherrückstand in Wasser aufgenommen. Dabei wird eine neue Fraktion erhalten; in der letzten Mutterlauge findet sich etwas d, l-Catechin. Ausbeute an l-Epicatechin 5,2%, an d,l -Catechin 0,3%.

Physikalische Eigenschaften: An sich viel schwerer löslich als die übrigen Catechine (außer d-Epicatechin, das sich ebenso verhält) krystallisiert es in unreinem Zustande aus Gemischen so langsam, daß es in den Mutterlaugen bleibt. Dicke, bis mehrere Millimeter lange Prismen. Schmelzp. gegen 245° unter Zersetzung. Dreht in Alkohol 69° nach links.

---

[1]) **Freudenberg** u. **Purrmann**, Berichte d. Deutsch. Chem. Gesellschaft **56**, 1189 [1923].
[2]) Ebenda S. 1190.

Chemische Eigenschaften: stimmen mit denen der übrigen Catechine weitgehend überein. Die Schmelzpunkte der Derivate sind in der Tabelle verzeichnet. Bei der Umlagerung entsteht hauptsächlich d, l-Catechin und l-Catechin.

d-Epicatechin.

Der optische Antipode des l-Epicatechins. Identisch mit A. G. Perkins „Catechin C"[1].

Vorkommen: Findet sich in geringer Menge im Gambir neben d-Catechin (s. dieses), offenbar daraus durch Umlagerung bei der Extraktion entstanden.

Darstellung: Durch Umlagerung von d-Catechin (s. dieses). Aus dem Gemisch der umgelagerten Catechine wird es mit Hilfe seines Drehungsvermögens in Alkohol (+ 69°) ausgesondert[2].

Chemische und physikalische Eigenschaften entsprechen dem l-Epicatechin.

d, l-Epicatechin

ist das Racemat der beiden vorhergehenden Catechine. Es enthält 4 Mol. Krystallwasser. Es scheint leicht in das Gemisch der Antipoden zu zerfallen. Es schmilzt bei etwa 230°.

Vorkommen: Im Pegu-Catechu und daher im „Acacatechin", durch Umlagerung des primär vorhandenen l-Epicatechins entstanden. Entsteht durch Umlagerung von d-Catechin sowie von d, l-Catechin. d, l-Epicatechin ist sehr schwer von d, l-Catechin zu trennen, da die Kriterien der Reinheit fehlen. Es krystallisiert in dicken Prismen (offenbar das Gemisch der Antipoden) und in Nadeln (wie d, l-Catechin; offenbar das echte Racemat).

Darstellung: Zuverlässige reine Präparate werden nur durch Vermengen der Antipoden erhalten.

Die Eigenschaften der Derivate sind, soweit sie bekannt sind, in der Tabelle angegeben.

Sämtliche Epicatechine werden leichter umgelagert als die entsprechenden Catechine. Im Gleichgewicht

$$\text{d, l-Catechin} \rightleftarrows \text{d, l-Epicatechin}$$

herrscht das erstere vor. d-Epicatechin liefert bei der Umlagerung zunächst überwiegend d-Catechin nebst wenig l-Catechin, das mit d-Catechin racemisches d, l-Catechin bildet. Aus letzterem entstehen geringe Mengen d, l-Epicatechin. Ein vor der Einstellung des Gleichgewichts aufgearbeitetes Umlagerungsgemisch aktiver Formen enthält daher die beiden rechts- bzw. linksdrehenden Catechine und Epicatechine sowie ihre beiden Racemate. Mit der Annäherung an den Endzustand verschwinden die aktiven Formen immer mehr, bis schließlich ein Gemisch von viel d, l-Catechin mit wenig d, l-Epicatechin übrigbleibt (neben zunehmenden Verharzungsprodukten.

Catechu-Gerbstoff entsteht durch Selbstkondensation von Catechin.

Tabelle siehe nächste Seite.

Weitere Catechine und catechinartige Gerbstoffe.

Ein Catechin ist vorhanden in der Rinde von Hymenaea Courbaril [Lokririnde[3])]; ferner sind solche Stoffe angetroffen worden in Angophora intermedia[4]) und lanceolata[5]), in einem „Mangrove"extrakt unbekannter Herkunft[6]), sowie im Holze von Anacardium occidentale[7]). Ein catechinartiger krystallinischer Bestandteil des Malabarkinos (von Pterocarpus Masurpium) ist von Etti[8]) als Kinoin beschrieben, später aber nicht bestätigt worden[9]). Dagegen

[1]) A. G. Perkin, Journ. Chem. Soc. **81**, 1167 [1902]; **87**, 404 [1905].

[2]) Freudenberg u. Purrmann, Berichte d. Deutsch. Chem. Gesellschaft **56**, 1185 [1923].

[3]) v. d. Driessen-Mareeuw, Ned. Tijdschr. Pharm. **11**, 227 [1899].

[4]) Maiden, Pharm. Journ. (3) **21**, 27 [1891]; Useful native plants of Australia 1889.

[5]) Maiden u. Smith, Pharm. Journal (4) **1**, 261 [1895].

[6]) A. G. Perkin und A. E. Ewerest, The nat. colouring Matters, London **1918**, S. 439.

[7]) Latour u. Cazeneuve, Bl. **24**, 118 [1875]. — Gautier, Compt. rend. **85**, 342 [1877]; **86**, 671 [1878]; Bl. **30**, 567 [1878].

[8]) Wien. Ak. **78**, 561 [1878]; Berichte d. Deutsch. Chem. Gesellschaft **11**, 1879 [1878].

[9]) Vgl. J. Dekker, Gerbstoffe, 1913, S. 373.

Vergleich der Catechine.

	d-Catechin [1])	d, l-Catechin	d-Epicatechin [2])	d, l-Epicatechin
Krystallform	dünne Nadeln	ebenso	dicke Prism.	ebenso oder kleine Nadeln
Schmelzpunkt [3])	mit Kryst. Wasser 93—95 ohne 175—177	212	245	230
Krystallwasser	4 aq. oder keins	3 aq	4 aq	Prismen: 4aq Nadeln 1aq
In Alkohol, in Aceton-Wasser	0	—	+ 69	—
(1 : 1) $[\alpha]$ [4])	+ 17	—	÷ 60	—
Pentacetyl-; Schmelzp. . . .	131—132	164—165	151—152	169
$[\alpha]$ [5])	+ 40,6	—	+ 15,5	
Tetramethyl-; Schmelzp. . .	143—144	142	153—154	141—142
$[\alpha]$ [5])	— 13,4	—	+ 61,5	—
Tetramethylmonoacetyl-; Smp.	95—96	134—135	91—92	160—161
$[\alpha]$ [5])	+ 6,8	—	+ 71,5	—
Tetramethyltoluolsulfo-; Smp.	86—37	156—157	—	—
$[\alpha]$ [5])	+ 22,7	—		
Pentabenzoyl-; Schmelzp. . .	167—169	181—182	nicht krystallin	
$[\alpha]$ [5])	+ 56,5	—		

hat Perkin[6]) ein solches Produkt, das allerdings Farbstoffcharakter hatte, in Händen gehabt. Auch Smith[7]) erwähnt ein dem Catechin ähnliches Kinoin aus Malabarkino. Als erster hat Runge[8]) eine solche Substanz in Händen gehabt.

Aromadendrin[9]) kommt in Eucalyptusarten vor. Es ist dem Catechin sehr ähnlich, gibt aber mit Eisenchlorid nicht wie dieses eine grüne, sondern eine purpurbraune Färbung. Durch Selbstkondensation bildet es Kinogerbstoff.

Colatin und **Colatein**[10]), Bestandteile der Colanuß, sind dem Catechin gleichfalls sehr ähnlich und zeigen eine grüne Eisenreaktion. Beide gehen so leicht in amorphen Gerbstoff über, daß aus Nüssen, die ohne vorherige Abtötung ihrer Enzyme getrocknet sind, keine krystallisierten Produkte gewonnen werden können.

Das gleiche ist am **Cacaol**[11]), einem Catechin der Kakaobohnen, beobachtet worden.

Cyanomaclurin[12]), ein krystallisiertes Catechin aus Artocarpus, liefert bei der Kalischmelze Phloroglucin und β-Resorcylsäure. Die Eisenchloridreaktion ist violett. Mit Säure verharzt es wie Catechin zu einem Gerbstoffrot.

---

[1]) Für l-Catechin gelten dieselben Werte; die optischen Angaben erhalten das umgekehrte Vorzeichen.

[2]) Für l-Epicatechin gelten dieselben Werte; die optischen Angaben erhalten das umgekehrte Zeichen.

[3]) Die Schmelzpunkte sind unkorrigiert.

[4]) $[\alpha]$ Hg-gelb.

[5]) $[\alpha]$ Hg-gelb in Acetylentetrachlorid.

[6]) P. Ch. S. **12**, 167 [1897]; Journ. Chem. Soc. **81**, 1173 [1902]. Perkin u. Ewerest S. 374.

[7]) Am. Journ. Pharm. **68**, 676 [1896]; vgl. Jahresber. d. Pharm. **56**, 150 [1896].

[8]) Materien zur Phytologie. II, 243, Berlin 1821.

[9]) Smith u. Maiden, Pharm. Journ. [4] **1**, 261 [1895]; Am. Journ. Pharm. **67**, 575 [1895]. — Smith, Amer. Journ. Pharm. **68**, 679 [1896]; Chem. Centralbl. **1897**, I, 170, 611; Soc. Chem. Ind. **15**, 787 [1896]; Journ. Pharm. Chim. [6] **5**, 109 [1897]; Jahresber. d. Pharm. **55**, 117 [1895]; **56**, 150 [1896].

[10]) Goris, Compt. rend. de l'Acad. des Sc. **144**, 1162 [1907]; Berichte d. Pharm. Gesellschaft **18**, 345 [1908]. — Goris u. Fluteaux, Bull. sc. Pharmacol. **17**, 599 [1910]. — Goris, ebenda **18**, 138 [1912].

[11]) Ultée u. van Dorssen, Cultuurgids 1909, 2. Teil, Nr. 12; Mededeel. van het Algemeen Proefstation op Java, 2. Serie, Nr. 33.

[12]) Perkin u. Cope, Journ. Chem. Soc. **67**, 937 [1895]; Perkin **87**, 715 [1905].

Der amorphe **Quebrachogerbstoff**[1]) (aus Schinopsis) verhält sich in vielen Punkten wie die amorphen, mehr oder weniger wasserlöslichen Kondensationsprodukte der Catechine, enthält aber außer dem Reste der Protocatechusäure einen Resorcinring; der Gerbstoff ist ein Gemisch verschiedener Kondensationsstufen und löst sich in Aceton und Essigäther.

Auch der amorphe **Pistaciagerbstoff**[2]) (Pistacia lentiscus) dürfte das Kondensationsprodukt eines catechinartigen Stammkörpers sein. Mit Säuren erhitzt kondensiert er sich weiter zu einem Gerbstoffrot, das in der Kalischmelze in Phloroglucin und Gallussäure zerfällt.

Shibuol[3]), der amorphe Gerbstoff im Fruchtsaft von Diospyros kaki (Japanischer Kakibaum), liefert dieselben Spaltstücke. Er ist offenbar catechinartig und geht leicht in unlösliche Kondensationsprodukte über.

Eichengerbstoff[4]).

Mol.-Gewicht: Mindestens 1200.

Zusammensetzung: 49,9% C, 4,2% H, 45,9% O.

Konstitution: Glucosid der amorphen Quercussäure, die in Depsidbindung mit Ellagsäure steht.

Vorkommen: Blätter von Quercus pedunculata und sessiliflora, Blattgallen und Fruchtbechergallen (Knoppern) von Querc. ped., Holz der Edelkastanie[5]).

Gewinnung: Frische Eichentriebe werden abgebrüht und geseiht; der Gerbstoff wird aus der wässerigen Lösung mit Bleiacetat gefällt, das Bleisalz mehrmals dekantiert, mit verdünnter Schwefelsäure zerlegt, nochmals mit Bleiacetat gefällt und wieder zerlegt. Die blei- und schwefelsäurefreie Lösung wird im Vakuum eingeengt und durch Vakuumextraktion mit Essigäther von Quercetin und seinen Glucosiden befreit. Der Gerbstoff wird im Vakuum eingetrocknet und von seinen braunen Begleitstoffen und mitgerissenen Mineralsubstanzen durch fraktionierte Fällung aus Alkohol mit Äther befreit.

Optisch aktiv $[\alpha]_D$ = etwa — 35°, amorph, rotgelb, leicht löslich in Wasser, Alkohol und Aceton. Stark sauer. Enthält etwa 5% gebundene Glucose und 23—25% Ellagsäure. Der Rest ist amorphe, inaktive Quercussäure, die selbst noch Gerbstoffeigenschaften hat.

Abbau: Mineralsäure spaltet zunächst die Glucose ab, die glucosidisch gebunden ist. Alkalien spalten zuerst Ellagsäure ab, die esterartig gebunden ist (Depsidbindung). Tannase zerlegt in Ellagsäure, Glucose und Quercussäure.

Der Eichengerbstoff enthält kein Phloroglucin.

---

[1]) Neueste Arbeiten: **Einbeck** u. **Jablonski**, Berichte d. Deutsch. Chem. Gesellschaft **54**, 1084 [1921]. — L. **Jablonski** u. H. **Einbeck**, Collegium **1921**, 818; Dieselben, Ledertechn. Rundschau **13**, Nr. 6 [1921].

[2]) **Perkin** u. **Wood**, Journ. Chem. Soc. **73**, 376 [1898].

[3]) S. **Komatsu** u. N. **Matsunami**, Mem. of the Coll. of Science, Kyoto, A. **7**, Nr. 1923 [1923].

[4]) **Freudenberg** u. **Vollbrecht**, Berichte d. Deutsch. Chem. Gesellschaft **55**, 2421 [1922]; Annalen d. Chemie **429**, 284 [1922].

[5]) **Freudenberg** u. **Walpuski**, Berichte d. Deutsch. Chem. Gesellschaft **54**, 1695 [1921].

Generalregister der Bände I–XI.

(Die römischen Ziffern bezeichnen die Bandzahl, die arabischen die Seitenzahlen.)

Aalöl VIII, 442.
Abaharderàöl III, 37.
Abdeckerfett III, 209.
Abieninsäure VII, 749.
Abies VII, 559 ff.
— firma II, 31.
— Reginae Amaliae VII, 566.
Abietene VII, 724.
Abietin VIII, 336.
Abietinolsäure VII, 749.
Abietinsäure VII, 747.
Abietit II, 568.
Abietolsäure VII, 749.
Abrin V, 510, 531.
Abrotin V, 425.
Absinthiin II, 639; VII, 265.
Abushaharee VII, 687.
Abyssinin II, 687.
Acacatechin XI, 456, 487.
Acacia VII, 607.
Acacia-catechin VII, 56.
— oil III, 13.
— Verek II, 12.
Acaciacatechintetramethyl-
    äther VII, 6.
Acaciafistula II, 12.
Acaciasaponin VII, 200.
Acajouöl III, 93.
Acanthopteri, Giftstoffe der
    V, 470.
Acarina, Giftstoffe der V, 480.
Acaroidharze VII, 684.
Accipeuserin IV, 167.
Accrakopal VII, 707, 709.
Aceite-de-abeto-Terpentin VII,
    724.
Acekaffein IV, 1091.
Acerit XI, 470.
Acertannin XI, 469.
— Abbau XI, 470.
— amorphes XI, 470.
— Derivate XI, 470.
— Methylierung XI, 470.
Acetal I², 769.
Acetaldehyd I², 765.
— Bestimmung I², 766.
— Derivate I², 768.
— Substitutionsprodukte des
    I², 769.
Acetaldehydphenylhydrazon
    I², 769.

Acetaldehydsemicarbazon   I²,
    769.
Acetaldoxim I², 769.
Acetalmuscarin XI, 309.
Acetamid I², 944.
Acetamidin I², 948.
α-Acetamino-p-Bromphenyl-
    sulfonpropionsäure IV,
    939.
α-Acetamino-p-Jodphenyl-
    sulfonpropionsäure IV, 943.
2-Acetamino-6-oxypyrimidin
    IV, 1134.
p-Acetaminophenylschwefel-
    säure IV, 977.
Acetanilid I¹, 216; I², 945.
— Derivate I¹, 217.
d,l-α-Acetanilido-n-buttersäure
    IV, 755.
Acetase V, 652.
Acetate I², 936.
Acetatquecksilber-o-phenyl-
    glycinäthylester IX, 82.
Acet-p-amidophenolschwefel-
    säure IV, 977.
— Derivate IV, 978.
Acet(brom)hämin IX; 401.
Acetessigsäure I², 1088.
— Bestimmung I², 1089.
— Derivate I², 1090.
— Ester I², 1091.
Acethämin VI, 237.
Acethydrazid I², 945.
Acethydroxamsäure I², 947.
Acetiminoäthyläther I², 948.
Acet-α-naphthalid I², 946.
Acet-β-naphthalid I², 946.
Acetoacetylisokodein V, 290.
Acetoacetylkodein V, 289.
Acetoacetylpseudokodein V,
    290.
Acetobrenzcatechin I², 871.
Acetobrenzcatechindimethyl-
    äther I², 872.
Acetobrenzcatechin-3-methyl-
    äther I², 872.
Acetobrenzcatechinmethylen-
    äther I², 872.
l-Acetobromarabinose II, 283.
Acetobromcellobiose VIII, 216;
    X, 600.

β-Acetobromgalaktose II, 353;
    VIII, 177.
Acetobromglucose II, 588.
— Einwirkung von — auf
    Cytosinsilber IX, 261.
— und Cystosinsilber X, 827.
α-Acetobromglucose II, 328.
β-Acetobromglucose II, 328;
    VIII, 161; X, 487.
Acetobromlactose II, 425; VIII.
    226.
Acetobrom-rhamnose X, 393.
Acetobutylalkohol V, 16.
Acetobutyrylcellulose II, 231.
Acetochlor-l-arabinose II, 283.
Acetochlorcellobiose II, 217;
    VIII, 215.
Acetochlor-cellose II, 407.
Acetochlorcellulose II, 230.
β-Acetochlorgalaktose II, 352.
Acetochlorglukosen X, 483.
α-Acetochlor-glucose II, 328,
    588.
β-Acetochlorglucose II, 328.
Acetochlor-Inosit II, 561.
Acetochlorlactose II, 425.
Acetochlor-d-mannose II, 343.
Acetochlor-rhamnose II, 306.
Acetochlorxylose X, 385.
Acetodibromglucose X, 488.
β-Acetodibromglucose II, 329;
    VIII, 162.
Aceto-distearin I², 1012.
Acetoglucal VIII, 235.
Acetojodcellobiose VIII, 216.
Acetojodglucose X, 489.
β-Acetojodglucose VIII, 162.
Aceto-kodein V, 289.
Acetol II, 321.
— gechlortes I¹, 79.
Acetolactal VIII, 235.
Aceto-methylmorphol V, 289.
Aceton I², 783.
— Derivate I², 795.
— Kondensationsprodukt von
    — und Pyrrol X, 72.
— Nachweis, Bestimmung I²,
    785, 786.
— Substitutionsprodukte I²,
    796.
Acetonamine I², 796.

Arachinsäure, rohe III, 91.
— Salze I², 1017.
Arachis hypogaea, Globulin aus IV, 30.
— oil III, 88.
Arachisöl III, 88.
Arachnoidea, Giftstoffe der V, 477.
Arachnolysin V, 479.
Araliaöl VII, 648.
Aralidin VIII, 341.
Aralien VII, 358.
Araliin II, 640; VII, 228.
Aralin VIII, 341.
Araliretin II, 640.
Araneina, Giftstoffe der V, 478.
Araucaria VII, 568.
Araucaria-harz VII, 687.
Arbacin IV, 162.
Arbusterin X, 181.
Arbutase II, 608; V, 569.
Arbutin II, 608; VIII, 328; X, 844.
— Bestimmung im Harn VIII, 329.
— Derivate II, 609, 610; VIII, 330.
— Nachweis X, 844.
— — mikrochemisch VIII, 329.
— physiologische Eigenschaften II, 608.
Arbutinase II, 581.
Archangelica VII, 644.
Arctic sperm oil III, 216.
Arecaidin V, 25.
— Derivate V, 26.
Arecain V, 27.
— Derivate V, 27.
Arecanuß, Alkaloide der V, 24.
Arecanußfett VIII, 439.
Arecolin V, 26.
— Derivate V, 26.
Arecolin-jodmethylat V, 26.
Areolatin VII, 109.
Areolatol VII, 109.
Areolin VII, 109.
Arganbaumöl VIII, 419.
Arganin VII, 215.
Argemone oil III, 31.
Argemoneöl III, 31.
Argentamin IV, 808.
Argentumcaseinsilber IV, 108.
Arginase IV, 385; V, 614.
Arginin IV, 619; IX, 123; XI, 146.
— Bestimmung IV, 624.
— Bildung IV, 620.
— Eigenschaften XI, 149.
— Nachweis und Bestimmung XI, 148.
— physikalische und chemische Eigenschaften IV, 628.
— physiologische Eigenschaften IV, 625.

Arginin, Rolle im Pflanzenkörper IV, 625.
— Verhalten bei der Fäulnis IV, 628.
— — gegen Fermente IV, 628.
— — im Tierkörper IV, 627.
d-Arginin, Derivate IV, 630; IX, 125.
d,l-Arginin, Derivate IV, 632; IX, 125.
l-Arginin, Derivate IV, 632.
d-Argininchlorhydrat IV, 630.
d-Arginingoldchlorid IX, 125.
d,l-Arginingoldchlorid IX, 125.
d-Argininmethylesterchlorhydrat IV, 632.
d-Arginin-nitrat IV, 630.
Arginin-phosphorwolframat IX, 125.
d,l-Arginin-phosphorwolframat IX, 125.
d-Argininpikrat IV, 631.
d,l-Argininpikrat IV, 632.
l-Argininpikrat IV, 632.
d-Argininsilber IV, 631.
d-Argininsulfat IV, 631; IX, 125.
d,l-Arginin-sulfat IX, 125.
Argyraescetin VII, 195.
Argyraescin VII, 195.
Argyrenetin VII, 195.
Argyrin VII, 195.
Aribin V, 416.
Aricin V, 162.
— Salze V, 162.
Aristol I¹, 590.
Aristolochia VII, 589.
— argentina VII, 230.
— clematis VII, 230.
— cymbifera VII, 230.
— fragrantissima VII, 231.
— rotunda VII, 230.
Aristolochiaceae-Alkaloide V, 379.
Aristolochiasäure VII, 230.
Aristolochin V, 379; VII, 230.
Aristotelsäure I², 1365.
Arizona-Schellack VII, 720.
Armoricasäure VII, 58.
Armorsäure VII, 58.
Arnica montana VII, 231.
Arnicaöl VII, 678.
Arnicin VII, 231.
Arnidien I², 748.
Arnidiol I², 748.
— Derivate I², 748.
Arnidiolphenylurethan I², 748.
Aromadenderin VII, 22.
Aromadendrin VII, 23; XI, 488.
Aromadendrinsäure I², 1366.
Arrowroot II, 123.
Arsacetin I¹, 227.
Arsanilsäure I¹, 226.
— Reduktion der I¹, 229.
Arsanilsäuren, isomere und homologe I¹, 230.

Arsanilsaures Natrium I¹, 226.
Arsenäthylchlorid I¹, 74.
Arsenäthyliumjodid I¹, 75.
1-Arsen-4-benzoylasparaginsäureverbindungen XI, 133.
1-Arsen-4-benzoylglutaminsäure XI, 144.
1-Arsen-4-benzoylleucinverbindungen XI, 127.
1-Arsen-4-benzoyltyrosinverbindungen XI, 178.
Arsendiäthyl I¹, 74.
Arsendiäthyl-säure I¹, 74.
Arsenkakodylsäure I¹, 74.
1-Arseno-alaninverbindungen XI, 115.
Arsenobenzol I¹, 199.
Arsenophenylglycin XI, 86.
p-Arsenophenylglycin I¹, 230.
Arsenphenylamine I¹, 215.
Arsentriäthyl I¹, 75.
Arsentriäthyl-oxyd I¹, 75.
Arsentripropyl I¹, 85.
1-Arsinsäure-alaninverbindungen XI, 115.
Artarin V, 426.
Artemisia VII, 675 ff.
Artemisia-Bitterstoff VII, 231.
Artemisia Cina VII, 231.
Artemisin I², 1350; VII, 265.
Arterin VI, 206.
Arthritose X, 552.
Arthrogastra, Giftstoffe der V, 477.
Arthropoda, Giftstoffe der V, 477.
Arthropoden, grünes Pigment VI, 340.
Arthropodenuranidine VI, 314.
Arthussches Phänomen V, 512.
Articulatsäure VII, 59.
Asa foetida VII, 687.
— — petraea VII, 687.
Asantöl VII, 644.
Asaresinotannol VII, 731.
Asaron I¹, 684.
— Derivate I¹, 685.
Asaronsäure I², 1307.
Asarum VII, 588, 589.
Asarylaldehyd I², 844.
— Derivate I², 845.
Asbarg VI, 40.
Ascaridenfett VIII, 449.
Ascaris lumbricoides, Giftstoffe der V, 491.
Äscinsäure I², 1364; VII, 196, 198.
Ascitesmucoid IV, 140.
Äscorcin I², 1320.
Äsculetin I², 1318; II, 637.
— Derivate I², 1319.
Äsculetincarbonsäuren I², 1320.
Äsculetinsäure II, 637.
Äsculetinsäureanhydrid I², 1318.

2-Äthylmercapto-5-methyl-6-oxypyrimidin-4-aldehyd X, 152.

2-Äthylmercapto-4-methylpyrimidin X, 150.

2-Äthylmercapto-6-oxy-4-aldehydopyrimidin X, 147.

— Diäthylacetat X, 147.

2-Äthylmercapto-4-phenyl-6-amino-oxypyrimidin X, 143.

2-Äthylmercapto-4-phenyl-6-chlorpyrimidin X, 143.

2-Äthylmercapto-4-phenyl-6-oxypyrimidin X, 143.

2-Äthylmercaptopyrimidin X, 150.

Äthylmethylamin IV, 805.

Äthyl-α-methyl-γ-γ-diäthoxy-acetoacetat X, 151.

Äthyl-methylen-dimethylindolin IV, 885.

Äthylmethylindol IV, 884.

Äthylmethylisoharnstoff XI, 235.

1-Äthyl-4-methyluracil X, 146.

Äthylmorphimethin V, 282.

Äthylnitrit I[1], 416.

Äthyloxalyl-α-aminopropionsäuremethylester IX, 99.

Äthyloxalylglycinäthylester IX, 79.

Äthyloxyd I[1], 411.

Äthylparabansäure IV, 1158; IX, 325.

1-Äthyl-phendiol-(3, 4)-3-methyläther I[1], 617.

2-Äthylphenol I[1], 577.

3-Äthylphenol I[1], 578.

1-Äthyl-2-phenyl-1,2-dihydrocinchonin V, 156.

Äthylphenylketon I[2], 864.

Äthyl-phenyl-toluindol IV, 898.

Äthylphosphin I[1], 74.

Äthylphosphin-säure I[1], 74.

Äthylphosphinige Säure I[1], 74.

Äthylpiperidin I[2], 1455.

d-, α-Äthylpiperidylalkin V, 10.

Äthylpropionat I[2], 953.

Äthylpropyläther I[1], 426.

Äthyl-propylsulfid IV, 927.

Äthylprotocetrarsäure VII, 77.

Äthylrhamnose II, 586.

Äthylrhodeosid II, 584.

Äthylsabinaketol VII, 351.

Äthylschwefelsäure I[1], 417.

Äthyl-selenharnstoff XI, 241.

— Derivate XI, 242.

Äthylselenige Säure I[1], 418.

Äthylselensäure I[1], 418.

Äthylsilicate I[1], 420.

Äthylsulfid IV, 925.

— Derivate IV, 926.

Äthylsulfoxyd IV, 926.

Äthyltheobromin IV, 1065.

Äthyltheophyllin IV, 1058.

α-Äthyl-thio-glucosid X, 808.

β-Äthyl-thio-glucosid X, 809.

Äthylthiokodid V, 268.

Äthylthiokodide V, 294.

Äthylthiomethylmorphimethine V, 294.

Äthylthiomorphide V, 295.

Äthylthioparabansäure IV, 1158; IX, 326.

2-Äthylthiouracil-(tetraacetylglucosid) IX, 261; X, 827.

Äthyltoluidin I[1], 249, 252.

Äthyl-o-tolylglycin IV, 480.

Äthyl-p-tolylglycin IV, 482.

Aethylum bromatum I[1], 63.

Äthyluracil IV, 1144.

7-Äthyluramil X, 133.

Äthylureocarbonsäureäthylester IX, 180.

Äthylureocarbonsäure-isoamylester IX, 180.

Äthylureocarbonsäure-isobutylester IX, 180.

Äthylureocarbonsäure-methylester IX, 180.

Äthylureocarbonsäurepropylester IX, 180.

Äthylurethan XI, 239.

Äthylwasserstoff I[1], 55.

8-Äthylxanthin IV, 1051.

9-Äthylxanthin IV, 1051.

Äthylyohimbin V, 377.

Äthylyohimboasäure V, 377.

Ätiohämin X, 20.

Ätioporphyrin X, 23.

Atisin V, 412.

Atmidalbumosen IV, 75.

Atmidcaseosen IV, 114.

Atmidkeratin IV, 196.

Atmidkeratose IV, 196.

Atmidkoilose IV, 189.

Atophan, Einfluß auf Nucleinstoffwechsel IX, 301.

Atoxyl I[1], 226.

— physiologische Eigenschaften I[1], 227.

Atraktylen VII, 413.

Atractyligenin II, 706.

Atractylin II, 706; X, 890.

Atraktylol VII, 413.

Atractylsäure II, 641.

Atranol VII, 61.

Atranorin VII, 59.

Atranorinsäure VII, 62.

Atranorinsäure-Atranol VII, 61.

Atranorsäure VII, 59.

Atrarsäure VII, 61.

Atrasäure VII, 141.

Atrinsäure VII, 62.

Atripasäure I[2], 1182.

Atrolactyltropein V, 83.

Atropamin V, 79, 90.

— Derivate V, 91.

Atropasäure I[2], 1228.

— Salze I[2], 1229.

Atropasäure-tropinester V, 90.

Atropin V, 78.

— physiologische Eigenschaften V, 81.

— Salze V, 79.

— Spaltung in d- und l-Hyoscyamin V, 90.

— Synthese V, 80.

Atropin-bromacetamid V, 82.

Atropin-chloracetamid V, 82.

Atropin-jodacetamid V, 83.

Aucubapektin VIII, 19.

Aucubigenin II, 642.

Aucubin II, 641; VIII, 341.

Auerhahnfett III, 193.

Augenmelanin der Chorioidea VI, 296.

Auguillaserum, Wirkung V, 475.

Aulomyrcia-Bitterstoff VII, 231.

Aulomyrcia ramulosa VII, 231.

Aurantiamarin II, 685.

Aurantiin II, 685.

Australischer Dammarkaurikopal VII, 695.

— Sandarak VII, 718.

Australisches Dammar VII, 695.

— Kino VII, 705, 706.

Autolysate V, 512.

Autolysine V, 512.

Autolytische Fermente V, 604.

Autoxyproteinsäure IV, 762.

— Salze IV, 762.

Autspasmin V, 221.

Avenasativa-Globulin IV, 32.

Avenalin IV, 32.

Avertebrata, Giftstoffe der V, 475 ff.

Avertebraten, Melanine der VI, 300.

Avivitellinsäure IV, 125.

Avocado oil III, 155.

Avocatofett III, 155.

Avocatoöl III, 155.

Awara kernel oil III, 145.

— oil III, 116.

Axinsäure I[2], 1360.

Ayapanaöl VII, 668.

Ayapanin VII, 231.

Azadirachtin VII, 231.

Azelainsäure I[2], 1140; III, 97.

— Salze und Derivate I[2], 1141.

Azidcellulosen II, 83.

Azidoäthylendiurethan IX, 183.

Azidoäthylurethane IX, 182.

Azidomethylurethan IX, 183.

Azidopropylurethan IX, 182.

Azimethylen I[1], 50.

Azobenzol I[1], 205.

Azobenzolmaclurin VI, 79.

Azo-benzolsulfosäuretheophyllin IV, 1059.

Azocamphanon VII, 480.

Azodiphenylcarbaminphenyl IX, 180.

Azofarbstoff, dritter, von Marchlewski und Retinger VI, 258.

l-Dechlorarabinochloralose-
dibenzoat VIII, 113.
Dechlor-p-chloralose VIII, 168.
α-Dechlorchloralose VIII, 168.
Dechlorchloralosen X, 508.
α-Dechlorchloralose-dibenzoat
VIII, 168.
Dechlor-p-chloralose-säure-
amid VIII, 168.
Dechlor-p-chloralose-säurelac-
ton VIII, 168.
Dechlor-p-chloralose-triben-
zoylverbindung VIII, 168.
Dechlorgalaktochloralose VIII,
178.
Dechlorgalaktochloralose-di-
benzoat VIII, 178.
n-Decylaldehyd I^2, 776.
Decylensäure VII, 438, 462.
Decylenwasserstoff VII, 307.
n-Decyljodid I^1, 108.
Decylsäure VII, 438.
Decylsäureamid VII, 438.
Deguanidase XI, 259.
Dehydrobilinsäure IX, 395.
Dehydrobilirubinsäure IX, 395;
X, 37.
— Natriumsalz IX, 395.
Dehydrobombycesterin VIII,
489.
Dehydroborneolcarbonsäure
VII, 507.
Dehydrobromid(acet)hämin
IX, 401.
De-(hydrobromid-)hämin X,16.
Dehydrobromid-α-hämin IX,
401.
Dehydrobromid-β-hämin IX,
402.
Dehydrocamphenylsäure VII,
340.
Dehydrochloriddimethyl-
hämin-I, IX, 348.
Dehydrochloriddimethyl-
hämin-II, IX, 348.
Dehydrochloridhämin VI, 239;
XI, 347.
α-De-(hydrochlorid-)hämin X,
16.
N-De-(hydrochlorid-)hämin X,
16.
o-De-(hydrochlorid-)hämin X,
16.
Dehydrochloridmesohämin IX,
349.
Dehydrochloridmonomethyl-
hämin IX, 347.
Dehydrocholeinsäure III, 328.
— Salze III, 328.
Dehydrocholestandion III, 289;
X, 171.
— Oxydationsprodukte III,
290.
Dehydrocholestandion-ol III,
289; X, 171.
Dehydrocholestanol X, 165.

Dehydrocholestanon-diol III,
292; X, 174.
Dehydrocholestanon-ol III,285.
α-Dehydrocholestantriol III,
292; X, 173.
β-Dehydrocholestantriol III,
293; X, 174.
α-Dehydrocholestantriol-
monoacetat III, 292; X,173.
Dehydrocholestendion III, 288;
X, 171.
Dehydrocholestendiondibromid
III, 288; X, 171.
Dehydrocholestenon III, 287.
Dehydrocholestenon-ol X, 171.
Dehydrocholon III, 316, 325;
VIII, 499.
Dehydrocholsäure III, 323;
VIII, 498; X, 198, 211.
— Derivate III, 323; VIII,498;
X, 199.
Dehydrocholsäure, Konstitu-
tionelle Beziehungen zur
Cholsäure und Lithochol-
säure X, 208.
— Salze III, 323.
Dehydrocholsäureester III, 323.
Dehydrocholsäuretrioxim III,
323.
Dehydrocinchonin V, 128.
Dehydrocorybulbin V, 249.
Dehydrocorydalin V, 248.
— Salze V, 248.
Dehydrodesoxycholsäure III,
329; X, 191.
α-Dehydrodesoxycholsäure X,
204.
β-Dehydrodesoxycholsäure X,
199, 211.
Dehydrodicarvacrol I^1, 583.
Dehydrodieugenol I^1, 650.
Dehydrodiisoeugenol I^1, 657.
Dehydrofichtelit I^1, 366.
Dehydrohämatin VI, 234.
Dehydroirenoxylacton VII,
532.
Dehydro-iso-desoxycholsäure
X, 199.
Dehydro-lapachon I^1, 698.
Dehydro-β-lapachon VI, 88.
Dehydrolithocholsäure X, 187,
204.
Dehydromorphin V, 263, 273.
Dehydrooxycamphenilansäure
VII, 340, 344.
Dehydrooxycamphenilansäure-
amid VII, 344.
Dehydrooxycamphenilansäure-
chlorid VII, 344.
Dehydrophytosterin III, 304.
Dehydrositostandion III, 305.
Dehydrositostandion-ol III,
305.
Dehydrositostantriol III, 305.
Dehydrositosten III, 304.
Dehydrositostendion III, 305.

Dehydrositosterin III, 304.
Dehydrobilirubin IX, 408.
— Silbersalz IX, 408.
Dejanira-Bitterstoff VII, 237.
— erubescens VII, 237.
Dekabromeichenrindenrot VII,
8.
Dekacetyljalapinsäure II, 700.
Dekacrylsäure II, 247, 251.
α-Dekanaphthen I^1, 138.
β-Dekanaphthen I^1, 138.
Dekanaphthenbromid I^1, 139.
Dekanaphthenol I^1, 139.
Dekanaphthensäure I^1, 12.
— Derivate I^1, 12.
Dekanaphthylendibromid I^1,
139.
Dekanitrocellulosen X, 319.
Dekapeptide IV, 280 ff.
— aktive IV, 350.
Deken aus Erdöl von Burmah
I^1, 139.
Dekosen VIII, 188.
Delftgrasöl VII, 576.
Delokansäure VI, 169.
Delphinin V, 413.
Delphinium staphisagria-Alka-
loide V, 412 ff.
Delphinoidin V, 413.
Delphintran III, 168; VIII,443.
Delphisin V, 413.
Demargarinieren III, 58.
Deniges Harnsäurereaktion IV,
1095.
Depside XI, 465.
— leimfällende VII, 793.
Derrid VII, 237, 263.
Derris elliptica VII, 237, 263.
— uligonosa VII, 237.
Desamidase V, 613, 662.
Desamidoalbumin IV, 71.
Desaminocasein IV, 112.
Desamino-Edestin IX, 3.
Desaminogliadin IX, 7.
Desaminoglobulin IV, 85.
Desaminokyroprotsäuren IX,
36.
Desaminoprotsäuren IV, 209.
Desaminotriphosphonuclein-
säure X, 101.
Desaminovitellin IV, 125.
Δ^4-Des-dimethyl-granatanin
V, 111.
Des-ψ-Methyltropin V, 56, 58.
Desmotroposantonige Säure I^2,
1354.
Desmotroposantonin I^2, 1354.
Desoxin VIII, 167.
Desoxine X, 328.
Desoxyallokaffursäure IV,
1088.
Desoxybiliansäure X, 185, 192,
205.
Desoxybiliansäureester X, 193.
Desoxychinin, Physiolog. Wir-
kung V, 155.

Glucoseglucoside II, 587, 608;
  VIII, 293, 328 ff.; X, 769.
Glucoseguanidin II, 333.
Glucosehelicin II, 621.
d-Glucoseheptonsäurediformyl-
  acetal II, 490.
Glucosehydrat II, 318.
Glucose-p-hydrazonobiphenyl
  II, 336.
d-Glucoseimin VIII, 282.
Glucosemethylacetal X, 510.
Glucosemethylphenylhydrazon
  II, 335.
d-Glucosemethylphenylosazon
  II, 338.
Glucosemethylureid II, 332.
Glucosemonoaceton VIII, 169.
Glucosemonobenzoat II, 329.
Glucosemonoformal II, 331.
Glucosemonomethylen-Verbin-
  dung II, 330.
Glucosemonoschwefelsäure X,
  480.
Glucosemonosulfosäure II, 325.
Glucose-α-naphthylamid VIII,
  171.
Glucose-p-naphthylamid VIII,
  171.
Glucose-β-naphthylhydrazon
  II, 336.
Glucose-β-naphthylsulfohydr-
  azon II, 336.
Glucosenitramin II, 332.
Glucosenitrobenzylhydrazon
  II, 336.
Glucose-m-nitrophenylhydr-
  azon II, 335.
Glucose-o-nitrophenylhydr-
  azon II, 335.
Glucose-p-nitrophenylhydrazon
  II, 335.
Glucose-m-nitrophenylosazon
  II, 337.
d-Glucose-o-nitrophenylosazon
  II, 337.
d-Glucose-p-nitrophenylosazon
  II, 337.
Glucose-α-nitrotetraacetat II,
  329.
Glucose-β-nitrotetraacetat II,
  329.
Glucoseorcin II, 597.
Glucoseorthosilicat X, 481.
Glucoseoxim II, 334.
Glucosepentaacetat II, 327; X,
  483.
α-Glucosepentaacetat II, 327.
β-Glucosepentaacetat II, 327.
γ-Glucosepentaacetat VIII,
  161.
ζ-Glucosepentaacetat II, 328.
Glucosepentabenzoat II, 329.
Glucosepentanitrat II, 326.
α-Glucosepentaphenylurethan
  II, 332.
Glucosephenetidid II, 333.

Glucose-p-phenetidid VIII,171;
  X, 145.
Glucosephenyldesoxim VIII,
  167.
Glucosephenylhydrazon II,334;
  VIII, 172.
α- und β-Glucosephenylhydr-
  azon VIII, 172.
Glucose-α-phenylhydrazon II,
  334.
Glucose-β-phenylhydrazon II,
  335.
— 1 Mol Doppelverbdg. mit
  1 Mol Phenylhydrazin II,
  335.
— 2 Mol. Doppelverbdg. mit
  Phenylhydrazon II, 335.
Glucose-β-phenylhydrazon-
  pyridin II, 335.
Glucosephenylosazon II, 336;
  X, 516.
d, l-Glucosephenylosazon II,
  341.
d-Glucosephenylosazoncarbon-
  säure II, 338.
Glucosephenylureid II, 332.
Glucosephloroglucin II, 597.
Glucosephosphorsäure, Synth.
  II, 326.
Glucosephosphorsäuren II, 326.
Glucosepropionaldehyd II, 331.
Glucosepyrogallol I^1, 673; II,
  597.
Glucoseresorcin I^1, 622; II,596;
  X, 797.
d-Glucoseresorcin VIII, 306.
Glucosesalicylsäurehydrazon
  II, 336.
Glucosesemicarbazon II, 333.
Glucosesynaldoxim II, 334.
Glucosetetraacetat II, 327.
Glucosetetrabenzoat II, 329.
Glucosetetraweinsäure II, 329.
Glucosethiosemicarbazon II,
  333.
Glucose-p-toluid II, 333.
Glucose-p-toluidid VIII, 171.
d-Glucose-o-tolylosazon II,338.
d-Glucose-p-tolylosazon II,338.
Glucosetriacetat II, 327.
Glucosetribenzoat II, 329.
Glucosetrimethylenmercaptal
  II, 330.
Glucosetrisulfosäure II, 325.
Glucoseureid II, 332; IV, 778;
  VIII, 169; X, 820.
Glucoseureidtetrabenzoat II,
  332.
Glucosevaleraldehyd II, 331.
Glucosid C$_{25}$H$_{42}$O$_{12}$ II, 11.
Glucosid Lotusin VI, 66.
β-Glucosidase II, 580.
Glucoside II, 578 ff.; VIII,
  289 ff.; X, 752 ff.; XI, 480.
— cyanhaltige — der Amyg-
  dalingruppe X, 892 ff.

Glucoside, Darstellung VIII,
  289; X, 753.
— Eigenschaften, physikal. u.
  chemische X, 758.
— Eigenschaften,physiol.VIII,
  291; X, 759.
— Einteilung II, 581.
— künstliche II, 582.
— künstliche, stickstofffreie
  VIII, 291.
— künstliche stickstoffhaltige
  VIII, 323.
— Nachweis VIII, 290; X,757.
— Nachweis, biochem. nach
  Bourquelot VIII, 290.
— natürliche II, 608; VIII,
  328 ff.; X, 843.
— natürliche, Konstitution X,
  843.
— — Nachweis X, 843.
— nicht näher bekannte cyanhaltige X, 905.
— nicht näher bekannte, cyanhaltige —, Nachweis X,
  905.
— nicht näher bekannte, cyanhaltige —, Vorkommen X,
  905.
— stickstofffreie II, 582; VIII,
  291 ff.
— stickstoffhaltige II, 707.
— stickstoffhaltige, natürliche
  VIII, 356; X, 892 ff.
— synth. — der Purine IX,
  254 ff.; X, 110.
— synth., stickstoffhaltige X,
  820.
— synth. aus Thiourethanen
  X, 811 ff.
— unbekannter Natur X, 911.
— Verhalten zu Enzymen II,
  579.
l-Glucoside II, 598.
N-d-Glucosido-Anthranilsäure
  X, 828.
Glucosidochloral II, 331; VIII,
  167.
Glucosidogalaktose II, 429.
Glucosidogalaktosephenylosa-
  zon II, 429.
β-Glucosidogallussäure VIII,
  309.
— Derivate VIII, 309.
p-β-Glucosidogallussäure X,798.
α-Glucosido-6-glucose X, 609.
β-d-Glucosidoglykolsäure VIII,
  301; X, 793.
— Derivate VIII, 302.
β-d-Glucosidoglykolsäureamid
  VIII, 302.
— Pentaacetat VIII, 302.
Glucosido-6-Glykosan X, 625.
Glucosidohexonsäurelacton-
  trinitrit, Molekul.-Gemisch
  mit Glucosidodihexonsäure-
  lactontrinitrit VIII, 258.

α-Naphthylisocyanatglykokoll
IV, 423.
α-Naphthylisocyanat-d, l-leu-
cylglycin IV, 239.
d, l-α-Naphthyl-α-methyl-
thiohydantoin IV, 510.
Naphthylphosphinverbindg.
I¹, 340.
Naphthylquecksilberverbindg.
I¹, 340.
α-Naphthyl-β-l-xylosid X, 762.
Narcein V, 205, 220.
— Derivate V, 221.
— Verhalten gegen Halogen-
alkyle V, 222.
Narceinsäure V, 222.
Narceonsäure V, 222.
Narcindonin V, 223.
Nardostachys VII, 668.
Naringenin I², 874.
Naringin II, 684; VIII, 350.
Narkotin V, 203.
— Nachweis V, 204.
— Salze u. Derivate V, 204.
— Umwandlung in Nornarcein
V, 223.
Narthecin VII, 248.
Narthecium ossifragum VII,
248.
Nartin V, 215.
Nartinsäure V 215.
Nasturtiinsäure IV, 924.
Nasturtium VII, 605.
Natalaloeharz VII, 686.
Nataloin VI, 115.
— Derivate VI, 115.
Nataloresinotannol VII, 740.
Natriumäthyl I¹, 76.
Natriumcampher VII, 507.
Natriumcaseid IV, 113.
Natriumcaseinat IV, 106.
Natriumcellulosat II, 225.
Natriumcholesterylat III, 274.
Natriumfructosat II, 368.
Natriumgalaktosat II, 357.
Natriumglucosat II, 339; VIII,
173.
Natriumlinaloolat VII, 375.
Natriummethyl I¹, 54.
Natriumquadriurat IX, 307.
Natriumrhamnosat II, 308.
Natrium, saures purpursaures
— IV, 1167.
Natriumurate IV, 1111.
Natroncellulose X, 316.
Neats foot oil III, 170.
Nebennieren, Nucleoproteid
aus — IV, 991.
Nectandra VII, 600.
— amara VII, 248.
— -Bitterstoff VII, 248.
Neemöl III, 32.
Nekrobiose II, 24.
Nelitris VII, 667.
Nelkenblätteröl VII, 633.
Nelkenöl VII, 632.

Nelkenstielöl VII, 633.
Nelkenwurzöl VII, 611.
Nemathelminthes, Giftstoffe d.
— V, 491.
Nematodes, Giftstoffe der —
V, 491.
Nemoxynsäure VII, 88.
Neoamygdalin VIII, 360.
— Derivate VIII, 360.
l-Neobornylamin VII, 506.
Neobornylcarbamid VII, 506.
Neobornylphenylcarbamid VII,
506.
Néonöl III, 37.
Neosin IV, 821.
Neottin III, 244.
Nepeta VII, 653.
— -Bitterstoff VII, 248.
— cataria VII, 248.
Nephrin VII, 53.
Nephromin VII, 137.
Nephrorosein VI, 366.
Nephrotoxine V, 527.
Nepodin VI, 101.
Neral I², 780.
Nerianthin II, 669.
Neridorin II, 670.
Neriin II, 640, 669.
Neriodorein II, 670.
Nerol VII, 370, 540.
— Ester des VII, 371.
Nerolglucuronsäure II, 521.
Nerolglykuronsäure VII, 371.
Neroli Portugal VII, 622.
Nerolidol VII, 409.
Neroliöl VII, 621.
— chinesisches VII, 622.
Nerylester VII, 371.
Neryltetrabromid VII, 371.
Nessin VII, 248.
Netzhautfarbstoffe VI, 357.
Neukaledonischer Kopal VII,
707.
Neuridin IV, 819.
Neurin IV, 835; IX, 221 ff.; XI,
295 ff., 308.
— Derivate IV, 835; XI, 308.
— Nachweis u. Bestimmung
XI, 308.
Neurinbromid IX, 221.
Neurinpikrat IV, 836.
Neurokeratin IV, 192.
Neurostearinsäure I², 1015;
III, 264.
Neurotoxine V, 527.
Neuseeländisches Dammar VII,
695, 707.
Neutralschmalz III, 196.
Neutuberkulin V, 527.
Nhandirobaöl III, 49.
Njallin VII, 249.
Niamfett III, 138; VIII, 431.
— Fettsäuren III, 138.
Njamplungöl III, 72.
— Fettsäuren III, 72.
Njariöl III, 126, 141.

Njatnotalg III, 129.
— Fettsäuren III, 129.
Niauliöl VII, 634.
Njavebutter III, 126, 140; VIII,
433.
— Fettsäuren III, 141.
Njave oil III, 126.
Nichin V, 151.
Nickelglucosat II, 340.
Nicotein V, 41.
Nicotellin V, 41.
Nicotin V, 33.
— Bestimmung im Tabak-
rauch V, 42.
— quant. Bestimmung V, 38.
— Derivate V, 36.
— Hydroderivate V, 40.
— inaktives V, 36.
— physiol. Eigenschaften V,
38.
— Synthese V, 35.
d-Nicotin V, 37.
l-Nicotin V, 37.
Nicotinin V, 41.
Nicotinoxyd V, 34.
Nicotinsäure, Methylbetain der
— IV, 838; V, 28.
Nicotyrin V, 36.
Nicoulin VII, 249.
Nieren, Nucleoproteid aus —
IV, 991.
Nieswurzalkaloide, weiße V,
365.
Nigella Damascena VII, 259.
— sativa VII, 249.
Nigellaöl VII, 590.
Nigellin VII, 249.
Nigeröl III, 25; VIII, 377.
— Fettsäuren III, 26.
Niger seed oil III, 25.
Njiemorinde VII, 259.
Nikaraguaholz VI, 151.
Nimb oil III, 32.
Ninhydrinreaktion auf Eiweiß
IX, 14.
Njorenyoleöl VIII, 421.
Nirvanin I², 1265; V, 100.
Nitrase V, 651.
Nitril I², 1123.
Nitrilbasen IV, 805.
Nitriloessigsäure IV, 470.
Nitritmethämoglobin VI, 212.
Nitroaceton I², 796.
Nitroacetophenon I², 866.
Nitroacetyl-α-anhydrotetra-
methylhämatoxylon VI,
146.
Nitroacetyl-β-anhydrotetra-
methylhämatoxylon VI,
146.
Nitroacetyl-β-anhydrotri-
methylbrasilon VI, 157.
Nitroacetylcellulose X, 319.
Nitroallyl I¹, 128.
Nitroaminoacetylaminoessig-
säure IV, 427.

Schulzes Gemisch II, 31.
Schraufit VII, 690.
Schuppenfarbstoff der Pieriden, VI, 356.
Schuppenfarbstoffe der Schmetterlinge VI, 357.
Schuppenflügler, Giftstoffe der V, 484.
Schwammkürbiskernöl VIII, 390.
Schwarzer Perubalsam VII,715.
Schwarzes Dammar VII, 695.
Schwarzharz VII, 690.
Schwarzkümmelöl VIII, 408, 80.
Schwarzrettichöl VIII, 388.
Schwarzsenföl III, 40; VIII, 384.
— Fettsäuren III, 41.
Schwarzwälder Pech VII, 714.
Schwefeläther I^1, 411.
Schwefelbleireaktion d. Proteine IV, 56.
Schwefelharnstoff IV, 780.
— Derivate IV, 781.
Schwefelkohlenstoff I^2, 1113.
Schwefelsäuredimethylester I^1, 384.
Schwefelsäuremethylester I^1, 384.
Schwefelsäuren, gepaarte, isolierte IV, 970 ff.
Schweinefett III, 196; VIII,447.
— Fettsäuren III, 199.
Schweinefettstearin III, 200.
Schweinepankreas, Nucleoproteid aus — IV, 992.
Schweineschmalz III, 196.
Schweizer's Reagens II, 212; VIII, 62.
Scillain II, 678; VII, 259.
Scillin II, 194.
Scillipikrin VII, 259.
Scillitoxin VII, 259.
Sclererythin V, 349.
Scombrin IV, 165, 826.
Scombron IV, 160, 168.
Scoparein VI, 56.
Scoparin VI, 55; VII, 265.
— Derivate VI, 56.
Scopolamin V, 92.
Scopoletin I^2, 1319; II, 638.
Scopolin II, 638; V, 92.
Scopulorsäure VII, 101.
Scordiin VII, 260.
Scorpaena porcus, Giftstoffe d. V, 472.
Scorpionina, Giftstoffe der V, 477.
Scrape gum VII, 723.
Scrophularacrin VII, 250.
Scrophularia aquatica VII, 260.
— nodosa VII, 260.
Scrophularin VII, 260.
Scrophularosmin VII, 260.
Scutellarein VI, 65.

Scutellaria altissima, Farbstoff aus VI, 65.
Scutellarin VI, 65; VII, 265.
Scybalium fungiforme VII,260.
Scybaliumbitterstoff VII, 260.
Scyllit II, 571; VIII, 288.
— Derivate VIII, 288.
Scymnole III, 321.
$\alpha + \beta$-Scymnole III, 321.
Scymnolschwefelsäuren III, 321.
α-Scymnolschwefelsäuren III, 321.
Seal oil III, 165.
Sebacin I^2, 1143.
Sebacinsäure I^2, 1142; III, 75.
— Derivate I^2, 1143.
Sebaminsäure I^2, 1143.
Secalan II, 49.
Secale oil III, 111.
Secaleaminosulfosäure V, 348.
Secalin II, 49: V, 347.
Secretin V, 508.
Secuaöl III, 49.
Sedanolid I^2, 1184.
Sedanolsäure I^2, 1184.
Sedanonsäure I^2, 1185.
α-Sedoheptit X, 680.
β-Sedoheptit X, 681.
Sedoheptose X, 554.
— Derivate X, 555.
See-Elefantentran VIII, 443.
Seefenchelöl VII, 642.
Seehechtleberöl III, 164.
Seehundstran III, 165.
Seeigel, Giftstoffe der V, 493.
Seelöwentran VIII, 443.
Seesterne, Giftstoffe der V, 493.
Seestrandkieferöl VII, 566.
Sego di Borneo III, 122.
— — bove III, 177.
— — cervo III, 182.
— — Dika III, 150.
— — Kokum III, 123.
— — Mafura III, 132.
— — Maripa III, 149.
— — Mkany III, 124.
— — montone III, 181.
— — Piney III, 122.
— — Rambutan III, 132.
— — Stillingia III, 120.
— — Ucuhuba III, 139.
— — Virola III, 141.
Sehgelb VI, 360.
Sehpurpur VI, 357.
— Darstellung VI, 358.
— physikalische u. chemische Eigenschaften VI, 358.
— Veränderung durch Wärme und durch Wasserentziehg. VI, 359.
— Verhalten gegen Licht VI, 359.
Seide IV, 174; IX, 28.
— Hydrolysen IX, 29.
— wilde IV, 176.

Seidelbastöl III, 35.
Seidenfibroin, IV, 174.
— Peptone aus IX, 34.
Seidenleim IV, 174.
Seidensericin IV, 175.
Seidenspinnerpuppenöl III,174.
Seifenbaumöl VIII, 420.
Sejleberöl III, 164.
Sekalose II, 436.
Sekisanin V, 430.
Sekret, Wund-, Verschluß- II, 1.
Sekretion, Produkte der inneren — tierischer Organe V, 495 ff.
Sekundärbutylsenföl IV, 921.
— Derivate IV, 922.
„Selbstgärung" der Hefe II, 36.
Selenäthylmercaptan I^1, 73.
Selenbenzaldehyd I^2, 815.
Selencyanbenzyl I^2, 714.
Selendimethyl I^1, 51.
Selenhämoglobin VI, 214.
Seleno-di-d-galaktose X, 650.
Selenoisotrehalose X, 648.
— Derivate X, 649.
Selentriäthyl I^1, 74.
Selentrimethyl I^1, 51.
Seliwanoffsche Reaktion II, 374.
Sellerieöl VIII, 409.
Selleriesamenöl VII, 639.
Semicarbazid IV, 777.
Semiglutin IV, 182.
Seminase II, 45, 48, 49, 50, 67, 89; V, 562.
Semmelschwammöl III, 113.
Senecifolidin V, 435.
Senecifolin V, 434.
— Derivate V, 435.
Senecifolininchlorhydrat V,435.
Senecifolsäure V, 435.
Senecionin V, 434.
Seneciosäure I^2, 1033.
Senega root oil III, 108.
Senegawurzelöl III, 108; VII, 627.
Senegin VII, 189.
Senföl VII, 604; VIII, 384.
— chinesisches VIII, 386.
— indisches III, 42; VIII, 385.
Senföle, aliphatische IV, 918 ff.
— aromatische IV, 922 ff.
Senfölglucosid VIII, 363.
Senicin V, 434.
Sennachrysophansäure VI, 101.
Sennacrol VII, 265.
Sennapikrin VII, 265.
Sennit II, 568.
Sepiasäure VI, 300.
Sepiaschwarz VI, 300.
Sepiatyrosinase VI, 303.
Sepsin IV, 819.
Sepsinsulfat IV, 819.
Septentrionalin V, 411.
Sequiagerbsäure VII, 25.
Sequoiaöl VII, 567.

Stearodilaurine I², 1011.
Stearodipalmitine I², 1012.
Stearodipalmitin I¹, 526; III, 178.
α-Stearo-α′-laurin I¹, 527.
α-Stearo-β-lauro-α′-myristin I¹, 527.
Stearolsäure VIII, 434.
α-Stearo-α′-myristin I¹, 527.
α-Stearo-β-myristo-α′-laurin I¹, 527.
Stearopalmitoolein III, 178, 182.
Stearyl-d-alanin IV, 501.
Stearylglycin IV, 429.
Stearylkephalin III, 237.
Stearyl-l-tyrosinstearyläther IV, 697.
Stechapfelöl III, 34.
Stechimmen, Giftstoffe der V, 481.
Steinige Asa foetida VII, 687.
Stentorin VI, 334.
Steokarobasäure VII, 233.
Steppenrautealkaloide V, 422 ff.
Stercobilin VI, 288.
Stercorin III, 297.
Sterculia chicha fett III, 119.
Stereocaulonsäure VII, 103.
Stereocaulsäure VII, 107.
Stereospermum chelonoides VII, 261.
— glandulosum VII, 261.
— hypostictum VII, 261.
— suaveolens VII, 261.
Stereospermumbitterstoff VII, 261.
Sterine III, 268; VIII, 473 ff.; X, 156 ff.
— Bestimmung X, 158.
— Eigenschaften X, 157.
— der Exgosterinreihe VIII, 493.
— Literaturangaben über Vorkommen der — im Pflanzenreich III, 307.
— der Pilze III, 308; VIII, 493.
— niederer Tiere III, 300; VIII, 489.
Sternanisöl VII, 591; VIII, 423.
— japanisches VII, 592.
Stickle back oil III, 159.
Stichlingsöl III, 159.
Stickoxydhämochromogen VI, 227.
Stickoxydhämoglobin VI, 212; IX, 336.
Stictasäure VII, 103.
Stictinsäure VII, 103.
Stigmasterin III, 136, 306; VIII, 489, 492; X, 178.
— Ester X, 178.
Stigmasterintetrabromid X, 179.
Stigmasterintetrabromidacetat III, 306.

Stigmasterylacetat III, 306.
Stigmasterylcinnamat X, 179.
Stigmasteryloleat X, 179.
Stigmasterylpalmitat X, 178.
Stigmasterylpropionat III, 306.
Stigmasterylsalicylat X, 179.
Stigmasterylstearat X, 179.
Stigmatidin VII, 55.
Stillingia oil III, 18.
Stillingiaöl III, 18, VIII, 376.
— Fettsäuren III, 19.
Stillingiatalg III, 120; VIII, 425.
— Fettsäuren III, 120.
Stimuline V, 531.
Stinkasant VII, 687.
Stinkbaumöl III, 101.
Stinking bean oil III, 101.
Stinktieröl III, 173.
Stockfischlebertran III, 160.
Stoffwechselgicht IX, 300.
Stokvis reduzierbarer Stoff VI, 286.
Storaxöl VII, 607.
Storesinol VII, 744.
Störöl III, 159.
Stostylacetat X, 178.
Stovain V, 100.
Straßburger Terpentin VII, 240, 725.
Strawberry seed oil III, 12.
Streblid VII, 240, 261.
Streblin VII, 261.
Streblus asper VII, 261.
Strepsilin VII, 114.
Strohaufschließung X, 292.
Stromaeiweiß IV, 136.
Strontiumbisaccharat II, 402.
Strontiumlupeose II, 55.
Strontiummonosaccharat II, 401.
h-Strophanthidin II, 691.
k-Strophanthidin II, 689.
— Bromderivate II, 689.
— Benzolsulfoderivat II, 689.
Strophanthidinmethylalkohol II, 689.
Strophanthidinsäure II, 689, 690; VIII, 353; X, 888.
Strophanthidinsäurelacton II, 690.
Strophanthobiose II, 389; VIII, 191.
Strophanthobiosetetramethyläther VIII, 191.
Strohphantsäure II, 690.
Strophantin II, 688; VII, 262; VIII, 352; X, 882.
— Bestimmung VIII, 352; X, 883.
— Derivate X, 887.
— Nachweis, Bestimmung X, 883.
— Nachweis im Mageninhalte X, 883.

Strophantin, physiolog. Eigenschaften X, 884.
— saures, amorphes X, 887.
e-Strophanthin II, 691, 688.
g-Strophanthin II, 688, 691; VIII, 350; X, 881.
h-Strophanthin II, 688, 690.
k-Strophanthin II, 688.
l-Strophanthin VIII, 353.
n-Strophanthin II, 691.
Strophanthus seed oil III, 92.
Strophantusöl III, 92.
— Fettsäuren III, 92.
Struthiin VII, 177.
Strutto III, 196.
Strychnidin V, 176.
Strychnin V, 165.
— Abbaureaktionen V, 172.
— Bestimmung V, 166.
— Bromierung des V, 448.
— Einwirkung von Salpetersäure auf — V, 171.
— Konstitution V, 187.
— physiolog. Eigenschaften V, 167.
— Reduktionsprodukte V, 175.
— Salze V, 169.
Strychninjodmethylat V, 172.
Strychninmethylhydroxyd V, 172.
Strychninmucoid IX, 26.
Strychninolon V, 178.
Strychninolsäure V, 178.
Strychninonsäure V, 177.
— Derivate V, 177.
Strychninoxyd V, 174.
Strychninsäure V, 172.
Strychninsulfosäuren V, 170.
Strychnol V, 172.
Strychnolin V, 176.
Strychnosalkaloide V, 165 ff.
Strychnosöl III, 104; VIII, 420.
— Fettsäuren III, 104.
Strychnussamenöl III, 104.
— Fettsäuren III, 104.
Sturgeon oil III, 159.
Sturon IV, 168.
Sturyn IV, 166; V, 474; IX, 28.
— Spaltung IX, 28.
Stutencasein IV, 123.
Stycerinacetodibromhydrin I², 727.
Stycerinchlordibromhydrin I², 727.
Stycerintribromhydrin I², 727.
Stylopin V, 395.
Styphninsäure I¹, 624; II, 692;
— Salze I¹, 625.
Stypticin V, 207.
Styptol V, 207.
Styracin I², 1234.
Styracit VIII, 244.
— Derivate VIII, 245.
Styracitdischwefelsäure VIII, 246.

Biochemisches Handlexikon

Bearbeitet von zahlreichen Fachgelehrten

Herausgegeben von

Professor Dr. Emil Abderhalden

Direktor des Physiologischen Instituts der Universität Halle a. S.

In sieben Bänden, nebst Ergänzungsbänden:

I. Band, 1. Hälfte, enthaltend: Kohlenstoff, Kohlenwasserstoff, Alkohole der aliphatischen Reihe, Phenole. 1911. 44 Goldmark; gebunden 46.50 Goldmark 10.50 Dollar; gebunden 11.10 Dollar

I. Band, 2. Hälfte, enthaltend: Alkohole der aromatischen Reihe, Aldehyde, Ketone, Säuren, Heterocyclische Verbindungen. 1911. 48 Goldmark; gebunden 50.50 Goldmark 11.55 Dollar; gebunden 12.05 Dollar

II. Band, enthaltend: Gummisubstanzen, Hemicellulosen, Pflanzenschleime, Pektinstoffe, Huminsubstanzen, Stärke, Dextrine, Inuline, Cellulosen, Glykogen, die einfachen Zuckerarten, stickstoffhaltige Kohlenhydrate, Cyklosen, Glucoside. 1911. 44 Goldmark; gebunden 46.50 Goldmark 10.55 Dollar; gebunden 11.10 Dollar

III. Band, enthaltend: Fette, Wachse, Phosphatide, Protagon, Cerebroside, Sterine, Gallensäuren. 1911. 20 Goldmark; gebunden 22.50 Goldmark 4.80 Dollar; gebunden 5.40 Dollar

IV. Band, 1. Hälfte, enthaltend: Proteine der Pflanzenwelt, Proteine der Tierwelt, Peptone und Kyrine, oxydative Abbauprodukte der Proteine, Polypeptide. 1910. 14 Goldmark / 3.35 Dollar

IV. Band, 2. Hälfte, enthaltend: Polypeptide, Aminosäuren, stickstoffhaltige Abkömmlinge des Eiweißes und verwandte Verbindungen, Nucleoproteide, Nucleinsäuren, Purinsubstanzen, Pyrimidinbasen. 1911. 54 Goldmark / 13 Dollar Mit der 1. Hälfte zus. geb. 71 Goldmark / 17 Dollar

V. Band, enthaltend: Alkaloide, Tierische Gifte, Produkte der inneren Sekretion, Antigene, Fermente. 1911. 38 Goldmark; gebunden 40.50 Goldmark 9.10 Dollar; gebunden 9.65 Dollar

VI. Band, enthaltend: Farbstoffe der Pflanzen- und der Tierwelt. 1911. 22 Goldmark; gebunden 24.50 Goldmark 5.25 Dollar; gebunden 5.85 Dollar

VII. Band, 1. Hälfte, enthaltend: Gerbstoffe, Flechtenstoffe, Saponine, Bitterstoffe, Terpene. 1910. 22 Goldmark / 5.25 Dollar

VII. Band, 2. Hälfte. enthaltend: Ätherische Öle, Harze, Harzalkohole, Harzsäuren, Kautschuk. 1912. 18 Goldmark / 4.30 Dollar Mit der 1. Hälfte zus. geb. 43 Goldmark / 10.25 Dollar

VIII. Band (1. Ergänzungsband): Gummisubstanzen, Hemicellulosen, Pflanzenschleime, Pektinstoffe, Huminstoffe, Stärke, Dextrine, Inuline, Cellulosen, Glykogen. Die einfachen Zuckerarten und ihre Abkömmlinge. Stickstoffhaltige Kohlenhydrate. Cyklosen. Glucoside. Fette und Wachse. Phosphatide. Protagon. Cerebroside. Sterine. Gallensäuren. Unveränderter Neudruck 1920. Gebunden 36.50 Goldmark / Gebunden 8.70 Dollar

IX. Band (2. Ergänzungsband): Proteine der Pflanzenwelt und der Tierwelt. Peptone und Kyrine. Oxydative Abbauprodukte der Proteine. Polypeptide. Aminosäuren. Stickstoffhaltige Abkömmlinge des Eiweißes unbekannter Konstitution. Harnstoff und Derivate. Guanidin. Kreatin, Kreatinin. Amine. Basen mit unbekannter und nicht sicher bekannter Konstitution. Cholin. Betaine. Indol und Indolabkömmlinge. Nucleoproteide. Nucleinsäuren. Purin und Pyrimidinbasen und ihre Abbaustufen. Tierische Farbstoffe, Blutfarbstoffe, Gallenfarbstoffe. Urobilin. Unveränderter Neudruck 1922. Gebunden 30.85 Goldmark / Gebunden 7.35 Dollar

X. Band (3. Ergänzungsband): Tierische Farbstoffe (Blutfarbstoffe, Hämine, Porphyrine, Gallenfarbstoffe. Pyrrolderivate). Nucleoproteide und Nucleinsäuren. Purinsubstanzen. Pyrimidine. Sterine. Gallensäuren. Kohlenhydrate. Polysaccharide und Monosaccharide. Stickstoffhaltige Kohlenhydrate. Cyclosen. Glucoside.) 1923. 45 Goldmark; gebunden 50 Goldmark 10.75 Dollar; gebunden 12 Dollar

Handbuch der experimentellen Pharmakologie

Unter Mitarbeit zahlreicher Fachgelehrter herausgegeben von

A. Heffter

Professor der Pharmakologie an der Universität Berlin

In drei Bänden:

I. Band: Kohlenoxyd — Kohlensäure — Stickstoffoxydul — Narkotica der aliphatischen Reihe — Ammoniak und Ammoniumsalze — Ammoniakderivate — Aliphatische Amine und Amide. Aminosäuren — Quartäre Ammoniumverbindungen und Körper mit verwandter Wirkung — Muscaringruppe — Guanidingruppe — Cyanwasserstoff, Nitrilglucoside. Nitrile. Rhodanwasserstoff. Isocyanide — Nitritgruppe — Toxische Säuren der aliphatischen Reihe — Aromatische Kohlenwasserstoffe — Aromatische Monamine — Diamine der Benzolreihe — Pyrazolonabkömmlinge — Camphergruppe — Organische Farbstoffe. Mit 127 Textabbildungen und 2 farbigen Tafeln. (1800 S.) 1923. 48 Goldmark / 11.45 Dollar

II. Band, 1. Hälfte: Pyridin, Chinolin, Chinin, Chininderivate — Cocaingruppe, Yohimbin — Curare und Curarealkaloide — Veratrin und Protoveratrin — Aconitingruppe — Pelletierin — Strychningruppe — Santonin — Pikrotoxin und verwandte Körper — Apomorphin, Apocodein, Ipecacuanha — Alkaloide — Colchicingruppe — Purinderivate. Mit 98 Textabbildungen. (598 S.) 1920. 21 Goldmark / 5 Dollar

II. Band, 2. Hälfte: Atropingruppe — Nicotin, Coniin, Piperidin, Lupetidin, Cytisin, Lobelin, Spartein, Gelsemin — Quebrachoalkaloide — Pilocarpin, Physostigmin, Arecolin — Papaveraceenalkaloide — Kakteenalkaloide — Cannabis (Haschisch) — Hydrastisalkaloide — Adrenalin und Adrenalinverwandte Substanzen — Solanin — Mutterkorn — Digitalisgruppe — Phlorhizin — Saponingruppe — Gerbstoffe — Filixgruppe — Bittermittel — Cotoin — Aristolochin — Anthrachinonderivate. Chrysarobin. Phenolphthalein — Koloquinten (Colocynthin) — Elaterin. Podophyllin. Podophyllotoxin. Convolvulin. Jalapin (Scammonin.) Gummigutti. Cambogiasäure. Euphorbium. Lärchenschwamm. Agaricinsäure — Pilzgifte — Ricin. Arbin. Crotin — Tierische Gifte — Bakterientoxine. Mit 184 zum Teil farbigen Textabbildungen. (1372 S.) 87 Goldmark / 20.75 Dollar

III. Band: Die osmotischen Eigenschaften der Gewebe (Wasser- und Salzwirkung) — Schwer resorbierbare Salze — Die Wasserstoff-Ionen (Säurewirkung — Die Hydroxyl-Ionen (Alkalien, Carbonate) — Lithium, Kalium, Natrium, Magnesium, Calcium, Strontium, Baryum — Fluor, Chlor, Brom, Jod — Schwefelwasserstoff, Sulfide — Borsäure, Chlorsäure, Schweflige Säure — Phosphor, Arsen, Antimon — Die schweren Metalle. In Vorbereitung

Verlag von Julius Springer in Berlin W 9

Handbuch der physiologisch- und pathologisch-chemischen Analyse. Für Ärzte und Studierende. Begründet von Hoppe-Seyler. Bearbeitet von P. Brigl-Tübingen, S. Edlbacher-Heidelberg, P. Felix-Heidelberg, R. E. Groß-Heidelberg, G. Hoppe-Seyler-Kiel, H. Steudel-Berlin, H. Thierfelder-Tübingen, K. Thomas-Leipzig, F. Wrede-Greifswald. Herausgegeben von Dr. H. Thierfelder, Professor der Physiologischen Chemie an der Universität Tübingen. Neunte Auflage. Mit 39 Abbildungen und 1 Spektraltafel. (1020 S.) 1924.
In Moleskin gebunden 69 Goldmark / Gebunden 16.45 Dollar

Beilsteins Handbuch der organischen Chemie. Vierte Auflage, die Literatur bis 1. Januar 1910 umfassend. Herausgegeben von der **Deutschen Chemischen Gesellschaft.** Bearbeitet von Bernhard Prager, Paul Jacobson †, Paul Schmidt und Dora Stern.
Erster Band: **Leitsätze für die systematische Anordnung. — Acyclische Kohlenwasserstoffe, Oxy- und Oxo-Verbindungen.** (1018 S.) 1918. Gebunden 42 Goldmark / Gebunden 12.50 Dollar
Zweiter Band: **Acyclische Monocarbonsäuren und Polycarbonsäuren.** (928 S.) 1920.
Gebunden 88 Goldmark / Gebunden 11.50 Dollar
Dritter Band: **Acyclische Oxy-Carbonsäuren und Oxo-Carbonsäuren.** (948 S.) 1921.
Gebunden 40 Goldmark / Gebunden 12 Dollar
Vierter Band: **Acyclische Sulfinsäuren und Sulfonsäuren. Acyclische Amine, Hydroxylamine, Hydrazine und weitere Verbindungen mit Stickstoff-Funktionen. Acyclische C-Phosphor-, C-Arsen-, C-Antimon-, C-Wismut-, C-Silicium-Verbindungen und metallorganische Verbindungen.** (750 S.) 1922.
Gebunden 31 Goldmark / Gebunden 9.50 Dollar
Fünfter Band: **Cyclische Kohlenwasserstoffe.** (802 S.) 1922.
Gebunden 83 Goldmark / Gebunden 10 Dollar
Sechster Band: **Isocyclische Oxy-Verbindungen.** (1295 S.) 1923.
Gebunden 74 Goldmark / Gebunden 22.50 Dollar

Lehrbuch der organisch-chemischen Methodik. Von Dr. Hans Meyer, o. ö. Professor der Chemie an der Deutschen Universität zu Prag.
Erster Band: **Analyse und Konstitutions-Ermittlung organischer Verbindungen.** Vierte, vermehrte und umgearbeitete Auflage. Mit 860 Figuren im Text. (1227 S.) 1922. 56 Goldmark; gebunden 60 Goldmark. / 13.35 Dollar; gebunden 14.30 Dollar

Untersuchungen aus verschiedenen Gebieten. Vorträge und Abhandlungen allgemeinen Inhalts. Von Emil Fischer. Herausgegeben von **M. Bergmann.** (Emil Fischer, Gesammelte Werke. Herausgegeben von M. Bergmann.) (924 S.) 1924.
40.50 Goldmark; gebunden 42 Goldmark / 9.65 Dollar; gebunden 10 Dollar

Untersuchungen über Triphenylmethanfarbstoffe, Hydrazine und Indole. Von Emil Fischer. (Emil Fischer, Gesammelte Werke. Herausgegeben von M. Bergmann.) (889 S.) 1924. 89 Goldmark; gebunden 40.50 Goldmark / 9.30 Dollar; gebunden 9.65 Dollar

Untersuchungen über Kohlenhydrate und Fermente I. (1884—1908.) Von Emil Fischer. (920 S.) 1909. 22 Goldmark / 5.30 Dollar

Untersuchungen über Kohlenhydrate und Fermente II. (1908—1919.) Von Emil Fischer. (Emil Fischer, Gesammelte Werke. Herausgegeben von M. Bergmann.) (543 S.) 1922.
19 Goldmark; gebunden 22 Goldmark / 4.55 Dollar; gebunden 5.25 Dollar

Untersuchungen über Aminosäuren, Polypeptide und Proteine II. (1907—1919.) Von Emil Fischer. (Emil Fischer, Gesammelte Werke. Herausgegeben von M. Bergmann.) (932 S.) 1923. 29 Goldmark; gebunden 32 Goldmark / 7 Dollar; gebunden 7.65 Dollar

Untersuchungen über Depside und Gerbstoffe. (1908—1919.) Von Emil Fischer. (547 S.) 1919. 21.80 Goldmark; gebunden 25 Goldmark / 5.20 Dollar; gebunden 6 Dollar

Untersuchungen in der Puringruppe. (1882—1906 S.) Von Emil Fischer. (616 S.) 1907. 15 Goldmark; gebunden 19 Goldmark / 3.60 Dollar; gebunden 4.55 Dollar

Aus meinem Leben. Von Emil Fischer. Mit drei Bildnissen. (Emil Fischer, Gesammelte Werke. Herausgegeben von M. Bergmann.) (210 S.) 1922. Gebunden 9.50 Goldmark / Gebunden 2.30 Dollar
In Pappband 7.50 Goldmark / 1.80 Dollar

Landolt-Börnstein, Physikalisch-chemische Tabellen. Fünfte, umgearbeitete und vermehrte Auflage unter Mitwirkung von zahlreichen Fachgelehrten herausgegeben von Dr. Walther A. Roth, Professor an der Technischen Hochschule in Braunschweig, und Dr. Karl Scheel, Professor an der Physikalisch-Technischen Reichsanstalt in Charlottenburg. Mit einem Bildnis. In zwei Bänden. (1695 S.) 1923. Gebunden 106 Goldmark / Gebunden 45 Dollar

Physikalisches Handwörterbuch. Unter Mitwirkung von zahlreichen Fachgelehrten herausgegeben von Arnold Berliner und Karl Scheel. Mit 573 Textfiguren. (907 S.) 1924.
Gebunden 39 Goldmark / Gebunden 9.30 Dollar